Die Schwimmbagger

Zweiter Band

Blaum / v. Marnitz

Die Schwimmbagger

Zweiter Band

Schiffskörper und Maschinenanlagen
Mechanische Bagger und Fördergeräte

Bearbeitet von

Dipl.-Ing. Friedmut v. Marnitz

Marinebaurat a. D., Frankfurt a. M.

Mit 404 Abbildungen und 34 Tabellen

Springer-Verlag
Berlin / Heidelberg / New York
1969

Dieses Buch ist die Neubearbeitung von
Paulmann / Blaum
Die Naßbagger
und die dazugehörenden Hilfsgeräte
Zweite Auflage / 1923

ISBN 978-3-642-51607-8 ISBN 978-3-642-51606-1 (eBook)
DOI 10.1007/978-3-642-51606-1

Reprint of the original edition 1969

Library of Congress Catalog Card Number 63-18469

Titelnummer 0071

Vorwort

Seit Erscheinen des I. Bandes Blaum/v. Marnitz „Die Schwimmbagger" sind mehrere Jahre vergangen, die eine lebhafte Entwicklung bei den Saugbaggern, insbesondere den Laderaumsaugbaggern und Saugbaggern mit Schneidkopfeinrichtung gebracht haben. Es war infolgedessen notwendig, dem vorliegenden II. Band ein Schlußkapitel mit entsprechenden Nachträgen zuzufügen, was die Fertigstellung verzögerte.

Erheblichen Dank schulde ich wieder der Vereinigung der Naßbaggerunternehmungen e. V. in Hamburg für weitere finanzielle Unterstützung.

Ich danke ferner der Philipp Holzmann AG. Zweigniederlassung Hamburg sowie Herrn Obering. K. H. Brösskamp und den vielen ungenannten Helfern, die es mir ermöglichten, die Arbeit zu vollenden.

Schließlich gilt noch mein Dank den baggerbauenden Firmen, insbesondere der LMG Lübeck und der IHC-Holland für bereitwillige Überlassung von Material, und dem Springer-Verlag, der geduldig die stark verzögerte Fertigstellung von Band II abwartete und die Ausstattung des Buches hervorragend gestaltete.

Hamburg, im Herbst 1968 **F. v. Marnitz**

Inhaltsverzeichnis

Inhalt des I. Bandes

Berichtigungen

S. 138, Zeile 11 von unten: statt 100 mm bei **lies** 100 mm Hub
S. 192, Zeile 1 oben: statt 15 kg/m² **lies** 15 kg/cm²
S. 222, Zeile 20 von unten: Abb. 217 **lies** Abb. 218
S. 315, Zeile 10 von unten: statt System Schmidt-Brouwer **lies** System Smit-Brouwer
S. 328, Zeile 19 von unten: statt darunter liegenden **lies** danebenliegenden
S. 350, Zeile 12 von unten: statt Atlas Copo **lies** Atlas Copko
S. 375, Zeile 6 von unten: statt Steckkopf **lies** Stechkopf
S. 380, Zeile 12 von oben: statt feinkörnigem **lies** feinkörnigen

Einleitung zu Band II

Band I dieses Buches behandelte die *bodentechnischen Grundlagen* für das Baggern im Bereich des Wassers (Naßbaggern) und die *Saugbagger* in ihren verschiedenen Ausführungsformen, die Grundsauger ohne mechanische Vorlockerung des Bodens, die Schutensauger (Spüler), die Saugbagger mit Schneidkopf (Cuttersauger) und die selbstfahrenden Saugbagger mit Laderaum (Hoppersauger).

Im vorliegenden zweiten Band folgen allgemeine Ausführungen über Schiffskörper und Maschinenanlagen von Schwimmbaggern, die *Eimerkettenschwimmbagger*, die in europäischen Ländern noch sehr verbreitet sind, die Bagger mit *einem* Grabgefäß, wie *schwimmende Löffelbagger* (Dipper) und *schwimmende Greiferbagger*.

Abb. 1. Dicht nebeneinanderliegende Eimerkettenbagger, an welche die Schuten von Schleppern nur unter schwierigen Manövern heranzubringen sind

Diese Geräte führen im allgemeinen nur den Bodenabtrag durch, während für die Bodenförderung und Ablagerung zusätzliche Fahrzeuge erforderlich sind.

Die kontinuierlich arbeitenden Eimerkettenbagger werden neuerdings mit ebenfalls kontinuierlich wirkenden Fördereinrichtungen ausgestattet. Beim Arbeiten in schmalen Gewässern arbeitet man mit schwebenden Rinnen oder Gummigurten und bei größerer Förderweite mit Bandketten, deren Elemente von Schwimmkörpern getragen werden. Man kann aber auch eine Baggerpumpenanlage einbauen, die den aus den Eimern kommenden Boden unter Zutritt von Wasser als Gemisch durch eine Rohrleitung auf die Ablagerungsstelle fördert, und erhält damit den *Eimerketten-Spülbagger*. Es besteht die Möglichkeit, die Baggerpumpenanlage auf einen besonderen Schwimmkörper zu setzen und diesen neben den Bagger zu legen, so daß der aus dessen Schüttrinnen kommende Boden in einen Schüttrichter fällt. Abb. 102 von Band I zeigt eine derartige Einrichtung in älterer Ausführung.

Die hydraulische Förderung und erst recht die Bandförderung gestatten nur beschränkte Förderweiten, so daß die Orte der Bodenbaggerung und der Bodenablagerung nicht weit von einander entfernt liegen können. Da diese Forderung im dicht besiedelten Europa selten zu erfüllen ist, herrscht die Förderung mit *Schuten* vor. Abb. 1 gibt ein typisches

Bild eines Baggerbetriebes mit zwei Eimerkettenbaggern und den dazugehörigen Schuten und *Schleppern* wieder. Der Schleppzug kann eine Entfernung von vielen Kilometern zurücklegen bis zum Entladegerät, im Seegebiet in der Regel ein Schutensauger (Spüler), wie in Abb. 103 von Band I gezeigt wurde. Die Förderweite setzt sich infolgedessen aus Schutenfahrstrecke und Rohrleitungslänge zusammen. Dieses Verfahren eignet sich gut für Fein- und Mittelsand sowie leichte schluffige und tonige Böden (Klei). Trifft man auf nicht spülbaren Boden wie festen Ton mit Findlingen o. dgl., dann verwendet man *Klappschuten*, die weite Entfernungen, bis zu einer geeigneten Ablagerungsstelle zurücklegen können und oftmals eigenen Fahrantrieb erhalten.

Auch Grobsand und Kies erschweren das Entleeren der Schuten im Spülverfahren, so daß man im Binnenlande und auf Flüssen, wo diese Bodenarten häufig vorkommen, andere Methoden anwendet. Man arbeitet ohne Wasserzusatz und verwandte früher *Elevatoren*, die mit ihren Eimerketten einen sekundären Baggervorgang durchführen und den Boden über schwebende Fördergurte oder Kübel an Land bringen. Neuerdings geht man mehr zu *Greiferbaggern* über oder man wählt einen Klappschutenbetrieb, verklappt den Boden in Ufernähe ins Wasser, aus dem er mit Greifern oder Eimerseilbaggern (Draglines) herausgeholt und in Fahrgeräte verladen wird. Selbst ein Schneidkopfsaugerbagger kann manchmal den Boden von der Klappstelle hydraulisch auf die Ablagerungsstelle fördern.

Es gibt jedoch noch zahlreiche andere Kombinationen zwischen Baggern und Entladegeräten.

Von den Entladegeräten enthielt der I. Band die Saugbagger mit Schutensaugeeinrichtung, während die Elevatoren im Anschluß an die Eimerkettenbagger im II. Band gebracht werden.

Geräte für Sondergebiete der Bodenbewegung im Bereiche des Wassers, wie *Felsabtrag*, *Aufrühr-Baggerung*, *Hydro-Erdbau* u. a. m. schließen diesen Band ab.

Als Nachtrag zu den Literaturangaben zu Beginn der I. Bandes wird das inzwischen in Holland erschienene umfassende Werk Floating Dredges by A. ROORDA and J. J. VERTREGT Haarlem (The Netherlands) 1963 in englischer Sprache genannt.

Außerdem diente als Quelle häufig die von der IHC-Holland herausgegebene Zeitschrift „*Ports and Dredging*". Schließlich sei noch der Bericht über den Internationalen Schiffahrtskongreß Stockholm 1965 genannt, dessen Vorträge Material insbesondere für die Kapitel S und T abgaben.

Es wurde davon abgesehen, die neuen Bezeichnungen für die Maße wie Kilopond, Megapond usw. zu verwenden. Bei der Abfassung des I. Bandes waren sie noch nicht eingeführt und die Einheitlichkeit sollte gewahrt bleiben. Den meisten Bagger- und Schiffbauern sind die Bezeichnungen kp für kg, mp für die Tonne, mkp für das Drehmoment und kp/cm² für den Druck noch nicht geläufig. Auch soll kp nicht die endgültige Bezeichnung sein und es wird beispielsweise in Frankreich eine andere Bezeichnung verwendet. In der englisch geschriebenen Zeitschrift der IHC-Holland „Ports and Dredging" findet sich die Bezeichnung kgf für das Kilogramm als Kraft.

Es wird also einer zweiten Auflage vorbehalten sein, die dann gültigen und allgemein eingeführten und geläufigen Maßeinheiten in beiden Bänden zu verwenden.

L. Schiffskörper von Schwimmbaggern und Baggergeräten

1. Form und Abmessungen der Schiffskörper, Zerlegbarkeit

Die Schiffskörper von Baggergeräten müssen *Raum* und *Tragfähigkeit* in ausreichendem Maße bieten für die Aufnahme der Baggereinrichtung, der Maschinenanlage, der Unterkünfte, der Vorräte an Brennstoff und Wasser u. a. m. Dabei soll der Tiefgang gering bleiben und der Freibord ausreichend sein. Geräte, die gemeinsam arbeiten, wie beispielsweise Schuten und Eimerkettenbagger, müssen in ihren Abmessungen zueinander passen und abgestimmt werden. Die Schiffskörper, abgesehen von Hoppersaugern, Schleppern und sonstigen Geräten mit eigenem Fahrantrieb, sind quaderförmig mit rechteckiger Schwimmfläche und senkrechten Seitenwänden, jedoch erhalten die Schiffsenden oftmals einen auflaufenden Boden. Der Bewegungswiderstand wird dadurch erheblich herabgemindert, aber auch der Widerstand gegen trimmende Momente. Deshalb nimmt man bei Eimerketten- und stationären Saugbaggern meistens doch senkrechte Stirnwände.

Hoppersauger, Schlepper, selbstfahrende Klappschuten u. a. m. besitzen Schiffsform. Man gibt daher, wie bei Schiffen üblich, die Länge zwischen den Loten und über alles an, während man bei den anderen Geräten die Länge über Deck mißt, die im folgenden mit „L“ bezeichnet wird. „B“ ist die Breite auf Spanten, wogegen die Breite über alles, einschließlich etwaiger Scheuerleisten besonders angegeben werden muß. Die Seitenhöhe, vielfach auch nur Höhe genannt und mit „H“ bezeichnet, bleibt meist auf ganzer Länge gleich, der Zusatz mittschiffs ist nur bei Fahrzeugen mit Deckssprung erforderlich.

Das Verhältnis von *Länge* zu *Breite* liegt bei europäischen Schwimmkörpern zwischen 5,5 und 5,0, bei amerikanischen Schneidkopfsaugern etwa bei 4 und bei Löffelbaggern bei 3, bei Greiferbaggern oft nur bei 2 oder nur 1,5. Diese Breite ergibt eine gute Stabilität, ist aber vielfach bei Schleusendurchfahrten hinderlich. Man gibt den Schiffskörpern dann abnehmbare Seitenteile, was besonders in den Vereinigten Staaten üblich ist. Außer der Breite sind auf Binnenwasserstraßen die Höhen über der Schwimmfläche wegen der Brückendurchfahrten und der Tiefgang beschränkt. Die nachfolgende Tabelle 1 enthält die zulässigen Maße auf einigen Binnenwasserstraßen Deutschlands.

Die Höhe für die Brückendurchfahrt gilt bei ruhigem Wasser und kann durch Windstau vermindert werden. Die Abbauhöhe für Kanäle wird deshalb meist mit 3,8 m festgesetzt. Mit dieser Höhe und einer Breite von etwa 8,2 m kann man fast alle größeren Binnen-

Tabelle 1. *Zulässige Breiten, Höhen über der Wasserlinie und Tiefgänge auf deutschen Binnenwasserstraßen Nach* Weska *1959*

	Höchstwerte in m für		
	Breite	Höhe ü. WL.	Tiefgang
Neckar kanalisiert	10,25	6,00	2,10
Main kanalisiert bis Würzburg	11,20	4,68	2,30
Küstenkanal	11,50	4,00	2–3
Rhein-Herne-Kanal	9,50	4,00	2,50
Wesel-Datteln-Kanal	9,50	4,00	2,50
Dortmund-Ems-Kanal	9,50	4,00	2,00
Mittelland-Kanal	9,50	4,00	2,00
Lahn	5,25	3,30	1,80
Mittel-Weser	12,00	4,50	2,30
Elbe Lübeck-Kanal	11,50	4,20	2,00

wasserstraßen Westdeutschlands befahren, mit Ausnahme der Lahn, bei der die Breite auf 5,25 m und die Durchfahrtshöhe unter den Brücken auf 3,3 m beschränkt ist. Das sogenannte Finow-Maß mit 4,4 m Breite, das auch für den Ludwig-Kanal galt, findet man vielfach nur noch bei älteren Fahrzeugen. Eine Breite von 8,2 m ist für Eimerkettenbagger und Schuten, die auf Binnengewässern zu arbeiten haben, meist ausreichend, jedoch nicht immer für Schwimmkräne, Schwimmgreifer, Elevatoren, Schwimmrammen u. a. m.

Für den Rhein gilt bei mittlerem Wasserstand eine Durchfahrtshöhe unterhalb von Mannheim von etwa 9 m. Die ungefähre Fahrwassertiefe beträgt bei Köln 2,5 m, bei St. Goar 2,1 m und oberhalb hiervon 1,7 m. Diese Zahlen geben jedoch nur einen Anhalt, sie schwanken stark entsprechend dem jeweiligen Wasserstand, es sind daher im Einzelfall erneute Feststellungen erforderlich. Das gleiche gilt für das Gezeitengebiet. 9,5 m als Durchfahrtshöhe unter den Elbbrücken bei Hamburg kann als Größenordnung bei Niedrigwasser im allgemeinen gelten.

Das Verhältnis der *Breite* zur *Seitenhöhe* liegt bei Baggerfahrzeugen etwa zwischen 2,5 und 3,0. Die Seitenhöhe ist durch die Maschinenanlage (Kessel bei Dampfanlagen und Pumpen bei Saugbaggern) bestimmt. Sie soll wiederum in einem richtigen Verhältnis zur Länge stehen und $^1/_{16}$ von ihr nicht unterschreiten.

Wird die Seitenhöhe geringer als 2 m, so ergibt sich nach Abzug der Bodenwrangen und der Decksbalken in den Räumen nur noch geringe Stehhöhe, die Schiffskörper jedoch sind besser bahnverladbar.

Häufig wählt man für kleine und mittlere Geräte, in den USA auch für Großgeräte, zerlegbare Schwimmkörper, um leistungsfähige Schwimmbagger auch an Stellen, die auf dem Wasserwege nicht oder nur schwer erreichbar sind, ansetzen zu können. Die einzelnen Teilkörper sind durch nichtrostende Bolzen von hoher Festigkeit mit besonderen Unterlagscheiben und Dichtungsringen verbunden.

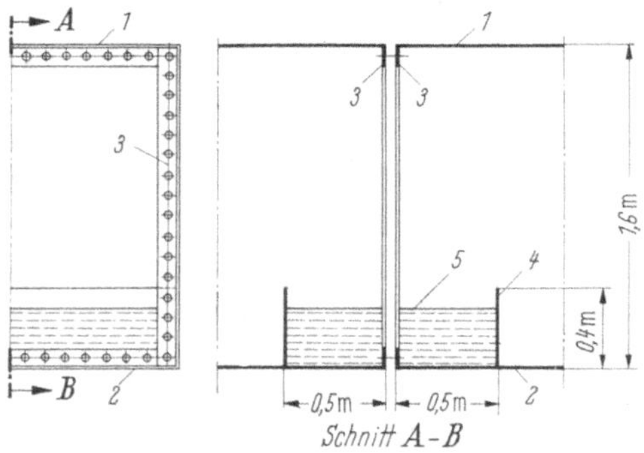

Abb. 2. Verbindung durch Bolzen von Schiffskörperteilen mit offenen Stirnwänden in schwimmendem Zustand

1 Deck; *2* Boden; *3* Flacheisen mit Bolzenlöchern; *4* Erhöhte Bodenwrangen; *5* Leerwasserspiegel

Abb. 2 zeigt eine Einrichtung, bei der das Einziehen von Verbindungsbolzen bei schwimmenden Fahrzeugteilen auch dann möglich ist, wenn Schottwände an den Stirnflächen fehlen. 500 mm von der Trennstelle entfernt sitzen erhöhte Bodenwrangen, die über die Leerwasserlinie hinausragen. Die beiden Teilkörper werden notfalls mit Ballast in die erforderliche Schwimmlage gebracht und so zusammengeführt. Man setzt zunächst die Bolzen *über* Wasser ein, pumpt das Wasser aus und bringt die untere Bolzenverbindung ein.

Anstelle der unter Wasser liegenden Bolzen kann man auch Knaggen anordnen, die sich mit Schrägflächen ineinander ziehen und beide Schiffsteile dadurch zusammenpressen.

Eine weitere Möglichkeit besteht darin, statt zahlreicher Bolzen nur an wenigen Stellen besondere Verbindungseinrichtungen anzuordnen. Die Stirnwände der beiden Schiffsteile sind dann durch Schotten abgeschlossen, die besondere Taschen mit eingebauten Kupplungseinrichtungen besitzen müssen.

Abb. 3 zeigt eine derartige Hakenkupplung. Rechts ist eine Spindel in der Taschenwand gelagert, die mit einem Vierkant gedreht werden kann. Auf ihr sitzt eine Vierkantmutter mit seitlichen Zapfen, um die der Verbindungshaken schwingt. Dieser wird durch einen außerhalb der Tasche sitzenden Handgriff bewegt, worauf sich der Haken um den im anderen Schiffsteil sitzenden Bolzen legt. Wird jetzt durch Drehen der Spindel die Mutter zurückgezogen, so werden die beiden Schiffsteile zusammengeholt. Die Taschen sind wasserdicht, die Verbindung kann auch unter Wasser hergestellt werden. Da für eine Stirnfläche nur 4 bis 6 derartige Verbindungen erforderlich sind, ist der Kupplungsvorgang wohl zeitsparend, es sind die auftretenden Kräfte jedoch sehr groß. Die abgebildete Verbindung ist für 18 t berechnet, eine Kraft, die auf den Schiffskörper ohne Überbeanspruchung einzelner Stellen und ohne Verschiebung der Teile übertragen werden muß.

Schwimmkörper für Krane, Greifer, Rammen u. dgl. werden häufig als *Doppelkörper* aus zwei bahnverladbaren Teilen hergestellt, deren Gesamtbreite bei einem Zwischenraum von etwa 3 m ungefähr 9 m beträgt. Man begnügt sich häufig mit einer Verbindung der Einzelschwimmer durch aufgelegte Träger, die aber die entsprechenden Kräfte meist

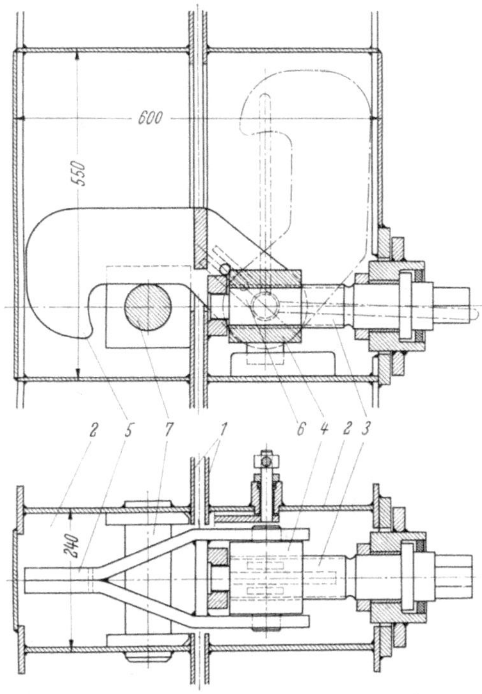

Abb. 3. Hakenkupplung in wasserdichten Taschen an den durch Schottwände abgeschlossenen Stirnflächen der zu verbindenden Schiffsteile

1 Schottwände der beiden Schiffskörperteile; *2* Kupplungstaschen; *3* Spindel zum Anziehen des Verbindungshakens; *4* Vierkantmutter mit seitlichen Zapfen; *5* Kupplungshaken; *6* Hebel zum Umlegen des Verbindungshakens; *7* Bolzen um den sich der Verbindungshaken legt

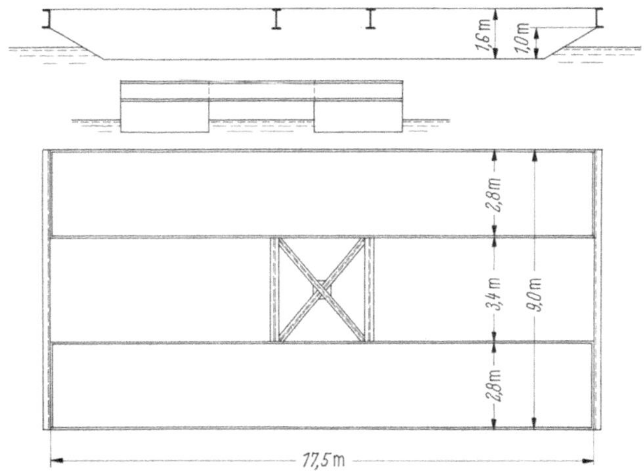

Abb. 4. Doppelschwimmkörper aus zwei bahnverladbaren Teilen mit Verbindungen, die das Deck glatt lassen

nicht ausreichend aufnehmen können und außerdem beim Begehen des Decks hinderlich sind.

Abb. 4 zeigt nach einem Vorschlag des Verfassers eine Verbindung durch geschweißte Träger von 600 mm Höhe, die an den Stirnflächen und in der Mitte der Schwimmer angesetzt sind. Die Verbindungsteile bleiben über Wasser, zusätzlicher Anströmungswiderstand entsteht nicht und das Deck bleibt glatt.

Schwimmkörper in *Röhrenform* sind, sofern ihre Durchmesser geringer sind als etwa 1500 mm, ohne Spanten einfach herzustellen. Da sie eine geringe Stabilität besitzen, können sie jedoch nur als Doppelkörper mit weitem Abstand verwendet werden. Es ist dabei schwierig, eine feste Verbindung herzustellen, ohne daß diese ins Wasser taucht und somit den Anströmungswiderstand erhöht. Der runde Körper hat gegenüber einem quaderförmigen mit ebenem Boden den Nachteil, bei gleicher Tragfähigkeit einen größeren Tiefgang zu fordern, der seinerseits wieder den Anströmungswiderstand erhöht. Außerdem nimmt der Reserveauftrieb stark ab, sofern die Eintauchung die Hälfte des Durchmessers übersteigt. Diese Nachteile werden bei kleinen Röhrenkörpern, bis etwa 1500 mm Durchmesser, durch die Vorteile der einfachen Herstellung ausgeglichen.

Schiffskörper, die in Deutschland bequem bahnverladbar sind, zeigte Abb. 4 mit den Abmessungen 17,5×2,8×1,6 m. Das ungefähre Grenzmaß für die Breite beträgt 3,15 m, jedoch können auf einzelnen Strecken mit Sondergenehmigung der Eisenbahn Stücke bis zu etwa 3,5 m Breite befördert werden. Das ist wichtig für Motorschlepper von 80 bis 100 PS, die bei geringerer Breite keine genügende Stabilität erreichen. In den übrigen Ländern sind die jeweiligen Vorschriften zu beachten.

Transporte *zu Schiff* sind von der verfügbaren Deckfläche und der Tragfähigkeit der Ladebäume, sowie etwaiger Kaimauerkräne oder Schwimmkräne abhängig.

Der Transport von Schiffsteilen mit 50 m Länge und 5 m Breite mit Schwerlastwagen auf der *Straße* war in Deutschland von der Donau nach dem Rhein früher gut möglich, aber infolge des stark anwachsenden allgemeinen Straßenverkehrs sind heute hierfür die erforderlichen Genehmigungen nur schwer zu erhalten. Wie weit im Ausland Straßen für die Beförderung von großflächigen Schiffsteilen zur Verfügung stehen, muß in jedem einzelnen Fall besonders erkundet werden.

Abb. 5 zeigt das Hauptspant eines Eimerkettenbaggers für Kiesgewinnung auf Binnenwasserstraßen mit einem Fassungsvermögen der Eimer von 500 l, dessen konstruktive Ausbildung sich weitgehend an den Binnenschiffbau anlehnt. Empfehlenswert ist jedoch eine größere Materialdicke zu wählen, um genügend Festigkeit gegen Einbeulung und Verschleiß zu erhalten. Die Kimm wird meist eckig mit einem außenliegenden Winkel ausgeführt. Bei Schuten findet man auch mitunter runde Kimmplatten, die den Schleppwiderstand etwas herabsetzen. Die in Abb. 5 eingezeichneten Linien beziehen sich auf die nachfolgend behandelte Schiffsstabilität. Geräte, die im Seegebiet arbeiten, werden entsprechend den Regeln des Seeschiffbaues nach den Vorschriften der Klassifikationsgesellschaften und meistens unter deren Aufsicht gebaut. Bei Hoppersaugern, Klappschuten und anderen Geräten mit eigenem Fahrantrieb, ebenso bei Seeschleppern, ist dieses sogar die Regel. Diese Geräte werden klassifiziert und auf Antrag in das Seeschiffahrtsregister eingetragen. Bezüglich der Materialdicken gilt das für die Fahrzeuge auf Binnengewässern gesagte. Die Unfallverhütungsvorschriften der Seeberufsgenossenschaften und der Binnenschiffahrts-Berufsgenossenschaften und gegebenenfalls der Tiefbau-Berufsgenossenschaften sind außerdem zu beachten.

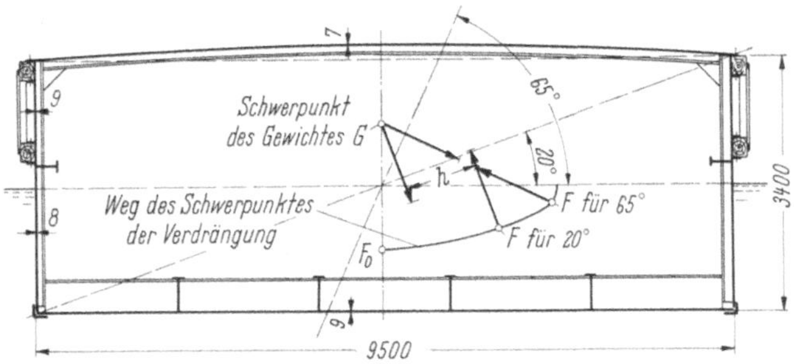

Der Hebelarm der statischen Stabilität „h" erreicht sein Maximum bei etwa 20° Neigung, so daß bei gleichbleibendem Krängungsmoment der Bagger dann kentert. Bei einer Neigung von 65° ist h = 0.

Abb. 5. Hauptspant eines auf Binnengewässern arbeitenden Eimerkettenbaggers für Kiesgewinnung mit 500 l Eimerinhalt

Je nach der Einrichtung der herstellenden Werften wird nach dem Querspantensystem oder dem Längsspantensystem gearbeitet. Die Schiffswand zwischen zwei Versteifungsprofilen, die etwa 500 mm voneinander entfernt liegen, bleibt bei beiden Systemen freitragend. Die Einbeulungen ergeben bei Querspanten die bekannten Wellen in der Wasserlinie, während bei Längsspanten waagerecht verlaufende Furchen entstehen können. Bei kleinen Schuten hat das Längsspantensystem den Vorteil, daß bei den Profilen der Verschnitt geringer ist.

Scheuerleisten, auch Reibhölzer oder Wallschienen genannt, sollen die Schiffskörper von Eimerkettenbaggern, Saugbaggern und Schuten gegen Einbeulen der Seitenwände schützen.

Abb. 5 zeigte Scheuerleisten aus Kanthölzern zwischen Flacheisen, die an die Schiffswand angeschweißt sind. Senkrechte Bolzen, durch Holz und Flacheisen hindurchgehend, dienen zur Befestigung. Auf der Außenseite sind noch Beschlagschienen aufgesetzt, die das Holz vor Ausfaserung schützen sollen. Man wählt bei Baggern und Spülern meist eine Eichenausführung, während man sich bei den geraden Scheuerleisten der Schuten mit Kiefernholz begnügt und nur für die Krümmer an den Schiffsenden Eichenholz verwendet. Große Schiffskörper erhalten in der Regel zwei waagerecht umlaufende Scheuerleisten, die obere in Deckshöhe und die untere dicht über der Wasserlinie. Diese kommt bei beladenen Schuten unter Wasser. Man setzt dann im Abstand von etwa 2 m senkrechte oder schräge Verbindungshölzer. Bei Stößen reißen oder splittern indessen, besonders bei Schuten die Scheuerleisten an den Schiffsenden. Das Anpassen eines neuen Stückes sofort nach eingetretener Beschädigung ist kaum möglich und eine dadurch entstandene Scheuerleistenlücke gibt meist zu weiteren Beschädigungen Anlaß. Ständige Reparaturen an hölzernen Scheuerleisten mit hohen Kosten sind die Folge. Dabei rostet die Schiffswand hinter den Hölzern allmählich durch und erfordert nach einiger Zeit erhebliche Erneuerungsarbeiten. Man kommt infolgedessen bei Baggern und Spülern vielfach dazu, die waagerechten und senkrechten Kanthölzer mit Winkelstücken zu einem Rahmen zusammenzufügen und diesen nur stellenweise mit der Schiffswand zu verbinden, oder besonders gefährliche Teile der Außenhaut durchweg mit Kanthölzern abzudecken.

Abb. 6. Schneidkopfsauger „Edax", der auch Schuten beladen und leersaugen kann, mit dicht gesetzten Stahlscheuerleisten. Aufnahme Rotgans, Amsterdam

In neuerer Zeit ist man vielfach zu stählernen Scheuerleisten übergegangen und verwendet Hohlprofile verschiedener Form.

Abb. 6 zeigt den Schneidkopfsauger „Edax", erbaut von Vos u. Zonen, Sliedrecht, der auch als Schutensauger arbeiten kann und dafür einen Schutz seiner Wände braucht. Die schräggeführten Verbindungsstücke zwischen den waagerechten Hohlprofilen sind so dicht aneinander gesetzt, daß die Schiffswand kaum noch getroffen werden kann und gut versteift ist. Eine Elastizität besitzen derartige eiserne Scheuerleisten jedoch nicht, so daß sie bei Stößen Einbeulungen erhalten, die schwer zu beseitigen sind.

In den USA sieht man von der Verwendung vorspringender Scheuerleisten ab und setzt nur Flacheisen von etwa 15 mm Wanddicke auf die Außenhaut in Deckshöhe. Man hat jedoch in den USA fast nur Klappschuten, die in leerem Zustand an Baggern, meist an Löffelbaggern anlegen.

Das Anlegen von beladenen Schuten an einen Schutensauger ist besonders schwierig, weil die Masse der beladenen Schute ungefähr das fünffache von der leeren Schute beträgt. Wenn ein Schutensauger unmittelbar an einer Ufermauer liegt und in keiner Weise elastisch ausweichen kann, dann kommen besonders bei Nachtbetrieb oftmals schwere Eindrükkungen der ganzen Schiffsseitenwände vor. Die Reparatur derartiger Schäden ist mit einem großen Kostenaufwand verbunden, besonders wenn Hilfsmaschinen, Rohrleitungen, Kabel u. dgl. im Maschinenraum oder Verschalung in den Wohnräumen losgenommen werden müssen.

Um die Stöße der anlegenden Schuten *elastisch* aufzufangen, hat man Versuche mit Gummielementen unternommen, die jedoch nicht erfolgreich waren. Auch eine Stahlelastik-Scheuerleiste, bei Fährschiffen anwendbar, bringt bei Baggergeräten trotz hoher Kosten kaum Erfolg.

Alte Gummireifen von Lastwagen oder Baustellenfahrzeugen sind gute Elemente um die Stöße der Schuten winkelrecht zur Seitenwand elastisch aufzufangen. Da Gummi und Stahl nicht aufeinander gleiten, wirken beim Anlegen große Kräfte auf die Befestigung der Reifen, selbst wenn bei den Schuten auf Scheuerleisten verzichtet wird und man nach amerikanischer Bauart nur Flacheisen zum Schutze ihrer Seitenwände vorsieht.

Eine ideale Lösung der Fenderung gibt es bei schwimmenden Baugeräten noch nicht. Man muß deshalb bei der Auswahl der Scheuerleistenbauart beachten, daß man Verschleißelemente bekommt und daß daher zumindest ein Geräteteil, entweder die Schuten oder Spüler und Bagger mit auswechselbaren Fenderungen versehen werden müssen.

Am Schluß dieses Abschnittes sei noch darauf hingewiesen, daß Baggerschiffe ursprünglich ganz aus *Holz* gebaut wurden und diese Bauart in den USA vor nicht allzu langer Zeit noch vorherrschte. Dabei stellte man nicht

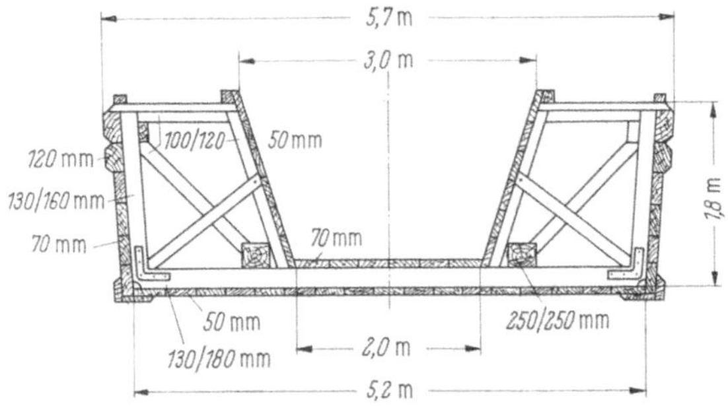

Abb. 7. Querschnitt einer Schute in Holzbauart von 27 m Länge und 120 t Tragfähigkeit. Erbaut 1954 in Österreich

Abb. 8. Ansicht der Donauschute von 120 t Tragfähigkeit in Holzbauart 27×5,7×1,8 mit Schlepper von 340 PS an der Seite. Aufnahme Donau Kraftwerke AG

nur die Schiffskörper sondern auch die Haltepfähle und Löffelstiele der Löffelbagger u. a. m. aus den damals noch in reichlichem Maße vorhandenen guten Hölzern her, ging dann aber dazu über, die Verbände im Inneren mit Stahlkonstruktionen zu verstärken und dann ausschließlich Stahl zu verwenden. In Europa werden im allgemeinen nur noch Arbeitsboote aus Holz gebaut.

Als Ausnahme zeigt Abb. 7 das Hauptspant einer in Österreich noch im Jahre 1954 gebauten Donauschute mit den Abmessungen 27×5,7×1,8 m und 120 t Tragfähigkeit in Holzausführung, die sich trotz des auf der Donau herrschenden starken Stromes gut bewährt hat. Abb. 8 ist die Ansicht dieser Donauschute, der daneben liegende Schlepper besitzt die beachtliche Stärke von 340 PS. Bei kleineren Bauaufgaben im Ausland kann mitunter heute noch die Holzbauweise wirtschaftlich sein.

2. Eigengewicht, Tragfähigkeit und Stabilität von Schwimmkörpern

Um das Eigengewicht eines Schiffskörpers überschlägig zu ermitteln, kann man von dem Produkt aus Länge, Breite und Höhe, $L \cdot B \cdot H$, dem sogenannten *Quaderinhalt* ausgehen. Für Schuten und Pontons ohne Maschinenanlage setzt man etwa 0,15 bis 0,17 vom Quader als Schiffskörpergewicht an. Dabei ist eine Wanddicke von

$$^{1}/_{1000} \cdot \sqrt[3]{L \cdot B \cdot H}$$

angenommen.

So ergibt zum Beispiel ein Ponton mit den Abmessungen 22×9×1,6 m einen Quaderinhalt von 317 m³ und eine Wanddicke von 7 mm. Das Gewicht errechnet sich dann aus 0,17×317 m³ mit 54 t.

Eine Spülerschute von 350 m³ Laderaumvolumen hat die Abmessungen 42×8×2,7 m mit einem Quaderinhalt von 906 m³. Ihr Gewicht beträgt 145 t gleich 0,16×906. Die

Blechdicke bleibt mit 8,5 mm etwas unter dem Anhaltswert von 9,7 mm, was bei größeren Fahrzeugen häufig der Fall ist. Bei kleineren Schuten wird dagegen die Blechdicke mit Rücksicht auf Beulfestigkeit und auch als Reserve gegen Abrostung nicht bis zum rechnerischen Mittelwert vermindert.

Für Hoppersauger beträgt der Faktor Schiffskörpergewicht/Quader etwa 0,18 und für Schlepper 0,15 bis 0,18, bezogen auf das Gewicht des reinen Schiffskörpers ohne Maschinenanlage und Baggereinrichtung.

Liegt eine Hauptspantzeichnung vor, kann man das Gewicht auch aus Blechquerschnitt und Länge berechnen. Für die oben erwähnte Schute von 350 m³ Laderaumvolumen ist in Abb. 9 das Hauptspant schematisch gezeichnet. Der Flächeninhalt des Blechquerschnittes bei 8,5 mm Blechdicke berechnet sich wie folgt:

Äußerer Schiffskörper	
$(8000 + 5400 + 2800) \cdot 8{,}5$	137 500 mm²
Laderaum	
$(7200 + 1800) \cdot 8{,}5$	76 500 mm²
	214 000 mm² = 21,4 dm²

Wenn man diesen Querschnitt mit der Länge multipliziert, kommt man annähernd auf das Blechvolumen $21{,}4 \times 420 = 9000$ dm³ und auf das Blechgewicht von $9000 \times 8 = 72\,000$ kg. Das gesamte Schiffskörpergewicht liegt aber wesentlich höher als dieses errechnete Blechgewicht. Es kommen bei Nietkonstruktionen die Überlappung und die Nieten, ferner Spanten, Bodenwrangen, Decksbalken sowie Scheuerleisten, Poller, Holzteile, Anstrich, Ausrüstung u. a. m. hinzu. Man rechnet im Durchschnitt mit einer Verdoppelung und erhält damit wieder die bereits nach anderer Methode geschätzten 145 t.

Dieses sind jedoch nur ungefähre Anhaltswerte, da man für gleiche Abmessungen schon bei Anwendung von Schweißkonstruktion eine Gewichtsersparnis gegenüber der Nietkonstruktion erreicht und auch sonst das Gewicht je nach der Ausführungsart sehr unterschiedlich ist. Es weichen so z. B. Hoppersauger in der Ausführung viel stärker voneinander ab als Frachtschiffe, allgemeine Anhaltswerte sind daher bei ihnen sehr schwer zu finden.

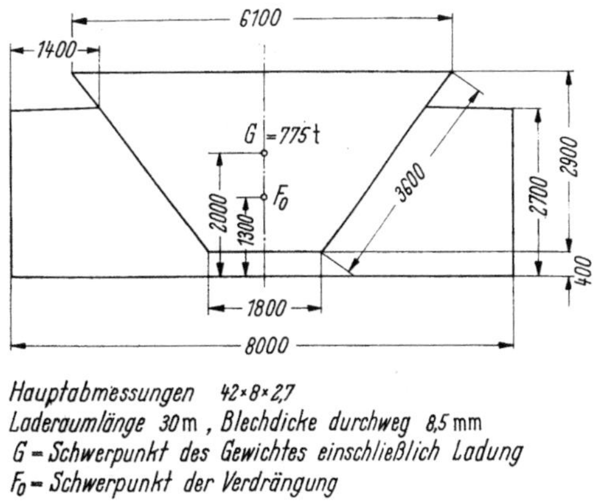

Abb. 9. Hauptspant einer Spülerschute von 350 m³ Laderaumvolumen zur Schätzung des Gewichtes nach dem Blechquerschnitt

Kennt man das Eigengewicht eines Schwimmkörpers, so kann man den *Leertiefgang* berechnen. Wird der erwähnte *Ponton* quaderförmig mit ganz senkrechten Wänden ausgeführt, so muß das Produkt aus Schwimmfläche und Leertiefgang gleich dem Eigengewicht sein. Der Ponton hat aber einen an beiden Enden auflaufenden Boden und Abrundungen an den Ecken. Der Völligkeitsgrad der Verdrängung, den man mit δ bezeichnet, ergibt sich dadurch mit 0,85; es gilt die Gleichung:

$$Tg = \frac{G}{L \cdot B \cdot \delta}$$

Darin ist:

Tg	der Leertiefgang	in m
G	das Eigengewicht	in t
L	die Länge	in m
B	die Breite	in m
δ	Völligkeitsgrad der Verdrängung	

Es wird also $Tg = \frac{54}{22 \cdot 9 \cdot 0{,}85} = 0{,}32$ m

Bei der erwähnten *Schute* ist für den unbeladenen Zustand δ mit 0,8 noch etwas geringer, man erhält für $Tg = \frac{145}{42 \cdot 8 \cdot 0{,}8} = 0{,}54$ m.

Wird die Schute beladen, so kommt bei Annahme von $\gamma = 1{,}8$ das Gewicht $350 \times 1{,}8 = 630$ t hinzu, das Gesamtgewicht beträgt also $630 + 145 = 775$ t. Der Völligkeitsgrad der Verdrängung ist jetzt größer und wird für die Schute nach der Holländischen Form in beladenem Zustand $\delta = 0{,}9$.

Somit ist

$$Tg = \frac{775}{42 \cdot 8 \cdot 0{,}9} = 2{,}57 \text{ m}$$

Der Freibord beträgt hiernach $2{,}70 - 2{,}57 = 0{,}13$ m, was für Schuten ausreichend ist.

Der Völligkeitsgrad der Verdrängung liegt bei Hopperbaggern zwischen 0,75 und 0,80 und bei Schleppern sehr niedrig bei 0,5. Bei Eimerkettenbaggern geht durch den Schlitz etwa $^1/_8$ der Schwimmfläche verloren. Bezieht man das in den Völligkeitsgrad ein, erhält man $\delta = 0{,}8$. Der Eimerkettenbagger nach Abb. 5 hat einen Tiefgang von 1,95 m. Hieraus berechnet sich sein Gewicht bei einer Länge von 50 m mit:

$$G = L \cdot B \cdot Tg \cdot \delta = 50 \cdot 9{,}5 \cdot 1{,}95 \cdot 0{,}8 = 740 \text{ t}$$

Schwimmt ein Baggerschiff nicht auf ebenem Kiel, so muß man den Tiefgang jeweils an den Ecken messen und dann den Mittelwert berechnen.

Man unterscheidet ferner zwischen dem Konstruktionstiefgang, bei dem das Schiff nur die festeingebauten Gewichte an Bord hat, und dem Tiefgang in betriebsfähigem Zustand. In betriebsfähigem Zustand werden Ersatzteile, Brennstoffe und sonstige Vorräte, Besatzung, Wasser in den Kesseln, Motoren und Rohrleitungen, ferner der Boden in den Eimern usw. hinzugerechnet. Überschlägig kann man den Tiefgang in betriebsfertigem Zustand mit dem 1,1fachen des Konstruktionstiefganges annehmen, muß jedoch im Einzelfalle die Größe der Zuladung berücksichtigen. Diese kann beispielsweise bei Hopperbaggern sehr hohe Werte anehmen.

Die vorangegangenen Berechnungen gelten für Wasser ohne Salzgehalt mit einer Dichte von eins. m^3 und t sind gleichgesetzt. Seewasser mit einer Dichte von 1,02 bis 1,03 ist nur bei Hopperbaggern zu berücksichtigen.

Die *Stabilität* bei Baggerschiffen ist von großer Bedeutung, da die Geräte vielfach außermittigen Kräften ausgesetzt sind, die Trimmomente in der Längsschiffrichtung sowie Krängungsmomente in der Querrichtung verursachen und dadurch Neigungen und Tauchänderungen herbeiführen.

Zunächst wird die statische Anfangsstabilität in ganz einfacher Form erörtert.

Unbedingt stabil ist eine Segelyacht mit einem weit nach unten reichenden Bleikiel, da hier der Gewichtsschwerpunkt *unter* dem Verdrängungsschwerpunkt, in dem der Auftrieb angreift, zu liegen kommt. Denkt man sich das Bleigewicht sehr groß im Vergleich zum Schiffskörper, so verhält sich das Schiff wie ein Pendel. Wenn der Wind ein Krängungsmoment ausübt, neigt sich das Fahrzeug nach der Seite, wobei der Bleikiel ausschwingt. Er übt dadurch ein aufrichtendes Gegenmoment aus, das einen Gleichgewichtszustand in schräger Schwimmlage herbeiführt. Hört die Windkraft auf, so schwingt das ganze System wie ein Pendel wieder zurück.

Ein Schwimmkörper der üblichen Bauart, bei dem der Gewichtsschwerpunkt nicht unter dem Verdrängungsschwerpunkt liegt, verhält sich dagegen wie ein *Schaukelstuhl*. Der bereits erwähnte Schwimmkörper mit den Abmessungen $22 \times 9 \times 1{,}6$, wiegt 54 t. Er wird durch Zuladung auf ein Gewicht von 125 t gebracht, bei $\delta = 0{,}9$ beträgt der Tiefgang dann 0,7 m. Dabei soll die Zuladung so tief angeordnet werden, daß der Schwerpunkt des gesamten Gewichtes von 125 t nur 0,35 m über dem Schiffsboden liegt. Er fällt dann bei aufrechter Schwimmlage mit F_0, dem Schwerpunkt der Verdrängung, zusammen.

Wird jetzt nach Abb. 10 der Schwimmkörper durch Einwirkung eines Momentes nach links geneigt, so nimmt er die in der Abbildung gezeichnete Lage ein. Er dreht sich um die längsgerichtete Mittelachse seiner Schwimmfläche, wobei auf der linken Seite ein Keilstück eintaucht, auf der rechten ein gleiches austaucht und der Schwerpunkt der Verdrängung von F_0 nach F_φ auswandert. Die Entfernung zwischen diesen beiden Punkten wird, wie im Schiffbau üblich durch die Endpunkte mit einem Strich darüber bezeichnet ($\overline{F_0\,F_\varphi}$). Da der Gewichtsschwerpunkt in F_0 bleibt, und der Auftrieb in F_φ wirkt, entsteht ein aufrichtendes Gegenmoment, das die Größe des neigenden Momentes annimmt. Die Länge von $\overline{F_0\,F_\varphi}$, als Hebelarm der statischen Stabilität bezeichnet, ergibt sich nach dem Verschiebungssatz der Schwerpunkte mit: $\overline{F_0\,F_\varphi} = V'/V \cdot {}^2/_3\,B$.

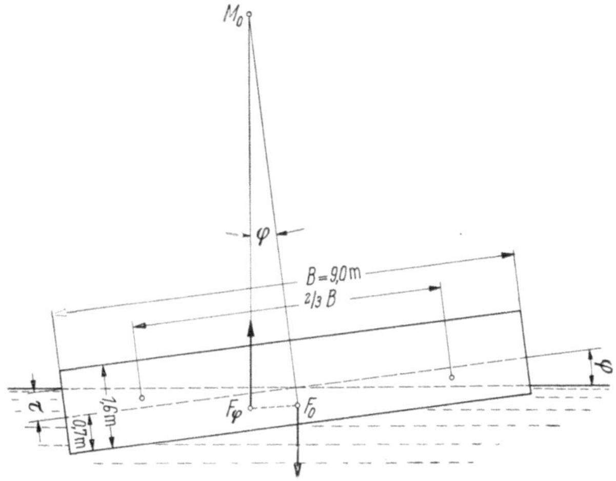

Abb. 10. Schwimmkörper in gerader und geneigter Stellung, bei dem die Schwerpunkte der Verdrängung und des Gewichtes zusammenfallen, mit Neigung in der Querrichtung. Aufrichtendes Moment gleich Krängungsmoment

Hierin ist V' das Volumen des Keilstückes, V die Gesamtverdrängung und B die Schiffsbreite. Der Abstand der Schwerpunkte der Keilstücke beträgt ${}^2/_3\,B$. Der Auftrieb wirkt in F_φ senkrecht zur waagerechten Schwimmfläche und die neue Auftriebsrichtung schneidet die ursprüngliche in M_0. Dieser Punkt wird als *Metazentrum* bezeichnet, und $\overline{M_0\,F_0}$ ist die metazentrische Höhe. Mit ihr steht $\overline{F_0\,F_\varphi}$ in der Beziehung $\overline{F_0\,F_\varphi} = \overline{M_0\,F_0} \cdot \sin\varphi$. Wobei φ der Neigungswinkel ist.

Ist L die Schiffslänge und τ die Eintauchung, so wird $V' = {}^1/_2\,\tau \cdot B/2 \cdot L$. Andererseits ist $\overline{F_0\,F_\varphi} = \overline{M_0\,F_0} \cdot \sin\varphi$.

Da man bei kleinen Neigungen, wie sie hier vorliegen

$$\sin\varphi = \operatorname{tg}\varphi = \frac{\tau}{B/2}$$

setzen kann, wird

$$\overline{M_0F_0} = \frac{1/12 \cdot L \cdot B^3}{V}$$

Der im Zähler stehende Ausdruck ist das Trägheitsmoment der Schwimmfläche bezogen auf die Neigungsachse in m^4 und wird mit J bezeichnet. Es ist also

$$\overline{M_0F_0} = \frac{J}{V}$$

und somit die Höhe des Metazentrums über dem Verdrängungsschwerpunkt proportional dem Trägheitsmoment der Schwimmfläche und umgekehrt proportional der Verdrängung. Für Ponton-Schwimmkörper ist $V = L \cdot B \cdot Tg \cdot \delta$ und

$$\overline{M_0F_0} = B^2/12\;Tg \cdot \delta$$

Im Falle unseres Beispiels ergibt sich:

$$\overline{M_0F_0} = \frac{1/12 \cdot 22 \cdot 729}{125} = \frac{1335}{125} = 10{,}7\text{ m} = \frac{81}{12 \cdot 0{,}7 \cdot 0{,}9}$$

Diese für die metazentrische Höhe abgeleitete Gleichung gilt nicht nur für quaderförmige, sondern, bei kleinen Neigungen, auch für schiffsförmige Schwimmkörper. Genau definiert ist dann das Metazentrum der Krümmungsmittelpunkt der Kurve, auf welcher der Verdrängungsschwerpunkt auswandert. Für den quaderförmigen Schwimmkörper ergibt sich annähernd ein Kreis um M_0 als Mittelpunkt. Dieser Kreis stellt gleichsam die Schaukelbahn des Schwimmkörpers dar. Unter dem Einfluß eines Momentes nimmt der Körper eine Neigung an. Wie bei einem Schaukelstuhl stellt sich dann ein aufrichtendes Gegenmoment ein.

Eine *Längungsneigung*, die man als *Trimmung* bezeichnet, folgt gleichen Gesetzen, man findet die entsprechenden Gleichungen durch Vertauschung von Länge und Breite.

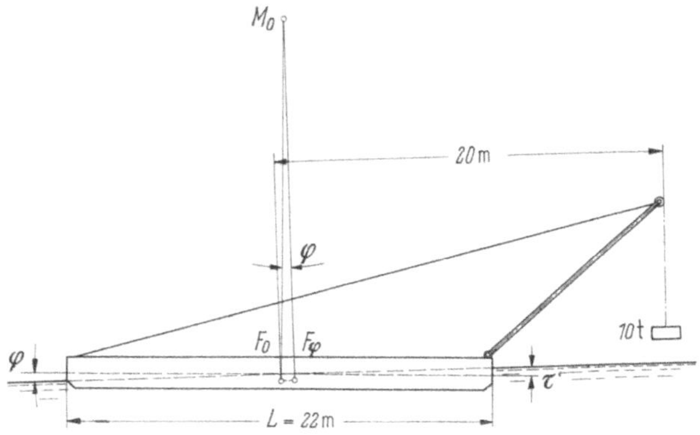

Abb. 11. Bockkran mit 10 t Last in 20 m Entfernung von der Mitte der Schwimmfläche. Ergibt Längsneigung und Tauchänderung

In Abb. 11 dient der als Beispiel gewählte Schwimmkörper als Unterbau für einen am Kopfende aufgestellten Bockkran. Nimmt dieser eine Last von 10 t in einem Abstand von 20 m von der Mittelachse der Schwimmfläche auf, so entsteht ein trimmendes Moment, das eine Längsneigung und Eintauchung auf der Lastseite zur Folge hat.

In der Formel $\overline{M_0 F_0} = J/V$ ist dann J das jetzt wirksame Trägheitsmoment $B/_{12} \cdot L^3$ und hat den Wert 8000 m^4. Die Verdrängung erhöht sich auf 135 t und $\overline{M_0 F_0}$ wird 8000/135 = 59,3 m. Die metazentrische Höhe ist so groß, daß man für den Fall der Längsneigung den Gewichtsschwerpunkt mit dem Verdrängungsschwerpunkt zusammenfallend annehmen kann. Aus der Ähnlichkeit entsprechender Dreiecke mit dem Spitzenwinkel φ ergibt sich

$$\frac{\tau}{L/2} = \frac{\overline{F_0 F_\varphi}}{\overline{M_0 F_0}}$$

Hat das trimmende Moment die Größe $\mathfrak{M}$, so ist das aufrichtende Moment $V \cdot \overline{F_0 F_\varphi}$ ihm gleich, also $\overline{F_0 F_\varphi} = \mathfrak{M}/V$. Da $\overline{M_0 F_0} = J/V$ ist, wird die Tauchänderung $\tau = \mathfrak{M}/J \cdot L/2$.

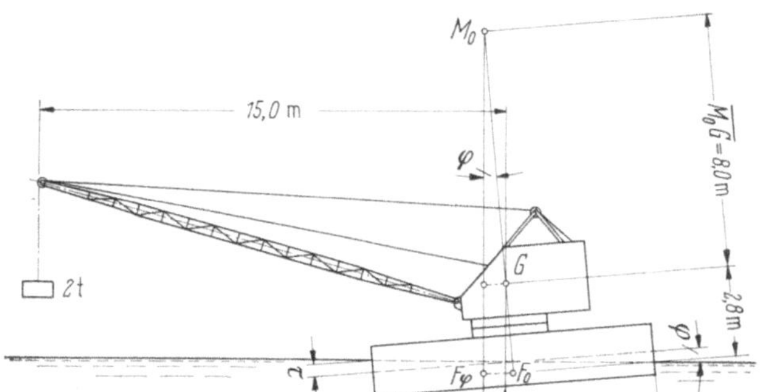

Abb. 12. Drehkran mit dem Schwimmkörper 22×9×1,6 mit Querneigung infolge Aufnahme einer Last von 2 t in 12 m Abstand vom Drehkreis-Mittelpunkt

Im Falle des Beispiels ist $\mathfrak{M}$ = 200 mt, es wird $\tau = 200/8000 \cdot 22/2 = 0{,}275$ m, um so viel taucht der Ponton an der Lastseite tiefer. Wenn man den Freibord berechnet, muß man berücksichtigen, daß ein Gewicht von 10 t hinzugekommen ist. Denkt man sich dieses zunächst in der Mitte angesetzt, so erhöht sich, wie bereits erwähnt wurde, die Verdrängung auf 135 t, und der Tiefgang von 0,7 m auf 0,76 m. Der Freibord wäre dann 1,6 − 0,76 = 0,84 m. Verschiebt sich jetzt das Zusatzgewicht um 20 m, so tritt die Tauchänderung ein, und der Freibord sinkt auf der Lastseite auf 0,565 m. Wenn man durch Gegenballast auf der anderen Seite die Abnahme des Freibords beschränken will, ist zu bedenken, daß auch der Ballast ein zusätzliches Gewicht darstellt, das den Tiefgang erhöht.

Bei der Berechnung von *Querneigungen* muß man die wirkliche Höhenlage des Gewichtsschwerpunktes berücksichtigen. Nach Abb. 12 ist auf den gleichen Schwimmkörper jetzt in der Mitte ein Drehkran aufgesetzt, der nach der Seite geschwenkt ist. Das Gesamtgewicht von Ponton, Kran und Zubehör bleibt bei 125 t aber der Schwerpunkt des gesamten Systems G liegt jetzt 2,8 m *über* dem Schwerpunkt der Verdrängung F_0. Nimmt der Kran in einem Abstand von 15 m von der Drehachse eine Last von 2 t auf, so entsteht ein Krängungsmoment von 30 mt. Hierbei neigt sich der Schwimmkörper unter Drehung um die längsgerichtete Mittelachse seiner Schwimmfläche. Außer der Wanderung des Verdrängungsschwerpunktes von F_0 nach F_φ, tritt jetzt auch eine seitliche Verschiebung des Gewichtsschwerpunktes ein. Dabei kann das Hinzukommen der Last von 2 t vernachlässigt werden. Aus der Abb. 12 ist ersichtlich, daß das aufrichtende Moment nicht den Hebelarm $\overline{F_0 F_\varphi} = \overline{M_0 F_0} \cdot \sin\varphi$ besitzt, sondern nur den kleineren: $\overline{M_0 G} \cdot \sin\varphi = h$. $\overline{M_0 G}$ ist $= 10{,}8 - 2{,}8 = 8$ m, und es gilt die Gleichung:

$$125 \cdot 8 \cdot \sin\varphi = 30$$

$$\sin\varphi = \frac{30}{125 \cdot 8} = \frac{30}{1000} = 0{,}03$$

Hiernach ist $\varphi = 1°45'$.
Die Eintauchung auf der Lastseite wird

$$\tau = B/2 \cdot 0{,}03 = 4{,}5 \cdot 0{,}03 = 135 \text{ mm}$$

Wegen der Kleinheit des Winkels φ braucht man nicht über dessen Sinus zu rechnen, sondern kann unmittelbar die Gleichung ansetzen:

$\frac{\tau}{B/2} = \frac{h}{\overline{M_0 G}}$. Da $h \cdot V = \mathfrak{M}$ ist, wird $\frac{\tau}{B/2} = \frac{\mathfrak{M}}{V \cdot \overline{M_0 G}} = \frac{30}{125 \cdot 8}$ und $\tau = \frac{30}{1000} = 4\,500 = 135$ mm.

Die Neigung um 1°45′ ist infolge ausreichender Schiffsbreite klein. Wenn bei geringerer Breite die Neigung über den zulässigen Winkel von etwa 5° hinausgeht, kann durch ein Gegengewicht auf dem drehbaren Teil des Kranes nur eine geringere Verminderung des maximalen Krängungsmomentes erzielt werden. Durch mittig im Ponton eingebrachten Ballast kann man eine wesentliche Herabsetzung des Gesamtschwerpunktes nicht erreichen, vergrößert aber die Verdrängung und setzt das Metazentrum herab. Nur eine Vergrößerung der Breite bringt Abhilfe. Im Notfall kann man röhrenförmige Zusatzkörper an der Schiffswand anbringen, die beim Eintauchen ein zusätzliches Gegenmoment erzeugen. Ballast ist nur zweckmäßig, wenn man ein geringes Gewicht an einem großen Hebelarm wirken lassen kann, wie bei dem bereits erwähnten Schwimmkran mit Längsneigung. Der Ballast bei Leerfahrt von Frachtschiffen soll den Gewichtsschwerpunkt etwa an die Stelle bringen, die er beim beladenen Schiff einnimmt. Nur dann treten die richtigen *dynamischen* Stabilitätsverhältnisse auf, die eine weiche Bewegung im Seegang bewirken. Schwimmkörper von Baugeräten sollen dagegen in der Regel eine möglichst große statische Anfangsstabilität besitzen.

Neuerdings werden Schneidkopfsauger mit schwenkbaren *Ankerbäumen* ausgerüstet, die das Verlegen der Anker erleichtern sollen. So hat Spüler VI mit den Abmessungen 50,2×12×3,6 m und einer Verdrängung in betriebsfertigem Zustand von etwa 1300 t bei einem Tiefgang von 2,4 m Ankerbäume, deren Hubseile, wenn die Bäume senkrecht zur Mittellinie der Schwimmfläche stehen, von ihr 33,5 m entfernt sind. Der Anker wiegt 4 t, jedoch kann beim Losreißen ein erheblich größerer Seilzug auftreten. Rechnet man mit 10 t, dann hat man ein Krängungsmoment von 335 mt, das eine erhebliche Neigung bringt, wenn man nicht den Baum der anderen Schiffsseite ausschwingt und durch Straffhalten des Ankerseiles den Schiffskörper stützt.

Es soll jetzt untersucht werden, wie unter dem Einfluß eines *ansteigenden* Krängungsmomentes der anfänglich aufrecht schwimmende Körper sich neigt und welche Gegenmomente dabei auftreten. Für den in Abb. 5 gezeigten Hauptspantquerschnitt mit 9,5 m Breite und 3,4 m Seitenhöhe soll der Schiffskörper ganz quaderförmig ohne Schlitz ausgestaltet und 45 m lang sein. Ferner wird der Tiefgang mit 1,7 m gleich der halben Seitenhöhe angenommen. Dann ist das Trägheitsmoment der Schwimmfläche:

$J = {}^1/_{12} \cdot 45 \cdot 9{,}5^3 = 3210\ \mathrm{m}^4$ und die Verdrängung $V = 45 \cdot 9{,}5 \cdot 1{,}7 = 727\ \mathrm{m}^3$. Demnach ist die metazentrische Höhe $\overline{F_0 M_0} = 3210/727 = 4{,}4$ m. F_0 liegt 0,85 m und G 2,55 m über dem Schiffsboden, so daß $\overline{F_0 G} = 2{,}55 - 0{,}85 = 1{,}7$ m und $\overline{M_0 G} = 4{,}4 - 1{,}7 = 2{,}7$ m wird.

Bei einem Neigungswinkel von $\varphi \sim 20°$ taucht das Deck rechts in Wasser ein und die Kimm links gleichzeitig aus dem Wasser aus. Der Hebelarm der statischen Stabilität ist gleich $\overline{M_0 G} \cdot \sin\varphi = 2{,}7 \cdot 0{,}337 = 0{,}910$ m. Die Zeichnung in Abb. 5 ergibt den etwas höheren Wert von etwa 1,0 m, da die Formel $\overline{M_0 G} \cdot \sin\varphi$ nur für sehr kleine Winkel gilt und bei der Neigung von $\sim 20°$ MG größer geworden ist.

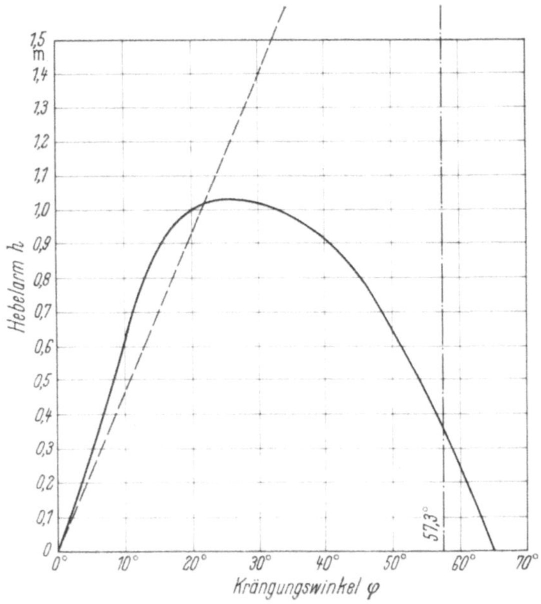

Abb. 13. Kurve des Hebelarmes der statischen Stabilität für einen quaderförmigen Schwimmkörper mit den Abmessungen 45×9,5×3,4 (vgl. Abb. 5) und einem Tiefgang gleich der halben Seitenhöhe

Trägt man die Hebelarme der statischen Stabilität über dem Neigungswinkel als Abszisse auf, so erhält man die Kurve nach Abb. 13. Wie man sieht, wächst h noch etwas bis zu einem Neigungswinkel von 25° und fällt dann ab. Behält das Krängungsmoment seine Größe, so steht ihm kein aufrichtendes Moment mehr entgegen, der Bagger kentert also. Bei einer Neigung von 65° ist der Hebelarm $h = 0$. Das Verhältnis von Tiefgang zu Seitenhöhe liegt bei ausgeführten Eimerkettenbaggern meist höher als 0,5; außerdem sind weder der Tiefgang noch die Lage des Gewichtsschwerpunktes gleichbleibend.

Abb. 14 zeigt schematisch die Seitenansicht eines Eimerkettenbaggers mit einem Gesamtgewicht von 700 t bei einem Eimerfassungsvermögen von 500 l, den Abmessungen 49,5×9,3×3,5 m und einem Tiefgang von 2 m, Das Gewicht der festen Teile G_1 beträgt 600 t und das der Eimerleiter mit gefüllten Eimern $G_2 = 100$ t. Der Gesamtschwerpunkt soll in einer Entfernung von 22,5 m vom ungeschlitzten und 27 m vom geschlitzten Ende liegen, und der Bagger mit der

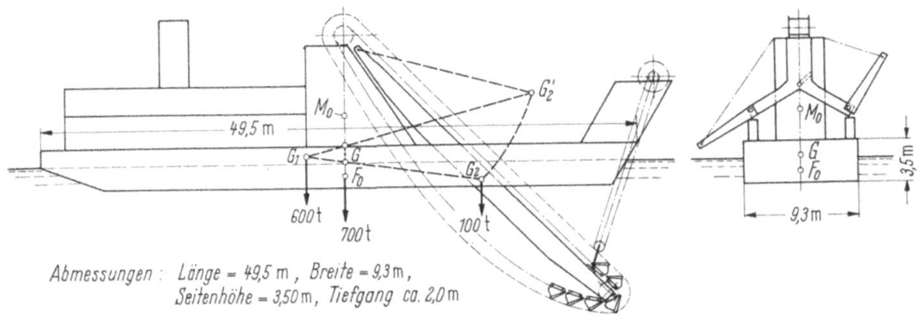

Abb. 14. Eimerkettenbagger mit gefüllten 500 l Eimern und veränderlicher Stabilität je nach Stellung der Eimerleiter

Eimerleiter in der 45°-Stellung waagerecht schwimmen. Dann liegt der Schwerpunkt des Gesamtgewichtes G senkrecht über dem Schwerpunkt der Verdrängung F_0, darüber liegt das Metazentrum M_0. Die metazentrische Höhe in bezug auf Querneigung ergibt sich mit $M_0 G = 3{,}2$ m.

Wird jetzt die Eimerleiter mit gefüllten Eimern in ihre höchste Stellung angehoben, dann geht der Schwerpunkt ihres Gewichtes mit 100 t von G_2 nach G_2'. Das bedeutet eine

Anhebung um 5,6 m, die den Gesamtschwerpunkt um $100/700 \cdot 5{,}6 = 0{,}8$ m anhebt und $\overline{M_0 G}$ auf 2,4 m absinken läßt. Da die Eimerleiter mit den gefüllten Eimern über Wasser kommt, erhöht sich die Verdrängung, was die metazentrische Höhe noch verringert, den Tiefgang erhöht und den Freibord vermindert. Es tritt außerdem eine Trimmung dadurch ein, daß der Schwerpunkt der Eimerleiter auch noch um 3,5 m nach dem geschlitzten Ende gewandert ist. Wenn auch der Schlitz wenig Einfluß auf das Breitenträgheitsmoment der Schwimmfläche hat, so hat er doch den Nachteil, daß er den Widerstand gegen trimmende Momente vermindert. Das Anheben der Eimerleiter mit gefüllten Eimern wird nur in Ausnahmefällen stattfinden und würde bei dem gezeichneten Bagger noch keine Gefahr bedeuten. Es gibt aber viele Eimerkettenbagger, bei denen der Schiffskörper bei gleichem Eimervolumen kleiner ist, und die waagerechte Schwimmlage für die 45°-Stellung der Eimerleiter nicht erreicht wird. Das ist besonders häufig der Fall, wenn zwecks Erreichung größerer Baggertiefen die Eimerleiter verlängert ist. Es können dann durch Winddruck, einseitig in der Schüttrinne sich stauendes Baggergut, Zugkräfte der Winden usw. Krängungsmomente auftreten, die eine Neigung in der Querrichtung herbeiführen. Die älteren Eimerkettenbagger hatten meist Seitenfenster (Bullaugen), die sich dann der Wasserlinie näherten. Befand sich noch Wasser in den Bilgen und kamen weitere Wassermengen durch offenstehende Luken, so kenterte der Bagger häufig. Gegen das Absinken am Schlitzende wirkte bei Dampfbaggern älterer Bauart die Kesselanlage als Gegengewicht, das bei dieselbetriebenen Baggern fortfällt. Man muß infolgedessen Ballast am nicht geschlitzten Schiffsende anordnen oder besser den Auftrieb am Schlitzende erhöhen. Früher machte man hier die Breite und neuerdings die Seitenhöhe größer als am anderen Schiffsende. Man hat mitunter auch nachträglich am Schlitzende zusätzliche Schwimmkörper ansetzen müssen, behindert aber dadurch das Anlegen der Schuten. Auf jeden Fall müssen die Hauptabmessungen von Eimerkettenbaggern reichlich gewählt werden, um den genannten Schwierigkeiten zu entgehen.

Die *Stabilität von Schuten* ist nicht immer genügend. Abb. 9 zeigte den Querschnitt einer Spülerschute von 350 m³ Laderauminhalt mit den Abmessungen $42 \times 8 \times 2{,}7$ m. Sie hat beladen einen Tiefgang von 2,57 m, bei aufrechter Schwimmlage verbleibt ein Freibord von 130 mm. Der Schwerpunkt G des Gesamtgewichtes von 775 t liegt in einer Höhe von 2 m über dem Schiffsboden. Bei einem Trägheitsmoment der Schwimmfläche von etwa 1700 m⁴ ist $\overline{M_0 F_0} = 2{,}2$ m. G liegt 0,7 m über dem Schwerpunkt der Verdrängung F_0, und $\overline{M_0 G}$ bekommt dadurch den Wert von nur 1,5 m. Es läßt sich berechnen, daß ein Krängungsmoment von 28 mt ausreicht, um das Deck ins Wasser zu bringen. Auch hier kann erschwerend eine Trimmlage durch ungünstige Beladung oder eine einseitige Bodenbeladung hinzukommen mit einer darüber stehenden freien Wassermenge, deren Schwerpunkt nach der Seite der Neigung auswandert.

Bei der gezeichneten Schute bilden die erhöhten Teile des Vor- und Achterschiffs eine Reserve. Es gibt aber Schuten mit geringeren Hauptabmessungen bei gleichem Laderaumvolumen und höher liegendem Schwerpunkt der Ladung. Befindet sich zusätzlich, als Folge von Undichtigkeiten Wasser in den Luftkästen und kommt durch den Trossenzug des querab fahrenden Schleppers ein weiteres Krängungsmoment hinzu, so können Schuten kentern.

Bei Hopperbaggern ist die Stabilitätsfrage besonders schwierig zu lösen. Die Beladung ist manchmal ungleichmäßig, und es befindet sich über der Ladungsoberfläche ein Gemisch aus Wasser und Bodenkörnern, dessen Dichte über 1 hinausgeht. Ein frei beweglicher Flüssigkeitsspiegel ist immer ungünstig, da er bei Neigung seinen Schwerpunkt sofort verlagert und ein zusätzliches Krängungsmoment erzeugt. Beim Verklappen der Ladung kommt es vor, daß sie nur auf einer Seite herausfällt, auf der anderen dagegen hängen bleibt. Dann ist das dadurch entstehende Krängungsmoment besonders gefährlich, da bei geöffneten Klappen das Trägheitsmoment der Schwimmfläche verringert ist. Aus diesem Grunde ist eine genügende Anfangsstabilität, also eine große metazentrische Höhe erforderlich.

Auf der anderen Seite sind aber Hopperbagger selbstfahrende Schiffe, die häufig bei Seegang bis zu etwa 3 m Wellenhöhe arbeiten müssen, sie dürfen infolgedessen auch *nicht überstabil* sein, da bei zu großer metazentrischer Höhe die Bewegungen zu hart sind. Für den in der Tab. 16 des I. Bandes angeführten Hoppersaugers ,,Cauverry" mit den Hauptabmessungen $82{,}5 \times 14{,}35 \times 5{,}9$ m, Laderauminhalt 850 m³, Ladungsgewicht 1500 t und einer Verdrängung in beladenem Zustand von etwa 4000 t, gilt die Hebelarmkurve der Abb. 15. Das Maximum mit 0,8 m liegt bei 30°, der Nullwert bei etwa 70° Neigung.

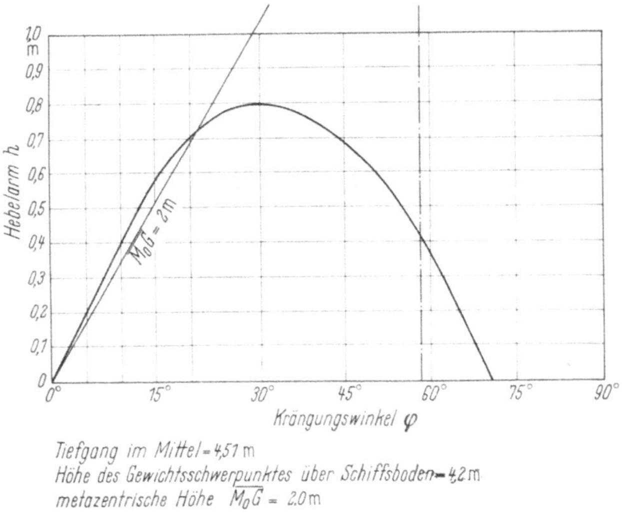

Abb. 15. Kurve der Hebelarme der statischen Stabilität, für den Hoppersauger ,,Cauverry" mit den Abmessungen $82{,}5 \times 14{,}35 \times 5{,}9$ und einer Verdrängung von etwa 4000 t. Nach H. THODE zur Stabilität von Schwimmbaggern

Auch bei Eimerkettenbaggern, die im Seegebiet arbeiten, besonders bei dem im Kap. O behandelten Eimerkettenbaggern mit eigenem Fahrantrieb muß man Überstabilität vermeiden. Sie wäre auch nachteilig bei Eimerkettenbaggern ohne Fahrantrieb, wenn sie durch Schlepper über See gebracht werden. Ein zu weitgehender Abbau von hoch liegenden Gewichten ist daher manchmal nicht richtig. Bei Eimerkettenbaggern, die nur auf Binnengewässern, also ohne Wellengang arbeiten, soll dagegen die metazentrische Höhe und damit die Anfangsstabilität so groß wie möglich sein. Dieses ist, wie spätere Ausführungen zeigen werden, häufig schwer zu erreichen, da der Gewichtsschwerpunkt hoch liegt und die Schiffsbreite beschränkt ist.

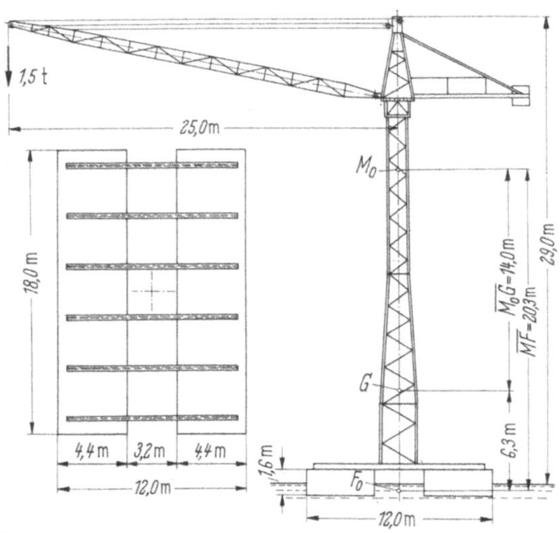

Abb 16. Doppel-Schwimmkörper mit hohem Turmdrehkran mit Auswandern der Turmspitze bei Querneigung

Doppelschwimmkörper mit Turmkran. Abb. 16 zeigt einen hohen Turmkran auf einem Doppelschwimmkörper, bestehend aus zwei Einzelpontons mit den Abmessungen $18 \times 4{,}4 \times 1{,}6$ m, die durch aufgelegte Träger bei einem Abstand von 3,2 m zwischen den Innenwänden verbunden sind, und deren Gesamtbreite 12 m beträgt. Die Gewichte betragen 25 t für jeden Ponton. 15 t für die Verbindungsträger, je 25 t für den Zentralballast und den Turm, 10 t für die Turmspitze, Ausleger und Gegengewicht. Der Schwerpunkt dieses Gewichtes von insgesamt 125 t liegt 6,3 m über dem Verdrängungsschwerpunkt. Zunächst wird $\overline{M_0F_0} = J/V$ ermittelt. Das Trägheitsmoment der durch einen Zwischenraum unterbrochenen Schwimmfläche hat den Wert

$$J = 1/12 \cdot L \cdot (B^3 - b^3).$$

Hierin ist

L die Länge des Schwimmkörpers	$= 18$ m
B die ganze Breite	$= 12$ m
b der Zwischenraum	$= 3{,}2$ m
$J = 1/12 \cdot 18 \cdot (1728 - 33)$	$= 2540$ m⁴

Man erkennt, daß das Trägheitsmoment der durch den Zwischenraum unterbrochenen Schwimmfläche nur um ein geringes (etwa 2%) kleiner ist, als das einer vollen Fläche mit der Breite von 12 m. In bezug auf Tiefgang und Freibord ergibt aber die volle Schwimmfläche günstigere Werte. Sie hat eine Fläche von $18 \cdot 12 = 216\ \mathrm{m}^2$, die geteilte jedoch nur $18 \cdot 8{,}8 = 158\ \mathrm{m}^2$. Bei einem Völligkeitsgrad von 0,9 ist der Tiefgang bei der vollen Schwimmfläche $125/194 = 0{,}645$ m, bei der geteilten jedoch 0,88 m und der Freibord somit um 0,235 m geringer.

$$\overline{M_0 F_0} = J/V \text{ wird } 2540/125 = 20{,}3\ \mathrm{m}$$

$$\overline{M_0 G} = 20{,}3 - 6{,}3 = 14\ \mathrm{m}.$$

Nimmt jetzt der Kran eine Last von 1,5 t in einem Abstand von 25 m von der Schwimmkörpermitte auf, so entsteht ein Krängungsmoment von 37,5 mt. Die Neigung berechnet sich aus der Gleichung $\overline{M_0 G} \cdot \sin\varphi \cdot 126{,}5 = 37{,}5 \cdot \sin\varphi = \frac{37{,}5}{14 \cdot 126{,}5} = 0{,}0212 \cdot \varphi = 1^\circ 15'$ und Eintauchung $\tau = B/2 \cdot \sin\varphi = 6 \cdot 0{,}0215 = 130$ mm.

Dieses sind nur Annäherungswerte, da bei der Neigung die Turmspitze um etwa 1 m auswandert und das Neigungsmoment somit vergrößert. Das ist bei 25 m Ausladung prozentual wenig, würde sich aber ändern, wenn man mit dem Kran 6 t bei 7,5 m Ausladung hebt. Das erhöhte Moment von 45 mt ist infolge des geringeren Auslegermomentes zulässig und ergibt bei der Auswanderung der Turmspitze für den Schwimmkörper ein Krängungsmoment von etwa 52 mt. Befindet sich die Last von 6 t unten und schwingt noch beim Drehen aus, so könnten zusätzliche Momente auftreten.

Wenn diese Last von 6 t in die größte Höhe gehoben wird, rückt der Gesamtschwerpunkt um 1,1 m nach oben. Dadurch vermindert sich der Hebelarm der statischen Stabilität um 11,5% und der Neigungswinkel vergrößert sich in gleichem Maße. Da auch der Winddruck erheblich werden kann, muß man bei der Aufstellung eines hohen Turmkranes auf einen Schwimmkörper mit größter Vorsicht vorgehen. Eine sichere Verbindung der beiden Teilkörper durch die Träger ist sehr wichtig. Genauere Berechnungen für die Stabilität, bei denen die dynamischen Verhältnisse berücksichtigt werden müssen, sind erforderlich.

3. Widerstand bei der Bewegung von Schwimmkörpern. Anströmungskräfte

Eine genaue Vorausberechnung der Fahrgeschwindigkeit bei gegebener Maschinenleistung wie im Schiffbau üblich, ist nur für selbstfahrende Bagger, besonders für Hoppersauger erforderlich. Anhaltswerte für die Widerstandsverhältnisse von Baggergeräten mit quaderförmigem Schiffskörper findet man kaum in Handbüchern des Schiffbaues, eine Erörterung im vorliegenden Buche ist daher notwendig.

Der Widerstand eines Schwimmkörpers ist gleich Null, wenn er keine Relativgeschwindigkeit gegen das Wasser besitzt, er steigt mit wachsender Geschwindigkeit an. Das steht im Gegensatz zu einem auf Schienen an Land fahrenden Körper, dessen Rollwiderstand beim Anfahren groß ist, bei einsetzender Bewegung jedoch abfällt. Dann kommt jedoch der Luftwiderstand hinzu, der mit wachsender Geschwindigkeit stark ansteigt. Schwimmkörper besitzen dagegen die Eigenschaft, daß große Gewichte mit kleinen Kräften bewegt werden können, wenn die Geschwindigkeiten und entgegen wirkende Windkräfte niedrig bleiben.

Die Fahrgeschwindigkeit liegt bei Hoppersaugern zwischen 8 und 14 Knoten, das entspricht 14,5 bis 26 km/h oder etwa 4 bis 7 m/sec; bei selbstfahrenden Schuten und freifahrenden Schleppern geht sie bis etwa 22 km/h $\sim$ 6 m/sec, beim Schleppen von Schuten durch Schlepper werden 9 bis 12 km/h $\sim$ 2,5 bis 3,3 m/sec erreicht.

Wenn ein Schiffskörper fest liegt und vom Wasser angeströmt wird, wirken auf ihn Kräfte, die ebenfalls den Widerstandsgesetzen folgen, sie werden von Seilen oder Ketten und deren Winden aufgenommen.

Als Anhalt für mögliche *Anströmungsgeschwindigkeiten* sind in der Tab. 2 für einige Orte am Rhein bei verschiedenen Wasserführungen die Strömungsgeschwindigkeit an der Oberfläche angegeben. Man erkennt die allmähliche Abnahme der Geschwindigkeit

Tabelle 2. *Wasserführung und Stromgeschwindigkeiten auf dem Rhein. Nach* WESKA *1959*

		Maxau	Kaub	Wesel
Niedrigstes Niedrig-Wasser NNW	Wasserführung m^3/sec	300	470	570
	Größte Oberflächen-Geschwindigkeit m/sec	1,60	1,30	1,10
Mittel-wasser MW	Wasserführung m^3/sec	1060	1380	2100
	Größte Oberflächen-Geschwindigkeit m/sec	2,50	2,20	1,70
Höchstes Hochwasser HHW	Wasserführung m^3/sec	4950	7000	12500
	Größte Oberflächen-Geschwindigkeit m/sec	3,50	3,00	2,85

in Talrichtung, es ergeben sich aber je nach Querschnitt abweichende Werte, wie beispielsweise die hohe Geschwindigkeit im Binger Loch und eine niedrigere in der davor liegenden Rheingaustrecke.

Amerikanische Schneidkopfsauger sollen bei einer Anströmungsgeschwindigkeit von 6,5 km/h (4 Meilen) noch arbeiten können. Da ein Schneidkopfsauger bei seiner Schwingbewegung auch quer zur Stromrichtung liegen kann, ergeben sich zusätzliche Kräfte. Hohe Werte bis zu 7 Knoten = 13 km/h = 3,6 m/sec erreichen auch die Gezeitenströmungen im Bereich der Seehäfen, in denen Hoppersauger zu arbeiten haben. Die höchsten Fahrgeschwindigkeiten der selbstfahrenden Baggerschiffe hiernach liegen mit 7 m/sec etwa doppelt so hoch, wie die größten Stromgeschwindigkeiten von 3,5 m/sec.

Bestandteile des Widerstandes. Der Widerstand setzt sich zusammen aus dem *Reibungswiderstand*, für den die wasserberührte Oberfläche maßgebend ist, dem *Verdrängungs-*

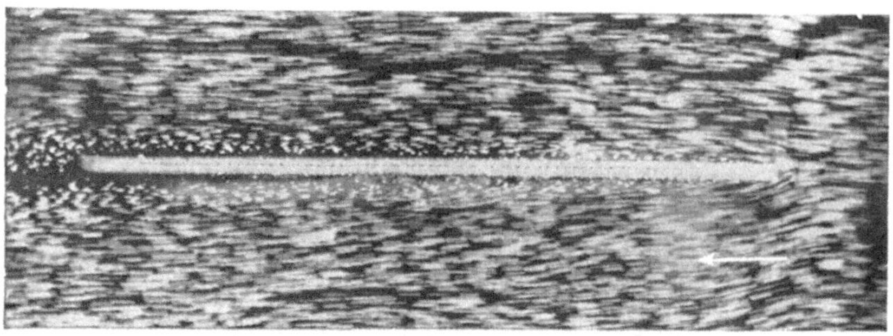

Abb. 17. Bewegung einer Platte in ihrer Längsrichtung mit Oberflächen-Reibungswiderstand ohne Verdrängungswiderstand. Aus ECK, Strömungslehre

widerstand, auch wirbelbildender Widerstand genannt, der von der Form des Schiffskörpers und dem Verhältnis seiner Hauptabmessungen abhängt, und dem *wellenbildenden* Widerstand. Dieser tritt bei Unterseebooten nicht auf, bei einem Überwasserfahrzeug jedoch dadurch, daß die Wasseroberfläche stark verändert werden kann. Die angegebenen drei Bestandteile des Widerstandes unterliegen verschiedenen Gesetzen, was die Berechnung, besonders beim wellenbildenden Widerstand, der vielfach den Hauptanteil bildet, erheblich erschwert.

Abb. 17 zeigt eine Platte, die in der Längsrichtung bewegt wird, wobei keine Ablenkung der Stromlinien, aber eine Wirbelbildung an der Oberfläche eintritt. Der dabei auftretende Reibungswiderstand wird im Schiffbau nach der Gleichung berechnet:

$$W_r = O \cdot v^2 \cdot \varrho$$

Hierin ist:

W_r der Oberflächen-Reibungswiderstand in kg
O die eingetauchte Oberfläche in m^2
v die Geschwindigkeit in m/sec
ϱ ein Beiwert in Höhe von 0,15 bis 0,20

Statt der Potenz 2 für die Geschwindigkeit wird im Schiffbau manchmal mit dem geringeren Wert 1,83 gerechnet.

Für eine Spülerschute mit den Abmessungen $42 \times 7{,}8 \times 2{,}75$ m mit dem Tiefgang von 2,37 m kann man die eingetauchte Oberfläche mit etwa $(7{,}8 + 4{,}74)\,42 = 527\ m^2$ und ϱ mit 0,18 ansetzen.

Dann ergibt sich bei einer Schleppgeschwindigkeit von 10,9 km/h = 3,03 m/sec.

$$W_r = 527 \cdot 9{,}2 \cdot 0{,}18 = 870 \text{ kg}$$

Da der Gesamtwiderstand bei dieser Schute in Rostock mit 2100 kg gemessen wurde, ist der Anteil des Reibungswiderstandes = 42 %. Das Verhältnis ändert sich aber bei höheren Geschwindigkeiten, weil der Verdrängungswiderstand und vor allem der wellenbildende Widerstand stärker ansteigen als der Oberflächen-Reibungswiderstand.

Beim Hoppersauger „Rudolf Schmidt" wurde für den beladenen Zustand mit 5,86 m Tiefgang und 8070 m^3 Verdrängung bei Modellversuchen für die Konstruktionsgeschwindigkeit von 12 Knoten, entsprechend einem Geschwindigkeitsgrad $v/\sqrt{gL} = 0{,}190$ ein Gesamtwiderstand von 18000 kg ermittelt. Davon hatte der Reibungswiderstand bei einer benetzten Oberfläche von 2500 m^2 einen Anteil von 56,5 %. Bei dem hohen Geschwindigkeitsgrad von 0,269, der bei diesen Versuchen auch gefahren wurde, fiel er auf 35 % ab, während er bei dem geringen Geschwindigkeitsgrad von 0,126 auf 66 % anstieg. Der Begriff des Geschwindigkeitsgrades wird nachfolgend noch erläutert.

Abb. 18. Bewegung einer querstehenden Platte ohne Reibungswiderstand aber mit großem Verdrängungswiderstand, hauptsächlich durch Wirbel an der Rückseite. Aus Eck, Strömungslehre

Verdrängungswiderstand. Abb. 18 zeigt eine zur Bewegungsrichtung querstehende Platte, die im Gegensatz zur Platte der Abb. 17 wenig Oberflächenwiderstand, aber einen starken Verdrängungswiderstand ergibt. Dabei ist die Ablenkung der Stromlinien auf der Vorderseite trotz Fehlens jeder besonderen Form wirbelarm, weil sich ein Staukegel bildet; dagegen entsteht hinter der Platte ein starkes Wirbelfeld, das den Verdrängungswiderstand erzeugt. Es hat deshalb keinen Zweck, einen dachförmigen Vorsatzkörper an der Vorderseite der Platte anzubringen, sondern man kann nur durch entsprechende Ausgestaltung der ganzen Form eine wirbelarme Schließung der Stromlinien erreichen.

Abb. 19 zeigt einen Körper mit langgezogenem Hinterteil, bei dem die Strömung wirbelarm ist. Bei einer Düse ist ein langer Erweiterungsteil notwendig, wie Abb. 20 zeigt. In beiden Fällen tritt aber ein beträchtlicher Oberflächenwiderstand auf.

Wellenbildender Widerstand. Bei geringen Geschwindigkeiten und langen Schwimmkörpern zeigen sich nur leichte Kräuselungen der Oberfläche, bei größeren Geschwindigkeiten und kurzen Schwimmkörpern aber hohe Wellenberge und tiefe Wellentäler. Auf Abb. 21 sieht man einen Schlepper ohne Anhang in freier Fahrt, bei dem eine starke Wellenbildung zu erkennen ist, die manchmal die Schwimmlage völlig verändert. Das Schiff kann in ein Wellental hineinfallen oder auf einen Wellenberg aufsteigen, es kann sich hinter dem Heck festsaugen, so daß jedem Versuch, die Geschwindigkeit zu erhöhen, ein großer Widerstand entgegengesetzt wird.

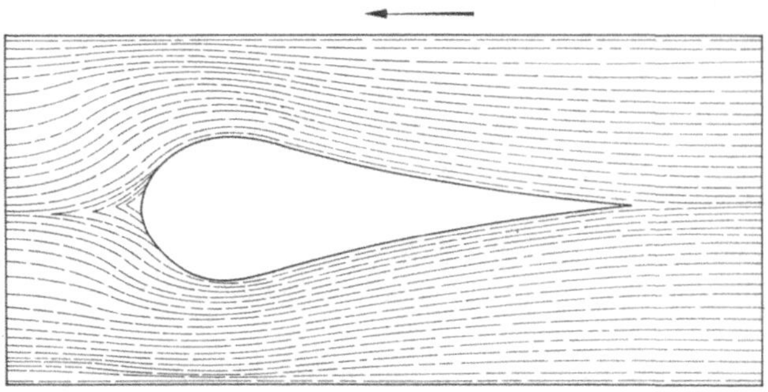

Abb. 19. Bewegung eines Tropfenkörpers mit Stromlinienschluß ohne Wirbel

Die Größe des wellenbildenden Widerstandes und des Verdrängungswiderstandes wird durch die *Froude-Zahl* stark beeinflußt. Im Schiffbau bezeichnet man als FROUDE-Zahl das Verhältnis der Geschwindigkeit zur Wurzel aus dem Produkt $g \cdot L$, gibt ihr also die Form $v/\sqrt{gL}$. In der Strömungslehre wird dagegen vielfach mit dem Quadrat dieses Wertes gerechnet. Nachstehend soll $v/\sqrt{g\,L}$ als *Geschwindigkeitsgrad* bezeichnet werden, wobei sich ein dimensionsloser Wert ergibt, wenn v in m/sec

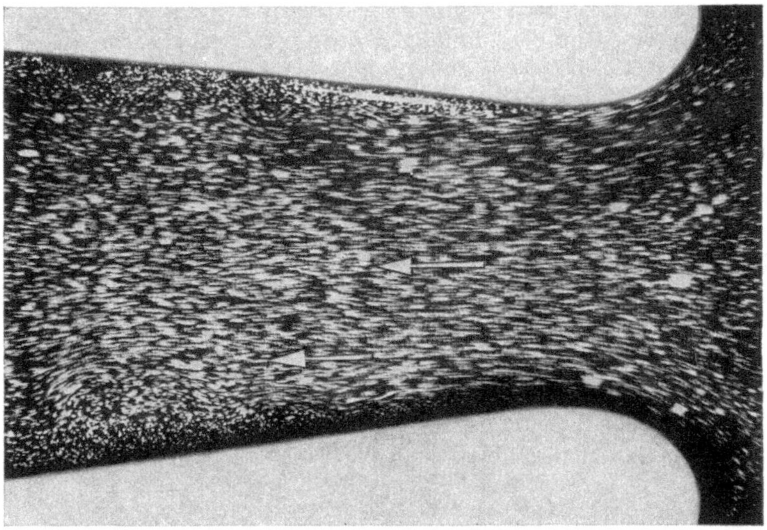

Abb. 20. Strömung in einer Düse mit kurzem Einlaufteil und langem Erweiterungsteil. Geringer Verdrängungswiderstand bei bedeutendem Reibungswiderstand. Aus ECK, Strömungslehre

und L in m eingesetzt werden. Bei Werten des Geschwindigkeitsgrades zwischen 0,15 und 0,20 bewegt man sich im Bereich günstiger Widerstandsverhältnisse, beispielsweise bei Hoppersaugern, selbstfahrenden Klappschuten und bei Schuten im Schleppbetrieb. Bei einem freifahrenden Schlepper, wie ihn Abb. 21 zeigt, erreicht man aber einen Geschwindigkeitsgrad von 0,4 und kommt damit in ungünstige Bereiche.

Abb. 21. Starker wellenbildender Widerstand bei einem freifahrenden Schlepper mit hohem Geschwindigkeitsgrad, d. h. großer Geschwindigkeit im Verhältnis zur Länge. Aufnahme Jade-Werft, Wilhelmshaven

Für Überschlagsrechnungen sieht man von einer Trennung der Widerstandsanteile ab, und sucht eine rechnerische Bezugsgröße, die in Verbindung mit einem empirischen Beiwert den Widerstand ergibt. Abb. 18 ließ erkennen, daß die Größe der quergestellten Fläche die Menge des erfaßten und aus seiner Strömungsrichtung abgelenkten Wassers bestimmt. Dabei hängt sowohl die Menge, wie auch der Rückdruck der Ablenkung von der Geschwindigkeit ab, die quadratisch in die Berechnung eingeht. Man rechnet mit der Stauhöhe der Geschwindigkeit und setzt den Bezugswert mit $F_h \cdot v^2/2\,g \cdot \gamma$ fest. Dann ergibt sich als Widerstand

$$W_f = F_h \cdot v^2/2\,g \cdot \gamma \cdot c_f$$

In dieser Formel, die man *Flächenformel* nennt, ist

W_f der Widerstand in kg
F_h die eingetauchte Hauptspantfläche in m^2
v die Geschwindigkeit in m/sec
c_f der dimensionslose Widerstandsbeiwert, dessen Größe an einigen Beispielen gezeigt werden soll
γ die Dichte des Wassers = 1000 kg/m³
g Erdbeschleunigung = 9,81 m/sec²

Im Schiffbau rechnet man mit einer *Widerstandsleistung* und setzt sie in Beziehung zur Maschinenleistung. Danach wird

$$\frac{W_f \cdot v}{75} = E\,\mathrm{PS} = C_f \cdot F_h \cdot v_k^3$$

In dieser Formel – der französischen Formel – bezeichnet E PS die Widerstands- oder Schleppleistung, d. h. das Produkt aus Widerstand und Geschwindigkeit in PS. C_f ist ein dimensionsbehafteter Zahlenwert, F_h die eingetauchte Hauptspantfläche in m^2, v_k die Geschwindigkeit in Knoten.

Da aber im Schiffbau meist das zu bewegende *Deplacement* in t entscheidend ist, in Süßwasser gleichgesetzt der Verdrängung V in m^3, wählt man vielfach als Bezugsgröße für den Widerstand statt F_h den Wert $V^{2/3}$, das ist die Seitenfläche eines Würfels, dessen Volumen gleich der Verdrängung ist. Die hierauf sich gründende Formel wird als englische Formel oder Admiralitätsformel bezeichnet und lautet:

$$E\,\mathrm{PS} = \frac{V^{2/3} \cdot v_k^3}{C_v}$$

Hierin ist V die Verdrängung in m^3, v_k die Geschwindigkeit in Knoten und C_v der Widerstandsbeiwert, auch Admiralitätskonstante genannt. Er steht im Nenner, da er sich in der Größenordnung 150 bis 500 bewegt.

Dimensionslos für den Widerstand statt der Widerstandsleistung lautet die Gleichung:

$$W_v = V^{2/3} \cdot v^2/_{2g} \cdot \gamma \cdot {}^1/c_v$$

Diese Formel wird *Verdrängungsformel* genannt.

Zwischen der Admiralitätskonstante C_v und dem dimensionslosen Beiwert c_v besteht die Beziehung $C_v = 10{,}8\,c_v$

$$c_v = \frac{C_v}{10{,}8}$$

Das Verhältnis zwischen den dimensionslosen Beiwerten der Flächenformel und der Verdrängungsformel wird ausgedrückt durch die Gleichung:

$$c_f \cdot c_v = \frac{V^{2/3}}{F_h}$$

Bei einer beladenen Schute mit der Verdrängung von 700 m³ ist $V^{2/3} = 78{,}8$. Bei einer Breite von 7,8 m und einem Tiefgang von 2,37 m wird $F_h = 18{,}5$ m². Somit ist $V^{2/3}/F_h = 78{,}8/18{,}5 = 4{,}25$. Da, wie später gezeigt wird, die Schuten der Holländer Form ein $c_f = 0{,}25$ haben, wird der entsprechende Wert $c_v = 4{,}25/0{,}25 = 17$.

Daß beide Formeln nur ganz beschränkte Geltung haben können, geht schon daraus hervor, daß nach der Verdrängungsformel bei gleicher Hauptspantfläche sich mit wachsender Schiffslänge steigende Widerstandswerte ergeben, während sie nach der Flächenformel gleichbleiben. Anderseits müßte nach der Verdrängungsformel der Widerstand einer quergestellten Schute der gleiche sein, wie der einer längsstehenden. Beides ist unmöglich, und die richtigen Widerstandswerte ergeben sich nur dadurch, daß die Beiwerte sich entsprechend ändern.

Wie unsicher die Widerstandsberechnung ist, geht auch daraus hervor, daß schon bei der Gattung der Hoppersauger die Widerstandsbeiwerte im Verhältnis 1:2 schwanken. Bei Übergang auf die einfachen eckigen Schwimmkörper kommt man auf eine weitere Erhöhung, so daß der Beiwert der Flächenformel zwischen 0,1 und 1 liegt, wie nachfolgend an Beispielen gezeigt wird. Zunächst wird noch auf die *zusätzlichen Widerstandsanteile* eingegangen, die gerade bei Baggergeräten bedeutend sein können.

a) Anhänge und Einbuchtungen in der Schiffsoberfläche, sowie *Rauhigkeit* und *Bewuchs*. Schlepper haben nur die unvermeidlichen Anhänge, wie Wellenhosen und Ruder, während bei Hoppersaugern die Rauhigkeit der Klappen oder die Hohlräume unter ihnen, die Saugarme oder deren Gleitschienen, sowie der Saugrohreinlauf hinzukommen. Wenn auch diese Teile im Vergleich zum ganzen Schiff klein sind, so ist ihr Widerstandsanteil bedeutend und kann bis 30% des Gesamtwiderstandes und noch höher ansteigen. Der Widerstand von Schiffen mit Schlitz steigt, wenn sie gegen den Schlitz fahren. Bei einem Hoppersauger mit Heckschlitz stellen sich ähnliche Strömungsverhältnisse ein, wie bei einer Düse, (Abb. 20) bei der kaum eine Widerstandserhöhung vorliegt. Bei einem Mittelschlitz kann man die Widerstandserhöhung einschränken, wenn man durch besondere Einrichtungen einen Totraum ohne Wirbelbildung schafft.

Die Rauhigkeit durch Bewuchs kann sich bei Schwimmbaggern je nach der Art der Gewässer, in dem sie arbeiten, erheblich auswirken. In ruhendem Süßwasser hat man Pflanzenanwuchs, im Seewasser Muschelansatz, der in tropischen Gewässern bedeutend sein kann.

b) Beschränkte Wassertiefe gibt eine besondere Widerstandserhöhung. Nach KEMPF gibt es für jede Fahrwassertiefe T eine kritische Geschwindigkeit $= 2{,}5 \cdot \sqrt{T}$ in m/sec, über die ein Fahrzeug nur mit unverhältnismäßigem Aufwand an Leistungen zu bringen ist. Dafür ist weiter auch der Tiefgang des Fahrzeuges maßgebend. Der amerikanische Hoppersauger „Essayons“ arbeitete in einer Fahrrinne von 13 m Tiefe, bei welcher die kritische Geschwindigkeit $2{,}5 \cdot \sqrt{13} = 9$ m/sec $= 17{,}5$ Knoten beträgt. Die Konstruktionsgeschwindigkeit des Schiffes liegt mit 15 Knoten wenig darunter. Bei einem Tiefgang von 8,25 m, also einem Verhältnis von Wassertiefe zu Tiefgang von $\sim 1{,}6$, wurde eine Geschwindigkeitsabnahme von 1,4 Knoten entsprechend einer Erhöhung des Widerstandes um 43% gegenüber unbeschränkt tiefem Wasser festgestellt.

Der Hoppersauger „Rudolf Schmidt“ hatte bei voller Beladung eine Verdrängung von 8200 t und einen mittleren Tiefgang von 5,85 m. Er erreichte mit einer Antriebsleistung von 2700 PS bei einer Wassertiefe von 27 m seine Konstruktionsgeschwindigkeit von 12 Knoten; sie lag aber um 0,8 Knoten darunter, wenn die Wassertiefe mit 12 m nur etwa das Doppelte seines Tiefganges betrug.

Eine Erhöhung des Widerstandes bei beschränktem *Fahrwasserquerschnitt* tritt durch verstärkten Wellenstau ein. Man rechnet nach Handbuch der Werften 1956 mit ihm, wenn der Fahrwasserquerschnitt weniger als das 50fache des Hauptspantquerschnittes ausmacht und nimmt bei 40fachem eine Erhöhung um 10% und bei 30fachem eine um 20% an.

c) Propellersog. Bei jedem Fahrzeug mit eigenem Antrieb saugt der Propeller Wasser an und erhöht damit den Widerstand. Für den Hoppersauger „Rudolf Schmidt“ wurde diese Widerstandserhöhung bei den Modellversuchen mit ungefähr 10% ermittelt. Besonders stark ist der Sog bei der Pfahlprobe, bei der das Schiff durch Trossen festgelegt ist und somit keine Fahrt macht. Wenn der Propeller arbeitet muß ihm das Wasser zulaufen, strömt dabei an den Schiffswänden vorbei und erzeugt einen Schub in der dem

Propellerschub entgegengesetzten Richtung. Nach ULRICH/DANKWARDT wird hierdurch der auf den Pfahl ausgeübte Trossenzug um 4–6% vermindert.

Zu erwähnen ist, daß der Widerstand einer geschleppten Schute erhöht wird, wenn sie vom Propellerstrahl des Schleppers bei kurzer Trosse getroffen wird. Bei einem Schlepper von 200 PS, der eine Klappschute von 30 m Länge schleppte, hörte das Schraubenwasser 20–30 m hinter dem Schlepper auf und traf mit einer 60 m langen Trosse die geschleppte Schute nicht. Der Trossenzug war der gleiche, wie beim Längsseitsschleppen. Die Länge der Schlepptrosse soll erfahrungsgemäß die der Schute überschreiten, wenn man eine Widerstandserhöhung vermeiden will.

Zum Schluß ist noch der Widerstand durch Wind zu erwähnen, der bei Schiffen mit hohen Aufbauten, wie den Eimerkettenbaggern, sehr hohe Werte annehmen kann.

4. Angaben über die Widerstandsgrößen und Widerstandsbeiwerte von Baggergeräten

In Abb. 22 sind für Hoppersauger und Schlepper über dem Geschwindigkeitsgrad als Abszisse die Widerstandsbeiwerte für die Flächenformel nach Versuchsergebnissen aufgetragen. Sie liegen für Hopperbagger zahlreich vor, sind aber unsicher, weil man nicht weiß, ob die Geschwindigkeit auf einer Probefahrt bei tiefem Wasser erreicht oder ob sie durch Flachwassereinfluß vermindert wurde. Es kann sich auch um eine bei Modellversuchen festgestellte oder eine projektierte Konstruktionsgeschwindigkeit handeln. Aus dem Kurvenblatt ist ersichtlich, daß der Widerstandsbeiwert der Flächenformel bei Wachsen des Geschwindigkeitsgrades von 0,15 auf 0,24 von 0,125 auf 0,155 ansteigt, es handelt sich hierbei um einen Mittelwert ohne Flachwassereinfluß.

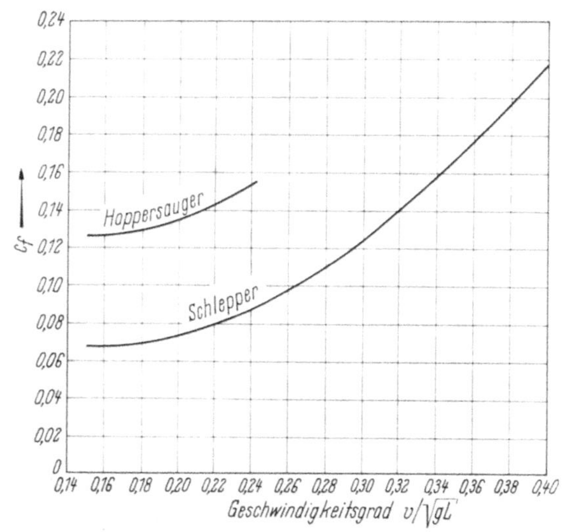

Abb. 22. Dimensionslose Widerstandsbeiwerte der Flächenformel c_f für Schlepper und Hoppersauger in Abhängigkeit vom Geschwindigkeitsgrad

Eine Auswertung von 8 Hoppersaugern, die in letzter Zeit von der IHC-Holland gebaut wurden, ergab als Durchschnittswerte für den beladenen Zustand die FROUDE-Zahl 0,20 und die Verhältniswerte

$$L/B = 5{,}65,\ B/H = 2{,}25,\ Tg/H = 0{,}84$$
$$\text{und } \delta = 0{,}77$$

Die Widerstandsbeiwerte streuen stark. So liegt c_f zwischen 0,106 und 0,170 und c_v zwischen 23,1 und 31. Als Durchschnittswerte sind in die Tab. 4 $c_f = 0{,}130$ und $c_v = 28{,}5$ eingesetzt.

Selbstfahrende Klappschuten ähneln in der Form meist den Hoppersaugern, sie werden mit einem quaderförmigen Mittelteil im Bereich des Laderaumes, schiffsförmig ausgebildeten Enden und einem Völligkeitsgrad von 0,75 bis 0,80 gebaut. Die Widerstandserhöhung durch die Klappen ist zwar größer, jedoch fällt dafür die des Saugrohres fort, so daß man alles in allem für Überschlagsrechnungen mit den gleichen Werten von $c_f = 0{,}130$ und $c_v = 28{,}5$ rechnen kann. Allerdings ergeben sich auch bei ihnen starke Streuungen, wie aus dem Kapitel über Schuten zu entnehmen ist. Wenn Klappschuten der einfachen Holländer Form auf Fahrantrieb umgebaut werden, muß man mit wesentlich höheren Werten rechnen.

Schlepper sind Fahrzeuge mit runden Unterwasserformen und einem Völligkeitsgrad von nur 0,5. Die Geschwindigkeitsgrade liegen bei ihnen für die Schleppfahrt niedrig bei etwa 0,20, steigen aber bei Freifahrt bis auf 0,40 an. Dadurch ergeben sich die großen Änderungen in den Geschwindigkeitsbeiwerten, die Abb. 22 erkennen läßt. c_f liegt für einen

Geschwindigkeitsgrad von 0,15 wesentlich unter dem von Hoppersaugern, steigt aber bis auf 0,22 bei einem Geschwindigkeitsgrad von 0,4. Dementsprechend sinkt c_v von 40 bis auf 13 ab.

Abb. 23 zeigt die Widerstandskurve des Motorschleppers „Albatros" von 260 PS mit den Abmessungen 19,5×5,5×2,5 m. Das Hauptspant besitzt eine eingetauchte Fläche von 7,7 m² bei einem Tiefgang von 1,9 m, der Widerstand bei der Schleppgeschwindigkeit von 12 km/h beträgt nur 365 kg, während er bei einer Freifahrtgeschwindigkeit von 19 km/h auf 2150 kg ansteigt. Wenn der Anstieg quadratisch wäre, würde man nur auf $365 \cdot 19/12 = 910$ kg kommen, man ersieht daraus, daß das Gesetz des quadratischen Anstieges in diesem Falle auch nicht annähernd eingehalten wird. Bei der Schleppfahrt hat c_f einen Wert, der mit 0,085 nur etwa $^1/_3$ von dem einer Schute in Holländer Form von 350 m³ Laderauminhalt ausmacht. Da die eingetauchte Hauptspantfläche der Schute die 2,5fache Größe von der des Schleppers besitzt, beträgt sein Widerstand nur etwa 12% von dem der Schute. Dies gilt allerdings nur für Hafenbetrieb und ändert sich bei einem Flußschlepper, der im Verhältnis zur Schute größer sein muß und, gegen den Strom fahrend, eine genügende Geschwindigkeit gegenüber dem Ufer erreichen soll.

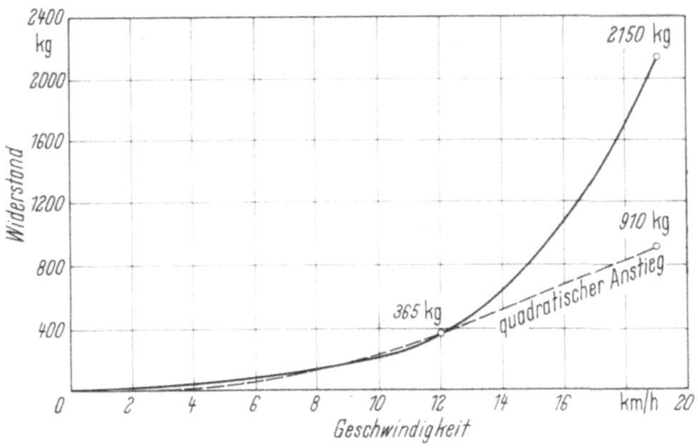

Abb. 23. Eigenwiderstand des Schleppers „Albatros" mit 260 PS Motorleistung und Abmessungen 19,5×5,5×2,5 in Abhängigkeit von der Geschwindigkeit (starker Widerstandanstieg von der Schleppgeschwindigkeit zur Freifahrtsgeschwindigkeit)

Spülerschuten der Holländer Form, wie sie allgemein verwendet werden, haben einen parallelwandigen Mittelteil auf $^3/_4$ der Schiffslänge. An beiden Enden läuft der Boden auf und die Schwimmfläche ist gerundet. Es wurde schon angegeben, daß der Völligkeitsgrad der Verdrängung für die leere Schute 0,8 und für die beladene 0,9 beträgt. Nachstehend sind in Tab. 3 die Ergebnisse von Messungen des Trossenzuges für eine beladene Spülerschute von 350 m³ Laderauminhalt mit den Abmessungen 42×7,8×2,75 m angegeben. Dabei beträgt das Eigengewicht der Schute 135 t, das Gewicht der Ladung 565 t und somit das Gesamtgewicht 700 t, $V^{2/3} = 78{,}8$ und die eingetauchte Hauptspantfläche $F_h = 18{,}5$ m² bei einem Tiefgang $Tg = 2{,}37$ m.

Tabelle 3. *Widerstandsmessungen an einer Spülerschute von 350 m³ Laderauminhalt*

Geschwindigkeit km/h ...	7,8	9,1	10,9
Geschwindigkeitsgrad ...	0,106	0,123	0,149
Trossenzug in kg	1200	1600	2100
Hiernach berechnet c_f ...	0,273	0,265	0,240
Hiernach berechnet c_v ...	15,65	16,1	17,7

Aus der geringen Streuung der Widerstandsbeiwerte ist hier eine weitgehende Übereinstimmung mit dem Gesetz des quadratischen Widerstandsanstieges erkennbar, die auf die geringen Geschwindigkeitsgrade von 0,106 bis 0,149 zurückzuführen ist. Unter Berücksichtigung von weiteren zahlreichen Messungen lassen sich für beladene Spülerschuten die Durchschnittswerte angeben:

$$c_f = 0{,}250 \text{ und } c_v = 18$$

Die Holländer Form hat bei Schuten den Vorteil der einfachen Herstellung und des Fortfalles überstehender Teile vorne und hinten, die beim Anlegen und Ablegen hinderlich sind. Der Widerstand bleibt dabei in erträglichen Grenzen bei den Geschwindigkeiten, die im Hafenbetrieb gegeben sind. Andere Verhältnisse treten auf, wenn man auf stark strömenden Flüssen die Stärke des Schleppers bis auf 3 PS/m³ Laderauminhalt steigert, um große Schleppgeschwindigkeiten durchs Wasser als Überschuß gegen die hohe Stromgeschwindigkeit zu erreichen. Dann muß man zu anderen Formen übergehen, um den Widerstand herabzusetzen. So wurde für eine Donau-Schute mit den Abmessungen 31 × 6,5 × 1,8 m und einem Tiefgang von 1,5 m in beladenem Zustand bei einer Verdrängung von 270 m³ eine schlankere Form erprobt. Modellversuche ergaben bei Geschwindigkeitsgraden von 0,159 bis 0,233, welche den Schleppgeschwindigkeiten von 10 bis 14 km/h durchs Wasser entsprechen, Widerstandsbeiwerte c_f von 0,1 bis 0,125 und c_v von 44 bis 32. Die höheren Herstellungskosten würden sich in diesem Falle lohnen, da bei Anlegemanövern im strömenden Fluß die überkragenden Schiffsenden nicht stören.

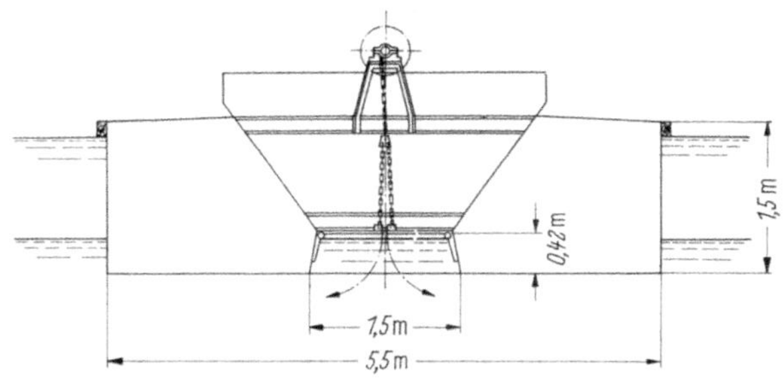

Abb. 24. Klappschute 60 m³, Abmessungen 30 × 5,5 × 1,5 und Oberklappen mit darunterliegendem vorn und hinten geschlossenen Kanal, der den Widerstand erhöht. Tiefgang leer 0,35 m, beladen 1,35 m

Klappschuten besitzen im allgemeinen, soweit sie nicht selbstfahrend sind, ebenfalls die Holländer Form, aber es ergeben sich Unterschiede durch die Anordnung der Klappen. Eine Schute mit Unterklappen in Schiffsbodenhöhe von 300 m³ Laderauminhalt mit den Abmessungen 45 × 6,85 × 2,75 m, bei einem Tiefgang von 2,25 m in beladenem Zustand, wurde in Rostock von einem 260 PS Schlepper gezogen. Dabei wurde ein Trossenzug von 2300 kg bei einer Geschwindigkeit von 12,1 km/h gemessen. Das ergibt auch wieder die Widerstandsbeiwerte $c_f = 0{,}25$ und $c_v = 16$. Auch die Klappschute der Bauart von MARNITZ (s. Kap. Schuten) bei denen die Unterkante der Klappen etwas über dem Schiffsboden liegt, erreichte die gleichen Werte, wie Spülerschuten.

Wenn dagegen nach Abb. 24 eine Schute Oberklappen besitzt, die beim Öffnen nicht unter dem Schiffsboden herausschlagen sollen und somit bei geschlossenen Klappen ein Hohlraum entsteht, dann wird der Widerstand größer. Die abgebildete Klappschute mit den Abmessungen 30 × 5,5 × 1,5 m und 60 m³ Laderauminhalt wurde, beladen mit einem Tiefgang von 1,35 m, bei einer mittleren Geschwindigkeit durchs Wasser von 13,2 km/h = 3,65 m/sec mit einem Trossenzug von 1575 kg geschleppt. Danach läßt sich c_f mit 0,34 und c_v mit 14 errechnen. Diese Widerstandswerte liegen um etwa 35% ungünstiger als bei Spülerschuten mit glattem Boden. Dabei hatte hier der Hohlraum unter den Klappen keine Querträger, welche den Widerstand noch wesentlich höher setzen würden. Man sollte dies auf alle Fälle vermeiden und auch den Kanal nicht an beiden Enden durch senkrechte Wände abschließen, sondern ihn allmählich auslaufen lassen. Auch auf die Seitenklappschuten ist hinzuweisen, die einen ganz glatten Boden, geringen Tiefgang und deswegen günstige Widerstandswerte haben. Wegen ihrer sonstigen Nachteile wurden sie in Deutschland bisher nur in kleinen Größen verwendet, während man sie in Amerika bis zur Mittelgröße von 150 m³ baut.

Widerstand von leeren Schuten. Bei leeren Schuten geht der Widerstand nicht in dem Maße gegenüber beladenen zurück, wie es der Abnahme der Verdrängung oder der eingetauchten Hauptspantfläche entspricht. Der Schiffsboden bleibt als Fläche, die Reibungswiderstand erzeugt, bestehen und läßt diesen nur unwesentlich absinken. Bei der Klappschute von 300 m³ mit glattem Boden, von der schon die Rede war, wurde in leerem Zustand bei einem Tiefgang von 0,67 m ein Trossenzug von 1250 kg bei einer Geschwindigkeit von 13,4 km/h gemessen. Hierfür ergibt sich ein $c_f = 0{,}39$. Dagegen ist eigenartigerweise c_v mit 18 gleichgeblieben. Die Schleppgeschwindigkeit der leeren Schuten liegt, ähnlich wie bei Hoppersaugern, um etwa 10% höher als die der beladenen. Bei Klappschuten mit

Oberklappen ist der Unterschied noch geringer, man kann ungefähr mit der gleichen Schleppgeschwindigkeit für beide Zustände rechnen.

Für *Eimerkettenbagger* mit Fahrantrieb sind Widerstandsbeiwerte sehr schwer anzugeben. Für einen Bagger mit zwei Schrauben neben dem Schlitz und guter Schiffsform wurde c_f mit 0,3 festgestellt, während der Beiwert bei Baggern mit rechteckiger Form, die gegen das Schlitzende fahren, auf das Doppelte ansteigen kann.

Für bahnverladbare *Pontons* mit Abmessungen $17{,}5 \times 2{,}8 \times 1{,}6$ m nach Abb. 4 mit auflaufendem Boden bei rechteckiger Schwimmfläche wurde bei Modellversuchen ein Widerstandsbeiwert $c_f = 0{,}3$ festgestellt, der nur etwas höher liegt als der von Schuten der Holländer Form. c_v wurde mit 14 ermittelt.

Abb. 25. Schleppen eines Schwimmkranes von 100 t Tragfähigkeit mit breitem und flachem Schwimmkörper bei starkem Bodenauflauf. Aufnahme LMG Lübeck

Ließ man dagegen den Bodenauflauf fortfallen, machte also den Schiffskörper rein quaderförmig, so stieg c_f mit 0,9 auf das dreifache, da sich vorne ein starker Wasserstau und hinten ein kräftiges Wirbelfeld bildeten. Der Bodenauflauf ist wichtiger als eine Zuschärfung der Schwimmfläche. In den USA werden deshalb Schuten, Prähme, Leichter u. dgl. mit rechteckiger und nur an den Ecken leicht gerundeter Schwimmfläche und auflaufendem Boden hergestellt. Es sind dort auch Modellversuche mit verschiedenen Formen durchgeführt worden. Mit runder Kimm und etwas Schiffsform kommt man auf $c_f = 0{,}25$, die Streuungen sind auch bei diesen Versuchsergebnissen sehr stark.

Abb. 25 zeigt einen Schwimmkran hinter einem Schlepper. Er hat eine Tragfähigkeit von 100 t und einen Schwimmkörper mit den Abmessungen $33{,}5 \times 21 \times 3$ m. Der Tiefgang beträgt 1,4 m und der Bodenauflauf ist sehr stark. Bei Modellversuchen wurden Werte von c_f mit etwa 0,20 und c_v mit 18 ermittelt. Das ist bei einem Verhältnis von $L/B = 1{,}6$ bemerkenswert und läßt den großen Wert des Bodenauflaufes in bezug auf den Widerstand erkennen.

Sehr ungünstig werden aber die Verhältnisse, wenn der Tiefgang im Verhältnis zur Länge groß und kein Bodenauflauf vorhanden ist.

Abb. 26 zeigt das Schleppen eines Betonkastens im Nord-Ostsee-Kanal durch einen vorgesetzten Hauptschlepper und zwei seitliche Stützschlepper. Er hat die Abmessungen $32 \times 8 \times 11$ m und einen Tiefgang von 6,4 m, die Schleppgeschwindigkeit im Kanal betrug 6,4 km/h = 1,67 m/sec. Eine Messung des Trossenzuges konnte nicht durchgeführt werden. Der Stau vor der Stirnfläche des Kastens trotz der geringen Geschwindigkeit, die Leistung der Schlepper von 900 PS, 700 PS und 400 PS, und andere Umstände lassen auf einen sehr großen Widerstand schließen. Da obendrein der Boden nicht glatt ist, sondern Wirbelkammern enthält, kann man den Widerstandsbeiwert c_f als über 1 liegend schätzen.

Um einen Anhalt für den Widerstand *quergestellter* Schiffskörper zu bekommen, wurden an einer Klappschute mit den Abmessungen $27 \times 6 \times 1{,}5$ m und 60 m³ Laderauminhalt auf dem Inn bei einer Strömungsgeschwindigkeit von 4,5 km/h = 1,3 m/sec Messungen vorgenommen. Die Schute hatte hochliegende Klappen und unbeladen einen Tiefgang von 0,4 m. Wenn sie, wie üblich, in der Längsrichtung lag, betrug der Seilzug 150 kg, während in der Querstellung mit zwei Dynamometern zusammen 850 kg gemessen wurden. Dabei

Abb. 26. Schleppen eines Betonkastens mit hohem Widerstand infolge großen Tiefganges und Wirbelkammern im Boden, sowie mangelhafter Steuerfähigkeit.

stellte sich die Schute schräg, so daß der Tiefgang auf der angeströmten Seite auf 0,57 m anstieg. Eine Berechnung der Widerstandsbeiwerte ist schwierig, da die eingetauchte Hauptspantfläche nicht einwandfrei festzustellen ist. Das Verhältnis der Widerstände von 850/150 = 5,67 entspricht aber ungefähr dem Verhältnis der angeströmten Flächen. Der Widerstandsbeiwert c_f ist somit in beiden Fällen etwa gleich und liegt mit ungefähr 0,8 sehr hoch. Das kann darin begründet sein, daß die Schute unbeladen ist und für diesen Zustand die Wirbelbildung im Kanal unter den Klappen einen verhältnismäßig hohen Zusatzwiderstand ergibt.

Zusammenstellung der Widerstandsbeiwerte. In der Tab. 4 sind die vorangehend ermittelten Widerstandsbeiwerte zusammengestellt. Man erkennt eine starke Schwankung etwa im Verhältnis 1:10 und findet dadurch bestätigt, daß weder die Flächenformel noch die Verdrängungsformel im Sinne der Mechanik Berechnungsformeln sind, sondern nur Bezugsgrößen für Meßwerte abgeben. Es sei erwähnt, daß sogar Versuche mit mathematischen Gebilden, wie kreisförmigen Platten, Kugeln u. dgl. unter Wasser, also bei Fortfall des wellenbildenden Widerstandes, keine eindeutigen Widerstandsbeiwerte ergeben. Die Werte der Tabelle können aber doch für den jeweiligen Fall einen gewissen Anhalt geben, zumal ein Fehler von beispielsweise 30% in der Widerstandsberechnung nur eine Abweichung von 11,5% bei der Geschwindigkeit ergibt.

Schwimmgeräte, die keinen Antrieb besitzen und beim Arbeiten nur Bewegungen durch Verholwinden ausführen, werden beim Transport zwischen den Einsatzstellen geschleppt.

Für die Überführung müssen die Schlepper so stark sein, daß sie ihren Anhang auch bei schlechtem Wetter beherrschen. Der Anhang besteht meist aus zwei Fahrzeugen, wie Eimerkettenbagger oder Sauger mit einer oder zwei Schuten. Der Widerstand des Anhanges ist meist nicht von großer Bedeutung, da die Schleppgeschwindigkeit aus vielen Gründen nicht hoch sein kann.

Tabelle 4. *Zusammenstellung von dimensionslosen Widerstandsbeiwerten für Schwimmkörper von Baggergeräten*

	Widerstandsbeiwerte nach der Flächen-Formel c_f	Widerstandsbeiwerte nach der Verdrängungs-Formel c_v	Geschwindigkeitsgrad $v/\sqrt{g \cdot L}$
Schlepper beim Schleppen	0,075	35,3	0,20
Schlepper in Freifahrt	0,186	14,6	0,36
Hoppersauger beladen	0,130	28,5	0,20
Holländer Spülschute beladen	0,250	18,0	0,15
Holländer Spülschute leer	0,40	10,0	0,19
Klappschute mit hochliegenden Klappen beladen	0,34	14,2	0,21
Desgl. leer	0,73		0,18
Klappschute quergestellt	0,915		0,17
Ponton mit auflaufendem Boden an den Enden	0,30	14,0	0,20
Desgl. mit senkrechten Stirnwänden	0,90	5,4	0,20
Eimerkettenbagger	0,30		
Schwimmkran-Ponton	0,167	19,4	0,20

Aus dem vorangegangenen ist zu erkennen, daß bei den Schwimmkörpern der Baggergeräte ein Abweichen von der Quaderform, die gute Tragfähigkeit und Stabilität sowie die Möglichkeit der einfachen Herstellung ergibt, nicht zweckmäßig ist.

Literatur

Westdeutscher Schiffahrts- und Hafenkalender 1959 (Weska 1959)

KEMPF: Wirtschaftliche Geschwindigkeiten bei Fahrt auf flachem Wasser. Werft, Reederei, Hafen, Jahrgang 1923, H. 23.

Handbuch der Werften 1956, Hamburg: Hansaverlag.

ULRICH/DANKWARDT: Konstruktions-Grundlagen für Schiffsschrauben. Leipzig: Fachbuchverlag 1956.

BRAUN, K. TH.: Zwei Beträge zu schiffstechnischen Fragen bei Eimerkettenbaggern, Schiffstechnik Juni 1960.

Ports and Dredging No. 46, Herausgegeben von IHC-Holland.

THODE, H.: Zur Stabilität von Schwimmbaggern, „Hansa" 1962, H. 4.

M. Maschinenanlagen auf Schwimmbaggern

1. Allgemeines über Maschinenanlagen auf Baggergeräten. Verhalten der Leistungsverbraucher und der Leistungserzeuger

Die Erfindung der Dampfmaschine durch JAMES WATT war die Vorbedingung für den Bau von leistungsfähigen Baggergeräten. Die Maschinen wurden zunächst in England, dem Ursprungsland der Erfindung, später auch in anderen Ländern hergestellt. Bis zum Aufkommen der Verbrennungsmotore um die Jahrhundertwende lieferten Dampfmaschinen fast ausschließlich die Antriebskraft für Baggergeräte und sind auch heute noch verbreitet, da sie einfach, betriebssicher und unempfindlich gegen Witterungseinflüsse sind und Überlastungen ohne Schaden vertragen können. So ergibt sich ein störungsarmer Betrieb, bei dem Störungen größtenteils leicht zu beheben sind. Allerdings haben in letzter Zeit die anderen Antriebsarten die Dampfanlage vielfach in dieser Beziehung erreicht, so daß ihr schlechter thermischer Wirkungsgrad, der nachfolgend beleuchtet wird, kaum noch einen Ausgleich findet.

Die *Leistung* einer Maschine ist das Produkt aus Kraft und Geschwindigkeit, bei einer Drehbewegung demnach das Produkt aus *Drehmoment* und Winkelgeschwindigkeit, oder der dieser proportionalen *Drehzahl.* Die Leistung wird meistens in PS gemessen, wobei 1 PS = 75 kgm/sec ist. Das angelsächsische Maß weicht von dem metrischen etwas ab, da ein HP (horsepower) = 1,014 PS ist. Für elektrische Maschinen ist kW (Kilowatt) die Leistungseinheit, die gleich 1,36 PS ist. 1 PS ist gleich 0,736 kW.

Bei den auf Schwimmbaggern verwendeten Kraftmaschinen wird die Energie aus Brennstoffen bzw. Kraftstoffen gewonnen. Der thermische *Wirkungsgrad* ist das Verhältnis zwischen der gewonnenen und aufgewandten Energie. Um einen Vergleich zu ermöglichen, wird die gewonnene Energie im Wärmemaß ausgedrückt. Eine PS-Stunde ist als Arbeitsmenge infolge der Äquivalenz von Arbeit und Wärme eine Wärmemenge von $75 \times 3600/427 = 632$ kcal (Kilogramm-Kalorien). Verbraucht beispielsweise eine Kolbendampfmaschine pro PS_i und Stunde 7 kg Dampf und 1 kg Kohle mit einem Heizwert von 6320 kcal, so ist ihr Wirkungsgrad $632/6320 = 10\%$. Der erhebliche Verlust von 90% setzt sich etwa folgendermaßen zusammen: 28% im Kessel durch die mit den Rauchgasen und durch Strahlung abgehende Wärme, 58% im Kondensator durch die mit dem Kühlwasser abgehende Wärme sowie 4% durch Strahlung und Reibung in der Maschine.

Die großen amerikanischen Hoppersauger und Schneidkopfsauger haben Turbinen, deren Leistung im Gegensatz zu den Dampfkolbenmaschinen in effektiven Pferdestärken, also PS_e, angegeben wird. Der Dampf wird in ölgefeuerten Wasserrohrkesseln mit hohem Druck und Überhitzung erzeugt. Derartige Anlagen verbrauchen pro PS_e und Stunde etwa 3,5 kg Dampf und 0,39 kg Heizöl mit einem Heizwert von je 10000 kcal. Ihr Wirkungsgrad ist also $632/3900 \sim 16\%$ effektiv.

Wesentlich höhere thermische Wirkungsgrade erreicht der Dieselmotor. Hier rechnet man für Überschlagsrechnungen bei kleineren Einheiten mit 0,2 kg/PS/h an Kraftstoff mit 10000 kcal, was schon einen Wirkungsgrad von $632/2000 = 31{,}5\%$ ergibt.

Hat eine Dampfmaschine von 1700 PS_i mit täglich 15 Betriebsstunden in einer Woche 90 Betriebsstunden, so ist der Verbrauch bei Kohlefeuerung $1700 \times 1 \times 90 = 153000$ kg; bei Ölfeuerung etwa 100000 kg. Bei Dieselmotoren von 1700 PS und einem spezifischen Kraftstoffverbrauch von 0,170 kg/Ps/h kommt man auf $1700 \times 0{,}170 \times 90 = 26000$ kg.

Diese Verhältnisse ändern sich aber noch weiter zuungunsten des Dampfbetriebes. Er erfordert noch eine Hilfsmaschinenanlage im Maschinenraum mit mehr Leistung als beim Dieselbetrieb, auch haben die bei Baggergeräten erforderlichen Winden einen unverhältnismäßig hohen Dampfverbrauch. Außerdem paßt er sich dem wechselnden Leistungsbedarf bei zeitweiligem Stillstand, dem intermittierenden Betrieb, schlecht an und erfordert noch besondere Anheizzeiten, im Gegensatz zum Dieselmotor, der nur die verlangte Leistung herzugeben hat und in Betriebspausen abgestellt werden kann.

So wurde im geschilderten Fall mit 1700 PS Nennleistung bei 90 Betriebsstunden nur ein Verbrauch von 17000 kg Dieselöl festgestellt, während für eine Dampfanlage unter ähnlichen Bedingungen, es handelt sich um einen Dampfspüler, 160 t Kohle, also gewichtsmäßig das 9,4fache verbraucht wurde. Das erforderte eine zweimalige Kohlenübernahme während der Betriebswoche mit Betriebsunterbrechung. Da bei Baumaschinen trotz schlechter maschinentechnischer Wirkungsgrade mitunter doch ein guter Erfolgsgrad erzielt wird, ist der Dampfantrieb noch nicht vollkommen ausgeschieden. Es werden heute noch Hopperbagger, Löffelbagger, Greiferbagger und Schlepper und, wenn auch selten, Eimerkettenbagger mit ihm ausgerüstet.

Die Leistung einer Antriebsmaschine als Ganzes ist meist nicht maßgebend, sondern es kommt bei Baggergeräten darauf an, daß beide Teile, also *Drehmoment* und *Drehzahl* in bestimmter Größe geliefert werden.

Die Beziehung zwischen diesen drei Größen ist dadurch gegeben, daß die Leistung das Produkt aus Drehmoment und Winkelgeschwindigkeit ist. Es gilt die Gleichung $N = \mathfrak{M} \cdot 2\pi \frac{n}{60 \cdot 75}$ und demnach $\mathfrak{M} = 716 \cdot N/n$.

Hierin ist:

$\mathfrak{M}$ das Drehmoment in kgm
N die Leistung in PS
n die Drehzahl U/min.

Hat beispielsweise eine Dampfmaschine eine Leistung von 1000 PS bei 250 U/min, so beträgt ihr Drehmoment $716 \cdot \frac{1000}{250} = 2870$ kgm.

Ein Dieselmotor von gleicher Leistung mit 750 U/min hat nur ein Drehmoment von $716 \cdot \frac{1000}{750} = 955$ kgm. Es geht bei einem Elektromotor oder einer Turbine von 3000 U/min auf $716 \cdot \frac{1000}{3000} = 240$ kgm herunter.

Die Leistungsverbraucher auf Baggergeräten stellen verschiedene Anforderungen an Drehmoment und Drehzahl, man kann folgende Einteilung vornehmen:

Klasse I sind Antriebsmaschinen für das *Heben* beispielsweise einer Eimerleiter, eines Saugarmes, einer Schneidkopfleiter, eines Schwingpfahles u. dgl. Dabei ändert sich das durch das Gewicht bestimmte Drehmoment der Antriebsmaschine nur unwesentlich, so daß die Leistung proportional der Hebegeschwindigkeit bleibt. Allerdings kommen anfänglich zusätzliche Kräfte dadurch zur Wirkung, daß die zu hebenden Teile im Boden festsitzen oder in ihm arbeiten und die Konstanz tritt erst später ein.

Klasse II hat eine *Veränderlichkeit* des Kraftbedarfes und damit des Drehmomentes der Antriebsmaschine *ohne Gesetzmäßigkeit.* So hängt das Antriebsdrehmoment für einen Schneidkopf von den Kräften ab, die seine Messer beim Schneiden ausüben müssen, ist also abhängig von Schnittfläche und Bodenhärte, dem Auftreffen auf Steine und sonstige Hinderniskörper usw. Ein geschickter Baggermeister bemüht sich, die Kräfte in erträglichen Grenzen konstant zu halten; aber sie sind veränderlich und an keine Gesetzmäßigkeiten gebunden.

Bei einem Eimerkettenbagger hat der Kettenzug am Oberturas Bestandteile, die sich nicht stark ändern, wie das Gewicht der Eimerfüllung und die Reibung. Andererseits erhöht sich der Grabdruck an den Eimerschneiden beim Übergang von weichem auf harten Boden etwa im Verhältnis 1:6, Steine und Hinderniskörper können noch zusätzliche Kräfte ergeben. Die Drehzahl der Maschine ist der Zahl der Eimerschüttungen proportional, es besteht kein gesetzmäßiger Zusammenhang zwischen ihr und dem Drehmoment.

Die *Winden,* welche dem Eimerkettenbagger die Scherbewegung und dem Schneidkopfsauger die Schwingbewegung geben, müssen einen Seilzug ausüben, der zur Grabkraft in Beziehung steht, eine Gesetzmäßigkeit zwischen Seilzug und Seilgeschwindigkeit besteht jedoch nicht. Verholwinden gehören also in diese Klasse II. Winden für Schüttrinnen und manche andere dagegen zur Klasse I.

Löffelbagger (Dipper) sind während des Grabvorganges zur Klasse II, nach dessen Beendigung jedoch zur Klasse I zu rechnen. Ähnlich liegt es bei den Eimerseilbaggern und Greiferbaggern. Letztere arbeiten allerdings größtenteils als Hebezeuge.

Schließlich sind noch als sehr wichtig die *Generatoren* für die Erzeugung elektrischer Energie zu erwähnen, die auf Baggern immer mehr verwendet werden. Bei ihnen ist die Belastung und damit das Drehmoment stark veränderlich und an keine Gesetzmäßigkeit gebunden. Dabei muß aber ihre Drehzahl sowohl bei Drehstrom wie auch bei Gleichstrom konstant gehalten werden, so daß besondere Regeleinrichtungen erforderlich sind. Bei den Antriebsmaschinen für die Druckölpumpen, die mit der Zunahme des hydraulischen Antriebes viel auf Baggergeräten verwendet werden, sind die Bedingungen ähnlich, aber leichter erfüllbar.

Klasse III sind Leistungsverbraucher mit Wasserströmung, die man als *hydrodynamische Verbraucher* bezeichnen kann. Die Propeller bei den Fahrmaschinen und die Kreisel bei den Baggerpumpen drehen sich im Wasser, dabei besteht eine Gesetzmäßigkeit zwischen ihrer Drehzahl und dem Drehmoment. Das Drehmoment ist annähernd dem

Quadrat der Drehzahl proportional. Der Proportionalitätsfaktor ist verschieden und hängt beim Propeller vom Belastungsgrad, bei der Baggerpumpe vom Drosselungsgrad und somit von der Förderweite ab.

Abb. 27 zeigt schematisch das Verhalten der Leistungsverbraucher der Klassen I und II unter Auftragung des Drehmomentes als Ordinate über der Drehzahl als Abszisse. Bei Klasse I hat durch den zusätzlichen Anfangswiderstand das Drehmoment der Antriebsmaschine zuerst eine Spitze und bleibt dann in gleicher Höhe. Die waagerechte Kennlinie führt auf den Nennpunkt A, in dem die Antriebsmaschine mit 150 PS bei einer Drehzahl von 500/min ein Drehmoment von 215 kgm entwickelt. Durch den Punkt A ist eine gleichseitige Hyperbel gezogen, für welche das Produkt aus Drehmoment und Drehzahl und damit die Leistung in Höhe von 150 PS gleich bleibt.

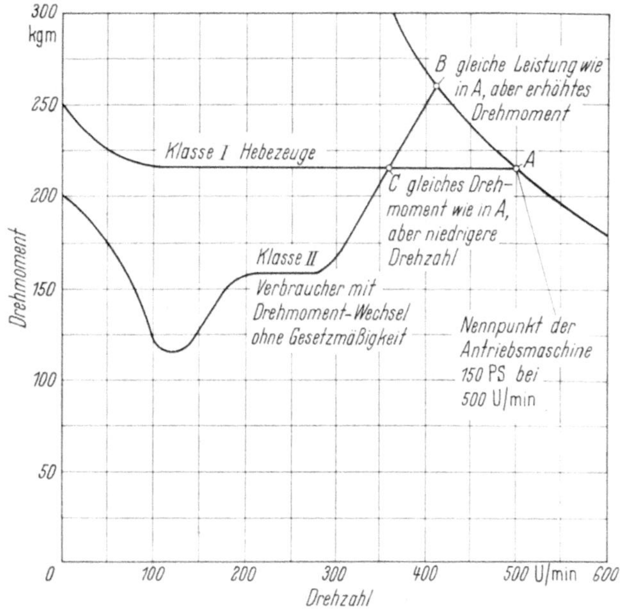

Abb. 27. Drehmoment in Abhängigkeit von der Drehzahl bei den Leistungsverbrauchern der Hebezeugklasse und solchen mit unbestimmter Veränderlichkeit

Die unregelmäßige Kurve der Verbraucher der Klasse II trifft diese Linie in B, wo die Drehzahl 410/min und das Drehmoment 260 kgm beträgt. Kann aber das Drehmoment nicht größer werden als 215 kgm, so wird C der Betriebspunkt mit einer Drehzahl von 360/min und einer Leistung von nur etwa 110 PS.

Für die Klasse III zeigt Abb. 28 das Kennlinien-Diagramm. Für eine Baggerpumpe mit 650 mm Rohrdurchmesser ist A der Nennpunkt. In ihm beträgt die Antriebsleistung 1260 PS bei 275 U/min und das Drehmoment 3270 kgm. Es steigt nach dem quadratischen Gesetz von 0 bis A bei einer Förderweite von 1850 m. Geht diese auf 300 m zurück, so erhöht sich der Proportionalitätsfaktor und das Drehmoment steigt mit wachsender Drehzahl erheblich mehr an. Würde die Pumpe bei Antrieb durch einen Drehstrommotor nach einer Kennlinie gleicher Drehzahl arbeiten, so wäre B der Betriebspunkt mit dem 2,3fachen Drehmoment und 2,3facher Leistung. Diese Leistungssteigerung kann die Antriebsmaschine nicht aufbringen. Ist es ein Dieselmotor, dessen Drehmoment über 3270 kgm nicht hinausgeht, so kommt man in den Betriebspunkt C, in dem die Drehzahl auf 180 U je min und

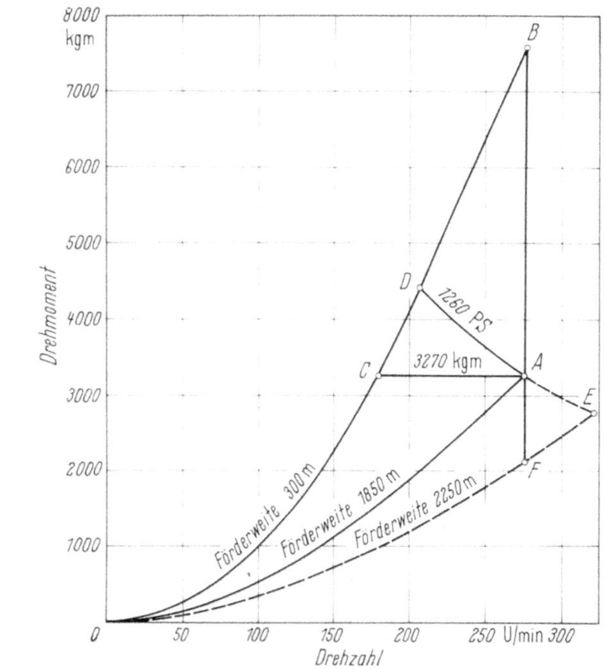

Abb. 28. Drehmoment in Abhängigkeit von der Drehzahl für die Antriebsmaschine einer Baggerpumpe bei Änderung der Förderweite (Hydraulischer Leistungsverbraucher)

die Antriebsleistung auf 825 PS abgefallen ist. Falls die Leistung gleichbliebe, was bei Antrieb durch einen Gleichstrommotor oder eine Dampfturbine möglich ist, käme man in den Punkt *D* mit 205 U/min und einem Drehmoment von 4400 kgm. Wenn die Förderweite von 1850 m auf 2250 m ansteigt, so käme die Pumpe bei gleichbleibender Antriebsleistung in den Punkt *E* mit einem zwar kleineren Drehmoment, aber einer erhöhten Drehzahl von 320 U/min. Wenn aber 275 U/min nicht überschritten werden können, ist *F* der Betriebspunkt mit 2100 kgm an Drehmoment und nur 810 PS an Antriebsleistung. Diese Zahlen gelten nur ungefähr, da für die Baggerpumpe ein gleichbleibender Wirkungsgrad vorausgesetzt ist, was in Wirklichkeit nicht zutrifft. Für den Propellerantrieb ergeben sich ähnliche Verhältnisse. Näheres darüber wird im Kapitel R (Propulsion, Schlepper usw.) gebracht. Bei hydraulischen Leistungsverbrauchen steigt also das Drehmoment gesetzmäßig ungefähr mit dem Quadrat der Drehzahl an.

Den Eigenschaften der drei Verbraucherklassen müssen sich die *Antriebsmaschinen* anpassen. Außer Dampfmaschinen werden jetzt auf Baggern Dieselmotore, Elektromotore und hydraulische Motore verwendet, u. zw. nebeneinander und in Kombination miteinander. Die Elektromotore erhalten ihre Energie in Form von Drehstrom von Land über Kabel oder durch Generatoren an Bord, die von Dieselmotoren, Dampfmaschinen oder Dampfturbinen angetrieben werden. Dabei besteht ein allgemeines Netz, das Bordnetz, nur für die Hilfsmaschinen, während für die Hauptverbraucher besondere Stromkreise gebildet werden, meist mit Gleichstrom, um die gewünschte Regelmöglichkeit zu erreichen.

Auch bei Druckölantrieb, der Hydraulik, hat man vielfach für jeden Verbrauchermotor eine besondere Ölpumpe. Als Übertragungsmittel verwendet man mitunter auch Preßluft, die dem Öl gegenüber den Vorteil der Elastizität und Unabhängigkeit gegen Rohrleitungslängen besitzt. Da man mit dem Luftdruck weit unter dem Öldruck bleiben muß, erhält man größere Zylinder und Kolben und hat bei den Bewegungen keine Zwangsläufigkeit.

Durch die Anwendung der neuen Antriebsarten wird die Bedienung der Baggergeräte immer mehr zentralisiert. Der Baggermeister sitzt in einem Bedienungshaus und steuert mit Hebeln und Druckknöpfen die Baggervorgänge, während er früher als Kolonnenführer seine Mannschaft mit Zurufen dirigierte.

Die Anforderungen an das Bedienungspersonal dürfen aber nicht zu sehr gesteigert werden. Zwar kann man bei Großgeräten hochwertige Geräteführer und Maschinisten mit ingenieurähnlicher Ausbildung beschäftigen, aber bei kleineren Geräten müssen die Maschinenanlagen so sein, daß sie auch vom Durchschnittspersonal bedient werden können. Bei elektrischen Anlagen ist es unbedingt notwendig, die Ausführung in allen Einzelheiten den Bedingungen des Baggerbetriebes anzupassen und auch die Möglichkeit längerer Stillliegezeiten unter klimatisch ungünstigen Verhältnissen zu berücksichtigen. Das ist hauptsächlich bei Unternehmergeräten notwendig, bei denen die Kosten für die Wartung und Pflege in solchen Fällen nicht zu hoch werden dürfen.

2. Dampfkolbenmaschinen und Dampfturbinen

Der Dampfantrieb mit Kolbenmaschinen ist in allerletzter Zeit stark zurückgegangen. Da aber vorhandene Anlagen noch lange weiterlaufen werden, sind die nachfolgenden Ausführungen beibehalten worden.

Die Dampfmaschine wird häufig noch mit zwei gleichen, parallelgeschalteten Zylindern und einfacher Expansion als *Zwillingsmaschine*, bei Eimerkettenbaggern für die Winden, bei den Eingefäßbaggern (Löffelbagger, Greiferbagger) auch als Hubmaschine und Drehmaschine verwendet. Mit den Kolbendurchmessern geht man bis etwa 350 mm und dem Hub bis etwa 400 mm. Das Verhältnis von Hub zu Kolbendurchmesser ist durchschnittlich 1,1 bis 1,2. Die kleinsten Zwillingsmaschinen werden für Nebenwinden verwendet und haben etwa 100 mm Kolbendurchmesser und 120 mm Kolbenhub.

Abb. 29 zeigt eine Maschine zum Antrieb der Leiterhebewinde eines Eimerkettenbaggers von 500 l Eimerinhalt, mit einer Zylinderbohrung von 250 mm und einem Hub von 320 mm. Der mittlere Druck schwankt nicht stark. Zwar liegt der Kesseldruck bei Anlagen, deren Hauptmaschinen mit dreifacher Expansion arbeiten bei 13 bis 16 atü, aber man schaltet dann ein Druckminderventil ein. Da die Rohrleitungen, die an die Winden heranführen, meist recht lang sind, beträgt der Einlaßdruck etwa 6 bis 8 atü. Die Zwillingsmaschinen arbeiten mit etwa 80% Füllung, damit sie in jeder Stellung anspringen und haben infolgedessen ein sehr völliges Diagramm. Wenn sie auch kaum mehr mit Auspuff arbeiten, so geht doch der Dampf in einen Hilfskondensator mit mäßigem Unterdruck. Infolge der langen Leitung liegt dann an der Maschine der Gegendruck höher, so daß alles in allem mit einem mittleren indizierten Druck von 5 bis 6 kg/cm² gerechnet werden kann.

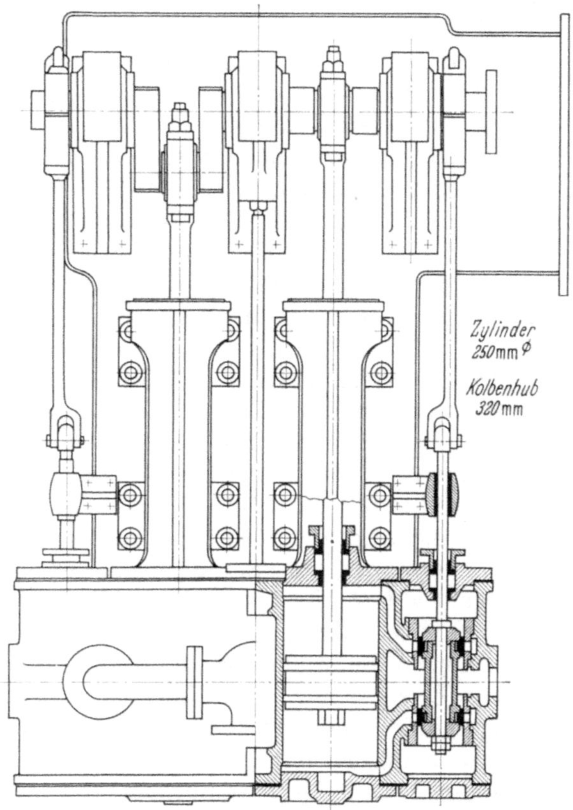

Abb. 29. Zwillingsmaschine mit zwei parallel, mit großer Füllung arbeitenden Dampfzylindern zum Antrieb der Leiterhebewinde eines Eimerkettenbaggers

Die *Leistung einer Dampfmaschine* ist gleich dem Produkt aus mittlerer Kolbenkraft in kg und der mittleren Kolbengeschwindigkeit in m/sec. Für die beiden parallelarbeitenden und doppelt wirkenden Zylinder der Zwillingsmaschine ist demnach:

$$N_i = 2 \cdot \frac{\pi}{4} d^2 \cdot p_i \frac{2s \cdot n}{60} \cdot \frac{1}{75}$$

Hierin ist:

N_i die indizierte Leistung in PS_i
d der Kolbendurchmesser in cm
p_i der mittlere indizierte Druck in kg/cm²
s der Hub in m
n die Drehzahl in der Minute

Bei den Zwillingsmaschinen wird allerdings die Drehzahl nicht längere Zeit konstant gehalten, es ist richtiger, bei ihnen das Drehmoment als Kenngröße anzunehmen.

Es ist:

$$\mathfrak{M}_i = 716 \cdot \frac{N_i}{n}$$

Hierin ist $\mathfrak{M}_i$ das Drehmoment in kgm. Der Index i läßt erkennen, daß es sich um indizierte Werte handelt. Setzt man für N_i den vorangehend gefundenen Ausdruck ein, so wird

$$\mathfrak{M}_i = 716 \cdot \frac{\pi}{4} \cdot d^2 \cdot s \cdot p_i \cdot \frac{4}{60 \cdot 75}$$

$\frac{\pi}{4} \cdot d^2 \cdot s$ ist das Volumen *eines* Zylinders, soll mit V bezeichnet und in Litern l gemessen sein; p_i wird mit 5,5 kg/cm² angenommen.

Dann ist

$$\mathfrak{M}_i = 35 \cdot V$$

Für die Maschine des Beispiels ist $V = \pi/4 \cdot 2{,}5^2 \cdot 3{,}2 = 15{,}7$ l und demnach $\mathfrak{M}_i = 35 \cdot 15{,}7 = 550$ kgm.

Läuft die Maschine mit 200 U/min, so wird die Leistung N_i

$$N_i = 550 \cdot 2\pi \cdot \frac{200}{60} \cdot \frac{1}{75} = 153\,\mathrm{PS}_i$$

was sich aus der zuerst entwickelten Leistungsformel auch unmittelbar ergibt. Es ist $N_i \sim 10\,V$.

Das oben angegebene Drehmoment ist ein mittleres indiziertes. Das wirkliche Drehmoment liegt teils darüber und teils darunter. Sein Maximum hat es, wenn die beiden um 90° versetzten Kurbeln um 45° von ihren Totpunkten entfernt sind. Kurz hinterher ist aber in einem Zylinder die Füllung beendet. Wenn die Maschine in dieser Stellung anlaufen soll, so bekommt nur der eine Zylinder Dampf, und man kann berechnen, daß nur etwa das halbe Drehmoment zur Verfügung steht. Allerdings erhöht sich bei stillstehender Maschine der Einlaßdruck und dadurch das rechnerische Anlaufmoment etwas. Beträgt aber die Füllung nur 50%, so würde es eine Stellung geben, bei welcher der eine Zylinder keinen Dampf bekommt und die andere Kurbel im Totpunkt steht. In diesem Falle hätte man also gar kein Anlaufmoment und bemißt, um dies zu vermeiden, die Füllung mit etwa 80%.

Der *Dampfverbrauch* der Zwillingsmaschine ist sehr hoch, da man annehmen kann, daß das einströmende Dampfvolumen gleich dem Zylindervolumen ist. Für die Maschine unseres Beispiels war dieses 15,7 l, bei einer Umdrehung strömt in die beiden doppeltwirkenden Zylinder das vierfache davon, also 63 l Dampf ein, bei 200 U/min, somit in der Stunde $63 \times 200 \times 60 = 755\,\mathrm{m}^3$. Für einen Einlaßdruck von 9 ata wiegt ein Kubikmeter Dampf 4,568 kg, die 755 m³ haben also ein Gewicht von 3450 kg. Dadurch erreicht der Dampfverbrauch pro PS_i und Stunde 22,5 kg. Nach Messungen wird er noch etwas höher und geht auf 25 bis 30 kg.

Derartige Maschinen entwickeln aber keine Dauerleistungen, sondern kommen jeweils nach einigen Umdrehungen wieder zum Stillstand. So rechnet man für die Leiterhebewinde unseres Beispiels nur mit 8 Minuten Laufzeit während einer Stunde. Für die ganze Windenanlage eines Eimerkettenbaggers ergibt sich ein Ausnutzungsfaktor von etwa 25%. Für einen Löffelbagger mit Zwillingsmaschinen sind es sogar nur etwa 15%.

Der mechanische Wirkungsgrad der Volldruckzwillingsmaschine liegt etwa bei 70%, die effektive Leistung der Maschine nach Abb. 29 beträgt demnach nur $153 \times 0{,}7 = 107\,\mathrm{PS}_e$. Das effektive Drehmoment hat die Größe von $550 \times 0{,}7 = 385$ kgm, entsprechend einer Kurbelumfangskraft von $385/916 = 2400$ kg.

Zwillingsmaschinen sind bequem umzusteuern und laufen in jeder Richtung an, wenn ihre Füllung nicht unter 80% heruntergeht. Man gibt ihnen meist eine Zwei-Exzenter-Steuerung, mit der man die Füllung auch bei Dauerlauf verringern kann. Bei kleinen Maschinen nimmt man die Umsteuerung auch durch Vertauschung der Dampfwege vor.

Einzylindrige Dampfmaschinen mit einfacher Expansion werden in kleinen Leistungen zum Antrieb von Kondensator-Kühlwasserpumpen und anderen Kreiselpumpen, zum Antrieb von Generatoren für Licht, Kraft u. dgl. verwendet. Da es hier nicht auf das Anspringen in jeder Stellung ankommt, kann man ihnen weniger Füllung geben und erreicht eine Herabsetzung des spezifischen Dampfverbrauches auf etwa die Hälfte.

Als neuzeitlicher Antrieb für diese Hilfsmaschinen sind die *Spilling-Dampfmotore* anzusehen. Sie laufen mit hohen Drehzahlen von 750, 1000 und 1500/min, durch kurzen Hub wird eine niedrige Kolbengeschwindigkeit, außerdem wird durch Anordnung einer gegenläufigen, durch Zahnräder angetriebenen Steuerwelle ein guter Massenausgleich erreicht. Durch gerade und kurze Dampfkanäle sowie geringe schädliche Räume soll der Dampfverbrauch bei Heißdampf auf etwa 10 kg/PS_i/h beschränkt werden. Die Maschine ist ganz gekapselt und hat Umlaufschmierung mit Zahnradpumpe und einem Ölkühler. Bei einem Zylinderdurchmesser von 160 mm und einem Kolbenhub von 70 mm leistet die Type 1 BS 7 bei überhitztem Dampf von 9 atü und einer Temperatur von 375° und etwa 1,5 bis 3 ata Gegendruck mit einem Zylinder bei 750 U/min etwa 13 bis 16 PS_i. Für den Antrieb von Generatoren wird die Maschine mit einem genau arbeitendem Regler ausgerüstet, der auch bei plötzlichen Belastungsänderungen die Drehzahl konstant hält. Es können mehrere Zylinder in einfacher Weise wie bei einem Dieselmotor nebeneinandergesetzt werden, um größere Leistungen und leichtes Anspringen zu erreichen.

Dampfkolbenmaschinen mit mehrfacher Expansion. Für größere Leistungen zum Antrieb der Oberturasse von Eimerkettenbaggern und Baggerpumpen und für Fahrmaschinen werden Dampfmaschinen mit zweifacher und dreifacher Expansion genommen.

Zur Berechnung des mittleren Druckes einer Mehrfach-Expansionsmaschine nimmt man an, daß in den Niederdruck-Zylinder unmittelbar die Dampfmenge einströmt, die vom Hochdruck-Zylinder bei dessen Füllung aufgenommen wurde, und bis auf Kondensatordruck expandiert. Ist α das Verhältnis zwischen dem Volumen von Hochdruck-Zylinder und Niederdruck-Zylinder oder, da die Hübe gleich sind, das Verhältnis der Kolbenflächen, und ε der Füllungsgrad im Hochdruck-Zylinder, so ist $\varepsilon \cdot \alpha$ der Gesamt-Füllungsgrad. Für ausgeführte Zweifach-Expansions-Maschinen von Baggern stehen die Zylinderinhalte durchschnittlich im Verhältnis 1:3,5 und für Dreifach-Expansions-Maschinen 1:2,5:6,75. Nimmt man die Füllung im Hochdruck-Zylinder mit 50% an, so kann man nach der folgenden Tabelle 5 den mittleren Druck berechnen.

Tabelle 5. *Zahlenwerte zur Leistungsschätzung von Kolben-Dampfmaschinen. Angaben über den mittleren Druck*

Expansion der Maschine	zweifach	dreifach
Durchschnittl. Kesseldruck ata	11	15
Durchschnittliches Zylinderverhältnis	1:3,5	1:2,5:6,75
50% Füllung HD-Zyl. – Gesamt Füllungsgrad	14,3%	7,4%
50% Füllung HD-Zyl. – Gesamt Expansion	1:7	1:13,5
Völligkeitsgrad des Diagrammes	0,6	0,55
Mittl. indiz. Druck pm; kg/cm²	2,8	2,2

Die allgemeine Leistungsformel für die doppelt wirkende Dampfmaschine lautet:

$$N_i = \frac{\pi}{4} D^2 \cdot p_i \cdot \frac{2s \cdot n}{60 \cdot 75}$$

Hierin ist:

N_i die indizierte Leistung in PS
D der Durchmesser des Niederdruck-Zylinders in cm
p_i der mittlere indizierte Druck in kg/cm²
s der Hub in m
n die Drehzahl pro Minute

$\frac{\pi}{4} D^2 \cdot s$ ist das Volumen des *Niederdruck-Zylinders.* Es wurde mit V bezeichnet und in Litern (l) gemessen. Bezieht man weiter die Leistung auf eine *Drehzahl* von 100 U/min und setzt die gefundenen mittleren Werte für den mittleren Druck von 2,8 und 2,2 kg/cm² ein, so wird die indizierte Leistung:

$N_i = 1{,}25 \cdot V$ für eine Zweifach-Expansions-Maschine und
$N_i = 1{,}0 \cdot V$ für eine Dreifach-Expansions-Maschine

1. Beispiel:

Die Dreifach-Expansions-Maschine für die Baggerpumpe eines Dampfspülers hat die Zylinder-Abmessungen $\frac{380 + 620 + 1000}{560}$ und damit einen Inhalt des Niederdruck-Zylinders von 440 l. Danach ist die indizierte Leistung für 100 U/min = 440 PS$_i$ und für die Nenndrehzahl von 180 U/min = 790 PS$_i$.

2. Beispiel:

Die Zweifach-Expansions-Maschine eines Dampfschleppers hat die Zylinder-Abmessungen $\frac{320 + 640}{460}$ und damit einen Inhalt des Niederdruck-Zylinders von 147,5 l. Dann ist die Leistung bei 100 U/min = 185 PS$_i$ und bei 175 U/min = 325 PS$_i$.

Diese Berechnungen sollten einen Anhalt für die Schätzung von Leistungen vorhandener Maschinen geben, da vielfach hierüber keine Angaben vorliegen. Man muß dabei die richtige Nenndrehzahl einsetzen, die bei einem Leistungsabnehmer der Klasse III, also beim Antrieb von Baggerpumpen und Propellern, festliegt. Sie ist übrigens auch dadurch begrenzt, daß die Kesselanlage imstande sein muß die erforderliche Dampfmenge zu liefern. Ferner dürfen die mittleren Kolbengeschwindigkeiten und auch die Massenkräfte nicht zu groß werden. Hiernach können für offene Maschinen in normaler Bauart nur etwa folgende Höchstdrehzahlen angesetzt werden:

Leistung in PS_i	1000	800	600	400	200
Drehzahl/min	180	190	200	210	220

Diesen Angaben liegt eine mittlere Kolbengeschwindigkeit von 2,5 bis 3,5 m/sec zugrunde. Auch wenn die Leistung genauer berechnet oder durch Indizieren ermittelt wird, darf nur die Nenndrehzahl eingesetzt werden.

Die Zylinderdurchmesser mit den angegebenen durchschnittlichen Verhältnissen bringen eine gleichmäßige Verteilung der Leistung auf die einzelnen Zylinder.

Das mittlere Drehmoment ist nach der allgemeinen Formel

$$\mathfrak{M}_i = 716 \frac{N}{n}$$

und wird für die erwähnte Dreifach-Expansions-Maschine mit 790 PS_i bei 180 U/min $= 716 \cdot \frac{390}{180} = 3150$ mkg, die mittlere Kolbengeschwindigkeit beträgt $c = 2 \cdot 0{,}56 \cdot \frac{180}{60}$ $= 3{,}36$ m/sec.

Infolge der geringen Schwankungen der Kurbelumfangskraft brauchen mehrzylindrige Maschinen kein besonderes Schwungrad, da es durch die Riemenscheiben beim Eimerkettenbagger, durch den Kreisel beim Pumpenantrieb und durch den Propeller beim Fahrantrieb ersetzt wird. Nur bei Einzylinder-Maschinen, die Generatoren antreiben, muß man Schwungräder anbauen.

Bei allen vorangehenden Berechnungen handelt es sich um *indizierte Werte* vom mittleren Druck, von der Leistung und vom Drehmoment. Die effektiven Werte, die man beim Vergleich mit Dieselmotoren heranziehen muß, sind kleiner. Der mechanische Wirkungsgrad steigt im allgemeinen mit wachsender Maschinenleistung, es gilt ungefähr:

N_i bis 100 PS_i	100—500 PS_i	500—1000 PS_i	1000—2000 PS_i
η mech. 0,65—0,75	0,75—0,85	0,85—0,90	0,90—0,92

Für die Leistungsberechnung wurde eine Füllung von 50% im Hochdruck-Zylinder angenommen. Wenn man diese auf 60 und 70% steigert, so erhöht sich die eingelassene Dampfmenge auf das 1,2fache und 1,4fache. Wenn der spezifische Dampfverbrauch der gleiche bliebe, müßten Leistung und Drehmoment in gleichem Maße ansteigen, was in Wirklichkeit nicht ganz eintritt. Es ist aber bei Dampfmaschinen möglich, durch Veränderung der Füllung das Drehmoment in gewissem Umfange zu verändern.

Ein großer Vorteil der Kolbendampfmaschine ist ihre bequeme *Umsteuerung*, man verwendet meistens die Zweiexzenter-Steuerung nach STEPHENSON. Unbedingt notwendig ist die Umsteuerung bei Schleppermaschinen, sehr erwünscht aber auch bei Maschinen für den Antrieb von Eimerketten. Bei Festklemmen durch Hinderniskörper oder beim Aus- und Einbau von Eimern ist der Rücklauf sehr willkommen. Auch bei Baggerpumpen kann man einen vom Kreisel eingeklemmten Hinderniskörper dadurch leicht freibekommen, während es ohne Umsteuerung häufig sehr mühsam ist.

Neuere Dampfmaschinen in geschlossener Bauart. Bei den Maschinen mit einfacher Expansion wurde schon die SPILLING-Dampfmotore erwähnt. Als Doppelverbundmaschine ist die Bauart Christiansen und Meyer sehr verbreitet. Ihr liegt die WOOLFsche Maschine zugrunde, jedoch sind die Hochdruck-Zylinder und Niederdruck-Zylinder nebeneinander angeordnet mit Steuerung durch *einen* Kolbenschieber für beide und Anwendung des Gleichfluß-Verfahrens nach Prof. STUMPF für die Niederdruck-Zylinder.

Abb. 30 ist ein Schnittbild der Maschine. Die beiden Hochdruck-Zylinder liegen in der Mitte, die beiden Niederdruck-Zylinder außen, dazwischen die Kolbenschieber, seitlich der Mittellinie. Die Kurbeln für Hochdruck- und Niederdruck-Zylinder sind um 180° versetzt, das eine Paar gegen das andere um 90°. Die seitlich liegende Steuerwelle wird von

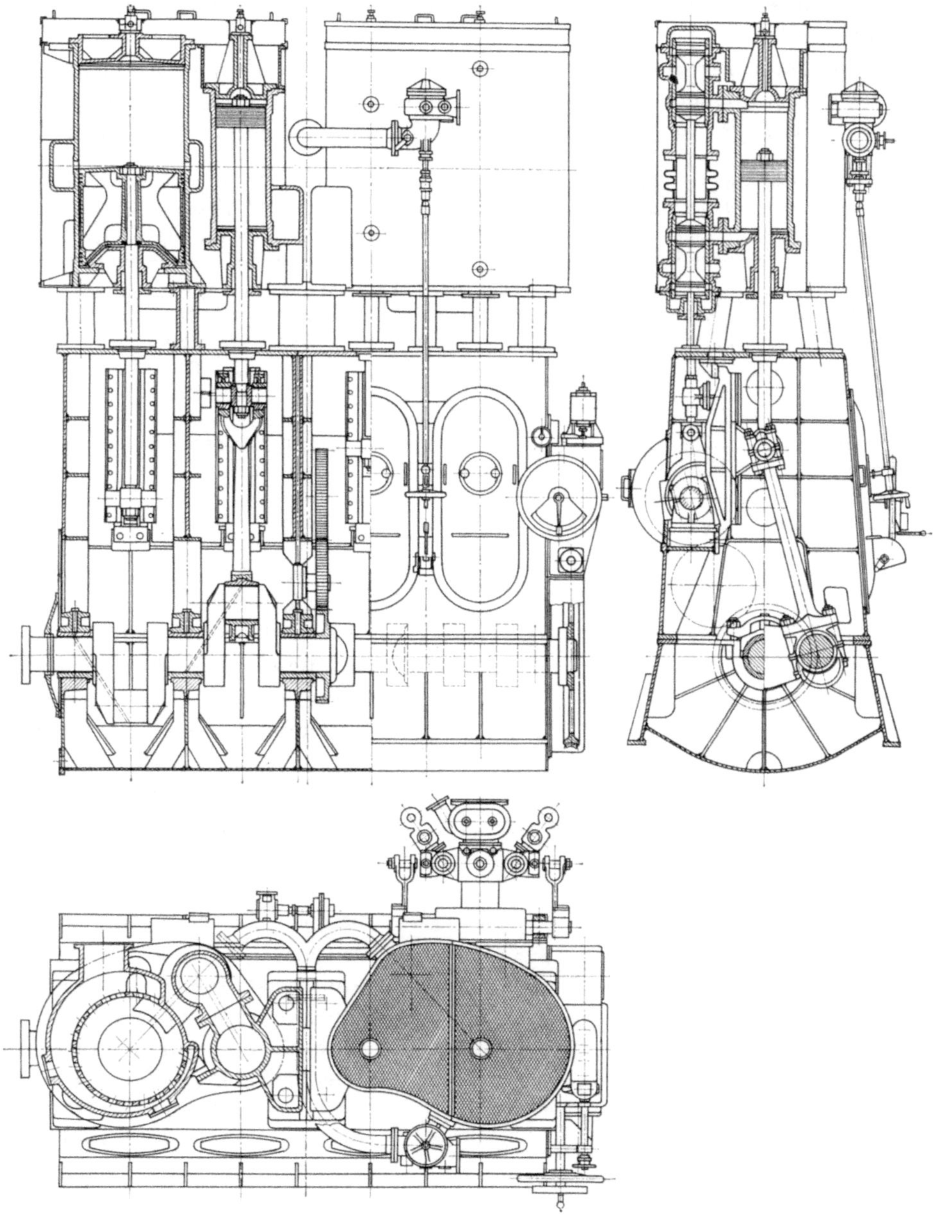

Abb. 30. Doppelverbund-Dampfmaschine der Bauart Christiansen u. Meyer mit zwei Hochdruck-Zylindern und zwei Niederdruck-Zylindern, die mit Gleichfluß des Dampfes arbeiten

der Kurbelwelle durch Zahnräder angetrieben. Der kurze und einfache Dampfweg, die nicht durch Zwischenaufnahmen unterbrochene Expansion, der schnelle Durchgang des Dampfes bei kleinen Kanalflächen sowie die wärmetechnischen Vorteile des Gleichfluß-Prinzips mit großem Ausströmungsquerschnitt zum Kondensator lassen die Maschinen in der Ökonomie die Dreifach-Expansionsmaschinen erreichen und übertreffen; gutes Anspringen ist in jeder Stellung gewährleistet. Bei Heißdampf von 16 atü und 320° Dampftemperatur, einem Vakuum von 90% und einer Füllung von 40% im Hochdruck-

Zylinder, welche als normal gilt, beträgt der spezifische Dampfverbrauch nur etwa 5 kg je PS_i/h.

Die Maschinen der Bauart Christiansen u. Meyer haben ein geschlossenes kastenförmiges Kurbelgehäuse, auf das die Zylinder mit Füßen aufgesetzt sind. Die Schmierung gleicht der von Motoren, eine von der Kurbelwelle angetriebene Zahnradpumpe drückt das Öl in die Schmierstellen.

Tab. 6 gibt Daten für die Größen von 480 bis 1100 PS_i. Es sind jeweils die höchstzulässigen Drehzahlen angegeben, die einer mittleren Kolbengeschwindigkeit von 4,5 m/sec entsprechen. Diese liegt höher als bei normalen, offenen Maschinen, was auch für den mit 3,3 kg/cm² angesetzten mittleren Druck gilt.

Tabelle 6. *Zylinder-Abmessungen, Höchstdrehzahlen, Leistungen und Gewichte von Doppel-Verbund-Maschinen der Bauart Christiansen u. Meyer bei Dampf von 16 atü und 320°, sowie 90% Vakuum. Füllung im Hochdruck-Zylinder 50%, mittlerer Druck p_i = 3,3 kg/cm², mittlere Kolben-Geschwindigkeit 4,5 m/sec.*

Größen-Bezeichnung		4,4	4,8	5,2	5,6	6
Bohrung der HD-Zyl.	mm	205	220	240	260	280
Bohrung der ND-Zyl.	mm	440	480	520	560	600
Kolbenhub	mm	440	480	520	560	600
Höchstdrehzahl	U/min	300	280	260	240	220
Leistung	PS_i	590	710	845	960	1100
Gewicht, ungefähr	kg	9500	11800	14500	17700	21500
Gewicht/Leistung	kg/PS_i	16	16,6	17	18,4	19,5
Mittl. ind. Drehmoment	kgm	1405	1815	2430	2870	3600
Mittl. ind. Tangentialdruck	kg	6400	7580	9350	10250	12000

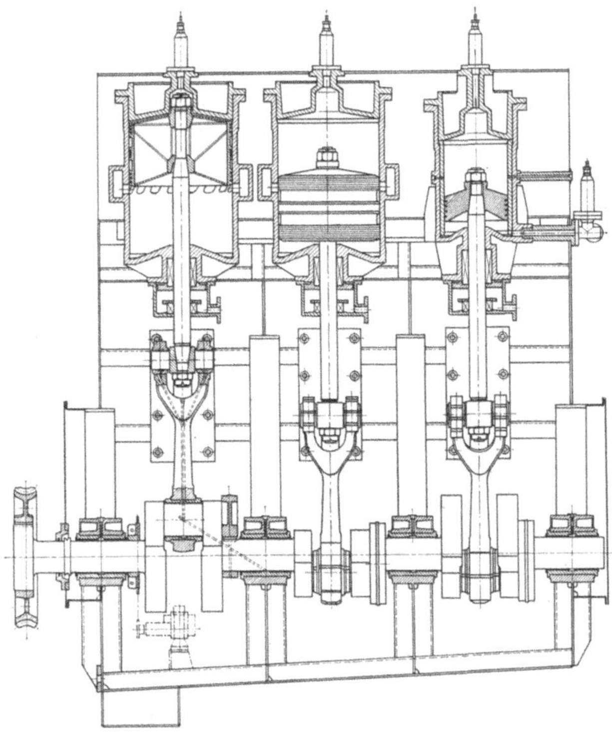

Abb. 31. Dampfmaschinen „Semi Uniflow" Bauart Smit-Brouwer mit einem Hochdruck-Zylinder und zwei parallel, bei Gleichfluß des Dampfes arbeitenden Niederdruck-Zylindern

In Holland baut man Dampfmaschinen nach dem System Smit-Brouwer, die als „*Semi-Uniflow*" bezeichnet werden. Abb. 31 läßt erkennen, daß die Maschinen 3 Zylinder haben: rechts den Hochdruck-Zylinder und links zwei parallelgeschaltete und mit Gleichfluß arbeitende Niederdruck-Zylinder. In dem Hoppersauger „Akdeniz", der im Band I im Kapitel „K" beschrieben wurde, ist eine Maschine dieser Art mit einem Durchmesser von 440 mm für den Hochdruck- und 2×700 mm für den Niederdruck-Zylinder mit 500 mm Hub, nach der Type GB 5 eingebaut und kann bei Sattdampf von 16 atü Druck 1200 PS_i bei 220 U/min leisten. Die Maschine, die sowohl zum Antrieb der Baggerpumpe als auch des Propellers dient, hat Marshal-Steuerung. Das Gewicht beträgt 28500 kg, also 21 kg/PS_i, und der Dampfverbrauch liegt auch hier etwa bei 5 kg/PS_i/h.

Regler für Dampfmaschinen. Alle Dampfmaschinen müssen einen Regler haben, der bei Aussetzen der Belastung die Dampfzufuhr absperrt und die Maschinen am Durchgehen hindert. Diese plötzliche Entlastung kann bei Baggerpumpen durch Verstopfen oder Luftsaugen, bei Propellern durch Austauchen aus dem Wasser, sowie bei den Leistungsverbrauchern der Klasse II jederzeit beim Aufhören des Grabwiderstandes eintreten. Wenig wahrscheinlich ist sie bei Hebezeugen der Klasse I, kann aber auch hier in Ausnahmefällen vorkommen. Man verwendet normale Fliehkraftregler, am besten mit Riemenantrieb, welche ein leichtgängiges Absperrorgan betätigen.

Bei den Leistungsverbrauchern der Klasse II ist ein Regler zweckmäßig, welcher die Höchstdrehzahl nach Wunsch einstellen läßt, so daß z. B. bei einem Eimerkettenbagger die Schüttungszahl bei Abnahme des Grabwiderstandes nur bis zu einem der jeweiligen Bodenart entsprechenden Höchstwert ansteigen kann. Derartige Regler, die man als *Verstellregler* bezeichnet, haben größere Kräfte auszuüben als beim Dieselmotor, wenn man sie nicht über Drosselung, sondern über Füllungsänderung wirken lassen will. Durch eine Änderung des Riemenübersetzungsverhältnisses zwischen Kurbelwelle und Reglerwelle hat man versucht, die Verstellung der Höchstdrehzahl zu erreichen, jedoch keinen Erfolg damit gehabt.

Zweckmäßig sind Preßöl-Regler, System Jahns-Thoma, bei denen die Fliehkraftgewichte einen Steuerschieber betätigen. Er läßt das von einer besonderen Pumpe erzeugte Drucköl auf einen Kolben wirken, der dann das Regelorgan betätigt. Durch diese Einschaltung von Drucköl lassen sich Verstellkräfte erreichen, die bei Dampfmaschinen die Füllung verändern können. Zur Veränderung der gewünschten Höchstdrehzahl wird durch ein Handrad, unter Einschaltung einer Feder die Gegenspannung verändert, die von den Gewichten überwunden werden muß, ehe die Druckölschieber betätigt werden.

Für die Leistungsverbraucher der Klasse III ist ein derartiger Regler nicht erforderlich, da die Pumpenkreisel und Propeller als solche wirken. Sie begrenzen die Drehzahl auf einer bestimmten Höhe und das Bestreben eines Reglers, die Drehzahl auf Nennhöhe zu bringen, würde eine Überlastung herbeiführen. Ein Sicherheitsregler, der die Überschreitung der Höchstdrehzahl bei Leerschlagen der Pumpe verhindert, muß jedoch vorhanden sein.

Daß bei Antrieb von Generatoren Regler vorhanden sind, welche die Drehzahl auf ganz bestimmter Höhe halten und eine nennenswerte Abweichung nach oben oder unten bei Änderung der Belastung verhindern, wurde schon erwähnt.

Hilfsmaschinen im Maschinenraum. Abb. 32 läßt die Kessel- und Maschinenanlage eines Eimerkettenbaggers mit Dampfantrieb erkennen. Der Kessel mit 140 m² Heizfläche und

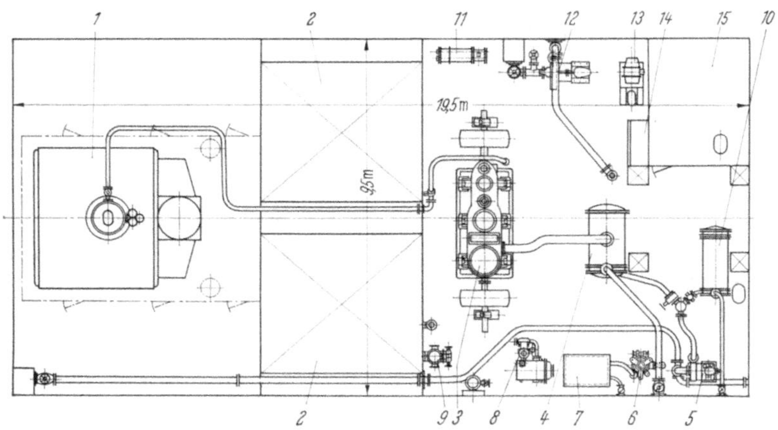

Abb. 32. Kessel- und Maschinenraum des Eimerkettenbaggers „Triton" mit Hilfsmaschinen

1 Kessel; *2* Kohlenbunker; *3* Maschine $N = 300$ PS; $n = 150$ Upm; *4* Hauptkondensator; *5* Kühlpumpe; *6* Luftpumpe; *7* Warmwasserkasten; *8* Hauptspeisepumpe; *9* Speisewasser-Vorwärmer; *10* Hilfskondensator; *11* Hilfsspeisepumpe *12* Schüttrinnen-Spülpumpe; *13* Lichtmaschine; *14* Schalttafel; *15* Vorräte und Werkstätte

16 atü Druck wird später noch in Abb. 35 gezeigt und beschrieben. Kohlenbunker neben dem Kessel hat man vermieden, um ihn bequem zugänglich zu halten und sie zwischen Kessel- und Maschinenraum angeordnet. Inzwischen wurden die Kessel wie bei vielen anderen Baggern auf Ölfeuerung umgestellt. Im Maschinenraum sieht man die quergestellte Drei-

fach-Expansions-Maschine mit den Zylinderabmessungen $\frac{260 + 430 + 700}{470}$, mit einer Leistung von etwa 300 PS_i bei 165 U/min. Der Abdampf geht in den Hauptkondensator mit 47 m^2 Kühlfläche. Ein Hilfskondensator mit 18 m^2 Kühlfläche für den Abdampf der Winden und sonstige Hilfsmaschinen ist außerdem vorhanden, wobei eine, durch eine Dampfmaschine angetriebene, an der Bordwand angeordnete Kreiselpumpe, durch beide Kondensatoren das Kühlwasser drückt. Die Saugleitung dieser Pumpe ist durch das Schiff geführt, hat ein Seeventil am hinteren Ende des Kessels und ein *zweites* im Vorschiff. Man benutzt abhängig von der Stromrichtung jeweils dasjenige, bei dem das Wasser weniger durch Baggergut verunreinigt ist. Die neben den Kühlwasserpumpen angeordnete Luftpumpe drückt das Kondensat in den Warmwasserkasten. Dies ist ein offener Speisewasserreiniger, der für Baggergeräte sehr zweckmäßig ist, da er eine Überprüfung des Reinigungsvorganges, insbesonders der Entölung ermöglicht. Aus ihm saugt die Hauptspeisepumpe und drückt das Wasser durch einen geschlossenen, unter Druck stehenden Speisewasserreiniger und einen Speisewasservorwärmer in den Kessel. An der anderen Maschinenraumwand stehen die Hilfsspeisepumpen, die Schüttrinnenspülpumpe mit einer Liefermenge von 150 m^3/h und die Lichtmaschine.

Die Wassermenge der Kühlwasserpumpe beträgt 90000 l/h, wovon 80% = 72000 l/h durch den Hauptkondensator gehen. Den Dampfverbrauch der Hauptmaschine kann man bei Vollast mit $7 \times 300 = 2100$ kg/h schätzen, so daß die Kühlwassermenge pro kg Dampf $\frac{72000}{2100} \sim 34$ l beträgt. Nimmt man an, das pro kg Dampf 600 WE im Kondensator abzuführen sind, so wird das Kühlwasser um $\frac{600}{34} = 17{,}5$ °C erwärmt. Im allgemeinen rechnet man mit einer etwas größeren Kühlwassermenge von 35 bis 50 l/kg Dampf bei Anlagen die mit Vollast arbeiten und ein gutes Vakuum haben sollen.

Der Dampf der Hilfsmaschinen geht in den Hilfskondensator, in dem ein hohes Vakuum nicht erforderlich ist. Ihr *Dampfverbrauch* kommt etwa auf 10 bis 20% von dem der Hauptmaschine. Diese Maschinenanlage kann als *konventionell* angesehen werden. Neuerdings erhalten auch Dampfanlagen vielfach Generatoren mit schnellaufenden Dampfmaschinen, wie beispielsweise den erwähnten SPILLING-Dampfmotor. Dann werden außer den Deckswinden auch die Hilfsmaschinen im Maschinenraum durch Elektromotoren angetrieben, vielfach einfachen Drehstrom-Käfig-Läufern.

Zum Schluß dieses Abschnittes seien noch einmal die spezifischen Dampfverbrauche für die verschiedenen Arten von Dampfkolbenmaschinen zusammengestellt.

Man rechnet pro PS_i und Stunde für Dreifach-Expansions-Maschinen und Doppelverbundmaschinen nach Bauart Christiansen u. Meyer bei Vollast und einer Leistung von 500 bis 1000 PS_i etwa 5 kg bei Heißdampf von 320 °C und 16 atü. Bei Naßdampf von gleicher Spannung steigt er auf 7 bis 7,5 kg an. Hierbei ist ein Vakuum von 85% angenommen. Bei Compound-Maschinen mit 10 atü Naßdampf und 80% Vakuum geht der Dampfverbrauch auf 9 bis 10 kg/PS_i/h hinauf und bei Maschinen mit einfacher Expansion bis auf 19 kg. Darüber liegen noch die Zwillings-Volldruck-Maschinen mit 25 bis 30 kg je PS_i/h.

Beim Abfall der Leistung bis auf etwa die Hälfte der Vollast fällt der Dampfverbrauch entsprechend, so daß der spezifische Dampfverbrauch nur wenig höher wird. Das trifft auch für Überlast zu. Voraussetzung ist dabei, daß man Füllungsregelung verwendet, während sich bei Drosselregelung der spezifische Dampfverbrauch erhöht.

Wie bereits erwähnt, muß man für die zur Hauptmaschinen-Anlage gehörigen Hilfsmaschinen einen Zuschlag von 10 bis 20% machen und andere Hilfsmaschinen wie beispielsweise die Winden, getrennt rechnen. Anderseits ist der Ausnutzungsfaktor zu berücksichtigen, da die Hauptmaschinen nicht dauernd mit Vollast laufen und die Winden nur zeitweise in Betrieb sind. Dadurch ist die Berechnung des effektiven Dampfverbrauches, welcher für die Bemessung der Kesselheizfläche maßgebend ist, bei Baggergeräten schwierig.

Der *Brennstoffverbrauch* ergibt sich, indem man den Dampfverbrauch durch die *Verdampfungsziffer* dividiert. Das ist die Dampfmenge in kg, die durch 1 kg Brennstoff im Kessel erzeugt wird. Sie liegt für Kohle bei 7 bis 8,5 und für Öl bei 8 bis 12. Die wirklichen Verbräuche sind weitgehend vom Ausnutzungsfaktor abhängig, da die Maschinen vielfach mit Unterbrechungen laufen, während Dampferzeugung und Brennstoffverbrauch kontinuierlich sind. Es wurde schon auf die Windenanlage bei Eimerkettenbaggern und die Löffelbagger hingewiesen, die heute noch vielfach Dampfantrieb erhalten. Die ausgeführten Kesselheizflächen schwanken sehr stark, da im Einzelfall mitunter mit besonders schlechter Kohle oder ungeeignetem Personal gerechnet wird. Daß dies bei Ölfeuerung nicht notwendig ist, bildet einen Vorteil dieser Feuerungsart.

An Schmierölverbrauch rechnet man für Kolbendampfmaschinen:

Zylinderöl für Naßdampf-Maschinen 0,02 bis 0,03 g/PS_i/h

dgl. für Heißdampf-Maschinen 0,05 bis 0,1 g/PS_i/h

Triebwerkölverbrauch 0,4 bis 0,6 g/PS_i/h.

Es sollen noch einige Angaben über den Wasserverbrauch gemacht werden, hierbei brauchen Auspuffanlagen, bei denen der Wasserbedarf gleich dem Dampfverbrauch ist, kaum noch erwähnt zu werden. Bei Anlagen mit Kondensation und umlaufendem Speisewasser ist das Leckwasser zu ersetzen. Man rechnet hierbei mit einem Verlust von 3%, der aber bei Verwendung von Zwillingsmaschinen für an Deck stehende Winden erheblich ansteigt. Nimmt man 5%, so wären bei einem Eimerkettenbagger mit 500 l Eimern und einem Dampfverbrauch von 3000 kg/h, 150 l Wasser in der Stunde zuzusetzen, bei einem 20stündigen Arbeitstag also schon 3 m^3. Da dieses Zusatzwasser, wenn es nicht gut enthärtet ist, den Kesselsteinansatz bringt, muß man den Leckverlust auf jede Weise einschränken. Gute Stopfbüchsen an den Hauptmaschinen und Einschränkung der dampfangetriebenen Hilfsmaschinen sind die Mittel dafür. Man nimmt deswegen, wie bereits erwähnt, vielfach bei Eimerkettenbaggern nur für den Turasantrieb eine Dampfmaschine, dagegen für die Hilfsmaschinen im Maschinenraum und die Deckswinden Elektroantrieb. Dann hat man im Maschinenraum nur einen Dampfgenerator, der Speisewasserverlust nimmt erheblich ab.

Der Antrieb durch Dampfkolbenmaschinen ist für die Leistungsverbraucher der Klasse II besonders geeignet und wird deshalb auch heute noch für Löffelbagger, Greiferbagger und größere Eimerkettenbagger genommen. Die Dampfmaschine hat die Fähigkeit, mit ihrer Drehzahl bis zum Stillstand unter mäßiger Steigerung des Drehmomentes zurückzugehen, einen ruhenden Druck oder Zug auszuüben und jederzeit wieder in Bewegung überzugehen. Weil das Kraftmittel, der Dampf, elastisch und kein Schwungmoment zu vernichten ist, sind Sicherheitskupplungen und sonstige Sicherungen nicht erforderlich. Bei den anderen Antriebsarten sucht man diese Eigenschaften der Dampfmaschine auch zu erreichen, was vielfach nur mit beträchtlichem Aufwand möglich ist.

Für die Hebezeuge ist die Dampfmaschine auch gut geeignet und ebenso für den Antrieb von Propellern und Baggerpumpen. Sie kann ohne Schwierigkeiten bei vollem Drehmoment mit verminderter Drehzahl und bei voller Drehzahl mit vermindertem Drehmoment arbeiten. Viele Neubauten von Hoppersaugern haben noch Dampfantrieb erhalten.

Dampfturbinen. Dampfturbinen haben bei kleiner Leistung, wie sie gelegentlich zum Antrieb von Beleuchtungsgeneratoren verwendet werden, hohe Dampfverbräuche von 15 bis 25 kg/PS/h, ähnlich wie die Volldruck-Kolbenmaschinen. Sie werden erst wirtschaftlich bei mittleren Leistungen von 500 bis 1000 PS und ganz besonders bei Leistungen von 3000 PS und höher. In den USA werden sie viel für den Antrieb von Baggerpumpen und Generatoren auf großen Schneidkopfsaugern und Hoppersaugern verwendet. Als Fahrmaschinen nimmt man sie nicht unmittelbar, weil dann eine besondere Rückwärtsturbine erforderlich ist. Diese kann man auf Handelsschiffen, die nicht häufig manövrieren und mit verminderter Rückwärtsleistung auskommen, kleiner halten als die Vorwärtsturbine.

Bei Hoppersaugern ist aber die Zeit des glatten Vorausfahrens nur ein Teil des Umlaufes, sie müssen sehr viel manövrieren. Man nimmt infolgedessen Elektromotore für den Fahrantrieb und läßt die Turbinen Generatoren für die Stromerzeugung antreiben, hat also

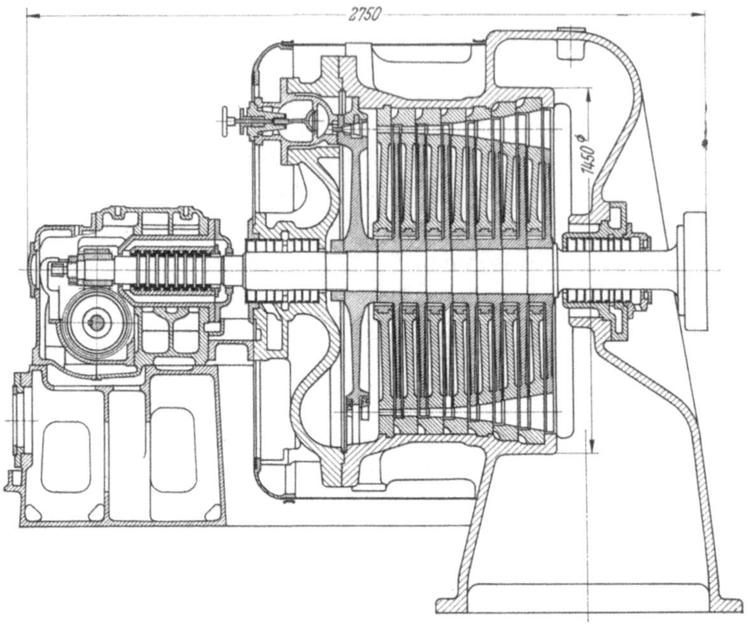

Abb. 33. Schnittbild einer Dampfturbine von 6000 PS Leistung bei einer Drehzahl von 3600 U/min, die unter Einschaltung eines Untersetzungs-Getriebes eine Baggerpumpe von 685 mm Druckrohr-Durchmesser antreibt

turboelektrischen Antrieb. Die Drehzahlen der Turbinen betragen 4000 bis 5000 U/min, werden jedoch für den Antrieb der Gleichstrom-Generatoren durch Untersetzungsgetriebe auf 500 bis 600 U/min vermindert.

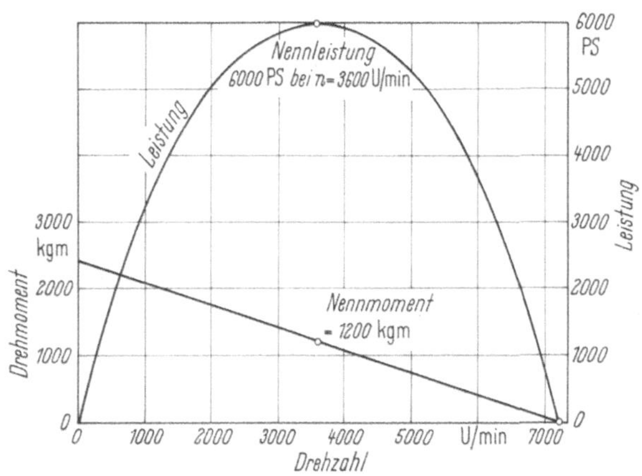

Abb. 34. Ungefährer Verlauf von Drehmoment und Leistung in Abhängigkeit von der Drehzahl bei einer Dampfturbine mit einer Nennleistung von 6000 PS bei 3600 U/min

Noch höher muß beim Antrieb von Baggerpumpen untersetzt werden. Abb. 33 ist das Schnittbild der Turbine für die Baggerpumpe eines amerikanischen Schneidkopfsaugers, welche etwa 6000 PS bei 3600 U/min leistet. Der Dampfverbrauch ist dabei nur etwa 3,65 kg/PS$_e$, so daß insgesamt 22000 kg Dampf pro Stunde gebraucht werden, welche zwei Wasserrohrkessel liefern. Man sieht, daß die Turbine 8 Laufräder hat, deren mittlere Umfangsgeschwindigkeit an den Schaufeln etwa 185 m/sec beträgt. Das Drehmoment ist mit $716 \cdot \frac{6000}{3600} = 1200$ mkg infolge der hohen Drehzahl klein, ebenso die Umfangskraft an den Schaufeln mit 2400 kg. Die Abdampfleitung hat großen Durchmesser, der Kondensator liegt dicht an der Turbine und hat ein wesentlich höheres Vakuum als bei Kolbenmaschinen. Um dieses aufrecht zu halten, sind 80 bis 120 l Kühlwasser für 1 kg niederschlagenden Dampfes erforderlich.

Abb. 34 zeigt den ungefähren Verlauf des Drehmomentes bei der Turbine. Es hat bei Stillstand den höchsten Wert und fällt annähernd geradlinig ab auf 1200 kgm bei $n = 3600$ U/min und weiter bis auf Null bei der doppelten Drehzahl. Die bei $n = 3600$ U/min erreichte *Höchstleistung* von 6000 PS fällt nach beiden Seiten ab und hat sowohl im Stillstand als auch bei 7200 U/min den Wert 0, da in einem Fall die Drehzahl und im anderen Fall das Drehmoment = 0 ist. Man kann außerdem noch die Höhe des Drehmomentes und der Leistung durch Veränderung der eingelassenen Dampfmenge ändern. Damit werden die Bedingungen für den Antrieb einer Baggerpumpe ganz besonders günstig. Ein Reduktionsgetriebe mit einer Untersetzung von 1 : 10 bis 1 : 12 ist aber in jedem Fall nötig. Die nachfolgende Zahlentabelle 7 bringt noch einige Angaben für die Dampfturbinenanlagen auf amerikanischen Hoppersaugern, von denen sich jeweils zwei Stück an Bord befinden.

Tabelle 7. *Angaben über Dampf-Turbinen-Anlagen von amerikanischen Hoppersaugern*

Name des Baggers	Goethals	Comber	Essayons
Leistung pro Turbine kW	2800	3000	3800
Dampfdruck in kg/cm²	26,5	31	40,5
Überhitzung °C	100	140	130
Dampfverbrauch kg/PS/h	3,7	3,5	3,3

3. Dampfkessel und Feuerungsanlagen

Die Energie des Brennstoffes wird im *Kessel* zur Erzeugung des Dampfes ausgenutzt, der den Energieträger bildet. Überwiegend nimmt man Großraumkessel, die man als Zylinderkessel, Schottische Kessel oder einfach als Schiffskessel bezeichnet.

Abb. 35 „Triton" zeigt einen Zweiflammrohrkessel, Baujahr 1940, mit einer wasserberührten Heizfläche von 140 m² und 16 atü Betriebsdruck für Kohlefeuerung, wie er als

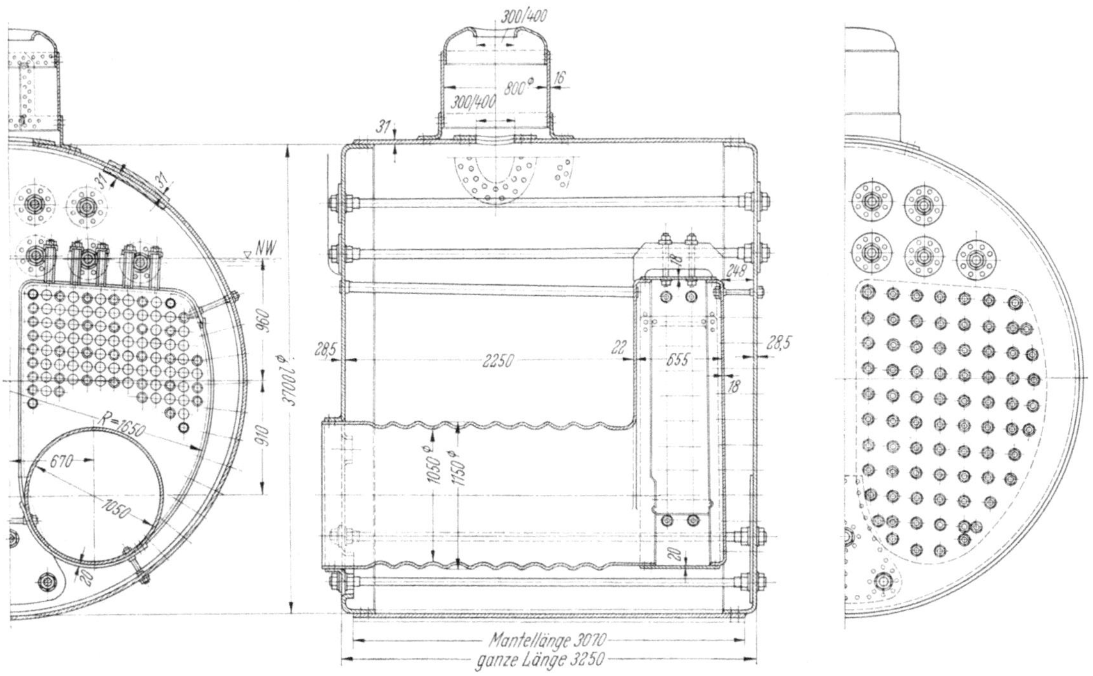

Abb. 35. Kohlegefeuerter Zweiflammrohr-Kessel für einen 650-l-Eimerkettenbagger mit 140 m² wasserberührter Heizfläche und 16 atü Betriebsdruck

bewährte Größe gelten kann. Die Siederohre machen mit 82% den größten Anteil der Heizfläche aus, jedoch ist die Heizfläche der Feuerkiste und besonders der Flammrohre wirksamer, da hier die höchsten Temperaturen herrschen. Der Kessel hat einen lichten Durchmesser von 3700 mm und eine Länge von 3250 mm, so daß sein Rauminhalt 35 m³ beträgt. Die Division des Rauminhaltes durch die Heizfläche ergibt 35/140 = 0,25 m. Der Durchschnittswert dieser Zahl liegt mit 0,22 m niedriger, man hat im vorliegenden Falle also einen geräumigen Kessel. Die Zahl bezieht sich auf die wasserberührte Heizfläche, die für gewöhnlich angegeben wird. Die um etwa 10% kleinere feuerberührte Heizfläche ist indessen für die Dampferzeugung eigentlich maßgebend.

Das Gewicht ist bei Zylinderkesseln etwa 1 t/m³ Rauminhalt und das Wassergewicht das 0,6fache davon. Hiernach wiegt der abgebildete Kessel 35 t und das Wasser im Kessel etwa 21 t. Eingeschlossen ist die Armatur, während Kesselfundament, Rauchfang, Schornstein usw. hinzukommen. Dieses Gewicht gilt für einen Druck von 16 atü, während es für 10 atü etwa um 12% niedriger ist.

Die Rostfläche des Kessels ist mit 3,78 m² = 1/37 der Heizfläche. Bei einem spezifischen Verbrauch von 90 kg Kohle pro m² und Stunde werden 340 kg/h verbraucht, bei einem Heizwert von 7000 kcal wird eine Wärmemenge von 340 · 7000 = 2380000 kcal aufgewendet. Bei einem Wirkungsgrad von 70% würden 1670000 kcal in den Dampf übergehen. Da zur Erzeugung von 1 kg trockengesättigtem Dampf von 16 atü bei vorgewärmtem Speisewasser etwa 600 kcal erforderlich sind, können 1670000/600 = 2780 kg Dampf pro Stunde erzeugt werden. Das sind etwa 20 kg/m² Heizfläche und Stunde, was für natürlichen Zug als Normalwert angesehen werden kann. Die beiden gewellten Flammrohre des Kessels haben einen Innendurchmesser von 1050 mm und einen Außendurchmesser von 1150 mm. Wesentlich höher soll man damit nicht gehen, da die Gefahr der Einbeulung dann groß wird. Somit ist die Heizfläche für einen Zweiflammrohrkessel auf etwa 150 m² beschränkt, darüber hinaus muß man zum Dreiflammrohrkessel übergehen.

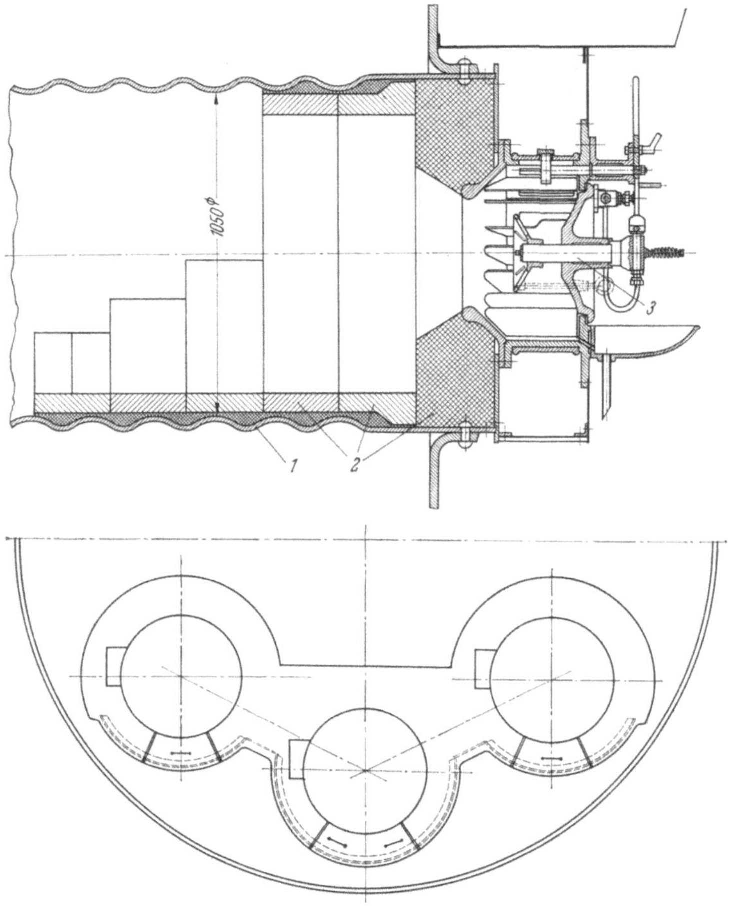

Abb. 36. Ölfeuerungsanlage für einen Dreiflammrohr-Kessel von 200 m² wasserberührter Heizfläche und 16 atü Betriebsdruck

1 Flammrohr; *2* Ausmauerung; *3* Ölbrenner

Für einen Dreiflammrohrkessel von 200 m² Heizfläche bei ebenfalls 16 atü Betriebsdruck beträgt der lichte Durchmesser 4200 mm und die Länge 3520 mm, was einen Rauminhalt von 48 m³ ergibt. Das Gewicht des Kessels beträgt also etwa 48 t und des Wassers im Kessel etwa 29 t.

Die ungleiche Höhe der drei Flammrohre erschwert die Bedienung bei Kohlefeuerung, so daß man auch aus diesem Grunde immer mehr zur Ölfeuerung übergeht.

Abb. 36 zeigt das Flammrohr des zuletzt beschriebenen Kessels mit dem Durchmesser 1000/1100 mm mit eingebauter Ölfeuerungsanlage. Es hat eine Ausmauerung aus feuerfesten Steinen und vorne eine 15 mm starke Platte zum Einbau der Ölbrenner erhalten.

Meist wird das Öl durch Pumpen auf einen Druck von 5 bis 20 atü gebracht und der Düsenplatte des rohrförmigen Zerstäubers zugeführt, zerstäubt und unter Zutritt von Druckluft verbrannt.

Neben diesem Druckzerstäuber gibt es Rotationsbrenner mit Antrieb durch eine Turbine oder einen Elektromotor, bei denen das Öl an einer rotierenden Scheibe als Film entlangläuft und am Glockenende abgeschleudert wird. Wichtig ist für Baggergeräte eine gute Regelfähigkeit, mit der sich die Ölfeuerung der wechselnden Belastung und dem intermittierenden Betrieb anpassen muß, damit ihre Vorteile zur Geltung kommen.

Bei Umstellung eines Zylinderkessels von Kohlenfeuerung auf Ölfeuerung wird ein Brennstoff mit einem im Verhältnis 10/7 höheren Heizwert verbrannt, so daß der Kessel eine größere Wärmemenge zu verarbeiten hat. Infolge der besseren Verbrennung von Öl bei geringerem Luftüberschuß und höherer Temperatur ist die Wärmeabgabe besser, so daß bei gleichbleibender Heizfläche die Abgastemperatur nicht höher wird und der Wirkungsgrad trotz der höheren spezifischen Wärmebelastung nicht absinkt. Man kann also die Dampfleistung um 20 bis 40% steigern. Man rechnet dementsprechend bei ölgefeuerten Zylinderkesseln mit einer Dampferzeugung von 25 bis 30 kg/h und m^2 Heizfläche, entsprechend einem Ölverbrauch von 2 bis 3 kg bzw. 20000 bis 30000 kcal/m^2 Heizfläche und Stunde.

Der Bunkerraum bei Öl ist infolge des höheren Heizwertes und höheren spezifischen Gewichtes nur etwa das 0,6fache dessen für Kohle. Man ist in der Anordnung viel unabhängiger und kann die Ölvorräte in Bodentanks und an anderen Stellen unterbringen, die sonst nicht zu verwenden sind. Wohl ist die Öldichtigkeit nicht ganz einfach zu erreichen und es sind Vorwärmeeinrichtungen erforderlich, wenn man billiges, dickflüssiges Heizöl verwenden will.

Häufig hat man sich bei der Umstellung von Kesseln auf Ölfeuerung dadurch beholfen, daß man zylindrische Ölbehälter auf einen Schwimmkörper gesetzt und diesen neben den Bagger gelegt hat. Da man ein solches Tankfahrzeug bequem zur Ölübernahmestelle bringen kann, hat man diese Einrichtung vielfach für dauernd beibehalten. Im Vergleich zur Kohle ist die Brennstoffmenge geringer, aber im Vergleich zum Dieselöl noch so groß, daß die Transportfrage nicht zu vernachlässigen ist. In Ländern mit niedrigem Heizölpreis hat man schon früher fast durchweg mit Öl gefeuert. In den USA kostete im Jahre 1956 bituminöse Kohle 13,5 Dollar/t, Bunkeröl 18,3 und Dieselöl 33,5 Dollar/t. Bei einem Verhältnis von 18,3/13,5 = 1,35 von Öl zu Kohle wird sich Öl immer lohnen, da der Unterschied allein durch den größeren Heizwert ausgeglichen wird. Es kommt noch die bessere Anpassungsfähigkeit an den intermittierenden Betrieb dazu und der Vorteil, daß man bei Öl mit gleichbleibender Güte rechnen kann. Bei Kohle ist dagegen nicht nur der Heizwert maßgebend, sondern auch die Beschaffenheit, die nur bei Fehlen von Zwischentransporten gleichbleibt, die aber bei Naßbaggergeräten kaum zu vermeiden sind. Enthält die Kohle viele feinkörnige Bestandteile, so fallen diese zwischen den Roststäben durch, der Verbrauch steigt dadurch unverhältnismäßig an. Da außerdem die Prüfung der bezahlten Menge nicht so einfach ist wie bei Öl und ein Teil meist anderweitig verbraucht wird, ist bei Kohle allgemein im Baubetrieb die bezahlte Menge höher als die tatsächliche, nutzbringend verbrannte. Heizöl ist also selbst bei einem verhältnismäßig höheren Preis noch billiger. In Deutschland sind die Ölpreise stark von Transportkosten, Zöllen und sonstigen Abgaben abhängig, so daß sich eine für längere Zeit gültige Vergleichsrechnung, wie für die USA, nicht machen läßt.

Neubauten werden fast durchweg mit Ölfeuerung ausgerüstet und bisherige Kohlenanlagen umgebaut, weil gute Heizer für Kohlefeuerung kaum noch zu bekommen sind.

Zum Schluß soll noch auf die *Einbeulung von Flammrohren* bei Zylinderkesseln hingewiesen werden, die sich nie ganz vermeiden lassen, da die Flammrohre im Inneren eine Temperatur von 1200 bis 1500 °C haben. Wenn die Wärmeabfuhr auf der Wasserseite durch Ablagerung von Kesselstein oder Ölansatz beeinträchtigt ist, wird die Wand über der Feuerung heiß und weich, das Rohr beult sich unter dem Einfluß des Dampfdruckes und infolge von Spannungen, die bei der Herstellung entstanden sind, ein. Das kommt häufig gerade bei neuen Kesseln vor, die noch keinen nennenswerten Kesselsteinansatz haben, es scheint so, als ob eine Ölschicht, die sich unmittelbar auf die Flammrohrwand legt, besonders gefährlich ist. Die Spannungen gleichen sich bei der Einbeulung aus, nach einer sachgemäßen Reparatur sind abermalige Einbeulungen erfahrungsgemäß selten. Um diese unangenehmen Kesselschäden auszuschließen, sollte man Flammrohre mit einer lichten Weite über 1000 mm vermeiden, für die Zusatzspeisung nur enthärtetes Wasser verwenden und der Abdampfentölung und Ölabscheidung beim Speisewasser besondere Aufmerksamkeit zuwenden.

Die beiden erwähnten Kessel haben einen Betriebsdruck von 16 atü, wie man ihn für Maschinen mit 3facher Expansion oder Spezial-Verbundmaschinen heute anwendet, während früher nur 13 atü und für die Anlage mit Verbundmaschinen normaler Bauart 10 atü als Kesseldruck üblich waren.

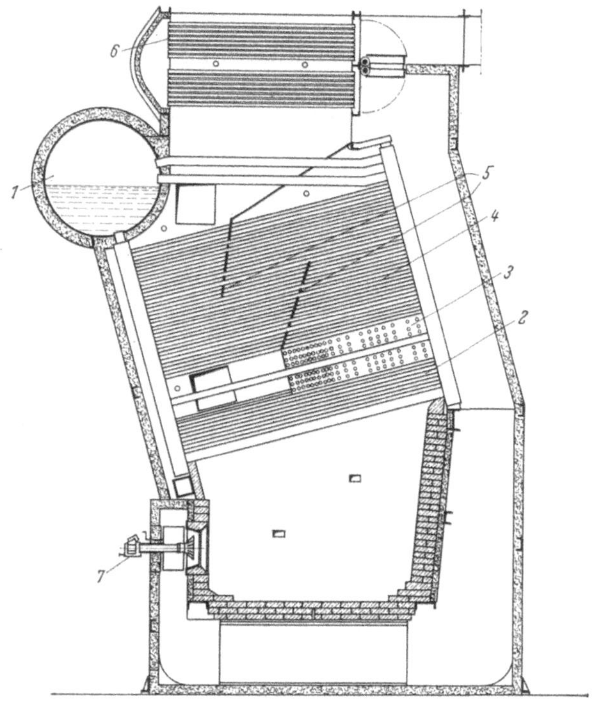

Abb. 37. Wasserrohr-Kessel von 510 m² Heizfläche in Dreizug-Sektional-Bauart mit geraden Rohren, 35 atü Betriebsdruck, Überhitzung auf 300 °C und Luftvorwärmer.

1 Dampf-Wasser-Trommel; *2* Gerade Verdampfer-Rohre 102 mm ∅; *3* Gebogene Überhitzer-Rohre; *4* Gerade VerdampferRohre 44,5 mm ∅; *5* Lenkwände für Rauchgase; *6* Vorwärmer für Verbrennungsluft; *7* Ölbrenner

Der *Wasserrohrkessel* ist in Europa bisher nur wenig, in den USA jedoch viel für die Dampfanlagen höherer Leistungen auf Hopperbaggern und Schneidkopfsaugern verwendet worden. Er hat geringeren Wasserinhalt, ist daher empfindlich gegen die im Naßbaggerbetrieb gegebene unregelmäßige Dampfentnahme und erfordert zur Erhaltung des Wasserstandes besondere Regeleinrichtungen für die Speisewasserzufuhr. Kesselsteinablagerungen stören in den engen Rohren mehr als auf den größeren Siederohren des Zylinderkessels, eine Reinigung ist nur mit besonderen Maschinen wirksam durchzuführen. Man muß deswegen den Leckwasserverlust mit allen Mitteln beschränken und das Zusatzspeisewasser weitgehend enthärten. Hierauf wird in den USA Wert gelegt und eine genaue Speisewasserüberwachung durchgeführt.

Abb. 37 zeigt einen Wasserrohrkessel mit geraden Rohren, der als Dreizug-Sektionalkessel bezeichnet wird. Der Betriebsdruck beträgt 35 atü und die Dampftemperatur 300 °C. Unten liegen Verdampferrohre von 102 mm Durchmesser im oberen Teil solche von 45 mm Durchmesser und dazwischen die Überhitzerrohre. Die Verbrennungsgase werden durch Umlenkwände in drei Zügen durchgeleitet und ein guter Wirkungsgrad erreicht. Der Wasserrohrkessel hat einen hohen Feuerraum und eignet sich deswegen ganz besonders für Ölfeuerung, die auch in den USA durchweg verwendet wird. Bei dem abgebildeten Kessel ist oben noch ein Lufterhitzer angeordnet, der dem Ölbrenner vorgewärmte Luft zuführt.

An einem großen amerikanischen Schneidkopfsauger sind zwei derartige Wasserrohrkessel mit einer Heizfläche von je 510 m², einer Überhitzerheizfläche von 87,5 m² und einer Lufterhitzerfläche von 300 m² angeordnet. Der Betriebsdruck beträgt 35 kg/cm² und die Dampftemperatur etwa 400 °C. Die Dampfleistung eines jeden Kessels wird mit 15000 bis 24000 kg/h angegeben, entsprechend 29,5 und 47 kg/m² Heizfläche und Stunde. Überhitzung wird bei Wasserrohrkesseln durchweg angewendet, besonders wenn der Dampf in Turbinen verarbeitet wird. Die Überhitzerohre sind hier bequem unterzubringen, während sie beim Flammrohrkessel in die Siederohre eingebaut werden und die Verschmutzung durch Ruß und Flugasche begünstigen. Die dadurch entstehenden Nachteile überwiegen bei Geräten mit intermittierendem Betrieb die Vorteile, da die richtige Dampftemperatur erst nach einiger Zeit erreicht wird und beim Eimerkettenbagger, einem Schutensauger oder einem Schlepper dann meist schon wieder eine Pause eintritt. Bei derartigen Geräten sind Überhitzer aus Flammrohrkesseln häufig wieder ausgebaut worden.

Tabelle 8. *Brennstoff-Verbräuche, Dampfleistungen usw. von Zylinder-Kesseln und Wasserrohr-Kesseln Nach* LUDWIG, *Taschenbuch für Schiffsingenieure und Seemaschinisten*

	Zylinder-Kessel		Wasserrohr-Kessel
	Natürlicher Zug	Künstlicher Zug mit Luftvorwärmung und Überhitzung	Künstlicher Zug mit Luftvorwärmung und Überhitzung
Zug-Stärke	Unterdruck im Feuerraum 5–15 mm WS	Druck im Aschfall bei HOWDENS Zug 15 bis 25 mm WS. Unterdruck am Saugzug-Gebläse 30 bis 50 mm WS. Druck vor den Düsen bei Öl- oder Kohlenstaubfeuerung 15–25 mm WS.	Druck im Aschfall bei HOWDENS Zug 15 bis 30 mm WS. Im geschlossenen Kesselraum bei Ölfeuerung 15–45 mm WS. Unterdruck am Saugzuggebläse 40–60 mm WS.
Brenn-Material	Kohle	Kohle, Kohlenstaub oder Öl	Kohle oder Öl
Brennstoffmenge pro Stunde	70–110 kg auf 1 m² Rostfläche	110–180 kg Kohle auf 1 m² Rostfläche 1–2 kg Öl oder Kohlenstaub auf 1 m² Heizfläche oder 200 kg Öl auf ein Flammrohr	110–180 kg Kohle auf 1 m² Rostfläche 2 kg Öl oder mehr auf 1 m² Heizfläche
Kesselwirkungsgrad	65–72%	70–75% bei Kohle 75–80% bei Öl oder Kohlenstaub	65–75% bei Kohle 80–88% bei Öl
Verdampfungsziffer bei Kohle von 7500 kCal, bei Öl von 10000 kCal	7,6–8,4 kg Dampf auf 1 kg Kohle	8,2–8,8 bei Kohle 11,7–12,5 bei Öl	7,8–8,8 bei Kohle 12,5–13,4 bei Öl
Heizfläche zu Rostfläche	25–35	40–45	45–52
Überhitzer Fläche zu Heizfläche	0,4–0,5	0,4–0,5	0,2–0,25
Dampfmenge auf 1 m² Heizfläche	20–25 kg/h	25–30 kg/h	30–50 kg/h

Das Gewicht von Wasserrohrkesseln ist bei gleicher Dampfleistung nur etwa $^1/_3$ von dem von Zylinderkesseln, auch das Gewicht der Wasserfüllung steht in diesem Verhältnis.

In der Tabelle 8 sind einige Daten über Zylinderkessel und Wasserrohrkessel zusammengestellt.

4. Dieselmotore und ihr Verhalten auf Baggergeräten

Bei Verbrennungsmotoren wird die Brennstoffenergie unmittelbar in mechanische Leistung umgesetzt. In erster Linie ist der Dieselmotor zu behandeln, da Ottomotore bei Baggergeräten kaum noch verwendet werden. Durch die unmittelbare Energie-Umwandlung im Zylinder ergeben sich gegenüber der Dampfmaschine erheblich höhere Drücke und Temperaturen.

Abb. 38 zeigt das Diagramm eines Viertakt-Dieselmotors. Bei Takt I wird Luft angesaugt und bei Takt II auf 35 atü komprimiert. Dabei steigt die Temperatur auf etwa 600 °C, so daß der zu Beginn von Takt III eingespritzte Brennstoff ohne besondere Zündeinrichtung verbrennt. Dadurch steigt die Temperatur auf 1200 °C bis 1500 °C und der Druck auf etwa 50 atü an. Durch Expansion fällt dann beides ab und bei Takt IV werden die Verbrennungsgase aus dem Zylinder gedrückt.

Nur bei Takt III wirkt der Druck aktiv und erzeugt ein Drehmoment in der Drehrichtung, während bei den übrigen Hüben ein Gegendruck durch die Energie des Schwungrades überwunden werden muß.

Zur Leistungsbestimmung benutzt man die bei Dieselmotoren aufgenommenen Diagramme kaum, sondern nur zur Kontrolle der Vorgänge im Zylinder. Man bezeichnet als mittleren effektiven Druck p_e eine Rechnungsgröße, die sich aus der Leistungsformel ergibt. Diese lautet für *einen* Zylinder folgendermaßen:

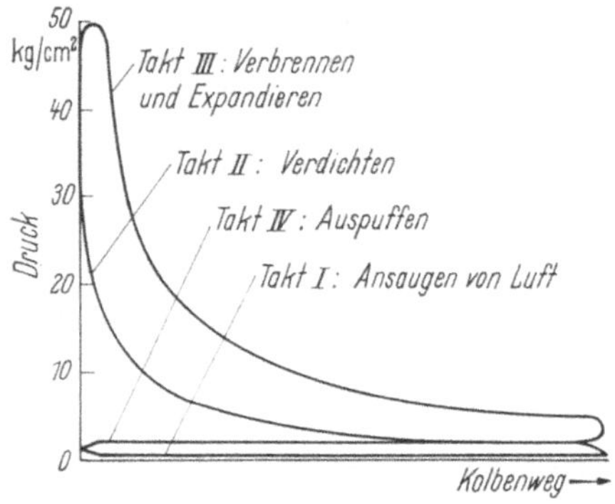

Abb. 38. Arbeitsdiagramm eines Viertakt-Dieselmotors mit drei Leerhüben auf einen Leistungshub des Kolbens. Nach LUDWIG/ILLIES Handbuch

$$N_e = \frac{\pi}{4} d^2 \cdot p_e \cdot \frac{2s \cdot n}{60} \cdot \frac{1}{75} \cdot \frac{1}{a}$$

Hierin ist:

N_e die effektive Leistung in PS_e

d der Kolbendurchmesser in cm

p_e der mittlere effektive Druck in kg/cm²

s der Hub in m

n die Drehzahl pro Minute. Dabei ist $\frac{2s \cdot n}{60}$ wieder die mittlere Kolbengeschwindigkeit in m/sec

a die Zahl, die angibt, auf wieviel Hübe ein Leistungshub kommt.

Für einen Viertaktmotor ist $a = 4$, für einen einfach wirkenden Zweitaktmotor $= 2$ und für einen doppelt wirkenden Zweitaktmotor $= 1$. Hier ist die Formel für die Leistung eines Zylinders gleich der der Dampfmaschine, bezogen auf den Niederdruck-Zylinder. Der mittlere effektive Druck des nicht aufgeladenen Motors soll nicht zu hoch liegen, da man sonst einen überzüchteten und empfindlichen Motor hat. In einer Bauvorschrift für einen amerikanischen Schneidkopfsauger aus dem Jahre 1955 ist für Viertakt maximal 6,5 kg je cm² und für Zweitakt 5,6 kg/cm² vorgeschrieben. Auch die Kolbengeschwindigkeit wird begrenzt auf 8,5 m/sec bei Viertakt und 7 m/sec bei Zweitakt, Werte, die aber doch mehr als das Zweifache der bei Dampfmaschinen gebräuchlichen sind. Wenn man jedoch lange Lebensdauer und niedrige Reparaturkosten wünscht, sollte man mit der Kolbengeschwindigkeit nicht über 6 m/sec gehen.

Gibt man den Zylinderinhalt $\frac{\pi}{4} d^2 \cdot s$ in l an und bezeichnet ihn mit V, so erhält man als Leistung *eines* Zylinders

$$N_e = \frac{V \cdot p_e \cdot n}{C}$$

Hierin ist $C = 900$ für einfach wirkende Viertaktmotore, $C = 450$ für einfach wirkende Zweitaktmotore und $C = 225$ für doppelt wirkende Zweitaktmotore. Da bei Dieselmotoren die Leistung auf dem Probierstand durch Abbremsen mit einer Wasserwirbelbremse oder durch Erzeugung elektrischer Energie in PS_e unmittelbar gemessen wird, ergibt sich der mittlere effektive Druck p_e durch Rechnung aus obiger Gleichung:

$$p_e = \frac{C \cdot N_e}{V \cdot n} \text{ in kg/cm}^2$$

Durch die Begrenzung der Kolbengeschwindigkeit wird auch für Dieselmotore bei großer Leistung die Drehzahl niedriger als bei kleiner Leistung.

In dem Deutschen Normenblatt DIN 6270 vom November 1955 sind Leistungsbegriffe, Verbraucherangaben u. a. m. definiert. Die Dauerleistung A ist in erster Linie für Baggergeräte maßgebend, der Motor muß sie, seinem Verwendungszweck entsprechend, im Dauerbetrieb bei zulässiger kurzfristiger Steigerung abgeben können. Die Leistungen gelten für eine Temperatur von 20 °C und 760 mm Barometerstand. Ein geringerer Luftdruck wird bei Baggergeräten nur in Ausnahmefällen vorkommen, wenn sie auf einem hochliegenden Gewässer arbeiten, während der Leistungsabfall bei tropischen Temperaturen berücksichtigt werden muß.

Der *Kraftstoffverbrauch* in g/PS_e und Stunde wird als *spezifischer* Verbrauch bezeichnet und dabei Kraftstoff mit einem unteren Heizwert von 10000 kcal/kg angenommen. Als ersten Anhalt legt man 200 g/h zugrunde, also einen Wärmeaufwand von 2000 kcal. Da eine PS-Stunde mit 632 kcal äquivalent ist, ergibt sich ein Wirkungsgrad von 632/2000 = = 31,8%. Der Kraftstoffverbrauch geht bei Motoren mittlerer Größe auf 180 g/PS/h und bei hoch aufgeladenen sogar auf 140 g/PS/h herunter, entsprechend Wirkungsgraden von 35% und 45%. Da der mechanische Wirkungsgrad von Dieselmotoren mit 85% gerechnet wird, ist der auf die indizierte Leistung bezogene und mit Dampfmaschinen vergleichbare Wirkungsgrad noch höher. Nach Abzug eines Strahlungsverlustes von 4% gehen von der restlichen Wärmeenergie etwa 32% mit den Auspuffgasen und weitere 32% mit dem Kühlwasser ab. Die noch verbleibenden 32% ergeben die Nutzleistung. Die Kühlwassermenge je PS/h hat einen Wärmeinhalt von 632 kcal. Läßt man eine Temperaturerhöhung von 16 °C zu, so ist der erforderliche Kühlwasserstrom pro PS und Stunde = 632/16 = 40 kg je PS/h, mithin nur etwa 1/7 von dem der Dampfkolbenmaschine.

Baggergeräte arbeiten stets im Bereiche des Wassers, das man aber doch nicht ohne weiteres zur Kühlung verwenden kann. Es enthält fast stets schwebende Bodenteilchen, die durch Filter nicht auszuscheiden sind, sich aber bei Erwärmung in den Kühlwasserräumen absetzen und die Kühlwirkung stark beeinträchtigen. Für gewöhnlich sind die Zylinderlaufbuchsen unten von einem Gummiring umgeben, mit dem der Kühlwasserraum gegen den Kurbelkasten abgedichtet wird. Wenn sich Bodenteilchen im Kühlraum über diesem Dichtungsring absetzen, wird er heiß und brüchig, es gelangt Wasser mit Bodenkörnern aus dem Kühlraum in den Kurbelkasten und in das Schmieröl, was schwere Schäden herbeiführt.

Man muß infolgedessen zur *Umlaufkühlung* übergehen, bei welcher die Temperatur des erwärmten Wassers in einem Rückkühler wieder herabgesetzt wird. Die Kühlwassermenge pro PS_e und Stunde ist dann höher und steigt etwa auf das 1,5fache der oben angegebenen Werte an.

Die Verschmutzung durch Absetzen von Bodenteilchen wird hierbei in den Rückkühler verlegt, in dem sie weniger schädlich ist und durch Reinigung leichter beseitigt werden kann. Neuerdings vermeidet man die Röhrenkühler und läßt die Schiffswände als Kühlfläche wirken. Man bildet sie zu diesem Zweck doppelwandig aus und läßt das erwärmte Umlaufkühlwasser durch den Raum zwischen Innenwand und die vom Außenwasser gekühlte Außenwand laufen. Bei fahrenden Schiffen, wie z. B. Schleppern, ist die nötige Kühlwirkung nicht schwer zu erreichen, während man bei stilliegenden Geräten die Kühlfläche entsprechend größer machen muß.

Für kleine Dieselmotore verwendet man mitunter auch die bei Fahrzeugen üblichen Wabenkühler mit Ventilatoren. Bei luftgekühlten Motoren, die bis etwa 250 PS gebaut werden, muß, wenn sie unter Deck angeordnet sind, die Luft durch besondere Kanäle zu- und abgeführt werden, die Motore büßen dadurch ihre Einfachheit wieder etwas ein.

Die Dauerleistung kann bei dem gleichen Motor für verschiedene Drehzahl angegeben werden, wie z. B. 400 PS bei 500 U/min und 480 PS bei 600 U/min. Hierbei würde in beiden Fällen das Drehmoment das gleiche sein. Das Drehmoment ist mit dem mittleren Druck, und dieser ungefähr der pro Hub eingespritzten Brennstoffmenge proportional. Eine Grenze für die erreichbare Drehzahl ist durch die Kolbengeschwindigkeit gegeben.

Abb. 39 zeigt einen Querschnitt durch einen Zylinder des MAN-Motors Type G 8 V 23,5/33 mit 235 mm Zylinderbohrung und 330 mm Hub, dessen Nennleistung bei acht Zylindern mit Aufladung 570 PS_e bei 500 U/min beträgt, entsprechend einem mittleren Druck von 9 kg/cm². Grundplatte und Zylindergestell sind auch bei mehrzylindrischen Motoren ein Stück. Die Zylinderbüchsen sind in das Gestell eingesetzt, oben sitzt ihr Bund auf einer geschliffenen Fläche. Am unteren Ende sind sie gegen den Kurbelraum durch Gummiringe abgedichtet, welche eine Wärmedehnung zulassen. Das Kühlwasser durchströmt den Raum zwischen Zylinderbuchse und Gehäuse sowie dem Zylinderkopf. Rechts sieht man die Steuerwelle mit den Nocken für Anlaß-, Einsaug- und Auspuffventil, sowie für den Brennstoffpumpenantrieb und links in gleicher Höhe den Ölkühler. Jeder Zylinder hat eine Brennstoffpumpe mit regelbarer Brennstoffmenge und genauer Einstellung des Zeitpunktes für die Einspritzung in die Düse.

Von dem Zylinderkopf gehen nach unten bis in die Grundplatte Zuganker, welche die beim Zündungshub entstehenden Kräfte unmittelbar auf die Lager der Kurbelwelle übertragen und die dazwischenliegenden Gußteile entlasten. Rechts vom Zylinderkopf liegt der Eintrittskanal für die Verbrennungsluft und links die Abgasleitung.

Der Motor wird mit *Aufladung* betrieben, deren Prinzip die Abb. 40 zeigt. Die abgehenden Auspuffgase treiben eine Turbine an, auf deren Welle ein Kreiselverdichter sitzt. Dieser saugt Frischluft an und bringt sie auf einen höheren Druck, womit ein größeres Luftgewicht in den Zylinder kommt. Dadurch kann eine größere Brennstoffmenge pro Hub verbrannt werden, wodurch der mittlere Druck ansteigt. Er kommt bei diesem Motor auf 9 kg/cm² und damit auf das

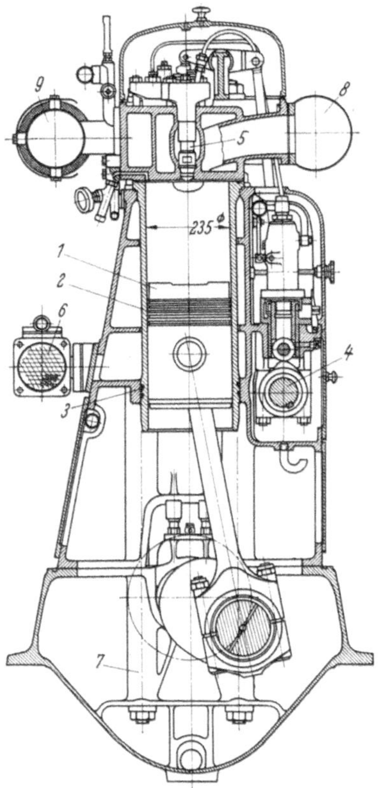

Abb. 39. Schnittbild eines Viertakt-Dieselmotors Fabrikat MAN Type G 8 V 23,5/33 mit einer Leistung von 570 PS mit Aufladung bei 500 U/min

1 Arbeitskolben; *2* Zylinderbuchse; *3* Gummidichtung; *4* Steuerwelle; *5* Brennstoff-Ventil; *6* Ölkühler; *7* Zuganker; *8* Kanal für Verbrennungsluft; *9* Abgasleitung

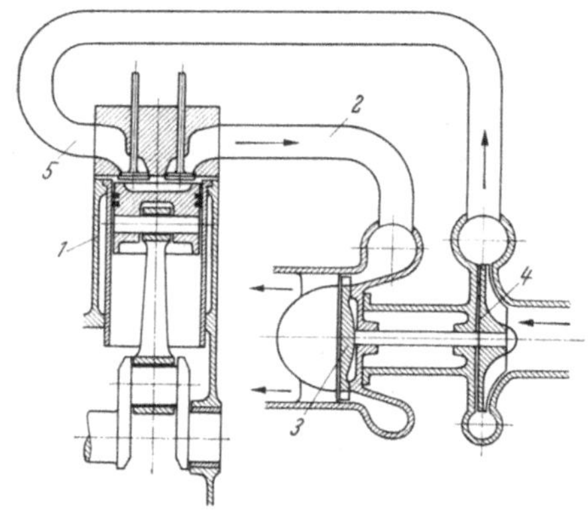

Abb. 40. Schematische Darstellung der Aufladung. Abgas-Turbine treibt Kreiselverdichter, der Luft in die Zylinder drückt

1 Zylinder mit Kolben des Dieselmotors; *2* Abgasleitung; *3* Turbine durch Abgase getrieben; *4* Verdichter durch die Turbine angetrieben; *5* Luftleitung vom Verdichter zum Zylinder

1,5fache des Druckes ohne Aufladung. Dabei steigen Kompression und Zünddruck nur unwesentlich an. die Belastung der Lager wird kaum höher, nur wird das Diagramm völliger und das Drehmoment größer. Dies sind große Vorteile, die Aufladung wird infolgedessen immer mehr bei Motoren für Baggergeräte verwendet. Die Abgasturbine läuft mit der hohen Drehzahl von etwa 10000 U/min, die dadurch gegebene Empfindlichkeit ihrer Lager ist heute weitgehend beseitigt.

Man geht bei manchen Motoren mit der Aufladung so hoch, daß die Leistung ungefähr auf das Doppelte ansteigt. Dabei sinkt der spezifische Brennstoffverbrauch bis auf 140 g je PS/h, entsprechend einem thermischen Wirkungsgrad von 45%.

Der in Abb. 39 gezeigte Motor treibt einen Generator an, bei dem die Belastung stark wechselt, ohne daß eine Änderung der Drehzahl eintreten darf.

Abb. 41 zeigt ein Erprobungsdiagramm des Motors, bei dem die Drehzahl mit 500 U/min konstant gehalten ist. Dabei wurde die Brennstoffzufuhr pro Hub gesteigert, der mittlere effektive Druck ging von 2,2 kg/cm² auf 10 kg/cm². Er bildet die Abszisse, über der die Leistung und der spezifische Brennstoffverbrauch als Ordinaten aufgetragen sind. Man sieht, daß die Leistung fast gradlinig proportional mit dem Druck von 1/4 Last auf Voll-

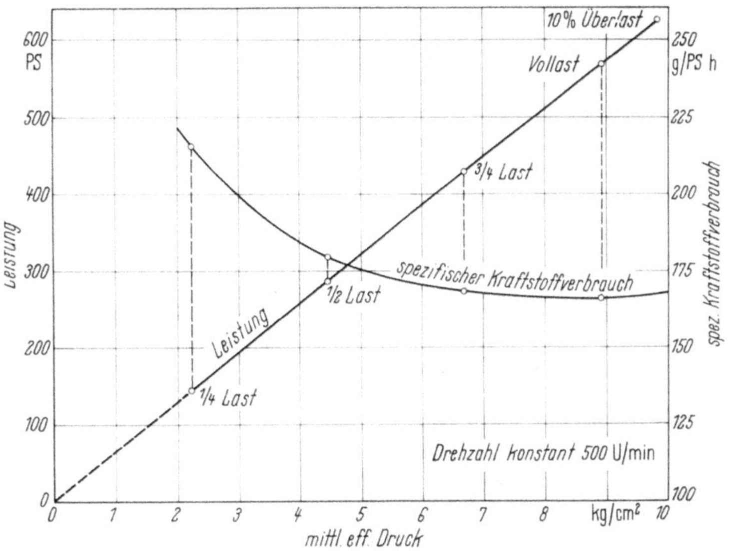

Abb. 41. Leistung und Kraftstoffverbrauch in Abhängigkeit vom mittleren effektiven Druck für den Dieselmotor Fabrikat MAN Type G 8 V 23,5/33, bei konstanter Drehzahl von 500 U/min (Generatorbetrieb)

last und weiter auf 10% Überlast ansteigt. Der spezifische Brennstoffverbrauch hat ein Minimum zwischen Vollast und Dreiviertellast und steigt bei Abnahme der Belastung auf Viertellast etwa auf das 1,3fache an. Bei Leerlauf verbrauchen Dieselmotore im allgemeinen 20 bis 25% des Brennstoffes der Vollast. Beim Generatorbetrieb auf einem Bagger bleibt die Leistungsabgabe bei ständigen Schwankungen im Durchschnitt unter der Vollast; der Brennstoffverbrauch beträgt nur etwa die Hälfte von dem für die volle Nennleistung berechneten.

Da bei anderen Leistungsverbrauchern, insbesondere denen der Klasse III, sich Drehmoment und Drehzahl ändern, ist es zweckmäßig, die Motore auf dem Probierstand mit verschiedenen mittleren Drücken und verschiedenen Drehzahlen zu erproben.

Abb. 42 zeigt das Erprobungsdiagramm eines MAN-Motors der Type G 6 V 42 mit 6 Zylindern von 285 mm Bohrung und 420 mm Hub, der mit Aufladung die Nennleistung von 500 PS bei einer Nenndrehzahl von 350 U/min und einem mittleren effektiven Druck $p_e = 8$ kg/cm² entwickelt (Punkt A). Als Abszisse sind die Drehzahlen von 250 bis 350 U je min aufgetragen und als Ordinate die Leistung in PS mit den mittleren Drücken von 3 bis 8 kg/cm² als Parameter. Hierbei entspricht jedem Wert des mittleren Druckes eine Stellung des Brennstoffhebels und ein Drehmoment bestimmter Größe. Wenn dieser Motor beim Antrieb einer Baggerpumpe bei voller Brennstoffzugabe mit nur 250 U/min läuft, so kommt er in den Punkt B mit der ver-

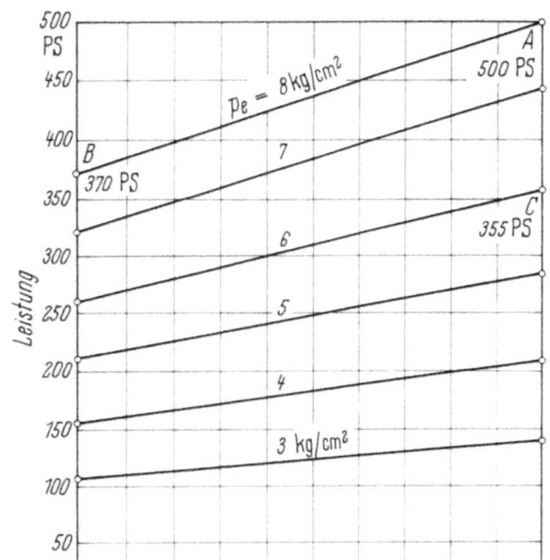

Abb. 42. Leistung des Dieselmotors Fabrikat MAN Type G 6 V 42 mit Aufladung bei verschiedenen Drehzahlen und verschiedenen mittleren effektiven Drücken. Nennleistung 500 PS bei 350 U/min

minderten Leistung von 370 PS. Die Menge des Brennstoffes und der Verbrennungsluft bleiben pro Hub unverändert. Damit ändert sich auch an der Verbrennung wenig und der spezifische Brennstoffverbrauch steigt nur etwas an. Er liegt in B um etwa 10% höher als bei Vollast in A.

Wenn bei gleichbleibender Drehzahl von 350 U/min das Drehmoment herabgesetzt wird, kommt man in den Punkt C, in dem der Motor eine Leistung von 355 PS entwickelt. Hier hat sich die Brennstoffmenge pro Hub vermindert und der mittlere effektive Druck p_e ist auf 6 kg/cm² zurückgegangen. Dadurch wird der Luftüberschuß, der bei Vollgas zwischen 1, 2 und 1,8 liegt, größer. Ein höherer spezifischer Brennstoffverbrauch tritt hierdurch zunächst nicht ein, sondern erst dann, wenn bei starkem Abfall des mittleren Druckes der Luftüberschuß zu groß wird.

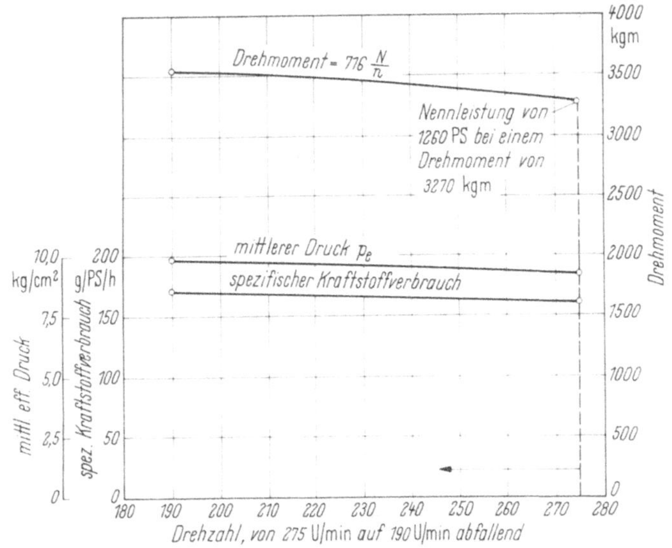

Abb. 43. Drehmoment, mittlerer effektiver Druck und spezifischer Kraftstoffverbrauch für einen Dieselmotor MAN Type G 6 V 40/60 mit Aufladung und einer Nennleistung von 1260 PS bei 275 U/min bei Abfall der Drehzahl auf 190 U/min unter gleichbleibender Brennstoffzufuhr pro Hub (Baggerpumpen-Antrieb)

Abb. 43 ist das Erprobungsdiagramm eines größeren MAN-Motors der Type G 6 V 40/60 mit 400 mm Zylinderbohrung und 600 mm Hub, der mit 6 Zylindern und Aufladung bei 275 U/min eine Leistung von 1260 PS abgibt und zum Antrieb einer Baggerpumpe bestimmt ist. Entsprechend seinem Verwendungszweck wurde der Motor auf dem Probierstand zunächst mit seiner Nennleistung und Nenndrehzahl in Vollast gefahren und dann durch die Wasserbremse ohne Veränderung der Brennstoffzufuhr in der Drehzahl von 275 auf 190 U/min herabgesetzt, wobei er nach einer Kennlinie gleicher Steuerstellung arbeitet. Das Diagramm läßt die dabei gemessenen Werte in einer Auftragung über der Drehzahl als Abszisse erkennen. Das Drehmoment steigt gegenüber dem Nennpunktswert von 3270 kgm auf 3520 kgm an, der mittlere Druck erhöht sich von 9,2 auf 9,9 kg/cm², die mittlere Kolbengeschwindigkeit fällt von 5,5 m/sec auf 3,8 m/sec ab. Die Division der Drehmomente durch den Kurbelradius von 0,3 m ergibt die Tangentialdrucke von 3270/0,3 = 10 900 kg und 3520/0,3 = 11 750 kg. Der Brennstoffverbrauch in kg pro Stunde geht von 204 kg/h, den er bei der Vollast hat, auf 162 kg/h herunter, wobei der spezifische Brennstoffverbrauch nur wenig von 162 g/PS/h auf etwa 171 g/PS/h ansteigt.

Der Viertaktmotor kann im allgemeinen die Herabsetzung der Drehzahl bei vollem Drehmoment besser vertragen, als der Zweitaktmotor. Bei diesem muß die Spülung und die Versorgung mit Frischluft sehr schnell durchgeführt werden, er ist somit gegen Änderungen der Betriebsbedingungen empfindlicher. Rotierende Spülluftgebläse haben vielfach bei niedrigen Drehzahlen größere Spaltverluste, so daß weniger Luft in die Zylinder kommt und die Verbrennung schlechter wird.

Abb. 44 zeigt für den Viertaktmotor von 1260 PS bis 275 U/min die Werte von Drehmoment und Leistung, wenn sie nach der Propellerkurve mit der zweiten, bzw. dritten Potenz der Drehzahl ansteigen, wobei letztere die Abszisse bildet. Der mittlere Druck erhöht sich von 3,7 kg/cm² auf 9 kg/cm². Diese Werte hat er bei der mit Aufladung erreichten Vollast von 1260 PS und 275 U/min. Das Drehmoment steigt von 1300 kgm auf 3270 kgm, die Leistung nimmt ihren Ausgang von 325 PS bei 173 U/min.

Kritische Drehzahlen. Der Tangentialdruck ist bei einem Dieselmotor starken Schwankungen unterworfen. Ein Einzylindermotor, der im Viertakt arbeitet, erfährt bei der Zündung einen hohen Tangentialdruckstoß, der während der Expansion abnimmt und bei den nachfolgenden Hüben für Auspuffen und Ansaugen und besonders bei Kompressionshub negativ wird. Das Schwungrad muß die Energie des Zündungshubes aufspeichern und für die drei übrigen Hübe abgeben. Der Mehrzylindermotor arbeitet gleichmäßiger, jedoch ist auch bei ihm ein schweres Schwungrad im Gegensatz zur Dampfmaschine erforderlich. Das System aller Massen, die mit der Kurbelwelle die Drehbewegung erhalten, hat eine gewisse Frequenz für Drehschwingungen, die, wenn die Drehzahl synchron ist, eine unzulässige Größe erreichen können. Man nennt eine derartige Drehzahl eine *kritische*. Da es davon mehrere Bereiche gibt, ist es bei Baggergeräten nicht leicht, sie zu vermeiden, denn deren Motore arbeiten nicht ausschließlich mit einer festgelegten Nenndrehzahl, sondern größtenteils unter dieser. Infolgedessen ist die Berechnung und Angabe der kritischen Drehzahl von ganz besonderer Bedeutung. Die Massenmomente der angetriebenen Leistungsverbraucher, wie Propeller, Pumpenkreisel, Generatorläufer usw., sind von Einfluß. Durch eine Änderung dieser Massen kann man die kritischen Drehzahlen verlagern, versucht außerdem, sie durch Schwingungsdämpfer, elastische Kupplungen usw. ungefährlich zu machen.

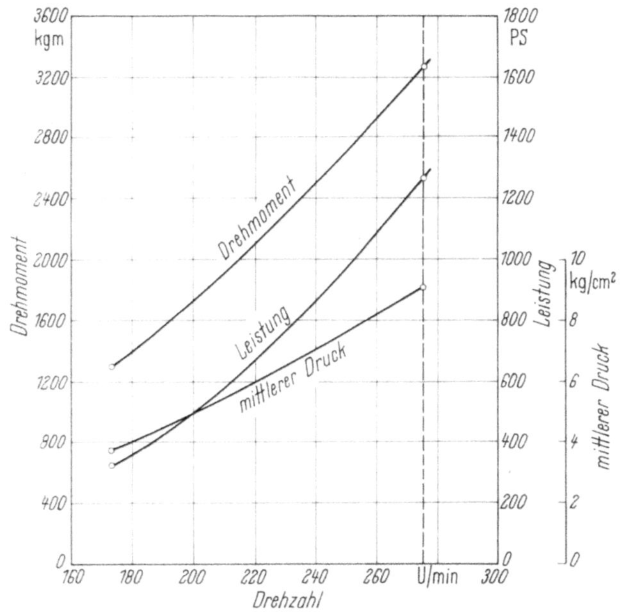

Abb. 44. Arbeiten des Dieselmotors G 6 V 40/60 mit Aufladung bei Fahrantrieb nach der Propellerkurve. Anstieg von mittlerem effektiven Druck, Drehmoment und Leistung bei Anstieg der Drehzahl von 173 U/min bis auf die Nennzahl von 275 U/min, zu welcher die Nennleistung von 1260 PS gehört

Der *Schmierölverbrauch* von Dieselmotoren wird unter Einrechnung der Ölmenge, die beim Ölwechsel einzufüllen ist, mit 2 bis 3 g/PS/h für mittlere Motore angegeben. Er geht bei größeren Motoren bis auf 1 g herunter, steigt aber wieder bei kleineren Motoren. Für Zweitaktmotore mit Kurbelkastenspülung, die heute kaum noch verwendet werden, sind bis zu 10 g/PS/h verbraucht worden.

Die *Regler der Dieselmotore* beeinflussen die Brennstoffzufuhr und damit den mittleren Druck und das Drehmoment. Dabei hat jeder Motor einen Sicherheitsregler, der bei Aufhören der Belastung das Drehmoment so weit herabsetzt, daß es ein Überschreiten der zulässigen Drehzahl verhindert. Beim Antrieb von Generatoren ist ein *Präzisionsregler* erforderlich, welcher eine bestimmte Drehzahl einhalten und die Abweichung nach unten und oben möglichst klein halten soll. In jedem Falle muß eine Blockierung der Brennstoffzufuhr vorgesehen sein, sonst erhöht der Regler, im Bestreben, die unter der Nenndrehzahl liegende Drehzahl zu steigern, die Brennstoffzufuhr über das zulässige Maß hinaus. Auch bei der Handregelung, die für die Leistungsverbraucher der Klasse III erforderlich ist, darf dies nicht eintreten.

Bei der Klasse II, also beispielsweise dem Eimerkettenbagger, ist wie beim Dampfbetrieb ein Regler erforderlich, der die Höchstdrehzahl und damit die gewünschte Schüttzahl begrenzt.

Die *Umsteuerung* von Dieselmotoren kann direkt vorgenommen werden, jedoch bevorzugt man bei kleineren Leistungen für Schlepper und Hoppersauger die Wendegetriebe, die schneller und sicherer arbeiten und von der Brücke bequem bedient werden können. Mitunter verwendet man auch Propeller mit verstellbaren Flügeln, sog. *Verstellpropeller*.

In Holland wurde von der Firma L. Smit & Zoon, Kinderdijk, der *Smit-Bolnes-Motor* besonders für die Verwendung auf Baggern entwickelt. Er ist ein Zweitaktmotor, der durch besondere Ausgestaltung dem Viertakt in seinen Eigenschaften ähnlich ist. Abb. 45 ist ein Schnittbild des Motors, der in *einer* Zylindergröße mit 300 mm Bohrung und 550 mm Hub gebaut wird, also einen Zylinderinhalt von 38,8 l hat. Man sieht, daß mit dem Arbeitskolben durch die Kolbenstange ein Spülluftkolben verbunden ist, der gleichzeitig als Kreuzkopfführung dient. Die Spülluft wird beim Heruntergehen des Kolbens von außen angesaugt, beim Aufgehen auf den Spüldruck gebracht und in einen Sammler gedrückt. Aus diesem tritt sie durch Spülluftschlitze, wenn diese vom Arbeitskolben freigegeben werden, in den Zylinder und treibt die Abgase nach oben durch das Auslaßventil hinaus. Man bezeichnet diese Art der Spülung als Gleichstromspülung mit Nachladung, während es außerdem noch Querspülung, Umkehrspülung u. a. m. gibt.

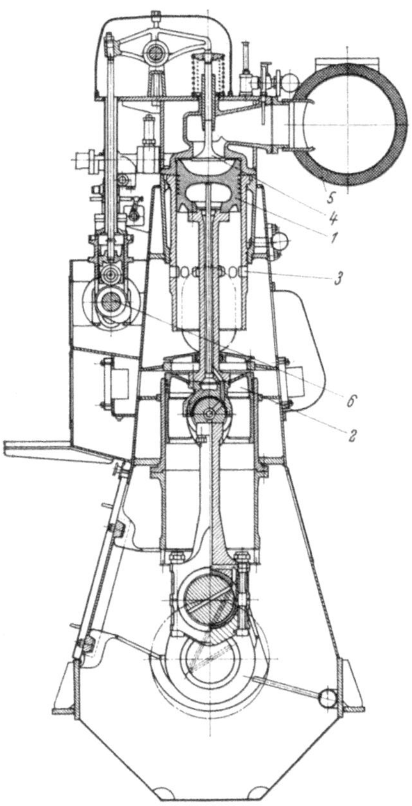

Abb. 45. Schnittbild des Zweitakt-Dieselmotors Bauart Smit-Bolnes, 300 mm Bohrung, 500 mm Hub, Drehzahl 275 U/min mit Gleichstrom-Spülung durch Kreuzkopf-Kolben. Leistung je Zylinder 125 PS ohne Aufladung, 170 PS mit Aufladung

1 Arbeitskolben; *2* Spülluft-Kolben; *3* Schlitze für Spülluft; *4* Auslaßventil; *5* Abgasleitung; *6* Nockenwelle

Bei der Ausführung ohne Aufladung saugt der Spülpumpenkolben aus der freien Luft an, während bei Aufladung ein Kanal vorgeschaltet ist, in den das Abgasturbogebläse seine Luft hineindrückt. Bei diesem Motor ist die Spülluftmenge durch das Volumen der Spülluftzylinder gegeben und bleibt, unabhängig von der Drehzahl pro Hub, gleich. Auch der Gleichstrom im Zylinder trägt dazu bei, daß Spülung und Versorgung mit Frischluft und damit der Verbrennungsvorgang sich nicht ändern. Dadurch ähnelt der Motor in seinen Eigenschaften dem Viertakter und ist für den Antrieb von Baggerpumpen gut geeignet.

Infolge der dichteren Folge der Zündhübe ist bei einem Zweitaktmotor dieses Zylinderinhaltes eine *Kolbenkühlung* erforderlich. Hierfür wird Öl, das auch gleichzeitig als Schmieröl dient, auf dem für Schmieröl üblichen Weg in den Kolben gebracht. Die Ölpumpe drückt es in die Kurbelwelle, es gelangt durch die Pleuelstange und die Kolbenstange in den Kühlraum des Kolbens, von da an die Zylinderwandung und schmiert diese. Dann tropft es zurück in die Kurbelwanne, aus der es die Ölpumpe wieder ansaugt.

Für den Fahrantrieb von Schleppern und Hoppersaugern ist der Motor durch sein Umsteuerungssystem gut geeignet. Bei ihm ist nicht, wie sonst üblich, ein Abheben der Nockenrollen und eine Verschiebung der Nockenwelle erforderlich. Die Spülluftschlitze passen für beide Drehrichtungen, ebenso die Nocken für die Auslaßventile. Die Brennstoffnocken sind auch nur einfach vorhanden. Ihr Rückwärtsteil ist so ausgebildet, daß er bei Änderung der Drehrichtung für den Nachbarzylinder paßt. So wird bei der Umsteuerung nur der Brennstoff durch Verstellen eines Ventiles umgeleitet. Diese Umsteuerung arbeitet schnell und zuverlässig ohne großen Luftbedarf, der Motor behält auch bei wiederholtem Umsteuern seine Arbeitstemperatur. Er ist damit für Schlepper und Hoppersauger, die viel manövrieren müssen, gut geeignet.

In der Tabelle 9 sind für drei der beschriebenen Motortypen die Zylinderabmessungen, Zylinderinhalte, Drehzahlen und Kolbengeschwindigkeiten zusammengestellt. Es folgen dann Abgaben über mittleren Druck und Leistung pro Zylinder, ohne und mit Aufladung. Gewichtsangaben u. a. m. Die Gewichte gelten für die Motore mit Schwungrad, wobei für

Tabelle 9. *Zylinder-Abmessungen, Leistungen und Gewichte von Viertaktmotoren mit 300 und 600 U/min und Zweitaktmotoren mit 275 U/min*

Motoren-Type		A Viertakt MAN Type G 6 40/60	B Zweitakt Smit-Bolnes Type SB 306	C Viertakt MAN Type G 6 23,5/33
Zylinderbohrung	mm	400	300	235
Kolbenhub	mm	600	550	330
Zylinder-Volumen	l	75,5	38,7	14,3
Drehzahl pro Minute		300	275	600
Mittlere Kolbengeschwindigkeit	m/sek	6,0	5,05	6,6
Sechszylinder-Ausführung *ohne* Aufladung				
Leistung	PS	860	750	315
Mittlerer effektiver Druck	kg/cm²	5,7	5,26	5,45
Mittleres Drehmoment	kgm	2060	1950	375
Mittlerer Tangentialdruck	kg	6900	7100	2280
Gewicht, ungefähr	kg	33900	26000	8800
Gewicht pro PS	kg/PS	39,4	34,7	28
Sechszylinder-Ausführung *mit* Aufladung				
Leistung	PS	1370	1020	515
Mittlerer effektiver Druck	kg/cm²	9,05	7,15	8,9
Mittleres Drehmoment	kgm	3270	2650	615
Mittlerer Tangentialdruck	kg	10900	9680	3730
Gewicht, ungefähr	kg	35400	27500	9000
Gewicht pro PS	kg/PS	25,8	27	17,5

Anlaßluftflaschen, Schalldämpfer, Kühler, Ersatzteile usw. ein Zuschlag von etwa 20% zu machen ist.

Um die Leistung von Dieselmotoren, die für eine Zylindergröße durch den mittleren Druck und die Kolbengeschwindigkeit begrenzt ist, weiter zu steigern, erhöht man die Zylinderzahl und geht zur V-Anordnung über, die in Amerika seit langem üblich ist. Der Motor, System Smit-Bolnes, den Abb. 46 in dieser Anordnung zeigt, kommt bei 20 Zylindern mit Aufladung auf 3400 PS bei 275 U/min. Die Länge mit Schwungrad beträgt 9150 mm und ist damit nur um etwa 35% größer als die des 10-Zylinders in gewöhnlicher Reihenanordnung. Die Höhe ist mit 3200 mm über Mitte Kurbelwelle etwas größer, ebenso die Breite oben mit 2850 mm, während die Fundamentbreite die gleiche bleibt. Das Gewicht steigt jedoch fast proportional der Zylinderzahl und hat mit 75000 kg eine Höhe von 22 kg/PS. Auch die Viertaktmotore der MAN werden in V-Form ausgeführt.

Interessant ist es, die Gewichte von Dieselmotoren mit denen von Dampfmaschinen zu vergleichen. Die Dampfmaschine, System Smit-Brouwer Größe GB 5 könnte bei 230 U/min etwa auf die gleiche Leistung von 1250 PS kommen wie der Dieselmotor MAN Type 40/60, der mit Aufladung bei 275 U/min eine Leistung von 1260 PS erreicht. Er wiegt 38000 kg, während die Dampfmaschine ein Gewicht von 28500 kg hat. Dazu käme aber noch die Kesselanlage, welche an Dampf einschließlich der Hilfsmaschinen etwa $1250 \cdot 7 = 8560$ kg/h zu liefern hätte. Hierfür wären zwei Zylinderkessel von je 200 m² Heizfläche mit einem Gewicht von je 45 t erforderlich. Ohne Wasser in den Kesseln, aber unter Zurechnung der Hilfsmaschinen, käme man damit auf 125 t und hätte etwa 100 kg/PS.

Auch das Gewicht des erforderlichen Brennstoffes ist bei der Dampfanlage erheblich höher, wie bereits zu Anfang dieses Kapitels dargelegt wurde.

Ein Vergleich zwischen Dampfantrieb und Dieselantrieb gibt noch folgendes Beispiel:

Ein älterer Schneidkopfsauger mit Dampfantrieb hatte einen Schiffskörper von 51 mal $10{,}5 \times 4{,}3$ m und einem Tiefgang von 2,2 m, entsprechend einer Verdrängung von 1000 t. Darin war eine Dampfanlage eingebaut mit zwei Dreiflammrohr-Kesseln von je 222 m² Heizfläche bei 12 atü, zwei Baggerpumpen mit Dreifach-Expansions-Maschinen von je

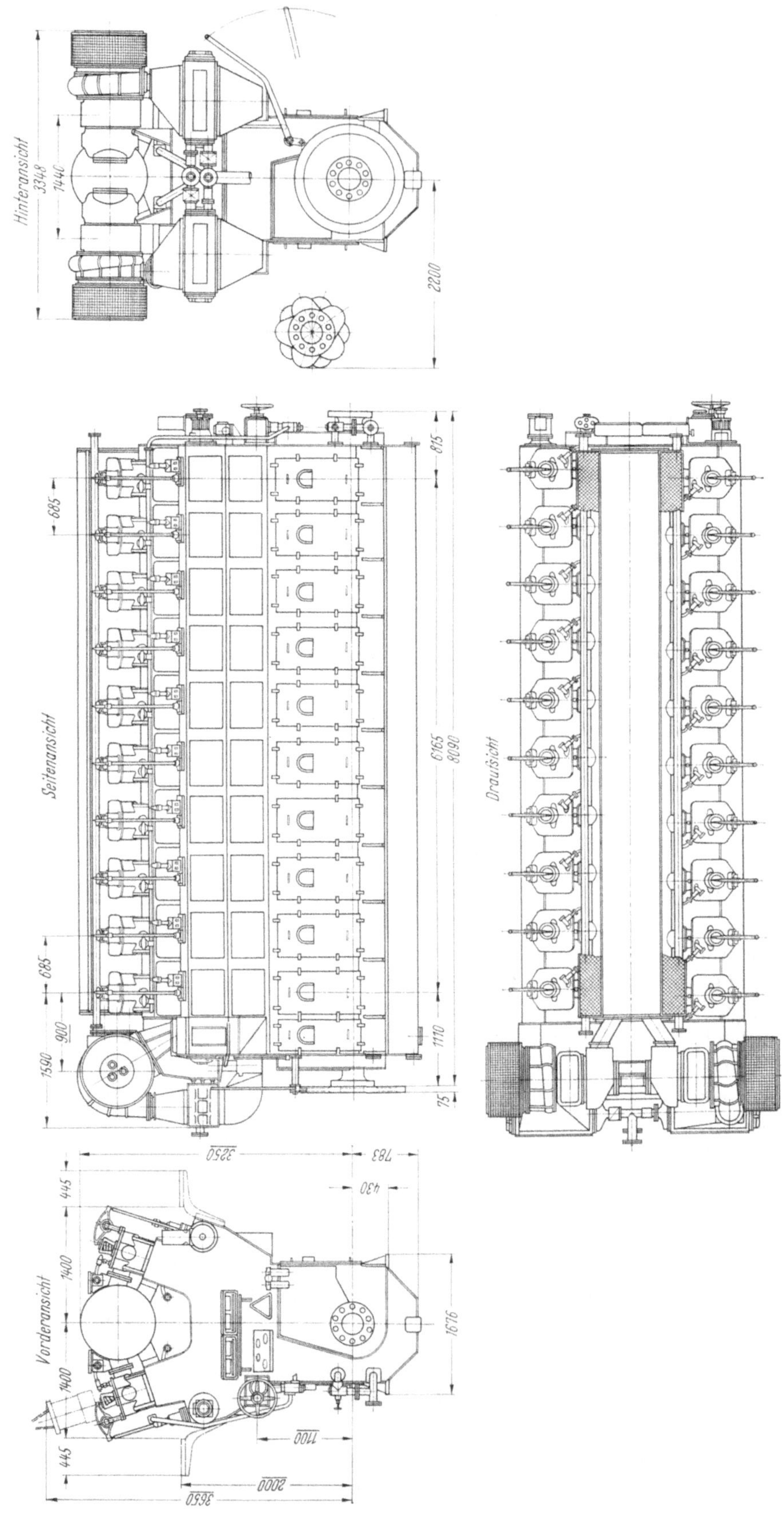

Abb. 46. Zweitakt-Dieselmotor, Bauart Smit-Bolnes mit 20 Zylindern in V-Anordnung. Leistung 3400 PS bei 275 U/min Gewicht 72000 kg

450 PS_i bei 220 U/min und eine weitere Maschine von 300 PS_i bei 325 U/min für den Schneidkopf. Im Jahre 1959 wurde ein Schneidkopfsauger mit Dieselantrieb gebaut mit fast genau den gleichen Schiffskörperabmessungen 51×11×4 m und einem Tiefgang von 2,20 m in betriebsfertigem Zustand. Dabei konnten zwei Baggerpumpen von 650 mm Druckrohranschluß mit je einem der beschriebenen Viertakt-Dieselmotoren von 1260 PS_e bei 275 U/min, der Dieselmotor von 750 PS bei 500 U/min für den Schneidkopf-Generator oder die Zusatzpumpe, Winden-Generator, Bordnetz-Generator, Hilfsgenerator usw. mit noch etwa 700 PS, also insgesamt etwa 3800 PS installiert werden, also reichlich etwa das 3fache von dem der Dampfanlage. Dieses ungünstige Verhältnis hat dazu geführt, daß Geräte mit hoher Maschinenleistung, wie es die Pumpenbagger meistens sind, fast nur noch mit Dieselantrieb gebaut werden. Eine Ausnahme bilden die Hoppersauger, deren Schiffskörper im Verhältnis zur Maschinenleistung groß ist. Ferner werden Löffelbagger, Greiferbagger, Schlepper und Eimerkettenbagger gelegentlich noch mit Dampfantrieb ausgeführt. Sonst ist aber der Dieselantrieb vorherrschend. Das Verdienst DIESELS, der mit seinem Motor diese Entwicklung ermöglicht hat, wird international anerkannt und als entscheidender Beitrag Deutschlands auf dem Gebiete des Baggerbaues gewertet. DIESEL ist damit WATT an die Seite zu stellen.

Beim Antrieb von Baggerpumpen und Propellern (Klasse III) müssen Dieselmotore sich entsprechend der Abb. 43 mit Drehmoment und Drehzahl anpassen können, was bei Zweitaktmotoren nicht immer möglich ist. Zum direkten Antrieb von Verbrauchern der Klasse II sind Dieselmotore geeignet, wenn sie Dampfmaschinen-Charakter haben. Man kann sie demnach für den Antrieb vom Oberturas eines Eimerkettenbaggers verwenden, erleichtert dies allerdings meistens durch Einschalten von elastischen Zwischengliedern, wie Drehmomentwandlern u. dgl. Beim Antrieb von Schneidköpfen setzt man sie nicht auf die Leiter, sondern stellt sie im Schiff auf. Die Übertragung auf den Schneidkopf muß dann über eine in der Neigungsachse der Schneidkopfleiter liegende Welle gehen, damit der Antrieb bei allen Leiterneigungen weiter gehen kann. Für eine Windenanlage mit mehreren Trommeln kann man einen Dieselmotor verwenden, während man ihn für einzelne Winden und Hebezeuge kaum nimmt. Als Kraftquelle für Generatoren werden aber Dieselmotore allgemein verwendet.

5. Elektroantrieb, Drehstrom und Gleichstrom mit verschiedenen Schaltungen

Wenn Baggergeräte mit Elektroantrieb den Strom von Land beziehen, ist es *Drehstrom*. In den USA und in Rußland arbeiten Schneidkopfsauger mit den größten Leistungen auf diese Weise. Die Geräte werden einfacher und brauchen nur etwa die halbe Schiffsgröße und das halbe Gewicht gegenüber den Geräten mit eigner Energieerzeugungsanlage. Der in Canada arbeitende „Hydro-Quebec" hat 8000 PS Antriebsleistung für die Baggerpumpe und 1000 PS für den Schneidkopf. Die Drehstromenergie wird durch ein 1200 m langes schwimmendes Kabel mit einer Spannung von 13200 Volt bei 60 Hertz zugeführt. Der Baggerpumpenmotor arbeitet unmittelbar mit dieser Spannung, für kleinere Motore wird sie durch eine an Bord befindliche Transformationsanlage heruntergesetzt.

Ein Schneidkopfsauger mit einem Baggerpumpenmotor von 2000 PS in Florida erhielt mit schwimmendem Hochspannungskabel Drehstrom von 6600 Volt ebenfalls bei 60 Hertz. Der Pumpenmotor arbeitet auch hier mit dieser Hochspannung, während sie für den Schneidkopfmotor mit 750 PS auf 4160 Volt heruntergesetzt wird. Bei anderen Gerätearten findet man reinen Elektroantrieb mit Landanschluß seltener, jedoch erhalten ihn gelegentlich auch Schutensauger, Eimerkettenbagger und Eingefäßbagger.

Drehstrommotore sind sehr einfach, anspruchslos in der Wartung und besonders gegen Witterungseinflüsse unempfindlicher als Gleichstrommotore. Sie haben einen Ständer mit drei Strangwicklungen, in dem der Drehstrom bei seinem Durchfluß ein Drehfeld erzeugt, welches den Läufer magnetisch mitnimmt. Am allereinfachsten ist der *Kurzschlußläufermotor* (Käfigläufermotor), bei dem die in den Eisenkern eingelegten Kupferstäbe an den

Stirnseiten durch Kurzschlußringe leitend verbunden sind. Das Drehfeld durchdringt sie, indiziert Spannungen welche Ströme und magnetische Kräfte hervorrufen und die Mitnahme des Läufers bewirken.

Die Frequenz von Wechselstrom beträgt in Deutschland 50 Hertz, was pro Minute $50 \times 60 = 3000$ Wechsel ergibt. Die Umlaufdrehzahl des Drehfeldes ergibt sich, wenn man 3000 durch die Anzahl der Polpaare dividiert. Das sind für zwei Polpaare $\frac{3000}{2} = 1500$ Umläufe, für drei Polpaare 1000, für vier Polpaare 750, für fünf Polpaare 600 usw. Be-Leerlauf nimmt der Läufer fast die gleiche Drehzahl an, während er bei dem seiner Nennleistung entsprechenden Drehmoment mit einem Schlupf von 3 bis 5% zurückbleibt.

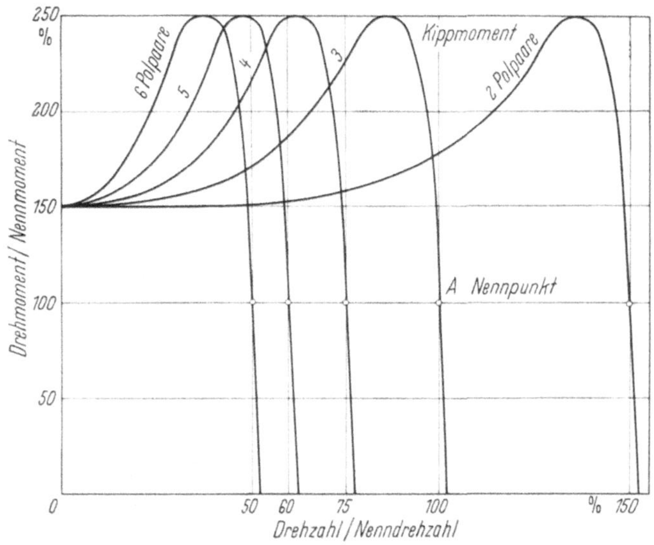

Abb. 47. Verlauf des Drehmomentes in Abhängigkeit von der Drehzahl bei einem polumschaltbaren Drehstrommotor mit Kurzschlußläufer

Der Kurzschlußmotor hat bei Anlassen einen starken Anlaufstrom, welcher je nach Läuferbauart das 3,5- bis 6fache des Nennstromes beträgt und durch Verwendung eines Sterndreieck-Schalters herabgesetzt werden muß. Der Anlaufstrom schadet bei Stromentnahme aus einem leistungsfähigen Netz nicht, bringt jedoch bei Energieerzeugung durch Bordgeneratoren starke Stromstöße, die unzulässig sind.

Abb. 47 zeigt Momenten-Kennlinien eines polumschaltbaren Drehstrom-Kurzschlußläufers. Im Nennpunkt A soll er mit drei Polpaaren sein Nennmoment bei seiner Nenndrehzahl entwickeln. Betreibt er einen Energieverbraucher der Klasse II und steigt dessen Momentbedarf, so erhöht sich unter geringem Abfall der Drehzahl das Motormoment bis zum Kippmoment, das etwa den 2,5fachen Wert des Nennmomentes hat.

Schaltet man auf vier Polpaare um, dann geht die Drehzahl auf 75%, bei fünf Polpaaren auf 60% und bei sechs auf 50% herab, während sie bei zwei Polpaaren auf 150% ansteigt. Dabei ist immer der Momentenverlauf der gleiche, die Leistung steigt und fällt der Drehzahl proportional.

Würde der Motor den Oberturas eines Eimerkettenbaggers antreiben und die Untersetzung so ausgelegt sein, daß im Punkt A 1000 Schüttungen/h = $16^2/_3$/min erreicht werden, so fällt bei Erhöhung der Polpaare die Zahl der Schüttungen auf 750, 600, 500/h entsprechend 12,5; 10; 8,35/min und steigt beim Übergang auf zwei Polpaare auf 1500/h = 25/min. Dabei bleibt der Nennwert des Kettenzuges der gleiche, kann aber bei Erhöhung des Grabwiderstandes jeweils auf den 2,5fachen Wert entsprechend dem Kippmoment des Motors ansteigen. Die Stufung ist im unteren Bereich fein, wird aber nach oben immer gröber. Für einen Oberturasantrieb wäre sie nicht ausreichend, während sie bei einer Verholwinde genügen dürfte.

Beim *Schleifringläufer* ist auf dem Läufer eine meist im Stern geschaltete Wicklung vorhanden, deren Enden über drei Schleifringe zu einem dreisträngigen, regelbaren Widerstand geführt sind. Dieser wird beim Anlassen zunächst eingeschaltet und setzt den Anlaßstrom herab. Nach Erreichen des Nennpunktes kann der Widerstand durch Abheben der Schleifringbürsten abgeschaltet werden, die Betriebsbedingungen sind dann denen eines Kurzschlußläufers ähnlich.

Man kann aber die Anlaßwiderstände auch für Dauerstrom bemessen und eine Drehzahländerung dadurch erreichen, daß bei Ansteigen des abgeforderten Drehmomente der Schlupf größer wird und die Drehzahl herabgeht. Die Abnahme ist bis auf etwa 50% möglich, wobei die Lastabhängigkeit aber sehr stark ist. Es genügt eine kleine Belastungszunahme um den Motor abzubremsen und eine kleine Belastungsabnahme um die Drehzahl stark ansteigen zu lassen. Er wird in seinem Verhalten einem Gleichstrom-Hauptschluß-motor ähnlich.

Günstiger werden aber die Verhältnisse, wenn der Motor eine Baggerpumpe antreibt, bei der das abgeforderte Drehmoment dem Quadrat der Drehzahl proportional ist. Sie arbeitet nach Abb. 48 mit einer Förderweite von 1850 m im Nennpunkt A mit einem Drehmoment von 3270 kgm bei einer Drehzahl von 275 U/min, die Antriebsleistung beträgt dabei 1260 PS. Geht die Förderweite auf 300 m zurück, dann würde bei gleichbleibender Drehzahl der Betriebspunkt B mit einem wesentlich höheren Drehmoment erreicht werden, jedoch kippt vorher etwa bei B' der Motor ab.

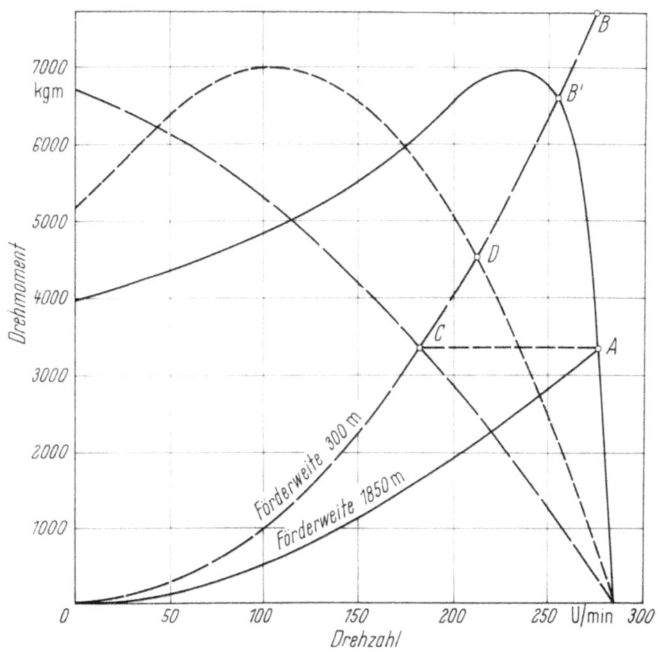

Abb. 48. Drehmoment und Drehzahl eines Drehstrommotors mit Schleifringläufer beim Antrieb einer Baggerpumpe mit Änderung der Förderweite und Einschaltung von Widerständen in den Läufer-Stromkreis

Schaltet man aber Widerstandsstufen ein, dann erhält man die gestrichelten Momenten-Kennlinien, die schräger verlaufen und eine lastabhängige Drehzahlabnahme bewirken. Im Punkt D ist bei 220 U/min die Leistung und im Punkte C das Drehmoment gleich wie in A. Man vergleiche hiermit die frühere Abb. 28, welche die Verhältnisse beim Antrieb durch eine Kolbenmaschine erkennen ließ. Die Drehzahlregelung bei einer Baggerpumpe durch Einschalten von Widerständen ist infolge des proportional dem Quadrat der Drehzahl absinkenden Drehmomentes möglich, ohne daß eine Labilität eintritt. Die Verlustleistung ist aber dem Drehzahlabfall entsprechend groß und die Widerstände müssen so bemessen sein, daß sie die erzeugte Wärme im Dauerbetrieb aufnehmen können. Diese Regelung ist aber unwirtschaftlich und nur als Notbehelf anzusehen.

Man kann auch Drehstrommotore in Sonderbauart ausführen, die feinstufig und lastunabhängig regelbar sind, Bei diesen *Kommutator-Motoren* erhält der Läufer über Schleifringe Strom und hat eine zusätzliche Regelwickelung. Von dieser geht über einen Kollektor, wie er bei Gleichstrommotoren üblich ist, der Strom in die Ständerwicklung. Durch zwei verschiebbare Bürstensätze, die auf dem Kollektor schleifen, kann man die Umlaufzahl des Drehfeldes so verändern, daß jede gewünschte Drehzahl erreicht wird. Man könnte sich dies in mechanischer Vorstellung so erklären, daß der Stator gedreht wird, so daß sich die Drehzahl des Läufers als Differenz zwischen der des Drehfeldes und der des Stators einstellt. Die Regelung ist stufenlos und praktisch verlustlos. Auch bei ihr bleibt das Nenndrehmoment das gleiche, so daß die Leistung proportional der Drehzahl ist.

Kommutatormotore sind aber teure Sonderausführungen, die man meist nur für kleinere Leistungen nimmt und sonst die Umwandlung des Drehstromes in Gleichstrom vorzieht, bei dem die später behandelten Regelmöglichkeiten für die Drehzahl gegeben sind.

Schließlich besteht auch noch die Möglichkeit, den Dieselmotor, der einen Drehstromgenerator antreibt, durch einen Verstellregler mit verschiedener Drehzahl laufen zu lassen. Dadurch ändert sich die Frequenz und damit die Drehzahl eines mit dem Generator verbundenen Drehstrommotors. Diese Anordnung wurde jedoch bisher nur für Fahrmotore von Handelsschiffen angewendet.

Als Besonderheit des Drehstrommotors soll noch der *Leistungsfaktor* $\cos\varphi$ erwähnt werden. Bei Gleichstrom sind Spannung und Strom in Phase, so daß sich die Leistung als Produkt von Volt und Ampere in kW ergibt. Zeigt also ein Amperemeter 200 A an, so sind das bei 220 Volt Spannung 44000 Watt = 44 Kilowatt. Der Wechselstrom erzeugt durch seinen ständigen Wechsel Induktionsströme, so daß der resultierende Strom gegen die aufgedrückte Spannung verschoben wird. Im Gegensatz zum Gleichstrom ergibt demnach das Produkt aus Spannung und Strom nicht ohne weiteres die Nutzleistung. Liest man bei *Drehstrom* 200 Ampere ab und hat 380 Volt Netzspannung, so muß zunächst wegen der drei Phasen das Produkt mit dem Verkettungsfaktor $\sqrt{3} = 1{,}73$ multipliziert werden, womit man die Scheinleistung von $380 \cdot 200 \cdot 1{,}73 = 132$ kVA erhält. Ist $\cos\varphi = 0{,}8$, so ist die Wirkleistung $= 132 \cdot 0{,}8 = 115$ kW. Da die Scheinleistung das Netz stärker belastet als dies der Nutzleistung entspricht, sucht man den Leistungsfaktor groß zu halten, wozu beispielsweise schnellaufende Motore, die mit voller Belastung arbeiten, beitragen. Das ist aber bei Baggergeräten schwer zu erreichen, da man wegen auftretender Spitzen die Motore reichlich bemißt, so daß sie für gewöhnlich unterbelastet sind.

Die geschilderten Unbequemlichkeiten führen dazu, daß man mitunter den von Land bezogenen Drehstrom an Bord in *Gleichstrom* umwandelt, entweder durch einen drehenden Umformer oder einen Gleichrichter.

Die letztgenannte Möglichkeit ist beispielsweise bei einem Schneidkopfsauger angewendet, der auf einem Stausee bei Haltern arbeitet. Bei ihm wird der an Land erzeugte Drehstrom mit 5000 Volt über eine Freileitung und ein an Bojen aufgehängtes Unterwasserkabel zugeführt, Transformatoren und Gleichrichter befinden sich an Bord. Die Baggerpumpe hat einen Rohrdurchmesser von 600 mm und wird von einem Gleichstrommotor von 1200 PS bei 950 Volt angetrieben. Mit der gleichen Spannung läuft der Motor des Schneidkopfes von 220 PS. Die Winden werden teils mit Drehstrom direkt betrieben, der durch Transformatoren in der Spannung heruntergesetzt ist, oder über Leonardsätze mit Gleichstrom. Das Fahrzeug hat die Abmessungen $26{,}5 \times 8{,}0 \times 2{,}1$ m. Einem Gewicht von etwa 250 t entspricht ein Tiefgang von etwa 1,3 m. Dabei ist die installierte Maschinenleistung mit etwa 1500 PS hoch und der Maschinenraum geräumig. Dieses Beispiel zeigt die großen Vorteile des elektrischen Antriebes mit Energieerzeugung an Land.

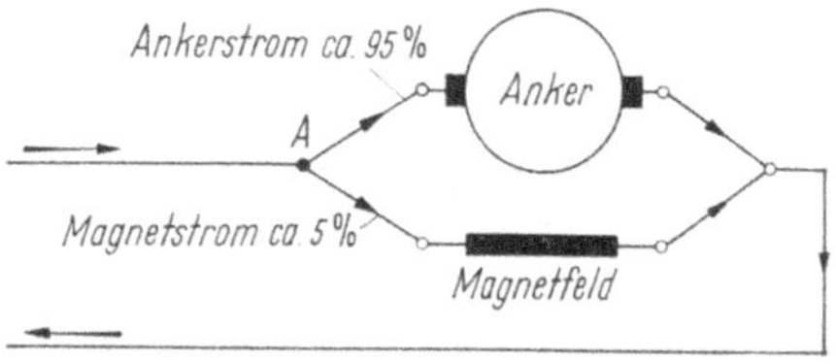

Abb. 49. Schematisches Bild eines Gleichstrom-Nebenschluß-Motors, bei dem Anker und Magnetfeld parallelgeschaltet sind

Bei *Energieerzeugung an Bord* wird weitgehend *Gleichstrom* angewendet. Man hat kein allgemeines Bordnetz, an das alle Verbraucher angeschlossen sind, sondern man bildet verschiedene Stromkreise, um für die jeweiligen Verbraucher die günstigsten Verhältnisse zu erreichen. Auch Drehstromkreise werden zu den Gleichstromkreisen hinzugenommen und an sie die Motore angeschlossen, die mit gleichbleibender Drehzahl laufen können, wie einige Winden, Hilfspumpen im Maschinenraum usw.

Abb. 49 zeigt das Schemabild eines *Nebenschlußmotors für Gleichstrom*, der in seinem Verhalten den Drehstrommotoren weitgehend ähnlich ist. Der vom Netz oder Generator kommende Strom gabelt sich im Punkt A und geht zum größten Teil durch den sich drehenden Anker. Nur ein Anteil von etwa 5% geht durch die Magnetwicklungen, die entsprechend zahlreich sein müssen, um die erforderliche Feldstärke zu erzeugen. Das Drehmoment ist bei jedem Gleichstrommotor proportional dem Ankerstrom und der Feldstärke. Es stellt sich außerdem eine bestimmte Drehzahl dadurch ein, daß der Anker bei seiner Drehung im magnetischen Feld eine gegenelektromotorische Spannung erzeugt, welche der von außen kommenden Netzspannung entgegengesetzt gerichtet ist. Wollte die Drehzahl bei Entlastung zunehmen, so würde eine Erhöhung der gegenelektromotorischen Spannung eintreten und damit der Ankerstrom abnehmen. Da das Magnetfeld in gleicher Stärke bestehen bleibt, genügt schon eine geringe Abnahme des Ankerstromes um wieder das Gleichgewicht in bezug auf die Drehzahl herzustellen. Will aber bei Anwachsen des abverlangten Drehmomentes die Drehzahl abnehmen, dann steigt der Ankerstrom infolge Absinkens der gegenelektromotorischen Spannung und stellt das Gleichgewicht wieder her. Die Drehzahl schwankt nur um etwa 5% des Nennwertes, verhält sich also ähnlich wie beim Drehstrommotor. Anders als bei diesem tritt aber bei Anstieg des abverlangten Drehmomentes kein Kippen ein. Beim Nebenschlußmotor für Gleichstrom ist somit die Drehzahl elektromagnetisch festgelegt und die Lastunabhängigkeit weitgehend.

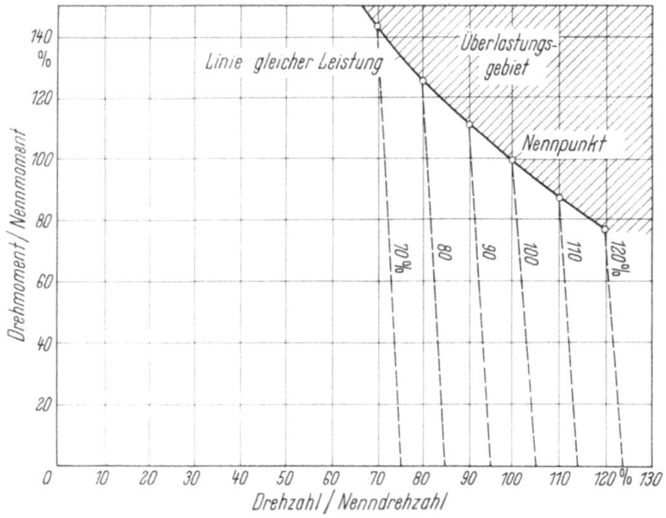

Abb. 50. Verlauf des Drehmomentes in Abhängigkeit von der Drehzahl bei einem Gleichstrom-Nebenschluß-Motor mit Möglichkeit der Drehzahländerung. Jenseits der Linie gleicher Leistung liegt das Überlastungsgebiet

Im Gegensatz zum Drehstrommotor ist aber eine *Veränderung der Nenndrehzahl* ohne Schwierigkeit zu erreichen. Man kann das Magnetfeld schwächen und dadurch die gegenelektromotorische Spannung herabsetzen. Dadurch steigert sich der Ankerstrom, bis durch Erhöhung der Drehzahl das Gleichgewicht wieder hergestellt ist. Wenn die Leistung des Motors nicht überschritten werden soll, muß dabei das abverlangte Drehmoment so weit absinken, daß das Produkt aus Drehmoment und Drehzahl konstant bleibt.

Außerdem ist noch eine Drehzahländerung dadurch möglich, daß man durch Vorschaltwiderstände die zugeführte Spannung und damit die Differenz zwischen ihr und der gegenelektromotorischen Spannung ändert. Dadurch ändert sich der Ankerstrom, bis er und das abverlangte Drehmoment sich wieder die Waage halten. Bei diesem Verfahren muß aber der Hauptstrom durch Widerstände gehen, was Verlust ergibt und daher nur bei kleinen Motoren und meist nur beim Anlassen durchgeführt wird.

In Abb. 50 sind außer der durch den Nennpunkt gehenden Kennlinie links noch solche für Drehzahlen von 90, 80 und 70% der Nenndrehzahl eingezeichnet, die durch Herabsetzung der zugeführten Spannung erreicht werden. Es sind weiterhin Kennlinien für eine Drehzahlerhöhung bis 120% eingezeichnet, die durch Schwächung des Magnetfeldes erreicht werden. Alle diese fast senkrecht verlaufenden Linien müssen oben im Schnittpunkt mit der Linie gleicher Leistung enden, da jenseits von ihr das Gebiet der Überlastung liegt, die durch Überstromauslöser verhindert werden muß.

Wenn man keine Verluste haben will, muß man für den zu regelnden Motor einen besonderen Generator nehmen und bei diesem die Spannung verändern. Man kommt dadurch zur *Leonard-Ward-Schaltung*, die Abb. 51 im Prinzip zeigt. Ein Dieselmotor läuft mit gleicher Drehzahl, die bei allen Belastungen gehalten wird und treibt einen Nebenschlußgenerator an, der in seinem Aufbau mit dem ihm in Reihe geschalteten Nebenschlußmotor ähnlich ist. Eine kleine Abwandlung tritt dadurch ein, daß die Erregerwicklungen von beiden Maschinen an ein Netz von gleichbleibender Spannung gelegt und somit fremderregt sind. Der Erregerwicklung des Generators ist ein Widerstand vorgeschaltet, der durch *Feldsteller* verändert werden kann. Bei einem Gleichstrom-Nebenschluß-Generator ist die erzeugte Spannung abhängig von der Drehzahl und der Feldstärke. Da erstere konstant gehalten wird, nimmt die Spannung ab, wenn man das Feld schwächt und steigt an, wenn man es verstärkt. Die veränderliche Spannung des Generators geht durch den Anker des Motors, während sein Magnetfeld an das Netz angeschlossen ist. Dem Netz wird der Strom von einem besonderen Generator zugeführt, der aber von dem gleichen Dieselmotor angetrieben werden kann wie der LEONARD-Generator. Man kann eine derartige Verbindung zwischen Generator und Motor als *elektrisches Getriebe* bezeichnen und damit jede gewünschte Drehzahl erreichen. Diese stellt sich lastunabhängig ein, das Drehmoment des Motors nimmt zwangsläufig den abverlangten Wert an. Das kann bei den Verbrauchern der Klasse II und auch bei denen der Klasse III so hohe Werte ergeben, daß man die schon erwähnten Überstromauslöser vorsehen muß.

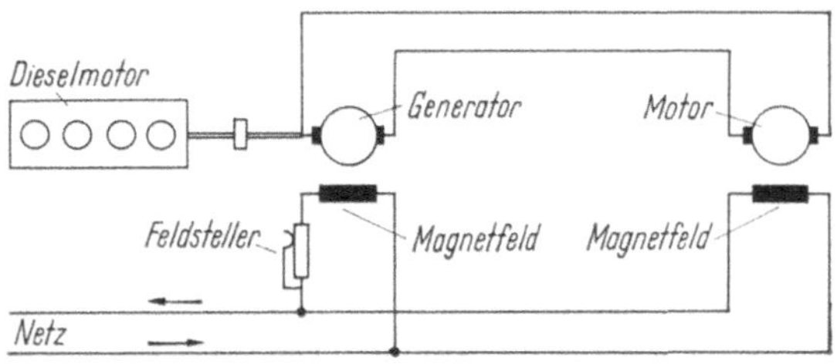

Abb. 51. Prinzipbild der Leonard-Ward-Schaltung unter Reihenschaltung des mit veränderlicher Spannung arbeitenden Generators und des Motors für den Antrieb vom Oberturas eines Eimerketten-Baggers. Wirkt als stufenlos regelbares „Elektro-Getriebe"

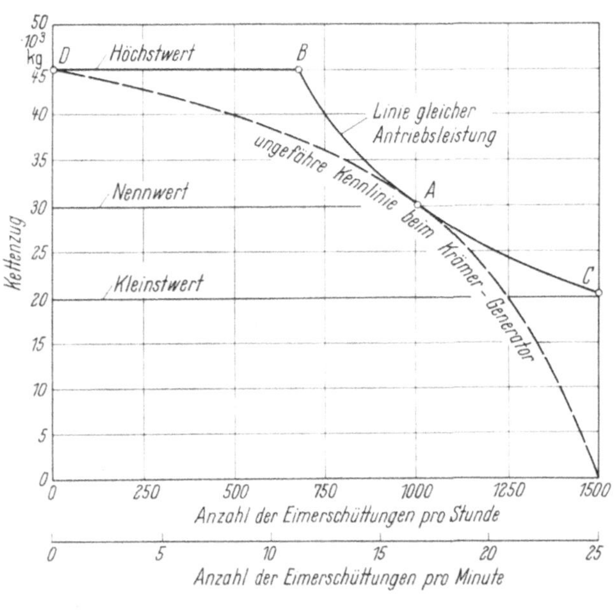

Abb. 52. Kettenzug für einen Eimerketten-Bagger von 500-l-Eimerfassungsvermögen in Abhängigkeit von der Zahl der Schüttungen bei Gleichstromantrieb in Leonard-Schaltung

Weil nur der geringe Erregerstrom des Generators verändert wird, ist der bei der Regelung entstandene Verlust gering. Es ist nicht notwendig, daß jeder Generator von einem besonderen Dieselmotor angetrieben wird. Bei amerikanischen Hoppersaugern sind auf die Welle des Dieselmotors oder der Dampfturbine meist drei Generatoren gesetzt, einer für den Propellermotor, einer für die Baggerpumpe und einer für das Netz. Ähnlich kann man einen Drehstrommotor zum Antrieb einer Reihe von LEONARD-Generatoren für Windenantrieb verwenden.

Abb. 52 ist das Kennlinien-Diagramm für den Oberturasantrieb eines Eimerkettenbaggers von 500 l Eimerinhalt bei LEONARD-Schaltung. Als Abszisse ist die Zahl der Eimerschüttungen, die proportional der Drehzahl ist, aufgetragen und als Ordinate der Kettenzug, der proportional dem Drehmoment des Antriebsmotors ist. Im Nennpunkt A werden 1000 Schüttungen pro Stunde $= 16^2/_3$ pro Minute erreicht. Dabei beträgt der Kettenzug 30000 kg, was bei einer Kettengeschwindigkeit von 0,5 m/sec eine Nutzleistung von $\frac{30000 \cdot 0{,}5}{75} = 200$ PS entspricht. Durch den Nennpunkt A ist die gleichseitige Hyperbel gezogen, auf welcher die Punkte gleicher Nutzleistung liegen. Dabei hat im Punkt B der Kettenzug seinen Höchstwert, der durch die zulässige Beanspruchung der Eimerkette bedingt ist, mit 45000 kg bei 667 Schüttungen/h = 11,6/min. Im Punkt C hat die Zahl der Schüttungen mit 1500/h gleich 25/min ihren Höchstwert bei einem Kettenzug von 20000 kg. Dazwischen ist eine stufenlose Regelung möglich, die vom Nennpunkt A nach B durch Schwächung des Erregerfeldes vom Generator und von A nach C durch Schwächung des

Motorfeldes erreicht wird. Die gestrichelte Linie bezieht sich auf den später beschriebenen KRÄMER-Generator. Der Wirkungsgrad der LEONARD-Schaltung ergibt sich aus dem Produkt der Wirkungsgrade von Generator und Motor unter Berücksichtigung des Verlustes beim Feldsteller-Widerstand. Er beträgt hiernach bei Vollast etwa 80% und fällt bei Teillasten mit niedriger Drehzahl weiter ab. Läßt man den Generator durch einen Drehstrommotor antreiben, der seinen Strom aus einem Netz erhält, so ist auch dessen Wirkungsgrad zu berücksichtigen, so daß der Gesamtwirkungsgrad auf 75% bei Vollast und noch weiter bei Teillasten absinken kann. Dies ist zu beachten, wenn man andere Antriebsarten, wie beispielsweise die hydraulischen mit dem LEONARD-Antrieb vergleicht. Ein Nachteil des Elektroantriebes ist es, daß die Verluste in den Motoren eine Erwärmung der Luft herbeiführen. Da deren spezifische Wärme gering ist, kann eine unzulässige Temperaturerhöhung auftreten. Man muß dann die Motore fremd belüften, indem man die Wärme durch Ventilatoren unter zusätzlichem Leistungsaufwand abführt. Dagegen schadet beim hydraulischen Antrieb die Verlustwärme meistens nichts und wird von selbst abgeführt.

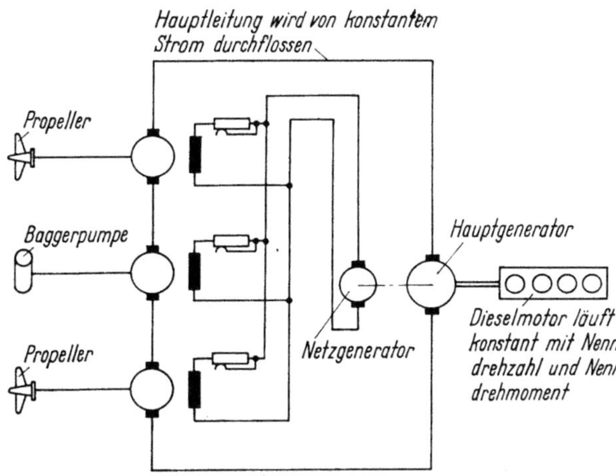

Abb. 53. Prinzip-Bild der Konstantstrom-Schaltung auf einem Hoppersauger mit zwei Propeller-Motoren und einem Baggerpumpen-Motor in Reihe mit dem Generator

Der LEONARD-Antrieb ist am besten geeignet für die Leistungsverbraucher der Klasse I, die Hebezeuge. Für diese wurde er ursprünglich entwickelt und ermöglicht eine stufenlose Erhöhung der Hubgeschwindigkeit von Null bis auf den Nennwert, ohne daß eine Überlastung eintritt. Auf Baggergeräten könnte diese durch Festhaken der Last auftreten, wird aber meist durch die Elastizität des Schiffskörpers vermieden. Bei den Leistungsverbrauchern der Klasse II sind vielfach besondere Sicherungen gegen Überlastung erforderlich. Ein ruhender Zug, wie ihn die Dampfmaschine ohne weiteres aufnehmen kann, bereitet beim Elektroantrieb Schwierigkeiten.

Ein abgewandelter LEONARD-Generator ist der auf Baggergeräten viel verwendete *Krämer-Generator* mit drei Wicklungen für seine Erregung. Die erste bleibt fremd erregt und wird durch Feldsteller geregelt, während die zweite ihr gleichgerichtet ist und von dem Ankerstrom des Generators im Nebenschluß durchflossen wird. Durch die dritte Wicklung geht der Strom des Motorankers unmittelbar im Hauptschluß. Sie ist den beiden erstgenannten Wicklungen entgegengesetzt gerichtet, so daß steigender Ankerstrom des Motors das Feld des Generators schwächt und durch Abfall der Spannung ein unzulässiges Ansteigen des Motordrehmomentes verhindert. In des Diagramm der Abb. 52 ist eine Kennlinie für den Betrieb des Turasmotors durch einen KRÄMER-Generator gestrichelt eingetragen. Sie hat ihren Höchstpunkt in D und geht abfallend durch A hinunter. Es tritt hier eine Begrenzung des Kettenzuges und der Schüttzahl von selbst ein und die Kurve bleibt mit ihrem Bogen innerhalb der Hyperbel. Der KRÄMER-Generator bedeutet eine Sonderanfertigung mit den damit verbundenen Nachteilen. Man versucht diese mitunter dadurch zu umgehen, daß man bei einem normalen fremderregten Generator die Wicklung nicht an das Netz legt. Man läßt sie vielmehr durch eine besondere Erregermaschine mit Strom beliefern, der im Fall der Überlastung durch einen Regler geschwächt wird. Es muß aber sichergestellt sein, daß die Einrichtung so schnell und unmittelbar wirkt, wie die Windungen des KRÄMER-Generators.

Als weitere Möglichkeit der Gleichstrom-Anwendung ist in Abb. 53 ein Schema-Bild für die *Konstant-Strom-Schaltung* gegeben, und zwar für einen Hoppersauger. Hierbei sind dessen Hauptverbraucher, nämlich die beiden Fahrmotore und der Antriebsmotor für die Baggerpumpe mit dem Generator in Reihe geschaltet. Es läuft also der gleiche Strom durch alle vier Einheiten und wird im Betrieb gleichbleibend gehalten, weswegen der Name Konstantstrom gewählt wird. Dabei erhalten die drei Motore den Erregerstrom aus dem Netz, sind also fremderregt. Wenn man bei ihnen das Erregerfeld durch Vorschaltwiderstände verändert, wird das dem Magnetfeld proportionale Drehmoment bei Feldverstärkung erhöht und bei Feldschwächung vermindert. Dabei steigt die Drehzahl an, bis bei den Propellern oder dem Pumpenkreisel Gleichheit zwischen dem abverlangten und dem eingeleiteten Drehmoment gegeben ist. Anders als bei der LEONARD-Schaltung und ähnlich dem Antrieb durch Kolbenmaschinen wird also hier primär das Drehmoment eingestellt und sekundär paßt sich diesem die Drehzahl an. Diese Schaltung ist in erster Linie bei Verbrauchern der Klasse III anwendbar, weswegen der Hoppersauger als Beispiel gewählt wurde. Da die Generatorspannung gleich der Summe der Spannungen der Motore ist, kann man deren Zahl, um nicht unzulässige Spannungen zu erhalten, nicht beliebig steigern. Man kann aber statt des einen Generators mehrere nehmen und diese parallelschalten, um die erforderliche Stromstärke zu erhalten. Durch besondere Regeleinrichtungen wird eine Überlastung der antreibenden Dieselmotore verhindert.

Man kann sich die Kontsantstromschaltung als einen Fluß mit mehreren dicht hintereinander liegenden Stauwehren veranschaulichen. Der gleiche Wasserstrom geht nacheinander durch die Turbinen, aber man kann die Energie durch Einstellung der Wehre nach Wunsch verteilen.

Kurz erwähnt seien hier noch die *Hauptstrommotore* für Gleichstrom, bei welchen der Strom durch den Anker und die mit ihm in Reihe liegende Erregerwicklung hindurchfließt. Bei ihm ändert sich die Drehzahl stark je nach dem abverlangten Drehmoment, so daß die Kennlinie ungefähr der Hyperbel folgt. Zum Antrieb von Verbrauchern der Klasse II sind Hauptstrommotore wegen dieser starken lastabhängigen Drehzahl kaum geeignet, zumal sie bei Entlastung durchgehen. Für die Klasse I der Hebezeuge und die Klasse III sind sie an sich geeignet, jedoch findet man sie auf Schwimmbaggern im Gegensatz zum Straßenbahnbetrieb kaum.

Die vorangehenden Ausführungen zeigen die große Anpassungsfähigkeit des Elektroantriebes mit Gleichstrom. So ist unter anderm zu erreichen, daß bei einem Schneidkopfsauger die Schwingbewegung automatisch durchgeführt wird. Die aktive Schwingwinde holt ihr Seil mit einer lastunabhängigen Geschwindigkeit ein, während das Seil der passiven Winde stramm gehalten wird. Dabei kann diese, wenn der Schneidkopf zum Überrollen neigt, aktiv werden und dies verhindern. Auch der Schneidkopf selbst kann lastunabhängig mit der gewünschten Geschwindigkeit angetrieben werden, wobei durch Schutzeinrichtungen oder KRÄMER-Wicklungen Überlastungen bei zu hartem Boden verhindert werden.

Es ließen sich noch weitere Fälle aus den vielseitigen Antriebsverhältnissen bei Baggergeräten anführen, aus denen die Anpassungsfähigkeit des elektrischen Antriebes hervorgeht. Man soll aber in den Forderungen auch nicht zu weit gehen, da sich hierbei ein umfangreiches Kabelnetz ergibt, bei dem Störungen schwer zu finden sind. Auch sind die erforderlichen Gleichstromgeneratoren und Gleichstrommotore dann Sonderausführungen, die schwer zu beschaffen und bei eingetretener Beschädigung nicht ohne weiteres zu ersetzen sind. Die Ausführung der elektrischen Geräte muß in allen Einzelheiten den durch den Baggerbetrieb gestellten Anforderungen entsprechen. Diese gehen über die von sonstigen Schiffsanlagen noch hinaus. Ein Baggergerät liegt oft an entlegener Stelle und kann meist nicht mit eigener Kraft zur Behebung von Schäden an eine Werft oder Reparaturwerkstätte fahren. Man muß daher an Ort und Stelle den Fehler finden und beseitigen, was nicht immer einfach ist.

Die Motore, die im Maschinenraum oder in abgedichteten Decksräumen stehen, werden *tropf- und spritzwasserdicht* ausgeführt, während solche, die an Deck frei stehen, *sturmwasserdicht* sind. Motore, die dem Wasser ausgesetzt sind und im Dauerbetrieb laufen, wie die für den Schneidkopf und die Schwingwinden, müssen besonders geschützt sein.

Die ganz geschlossene, wasserdichte Ausführung ist eine Sonderbauart, die man nur wählt, wenn es unumgänglich notwendig ist. Wichtig ist bei allen Motoren, wie schon öfters erwähnt, die Abführung der Verlustwärme, wofür oft nicht genügend Vorsorge getroffen wird. Die Isolationsmaterialien usw. müssen den durch den Betrieb entstehenden Temperaturen gewachsen sein, wobei auch tropische Verhältnisse zu berücksichtigen sind. Die Empfindlichkeit der Kollektoren ist ein Nachteil der Gleichstrommotore. Bei längeren Stilliegezeiten und Temperaturwechsel können an ihnen und anderen Teilen der elektrischen Anlagen Störungen auftreten, die schwer erkennbar sind und sich erst bei der Inbetriebnahme zeigen. Ein Vorteil der Elektromotore ist ihre bequeme *Umsteuerung*, die sowohl bei Gleichstrom als auch bei Drehstrom durch Wendeschalter möglich ist. Die Bedingungen sind für beide Drehrichtungen völlig gleich.

Für die Klasse I der Leistungsverbraucher sind Elektromotore infolge der lastunabhängigen Drehzahleinstellung sehr gut geeignet, für die Klasse II sind meist Sonderausführungen mit den damit verbundenen Nachteilen erforderlich.

Für den Antrieb von Schneidköpfen und Winden verwendet man in den USA weitgehend polumschaltbare Drehstrommotore. Wenn man Gleichstrommotore nimmt, wird mitunter eine Reserve durch einen Drehstrommotor vorgesehen,

Für die Verbraucher der Klasse III, der hydraulischen Verbraucher, ist der Elektromotor gut geeignet. Der Gleichstrom hat hier unbedingt den Vorzug, zumal die Motore geschützt innerhalb des Schiffskörpers angeordnet sind. Bei den Fahrmotoren kann man von der Brücke aus in beiden Drehrichtungen des Propellers die Drehzahl stufenlos einstellen und bringt damit das Fahrzeug vollständig in die Hand des Schiffsführers.

Die Baggerpumpe eines Saugbaggers durch einen *Drehstrommotor* antreiben zu lassen, macht Schwierigkeiten. Es tritt eine starke Überlastung ein, wenn die Förderweite verringert wird und der Motor auf der Kennlinie gleicher Drehzahl arbeiten will. Um dies zu vermeiden, muß man entweder erhöhten Schlupf und Verlust in Kauf nehmen oder den Kreiseldurchmesser herabsetzen. Dagegen kann man bei Antrieb durch einen Gleichstrommotor in LEONARD-Schaltung die Drehzahl so einstellen, daß das Drehmoment nicht unzulässig hoch wird.

Bei der Baggerpumpe des Hoppersaugers bleibt die Förderhöhe fast unverändert. Man stellt mit LEONARD-Schaltung die Drehzahl oder bei Konstantstromschaltung das Drehmoment so ein, daß die gewünschte Menge gefördert wird.

6. Hydrostatische und hydrodynamische Antriebe unter Verwendung von Drucköl

Die hydraulische Kraftübertragung unter Einschaltung einer Flüssigkeit ist sehr alt. Das Urbild ist die hydraulische Presse, bei welcher die Abwandlung der beiden Komponenten der Leistung, nämlich Kraft und Geschwindigkeit, sehr stark ist. Mit einer kleinen von Hand betriebenen Kolbenpumpe können große Druckkräfte, die mit geringer Geschwindigkeit wirken, erzeugt werden. Bodenklappen, Beladeklappen, Überlaufwehre, Schieber in den Saug- und Druckleitungen der Baggerpumpen von Hoppersaugern u. a. m., können durch die Kolben von hydraulischen Zylindern bewegt werden, als Übertragungsmittel werden Stangen, Seile, Ketten usw. eingeschaltet. Wenn der einfache Kolbenhub nicht ausreicht, kann man einen umgekehrt wirkenden Flaschenzug einsetzen, mit dem der wirksame Hub entsprechend der Zahl der Seilrollen erhöht wird, wie beispielsweise für Saugarme, Eimerleitern, Schneidkopfleitern u. a. m. Als Druckmittel wird Hydrauliköl verwendet, das mit maschinengetriebenen Ölpumpen auf Drücke von 30 bis etwa 300 atü gebracht wird. Das Öl hat wie Wasser eine geringe Kompressibilität von weniger als 1% bei 100 atü, die Wegschlüssigkeit ist dadurch gegeben. Öl schmiert auch gut, infolgedessen arbeiten die Kolben ohne Packungen und Dichtungen und die Kolbenstangen sind vor Abnutzung und Korrosion bewahrt. Wenn das Öl vor zu hohen Temperaturen und Verunreinigungen geschützt wird, kann es lange Zeit ohne Erneuerung arbeiten. Für die geschilderten Bewegungen mit beschränkter Wegstrecke ist die hydraulische Kraftüber-

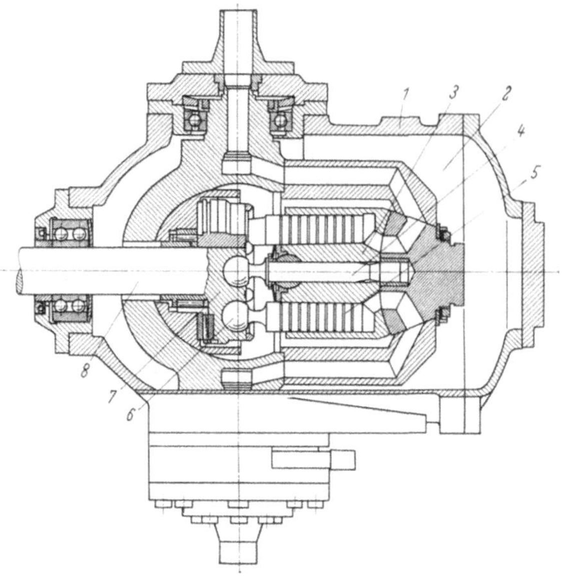

Abb. 54. Schnitt durch die Schwingzapfen einer Achsial-Mehrkolben-Pumpe System Thoma mit einem auf der Antriebswelle sitzenden Triebflansch, der die 7 Kolbenstangen und damit den Zylinderkörper mitnimmt. Ölführung durch Steuerkanäle über die hohlen Schwingzapfen in die Ölleitungen. Zeichnung nach Mannesmann-Meer

1 Pumpengehäuse; *2* Schwingkörper; *3* Zylinderkörper; *4* Mittelzapfen; *5* Kolben, 7 Stück; *6* Kolbenstangen mit Kugelkopf; *7* Triebflansch; *8* Antriebswelle

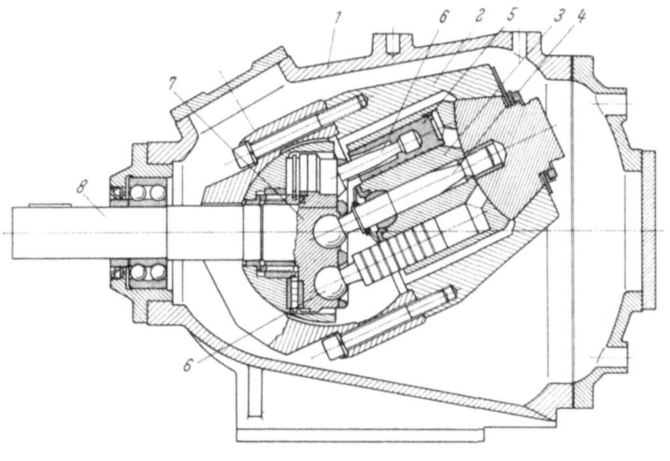

Abb. 55. Schnitt durch die Achsial-Mehrkolben-Pumpe, senkrecht gegen Abb. 54. Schwingkörper nach oben ausgeschwungen, so daß die Achse des Zylinderkörpers gegen die Antriebswelle um 25° geneigt ist und die geförderte Ölmenge ihren Maximalwert erreicht. Bei Zurückschwingen vermindert sich die Kolbenbewegung bis auf Null und beim Ausschwingen nach unten kehrt der Förderstrom seine Richtung um. Zeichnung nach Mannesmann-Meer

1 Pumpengehäuse; *2* Schwingkörper; *3* Zylinderkörper; *4* Mittelzapfen; *5* Kolben, 7 Stück; *6* Kolbenstangen mit Kugelkopf; *7* Triebflansch; *8* Antriebswelle

tragung ganz besonders geeignet, so daß die elektrische Kraftübertragung, die man an die Stelle der hydraulischen setzte, bald wieder aufgegeben wurde. Als Beispiel sei die Bewegung der Ruder von Schiffen angeführt.

Aber auch für *Drehbewegungen* wird die Hydraulik immer mehr angesetzt. Dabei wurde die Übertragung größerer Leistungen möglich durch Einführung der mehrzylindrigen Axial-Kolbenpumpe bei unmittelbarem Antrieb durch einen schnellaufenden Motor. Mit einem Ölstrom von 1 l/sec kann man bei 100 atü eine Leistung von 10 kW oder 13,5 PS übertragen. Wenn man eine stufenlose Regelung der Drehzahl beim Druckölmotor wünscht, muß man ihm eine besondere Druckölpumpe zuordnen und kommt zu einer Anlage, welche der Leonard-Schaltung bei Elektroantrieb weitgehend ähnlich ist.

Abb. 54 zeigt die Axial-Kolbenpumpe System Thoma im Schnitt durch die Lager des Schwingkörpers. Dieser sitzt im Inneren des Gehäuses und enthält den Zylinderkörper mit Bohrungen für 7 Kolben. Die Kolbenstangen haben kugelförmige Enden, die in entsprechende Ausnehmungen des auf der Antriebswelle sitzenden Triebflansches eingreifen. Dreht sich die Antriebswelle mit dem Triebflansch, dann wird über die Kolbenstangen und die Kolben der Zylinderkörper mitgenommen. Dieser dreht sich somit in dem durch seine Zapfen festgehaltene Schwingkörper. Stehen Antriebswelle und Mittelachse des Schwingkörpers in *einer* Richtung, so bekommen bei der Drehbewegung die Kolben keine Axialverschiebung in ihren Zylindern und es tritt keine Ölförderung ein.

Abb. 55 ist ein Schnitt in der zur Schwingachse senkrechten Richtung. Jetzt ist der Schwingkörper nach oben ausgeschwungen und seine Mittelachse steht zur Antriebswelle in einem Winkel von 25°. Bei deren Drehung verschieben sich jetzt die Kolben in ihren

Zylindern. Dabei gleiten diese mit ihren Öffnungen am Steuerkonus über Kanalöffnungen. Die Kanäle haben Verbindung mit den durch die Schwingachsen gehenden Kanälen, an die sich die nach dem Druckölmotor führenden Ölleitungen anschließen. Die Steuerkanäle sind so geführt, daß bei der nach links gerichteten Saugbewegung der Kolben die Verbindung mit der Saugleitung besteht. Bei der darauffolgenden Rechtsbewegung der Kolben, die das Öl auf Druck bringt, geht es durch den anderen Schwingzapfen in die Druckleitung. Wenn man den Schwingkörper zurückschwingen läßt, so daß der Winkel zwischen seiner Mittelachse und der Antriebswelle kleiner wird, dann wird der Kolbenhub und damit der geförderte Ölstrom geringer und hört in der achsengleichen Stellung auf. Wird der Schwingkörper in der entgegengesetzten Richtung ausgeschwungen, so ändert die Ölförderung ihre Richtung. Die bisherige Druckleitung wird zur Saugleitung und die bisherige Saugleitung zur Druckleitung. Der Ölstrom steigert sich wieder bis zu seinem Maximum bei der 25°-Stellung.

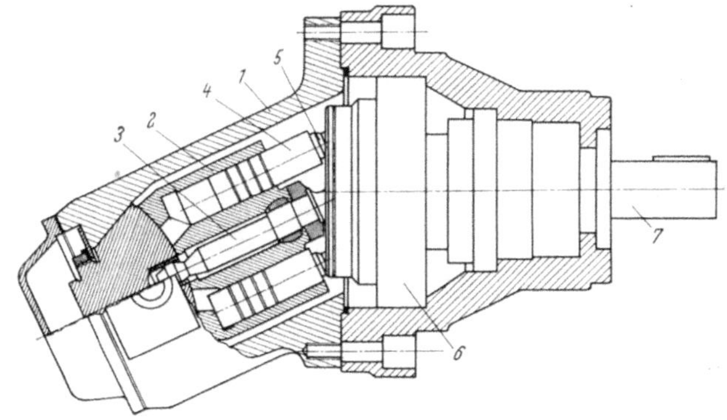

Abb. 56. Druckölmotor in ähnlicher Gestaltung wie die Achsialkolben-Ölpumpe, jedoch mit konstantem Winkel von 25° zwischen Achse des Zylinderkörpers und Antriebswelle. Zeichnung nach Mannesmann-Meer

1 Gehäuse; *2* Zylinderkörper; *3* Mittelzapfen; *4* Kolben, 7 Stück; *5* Kolbenstangen mit Kugelkopf; *6* Getriebener Flansch; *7* Abtriebswelle

Als Druckölmotor kann nach Abb. 56 die gleiche Einrichtung verwendet werden. Dabei ist der Birnenkörper nicht schwenkbar, sondern steht fest in seiner Schrägstellung. Die Kolben üben jetzt ein Drehmoment auf die Triebflansch aus, das proportional dem Öldruck ist, während die Drehzahl sich proportional der zugeführten Ölmenge ändert.

Der *Wirkungsgrad* eines derartigen *hydrostatischen Antriebes* ist das Produkt der Wirkungsgrade von Pumpe, Rohrleitung und Motor. Er liegt mit etwa 80 bis 85% ungefähr in der gleichen Höhe wie beim LEONARD-Antrieb, mit dem in mancher Beziehung eine Ähnlichkeit besteht. Während bei der elektrischen Übertragung eine größere Entfernung zwischen Motor und Generator nicht schädlich ist, soll man beim Hydraulik-Motor nicht über etwa 20 m hinausgehen. Um 100 kW bei 100 atü zu übertragen, sind rd. 10 l/sec Drucköl erforderlich. Bei einer lichten Weite der Rohrleitung von 36 mm bekommt man dann Geschwindigkeiten bis zu 10 m/sec, die bei längerer Rohrleitung mit Reibungsverlusten verbunden sind. Außerdem nimmt die Trägheit der Ölmasse zu und ist bei der Regelung und Umsteuerung hinderlich. Wenn Ölpumpe und Ölmotor miteinander in einem Aggregat vereint sind, bilden sie ein stufenloses, hydraulisches Getriebe. Die Ölpumpe wird durch einen Dieselmotor oder einen Drehstrommotor, der ein einfacher Kurzschlußläufer sein kann, angetrieben. Es können auch mehrere Ölpumpen auf der Welle eines Antriebsmotors sitzen, während die Ölmotore gesondert bei ihren Leistungsabnehmern angeordnet sind.

Außer den beschriebenen Axialpumpen gibt es noch andere Arten. So können die Achsrichtungen von Antriebswelle und Zylinderkörper unverändert bleiben und die Ölmenge durch Änderung der Schräglage einer Taumelscheibe geregelt werden. Es gibt weiter Radialkolbenpumpen, bei denen im Zylinderkörper Bohrungen liegen, in denen die Kolben eine radiale Bewegung ausführen. Ferner werden noch Zahnradpumpen, Zellenpumpen, Schraubenpumpen u. a. m. verwendet. Auch Kolbenpumpen herkömmlicher Bauart mit einer Kurbelwelle und mehreren senkrechten oder waagerechten Zylindern kommen vor.

Die *Druckölmotore* sind nicht immer den Pumpen gleich. Da man meist wesentlich niedrigere Drehzahlen braucht, ist man bestrebt, langsam laufende Kolbenmotore mit mehreren Zylindern zu bauen, die nebeneinander liegen oder in Sternform angeordnet sind. Derartige Motore werden schwer und solange sie nicht serienmäßig hergestellt werden, meist im Preis so hoch, daß die Kosten eines Getriebes aufgewogen werden. Indessen ist die Entwicklung auf diesem Gebiete noch nicht abgeschlossen.

Für die Leistungsverbraucher der Klasse I, die Hebezeuge, ist der hydrostatische Antrieb gut geeignet und wird besonders einfach, wenn man mit Hubzylindern arbeiten und den Umweg über die Drehbewegung vermeiden kann. Eine Abstimmung zwischen mehreren Hebezeugen, die zusammen arbeiten müssen, ist einfach. Ein Beispiel dafür sind die Hubzylinder bei einem Hoppersauger, die an den einzelnen Teilen der Saugarme angreifen. Eine Begrenzung der Hubhöhe oder der Lastaufnahme ist dabei wesentlich einfacher als beim Elektroantrieb.

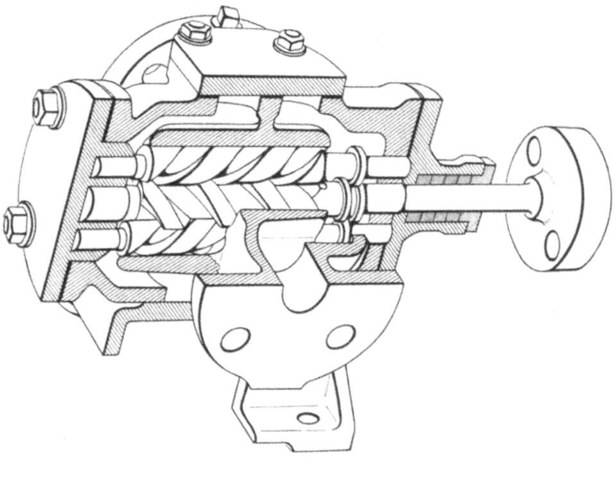

Abb. 57. Schraubenpumpe für Druckölerzeugung mit drei ineinandergreifenden Schraubenspindeln im Pumpengehäuse. Mittelspindel wird vom Antriebsmotor gedreht und bewirkt Ölförderung in axialer Richtung vom Saugraum in den Druckraum. Nach Foto Hatlapa, Ütersen

Zum Antrieb von Winden mit nicht allzu großer Antriebsleistung verwendet man vorteilhaft *Niederdruck-Hydraulik*. System Rekab, Norwegen.

Die Pumpe nach Abb. 57 hat drei ineinandergreifende Gewichtsspindeln, die mit dem Gehäuse abgedichtete Kammern bilden und bei Drehung das Öl kontinuierlich und pulsionsfrei von der Saugleitung in die Druckleitung fördern. Diese schnellaufende Pumpe ist für direkten Antrieb durch Elektromotore von 25 bis 70 PS geeignet und kann mehrere Winden versorgen, wenn sie von ihr nicht allzuweit entfernt sind und nicht alle gleichzeitig laufen.

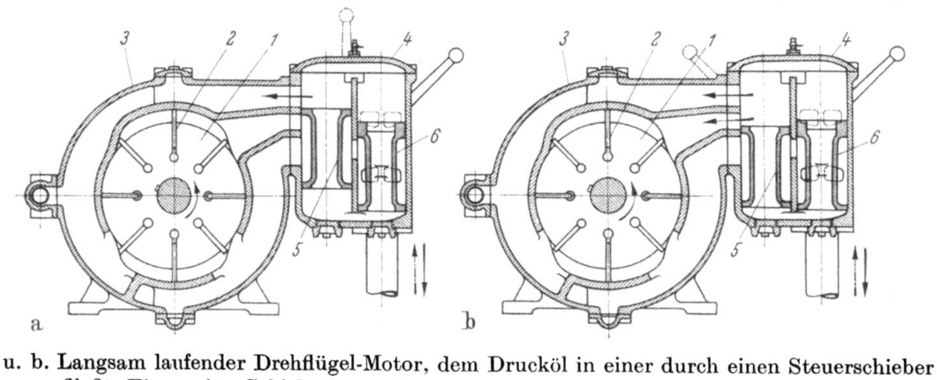

Abb. 58a u. b. Langsam laufender Drehflügel-Motor, dem Drucköl in einer durch einen Steuerschieber regelbaren Menge zufließt. Ein zweiter Schieber ermöglicht Drehmomenterhöhung durch doppelte Beaufschlagung des Drehflügel-Rotors. System Rekab-Hatlapa, Ütersen

1 Rotor; *2* 8 verschiebbare Schaufeln; *3* Rotorgehäuse; *4* Schiebergehäuse; *5* Schieber I für Einstellung einfacher und doppelter Beaufschlagung; *6* Schieber II für Regelung der Ölmenge und Umsteuerung

Die Motore sind langsamlaufende Drehflügelmotore mit zwei Arbeitskammern nach Abb. 58. und wirken unmittelbar auf die Trommelwelle der Winden. Am Umfang ihres Rotors werden Schaufeln unter radialer Verschiebung gegen die entsprechend ausgebildete Gehäusewand gedrückt. Sie bilden dadurch abgeschlossene Arbeitskammern, in die das Drucköl eintritt und eine Drehbewegung erzeugt. Die Drehzahl der Rotoren ist abhängig von der Ölmenge, die durch einen Steuerschieber geregelt wird. Das nicht gebrauchte Öl fließt zur Pumpe zurück. Ein zweiter Steuerschieber führt je nach seiner Stellung das Drucköl entweder der unteren Arbeitskammer oder beiden Kammern zu, wobei das doppelte Drehmoment bei halber Drehzahl erreicht wird. Der Öldruck stellt sich der Belastung entsprechend ein, er beträgt im Leerlauf etwa 3 bis 5 atü und steigt bei Vollast etwa bis auf 30 atü. Bei Überschreitung tritt ein Sicherheitsventil in Tätigkeit. Der Motor kann durch Vertauschung der Ölwege wie eine Dampfmaschine umgesteuert werden. Derartige Niederdruckanlagen sind äußerst einfach und wenig empfindlich. Die Verluste, die bei der Geschwindigkeitsregelung durch Rücklauf des Öles entstehen, vermindern sich beim Betrieb mit mehreren Winden. Es stellt sich eine mittlere Ölmenge ein, die von der Pumpe geliefert wird, ohne daß viel Öl ohne Arbeitsleistung zurückfließt. Die Leistung der Niederdruckmotore ist auf etwa 50 PS beschränkt.

Abb. 59. Schneidkopf mit kurzer Welle und Antrieb durch vier Druckölmotoren von insgesamt 600 PS über ein Untersetzungsgetriebe mit Anordnungsmöglichkeit unter Wasser. Foto Mannesmann-Meer

Für die Verbraucher der Klasse II mit unberechenbarem Drehmoment und der Notwendigkeit, einen ruhenden Zug oder Druck auszuüben, ist der hydrostatische Antrieb gut geeignet. Die Hochdruckmotore sind klein und leicht, so daß sie beispielsweise oben auf dem Hauptbock eines Eimerkettenbaggers angeordnet werden können. Man kann auf beide Seiten je einen setzen und ist sicher, daß die Drehmomente gleichmäßig übertragen werden. Es läßt sich eine Kennlinie, ähnlich der in Abb. 52 für den LEONARD-Betrieb gezeigten, erreichen.

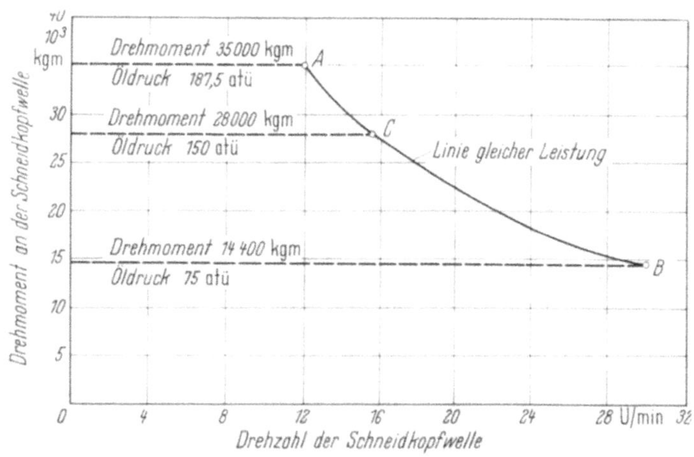

Abb. 60. Drehmoment über der Drehzahl als Abszisse für den hydrostatischen Schneidkopfantrieb mit Änderung der Drehzahl des Schneidkopfes zwischen 12 und 30 U/min

Beim hydrostatischen Antrieb eines Schneidkopfes ist außer geringer Reibungsarbeit nur Grabarbeit zu leisten, so daß die Schwankungen in dem vom Antrieb abverlangten Drehmoment groß sind. Die Veränderung der Drehzahl soll unabhängig von der Belastung sein, da nur dann eine Abstimmung zwischen der gelösten und von der Baggerpumpe geförderten Bodenmenge möglich ist. Insofern ist der hydrostatische Antrieb für den Schneidkopf gut geeignet, zumal er gegenüber dem Elektroantrieb den Vorteil hat, ein ruhendes Drehmoment bei Antreffen auf ein Hindernis ohne Schwierigkeit ausüben zu können.

Abb. 59 zeigt den Antrieb eines Schneidkopfes durch vier an ein Zahnradgetriebe angeflanschte Druckölmotore. Bei einer Untersetzung von 35,5:1 liegt die regelbare Drehzahl der Schneidkopfwelle zwischen 12 und 30 U/min. Es stellt sich die Höchstdrehzahl bei einem Ölstrom von etwa 3600 l/min = 60 l/sec ein, während es bei 12 U/min nur 1440 l/min = 24 l/sec sind.

Abb. 60 ist das Kennlinien-Diagramm mit dem Drehmoment als Ordinate über der Drehzahl des Schneidkopfes als Abszisse. A ist der Betriebspunkt für 12 U/min mit einem Drehmoment von etwa 35000 kgm entsprechend 187,5 atü und B der Betriebspunkt für

30 U/min mit einem Drehmoment von 14400 kgm entsprechend etwa 75 atü. Dazwischen liegt die Linie gleicher Leistung, bei welcher jeder der vier Druckölmotore 150 PS abgibt.

Die Schneidkopfwelle ist, wie Abb. 59 zeigt nur kurz und das ganze Getriebe kommt unter Wasser, eine Abdichtung läßt sich ohne Schwierigkeiten erreichen. Wenn auf diese Weise der Schneidkopfantrieb im Vorderende der Schneidkopfleiter liegt, kann eine Baggerpumpe unmittelbar darüber sitzen. In Band I wurde bei Abb. 183 darauf hingewiesen, daß man bei den immermehr zunehmenden Baggertiefen dazu übergehen muß, eine Baggerpumpe in eine Kammer der Schneidkopfleiter zu setzen. Das Wasservakuum, der bei Wasserförderung sich einstellende Unterdruck, ist dann sehr gering.

Sehr ungünstig sind bei hydrostatischen Antrieben vielfach die auftretenden *Geräusche*. Ursache dafür ist das stoßweise Arbeiten der Druckölpumpe und die dadurch verursachten Schwingungserscheinungen. Bei vielen Anlagen waren umfangreiche Nacharbeiten erforderlich, um die Geräusche auf ein erträgliches Maß herabzusetzen. Die Anforderungen an das Öl sind sehr hoch, eine Ergänzung der Füllung bei Undichtigkeiten ist ein schwieriger Vorgang. Die Leitungen müssen deswegen möglichst einfach und übersichtlich verlegt werden. Bei Ersatz von elektrischem Antrieb durch hydraulischen muß man dies berücksichtigen und darf nicht auf zu große Entfernungen zwischen Druckölmotor und Pumpe kommen. Abgesehen davon ist der Umbau leicht möglich, da die Hydraulikmotore im Raumbedarf, Gewicht und in den Drehzahlen den Elektromotoren ähnlich sind.

Vom Verfasser wurde im Jahre 1942 bei einem Dieselspüler mit 500 PS an der Baggerpumpe und 500 mm Rohrweite eine *Druckluftanlage* eingebaut. Bei ihr wird Druckluft von 6 atü durch zwei einstufige Kolbenverdichter erzeugt. Druckluftzylinder wurden für folgende Zwecke eingebaut:

	⌀ mm	Länge mm
1. Heben des Saugrüssels	250	1700
2. Verschieben des Saugrüssels zur Anpassung an die Schutenbreite	2×250	1100
3. Drehen des Spritzrüssels	250	2100
4. Verziehen des Spritzrüssels	2×160	1200

Die Zylinder bestehen aus nahtlosem Stahlrohr mit angeschweißten Flanschen, die Kolben haben Lederdichtung. Durch die Kolbenstangen werden unter Einschaltung von Seilen die erforderlichen Bewegungen durchgeführt, wobei sie zentral vom Spülermeisterstand gesteuert werden können. Die Einrichtung hat sich gut bewährt, das Fehlen der Trägheit bei der Luft ist vorteilhaft, die mangelnde Zwangläufigkeit hat nicht gestört. Obwohl die beabsichtigte Vorwärmung der Luft durch Abgase des Pumpenmotors aufgegeben wurde, sind Störungen durch Einfrieren nicht vorgekommen.

Ursprünglich wurde auch versucht, Druckluft bei Zwillingsmaschinen für den Antrieb der Winden zu verwenden. Der Luftverbrauch der Windenmaschinen ist aber so hoch, daß trotz eines großen Luftspeichers der Druck nicht zu halten war. Die Zwillingsmaschinen, die für den Antrieb durch Dampf gebaut sind, haben bei Luft viel größere Undichtigkeitsverluste.

Hydrodynamischer Antrieb. Die vorangehend behandelten hydrostatischen Anlagen entsprechen den Dampfkolbenmaschinen, während die hydrodynamischen, wie die Turbinen, Strömungsenergie ausnutzen. Bald nach der Jahrhundertwende wurde der Föttinger-Transformator entwickelt, der für Schiffsantriebe die schnellaufende Dampfturbine mit dem im Wasser arbeitenden Propeller, der eine niedrigere Drehzahl verlangte, in Einklang bringen sollte. Da mechanische Zahnradgetriebe damals für Leistungen von 10000 PS und mehr, wie sie für große Handelsschiffe und Kriegsschiffe erforderlich waren, noch nicht hergestellt werden konnten, schlug Föttinger das hydraulische Getriebe, den *Transformator*, vor, den Abb. 61 zeigt. Er besteht aus einem Teil für Vorwärtsfahrt und einem kleineren für Rückwärtsfahrt, der die nachteilige Umsteuerung der Turbine vermeiden läßt. Beide Teile sind abgesehen von der Größe einander gleich, so daß die Beschreibung sich auf den linken Vorwärtsteil beschränken kann. Auf der von der Turbine kommenden Primärwelle sitzt ein Pumpenlaufrad. Das von ihm ausgeworfene Wasser durchströmt die Schaufeln der ersten Turbinenstufe und kommt über Leitschaufeln in die zweite Turbinenstufe. Nachdem es diese durchströmt hat, gelangt es über weitere Leitschaufeln wieder in das Pumpenrad zurück. Das Wasser macht somit einen Kreislauf und überträgt auf die sekundäre Propellerwelle ein Drehmoment durch Umlenkung innerhalb der Schaufeln der beiden Turbinenlaufräder, die auf der Abtriebswelle sitzen. Die beiden Leit-

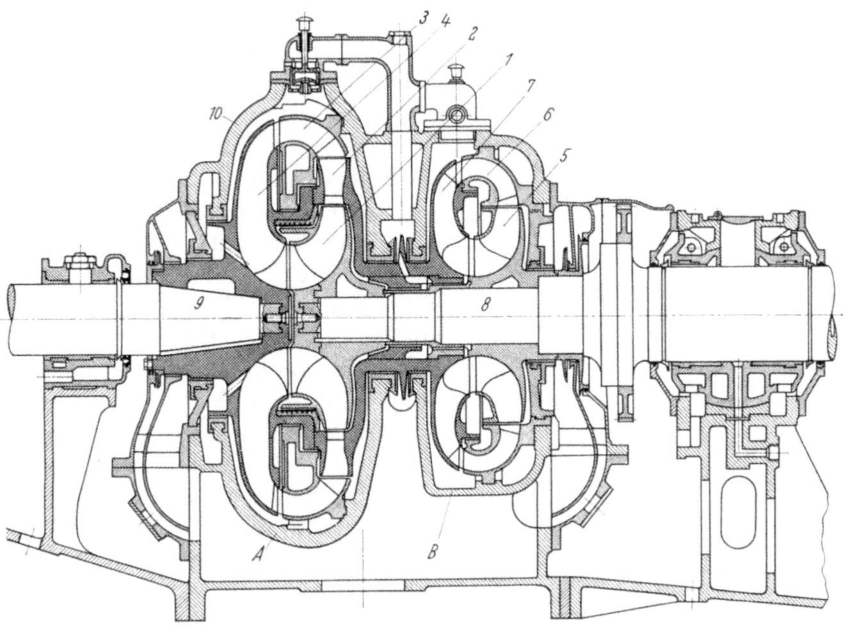

Abb. 61. FÖTTINGER-Transformator in ursprünglicher Form als hydrodynamisches Untersetzungsgetriebe zwischen Dampfturbine und Propellerwelle

A. Vorwärtsteil: *1* Pumpenläufer; *2* Turbinenläufer I. Stufe; *3* Feste Leitschaufeln; *4* Turbinenläufer II. Stufe; B. Rückwärtsteil; *5* Pumpenläufer; *6* Feste Leitschaufeln; *7* Turbinenläufer; *8* Antriebswelle; *9* Abtriebswelle; *10* Transformatorgehäuse

schaufelkränze sind dagegen mit dem Gehäuse verbunden. Die Umsteuerung der Propellerwelle geht so vor sich, daß der Vorwärtsteil entleert und der Rückwärtsteil gefüllt wird.

In dieser Form wurde die Einrichtung nur einige Male vor dem ersten Weltkrieg ausgeführt und nach ihm nicht wiederholt, da inzwischen die mechanischen Zahngetriebe weiter entwickelt worden waren. Sie arbeiten mit sehr hohem Wirkungsgrad, während der Transformator nur etwa 85% erreichte. Außerdem genügte seine Untersetzung, die bei der Zweistufenausführung 1:6 bis 1:7 erreichte, nicht, da man die Turbinen schneller laufen lassen wollte. Man machte sich jedoch die Elastizität der hydraulischen Übertragung zunutze und entwickelte eine Strömungskupplung, die zunächst Vulkan-Kupplung, später FÖTTINGER-Kupplung genannt wurde. Sie überträgt von einer Antriebswelle das gleiche Drehmoment auf die Abtriebswelle mit einem geringen Schlupf. Sie wird später noch beschrieben.

Aus der Kombination von Kreiselpumpen, Turbine und Leitschaufelsystem, die beim FÖTTINGER-Transformator gegeben war, wurde dann der *Drehmoment-Wandler* entwickelt, der eine große Verbreitung bei Fahrzeugen auf Schienen und Straßen sowie bei Trockenbaggergeräten erlangte. Neuerdings wird er auch auf Schwimmbagger installiert.

Zum Verständnis seiner Wirkungsweise ist zunächst das Verhalten der Turbine, die das angetriebene Element bildet, wichtig. Bei ihr ändert sich, bei gleicher Anströmungsgeschwindigkeit das Drehmoment in starkem Maße mit der Drehzahl, wie bereits früher für die Dampfturbine gezeigt wurde.

Abb. 62 ist die Prinzipzeichnung einer Wasserturbine und zwar einer PELTON-Freistrahl-Turbine.

Um einen Vergleich mit einem ausgeführten Drehmoment-Wandler zu ermöglichen, sei die Menge des aus der Düse austretenden Strahles mit 61 l/sec und seine Geschwindigkeit mit 110 m/sec angenommen, seine kinetische Energie beträgt 500 PS. Wenn der Strahl die Schaufeln des Pelton-Rades trifft, kommt es bei Fehlen eines Widerstandes, also im *Freilauf*, auf eine Umfangsgeschwindigkeit von 110 m/sec, die bei einem Durchmesser des Schaufelmittenkreises von 600 mm eine Drehzahl von 3500 U/sec ergibt. Der Strahl erfährt dabei keine Umlenkung, sondern geht mit unverminderter Geschwindigkeit nach rechts weiter.

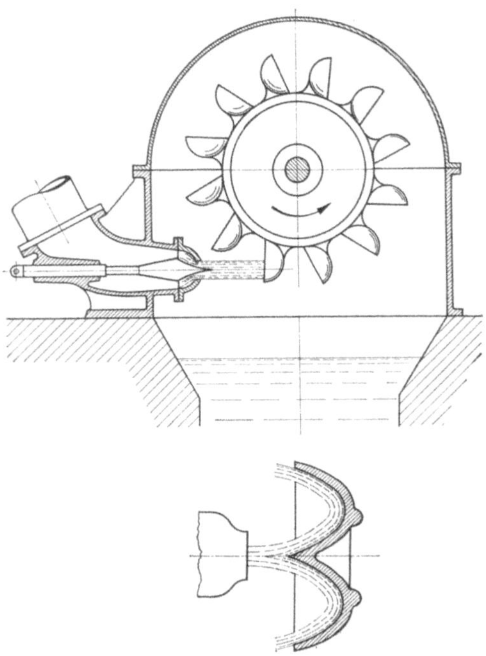

Abb. 62. Pelton-Freistrahl-Turbinenrad mit 600 mm Schaufelkranz-Durchmesser, Leistung 500 PS bei 1750 U/min Drehmoment 205 kgm

Wird durch einen Widerstand die Drehzahl des Pelton-Rades auf die Hälfte, also 1750 U/min und damit die Umfangsgeschwindigkeit auf 55 m/sec herabgesetzt, so kommt der Strahl nach der Umlenkung zur Ruhe; gibt also seine ganze Energie an das Turbinenrad ab, das ein Drehmoment von $716 \cdot 500/1750 = 205$ kgm aufnimmt. Die aufgenommene Leistung und damit der Wirkungsgrad erreicht ihr Maximum.

Wird das Rad vollständig abgebremst, dann steigt die auf die Schaufeln ausgeübte Umlenkungskraft und damit das vom Rad aufgenommene Drehmoment auf das doppelte, also auf 410 kgm an. Es wird ruhend ohne Leistungsabgabe aufgenommen, der Wirkungsgrad ist also gleich Null.

Abb. 63 ist ein Diagramm, in dem über der Drehzahl ohne Berücksichtigung von Verlusten das Drehmoment und die Leistung aufgetragen sind. Punkt B ist der Freilauf bei 3500 U/min, in dem Drehmoment und Leistung

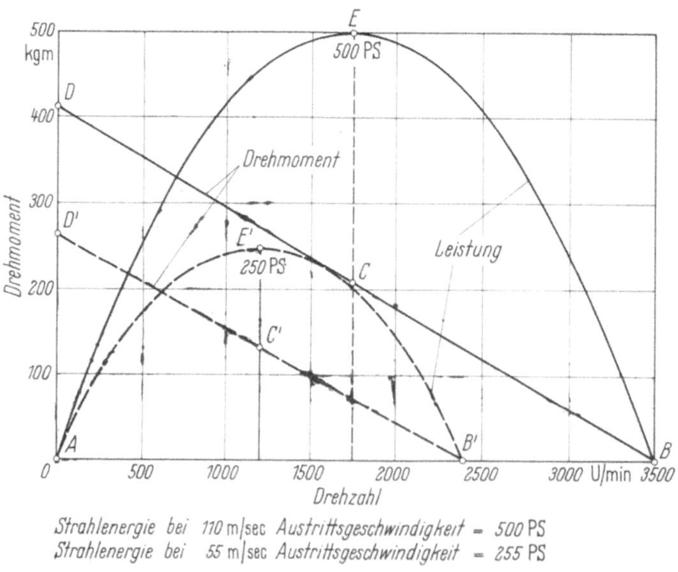

Abb. 63. Theoretische Werte für Drehmoment und Leistung einer Freistrahl-Turbine in Abhängigkeit von der Drehzahl bei Ausströmungsgeschwindigkeiten von 110 m/sec (ausgezogen) und 88 m/sec (gestrichelt)

gleich Null sind. Mit fallender Drehzahl steigt das Drehmoment an; im Punkt C auf 210 kgm und im Punkt D auf 420 kgm. Die Leistung steigt nach einer Parabel auf E mit 500 PS und fällt dann wieder auf Null im Punkt A. Dieser Kurve muß der Wirkungsgrad folgen, da er das Verhältnis zwischen der aufgenommenen Leistung und der eingeleiteten ist, die mit 500 PS konstant bleibt. Der Wirkungsgrad hat also in E sein theoretisches Maximum von 100%.

Fällt jetzt der Druck in der Düse so weit ab, daß die Geschwindigkeit auf das 0,8fache, also auf 88 m/sec absinkt, dann rückt der Freilaufpunkt nach B' bei 2800 U/min. Bei abfallender Drehzahl steigt das Drehmoment wieder an, erreicht jedoch nach den hydraulischen Ähnlichkeitsgesetzen nur Werte, die proportional dem Quadrat des Drehzahlabfalls sind. In C' beträgt es $0{,}64 \cdot 205 = 131$ kgm und in D' $0{,}64 \cdot 410 = 262$ kgm. Die Leistung erreicht in E' mit $0{,}8^3 \cdot 500 \sim 250$ PS ihr Maximum. Wiederholt sei, daß bei diesen Berechnungen der Einfachheit halber Verluste nicht berücksichtigt sind.

Man denke sich jetzt die Düse nicht feststehend, sondern sich drehend und, praktisch allerdings nicht zu verwirklichen, in einem Kreis vom gleichen Radius, wie die Turbinenschaufeln. Dabei soll die Umfangsgeschwindigkeit 55 m/sec und die Austrittsgeschwindigkeit aus der Düse ebenfalls 55 m/sec betragen. Der Strahl hat dann eine Geschwindigkeit von $55 + 55 = 110$ m/sec und damit, wie bisher eine Energie von 500 PS. Bei dem gedachten tangentialen Auftreffen tritt der Freilauf jetzt ein, wenn die Schaufeln des Turbinenrades die doppelte Geschwindigkeit der Düse annehmen. Man bezeichnet die Abtriebsdrehzahl mit n_2 und ihr Verhältnis zur Antriebsdrehzahl n_1 der Düse mit ψ. Es ist also $\psi = n_2/n_1$ und wird im Falle des Freilaufes $= 2$. Wird das Turbinenrad abgebremst, dann sind n_2 und damit $\psi = 0$, der Strahl trifft mit der vollen Geschwindigkeit von 110 m/sec auf die Turbinenschaufeln und erzeugt bei vollständiger Umlenkung das Maximal-Moment von 410 kgm. Dazwischen hat bei $\psi = 1$ das Moment seinen halben Wert mit 205 kgm, die Abtriebsleitung ihren Maximalwert von 500 PS, entsprechend einem Wirkungsgrad von 100%. Das Diagramm nach Abb. 63 bleibt gültig, wenn man als Abszisse das Drehzahlverhältnis ψ aufträgt.

Ähnlich arbeitet der praktisch ausgeführte Drehmoment-Wandler, den Abb. 64 im Schnitt zeigt. Auf der Antriebswelle sitzt das *Pumpenrad*, dem sich das auf der Abtriebswelle sitzende *Turbinenrad* unmittelbar anschließt. Danach kommen die im Gehäuse sitzenden Leitschaufeln, deren Kanäle die Treibflüssigkeit, das Wandleröl, den Schaufeln des Pumpenrades wieder zuführen. Im Gegensatz zu der Pelton-Freistrahl-Turbine ist hier das Turbinenrad auf seinem ganzen Umfang beaufschlagt und ein geschlossener Kreislauf gegeben, die vorangegangenen Annahmen treffen nicht mehr ganz zu.

Bei einer Antriebsleistung von 500 PS bei 1750 U/min der Antriebswelle hat jetzt die Pumpe nur eine Förderhöhe von etwa 60 m und der umlaufende Förderstrom des Wandleröls beträgt etwa 575 l/sec.

Theoretisch würde bei Gleichlauf von Antriebswelle und Abtriebswelle auch Gleichheit des Antriebs- und des Abtriebsdrehmomentes gegeben sein. In der Praxis tritt infolge der Verluste die Gleichheit der Momente bei einem Drehzahlverhältnis $n_2/n_1 = 0{,}85$ ein. Abb. 65 zeigt den Verlauf des primären und des sekundären Drehmomentes, so wie des Wirkungsgrades in Abhängigkeit vom Drehzahlverhältnis $\psi = n_2/n_1$. Der Wirkungsgrad hat ein Maximum von etwa 83%.

Wird die Abtriebswelle abgebremst, dann steigt das Abtriebsdrehmoment auf einen Wert an, der sogar etwas über dem 2fachen liegt. Läuft die Arbeitswelle leer, dann steigt das Drehzahlverhältnis auf 1,6 und höher.

Der Wirkungsgrad fällt von seinem Maximalwert 83%, den er bei Momentengleichheit hat, ähnlich der Leistungskurve der Abb. 63, aber nicht ganz so steil, nach beiden Seiten ab. Ein ständiges Arbeiten außerhalb des Drehzahlverhältnisses von 0,85 bewirkt also Verluste und eine Erwärmung des Wandleröls. Bei manchen Drehmoment-Wandlern können die Leitschaufeln verstellt werden, auch gibt es mehrstufige Ausführungen.

Das hydrodynamische Getriebe ist wegen seiner Elastizität für Leistungsverbraucher der Klasse II, also Oberturasantrieb und Schneidkopfantrieb geeignet. Wenn bei ungleich hartem Boden ein störungsfreier Dauerbetrieb mit guter Ertragsleistung erzielt wird, kann der zeitweise abfallende Getriebewirkungsgrad in Kauf genommen werden. Man muß nur

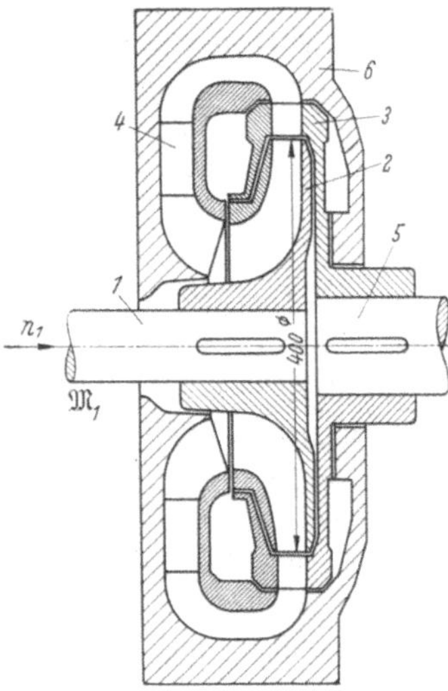

Abb. 64

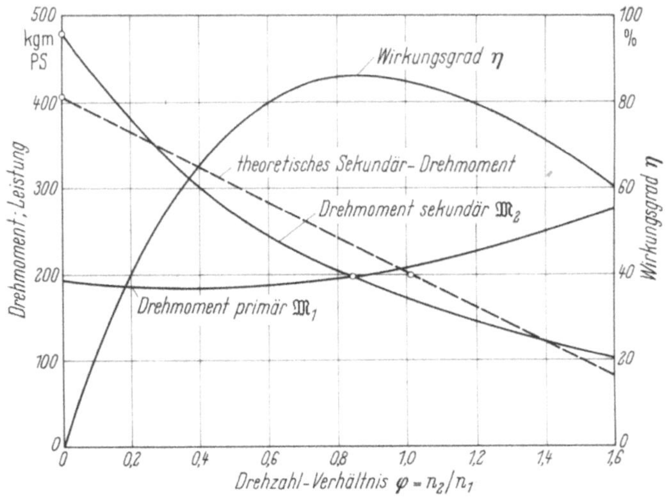

Abb. 65

Abb. 64. Drehmoment-Wandler mit Pumpenläufer, Turbinenläufer und im Gehäuse sitzenden Leitschaufeln. Drehzahl- und Momenten-Unterschied besteht zwischen Antriebswelle und Abtriebswelle

1 Antriebswelle; *2* Pumpenläufer; *3* Turbinenläufer; *4* Leitschaufeln; *5* Abtriebswelle; *6* Gehäuse; *7* n_1 Antriebsdrehzahl; $\mathfrak{M}_1$ Antriebsdrehmoment; n_2 Abtriebsdrehzahl; $\mathfrak{M}_2$ Abtriebsdrehmoment

Abb. 65. Verlauf des primären und sekundären Drehmomentes, sowie des Wirkungsgrades in Abhängigkeit von Drehzahlverhältnis $\psi = n_2/n_1$ für den Wandler Voith RL 18 hr, der bei dem 900-l-Eimerkettenbagger „Herkules" eingebaut ist

für die Ableitung der Verlustwärme sorgen, was beim hydraulischen Betrieb leichter ist als bei elektrischem Betrieb. Außerdem muß man mit dem starken Momentenanstieg bei wachsendem Grabwiderstand rechnen.

Gegenüber dem hydrostatischen Getriebe hat das hydrodynamische den Vorteil, daß der Druck auf etwa 10 atü beschränkt ist und Geräusche bei ihm nicht auftreten. Daß eine Trennung zwischen Pumpe und Motor nicht möglich ist, bringt einen gewissen Nachteil, jedoch durch Fortfall der Rohrleitungen auch wieder einen Vorteil.

7. Kupplungen und Getriebe

Kupplungen verbinden zwei Wellen entweder fest oder lösbar. Auch eine automatische Lösung bei Überlast kann Aufgabe einer Kupplung sein.

Die einfache *Klauenkupplung* wird noch häufig für die Verbindung zweier Wellen verwendet, wenn ein Einrücken während des Laufens nicht erforderlich ist. Eine *Schalenkupplung* nach Abb. 66 verwendet man zur festen Verbindung der Teile einer Schneidkopfwelle und in ähnlichen Fällen. Sie hat den Vorteil, daß nach Lösen der Schalen die Wellen in axialer Richtung verschoben werden können. Dies ist bei der Scheibenkupplung nach Abb. 67a, die man auch als *Flanschenkupplung* bezeichnet, nicht der Fall. Diese Kupplung kann man auch als

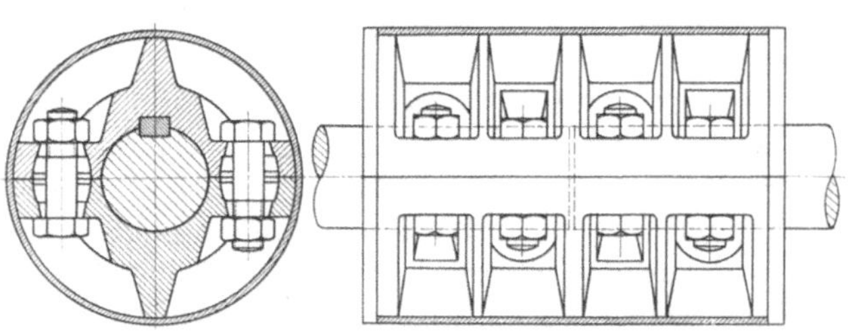

Abb. 66. Schalenkupplung zur Verbindung von zwei Wellen, die nach Lösen der Kupplung durch seitliche Lager gezogen werden können

Sicherheitsglied gegen Überlastungen ausbilden, wenn man ihr Flanschen von größerem Durchmesser gibt und die Verbindungsbolzen durch eine Eindrehung im Querschnitt schwächt. Wenn der Kreisel einer Baggerpumpe festschlägt, brechen diese Bolzen und die Wellen sind getrennt. Derartige *Bruchbolzenkupplungen* haben aber den Nachteil, daß das Entfernen der gebrochenen Bolzen und der Ersatz durch neue lange dauert und beim

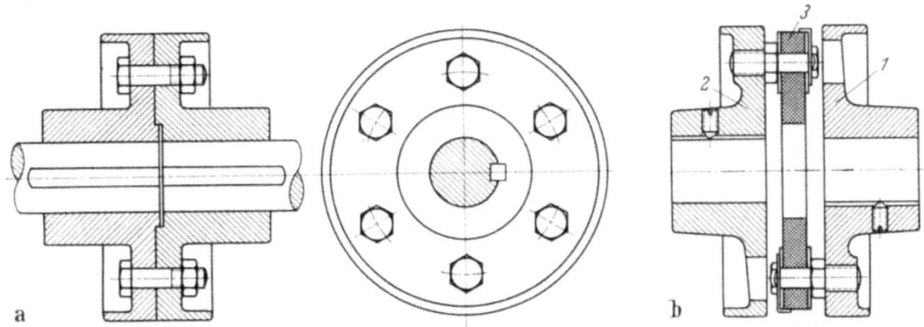

Abb. 67. Scheibenkupplung oder Flanschenkupplung als Festverbindung oder elastische Verbindung für Diesel-Generatoren mit einer Gummischeibe, die durch Bolzen mit den beiden Wellenflanschen verbunden ist und Schwingungen dämpft. Bauart Lohmann-Stolterfoht

1 Treibender Flansch; *2* Getriebener Flansch; *3* Gummischeibe

Brechen Beschädigungen der Scheiben eintreten können. Vielfach werden, wenn das Brechen zu oft eintritt, vom Bedienungspersonal widerstandsfähigere Bolzen eingebaut, wodurch der Zweck der Kupplung hinfällig wird. Man verwendet sie daher kaum noch und ersetzt

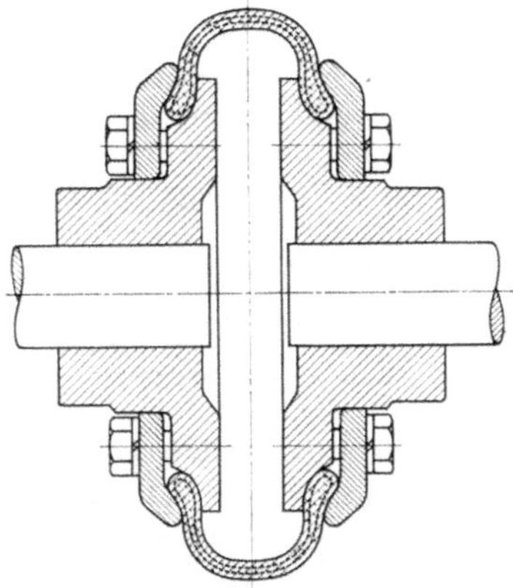

Abb. 68. Elastische Periflex-Kupplung mit einem reifenähnlichen Gummicordring, der mit den Flanschen der beiden Wellen verbunden ist. Bauart Lohmann-Stolterfoht

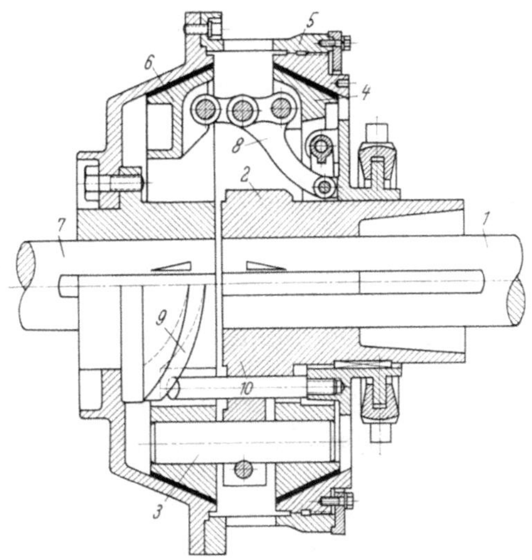

Abb. 69. Reibungskupplung mit zwei Kegelscheiben, die durch ein Kniehebel-System auseinander gegen die Gehäusewandungen gedrückt werden, mit mechanisch wirkender Einrichtung zum selbsttätigen Ausrücken bei Überlastung. Bauart Lohmann-Stolterfoht

Antriebswelle; *2* Kreuzstück; *3* Mitnehmer-Bolzen; *4* Antriebs-Konus; *5* Gehäuse; *6* Abtriebs-Konus; *7* Abtriebswelle; *8* Gestänge zum Ein- und Ausrücken mit Kniehebelwirkung; *9* Schraubenbahn; *10* Druckstifte

sie durch Abschnappkupplungen, die später behandelt werden.

Abb. 67b zeigt eine elastische Scheibenkupplung, bei welcher die beiden Scheiben nicht miteinander, sondern durch Bolzen mit einer zwischen ihnen liegenden Gummischeibe verbunden sind. Derartige Kupplungen setzt man vielfach zwischen Dieselmotor und Generator, damit dessen Anker ohne Zittern läuft und eine genaue konstante Spannung erzeugt wird. Die gleichen Vorteile werden mit der elastischen Kupplung nach Abb. 68 erreicht, bei der ein Ring aus Gummicord mit U-förmigem Querschnitt die beiden Wellenscheiben verbindet.

Eine viel verwendete Kupplung ohne Elastizität ist die Doppelkonuskupplung nach Abb. 69. Auf der antreibenden Welle sitzt fest ein dreiarmiges Kreuzstück mit je einem

Stift in den Armen. Auf diesen Stiften können sich die beiden Konushälften axial verschieben. Wenn sie durch eine Muffe über ein Kniehebelsystem auseinandergedrückt werden, legen sie sich gegen die beiden kegligen Flächen im Gehäuse, wodurch die antreibende Welle, ohne daß sie stillgesetzt wird, mit der Abtriebswelle sanft und stoßfrei fest verbunden wird.

Die Kupplung kann ferner so ausgestaltet werden, daß sie bei Überschreitung eines gewissen Drehmomentes selbsttätig ausgerückt wird. Zu diesem Zweck hat, wie Abb. 69 zeigt, die Nabe des auf der Abtriebswelle sitzenden Gehäuseteiles zwei Ansätze mit Schraubengängen, gegen die sich die Stirnflächen von zwei Stiften legen. Diese gehen verschiebbar durch das Kreuzstück hindurch und sind mit ihren anderen Enden fest in den anderen Gehäuseteil eingeschraubt. Findet infolge Überschreitung des eingestellten Drehmomentes eine Relativbewegung zwischen den beiden Gehäusehälften statt, dann werden sie durch Gleiten der Stiftenden auf dem Schraubengang auseinandergedrückt. Die Kupplung löst sich und die beiden Wellen haben keine Verbindung mehr.

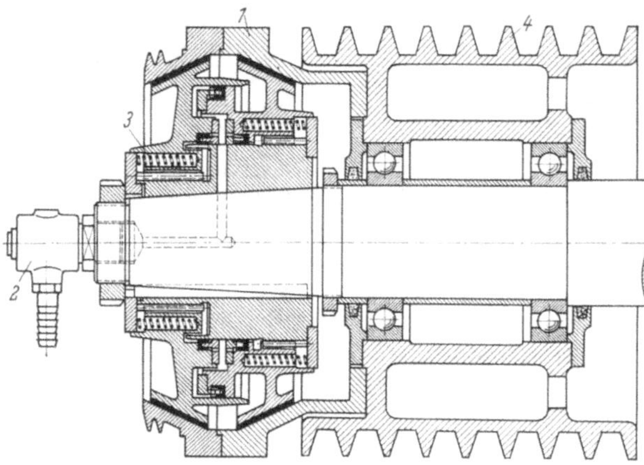

Abb. 70. Doppelkegel-Reibungskupplung zur Verbindung einer Keilriemenscheibe mit ihrer Welle bei Betätigung durch Preßluft. Bauart Lohmann-Stolterfoht

1 Doppelkonus-Kupplung; *2* Preßluftzuführung für Ein- und Ausrücken; *3* Rückdruckfedern zur Lösung der Kupplung; *4* Keilriemenscheibe

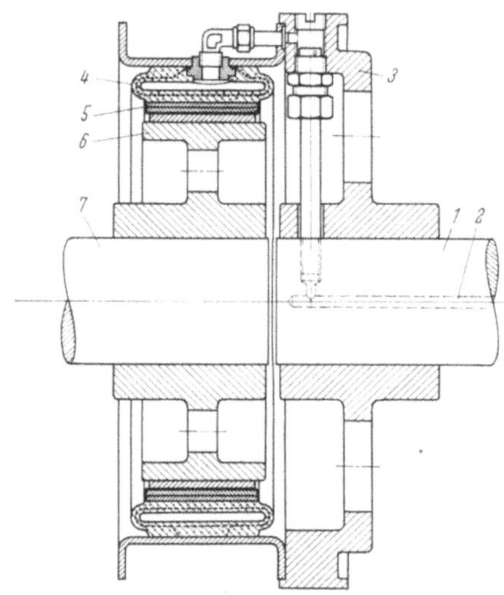

Abb. 71. Reibungskupplung mit Reibsegmenten, die durch einen Gummireifen bei Einlaß von Preßluft nach innen gegen auf der anderen Welle sitzende Scheibe gedrückt werden. Bauart Lohmann-Stolterfoht

1 Antriebswelle; *2* Preßluft-Zuführung; *3* Antriebstrommel; *4* Gummireifen; *5* Reibsegmente; *6* Abtriebstrommel; *7* Abtriebswelle

Abb. 70 zeigt eine gleichartige Doppelkonuskupplung, die auf einem Wellenende sitzt und unter Betätigung durch Preßluft eine Verbindung mit einer Keilriemenscheibe herstellt. Die Preßluft gelangt über eine feststehende Hülse in die sich drehende Welle und durch eine axiale und radiale Bohrung zwischen die beiden Kegelscheiben der Kupplung. Diese werden dadurch auseinandergedrückt, legen sich an die beiden Konusflächen im Gehäuse und verbinden so die antreibende Welle mit der Keilriemenscheibe. Stellt man die Preßluft ab, so drücken Federn die beiden Kegelscheiben zusammen, die sich dann von den Gehäusekonussen wieder abheben und die Verbindung lösen. Wenn kein freies Wellenende zur Verfügung steht, kann man Öl als Druckmittel verwenden und es von einer Ölpumpe über einen die Welle umgebenden Ring in die Wellenbohrung einführen. Die ganze Kupplung sitzt dann in einem als Ölbehälter dienendem Gehäuse. Das Lösen der Kupplung bei einer Überschreitung des zulässigen Drehmomentes kann man dadurch erreichen, daß durch Schlupf elektrische Kontakte betätigt und hierdurch der Öldruck fortgenommen wird. Bei den beiden vorangehend beschriebenen Kupplungen ist ein Nachstellen nicht erforderlich und eine bequeme Fernbetätigung möglich.

Früher verwandte man anstelle der Abschaltkupplungen vielfach Rutschkupplungen, welche bei Überschreitung des Drehmomentes rutschten, so daß die getriebene Welle zum

Stehen kam. Die dabei erzeugte Wärme kann aber nur bei kleinen Drehmomenten abgeführt werden, ohne daß die Kupplung zerstört wird.

Abb. 71 zeigt eine andere mit Druckluft betätigte Reibungskupplung. Auf der einen Welle sitzt eine Trommel, gegen deren Umfang sich Reibsegmente legen. Diese sind an der Innenseite eines Schlauches befestigt, der seinerseits an einen mit der anderen Welle verbundenen Zylinderkörper anvulkanisiert ist. Wird Druckluft von etwa 6 atü in die Welle eingeleitet, so gelangt sie in den Schlauch, der sich etwas aufbläht, die Reibsegmente sanft gegen die Trommel drückt und damit die Mitnahme der getriebenen Welle erreicht. Die Abschalteinrichtung bei Überschreitung des Drehmomentes in bestimmter Höhe kann in gleicher Weise, wie bei den vorangehenden Doppelkonus-Kupplungen vorgesehen werden. Diese Kupplungen verbinden, wenn sie eingeschaltet sind, die treibende Welle fest mit der getriebenen, so daß keine Relativbewegung möglich ist. Bei der *Hydroflex-Kupplung* sind treibende und getriebene Welle nicht starr miteinander verbunden, sondern haben ein Dämpfungsglied zwischen sich. Würde man die getriebene Welle festbremsen, so steht ein Innenzahnkranz still, auf dem sich dann acht Zahnradritzel abrollen. Dabei wirken diese als Zahnradpumpen und fördern durch sternförmig angeordnete Kanäle Öl. Bei dem dadurch entstehenden Ölumlauf kann durch ein eingeschaltetes Ventil eine Drosselung erreicht werden, welche die Relativbewegung zwischen getriebener und treibender Welle erschwert. Wenn die getriebene Welle nicht ganz abgebremst ist, werden Drehschwingungen, die von der treibenden Welle kommen, nicht in die getriebene Welle weitergeleitet, sondern durch kleine Relativbewegungen zwischen beiden Wellen und die damit verbundene Ölförderung vernichtet. Die vernichtete Schwungenergie setzt sich in Wärme um, die mit dem abfließenden Öl aus der Kupplung abgeleitet wird. Die kritischen Drehschwingungen werden auf diese Weise aufgefangen und sind nicht mehr gefährlich.

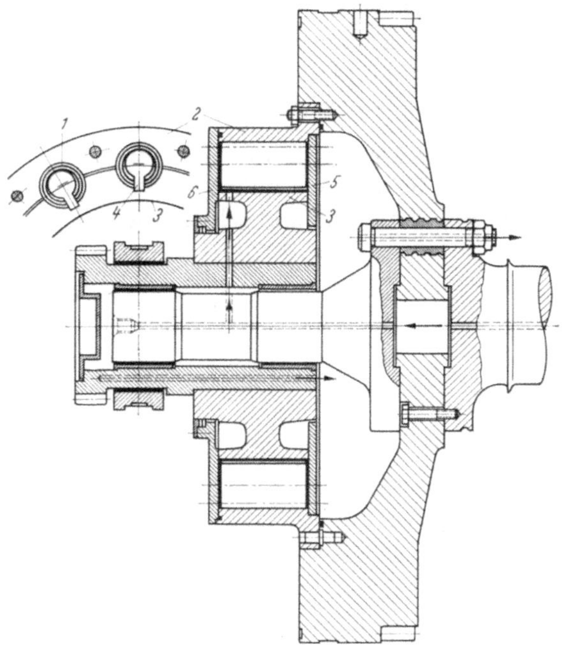

Abb. 72. Elastische Kupplung zur Dämpfung von Drehschwingungen durch Hülsenfedern, angebaut an das Schwungrad eines Dieselmotors. Aus LUDWIG-ILLIES Handbuch

1 Federpakete; *2* Ring am Schwungrad; *3* Ring auf der Abtriebswelle; *4* Bolzen mit Hubbegrenzung; *5* u. *6* Ringscheiben

Abb. 72 zeigt die Hülsenfederkupplung, Bauart MAN-Renk, die eine ähnliche Wirkung hat. Mit dem Motorschwungrad ist ein Ring verbunden mit halbzylindrischen Ausnehmungen an seinem inneren Umfang. Eine mit der getriebenen Welle verbundene Scheibe hat an ihrem äußeren Umfang entsprechende halbzylindrische Ausnehmungen. In die dadurch entstehenden Räume sind geschlitzte Hülsenfedern eingebettet. Sie nehmen durch Formänderung eine Relativbewegung zwischen beiden Teilen auf und wirken schwingungsdämpfend. Damit die Federelemente ihre Lage behalten, ist in ihrem Innern ein zylindrischer Körper eingelagert, der eine in den Schlitz des Federelementes eingreifende Leiste an seinem Umfang hat.

Abb. 73 zeigt die FÖTTINGER-Kupplung, die aus dem früher gezeigten Transformator entwickelt wurde. Auch sie verhindert die Übertragung von Schwingungen zwischen den Wellen und überträgt ein nahezu gleichbleibendes Drehmoment. Die mit der antreibenden Welle verbundene Schale mit radialen Schaufeln wirkt als Pumpenläufer und fördert Öl in den mit der getriebenen Welle verbundenen Turbinenläufer, an dessen radial verlaufenden Schalen es nach innen strömt und nach Umlenkung in die axiale Richtung wieder in den Pumpenläufer geht. Der bei diesem Kreislauf entstehende Schlupf beträgt gewöhnlich etwa 3%. Dabei ist das übertragene Drehmoment bestimmt durch die Gleichung:

$$\mathfrak{M} = C \cdot D^5 \cdot n^2 \cdot s$$

Hierin ist:

$\mathfrak{M}$ das Drehmoment
C ein Beiwert, der vom Füllungsgrad abhängt
D der Durchmesser des Pumpen- und Turbinenrades
n die Drehzahl der treibenden Welle
s der Schlupf als Verhältniswert zwischen der Differenz der Drehzahlen und der Antriebsdrehzahl.

Der Wirkungsgrad der Kupplung ist durch den Drehzahlenunterschied bedingt, wäre also 97% bei einem Schlupf von 3%. Befindet sich auf der getriebenen Welle der Kreisel einer Baggerpumpe und schlägt sich dieser durch einen Hinderniskörper fest, so kann die treibende Welle und damit der Antriebsmotor weiter laufen, ohne daß das von ihm abverlangte Drehmoment ansteigt. Arbeitet sich der Kreisel wieder frei, so wird er ohne weiteres wieder mitgenommen. Will man den Kreisel entlasten, so kann man den Antriebsmotor stillsetzen oder das Öl aus der Kupplung ablassen und nach Beseitigung des Hindernisses wieder einlassen. Damit bei sehr plötzlichem Festkommen des Kreisels seine Welle durch das Abbremsen des Schwungmomentes nicht zu stark auf Torsion beansprucht wird, setzt man auf sie die Schale mit der kleineren Schwungmasse. Mit der Motorwelle wird dann die andere Schale verbunden, die wegen ihres Zusammenhanges mit dem Gehäusedeckel die größere Schwungmasse besitzt.

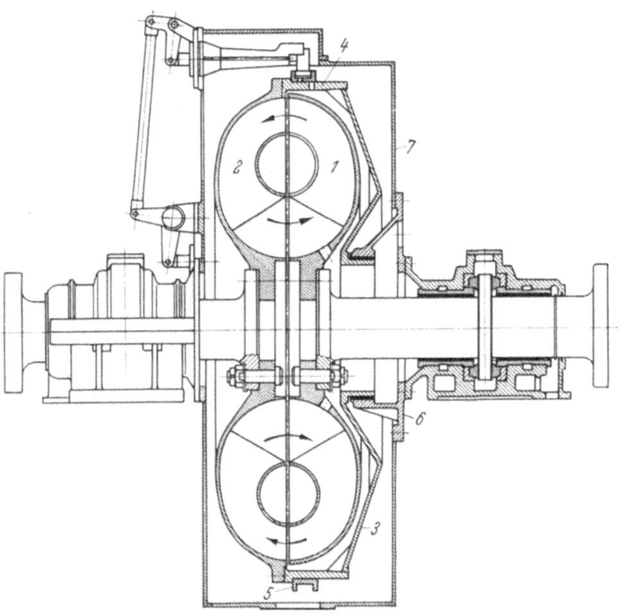

Abb. 73. Föttinger-Kupplung mit zwei radialbeschaufelten Schalen, die durch Ölströmung das Drehmoment unter Schlupf übertragen. Aus Ludwig-Illies Handbuch

1 Pumpenrad; 2 Turbinenrad; 3 Deckel; 4 Entleerungsdüsen; 5 Ring zum Schließen und Öffnen der Entleerungsdüsen; 6 Ringkanalbuchse; 7 Gehäuse

Bei der Baggerpumpe muß bei geringerer Förderweite das volle Drehmoment des Antriebsmotors mit einer geringeren Drehzahl, die bis auf das 0,7fache des Nennwertes abfallen kann, übertragen werden. Bei gleichbleibendem Schlupf könnte nur ein Drehmoment von $0{,}7^2$, also nur etwa von halber Größe übertragen werden. Für das volle Drehmoment muß der Schlupf auf den doppelten Wert, also 6% ansteigen mit einem Abfall des Wirkungsgrades auf 94%. In der Praxis wird er etwa bei 95% liegen und sinkt damit keineswegs soweit ab, wie es beim Drehmoment-Wandler möglich ist.

Die Föttinger-Kupplung hat sich als Zwischenglied zwischen Baggerpumpen und den antreibenden Dieselmotoren gut bewährt, ebenso als Zwischenglied zwischen Antriebsmotoren und Leistungsverbraucher der Klasse II. Sie löst bei einem Eimerkettenbagger die Verbindung nach dem Oberturas, wenn die Eimer auf einen großen Findling stoßen. Der Motor kann ohne Überlastung weiterlaufen und die Kette kommt wieder in Gang, wenn durch Anheben der Eimerleiter der Hinderniswiderstand aufhört. Ähnlich ist es bei einem Schneidkopfantrieb, ohne Gefahr kann ein ruhender Zug oder Druck ausgeübt und bei Dieselantrieb eine Gleichheit mit dem Dampfantrieb erreicht werden, ohne daß das Drehmoment, wie beim Wandler, sich stark erhöht und alle Beanspruchungen erheblich steigert.

Neben der FÖTTINGER-Kupplung verwendet man neuerdings auch die elektromagnetische Schlupfkupplung nach Abb. 74. Sie besteht aus einem äußeren auf der Antriebswelle sitzenden Ring mit einem Polsystem, dem über Bürsten und Schleifringe Gleichstrom zugeführt wird. In ihm befindet sich der dem Kurzschlußläufer eines Drehstrommotors ähnliche Sekundärteil, der mechanisch mit dem Polsystem keine Verbindung hat, sondern durch einen Luftspalt von 5 bis 12 mm getrennt ist. Er wird durch die Magnetkräfte von dem umlaufenden Polring mitgenommen und nimmt seinerseits die Sekundärwelle mit. Dabei stellt sich, ähnlich wie bei einem Drehstrom-Asynchronmotor ein gewisser Schlupf ein, weswegen man auch die Bezeichnung Asynchron-Kupplung verwendet. Die Größe des Schlupfes bei gegebenem Drehmoment ist auch hier vom Durchmesser der Kupplung abhängig. Wenn man auf einen geringen Wert, wie beispielsweise 1,5%, entsprechend einem Wirkungsgrad von 98,5% kommen will, muß man eine gewisse Größe der Kupplung und damit des bei Festschlagen des Kreisels abzubremsenden Schwungmomentes in Kauf nehmen. Man setzt infolgedessen auch hier den Teil mit der geringeren Masse, also den dem Kurzschlußläufer entsprechenden Teil, auf die Kreiselwelle. Anders bei der FÖTTINGER-Kupplung kann analog dem Kippmoment beim Drehstrommotor ein Moment übertragen werden, das größer ist als das Nennmoment. Dessen Höhe kann man durch Veränderung des Erregerstromes mit einem vom Baggermeister zu bedienenden Schalters in gewünschter Höhe festsetzen. Das Einschalten und Ausschalten der Kupplung kann auch durch Fernbetätigung erfolgen. Für den Oberturasantrieb bei einem Eimerkettenbagger ist die Kupplung auch geeignet, jedoch ist die Preisfrage von Einfluß. Auch für Abführung der Verlustwärme muß gesorgt werden.

Abb. 74. Elektromagnetische Kupplung mit Polrad auf der Antriebswelle und Käfigläufer auf der getriebenen Welle mit Drehmoment-Übertragung unter Schlupf. Aufnahme AEG

Einige der vorangehend beschriebenen Kupplungen dienen zur Trennung der angetriebenen Welle vom Dieselmotor beim *Anlassen*. Die Leistungsverbraucher der Klasse I erfordern, sofern die Last wirksam ist, sofort ein Drehmoment, das der Dieselmotor nicht ohne weiteres hergeben kann. Bei abgebremster Last muß der Motor angelassen und dann die Kupplung eingerückt werden. Zwillingsdampfmaschinen mit Volldruck können dagegen, wie früher dargelegt, ein Drehmoment in jeder Stellung aus dem Stand aufbringen und auch die Elektromotore sind bei entsprechender Ausbildung dazu imstande.

Bei der Klasse II ist meist zunächst nur das Leerlaufmoment und bei der Klasse III, den Baggerpumpen und Propellern, nur ein geringes Anfangsmoment erforderlich. Deswegen findet man bei Dampfantrieb durch Maschinen mit mehrfacher Expansion keine Kupplung und auch bei Dieselmotoren ist sie nicht unbedingt erforderlich. Auf europäischen Baggern hat man bei den Baggerpumpen meist eine Kupplung, die bei Festschlagen des Kreisels in Tätigkeit tritt und die auch beim Anlassen verwendet wird, auf amerikanischen Baggern findet man dagegen kaum Kupplungen zwischen Dieselmotor und Baggerpumpe.

Untersetzung und Umsteuerung. Die Leistungsabnehmer auf Baggergeräten arbeiten mit niedrigen Drehzahlen, so daß fast stets *Untersetzungen* eingeschaltet werden müssen. So laufen die *Oberturaswellen* von Eimerkettenbaggern mit etwa 4 bis 10 U/min und erfordern bei Dampfantrieb eine Untersetzung von insgesamt 1:25, bei Dieselantrieb und Elektroantrieb eine solche von 1:50 bis etwa 1:200. Die Wellen der *Schneidköpfe* laufen mit 10 bis 40 U/min und die Trommelwellen von Winden liegen auch in dieser Größenordnung. Die Drehzahlen der *Propellerwellen* liegen etwa zwischen 120 bis 360 U/min, so daß bei Dampfmaschinen und Dieselmotoren großer Leistung, wie beispielsweise bei Hoppersaugern, der direkte Antrieb möglich ist. Bei den kleineren Leistungen der Schlepper ist aber bei Dieselantrieb eine Untersetzung meist vorteilhafter. Bei Elektroantrieb

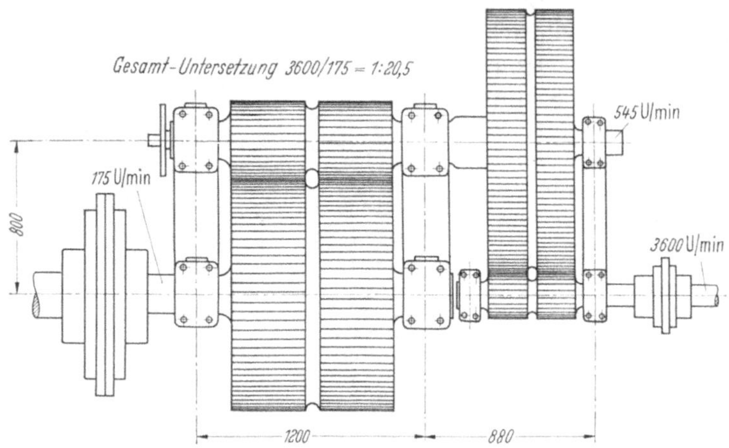

Abb. 75. Zweistufiges Zahnradgetriebe mit Gleichlauf von Antriebs- und Abtriebswelle zwischen einer Dampfturbine von 1800 PS bei 3600 U/min und einer Baggerpumpe von 175 U/min

findet man Normalmotore mit Untersetzung oder Langsamläufer mit direktem Antrieb. Bei den *Baggerpumpen*, deren Drehzahlen etwa doppelt so hoch liegen wie die der Propeller, ist der direkte Antrieb häufiger, jedoch müssen bei Turbinenantrieb immer Untersetzungsgetriebe eingeschaltet werden. Auch bei Dieselantrieb und Elektroantrieb findet man Untersetzungen, wenn auch seltener als bei den Propellern.

Die Regeldrehzahl von *Generatoren* liegt so hoch, daß der direkte Antrieb gegeben ist und Dampfmaschinen und Dieselmotore mit hohen Drehzahlen laufen müssen. Bei Antrieb durch Dampfturbinen wird dagegen wieder eine Untersetzung notwendig, da die meist verwandten Gleichstromgeneratoren für die hohe Turbinendrehzahl von 3000 U/min und mehr, wenig geeignet sind.

Für geringe Untersetzung und mäßige Leistungen bis etwa 500 PS wird häufig der *Riemen* verwendet, als Lederriemen, Kamelhaarriemen, Spezialriemen und Keilriemen. Die Übertragung durch *Ketten* findet man bei Baggerpumpen selten.

Am meisten verwendet werden *Zahnradgetriebe* in vielfacher Form mit einfacher und mehrfacher Untersetzung, Versetzung der angetriebenen Welle gegen die antreibende oder Gleichlauf beider Wellen, Mehrganggetriebe, Kegelradgetriebe u. a. m.

Abb. 75 zeigt ein zweistufiges Zahnradgetriebe, bei dem die antreibende und die angetriebene Welle gleichgerichtet sind. Eine Dampfturbine von 1800 PS bei 3600 U/min treibt über dieses Getriebe eine Baggerpumpe an. Die Drehzahl von 3600 U/min wird zunächst über ein Ritzel und ein Zahnrad auf 545 U/min der Zwischenwelle herabgesetzt. Durch eine weitere Untersetzung kommt man bei der Abtriebswelle auf die Drehzahl der Niederdruck-Baggerpumpe von 175 U/min. Die Gesamt-Untersetzung liegt also bei 3600/175 = 20,5.

Bei der Untersetzung durch Zahnräder, Riemen oder Ketten wird das Drehmoment an der getriebenen Welle gegenüber der treibenden umgekehrt proportional dem Drehzahlabfall erhöht, es tritt also auch eine Drehmomentwandlung ein. Man wendet jedoch diese Bezeichnung nur auf die hydraulischen Strömungsgetriebe, die aus dem Föttinger-Transformator entwickelt wurden, an. Keine Veränderung des Drehmomentes tritt bei der Regelung ein, die man unmittelbar durch Veränderung der Drehzahl des antreibenden Motors vornimmt. Setzt man bei einem Dieselmotor durch einen Verstellregler die Drehzahl herab, so bleibt das Drehmoment fast unverändert. Das gleiche ist der Fall bei einem polumschaltbaren Elektromotor oder einem Kommutatormotor, also bei Drehstrommotoren. In diesen Fällen ist die übertragene Leistung der Drehzahl proportional, fällt also mit abnehmender Drehzahl ab. Bei Gleichstrombetrieb in Leonard-Schaltung wird die Drehzahl zwangsläufig und lastunabhängig eingestellt, während das Drehmoment abhängig von der Last, jeden beliebigen Wert annehmen kann.

Die *Umsteuerung*, d. h. Änderung der Drehrichtung ist bei Dampfmaschinen ohne weiteres möglich. Bei den Zwillingsmaschinen mit Volldruck nimmt man sie mitunter durch Vertauschung der Dampfwege vor, meist aber mit der Zweiexzentersteuerung nach Stephenson. Diese Umsteuerung wendet man auch bei Maschinen mit mehrfacher Expansion an. Bei den Dampfmaschinen mit besonderen Steuerwellen verwendet man andere Arten der Umsteuerung. Bei Elektromotoren ist die Umsteuerung durch Wendeschalter sowohl bei Gleichstrom als auch bei Drehstrom möglich, die Motore laufen in beiden Richtungen unter gleichen Bedingungen. Bei der Dampfturbine ist die Umsteuerung nur durch Einsatz einer besonderen Rückwärtsturbine möglich, jedoch wird bei Hoppersaugern davon kein Gebrauch gemacht. Bei Dieselmotoren hat die direkte Umsteuerung meist den Nachteil, daß sie nicht schnell und sicher wirkt und viel Luft verbraucht. Hoppersauger und Schlepper müssen sehr viel umsteuern, so daß dieser Nachteil ins Gewicht fällt. Man verwendet daher die direkte Umsteuerung nur selten, wie beispielsweise beim Smit-Bolnes-Motor. Bei dem gelegentlichen Ändern der Drehrichtung, wie es für Eimerkettenbagger und Baggerpumpen zweckmäßig ist, soll die Geschwindigkeit beim Rückwärtslauf gering sein, so daß man besondere Getriebe dafür einsetzt.

Man nimmt für Hoppersauger manchmal auch die Umsteuerung durch Propeller mit Drehflügeln, die in ihrer Konstruktion gegen früher verbessert wurden. Für Schlepper ist diese Einrichtung aber doch zu aufwendig und zu empfindlich gegen Aufschlagen von Flügeln, was nicht selten vorkommt. Für diese sind Wendegetriebe das Gegebene.

Abb. 76 zeigt ein *Kegelrad-Wendegetriebe*. Der Flansch rechts ist mit dem Motorschwungrad verbunden und sitzt fest auf einer Hohlwelle, auf der außerdem noch die eine Hälfte einer Lamellenkupplung sitzt. Wird diese eingerückt, so wird die andere Hälfte und damit die durchgehende Innenwelle mitgenommen. Mit ihr ist die Propellerwelle durch eine Flanschenkupplung verbunden und läuft gleichsinnig mit der Motorwelle im *Vorwärtsgang*. Bei Stop wird die Lamellenkupplung durch Öldruck gelöst, so daß keine Kraft mehr auf die Propellerwelle übertragen wird. Durch den Widerstand, den der Propeller im Wasser findet, kommt diese Welle fast zum Stillstand und damit auch das auf ihr sitzende linke Kegelrad. Auf ihm wälzen sich die Kegelritzel ab, so daß das Kreuzstück, in dem deren Wellen gelagert sind, im Drehsinne der Motorwelle etwa mit halber Drehzahl mitläuft. Für *Rückwärtsfahrt* wird das Bremsband an die als Bremstrommel ausgebildete Außenwand des Kreuzstückes angelegt und bringt es zum Stehen. Dann dreht sich die Propellerwelle mit gleicher Drehzahl wie die Motorwelle in entgegengesetztem Sinne, man hat den *Rückwärtsgang*. Derartige Getriebe sind schon für Motorleistungen bis etwa 1500 PS gebaut worden und damit für Hoppersauger mittlerer Größe anwendbar, zumal sie bequem von der Kommandobrücke aus zu bedienen sind.

Der Dauerlauf auch bei Rückwärtsfahrt ist noch besser mit Wendegetriebe zu erreichen, die nur Stirnräder verwenden.

Erwähnt sei noch der Fahrantrieb durch zwei Dieselmotore, die über Ritzel ein großes auf der Propellerwelle sitzendes Zahnrad antreiben. Bei freier Vorausfahrt laufen beide Motore in gleichem Sinne und die Propellerwelle nimmt die Summe ihrer Leistungen auf. Wenn dagegen manövriert werden soll, wird zunächst der eine Motor durch Ausrücken einer Kupplung abgeschaltet und in der üblichen Weise in die andere Drehrichtung gebracht. Soll der Propeller rückwärts arbeiten, so wird dieser Motor nach Abschalten des anderen mit ihm durch eine Kupplung in Verbindung gebracht und umgekehrt. Dabei steht für die eine oder andere Laufrichtung jeweils nur die Leistung *eines* Motors zur Verfügung, aber die Umsteuerung geht sehr schnell und sicher vor sich.

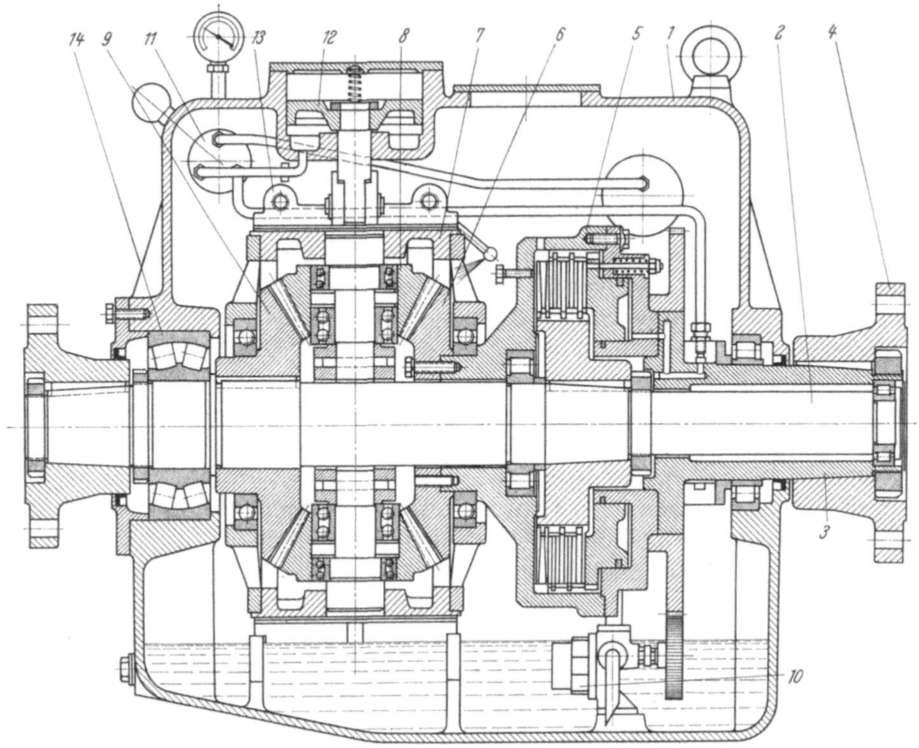

Abb. 76. Schiffswende-Getriebe zur Umsteuerung der Schiffsschraube von dieselangetriebenen Fahrzeugen durch Ein- und Ausschalten eines Kegelrad-Wendegetriebes. Bauart Lohmann-Stolterfoht

1 Gehäuse; *2* durchgehende Welle; *3* Hohlwelle; *4* motorseitiger Flansch; *5* Lamellenkupplung; *6* treibendes Zahnrad; *7* Kreuzstück; *8* Umkehrritzel; *9* getriebenes Zahnrad; *10* Zahnradpumpe; *11* Steuerventil; *12* Druckkolben; *13* Bremsband; *14* Drucklager

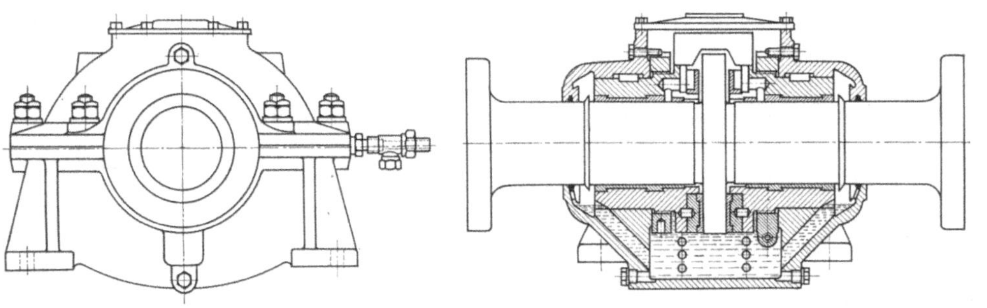

Abb. 77. Einscheiben-Drucklager mit Wellenbund und kippbaren Drucksegmenten, die einen tragenden Schmierölfilm erzeugen

Drucklager sind bei den Wellen von Baggerpumpen und Propellern erforderlich, um die auftretenden erheblichen Axialschübe aufzunehmen. Sie werden jetzt meist als Einscheiben-Drucklager nach Abb. 77 ausgebildet. Man erkennt den Wellenbund, an dem kippbare Segmente anliegen. Diese stellen sich so ein, daß der Spalt zwischen ihnen und dem Wellenbund, in der Drehrichtung betrachtet, etwas keilförmig ist. Das vom Wellenbund geförderte Öl erfährt hierdurch eine Drucksteigerung und hebt die beiden metallischen Flächen voneinander ab. Der so erzielte Schmierölfilm vermindert die Reibung beträchtlich und ermöglicht hohe Lagerbelastungen.

Abb. 78 zeigt schematisch die Maschinenanlage eines einfachen Hoppersaugers, bei dem ein Dieselmotor von 1100 PS bei 275 U/min entweder den Propeller oder die Baggerpumpe nach Betätigung entsprechender Kupplungen, antreibt. In beiden Wellen sind

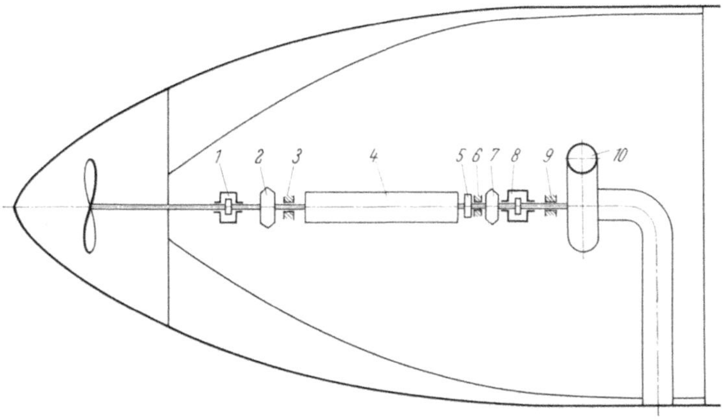

Abb. 78. Maschinenanlage eines Hoppersaugers, der im Verholen saugt, mit einem Dieselmotor von 1100 PS für den Antrieb der Baggerpumpe und des Propellers mit ausrückbaren Reibungskupplungen, Traglagern und Drucklagern in der Wellenleitung. Zeichnung Lohmann-Stolterfoht

1 Propeller-Drucklager; *2* Reibungs-Kupplung für Propeller; *3* Wellen-Traglager; *4* Diesel-Motor 1100 PS bei 275 U/min; *5* Schwungrad; *6* Traglager; *7* Reibungskupplung für Baggerpumpe; *8* Pumpendrucklager; *9* Traglager vor der Baggerpumpe; *10* Baggerpumpe

Drucklager angeordnet. Für die Baggerpumpe berechnet sich der Schub nach der Formel, die in Band I, Kap. D abgeleitet wurde:

$$P = 0{,}7 \cdot \pi/4 \cdot d^2 \cdot H \cdot 0{,}1$$

Hierin ist:

P der Axialschub in kg
d der Saugrohrdurchmesser in cm
H die Förderhöhe in m

Im vorliegenden Falle ist $d = 60$ cm und $H = 16$ m

somit wird:

$$P = 0{,}7 \cdot 2827 \cdot 16 \cdot 0{,}1 \sim 3200 \text{ kg}$$

Bei Propellerantrieb wird mit 1100 PS eine Fahrgeschwindigkeit von 10,1 Knoten = 18,7 km/h = 5,2 m/sec erreicht. Bei einem Gesamtwirkungsgrad der Propulsion von 55% berechnet sich der Propellerschub aus der Gleichung:

$$P \cdot 5{,}2 \cdot 1/75 = 1100 \cdot 0{,}55 \qquad P = 605 \cdot 75/5{,}2 = 8700 \text{ kg}$$

Der Axialdruck ist also beim Fahren größer als beim Betrieb der Baggerpumpe.

Literatur

Ludwig-Illies: Handbuch für Schiffsingenieure und Seemaschinisten. Braunschweig: Vieweg 1958.
Weihe-Hanner: Maschinenkunde. Berlin: Springer 1935.
Deutsche Normen DIN 6270. Leistungsbegriffe pp für Verbrennungsmotore.
Welte: Ölhydraulik im Schwimmbaggerbau, Konstruktion 1962, Heft 3.
Hellermann: Entwicklungsstand und Tendenzen beim ölhydraulischen Antrieb von Baumaschinen, Baumaschinen und Bautechnik Nov. 1967, Heft 11.

N. Eimerkettenbagger. Allgemeines

1. Entwicklung des Eimerkettenbaggers und seine Eignung für verschiedene Bodenarten. Ertragsleistung

Der *Eimerkettenbagger* ist in Europa weit verbreitet und wird fast bei allen Baggeraufgaben eingesetzt, während er in Amerika nur zur Gewinnung von Kies und Erzen verwendet wird, die Zinn, Gold, Platin u. a. m. enthalten. Sortieranlagen, die teilweise sehr umfangreich sind, sind dann noch erforderlich. Diese unterschiedliche Entwicklung soll dadurch begründet sein, daß in Nordamerika bei den Erschließungsarbeiten eine behördliche Wasserstraßenverwaltung nicht vorhanden war; die Unternehmer führten deswegen im Rahmen ihrer sonstigen Arbeiten auch Naßbaggerungen durch. Sie setzten dann beispielsweise den Löffelbagger, die ,,Maschinenschaufel", mit der sie Arbeiten an Land verrichteten, im Bedarfsfalle auf Schwimmgefäße, woraus sich der schwimmende Löffelbagger, *Dipper Dredge* genannt, entwickelte. Die gegen Ende des 19. Jahrhunderts einsetzenden Arbeiten für die Verbesserung der Wasserstraßen führten auf dem Mississippi zum Saugbagger, wie in Band I dieses Buches ausgeführt wurde. Auch die Vertiefung der Seewasserstraßen, wie beispielsweise der Einfahrt in den Hafen von New York, brachten Arbeiten, für die der Eimerkettenbagger wenig geeignet war. Man kam hier zum *Hoppersauger*, der in Band I, Kapitel J und K ausführlich behandelt wurde. Bei der Vollendung des Panama-Kanals hinterließen die Franzosen Eimerkettenbagger, die mit den dortigen Bodenarten nicht fertig wurden und durch Löffelbagger ersetzt werden mußten.

Abb. 79. Eimerkette mit Handantrieb als Fördermittel für Boden, der von Hand mit einer Schaufel gelöst wurde. Aus SPRINGER, Historische Baggermaschinen

So hat der Eimerkettenbagger kein geeignetes Arbeitsfeld in der Neuen Welt vorgefunden, zumal inzwischen die Saugbagger mit Schneidkopf (Cuttersauger) weiter entwickelt wurden und Arbeiten durchführten, für die man in der Alten Welt Eimerkettenbagger genommen hätte.

In seiner heutigen Form ist der Eimerkettenbagger in Europa erst zu Beginn des 19. Jahrhunderts entstanden, als durch die Dampfmaschine eine größere Antriebsleistung und als Folge des Kesselbaues die Herstellung von widerstandsfähigen Blecheimern möglich war.

Vorher wurde die Eimerkette für den Bodenaushub unter Wasser in geringem Umfang bei Pfeilergründungen verwendet oder war nach Abb. 79 nur ein Fördergerät für Boden, der im Trockenen von Hand gelöst worden war.

Als Vorläufer des Eimerkettenbaggers kann weiterhin die etwa um 1600 in Holland aufgekommene *Amsterdamer Moddermühle* gelten, obwohl sie keine Eimerkette, sondern eine Schaufelkette besaß. Zum Antrieb diente bei kleinen Größen ein von Männern betätigtes Tretrad, bei größeren ein Pferdegöpel. Das Gerät lieferte bei der Beseitigung von Schlammablagerungen einen guten Ertrag und arbeitete mit seinen 2—4 PS sehr wirtschaftlich. Die Amsterdamer Moddermühle wurde auch in anderen europäischen Häfen eingesetzt und unter der Bezeichnung *Schaufelkettenbagger* nach Aufkommen der Dampfmaschine noch weiter verwendet. Abb. 80 zeigt einen im Jahre 1860 für Geestemünde gebauten Bagger dieser Art. Der Schiffskörper hat die Abmessungen $35 \times 8 \times 2{,}5$ m, der Tiefgang beträgt 1,8 m und die größte Baggertiefe 9 m. Der Grundriß läßt seitlich vom Schlitz den langen Röhrenkessel und am hinteren Schiffsende die Dampfmaschine erkennen, deren Leistung 35 PS beträgt. Sie treibt die in ihrer Nähe liegende, mit zwei Kettentrommeln ausgerüstete Vorholwinde und außerdem eine nach hinten gehende, waagerecht verlaufende Transmissionswelle an. Von dieser erhält der am hinteren Schiffsende sitzende Oberturas und die mittschiffs sitzende Hebeeinrichtung der Schaufelkette ihren Antrieb.

Wenn die Doppeltrommelwinde die in der Abbildung nach links abgehende Kette einholt, wird die am Unterturas sitzende Grabschurre in den Schlamm gestoßen. Die von oben

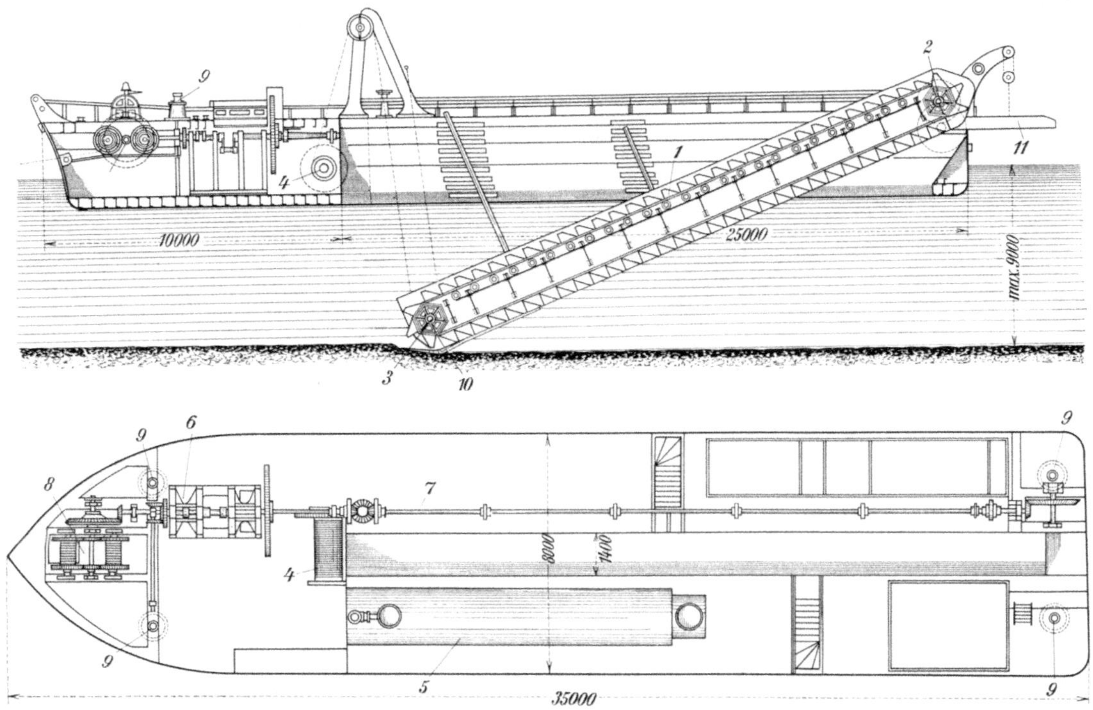

Abb. 80. Schaufelkettenbagger mit Dampfantrieb aus dem Jahre 1864, der wie die Amsterdamer Moddermühle pflügend Schlamm abgräbt. Aus H. WEIHE, Baggermaschinen

1 Schaufelkette; *2* Oberturas; *3* Unterturas; *4* Hebewinde für die Schaufelkette; *5* Dampfkessel; *6* Dampfmaschine; *7* Transmissionswelle; *8* Winde zum Vorausholen; *9* Spillköpfe; *10* Grabschurre; *11* Schüttrinne

kommenden Schaufeln drücken ihn durch die U-förmige Trogrinne an der Unterseite der Schaufelkette über den Oberturas in die Beladerinne der Schute, die quer vor dem Schlitzende des Baggers liegt. An den Ecken des Schiffskörpers sind vier Verholspille angeordnet, deren Ketten den Schiffskörper am seitlichen Auswandern hindern.

Man nennt diese Arbeitsweise, bei der sich der Bagger in seiner Längsrichtung bewegt und die in Ausnahmefällen auch bei anderen Baggerarten angewendet wird, *pflügend*. Die heutigen Eimerkettenbagger werden dagegen nach der Seite verholt und arbeiten *scherend*.

Die Schaufelkette hatte 64 festabgestützte Blechschaufeln von 1 m Breite und 0,44 m Höhe und lief mit einer Geschwindigkeit von 8,4 m/min = 0,14 m/sec in ihrer *Trogrinne*. Den Nennertrag an Boden (theoretische Leistung) kann man hierbei mit $1 \cdot 0{,}44 \cdot 8{,}4 \cdot 60 = 220\ m^3/h$ ansetzen. Der tatsächliche Ertrag soll etwa die Hälfte davon betragen haben, wobei wahrscheinlich das Querliegen der Schute der Grund für die Ertragsminderung gewesen sein dürfte. Auch bei den heutigen Eimerkettenbaggern wird, wenn sie als Hinterschütter ausgebildet sind, mit einer querliegenden Schute gearbeitet, was aber nur in ruhigen Gewässern möglich ist.

Man ging dann allmählich von der Schaufelkette zur Eimerkette über, legte den Oberturas in die Schiffsmitte und den Unterturas an das geschlitzte Schiffsende, das man bei

Baggern ohne Fahrantrieb als Vorderende bezeichnet. Beim Blick vom Hinterende nach vorne hat man dann, wie bei einem Schiff, links die Backbordseite und rechts die Steuerbordseite.

Wenn ein Eimerkettenbagger Fahrantrieb erhält und der Propeller am ungeschlitzten Schiffsende liegt, werden diese Bezeichnungen beibehalten. Häufig schließt man allerdings den Schlitz durch einen schiffsförmig gestalteten Überbau ab, womit man den Fahrtwiderstand vermindern will. Läßt man aber den Schlitz offen und ordnet neben ihm zwei Propeller an, so hat man hier das Hinterende und muß alle Bezeichnungen umkehren.

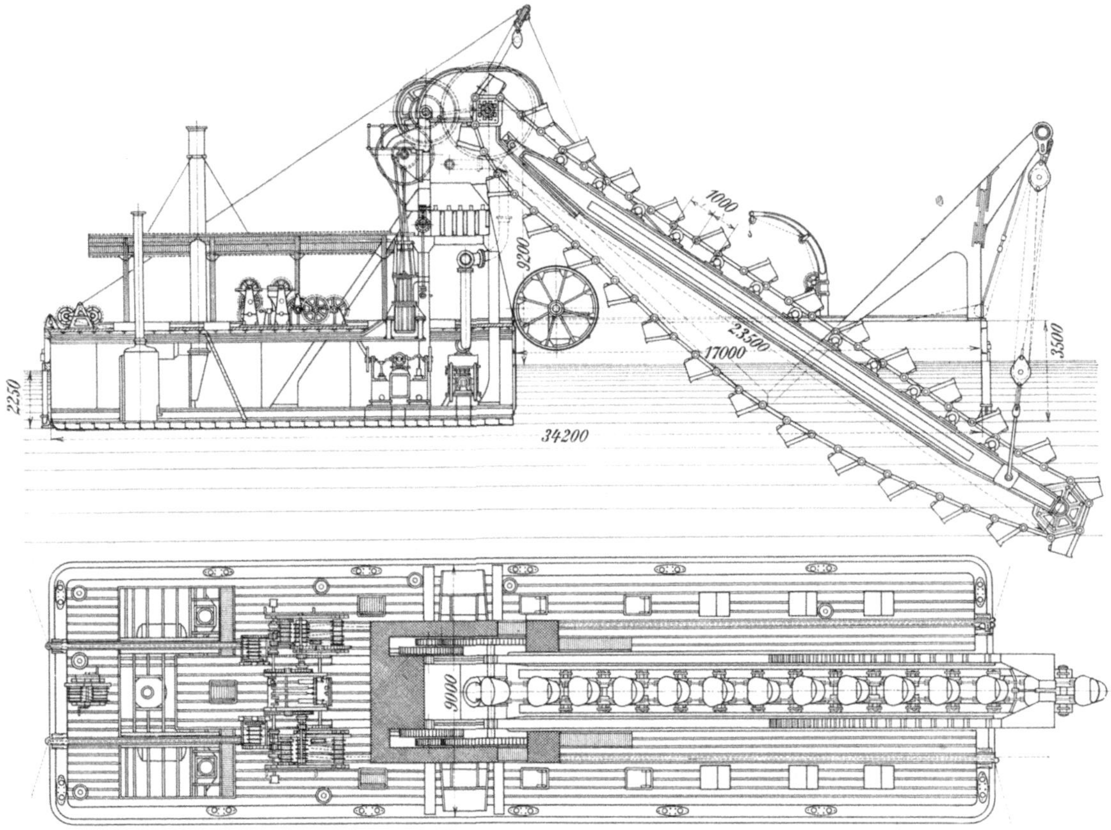

Abb. 81. Eimerkettenbagger der Panama-Kanal-Gesellschaft, Baujahr etwa 1885 mit 420 l Eimerfassungsvermögen und an Deck stehender Dampfmaschine, sowie Stützrad an der Unterbucht der Eimerkette. Aus SALOMON, Naßbagger

Abb. 81 zeigt einen älteren Bagger der Panama-Kanal-Gesellschaft mit einem Eimerfassungsvermögen von 420 l und den Schiffskörperabmessungen 34,2×9,0×3,5 m. Bei ihm ist die Hauptmaschine mit senkrechten Zylindern an Deck angeordnet und treibt mit ihrer hochliegenden, querschiffs verlaufenden Kurbelwelle über Zahnräder den Oberturas an. Eine derartige Anordnung findet man bei französischen Baggern mitunter auch heute noch, während sonst bei Dampfantrieb die Maschine stets unter Deck steht und für die Kraftübertragung nach dem Oberturas Riemen oder senkrechte Wellen genommen werden. In neuester Zeit setzt man die Elektromotore oder Druckölmotore wieder auf den Hauptbock neben dem Oberturas.

Die Windenanlage des Baggers nach Abb. 81 steht an Deck und wird von einer besonderen liegenden Dampfmaschine angetrieben.

Bemerkenswert ist das große Rad unter der Eimerkettenbucht, auf dessen Umfang sich die Eimer mit ihrem messerbewehrten Bogenteil legen. Dadurch wird die Unterbucht nach oben gedrückt, so daß sie auch bei tiefgestellter Eimerleiter und Schwingungen der

Kette nicht an die Vorderwand des Schüttbrunnens und das darin sitzende Lager der Wechselklappenwelle anschlägt.

In Abb. 82 sieht man einen im Jahre 1903 von der AG. Weser für die Hamburger Hafenverwaltung gelieferten Eimerkettenbagger mit einem Eimerfassungsvermögen von 650 l und Dampfantrieb. Der kürzlich von der gleichen Verwaltung in Betrieb genommene neueste Bagger „Donar" mit dieselelektrischem Antrieb hat das gleiche Eimerfassungsvermögen. Man kann diese Bagger als an der oberen Grenze der Mittelgröße liegend ansehen. Der Schiffskörper hat die Abmessungen 49,1×9,1×3,45 m, der Tiefgang

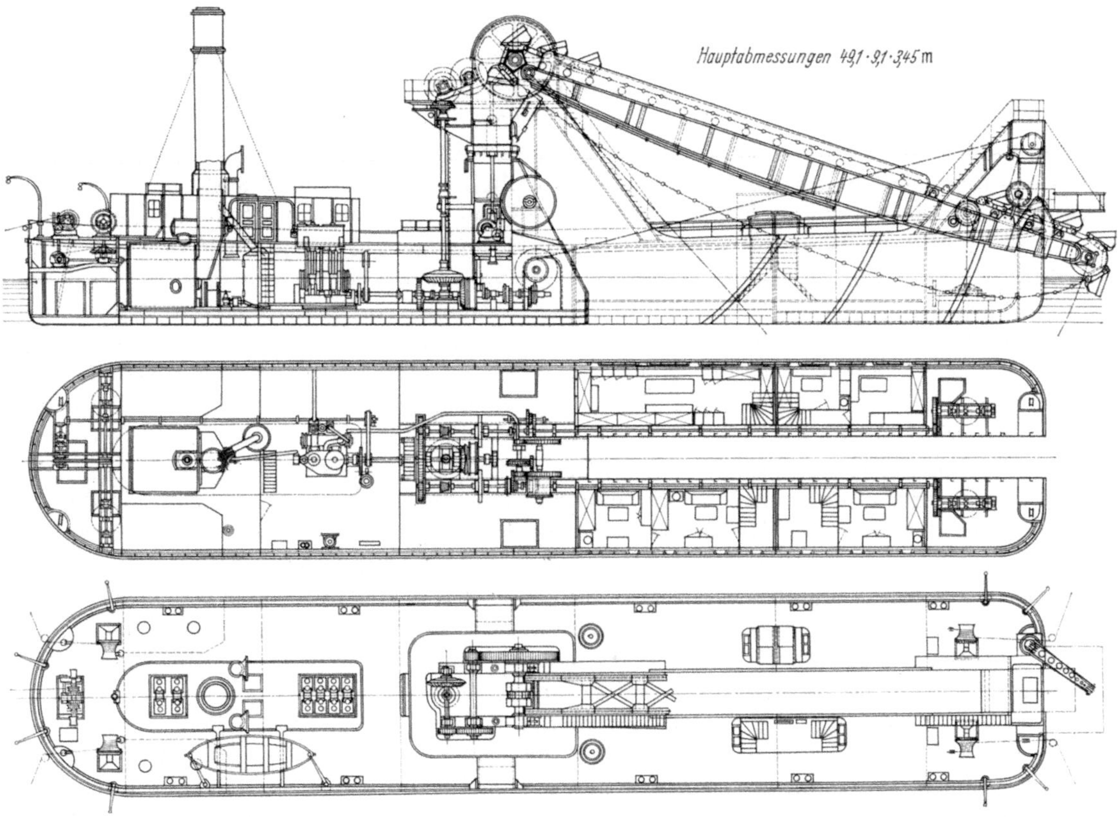

Abb. 82. Eimerkettenbagger mit 650 l Eimerfassungsvermögen, erbaut 1903 bei der AG. Weser mit längsschiff stehender Dampfmaschine und Antrieb des Oberturas über Kegelräder und senkrechte Welle

beträgt 2,15 m und die maximale Baggertiefe 13 m. Der Kessel liegt am hinteren Schiffsende und hat 103 m² Heizfläche bei einem Überdruck von 10 atü. Vom Heizraum durch ein Schott getrennt, steht die Hauptmaschine mit einer Leistung von 300 PS_i bei zweifacher Expansion in der Längsschiff-Richtung. Sie treibt unter Einschaltung von Kegelrädern über eine senkrecht nach oben gehende Welle den Oberturas an. Die Winde für das Heben und Senken der Eimerleiter und die Vortauwinde stehen unter Deck, die von den Trommeln abgehenden Drahtseile sind durch das Deck hindurchgeführt. Die vorderen und hinteren Seitenwinden, die im folgenden als *Scherwinden* bezeichnet werden, und auch die Hinterwinde, haben Kettentrommeln. Die Winden werden über Transmissionswellen, welche durch das ganze Schiff geführt sind, von der Hauptmaschine angetrieben.

Die Herkunft des Wortes „Turas", das im Deutschen bei Eimerkettenbaggern angewendet wird, ist unsicher. Man vermutet, daß es von der Holländischen Bezeichnung Tur As für Drehachse kommt. Es wird aber in Holland gar nicht gebraucht, man spricht dort meist nur vom Fünfkant und Sechskant, oder wendet das Wort *tuimlar* an. Verwandt damit ist das englische tumbler, was Umkehrer bedeutet; im Französischen hat man die Bezeichnung torteau oder prisme.

Eimerkettenbagger können *Boden jeder Art* baggern. Unterschiede in der Ertragsleistung sind bei den einzelnen Bodenarten vorhanden, aber nicht so groß, wie bei Saugbaggern. Allerdings ist dabei, wie immer zu berücksichtigen, daß letztere sowohl das Lösen des Bodens, wie auch die Förderung auszuführen haben, so daß sich Schwierigkeiten addieren können. Für Eimerkettenbagger sind am günstigsten lockere *Mittelsande*, Grobsand und Kies, wenn in ihm nicht zu viel Steine enthalten sind, ferner Klei und Schlick, wenn sie plastisch, aber nicht flüssig sind. Bei diesen Bodenarten füllen sich die Eimer gehäuft und geben die Füllung ohne Verzögern am Oberturas ab. Wesentlich ungünstiger baggert sich *Feinsand*, der festgepackt liegt und dadurch hohen Grabwiderstand erzeugt. Die Eimer füllen sich schlecht, besonders wenn bei geringer Baggertiefe die Ebene der Eimeröffnung nicht waagerecht liegt. Auch bleibt über der Bodenoberfläche in den Eimern häufig Wasser stehen das bei der Aufwärtsbewegung ebensowenig abzuführen ist, wie das Porenwasser. Beim Kippen der Eimer am Oberturas fließt zunächst das Wasser im Schwall ab, während der Bodensatz im Eimer haften bleibt und vielfach so spät herausfällt, daß er nicht mehr über die Wechselklappe in die Schüttrinne gelangt, sondern in den Schlitz zurückfällt. Man muß mit der Zahl der Schüttungen zurückgehen, um dies zu vermeiden und die Solltiefe zu erreichen. Auch feste bindige Bodenarten, die klebrig sind, fallen schwer aus den Eimern heraus, ebenso sind harter *Ton* und *Lehm* mit Einlagerungen von Findlingen ein sehr unangenehmes Baggergut. Der Eimerkettenbagger kann Stücke, die über den Umfang seiner Eimeröffnung hinausragen, schlecht aufnehmen, zumal sie beim Aufgehen der Eimer in die Schlitzwände gedrückt werden können. Deshalb dürfen auch im Haufwerk von Fels, der durch Meißeln oder Sprengen gelockert wurde, keine zu großen Stücke mehr enthalten sein. Der Löffelbagger (Dipper) ist darin weniger empfindlich, da sein Grabgefäß bei gleicher Nennertragsleistung 10 bis 15 mal größer ist. Der Eimerkettenbagger kann wie der Schneidkopfsauger Fels ohne Vorlockerung etwa bis zur Härte 3 der Skala von Mohs, entsprechend dem Kalkspat, baggern. Dabei ist die Sicherheit, daß der losgeschnittene Boden auch aufgenommen wird, größer als beim Schneidkopfsauger. Letzterem gegenüber hat der Eimerkettenbagger weiter den Vorteil, daß er ein genaues Planum in der gewünschten Tiefe herstellen kann.

Zur Weiterförderung des Bodens verwendet man in den meisten Fällen Schuten, die durch einen Schlepper herangebracht und nach Füllung weggeholt werden. Während der Beladung müssen sie dicht am Bagger liegen und in Breite und Höhe so bemessen sein, daß auch bei leeren Schuten die schräge Schüttrinne des Baggers den Boden einbringen kann. Als die Scherseile noch nicht unter die Wasserlinie geführt wurden, mußten die Schuten auch wesentlich kürzer sein als der Bagger. Diese Bedingungen führten dazu, daß der Inhalt des Laderaumes das 600fache vom Eimerinhalt war. Da zur Füllung der Schute dann 600 Schüttungen erforderlich sind, beträgt bei der Nennzahl der Schüttungen von $1000/\mathrm{h} = 16^{2/3}/\mathrm{min}$ die Füllzeit $600/1000 = 0{,}6\ \mathrm{h} = 36\ \mathrm{min}$. Für einen Bagger mit Eimern von 500 l Fassungsvermögen mit den Abmessungen $45\times9{,}5\times3{,}2$ m haben die Schuten ein Laderaumfassungsvermögen von 300 m³ und die Abmessungen $39{,}5\times7{,}5\times2{,}75$ m, wenn sie für Leerspülen eingerichtet sind. Klappschuten von 300 m³ Laderaumfassungsvermögen sind etwas schmäler und länger, wenn sie nicht höher sein sollen. Nach dem Beladen einer Schute, das bei gut gefüllten Eimern etwa eine halbe Stunde dauert, ist ein Schutenwechsel vorzunehmen, der meistens eine Pause erfordert. Neuerdings führt man bei Eimerkettenbaggern die seitlich abgehenden Scherseile mit besonderen Einrichtungen unter die Wasseroberfläche. Man läßt sie erst in einer Tiefe, größer als der Tiefgang der Schute nach den Seiten abgehen, so daß diese nicht behindert wird, auch wenn sie in der Länge den Bagger überragt. Bei Baggern, die statt der schrägen Schüttrinnen Förderbänder haben, ist man auch in Breite und Höhe der Schuten nicht mehr so beschränkt. Man kann dann deren Laderaumfassungsvermögen im Verhältnis zur Eimergröße des Baggers erheblich steigern und hat weniger Schutenwechsel. Das ist auch unbedingt notwendig, da bei neuen Baggern die Regelschüttzahl erhöht wird. Die dadurch bedingte höhere Ertragsleistung käme nicht zur Geltung, wenn man kleine Schuten und dementsprechend einen häufigeren Wechsel hat.

Wenn ein Eimerkettenbagger mit 1000 Schüttungen/h = $16^{2/3}$/min und vollgefüllten Eimern arbeitet, ist seine Ertragsleistung in m^3/h gleich dem Eimerinhalt in Litern. Sie werde mit *Nennertragsleistung* bezeichnet. Früher rechnete man mit 15 Schüttungen/min und hatte dafür die Bezeichnung: Theoretische Leistung.

Die Zahl der Schüttungen kann bei Bodenarten, die eine leichte Füllung und Entleerung der Eimer ermöglichen, bis auf das 1,5fache des oben angegebenen Nennwertes gesteigert werden. Man erhält dann 1500 Schüttungen/h oder 25/min, eine Zahl über die man bei kleinen Baggern bei Mittelsand und Kies noch hinausgehen kann. Auch bei großen Baggern ist man bestrebt, mit möglichst hoher Schüttungszahl und kleinen, leichten Eimern zu arbeiten.

Man muß aber bei Bodenarten, die Schwierigkeiten bei der Füllung und Entleerung der Eimer bringen, wie beispielsweise der Feinsand, etwa bis auf die Hälfte der maximalen Schüttungszahl, also 750/h oder 12,5/min zurückgehen. Das Verhältnis zwischen der tatsächlich erreichbaren Schüttungszahl und der Nennzahl von 1000/h kann als *Schüttungsfaktor* bezeichnet werden, der größere oder kleiner als 1 werden kann. Die Füllung der Eimer kann mitunter bei Kies und plastischem Schluffboden das gestrichen gerechnete Eimervolumen überschreiten. Sie bleibt jedoch meistens, insbesondere bei geringer Baggertiefe und Abtraghöhe darunter, so daß der Füllungsfaktor im Durchschnitt mit 0,7 angenommen wird.

Schließlich ist noch, wie bei jedem Baggergerät das Verhältnis zwischen den effektiven *Drehstunden* und den *Arbeitsstunden*, für welche die Besatzung zu bezahlen und auf die letzten Endes die Ertragsleistung zu beziehen ist, zu berücksichtigen. Durch die Schutenpausen liegt in dieser Beziehung der Eimerkettenbagger ungünstiger als beispielsweise der Löffelbagger, der so große Schuten beladen kann, daß ein Wechsel erst nach Stunden erforderlich ist. Der *Drehfaktor*, der das Verhältnis zwischen Drehstunden und Arbeitsstunden ergibt, kann beim Eimerkettenbagger mit etwa 0,7 bis 0,75 angenommen werden. Wenn man eine Pause beim Schutenwechsel vermeidet, sind nur noch Stillstandszeiten durch Ankerverlegen, Durchlassen von Schiffen u. a. m. bedingt. Bei kontinuierlicher Förderung des Baggerbodens, die man auch beim Eimerkettenbagger immer mehr anstrebt und durch Anwendung von Spülrinnen, Fördergurten und Baggerpumpen (Eimerspülbagger) erreicht, erhöht sich der Drehfaktor. Das ist allerdings bisher in der Regel auf Bagger, die in Binnengewässern arbeiten, beschränkt geblieben.

Man kann hieraus erkennen, daß die effektive Ertragsleistung eines Eimerkettenbaggers, bezogen auf die Arbeitsstunden, den Nennwert erreichen kann, in der Regel jedoch fast bis zur Hälfte absinkt. Bei einer früheren mehrjährigen Arbeit, bei der eine erste Anlaufzeit und in jedem Jahr nach einer Winterpause eine weitere Anlaufzeit zu überwinden war, wurde mit Eimerkettenbaggern von 500 l Fassungsvermögen pro Arbeitsstunde nur eine Ertragsleistung von 175 m^3/h, das ist etwa $^1/_3$ des Nennertrages erreicht.

Nachteilig ist beim Eimerkettenbagger, daß eine große Anzahl beweglicher Teile unter Wasser arbeitet, in den Boden eingreift und damit einer Abnutzung unterworfen ist. Weiterhin ist es ungünstig, daß das Arbeiten bei Seegang nur beschränkt möglich ist. Bei großer Wellenhöhe hebt und senkt sich das Vorderende des Schiffskörpers so stark, daß die grabenden Eimer sich vom Boden abheben und wieder aufschlagen. Dabei werden alle Teile, insbesondere die Hebetrossen der Eimerleiter und deren Schwinglager auf dem Hauptbock stark beansprucht. Eine elastische Lagerung ist in Frankreich gelegentlich versucht worden. Es wäre eine dankbare Aufgabe, hier eine Dünungskompensation zu finden, die ähnlich wie beim Hoppersauger ein Arbeiten auch bei Wellenbewegung ermöglicht.

Ungünstig ist auch, daß der aus den Eimern kommende Boden in der Schiffsmitte anfällt und deswegen durch besondere Einrichtungen in die seitlich neben dem Bagger liegenden Schuten befördert werden muß. Dafür muß der Oberturas in großer Höhe angeordnet werden, was für die Stabilität und die Durchfahrt unter Brücken nachteilig ist. Um die verlorene Höhe so gering wie möglich zu halten, müssen die Schuten ganz dicht am Bagger liegen, so daß bei Seegang beide Schiffskörper aneinander stoßen. Dabei bieten Scheuerleisten kaum Schutz, sondern haken sich ineinander und werden abgeschlagen. Aus diesen Gründen ist bei Eimerkettenbaggern ein Arbeiten nur bis zu einer Wellenhöhe von etwa 50 cm möglich.

Die Schwierigkeit bei der Anpassung an verschiedene Baggertiefen, auf die später noch genauer eingegangen wird, ist ein weiterer Nachteil des Eimerkettenbaggers, desgleichen die Behinderung der Schiffahrt durch die weitreichende Vertäuung und das häufige An- und Ablegen der Schuten. Durch die Ablenkung der Scherseile unter die Wasserfläche, die jetzt allgemein vorgenommen wird, ist dieser Nachteil zum Teil ausgeglichen. In vielen Fällen ist der Eimerkettenbagger das einzig mögliche Baggergerät und wird in Europa noch vorwiegend verwendet.

So ergab eine Statistik für Holland im Jahre 1957 folgendes:

Eimerkettenbagger	265	Stück
Saugbagger, darunter Spüler.....	204	,,
Hoppersauger	18	,,
Dipperbagger	1	,,
Schuten zur Materialbeförderung .	1231	,,

In den letzten Jahren sind vorwiegend Saugbagger gebaut worden, so daß auch in Holland der Eimerkettenbagger seine Vorherrschaft eingebüßt hat. Von den Saugbaggern ist ein Teil mit Schutensaugeinrichtung versehen und arbeitet dann mit Eimerkettenbaggern zusammen. Die große Anzahl von Schuten, nämlich $4^1/_2$ auf einen Eimerkettenbagger deutet auch darauf hin, daß noch keineswegs der reine Saugbagger mit Rohrförderung das Feld beherrscht. Als Nachteil des Eimerkettenbaggers sei noch das Geräusch am Oberturas erwähnt, welches das Arbeiten in der Nähe von Wohnungen beeinträchtigt und meist Nachtarbeiten verbietet, deren Anwendbarkeit ein großer Vorteil des Saugbaggers ist.

2. Der Baggereimer als Grundelement, Formen und Bauarten. Schaken, Bolzen, Buchsen, Gewichtsangaben

Das Grundelement des Eimerkettenbaggers ist der *Baggereimer*, von dem durchschnittlich etwa 45 Stück zu einer Kette gehören. Der Eimer nimmt den Boden am Unterturas auf, bringt ihn in die Höhe und läßt ihn am Oberturas herausfallen, worauf er über eine schräge Schüttrinne in den Laderaum der neben dem Bagger liegenden Schute gelangt oder auf andere Weise weitergefördert wird. Der Eimer bestimmt mit seinem Fassungsvermögen die Bodenmenge, die gebaggert wird und die Kräfte, die beim Graben und Heben des gebaggerten Bodens aufzubringen sind. Er ist damit maßgebend für die Größe der Maschinenanlage und die Größe des Schiffskörpers. Man mißt das Eimerfassungsvermögen meist mit Sand, wobei man dessen Oberfläche nach der Kante der Eimeröffnung abstreicht. Bei Wasser ergibt sich, wenn die Kante nicht ganz eben ist, ein etwas geringerer Eimerinhalt. Als Maßeinheit nimmt man in der Regel Liter (l) seltener Kubikmeter (m^3).

Die Eimerinhalte liegen etwa zwischen 25 l im Minimum und 1500 l im Maximum, wobei die Grenzwerte sehr selten sind. Praktisch liegt zur Zeit die Grenze nach oben bei 900 l. Im folgenden wird vorwiegend der Ausdruck *Eimerfassungsvermögen* entsprechend dem angelsächsischen *capacity* gebraucht.

Früher hatte man handbetätigte Eimerkettenbagger mit sehr kleinen Eimern, die jedoch im jetzigen Maschinen-Zeitalter nicht mehr gebaut werden.

Abb. 83 zeigt schematisch zwei dicht aufeinanderfolgende Eimer, für welche die *Halbkugel* als Form angenommen wurde. Die Ebene der Eimeröffnung liegt waagerecht, während die Verbindungslinie der Eimerspitzen und der Eimerbolzenmitten um 45° dazu geneigt ist. Die Eimerkette läuft parallel zur Oberkante der Eimerleiter und ist bei der größten Baggertiefe um etwa 45° gegen die Waagerechte geneigt. Der Durchmesser der Eimeröffnung D läßt sich, wenn das Volumen der Halbkugel E ist, berechnen.

Es gilt die Gleichung:

$$E = \frac{1}{2} \cdot \frac{\pi}{6} \cdot D^3 \qquad D^3 = \frac{12}{\pi} \cdot E \qquad D \sim 1{,}56 \cdot \sqrt[3]{E}$$

Die *Kubikwurzel* aus dem *Rauminhalt* des Eimers $\sqrt[3]{E}$ ist eine *Lineargröße*, die weitgehend andere Abmessungen beim Eimerkettenbagger bestimmt.

Sie wird mit e bezeichnet. Es ist also der Durchmesser der kreisförmigen Eimeröffnung $D = 1{,}56\,e$. Für einen Eimer von 500 l Rauminhalt ist:

$$e = \sqrt[3]{500} = 7{,}94 \text{ dm und } D = 1{,}56 \cdot 7{,}94 = 12{,}4 \text{ dm} = 1240 \text{ mm}$$

Wenn entsprechend der Abbildung der nächste Eimer dem vorangehenden so dicht folgt, daß die waagerechte Oberfläche seiner Füllung die vorangehende Halbkugel berührt, so ergibt sich für den Abstand der Eimerspitzen das Maß

$$s = \frac{D}{2} \cdot \sqrt{2} = \frac{1{,}56}{2} \cdot e \cdot 1{,}41 = 1{,}1\,e$$

Den gleichen Abstand haben, wenn keine Zwischenschaken vorhanden sind, auch die Bolzenmitten. Man bezeichnet das Maß auch als Schakenteilung, weswegen das Zeichen s gewählt wurde. Je dichter die Eimer aufeinander folgen, um so niedriger kann bei gleicher Schüttungszahl die Geschwindigkeit der Eimerkette liegen. Um so geringer sind dann die Erschütterungen, welche durch Auflaufen der Eimer auf den kantigen Oberturas, sowie ungleiche Höhe der Eimertragrollen, Unebenheit der Laschenflächen usw. entstehen.

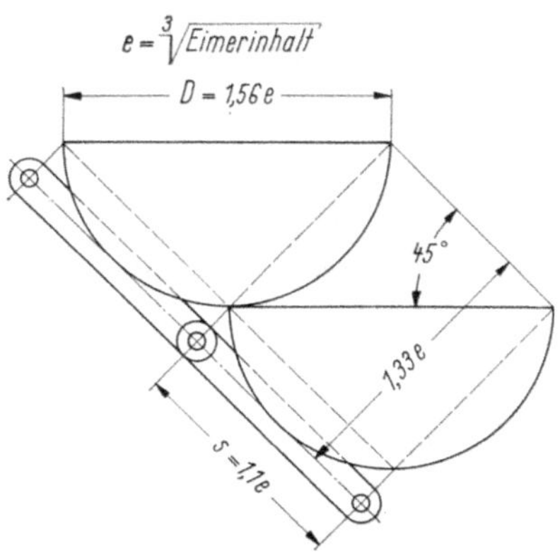

Abb. 83. Schematische Zeichnung von Baggereimern in Halbkugelform bei kleinstmöglichem Abstand ohne Zwischenschaken mit waagerechter Lage der Eimeröffnung bei 45°-Stellung der Eimerleiter

Abb. 84. Baggereimer in halbkugelähnlicher Form in älterer genieteter Ausführung, dicht geschakt, ohne Zwischenlaschen beim Übergang über einen Fünfkant-Oberturas. Aus SALOMON, Baggermaschinen

Bei manchen Bodenarten füllen sich aber die Eimer beim Graben am Unterturas nur bei genügendem Zwischenraum und entleeren insbesonders auch beim Kippen am Oberturas schlecht, wenn sie zu dicht aufeinanderfolgen. Aus diesen Gründen muß man bei Eimern ohne Zwischenschaken die Schakenteilung größer machen als das oben errechnete Maß von 1,1 e, und findet ausgeführt im Durchschnitt mindestens $s = 1{,}3\,e$. Für eine Kette mit Eimern von 500 l Fassungsvermögen wird $s = 1{,}3 \cdot 7{,}94 = 10{,}5$ dm und der Eimerabstand damit 1050 mm.

Abb. 84 zeigt alte amerikanische Eimer in halbkugelähnlicher Form ohne Zwischenschaken dicht geschakt bei Übergang über einen Fünfkant-Oberturas. Dabei würde der entleerende Eimer seinen Inhalt auf den vorangehenden schütten, wobei wohl Kies und rolliges Material abgleiten und in den Schüttschacht fallen kann, aber klebriger Boden zwischen den Eimern hängen bleibt.

Abb. 85 zeigt die Unterseite dieser dichtgeschakten Eimer, gabelförmig ausgestaltet umgreift ein Eimerende das andere, das entsprechend schmaler ist. *Ein* Bolzen geht von einer Seite zur anderen durch und ist mit Schmierung versehen, was auch neuerdings wieder versucht wird. Bei den dicht geschakten Eimern kann man, wie oben gesagt, bis auf eine Schakenteilung von $s = 1{,}3 \cdot e$ heruntergehen und die Eimer in diesem Abstand einander folgen lassen. Bei Eimern mit *Zwischenschaken* lag bisher der Eimerabstand zwischen $2\,e$ und $2{,}6\,e$ und war damit etwa doppelt so groß, wie bei der Ausführung ohne Zwischenschaken. Man geht aber bei neuen Eimern, die der Halbkugelform sehr ähnlich sind, mit der Schakenteilung bis auf $0{,}78\,e$ herunter und hat dann einen Eimerabstand von $1{,}56\,e$. Für einen 500-l-Eimer ergibt sich dieser dann mit $1{,}56 \cdot 7{,}94 = 1240$ mm. Das ist etwa das 1,2fache von dem der dichtgeschakten Eimer, so daß der Unterschied zwischen

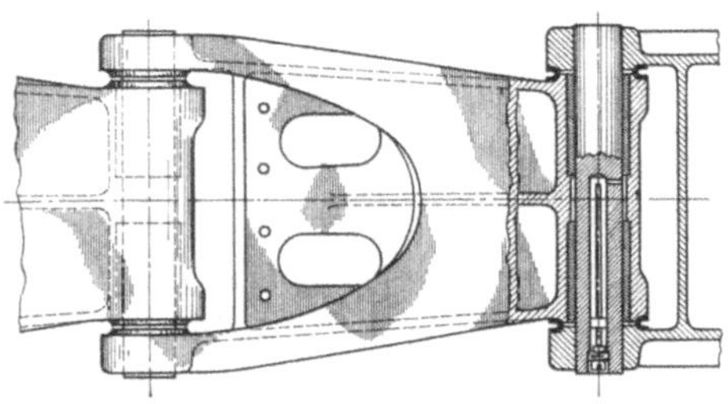

Abb. 85. Unterseite von dichtgeschakten Baggereimern mit Gabelung an einem Ende und Umfassung des Nachbareimers bei durchgehenden Bolzen mit Schmierung. Aus SALOMON, Baggermaschinen

Abb. 86. Baggereimer für Materialgewinnung, dicht geschakt ohne Zwischenlaschen in kräftiger Stahlguß-Ausführung mit aufgesetzten Messern. Aufnahme Mining World USA

beiden Ausführungsarten nur gering ist. Die dichtgeschakten Eimer haben weniger bewegliche Teile, erfordern aber größere Turasse bei gleicher Kantenzahl und damit einen größeren Radius des Eimerspitzenkreises. Das ist für das Ausschütten ungünstig und bedingt eine größere Höhe der Oberturaswelle. Rolliger Boden, wie ihn die Erzbagger fördern, fällt aus den Eimern gut heraus, auch liegt bei ihnen infolge der nachgeschalteten Sortiereinrichtungen die Oberturaswelle ohnehin hoch. Deswegen werden bei Kies- und Erzbaggern die dicht geschakten Eimer fast durchweg verwandt. Abb. 86 zeigt einen neuen Eimer dieser Art in sehr kräftiger Stahlguß-Ausführung mit aufgesetzten Messern und großen Bolzenköpfen. Für Bodenbaggerung verwendet man die dicht geschakten Eimer nur in Sonderfällen, wie beispielsweise bei den für den Rhône-Durchstich Donzères-Mondragon gebauten Baggern, die weiter unten beschrieben werden.

Die halbkugelähnliche Form, welche die vorangehend beschriebenen Eimer haben, findet man bei älteren europäischen Baggern kaum, da man sie aus Blechen zusammensetzte, die nur in einer Ebene gebogen waren. Abb. 87 zeigt einen Eimer von 500 l dieser Form in neuer geschweißter Ausführung. Die Eimeröffnung hat Kreisform mit 1220 mm Durchmesser, also fast genau $1{,}56\,e$, wie bei der Halbkugelform und liegt bei der 45°-Stellung der Eimerleiter waagerecht. Die Punkte A B C der oberen Seitenansicht bilden ein gleichseitiges Dreieck, mit Winkel von 45° in A und B, sowie 90° in C. B ist aber, wie die Draufsicht unten zeigt, nicht eine Spitze, sondern eine Gerade $B_1\,B_2$, so daß nicht eine Kegelform, sondern eine *Konoidform* gegeben ist. Der Winkel α bei B und B_1, den die Randerzeugende mit einer zur Mittelachse parallelen Linie bildet, beträgt etwa 18° mit einem Tangens von 0,32. Beim Graben macht, wie später näher erläutert wird, der Eimer eine Kreisbewegung um den Mittelpunkt des Unterturasses und geht gleichzeitig infolge der Scherbewegung des Baggers nach der Seite. Dann muß tg α größer sein, als das Verhältnis der Schergeschwindigkeit zur Umschwunggeschwindigkeit, da sonst die Mantelfläche des Eimers gegen den Boden gedrückt wird und der für ein Schneiden notwendige

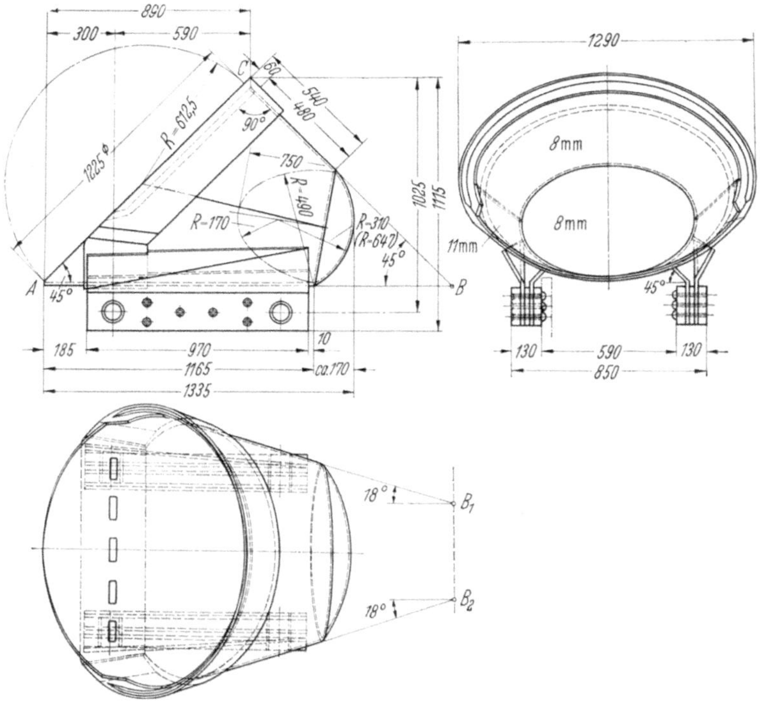

Abb. 87. Baggereimer von 500 l Eimerfassungsvermögen in Konoidform aus Blechen zusammengeschweißt

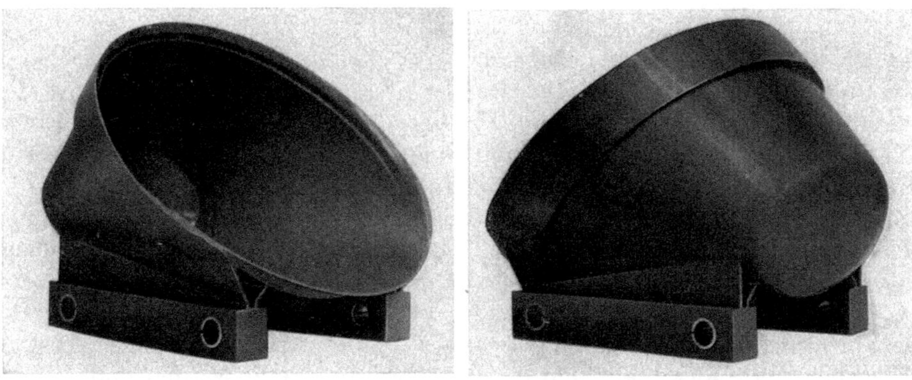

a b

Abb. 88a u. b. Modellaufnahmen des Baggereimers von 500 l Fassungsvermögen der Konoidform mit kreisförmiger Eimeröffnung. Aufnahme Hülskens, Wesel

Freiwinkel nicht mehr gegeben ist. Schon in PAULMANN/BLAUM ist angegeben, daß α mindestens 17° betragen soll. Abb. 88 zeigt ein Modellfoto dieses Baggereimers. Obwohl er durch Schweißung ein geschlossenes Ganzes bildet, hat man, was teilweise auch für die gegossenen Eimer gilt, die Bezeichnung von der genieteten Ausführung beibehalten und nennt den unteren Teil der Eimerwandung, an dem die Laschen sitzen, *Eimerrücken*, den Oberteil, an dem das Eimermesser sitzt, *Eimermantel* oder *Eimerbrust* und die gekümpelte Ellipsenfläche *Eimerboden*.

Die Eimerlaschen bilden durch Zusammenschweißen mehrerer Bleche unter Zusammenhalt durch Langnieten *ein* Stück mit großer Fläche für das Aufsetzen auf die Turasse. Das Messer ist von außen an den Blechmantel angesetzt und mit ihm verschweißt. Zur Erreichung einer guten Schweißverbindung und Versteifung des ganzen Eimers ist es zweckmäßig, das Messer aus Walzmaterial mit reichlichem Querschnitt zu nehmen und die Schneidkante durch Auftragen von Hartmetall verschleißfest zu machen. Die Schakenteilung s, d. h. der Abstand der Bolzenmitten beträgt 725 mm = 0,915 e. Ungefähr ebenso

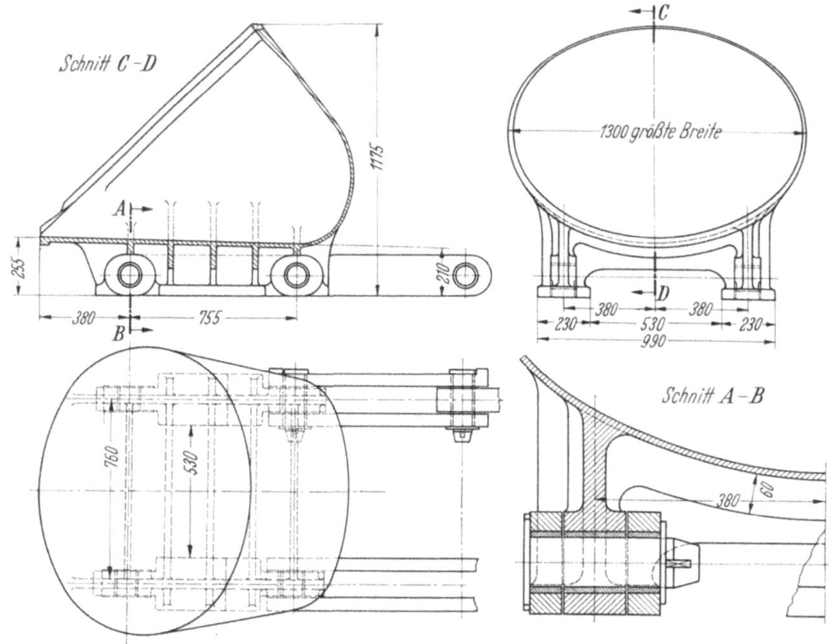

Abb. 89. Stahlgußeimer von 600 l Fassungsvermögen in Regelausführung (Sandeimer) für Bagger im Seegebiet von Helgoland

groß ist der Abstand der beiden Eimerschaken voneinander, so daß sich eine genügend große quadratische Basisfläche ergibt. Das ist besonders beim Auflaufen auf den Unterturas wichtig, weil der seitlich wirkende Grabdruck das Bestreben hat, den Eimer zu kippen. Für Überschlagsrechnung wird in der Folge mit $s = e$ gerechnet. Das Gewicht dieses 500-l-Eimers beträgt 720 kg, also 1,44 pro l Inhalt.

Früher hat man Eimer dieser oder ähnlicher Form aus Blechen zusammen*genietet*. Die vielen Nietverbindungen lockern sich aber infolge der großen Beanspruchung beim Graben. Bei dem angenieteten Messer *verschleißen* die Nietköpfe und die Kante des Mantelbleches, so daß bald eine Lockerung der Verbindung eintritt. Genietete Blecheimer besonders größere, erfordern ständig Reparaturen, wofür in regelmäßigen Abständen eine Anzahl aus der Kette ausgebaut und durch reparierte ersetzt werden muß.

Um das Ausbauen der Eimer zu erleichtern, hat man vielfach die Verbindung zwischen den Eimern und ihren Eimerlaschen durch Bolzen hergestellt. Man konnte, wenn man diese nach Lösen der Muttern herauszog, die Eimer zwecks Reparatur ausbauen, ohne die Kette auseinander nehmen und abfangen zu müssen. Jedoch schlagen sich die Bolzenlöcher bald aus und die Eimer werden wacklig. Man verwendet aber diese Konstruktion bei kleineren Eimern auch heute noch manchmal.

Bei Eimern aus *Stahlguß* ist man in der Formgebung unabhängiger und spart die Verbindungen zwischen den Teilen. Die angegossenen Eimerlaschen erhalten genügend breite Auflageflächen mit Gabeln an beiden Enden zur Aufnahme der einfachen Zwischenlaschen. Diese Bauart ergibt eine gute Lagerung der Bolzen, muß jedoch bei sehr großen Eimern wieder verlassen werden, weil die ungeteilten Zwischenlaschen dann zu schwer werden.

Abb. 89 zeigt einen Stahlgußeimer von 600 l Eimerinhalt in bewährter Regelausführung für Bagger im Seegebiet von Helgoland. Von einem besonderen Messer kann man hier absehen, da die Wanddicke am Rande auf 40 mm gesteigert und ein Manganhartstrahlschneide aufgeschweißt ist. Der an den Laschen wirkende Kettenzug kann bei Stahlgußausführung auf die schneidenden Eimerkanten gut übertragen werden, ohne daß schwache oder lose werdende Verbindungen dazwischen liegen. Die Wanddicke ist verschieden und geht von dem 40 mm dicken Eimerwulst auf 15 mm und beim Eimerboden auf 12 mm zurück. Sie steigt dann wieder auf 22 mm an der Vorderkante des Eimerrückens, die mit einem Wulst verstärkt ist. Das Gießen des halbgeöffneten Gefäßes ohne Spannungen wäre einfacher, wenn man überall reichliche Wanddicke zulassen würde, jedoch ergibt das ein höheres Gewicht. Dadurch werden die Auflagedrucke auf die Turasse und Leiterrollen, die Massenkräfte bei den Schwingvorgängen und die Beanspruchung der Eimerleiter größer, so daß auch deren Gewicht steigt. Dadurch ergibt sich ein Übergewicht am Schlitzende des Schiffskörpers, das sehr unerwünscht ist. Das Gewicht des abgebildeten Eimers beträgt 1050 kg und somit 1,75 kg/l. Da 48 Eimer in der Kette sind, beträgt deren Gesamtgewicht 50400 kg. 96 Zwischenschaken mit Buchsen wiegen je 140 kg, also insgesamt 13400 kg und 192 Bolzen mit Scheiben und Splinten je 16,5 kg, insgesamt 3150 kg. Das Gewicht dieses Zubehörs ist mit 16550 kg etwa $^1/_3$ des Eimergewichtes und somit 0,575 kg/l Eimerinhalt. Die ganze Kette wiegt 70000 kg.

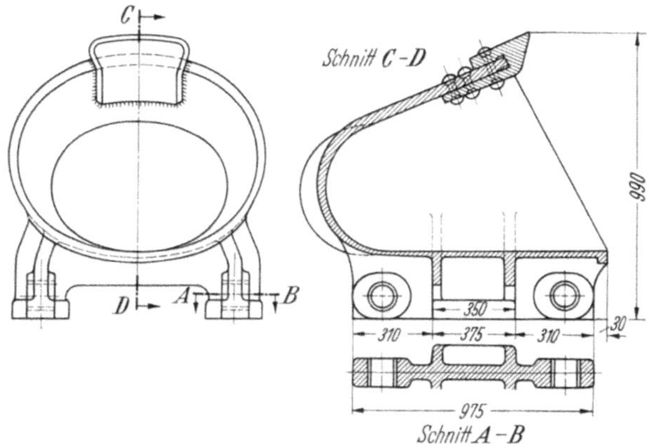

Abb. 90. Baggereimer von 320 l Fassungsvermögen in kräftiger Stahlgußausführung mit aufgesetztem Zahn für Felsbaggerung im Seegebiet Helgoland

Diese Eimer bezeichnet man als *Sandeimer* und hatte in Helgoland daneben noch *Felseimer* nach Abb. 90. Sie haben den gleichen Bolzenabstand von 755 mm, damit sie auf die gleichen Turasse passen, jedoch nur ein Fassungsvermögen von 320 l. Die Wanddicke beträgt 22 mm im Rücken und steigt auf 32 mm im Boden und 35 mm im Mantel, auf dessen Rand ein Felszahn aufgesetzt ist. Das Gewicht dieser Eimer betrug 1200 kg, was pro Liter Eimerinhalt den sehr hohen Wert von 3,75 kg ergibt. Felseimer dieser Art werden aber nur sehr selten benutzt, weil sie wohl sehr kräftig ausgebildet sind, aber wegen ihrer kleinen Öffnung große Stücke nicht aufnehmen können und demnach für harten Boden mit Findlingen und auch Haufwerk von Fels wenig geeignet sind. Auch der Wert des einen Zahnes, der sehr große Kräfte auf seine Sitzstelle an der Eimerwand überträgt, ist umstritten. In vielen Fällen verwendet man beim Baggern von felsartigen Böden lieber die Sandeimer und nimmt erhöhten Aufwand für Reparaturen in Kauf statt der Herabsetzung des Ertrages durch die kleinen Felseimer.

Man baut Stahlgußeimer neuerdings nach Abb. 91 in einer der Halbkugel stark angenäherten Form, die ein Holländischer Eimer von 850 l Inhalt hat. Die Wanddicke ist im Durchschnitt 15 mm, der das Messer bildende Rand 35 mm dick und 212 mm hoch, auch sind verschiedene Stellen verstärkt. Der geringe Bolzenabstand von 735 mm = 0,78 e ergibt einen gedrängten Unterbau, der für die Einhaltung geringen Gewichtes und Kleinhaltung der Turasse notwendig ist, aber den Kippkräften beim Graben weniger Widerstand bietet. Der Winkel zwischen der durch die Bolzenmitte gelegten Ebene und der Ebene der Eimeröffnungskreise beträgt nur 36°, so daß letztere bei dieser Neigung der Eimerleiter waagerecht liegen. Sie sind dann bei der größten Baggertiefe mit 45° Leiterneigung etwas nach vorn geneigt und bei geringen Neigungen nicht allzu viel nach hinten. Man geht davon aus, daß auf größte Baggertiefe selten gearbeitet wird und *im Mittel* eine gute Eimerfüllung erreicht werden muß.

Da bei dieser Eimergröße einfache Zwischenlaschen sehr schwer würden, sind sie doppelt ausgeführt und bestehen aus einer inneren mit dem Querschnitt 250×55 mm und einer

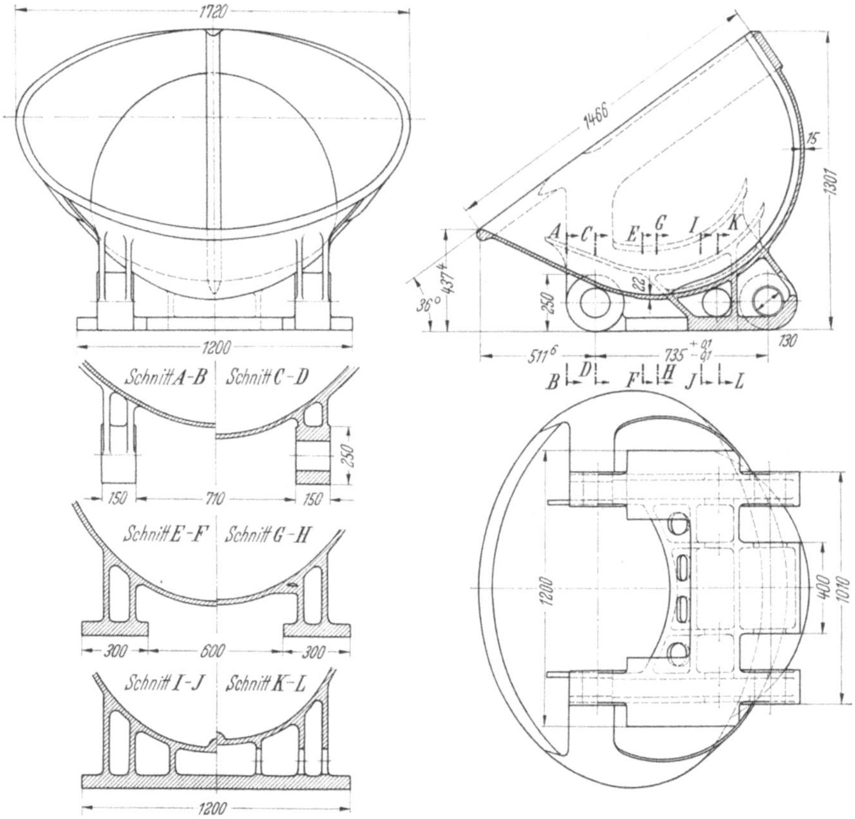

Abb. 91. Baggereimer von 850 l Fassungsvermögen mit halbkugelähnlicher Form in Stahlguß-Ausführung mit verstärkter Schneidkante

äußeren mit einer auf 95 mm verbreiterten Auflagefläche. Die Eimerlaschen haben an der Stelle der Bolzenlöcher eine Breite von 150 mm, die sich zwischen ihnen auf 300 mm erhöht.

Abb. 92. Baggereimer von 150 l Fassungsvermögen in gerundeter Form mit Stahlguß-Unterteil und geschweißtem Blechmantel in Verbund-Bauart

Häufig wird für Baggereimer eine *Verbund-Bauart* gewählt, bei der der Rücken mit den Laschen ein Stahlgußstück ist, an das ein Mantel aus Blech angesetzt wird. Man erreicht damit genügend Auflageflächen an den Laschen und gute Verbindung zwischen diesen und dem Eimergefäß, das leicht, elastisch und trotzdem genügend fest wird.

Abb. 92 zeigt einen Eimer in Verbund-Bauart von 150 l Fassungsvermögen in gerundeter halbkugelähnlicher Form, bei der die einzelnen Teile miteinander verschweißt sind. Das Messer ist vor das halbkugelähnliche Mantelstück gesetzt und mit ihm durch Schweißung verbunden. Die in Stahlguß ausgeführten Eimerlaschen haben Gabelenden, in die sich die Zwischenlaschen einlegen. Sie bestehen ebenfalls aus Stahlguß und haben einen T-Querschnitt. Dadurch erhalten sie eine breite Lauffläche, die einen geringen Flächendruck auf den Turassen und den Leiterrollen ergibt.

Entwässerung der Eimer. Der Baggereimer hat gegenüber anderen Grabgefäßen den Vorteil, daß er am Boden dicht ist und deswegen nicht wie bei der Klappe eines Löffelbaggers oder aus dem Spalt zwischen den Schneidekanten eines Greifers Boden austreten kann. Das hat aber den Nachteil, daß das Porenwasser der Füllung und das mitgebaggerte Wasser nicht ohne weiteres ablaufen. Jegliches Wasser, das beim Ausschütten noch vorhanden ist, ist aber nachteilig bei der Füllung einer Schute oder erst recht, wenn der Boden auf den neuerdings viel verwendeten Gurtförderern weitergehen soll.

Abb. 93. Aufgehende Baggereimer von 500 l Fassungsvermögen, dicht geschakt ohne Zwischenlaschen mit Ablauflöchern, die das Wasser in den nachfolgenden Eimer fließen lassen. Aufnahme IHC-Holland

Bei Material mit großen Porenräumen wie Kies, Steine, Felsbrocken u. dgl. geht indessen sowohl das Porenwasser wie auch das zusätzlich von den Eimern mitgeschöpfte Wasser leicht nach unten ab, wenn man der Eimerwandung Löcher an der beim aufgehenden Eimer tiefsten Stelle gibt. Die Löcher müssen groß genug sein, damit in der Zeit des Aufsteigens, also etwa in einer Minute alles Wasser abfließt. Es soll nach unten auf die Blechmulde der Eimerleiter und nicht auf die Leiterrollen oder auf die Bolzen und Büchsen laufen, da es immer sandhaltig ist. Bei dichtgeschakten Eimern ist dies kaum zu erreichen, wie Abb. 93 zeigt. Hier läuft das Wasser von einem Eimer in den nächst folgenden, wobei die Entwässerung der am Oberturas ankommenden Eimer kaum erreicht wird.

Schwierig ist die Entwässerung bei Böden mit kleinen Porenräumen, wie Feinsanden und Schluffböden. Diese geben das eigentliche Porenwasser nicht ab und wegen ihrer Wasserundurchlässigkeit auch das Wasser nicht, das sich auf der Eimerfüllung befindet. Füllt sich bei Feinsand der Eimer nur teilweise, so nimmt der Boden innerhalb des Eimers eine waagerechte Oberfläche an und darüber bleibt Wasser in teilweise großer Menge stehen. Durch Löcher in den Eimerwänden fließt, wenn sie klein sind, gar nichts ab, und wenn sie groß sind, nicht nur Wasser, sondern auch Boden.

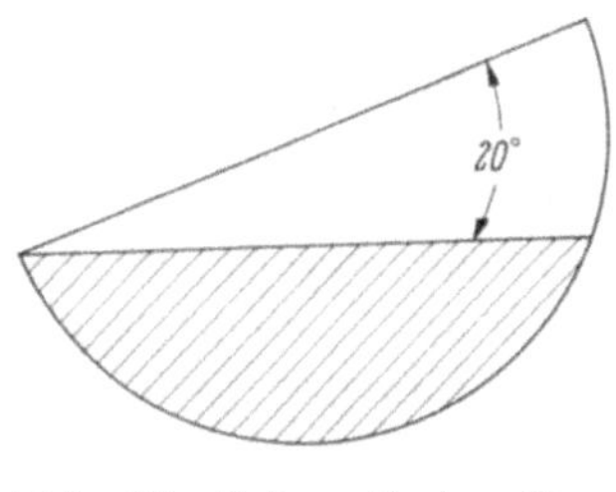

Abb. 94. Schematische Darstellung für unvollkommene Füllung des Halbkugeleimers bei Abweichung der Eimeröffnungsebene von der Waagerechten

Damit man sich den jeweiligen Bodenverhältnissen anpassen kann, muß man die Löcher so anordnen und ausbilden, daß man sie leicht schließen kann, wofür man früher Holzstifte und neuerdings Bleinieten verwendet.

In Abb. 94 ist schematisch ein Eimer in Halbkugelform gezeichnet, bei dem die Öffnungsebene um $\alpha = 20°$ gegen die Horizontalebene geneigt ist, was ungefähr den Verhältnissen bei Flachbaggerung entspricht. Dann bleibt bei Feinsand nur der schraffierte Teil erhalten in Form einer Kugelkalotte, deren Höhe etwa $^2/_3$ des Kugelradius und deren Rauminhalt nur die *Hälfte* von dem der Halbkugel ist. Ein Eimer der Konoidform wäre weniger empfindlich gegen eine Abweichung seiner Öffnungsebene von der Waagerechten und hätte keinen derartigen Bodenverlust. Es ist daher verständlich, daß man Eimer in der halbkugelähnlichen Form, wie nach Abb. 91 so ausbildet, daß ihre Öffnungsebene nicht bei der größten Baggertiefe, sondern bei der geringeren Leiterneigung von 35° waagerecht steht. Nur der Feinsand ist aber für die Eimerfüllung so ungünstig, und eine Besserung tritt ein, wenn andere Bestandteile dazu kommen. Auch Schluff steht, wie Abb. 17 in Band I zeigte, im Haufen und läuft nur ab, wenn er im Wasser gelöst ist.

Die *Gewichte* für die Baggereimer wurden bei den angeführten Beispielen zum Teil angegeben. Als Durchschnitt zahlreicher Ausführungen ergibt sich für mittlere und große Eimer 1,5 kg/l Eimerinhalt, während es bei kleineren Eimern etwas mehr ist. Das Gewicht der Zwischenlaschen, Bolzen usw. ist mit 0,5 kg/l Eimerinhalt anzusetzen. Das Gesamtgewicht von 2 kg/l Eimerinhalt ist gleich dem Gewicht der Füllung mit Sand in wassergesättigtem Zustand mit einer Dichte von zwei. Bei Stahlgußausführung darf man die Wanddicke nicht zu gering nehmen, da dies den Guß sehr erschwert und infolge der dabei unvermeidlichen Ungenauigkeit leicht schwache Stellen entstehen. Da die eigentliche Eimerschale nur etwa $^1/_3$ des Gesamtgewichtes ausmacht, ist es richtiger die Gewichtsersparnis bei den Laschen, Versteifungsrippen usw. anzustreben. Das Gewicht pro Liter Eimerinhalt bleibt bei Stahlgußausführung aber immer höher als bei Blech oder Verbund-Bauart.

Zwischenlaschen, Bolzen, Buchsen. Zur Kette der Eimer gehören, wenn sie nicht dicht geschakt sind, die Zwischenlaschen oder Zwischenschaken, die durch Bolzen mit den

Abb. 95. Ablaufende Stahlguß-Eimer mit Zwischenlaschen in Kastenform und durchgehenden Baggerbolzen

Abb. 96. Gefüllte aufsteigende Stahlguß-Eimer mit doppelten Zwischenlaschen und Bolzen mit rundem Kopf. Aufnahme IHC-Holland

Eimern verbunden sind. Man bezeichnet sie als einfach, wenn auf jeder Seite eine Lasche also im ganzen zwei, vorhanden sind, die in die gegabelten Enden der Eimerlaschen eingreifen. In anderen Fällen sind diese einfach und haben dann je zwei Zwischenlaschen, so daß im ganzen vier Laschen die Eimer verbinden. In seltenen Fällen hat man drei Zwischenlaschen, die gleichmäßig auf die Eimerbreite verteilt sind, oder eine einzige, die man als *Laschenkasten* bezeichnen kann. Abb. 95 zeigt dies an Eimern, die in der losen Kettenbucht abwärts laufen.

Die Köpfe der Eimerbolzen erhalten manchmal rechteckige Form. Damit soll der Bolzen gegen die Zwischenlaschen festgelegt werden und der Eimer mit seiner Buchse auf ihm eine Schwingbewegung machen, um 72° beim Fünfkant und 60° beim Sechskant. Der Bolzen nutzt sich aber dabei in der Buchse der Zwischenlasche ab, wird unrund und bei der Schwingbewegung vielfach doch mitgerissen und die Ecken des Kopfes in die ihn haltenden Ansätze hineingewürgt. Die Buchsen in den Eimern und den Laschen werden aus Flachstahl gerollt und unter Druck in die Löcher getrieben. Manchmal bleiben die Enden in einem gewissen Abstand, worauf der feste Sitz durch einen in die Lücke getriebenen Keil erreicht wird. Bei neueren Ausführungen werden die Buchsen rund geschliffen.

Wenn man den Bolzenkopf nach Abb. 96 *rund* macht, was jetzt vorwiegend geschieht, kann sich der Bolzen drehen wie er will und die Abnutzung ist gleichmäßiger. Die Flächenpressungen der Bolzen und Buchsen sind in jedem Falle erheblich, zumal da bei den neueren elektrischen und hydraulischen Antrieben der Kettenzug den Regelwert erheblich übersteigen kann. Da bei der Bewegung des Einschlagens am Oberturas zwischen Bolzen und Buchsen keine Schmierschicht vorhanden ist, ergibt sich das weithin hörbare Kreischgeräusch, das ein Kennzeichen des Eimerkettenbaggers ist. Die Abnutzung ist groß trotz Verwendung widerstandsfähiger Materialien.

Man hat versucht, die Bolzen zu schmieren, wie Abb. 85 schon bei einer älteren Ausführung zeigte. Bei ihr ist ein langer, durchgehender Bolzen gut gelagert und erhält Fett durch eine Bohrung eingedrückt. Bei nicht durchgehenden Bolzen ist die Anzahl doppelt so groß und die Lagerung weniger genau, so daß sie sich schief stellen und ecken können. Eine Abdichtung ist schwer zu erreichen und die Einbringung des Schmiermittels schwer durchzuführen. Eine befriedigende Lösung dieser Aufgabe ist bisher nicht gelungen, wird aber immer dringender, weil die Geräusche des Eimerkettenbaggers bei der ständig zunehmenden Bevölkerungsdichte zu einer unerträglichen Plage werden und ein Einsatz an manchen Stellen allein deswegen unmöglich wird. Bei hoher Schüttungszahl verursacht aber auch das Aufschlagen der Eimer auf die Flächen des Oberturas ein starkes Geräusch.

3. Eimerkette und Eimerleiter. Vorgänge beim Graben. Füllen und Ausschütten der Eimer. Oberturas und Unterturas. Scherbewegung beim Baggern. Windenanlage.

Die Baggereimer sind, unter Einschaltung von Zwischenlaschen oder in Ausnahmefällen auch ohne diese, zu einer *Eimerkette* verbunden. Abb. 97 zeigt von ihr eine Modellaufnahme in der Stellung der größten Baggertiefe. Die Eimerleiter und der mit ihr parallel verlaufende Oberteil der Eimerkette haben dann die meist übliche Neigung von 45° gegen die Horizontale. Darüber hinaus geht man nur in Ausnahmefällen in geringem Maße, weil die Baggertiefe dabei nur noch wenig zunimmt, und das Ausschütten der Eimer sowie das Freigehen an der Wechselklappe immer schwieriger zu erreichen sind.

Abb. 97. Modellfoto einer Eimerkette bei 45° Neigung der Eimerleiter. Auf der Leiter 20 Eimer mit Zwischenschaken = 40 Teilungen, in der Unterbucht 21 Eimer mit Zwischenschaken = 42 Teilungen. Auf den Turassen je ein Eimer mit Zwischenschaken = 4 Teilungen. Insgesamt 86 Teilungen

Die Eimer *graben* beim Umschwung um den Unterturas, der im Modellfoto ein Sechskant ist. Bei festem bindigen und nicht rolligen Boden kann die Abtragshöhe, auch Bankhöhe genannt, nicht wesentlich größer sein, als der Radius des Eimerspitzenkreises, da sonst die Eimer den Boden unterschneiden. Er stürzt dann nach, verschüttet den Unterturas und stört den Grabvorgang. Es kann auch vorkommen, daß der Boden über den grabenden Eimern stehen bleibt und ein Weiterbaggern behindert. Abb. 98 zeigt die Leiter in Flachbaggerstellung mit einer Neigung von etwa 25° gegen die Horizontale. Man sieht, daß dann die Eimer mit ihren Spitzen schon vor dem Auflaufen auf den Unterturas auf den Boden kommen. Das ist ungünstig, da sie dann einen Widerstand gegen das Scheren bieten und unter Umständen über die seitlichen Scheiben des Unterturas gedrückt werden. Abhilfe schafft eine stärkere *Spannung* der Kette, die aber die Belastung der Lager von Unterturas und Oberturas erhöht.

Für gewöhnlich ist eine feinstufige Regelung der Kettenspannung nicht möglich, sondern nur der Einbau einer *Zwitterlasche* nach Herausnahme eines Eimers und einer Zwischenlasche. Man hat früher bei kleineren Baggern die Welle vom Unterturas durch Drehen von Spindeln verschoben, während man neuerdings die Schwinglager der Eimerleiter durch Kolbenstangen von hydraulischen Zylindern verschiebt.

Abb. 99 läßt den *Grabvorgang* am Unterturas, der als Sechskant angenommen ist, erkennen. Links oben sieht man die umschwingenden Eimer, von denen der untere zum Graben ansetzt, während der vorangehende das Graben beendet hat. Damit der Eimer sich

Abb. 98. Modellfoto einer Eimerkette bei Flachbaggerung mit etwa 25° Neigung und gleicher Spannung wie in Abb. 97. Eimer kommen auf den Boden vor Auflauf auf den Unterturas

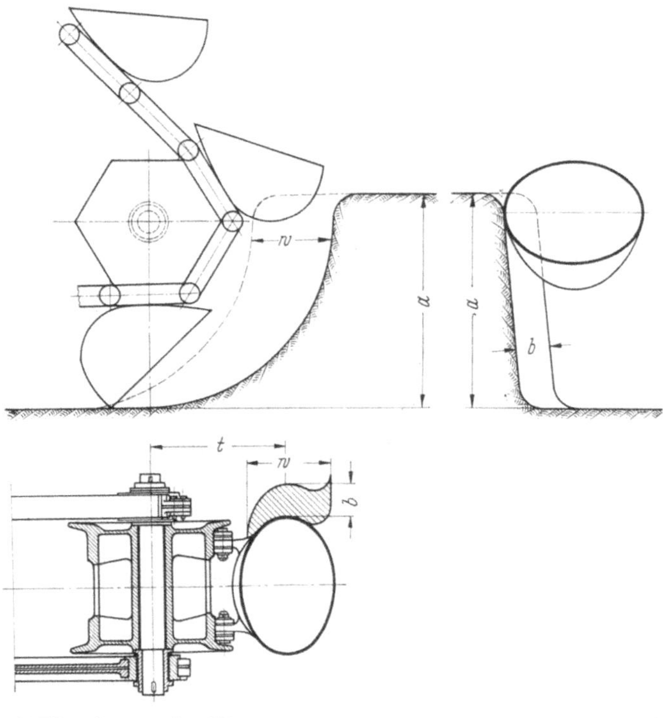

Abb. 99. Grabvorgang mit Umschwung der Eimer um die Unterturaswelle und gleichzeitiger Scherbewegung des Baggers nach der Seite, die Eimer bewegen sich auf einer Schraubenlinie

a Abtragshöhe oder Bankhöhe; *b* Seitenverschiebung = Scherstrecke während des Grabens; *w* Vorschubweite um die der Bagger nach Durchführung der Scherbewegung vorgeholt wird; *t* Abstand des Schwerpunktes der Schnittfläche von Turaswellenmitte

füllt, muß das Produkt aus der Abtragshöhe a, der Vorschubweite w und der Seitenbewegung b (Scherstrecke), gleich dem Eimerinhalt E sein.

Es gilt also die Gleichung: $a \cdot b \cdot w = E$.

In dieser Gleichung liegen a und w mehr oder weniger fest in Beziehung zu e, der dritten Wurzel aus dem Eimerinhalt. Denn die Abtragshöhe a ist etwas größer als der Eimerspitzenradius und kann mit 2,5 e angenommen werden, w ist gleich dem Abstand der Bordscheibenkanten des Unterturas bis zu den Eimerspitzen und ungefähr gleich e. Danach kann die einzige Unbekannte, die Scherstrecke b berechnet werden:

$$2{,}5 \cdot e \cdot b \cdot e = E = e^3. \text{ Damit wird } b = 0{,}4\, e.$$

Der Unterturas muß also während der Füllung eines Eimers, der dabei eine *Schraubenbewegung* ausführt, um die Strecke 0,4 e nach der Seite wandern. 0,4 e ist gleichzeitig die Schnittiefe und maßgebend für den Grabwiderstand. Nimmt man den Seitenweg größer als 0,4 e, so fällt ein Teil des gebaggerten Bodens aus dem Eimer wieder heraus und der Grabwiderstand ist unnötig hoch. Wählt man wieder den Seitenweg zu klein, so füllen sich die Eimer nur unvollkommen. In Wirklichkeit ist die Abhängigkeit der einzelnen Größen voneinander nicht so zwangläufig, wie es diese Rechnung erscheinen läßt. Wenn beispielsweise rolliger Kies mit sehr großer Abtragshöhe gebaggert wird, kann der Bagger längere Zeit an einer Stelle stehen bleiben und wird nur gelegentlich nach der Seite verholt. So graben beispielsweise amerikanische Kiesbagger, mit Pfählen festgelegt, Krater wie ein Saugbagger und werden nur gelegentlich versetzt.

Der Scherweg wird zu einer *Schergeschwindigkeit*, wenn man die Zahl der Schüttungen berücksichtigt. Haben diese ihren Nennwert von 1000/h ($16^2/_3$/min), so wird der Scherweg in der Stunde 400 e, die Schergeschwindigkeit also 6,67 e/min = 0,111 e/sec.

Es sei wieder das Beispiel des 500-l-Baggers gewählt mit $e = 7{,}94$ dm. Dann ist der Vorschub gleich dieser Strecke, also 0,794 m und die Abtragshöhe das 2,5fache davon, also etwa 2 m. Der zur Füllung des Eimers erforderliche Scherweg ist $0{,}4 \cdot 0{,}794 = 0{,}317$ m. Bei $16^2/_3$ Schüttungen/min ist die Schergeschwindigkeit = 5,3 m/min $\sim$ 0,09 m/sec. Die Geschwindigkeit der Eimerkette ist $16^2/_3 \cdot 2 \cdot 0{,}794 = 26{,}5$ m/min = 0,44 m/sec. Dabei hat der grabende Teil der Eimer beim Umschwung um den Unterturas etwa die doppelte Geschwindigkeit, also 0,88 m/sec. Das Verhältnis zwischen der Schergeschwindigkeit und der Grabgeschwindigkeit ist $0{,}09/0{,}88 \sim 1/10$.

Es wurde schon darauf hingewiesen, daß bei der Konoidform des Baggereimers der Tangens des Freiwinkels beim Schneiden größer sein muß, als dieses Verhältnis, damit die Eimer nicht mit der Mantelfläche gegen den Boden gedrückt werden. In Abb. 88 waren es 18° mit einem Tang von etwa $^1/_3$, also wesentlich mehr als das oben errechnete Minimum. Bei Stahlgußeimern der halbkugelähnlichen Form muß die Schneidkante entsprechend ausgebildet sein. Bei jeder Zahl der Schüttungen bleibt das Verhältnis zwischen Schnittgeschwindigkeit und Schergeschwindigkeit das gleiche, bei neueren Baggern werden diese beiden Geschwindigkeiten automatisch aufeinander abgestimmt.

Man erkennt aus der Abb. 99, daß die Eimeröffnung bei der Beendigung des Grabvorganges nicht ganz waagerecht liegt, eine vollständige Füllung also beispielsweise bei Feinsand nicht erreicht wird. Dazu müßte die Abtragshöhe größer sein, was aber wiederum nur bei rolligem Material möglich ist.

Das Graben der Eimer beim Umschwung um den Unterturas ähnelt dem bei der Drehung eines Schaufelrades von einem Trockenbagger. Auch dieser fährt dabei nach der Seite, so daß die Eimer sich auf einer Schraubenlinie bewegen, was man hier gut erkennen kann. Die enge Beziehung zwischen der Umfangsgeschwindigkeit der Eimer und der Schergeschwindigkeit besteht indessen hier nicht, weil die Eimer keine geschlossenen Gefäße sind, kein Material überlaufen kann. Die Schergeschwindigkeit ist nur insofern beschränkt, als der Schnittquerschnitt bei hartem Boden nicht zu groß werden und bei weichem Boden die Förderfähigkeit des Gummigurtes nicht überschritten werden darf.

Die *Drehzahlen* der Turasse ergeben sich durch Division der Zahl der über ihn laufenden Kettenteilungen durch die Kantenzahl. Bei 1000 Schüttungen in der Stunde macht ein sechskantiger Unterturas $1000 \cdot 2/6 = 333$ Drehungen, also 5,55 U/min. Bei einem fünfkantigen Oberturas sind es 400 U/h gleich 6,67 U/min.

Die *Lager vom Unterturas* arbeiten unter Wasser und hatten früher einfache gußeiserne Schalen ohne Abdichtung und Schmierung. Das ist auch heute noch bei einem großen Teil der Bagger der Fall. Arbeitet der Bagger beispielsweise auf einem strömenden Fluß im Kies, so zeigen derartige primitive Lager auch nach monatelangem Betrieb nur unwesentliche Abnutzung. Hat man aber Feinsand bei einem Gewässer ohne Strömung, dann dringen die Körner in die Lager ein und nutzen die Lagerschalen so stark ab, daß sie trotz großer Dicke alle 2 bis 3 Wochen erneuert werden müssen.

Man hat Versuche mit Wälzlagern gemacht und hat *Pendelrollenlager* mit Labyrinth-Abdichtung genommen. Es widerspricht aber eigentlich der Natur solcher Lager, daß sie ganz langsam laufen und ständig einem großen Achsialdruck ausgesetzt sind. Man müßte,

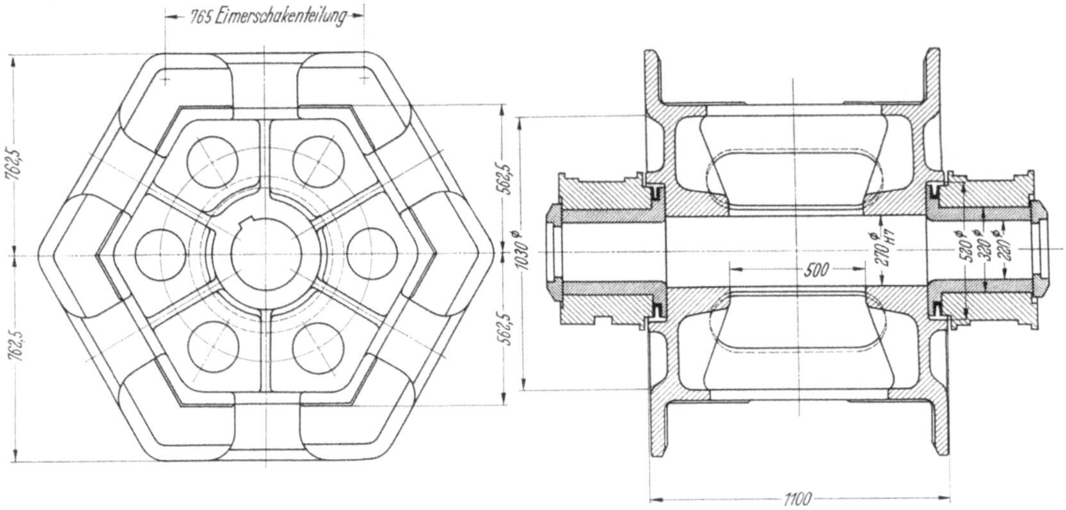

Abb. 100. Sechskantiger Unterturas eines Baggers mit 500-l-Eimern mit Abdichtung der Lager durch Gummimanschetten

wie bei den Baggerpumpen, besondere Drucklager vorsehen, was aber die ganze Einrichtung sehr kompliziert macht. Wenn dann durch Einzwängen von Trossen und anderem Hafenunrat eine Beschädigung eingetreten ist, ist es nicht möglich, den Schaden an Ort und Stelle mit Bordmitteln zu beheben. Der Bagger muß in die Werft und damit geht mehr Zeit verloren als das öftere Auswechseln der primitiven Lagerschalen erfordert. Man ist infolgedessen von der Verwendung von Wälzlagern abgekommen und verwendet Gleitlager, die aber neuerdings Abdichtung und Schmierung erhalten.

Abb. 100 zeigt einen sechskantigen Unterturas für einen 500-l-Bagger mit Abdichtung durch eine Gummimanschette mit U-förmigem Querschnitt. Durch zweiteilige Klemmringe auf den Wellenenden ist dafür gesorgt, daß die Abdichtung nicht durch Entspannung der Gummimanschetten beim Wechsel der Richtung der Scherbewegung verlorengeht. Der abgebildete Turas wiegt mit Welle ohne Lager 3250 kg. Von dem bisher fast durchweg üblichen Sechskant geht man neuerdings ab und nimmt sieben bis acht Kanten. Je höher die Kantenzahl ist, desto höher wird das Gewicht und desto mehr nähert sich der Unterturas der zylindrischen Trommel, als welche er bei Kiesbaggern und Erzbaggern manchmal auch ausgeführt wird.

Aus der Abb. 101 kann man erkennen, wie stark der Durchmesser mit der Erhöhung der Kantenzahl anwächst. Die Abbildung zeigt schematisch Turasse mit vier bis acht Kanten, aufliegende Eimer in der theoretischen Halbkugelform mit einem Abstand der Bolzenmitte $= e$. Der Abstand der Bolzen von der Turasmitte ist mit r_1, der Abstand der Verbindungslinie der Bolzen mit r_2 und der Eimerspitzenradius mit r_3 bezeichnet.

Die Tab. 10 gibt die Maße im Verhältnis zur dritten Wurzel aus dem Eimerinhalt (e) und zahlenmäßig für einen 500-l-Eimer an. Bei einem großen Unterturas kommen bei entsprechender Abtragshöhe mehrere Eimer zum Eingriff, was im Gegensatz zum Schaufelrad des Trockenbaggers ungünstig ist. Aus diesen Gründen und wegen des hohen Gewichtes

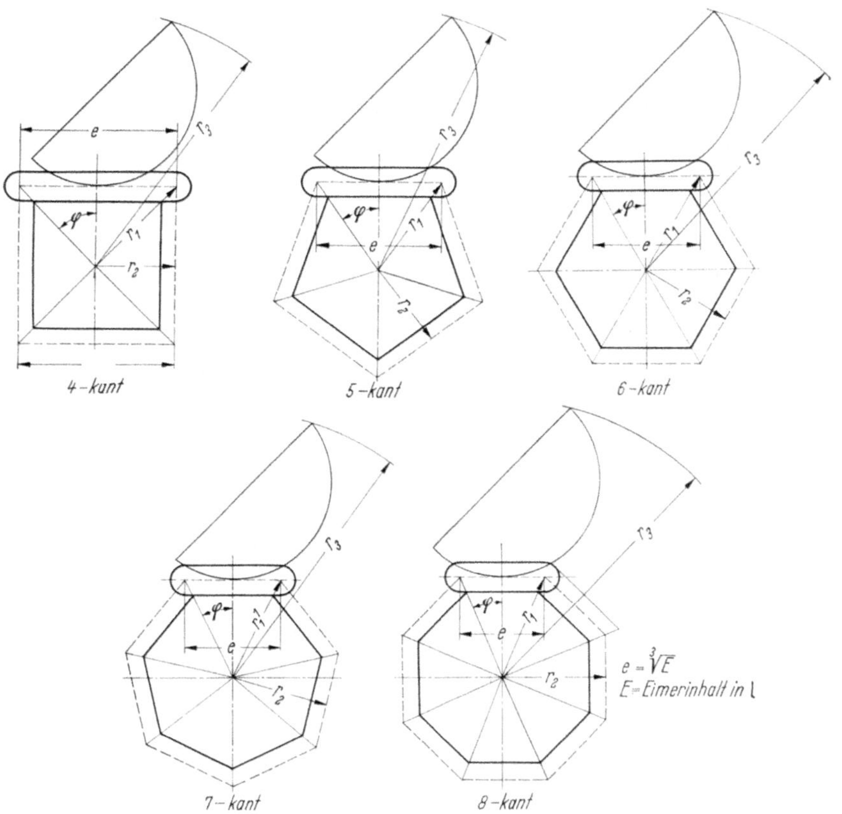

Abb. 101. Schematische Darstellung von Turassen mit vier bis acht Ecken mit aufliegenden Eimern in Halbkugelform mit Eckenabstand r_1 und Flankenabstand r_2 sowie Eimerspitzenradius r_3.

Tabelle 10. *Eckradius, Flankenradius und Radius des Eimerspitzenkreises für Turasse mit vier bis acht Ecken bei gleicher Kantenlänge*

$e = \sqrt[3]{\text{Eimerinhalt}}$ = Bolzenabstand (Schakenteilung)

φ = halber Zentriwinkel = 360°/2 · Eckenzahl

$r_1 = e/2 \cdot \sin\varphi$

$r_2 = e/2 \cdot \tan\varphi$

r_3 = Eimerspitzenradius

	Vierkant	Fünfkant	Sechskant	Siebenkant	Achtkant
φ	45°	36°	30°	25,8°	22,5°
$\sin\varphi$	0,707	0,588	0,500	0,435	0,383
$\tan\varphi$	1,000	0,726	0,577	0,484	0,414
$r_1 = e/2 \cdot \sin\varphi$	0,71 e	0,85 e	1,0 e	1,15 e	1,25 e
$r_2 = e/2 \cdot \tan\varphi$	0,5 e	0,69 e	0,865 e	1,035 e	1,21 e
r_3	1,95 e	2,12 e	2,25 e	2,45 e	2,64 e

für 500 l Eimerinhalt $e = \sqrt[3]{500} = 7{,}94$ dm

	Vierkant	Fünfkant	Sechskant	Siebenkant	Achtkant
r_1 mm	565	675	794	910	1000
r_2 mm	398	550	690	820	960
r_3 mm	1550	1680	1790	1950	2100
r_1/r_2	1,42	1,23	1,14	1,11	1,04

ist man von der Ausführung der Unterturasse mit sehr hoher Kantenzahl – man ist in Einzelfällen bis zu 14 gegangen – wieder abgekommen.

Abb. 102 zeigt einen siebenkantigen Unterturas für Eimer von 185 l Fassungsvermögen. Seine Welle ist in den Gabelenden der Eimerleiter fest eingespannt, der Turas dreht sich auf ihr mit Buchsen; auch hier ist eine Abdichtung durch Gummimanschetten vorgesehen. Bei dieser Einrichtung ist ein Einzwängen von Trossen u. dgl. zwischen dem Turas und den Gabelenden kaum möglich, da die Gabelenden nicht ausweichen können. Während dies und die leicht erreichbare Abdichtung Vorteile sind, hat diese Konstruktion auf der anderen Seite den Nachteil, daß die Buchsen, mit denen sich der Turas auf der feststehenden Welle dreht, nur etwa halb so weit auseinander liegen als bei der Regelausführung. Die Kräfte, welche beim Graben und Scheren auf die Eimer kommen und den ganzen Unterturas kanten wollen, ergeben eine hohe Belastung der Lager, die sich trotz Abdichtung und Schmierung verhältnismäßig schnell abnutzen.

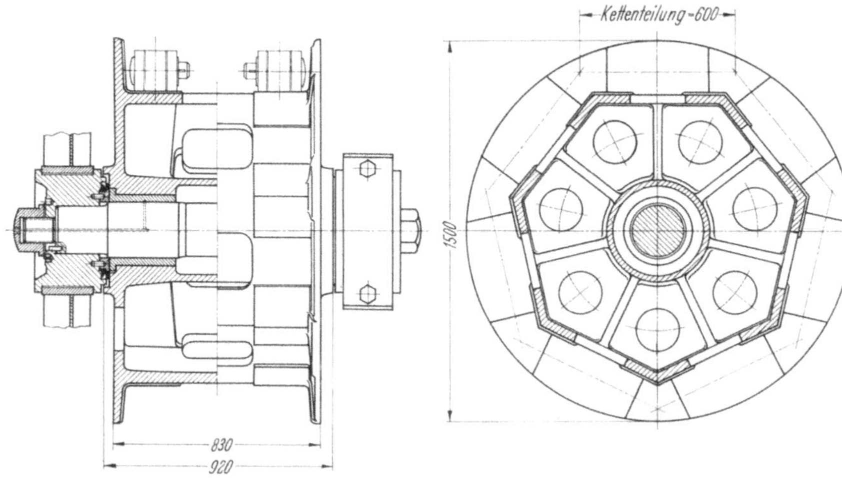

Abb. 102. Siebenkantiger Unterturas eines Baggers mit 185-l-Eimern mit fester Welle und in Buchsen umlaufendem Turaskörper bei Abdichtung durch Gummimanschetten

Wenn sich die Eimer am Unterturas gefüllt haben, gehen sie, getragen von Leiterrollen im Abstand von etwa $2\,e$, auf der *Eimerleiter* nach oben zum Oberturas. Abb. 103 zeigt eine Leiter für einen Bagger von 500 l Eimerinhalt. Sie ist ein Doppelträger mit einer Länge von etwa 32 m. Die Höhe der Träger ist in der Mitte mit 1680 mm etwa $^1/_{19}$ davon. Der Abstand der Träger voneinander hat mit 1650 mm fast das gleiche Maß, so daß man einen quadratischen Querschnitt mit etwa $2\,e$ als Kantenlänge erhält. Die auftretenden Kräfte sind folgende:

1. Eigengewicht. Dies ergibt sich erfahrungsgemäß etwa zu $L \times B \times H \times 0{,}4$ t. Im vorliegenden Fall ist es $32 \times 1{,}65 \times 1{,}68 \times 0{,}4 = 35{,}5$ t. Für Leiterrollen. Schmutzfangbleche u. a. m. kann man einen Zuschlag von 10% machen und kommt dann auf fast 40 t.

2. Gewicht der Eimer mit Füllung unter Wasser und über Wasser mit Zwischenschaken im aufgehenden Teil der Kette.

3. Druck in der Längsrichtung, der durch das Gewicht der Eimer in der Unterbucht entsteht und um so stärker wird, je mehr die Kette gespannt ist. Der Kettenzug, der beim Arbeiten wirksam wird, kommt dann noch hinzu.

4. Beanspruchung auf Biegung in seitlicher Richtung dadurch, daß beim Scheren die Eimerleiter im Schlitz eingespannt ist. Dazu kommt noch Torsion durch den zeitweise außermittigen Eingriff der Eimer in den Boden.

Vom Verfasser wurden im Jahre 1938 Modellversuche durchgeführt und dabei nachgewiesen, daß die übliche Verbindung der beiden Träger durch Querwände und Diagonalwinkel, insbesondere für die Beanspruchung nach 4., nicht die erforderliche Festigkeit hergibt, vor allem dann nicht, wenn im Laufe der Zeit durch Liegenbleiben von feuchtem

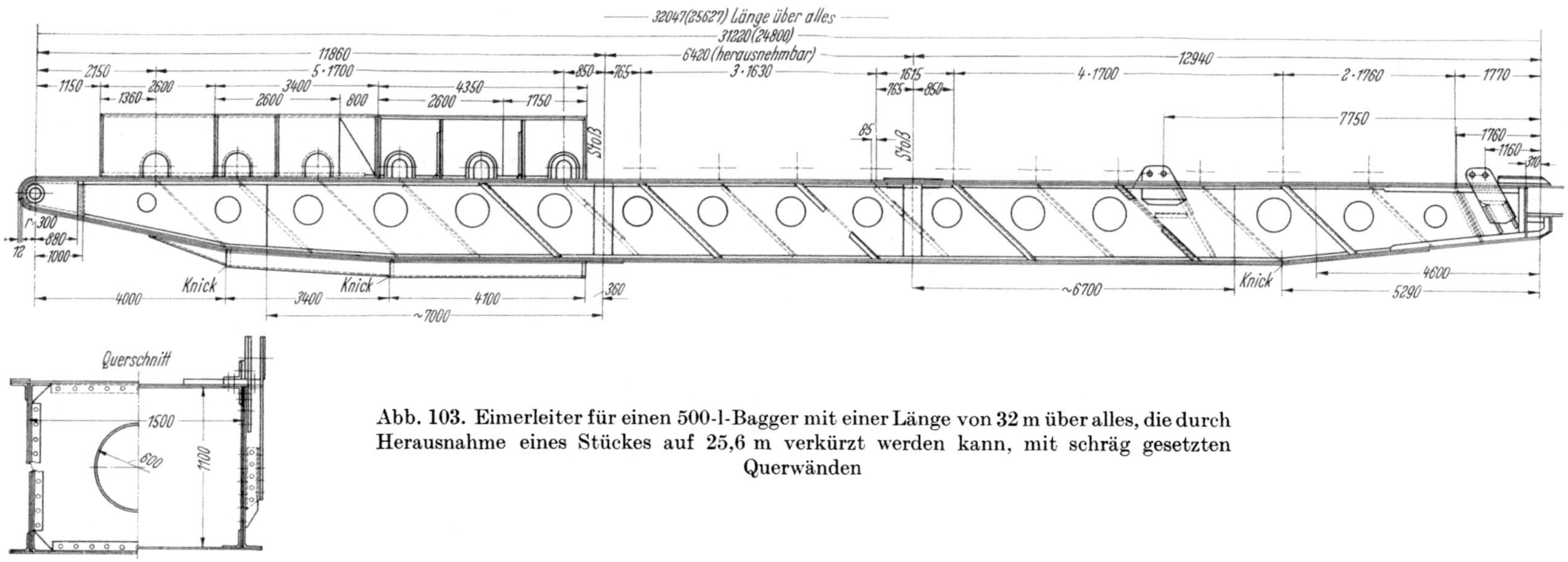

Abb. 103. Eimerleiter für einen 500-l-Bagger mit einer Länge von 32 m über alles, die durch Herausnahme eines Stückes auf 25,6 m verkürzt werden kann, mit schräg gesetzten Querwänden

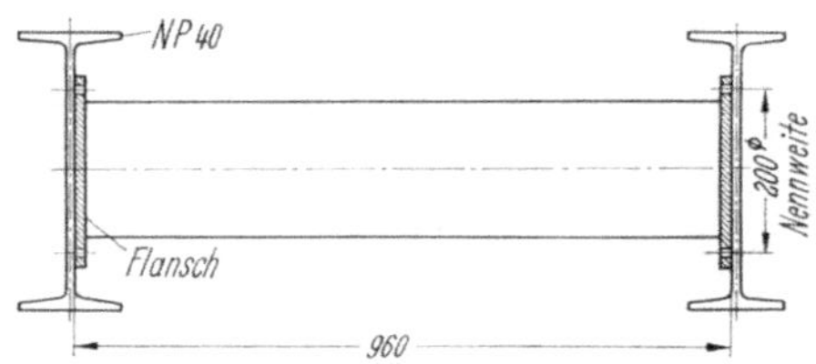

Abb. 104. Querschnitt durch eine Eimerleiter für einen 150-l-Bagger mit zwei Walzträgern NP 40 von 13,5 m Länge bei Verbindung durch Rohre von 200 mm Nennweite

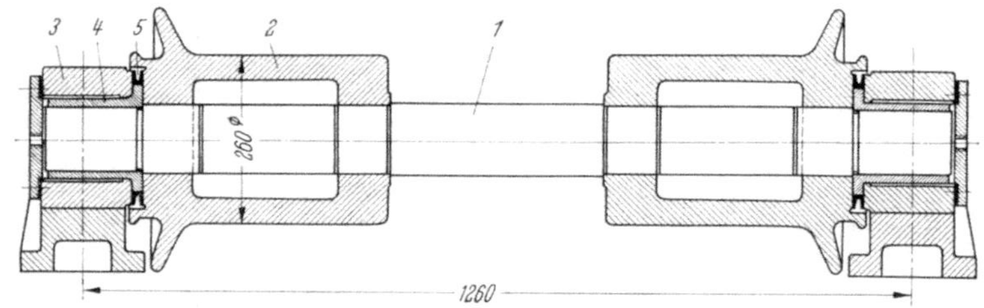

Abb. 105. Eimertragrollen mit abgedichteten Lagern für einen 500-l-Bagger

1 Tragrollenwelle; *2* Tragrollen; *3* Lagerböcke; *4* Schlußbuchsen; *5* Gummimanschette

Boden eine Abrostung eingetreten ist. Es wurde daraufhin ein Schrägsetzen der Querwände vorgeschlagen, wie es die Abb. 103 erkennen läßt. Sie stehen dann bei der Betriebsstellung der Leiter annähernd senkrecht, so daß Bodenteile, die aus den Eimern kommen, leichter durchfallen können. Die Modellversuche ergaben eine erhebliche höhere Festigkeit gegen seitliche Biegung und Verdrehung. Derartige Eimerleitern haben sich gut bewährt und werden jetzt fast durchweg so ausgeführt.

Auf Grund der Versuche wurde vom Verfasser für einen kleinen Bagger „Elbe" von 150 l Fassungsvermögen, der im nachfolgenden Kapitel beschrieben wird, eine Eimerleiter vorgeschlagen, deren Querschnitt Abb. 104 zeigt. Bei ihr werden die Seiten durch zwei Walzträger Normal-Profil 40 gebildet, die durch dickwandige, nahtlose Rohrstücke von 200 mm Nennweite mit angeschweißten Flanschen verbunden sind. Die Konstruktion erwies sich bei den Modellversuchen als sehr fest und hat sich bei dem Bagger „Elbe" in der Praxis gut bewährt.

Der aus den Eimern durch Erschütterung, Wind u. dgl. herausfallende Boden soll nicht das Deck verschmutzen. Deswegen gibt man der Leiter im oberen Teil zwei seitliche *Schutzwände* mit Öffnungen bei den Lagern der Eimertragrollen. Unter den Trägern ist außerdem ein gewölbtes Blech angeordnet, das den Boden und das Wasser auffängt. Diese Bleche werden soweit nach unten geführt, daß sie auch bei Flachbaggerung noch Schutz gegen Verschmutzen des Decks bieten.

Auf den Seitenträgern der Eimerleiter sitzen die *Eimertragrollen* in einem Abstand von etwa $2\,e$, so daß auf jeden vollen Eimer eine Rolle kommt. Die Rollen werden meist in Stahlguß ausgeführt und auf eine Welle gepreßt, wie Abb. 105 zeigt. Es gibt aber auch durchgehende Walzen nach der späteren Abb. 132. Der Durchmesser soll reichlich bemessen sein, damit sie gut rollen und nicht stehen bleiben. Wenn dadurch ein Abschleifen von Rollen vermieden wird, braucht ihre Wanddicke nicht groß zu sein, so daß sie trotz des großen Durchmessers nicht schwer werden. Die Wellen müssen in ihren Lagern leicht laufen und deswegen gut geschmiert werden. Das erfordert eine Abdichtung ähnlich der beim Unterturas, zumal fast die Hälfte der Leiterrollen unter Wasser kommt. Man vermeidet dadurch eine Erhöhung der Reibungsarbeit, die bei teilweise abgenutzten Rollen durch Auf- und Absteigen der Eimer und Schleifen auf festgefahrenen Rollen entsteht. Besondere Schwierigkeiten bestehen für die in der Nähe der Turasse gelegenen Tragrollen, da hier die Eimerkette schwingt und die Rollen nicht gleichmäßig zum Tragen kommen. Das tritt besonders beim Oberturas ein, wenn die Schwingachse der Eimerleiter in großer Entfernung von der Welle des Oberturas liegt. Die Turasse und die Leiterrollen ergeben eine Vielzahl von Schmierstellen, deren Einzelbedienung einen großen Zeitaufwand erfordert. Man ist daher vielfach zur *Zentralschmierung* übergegangen, bei der eine Fettpresse in der Nähe des Oberturas angeordnet ist. Die Leitungen für das Schmiermaterial gehen unter Einschaltung eines beweglichen Schlauches über die Eimerleiter zu den Eimertragrollen und zum Unterturas. In Frankreich verwendet man nach einem Vorschlag des Ingenieurs Gentilhomme vielfach *Ölnebelschmierung*. Bei ihr wird in einer Düse Luft von mäßigem Druck mit Öl durchsetzt, und das Schmiermittel gewissermaßen in Gasform an die Schmierstellen geleitet. Hier scheidet sich das Öl wieder aus und bewirkt die Schmierung, während die Luft entweicht. Durch ihren Überdruck wirkt sie dichtend und hält das Wasser vom Eindringen in die Lager ab.

Abb. 106 ist eine schematische Zeichnung der Ölnebelschmierung. Abb. 107 zeigt einen sechskantigen Unterturas, der auf diese Weise geschmiert wird. Er hat eine feststehende Welle, die hierbei Vorteile bietet, aber auch Nachteile hat, auf die bei Abb. 102 hingewiesen wurde. Die Schmierung System Gentilhomme soll sich in Frankreich gut bewährt haben.

Wenn die gefüllten Eimer am *Oberturas* angekommen sind, beginnen sie unter Umschwung um dessen Welle zu kippen. Steht Wasser auf der Bodenfüllung, so läuft es zuerst ab. Bei rolligem Boden beginnt dann auch das Auslaufen des Bodenmaterials bei geringer Neigung des Eimerrückens und ist bald beendet. Anders ist es dagegen bei klebrigem Boden oder Feinsand, der besonders dann schwer herausfällt, wenn infolge geringer Baggertiefe die Eimer nur in ihrem unteren Teil gefüllt sind. Die Ladung wird dann noch ein Stück mitgenommen und fällt schließlich als Klumpen heraus, von dem mitunter ein Teil in den Schlitz geht. Das ist sehr nachteilig, da die Ertragsleistung dadurch absinkt und außerdem

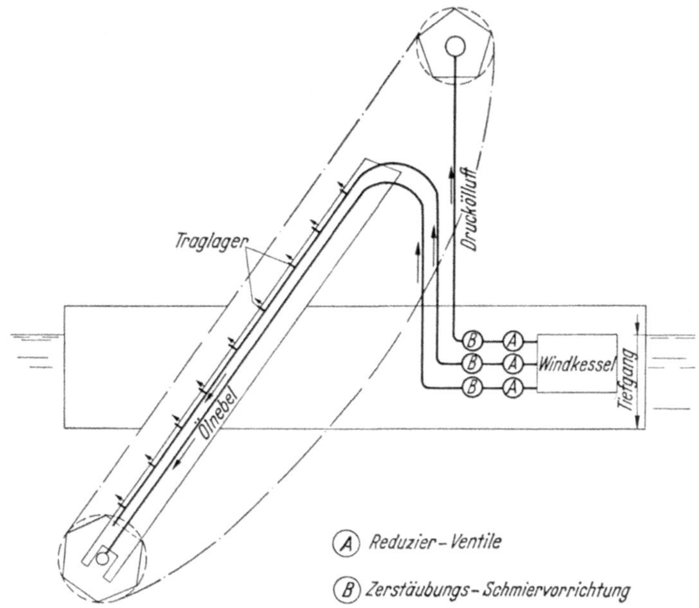

Abb. 106. Ölnebelschmierung für die Lager vom Unterturas und von den Eimertragrollen nach dem System „Gentilhomme“, bei dem Luft mit Öl durchsetzt als Ölnebel verwendet wird

die Baggertiefe nicht eingehalten wird. Die schwierige Entleerung der Grabgefäße bei manchen Bodenarten ist ein Nachteil des Eimerkettenbaggers und es hat nicht an Vorschlägen gefehlt, sie zu verbessern. Man hat Eimer vorgeschlagen, bei denen der Rücken

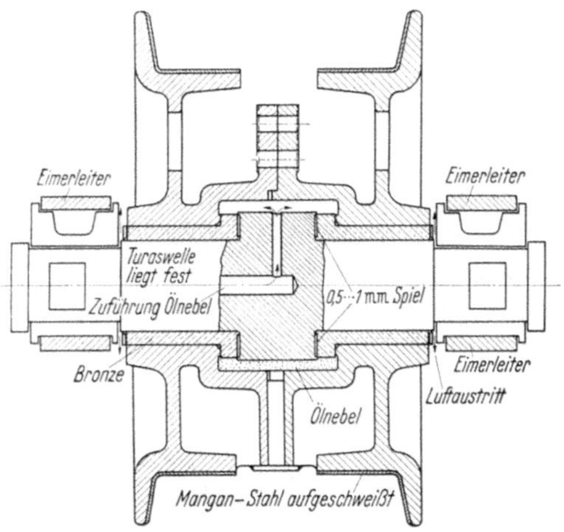

Abb. 107. Sechskantiger Unterturas mit feststehender Welle, in die der Ölnebel eingeführt wird und die Lauflager, sowie das Drucklager schmiert. System „Gentilhomme“

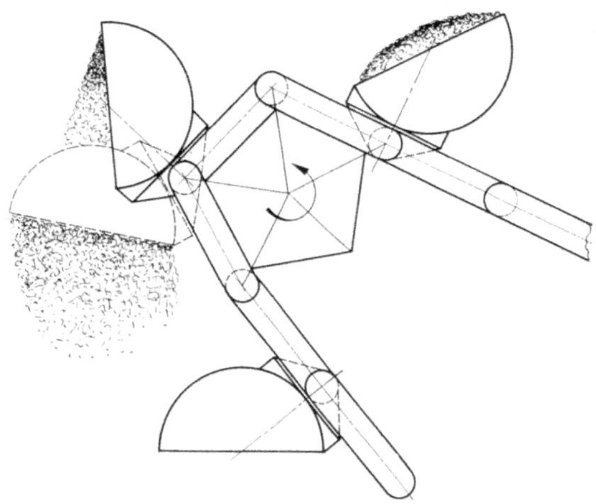

Abb. 108. Baggereimer mit Kippachse, der am Oberturas schnell in eine für die Entleerung günstige Stellung fällt

nicht fest, sondern um Gelenkpunkte kippbar ist. Der Turas hat dabei daumenartige Vorsprünge, die in den Eimerraum eindringen und den Rücken aufklappen, so daß die Füllung zwangsläufig herausgedrückt wird. Abb. 108 zeigt Eimer, die nicht mit den Eimerlaschen fest verbunden sind, sondern in der Mitte ihres Rückens *Kipplager* haben. Wenn ein Eimer am Oberturas eine gewisse Neigung bekommen hat, kippt er durch das überhängende Gewicht und schlägt dabei auf die vorangehende Lasche auf, wodurch die Entleerung gefördert wird. Von diesen beiden Vorschlägen hat der erste kaum Aussicht auf Verwirklichung und auch vom zweiten ist darüber nichts bekannt geworden. Für kleine Eimer wäre ein Versuch damit denkbar, allerdings würde eine Geräuschvermehrung die Folge sein.

Man hat auch versucht, Wasserstrahlen bei Beginn des Kippens in die Eimer zu spritzen, um dadurch die Entleerung zu fördern. Der Strahl muß für kurze Zeit im richtigen Augenblick wirksam und beweglich sein, damit er nicht nur ein Loch erzeugt, sondern den ganzen Boden lockert. Er muß durch die Eimerspitzen ausgelöst und rechtzeitig wieder abgestellt werden, damit ein Herumspritzen von bodenhaltigem Wasser vermieden wird. Es erscheint lohnend, eine brauchbare Lösung zu finden, da das in vielen Fällen zu einer Steigerung der Ertragsleistung führen würde.

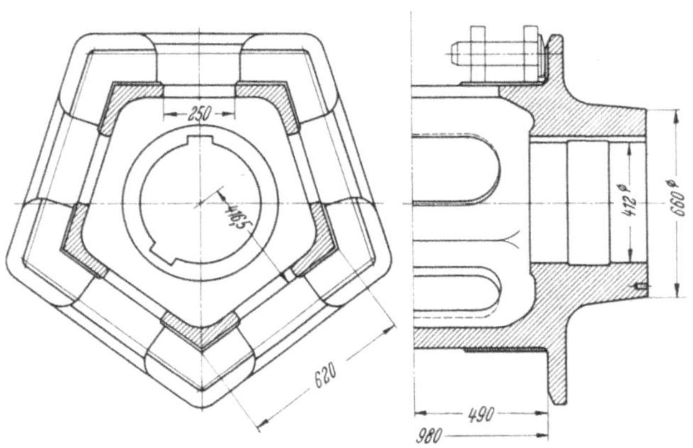

Abb. 109. Fünfkantiger Oberturas in Stahlguß für den Eimerkettenbagger „Ismir" von 500 l Eimerfassungsvermögen

Der Oberturas wurde bisher meist als Fünfkant ausgeführt und nur bei kleineren Flußbaggern nahm man einen Vierkant. Je geringer die Kantenzahl ist, desto besser ist die Mitnahme der Kette, desto stärker sind aber auch die Schwingungen beim Auflaufen der Kette.

Abb. 109 zeigt den fünfkantigen Oberturas in Stahlguß für den Eimerkettenbagger „Ismir" mit einem Eimerfassungsvermögen von 500 l. An den Ecken ist eine Hartstahlschicht aufgeschweißt. Bei großen Baggern werden die Schwingungen der Eimer am Oberturas, auch wenn er als Fünfkant ausgeführt ist, so groß, daß man neuerdings zum Sechskant übergeht und dann für die Mitnahme der Eimerkette besondere Ansätze an den Turasflächen vorsehen muß. Die Kantenzahlen von Oberturas und Unterturas sollen voneinander abweichen, damit nicht die Eimerkette an beiden Enden gleichzeitig einen Schwingungsimpuls erhält. Auf der Oberturaswelle sitzen zwei große Zahnräder, in welche die Ritzel einer Vorlegewelle eingreifen. Die Untersetzung beträgt gewöhnlich 1:10. Früher verwendete man unbearbeitete Winkelzähne, ist jedoch jetzt zu bearbeiteten geraden oder schrägen Zähnen übergegangen.

Auf der Vorgelegewelle sitzen bei der Regelausführung große Riemenscheiben, die ihren Antrieb von der unter Deck angeordneten Hauptmaschine erhalten. Gewöhnlich hat man zwei Riemen und zwei Zahnradpaare, verwendet manchmal aber auch einseitigen Antrieb. Dann erhalten die Wellen Torsionsbeanspruchungen, denen sie gewachsen sein müssen. Andererseits muß beim Doppelantrieb dafür gesorgt werden, daß beide Zahnradgetriebe wirklich gleichzeitig eingreifen.

Verbreitet, besonders bei englischen Baggern, ist der Antrieb über Kegelräder und eine senkrechte Welle, den Abb. 82 zeigte. Neuerdings setzt man Elektromotore oder Druckölmotore auf die Oberturas-Plattform und vermeidet die Kraftübertragung von unten nach oben. Bei den Ausführungsbeispielen des nachfolgenden Kapitels „O" wird Näheres darüber berichtet werden.

Bei der Beschreibung des Grabvorganges am Unterturas wurde ausgeführt, daß der Eimerkettenbagger dabei eine Seitenbewegung machen muß, die man als *Scherbewegung* bezeichnet. Er arbeitet nicht pflügend wie seine Vorläufer, die Amsterdamer Moddermühle und die aus ihr hervorgegangenen Schaufelkettenbagger. Das Arbeiten schwingend um einen Drehpfahl oder einen durch Seile geschaffenen Festpunkt ist aber auch eine Möglichkeit, von der man mitunter vorteilhaft Gebrauch macht. Amerikanische Eimerkettenbagger für Kiesgewinnung haben zwei Pfähle und zwei im Vorschiff nach den Seiten abgehende Seile. Infolge der großen Abtragshöhe können sie länger unbewegt einen Krater baggern und verändern nach Erreichung der größten Tiefe ihre Lage im Stelzenschritt.

Die in Europa allgemein übliche Arbeitsweise in Scherbewegung nach Abb. 110 erfordert sechs Drahtseile oder teilweise auch Ketten, die durch Anker festgelegt sind. Das Vortau ist mit etwa 5facher Schiffslänge gezeichnet, man gibt ihm aber in Wirklichkeit mindestens 20fache Länge, damit der Bagger sich fast geradlinig nach der Seite bewegt und ein Vorverlegen des Ankers nur selten erforderlich ist. Auch die Seitendrähte macht man aus diesem Grunde so lang wie möglich, um den Vorteil der Scherbewegung, nämlich die Erreichung einer großen Schnittbreite möglichst auszunutzen. Beim Graben drücken die Eimer den Schiffskörper nach hinten, so daß das Vortau seine Spannung behält. Man

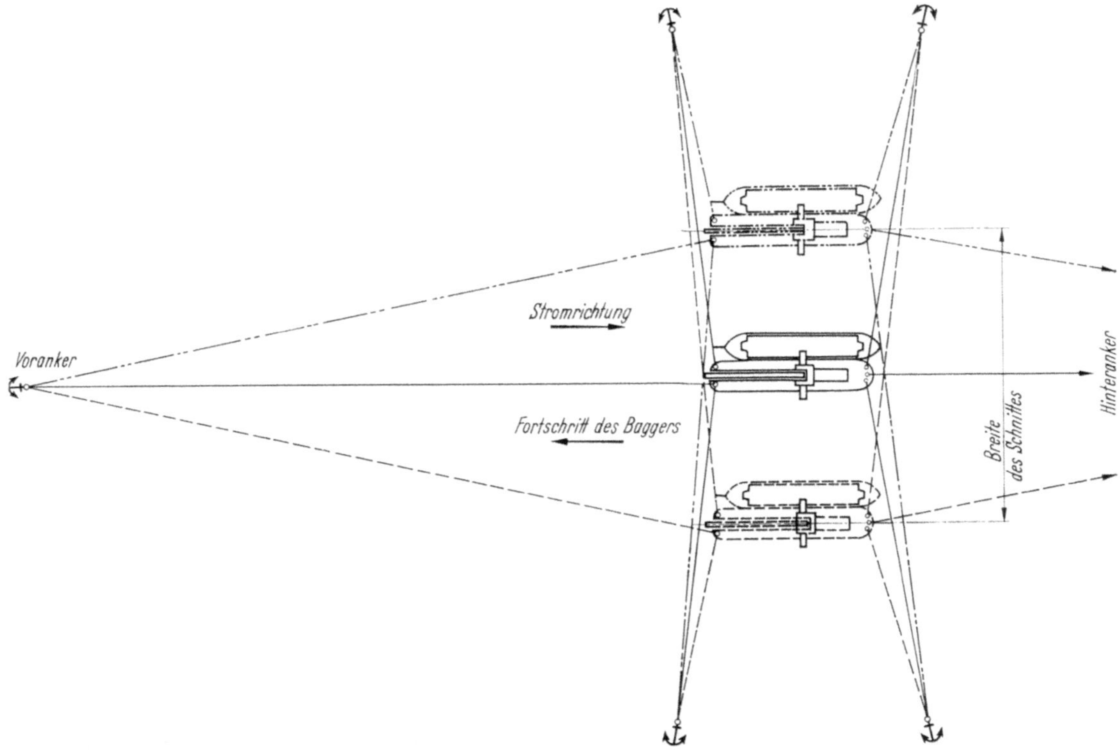

Abb. 110. (Blaum 12) Arbeitsweise des Eimerkettenbaggers in flachem Bogen um den Anker des Vortaues schwingend. (Scherbewegung)

legt den Bagger in der Regel so, daß bei Strom die Spannung des Vortaus erhöht wird, während sie abgeschwächt oder aufgehoben würde, wenn der Strom von hinten käme. Ist das Vortau sehr lang und die Wassertiefe vor dem Bagger gering, so kann sich das Vortau auf den Grund legen. Damit der Bagger nicht um diesen Auflagepunkt schwingt und dadurch aus dem vorgesehenen flachen Bogen herauskommt, gibt man dem Vortau eine oder mehrere Unterstützungen durch Schwimmkörper (Bugback) oder Rollentonnen.

Die seitliche Scherbewegung kommt dadurch zustande, daß eine der vorderen Seitenwinden, die man auch als *Scherwinden* bezeichnet, ihr Seil einholt. Sie wirkt aktiv und zieht den Unterturas mit den grabenden Eimern in die abzutragende Bank, während die passive Scherwinde auf der anderen Schiffsseite ihr Seil entsprechend nachläßt. Damit hierbei der Bagger in der Richtung der Achse des Baggerschnittes bleibt und sein Hinterende nicht abdreht, wird dieses von den hinteren Seitenwinden gehalten, deren eine auch ihr Seil einholt, während die andere es nachläßt. Dabei sind die wirksamen Zugkräfte bei den hinteren Seitenwinden geringer als bei den vorderen. Bei Flußbaggern genügt mitunter der Strom, um den Schiffskörper in der Richtung der Baggerschnittachse zu halten und die hinteren Seitenwinden brauchen nicht in Tätigkeit zu treten.

Der Eimerkettenbagger hat schließlich noch ein *Hintertau*. Dieses wird besonders gebraucht, wenn der Bagger im Gezeitengebiet arbeitet und dabei den Strom zeitweise von hinten bekommt. Dann muß das Hintertau auf Spannung kommen und den Bagger daran hindern, daß er nach vorn getrieben wird. Er macht beim Scheren um den Anker des Hintertaues einen flachen Bogen. Mit dem Hintertau muß man mitunter den Bagger auch zurückholen, wenn man den im Boden grabenden Unterturas anheben will.

Hat man an der Seite des Schnittes eine *Böschung* zu baggern, so zieht man eine mit einer Metereinteilung versehene Leine, die an ihren Enden festliegt, über das Deck des Baggers und muß eine Einrichtung schaffen, die eine einwandfreie Ablesung der Baggertiefe ermöglicht. Der Bagger macht dann langsam seine Scherbewegung und die Bagger-

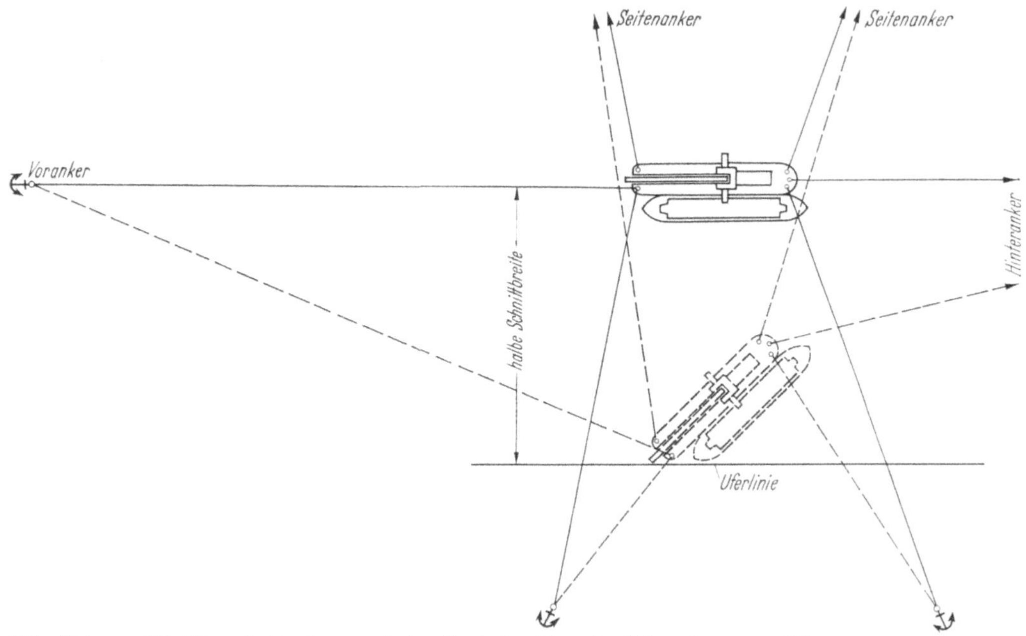

Abb. 111. (Blaum 13) Eimerkettenbagger beim Freischneiden in Schräglage am Ufer mit zurückliegender Schute

tiefe wird dann an den jeweiligen Meßpunkten der Leine so eingestellt, daß die verlangte Neigung der Böschung erreicht wird. In Sonderfällen bei größeren Arbeiten setzt man besondere Böschungsbagger an. Diese haben zwei Unterturasse zwischen denen die Eimerkette nach der Neigung der Böschung verläuft. (Vgl. Abb. 168.) Der Bagger legt sich dann senkrecht zum Ufer und arbeitet als Hinterschütter.

Zum Ausheben neuer Fahrrinnen in trockenem Gelände oder flachem Wasser muß der Bagger sich *freibaggern*, d. h. die zu seiner Fortbewegung nötige Tiefe sich selbst herstellen können. Hierzu sind nur Geräte mit offenem Schlitz und einer ausreichend weit über die Vorschiffe hinausragenden Eimerleiter brauchbar. Der Bagger wird dann nach Abb. 111 in eine Schräglage gebracht, bei welcher die Eimer an die abzugrabende Stelle herankommen können, ohne daß der Schiffskörper mit seinen Ecken an das Ufer stößt. Sie werden deswegen abgerundet oder abgeschrägt. Dann kann nur *eine* Schute auf der der Rinnenmitte zugewandten Seite des Baggers liegen und muß mit ihrem Vorderende genügend weit zurückstehen. Die dabei entstehende Schräglage des Schiffskörpers ergibt im strömenden Gewässer starke Anströmungskräfte, die von den Winden zusätzlich aufzunehmen sind. Das Freischneiden geht nur bis zu einer gewissen Höhe des über Wasser anstehenden Bodens, andernfalls muß man einen Spezialbagger ansetzen, wie er beispielsweise in Kap. O Abb. 152 beschrieben wird oder einen auf Land fahrenden Trockenbagger nehmen.

Die Verholwinden arbeiteten früher fast durchweg mit Ketten und tun es, insbesondere bei englischen Baggern, teilweise heute noch. Die Ketten haben den Vorteil, daß sie auch dann, wenn sie nicht gespannt sind, von ihren Trommeln ordnungsmäßig ablaufen und sich auf den Gewässergrund legen, während Seile ohne Spannung sich werfen. Da die Kettenglieder durch das ständige Arbeiten deformiert werden, kann man schlecht mit Kettennüssen wie bei der Ankerkette arbeiten. Man kann sie auch wegen der großen Länge nicht wie bei einem Kran nach Art der Seile ganz auf die Trommel sich aufwickeln lassen, sondern läßt sie mit einigen Windungen über zwei parallele dicht nebeneinander liegende zylindrische Trommeln mit Rillen oder spillartig ausgestaltete Kettentrommeln gehen. Sie laufen dann zu einem unter Deck angeordneten Kettenkasten, wobei sie Schmutz und Feuchtigkeit mitnehmen. Da sie sich zudem auf den Trommeln stark bekneifen, ist die Lebensdauer von Baggerketten gering. Wegen dieser Nachteile der Ketten hat man sie nur bei kleinen Baggern beibehalten und ist fast durchweg zum Seilbetrieb übergegangen. Mitunter setzt man aber vor die Enden der Seile unter Einschaltung von Schäkeln Kettenstücke, die bei den Ankern auf dem Grunde liegen und diesen einen Halt geben.

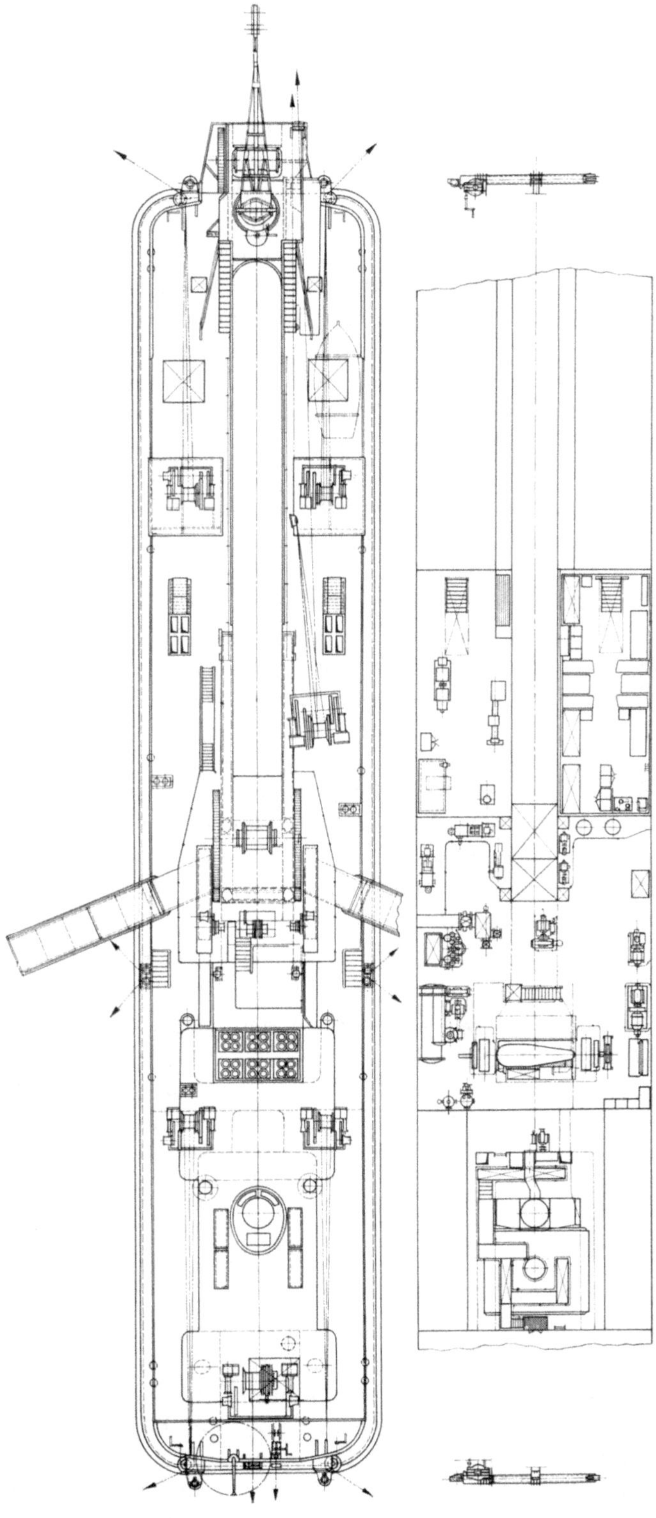

Abb. 112. Decksansicht des Eimerkettenbaggers „Ismir" von 500 l Eimerfassungsvermögen mit dampfangetriebener Windenanlage

Abb. 112 zeigt eine Decksansicht des im Kap. O beschriebenen Baggers „Ismir" von 500 l Eimerfassungsvermögen mit der Windenanlage, die Dampfantrieb durch Zwillingsmaschinen hat. Man sieht vorne neben dem Schlitz die beiden vorderen Seitenwinden (*Scherwinden*) deren Seile nach vorne gehen zu Seilablenkrollen, die sie in senkrecht nach unten führende Rohre ablenken. Etwa in Schiffsbodenhöhe haben diese eine schwenkbare Seilrolle, welche die Seile wieder in die waagerechte Richtung bringt. Auf diese Weise gehen die Seile nach den Seiten unter der Schute hindurch, so, daß deren Vorschiff über das des Baggers hinausragen kann. Auch die hinteren Seitenwinden haben diese Art der Seilführung, die bei neueren Baggern durchweg zu finden ist.

Wenn bei abgesenkter Eimerleiter mit größter Baggertiefe gearbeitet wird, führt man zweckmäßigerweise die vorderen Scherseile an der Eimerleiter entlang bis in die Nähe des Unterturas und lenkt sie erst dort, ähnlich wie bei Schneidkopfsaugern durch besondere Seilrollen nach den Seiten ab. Man vermeidet damit zu hohe Seilzüge und zu große Biegungsbeanspruchungen der Eimerleiter. Die Seilspannung bleibt allerdings bei Änderung der Baggertiefe nur dann konstant, wenn die Seiltrommeln der vorderen Scherwinden in der Nähe des Eimerleiterdrehpunktes liegen. Nötigenfalls muß man dort am Hauptbock eine Seilumlenkrolle anordnen. Der Abstand zwischen den Seiltrommeln der vorderen Seilwinden und der ersten Seilablenkrolle beträgt bei „Ismir" 11500 mm und damit fast das 20fache der Trommelbreite von 600 mm. Ein großer Seilvorlauf ist bei Baggerwinden immer notwendig, damit das Seil geordnet in mehreren Lagen auf die Trommel aufläuft. Neuerdings verwendet man zu diesem Zweck auch Aufspuleinrichtungen. Der Deckstreifen zwischen Winde und Seilablenkrolle muß gegen den durch Seile und Ketten entstehenden Verschleiß gesichert werden. Die zweckmäßige Ausbildung der Seilumlenkrollen ist sehr wichtig. Da auch die erwähnten Kettenenden, die vor die Seile geschaltet sind, mitunter über die Seilrollen laufen, müssen deren Rillen am Umfang so breit sein, daß die Ketten und die Schäkel hindurchgehen.

Etwas hinter der Steuerbord-Scherwinde steht die *Vortauwinde* in Schrägstellung, so daß ihr Seil, wenn es in Deckshöhe nach vorn geleitet wird, an der Scherwinde vorbeigeht. Ohne Ablenkung geht dann das Vortau nach vorne vom Schiffskörper ab. Wenn aber der Boden vor dem Bagger über Wasser ansteht, muß das Vortau über ihn hinausgehen und an Land durch einen Anker oder auf andere Weise durch einen sogenannten Toten Mann festgelegt werden. Auch bei den für diese Ablenkung nötigen Seilrollen ist der Durchgang von Ketten und Schäkeln erforderlich.

Die beiden *hinteren Seitenwinden* sind neben dem Maschinenschacht etwa in gleicher Entfernung vom Hinterende des Baggers wie die Scherwinden vom Vorderende angeordnet. Die Seilführung ist analog und bringt die Seile auch in Rohren unter Wasser.

Die *Hinterwinde* steht hinter dem Kesselaufbau und hat eine Trommel für das Hintertau sowie eine Kettennuß für die Ankerkette. Die Einzelheiten der von Zwillingsdampfmaschinen angetriebenen Winden sind aus den nachfolgenden Abbildungen zu entnehmen.

Die *Leiterhebewinde* hat eine Maschine mit 250 mm Zylinderbohrung und 320 mm Hub. Aus dem Zylinderinhalt

$$\pi/4 \cdot 2{,}5^2 \cdot 3{,}2 = 15{,}7\ \mathrm{l}$$

wurde ihr mittleres indiziertes Drehmoment mit $35 \cdot 15{,}7 = 550$ kgm und ihre indizierte Leistung bei 200 U/min mit $10 \cdot 15{,}7 = 157$ PS_i errechnet. Sie ist an den Vorderbock angebaut und treibt über Schnecke und Schneckenrad sowie Zahnräder die Hubtrommel an, welche über einen Flaschenzug die Eimerleiter mit einer Geschwindigkeit von 1,5 m/min hebt, so daß der Unterturas bei einer Baggertiefe von 10,5 m in 7 Minuten in die Wasserlinie kommt.

Die *Vortauwinde* zeigt Abb. 113. Die Antriebsmaschine hat die Zylinderabmessungen $\frac{250 + 250}{250}$ und einen Zylinderinhalt von 12,25 l. Sie entwickelt demnach ein mittleres indiziertes Drehmoment von 430 kgm und bei 200 U/min eine indizierte Leistung von etwa 122,5 PS. Das effektive mittlere Drehmoment ist bei 70% mechanischem Wirkungsgrad der Maschine $430 \cdot 0{,}7 = 300$ kgm. Nach den Ausführungen von Kapitel M geht das Anzugsmoment in einer bestimmten Kurbelstellung etwa bis zur Hälfte des mittleren Drehmomentes herunter, also auf 150 kgm. Die Gesamtuntersetzung des doppelten Vorgeleges ist $14/82 \cdot 13/80 = 1:36$. Das Anzugsmoment an der Trommelwelle beträgt also $36 \cdot 150 = 5400$ kgm. Da die Trommel einen Durchmesser von 650 mm hat und der Seildurchmesser 31 mm beträgt, ist der Trommelradius in Seilmitte $671/2 = 336$ mm. Da man für die Übertragung einschließlich der Seilreibung wieder mit einem Wirkungsgrad von 0,7 rechnen kann, ergibt sich ein Seilzug von $5400 \cdot 0{,}7/0{,}336 = 11250$ kg. In der Bauvorschrift ist als

Nennwert nur 7500 kg angegeben. Läuft die Maschine mit 200 U/min, so macht die Trommel 200/36 = 5,56 U/min. Der Trommelumfang in Seilmitte ist

$$\pi \cdot 0{,}671 = 2{,}12 \text{ m}$$

und die Seilgeschwindigkeit demnach 2,12 · 5,56 = 11,8 m/min. Mit dieser Geschwindigkeit läuft die Winde längere Zeit aber nur bei Verholen des Baggers über eine größere Strecke oder beim Einholen des Vortaues. Der größte Teil ihrer Tätigkeit besteht im Vorbringen des Baggers nach Beendigung der Scherbewegung um den Vorschubweg von etwa 0,8 m, wobei sie nur wenige Umdrehungen macht. Graben dabei die Eimer weiter, so ist, wie später gezeigt wird, bei härtestem Boden ein Grab-

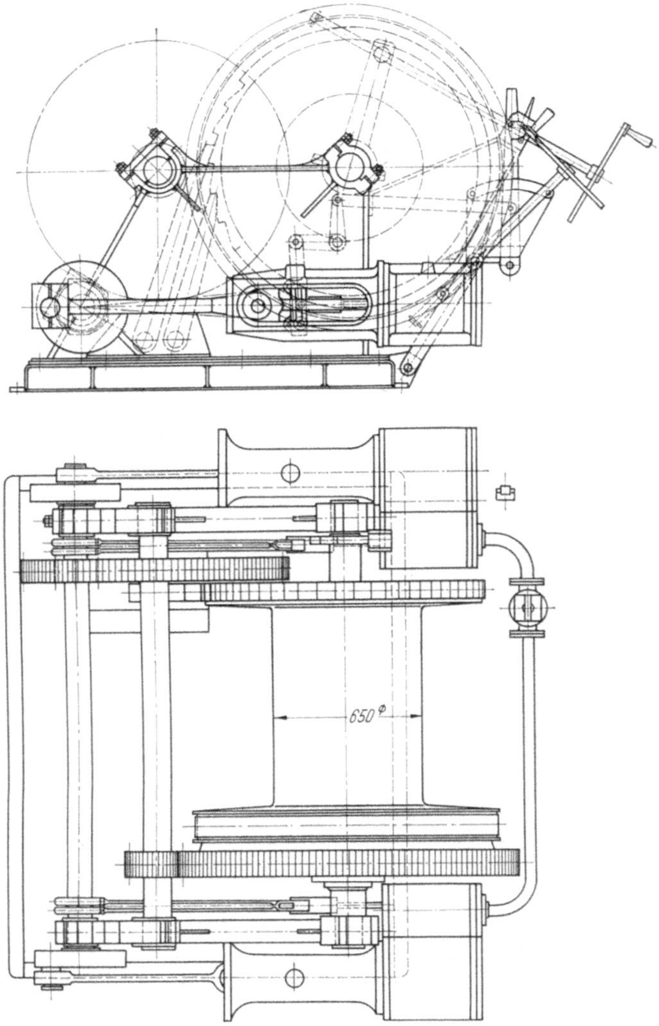

Abb. 113. Vortauwinde von „Ismir" mit Dampfmaschine $\frac{250+250}{250}$ Untersetzung 1:36 mit Seilzugkraft von 7500 kg bei einer Seilgeschwindigkeit von 7,5 m/min

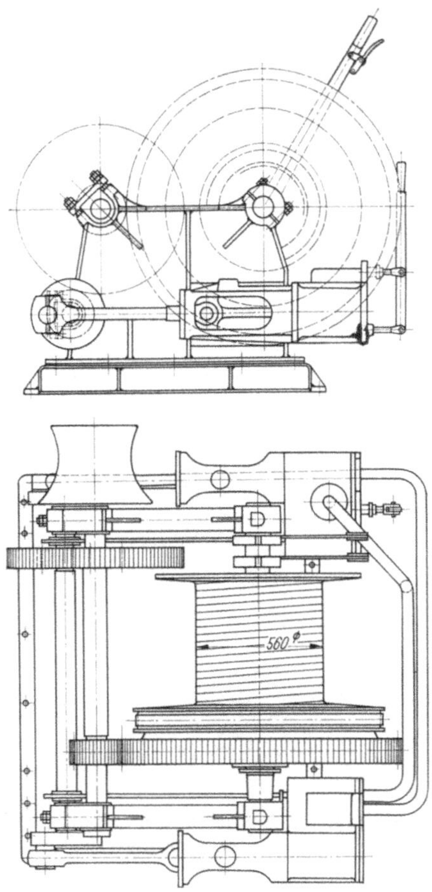

Abb. 114. Vordere und hintere Seitenwinden (Scherwinden) von „Ismir" mit Dampfmaschine $\frac{185+185}{200}$ Untersetzung 1:19 mit Seilzug von 4500 kg bei 12 m/min Seilgeschwindigkeit

druck von 15600 kg aufzubringen. Von ihm fällt aber nur eine kleine Komponente in die Richtung des Vortaues, jedoch kommt noch bei strömendem Wasser der Strömungsdruck auf den Bagger mit Eimerleiter und auf die Schute hinzu. Der Kettenzug am Oberturas wird im Abschnitt N 5 mit 30000 kg berechnet, man kann als Größenordnung für die Zugkraft der Vorderwinde 7500/30000, also etwa 1/4 des Kettenzuges ansetzen. Nach den vorangehenden Darlegungen muß man aber bei Baggern, die auf stark strömenden Flüssen mit großen Schuten arbeiten, mit wesentlich höheren Werten rechnen. Die *Haltekraft* der Winde, für die ihre Festigkeit ausreichend sein muß, muß größer sein, als der Nennwert des Seilzuges, da beispielsweise beim Anlegen der Schuten hohe Zusatzkräfte auftreten können. Damit nicht bei der Vortauwinde dauernd die Bremse belastet wird, ist ein *Pall* vorgesehen, das die Seilzugkraft unmittelbar auf den Schiffskörper überträgt. Das Gewicht der Winde ist mit etwa 7000 kg angegeben.

Die beiden vorderen Seitenwinden, die *Scherwinden*, sind in Abb. 114 gezeigt. Die Antriebsmaschine hat die Zylinderabmessungen $\frac{185+185}{200}$ der Zylinderinhalt ist also 4,95 l, das indizierte Drehmoment beträgt 175 kgm und die indizierte Leistung bei 200 U je min $\sim$ 50 PS_i.

Die für bindigen Boden höchste Abtragshöhe ist $2{,}5 \cdot e = 2{,}5 \cdot 0{,}794 \sim 2$ m und der für das Graben eines Eimers erforderliche Scherweg $0{,}4\ e \sim 0{,}32$ m. Bei $16^2/_3$ Schüttungen/min kommt man bei quer ablaufendem Seil auf eine Seilgeschwindigkeit von $16^2/_3 \cdot 0{,}32 = 5{,}33$ m je min.

Die Trommel hat 550 mm und das Drahtseil 22 mm Durchmesser. Der Trommelumfang in Seilmitte ist $\pi \cdot 0{,}572 = 1{,}8$ m. Die Trommel macht dann $5{,}33 : 1{,}8 = 2{,}95$ U je

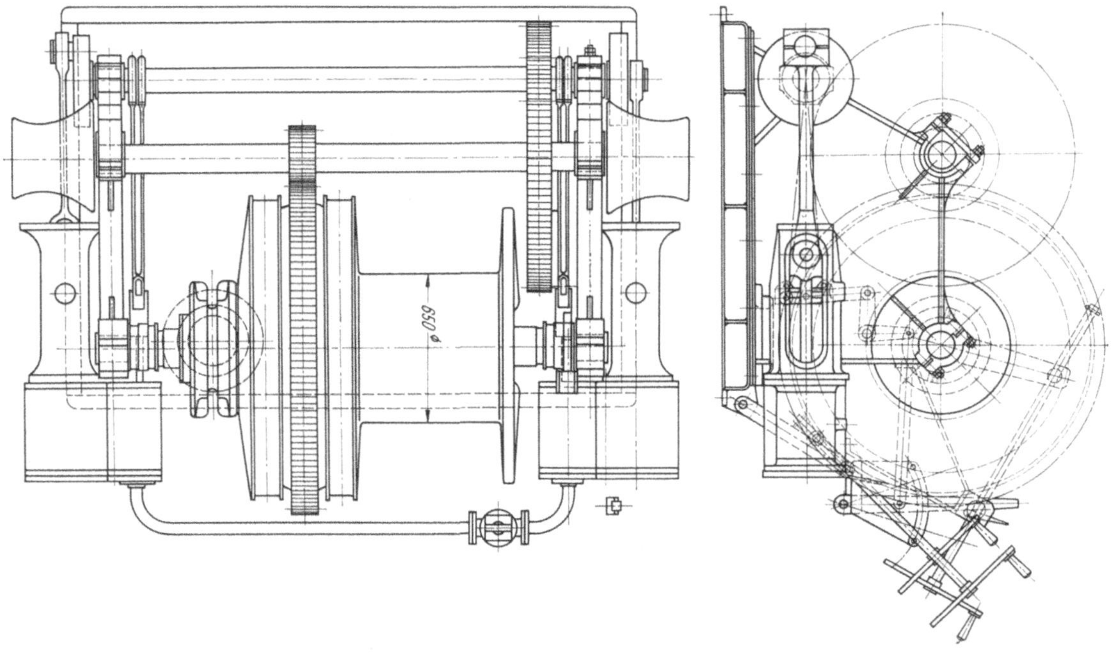

Abb. 115. Kombinierte Hintertau- und hintere Ankerwinde von „Ismir" mit Dampfmaschine $\frac{250+250}{250}$ Untersetzung 1:36 mit Zugkraft 4500 kg bei 12 m/min Seilgeschwindigkeit

min. Die Untersetzung der Winde ist $15/53 \cdot 14/75 \sim 1:19$, so daß die Maschine bei der Seilgeschwindigkeit von 5,33 m/min mit $2{,}95 \cdot 19 = 53$ U/min läuft. Als Nennwerte sind für diese Winden 4,5 t bei 12 m/min angegeben. Die Zugkraft wäre also das $4{,}5/7 \sim 0{,}65$-fache von der Vortauwinde. Die Seillänge ist 250 m und das Gewicht einer jeden Winde etwa 5600 kg.

Die *hinteren Seitenwinden* haben zwar nur geringere Seilkräfte auszuüben, man hat aber wegen der Einheitlichkeit von einer abweichenden Dimensionierung abgesehen.

Die *Hinterwinde*, die Abb. 115 zeigt, ist eine kombinierte Winde. Die Zylinderabmessungen der Maschine sind aber die gleichen wie die der Vortauwinde, nämlich $\frac{250+250}{250}$. Die Untersetzung ist mit 1:36 auch die gleiche, ebenso der Durchmesser der Seiltrommel mit 650 mm. Der Seildurchmesser ist mit 27 mm etwas geringer, die Seillänge 250 m.

Die Nennwerte sind für die Zugkraft 4,5 t und die Seilgeschwindigkeit 12 m/min. Es sitzt außerdem noch eine Kettennuß für eine Stegankerkette von 29 mm Gliedstärke und 360 m Länge auf der Welle. Kettennuß und Seiltrommel können wahlweise gekuppelt und gebremst werden.

Das Gewicht der kombinierten Hinterwinde beträgt 7750 kg.

Weiter ist noch eine Winde für Schutenverholen, Schüttrinnenheben und Umlegen der Wechselklappe vorhanden. Sie hat eine Antriebsmaschine mit den Abmessungen $\frac{160+160}{200}$ und 4 kuppelbaren Seiltrommeln, sowie 2 Spillköpfe. Spillköpfe haben meist auch die anderen vorangehend beschriebenen Winden.

Die Ankergewichte sind die folgenden:

2 Vordere Seitenverholanker mit Stock ..... je	400 kg
2 Hintere Seitenverholanker mit Stock ..... je	400 kg
1 Vortauanker mit Stock	1000 kg
1 Hintertauanker mit Stock	750 kg
1 desgl. zur Reserve	500 kg
1 Heckanker ohne Stock	1000 kg
1 Warpanker mit Stock	255 kg
1 Reserveanker ohne Stock	800 kg

Winden mit Dampfantrieb werden bei neueren Baggern kaum mehr ausgeführt, vielfach auch dann nicht, wenn der Oberturas noch Dampfantrieb hat. Eine Windenanlage mit elektrischem Antrieb wird im Kapitel O beschrieben, desgleichen eine mit Antrieb durch Druckölmotore.

4. Weiterbeförderung des Bodens nach Ausfall aus den Eimern. Einfluß der Kettenspannung. Schüttrinnen und Förderbänder. Baggertiefe und deren Veränderung.

Im Gegensatz zu den Baggern mit einem Grabgefäß, wie den Löffelbaggern und Greiferbaggern fällt beim Eimerkettenbagger der Boden ungefähr in der Schiffsmitte an und muß durch besondere Mittel in den Laderaum der Schuten gebracht werden. Eine *Wechselklappe* auch Schüttklappe genannt, wird zu diesem Zweck nach der einen oder anderen Seite gelegt. Sie soll so tief unter dem Oberturas liegen, daß die Spitzen der ablaufenden Eimer von ihr freigehen, aber anderseits so weit vorne sitzen, daß sie den Boden auffängt. Auf dem festen Teil der um 30° bis 35° gegen die Horizontale geneigten Schüttrinne rutscht der Boden ab, wobei die Fallhöhe von der Wechselklappenwelle bis zu dem über der Außenhaut liegenden Festpunkt etwa $^1/_3$ der Schiffsbreite beträgt. Dieser Punkt liegt so hoch, daß der hochgeklappte, bewegliche Teil der Schüttrinne die Schuten einfahren läßt und beim Niederlegen die Laderaumoberkante freibleibt. Dabei muß die Neigung noch so groß sein, daß der Boden rutscht. Bei der Beladung sinkt die Schute ab, wobei auch die bewegliche Schüttrinne abgelassen werden kann, bis sie die gleiche Neigung besitzt wie die feste.

Abb. 116 ist eine schematische Zeichnung der Eimerkette, welche die einzuhaltenden Maße erkennen läßt. Danach soll, wenn e die dritte Wurzel aus dem Eimervolumen ist, die Wechselklappenwelle um 4,5 e unter der Oberturaswelle und diese um das Maß 14 e über der Wasserlinie liegen. Das Maß genügt dann erfahrungsgemäß dafür, daß bei normaler Breite des Baggers und der üblichen Schutengröße die vorangehend geschilderten Bedingungen erfüllt sind und der Boden zu Beginn der Beladung auf den beweglichen Teil der Schüttrinne abrutscht. Bei einem 500-l-Bagger muß die Oberturaswelle 11 m über der Wasserlinie und die Welle der Wechselklappe 3,6 m unter der Oberturaskette liegen. Die Breite der Wechselklappe und damit die der Schüttrinne ist mit 2 e angenommen, womit sie größer ist als der Durchmesser der Eimeröffnung, der mit 1,56 e ermittelt wurde. Der Abstand der Vorderkante der Wechselklappe von der durch die Oberturaswelle gehenden Senkrechten ist in der Abb. 116 mit e angenommen. Der Verlauf der Eimerspitzenlinie ist im Anhalt an die früher gezeigten Modellbilder eingezeichnet. Für die 45°-Stellung der Eimerleiter ist als Linie 1 die vom Oberturas ablaufende Kettenlinie für die Spannung 42/40 eingezeichnet. Das bedeutet, daß 20 Eimer und 20 Schaken, also 40 Teilungen in der Oberbucht der Kette und 21 Eimer und 21 Schaken, also 42 Teilungen in der Unterbucht enthalten sind. Auf den Turassen liegen je ein Eimer mit seiner Schake,

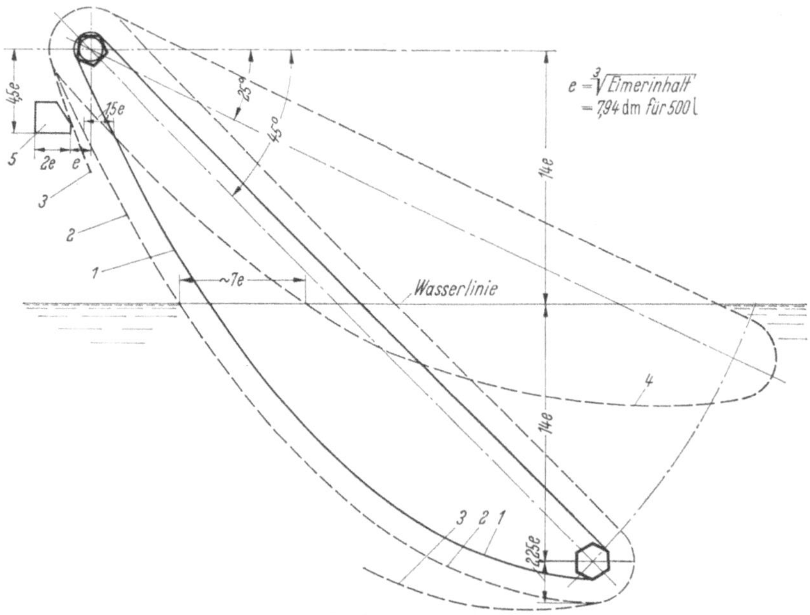

Abb. 116. Verlauf der Eimerspitzenlinie für die größte Baggertiefe bei 45° Leiterneigung und kleinster Baggertiefe bei 25° Leiterneigung. Einfluß der Kettenspannung auf die Lage der Wechselklappe

wodurch noch 4 Teilungen hinzukommen. Im ganzen enthält dann die Eimerkette 40 + 42 + 4 = 86 Teilungen, also 43 Eimer und 43 Schaken. Bei der dadurch gegebenen Spannung erhält man die Eimerspitzenlinie 2, bei welcher die Wechselklappe genügend weit zurückliegt. Hat man aber in der Unterbucht zwei Teilungen mehr, also die geringere Spannung 44/40, so kommt die Eimerspitzenlinie 3 an die Wechselklappe heran und kann bei Schwingungen anstoßen. In der Abbildung ist das noch nicht der Fall, aber bei ausgeführten Baggern unter Umständen doch, da vielfach die Wechselklappenwelle um weniger als 4,5 e unter der Oberturaswelle liegt. Die Spannung 44/40 bedeutet eine sehr schlaffe Kette, die man in der Praxis vermeidet. Es kann aber der gleiche Zustand eintreten, wenn die Bolzen in ihren Buchsen durch Abnutzung lose geworden sind. Man schafft dann zunächst Abhilfe dadurch, daß man einen Eimer mit den dazugehörigen Laschen, also zwei Teilungen ausschaltet und durch eine Teilung in Form von *Zwitterlaschen* ersetzt. Abb. 117 zeigt diese Laschen, die auf der einen Seite gegabelt, auf der anderen einfach sind. Eine zu geringe Spannung der Eimerkette ist auch deswegen unzulässig, weil dann die Spitzen der Eimer auf dem Grunde schleifen, ehe sie an den Unterturas herankommen.

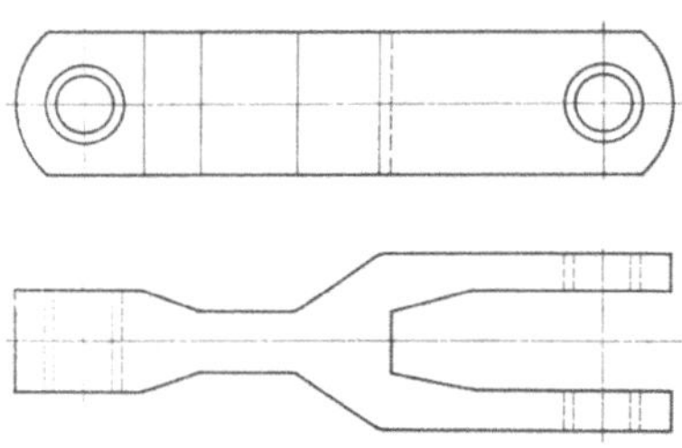

Abb. 117. Zwitterlasche, deren eines Ende gabelförmig und das andere einfach ist. Sie wird anstelle eines Eimers und dessen Zwischenlasche eingebaut und verkürzt die Eimerkette um eine Teilung

Wird die Eimerleiter zur Verringerung der Baggertiefe angehoben bis sie mit der Horizontalen einen Winkel von 25° bildet, so verläuft die Eimerspitzenlinie bei der Spannung 42/40 nach Ziffer 4 der Abbildung. Dabei verschiebt sie sich in Höhe der Wasserlinie um etwa 7 e und in Höhe der Wechselklappenwelle um 1,5 e nach vorne, für einen 500-l-Bagger also um 1,2 m. Das führt dazu, daß bei manchen Bodenarten, insbesondere bei Feinsand, der bei Flachbaggerung ohnehin schon spät aus dem Eimer herausfällt, ein Teil der Eimerfüllung in den Schlitz geht, was sehr nachteilig ist. Es gibt eine Konstruktion, bei welcher die Wechselklappe in einem *Schüttwagen* eingebaut ist, der mit der Eimerleiter durch Stangen verbunden und von ihr nachgezogen wird. Dann müssen Wechselklappen und Schüttrinnen sehr breit sein, damit der Boden bei allen Stellungen hineinkommt. Das ist kaum möglich und außerdem verschmutzt der Schüttwagen so stark, daß er bald festsitzt. Diese Konstruktion ist daher kaum zu empfehlen. Man hat auch versucht, die Eimerspitzen in der Linie 4, welche der geringsten Baggertiefe entspricht, festzuhalten und setzt die Wechselklappen entsprechend weit nach vorne. Beim Übergang auf große Baggertiefe legen sich dann die Eimerspitzen auf eine große Rolle, der Verlauf der Eimerspitzenlinie relativ zur Wechselklappe bleibt der gleiche. Es kommen aber bei großen Eimern bedeutende Kräfte auf diese Rolle und zwar nicht kontinuierlich sondern stoßweise, so daß sie schwer aufzunehmen sind. Man kann auch durch eine im *Inneren* der Unterbucht sitzende Rolle die Kettenlinie in der 45°-Stellung festhalten, so daß beim Übergang in die 25°-Stellung die Ausschüttverhältnisse die gleichen bleiben. Aber auch hierbei kommen große Kräfte auf die Rolle. Der Nachteil des Eimerkettenbaggers, daß er bei geringer Baggertiefe und schwer ausfallendem Material ungünstig arbeitet, läßt sich nicht ganz vermeiden. Dabei sind diese Bedingungen sehr oft gegeben.

Die große Höhe, die für die Oberturaswelle erforderlich ist, beeinträchtigt die Stabilität des Baggers. Der Oberturas und sein Antrieb sind schwer, der Gewichtsschwerpunkt rückt dadurch nach oben und die metazentrische Höhe wird gering. Im Kapitel L wurde ausgeführt, daß die Stabilität mitunter ernstlich gefährdet ist. Vergrößert man die Schiffsbreite, so rückt auch der Oberturas höher, wenn die Schüttrinnenneigung beibehalten wird. Da sich aber die Breite in höherer Potenz auswirkt, kann man bei Seebaggern durch deren Vergrößerung doch schließlich auf eine genügende Stabilität kommen. Es ist aber nicht leicht, für den hohen Hauptbock genügend Festigkeit zu erreichen. Außerdem steigt die „verlorene Höhe“ da der Boden in der Schute doch schließlich wieder bis zur Wasserlinie zurückfällt.

Bei Flußbaggern ist aber fast stets entweder der Oberturas zu niedrig und damit die Ausschütthöhe zu gering, oder bei genügend hohem Oberturas die Stabilität mangelhaft. Eine Verbesserung dieses Zustandes ist bei Verwendung von *Förderbändern* möglich, zu der man immer mehr übergeht.

Abb. 118 zeigt den Querschnitt eines im Jahre 1909 von der Werft Jos. Meyer in Papenburg gebauten kleinen Baggers mit 20 l Eimerfassungsvermögen und einem waagerechten Förderband von 500 mm Breite, dessen Abwurfende 10 m von der Schiffsmitte entfernt liegt. Es kann bei Ausgleich durch ein Gegengewicht nach allen Seiten geschwenkt werden. Seine Unterkante liegt 2,5 m über dem Wasserspiegel, Ausschütthöhe und Ausschüttweite sind somit sehr groß. Der Boden kann auf Land abgesetzt oder in Schuten geladen werden, die nicht unbedingt dicht an der Seite des Baggers liegen müssen. Bei Dampfantrieb wird die Bewegung des Förderbandes von der Hauptmaschine abgeleitet, deren Kurbelwelle über Kegelräder eine senkrecht nach oben gehende und in der Schwenkachse des Förderbandes liegende Welle antreibt. Oben leitet ein weiteres Kegelradpaar den Antrieb auf die waagerechte Welle der hinteren Bandtrommel über, das Band kann dann auch in seiner Neigung verstellt werden.

Dieser mechanische Antrieb ist kompliziert, so daß man heute durchweg Elektromotore verwendet, die in das Band eingebaut sind. Man kann die hintere Trommel antreiben, da es bei der Kürze dieser Bänder nichts schadet, wenn der obere Teil des Gummigurtes mit dem daraufliegenden Boden geschoben und nicht gezogen wird. Würde man den Motor an das vordere Bandende setzen, so hätte man ein unerwünschtes Krängungsmoment, der Motor könnte durch Schuten beschädigt werden und wäre für Reparaturen schlechter zugänglich. Damit das Band in möglichst großem Winkel schwenkbar ist, muß

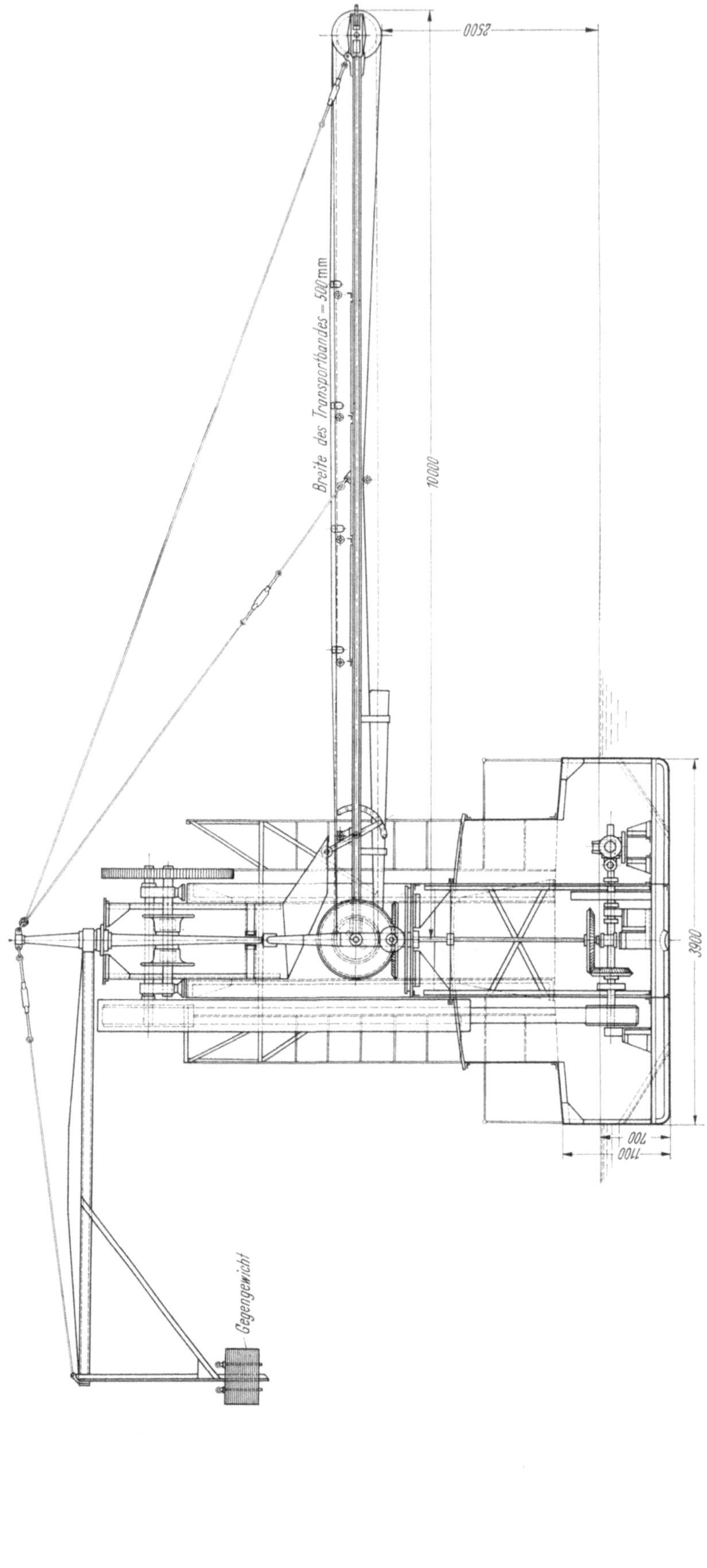

Abb. 118. Querschnitt durch einen kleinen Eimerkettenbagger mit Dampfantrieb, bei dem ein weitausladendes Förderband über Kegelräder von der Hauptmaschine angetrieben wird.

der Antriebsriemen für den Oberturas vorne sitzen und außerhalb des Schwenkbereiches bleiben. Bevor der aus den Eimern fallende Boden auf das Band kommt, muß er durch eine Schurre in dessen Bewegungsrichtung geleitet werden. Die Breite des Gummigurtes soll ausreichend sein. Man kann dafür mit der gleichen Breite von annähernd $2\,e$ rechnen, die eine Schüttrinne bekommt. Das ergäbe für einen Bagger von 75 l-Eimerfassungsvermögen 850 mm, für einen 150-l-Eimer 1100 mm und für einen 300-l-Eimer 1400 mm an Breite. Die nachgeschalteten Bänder können jedoch schmäler sein. Bei der Aufgabe von einem Band auf das nachfolgende tritt ein Abfall von 2 bis 2,5 m ein. Bei gut getrocknetem Material können die Bänder Steigungen bis zu 15° haben und erreichen diesen Winkel auch bei Schwimmgreifern für Kiesgewinnung, da das Material durch eine besondere Einrichtung getrocknet wird. Man muß aber dafür sorgen, daß bei der Entwässerung nicht zu viel Feinmaterial mitgeht. Eine solche Einrichtung erfordert auch mehr Höhe des Oberturasses. Bei Flußbaggern erreicht man durch die Abflußlöcher der Eimer eine genügende Entwässerung, doch kann durch Änderung der Bodenart, beispielsweise Übergang auf wasserhaltenden Feinsand, die Höhenförderung wieder schwieriger werden. Man muß deswegen den Anstieg der Bänder auf 7° bis 8° beschränken, wenn man sicher gehen will. Eine Steigerung der Bandgeschwindigkeit über das übliche Maß von etwa 2 m/sec bringt auch keine Besserung, da es nicht gelingt, das feuchte Material mit dem glatten Gummiband mitzunehmen. Man kann sich wohl mit Auflagen u. dgl. helfen, doch treten dann wieder Schwierigkeiten beim Abwurf ein. Wässeriges Feinkorn haftet am Gummi und neigt dazu, auf der unteren Gurtseite mitzugehen. Zu hartes Andrücken der Abstreifer beschädigt den Gummi, dessen Abnutzung stark fortschreitet, wenn er an der Oberfläche angerissen ist. Am wirksamsten ist sanftes Andrücken bei gleichzeitigem Aufspritzen von Wasser, wobei dann aber immer noch Feinmaterial mitgenommen wird. Vom Untergurt, besonders bei der Umlenkung an der hinteren Bandtrommel, spritzt Wasser mit Sandgehalt ab und verunreinigt das Deck. Auffangbleche müssen an diesen Stellen angeordnet werden und sind von Zeit zu Zeit mit einem Wasserstrahl zu reinigen. Während bei Schluff und Feinsand der Bodenkegel in der Schute unmittelbar unter dem Abwurfende des Bandes gebildet wird, gehen rollige Böden in einer Abwurfparabel nach vorne und müssen durch Fangbleche zurückgehalten werden. Man sollte aber diese Schwierigkeiten nicht überschätzen und bedenken, daß auch die konventionellen schrägen Schüttrinnen eine Anpassung an die jeweilige Bodenart erfordern. Auch hier müssen manchmal zusätzliche Spritzbleche angebracht und das Herabrollen von Steinen verhindert werden, die eine große Geschwindigkeit annehmen und dann die Laderaumwände der Schuten beschädigen u. a. m. Ein großer Nachteil ist es bei ihnen auch, daß gleichmäßig gekörnter Sand sich platt ausbreitet und bei normaler Neigung nicht rutscht. Man muß Spülung durch Wasser vorsehen und bekommt es dann in den Laderaum, was unerwünscht ist.

Abschließend ist zu sagen, daß für Bagger auf Binnengewässern mit Eimern bis 300 l die Schwierigkeiten bei Förderbändern zu überwinden sind und ihre Vorteile die Nachteile überwiegen. Man geht infolgedessen bei ihnen immer mehr zur Anwendung von Förderbändern über.

Bei großen Baggern im Seegebiet scheut man sich noch davor. Da es grade bei ihnen erwünscht ist, das dichte Zusammenliegen von Baggern und Schuten zu vermeiden, sollte man doch eine Überwindung dieser Schwierigkeiten anstreben. Weiteres über die Anordnung von Förderbändern wird im nachfolgenden Kapitel O ausgeführt.

Abb. 116 zeigte, daß bei der 45°-Stellung der Eimerleiter die Unterturaswelle um den gleichen Betrag von $14 \cdot e$ unter der Wasserlinie liegt, wie die Oberturaswelle über ihr. Nach Zufügung vom Eimerspitzenradius ergibt sich als größte *Baggertiefe* das Maß $16{,}25\,e$ als Anhaltswert, mit erheblichen Abweichungen in Sonderfällen.

An sich steht die Baggertiefe mit der Eimergröße nicht direkt in Verbindung. Man könnte einen Bagger mit kleinen Eimern für große Baggertiefe bauen und tut es auch manchmal bei Kiesbaggern. Für den Regelfall ist dies aber ungünstig; die große Baggertiefe verlangt einen großen Schiffskörper, der bei geringem Mehraufwand auch größere

Eimer und die entsprechende Maschinenanlage aufnehmen kann. Großer Eimerinhalt und geringe Baggertiefe passen auch wieder nicht zusammen, da der große Eimerspitzenkreis am Unterturas für geringe Baggertiefe, die bei Flußbaggern die Regel bildet, ungeeignet ist. Auch aus anderen Gründen kann man bei einem kleinen Bagger das große Fassungsvermögen der Eimer gar nicht ausnutzen. Aus diesen Gründen stehen Eimerfassungsvermögen und Baggertiefe doch in einem gewissen Zusammenhang. Die Auswertung einer großen Zahl von Ausführungen ergibt den schon genannten Wert von 16,25 e als Durchschnittsmaß für die Baggertiefe bei Lagerung der Eimerleiter in der Nähe des Oberturasses und ihrer Neigung von 45° gegen die Horizontale. Für einen Bagger von 500 l ist $e = 0{,}794$ m und demnach die Baggertiefe $16{,}25 \cdot 0{,}794 \sim 13$ m.

Als Höhe der Oberturaswelle ergibt sich für den 500-l-Bagger mit 14 e der Wert 11 m und für den 850-l-Bagger 13,2 m, was mit den Ausführungen recht gut übereinstimmt. Die Wechselklappenwelle soll nach vorangegangenen Berechnungen um das Maß 4,5 e unter der Oberturaswelle liegen. Das ergäbe für die beiden angeführten Baggergrößen 3,6 m bzw. 4,25 m, was in Wirklichkeit nicht ganz erreicht wird.

Damit die gewünschte Baggertiefe, die meist geringer als die maximale ist, eingestellt werden kann, muß die *Eimerleiter eine Schwingbewegung* machen, bei der ihre Neigung zwischen 45° und etwa 25° liegt. Um den Unterturas über Wasser zu bekommen, muß sie noch mehr der waagerechten Lage angenähert werden. Wenn die Eimerkette bei allen Neigungen die gleiche Spannung behalten soll, müßte sie um die Mitte der Oberturaswelle schwingen. Es ist aber nicht möglich, die Schwinglager der Eimerleiter auf diese Welle unmittelbar aufzusetzen, da dann das Gewicht auf ihr lasten und ein Ausbau des Oberturasses sehr schwierig sein würde. Man muß vielmehr von der Oberturaswelle unabhängige, aber mit ihr konzentrische Schwinglager vorsehen, was nicht einfach ist. Diese Konstruktion wird infolgedessen selten ausgeführt.

Man kann auch die Schwingachse konaxial mit der Vorgelegewelle anordnen, was konstruktiv einfacher ist. Nach Abbau der Riemenscheiben ist dann die glatte Welle nach den Seiten herauszuziehen. In diesem Falle sitzt die Vorgelegewelle *vor* der auf dem Ende der Eimerleiter gelagerten Oberturaswelle. Auch hierbei ist der Abstand zwischen den Wellen des Unterturasses und des Oberturasses unveränderlich, so daß die Eimerkette in ihrem Oberteil immer gestreckt bleibt. Da aber der Oberturas eine Schwingbewegung macht, ändert sich seine Lage gegenüber der Wechselklappe. Auch diese Anordnung ist selten und nur bei kleinen Baggern ausgeführt worden.

Bei der allgemein gebräuchlichen Bauart hat die Eimerleiter Schwinglager, die unabhängig vom Oberturas möglichst nahe bei ihm auf dem Hauptbock sitzen. Die Vorgelegewelle mit den Riemenscheiben und sonstige Antriebselemente für die Oberturaswelle sind dann hinten angeordnet. Man legt die Lager für die Schwingachse der Eimerleiter so, daß die Eimerkette bei der Stellung für tiefste Baggerung einen kleinen Knick nach oben hat und bei Einschwingen in die Stellung für Flachbaggerung die Kette von der gestreckten Geraden nur wenig abweicht.

Bei dieser unabhängigen Lagerung der Eimerleiter-Schwingachse kann man die maximale Baggertiefe dadurch vergrößern, daß man die Schwinglager auf vorgesehenen Stellen an den schrägen Vorderbeinen des Hauptbockes tiefer setzt und eine entsprechende zusätzliche Anzahl von Eimern und Laschen einschaltet. Der dabei entstehende Zwischenraum zwischen dem Oberturas und dem oberen Ende der Eimerleiter muß nach Abb. 119 durch eine *Hilfsleiter* überbrückt werden, die auch mit Eimertragrollen ausgerüstet ist. Wenn aber nach Abb. 120 Hilfsleiter und Hauptleiter nicht in einer Geraden liegen, entsteht ein Knick in der Eimerkette. Der am Oberturas wirkende Antrieb hat dann das Bestreben, die Kette zu strecken, besonders wenn die Eimer am Unterturas beim Graben stärkeren Widerstand finden. Wenn die Spannung der Kette nachläßt, schwingt sie wieder zurück und schlägt auf die Eimertragrollen, die so in diesem Bereich einer starken Beanspruchung ausgesetzt sind.

Man ist bemüht gewesen, die Einrichtungen zum Ändern der Baggertiefe abzuwandeln und zu verbessern. Abb. 121 zeigt einen Ende des vorigen Jahrhunderts für Arbeiten am Panama-Kanal in amerikanischer Holzkonstruktion erbauten Eimerkettenbagger mit einer Eimerleiter aus zwei Teilen, die durch ein Gelenk verbunden sind. Dabei kann durch Neigung des oberen Teiles die Einstellung so vorgenommen werden, daß der untere Teil immer mit 45° Neigung arbeiten kann. Der Bagger mit dem beträchtlichen Eimerfassungsvermögen von 1000 l hat als maximale Baggertiefe nur 8 m und hat bis zu der geringsten Tiefe, bei der er gerade noch schwimmen konnte, mit guter Eimerfüllung gearbeitet. Daß dabei der obere Teil der Eimerleiter flach liegt, schadet nicht viel, da bei ihm die Eimer gefüllt ankommen, der Boden sich in ihnen gesetzt hat und das meiste Wasser abgelaufen ist.

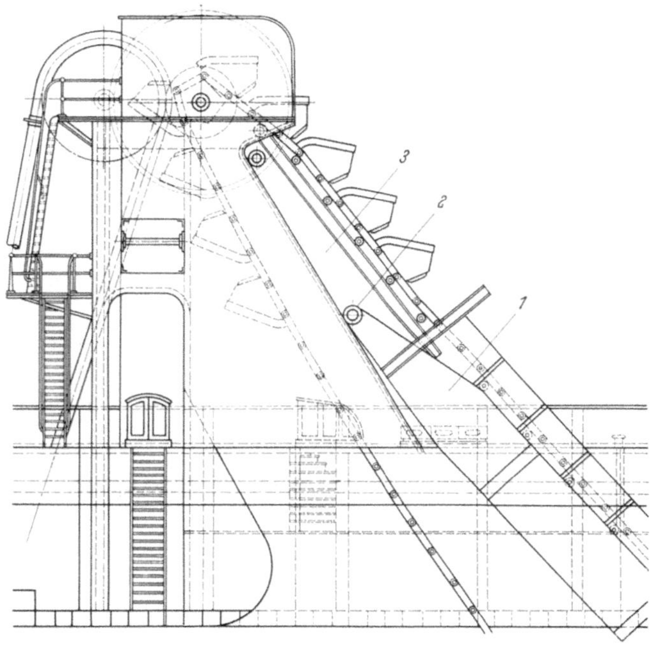

Abb. 119. Anordnung einer Hilfsleiter zwischen dem Oberturas und der abgesenkten Haupteimerleiter

Abb. 119. *1* Haupteimerleiter; *2* Drehpunkt der Haupteimerleiter; *3* Hilfsleiter

Der hölzerne Schiffskörper hat eine Länge von 30,5 m und eine größte Breite von 18,3 m, die am vorderen Ende auf die Hälfte und am hinteren Ende auf etwa $^2/_3$ zurückgeht, mit bogenförmig ausgebildeten Seitenwänden. Er machte beim Arbeiten eine Schwingbewegung um einen Pfahl und hatte seitlich von diesem einen Schreitpfahl zum Vorsetzen, ähnlich wie die Schneidkopfsauger. Der Baggerboden wurde durch eine an einem Auslegermast aufgehängte Rohrleitung von 45 m Länge bei 915 mm Durchmesser mit Abwärtsneigung und schwebendem Auslaufende unter Zuhilfenahme einer Pumpe als Gemisch zur Ablagerungsstelle gebracht. Das Gerät hat Dampfantrieb und muß alles in allem als bemerkenswert bezeichnet werden.

Abb. 120. Eimerkettenbagger mit Knick in der Eimerkette, da die tiefgesetzte Hauptleiter mit der Hilfsleiter keine gerade Linie bildet

Macht man die Länge der Eimerleiter durch Ansetzen und Herausnehmen von Stücken veränderlich, so ist es möglich, verschiedene Baggertiefen mit 45° Neigung zu erreichen. Wenn dabei aber die Leiterschwingachse und der Oberturas an der gleichen Stelle bleiben, kommt der grabende Unterturas an verschiedene Stellen. Liegt er bei der längsten Leiter und größten Baggertiefe etwa unter dem vorderen Schiffsende, so kommt er bei kurzer Eimerleiter näher an die Schiffsmitte, so daß der Bagger sich nicht mehr freischneiden kann. Auch würde das Hubseil für die Eimerleiter so schräg nach hinten laufen, daß ein Anheben des Unterturasses über die Wasserlinie kaum möglich ist. Um dies zu vermeiden müßte man, der

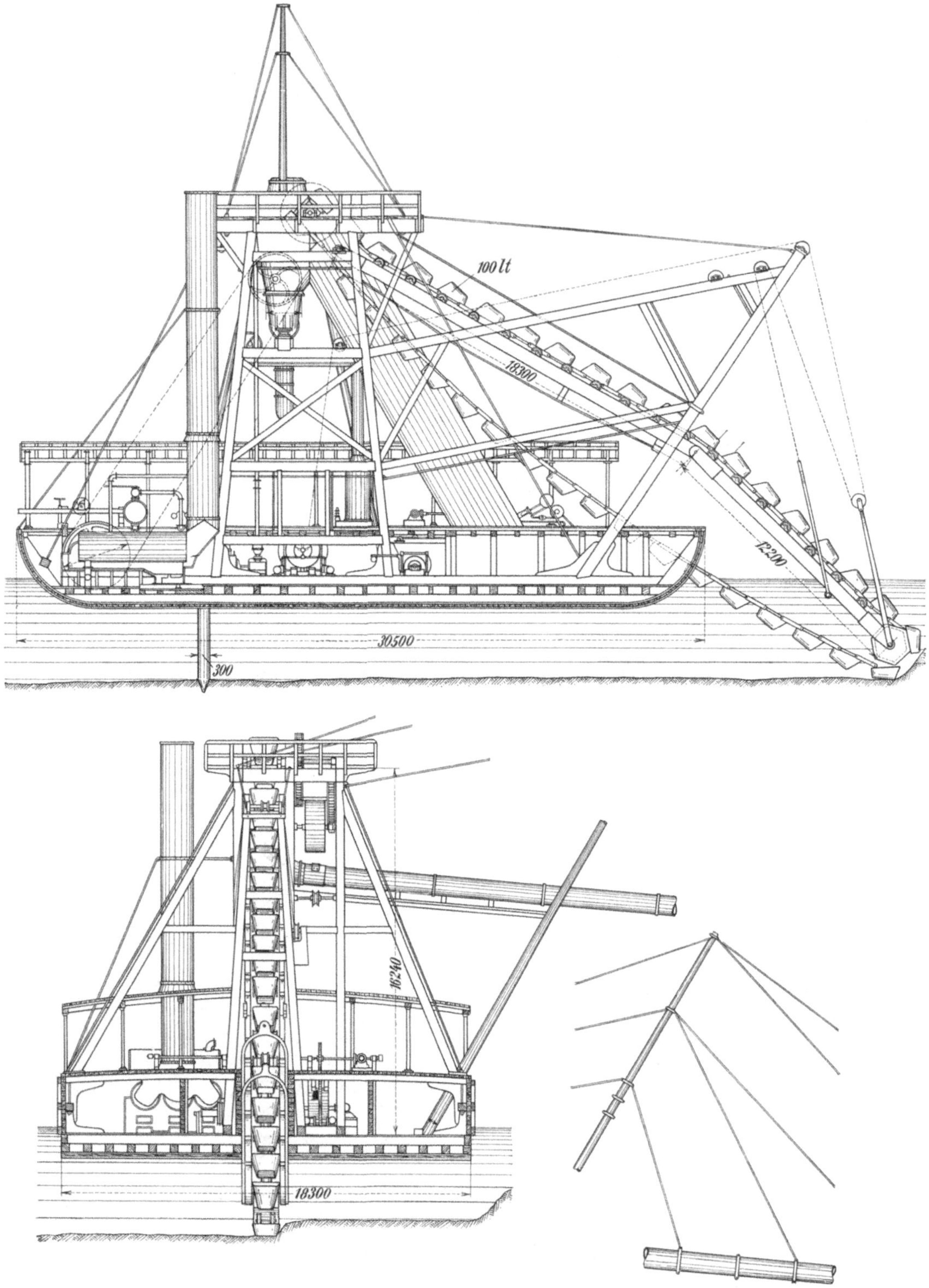

Abb. 121. Älterer Eimerkettenbagger für den Panama-Kanal mit 1000-l-Eimern und geknickter Eimerleiter, deren grabender Teil bei allen Baggertiefen unter 45° geneigt bleibt

Veränderung der Leiterlänge entsprechend, auch die Schiffsteile neben dem Schlitz durch Herausnehmen von Stücken in der Länge verändern, was sehr umständlich ist.

Eine weitere Möglichkeit besteht darin, den *Hauptbock versetzbar* anzuordnen, wie es Abb. 122 zeigt. Dann bleibt beim Baggern auf den im Verhältnis 1:2 unterschiedlichen Tiefen mit Eimerleitern verschiedener Längen bei 45° Neigung der grabende Unterturas in richtiger Lage zum Schiffsende. Er kann bei unveränderter Lage des Vorderbockes über Wasser geholt werden und das Freischneiden des Baggers bleibt möglich. Es ist aber schwer, den Hauptbock genügend fest auszubilden und für den Bagger die richtige Trimmlage zu behalten. Infolgedessen ist diese Konstruktion nur bei kleinen Baggern anwendbar.

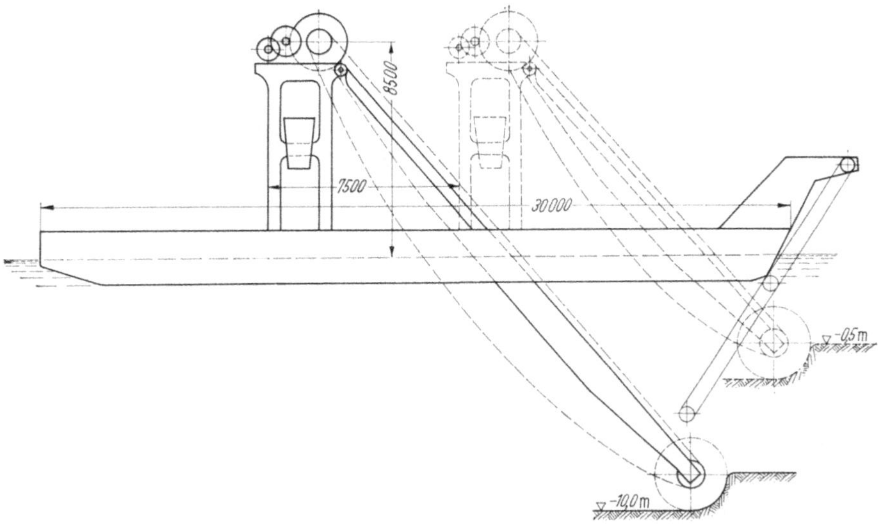

Abb. 122. Veränderung der Baggertiefe unter Verlängerung der Eimerleiter bei gleichbleibender Neigung durch Versetzen des Hauptbockes für einen Eimerkettenbagger mit 175-l-Eimern

Abschließend muß festgestellt werden, daß der Eimerkettenbagger in der Anpassung an verschiedene Baggertiefen schwerfällig ist. Die Eingefäßbagger, wie Löffel- und Greiferbagger sind ihm darin überlegen, auch der Saugbagger ist es.

5. Schiffskörper des Eimerkettenbaggers und dessen Raumanordnung. Maschinenanlage. Bedarf an Antriebsleistung und Antriebsarten.

Die Eimerleiter mit der Eimerkette wird in einen *Schlitz* des Schiffes eingebaut, dessen Länge etwa gleich der halben Schiffslänge und dessen Breite etwa $^1/_5$ der Schiffsbreite ist. Der Oberturas liegt nahe der Schiffsmitte und der Unterturas am vorderen Schiffsende. Er soll mit der Eimerleiterwinde soweit gehoben werden können, daß seine Welle mit ihren Lagern über Wasser kommt. Wenn weiter noch die Forderung gestellt wird, daß der Bagger sich freischneiden kann, dann muß die Eimerleiter mit dem Unterturas ein Stück aus dem Schlitz über das vordere Schiffsende herausragen. Die beiden Schiffsenden neben dem Schlitz werden durch den vorderen Leiterbock verbunden, der die Form eines Torbogens hat. Infolge der oben angegebenen Schlitzabmessungen von $0{,}5\,L \cdot 0{,}2\,B$ geht $^1/_{10}$ von der Schwimmfläche verloren, der Flächenschwerpunkt wandert außerdem nach dem ungeschlitzten Schiffsende. Der Schiffsboden läuft am hinteren Ende meist stark auf, während man der Vorderwand nur eine leichte Schräge gibt, um hier nichts an Auftrieb zu verlieren. Der Völligkeitsgrad der Verdrängung ergibt sich, wenn man ihn unter Einrechnung des Schlitzes auf das Produkt $L \cdot B \cdot Tg$ bezieht mit ungefähr $\delta = 0{,}8$ für einen Eimerkettenbagger.

Eine *Schwimmlage ohne Trimmung* mit dem Deck parallel zur Wasserlinie bei gleichbleibendem Freibord kann sich nur dann einstellen, wenn der Gewichtsschwerpunkt über dem Schwerpunkt der Verdrängung liegt. Dieser wieder liegt ungefähr unter dem Schwerpunkt der Schwimmfläche, also dem ungeschlitzten Hinterende etwas näher als dem geschlitzten Vorderende. Die waagerechte Schwimmlage ist nicht leicht zu erreichen, da die schwere Eimerleiter und die gefüllten Eimer das Bestreben haben, am Schlitzende den Bagger tiefer tauchen zu lassen. Bei Dampfbaggern konnte man sich dadurch helfen, daß man den Kessel ganz an das hintere Schiffsende legte. Bei Dieselbaggern fehlt ein solches Gegengewicht und muß gegebenenfalls durch Ballast ersetzt werden. Will man das vermeiden, so muß man am Schlitzende zusätzlichen Auftrieb schaffen. Man hat deswegen dem Schiffskörper früher hier größere Breite gegeben als hinten und hat neuerdings die Seitenhöhe an diesem Ende um etwa 20% größer gemacht, als am ungeschlitzten Ende. Beides ist indessen ungünstig für die Herstellung, da Bodenwrangen oder Spanten ungleich werden und viele Platten schräg geschnitten werden müssen. Eine große Schiffslänge, die auch wegen der Schuten erwünscht ist, und etwas Ballast sind Mittel, eine waagerechte Schwimmlage zu erhalten. Wenn diese für die größte Baggertiefe bei abgesetztem Unterturas erreicht ist, so tritt doch eine Änderung ein, wenn die Eimerleiter angehoben wird (s. Kap. L).

In die Schiffsteile neben dem Schlitz wurden bisher in der Regel die *Wohnräume* gelegt. Das hat wohl den Vorteil, daß keine wesentlichen zusätzlichen Gewichte an diese Stelle kommen, aber die Räume sind andererseits wenig geeignet, da während des Betriebes in diesem Bereich der Lärm und die Erschütterungen eine nicht arbeitende Schicht keine Ruhe finden lassen. Seitenfenster muß man vermeiden, da durch sie, wenn sie offen waren, schon oft Bagger zum Kentern gebracht wurden. Ohnehin liegen die Schuten vor ihnen, so daß sie verschmutzt werden und kein Licht bringen. Oberlichter an Deck stören den Seilablauf der Winden und den sonstigen Betrieb und lassen, wenn sie zwecks Lüftung geöffnet sind, auch Schmutz in die Wohnräume eindringen.

Die Kappen für die Niedergänge bringen die gleichen Nachteile. Die Deckflächen neben dem Schlitz sollten möglichst ganz glatt sein und keine Erhebungen haben. Wegen dieser Nachteile geht man bei den Wohnräumen immer mehr von der Anordnung neben dem Schlitz ab. Bei kleineren Baggern läßt man sie vielfach ganz weg und beschränkt sich auf einen Raum für einen Wachmann, der auch als Besprechungsraum dient. Eine Ausnahme bilden nur die Behördenbagger, die vielfach reichliche Wohnräume auch bei kleinen Größen haben. Bei großen Baggern werden jetzt die Wohnräume meist auf dem Hinterschiff auf einem erhöhten Deck angeordnet, was besonders beim Arbeiten in den Tropen günstiger ist. Der Windfang des Schiffes wird aber dadurch nicht unbeträchtlich vergrößert.

Der Schiffskörper eines Eimerkettenbaggers muß im Ganzen kräftig gebaut sein, um den *Beanspruchungen*, die beim Baggern auftreten, gewachsen zu sein. Die schwere und beim Arbeiten zusätzlichen Kräften ausgesetzte Eimerleiter überträgt diese auf den in der Schiffsmitte angeordneten Hauptbock, der entsprechend widerstandsfähig sein und die Kräfte auf den Schiffskörper gleichmäßig ohne lokale Überbeanspruchungen übertragen muß. Die Schuten kommen beim Baggern leer an und gehen beladen ab, so daß die Stöße beim Anlegen nicht so groß sind, wie beim Schutensauger. Dafür liegt dieser aber fest an geschützter Stelle, während der Eimerkettenbagger in Bewegung ist und an exponierter Stelle arbeitet. Meistens gibt man den Außenwänden waagerechte und senkrechte *Scheuerleisten*, die jedoch weder bei Ausführung in Holz noch in Stahl Elastizität besitzen. Im Kap. L über Schiffsbau wurde schon ausgeführt, daß man den Schuten keine Scheuerleisten geben und den Bagger durch gutbefestigte Gummireifen schützen sollte, um Stöße elastisch aufzufangen. Auf jeden Fall müssen die Seitenwände der Eimerkettenbagger durch Rahmenspanten, Stringer u. a. m. genügend versteift sein.

Die Sicherheit gegen Sinken des Schiffes bei Wassereinbruch wird durch eine genügende Anzahl von *Schotten* ohne Durchbrechungen oder mit solchen, die schnell dicht zu verschließen sind, erreicht. An den Kanten zwischen den Schlitzwänden und dem Schiffsboden ordnet man gewöhnlich wasserdichte Kanäle, sog. *Kofferdämme* an. Es kommt vor, daß die Eimer Eisenteile wie Anker o. dgl. aufgreifen und beim Aufgehen in die Kanten eindrücken. Bei einem dadurch entstandenen Leck soll das Wasser in diesen Kofferdämmen aufgefangen und vom Schiffsraum ferngehalten werden.

Der *Hauptmaschinenraum* liegt hinter dem Schlitz, wo wieder die ganze Schiffsbreite ohne Unterbrechung zur Verfügung steht. Bei Dampfantrieb steht die Maschine mit ihrer Kurbelwelle meist quer zur Längsrichtung des Schiffskörpers. Hinter dem Maschinenraum liegt der Kesselraum und früher die Kohlenbunker. Neue Bagger werden fast durchweg mit Heizöl betrieben und ältere meist dafür umgebaut, so daß Kohlenfeuerung nur in Ländern zu finden ist, die kein Heizöl, sondern Kohle und die dafür erforderlichen Heizer haben.

Die Eimerleiter wird von den beiden Leiterböcken getragen. Am Hauptbock sitzt das Lager in dem sie ihre Schwingbewegung macht, während das andere Ende mit dem Unterturas am Vorderbock aufgehängt ist und auf die gewünschte Baggertiefe abgelassen werden kann. Der *Hauptbock* muß die großen Kräfte aufnehmen, welche über das Schwinglager der Eimerleiter auf ihn kommen und sie auf den Schiffskörper übertragen. Er besteht meist aus einem senkrechten und einem vorderen schrägen Träger. Beide sind bis auf den Schiffsboden durchgeführt und durch Querträger verbunden. Die vorderen schrägen Träger dienen zur Aufnahme der Lager für die Eimerleiterschwingachse, die gewöhnlich in der Nähe des Oberturasses liegen und bei Tiefbaggerung tiefer gesetzt werden. Die Lagerböcke für die Oberturaswelle und die Vorgelegewelle sitzen auf einer Platte, welche die beiderseitigen Hauptbockteile oben verbindet. Auf einer darunter liegenden Verbindung sitzt die Wechselklappe mit ihren Lagern und den sich daran anschließenden festen Teilen der Schüttrinnen, deren andere Enden gegen das Deck abgestützt sind und die Gelenke für die beweglichen Teile der Schüttrinnen tragen.

Der *Vorderbock* ist so hoch, daß die Eimerleiter mit den Eimern und den Lagern vom Unterturas über Wasser gebracht werden kann. Bisher wurde meist die Vollwandkonstruktion gewählt, um bei der Torbogenform eine feste Verbindung der beiden, dem Schlitz benachbarten Schiffsteile zu erreichen. Neuerdings wird der Vorderbock aber, um die Sicht nach vorne zu verbessern, vielfach in offener Konstruktion ausgeführt. Dann müssen, da er keine wesentlichen Kräfte aufnehmen kann, die Schiffsteile neben dem Schlitz mit dem sich anschließenden Hinterteil besonders fest verbunden sein, was durch Verstärkung der Decks- und Bodenplattung in diesem Bereich erzielt wird. Der Schlitz geht manchmal, besonders bei kleinen Baggern durch die ganze Schiffslänge, so daß man zwei getrennte Schiffsteile erhält, die nach weiterer Unterteilung mit der Bahn oder auf Tiefladern transportiert werden können. Dann muß ganz besonders für eine feste Verbindung durch die Böcke oder besondere Konstruktionsteile gesorgt werden, damit die Lager der Oberturaswelle keine Bewegungen ausführen. Es kommt häufig vor, daß diese Lager warm laufen, da sie die großen Kräfte bei ungleichmäßigem Aufliegen der Wellenzapfen nicht aufnehmen können.

Auf dem Vorderbock befindet sich meist die Einrichtung für das Senken und Heben des Eimerleiterendes mit dem Unterturas. Vielfach sitzt die ganze Windenanlage mit Antriebsmaschine und Trommeln für Seile oder Ketten hier oder sie ist auf oder unter Deck angeordnet. Dann gehen die Hubseile nach dem Vorderbock, werden hier umgelenkt und bilden einen Teil eines mehrsträngigen Flaschenzuges.

Ein *Bedienungshaus* für einen Eimerkettenbagger, das in großer Höhe sitzt und dem eines Schneidkopfsaugers ähnelt, findet man auf älteren Baggern kaum. Der Baggermeister stand vielmehr an Deck seitlich vom Schlitz, wo er die aufgehenden Eimer und das Arbeiten der Winden beobachten kann. Bei den Maschinenanlagen der neueren Bagger mit elektrischem oder hydraulischem Antrieb braucht man aber ein in größerer Höhe angeordnetes Bedienungshaus mit einem Schaltpult, das Wetterschutz bietet. Es sitzt meist auf dem Vorderbock, wobei der Blick auf die aufgehenden Eimer und die abgehenden Seile freibleiben muß.

Die *Hauptmaschine* treibt den Oberturas an. Wenn dieser ein Fünfkant ist und der Bagger, seiner Nennleistung entsprechend, mit 1000 Schüttungen/h = $16^2/_3$/min arbeitet, so ist bei Eimern mit Zwischenlaschen seine Drehzahl $50/3 \cdot 2/5 = 6^2/_3$ U/min. Da eine Dampfmaschine mit etwa 165 U/min läuft, ist dann eine Gesamtuntersetzung von 1:24,7 erforderlich. Man ist bestrebt, einen möglichst großen Anteil von ihr in die Zahnräder am Oberturas zu legen, damit die Übertragungsteile von der Maschine nach oben, in der Regel *Riemen*, bei großer Geschwindigkeit nur kleine Kräfte zu übertragen haben. Man hat gewöhnlich bei den Zahnrädern am Oberturas eine Untersetzung von 1:10, so daß auf den Riemenantrieb noch 1:2,47 entfällt. Bei Antrieb durch Dieselmotore oder Elektromotore muß man noch eine weitere Zahnraduntersetzung am Oberturas einschalten. Man bildet den Antrieb in der Regel *zweiseitig* aus, meist ohne Ausgleichsvorrichtung. Vielfach wird aber auch der einseitige Antrieb gewählt, wobei die Oberturaswelle und die Vorgelegewelle so dimensioniert werden müssen, daß sie das auf dem einen Ende eingeleitete Drehmoment auf das andere Ende übertragen können. Wenn nur *ein* Riemen nach oben geht, kommt man mitunter auf sehr große Riemenkräfte, die aber bei zwei Riemen nur geringer werden, wenn wirklich ein Ausgleich geschaffen wird. Man verwendet in der Regel Kamelhaarriemen, da Lederriemen sich bei Feuchtigkeit stark dehnen und führt sie in geschlossenen Kästen nach oben. Neuerdings geht man auch zu anderen Riemen-Systemen über, die geringe Dehnung und gute Haftfähigkeit verbinden, wie beispielsweise die Siegling-Riemen. Um die Schwingungen auszugleichen, die an den Turasecken entstehen, ist der Riemen ein sehr günstiges Ausgleichsglied und wird deswegen am meisten verwendet. Englische Bagger haben häufig als Übertragungsorgan eine *senkrechte Welle* mit Kegelrädern oben und unten. Das erfordert reichliche Dimensionierung und verursacht meist starke Geräusche. Auch kommen dabei große Gewichte in die Höhe des Oberturasses. Der Wirkungsgrad der Übertragung von der Kurbelwelle der Dampfmaschine bis zur Oberturaswelle hängt wesentlich von der Ausführung und dem Zustand der Zahnräder ab, so daß man für ihn im Durchschnitt nur mit 80% rechnen kann.

Die Leistung der Antriebsmaschine für die Eimerkette muß so bemessen sein, daß unter Berücksichtigung der Verluste der Übertragung der erforderliche Kettenzug am Oberturas mit der gewünschten Geschwindigkeit erreicht wird. Man vernachlässigt zunächst dessen Kantigkeit und rechnet mit einem *mittleren Kettenzug* und einer *mittleren Kettengeschwindigkeit*. Letztere ist abhängig von der Zahl der Eimerschüttungen und dem Abstand, in dem die Eimer einander folgen. Der ist bei Eimern ohne Zwischenschaken gleich der Schakenteilung s und bei der Regelausführung mit Zwischenschaken $2\,s$. Bei der Nennzahl der Schüttungen von 1000 in der Stunde hat man dann einen Kettenweg von $2000\,s$. Die Kettengeschwindigkeit in der Minute ist dann $2000\,s/60 = 33{,}3\,s$ in m/min und 0,555 s in m/sec. Nach den Ausführungen des vorangehenden Abschnittes kann man in erster Annäherung $s = e$ setzen, wobei e die dritte Wurzel aus dem Eimerinhalt ist. Danach ergibt sich für einen Bagger mit 850-l-Eimern und $e = \sqrt[3]{850} = 9{,}47$ dm eine Kettengeschwindigkeit von 31,5 m/min = 0,525 m/sec. Für einen Bagger mit 500-l-Eimern sind es 26,5 m/min = 0,442 m/sec und für einen Bagger mit 200-l-Eimern 19,5 m/min = 0,325 m/sec. Bei neueren Baggern ist allerdings s meist kleiner als e, so daß sich geringere Geschwindigkeiten ergeben.

Der *Kettenzug* ist die Summe der Anteile für Hebung des Bodens in den Eimern, Ausübung der Grabkraft und Überwindung der Reibung. Diese Anteile sind nicht konstant und der Gesamtkettenzug ebenfalls nicht.

a) Hebungsanteil. Der Anteil für die Hebung der gefüllten Eimer ist am größten bei der maximalen Baggertiefe, die bei der 45°-Stellung der Eimerleiter erreicht wird. Da das Eigengewicht der Kette sich ausgleicht, ist nur die *Füllung* der aufgehenden Eimer zu rechnen. Deren spezifisches Gewicht wird über Wasser mit 2 angesetzt, während es unter Wasser nur 1 beträgt. Nimmt man einen Bagger mit 500-l-Eimern als Beispiel, bei dem 10 Eimer unter Wasser und 10 Eimer über Wasser sind, so beträgt das zu hebende Gewicht $10 \cdot 500 \cdot 1 + 10 \cdot 500 \cdot 2 = 15000$ kg. Davon fallen bei der 45°-Stellung der Eimerleiter $15000/\sqrt{2} \sim 10600$ kg als Komponente in der Richtung des Kettenzuges.

Der Kettenzuganteil für die Hebung der Eimerfüllung ist rechnerisch am leichtesten zu erfassen. Er wurde von PAULMANN-BLAUM der Berechnung der Antriebsleistung zugrunde gelegt und die übrigen Anteile durch einen Multiplikationsfaktor erfaßt, der auch den Wirkungsgrad der Übertragung enthält. Er lag zwischen 3 und 6 und damit so hoch, daß die Anteile für die Aufbringung der Grabkraft und die Überwindung der Reibung genauer untersucht werden müssen, was im folgenden versucht werden soll.

b) Grabkraftanteil. Die Grabkraft ist abhängig vom Schnittquerschnitt und dem spezifischen Schneidwiderstand. Das Produkt aus Abtragshöhe, Vorschubweite und Seitenverschiebung ist gleich dem Eimerinhalt. Den Schnittquerschnitt erhält man, indem man den Eimerinhalt durch die Abtragshöhe dividiert. Die normale Abtragshöhe ist 2,5 e und der Schnittquerschnitt demnach $e^3/2{,}5\,e = 0{,}4\,e^2$.

Das ergibt für einen 500-l-Eimer 25 dm². Der spezifische Schneidwiderstand liegt nach den Ausführungen von Band I für rolligen Boden zwischen 50 und 150 kg/dm² und für bindigen Boden zwischen 50 und 300 kg/dm². Die niedrigsten Werte gelten für rolligen Sand oder weichen Schluff und die höchsten Werte für harten Ton und felsartige Böden, die sich noch gerade von Eimern schneiden lassen. Der Grabwiderstand für einen 500-l-Eimer liegt zwischen $25 \cdot 50 = 1250$ kg und $25 \cdot 300 = 7500$ kg. Im allgemeinen ist nur *ein* Eimer im Eingriff. Sollten es mehrere sein, so gräbt jeder nur mit beschränktem Querschnitt, so daß doch nur der gleiche Grabwiderstand entsteht, wie bei einem Eimer mit vollem Querschnitt. Bei 45°-Stellung der Eimerleiter braucht man auch nicht damit zu rechnen, daß mehrere Eimer vor dem Auflaufen auf den Unterturas den Boden schneiden. Der Grabwiderstand greift etwa im Schwerpunkt des Schnittquerschnittes an. Sein Hebelarm gegenüber der Turasmittelwelle ist ungefähr das 1,65fache von dem des Kettenzuges, so daß der für die Überwindung des Grabwiderstandes erforderliche Kettenzuganteil für einen 500-l-Bagger zwischen $1{,}65 \cdot 1250$ kg $= 2060$ kg und $1{,}65 \cdot 7500 = 12\,400$ kg liegt.

c) Reibungsanteil. Für diesen hat man einen Anhalt durch Bestimmung der Leerlaufleistung, bei der die Eimer nur etwas Wasser enthalten. Die dahingehenden Messungen weisen allerdings Streuungen auf, so daß die Ergebnisse nicht ganz sicher sind. Ältere Indikatormessungen an einem Dampfbagger mit 520-l-Eimern ergaben 47 PS_i bei einer Kettengeschwindigkeit von 20 m/min = 0,333 m/sec.

Bei einem mechanischen Wirkungsgrad der Dampfmaschine von 85% und einem Wirkungsgrad der Übertragung zum Oberturas von 80% ist die effektive Leistung $47{,}1 \cdot 0{,}68 = 32$ PS. Aus der Gleichung $P \cdot 0{,}333/75 = 32$ ergibt sich $P = 7200$ kg. Messungen an einem neueren, dieselelektrisch angetriebenen Bagger mit 400-l-Eimern ergaben bei 14 Schüttungen, entsprechend einer Kettengeschwindigkeit von $14 \cdot 2 \cdot 0{,}65 = 18{,}3$ m/min $=$ $= 0{,}32$ m/sec etwa 28 PS und bei 20 Schüttungen entsprechend einer Kettengeschwindigkeit von 26 m/min = 0,433 m/sec etwa 45 PS. Den Wirkungsgrad der Übertragung kann man in diesem Falle mit 0,85 ansetzen, so daß sich 23,8 PS bzw. 38,3 PS ergeben. Daraus berechnet sich ein Kettenzug von 5600 kg bzw. 6600 kg. Hiernach wird für unser Beispiel ein Kettenzuganteil für die Überwindung der Reibung von 7000 kg angenommen. Die Reibung umfaßt die Lagerreibung am Unterturas, die Reibung in den Leiterrollen, die Reibung beim Einschlagen der Glieder am Oberturas usw. Es ist anzunehmen, daß der Reibungsanteil bei der mit Boden belasteten Kette größer ist als bei der nur mit Wasser belasteten, aber dafür ist bei der gemessenen Leistung die Hebung des Wasserinhaltes der Eimer enthalten.

Das Ergebnis ist also etwa folgendes:

a) Kettenzuganteil für Hebung der Eimerfüllung . .	10 600 kg
b) Kettenzuganteil für maximale Grabkraft	12 400 kg
c) Kettenzuganteil für Reibung	7 000 kg
	30 000 kg

Bei leicht zu baggerndem Boden geht der Anteil b) auf 2060 kg zurück, und der Kettenzug fällt demnach auf etwa 20 000 kg ab. Er *pulsiert*, da zwischen dem Eingreifen der Eimer jeweils eine kurze Pause liegt. Dazu kommt noch, daß sich am Unterturas das Verhältnis zwischen dem Hebelarm des Grabwiderstandes und dem des Kettenzuges ändert, und der Oberturas den Kettenzug abwechselnd mit seiner Flanke und seiner Ecke ausübt.

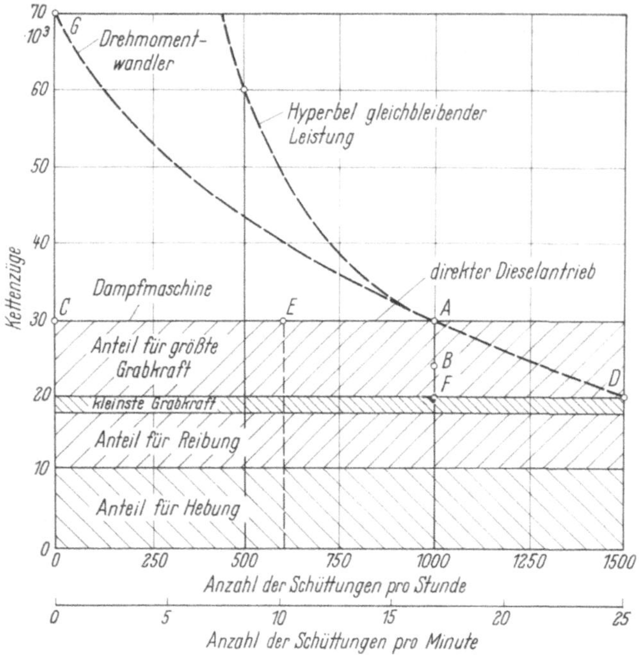

Abb. 123. Kettenbezüge und Schüttungszahlen für einen 500-l-Eimerkettenbagger bei verschiedenen Antriebsarten

Beim Fünfkant ist der Flankenabstand das 0,813fache von dem der Ecke. Bei der mittleren Kettengeschwindigkeit von 0,442 m/sec, die beim 500-l-Bagger der Nennzahl der Schüttungen von $16^2/_3$/min entspricht, beträgt die effektive Antriebsleistung des Oberturas $30000 \cdot 0{,}443/75 = 177$ PS_e.

Die vorausgehende Berechnung bezog sich auf eine Leiterneigung von 45°. Bei Flachbaggerung sind mehr Eimer über Wasser als unter Wasser, die in der Richtung des Kettenzuges fallende Komponente ist aber geringer. Der Reibungsanteil ist größer, man kann alles in allem doch mit dem gleichen Kettenzug und der gleichen Kettenzugleistung rechnen. In der Tabelle 11 sind in den Spalten 10 bis 12 für Eimerkettenbagger von 100 l bis 1000 l Fassungsvermögen die Eimer, der Kettenzug, die Kettengeschwindigkeit bei $16^2/_3$ Schüttungen/min und die effektive Kettenzugleistung angegeben. Die Tabelle enthält weiter die Hauptdaten für Bagger in Normalausführung mit seitlichen Schüttrinnen.

Abb. 123 ist ein Diagramm für den Eimerkettenbagger mit 500 l Fassungsvermögen, welcher der vorangegangenen Rechnung zugrunde lag. Die Schüttungszahlen pro Stunde und pro Minute bilden die Abszisse und der Kettenzug die Ordinate. Der Einfachheit halber sind die Anteile und der Gesamtkettenzug gleichbleibend angenommen, es entstehen waagerechte Linien. *A* ist der Nennpunkt mit einem Kettenzug von 30000 kg bei 1000

Tabelle 11. *Durchschnittliche Hauptdaten von Eimerkettenbaggern bei normaler Ausführung als Seitenschütter*

1	Eimerinhalt	l	100	150	200	300	400	500	600	700	850	1000
2	$e = \sqrt[3]{\text{Eimerinhalt}}$	dm	4,64	5,31	5,85	6,69	7,37	7,94	8,43	8,88	9,47	10,0
3	Baggertiefe	m	5,5	6,5	7,5	8,5	9,5	10,5	12	14	17	20
4	Schiffskörper Abmessungen: Länge	m	26	30	34	38	42	45	48	50	53	57
	Breite	m	5,5	6,5	7,0	8,0	8,8	9,5	10,0	10,7	11,2	12,0
	Seitenhöhe	m	1,7	1,9	2,2	2,6	3,0	3,2	3,4	3,6	3,8	3,9
5	Produkt $L \cdot B \cdot H$	m³	243	370	523	790	1110	1370	1630	1930	2260	2660
6	Konstruktions-Tiefgang	m	1,0	1,1	1,25	1,45	1,7	1,9	2,1	2,25	2,5	2,6
7	Verdrängung	t	112	171	238	352	500	650	810	960	1190	1420
8	Oberturaswelle üb. WL	m	6,5	7,5	8,25	9,35	10,3	11,0	11,8	12,5	13,3	14,0
9	Größter Grabdruck etwa	kg	5000	6200	7450	9100	10750	12400	16500	20700	24800	29000
10	Kettenzug am Oberturas	kg	12000	15000	18000	22000	26000	30000	40000	50000	60000	70000
11	Kettengeschwindigkeit	m/min	15,2	17,7	19,5	22,2	24,5	26,5	28,0	29,5	31,5	33,3
	bei $16^2/_3$ Schütt/min	m/sec	0,256	0,295	0,325	0,370	0,408	0,442	0,467	0,493	0,525	0,555
12	Eff. Kettenzugleistung	PS	41	59	78,5	108	145	177	250	330	420	520

Schüttungen/h = $16^2/_3$ Schüttungen/min. Er gilt für härtesten Boden und entspricht einer Kettenzugleistung von 177 PS.

Hat man eine *Dampfmaschine* für den Antrieb, so wird sie für gewöhnlich etwa im Punkt *B*, entsprechend einer mittleren Bodenhärte arbeiten. Ihr Drehmoment wird durch einen Regler so weit herabgesetzt, daß die Drehzahl der Schüttungszahl von 1000/h entsprechend, eingehalten wird. Steigt der Grabwiderstand, so wandert der Betriebspunkt nach *A* und geht bei weiterer Erhöhung, wie sie z. B. beim Auftreffen der Eimerkanten auf einen Stein eintritt, annähernd waagerecht nach links zurück bis zu Punkt *C*, der dem Stillstand entspricht. Nimmt der Grabwiderstand ab, so steigen Drehzahl und Schüttungszahl wieder bis zu ihrem Nennwert an.

Wird eine höhere Schüttungszahl gewünscht, so muß die Maschine einen Verstellregler haben und eine Steigerung der Kolbengeschwindigkeit zulässig sein. Bei Erhöhung der Drehzahl auf 225 U/min gegenüber einer Nenndrehzahl von 150 U/min würde man 1500 Schüttungen/h = 25/min erreichen. Dabei müßte, wenn die Leistung von $\frac{177}{0{,}8 \cdot 0{,}85} = 260\ \mathrm{PS}_i$ nicht überschritten werden soll, das Drehmoment soweit abfallen, daß nur noch der, für den geringsten Grabwiderstand ausreichende Kettenzug von 20000 kg im Punkt *D* erreicht wird.

Die Regler von Dampfmaschinen arbeiten mit Drosselung, bei der die Wirtschaftlichkeit der gewöhnlich bei größeren Baggern verwendeten Maschinen mit dreifacher Expansion nicht zur Geltung kommt. Es wäre richtiger, Maschinen mit zweifacher Expansion zu nehmen. Sie arbeiten nach Kapitel M mit einer Gesamtexpansion von 1:7 gegenüber 1:13,5 der Dreifach-Maschine. Eine Füllungsregelung wäre dann anwendbar, erfordert aber große Verstellkräfte. Zweckmäßig nimmt man einen Regler mit Servowirkung, bei dem eine Einstellung verschiedener Höchstdrehzahlen möglich ist.

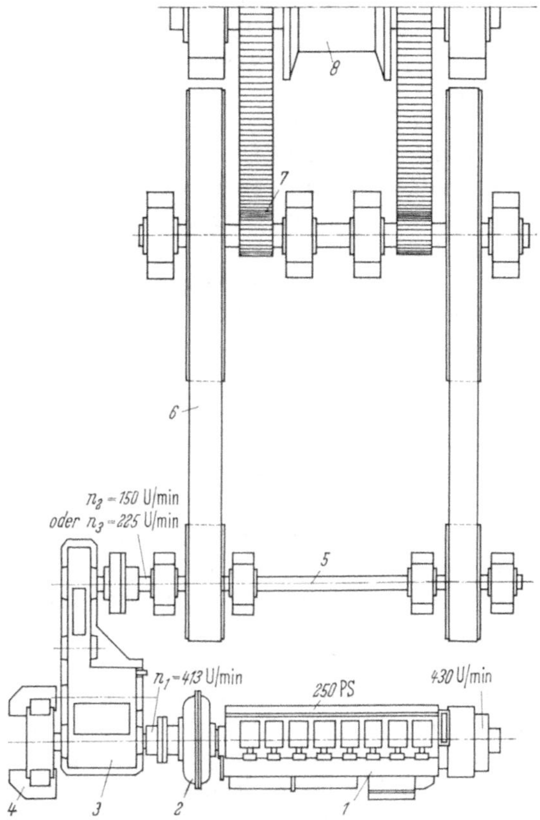

Abb. 124. Antrieb für den Oberturas eines Eimerkettenbaggers mit Eimern von 500 l Fassungsvermögen durch einen 250 PS-Dieselmotor über Föttinger-Kupplung, Schaltgetriebe und Riemen

1 Dieselmotor 250 PS; 430 U/min; *2* Föttinger-Kupplung; *3* Schaltgetriebe mit 2 Vorwärts- und einem Rückwärtsgang mit Fernbetätigung; *4* Hydraulische Bremse; *5* Riemenscheibenwelle; *6* Riemenübertragung mit Untersetzung 1:2,25; *7* Zahnraduntersetzung 1:10; *8* Oberturas

Abb. 124 zeigt den Antrieb durch einen Dieselmotor von 250 PS bei 430 U/min und einer FÖTTINGER-Kupplung, die gleichzeitig Schwungrad ist. Diese Kupplung arbeitet normalerweise mit einem Schlupf von etwa 3,5%; die in das Schaltgetriebe eingehende Welle läuft daher mit 413 U/min. Die Kupplung ermöglicht, wenn sie entleert ist, ein leichtes Anlassen des Motors, dämpft Schwingungen und rückt selbsttätig aus, wenn die Eimer sich festhaken.

Das Schaltgetriebe hat zwei Vorwärtsgänge mit den Untersetzungen 1,83:1 und 2,75:1, sowie einen Rückwärtsgang mit 5:1. Die Betätigung des Getriebes ist vom Baggermeisterstand aus möglich. Wird die Untersetzung 2,75:1 eingeschaltet, so läuft die aus dem Getriebe austretende Welle mit ihren zwei Riemenscheiben mit 150 U/min etwa ebenso schnell, wie die Kurbelwelle einer Dampfmaschine. Die nach oben gehenden Riemen bringen eine Untersetzung 2,25:1 und die sich daran anschließenden Zahnräder eine solche von 10:1. Die Gesamtuntersetzung liegt in diesem Gang bei 62:1, die Oberturaswelle läuft mit $413/62 = 6^2/_3$ U/min. Die Anzahl der Schüttungen beträgt dann bei einem fünfkantigen Oberturas und Eimern mit Zwischenschaken $5/2 \cdot 20/3 = 16^2/_3$/min. Im Diagramm der Abb. 123 hat man wieder den Nennpunkt A. Geht man mit der Drehzahl des Motors auf 250 U/min zurück, so kommt man auf 10 Schüttungen/min bei gleichbleibendem Kettenzug (Punkt E).

Schaltet man aber in A den Schnellgang ein, so wird der Punkt D mit 25 Schüttungen je min und einem Kettenzug von 20000 kg erreicht. Geht man jetzt beim Motor mit der Drehzahl auf 285 U/min zurück, dann hat man im Punkt F mit $16^2/_3$ Schüttungen/min den gleichen Kettenzug von 20000 kg. Das Ansteigen des Schlupfes der Föttinger-Kupplung bei Herabsetzung der Drehzahl würde die berechneten Werte noch etwas ändern.

Durch Betätigung des Verstellreglers kann man, allerdings lastabhängig, jeden Punkt des Linienzuges $EAFD$ und bei Herabsetzung der Brennstoffzufuhr auch Punkte darunter erreichen, wobei in den Punkten A und D der Dieselmotor volle Nennleistung hat. Die Föttinger-Kupplung ermöglicht es in jedem Falle, daß sich bei festfahrender Eimerkette der Motor weiterdrehen kann. Sein Moment bleibt in gleicher Höhe wirksam, die Kette läuft nach Beseitigung des Hindernisses sofort weiter. Betriebspunkte innerhalb des Dreiecks ADF können bei dieser Antriebsart nicht erreicht werden.

Der *Rückwärtsgang* ist für das Montieren der Eimerkette oder das Lösen eines eingeklemmten Hinderniskörpers sehr zweckmäßig. Vor jeder Gangschaltung muß die Eimerkette gestoppt und abgebremst werden, was ebenfalls der Baggermeister an seinem Bedienungsstand machen muß.

Bei *dieselelektrischem Antrieb* arbeitet man fast immer mit Gleichstrom. Den Oberturasmotor kann man in den Maschinenraum setzen und wie üblich mit einem oder zwei Riemen auf die Vorlegewelle am Oberturas gehen. Man kann aber auch den Elektromotor mit dem Getriebe oben anordnen, wenn man dafür sorgt, daß die Erschütterungen, die der Oberturas bekommt, nicht auf den empfindlichen Teil des Getriebes und den Motor übertragen werden. Die Nebenschlußmotore, die man verwendet, müssen in ihrer Drehzahl regelbar sein, damit die gewünschte Schüttungszahl eingestellt werden kann. Hierüber wurde Näheres bereits in Kapitel M ausgeführt und in Abb. 52 auch das Kennlinien-Diagramm gegeben. Danach ist bei Leonard-Schaltung jeder Punkt auf der vom Nennpunkt A abgehenden Hyperbellinie gleicher Leistung mit lastunabhängiger Schüttungszahl erreichbar. Eine Erhöhung des Kettenzuges, die in das Gebiet der Überlastung hineinführt, muß dabei vermieden werden. Es ergeben sich für die Generatoren und Motore Sonderausführungen, die teuer sind und lange Lieferzeiten erfordern. Bei Havarien sind wegen Schwierigkeiten bei der Ersatzteilbeschaffung längere Ausfallzeiten zu befürchten, sachkundiges Personal ist auf entlegenen Baustellen schwer zu erhalten.

Die elektrischen Anlagen sind empfindlich gegen klimatische Verhältnisse, wie sie z. B. beim Arbeiten in den Tropen gegeben sind. Sie werden auch durch die Luft im Seegebiet angegriffen, besonders bei längeren Stilliegezeiten, die bei Baggergeräten unvermeidlich sind. Um diese Schwierigkeiten zu vermeiden, müssen sie besonders sorgfältig ausgeführt werden, weil sie nur dann Vorteile bieten.

Bei *Stromzuführung von Land*, die bei Eimerkettenbaggern selten gegeben ist, muß man Drehstrommotore verwenden, bei denen eine Regelung der Drehzahl schwieriger ist, als bei Gleichstrommotoren. Nimmt man polumschaltbare Motore, so ist eine Einstellung der Schüttungszahlen nur in Stufen möglich, wie im Kapitel M, Abb. 47 gezeigt wurde, je nach der Zahl der Polpaare 25, $16^2/_3$, 15,5 und 10 Schüttungen/min. Das Drehmoment und damit der Kettenzug können bei Zunahme des Grabwiderstandes etwa auf den 2,5fachen Wert ansteigen, worauf der Motor abkippt und auf den Stillstand zurückgeht. Dabei wird etwa das 2fache des Nennmomentes ausgeübt, was allerdings nur für ganz kurze Zeit zulässig ist. Bei Verwendung von polumschaltbaren Schleifringläufern können lastabhängig Zwischenstufen gefahren werden.

Bei kleinen Baggern werden vereinzelt auch *Kommutator-Motore* verwendet, die im Kapitel M beschrieben wurden. Sie gestatten eine stufenlose Verschiebung der Motoren-Kennlinie und damit eine Drehzahländerung etwa im Verhältnis 1:4. Sie sind aber eine Sonderbauart, die erheblich teurer ist als die Normalbauart. Außerdem hat man wieder den Kommutator, den man bei Drehstrom gerade vermeiden will. Da die Motore in der Leistung beschränkt sind, ist in jedem Falle zu prüfen, ob man bei Stromlieferung von Land den Drehstrom nicht besser doch über einen Gleichrichter oder drehbaren Umformer in Gleichstrom verwandeln soll.

Der Antrieb mit Druckölkolbenmotoren (hydrostatisch) wird neuerdings häufig verwendet. Die das Drucköl liefernde Pumpe kann durch einen Elektromotor oder einen Dieselmotor mit gleichbleibender Drehzahl angetrieben werden. Man regelt die Ölmenge und damit die Schüttungszahl, während sich der Kettenzug unter Ansteigen des Öldruckes je nach dem Grabwiderstand einstellt. Man kann, vom Nennpunkt ausgehend, stufenlos jeden Betriebspunkt auf der Hyperbellinie gleicher Leistung erreichen, wobei die Schüttungszahl lastunabhängig ist. Der Öldruck steigt mit Anwachsen des Grabdruckes und muß begrenzt werden, da Öl nicht wie Dampf elastisch ist. Man kann mit einem Regler durch Herabsetzen der Ölzufuhr ein unzulässiges Ansteigen verhindern und auch ein Sicherheitsventil vorsehen, das bei Überschreitung des höchstzulässigen Druckes Öl zurücklaufen läßt.

Der *hydrodynamische* Ölantrieb mit Einschaltung eines Drehmomentwandlers zwischen Dieselmotor bzw. Elektromotor und Oberturaswelle ist ebenfalls möglich. Man hat dabei den Vorteil, daß keine hohen Öldrucke auftreten und Leckagen wegen Fehlens der Ölleitungen nicht zu befürchten sind. Allerdings ist dabei eine Trennung von Pumpe und Motor, wie beim hydrostatischen Antrieb nicht möglich. Man ist anderseits vor Geräuschen sicher, die beim hydrostatischen Antrieb oft sehr störend sind. Die „Wandlerpumpe" kann durch einen Dieselmotor oder einen Elektromotor angetrieben werden. Bei einem Dieselmotor kann man eine lastunabhängige Einstellung der Schüttungszahl durch einen Regler erreichen, der mit der Abtriebswelle verbunden ist. Will die Schüttungszahl ansteigen, dann setzt der Regler die Drehzahl des Dieselmotors, der die Pumpe antreibt, herunter, das Abtriebsmoment sinkt dadurch. Bei Abfall der Schüttungszahl durch Ansteigen des Grabwiderstandes steigert der Regler die Drehzahl des Antriebsmotors bis zum Nennwert, worauf das Abtriebsmoment bis zum Stillstandswert, der etwa das 2,5fache des Nennmomentes beträgt, ansteigen kann. Das ergibt den Punkt G im Diagramm der Abb. 123.

Beim Antrieb durch einen Elektromotor ist eine besondere Begrenzung des sekundären Momentes notwendig, da schon das Drehmoment des Elektromotors bis zum Kippwert ansteigen kann. Der Wirkungsgrad des Wandlers liegt ungefähr bei 0,85, wenn das Verhältnis zwischen der Abtriebsdrehzahl und der Antriebsdrehzahl auch etwa 0,85 ist. In diesem Falle sind Antriebsmoment und Abtriebsmoment einander gleich. Ändert sich das Verhältnis, so fällt nach beiden Seiten der Wirkungsgrad ab. Man muß in jedem Falle prüfen, ob durch Erhöhung des Bodenertrages ein Ausgleich für diesen Wirkungsgradabfall eintritt. Bei kleinen Leistungen und primären Elektroantrieb dürfte der hydrostatische Antrieb vorteilhafter sein.

Außer beim Dampfantrieb und dem direkten Dieselantrieb ist bei den übrigen Antrieben mehr oder weniger mit einem Ansteigen des Kettenzuges über den Nennwert hinaus zu rechnen. Das muß, wie schon erwähnt beschränkt werden, da sonst eine unzulässige Beanspruchung der Eimerkette auftreten kann. Diese wirkt sich aus in starker Abnutzung von Bolzen und Buchsen, den Auflageflächen der Turasse und der auf ihnen auflaufenden Unterkanten der Eimerlaschen und Zwischenschaken und kann schließlich zum Bruch von Gliedern führen.

Tab. 12 gibt für einige mittlere und große Eimerkettenbagger, die von der IHC-Holland in neuerer Zeit gebaut wurden, die Art und Stärke des Antriebes für die Eimerkette an.

Bemerkenswert ist das Vorherrschen des dieselhydraulischen Antriebes, dem nur *ein* dieselelektrischer und *ein* Dampfantrieb gegenüberstehen. Man findet ferner die

Faustformel bestätigt, nach der die Antriebsleistung für die Eimerkette in PS, etwas mehr als die Hälfte des Eimerinhaltes in Liter betragen soll.

Außer der Hauptmaschine ist noch der Antrieb der *Winden* zu berücksichtigen. Sie sind nicht Hilfsmaschinen in dem Sinne, wie bei Frachtschiffen, denn sie laufen gleichzeitig mit der Hauptmaschine und sind für erfolgreiches Arbeiten des Baggers von ausschlaggebender Bedeutung. Bei Dampfantrieb kann man rechnen, daß ihr Dampfverbrauch

Tabelle 12. *Antriebsart und Leistung für die Eimerkette von neueren IHC-Baggern (P. and D. No. 48)*

Eimer-Fassungsvermögen	Antriebsart der Eimerkette	Leistung für die Eimerkette
835 l	Diesel-hydraulisch	420 PS
800 l	Dampf	425 PS
600 l	Diesel-hydraulisch	325 PS
425 l	Diesel-hydraulisch	180 PS
850 l	Diesel-elektrisch	500 PS
600 l	Diesel-hydraulisch	330 PS

etwa $^1/_3$ von dem der Hauptmaschine ist. Bei anderen Antriebsarten beanspruchen sie auch einen wesentlichen Anteil an der gesamten Antriebsleistung. Man kann aber nicht die Leistung der Motore der einzelnen Winden zusammenrechnen, um auf den Energieverbrauch zu kommen. Es kommt vielmehr auf den Gleichzeitigkeitsfaktor an, den man für die Windenanlage niedrig, mit etwa 25% ansetzen kann. Weitere Einzelheiten über die Winden werden im nachfolgenden Kapitel bei den Ausführungsbeispielen gebracht.

O. Ausführungsbeispiele von Eimerkettenbaggern, Elevatoren

1. Eimerkettenbagger mit seitlichen Schüttrinnen für Schutenbeladung

Abb. 125 zeigt den Bagger „Alster" mit Eimern von 45 l Fassungsvermögen, geliefert von der LMG im Jahre 1949 an die Behörde für Strom- und Hafenbau, Hamburg. Der Schiffskörper konnte mit den Abmessungen 14×4×1,3 m klein gehalten werden, da er keine Wohnräume, sondern nur einen Wachraum enthält. Der Tiefgang in betriebsfertigem Zustand mit 500 l Brennstoff beträgt 0,7 m, entsprechend einer Verdrängung von etwa 32 t. Mit hochgesetzter Eimerleiter kann bis auf eine Tiefe von 3 m gebaggert werden, die sich bei tiefgesetzter Leiter bis auf 4 m steigern läßt. Die Kette enthält 27 Eimer. Die Zahl der Schüttungen ist mit 1440/h = 24/min angesetzt. Bei einer Schakenteilung von 440 mm ergibt dies eine Kettengeschwindigkeit von 19,2 m/min. Die Welle des vierkantigen Oberturasses liegt 3,85 m über der Wasserlinie. Nach Abbau des Turasses und von Teilen des Hauptbockes kann für Brückendurchfahrten die Höhe auf 2,1 m herabgesetzt werden.

Im Maschinenraum steht querschiffs ein Dieselmotor von 25 PS bei 750 U/min. Er treibt über Vorgelege mit einer Rollenkette den Oberturas und über eine nach vorne gehende Welle und eine weitere Rollenkette die an Deck stehende Zentralwinde mit sechs Seiltrommeln an. Die Schuten, die über seitliche Schüttrinnen beladen werden, haben Laderäume von 50 m³ Fassungsvermögen.

Mit dem nur wenig größeren Eimerfassungsvermögen von 100 l ist im Jahre 1950 von der Schiffs- und Maschinenbau AG. Mannheim für die Hafenbehörde dieser Stadt noch ein Bagger mit Dampfantrieb gebaut worden. Der Schiffskörper hat die im Verhältnis zum Eimerinhalt großen Abmessungen 28×6,35×2,35 m und einen Tiefgang in betriebsfertigem Zustand von 1 m. Das entspricht einer Verdrängung von etwa 150 t, die demnach das 4,7fache von der des vorangehend beschriebenen Baggers „Alster" ist. Die maximale Baggertiefe beträgt 5,5 m und kann durch Tiefersetzen der Eimerleiter auf 7,5 m gesteigert werden. Der im Hinterschiff angeordnete Schiffskessel hat 44 m^2 Heizfläche bei 12 atü Druck. Die Hauptmaschine mit zweifacher Expansion und den Zylinderabmessungen $\frac{190+370}{280}$ leistet 60 PS_i und treibt den vierkantigen Oberturas, dessen Welle 7 m über der Wasserlinie liegt, über Riemen und Vorgelege in üblicher Weise an. Die Zahl der Schüttungen ist mit 1100/h = 18,3/min angesetzt. Mit einer Schakenlänge von 560 mm ergibt sich eine Eimerkettengeschwindigkeit von 20,5 m/min. Die Windenanlage wird von der Hauptmaschine über ein umfangreiches System von Riemen und Wellen ange-

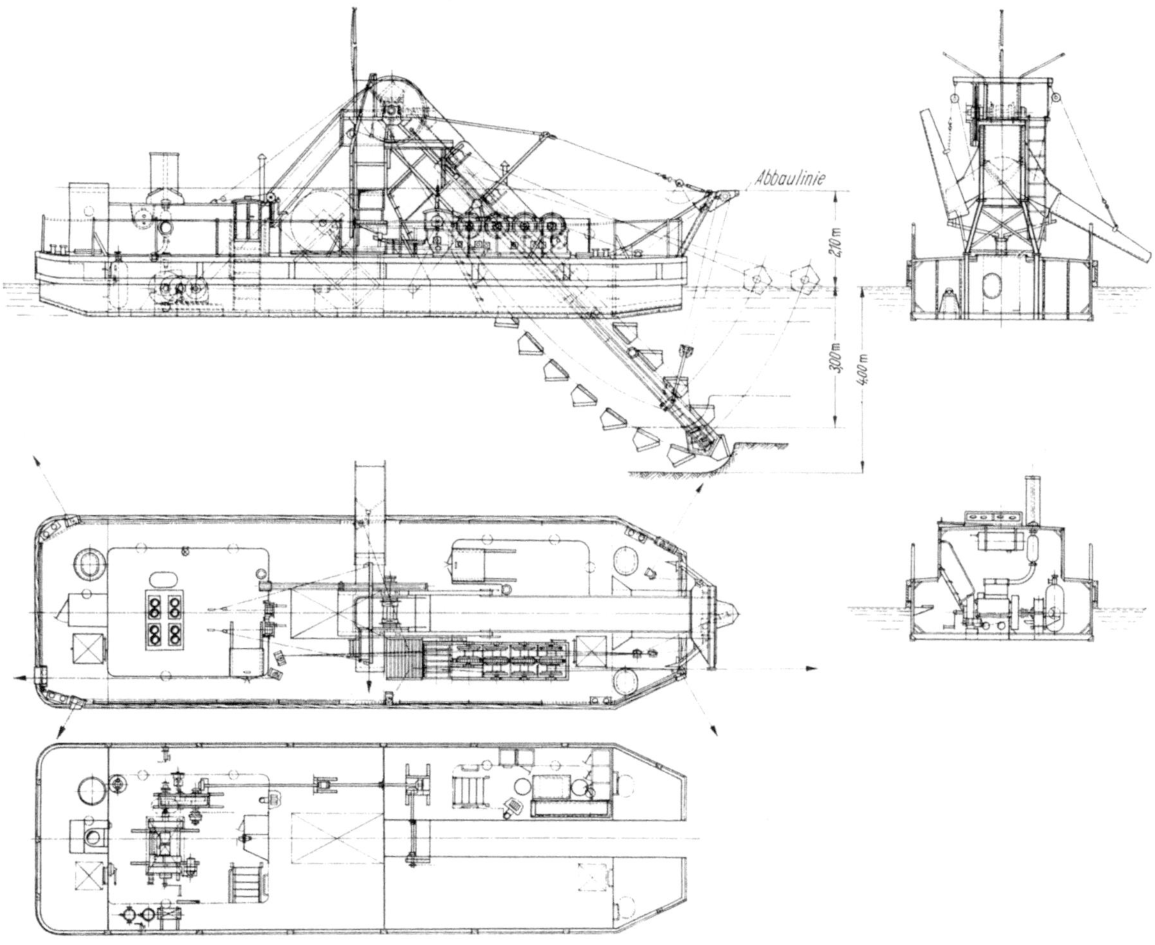

Abb. 125. Kleiner Eimerkettenbagger „Alster“ mit einem Fassungsvermögen der Eimer von 45 l mit Antrieb durch einen Dieselmotor von 25 PS für die Eimerkette und die Windenanlage. Erbaut 1949 von der LMG Lübeck

trieben. Die vorderen und hinteren Seitenwinden haben Spillköpfe und Ketten. Der Bagger kann für Brückendurchfahrt durch Ausbau von Teilen aus dem Hauptbock auf eine Höhe von 5,5 m über der Wasserlinie gebracht werden. Beiderseits des Schlitzes sind hier in der üblichen Weise Wohnräume für die Besatzung angeordnet.

Abb. 126 zeigt den Eimerkettenbagger „Drabant“ mit einem Fassungsvermögen der Eimer von 250 l, der im Jahre 1961 von der LMG für die Firma Melchior und Voltelen, Kopenhagen geliefert wurde. Der Schiffskörper besitzt die Abmessungen 30×7,5×2,65 m, der Tiefgang unter Zuladung von etwa 12 t Brennstoff, 7 t Wasser und mit der Eimerleiter für die größte Baggertiefe beträgt im Mittel 1,65 m, entsprechend einer Verdrängung von etwa 320 t. Bei einer Baggertiefe von 6 m befinden sich 37 Eimer mit einer Schakenteilung von 550 mm, bei 9 m 45 Eimer und bei 14 m 54 Eimer in der Kette.

Ein im Maschinenraum stehender Dieselmotor von 175 PS bei 1500 U/min treibt einen Gleichstrom-Leonard-Generator von 98 kW an, der den Strom für den am Oberturas angeordneten Eimerkettenmotor von 120 PS liefert, bei stufenloser Einstellung der Schüttzahlen von 18 bis 24/min.

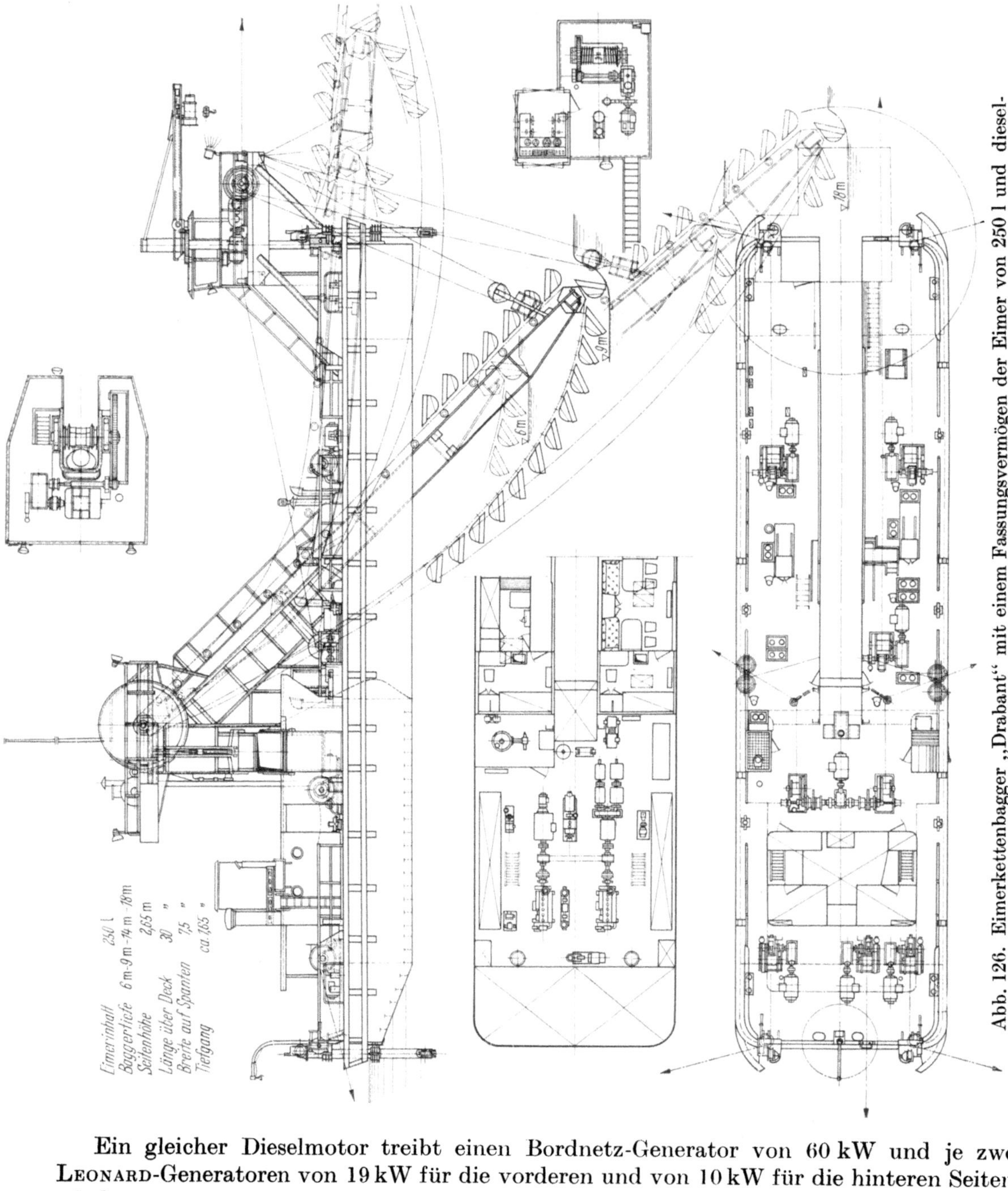

Abb. 126. Eimerkettenbagger „Drabant" mit einem Fassungsvermögen der Eimer von 250 l und dieselelektrischem Antrieb. Erbaut 1961 von der LMG Lübeck für Dänemark

Ein gleicher Dieselmotor treibt einen Bordnetz-Generator von 60 kW und je zwei Leonard-Generatoren von 19 kW für die vorderen und von 10 kW für die hinteren Seitenwinden an.

Die Vortauwinde mit einem Antriebsmotor von 10 PS ist an den Bordnetz-Generator angeschlossen. Die vorderen Seitenwinden werden von Motoren von 20 PS angetrieben und haben Zugkräfte von 12,4 t bei einer Seilgeschwindigkeit von 6 m/min und 7,4 t bei 11,4 m je min. Die hinteren Seitenwinden werden von Motoren von 10 PS angetrieben und haben Zugkräfte von 6,3 t bei 6 m/min und 3,7 t bei 11,4 m/min Seilgeschwindigkeit. Die Hinterwinde hat ähnliche Daten, wie die Vortauwinde. Die Schutenverholwinde hat einen Antriebsmotor von 10 PS und eine Seilzugkraft von etwa 4 t bei 9,6 m/min Seilgeschwin-

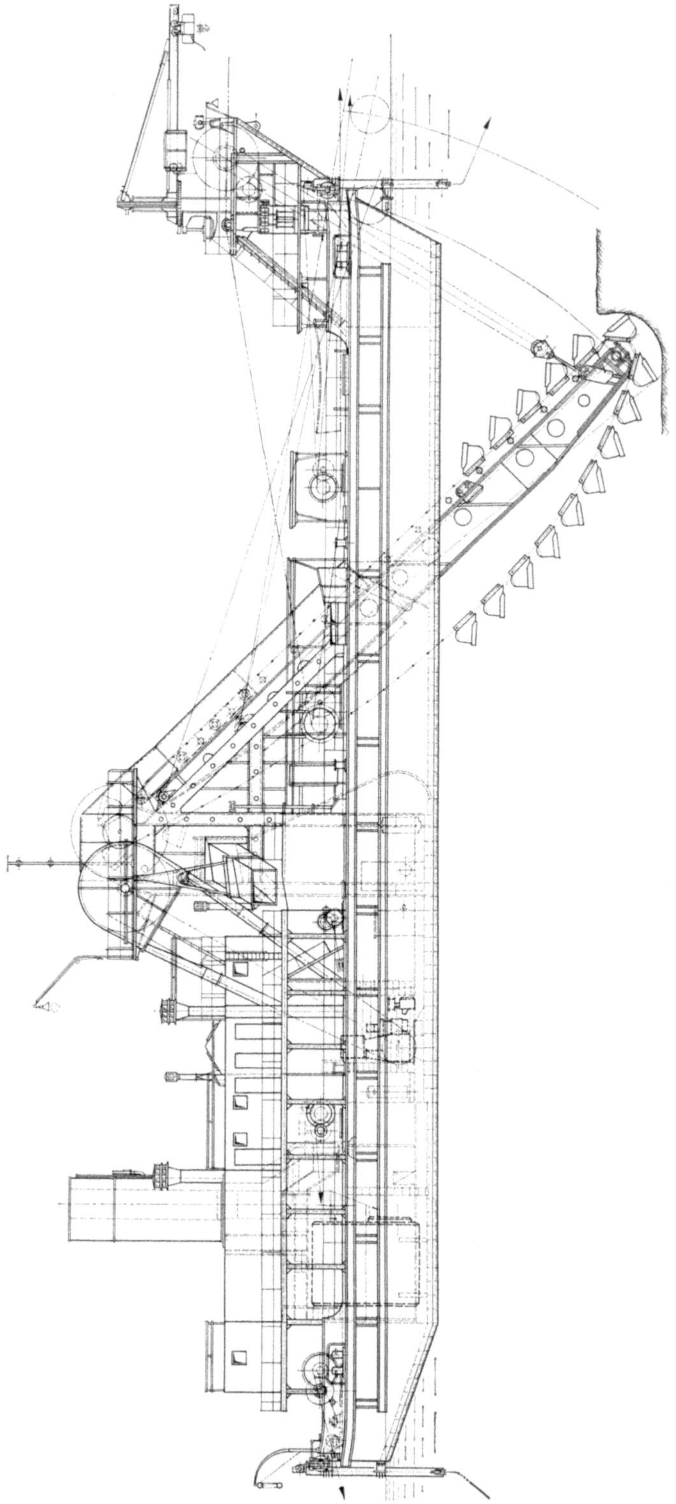

Abb. 127. Seitenansicht des Eimerkettenbaggers „Ismir" mit einem Fassungsvermögen der Eimer von 500 l und Dampfantrieb. Erbaut 1952 von der LMG für die Türkei

digkeit. Die Eimerleiter-Hubwinde besitzt einen Antriebsmotor von 30 PS und hebt die Eimerleiter aus größter Baggertiefe bis zur höchsten Stellung in 3,5 Minuten.

Abb. 127 ist eine Seitenansicht des von der LMG im Jahre 1952 für die türkische Regierung gelieferten Eimerkettenbaggers „Ismir“. Eine Deckansicht von ihm wurde bereits in Abb. 112 gezeigt. Als ein mit Dampf angetriebener Standard-Bagger der Mittelgröße

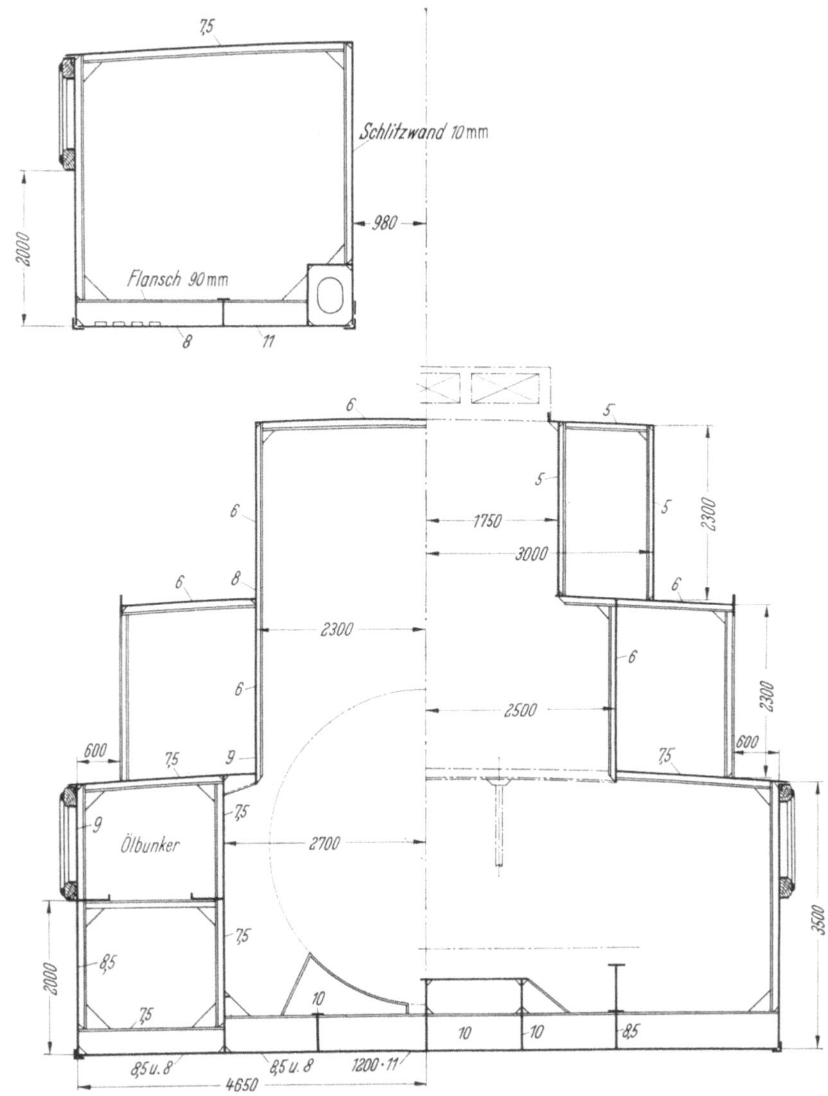

Abb. 128. Hauptspant des Baggers „Ismir“ mit Schnitten durch den Kesselraum, den Maschinenraum und den Schlitzkörper

mit einem Fassungsvermögen der Eimer von 500 l, soll er ausführlich beschrieben werden. Die Hauptdaten sind die folgenden:

Länge über Deck	49,5 m
Breite auf Spanten	9,3 m
Breite über alles	9,67 m
Seitenhöhe	3,5 m
Tiefgang mit gefüllten Kohlenbunkern und Tanks	2,0 m
Höhe von Mitte Oberturas über WL.	10,4 m
Baggertiefe normal unter WL.	10,5 m
dgl. mit abgesenkter Leiter und Hilfsleiter	15,0 m
Max. Baggertiefe mit verlängerter Eimerleiter	20,0 m

Fassungsvermögen der Eimer	500,0 l
Anzahl der Eimerschüttungen/h	780 bis 1320
dgl. in der Minute	13 bis 22
Leistung der Hauptmaschine	320/360 PS_i
Heizfläche des Kessels	175 m^2
Kesseldruck	14 kg/cm^2
Bunkerfassungsvermögen	25 t
Speisewasser und Frischwasser insgesamt	25 t

Das Schiffsgefäß ist nach den Vorschriften und unter Aufsicht des Lloyd Register of Shipping für die höchste Klasse der Dredger gebaut.

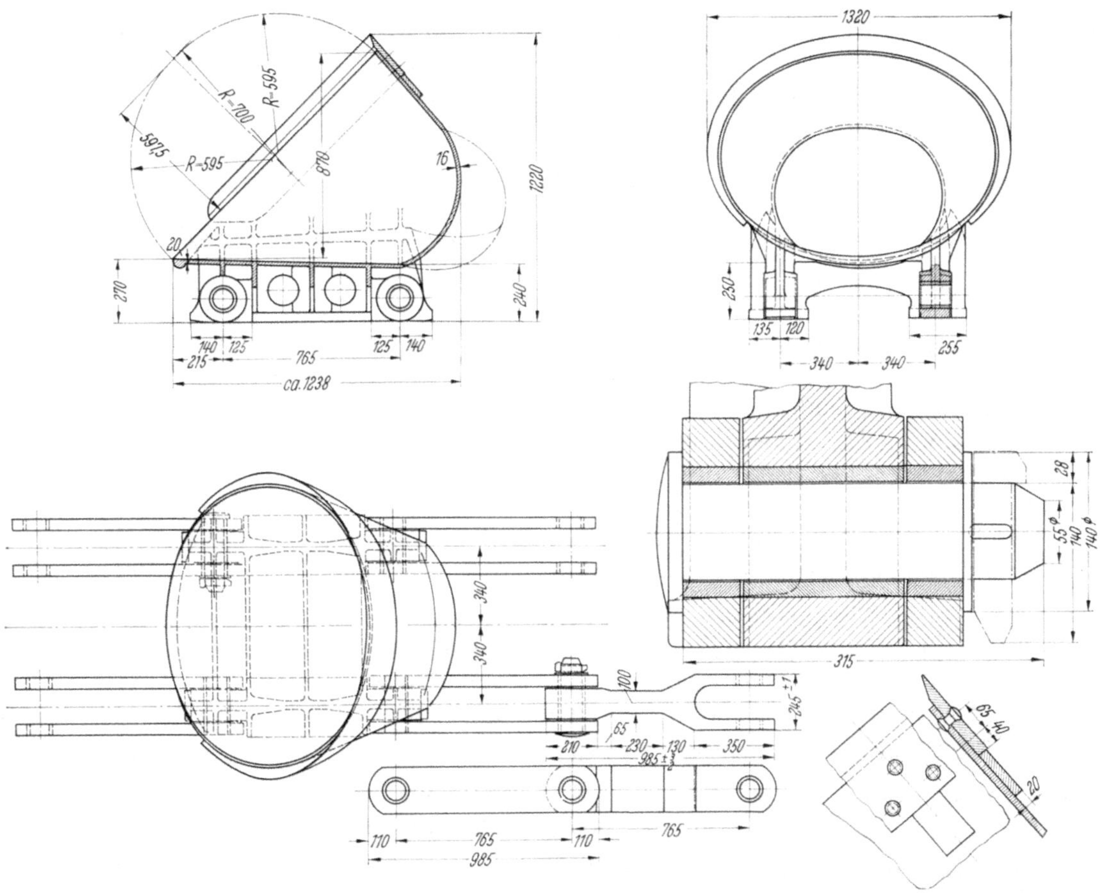

Abb. 129. Baggereimer für „Ismir" mit 500 l Fassungsvermögen in Stahlguß mit angenieteten Manganstahlmessern

Allgemeine Raumanordnung: Beiderseits vom Schlitz liegen Ballasttanks und Vorratsräume für Eimer und sonstige Ersatzteile, sowie Werkstatt an Backbord und Wohnräume für die zehnköpfige Besatzung an Steuerbord; es folgen Maschinenraum, Kesselraum und Achterpiek. Zwischen den Abteilungen befinden sich wasserdichte Schotte, entlang dem Schlitz beiderseitig läuft ein Kofferdamm, über dem Aufbau des Maschinenraumes befindet sich ein Deckshaus mit Wohnräumen für die Offiziere.

Materialabmessungen und *Dicken* sind aus der Hauptspantzeichnung Abb. 128 zu entnehmen, der Abstand der Spanten beträgt 540 mm. Das gesamte Schiffsgefäß bis auf die angenieteten Kimmwinkel ist geschweißt.

Baggerausrüstung: Abb. 129 zeigt die Baggereimer von 500 l Fassungsvermögen in Stahlguß mit angenieteten Manganstahlmessern. Die Eimerlaschen sind einfach und die Zwischenlaschen doppelt ausgeführt. Die Eimerbolzen von 85 mm Durchmesser mit runden

Köpfen bestehen aus Manganstahl, desgleichen die Buchsen in den Eimern und Laschen. Die *Eimerleiter* wurde bereits in Abb. 103 gezeigt. Sie besteht aus 1500 mm hohen und 10 mm dicken Blechträgern in einem Abstand von 1650 mm voneinander. Die Länge der Leiter über alles beträgt etwa 32 m. Wenn sie unter Einschaltung einer Hilfsleiter tiefgesetzt unter 45° Neigung steht, kann eine Baggertiefe von 20 m erreicht werden. Wenn aus der Eimerleiter ein Einsatzstück von 6420 mm herausgenommen ist, ergibt sich mit hochgesetzter Leiter eine Baggertiefe von 10,5 m und mit tiefgesetzter Leiter von 15 m, beides wieder bei 45° Neigung. Der sechskantige Unterturas mit abgedichteten Lagern wurde in Abb. 100 und der fünfkantige Oberturas in Abb. 109 gezeigt. Er wird in der üblichen Weise durch zwei Riemen von der Kurbelwelle der Hauptmaschinen über Ritzel und große Räder mit geschnittenen Zähnen angetrieben.

Die beiden Schüttrinnen gehen nicht senkrecht zur Schiffsachse nach den Seiten, sondern sind etwas nach hinten gerichtet. Man findet diese Ausführung oft, da man annimmt, daß der schräg abgehende Boden die Laderaumwände der Schuten schont und diese besser zu beladen sind.

Kessel-Anlage

Der Kessel ist ein schottischer Dreiflammrohr-Kessel mit folgenden Daten:

Durchmesser des Kessels	4100 mm
Länge des Kessels	3350 mm
Heizfläche, wasserberührt	175 m²
Durchmesser der Flammrohre	1000/1150 mm
Abmessungen der Siederohre	83×4 mm
Abmessungen der Ankerrohre	83×8 mm
Rostfläche	5,4 m²
Arbeitsdruck des Kessels	14 kg/cm²
Druck des künstlichen Zuges	60 mm/WS
Dampferzeugung bei Kohle von einem Heizwert von 6000 cal	4100 kg/h

Das Gebläse für künstlichen Zug wird durch eine geschlossene Einzylinder-Dampfmaschine mit 100 mm Bohrung und 75 mm Hub bei 480—500 U/min angetrieben und bringt 6200 m³/h Luft auf einen Druck von 60 mm Wassersäule.

Die *Hauptmaschine*, stehend mit dreifacher Expansion und den Zylinderabmessungen $\frac{320 + 475 + 750}{400}$ leistet 320/360 PS_i bei 165/185 U/min, hat STEPHENSON-Steuerung und einen Drosselregulator.

Der *Hauptkondensator* hat 50 m² Kühlfläche, der Hilfskondensator 23 m². Die stehende Simplex *Dampf-Luftpumpe* mit den Zylinder-Abmessungen $\frac{230 + 420}{400}$ bringt 4,8 m³/h Gemisch bei 25—30 Doppelhüben und bei 15 m man. Förderhöhe. Die *Kühlwasserpumpe* ist eine Zentrifugalpumpe und wird durch eine stehende Einzylinder-Dampfmaschine mit 150 mm Bohrung und 100 mm bei 480 U/min angetrieben. Sie bringt 200 l/h an Wasser bei einer man. Förderhöhe von 8 m.

Die *Speisewasserpumpe* ist eine zweifach wirkende Simplex-Zwillingspumpe mit den Abmessungen $\frac{170 + 120}{300}$ und bringt bei 840 Doppelhüben (minutlich 14) eine Wassermenge von 4800 l/h, die bis auf das Doppelte gesteigert werden kann. Sie saugt aus einem *Filtertank*, in den die Luftpumpe fördert und drückt in einen Speisewasser-*Vorwärmer* von 5,8 m² Heizfläche, der durch den Abdampf der Hilfsmaschinen beheizt wird und das Speisewasser von 40° auf 95° erwärmt. Dieses geht dann durch einen Speisewasser-*Druck-Filter* mit etwa 1 m² Filterfläche in den Kessel.

Die *Lenzpumpe* ist eine liegende Duplex-Pumpe mit den Zylinder-Abmessungen $\frac{180 + 175}{250}$ und bringt 60 m³/h Wasser bei 49 Doppelhüben/min und 30 m man. Förderhöhe. Eine Pumpe mit gleichen Abmessungen dient als Reserve-Lenzpumpe, Ballast-, Deckwasch-Feuerlösch- und Notzirkulationspumpe.

Dampf-Dynamo. Eine Einzylinder-Dampfmaschine, die bei 150 mm Bohrung und 100 mm Hub bei 500 U/min 32 PS_i leistet (die gleiche Maschine wie die für die Kühlwasserpumpe), treibt einen Gleichstrom-Nebenschluß-Generator von 20 kW bei 110 Volt an. Ein Diesel-Dynamo von 10 kW liefert, wenn der Kessel nicht in Betrieb ist, Strom für die Beleuchtung und den Kran auf dem Vorderbock.

Die Windenanlage des Baggers wurde im vorangehenden Kapitel N beschrieben.

Abb. 130. Eimerkettenbagger „Ismir" mit 500 l Eimerfassungsvermögen, hergerichtet für die Überführung von der Werft Lübeck nach der Türkei. Aufnahme LMG Lübeck

Abb. 131. Eimerkettenbagger „Afrika" mit Eimern von 625 l Fassungsvermögen und dieselelektrischem Antrieb. Aufnahme IHC-Holland

Abb. 130 ist ein Lichtbild des Baggers, das ihn fertig zur Überführung nach der Türkei zeigt. Die Eimerleiter liegt nach Abbau der Eimer waagerecht im Schlitz und der Oberturas mit seinen Antriebsrädern ist, wie man im Vordergrund sieht, an Deck gesetzt und festgezurrt.

Abb. 131 ist eine Ansicht des Eimerkettenbaggers „Afrika" mit einem Fassungsvermögen der Eimer von 625 l und dieselelektrischem Antrieb. Der Bagger wurde im Jahr 1947 von der IHC-Holland für die Firma Bos und Kalis, Sliedrecht gebaut. Sein Schiffskörper hat die Abmessungen 46,5×9×3,65 m. Der Tiefgang in betriebsfähigem Zustand beträgt 2,2 m entsprechend einer Verdrängung von etwa 750 t, der Schlitz ist

27 m lang und 1,9 m breit. Die Baggertiefe bei 45° Neigung der Leiter beträgt 16 m und kann durch Herabsetzen der Leiter bis auf 21 m gesteigert werden.

Die Welle des Oberturasses, der ein Sechskant ist, liegt 10 m über der Wasserlinie. Die Eimer mit 700 mm Bolzenabstand können 625 l fassen und sind ganz in Stahlguß ausgeführt mit einem Gewicht von 1224 kg. Sie sind, wie Abb. 95 zeigte, nicht wie sonst üblich durch zwei oder vier Laschen miteinander verbunden, sondern durch *eine* Lasche in Kastenform mit durchgehenden Bolzen. Die Eimertragrollen sind Walzen nach Abb. 132, so daß Eimer und Laschen mit großer Fläche auf einer Rollenbahn aufliegen. Die Zahl der Eimerschüttungen ist 18/min, entsprechend einer Kettengeschwindigkeit von 25,2 m je min.

Der Hauptbock ist auf halber Höhe geteilt, ein Abbau für Brückendurchfahrt ist dadurch möglich. Auf dem Vorderbock ist ein Drehkran aufgesetzt mit einer Hubkraft von 6 t für den Ausbau des Unterturasses und 3 t bei größerer Reichweite für die Eimer.

Abb. 132. Aufgehende Eimer von 625 l Fassungsvermögen auf walzenförmigen Tragrollen. Aufnahme IHC-Holland

Ein Deckshaus über dem Aufbau des Maschinenraumes enthält Wohnräume für 20 Personen, ausreichend für eine Doppelschicht bei 24stündiger Arbeit.

Im Maschinenraum steht ein Dieselmotor von 500 PS bei 750 U/min, der einen 250-kW-Krämer-Generator und einen 150-kVA-Drehstrom-Generator antreibt. Der Krämer-Generator ist mit dem Turas Motor von 300 PS in Leonard-Schaltung verbunden und ermöglicht eine stufenlose Regelung der Drehzahl vom Baggermeisterstand aus. Der Motor steht im Maschinenraum und treibt den Oberturas in üblicher Weise über Riemen und Vorgelege an. Der Krämer-Generator verhindert eine Überlastung der Anlage bei Anwachsen des Grabwiderstandes, Auftreffen der Eimer auf Steine usw.

Der Generator von 150 kVA liefert Drehstrom für die Motore, die keiner Drehzahl-Regelung bedürfen, wie die für Pumpen und einige Winden, weiterhin für einen Drehstrommotor auf dessen Welle vier Gleichstrom-Generatoren sitzen. Mit ihnen sind die Motore der vorderen und hinteren Seitenwinden (Scherwinden) in Leonard-Schaltung verbunden und dadurch in ihrer Seilgeschwindigkeit vom Baggermeisterstand aus stufenlos regelbar.

Abb. 133 ist ein Generalplan des im Jahre 1957 von der IHC-Holland an Bos und Kalis, Sliedrecht gelieferten Baggers „Australia“, der noch etwas größer ist als „Afrika“ und Eimer mit einem Fassungsvermögen von 800 l besitzt. Der Schiffskörper ist 50 m lang und 10,5 m breit. Die Seitenhöhe beträgt hinten 3,65 m und steigt nach vorne auf 4,3 m an. Dadurch wird ein Ausgleich des Gewichtes der Eimerleiter und der Eimerkette erreicht, den die durch den Schlitz verminderte Schwimmfläche sonst nicht ergibt. Früher hat man zu diesem Zweck mitunter die Schiffsbreite von hinten nach vorne ansteigen lassen. Der Tiefgang am vorderen Ende beträgt 2,8 m und am hinteren Ende 2,15 m, die

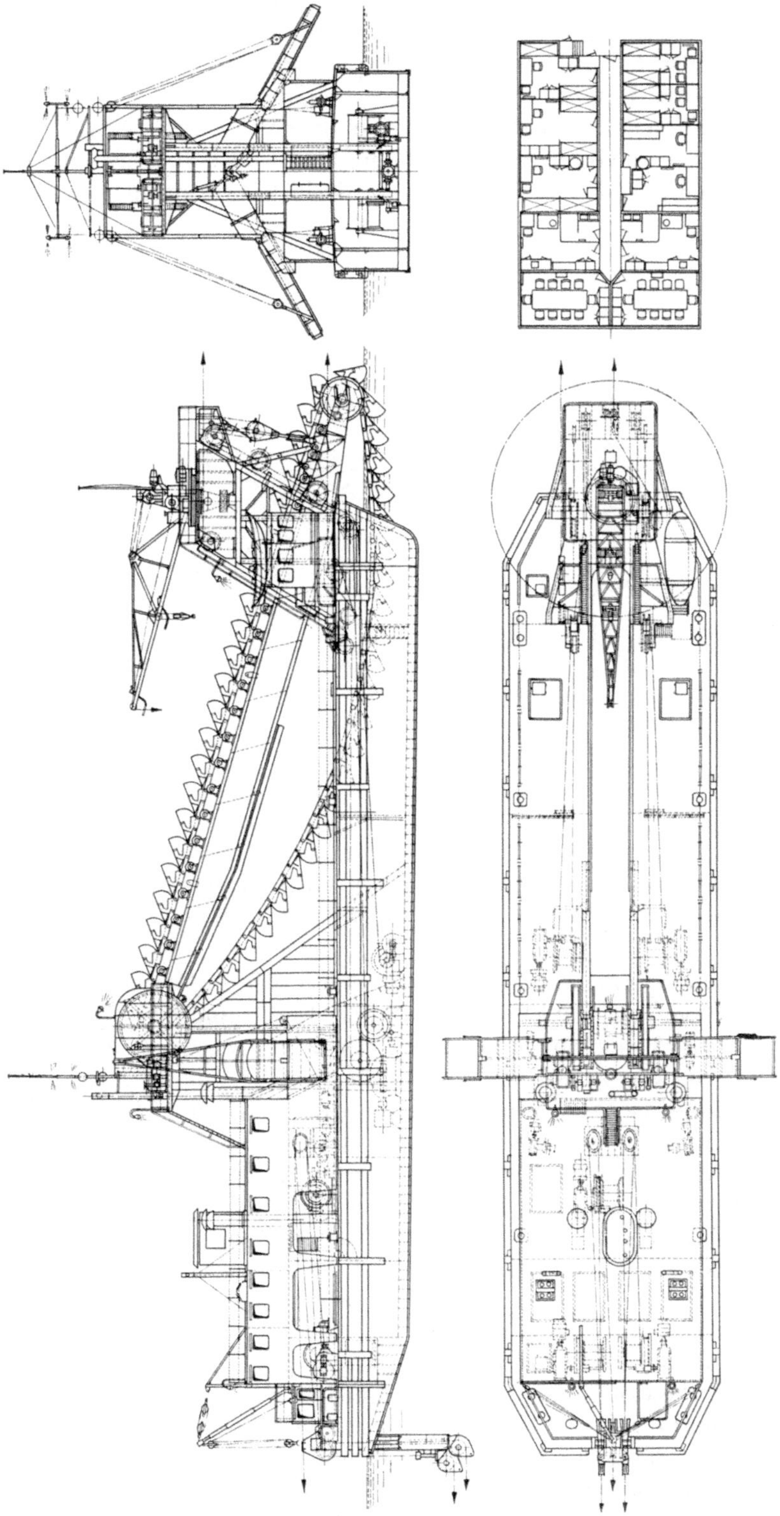

Abb. 133. Generalplan des Eimerkettenbaggers „Australia“ mit Eimern von 800 l Fassungsvermögen und dieselelektrischem Antrieb. Erbaut 1957 von der IHC-Holland für Bos und Kalis, Sliedrecht

Baggertiefe liegt zwischen 16 m und 21 m. Die Schwingachse der Eimerleiter fällt hier mit der Oberturaswelle zusammen, so daß die Eimerkette bei allen Neigungen der Eimerleiter die gleiche Spannung behält. Der Oberturas ist ein Sechskant und der Unterturas ein Achtkant. Die Eimer haben halbkugelähnliche Form und sind mit ihrer Öffnungsebene um 36° gegen die Verbindungslinie der Bolzenmitten, deren Abstand 725 mm beträgt, geneigt. Die Konstruktion der Laschen in Kastenform von „Afrika" hat man hier wieder fallengelassen und doppelte Zwischenlaschen, also im ganzen vier Stück, zwischen den Eimern angeordnet.

Die Wohnkabinen der Besatzung liegen auch hier über Deck.

Von dem konventionellen Oberturas-Antrieb durch Riemen ist man abgekommen und hat zwei Elektromotore von je 200 PS auf dem Hauptbock angeordnet. Im Maschinenraum, den Abb. 134 zeigt, sind vier Dieselmotore, Fabrikat Caterpillar mit einer Leistung

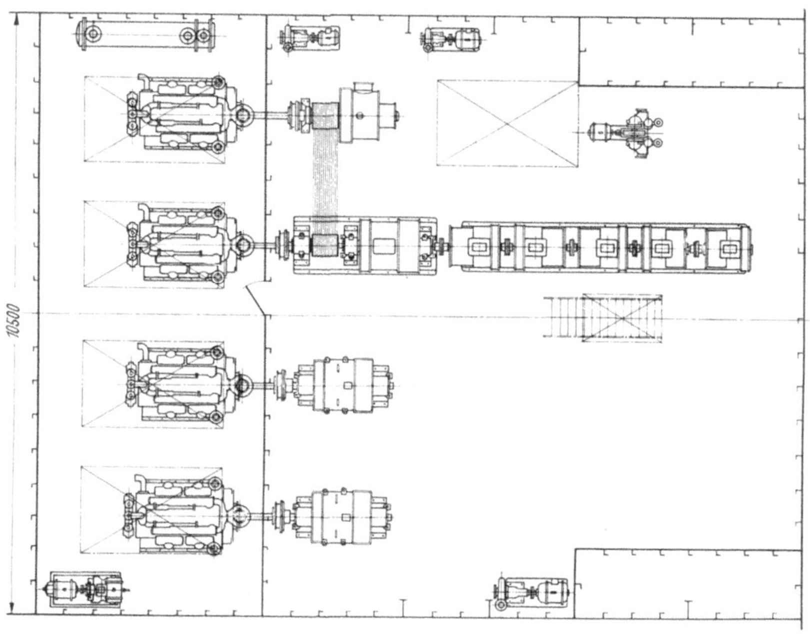

Abb. 134. Maschinenraum des Eimerkettenbaggers „Australia" mit vier Dieselmotoren von je 235 PS bei 1200 U/min für Antrieb von KRÄMER-Generatoren und einem Bordnetz-Generator

von je 235 PS bei 1200 U/min aufgestellt. Zwei dieser Motore sind gekuppelt mit zwei KRÄMER-Generatoren von je 160 kW, die mit den Elektromotoren für den Oberturasantrieb in LEONARD-Schaltung verbunden sind. Der dritte Dieselmotor treibt einen Kompound-Dynamo von 100 kW zur Stromlieferung für einen Teil der Winden und weiter eine Reihe von fünf LEONARD-Generatoren an, für diejenigen Winden, deren Seilgeschwindigkeit geregelt werden muß. Der daneben stehende vierte Dieselmotor kann über Keilriemen die gleichen Generatoren antreiben und ist außerdem gekuppelt mit einem Drehstrom-Generator von 65 kVA, der zur Speisung der Motore dient, die mit gleichbleibender Drehzahl laufen. Ein Hilfsaggregat von 5 PS besorgt die Ladung der an Bord vorhandenen Akkumulator-Batterien.

Winden-Anlage. Die Vortauwinde, die Leiterhebewinde und die beiden vorderen Seitenwinden sind unter Deck angeordnet und auf die Bodenwrangen gesetzt. Abb. 135 zeigt im Maschinenraum, dicht nebeneinander stehend aber getrennt angetrieben, die Vortauwinde und die Leiterhebewinde mit je zwei Trommeln. Die *Vortauwinde* wird angetrieben durch einen Elektromotor von 35 PS bei 750 bis 2000 U/min mit einer Untersetzung von 1:59,5. Die Zugkraft beträgt 18 t bei einem Seildurchmesser von 36 mm und einer Seilgeschwindigkeit von 8 m/min. Die Haltekraft der Winde beträgt 27 t. Die Trommeln haben einen Durchmesser von 800 mm und können 1000 m Seil fassen.

Die *Leiterhebewinde* hat einen Antriebsmotor von 75 PS bei 750 U/min und 200 PS bei 2000 U/min, die Untersetzung ist 1:97,5. Die Zugkraft am 36 mm starken Seil beträgt

26,2 t und die Seilgeschwindigkeit 4,5 m/min bzw. 12 m/min. Die Seiltrommeln haben einen Durchmesser von 1000 m.

Die vorderen Seitenwinden nach Abb. 136 stehen ebenfalls unter Deck und werden durch Motore von 35 PS bei 600 bis 2000 U/min mit einer Untersetzung von 1:35,5 ange-

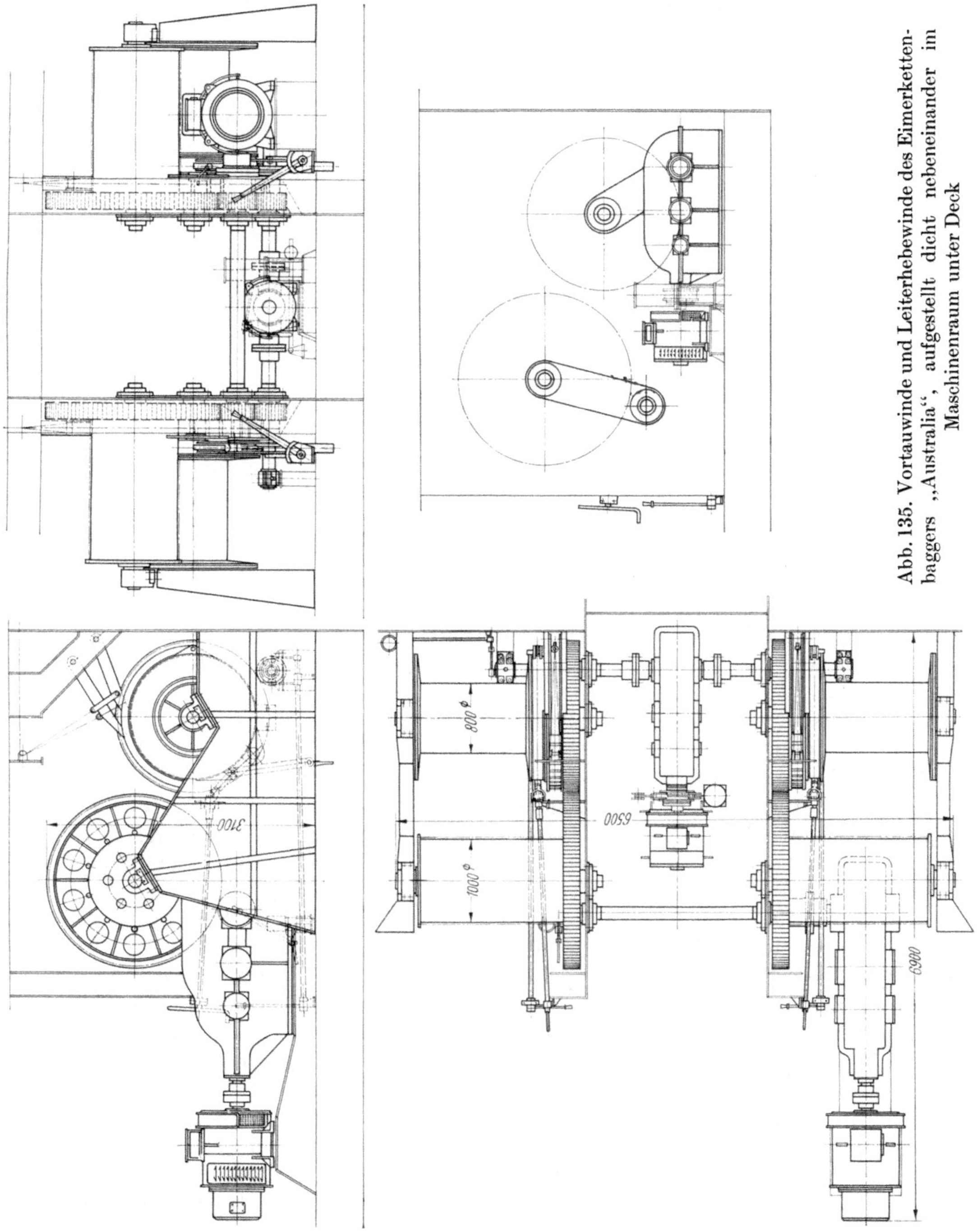

Abb. 135. Vortauwinde und Leiterhebewinde des Eimerkettenbaggers „Australia“, aufgestellt dicht nebeneinander im Maschinenraum unter Deck

trieben. Sie haben eine Zugkraft von 12 t bei einer Seilgeschwindigkeit von 8 m/min und eine Haltekraft von 20 t. Der Durchmesser der Trommel beträgt 800 mm, es können 300 m Seil von 30 mm Dicke aufgenommen werden.

Die hinteren Seitenwinden haben den gleichen Aufbau wie die vorderen, jedoch etwas schwächere Motore. Sie stehen auf Deck unter den Wohnräumen und haben eine besondere

Führung der Seile. Diese gehen zunächst nach vorne und dann über Umlenkrollen wieder nach hinten. Dann werden sie senkrecht nach unten in Seilrollenhalter umgelenkt, die an ihrem unteren Ende eine schwenkbare Seilrolle tragen. Diese lenkt die Drahtseile in einer solchen Tiefe nach den Seiten, daß sie unter dem Boden der Schuten verlaufen.

Die Hintertauwinde, die den gleichen Aufbau hat, wie die Seitenwinden, steht so weit vorne, daß ihr Seil mit genügendem Verlauf nach hinten geht, wo es dann auch für den Ablauf unter Wasser durch Seilrollenhalter abgelenkt wird.

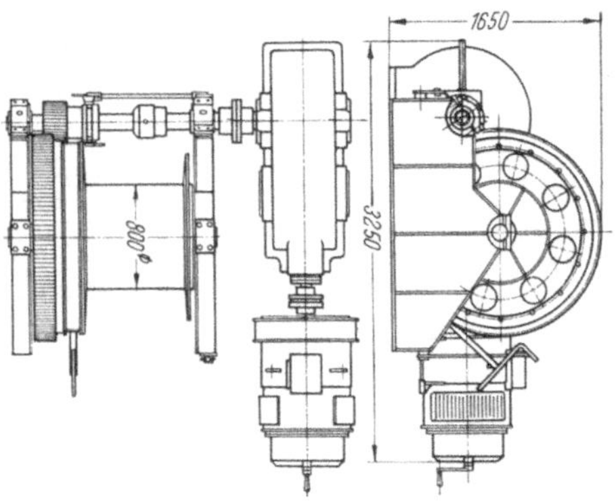

Abb. 136. Vordere Seitenwinde von „Australia", unter Deck aufgestellt

Außer den beschriebenen Hauptwinden gibt es noch weitere für die Wechselklappe und die Schüttrinnen, für Schutenverholen usw.

Abb. 137 ist ein Generalplan des Eimerkettenbaggers „Herkules" der als Nachfolger seines Schwesterbaggers „Titan" im Jahre 1964 von der Orenstein-Koppel und Lübecker Maschinenbau Ges. für Ph. Holzmann AG Frankfurt a. M. mit einem Eimerfassungsvermögen von 900 l geliefert wurde.

Der Schiffskörper hat die Abmessungen $54{,}8 \times 12 \times 3{,}75$ m, der mittlere Tiefgang in betriebsfähigem Zustand mit 50 t Brennstoff, 60 t Frischwasser, 20 t Heizöl und 145 t Wasserballast am hinteren Ende beträgt etwa 2,5 m, entsprechend einer Verdrängung von etwa 1400 t.

In der oberen Stellung der Eimerleiter wird bei deren 45°-Neigung eine Baggertiefe von 14,5 m erreicht. Dabei liegt die Hilfsleiter über der Hauptleiter. Bei der unteren Stellung der Hauptleiter, auf der dann die Hilfsleiter mit ihrem unteren Ende aufliegt, beträgt die Baggertiefe bei 45° Neigung 21,8 m. Es ist vorgesehen, daß in Sonderfällen ein Zwischenstück in die Eimerleiter eingesetzt und damit eine Baggertiefe von 24 m erreicht werden kann.

Durch eine hydraulische *Spannvorrichtung* für die Eimerkette mit dem Verschiebeweg von 1 m, kann der gewünschte Durchhang der Eimerkette eingestellt werden. Oberhalb der Wechselklappe ist eine *Druckrolle* angeordnet, gegen die sich die Unterbucht der Eimerleiter legt, wenn sie in die Flachbaggerstellung gebracht wird. Dadurch bleiben die Bedingungen für das Ausschütten der Eimer bei allen Baggertiefen die gleichen. Die Welle vom Oberturas liegt 13,5 m über der Wasserlinie und die Welle der Wechselklappe 4,5 m unter der Oberturaswelle. Die Schüttrinnen sind nach hinten gerichtet.

Die Eimer mit einem Fassungsvermögen von 900 l sind nach Abb. 138 in halbkugelähnlicher Form aus Stahlguß GSE 30 Mn 5 mit $B \sim 65$ kg/mm², $S \sim 40$ kg/mm² und 18% Dehnung hergestellt und haben doppelte Zwischenlaschen. Die Eimerbolzen aus Mangan-Hartstahl mit 12–14% Mangangehalt haben einen Durchmesser von 125 mm. Die Buchsen in den Eimern und Schaken sind ebenfalls aus Mangan-Hartstahl mit 12–14% Mangangehalt hergestellt und allseitig bearbeitet. Die Schakenteilung beträgt 800 mm.

Der *Oberturas* nach Abb. 139 ist ein Sechskant aus Stahlguß und hat in den Laufflächen Mitnehmerknaggen, in die Gegenmitnehmer der Eimer eingreifen, so daß eine zwangsläufige Mitnahme der Eimerkette in beiden Drehrichtungen gesichert ist. Die Laufflächen und die Mitnehmer sind mit Hartstahlaufschweißung DUR 600 versehen.

Der *Unterturas* ist ein Siebenkant aus Stahlguß, ebenfalls mit Hartstahlaufschweißungen. Er hat abgedichtete und geschmierte Wellenlager.

Maschinenanlage. Im Maschinenraum stehen zwei Hauptdieselmotore mit einem Leistungsvermögen von je 620 PS bei 750 U/min. Der eine davon, der *Baggerdieselmotor* ist auf 500 PS blockiert und treibt über eine elastische Kupplung den Drehmoment-Wandler und weiter über Riemen und Zahnräder den Oberturas an. Da der Drehmoment-Wandler eine Primär-Nenndrehzahl von 1750 U/min hat, mußte ein Hochganggetriebe 1:2,33

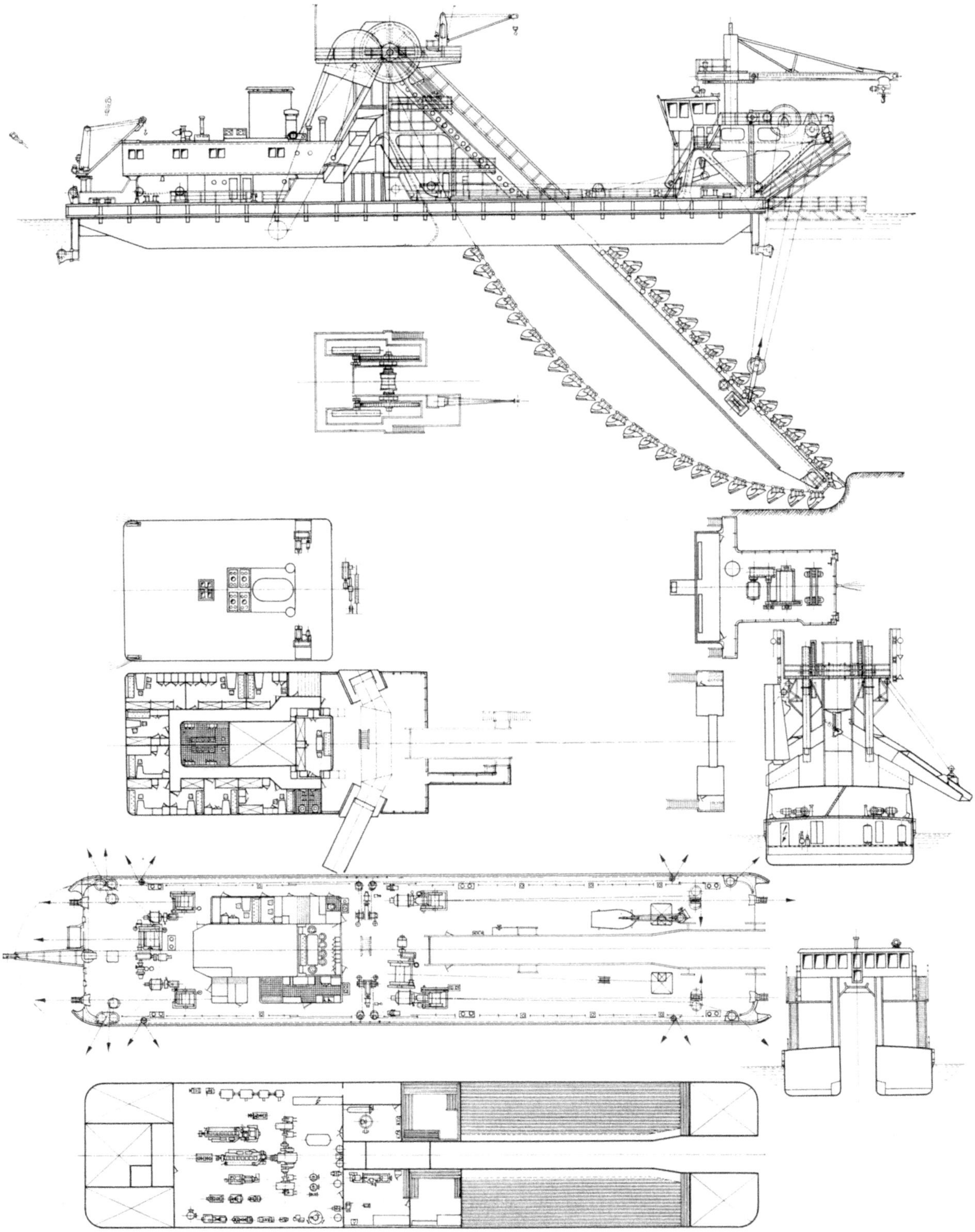

Abb. 137. Generalplan des Eimerkettenbaggers „Herkules" mit einem Eimerfassungsvermögen von 900 l und dieselhydraulischem Antrieb für die Eimerkette. Erbaut 1964 von der LMG für Ph. Holzmann A. G. Frankfurt/Main

vorgeschaltet werden. An den Wandler schließt sich ein Kegelrad-Wendegetriebe an, um Vorwärts- und Rückwärtslauf zu ermöglichen; danach kommt eine Stirnrad-Unterset-

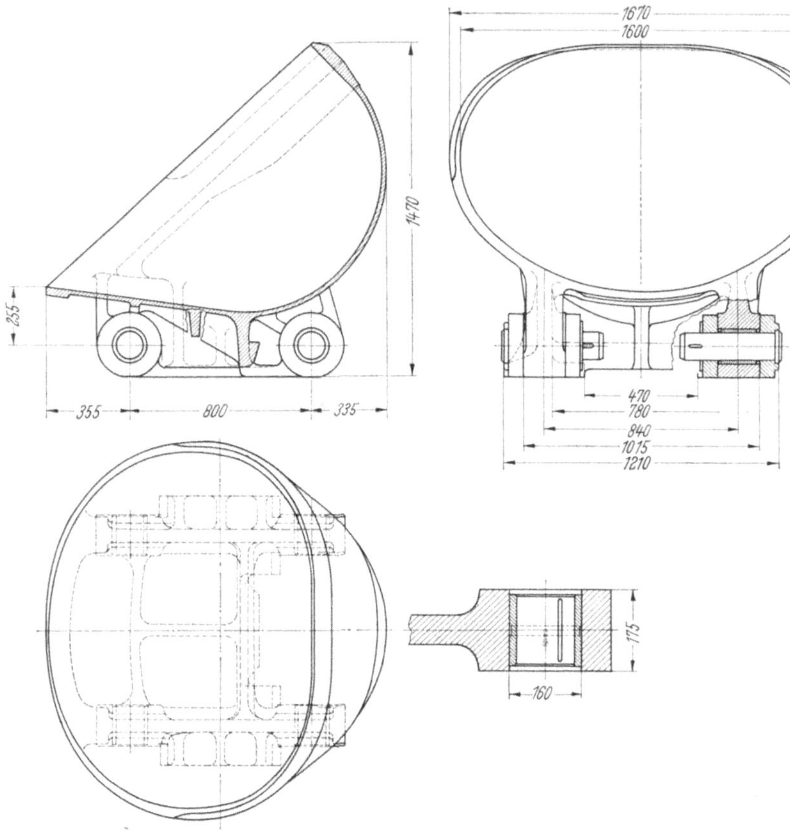

Abb. 138. Baggereimer von 900 l Fassungsvermögen in halbkugelähnlicher Form aus Stahlguß mit verstärkten Schneidkanten und Vorsprüngen im Rücken für Mitnahme durch den Oberturas

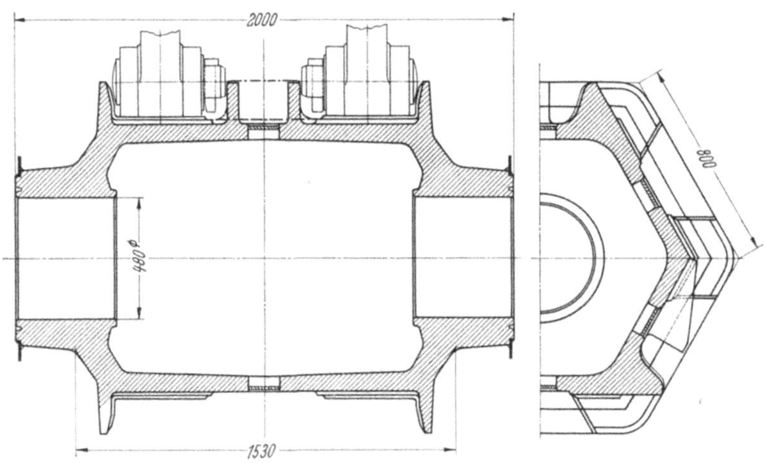

Abb. 139. Sechskantiger Stahlguß-Oberturas mit besonderer Ausbildung der Flanken für Mitnahme der Eimer auch bei hohem Kettenzug

zung. Die Riemenscheibenwellen laufen mit 112 bis 260 U/min, die zum Oberturasvorgelege führenden Siegling-Extremultus-Riemen sind 500 mm breit. Die Zahl der Eimerschüttungen kann zwischen 12 und 28/min eingestellt werden. Ein von der Abtriebswelle des Wandlers gesteuerter Regler regelt die Antriebsdrehzahl des Dieselmotors so, daß die Schüttungszahl eingehalten, eine Überlastung jedoch verhindert wird.

Man kann annehmen, daß der Wirkungsgrad der vielgliedrigen Übertragung bei 65% liegt, so daß am Oberturas $500 \times 0{,}65 = 325$ PS wirksam sind. Bei $16^2/_3$ Schüttungen/min beträgt bei einer Schakenteilung von 800 mm die Kettengeschwindigkeit 26,6 m/min = 0,445 m/sec. Daraus ergibt sich der *Kettenzug* am Oberturas mit $325 \times 75/0{,}445 \sim 55000$ kg. Anders als bei Dampfmaschinen-Antrieb steigt er infolge der Wirkung des Drehmoment-Wandlers hier bei abnehmender Schüttungszahl an, so daß bei Stillstand mehr als der zweifache Wert erreicht wird. Da die Anteile für das Heben und die Reibung annähernd konstant bleiben, wächst der für die Ausübung der Grabkraft verfügbare Anteil, so daß die in einem Abstand von etwa 1,65 m von der Unterturaswelle angreifende Grabkraft bis auf etwa 40000 kg anwachsen kann. Andererseits bringt es die Wirkungsweise des Wandlers mit sich, daß bei einer Steigerung der Anzahl der Schüttungen, der für die Grabkraft verfügbare Anteil erheblich absinkt. Abb. 65 zeigte die Kennlinien des Drehmoment-Wandlers und läßt das Ansteigen des sekundären Drehmomentes sowie den Verlauf des primären Drehmomentes und des Wirkungsgrades erkennen. Alle Teile der Eimerkette müssen für die Belastung bei den erhöhten Kettenzügen bemessen sein. So wurde ein Bolzendurchmesser von 125 mm gewählt, jedoch ist die Flächenpressung zwischen Buchsen und Bolzen immer noch sehr erheblich.

Windenanlage. Der zweite im Maschinenraum stehende Dieselmotor ist mit einem Drehstrom-Generator von 438 kVA gekuppelt. Er liefert die Energie für die Motore, die keiner Regelung bedürfen und außerdem für Umformersätze von Drehstrom auf Gleichstrom für die zu regelnden Motore.

Die *Leiterhebewinde* ist auf dem Vorderdeck aufgebaut und wird durch einen Drehstrommotor angetrieben.

Die *Vortauwinde* wird durch einen polumschaltbaren Drehstrommotor von 20/40 PS angetrieben und hat eine Seilzugkraft von 20 t bei einer Seilgeschwindigkeit von 3,5 m/min. Ein Getriebe mit zwei Untersetzungsstufen läßt bei Einholen und Ausfahren des leeren Seiles eine max. Seilgeschwindigkeit von 30 m/min mit etwa 4,5 t Zugkraft erreichen. Die maximale Haltekraft der Winde beträgt 70 t, die Trommel kann 800 m Seil von 38 mm Durchmesser aufnehmen.

Die beiden *vorderen Seitenwinden* haben Gleichstrommotore mit einer Nennleistung von 80 PS und Drehzahlregelung durch LEONARD-Schaltung. Der Seilzug beträgt 15 t bei einer Seilgeschwindigkeit von 20 m/min, die Haltekraft maximal 20 t. Die größte Seilgeschwindigkeit beträgt 30,8 m/min, der Seildurchmesser 31 mm. Die Seile werden vorne, über nach unten gehende Seilhalter abgelenkt, so daß sie die Schuten unterfahren. Sie können außerdem entlang der Eimerleiter zu Seilablenkrollen geführt werden, die in der Nähe des Unterturas angeordnet sind.

Die Steuerung der beiden vorderen Seitenwinden erfolgt vom Baggermeisterstand in der Weise, daß beim Ziehen der einen Winde die andere ihr Seil straff hält. Eine örtliche Bedienung unter Ausschaltung der Automatik ist aber auch möglich.

Die beiden *hinteren Seitenwinden* haben Gleichstrommotore von 55 PS Nennleistung bei LEONARD-Schaltung. Die Zugkraft beträgt 10 t bei einer Seilgeschwindigkeit von 20 m je min, die Haltekraft maximal 15 t und die größte Seilgeschwindigkeit bei Entlastung 30,8 m/min. Die Steuerung vom Baggermeisterstand ist die gleiche wie bei den vorderen Seitenwinden, die Drahtseile werden am Hinterschiff unter Wasser geführt.

Die *Hinterwinde* ist eine kombinierte Hintertau- und Ankerwinde. Die Seiltrommel hat eine Zugkraft von 20 t (25 t Haltekraft) bei einer Seilgeschwindigkeit von 3,5 m/min und einem Seildurchmesser von 31 mm. Das Getriebe enthält zwei Untersetzungsstufen, um das unbelastete Seil mit einer Geschwindigkeit von 30 m/min einholen und ausfahren zu können. Eine Kettennuß für eine 32 mm Ankerstegkette ist vorgesehen. Zum Antrieb dient ein Gleichstrommotor von 40 PS.

Die Ankergewichte betragen 2500 kg für das Vortau, 2000 kg für das Hintertau, je

1500 kg für die vier Seitentaue und 2000 kg für einen Reserveanker. Außerdem ist ein Universalanker von etwa 900 kg als Sturmanker vorgesehen.

Zwei *Schutenverholwinden* stehen mittschiffs an Backbord und an Steuerbord mit einem maximalen Seilzug von 3,5 t bei Seilgeschwindigkeiten zwischen 15 m/min und 30 m/min. Sie werden durch Gleichstrommotore angetrieben.

Elektrische Winden betätigen das Umlegen der Wechselklappe und das Heben der beweglichen Schüttrinne.

Abb. 140. Ansicht des Eimerkettenbaggers „Herkules“ mit Eimern von 900 l Fassungsvermögen. Aufnahme LMG Lübeck

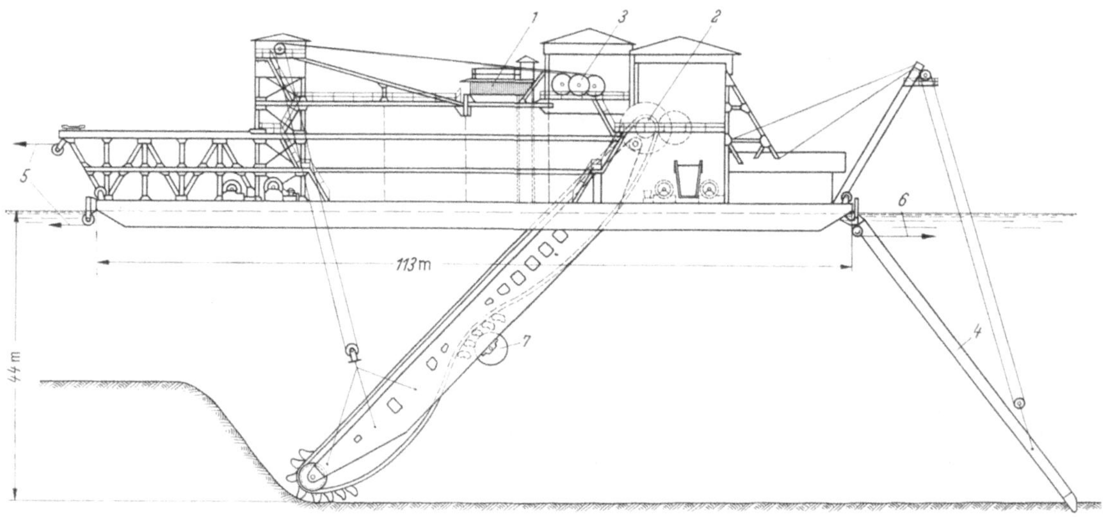

Abb. 141. Entwurf eines Eimerkettenbaggers für den Umbau des Panama-Kanals mit einem Eimerfassungsvermögen von 1500 l und einer maximalen Baggertiefe von 44 m

1 Baggermeisterhaus; *2* Oberturas-Antrieb; *3* Leiterhebewinde; *4* Haltepfahl; *5* Vortau; *6* Achtertau; *7* Stützrolle für die Eimerkette

Im Maschinenraum steht ferner ein Hafenaggregat, bestehend aus einem Dieselmotor von 51 PS bei 1200 U/min, der einen 40 kVA-Drehstrom-Kompound-Generator und einen abkuppelbaren Kompressor antreibt.

Eine *Außenhaut-Kühlanlage* besorgt die Rückkühlung des Kühlwassers der Dieselmotore, der Anlaßluft des Schmieröles sowie des Wandleröls. Die entsprechenden Flächen der Außenhaut sind doppelwandig ausgebildet.

Eine umfangreiche *Werkstattanlage* befindet sich anschließend an den Maschinenraum an Steuerbord neben dem Schlitz.

Hebezeuge. Auf dem Vorderbock steht ein elektrisch angetriebener Katzenlaufkran mit 15 t Tragkraft bei maximal 12,5 m Ausladung, schwenkbar um 360°, weiterhin ein schwenkbar leichter Auslegekran mit 1 t Tragkraft bei maximal 5 m Ausladung.

Wohnräume für 23 Personen mit Messe, Küche usw. sind über Deck, hinter dem Hauptbock angeordnet.

Der *Baggermeisterstand* befindet sich auf dem Vorderbock mit einem Steuerpult, von dem der Oberturasantrieb und fast sämtliche Winden betätigt werden können. Es sind ferner zahlreiche Überwachungsinstrumente vorhanden.

Abb. 140 ist ein Lichtbild des beschriebenen Eimerkettenbaggers „Herkules".

Für den Umbau des *Panama-Kanals* zum Kanal auf See-Ebene, d. h. ohne Schleusen, sind Schwimmbagger von außergewöhnlichen Abmessungen, insbesondere sehr großer Baggertiefe erforderlich. Der Entwurf eines Schneidkopfsaugers mit zwei Baggerpumpen von 10000 PS und 8000 PS Antriebsleistung, einem Druckrohrdurchmesser von 1020 mm und einer Arbeitstiefe von 44 m wurde in Band I Seite 204 gebracht. Das nachfolgende Kapitel P enthält Angaben über einen Löffelbagger (dipper) mit einem Fassungsvermögen des Löffels von 23 m³ und einer maximalen Baggertiefe von 26 m.

Außerdem ist ein Eimerkettenbagger vorgesehen, von dem Abb. 141 eine Entwurfzeichnung ist.

Seine Hauptdaten sind die folgenden:

Länge des Schiffsrumpfes	113 m
Breite	30,5 m
Seitenhöhe	4,0 m
Eimerfassungsvermögen..............	2000 l
größte Baggertiefe	44,0 m

Energieerzeugung durch vier Dieselmotore von je 1600 PS, die mit entsprechenden Generatoren direkt gekuppelt sind.

Hauptantrieb für die Eimerkette etwa	2500 PS
Gesamte installierte Maschinenleistung etwa .	5300 PS
Länge der Eimerleiter	73 m

Man hat erwogen, das Fassungsvermögen der Eimer bis 4,6 m³ zu steigern, hat sich aber doch schließlich auf 2 m³ beschränkt, weil das Gewicht der Eimer, die sehr harten Boden bearbeiten sollen, zu groß geworden wäre. Für leichten Boden ist schon ein Eimerkettenbagger (Orozal) mit Eimern mit 2 m³ Fassungsvermögen ausgeführt worden. Für Felsaushub betrug es aber nur 0,960 m³.

Die Hauptdaten der in diesem Abschnitt beschriebenen Eimerkettenbagger mit seitlichen Schüttrinnen sind in der Tabelle 13 zusammengestellt (siehe nächste Seite).

2. Eimerkettenbagger mit Förderbändern statt schräger Schüttrinnen

Im vorangegangenen Kapitel N wurden die Nachteile der mit einer Neigung zwischen 30° und 35° abfallenden Schüttrinnen geschildert. Besonders bei Baggern für Binnengewässer ist es kaum möglich, eine genügende Ausschütthöhe zu erreichen, ohne daß der Oberturas in unzulässig große Höhe kommt. Das macht den Bagger unstabil und ist für das Unterfahren von Brücken hinderlich.

Im Jahre 1935 wurde für die Verwaltung der märkischen Wasserstraßen ein Bagger mit einem Fassungsvermögen der Eimer von 20 l geliefert. Der Schiffskörper hat die Abmessungen 8,8×4,8×1,6 m. Die Baggertiefe beträgt 3,65 m und der Tiefgang 0,69 m entsprechend einer Verdrängung von etwa 25 t. Im Maschinenraum ist ein liegender Deutz-Dieselmotor von 15 PS angeordnet, der mit Riemen den vierkantigen Oberturas antreibt. Ein Gleichstrom-Generator versorgt die elektrisch angetriebenen, mit Ketten arbeitenden Winden und den Antriebsmotor des Förderbandes mit Strom.

Der aus den Eimern kommende Boden fällt in den Schüttbrunnen, an dem unten eine drehbare, den Boden auf das Förderband leitende Schurre sitzt. Das Band von 500 mm Breite, dessen tiefster Punkt in waagerechter Stellung 0,9 m über dem Wasserspiegel liegt,

Tabelle 13. *Hauptdaten von ausgeführten Eimerkettenbaggern mit seitlichen Schüttrinnen*

		A	B	C	D	E	F	G	H
1	Name des Baggers	Alster	Mannheim	Drabant	Ismir	Afrika	Australia	Herkules	Panama
2	Bauwerft und Baujahr	Orenstein-Koppel u. Lübecker Maschinenbaugesellschaft 1949	Schiffs- und Maschinenbau AG Mannheim 1950	Orenstein-Koppel u. Lübecker Maschinenbaugesellschaft 1961	Orenstein-Koppel u. Lübecker Maschinenbaugesellschaft 1952	IHC-Holland de Klop Sliedrecht 1947	IHC-Holland de Klop Sliedrecht 1957	Orenstein-Koppel u. Lübecker Maschinenbaugesellschaft 1964	Projekt 1948
3	Bauherr u. Eigentümer	Strom- und Hafenbau Hamburg	Hafenbauamt Mannheim	Melchior und Voltelen Kopenhagen	Türkische Regierung	Bos u. Kalis Sliedrecht	Bos u. Kalis Sliedrecht	Ph. Holzmann AG Frankfurt/M.	Panama Corporation
4	Länge über Deck L in m	14	28	30	49,5	46,5	50	54,8	113
5	Breite auf Spanten B in m	4	6,35	7,5	9,3	9	10,5	12	30,5
6	Seitenhöhe H in m	1,3	2,35	2,65	3,5	3,65	3,65/4,3	3,75	4
7	Produkt $L \cdot B \cdot H$ in m³	73	418	595	1610	1525	2090	2470	13800
8	Eimerfassungsvermögen in l	45	100	250	500	625	800	900	2000
9	Zahl der Schüttungen/min	24	18,3	18—24	13—22	18		12—28	
10	Betriebstiefgang in m	0,7	1,0	1,65	2,0	2,2	2,15/2,8	2,5	2,75
11	Verdängung etwa t	32	150	300	735	750	1050	1400	7500
12	Baggertiefe in m	3/4	5,5/7,5	6/9/14	10,5/15 20	16/21	16/21	14,5/21,8 24	44
13	Oberturaswelle über WL in m	3,85	7	7,5	10,4	10	11	13,5	14,5
14	Kantenzahl der Turasse	4—5	4—5	5—6	5—6	5—6	6—8	6—7	
15	Energie-Erzeugung Antrieb des Oberturasses und der Winden	Dieselmotor 25 PS treibt Eimerkette und Zentral-Windenanlage	Dampfantrieb Kessel 44 m² Heizfl. 12 atü Hauptmaschine 60 PS; treibt Eimerkette und Zentral-Windenanlage	1. Dieselmotor 175 PS treibt LEONARD-Gen. Motor 120 PS am Oberturas 2. Dieselmotor 175 PS treibt Bordnetz- u. Winden-Gen. Winden haben E-Motoren	Dampfantrieb Kessel 175 m² Heizfl. 14 atü Hauptmaschine 320/360 PS_i Einzelantrieb der Winden durch Zwillings-Dampfmaschinen	Dieselmotor 500 PS treibt KRÄMER-Gen. 250 kW und Drehstr.-Gen. von 150 kVA Turas-Mot. 300 PS Winden mit E-Motoren	Diesel I. u. II 235 PS. 2 Krämer-Gen. für Oberturas; Diesel III 235 PS Kompound-Dyn. f. Winden; Diesel IV Res. u. Gen. 65 kVA; Winden mit E-Motoren	Bagger-Diesel 500 PS treibt Oberturas über Hydr.-Drehmoment-Wandler Diesel 620 PS Gen. 430 kVA Winden E-Motoren teils Gleichstrom, teils Drehstrom	4 Dieselmotoren je 1600 PS für Energie-Erz. Motor f. Oberturas 2500 PS Winden durch E-Motoren

kann an seinem Ende durch eine Handwinde um 0,5 m angehoben und nach den Seiten sowie nach hinten in jede Richtung geschwenkt werden. Die größte Höhe des Baggers über dem Wasserspiegel beträgt 3,5 m, so daß die meisten Brücken ohne Abbau unterfahren werden können.

In ähnlicher Bauart, jedoch größer ist der Bagger „Elbe" (Abb. 142) 1937 von Gebr. Sachsenberg, Roßlau, an Ph. Holzmann AG geliefert worden. Man sieht im Vordergrund das schwenkbare Förderband von 1000 mm Breite. Der Schiffskörper ist zerlegbar und bahnverladbar und hat in zusammengebautem Zustand die Abmessungen $21 \times 6{,}9 \times 2{,}2$ m. Der Tiefgang beträgt 0,95 m entsprechend einer Verdrängung von etwa 110 t und die Baggertiefe maximal 6 m.

Der Eimer der in Abb. 92 gezeigt wurde, faßt 150 l, die Zahl der Schüttungen kann zwischen 14 und 28/min eingestellt werden.

Der Hauptmotor, ein Jastram-Diesel ist mit etwa 120 PS bei 750 U/min sehr reichlich bemessen und gekuppelt mit einem Gleichstrom-Generator von 70 kW bei 220 Volt. Der

Abb. 142. Eimerkettenbagger „Elbe" mit einem Eimerfassungsvermögen von 150 l und dieselelektrischem Antrieb mit zerlegbarem und bahnverladbarem Schiffskörper. Aufnahme 1937 Sachsenberg, Roßlau

Elektromotor für die Eimerkette hat 45 kW und ist in seiner Drehzahl durch Vorschaltwiderstände regelbar. Diese Regelart, die auch bei den Winden teilweise angewendet wurde, ist mit Verlusten verbunden und daher nur bei kleinen Einheiten möglich. Der nach dem Oberturas gehende Antriebsriemen ist so geführt, daß das durch einen Trommelmotor angetriebene Förderband in seinem Schwenkbereich nicht behindert wird. Die elektrisch angetriebenen Winden sind in Gruppen zusammengefaßt und an Deck angeordnet. Der Bagger hat Wohnräume neben dem Schlitz und im Hinterschiff.

Bemerkenswert ist die Vorrichtung zum Niederlegen des Hauptbockes, die ihn so weit in den Schlitz absinken läßt, daß der höchste Teil sich nur 3,5 m über der Wasserlinie befindet. Die Eimerleiter wird zunächst in die Stellung für die größte Baggertiefe gebracht und mit dem Drehpunkt des Leiterbockes durch Bolzen verbunden. Nachdem das Förderband nach hinten verfahren ist, läßt sich durch Heben des vorderen Eimerleiterendes mit der Leiterhebewinde der Bock in ganz kurzer Zeit umlegen. Abb. 143 zeigt den Bagger in diesem Zustand. Diese Einrichtung ist einfacher als die meisten anderen. Wenn nicht die Möglichkeit besteht, die Leiter bis in die 45°-Stellung zu bringen, muß das Niederlegen in Absätzen vorgenommen werden und dauert dann länger.

Die Aufgabe des Bodens auf einen Gummigurt ist bei einem Naßbagger wesentlich schwieriger als bei einem Trockenbagger. Die Eimer enthalten meist das Porenwasser und noch darüber stehendes Wasser, das beim Entleeren herunterstürzt. Der Schwenkkranz muß also spritzwasserdicht sein und die Schurre in die Richtung des Förderbandes führen. Ihr Ende muß mit angesetzten Gummileisten dicht auf dem Gummigurt liegen, der gewölbt und zwischen den Tragrollen durchgebogen ist. Bei Änderung der Bandneigung muß diese Dichtung erhalten bleiben. Wenn der Boden derartig beschaffen ist, daß in den aufgehenden Eimern durch Ablauflöcher das Wasser austreten kann, dann treten weniger

Abb. 143. Eimerkettenbagger „Elbe“ mit dem in kurzer Zeit durchzuführenden Umklappen des Hauptbockes mit einer verbleibenden Höhe von 3,8 m über dem Wasserspiegel. Aufnahme 1937 Sachsenberg, Roßlau

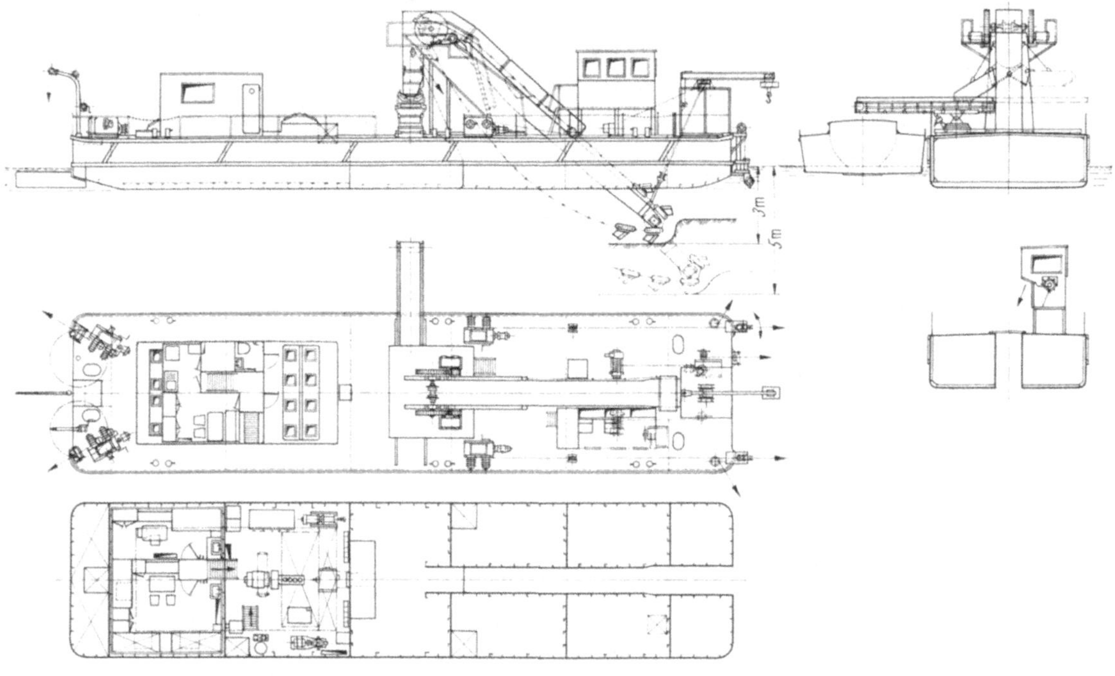

Abb. 144. Eimerkettenbagger mit einem Eimerfassungsvermögen von 75 l mit hydrostatischem Antrieb der Eimerkette und einem Förderband, das den Boden über eine Wechselklappe und Schüttrinnen erhält. Erbaut 1959 von der Schiffs- und Maschinenbau-A.G. für die Wasserstraßen-Verwaltung Würzburg

Schwierigkeiten auf. Kommt aber das Wasser mit, so dringt es durch etwaige Spalten, spritzt umher und verunreinigt alles, da es immer Feinkornbestandteile enthält. Nur eine genügende Breite des Gummigurtes, für die im Kapitel N Anhaltswerte gegeben wurden, bringt Abhilfe. Auch die Schwierigkeiten beim Abwurf des Bodens wurden an der genannten Stelle behandelt.

Bei dem Eimerkettenbagger ,,Odin" nach Abb. 144 mit Eimern von je 75 l Fassungsvermögen, ist die Aufgabe des Bodens auf das Förderband in anderer Weise gelöst. Der Schiffskörper hat die Abmessungen 26×6×2 m. Der Tiefgang beträgt 0,8 m und die Baggertiefe liegt zwischen 3 m und 5 m. Der höchste Festpunkt in betriebsfähigem Zustand befindet sich 6,1 m über der Wasserlinie. Der Hauptbock kann auch hier nach hinten umgeklappt werden, so daß nach Abbau einiger Teile die Höhe über dem Wasserspiegel nur noch 3,6 m beträgt. Der Vierkant-Oberturas wird über ein einfaches Rädervorgelege durch zwei auf dem Hauptbock angeordnete, langsam laufende *Druckölmotore* mit je drei Zylindern angetrieben. Sie sind durch eine Rohrleitung miteinander verbunden und an eine gemeinsame Hochdruck-Ölleitung angeschlossen. Das Drucköl kommt von einer im

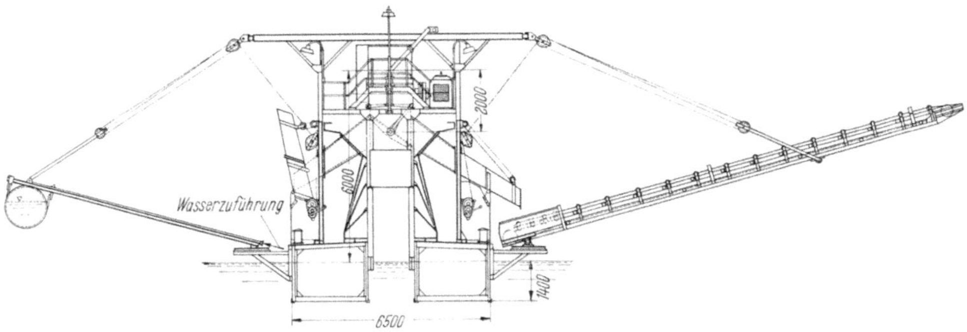

Abb. 145. Querschnitt des Eimerkettenbaggers ,,Kirchdorf", der Schuten beladen oder über ein Förderband unmittelbar an Land schütten kann. Erbaut 1954 von der Deggendorfer Werft und Eisenbau GmbH für das Innwerk Töging

Maschinenraum stehenden Druckölpumpe, angetrieben vom Hauptdieselmotor von 98 PS bei 1000 U/min. Die geförderte Ölmenge und damit die Zahl der Schüttungen kann vom Baggermeister eingestellt werden. Der Öldruck stellt sich nach der Belastung selbst ein und geht bis 150 atü, entsprechend einem Kettenzug am Oberturas von 10,5 t. Erhöht sich der Grabwiderstand noch weiter, so wird selbsttätig der Ölstrom in der Menge herabgesetzt und bei Festhaken der Eimer ganz abgestellt, so daß eine Überbeanspruchung nicht eintreten kann. Der Hauptmotor treibt außer der Druckölpumpe noch den Hauptgenerator an, der elektrische Energie für die Winden liefert. Diese sind für Kettenbetrieb eingerichtet.

Wie man aus der Abb. 144 erkennt, fällt der aus den Eimern kommende Boden, wie bei der Normalausführung über eine Wechselklappe in die eine oder andere der beiden Schüttrinnen und geht dann auf das Förderband. Wird die Schüttrinne hochgeklappt, und die Wechselklappe umgelegt, dann kann das Förderband um 180° geschwenkt und auf die andere Schiffsseite verfahren werden. Die Einrichtung bei ,,Odin" hat den Vorteil, daß der Bodenstrom gut in die Richtung des Förderbandes gebracht wird. Auch wenn das Band etwas in der Höhe verstellt wird, tritt kaum ein Herumspritzen von Wasser ein. Dafür muß aber der Oberturas etwas höher liegen, auch kann das Band nur senkrecht zur Schiffsachse nach der einen oder anderen Schiffsseite fördern und keine Zwischenstellungen einnehmen.

Von dem Typ ,,Odin" sind in der Zeit um 1960 sechs Bagger für die Wasserstraßendirektion Würzburg von der Schiffs- und Maschinenbau AG Mannheim zur Verwendung auf verschiedenen Binnenwasserstraßen gebaut worden.

Wenn es beim Arbeiten in einer engen Fahrrinne möglich ist den Boden am Ufer unterzubringen, kann man an die Schüttrinne eines normal gebauten Baggers, der sonst auch Schuten beladen kann, ein entsprechend langes Band ansetzen, das dann mit schwebendem Auswurf arbeitet. Auf der anderen Seite ist zum Ausgleich ein Gegengewicht anzubringen. Abb. 145 zeigt einen Querschnitt des so arbeitenden Baggers ,,Kirchdorf" mit 165 l Eimerinhalt, der im Jahre 1954 von der Deggendorfer Werft und Eisenbau GmbH für die Beseitigung von Kiesablagerungen im Bereich der Stauseen des Inn geliefert wurde.

Einen Generalplan des Baggers zeigt Abb. 146. Der Schiffskörper hat die Abmessungen 26×6,5×1,85 m. Die Verdrängung mit Förderbandanlage und 6 t Betriebsstoff beträgt etwa 150 t, der Tiefgang 1,3 m (1,2 ohne Förderbandanlage). Der Schiffskörper besteht aus zwei Teilen von je 2,5 m Breite und durchgehendem Schlitz von 1 m Breite. Vorderbock, Mittelbock und der Motorfundamentrahmen bilden die Verbindung beider Schiffsteile. Die Außenhaut ist 6 mm dick, je 3 Schotten von 5 mm Blechdicke ergeben für jeden

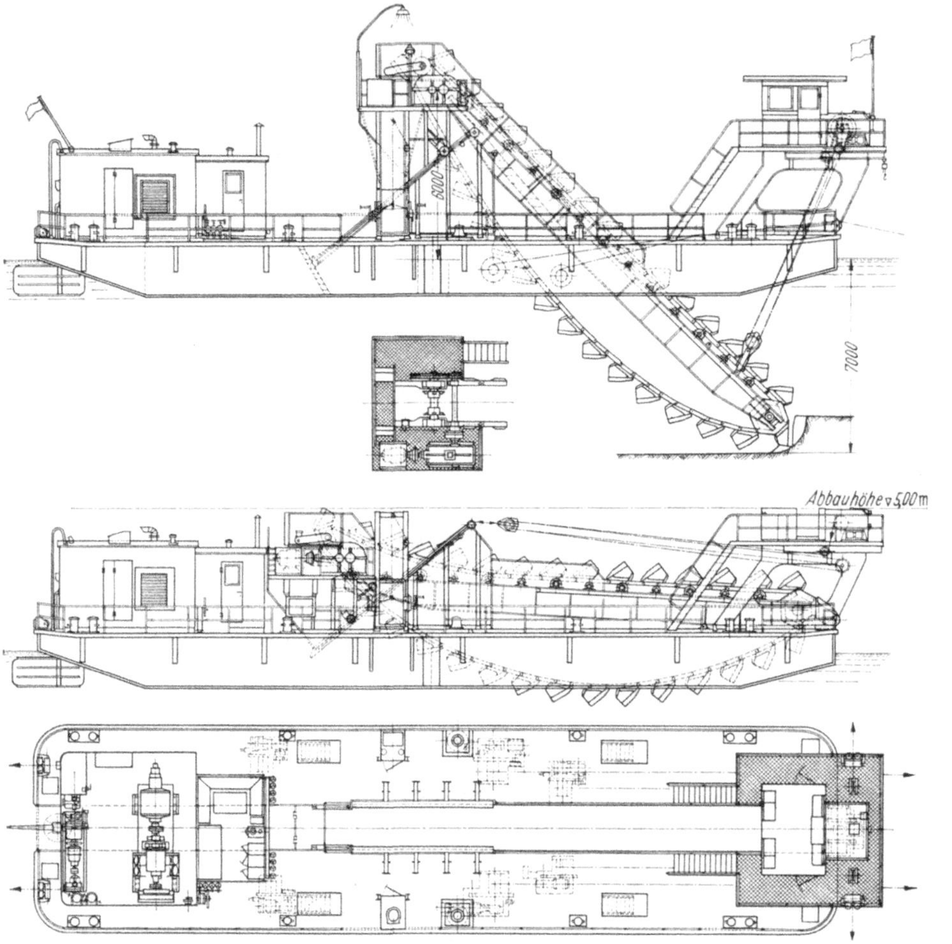

Abb. 146. Generalplan des Eimerkettenbaggers „Kirchdorf" mit einem Eimerfassungsvermögen von 165 l bei dieselelektrischem Antrieb

Schiffskörperteil 4 wasserdichte Abteilungen. Die größte Baggertiefe beträgt 7 m, die Welle vom fünfkantigen Oberturas liegt 6 m über dem Wasserspiegel. Die Eimerkette enthält 33 Eimer mit einem Fassungsvermögen von je 165 l und arbeitet, da es sich um Kies handelt, mit der konstanten Schüttungszahl von 23/min = 1400/h. Ein im hinten liegenden Maschinenhaus angeordneter Dieselmotor mit Wabenkühler von 190 PS bei 600 U/min treibt einen Drehstrom-Generator von 380 Volt an. Der Motor für den Oberturasantrieb ist ein Schleifringläufer von 63 kW mit 1450 U/min und treibt unter Einschaltung einer Flüssigkeitskupplung, eines Schneckengetriebes und Stirnrädern die Oberturaswelle an. Die Verholwinden sind unter Deck aufgestellt, ihre Seile werden durch das Deck nach oben geführt. Die Eimerleiterwinde ist auf dem Vorderbock angeordnet, auf dem auch das Steuerhaus liegt. Ein Aufenthaltsraum befindet sich vor dem Maschinenhaus, Wohnräume besitzt der Bagger nicht.

Um die Höhe des Baggers für Brückenunterfahrung herabzusetzen, besitzt der Mittelbock eine schräge Teilfuge, die als Gleitbahn ausgebildet ist. Nach Lösung der Verbindungsschrauben kann der Oberteil mit dem Oberturas und seinem Antrieb nach unten in den Schiffskörper gleiten, worauf kein Teil des Baggers über 5 m hinausragt.

Der Betrieb mit Drehstrom ohne besondere Regeleinrichtungen für den Oberturasantrieb und die Winden war hier möglich, da der Bagger Kies bei großer Abtragshöhe zu baggern hat, was mit geringer Scherbewegung bei gleichmäßig hoher Schüttungszahl erreicht werden kann. Der Hauptmotor ist mit 190 PS sehr reichlich bemessen und ist im

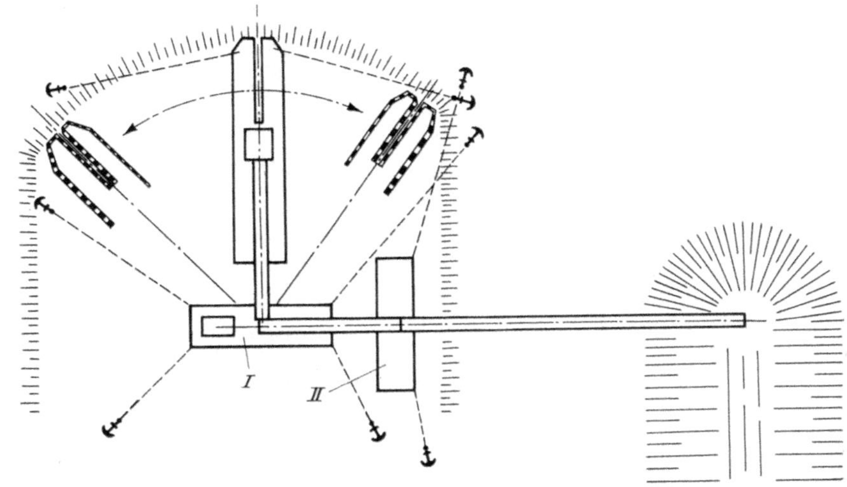

Abb. 147. Kanalherstellung durch einen Eimerkettenbagger in Schwingbewegung bei Weiterförderung des Bodens über Förderbänder ans Ufer und Schüttung von Dämmen

Betrieb mit 25 bis 60 kW nur sehr wenig belastet. Die Anordnung des Förderbandes bringt es mit sich, daß sich das Abwurfende mit den Bewegungen des Baggers verändert. Da die Scherbewegung gering und der gebaggerte Kies nur in den Bereich des Ufers zu bringen ist, genügt diese Anordnung.

Ist die Fahrrinne breiter und das Wandern der Abwurfstelle mit der Bewegung des Baggers nicht zulässig, so sind andere Anordnungen erforderlich. Für die Baggerung des Rhône-Kanals zwischen Donzères und Mondragon wurden in der Zeit um 1950 von der IHC-Holland 5 Eimerkettenbagger von 500 l Eimerfassungsvermögen geliefert, die nach Abb. 147 betrieben wurden. Der Bagger schwingt bei der Herstellung der Sohlenbreite von etwa 80 m wie ein Schneidkopfsauger um einen Punkt, der etwa 65 m hinter dem grabenden Unterturas liegt. Dieser Schwingpunkt wird durch einen besonderen Schwimmkörper, den Ponton I mit den Abmessungen $31{,}5 \times 8{,}5 \times 2{,}5$ m gebildet, der durch 4 Seile mit Ankern festgelegt ist. Er trägt einen Schüttrichter, in den das vom Bagger kommende Förderband von 1400 mm Breite und 38 m Länge den Boden schüttet. Dieser kommt dann auf ein nach der Seite gehendes Förderband von ebenfalls 1400 mm Breite und ungefähr 110 m Länge mit schwebendem Abwurfende. Dieses Band stützt sich auf den Ponton II mit gleichen Abmessungen, der durch 2 Seile mit Ankern sowie durch die Verbindung mit dem Ponton I festgelegt ist. Das Band hängt in Seilen und kann gehoben und gesenkt werden, womit die Neigung und die Höhe des Abwurfendes verändert werden kann. Die fest angeordneten Bänder steigen in einem Winkel von 9,5° gegen die Waagerechte an. Nach Abbaggerung eines Bogens von 80 m Breite in Schwingbewegung, bei welcher der Bagger mit dem Ponton I durch einen besonderen, waagerecht unter dem ansteigenden Band verlaufenden Träger verbunden ist, wird der Schwingungsmittelpunkt, durch Verholen des Pontons I, nach vorne versetzt. Der Ponton II kann dabei mit seinen Verholseilen so fest gelegt werden, daß das lange Band in der gewünschten Richtung nach der Seite abgeht. Man kann auf diese Weise den Abwurf an die gewünschte Stelle bringen und den Damm im vorgesehenen Profil schütten. Das schwebende Abwurfende befindet sich ungefähr 185 m von dem grabenden Unterturas entfernt in einer Höhe bis zu 30 m

Abb. 148. Eimerkettenbagger mit dichtgesetzten Eimern von 500 l Fassungsvermögen und elektrischem Antrieb und Landanschluß bei Herstellung des Rhône-Kanals Donzères-Mondragon und Schüttung des Bodens in Uferdämme über Förderbänder. Erbaut 1950. Aufnahme IHC-Holland

über dem Wasserspiegel. Abb. 148 zeigt eine Gesamtansicht des Baggers im Betrieb mit seiner Fördereinrichtung. Die Anlage ist mit elektrischem Antrieb bei Stromversorgung von Land durch ein schwimmendes Kabel ausgerüstet, das man im Bild vorne erkennen kann. Der Schiffskörper hat die Abmessungen 49×11×3,75 m, Tiefgang betriebsfertig 2,8 m; Schlitzlänge 20 m bei 1,85 m Breite. Die Eimerleiter schwingt um die Oberturaswelle, die 11,2 m über dem Wasserspiegel liegt. Bei 27 m Länge ergibt sie in der 45°-Stellung eine Baggertiefe von 12 m, die durch Verlängerung der Leiter auf 17,5 m gesteigert werden kann.

Die Baggereimer nach Abb. 149 haben ein Fassungsvermögen von 500 l, sie sind in halbkugelähnlicher Form in Stahlguß mit innenverstärkter Schneidkante hergestellt und

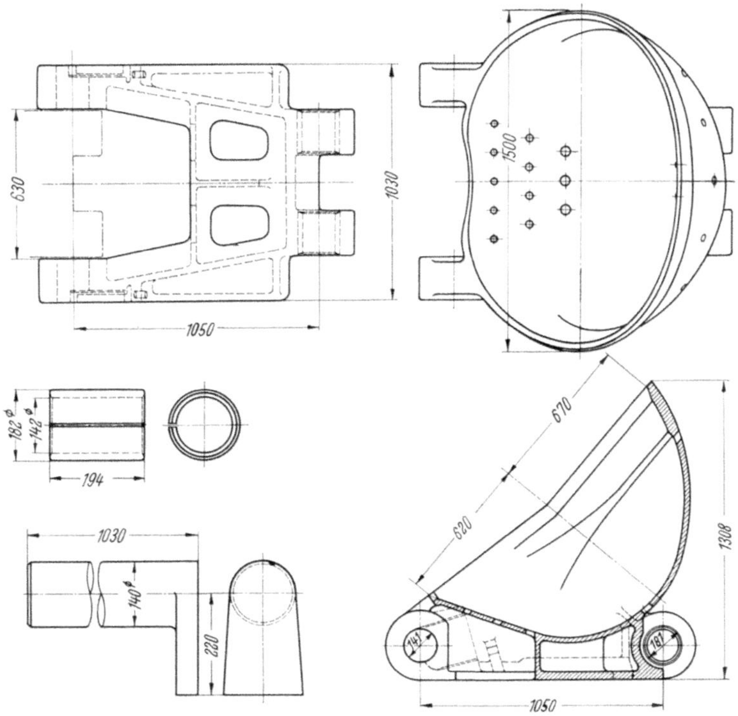

Abb. 149. Baggereimer mit 500 l Fassungsvermögen in halbkugelähnlicher Form für dichte Eimerfolge ohne Zwischenschaken

haben ein Gewicht von ungefähr 1000 kg. Sie sind ohne Zwischenschaken dicht verbunden und haben eine entsprechende Ausbildung des am Eimer sitzenden Schakenteiles. 60 Eimer befinden sich in der Kette bei der kurzen Leiter und 75 bei der verlängerten. Der Abstand der Bolzen von 144 mm Durchmesser beträgt 1050 mm. Das ist das 1,2fache von dem theoretischen Minimum, das für die genaue Halbkugelform und die dichteste Folge nach Abb. 83 mit 880 mm ermittelt wurde. Der Oberturas ist ein Sechskant und wird durch einen Motor von 300 kW angetrieben, der mit dem Untersetzungsgetriebe auf dem Mittelbock angeordnet ist; der Unterturas ist ein Rundkörper. Der Energiebedarf für die Anlage einschließlich aller Förderbänder beträgt etwa 800 kW, wovon etwas mehr als die Hälfte auf den Bagger mit seinen Winden entfällt.

Insgesamt sind beim Bau des Rhône-Kanals Donzères-Mondragon mit fünf der beschriebenen Anlagen 50 Millionen m³ ausgehoben worden. Der Boden bestand größtenteils aus Kies, teilweise aber auch aus Lehm, dessen Förderung auf den Gummigurten mitunter Schwierigkeiten bereitete.

Die Aufgabe, den bei Kanälen gebaggerten Boden gleich am Ufer abzuladen, ist oft gestellt worden und hat auch andere Lösungen gefunden. Abb. 150 zeigt eine ältere *Anlage*, bei der eine zum Kanal querstehende und diesen ganz überspannende Plattenkette auf zwei Schwimmer gesetzt ist. Der Bagger ist mit diesem Doppel-Schwimmkörper durch ein Gelenk verbunden und kann um diesen Punkt eine Schwingbewegung ausführen, wie bei den vorangehend beschriebenen Bagger für Donzères und Mondragon. Der von den Eimern gebaggerte Boden geht auf einer Plattenkette in Richtung der Eimerkette nach hinten, dann auf die quergerichtete Plattenkette und damit auf das Kanalufer, von wo er mit Rollgeräten weiter zur Einbaustelle gefördert wird.

Bei einer in neuerer Zeit gebauten Einrichtung mit Gummigurten nach Abb. 151 überspannt eine als Fachwerkträger ausgebildete Bandbrücke von etwa 60 m Länge, von zwei

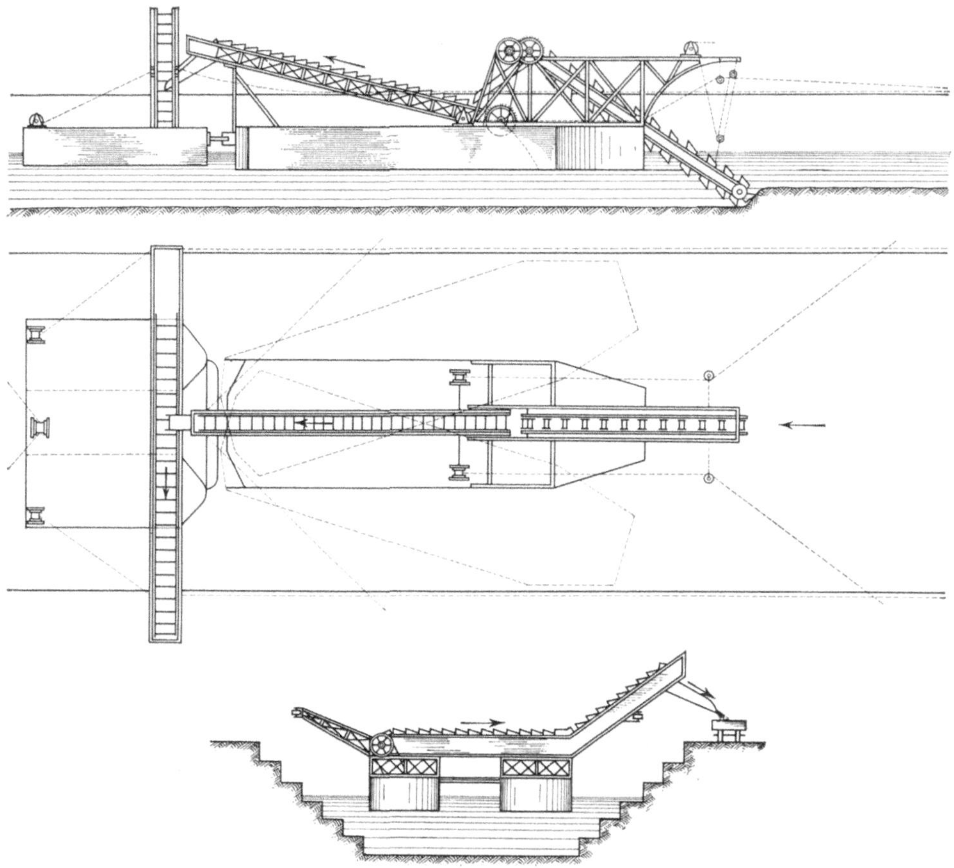

Abb. 150. Älterer Eimerkettenbagger bei einer Kanalherstellung in Schwingbewegung und Weiterförderung des Bodens über Plattenketten

Schwimmkörpern getragen, einen Fluß. Auf ihr läuft auf Schienen ein fahrbarer Aufgabetrichter, der den vom Bagger kommenden Boden auf das auf der Brücke laufende Band von 1000 mm Breite abgibt. Auf ihm geht er nach der Seite und wird auf ein 800 mm breites Auslegerband übergeleitet.

Der Bagger kann scherend arbeiten, weil der Aufgabetrichter dieser Bewegung folgt. Im Vordergrund rechts sieht man das Auslegerband, von dem der Boden in einen auf gummibereiften Rädern fahrenden Schüttrichter fällt. Unter ihm steht ein Lastkraftwagen, der die Weiterbeförderung an die endgültige Verwendungsstelle vornimmt.

Im Jahre 1956 erhielt die Baufirma Kuntz u. Co. München den Auftrag für den Bau eines 53 km langen Entwässerungskanals in Syrien, bei dem ein erheblicher Teil des Bodens über Wasser lag. Gewöhnlich verwendet man bei ähnlichen Aufgaben auf Raupen laufende große Schürfkübelbagger für die Trockenbaggerung, denen der Schwimmbagger für den Unterwasseraushub nachfolgt. Im vorliegenden Fall entschloß man sich zu einer Kombination des bei Trockenbaggerung verwendeten Schaufelrades mit einer Eimerkette und setzte beides auf einen Schwimmkörper. So wurde von der Deggendorfer Werft der Bagger „Christian“ gebaut, von dem Abb. 152 einen Generalplan zeigt. Das von der LMG Lübeck gelieferte Schaufelrad hat Schaufeleimer von je 200 l Fassungsvermögen, die

Abb. 151. Eimerkettenbagger bei Ausbaggerung eines Flusses in Scherbewegung mit Aufgabe des Bodens in einen fahrbaren Schüttrichter und Weiterförderung auf einer Bandbrücke über ein Auslegerband in Rollgeräte. Aufnahme L. Moll, München.

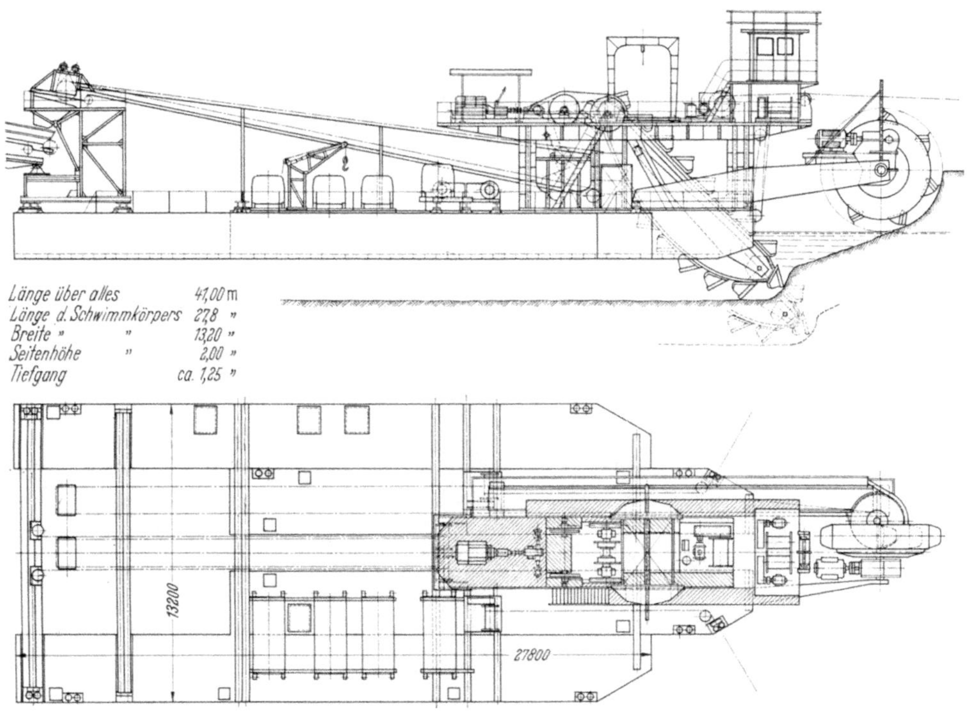

Abb. 152. Generalplan des Schwimmbaggers „Christian“ in Sonderausführung mit kombiniertem Haupt- und Vorderbock für ein Schaufelrad und eine Eimerkette sowie zwei nach hinten führenden ansteigenden Förderbändern. Bauart Kunz-Deggendorf 1956

den Boden auf ein Förderband fallen lassen, das auf dem Schiffskörper seitlich liegend, nach hinten führt. Unter dem Schaufelrad liegt die Eimerkette für 3 bis 5 m Baggertiefe mit Eimern von je 250 l Fassungsvermögen. Der von ihnen gebaggerte Boden fällt auf ein zweites Band, das in der Mittellinie des Schiffskörpers nach dem hinteren Schiffsende führt. Die Arbeitsweise geht nach der schematischen Grundrißzeichnung

Abb. 153 vor sich. Danach geben die beiden Bänder, auf dem Schiffskörper ansteigend, den Boden auf zwei weitere Bänder ab, die nach den Seiten gehen und sich an Land mit ihren Abwurfenden auf Raupenwagen stützen. Auch die Verholseile des Baggers sind mit

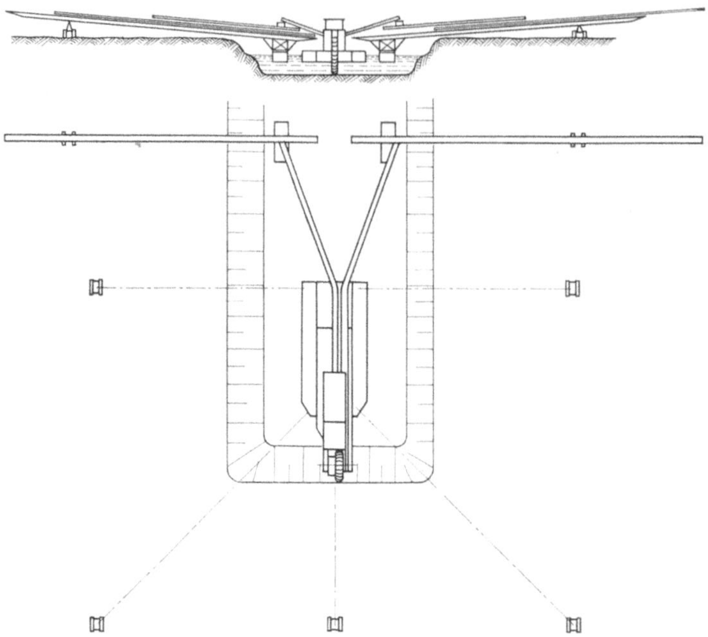

Abb. 153. Schematische Darstellung vom Bau eines Entwässerungskanals durch einen Kombinationsbagger mit nachgeschalteten Förderbänden und Raupenwagen, die die Abwurfbänder unterstützen und die Festpunkte für die Verholseile abgeben

Abb. 154. Ansicht des Kombinationsbaggers „Christian" bei der Kanalherstellung in Syrien mit Schaufelrad und abgesenkter Eimerkette, sowie den nach beiden Ufern führenden Förderbändern. Aufnahme Kunz, München

ihren Enden an Raupenwagen festgelegt. Die Raupenwagen werden vom Baggermeisterstand ferngesteuert, so daß der Bagger sich seinem Arbeitsfortschritt entsprechend frei bewegen und die Abwurfstelle nach Wunsch eingestellt werden kann. Infolge der Auflage an Land können die Abwurfbänder leichter sein als die der vorangehend beschriebenen Bagger für Donzères und Mondragon.

In Abb. 154 sieht man den Bagger von vorne mit den beiden nach den Seiten gehenden Förderbandketten. Der Schiffskörper hat über Deck eine Länge von 27,8 m, die Länge über alles einschließlich des Schaufelrades beträgt 41 m. Die Breite ist 13,2 m und die Höhe 2 m; Tiefgang etwa 1,25 m, Eimerfassungsvermögen 250 l und Schaufelbecherinhalt 200 l. Der Turas-Dieselmotor von 150 PS bei 1500 U/min ist auf den Hauptbock gesetzt und treibt über ein Sechsgang-Schaltgetriebe die Eimerkette an, so daß sich unter Zuhilfenahme der Drehzahlregelung des Motors die Schüttzahl stufenlos zwischen 9 und 32 m/min einstellen läßt. Zur Vermeidung übergroßer Drehmomente und Kettenzüge müssen aber die langsamen Gänge derartiger Getriebe gesperrt werden. Das Schaufelrad

Abb. 155. Eimerkettenbagger „Achilles“ auf der Mosel mit Förderbandkette, deren letztes Band freien Abwurf auf Land hat. Aufnahme Ph. Holzmann AG.

wird durch einen Drehstrom-Schleifringläufer von 88 kW angetrieben und kann mit zwei Drehzahlen laufen, 46 bzw. 76 Schaufelbecher werden pro Minute dabei ausgeschüttet. Die Energie für den Schaufelradmotor, die Windenanlage und die Förderbandmotore von je 30 PS wird durch vier Dieseldrehstrom-Aggregate von je 125 kVA geliefert. Die Vorauswinde hat 15 t und die vorderen und hinteren Seitenwinden je 5 t Zugkraft am Seil.

Die vorangehend beschriebenen Einrichtungen waren Sonderanfertigungen für bestimmte Bauausführungen. Für allgemeine Verwendung nimmt man Förderbandketten, die sich den jeweiligen Verhältnissen leichter anpassen lassen. Abb. 155 zeigt auf der Mosel den Bagger „Achilles“, der auf seinem Schiffskörper ein schwenkbares Förderband hat, mit dem er Schuten beladen und wenn es nach hinten geschwenkt ist, eine Förderbandkette beschicken kann. Ihr erstes Band stützt sich mit einem Ende auf den Schwimmkörper des Baggers und mit seinem anderen Ende auf einen weiteren Schwimmkörper ab. Ein zweites Band geht nach dem nächsten Schwimmkörper, der ein drittes drehbares Band mit schwebendem Abwurfende trägt. Die wirtschaftliche Förderweite bei derartigen schwimmenden Bandketten liegt etwa bei 100 bis 120 m.

Abb. 156 ist ein Generalplan von „Achilles“. Dieser im Jahre 1958 von der Deggendorfer Werft für die Ph. Holzmann AG. gebaute Bagger hat die Abmessungen $28{,}3 \times 7{,}5 \times 1{,}8$ m. Der Schiffskörper besteht aus zwei Teilen von je 3 m Breite im Abstand von 1,5 m, wodurch ein durchgehender Schlitz von dieser Breite gebildet wird. Die Schiffsteile sind durch den Vorderbock und weitere Verbindungsstücke im hinteren Teil zusammengehalten und außerdem in der Länge so weit unterteilt, daß die einzelnen Stücke mit der Bahn verladen werden können. Der Hauptbock kann in der für den Bagger „Elbe“ (s. Abb. 143) beschriebenen Weise umgelegt werden, wonach der höchste Punkt nur 3,8 m über dem Wasserspiegel liegt. Der Oberturas ist ein Fünfkant mit besonderen Mitnehmerknaggen und liegt mit seiner Welle 6,8 m über dem Wasserspiegel; die Baggertiefe beträgt 7,5 m bei hochgesetzter und 9,6 m bei tiefgesetzter Leiter in der 44°-Stellung. Die Eimer haben ein Fassungsvermögen von je 175 l bei 550 mm Bolzenabstand. Sie sind kräftig ausgeführt mit einem Laschenwandstück (Eimerrücken) aus Stahlguß und einer mit ihm durch Schweißung verbundenen Grabwand aus Blech mit Messern und vier Zähnen zur Baggerung von felsartigem, harten Boden. Es sind 35 Eimer bei hochgesetzter Leiter in der Kette.

Der Unterturas ist ein Siebenkant und hat abgedichtete und geschmierte Gleitlager.

Die Eimerkette wird durch einen im Backbord-Schiffsteil stehenden luftgekühlten Dieselmotor von 90 PS bei 1800 U/min mit angeflanschtem Drehmoment-Wandler über

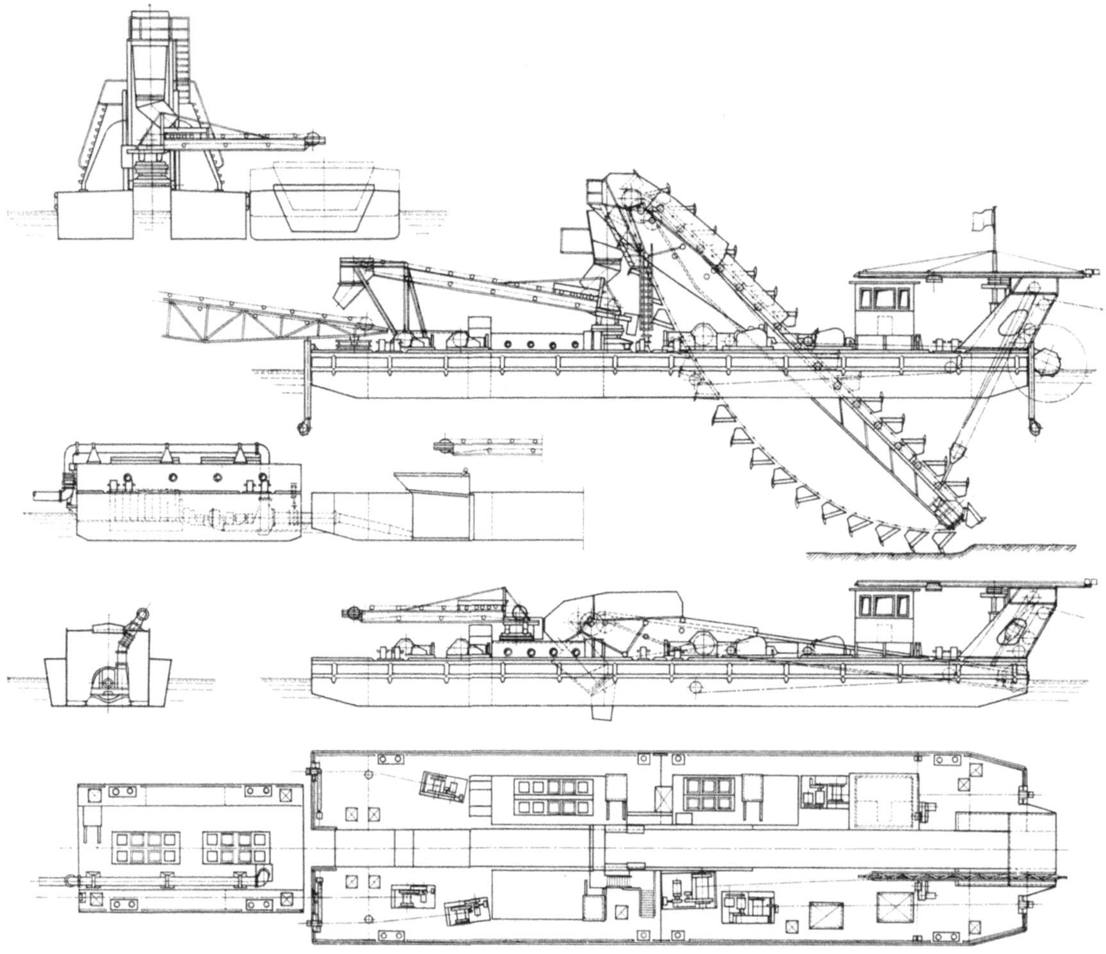

Abb. 156. Generalplan des Eimerkettenbaggers „Achilles" mit Eimern von 175 l Fassungsvermögen und schwenkbarem Förderband zur Schutenbeladung oder Aufgabe auf eine Förderbandkette oder in einen Schütttrichter zur hydraulischen Förderung an Land. Antrieb durch Dieselmotor über einen Drehmomentwandler. Erbaut 1958 von der Deggendorfer Werft und Eisenbau G. m. b. H. für Ph. Holzmann AG. Frankfurt/M.

Riemen und Vorgelege angetrieben. Die Zahl der Schüttungen kann durch Betätigung des Verstellreglers vom Dieselmotor, die vom Baggermeisterstand möglich ist, stufenlos in gewünschter Höhe bis etwa 30/min eingestellt werden.

Der Kettenzug am Oberturas von etwa 16 t bei $16^2/_3$ Schüttungen/min wird durch den Drehmomentwandler bei wachsendem Grabwiderstand und abfallender Schüttungszahl wesentlich erhöht. Um eine zu große Beanspruchung der Eimerkette zu vermeiden, wurde die Füllung des Dieselmotors herabgesetzt und danach mit einem eingebauten Dynamometer folgende Stillstands-Kettenzüge gemessen:

$n =$ 475 U/min Zugkraft 6000 kg
$n =$ 1700 U/min Zugkraft 19000 kg
$n =$ 1850 U/min Zugkraft 20000 kg

Tabelle 14. *Daten der Winden des Eimerkettenbaggers „Achilles" mit 175 l-Eimerfassungsvermögen*

	Zugkraft am Seil t	Seilgeschwindigkeit m/min	Antriebsmotor, Art, Leistung und Drehzahl/min	Ankergewicht, Seillänge, Seil-Durchmesser
1 Eimerleiter-Hubwinde	10	10	Schleifringläufer 22 kW 1500	
1 Vortauwinde	10	3,6 m/min Schnellgang f. loses Seil 24 m/min	Schleifringläufer 7,5 kW 1500	350 kg 300 m 29 mm
2 Vordere Seitenwinden	5	0–15 m/min stufenlos regelbar	Kurzschlußläufer 7,5 kW 1500 Ölgetriebe m. Kolbenpumpe und Kolbenmotor	200 kg 200 m 22 mm
2 Hintere Seitenwinden	3,2	10	Schleifringläufer 5,6 kW 1500	150 kg 200 m 16 mm
1 Hintertauwinde	3,2	10	Schleifringläufer 5,6 kW 1500	150 kg 200 m 16 mm
2 Schutenverholwinden	1	8 m/min und 16 m/min	Polumschaltbarer Motor 1,8 kW 710 3,1 kW 1500	 80 m 12 mm

Die Winden werden von Elektromotoren angetrieben, für welche die Energie von einem, in der Nähe des Turasmotors aufgestellten Diesel-Drehstrom-Aggregat mit einem Leistungsvermögen von 80 kVA geliefert wird. Bei einigen von ihnen kann die Trommel Drehzahl hydrostatisch geregelt werden. Die Daten der Winden enthält die Tabelle 14.

Die Drähte der Seitenwinden werden unter Wasser geführt, damit die Schuten nicht behindert werden. Ein Steuerhaus ist auf der Backbordseite neben dem Schlitz und hinter dem Vorderbock angeordnet, von dem aus alle Bewegungen gesteuert werden können. Der Maschinenraum befindet sich im Backbord-Schiffsteil, während in dem Steuerbord Schiffsteil für einen Wachmann ein Raum, der auch für Besprechungen dient, eingebaut ist. Weitere Wohnräume besitzt der Bagger nicht, denn diese würden mit ihren Aufbauten, Oberlichten und Niedergängen sehr störend für die Förderbandanlage sein, die sich den verschiedenen Verwendungsarten des Gerätes anpassen muß.

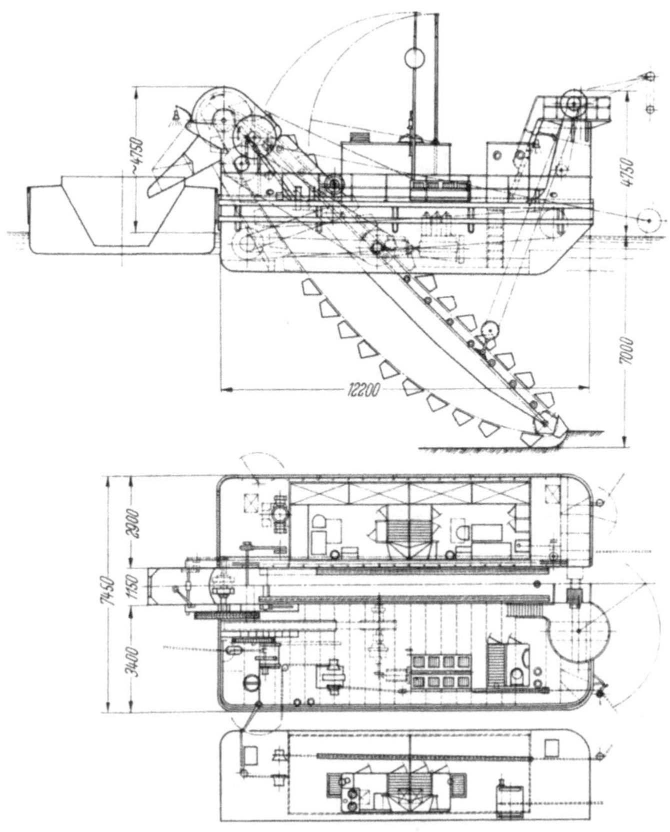

Abb. 157. Eimerkettenbagger „Aegir" mit Eimern von 90 l Fassungsvermögen mit Dieselantrieb und einer nach hinten gehenden Schüttrinne. Erbaut 1930 für Strom- und Hafenbau Hamburg als Hinterschütter

Tabelle 15. *Hauptdaten von Eimerkettenbaggern mit Förderbändern und einem Hinterschütter*

		A	B	C	D	E	F	G	H
1	Name des Baggers	Bagger für märkische Wasserstraßen	6 Bagger für Wasserstraßen-Dir. Würzburg	Elbe	Kirchdorf	Christian	Achilles	5 Bagger für Rhône-Kanal Denzères-Mondragon	Aegir
2	Bauwerft und Baujahr	Werft Wens bei Berlin 1935	Schiffs- u. Maschinenbau AG. Mannheim 1959	Gebr. Sachsenberg Roßlau 1937	Deggendorfer Werft 1954	Deggendorfer Werft 1957	Deggendorfer Werft 1958	IHC-Holland 1950	Hamburg
3	Bauherr und Eigentümer	Märkische Wasserstraßen-Direktion	Wasserstraßen-Direktion Würzburg	Ph. Holzmann AG. Frankfurt/M.	Österreichisch-Bayrische Kraftwerke	A. Kunz München	Ph. Holzmann AG. Frankfurt/M.	Compagnie Nationale du Rhône	Strom- und Hafenbau Hamburg
4	Länge über Deck L in m	8,8	26	21	26	32,5	28,3	49	12,2
5	Breite auf Spanten B in m	4,8	6	6,9	6,5	13,2	7,5	11	7,45
6	Seitenhöhe H in m	1,6	2	2,2	1,85	2,0	1,8	3,75	2,3
7	Produkt $L \cdot B \cdot H$ in m^3	67,5	313	320	312	2×190	2×150	2020	208
8	Eimerfassungsvermögen in l	20	75	150	165	Eimer 250 Becher 200	175	500 dicht geschakt	90
9	Zahl der Schüttungen/min	etwa 20	20	14—28	23	9—32	bis 30	26	18
10	Betriebstiefgang m	0,7	0,8	1,0	1,3	1,25	1,15	2,8	1,25
11	Verdrängung in t	25	100	110	150	180	170	1250	90
12	Baggertiefe in m	3,65	3—5	6	7	6	7,5—9,6	12—17,5	7
13	Oberturaswelle über WL in m	3	5,9	5,3	5,7	5,1	6,8	11,2	3,65
14	Kantenzahl der Turasse	4—5	4—5	5—6	4—5	5—6	5—7	6 rund	5—5
15	Angaben über Schiffskörper	Größte Höhe über WL 3,5 m	Abbau bis 3,6m üb. WL möglich	Zerlegbar, Abbau bis 3,5 m ü. WL	Abbau bis 5 m ü. WL möglich	Zerlegbar	Zerlegbar, Abbau bis 3,8 m ü. WL	Eimer haben keine Zwischenschaken	Höchster Fixpunkt 4,75 m über WL

16	Angaben über Förderung des Boden nach Ausfall aus den Eimern	Schurre mit anschließendem Förderband das um 180° schwenkbar ist	Wechselklappe mit Schurren danach Förderband schwenkbar nach beiden Seiten	Schurre mit anschließendem Förderband das um 180° schwenkbar ist	Wechselklappe gibt Boden entweder auf Schüttrinne oder Förderband m. 15 m Ausladung	Boden geht mit Förderband nach hinten. Außerdem Schaufelrad mit 200 l Bechern u. Förderband	Schurre auf Förderb. das um 180° schwenkbar ist danach Bandstraße oder Baggerpumpe für hydr. Förderung	Boden geht auf Förderb. nach hinten u. weitere Förderb. bis auf 185 m vom Unterturas in 30 m Höhe	Boden geht in eine nach hinten gerichtete Schüttrinne
17	Energie-Erzeugung Antrieb des Oberturasses und der Winden	Dieselmotor 25 PS treibt Oberturas und Generator Winden einzeln mit E-Antrieb	Hauptdiesel 98 PS treibt Druckölpumpe f. Oberturas u. Generator für Winden mit E-Antrieb	Dieselmotor 125 PS treibt Gleichstrom-Gen. von 70 kW E-Motor 45 kW f. Oberturas Gruppenwinden m. E-Antrieb	Dieselmotor 190 PS treibt Drehstrom-Gen. E-Motor f. Oberturas 63 kW. Winden E-Antrieb m. Drehstrom-Motor	Dieselmotor 125 PS treibt Oberturas mit Ganggetriebe 4 Diesel-Aggr. 125 kVA f. E-Mot. d. Winden Motor 88 kW für Schaufelrad	Dieselmotor 90 PS treibt üb. Drehmom.-Wandler Oberturas. Diesel-Gen. 90 kVA f. Förderb. u. Winden die hydr. regelbar sind	E-Antrieb m. Landanschluß E-Motor 300 PS für Oberturas Winden mit E-Motoren	Dieselmotor 70 PS treibt den Oberturas u. die Winden an, die Ketten haben

Das schwebende Band zum Beladen der Schuten hat eine Länge von 6,7 m bei 1000 mm Breite und wird durch einen polumschaltbaren Kurzschlußmotor von 11 bzw. 16 kW mit Geschwindigkeiten von 1,75 bzw. 3,5 m/sec angetrieben. Wenn es auf 10 m verlängert wird, gibt es nach hinten geschwenkt seinen Boden auf die in Abb. 155 gezeigte Förderbandkette oder in einen Schüttrichter zur hydraulischen Weiterförderung ab. Unter Zutritt von Wasser bildet sich dann ein Gemisch, das von einer *Baggerpumpe* angesaugt wird. Diese ist in einen, hinter dem Bagger liegenden Schwimmkörper mit den Abmessungen $9 \times 5 \times 1{,}8$ m eingebaut und wird von einem Dieselmotor von 310 PS bei 600 U/min angetrieben. Die Pumpe hat einen Saugrohrdurchmesser von 350 mm und einen Druckrohr-Durchmesser von 300 mm. Sie hat im Nennbetriebspunkt einen Förderstrom von etwa 1000 m³/h bei 40 m Förderhöhe. Die Lichtanlage des Baggers arbeitet mit Niederspannung von 24 Volt und wird von einem Hilfs-Diesel-Generator von 5 kW beliefert. Eine Akkumulator-Batterie ist auch vorhanden.

An dieser Stelle sei noch ein Bagger beschrieben, der auch seinen Boden ans hintere Schiffsende bringt, aber über eine geneigte Schüttrinne. Er wird als *Hinterschütter* bezeichnet. Abb. 157 zeigt den Eimerkettenbagger „Aegir", der so arbeitet. Der Schiffskörper besteht auch aus zwei Teilen mit durchgehendem Schlitz, die durch die beiden Böcke verbunden sind. Er ist 12,2 m lang, 7,45 m breit und 2,3 m hoch. Der Tiefgang betriebsfertig beträgt 1,25 m und die größte Baggertiefe 7 m. Die Eimer haben ein Fassungsvermögen von je 90 l. Oberturas und Unterturas sind beide fünfkant, was der landläufigen Anschauung widerspricht, daß die Kantenzahlen nicht gleich sein dürfen. In dem einen etwas breiteren Schiffsteil ist der Antriebsmotor, ein Jastram-Diesel von etwa 70 PS bei 750 U/min aufgestellt. Er steht in der Längsschiffrichtung und treibt über Kegelräder und eine Riemenscheibenwelle die Eimerkette an. Auch die Winden, die mit Ketten arbeiten, werden mechanisch vom Hauptmotor angetrieben. Im anderen Schiffsteil sind die Wohnräume untergebracht.

Der Bagger befindet sich im Besitz der Baubehörde für Strom- und Hafenbau, Hamburg und wird für kleinere Arbeiten an Stellen verwendet, wo Schuten neben dem Bagger nicht liegen können. In neuerer Zeit werden immer mehr Eimerkettenbagger gebaut, die ein nach hinten gehendes Förderband haben. Viele der vorangehend beschriebenen Bagger arbeiten so und könnten auch als Hinterschütter bezeichnet werden. Wenn sie indessen Schuten beladen, liegen diese meist neben ihnen. Die Hauptdaten der in diesem Abschnitt behandelten Eimerkettenbagger mit Förderbändern und die vom Hinterschütter „Aegir“ sind in der Tab. 15 zusammengestellt (s. S. 164 u. 165).

3. Eimerkettenbagger mit hydraulischer Weiterförderung des Bodens: Eimerketten-Spülbagger

Wie bereits erwähnt können Eimerkettenbagger ihren Boden unter Wasserzusatz, also auf hydraulischem Wege zur Ablagerungsstelle bringen. Wenn man die Schüttrinne als Trog ausbildet und Wasser zusetzt, rutschen manche Bodenarten, auch bei geringerer Neigung als 30°. Abb. 158 zeigt einen älteren Bagger mit einer derartigen schwenkbaren Spülrinne bei einer Neigung von etwa 6° gegen die Horizontale. Ein gebogener Fachwerk-

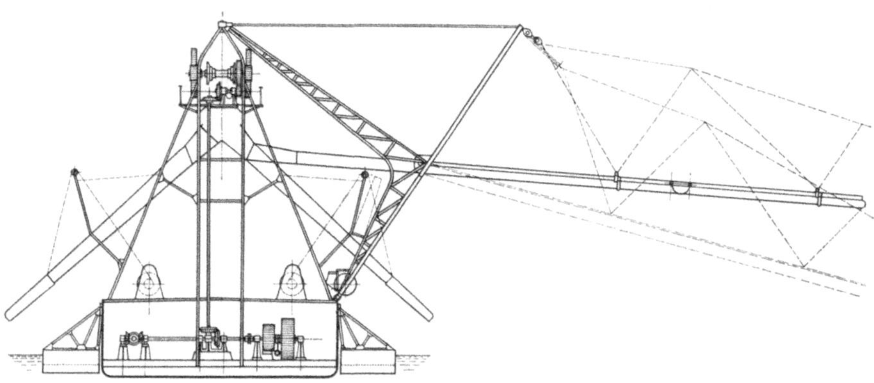

Abb. 158. Eimerkettenbagger mit schwenkbarer Spülrinne, die bei geringer Neigung den Boden mit Wasserzusatz an Land bringt

träger ist oben am Leiterbock in einem Zapfen drehbar, während sein unteres Ende mit einer Rolle auf einer auf das Deck gesetzten halbkreisförmigen Schiene läuft. Auf diese Weise kann die Spülrinne nach jeder Seite geschwenkt werden, was eine Bodenablagerung an beiden Ufern ermöglicht. Beim Transport des Baggers kann die Einrichtung nach hinten geschwenkt werden.

Bis zu einer gewissen Länge kann die Spülrinne an Seilen aufgehängt werden. Als eine weitere Unterstützung bei zunehmender Länge kann ein an Land fahrender Wagen dienen. So sind beim Bau des Suez-Kanals Spülrinnen von 70 m Länge verwendet worden. Hierfür ist aber eine sehr hohe Aufgabe des Baggergutes erforderlich, so daß der Bagger einen sehr hoch liegenden Oberturas, mit einem sehr großen Schwimmkörper braucht. Spülrinnen werden heute nur noch in beschränktem Umfang verwendet. Man nimmt lieber die im vorangegangenen Abschnitt beschriebene Trockenförderung auf Gummigurten oder geht zur Förderung als Gemisch in einer geschlossenen Rohrleitung unter dem Druck einer Baggerpumpe über, zumal diese inzwischen weitgehend vervollkommnet wurde.

Man kommt so zum *Eimerketten-Spülbagger*, der sich aus der Verbindung eines Eimerkettenbaggers mit einer Baggerpumpenanlage ergibt und fast jede Bodenart baggern und zur Ablagerungsstelle bringen kann.

Abb. 159 ist der Generalplan des Eimerketten-Spülbaggers „Hauke Haien“, der im Jahre 1959 von der Orenstein-Koppel und Lübecker Maschinenbau Ges. für Unterhaltungsarbeiten in den Häfen der Nordseeküste gebaut wurde.

Der Schiffskörper hat die Abmessungen $20 \times 7 \times 2{,}20$ m. Er ist ganz quaderförmig ohne Abschrägungen und Abrundungen gebaut mit einem Schlitz von 10 m Länge und 1,45 m Breite. Der Flächeninhalt der vollen Schwimmfläche ist 140 m², der des Schlitzes 14,5 m². Die um den Schlitz verminderte Schwimmfläche beträgt $140 - 14{,}5 = 125{,}5$ m²

Das Verhältnis 125,5/140 = 0,895 ist in diesem Falle gleich dem Völligkeitsgrad der Verdrängung von 200 t. Die Baggertiefe beträgt maximal 7 m, die Welle vom Oberturas liegt 7,25 m über der Wasserlinie. Die geschweißten Eimer haben ein Fassungsver-

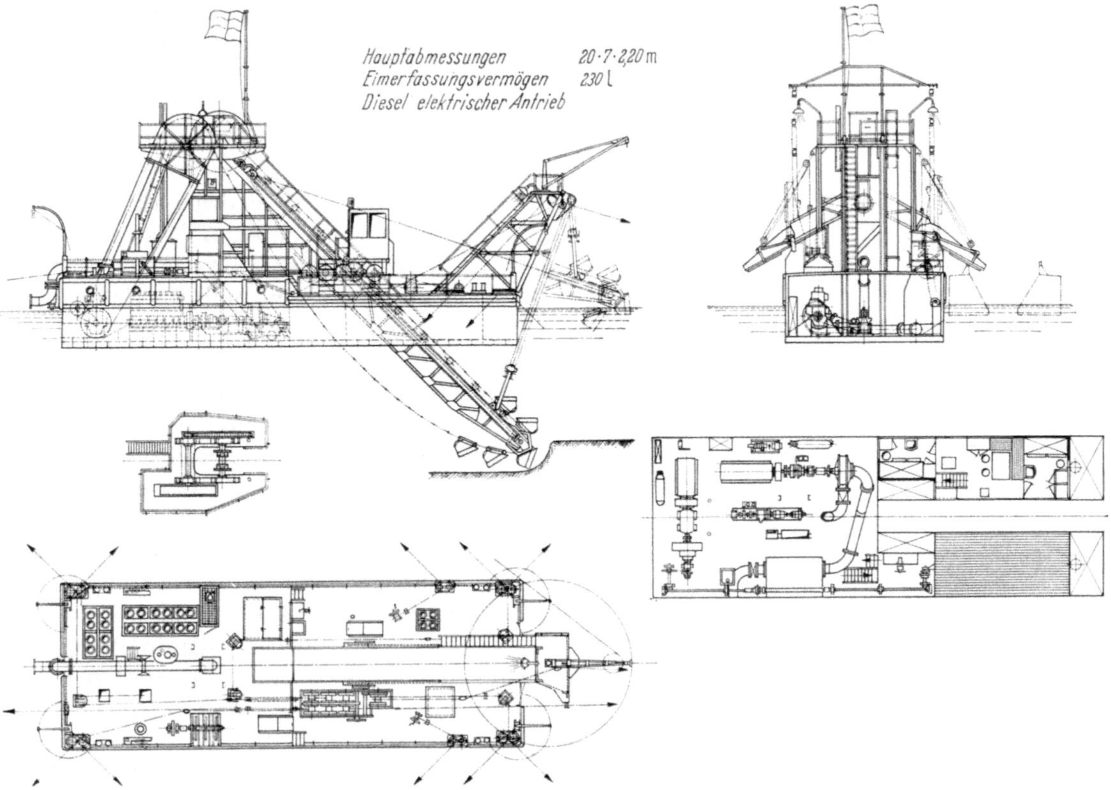

Abb. 159. Eimerketten-Spülbagger „Hauke Haien" mit Eimern von 230 l Fassungsvermögen und einer Spülpumpe von 400 mm Rohrweite

mögen von je 230 l bei einem Bolzenabstand von 625 mm. Die Kettengeschwindigkeit beträgt bei $16^2/_3$ Schüttungen/min 21 m/min = 0,35 m/sec. Hinten im Maschinenraum steht ein Dieselmotor, der bei 500 U/min eine Leistung von 135 PS abgeben kann. Ein unmittelbar gekuppeltes Zahnrad-Untersetzungsgetriebe setzt die Drehzahl auf 150 U/min herab, so daß dann die Übertragung in der üblichen Art auf den Vierkant-Oberturas geht, der $8^1/_3$ U/min macht. Es ist auch ein Wendegetriebe eingeschaltet, das den bei Festfahren der Eimerkette erwünschten Rücklauf ermöglicht. An Deck ist eine *Zentral-Windenanlage* mit 7 Seiltrommeln angeordnet, die hydraulisch vom Baggermeisterstand gekuppelt werden können. Der Bagger kann in normaler Weise Schuten beladen oder als Spülbagger arbeiten. In diesem Falle fällt der Boden durch eine Öffnung in der Schüttrinne und einen Schacht in einen Wasserstrom. Diesen erzeugt die Baggerpumpe durch Ansaugen aus einer absperrbaren Leitung. Das erzeugte Gemisch geht von der

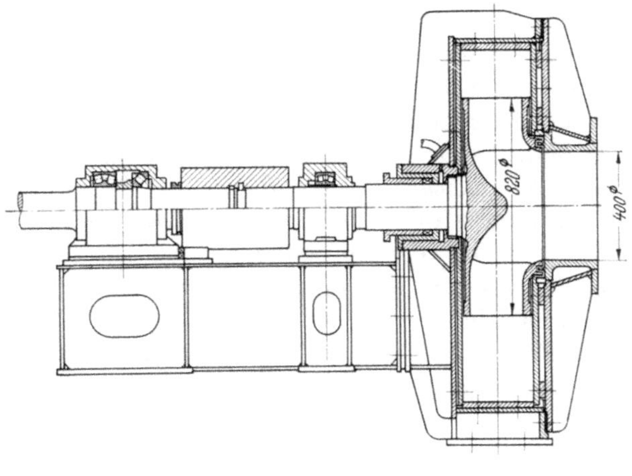

Abb. 160. Querschnitt durch die Baggerpumpe des Eimerketten-Spülbaggers „Hauke Haien" mit 400 mm Druckrohrweite

Baggerpumpe in eine Druckleitung zum Schiffsende, an dem ein Drehgelenk angeordnet ist. Daran schließt sich eine Schwimmrohrleitung an.

Die *Baggerpumpe* wird von einem Dieselmotor angetrieben, der ein Leistungsvermögen von 330 PS bei 600 U/min besitzt. Abb. 160 zeigt einen Schnitt durch die Baggerpumpe mit einem Kreiseldurchmesser von 820 mm. Das ist etwa das 2fache des Druckrohrdurchmessers von 400 mm, also ein sehr niedriger Wert. Damit kann das Gehäuse im Verhältnis zum Kreisel sehr geräumig gemacht werden, was den Verschleiß niedrig hält. Ein hoher Unterdruck (Vakuum) ist in diesem Falle nicht nötig, da das Gemisch der Pumpe zuströmt und im Betrieb nur ein ganz geringer Unterdruck am Manometer abzulesen ist. Anders ist es beim Grundsauger, bei dem das sog. Wasservakuum d. h. der beim Wassersaugen entstehende Unterdruck schon etwa 3 bis 4 m beträgt und beim Bodensaugen sich weiter erhöht. Beim Hoppersauger ist das Wasservakuum infolge der langen und notwendigerweise dünnen Saugarme so hoch, daß bei Bodenförderung fast der höchst mögliche Unterdruck mit 7 bis 9 m Wassersäule von der Pumpe verlangt wird. Der geringe Bedarf an Unterdruck beim Spülbagger ist ein Vorteil gegenüber dem Saugbagger mit Schneidkopf (Cuttersauger).

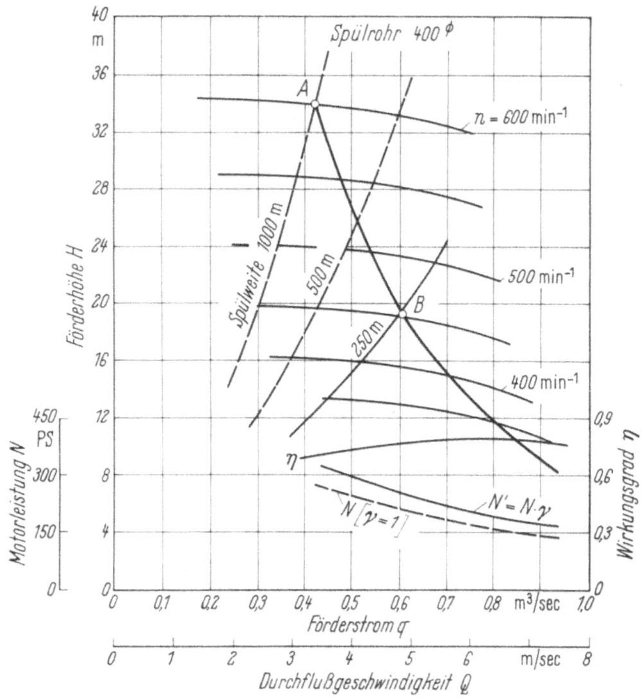

Abb. 161. Q-H-Diagramm der Baggerpumpe von „Hauke Haien“ mit 800 mm Kreiseldurchmesser und 400 mm Druckrohrweite nach Versuchen mit Wasser in neuwertigem Zustand

Abb. 161 ist ein Q-H-Diagramm der Pumpe, bei dem in Abhängigkeit vom Förderstrom die Förderhöhen aufgetragen sind. Man sieht die Kennlinien gleicher Drehzahl für 600 bis 400 U/min. Durch ihre Endpunkte, in denen das maximale Drehmoment des Motors erreicht ist, geht die Kennlinie nach der die Pumpe im Betriebe arbeitet, wenn man bei dem Antriebsmotor die volle Brennstoff-Zufuhr beläßt. Man nennt diese Linie auch *Kennlinie gleicher Steuerstellung.*

In Band I auf S. 59 sind diese Verhältnisse ausführlich behandelt. Die Kennlinie gleicher Steuerstellung verläuft danach etwa wie die Linie gleicher hydraulischer Leistung, bei der das Produkt aus Förderstrom und Förderhöhe gleich bleibt.

A in Abb. 161 ist der Nennbetriebspunkt, in dem der Motor seine volle Leistung bei voller Drehzahl erreicht und die Förderweite 1000 m beträgt. Die Kreiselumfangsgeschwindigkeit ist dabei 25,6 m/sec, die Förderhöhe 34 m, entsprechend einer Druckziffer von 1,06 und einem Förderstrom von 420 l/sec. Das ergibt eine Fördergeschwindigkeit von 3,3 m/sec.

Der Betriebspunkt *B* für 450 U/min entspricht einer Förderweite von 250 m. Dabei ist die Förderhöhe 19,5 m und der Förderstrom 600 l/sec, entsprechend einer Fördergeschwindigkeit von fast 5 m/sec. Die Kurve des Wirkungsgrades steigt von 0,7 bis 0,8 und liegt somit bei dieser eckigen, sogenannten „Kastenpumpe“ genügend hoch. Es ist aber zu bedenken, daß es sich hier um Meßwerte für Wasser bei neuwertigem Zustand der Pumpe handelt. Entscheidend ist aber, daß der Wirkungsgrad auch bei längerer Betriebszeit erhalten bleibt. Durch Abnutzung kann der Rücklauf, der bei einer neuen Pumpe etwa 5% beträgt, schnell ansteigen, womit der Wirkungsgrad entsprechend abfällt.

Abb. 162 stellt eine Aufnahme des Eimerkettenbaggers „CNR II" dar, der Schuten beladen und auch als Spülbagger arbeiten kann. Die Abbildung zeigt ihn mit einer neben ihm liegenden Schute und hochgeklapptem Förderband. Man sieht außerdem im Vordergrund die Rohrleitung, die von der Baggerpumpe kommt und in einem Drehgelenk endet. Der Bagger wurde 1952 in Dienst gestellt und dient zur Beseitigung von Ablagerungen,

Abb. 162. Eimerkettenbagger CNR II mit einer neben ihm liegenden Schute. Er kann auch als Spülbagger arbeiten

die im Rhône-Kanal Donzères-Mondragon anfallen. Die fünf großen Bagger, welche diesen Kanal hergestellt haben, wurden im vorangehenden Abschnitt beschrieben.

Die Daten des Baggers „CNR II" sind folgende:

Länge des Schiffskörpers 42,6 m, Breite 7,2 m, Seitenhöhe 2,65 m, Schlitzlänge 12,25 m, Schlitzbreite 1,3 m. Der Tiefgang in betriebsfähigem Zustand beträgt 1,67 m. Die Verdrängung kann man hiernach mit etwa 400 t berechnen, was sehr hoch ist. Die Baggertiefe bei 45°-Stellung der Eimerleiter beträgt 7 m. Die Baggereimer haben ein Fassungsvermögen von 200 l bei einem Bolzenabstand von 616 mm. Es sind 32 Eimer mit Zwischenschaken in der Kette und die Regelschüttzahl wird mit 20 bis 23 min angegeben. Der Oberturas ist ein Fünfkant und liegt mit seiner Welle 6,6 m über dem Wasserspiegel. Er wird durch einen im Maschinenraum stehenden *Dieselmotor* von 185 PS angetrieben, der außerdem die Energie für den Elektromotor einer Zentralwinde liefert.

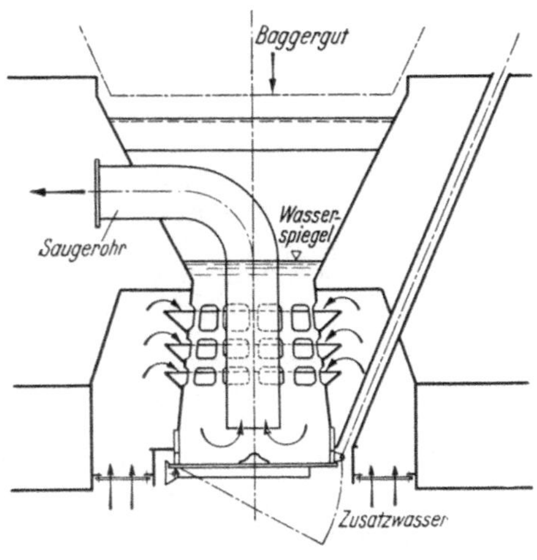

Abb. 163. Schüttrichter und Mischkammer des Baggers CNR II mit einer Klappe zur Entfernung angesammelter Steine

Wenn das Gerät als Spülbagger arbeitet, fällt der Boden in einen besonders konstruierten Mischbehälter, den die Abb. 163 zeigt. Das Baggergut kommt in einen Trichter, dessen unterer, nahezu zylindrischer Ansatz Öffnungen im Mantel enthält. Er wird von einer ringförmigen Kammer umgeben, in die das Wasser von unten eintritt. Das Saugrohr der Pumpe ragt in den unteren Teil hinein, geht senkrecht nach oben und biegt dann ab zu den Baggerpumpen. Unten befindet sich eine Klappe, die geöffnet werden kann, um angesammelte Steine herausfallen zu lassen. Dies ist ein wesentlicher Punkt der patentierten Einrichtung, da sonst die Entfernung von Steinen aus einem Schüttbrunnen bei Eimerketten-Spülbaggern immer Schwierigkeiten bereitet.

Es sind *zwei Baggerpumpen* vorhanden, von denen jede durch einen Dieselmotor von 365 PS angetrieben wird. Sie sind, wie Abb. 164 erkennen läßt, hintereinandergeschaltet. Die Anlage kann Steine bis zu 100 mm Größe verarbeiten und hat davon bei der Beseitigung einer Ablagerungsstelle 80000 m³ auf eine Entfernung von 400 m ohne Störungen und bei mäßigem Verschleiß gebracht. Die Schwimmrohrleitung dieses Baggers ist auch besonders ausgebildet und wurde im Band I mit Abb. 218 gezeigt.

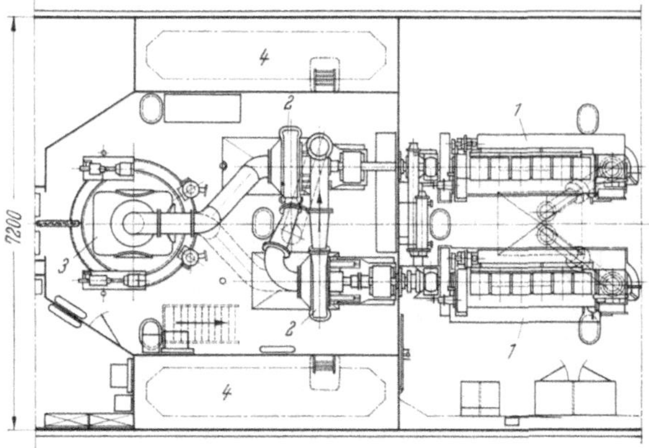

Abb. 164. Baggerpumpenanlage von CNR II mit zwei Pumpen in Reihenschaltung, die aus der Mischkammer saugen, mit Antrieb durch Dieselmotoren von je 365 PS

1 Dieselmotoren; *2* Baggerpumpen; *3* Mischbehälter; *4* Brennstofftanks

Abb. 165 ist die Aufnahme des großen Eimerketten-Spülbaggers „Governador Donelles", der selbstfahrend ist und Dampfantrieb hat. Er wurde im Jahre 1957 von der IHC-Holland für eine Chilenische Wasserstraßenverwaltung geliefert. Der Schiffskörper hat eine Länge zwischen den Loten von 58 m, eine Breite auf Spanten von 11,2 m und eine Seitenhöhe mittschiffs von 4,4 m. Der Bagger hat 47 Eimer mit einem Fassungsvermögen von 500 l und kann damit bis auf eine Tiefe von 12 m baggern, die sich bei Tiefsetzen der Leiter auf 14 m steigern läßt. Angetrieben wird der Oberturas, dessen Welle 10,5 m über

Abb. 165. Eimerketten-Spülbagger „Governador Donelles" selbstfahrend mit Dampfantrieb bei einem Fassungsvermögen der Eimer von 500 l. Aufnahme IHC-Holland

dem Wasserspiegel liegt, durch eine im Maschinenraum in der Querrichtung angeordnete Dampfmaschine in geschlossener Bauart, System Smit-Brouwer von 250 PS. Eine weitere, in der Längsschiffsrichtung aufgestellte Maschine gleicher Bauart von 1000 PS treibt die Baggerpumpe, die aus einem Schüttbrunnen saugt, in den das aus den Eimern kommende Baggergut hineinfällt. Ihr Druckrohr hat eine Weite von 600 mm.

Die Maschine treibt auch mit einer nach hinten gehenden Welle den Propeller von 2150 mm Durchmesser an, wobei eine Geschwindigkeit von 18,5 km/h erreicht wird. Der Dampf wird von zwei Zylinderkesseln geliefert, die zwischen der Maschine und dem Propeller angeordnet sind. Der Bagger ist für Unterhaltungsarbeiten in den Häfen des Landes Chile bestimmt, bei dessen langgestreckter Küste der eigene Fahrantrieb von großem Vorteil ist. Die Ausführung als Eimerketten-Spülbagger erschien für die dort vorliegenden Bodenarten als die zweckmäßigste. Bei entsprechend gegebenen Bedingungen können auch Schuten beladen werden.

Man braucht die Baggerpumpenanlage nicht unbedingt in den Bagger fest einzubauen. Beim „Achilles“ in Abb. 156 wurde bereits gezeigt, daß man sie in einen besonderen Schwimmkörper setzen und an den Bagger anhängen kann.

Abb. 166 zeigt eine elektrisch angetriebene *Baggerpumpenanlage* mit einem Schwimmkörper 11×4×1,3 m, den man neben den Eimerkettenbagger legen kann. Die Bagger-

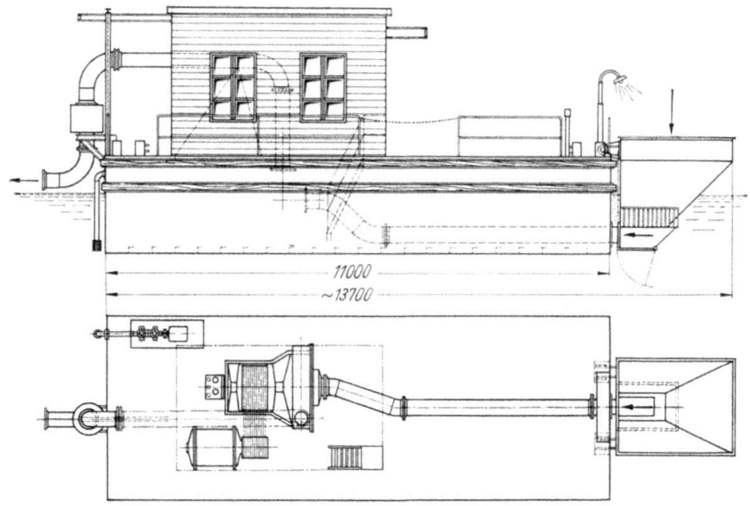

Abb. 166. Schwimmende Baggerpumpenanlage von 300 mm Druckrohrweite mit Antrieb durch einen Elektromotor von 300 PS

pumpe hat einen Durchmesser von 300 mm für das Druckrohr und 350 mm für das Saugrohr. Sie wird von einem Elektromotor von 220 kW, entsprechend ungefähr 300 PS über einen Keilriemen angetrieben, so daß ihre Drehzahl bei 360 U/min liegt. An den Schwimmkörper ist ein Schüttrichter angehängt, der den Boden von der Schüttrinne des Eimerkettenbaggers aufnimmt. Das Wasser tritt durch seitliche Öffnungen in die so gebildete Mischkammer ein, die unten auch eine Klappe zum Entfernen von Steinen hat. Das Gemisch wird dann der Baggerpumpe zugeführt, deren Druckleitung zu einem Drehgelenk am Ende des Schwimmkörpers führt. Von ihm geht die Schwimmrohrleitung ab. Abb. 167 zeigt ihre Schwimmer, die unten halbkreisförmig und oben flach sind. Hierauf legen sich die Querträger, auf denen die Rohrleitung von 300 mm Weite ruht.

Früher hat man Eimerkettenbagger auch mit vollständigen Schutensaugern in der Weise zusammenarbeiten lassen, daß man sie nebeneinander oder hintereinander legte und den Boden aus der Schüttrinne des Baggers der Pumpe des Spülers zuführte. Wurde die Förderweite für ein derartiges Arbeiten zu groß, so konnten die Geräte wieder auseinandergezogen werden und ein Schutenbetrieb dazwischengeschaltet werden.

Der *Eimerketten-Spülbagger* ist dem Saugbagger mit Schneidkopf (Cuttersauger) verwandt. Bei beiden Geräten wird der Boden mechanisch gelöst, durch die Schneidkanten der Eimer oder die Messer des Schneidkopfes, und unter Wasserzusatz als Gemisch hydraulisch zur Ablagerungsstelle gebracht.

Wenn beim Schneidkopf der Boden so anfällt, daß gut förderbare Stücke vom Saugstrom erfaßt werden, dann ist der Saugbagger überlegen, zumal er erheblich billiger ist. Diese Überlegenheit geht aber bei anderen Bodenarten verloren, wie beispielsweise beim Feinsand. Bei ihm arbeitet der Cuttersauger nur bei großer Abtragshöhe günstig, wenn kein Strom den Boden von der Saugrohrmündung fortträgt. Sind diese Bedingungen nicht gegeben, dann wird nur ein sehr geringer Feststoffanteil von 10% und noch weniger erreicht. Der Eimerkettenspülbagger hat bei geringer Abtragshöhe und Baggertiefe auch

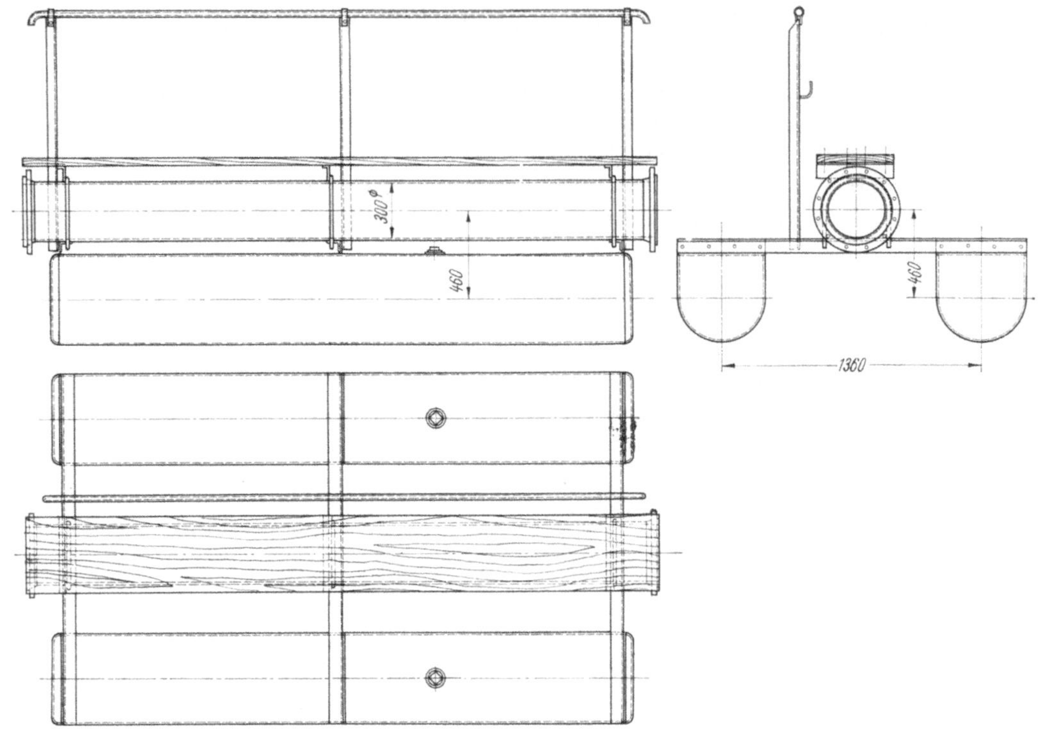

Abb. 167. Doppelschwimmer mit halbkreisförmiger Unterseite und ebener Oberseite der Tragkörper für Aufnahme einer Rohrleitung von 300 mm Lichtweite

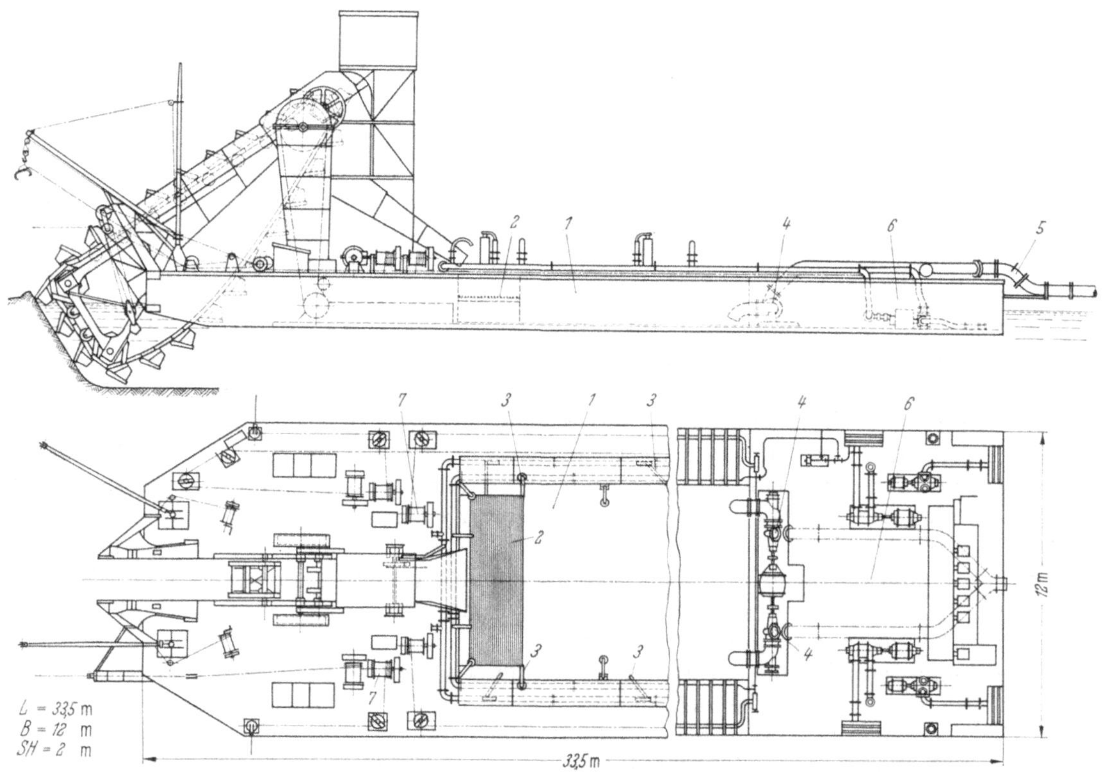

Abb. 168. Eimerketten-Spülbagger „Drömling", erbaut etwa 1930 für Ausbaggerung des Mittellandkanals im Moorgelände

1 Aufbereitungsraum; *2* Eisenrost; *3* Hochdruckspritzen; *4* Schlammpumpen; *5* Anschluß der Schwimmrohrleitung; *6* Maschinenraum; *7* Winden-Anlage

Mühe seine Eimer zu füllen, aber eine Strömung behindert ihn dabei wenig und der gebaggerte Boden wird mit Sicherheit der Pumpe, die keinen hohen Unterdruck aufzubringen hat zugeführt. Bei festem Ton und Lehm fallen die von den Eimern geförderten Bodenklumpen zwangsläufig in den Schüttrichter der Baggerpumpe, während beim Schneidkopf die Erfassung durch den Saugstrom unsicher ist. Das gilt erst recht für steinigen Boden.

Ein Vorteil ist es weiter, daß der Eimerkettenbagger mit seiner Scherbewegung eine größere Schnittbreite erreichen kann und mit dem Verlegen der Anker weniger Zeit verliert, als der Schneidkopfsauger mit seinem häufigen Versetzen des Schwingpfahles und den damit verbundenen Leerschwüngen.

Abschließend kann man sagen, daß der Eimerketten-Spülbagger bei schwierigen Bodenarten eine größere Sicherheit gegen Abfallen der Ertragsleistung bietet, so daß seine höheren Anschaffungskosten und die Komplikation durch die Eimerkette mit ihren vielen beweglichen und der Abnutzung ausgesetzten Teilen, ausgeglichen werden, daß aber bei anderen Bodenarten die Ertragsleistung des Schneidkopfsaugers größer ist und mit einem einfacheren und billigeren Gerät erreicht wird.

Bei einem Eimerketten-Spülbagger kann man die Eimerleiter abbauen und durch ein Grundsaugrohr ersetzen, so daß er zum Saugbagger wird. Allerdings müssen die Bodenverhältnisse ein Saugen ohne Vorlockerung gestatten, denn eine Schneidkopfleiter erfordert einen anders gestalteten Schwimmkörper und eine andere Windenanlage für das Arbeiten in Schwingbewegung.

Es wird noch ein Eimerketten-Spülbagger beschrieben, der beim Bau des Mittelland-

Tabelle 16. *Hauptdaten von Eimerketten-Spülbaggern*

			A	B	C
1	Name des Baggers		Hauke Haien	CNR II	Governador Donelles
2	Bauwerft und Baujahr		LMG 1959	Chantiers de Bretagne 1952	IHC-Holland 1957
3	Bauherr und Eigentümer		Landes-Reg. Schleswig-Holstein	Compagnie Nationale du Rhône	Hafenverwaltung Chile
4	Länge über Deck L	m	20	42,6	58
5	Breite auf Spanten B	m	7	7,2	11,2
6	Seitenhöhe H	m	2,2	2,65	4,4
7	Produkt $L \cdot B \cdot H$	m³	310	810	2850
8	Eimerfassungsvermögen	l	230	200	500
9	Zahl der Schüttungen/min		18	20—23	etwa 18
10	Tiefgang	m	1,6	1,67	2,80
11	Verdrängung	t	200	400	1300
12	Baggertiefe	m	7	7	12—14
13	Oberturas über WL	m	7,25		10,5
14	Kantenzahl der Turasse		4—5	5—6	5—6
15	Angaben über Förderung des Bodens nach Ausfall aus den Eimern		Boden geht entw. in Schüttrinnen f. Schutenbeladung od. Pumpenschacht Baggerpumpe mit 400 mm Rohr	Boden geht entw. in Schüttrinnen f. Schutenbeladung od. Pumpenschacht 2 Baggerpumpen mit 325 mm Rohr	Boden geht entw. in Schüttrinnen f. Schutenbeladung od. Pumpenschacht Baggerpumpe mit 600 mm Rohr
16	Energieerzeugung Antrieb des Oberturasses und der Winden		Dieselmotor 135 PS treibt Oberturas u. Zentralwindenanlage Dieselmotor 330 PS f. Baggerpumpe	Dieselmotor 185 PS treibt Oberturas u. Generator für Zentralwindenanlage mit E-Motor 2 Dieselmotoren je 365 PS für Baggerpumpen	Dampfbetrieb Maschine 250 PS_i für Oberturas. Maschine 1000 PS_i f. Baggerpumpe u. Propeller selbstfahrend 18,5 km je Stunde

Kanals etwa um 1930 besonders entwickelt wurde, um ein Teilstück, das in einem Moorgebiet lag, auszubaggern.

Abb. 168 ist ein Generalplan dieses Baggers, der den Namen „Drömling“ erhielt. Der Schiffskörper hat die Abmessungen 33,5×12×2 m. Die Eimerleiter im Vorschiff in der Gestalt eines rechtwinkligen Dreieckes hat außer dem Ober- und Unterturas noch einen Mittelturas, so daß die Eimer zwischen Unterturas und Mittelturas in einer geraden Linie schneiden. Dies war nötig, da bei der üblichen Kreisbewegung um den Unterturas das Moor unterschnitten und oben stehen geblieben wäre. Außerdem wurde auf diese Weise eine genaue Böschung hergestellt. Der aus den Eimern fallende Moorboden geht über eine nach unten führende Schüttrinne auf einen Eisenrost, auf dem er durch zwei Hochdruckspritzen von 5 bis 8 atü Wasserdruck zerkleinert wird und dann in den Aufbereitungsbehälter fällt. Hier wird er von zwei weiteren Hochdruckspritzen erfaßt, die ihn als Gemisch den Saugrohren der beiden Schlammpumpen zuführen. Die Hochdruckspritzen werden von Hand so geführt, daß der Moorboden gut zerkleinert und pumpfähig gemacht wird. Die Schlammpumpen arbeiten abwechselnd und führen das Gemisch über eine Schwimmrohrleitung und eine sich daran anschließende Landrohrleitung von 450 mm Weite auf die Spülfelder. Alle Maschinen des Baggers haben elektrischen Antrieb. Den Strom mit 3000 Volt führt ein Kabel zu, das auf der Schwimmrohrleitung ruht und, fortschreitend mit dem Bagger an eine ortsfeste, längs des Kanals aufgestellte Freileitung angeschlossen wird.

Die Ertragsleistung betrug etwa 100 m^3/h fester Moormasse bei einer Förderweite von 1500 m. Das Verhältnis der lufttrockenen, festen Bestandteile zum Wasser wurde im Mittel mit etwa 1:1,7 festgestellt. Der Bagger wurde von der Werft Gebr. Sachsenberg, Roßlau erbaut. Die Hauptdaten der Eimerketten-Spülbagger, die in diesem Abschnitt behandelt wurden, sind in der Tabelle 16 zusammengestellt.

4. Eimerkettenbagger mit eigenem Fahrantrieb

Im allgemeinen vermeidet man bei Eimerkettenbaggern den Fahrantrieb, weil die Schiffsform hierfür nicht geeignet ist. Setzt man die Propeller an das nicht geschlitzte Ende, was gewöhnlich als Hinterschiff bezeichnet wird, dann ist die Fahrbewegung gegen den Schlitz gerichtet und der Widerstand entsprechend groß. Schließt man den Schlitz an dieser Stelle und gibt dem Bagger ein Vorschiff, dann erreicht man eine geringe Verminderung des Widerstandes, muß aber den Nachteil in Kauf nehmen, daß der Bagger sich nicht freischneidet. Will man den Bagger in entgegengesetzter Richtung fahren lassen, wobei der beim Bagger als Hinterende bezeichnete Teil zum Vorschiff wird, dann muß man zwei Propeller neben dem Schlitz anordnen, die damit in der Nähe des grabenden Unterturasses liegen, den Baggervorgang behindern und der Beschädigung ausgesetzt sind. Aus diesem Grunde vermeidet man möglichst den eigenen Fahrantrieb und läßt den Bagger durch Schlepper von einer zur anderen Arbeitsstelle bringen.

In manchen Fällen kann man aber auf den eigenen Fahrantrieb nicht verzichten. Wenn ein Eimerkettenbagger an Einfahrten von *Seehäfen* zu arbeiten hat, muß er bei Aufkommen von schlechtem Wetter den Hafen aufsuchen. Die für das Schleppen von Schuten verwendeten Schlepper sind für den Bagger nicht stark genug und andere Schlepper heranzuholen dauert zu lange. Auch wenn bei Unterhaltungsarbeiten die Baggerstellen häufig gewechselt werden und weit voneinander entfernt liegen, ist die Beförderung durch Schlepper ungünstig. Dann ist auch bei Baggern, die auf Binnengewässern arbeiten, manchmal der Fahrantrieb zweckmäßig.

Überschlägig gilt, daß die für das Fahren erforderliche Antriebsleistung das doppelte von der beträgt, die zum Baggern nötig ist.

Wenn die gleiche Maschine für beide Zwecke benützt wird, dann ist sie beim Baggern nur zur Hälfte belastet. Man kann aber auch zwei Maschinen installieren, die beim Fahren beide laufen, während beim Baggern nur eine im Betrieb ist. Alles in allem wird das Ge-

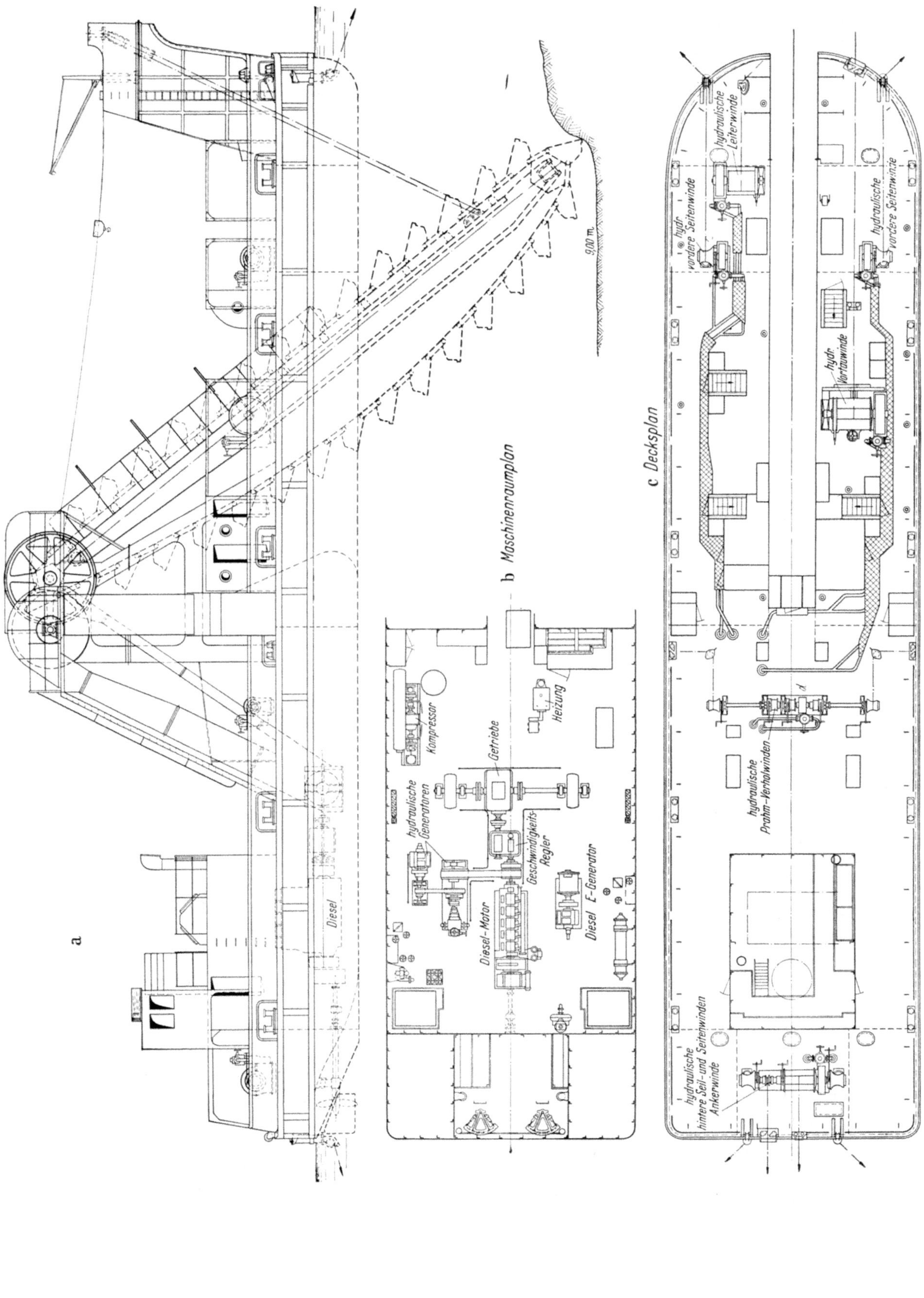

Abb. 169. Selbstfahrender Eimerkettenbagger „Alphonse Jagot“ mit 250 l Eimerfassungsvermögen und Dieselmotor von 250 PS für Bagger- und Fahrbetrieb

wicht eines selbstfahrenden Eimerkettenbaggers etwa um 50% höher, als das eines Baggers ohne Fahrantrieb bei gleicher Eimergröße, und die Kosten sind dementsprechend höher.

Welche Fahrgeschwindigkeit erreicht wird, ist schwer anzugeben. Wenn man den Widerstandsbeiwert c_f (vgl. Kap. L) nach den Angaben für ausgeführte Anlagen nachrechnet, findet man sehr große Streuungen und kann nur als ungefähren Wert für Bagger mit Schiffsform und zwei Schrauben neben dem Schlitz, c_f mit 0,3 ansetzen, während es auf

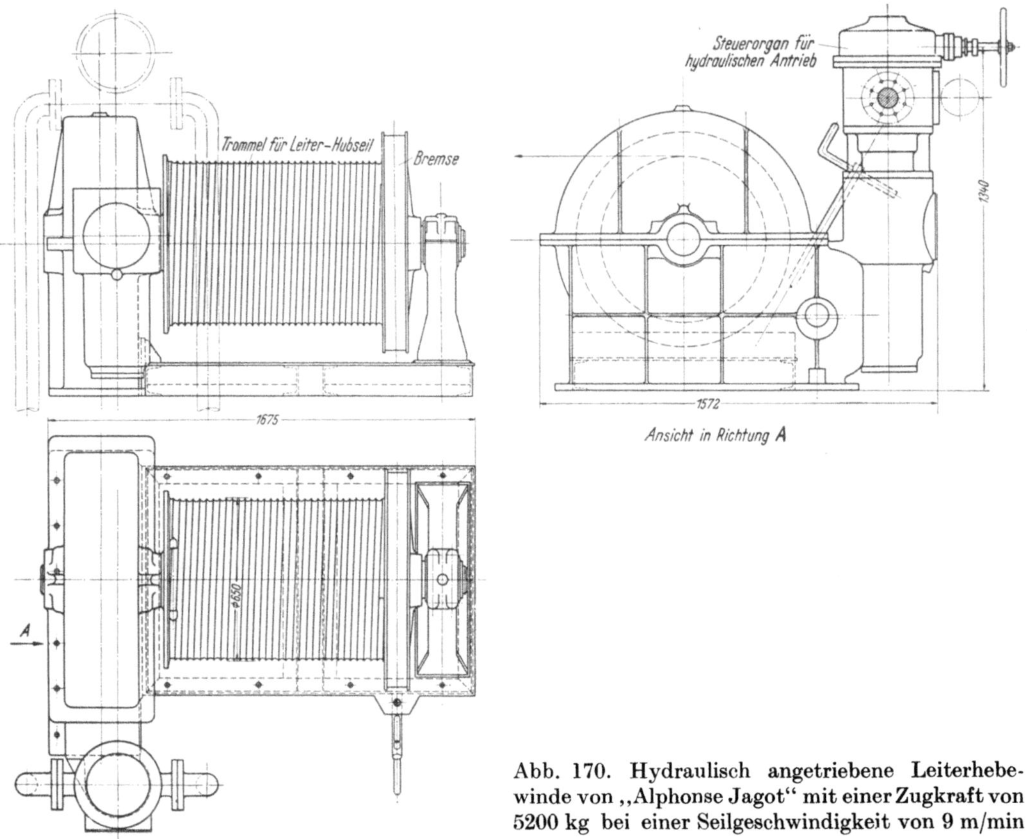

Abb. 170. Hydraulisch angetriebene Leiterhebewinde von „Alphonse Jagot" mit einer Zugkraft von 5200 kg bei einer Seilgeschwindigkeit von 9 m/min

den doppelten Wert ansteigen kann bei Baggern mit eckigen Formen und Schrauben am ungeschlitzten Schiffsende. Eine Unsicherheit liegt auch im Wirkungsgrad des Propellers, der manchmal infolge kleinen Durchmessers und schlechten Wasserzulaufes sehr niedrig ist.

Zunächst sollen zwei kleinere Geräte beschrieben werden, die vorwiegend für die Verwendung auf Binnenwasserstraßen bestimmt sind. Abb. 169 ist ein Generalplan des Baggers „Alphonse Jagot", der 1952 von den Anciens Chantiers Dubigeon in Nantes für Ponts et Chaussées geliefert wurde. Der Schiffskörper hat die Abmessungen 34,5×7,9×2,6 m. Der Schlitz ist 16 m lang und 1,5 m breit. Der Tiefgang beträgt 1,4 m entsprechend einer Verdrängung von etwa 300 t. Die größte Baggertiefe beträgt 9 m und der Abstand der Oberturaswelle über der Wasserlinie 8,4 m. Der Oberturas ist ein Fünfkant und der Unterturas ein Sechskant. Das Fassungsvermögen der 37 Eimer beträgt je 280 l und der Bolzenabstand 700 mm. Die Anzahl der Schüttungen ist 18/min, entsprechend einer Kettengeschwindigkeit von 25 m/min oder 0,517 m/sec. Die Hauptmaschine ist ein Dieselmotor von 200 PS bei 500 U/min, der über ein Wende- und Untersetzungsgetriebe 1:1,4 die nach hinten gehende Propellerwelle mit einer Drehzahl von 360 U/min antreibt. Nach vorne geht vom Motor eine Welle, die unter Einschaltung einer elektromagnetischen Sicherheitskupplung und eines Mehrganggetriebes mit Kegelrädern die querstehende Riemenscheibenwelle antreibt, von der zwei Riemen von 320 mm Breite nach dem Oberturas gehen. Das Schaltgetriebe ermöglicht die Einstellung der Schüttungszahl auf 10, 14 und 18/min und hat auch noch einen Rückwärtsgang für 6 Schüttungen/min. Der Kettenzug würde bei 14 Schüttungen das 1,285fache und bei 10 Schüttungen das 1,8fache von dem bei 18 Schüttungen sein.

Der Hauptmotor treibt außerdem mit Keilriemen die Druckölpumpe an, die das Drucköl für die Windenmotore liefert. Wenn die Winden bei Stillstand des Hauptmotors be-

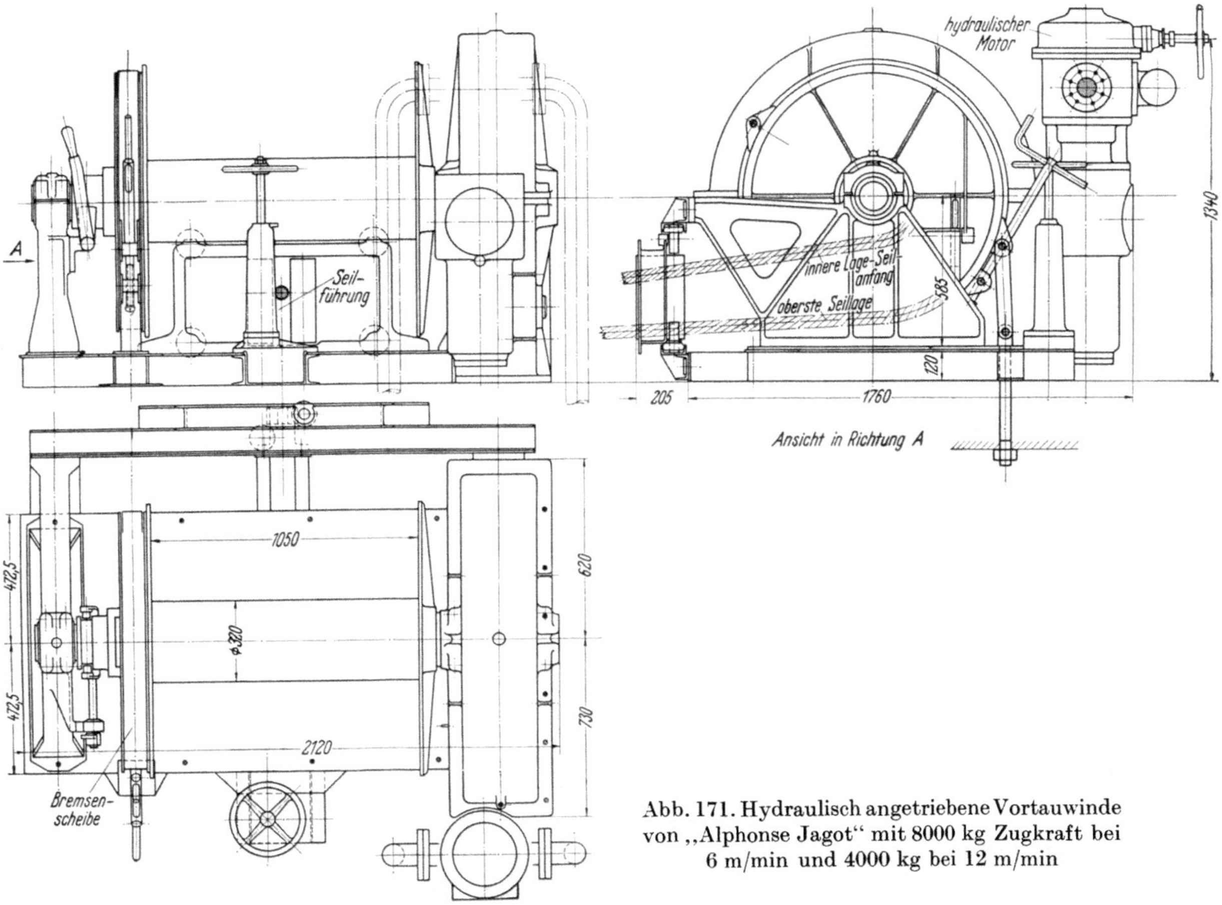

Abb. 171. Hydraulisch angetriebene Vortauwinde von „Alphonse Jagot" mit 8000 kg Zugkraft bei 6 m/min und 4000 kg bei 12 m/min

trieben werden sollen, kann zum Antrieb der Druckölpumpe ein Hilfsdieselmotor von 26 PS herangezogen werden.

Die Druckölpumpe, System Guinard, ist eine Radialkolbenpumpe und liefert maximal 80 m^3/h Öl mit einem Druck von 20 atü und hat bei 350 U/min einen Leistungsbedarf von ungefähr 70 PS.

Die Winden werden von Druckölmotoren angetrieben, die den gleichen Aufbau haben, wie die Druckölpumpe. Sie sind im folgenden abgebildet.

Abb. 170 zeigt die Leiterhebewinde mit einer Zugkraft am Seil von 5200 kg bei einer Seilgeschwindigkeit von 9 m/min. Sie steht auf Deck neben dem Schlitz mit Seilführung zum Vorderbock.

Abb. 171 ist die Vortauwinde, welche auf der anderen Seite des Schlitzes etwas weiter nach hinten angeordnet ist. Sie hat eine Zugkraft von 8000 kg bei einer Seilgeschwindigkeit von 6 m/min und 4000 kg bei 12 m/min.

Abb. 172 zeigt die vorderen Seitenwinden, die Scherwinden, die Kettentrommeln haben und beiderseits des Schlitzes stehen. Sie haben eine Zugkraft von 3000 kg bei 6 m/min und 1500 kg bei 12 m/min. Die Kette hat 18 mm Gliedstärke.

Abb. 173 zeigt die Kombinations-Hinterwinde, die hinter dem Decksaufbau steht. Sie hat in der Mitte eine Seiltrommel für das Achtertau und seitlich zwei Trommeln für die hinteren Seitenketten sowie eine Kettennuß für einen Achteranker. Ihre Zugkraft beträgt 3000 kg bei 6 m/min.

Abb. 174 ist eine Kombinationswinde für Schutenverholen, Schüttrinnenbetätigung usw. mit einer Zugkraft von 2000 kg bei 10 m/min. Die Druckölmotore haben Steuerorgane, welche die Menge des zufließenden Öles und damit die Drehzahl regeln. Der Druck stellt sich je nach der Belastung selbsttätig ein und ist durch Sicherheitsventile auf maximal

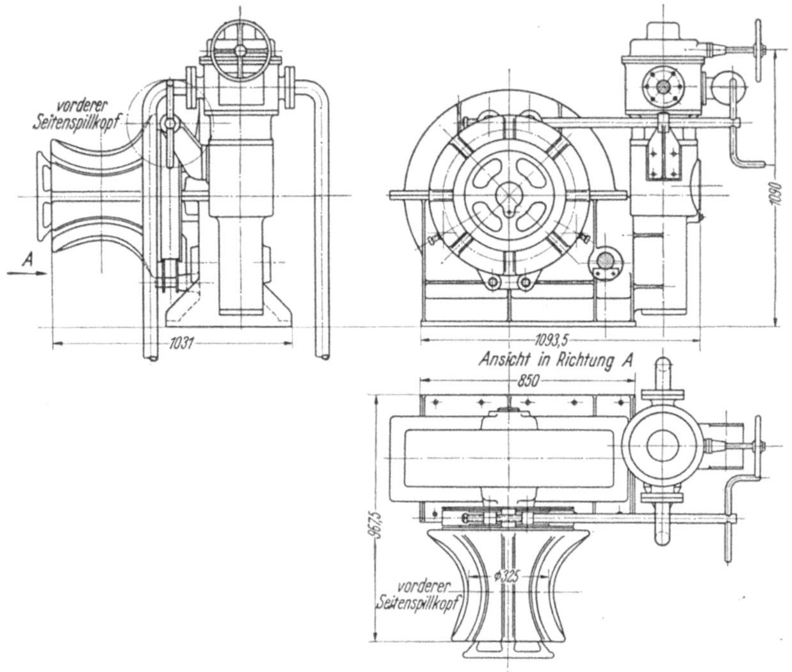

Abb. 172. Hydraulisch angetriebene vordere Seitenwinden (Scherwinden) von „Alphonse Jagot" mit Kettentrommeln. Zugkraft 3000 kg bei 6 m/min und 1500 kg bei 12 m/min Geschwindigkeit

20 atü begrenzt. Arbeitet die Winde mit verminderter Drehzahl, so läuft ein Teil des Drucköls ohne Arbeitsleistung zurück. Das ergibt eine gute Regelmöglichkeit und eine bequeme Bedienung, die Anlage ist robust und betriebssicher. Der Wirkungsgrad liegt allerdings nicht hoch, jedoch ist das ein Kennzeichen aller Anlagen, die mit Unterbrechungen und meist nur mit Teillasten arbeiten. Die mit Dampfmaschinen angetriebenen Baggerwindenanlagen haben auch im Verhältnis zur Hauptmaschine einen hohen Dampfverbrauch. Der unter den Spülbaggern beschriebene Bagger „CNR II" hat hydraulisch angetriebene Winden von der gleichen Bauart wie „Alphonse Jagot".

Auf der österreichischen Donaustrecke sind laufend Baggerarbeiten notwendig um die für die Schiffahrt erforderliche Tiefe aufrecht zu erhalten. Hierfür wurde nach Plänen der österreichischen Bundeswasserbau-Verwaltung von einer Firmengemeinschaft im Jahre 1926 der Eimerkettenbagger „Fasold" geliefert. Er hat eigenen Fahrantrieb, Eimer mit einem Fassungsvermögen von je 175 l und eine Sortiereinrichtung an Bord. Auf Grund weiterer Erfahrungen wurde von der Schiffswerft Linz in Zusammenarbeit mit dem Strombauamt Wien im Jahre 1961 der Bagger „Kaplan" gebaut, von dem Abb. 175 ein Generalplan ist. Die technischen Daten sind: Länge über alles 50,4 m, Breite auf Spanten 9 m, Höhe des Hauptdecks über Kiel 4,55 m, Höhe des Baggerdecks über Kiel 6,8 m, Fixpunkthöhe über der Wasserlinie 6,7 m. Der Betriebstiefgang beträgt 1,4 m, entsprechend einer Verdrängung von 420 t. Die Besatzung besteht aus 10 Mann.

Im *Maschinenraum* sind zwei Zweitakt-Dieselmotore aufgestellt, die 300 PS bei 530 U/min leisten. Sie treiben über Untersetzungsgetriebe die beiden dreiflügeligen Propeller von 1400 mm Durchmesser an und geben dem Fahrzeug eine Geschwindigkeit durchs

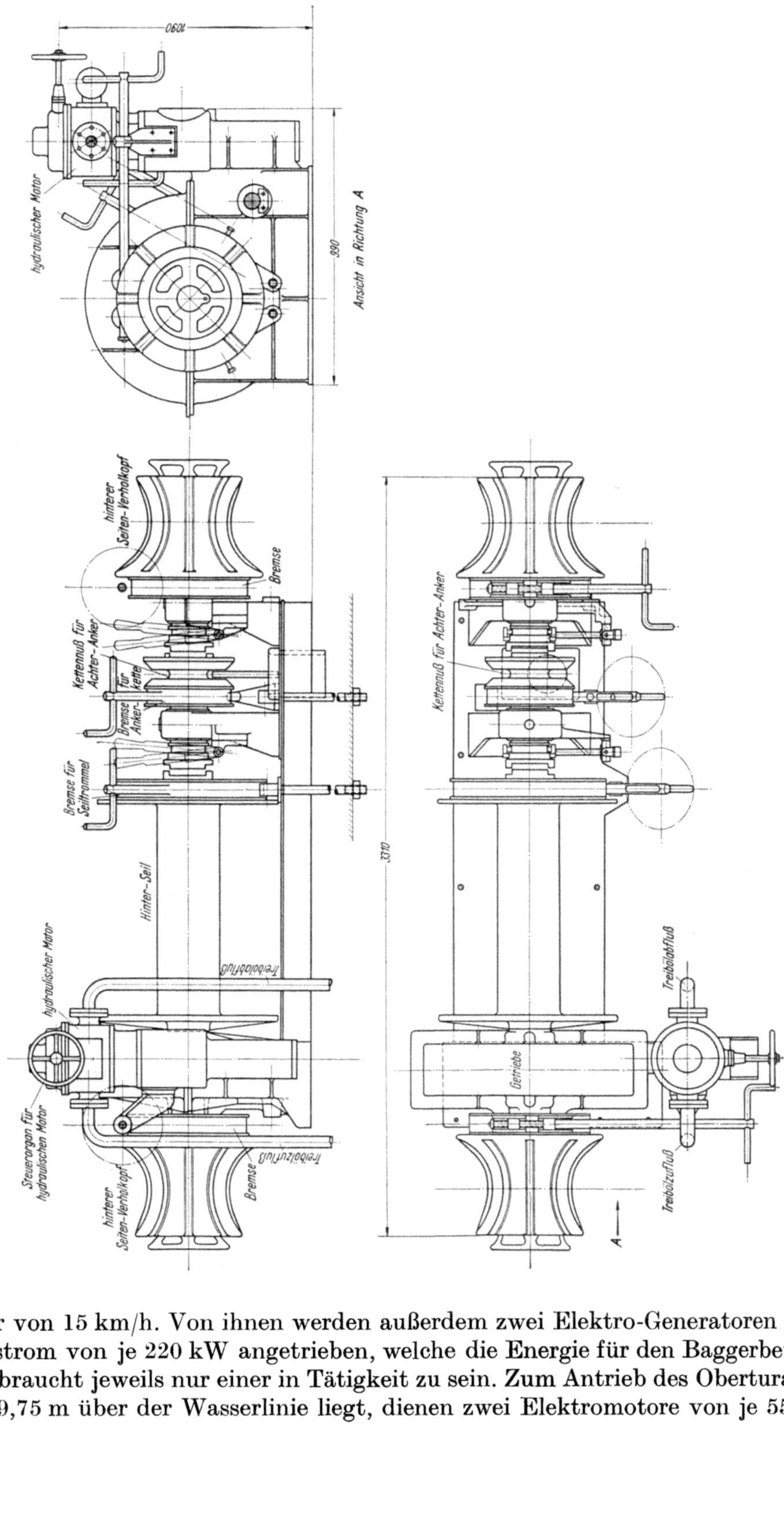

Abb. 173. Hydraulisch angetriebene Kombinations-Hinterwinde mit Seiltrommel für Achtertau, Kettentrommeln für die hinteren Seitenketten und Kettennuß für die Ankerkette. Zugkraft 3000 kg bei 6 m/min Geschwindigkeit

Wasser von 15 km/h. Von ihnen werden außerdem zwei Elektro-Generatoren für 220 Volt Gleichstrom von je 220 kW angetrieben, welche die Energie für den Baggerbetrieb liefern. Dabei braucht jeweils nur einer in Tätigkeit zu sein. Zum Antrieb des Oberturasses, dessen Welle 9,75 m über der Wasserlinie liegt, dienen zwei Elektromotore von je 55 kW. Dabei ist die Eimerleiter mit Turas, Antriebsmotoren und Getrieben zu einer beweglichen Einheit zusammengebaut, welche Abb. 176 erkennen läßt. Die Eimer haben ein Fassungsvermögen von 200 l, die Zahl der Schüttungen liegt sehr hoch, zwischen 23 und 32/min, entsprechend 1380 und 1920/h. Die Baggertiefe beträgt maximal mit herabgesetzter Leiter 12 m, in anderen Stellungen der Leiter 9 m und 6,5 m. Als geringst mögliche Baggertiefe wird 1,5 m angegeben.

Die Winden werden durch Elektromotore angetrieben und sind für Kettenbetrieb eingerichtet. Es sind zwei Vorankerwinden vorhanden mit einer Zugkraft von je 5 t bei

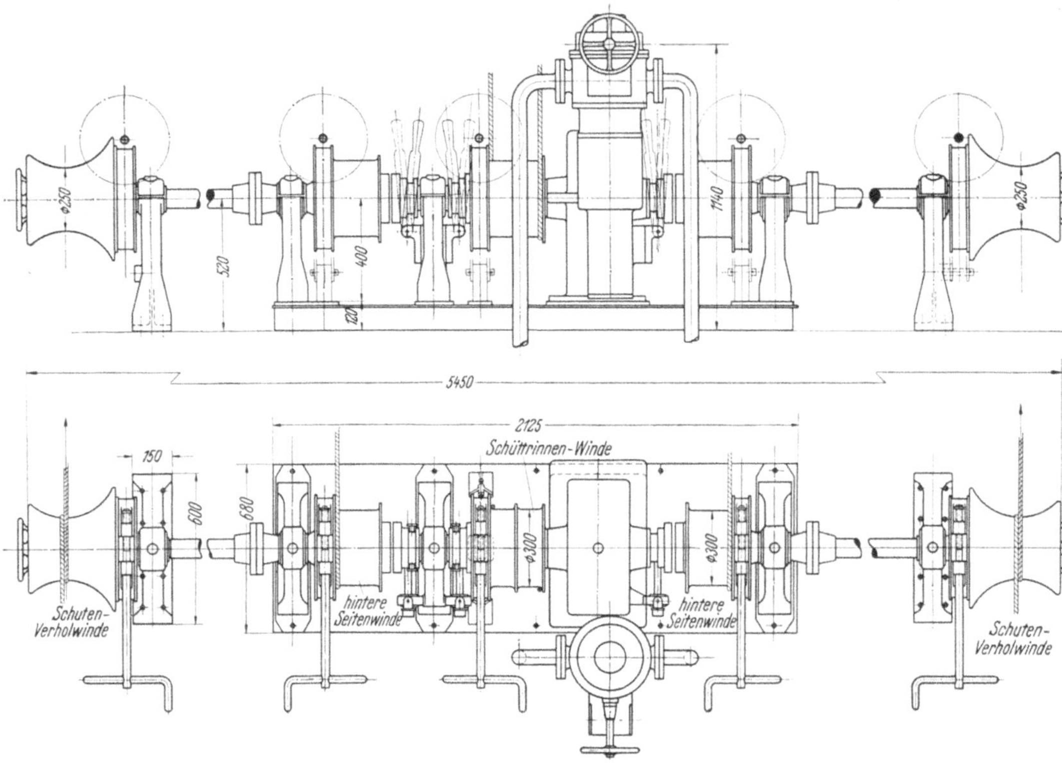

Abb. 174. Hydraulisch angetriebene Kombinationswinde für „Alphonse Jagot" für Schutenverholen, Schüttrinnenbetätigung usw., mit einer Zugkraft von 2000 kg bei 10 m/min Geschwindigkeit

einer Kettengeschwindigkeit von 3,5 bis 6,5 m/sec. Die Ketten haben eine Gliedstärke von 23 mm und die Anker wiegen je 250 kg. *Eine* Ankerwinde in gleicher Bauart ist am Hinterschiffsende aufgestellt.

Die Scherwinden, zwei vordere und zwei hintere, haben eine Zugkraft von je 3,75 t bei Kettengeschwindigkeiten von 4, 8, 10 m/sec. Die Ketten, die auf Ketten-Spillköpfe auflaufen, haben eine Gliedstärke von 16 mm, das Ankergewicht beträgt je 350 kg. Die Eimerleiterwinde hat 20 t Zugkraft bei 30 mm Seildurchmesser. Sie dient auch zum Abbau der Eimerleiter samt Verstellwagen und des umlegbaren Eimerleiterbockes. Danach liegt für Brückendurchfahrt der höchste Fixpunkt 6,7 m über der Wasserlinie.

Die *Eimer* schütten ihren Inhalt auf ein *Förderband*, das nach beiden Schiffsseiten bis zu einem Winkel von 60° gegen die Schiffsmittellinie schwenkbar ist. Seine Länge beträgt 9 m und die Breite des Gummigurtes 800 mm. Der Antriebsmotor hat 10 kW, die Laufgeschwindigkeit beträgt 2,5 m/sec.

Der Bagger „Kaplan" arbeitet zusammen mit dem fahrbaren Schutenentleerer „Ressel", der im Abschnitt O 6 beschrieben wird.

Es sei nun noch ein älterer, um die Jahrhundertwende von der Werft Smulders, Schiedam, erbauter Bagger erwähnt, mit Propellern, die allerdings nicht zum Fahren dienen.

Abb. 177 zeigt dieses Gerät, einen kleinen Eimerkettenbagger für Kiesgewinnung auf dem *Esla-Fluß* in Spanien mit einem Eimerfassungsvermögen von 100 l und elektrischem Antrieb mit Landanschluß. Die Eimerkette wird durch einen Motor von 45 PS und die Leiterhebewinde durch einen Motor von 15 PS angetrieben.

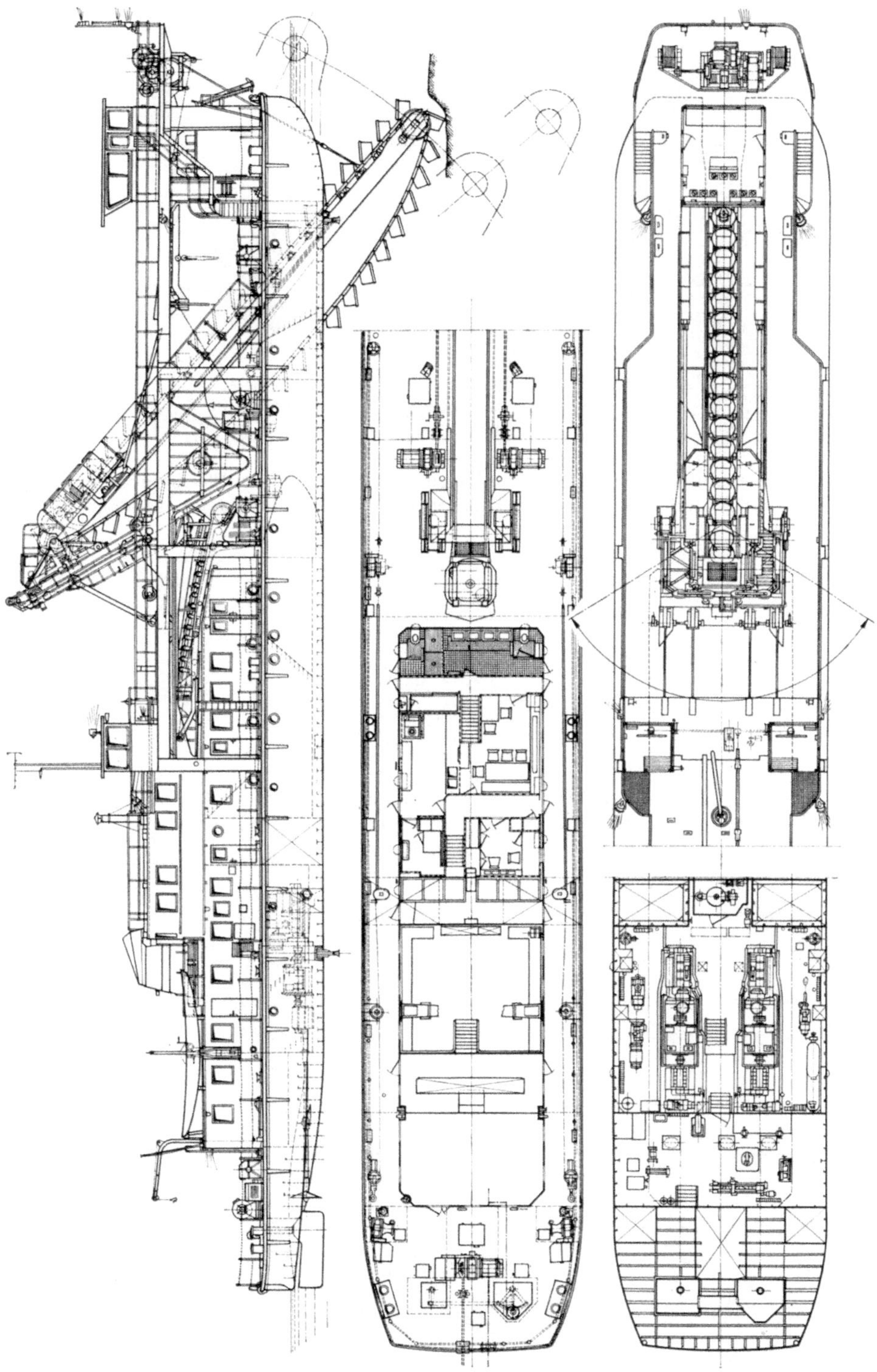

Abb. 175. Generalplan des selbstfahrenden Donau-Baggers „Kaplan“ mit Eimern von 200 l, erbaut 1961 von der Schiffswerft Linz für die Bundes-Wasserbau-Verwaltung Wien

Es war die Bedingung gestellt, daß der Bagger durch seine Vertäuung die Schiffahrt nicht behindern dürfe. Er schwingt deswegen wie ein Schneidkopfsauger um einen am hinteren Ende mittschiffs sitzenden Schwingpfahl, während seitlich von ihm ein Schreitpfahl angeordnet ist. Um die sonst bei der Schwingbewegung erforderlichen, nach den Seiten abgehenden Seile zu vermeiden, befinden sich am Vorschiff neben dem Schlitz zwei

Abb. 176. Antrieb des vierkantigen Oberturasses von Bagger „Kaplan" mit zwei Elektromotoren von je 55 kW, mit Getriebe und Eimerleiter zu einer beweglichen Einheit zusammengebaut. Aufnahme Linz

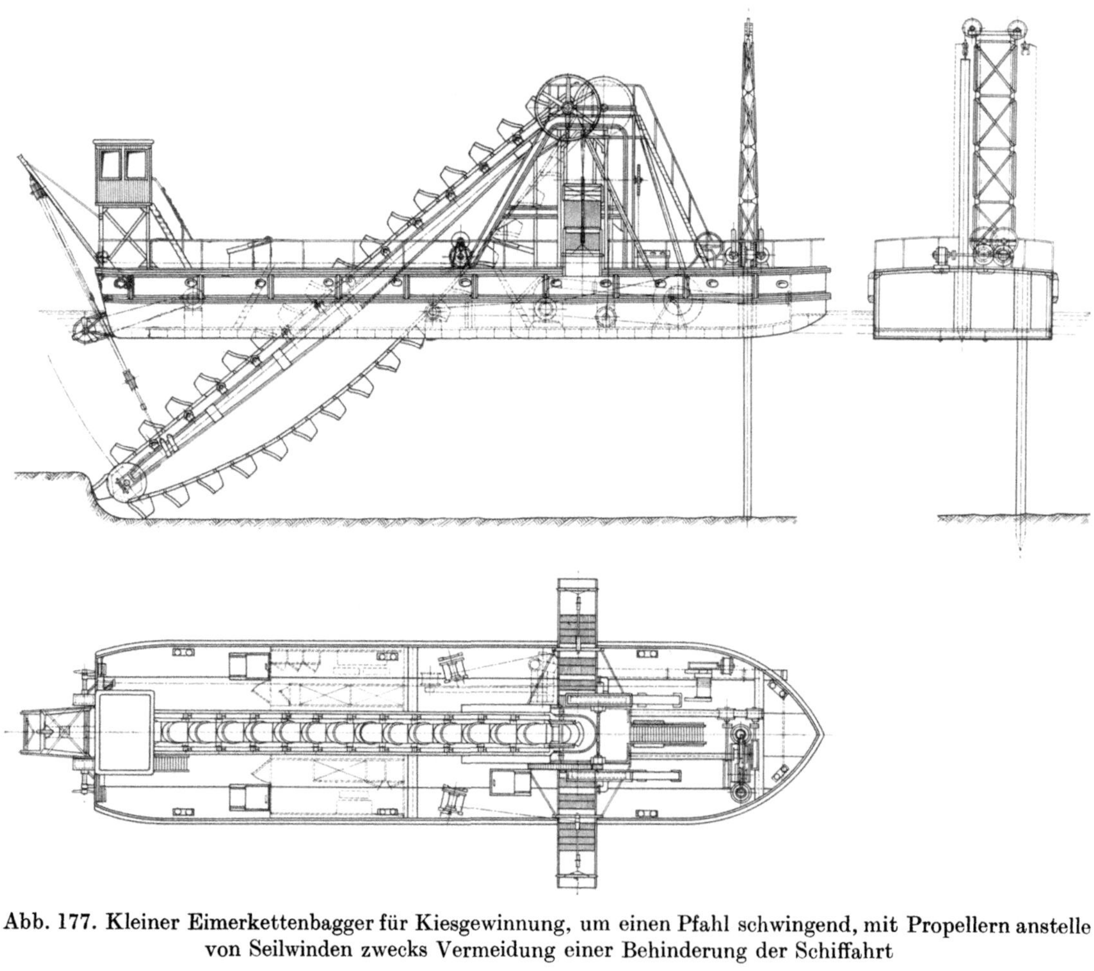

Abb. 177. Kleiner Eimerkettenbagger für Kiesgewinnung, um einen Pfahl schwingend, mit Propellern anstelle von Seilwinden zwecks Vermeidung einer Behinderung der Schiffahrt

Propeller mit querliegender Welle, die durch Riemen von zwei an Deck stehenden Elektromotoren, von je 25 PS angetrieben werden. Jeder von ihnen kann etwa 500 kg Schub erzeugen, womit sich 1000 kg ergeben, wenn beide Propeller ihren Strahl in die gleiche Richtung lenken.

Es folgt die Beschreibung größerer Eimerkettenbagger mit Fahrantrieb, die man als *Seebagger* bezeichnen kann.

Abb. 178. Selbstfahrender Eimerkettenbagger „Kyant Khaing Yay" mit Eimern von 365 l Fassungsvermögen und 580 PS Propulsionsleistung bei dieselhydraulischem Antrieb. Aufnahme IHC-Holland

Abb. 178 ist eine Ansicht des selbstfahrenden Baggers „KYANT KHAING YAY" von der IHC-Holland, der für den Hafen von Rangoon geliefert wurde mit den Abmessungen 47×9,75×3,65 m, Tiefgang 2,57 m und Baggertiefe 15,25 m.

Im Maschinenraum stehen zwei Dieselmotore von je 450 PS bei 750 U/min. Sie sind gekuppelt mit Axialkolbenpumpen der Bauart Mannesmann-Meer, die bei 750 U/min eine hydraulische Leistung von je 340 PS auf die Druckölmotore übertragen können. Zwei von ihnen mit je 290 PS bei 710 U/min treiben über ein gemeinsames Untersetzungsgetriebe den im Hinterschiff angeordneten Propeller an, der mit 355 U/min läuft und dem Schiff eine Geschwindigkeit von etwa 14,5 km/h gibt. Bei Ausfall eines Dieselmotors kann auch mit dem anderen allein mit verminderter Geschwindigkeit gefahren werden.

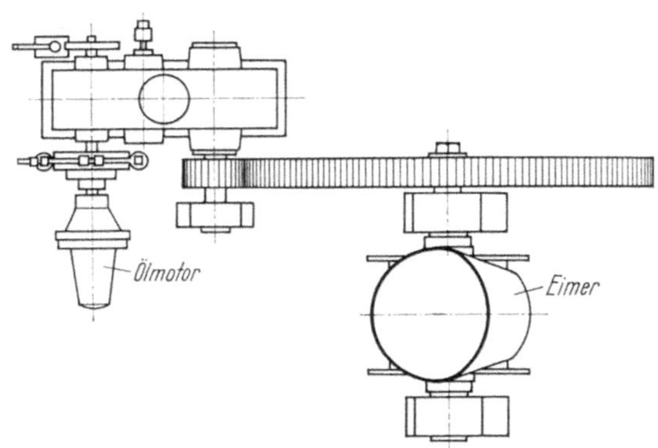

Abb. 179. Schematische Zeichnung vom Antrieb des Oberturasses mit 365 l Eimern durch den Druckölmotor von 140 PS

Durch eine einfache Ventilumschaltung kann die eine oder andere Axialkolbenpumpe mit dem Druckölmotor verbunden werden, der den Oberturas mit 140 PS bei 450 U/min antreibt, entsprechend einer Schüttungszahl von 18/min. Es sind 46 Eimer in der Kette mit einem Fassungsvermögen von je 375 l. Durch die Wahl gleicher hydrostatischer Antriebseinheiten für Baggern und Fahren ist die Auswechselbarkeit und damit eine genügende Reserve gegeben. Von der Brücke aus kann man jede Schüttungszahl und jede Fahrstufe einstellen und den Propeller umsteuern.

Abb. 179 zeigt schematisch, aber im richtigen Größenverhältnis den Antrieb vom Oberturas. Man sieht wie klein der Druckölmotor im Verhältnis zum Baggereimer und zum Getriebe ist.

Zwei Wechselstrom-Generatoren, die zwischen den Dieselmotoren und den Axialkolbenpumpen liegen, liefern die Energie für die Elektromotore der Winden, bei denen, soweit erforderlich, ein hydrostatisches Getriebe nachgeschaltet ist. Der Elektromotor treibt dann mit gleicher Drehzahl eine Druckölpumpe an und deren Druckölmotor über Zahnräder die Windentrommel. Damit ist eine stufenlose Regelung der Seilgeschwindigkeit, ebenfalls bei zentraler Betätigung möglich.

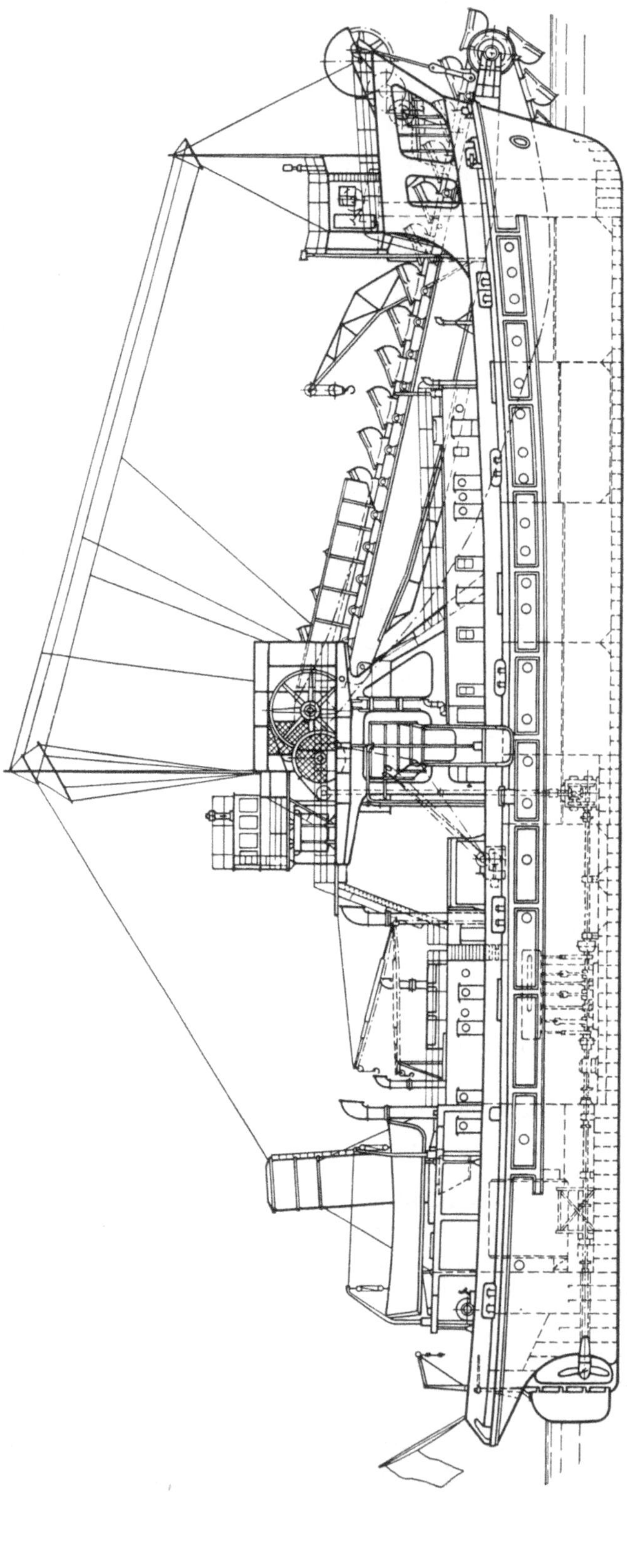

Abb. 180. Selbstfahrender Eimerkettenbagger „Wolga-Don" mit Eimern von 750 l Fassungsvermögen und Dampfantrieb

Abb. 180 ist die Seitenansicht des Baggers „Wolga-Don“, der im Jahre 1937 von der IHC-Holland an die Sowjetunion für Arbeiten am Wolga-Don-Kanal geliefert wurde. Er hat eine Schiffsschraube an der dem Schlitz abgewandten Seite, der Schlitz bleibt offen und der Bagger kann sich freischneiden. Die Schiffsteile neben dem Schlitz sind nach Art eines Vorschiffes ausgebildet und der ganze Bagger ist schiffsförmig gehalten. Er hat Dampfantrieb mit zwei am hinteren Ende liegenden Kesseln, die beim Fahren beide gebraucht werden, während für das Baggern einer genügt. Im Maschinenraum, der sich daran anschließt, steht die Hauptmaschine in der Längsschiffrichtung und treibt nach Einrücken einer Kupplung die nach hinten gehende Propellerwelle an, während die vorn anschließende Welle zu einem Kegelradgetriebe führt. Von diesem geht eine Welle senkrecht nach oben und treibt mit Kegelrädern und einem Vorgelege den Oberturas an.

Der Bagger hat folgende Daten 56×11,2 ×4,7 m, Tiefgang betriebsfertig etwa 3 m, Schlitz 24 m lang und 1,9 m breit. Die größte Baggertiefe bei hochliegendem Leiterdrehpunkt ist 12,2 m und 18 m bei dessen tiefster Lage. Die Welle des Oberturasses liegt 9,8 m über der Wasserlinie. Das Eimerfassungsvermögen beträgt 750 l mit 900 mm Bolzenabstand. Die Hauptmaschine leistet beim Fahren 650 PS_i bei 190 U/min und kann dem Fahrzeug eine Geschwindigkeit von etwa 12 km/h geben. Beim Baggern arbeitet sie bei niedrigerer Drehzahl und etwa der halben Leistung.

Der Seebagger „*Warnemünde*“, erbaut im Jahre 1953 bei Gebr. Sachsenberg, Roßlau, für Unterhaltungsarbeiten in den Ostseehäfen ist von ähnlicher Größe. Er hat dieselelektrischen Antrieb und zwei Propeller, die neben dem Schlitz angeordnet sind. Abb. 181 ist der Linienriß, der erkennen läßt, daß der Schiffskörper an dem in der Fahrtrichtung liegenden Ende nach Art eines Vorschiffes gestaltet ist, der übrige Teil aber eckig und ohne Sprung verläuft. Die beiden neben dem Schlitz liegenden Schiffsteile haben einen auflaufenden Boden, um eine genügende Anströmung der Propeller zu erreichen. Der Völligkeitsgrad der Verdrängung beträgt 0,75, entspricht also ungefähr dem von Hoppersaugern. Die Länge des Schiffskörpers zwischen den Loten beträgt 50 m, die

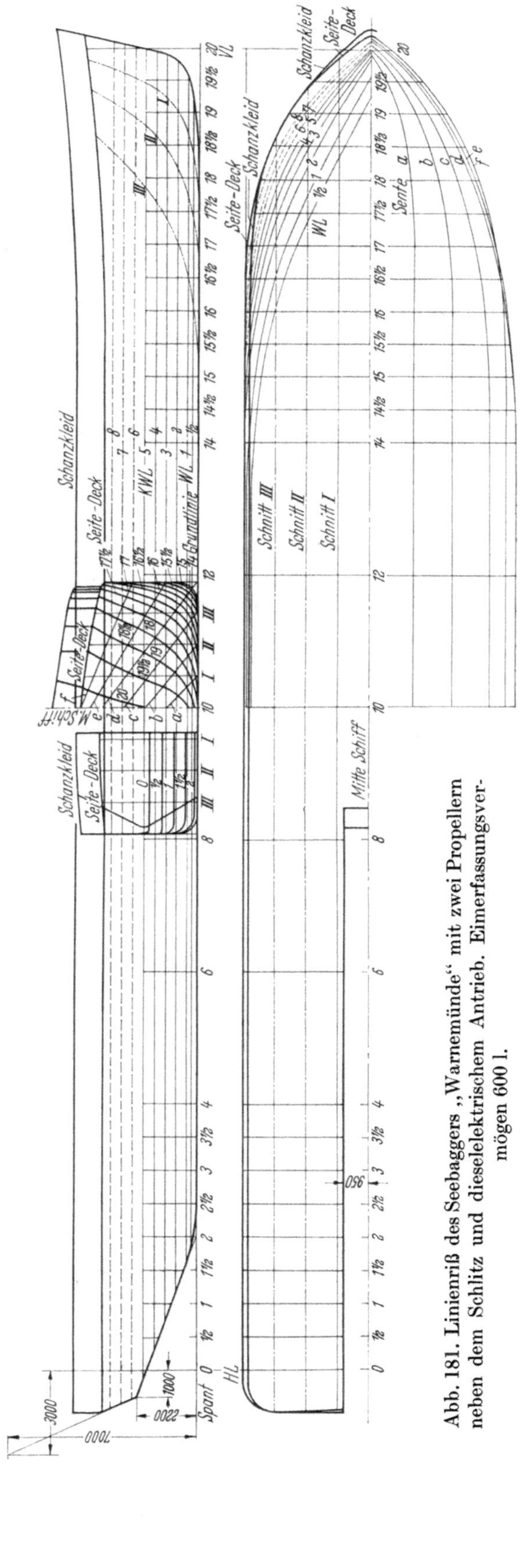

Abb. 181. Linienriß des Seebaggers „Warnemünde“ mit zwei Propellern neben dem Schlitz und dieselelektrischem Antrieb. Eimerfassungsvermögen 600 l.

Breite auf Spanten 9,5 m und die Seitenhöhe mittschiffs 3,5 m. Das Konstruktionsgewicht des Baggers ist 740 t. Der Konstruktionstiefgang liegt bei 2 m und steigt im betriebsfertigen Zustand auf 2,2 m an. Die Oberturaswelle liegt 9,8 m über der Wasserlinie und die Baggertiefe beträgt 12 m bei hochliegender und 14 m bei tiefgesetzter Leiter. Die *Eimer* sind in Schweißkonstruktion hergestellt und haben 600 l Fassungsvermögen bei 800 mm Bolzenabstand. Man ist wieder zu der früheren Konstruktion übergegangen, bei der die Eimer aus der geschlossenen Kette ausgebaut werden können, da sie mit ihren Laschen durch 4 lösbare Paßbolzen verbunden sind. Es ist noch ein zweiter Satz Eimer von 360 l in verstärkter Ausführung mit Zähnen vorhanden, bestimmt für Ton und Mergel, welche Bodenarten in der Ostsee häufig vorkommen. Die Zahl der Eimer ist bei beiden Größen 39 für 12 m und 43 für 14 m Baggertiefe.

Die *Energieerzeugungsanlage* liegt an dem dem Schlitz abgewandten Ende und besteht aus zwei Dieselmotoren von je 250 PS bei 500 U/min, die zwei Gleichstrom-Generatoren von 175 kW bei 220 Volt antreiben und einem Hilfsgenerator von 57 kW, der zur Deckung des Spitzenbedarfes beim Fahren herangezogen wird.

Für den Antrieb des Oberturasses ist ein Elektromotor von 150 kW bei 750 U/min auf dem Hauptbock angeordnet, der durch Regelung eine Schüttungszahl zwischen 12 und 15/min ermöglicht. Die beiden *Fahrmotore* liegen neben dem Schlitz, haben LEONARD-Schaltung und werden vom Steuerhaus geregelt. Sie treiben über ein Untersetzungsgetriebe die Propeller an, wobei die Geschwindigkeit mit 10 km/h angegeben wird.

Die *Winden* sind an Deck aufgestellt und werden von Elektromotoren angetrieben. Die Vortauwinde hat die große Zugkraft von 15 t bei einer Seilgeschwindigkeit von 3 bis 6 m/min. Es ist außerdem an dem dem Schlitz abgewandten Schiffsende eine Bugankerwinde aufgestellt, die beim Baggerbetrieb als Hintertauwinde verwendet wird. Sie hat für den Buganker von 1300 kg Gewicht eine Zugkraft an der Kettennuß von etwa 5,9 t mit einer Kettengeschwindigkeit von 9,4 m/min und an der Seiltrommel eine Zugkraft von 3,3 t bei einer Seilgeschwindigkeit von 17,5 m/min. Zwei Schutenverholwinden mit stehendem Spillkopf von 350 mm Durchmesser haben eine Zugkraft von 2 t bei einer Seilgeschwindigkeit von 15 m/min. Näheres über den Bagger „Warnemünde“ findet man in einem Aufsatz der Zeitschrift „Schiffstechnik“ Heft 4 Berlin, April 1954.

Zur Unterhaltung der *französischen Seehäfen* sind von jeher vorwiegend Seebagger mit Fahrantrieb verwendet worden, und als Ersatz für veraltete Geräte und Kriegsverluste sind in den Jahren nach dem letzten Kriege verschiedene neu gebaut worden. Von diesen Baggern haben einige Dampfantrieb und einige Diesel-elektrischen Antrieb. Die Vorteile des Dampfantriebes, wenn dieser durch Ölfeuerung verbessert ist, sind nach wie vor gegeben, sowohl für den Antrieb der Eimerkette als auch für die Winden, deren Dampfverbrauch allerdings hoch ist.

Der Brennstoffverbrauch bezogen auf die Ertragsleistung wird für Dampfbagger mit 0,6 bis 0,8 kg Heizöl und für Diesel-elektrische Bagger mit 0,1 bis 0,2 kg Gasöl/m^3 Bodenertrag angegeben. Die Kosten für Brennstoff sind bei einem Eimerkettenbagger nicht entscheidend, da sie nur etwa 20% der Gesamtkosten ausmachen. Für den Oberturas und die Eimerkette läßt sich auch bei Diesel-elektrischem Antrieb die Weichheit und Anpassungsfähigkeit des Dampfantriebes erreichen, allerdings mit großem Aufwand. Die Elektromotore haben dann Sonderbauart, welche von den Serienerzeugnissen abweicht, sie sind schwer und teuer. Außerdem erfordert die elektrische Anlage, besonders während der Stilliegezeiten, eine Konservierung, die nicht leicht durchführbar ist. Ein Vorteil ist es aber wieder, daß ein Diesel-elektrischer Seebagger, wenn er am Arbeitsplatz stilliegt und von schlechtem Wetter überrascht wird, seine Fahrmaschine schnell in Betrieb setzen kann, während ein Dampfbagger hierfür ständig unter Dampf liegen müßte.

Die Eimerleitern der neuen französischen Bagger sind geschweißt und haben an ihren Schwingpunkten teilweise Stoßdämpfer mit Ölzylindern oder Gummipuffern. Auch hat man mitunter die Leitern als wasserdichte Kastenkonstruktion ausgeführt, so daß der Auftrieb ihr Gewicht z. T. aufhebt. Dadurch wird die Kraft zum Anheben des Unterturasses herabgesetzt und das Einhalten der richtigen Baggertiefe erleichtert. Unterturas und Eimerleiterrollen haben abgedichtete Lager und meist Ölnebelschmierung nach Patent GENTILHOMME, die sich gut bewährt haben soll. Die Kettengeschwindigkeit, die früher nur etwa 12 Schüttungen/min ermöglichte, ist soweit gesteigert worden, daß auch bei großen Seebaggern 18 bis 20 Schüttungen/min möglich sind. Da diese hohe Zahl nicht immer zulässig ist und die Bodenarten in den französischen Häfen wechseln, ist eine feinstufige Regelung der Schüttungszahl und auch der Geschwindigkeit der Winden die noch größtenteils für Kettenbetrieb eingerichtet sind, erforderlich.

Für die Baggereimer wird Schweißkonstruktion bevorzugt. Sie bestehen aus schweißbarem Flußstahl von etwa 55 kg/mm² Festigkeit und 20% Dehnung. Bolzen und Buchsen sind aus Stahl mit 12% Mangangehalt. Fast alle Bagger haben außer den Eimern für Nor-

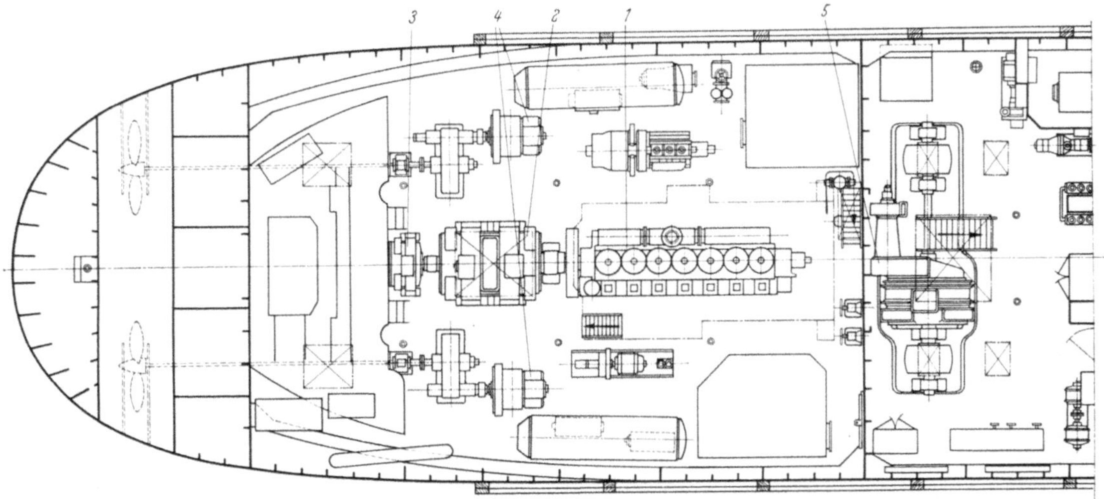

Abb. 182. Maschinenanlage des selbstfahrenden Seebaggers „Dieppe IV" mit Eimern von 750 l Fassungsvermögen und dieselelektrischem Antrieb

1 Hauptdieselmotor 875 PS bei 300 U/min; *2* Doppelgenerator je 300 kW; *3* Generator 40 kW; *4* Fahrmotoren für Leonardbetrieb; *5* Oberturasmotor 330/430 PS

malboden weitere Garnituren mit einem Inhalt von etwa 0,5 bis 0,65fachem der Haupteimer der Bagger. „François Lévêque" (Pos. H der Tab. 17) hat sogar drei Eimergrößen von 800, 600 und 350 l Inhalt.

Der 1936 in Le Havre erbaute Seebagger „Dieppe IV" hat Eimer mit einem Fassungsvermögen von 750 l und Diesel-elektrischen Antrieb. Die Abmessungen des Schiffskörpers sind 52,2×10,2×4,1 m. Der Tiefgang in betriebsfertigem Zustand beträgt 3,15 m entsprechend einer Verdrängung von etwa 1100 t. Die maximale Baggertiefe ist 15 m. Zwei Propeller sind an dem ungeschlitzten Schiffsende angeordnet.

Im Maschinenraum, den Abb. 182 zeigt, steht in der Mitte der Haupt-Dieselmotor mit 875 PS bei 300 U/min, der drei Generatoren für 220 Volt Gleichstrom, auf einer Welle sitzend, antreibt. Davon ist einer von 40 kW für die kleinen Hilfsmaschinen und die Beleuchtung bestimmt, während die beiden anderen von je 300 kW wie folgt verwendet werden: für das Fahren beliefert jeder bei LEONARD-Schaltung einen der Fahrmotore, die im Maschinenraum seitlich angeordnet sind und über ein Untersetzungsgetriebe die Schrauben antreiben. Beim Baggern speisen die Generatoren den Motor für den Antrieb der Eimerkette, die Baggerwinden und die Pumpe für die Zuführung von Wasser zu den Schüttrinnen.

Der Motor für den Antrieb der Eimerkette kann eine Dauerleistung von 330 PS bis 430 PS bei allen Drehzahlen zwischen 138 und 168/min entwickeln und läßt bei konstanter Leistung ein Herabgehen bis auf 85/min zu. Diese Drehzahl entspricht 10 Schüttungen/min. Bei $n = 130$/min sind es $16^2/_3$ Schüttungen/min und bei $n = 168$/min sind es 20 Schüttun-

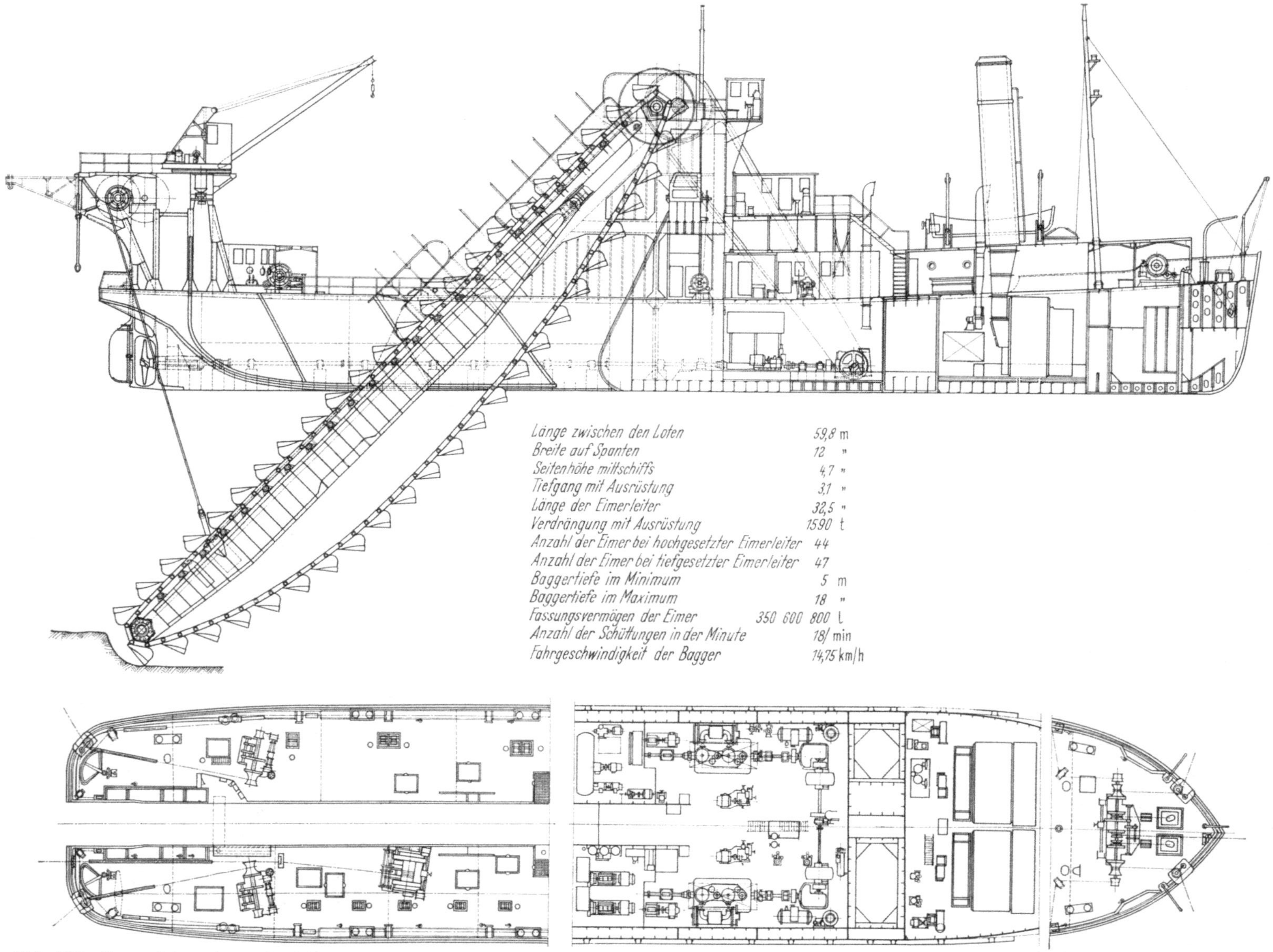

Abb. 183. Generalplan des selbstfahrenden Seebaggers „François Lévêque“ mit Eimern von 800/600/350 l Fassungsvermögen und Dampfantrieb

gen/min. Bei Leerlauf steigen die Drehzahlen jeweils nicht mehr als um 5% an, auch kann der Motor mit noch geringerer Geschwindigkeit im Rückwärtsgang laufen.

Diese Forderungen führen zu einem Motor von großen Abmessungen und einem Gewicht von 25t, der im Maschinenraum aufgestellt ist und den Oberturas in herkömmlicher Weise mit zwei Riemen antreibt. Wenn die Eimer großen Widerstand finden, geht die Drehzahl bis auf 85/min zurück, entsprechend 10 Schüttungen/min und das Drehmoment steigt auf das 2,5fache des normalen an. Wenn es noch weiter steigt, unterbricht ein Überlastungsrelais die Stromlieferung des Generators 5 Minuten nach dem Zeitpunkt, in dem das Drehmoment das 2,86fache des normalen erreicht hat und eine Elektrobremse setzt die Eimerkette dann still. Wenn dann das Drehmoment wieder abnimmt, kommt auch der Motor selbständig wieder in Gang. Das Drehmoment steigt also wie beim hydraulischen Antrieb, aber anders als beim Dampfantrieb, bei zunehmendem Grabwiderstand stark an. Alle Teile der Eimerkette müssen demnach das 2,86fache der Beanspruchung, die sie bei Regelbetrieb erfahren, aushalten können.

Zugkraft und Seilgeschwindigkeit der elektrisch angetriebenen Winden und für Kettenbetrieb eingerichtete Winden sind folgende:

Vorauswinde	30 t bei 6 m/min
Vordere Seitenwinde......................................	15 t bei 12 m/min
Kombinationswinde für Hinterkette und hintere Seitendrähte..	15 t bei 12 m/min
Leiterhebewinde	100 t bei 1,4 m/min
Schutenverholwinde	5 t bei 20 m/min

Alle Winden sind mit wasserdicht gekapselten Motoren ausgerüstet, die 110 PS während eines Laufes von 5 Minuten und 55 PS für 30 Minuten entwickeln können. Sie haben Hauptstromerregung mit einer schwachen Compoundwicklung, ferner einen Überlastungsschutz, der den maximalen Wert des Drehmomentes auf das 4fache des normalen begrenzt und einen thermischen Schutz gegen verlängerte Überlastung. Weitere Angaben über den Bagger „Dieppe" sind in der Tabelle 17 enthalten.

Der im Jahre 1952 für Boulogne gebaute Seebagger „François Lévêque" hat *Dampfantrieb* und zwei Schrauben neben dem Schlitz. Er hat die Abmessungen 59,8×12×4,7 m, einen Tiefgang betriebsfertig von 3,36 m entsprechend einer Verdrängung von etwa 1900 t. Die Baggertiefe beträgt 14 bis 18 m.

Abb. 183 zeigt seinen Generalplan. Am vorderen Ende liegen die beiden Kessel von je 203 m² Heizfläche und 14 atü Betriebsdruck mit Überhitzung. Im Maschinenraum stehen zwei Dampfmaschinen, Bauart Christiansen und Meyer von je 400 PS_i, bei 145 U/min, die mit langen, nach den Schiffsenden führenden Wellen, die beiden Schiffsschrauben antreiben und dem Bagger eine Geschwindigkeit von 14 km/h geben. Sie haben am anderen Ende auch Abtriebswellen, die über Kegelradgetriebe eine querliegende Welle mit zwei Riemenscheiben antreiben, von denen die Riemen nach dem Oberturas führen.

Für verschiedene Hilfsmaschinen ist eine Stromerzeugungsanlage vorhanden mit zwei Turbo-Generatoren von 45 kW und zwei Diesel-Generatoren von 15 kW. Für den Antrieb der Winden wird keine elektrische Energie verwendet, sondern diese haben Dampfantrieb mit Einzelmaschinen. Die Seitenwinden sind für Kettenbetrieb eingerichtet. Das Fassungsvermögen der Eimer beträgt 800 l. Abb. 184 läßt erkennen, daß sie ganz geschweißt sind und eine Wanddicke von 15 mm haben. Die am Eimer angeschweißten Laschen sind doppelt, die Zwischenlaschen einfach mit 125 mm Breite, 260 mm Höhe und 1160 mm Gesamtlänge. Der Bolzenabstand beträgt 900 mm. Das Gewicht von 250 kg je Zwischenlasche ist erheblich. Die vier Bolzen von 100 mm Durchmesser mit eckigem Kopf wiegen je 25 kg. Das ganze Zubehör für einen Eimer wiegt etwa 650 kg, die Eimer selbst 1230 kg.

Es sind außerdem noch Eimergarnituren von 600 und 350 l Fassungsvermögen mit gleicher Wanddicke und den Gewichten 1150 kg und 1020 kg vorhanden, deren Festigkeit entsprechend größer ist. Man ist aber, wie bereits früher dargelegt wurde, von der Ver-

Tabelle 17. *Hauptdaten von Eimerkettenbaggern mit Fahrantrieb*

		A	B	C	D	E	F	G	H	I	K
1	Name	Alphonse Jagot	Kaplan	Kyant Khaing YAY	Wolga-Don	Warnemünde	Pas de Calais II	Dieppe IV	François Lévêque	DR I DR II	Bagger mit eigenem Laderaum
2	Bauwerft und Baujahr	Anciens Chantiers Dubigeon Nantes 1952	Schiffswerft Linz mit Strombauamt Wien 1961	IHC-Holland 1963	IHC-Holland 1937	Gebr. Sachsenberg Roßlau 1954	Ateliers et Chantiers de France Dunkerque 1935	Chantiers de la Loire Le Havre 1936	Ateliers et Chantiers de France Dunkerque 1952	Chantiers de la Mediterannée Le Havre 1952	Werft Gusto Smulders Schiedam 1901
3	Arbeitsgebiet	Kleinere Häfen	Donau	Rangoon	Wolga-Don-Kanal	Ostsee	Boulogne	Dieppe	Boulogne	Rouen	Hafen Montevideo
4	Anordnung der Schrauben	Eine Schraube hinten	Zwei Schrauben hinten	Eine Schraube hinten	Eine Schraube hinten	Zwei Schrauben neben dem Schlitz	Zwei Schrauben neben dem Schlitz	Zwei Schrauben hinten	Zwei Schrauben neben dem Schlitz	Eine Schraube hinten	Zwei Schrauben neben dem Schlitz Eigener Laderaum 800 m^3 Bagger kann auch saugen
5	Länge zw. Loten in m	34,5	50	47	56	50	69	52,2	59,8	56	70
6	Breite auf Spanten in m	7,9	9	9,75	11,2	9,5	12,95	10,2	12	11,3	12,5
7	Seitenhöhe in m	2,6	2,55	3,65	4,7	3,5	5,2	4,1	4,7	3,8	5,25
8	Tiefg. Konstr.-Betr. in m	1,25—1,37	1,2—1,4	2,57—2,8	2,7—3	2,0—2,2	3—3,5	2,8—3,15	3—3,36	2,5—2,8	beladen 4,25
9	Baggertiefe in m	9,0	6,5 9 12	15,25	12,2—18	12—14	21—23	15	14—18	13—16	10
10	Oberturas über WL in m	8,4	9,75		9,8	9,8	12,2	10,5	12,1	11	11,5
11	Eimerfassungsvermögen in l	250—100	200	375	750	600	925	750—450	800—600 350	800—600	700
12	Schüttungszahl/min	10 14 18	23—32	18	10 16 18	12—15	12—18	10 16 19,5	18	13—18	16

13	Art des Antriebes	Diesel-Motor	Diesel-Elektrisch	Diesel-Hydraulisch	Dampf-Anlage	Diesel-Elektrisch	Zwei Dampf-Maschinen Christiansen und Meyer	Diesel Elektrisch	Zwei Dampf-Maschinen Christiansen und Meyer	Eine Dampf-Maschine 3fache Expansion	Zwei Dampf-Maschinen je 550 PS_i treiben entw. Schrauben od. Pumpen oder den Oberturas an
14	Leistg. d. Hauptmaschine in PS	200	2×300	2×450	650	2×300	2×600	875	2×700	465	
15	Fahrgeschwindigkeit km/h	10	15	14	12	10	15,5	14,5	14,5	10	14,5
16	Art des Windenantriebes	Drucköl	Elektrisch	Elektrisch	Dampf	Elektrisch	Dampf	Elektrisch	Dampf	Dampf	Dampf
17	Produkt $L{\cdot}B{\cdot}H$ m³	710	1150	1630	2940	1660	4650	2180	3380	2400	4600
18	Verdrängung etwa t	300	420	1000	1300	740	2000	1100	1600	1200	3000 mit Ladung

wendung kleiner Eimer abgekommen. Weitere Daten für „François Lévêque" sind in Tab. 17 enthalten.

Die beschriebenen Seebagger sind aufwendig und teuer, so daß man nach Vereinfachung gesucht hat. In diesem Bestreben sind die Bagger „DR I" und „DR II" im Jahre 1952 für Rouen gebaut, die in

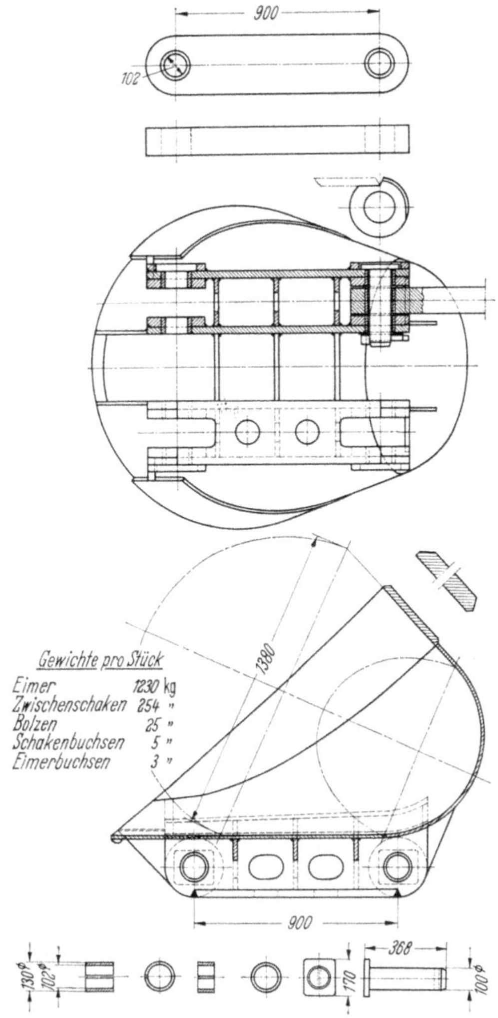

Abb. 184. Baggereimer von 800 l Fassungsvermögen in ganz geschweißter Ausführung für den Seebagger „Francois Lévêque"

Abb. 185 gezeigt werden. Sie haben Eimer von 800 und 600 l und Schiffskörper ähnlicher Größe wie „Lévêque", sind aber einfacher gebaut und gehen mit der installierten Maschinenleistung nicht über das hinaus, was zum Baggern gebraucht wird. Man kommt mit ihr auf eine Fahrgeschwindigkeit von etwas über 9 km/h, was für kurze Umsetzungen genügt, zumal wenn man einen Schlepper zur Hilfe nimmt. Die Abmessungen sind 56×11,3×3,8 m, Tiefgang betriebsfertig 2,8 m, Baggertiefe 13 bis 16 m. Die beiden Bagger haben wieder *Dampfantrieb* und

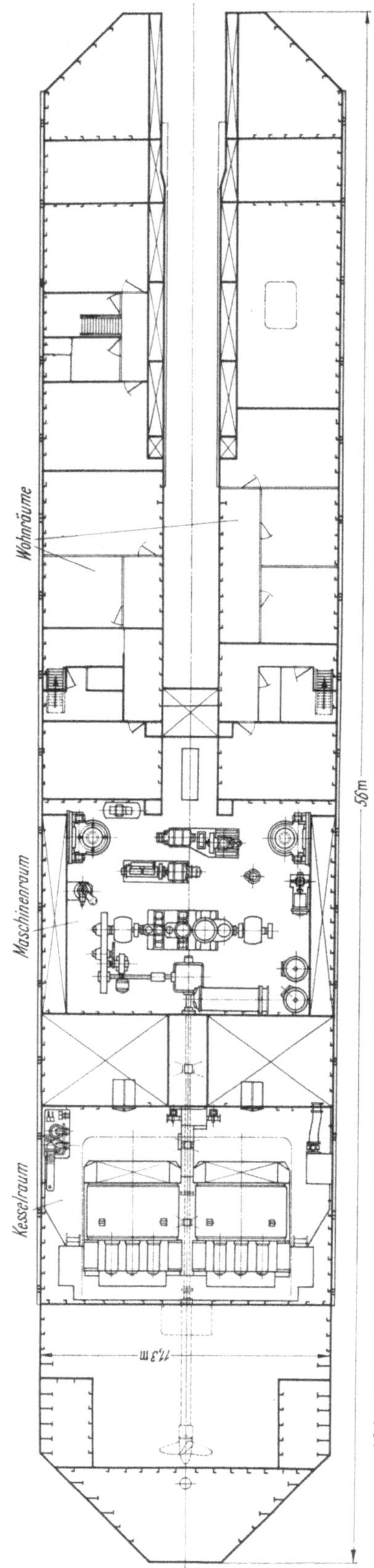

Abb. 185. Raumanordnung der Seebagger DR I und DR II mit geradlinigen Seitenwänden und begrenzter Stärke der Hauptmaschine

zwei Kessel mit 15 kg/m² Druck. Die Hauptmaschine hat etwa 300 PS_i bei 3facher Expansion und steht quer zur Schiffsrichtung. Die Kurbelwelle hat an beiden Enden Riemenscheiben zum Antrieb des fünfkantigen Oberturasses, dessen Welle 11 m über der Wasserlinie liegt. Die Maschine treibt ferner über Stirnräder und Kegelräder die mittschiffs nach hinten gehende Propellerwelle an und gibt dem Fahrzeug eine Geschwindigkeit von 10 km/h. Die Zahl der Schüttungen liegt zwischen 13 und 18/min. Die Eimerleiter ergibt bei hochliegender Schwingachse 13 m Baggertiefe und bei tiefliegender, mit Hilfsleiter, 16 m. Die Winden haben Einzelantrieb durch Dampfmaschinen und sind größtenteils für Kettenbetrieb eingerichtet. Weitere Daten können aus der Tabelle 17 entnommen werden.

Zum Schluß dieses Kapitels sei noch erwähnt, daß in früherer Zeit auch Eimerkettenbagger mit Fahrantrieb und *eigenem Laderaum* gebaut wurden, die im Umlaufverfahren arbeiten sollten. Abb. 186 zeigt einen um die Jahrhundertwende erbauten Eimerkettenbagger mit eigenem Laderaum, der auch als Saugbagger arbeiten kann. Er hat im Hinterschiff einen Schlitz, der sowohl die Eimerleiter als auch das Saugrohr aufnehmen kann. Der Laderaum hat ein Fassungsvermögen von 800 m³; vor ihm liegen die Kessel und hinter ihm die Maschinenanlage. Sie besteht aus zwei Dampfmaschinen von je 450 PS_i bei 150 U/min, die mit den nach hinten gehenden Wellen die Schrauben antreiben und dem Schiff mit den Abmessungen $70 \times 12{,}5 \times 5{,}25$ m bei einem Tiefgang in beladenem Zustand von 4,25 m, eine Geschwindigkeit von 14,5 km/h geben. Mit Wellen, die nach vorne gehen, treiben die Maschinen zwei Baggerpumpen an, die in Parallelschaltung mit dem im Schlitz liegenden Saugrohr verbunden sind. Ihre Druckleitungen führen zusammen in ein gemeinsames Auswurfrohr, das in der üblichen Weise über den Laderaum geht.

Für das Arbeiten als Eimerkettenbagger hat das Gerät einen Mittelbock mit daranhängender Eimerleiter für 10 m Baggertiefe, die durch Tiefersetzen der Leiter auf 13 m erhöht werden kann. Die Eimer haben ein Fassungsvermögen von 700 l. Der Oberturas wird durch eine senkrecht nach oben gehende Welle angetrieben, die ihrerseits durch Kegelräder von jeder der beiden Dampfmaschinen angetrieben werden kann. Die Eimer geben ihren Inhalt auf eine nach vorne gehende Schüttrinne ab, die mehrere Bodenöffnungen hat um die Ladung gleichmäßig zu verteilen. Der Bagger fährt nach Füllung seines Laderaumes zur Klappstelle, verklappt dort seinen Bodeninhalt und fährt zur Baggerstelle zurück.

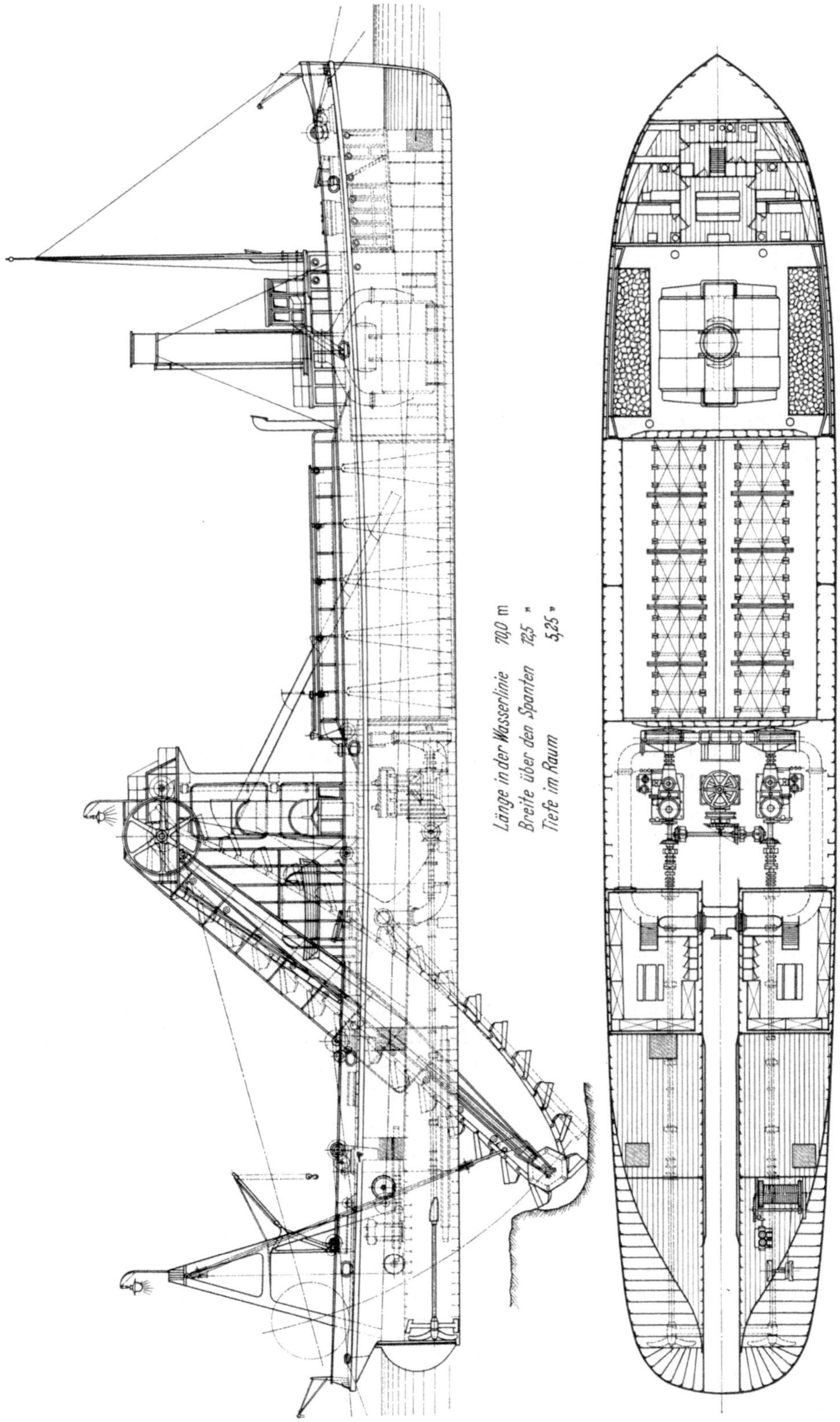

Abb. 186. Älterer Bagger mit Fahrantrieb und eigenem Laderaum, der als Eimerkettenbagger und auch als Saugbagger arbeiten kann.

Beim Bau des Suez-Kanals waren Eimerkettenbagger mit eigenem Laderaum eingesetzt, wie z. B. „La Puissante" mit 1200 m^3 Inhalt, die für gewöhnlich selbstfahrende Klappschuten von 750 m^3 Laderauminhalt beluden, bei schlechtem Wetter aber ihren eigenen Laderaum benutzen sollten. Der Schiffskörper hat eine Länge von 81 m, eine Breite von 14,3 m und einen Tiefgang von 5 m, das Fassungsvermögen der Eimer war 850 l und die maximale Baggertiefe 12 m.

Das Umlaufverfahren ist für einen Eimerkettenbagger wenig geeignet, weil er nach Füllung seines Laderaumes die Eimerleiter hochnehmen und sich von seinen Ankern lösen muß, deren Lage durch Bojen kenntlich gemacht wird. Bei Rückkehr von der Klappstelle wird der Vorgang umgekehrt durchlaufen und es dauert lange, bis der Bagger richtig in Tätigkeit kommt. Aus diesen Gründen haben diese Eimerkettenbagger ihren Laderaum nur selten benutzt, man ist vom Bau dieser Geräte abgekommen.

Die Hauptdaten der in diesem Abschnitt behandelten Eimerkettenbagger mit Fahrantrieb sind in der Tab. 17 zusammengestellt.

5. Eimerkettenbagger für Materialgewinnung, Kiesbagger, Erzbagger

Neben der Bodenbewegung ist die Materialgewinnung eine häufige Aufgabe der Eimerkettenbagger. Für die Gewinnung von Kies und Sand werden sie neben den Saugbaggern auch in den USA eingesetzt. Außerdem nimmt man sie überall für Baggerung von Böden, aus denen wertvolle Bestandteile wie Gold, Platin, Uran, Zinn u. a. m. als Erz oder in reiner Form gewonnen werden.

Fast stets muß dem Bagger eine *Sortieranlage* nachgeschaltet werden, die man auf ihm selbst oder getrennt von ihm anordnen kann. Wenn Kies gebaggert wird, der für Beton verwendet werden soll, muß er bezüglich der Körnung bestimmten Anforderungen genügen. Ist dies der Fall, so kann man sich darauf beschränken ungeeignete Bestandteile, insbesondere das Überkorn, also größere Steine auszuscheiden. Mitunter ist aber eine strenge Klassierung in den Körnungen 0 bis 3, 3 bis 7, 7 bis 15, 15 bis 30 und 30 bis 70 nötig. Das ergibt eine umfangreiche Sortieranlage und erfordert für die Aufnahme der einzelnen Körnungen eine entsprechende Anzahl von Schuten oder Kähnen. Die Bewegung des Baggers, der beim Scheren den ganzen Schutentroß mitnehmen muß, erfordert dann große Kräfte. Sie sind, wenn die Abtragshöhe so groß ist, daß der Bagger sich nur wenig zu bewegen braucht, oder das Gewässer auf dem er arbeitet ruhig ist, geringer und mit der Windenanlage zu bewältigen. Hat man aber ein stark strömendes Gewässer bei geringer Abtragshöhe, dann ist es besser die Sortieranlage vom Bagger zu trennen. Man kann sie an Land aufstellen und ihr das Material kontinuierlich über eine Förderbandanlage oder mit Schuten zuführen, die von einem Elevator oder einem Greifer entladen werden.

Abb. 187 ist das Lichtbild des in den Jahren 1939/1940 von de Klop, Sliedrecht, für die Firma Hülskens, Wesel, gebauten Kiesbaggers *„Pollux" mit Dampfantrieb.* Das Fassungsvermögen der Eimer beträgt 360 l. Mit den Hauptabmessungen $50 \times 9 \times 3$ m ist das Produkt $L \times B \times H$ = 4350 m^3, das 3750fache des Eimerfassungsvermögens, während beim Normal-Bagger diese Verhältniszahl zwischen 2000 und 2500 liegt. Der Tiefgang beträgt 1,75 m und die Baggertiefe ohne Hilfsleiter 14,5 m, gegen etwa 11 m bei einem Normal-Bagger. Die Höhe der Oberturaswelle über der Wasserlinie liegt mit 15,25 m auch erheblich über der normalen von etwa 10 m. Die Anzahl der Eimer beträgt 65 und die Schakenteilung 600 mm. Bei einer Schüttungszahl von 1200/h = 20/min beträgt die Kettengeschwindigkeit 24 m/min = 0,4 m/sec. Die Dampfmaschine leistet 165 PS_i bei 140 U/min und einem Kesseldruck von 10 atü. Die Winden werden von Zwillingsdampfmaschinen angetrieben. Die Eimer schütten den Kies in einen Sturzkasten, in dem eine Wechselklappe sitzt. Durch sie kann das Material über Siebe geleitet werden, auf denen nur das Überkorn ausgeschieden wird, während der Rest in Schuten geht. Wird die Wechselklappe umgelegt, so geht das Material in eine hinter dem Hauptbock angeordnete *Siebtrommel.* Diese besitzt drei konische Siebmäntel mit verschiedenen Maschenweiten. Unter starken

Wasserzusatz wird der Kies in der Trommel gewaschen und gleichzeitig entsprechend den Maschenweiten klassiert. Die einzelnen Körnungen gehen dann über Schüttrinnen in die längsseits liegenden Transportfahrzeuge. Das Feinkorn wird mit Wasserzusatz als Gemisch über beiderseits angeordnete Spülrinnen in Schuten gebracht.

Einen neueren Bagger für Kiesgewinnung zeigt Abb. 188. Es ist der für die Firma Lehnkerig AG. Duisburg 1960 bei der Schiffswerft Walsum umgebaute Bagger „Herrmann“ mit Eimern von 140 l Fassungsvermögen und dieselelektrischem Antrieb. Auch hier ist der Schiffskörper mit den Abmessungen $39{,}1 \times 8{,}20 \times 2{,}20$ m und somit einem Quaderinhalt

Abb. 187. Lichtbild des Eimerkettenbaggers „Pollux“ für Kiesgewinnung mit Eimern von 360 l Fassungsvermögen mit Dampfantrieb und einer Siebtrommel für Klassierung in aufgeschlepptem Zustand. Erbaut 1939/40 bei de Klop, Sliedrecht, für Hülskens, Wesel

von 710 m^3 im Verhältnis zum Eimerinhalt groß. Der Tiefgang beträgt 1,50 m und die Baggertiefe bei hochsitzender Eimerleiter 13 m. Die Zahl der Eimer ist 66 und die der Schüttungen liegt zwischen 24 und 28/min entsprechend 1440 bis 1680/h.

Im Maschinenraum steht der *Haupt-Dieselmotor* mit einem Leistungsvermögen von 300 PS bei 1500 U/min. Er ist auf der einen Seite gekuppelt mit einem Gleichstrom-Leonard-Generator von 97 kW bei der Maximal-Spannung von 440 Volt, der dem Motor für den Antrieb der Eimerkette die Energie zuführt. Dieser steht auch im Maschinenraum und treibt den fünfkantigen Oberturas über Riemen und doppeltes Rädervorgelege an. Auf der anderen Wellenseite dreht der Haupt-Dieselmotor einen Drehstrom-Generator von 150 kVA bei 380 Volt für den gesamten Windenantrieb, die Siebanlage, Pumpen, Wasserversorgung, Heizung usw.

Die Daten der Winden sind folgende:

a) *Vorauswinde* Zugkraft 10000 kg bei einer Seilgeschwindigkeit von 3 m/min in 1. Gang und 2000 kg bei einer Seilgeschwindigkeit von 18 m/min im 2. Gang. Der Seildurchmesser beträgt 18 mm und die Seillänge 230 m. Der Antriebsmotor leistet 10 PS.

b) Die vorderen Seitenwinden (*Scherwinden*) sind für Kettenbetrieb mit zwei Rillentrommeln ausgerüstet. Ihre Zugkraft beträgt 5000 kg mit einer Kettengeschwindigkeit von 3,5 m/min im 1. Gang und 4,75 m/min im 2. Gang. Sie geht im 3. Gang auf 3700 kg zurück bei einer Kettengeschwindigkeit von 7 m/min. Die Leistung des Antriebsmotors beträgt 7,5 PS.

c) Die *hinteren Seitenwinden* sind für Seilbetrieb eingerichtet, sie haben eine Zugkraft von 5000 kg bei einer Seilgeschwindigkeit von 5,5 m/min bei 22 mm Seildurchmesser und

150 m Seillänge. Ihre Haltekraft beträgt 10000 kg und die Leistung des Abtriebsmotors 7,5 PS.

Eine Hintertauwinde ist nicht vorhanden, da der Bagger immer mit Anströmung von vorne arbeitet.

d) Die *Leiterhebewinde* hat zwei Seiltrommeln von je 12000 kg Hubkraft und 28 mm Seildurchmesser. Mit einer Seilgeschwindigkeit von 4 m/min heben sie die Eimerleiter unter Einschaltung einer losen Seilrolle mit einer Geschwindigkeit von 2 m/min, so daß bei der größten Baggertiefe der Unterturas in etwa $6^1/_2$ Minuten in die Wasserlinie kommt. Die Leistung des Antriebsmotors beträgt 33 PS bei 1000 U/min.

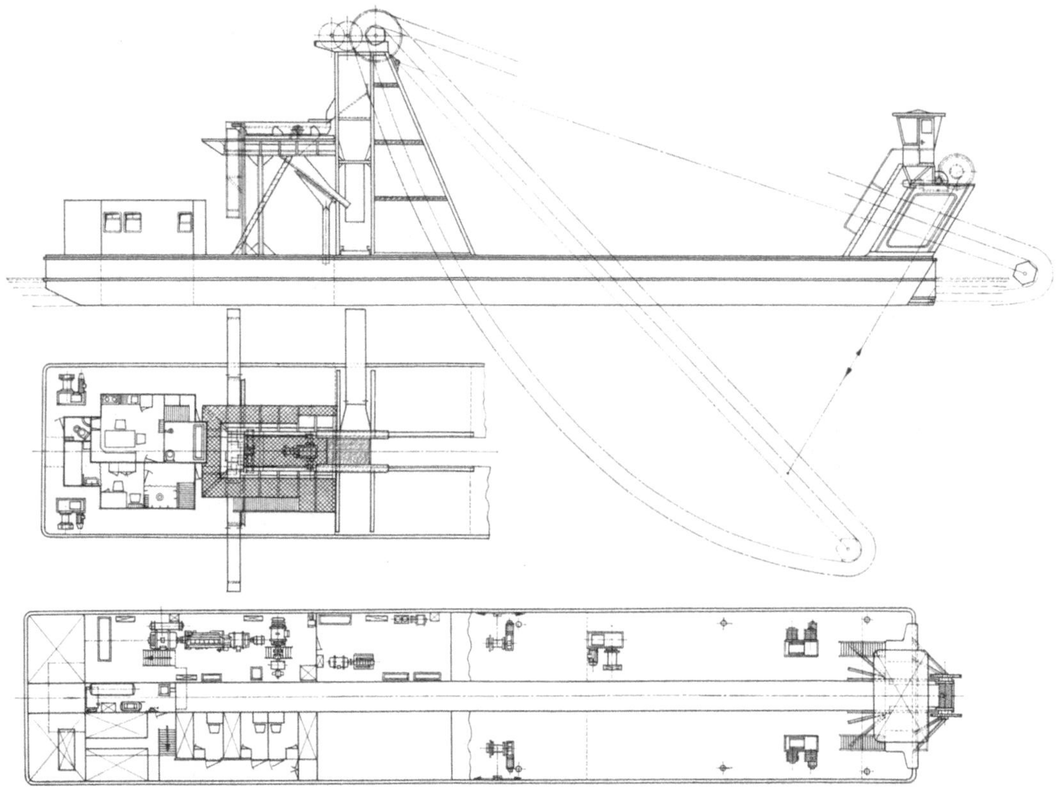

Abb. 188. Eimerkettenbagger „Herrmann" für Kiesgewinnung mit Eimern von 140 l Fassungsvermögen und einer Schwingsiebanlage mit dieselelektrischem Antrieb. Umgebaut 1960 von der Schiffswerft Walsum für Lehnkering u. Co., Duisburg

e) Es sind zwei *Schutenverholwinden* vorhanden mit einem Seildurchmesser von 16 mm und 100 m Seillänge. Die Zugkraft beträgt 2800 kg bei einer Seilgeschwindigkeit von 10 m je min im 1. Gang und 1800 kg bei 30 m/min im 2. Gang.

Die *Sortieranlage* ist hinter dem Hauptbock angeordnet, bei dem die Welle des fünfkantigen Oberturasses 10,5 m über der Wasserlinie liegt. Die Eimer schütten ihren Inhalt über eine Abdeckplatte auf das Eindeckschwingsieb. Hier wird das Material entsprechend der Siebweite vom Überkorn getrennt. Das Überkorn gelangt am unteren Ende des Siebes auf eine Überlaufschurre zur getrennten Verladung. Das durch die Siebmaschen gehende Sand-Kies-Gemisch wird auf ein querschiffs angeordnetes Förderband zur Verladung in Schuten oder Kähne geleitet. Zur Verminderung des Sandanteils im Gemisch ist in der Auffangrutsche ein Sandsieb vorgesehen, durch welches dem Gemisch je nach Vorkommen mehr oder weniger Sand entzogen werden kann.

Man kann den Bagger auch ohne Sortieranlage arbeiten lassen. In diesem Falle wird die über dem Sturzkasten angeordnete Abdeckplatte entfernt, so daß der gebaggerte Boden auf die im Hauptbock querschiffs angeordnete Schüttrinne fällt und über sie in die längsseits liegende Schute befördert wird.

Abb. 189 ist eine Seitenansicht des Baggers mit davorliegender Schute, Abb. 190 zeigt die aufgehenden Eimer. Man sieht hinten die Schüttrinnen und davor das querstehende Förderband. Abb. 191 zeigt das Schwingsieb mit dem hinten aufgegebenen Material und den nach vorne über die Sieblöcher hinübergehenden Steinen.

Abb. 189. Seitenansicht des Eimerkettenbaggers „Herrmann" für Kiesgewinnung mit hohem Oberturas und Sortieranlage hinter dem Hauptbock. Aufnahme Kirtz, Duisburg

Abb. 192 zeigt einen der *Dravo Corporation* in *Pittsburg* gehörenden Bagger für Kiesgewinnung bei der Arbeit auf dem Ohio-Fluß, der bei großer Breite nur eine mäßige Strömung aufweist. Dadurch ist es möglich, daß neben dem Bagger die jeweils in Beladung befindlichen Schuten und eine weitere Anzahl von beladenen und leeren Schuten liegen können. Der Bagger arbeitet aber auch nicht scherend, sondern langsam um Pfähle schwingend, wie nachstehend noch genauer beschrieben wird. Der Schiffskörper hat die Abmessungen $44 \times 15 \times 12{,}5$ m, das Eimerfassungsvermögen beträgt 150 l. Die Eimerkette hat Dampfantrieb mit Kohle

Abb. 190. Aufgehende Eimer mit 140 l Fassungsvermögen des Kiesbaggers „Herrmann" mit beiderseitigen Fahrzeugen für Aufnahme der Körnungen. Aufnahme Kirtz, Duisburg

Abb. 191. Schwingsieb mit Materialaufgabe hinten und nach vorn über die Sieblöcher gehenden Steinen. Aufnahme Kirtz, Duisburg

als Brennstoff, die in Pittsburg reichlich in guter Qualität gegeben ist. Die Siebe, Trommeln, Pumpen und sonstige Sortiergeräte werden dieselelektrisch angetrieben. Der Bagger hat zwei *Eimerleitern* und Eimerketten mit Stahlgußeimern ohne Zwischenschaken. Die untere dient als Grableiter mit 26 m Länge für eine maximale Baggertiefe

Abb. 192. Eimerkettenbagger für Kiesgewinnung mit dicht folgenden Eimern von 150 l Fassungsvermögen auf dem Ohio arbeitend, mit aufgebauter Sortieranlage, von Schuten umgeben. Aufnahme Dravo, Pittsburgh

von 12 m und hat ihren Drehpunkt nahe an ihrem sechskantigen Oberturas, während der Unterturas rund ist. Der Oberturas hat nach Abb. 193 vergrößerte Mitnahmeflächen und außerdem noch seitliche Ecken, die zwischen die Eimer greifen. Er liegt so hoch, daß das aus den Eimern kommende Material in einen Brunnen fallen kann, nachdem vorher Steine ausgeschieden und einem Brecher zugeführt worden sind. Aus dem Brunnen nimmt es dann die zweite Kette, die Förderkette auf, die auf einer festen, um 55° gegen die Waagerechte geneigte Eimerleiter zum zweiten Oberturas führt, worauf das Material in die Sortieranlage geht. Diese ist sehr umfangreich, wäscht, reinigt und klassiert das Material, von dem die einzelnen Körnungen dann in die Schuten kommen. Dabei sind Förderbänder verwendet, die für die außen liegenden Schuten geknickt sein müssen um über die Ladung der inneren Schuten hinüberzuführen. Die Schuten werden im späteren Kapitel Q abgebildet und beschrieben. Es sind Deckschuten mit 500 t Tragfähigkeit und den Abmessungen $41 \times 8{,}2 \times 2{,}5$ m, bei denen die Spitze der geböschten Ladung 3,5 m über der Wasserlinie liegt. Diese Schuten sind für Kiesförderung sehr geeignet, da das Wasser aus dem hochliegenden Ladungshaufen ablaufen kann. Außerdem ist das Entladen durch Greifer sehr leicht, mit etwa zwei Spielen/min möglich. Vom Bagger zur Kiesentladestelle sind auf dem Ohio Wege bis zu 80 km zurückzulegen. Dabei werden die Schuten nach Abb. 194 zu einem Konvoi von 11 Stück zusammengefaßt, dessen Kiesladung insgesamt 5500 t beträgt. Er wird von Stoßschiffen

Abb. 193. Sechskantiger Oberturas mit vergrößerten Mitnahmeflächen und seitlichen Nasen zum Eingriff in die Eimerkette vom Kiesbagger der Dravo, Pittsburgh

von 800 bis 1000 PS Stärke gestoßen und die ganze Strecke gegen mäßigen Strom in einer Nacht zurückgelegt.

Für die Zukunft plante die Dravo den Bau eines größeren Baggers mit den Abmessungen $61 \times 16{,}5 \times 2{,}7$ m und Eimern von 200 l Fassungsvermögen, der bei 23 Schüttungen je

Abb. 194. Konvoi von elf Kiesschuten auf dem Ohio bei Pittsburgh. Gesamtladung 5500 t, befördert von einem Stoßboot mit 1000 PS. Aufnahme Dravo, Pittsburgh

min eine Ertragsleistung von 500 t/h bringen soll. Der Bagger erhält dieselelektrischen Antrieb mit einer Stromerzeugungsanlage von 1500 kW Drehstrom, der je zur Hälfte für die beiden Eimerketten und die Aufbereitungsanlage gebraucht wird.

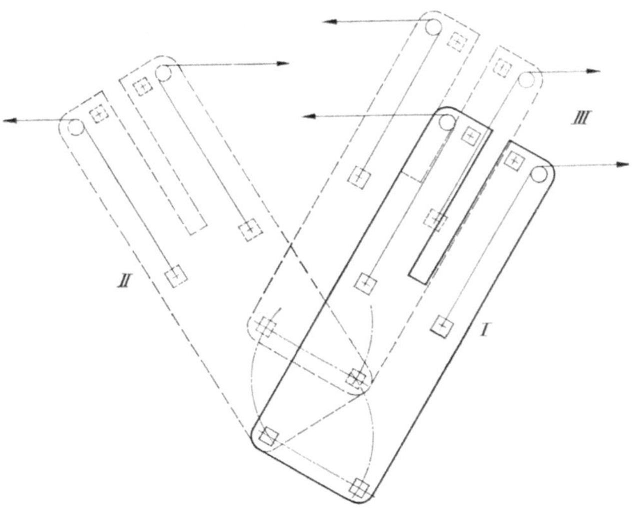

Abb. 195. Bewegung des Kiesbaggers der Dravo, Pittsburgh, im Stelzschritt mit nur zwei vorderen Seitenseilen

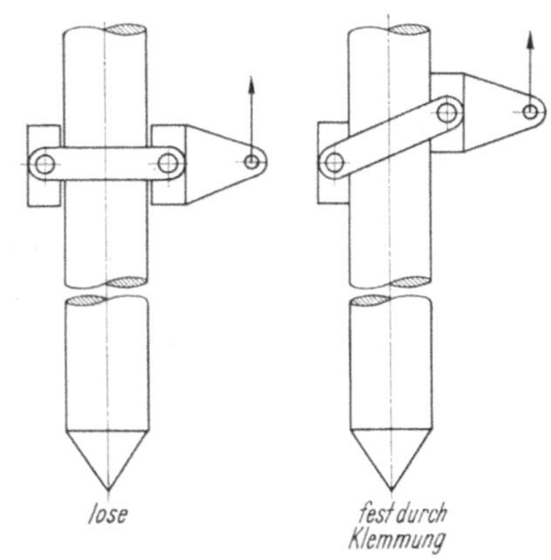

Abb. 196. Einrichtung zum Heben der Haltepfähle des Kiesbaggers der Dravo, Pittsburgh, mit einer Klemmvorrichtung

Die Kiesbagger in den USA arbeiten nicht scherend, sondern werden wie Abb. 195 zeigt mit Pfählen von quadratischem Querschnitt festgelegt und bewegen sich im Stelzenschritt. Der Kies steht mit großer Bankhöhe an und ruscht nach, so daß bei diesem Verfahren nicht nur einzelne Krater gebaggert, sondern im wesentlichen das ganze Material abgetragen wird. Es sind nur zwei vordere Seitendrähte erforderlich, die nicht zum Scheren sondern zum Schwingen des Baggers bei der Stelzenbewegung dienen und die Schiffahrt wenig behindern.

Da das Aufnehmen und Absetzen der Pfähle sehr häufig vorgenommen wird, ist nach Abb. 196 eine Hebevorrichtung vorhanden, die sehr schnell arbeitet. Es genügt, daß man die Pfähle frei abfallend sich in den Grund bohren läßt, da sie den Schiffskörper nur festlegen und nicht wie bei dem, im folgenden Kapitel behandelten Löffelbagger aus dem Wasser heben sollen. Mit Pfählen werden in den USA auch die schwimmenden Greiferbagger festgelegt, so daß hier die Vielzahl der auf Spannung stehenden Drahtseile nicht erforderlich ist.

Wenn man die *Sortieranlage* vom Bagger *trennt*, muß man ihr das Material mit besonderen Mitteln zuführen. Man kann die Sortieranlage auch auf einen Elevator aufbauen. Der

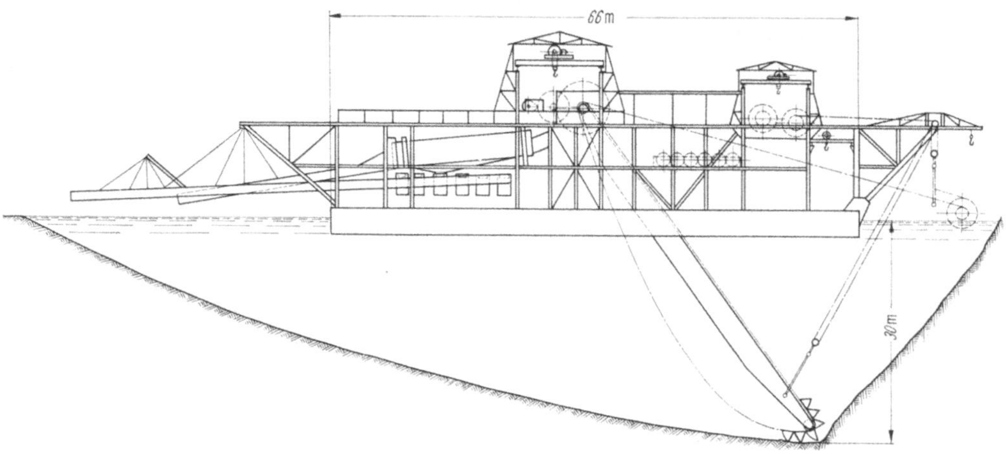

Abb. 197. Schematische Zeichnung eines Eimerkettenbaggers für Zinngewinnung mit Abbaggerung vorn, Sortieranlage zur Ausscheidung des Zinnerzes und Abgang des Abfallmaterials hinten

Eimerkettenbagger enthält dann nur eine Einrichtung zum Ausscheiden von Steinen und sonstigen, unerwünschten Bestandteilen, während das übrige Material in Elevierschuten normaler Bauart geht, die dann zum Elevator geschleppt werden. Dieses Verfahren erfordert ein zweimaliges Aufnehmen des Kieses, hat aber dafür verschiedene Vorteile. Der Eimerkettenbagger braucht keinen übergroßen Schiffskörper, bei einem ausgeführten Gerät mit 500 l Eimern erhielt er die Abmessungen $50 \times 9{,}5 \times 3{,}4$ m bei einem Tiefgang von 1,95 m. Die Baggertiefe geht bei hochsitzender Eimerleiter bis 14 m und kann durch Tiefsetzen bis auf 18 m gesteigert werden. Die Welle vom Oberturas liegt 11,7 m über der Wasserlinie. Dies sind alles Maße, die gegenüber dem Standardbagger mit Dampfantrieb nur wenig höher liegen. Vor allem kann aber auch die Windenanlage normal ausgeführt werden, da beim Scheren nur die eine zu beladende und vielleicht noch eine leere Schute, normaler Abmessungen, zu bewegen sind. Die großen Kähne welche die einzelnen Körnungen aufnehmen, sind dagegen beim Elevator, der an geschützter Stelle stilliegen kann. Dieses Gerät wird im nachfolgenden Abschnitt beschrieben.

Als Beispiel für Erzgewinnungsbagger sei ein *Zinnbagger* der Type gebracht, die in sehr großer Zahl für Südostasien gebaut worden sind. Abb. 197 ist eine schematische Zeichnung einer derartigen Anlage. Sie baggert vorne den Boden ab, zum Teil aus Überlagerung bestehend, die kein Erz enthält. Der Überlagerungsboden geht nach hinten und wird unter Zuführung von Wasser durch eine Schüttrinne ausgestoßen, deren Ende 108 m hinter dem grabenden Unterturas in einer Höhe von 1,6 m über der Wasserlinie liegt. Auch der größte Teil des erzhaltigen Bodens geht nach Ausscheidung des Erzes in diese Spülrinne, so daß hinter dem Bagger eine Aufhöhung entsteht, die unter Berücksichtigung der Auflockerung etwa den gleichen Rauminhalt hat, wie die Bodenentnahme.

Abgefahren wird also kein Boden, sondern nur das durch die Sortieranlage ausgeschiedene Zinnerz, das mengenmäßig wenig ist.

Der *Schiffskörper*, der die im folgenden beschriebene, sehr umfangreiche und schwere Anlage tragen muß, hat die Abmessungen 66×22×4,20 m. Der Tiefgang in betriebsfertigem Zustand beträgt 3 m, entsprechend einer Wasserverdrängung von etwa 4000 t.

Die *Eimerkette* enthält 128 Eimer von je 400 l Fassungsvermögen, die ohne Zwischenschaken dicht miteinander verbunden sind und über den runden Unterturas laufen, wie Abb. 198 erkennen läßt. Die maximale Baggertiefe beträgt 30 m. Zum Antrieb der Eimerkette, die 250 t wiegt und mit einer Geschwindigkeit von 20 m/min = 0,333 m/sec läuft, ist ein Elektromotor von 400 PS erforderlich, der als Drehstrommotor mit Schleifring-Anker ausgeführt ist. Das Gewicht der Eimerleiter mit Zubehör beträgt 325 t, so daß man auf ein Gesamtgewicht der Eimerleiter einschließlich der Eimerkette von etwa 600 t kommt.

Abb. 198. Runder Unterturas eines Zinnbaggers mit umlaufenden, dicht geschakten Eimern

Die *Leiterhebewinde* wird angetrieben von einem 250 PS Schleifring-Anker-Motor und hat vier Seiltrommeln für einen Seildurchmesser von 40 mm. Jede Trommel hebt über einen achtsträngigen Flaschenzug, so daß im ganzen 32 Seilstränge heben. Es ist eine elektrisch gelüftete Bremse vorhanden, die bei Stromausfall wirksam wird, außerdem noch eine Notzentrifugalbremse und eine Handbremse.

Der Bagger liegt beim Arbeiten an einem Vortau, einem Hintertau und je zwei vorderen und hinteren Seitendrähten, die nach einer *Zentralwinde* führen. Diese enthält außer den sechs hierfür erforderlichen Seiltrommeln noch zwei weitere zur Reserve und wird durch einen Schleifringläufer-Motor von 60 PS Leistung angetrieben. Jede Trommel kann unabhängig von der anderen angekuppelt und abgebremst werden, unter Bedienung vom Steuerhaus. Die Winde ist auf der Steuerbordseite in 6 m Höhe über Deck angeordnet, so daß der Seilablauf vom Baggermeister gut überwacht werden kann.

Der Oberturas liegt 14,8 m über dem Deck und damit so hoch, daß genügend Fallhöhe für die Sortieranlage gegeben ist. Das von den Eimern geförderte Material geht über eine Sturzrinne in eine Siebtrommel von 2800 mm Durchmesser und 12000 mm Länge, die 8 U/min macht und durch einen Elektromotor von 75 PS angetrieben wird. In ihr werden grobe Bestandteile, wie Steine, Holz u. dgl. ausgeschieden und über eine Rinne nach dem Hinterschiff geleitet, wo sie verstürzt werden. Das restliche Material wird der *Waschanlage* zugeführt. Diese besteht aus mehreren Batterien von rotierenden Absetzbehältern, in die Wasser gepumpt und zum Pulsieren gebracht wird. Das Verfahren ist in umfangreichen Laboratoriumsversuchen entwickelt worden und scheidet die Zinnerze aus, die in einer *Erzschute* gesammelt und nach deren Füllung abgefahren werden.

Für den großen Wasserbedarf ist eine entsprechende *Pumpenanlage* installiert. Sie besteht aus zwei Pumpen mit einem Förderstrom von 1000 l/sec bei 20 m Förderhöhe, deren jede durch einen 400 PS-Motor angetrieben wird. Eine dieser Pumpen ist in Tätigkeit, während die zweite als Reserve dient. Ferner sind zwei Spritzpumpen mit einem Förderstrom von 100 l/sec bei einer Förderhöhe von 50 m vorhanden, von denen eine auch zur Reserve dient. Eine weitere Pumpe mit einem Förderstrom von 130 l/sec bei einer Förderhöhe von 18 m liefert Wasser für die Förderung des Bodens in der Spülrinne, die das nicht verwendete Bodenmaterial hinten wieder ins Wasser verstürzt.

Der Bagger ist weiter ausgerüstet mit einem ausgedehnten System von *Hebeeinrichtungen.* Diese umfassen einen elektrisch betriebenen, querschiffs über dem Haupttriebwerk angeordneten Laufkran mit einer Tragfähigkeit von 20 t. Damit kann der Oberturas und alle Teile des Triebwerkes angehoben und mit Hilfseinrichtungen in Leichter verladen werden. Für Arbeiten am Unterturas bei angehobener Leiter, sowie zum Auswechseln von Eimern ist ein Dreimotoren-Derrikkran vorhanden mit 16 t Hebefähigkeit bei 13 m Arbeitsradius. Über dem Schlitz läuft noch ein Handlaufkran mit 10 t Tragkraft für Arbeiten an der Leiter, den Eimertragrollen, der Eimergarnitur usw. Die Teile der Leiterhebewinde können durch einen Handlaufkran von 20 t Hubkraft erfaßt werden. Viele andere, leichtere Hebezeuge für verschiedene Zwecke sind noch vorhanden.

Da der Bagger an abgelegener Stelle arbeitet, ist eine sehr gut eingerichtete Reparaturwerkstatt mit zahlreichen Werkzeugmaschinen eingebaut worden.

Die *elektrische Energie* für alle vorangehend beschriebenen Verbraucher wird durch die Hauptmaschinenanlage geliefert. Diese besteht aus drei Viertakt-Dieselmotoren mit Aufladung, von denen jeder ein Leistungsvermögen von 600 PS bei 500 U/min besitzt und einen Drehstrom-Generator von 550 kVA bei 380/220 Volt Spannung antreibt. Beim Abbaggern von Überlagerungsboden braucht nur ein Aggregat in Tätigkeit zu sein, während bei Baggern von erzhaltigem Boden und zum Betrieb der Sortieranlage zwei Aggregate erforderlich sind. Ein Aggregat dient in jedem Falle zur Reserve. Als Hilfsaggregate sind zwei Dieselmotore von je 39 PS bei 1000 U/min, gekuppelt mit Generatoren von 35 kVA installiert. Zahlreiche weitere Hilfsmaschinen sind außerdem vorhanden.

Abb. 199. Eimerkettenbagger für Zinngewinnung mit Eimern von 400 l Fassungsvermögen mit aufgebauter Sortieranlage, abgebauten Eimern und rundem Unterturas

Mit Rücksicht auf den Betrieb in den Tropen haben alle Elektromotore und Generatoren eine entsprechende Isolierung und genügend Wärmeabfuhr. Die Motore bis 35 PS sind ganz geschlossen und die größeren tropfwasserdicht ausgeführt.

Insgesamt sind an Bord vorhanden:

83 Elektromotore mit zusammen 2252 PS
5 Dieselmotore mit Generatoren zusammen 1800 PS
20 größere und kleinere Pumpen
1 zentrale Winde mit 8 Trommeln
30 Hebeeinrichtungen.

Die Bedienung erfolgt von einem Steuerhaus, das in der Nähe des Schlitzes an Steuerbord in solcher Höhe angeordnet ist, daß eine gute Übersicht gewährleistet wird. Es enthält die Bedienungseinrichtungen für das Anlassen, Umsteuern und Regeln des Hauptantriebes, der Leiterwinde und der Zentralwinde, ferner aller Instrumente, wie Amperemeter, Drehzahlmesser, Tiefenmesser, Trimmesser usw. Damit das Gerät von äußerer Zufuhr weitgehend unabhängig ist, hat es Bunkerraum für 200 t Dieselöl, ausreichend für einen Betrieb von zwei Monaten.

Es sind aber noch zahlreiche *Hilfsfahrzeuge* erforderlich zur Anfuhr von Dieselöl und Süßwasser, sowie zum Abfahren des Zinnerzes. Ferner müssen Anker und Drähte versetzt, Personal befördert werden usw. Hierzu ist für jeden Bagger ein Motorboot von 65 PS, ein 50 t Leichter, ein Bugdrahtponton und eine Arbeitsschute für Drähte und Anker erforderlich. Für je zwei Bagger rechnet man zum gemeinsamen Gebrauch einen Schlepper von 150 PS, bzw. 250 PS und einen Ölleichter von 150 t.

Von den beschriebenen Baggern wurden im Jahre 1947 fünf Stück von der IHC-Holland nach Indonesien als Ersatz für Geräte geliefert, die durch den Krieg verlorengingen oder überaltert waren.

Abb. 199 zeigt einen dieser Bagger mit der aufgebauten, umfangreichen Sortieranlage. Man sieht im Vordergrund das Ende der angehobenen Eimerleiter mit abgebauten Eimern und dem runden Unterturas. Der Bagger ist seeklar gemacht und wird durch einen Schlepper nach seinem Arbeitsplatz in Übersee gebracht.

6. Entladegeräte für Schuten, Elevatoren

Beim Entladen von Schuten hat man vielfach noch Handbetrieb angewendet, obwohl die für das Beladen tätigen Eimerkettenbagger bereits Dampfantrieb hatten. So hat man in Hamburg um das Jahr 1880 Kübel von 280 l Fassungsvermögen in Schuten abgelassen und dort von Hand vollgeschaufelt. Sie wurden dann angehoben und auf einer *Hängebahn* bis zur Kippstelle verfahren und leer wieder zurückgefahren. Auch das geschah im Handbetrieb. Hierzu mußte am Ufer ein Gerüst mit Böcken, an dem die Hängebahn befestigt war, gebaut werden. Die Ertragsleistung einer solchen Anlage wird mit 20 m^3/h angegeben. Mit Eimerkettenbaggern, die damals schon Eimer von 650 l Fassungsvermögen und Dampfantrieb hatten, konnte nur dadurch Schritt gehalten werden, daß im Ganzen 37 Hängebahnanlagen aufgestellt wurden.

Zu Anfang des 20. Jahrhunderts ging man zur Entladung der Schuten im Saugverfahren über und baute die *Spüler*, die noch heute im Küstengebiet vorwiegend dafür verwendet werden. Diese Geräte sind in Band I, S. 110ff. behandelt worden.

Im Binnenland wird meist die Entladung der Schuten trocken ohne Wasserzusatz vorgenommen. Man kam hier zunächst zu den *Elevatoren*. Sie arbeiten ähnlich wie Eimerkettenbagger, so daß man sie auch als Schutenbagger oder Sekundärbagger bezeichnet hat. Sie baggern keinen gewachsenen, sondern durch den Primärbagger bereits aufgelockerten Boden, so daß die Grabarbeit leichter und keinen erheblichen Schwankungen unterworfen ist. Ferner kann man den Grabvorgang beobachten und Hindernisse rechtzeitig beseitigen. Da auch das Ausschütten leichter vor sich geht, können Elevatoren mit der Zahl der Schüttungen bis auf das Doppelte von der hinaufgehen, die bei Eimerkettenbaggern zulässig ist. Die Nennertragsleistung liegt bei gleichem Eimerinhalt entsprechend höher. Die Unterschiede in der Leiterneigung sind geringer, da sie nur durch den Tiefgang der Schute bedingt sind, eine gute Füllung der Eimer ist zu erreichen. Man kann mit der Leiterneigung über den Winkel von 45° gegen die Horizontale hinausgehen, zumal bei den leichten Elevatoreimern ein Abfangen der unteren Kettenbucht nicht schwierig ist. Man braucht keine Trommelräder auf die sich die Eimer mit ihren Schneidkanten legen, sondern läßt die Schaken seitlich über die Eimer überstehen und sich auf Scheibenräder legen, an denen die Eimer selbst vorbeigehen.

Die Eimer des Elevators schütten ihren Boden meist auf ein Förderband, bei dem infolge des Fehlens von Wasser die Aufgabe einfach ist. Das Band wird nach der Landseite geführt und ist schwebend mit Drahtseilen an einem Ausleger aufgehängt. Mitunter verwendet man auch zwei Kübel, die abwechselnd gefüllt auf einer waagerechten Laufbahn ausgefahren und durch Kippen entleert werden. Hierbei kann man die Ausschüttweite verändern, da die Kübel an jeder Stelle der Laufbahn zum Kippen gebracht werden können. Mit geringem Wasserzusatz kann der Elevator auch mit einer Spülrinne arbeiten, das heißt einer offenen Rinne, in der das angefeuchtete Material schon bei einer geringeren Neigung rutscht als trockenes Material in einer Schüttrinne. Wenn man hierbei die Ausschüttweise verändern will, muß man die Rinne schwenkbar machen, was auch bei Förderbändern manchmal geschieht.

Die Förderweite des Elevators ist aber beschränkt und nicht annähernd so groß, wie die des Spülers. Außerdem ist er ein unhandliches Gerät, bei dem das Umsetzen von einer Arbeitsstelle zur anderen umständlich ist. Schleppfähig auf Wasserstraßen ist es nur, wenn

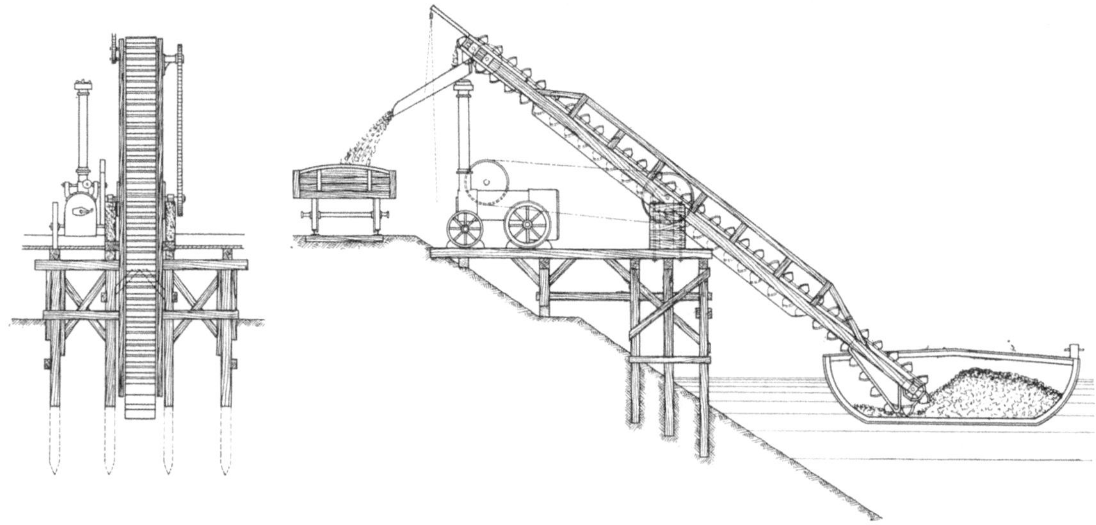

Abb. 200. Älterer Querelevator am Ufer, auf ein Holzgerüst gesetzt, mit Dampfantrieb und Beladung von Rollwagen

durch Auseinanderbau die Schiffsbreite und durch Abbau die Höhe für Brückendurchfahrt genügend verringert wird. Gegen Seegang sind Elevatoren sehr empfindlich, so daß sie nur bei ruhigem Wasser arbeiten können. Die Verwendung von Elevatoren nimmt daher immer mehr ab, und ist auf die Fälle beschränkt, in denen sie im Dienste einer Hafenverwaltung mehr oder weniger stationär arbeiten können. Man verwendet neuerdings für die trockene Entleerung von Schuten meist den Greifer, der schwimmend oder auf einer Löschbrücke aufgestellt wird. Man kann auch den Boden in Klappschuten fördern, die ihn in der Nähe des Ufers ins Wasser verstürzen. Dann nehmen ihn Greiferbagger oder Eimerseilbagger aus dem Wasser auf und können dabei besser arbeiten, als wenn sie die Schuten unmittelbar entleeren. Auch Schneidkopfsauger werden dafür eingesetzt. Der Schutenumlauf ist dabei glatter, aber das Verfahren bei wegschwimmendem Feinmaterial nicht anwendbar.

Bei der Arbeit liegt der Elevator fest, während die Schute der Entleerung entsprechend bewegt wird. Dabei wird nach zwei Methoden gearbeitet. Bei der einen liegt die Schute quer zur Eimerleiter, so daß diese wie beim Eimerkettenbagger scherend arbeitet. Dann hat man den *Querelevator*. Bei der anderen Art liegt die Schute in Richtung der Eimerkette, so daß sie pflügend arbeitet, dann hat man den *Längselevator*. Beide Bauarten brauchen nicht immer schwimmend angeordnet werden, sondern können auch am Ufer auf Gerüsten stehen. Abb. 200 zeigt einen so angeordneten älteren Querelevator, angetrieben durch eine Lokomobile. Die Eimer sind bei ihm in der Form ähnlich denen eines Baggers, jedoch leichter ausgeführt. Wenn, wie im Bilde, nicht der ganze Querschnitt der Schutenladung erfaßt wird, ist ein zweiter Durchgang erforderlich.

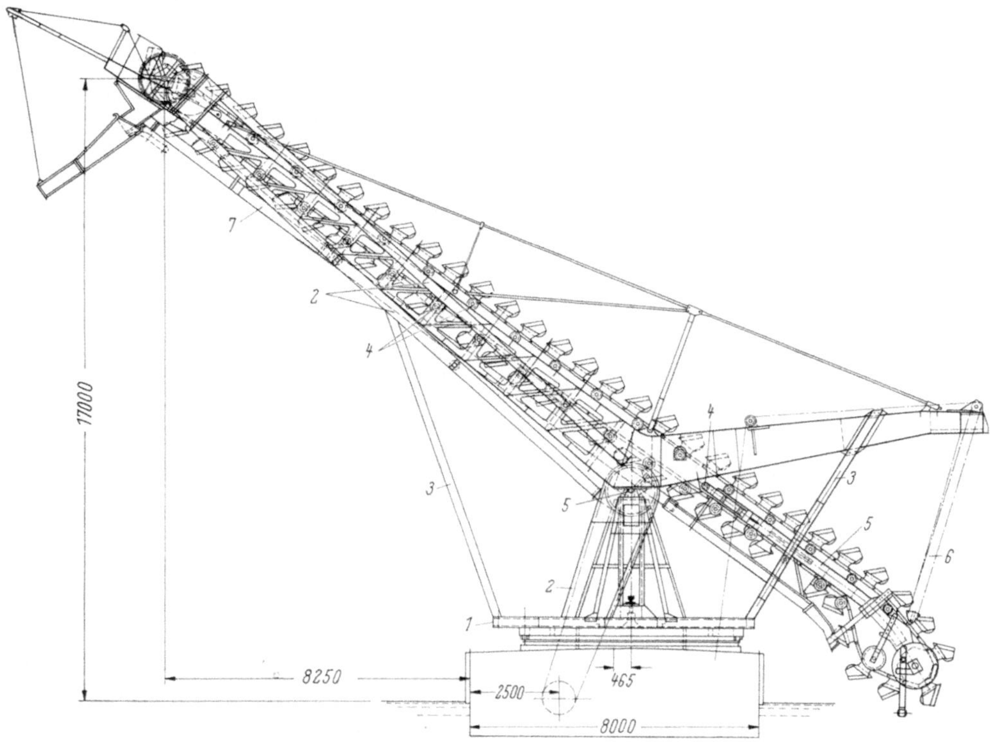

Abb. 201. Schwimmender Querelevator mit *einem* Tragschiff und Eimern von 90 l Fassungsvermögen, die in eine kurze Rinne schütten; Dampfantrieb

1 Drehbares Untergestell; *2* Riemenkästen; *3* Stützen für den Eimerleiterträger; *4* Lager für untere Eimerleiter; *5* Untere Eimerleiter mit Spannvorrichtung; *6* Hubseil für untere Eimerleiter; *7* Eimerleiter

Abb. 201 zeigt einen schwimmenden Querelevator mit Eimern von 90 l Fassungsvermögen, von denen die Kette 62 Stück enthält. Auf das Tragschiff von 30 m Länge, 8,0 m Breite und 2,3 m Seitenhöhe ist ein Drehschienenkranz aufgesetzt, auf dem sich der Unterbau für den Eimerleiterträger drehen kann. Am Ende von dessen waagerecht liegenden Schenkel ist das untere, bewegliche Stück der Eimerleiter aufgehängt, das gehoben wird, wenn die Schute einfährt und danach abgesenkt wird. Man kann sich dann weiterhin dem Tiefgang der Schute bei der Entleerung anpassen. Der obere Teil der Eimerkette bleibt in seiner Neigung von 45° gegen die Horizontale stehen, und auch der Oberturas und die an ihn angesetzte Schüttrinne bleiben in der Höhenlage unverändert, was die Beladung der zur Weiterbeförderung dienenden Fahrzeuge erleichtert. Abb. 202 zeigt die Eimer von 90 l Fassungsvermögen mit sehr hohen Schaken. Die ablau-

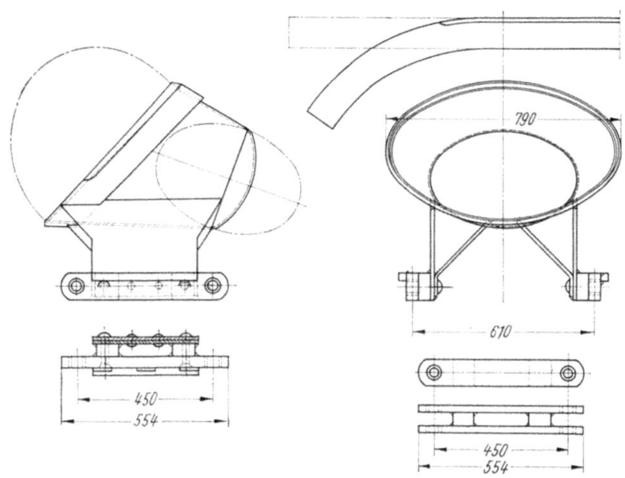

Abb. 202. Elevator-Eimer von 90 l Fassungsvermögen für einen Querelevator. Form ähnlich denen eines Baggers, aber leichter und hochbeiniger

fenden Eimer können durch Rollen so geführt werden, daß möglichst der ganze Querschnitt die Ladung erfaßt und die Schute in einem Durchgang entleert wird.

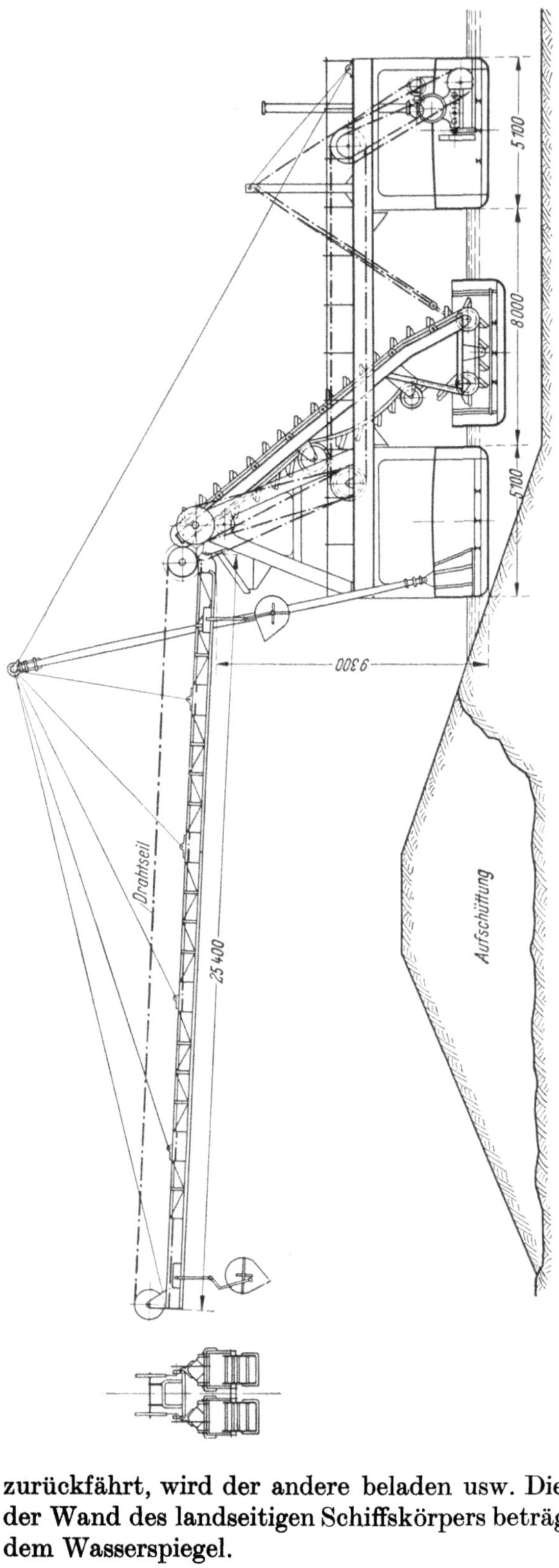

Abb. 203. Querelevator auf zwei Tragschiffen mit Eimern von 40 l Fassungsvermögen und Abgabe des Bodens in längs verfahrbare Kübel; Dampfantrieb

Der Transport eines solchen Querelevators ist dadurch erleichtert, daß die Leiter mit ihrer Tragkonstruktion in die Längsschiffrichtung geschwenkt und für Brückendurchfahrten dann auch noch niedergelegt werden kann. Dann ragt kein Teil über die Wände des Tragschiffes hinaus, was beim Schleppen unbedingt vermieden werden muß.

Das Gerät hat Dampfantrieb mit einem Kessel von 52 m² Heizfläche bei 9 atü Betriebsdruck und einer Dampfmaschine von 90 PS_i. Ein Riemen führt von der auf der Kurbelwelle sitzenden Riemenscheibe nach oben zu einer anderen, deren Welle in der Kippachse liegt. Von hier geht ein zweiter Riemen nach der Vorgelegewelle am Oberturas.

Es ist schwierig ein derartiges Gerät mit *einem* Schiff für alle Belastungsfälle genügend stabil zu bekommen, so daß man vielfach noch einen stüzenden Schwimmkörper hinzunimmt, der dann für den Transport wieder abgebaut werden muß. Man muß besonders dann zu zwei Tragschiffen übergehen, wenn statt der kurzen Schüttrinne ein langes Förderband zur Weiterbeförderung des Bodens benutzt wird.

Abb. 203 zeigt einen Querelevator mit zwei Tragschiffen von je $22 \times 5{,}1 \times 2$ m, die im Verhältnis zum Eimerfassungsvermögen von 40 l, groß sind. Sie sind in einem Abstand von 8 m verbunden, so daß die gesamte Schiffsbreite 18,2 m beträgt. Die Eimer entleeren hier ihren Inhalt über eine Wechselklappe in einen der beiden Kübel von 1200 l Fassungsvermögen, die nach Füllung an einer waagerechten Hängebahn verfahren und durch Kippen entleert werden. Während der eine Kübel fährt, kippt und zurückfährt, wird der andere beladen usw. Die maximale Entfernung der Kippstelle von der Wand des landseitigen Schiffskörpers beträgt etwa 23 m, die Ausschütthöhe 6,5 m über dem Wasserspiegel.

Die im wasserseitigen Schiff mit ihrem Kessel eingebaute Dampfmaschine von 35 PS_i treibt die Eimerkette und das Drahtseil zum Ausfahren und Wiedereinfahren der Kübel an. Diese können durch einen verstellbaren Anschlag an jeder gewünschten Stelle zum Ausschütten gebracht werden, was ein Vorteil gegenüber dem Förderband mit festliegender Ausschüttungsstelle ist.

Die Zahl der Eimerschüttungen kann bis auf 30 bis 45/min gesteigert werden, so daß der Nennertrag des Gerätes zwischen 120 und 180 m^3/h liegt. In der Abbildung ist eine Kies-

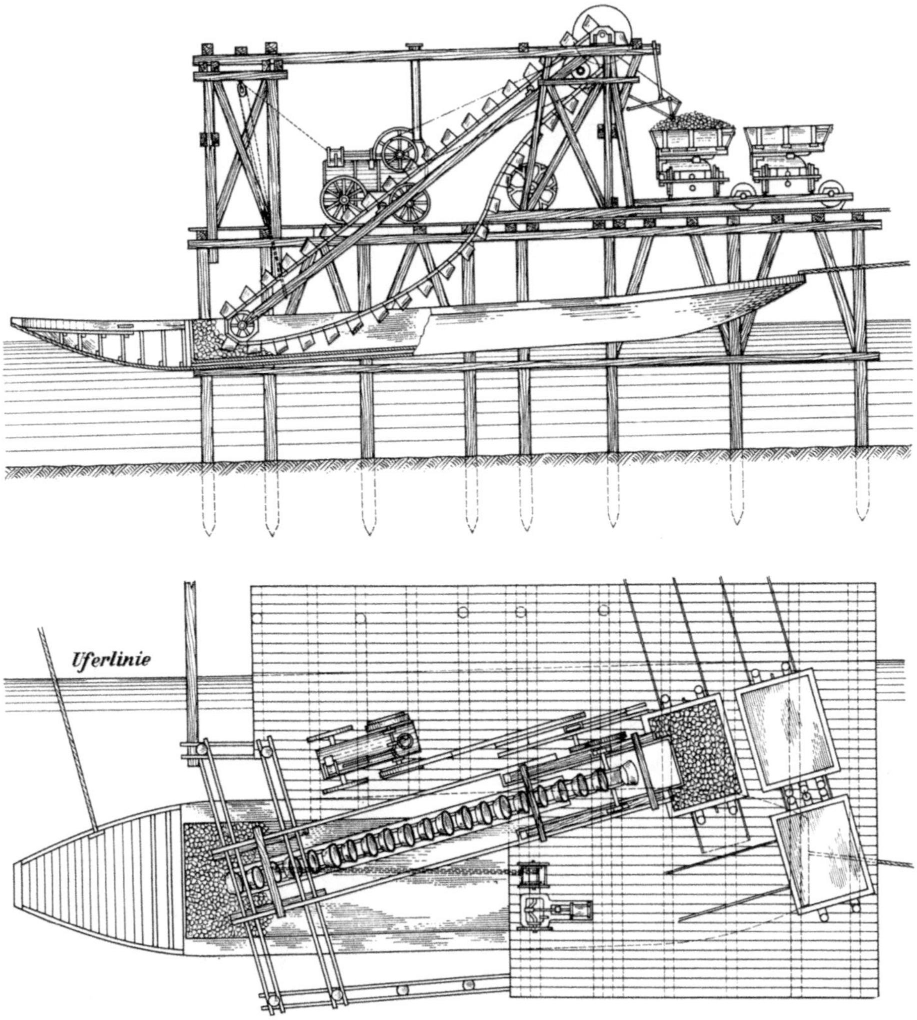

Abb. 204. Älterer Längselevator, am Ufer auf ein Holzgerüst gesetzt, mit Dampfantrieb und Beladung von Rollwagen

transportschute mit senkrechten Laderaumwänden gezeichnet. Um allen Boden zu erfassen sind zwei Turasse mit Abstand voneinander angeordnet.

Abb. 204 zeigt einen älteren *Längselevator* stationär am Ufer auf ein Holzgerüst aufgebaut, der in Rollgeräte seinen Boden entleert. Derartige stationäre Anlagen sind nur anwendbar, wenn die Wasserstände sich nicht stark ändern. Ist dies im Gezeitengebiet doch der Fall, dann ist es schwer, sich mit der Eimerleiter den stark unterschiedlichen Höhenlagen der Schuten anzupassen.

Damit beim pflügend arbeitenden Längselevator die Eimer den ganzen Inhalt des Laderaumes der Schute erfassen, weichen sie von der Form der *Baggereimer* erheblich ab. Sie haben *Kastenform* und eine Breite, die gleich der unteren Laderaumbreite ist. So ist bei rolligem Boden nur *ein* Durchgang erforderlich, um die Schute völlig zu entleeren. Bei

Feinsand wird aber nur ein Graben von der Breite der Eimer gebaggert und die senkrecht stehenden Wände müssen durch besondere Mittel, wie Abspritzen o. dgl. zum Einstürzen gebracht werden. Längselevatoren sind also stark bodenabhängig und für Mittelsand und

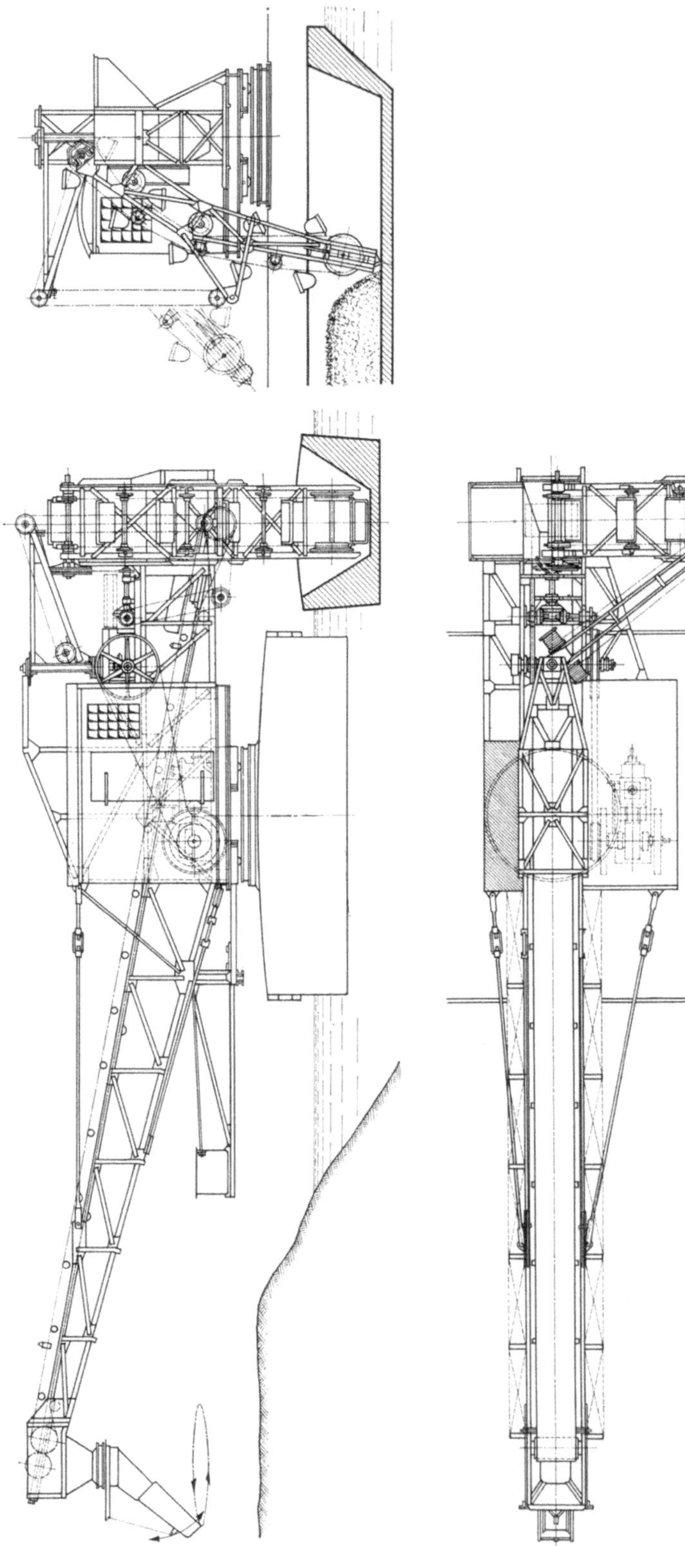

Abb. 205. Kleiner Längselevator mit Eimern von 35 l Fassungsvermögen mit Aufgabe auf ein Förderband mit Dieselantrieb, schwenkbar auf einem Tragschiff

Grobsand am besten geeignet. Die Eimerkette kann nicht wie beim Querelevator direkt auf das Ufer geführt werden, so daß stets besondere Fördereinrichtungen, wie Bänder oder Kübel erforderlich sind.

Abb. 205 zeigt einen kleinen Längselevator mit Eimern von 35 l Fassungsvermögen. Die Seitenansicht rechts läßt erkennen, daß das grabende Ende der Leiter mit dem Unter-

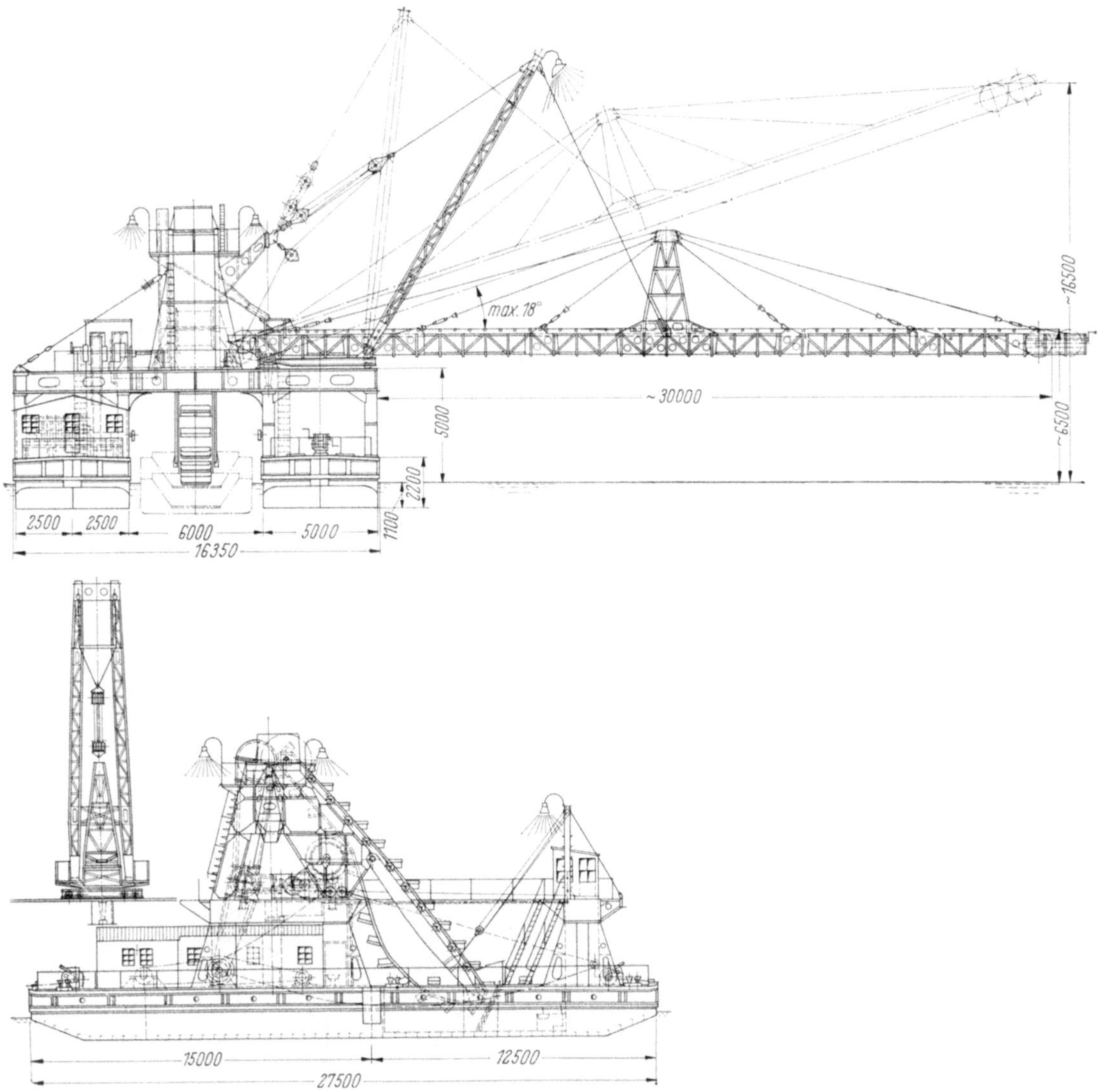

Abb. 206. Längselevator auf zwei Tragschiffen mit Eimern von 190 l Fassungsvermögen und Aufgabe des Bodens auf ein Förderband mit Dieselantrieb. Erbaut 1938 von der Schiffs- und Maschinenbau A. G. Mannheim

turas fast senkrecht steht. Die Eimer sind ähnlich wie beim Trockenbaggern weit auseinander gesetzt, jedoch läuft die Kette so schnell, daß 35 Schüttungen/min erreicht werden können. Das Baggergut wird auf das senkrecht zu der Eimerkette abgehende Förderband von 800 mm Breite geleitet, das mit einer Geschwindigkeit von 1,2 m/sec läuft und eine Ausschüttweite von etwa 10 m gegen die Schiffsmitte erreicht. Der Schiffskörper hat die Abmessungen 19,5×5,5×1,2 m. Der geringe Tiefgang von 0,5 m läßt ihn nahe ans Ufer herankommen. Auf dem Deck liegt ein Drehkranz, um den man die angehobene Eimerleiter und das Förderband drehen kann, so daß beim Verschleppen kein Teil über die Bordwand hinausragt. Der Elevator ist für Arbeiten in Buhnenfeldern der Weser bestimmt und muß seine Arbeitsstelle häufig ändern. Die Höhe beträgt im Betrieb 4,5 m, läßt sich jedoch für Brückendurchfahrten auf 3,9 m herabsetzen. Das schwenkbare Förderwerk wiegt 10500 kg und der Schiffskörper 22700 kg. Der Dieselmotor kann 15 PS leisten und treibt das Becherwerk, den Fördergurt und die Leiterhebewinde an. Man läßt die Schute bei der Entladung durch die Strömung treiben, so daß mit Unterstützung des Ruders der ganze Laderaum in einem Arbeitsgang entleert wird. Falls dies nicht gelingt, wird die Schute mit einer Winde wieder in die Anfangsstellung gebracht. Abb. 206 zeigt einen Längselevator mittlerer Größe mit zwei Tragschiffen, der von der Schiffswerft Mannheim im Jahre 1938 zur Verwendung auf der Donau gebaut wurde. Die Schiffe haben die Abmessungen 27,5×5×2,2 m. Bei einem Zwischenraum von 6 m beträgt die gesamte Schiffsbreite 16 m, der Tiefgang liegt bei 1,1 m. Die Eimer nach Abb. 207 haben ein Fassungsvermögen von 190 l und sind 1400 mm breit. Sie schütten über eine Schurre auf das Förderband von 1200 mm Breite und einem Trommelmittenabstand von 36 m. Das Band läßt sich gegen die Mittellage, bei der es senkrecht zur Schiffswand steht, um 35° nach jeder Seite schwenken, so daß die Ausschüttstelle verändert werden kann.

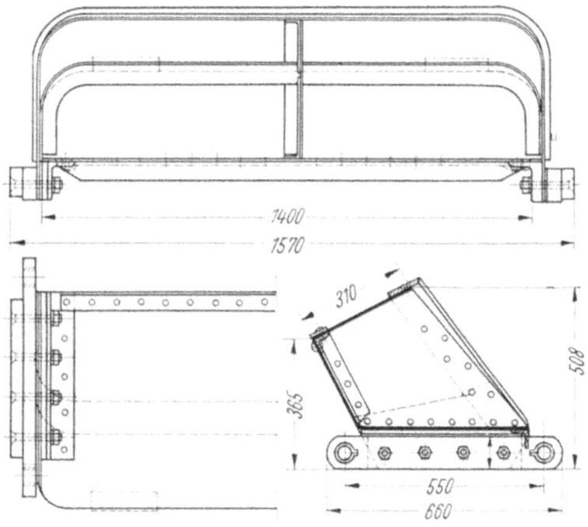

Abb. 207. Eimer von 190 l Fassungsvermögen für den Längselevator in breiter Kastenform

Ein Dieselmotor von 150 PS treibt mit Riemen den Vierkant-Oberturas und außerdem einen Drehstrom-Generator von 44 kW an, der Strom liefert für das Förderband und die Windenanlage. Diese dient zum Verholen des Elevators, der Schuten, Heben der Eimerleiter, Schwenken des Förderbandes u. a. m. Die Zahl der Schüttungen geht bis auf etwa 30/min, so daß dieser Elevator zu einem 300-l-Eimerkettenbagger paßt. Sein Gewicht beträgt etwa 220 t.

Ein Lichtbild dieses Elevators in aufgeschlepptem Zustand zeigt Abb. 208.

Abb. 208. Ansicht des Längselevators mit zwei Tragschiffen und Eimern von 190 l Fassungsvermögen. Aufnahme Schiffs- und Maschinenbau-A.G. Mannheim

Für den Betrieb mit Kübeln, der bei den Querelevatoren beschrieben wurde, ist auch der Längselevator geeignet. Abb. 209 zeigt ein derartiges Gerät, das im Jahre 1910 von der Werft Nüske, Stettin, für den Hamburger Staat geliefert wurde. Der Elevator hat zwei Tragschiffe mit den Abmessungen 29×5×2,4 m, die in einem Abstand von 7,8 m angeordnet sind, so daß die Gesamtbreite 17,8 m beträgt. Die Eimer, von denen 40 Stück in der Kette sind, haben ein Fassungsvermögen von 140 l und eine Schakenteilung von 480 mm. Die Zahl der Schüttungen beträgt 26/min und die Kettengeschwindigkeit 24 m je min. Es sind zwei Kübel vorhanden mit einem Fassungsvermögen von je 2200 l. Sie machen 80 Schüttungen/h, so daß die Nennertragsleistung 175 m^3/h beträgt. Die größte Ausschütt-

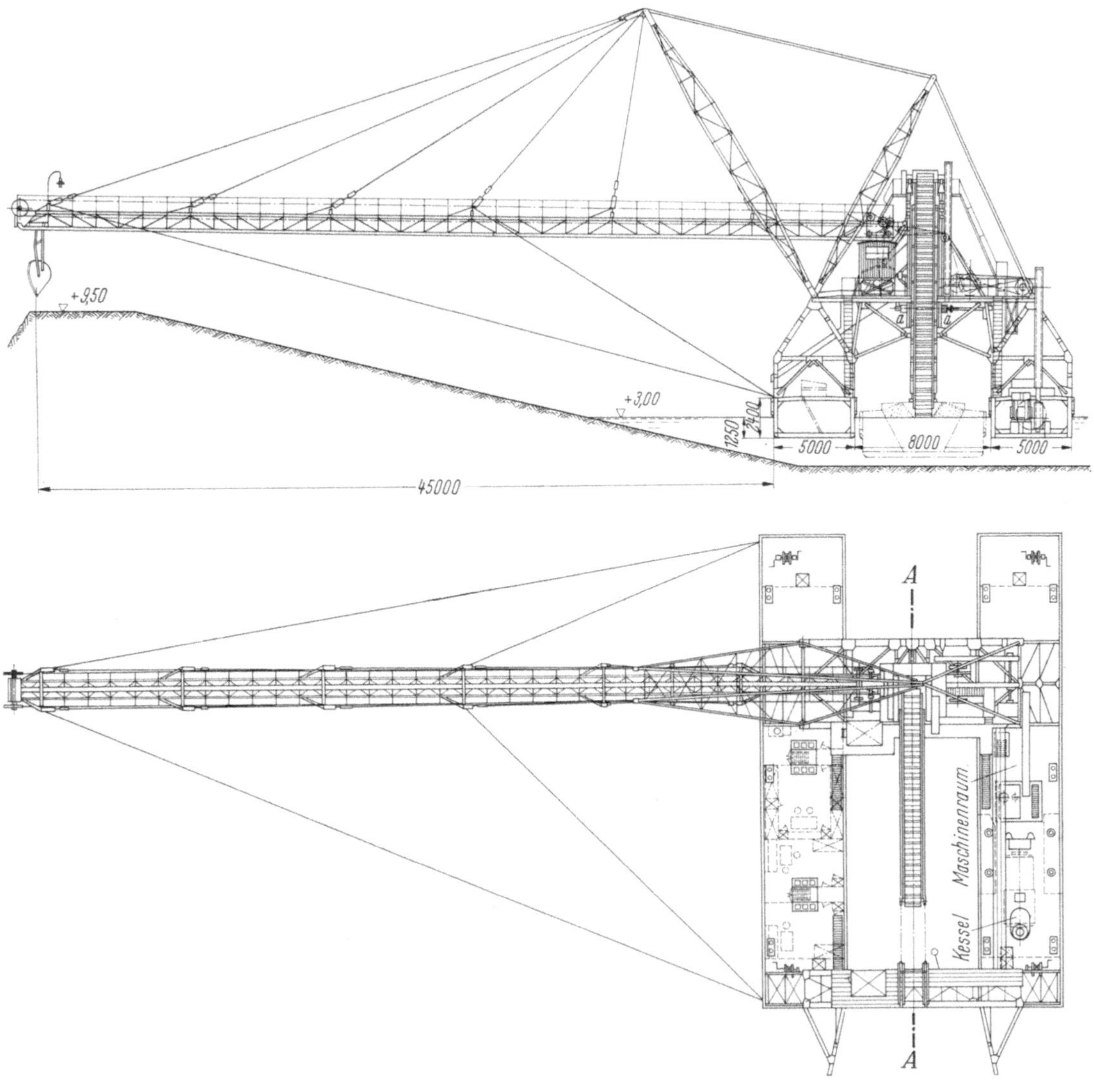

Abb. 209. Längselevator auf zwei Tragschiffen mit Kübelbetrieb für 45 m Ausschüttweite

weite gerechnet von der Wand des innenseitigen Schiffes ist 45 m, die Ausschütthöhe über dem Wasserspiegel 6,5 m. Der Elevator hat Dampfantrieb mit einem Kessel von 45,2 m^2 Heizfläche bei 9,5 atü Druck und eine Dampfmaschine von 75 PS_i.

Mitunter arbeitet ein Elevator, wie schon erwähnt bei der Kiesgewinnung mit einem Eimerkettenbagger in der Weise zusammen, daß der Bagger normale Schuten belädt, die dann zum Elevator geschleppt werden. Der entleert sie, wobei er das Material sortiert und die einzelnen Körnungen in Schuten oder Kähne schüttet.

Abb. 210 zeigt einen derartigen Elevator, der die Sortierung in vereinfachter Weise so durchführt, daß die nach links abgehende Spülrinne mit 40 m Länge das Feinmaterial abführt, während in das rechts liegende Fahrzeug über die schräge Schüttrinne der Kies geladen wird.

Der Elevator hat ein Eimerfassungsvermögen von 240 l und zwei Tragschiffe mit den Abmessungen 35,5×5×2,4 m mit 8,4 m Zwischenabstand, so daß die Gesamtbreite 18,4 m beträgt. In dem einen Tragschiff befindet sich der Kessel mit 132,5 m² Heizfläche bei

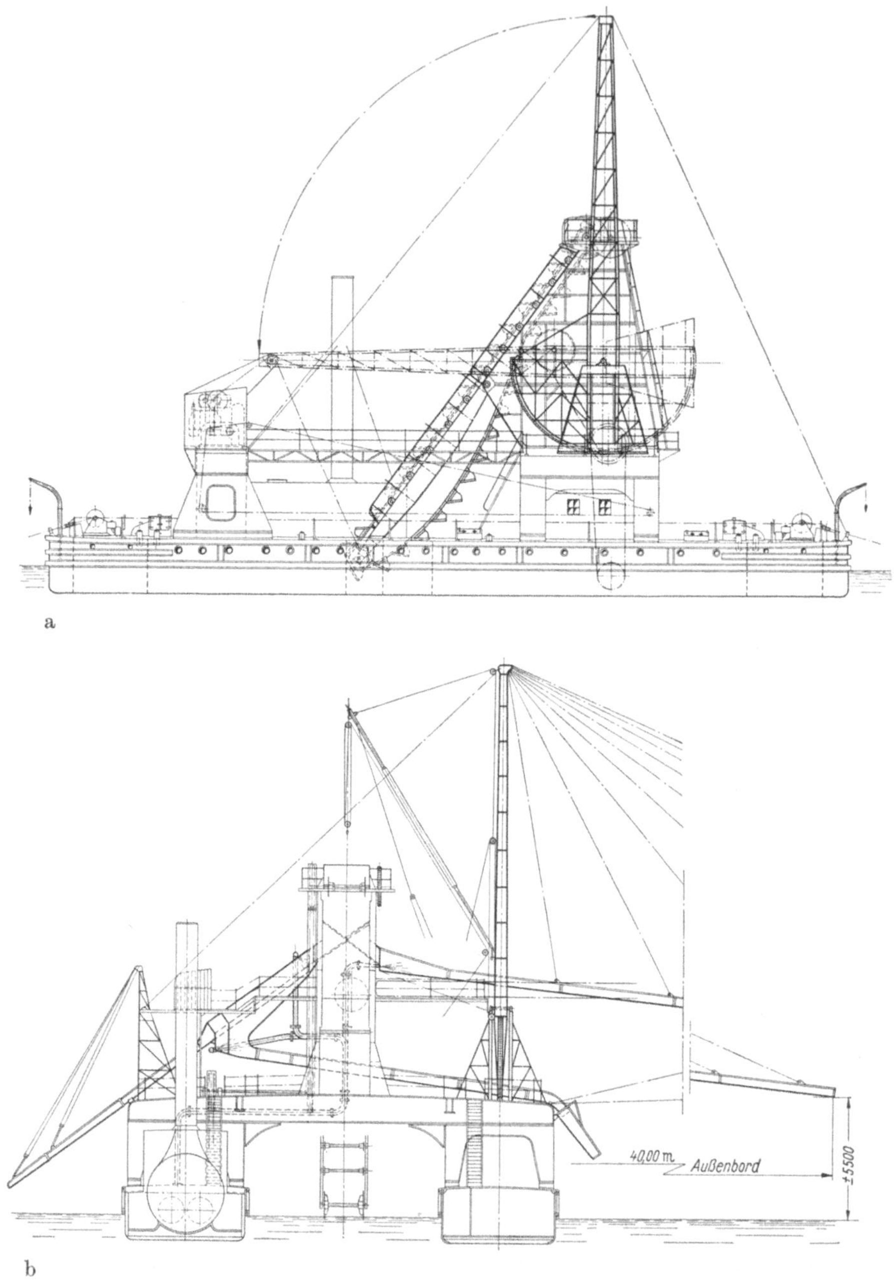

a

b

Abb. 210a u. b. Längselevator auf zwei Tragschiffen mit Sortiereinrichtung für Abgang des Feinmaterials mit Fließrinne und des Restmaterials in Schuten; Dampfantrieb

12,65 atü Druck. Die Dampfmaschine leistet 132 PS_i. Der 25 m hohe Mast, an dessen Spitze die Halteseile für die Spülrinne befestigt sind, kann umgelegt werden. Abb. 211 ist ein Lichtbild des Elevators, der im Jahre 1941 von de Klop, Sliedrecht an die Firma Hüskens, Wesel, geliefert wurde.

Ein besonders großer Längselevator mit zwei Schiffen wurde von der LMG im Jahre 1929 für den Hafen von Rouen mit Eimern von 500 l Fassungsvermögen geliefert. Abb. 212

ist eine Aufnahme von ihm. Die beiden Tragschiffe haben die Abmessungen 60×7,5×4,3 m und sind in einem Abstand von 10,9 m angeordnet, so daß die gesamte Schiffsbreite 25,9 m beträgt, bei einem Tiefgang von 2,45 m. Auf einer erhöhten Plattform ist ein um 90°

Abb. 211. Ansicht des Längselevators im Betrieb mit der Schute zwischen den beiden Tragschiffen; Abgang des Feinmaterials über eine Fließrinne nach links und des Restmaterials mit einer Schüttrinne nach rechts in eine Schute. Aufnahme Hülskens, Wesel

Abb. 212. Großer Längselevator für Rouen mit Eimern von 500 l Fassungsvermögen und schwenkbarem Ausleger mit Förderband und Fließrinne. Aufnahme LMG Lübeck

schwenkbarer Ausleger angeordnet, der mit einem Förderband von 45 m Ausschüttweite und einer Spülrinne von 55 m Förderweite ausgerüstet ist. Der Elevator hat Dampfantrieb mit zwei Kesseln von je 180 m² Heizfläche bei 13 atü und einer Dampfmaschine von 300 PS_i.

Ein Beispiel dafür, daß auch in neuerer Zeit noch Elevatoren gebaut werden, ist der Längselevator „Ressel". Er arbeitet zusammen mit dem vorangehend beschriebenen Eimerkettenbagger „Kaplan" und ist wie er von der Österreichischen Bundeswasserbauverwaltung für Arbeiten auf der Donau entwickelt und von der Schiffswerft Linz im Jahre 1962 erbaut worden. Eine Besonderheit an ihm ist der zusätzlich eingebaute *Fahrantrieb.* Abb. 213 ist ein Generalplan und zeigt, daß die beiden Tragkörper mit den Abmessungen

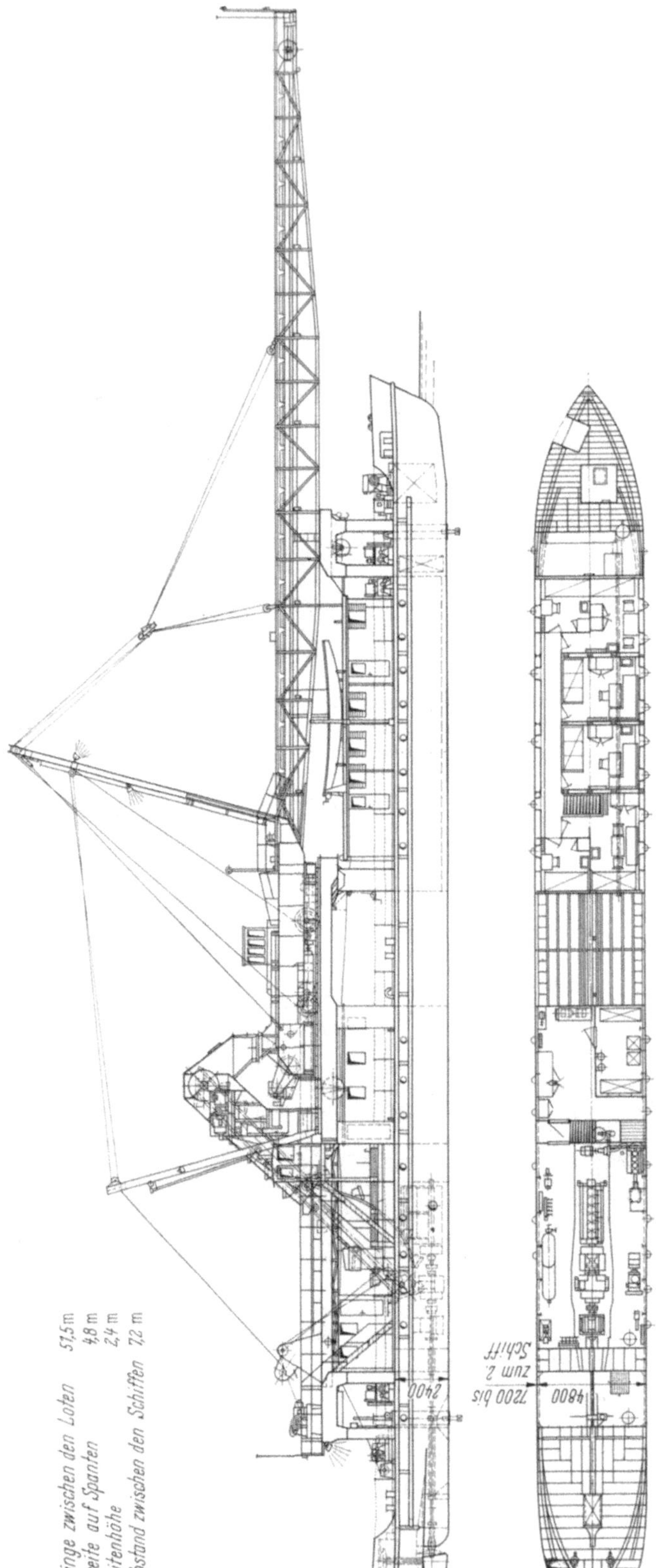

Abb. 213. Selbstfahrender Längselevator „Ressel“ für Arbeiten auf der Donau mit schwenkbarem Förderband von 44 m Länge

51,5×4,8×2,4 m vorne und hinten schiffsmäßig ausgestaltet sind. Sie liegen in einem Abstand von 7,2 m, so daß die Gesamtbreite 16,8 m beträgt. Der Konstruktionstiefgang ist 1,25 m. Die Eimer schütten auf ein schwenkbares Förderband, dessen Abwurfstelle 44 m vom Drehpunkt entfernt liegt. In jedem Schiff befindet sich ein Maschinenraum. Die beiden Dieselmotore leisten je 220 PS und treiben wie bei „Kaplan" die Schiffsschrauben über Untersetzungsgetriebe an und außerdem Generatoren für Stromerzeugung. Von ihnen erhalten die Eimerkette, das Förderband, die Winden u. a. m. den Strom für ihre Antriebsmotore.

P. Eingefäßbagger

1. Allgemeines über Eingefäßbagger

Eigenartigerweise ist der Eimerkettenbagger in Europa ein wichtiges Baggergerät, während er in Amerika nur als Gewinnungsgerät für Kies und metallhaltige Böden benutzt wird. Für Erdarbeiten verwendet man in Amerika vorwiegend den Saugbagger und an mechanisch wirkenden Geräten die Bagger mit einem einzelnen Grabgefäß, die man unter dem Sammelnamen *Eingefäßbagger* zusammenfassen kann.

Im Kapitel N Eimerkettenbagger wurden die Ursachen für diese unterschiedliche Entwicklung angegeben. Der Eimerkettenbagger fand in der Neuen Welt kein rechtes Arbeitsfeld, da die natürliche Entwicklung dazu führte, daß man auf Land arbeitende Geräte wie Löffelbagger und Greiferbagger auf Schwimmkörper setzte. Diese Kranbagger oder Eingefäßbagger, wie man sie bezeichnet, konnten nicht nur graben, sondern auch Steine und Betonblöcke heben, Pfähle rammen und ziehen, Verladearbeiten usw. durchführen — ein Vorteil, der auch heute noch gültig ist. Man baute später diese Geräte weiter aus, wobei man die Schwimmkörper und verschiedene Konstruktionsteile vielfach aus Holz herstellte, wie aus dem 1923 erschienenen Buch „The Engineering of Excavation" by George B. Massey zu entnehmen ist.

Der Eingefäßbagger besitzt nur *ein Grabgefäß*, das zum Baggern auf den Grund gesetzt, nach Füllung gehoben und in eine Entleerungsstellung gebracht wird, die im Gegensatz zum Eimerkettenbagger außerhalb des Schiffskörpers liegt. Es ergibt sich dabei größenordnungsgemäß *eine* Schüttung/min gegen die Regelschüttzahl von $16^2/_3$/min beim Eimerkettenbagger. Für die gleiche Ertragsleistung von 400 m³/h ist ein Löffel von 8 m³ mit 50 Schüttungen gegenüber Eimern von 0,4 m³ Inhalt bei 1000 Schüttungen erforderlich. Da das Grabgefäß beim Eingefäßbagger relativ zum Schiffskörper bewegt werden kann, braucht dieser nicht zu scheren oder zu schwingen, sondern liegt fest, bis er nach Abtrag des in seinem Bereich befindlichen Bodens versetzt werden muß. Er kann Boden unter Wasser wie auch über Wasser abtragen und ist gegen Einstürzen und Nachstürzen von Bodenmassen weniger empfindlich als Eimerkettenbagger und Saugbagger.

Eingefäßbagger können gut an engen Stellen, in Kanälen, Docks und Hafenbecken, vor Ufermauern usw. arbeiten, wo eine Schwing- oder Scherbewegung nicht möglich ist. Die Größe der Schuten und deren Lage ist bei ihm auch nicht so eng begrenzt wie beim Eimerkettenbagger, da Ausschüttweite und Ausschütthöhe größer sind und die Ausschüttstelle durch Schwenken des Auslegers verändert werden kann. In den USA legt man Eingefäßbagger nicht mit Seilen sondern mit Pfählen fest. Da die Schuten im Verhältnis zur Ertragsleistung des Baggers größer sein können, findet ein Schutenwechsel viel seltener statt, so daß auch in dieser Beziehung die Schiffahrt weniger behindert ist. Ein Löffelbagger mit einem Löffelinhalt von 8 m³ erreicht bei leichten Bodenverhältnissen mit 50 Spielen in der Stunde eine theoretische Ertragsleistung von 400 m³. Beträgt das Fassungsvermögen seiner Klappschute 1150 m³, was in Amerika vorkommt, so wären für die Beladung fast drei Stunden erforderlich. Ist der Boden schwieriger zu baggern, die Füllung des Löffels schlechter und der Bagger öfter zu verlegen, dann kann die Füllzeit auf das doppelte ansteigen. Bei Arbeiten in engen Kanälen kann der Eingefäßbagger, sei es ein

Löffelbagger, ein Greiferbagger oder ein Schürfkübelbagger, häufig den Boden unmittelbar am Ufer absetzen.

In der Genauigkeit der Arbeit können die Eingefäßbagger den kontinuierlich arbeitenden Eimerkettenbagger nicht erreichen, da ihr Grabgefäß jedesmal von neuem angesetzt wird und nicht auszuschließen ist, daß Wälle zwischen Grablöchern und Grabfurchen stehenbleiben. Auch die Tiefe ist insbesonders beim Greiferbagger nicht genau einzuhalten. Man hat mitunter umfangreiche Nacharbeiten durch Eimerkettenbagger durchführen müssen.

Löffelbagger erhalten selten Fahrantrieb und eigenen Laderaum mit Ausnahme der nachfolgend beschriebenen Drehever, die nur Vorläufer der eigentlichen Löffelbagger sind. Dagegen kommt dies bei Greiferbaggern häufiger vor, so daß sie neben den Saugbaggern eine Baggergattung bilden, die im Umlaufverfahren arbeitet und deswegen als Hopperbagger zu bezeichnen ist. Aus diesem Grunde wird für die Saugbagger die Bezeichnung „Hoppersauger" bevorzugt.

2. Schwimmende Löffelbagger (dipper dredger)

Diese Geräte sind sehr alt; Gefäße, die mit einem Stiel von Hand in den Boden gestoßen wurden, um ihn abzugraben, wurden schon bei den ältesten Kulturvölkern benutzt – beispielsweise die „Indische Schaufel". Die Abb. 214 zeigt einen um 1862 für einen Kanal

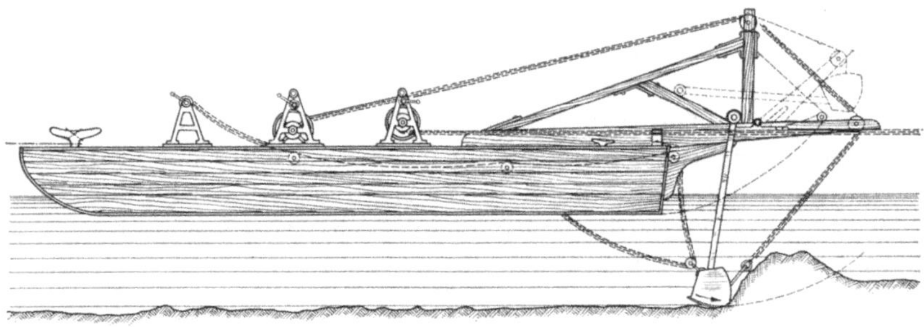

Abb. 214. Löffelbagger Baujahr 1862 mit Handbetrieb, mit breitem Löffel eine Furche ziehend

in Frankreich gebauten Bagger mit einem breiten Grabgefäß, das an einem Doppelstiel befestigt ist. An Deck des hölzernen Schiffskörpers sind drei Winden für Handbetrieb aufgestellt. Die mittlere ist die Hubwinde, deren Kette über eine Rolle am Auslegerkopf an den Löffel herangeführt ist. Beim Einholen der Kette macht der Löffel, der durch seinen Stiel gehalten ist, eine Kreisbewegung, wobei der Boden in einem Bogen abgegraben wird. Wenn der Löffel über Wasser geholt ist, wird ein Prahm unter ihn gefahren und nimmt den herausfallenden Boden auf. Durch Nachlassen der Hubkette geht das Löffelgefäß wieder abwärts und kann mit der Kette der hinteren Rückholwinde noch etwas weiter zurückgeholt werden. Mit der vorderen Winde, deren Kette nach vorn zu einem Festpunkt führt, kann der Bagger vorausgeholt werden, so daß er weiterhin Boden zum Graben findet. Eine Schwenkvorrichtung war nicht vorhanden, so daß der Bagger eine Furche von der Breite seines Löffels zog. Er dürfte nur bei Boden ohne allzu große Festigkeit verwendet worden sein.

Noch in neuerer Zeit werden ähnliche Geräte verwendet, die auf der Themse als „*punt*" und im Hamburger Hafen als „*Drehever*" bezeichnet werden. Abb. 215 zeigt eine ältere Hamburger Ausführung. Bei ihr wird seitlich von einem Schiffskörper ein Stiel mit einem löffelartigen Gefäß in den Boden gestoßen, nach Füllung über Wasser gebracht und nach Einschwenken sein Inhalt durch Öffnen einer Klappe in den Laderaum des Fahrzeuges entleert. Es handelt sich hier also um einen Löffelbagger mit einem Laderaum, der im Umlaufverfahren arbeitet. Für Hamburg gibt es noch eine neuere Konstruktion aus dem Jahre 1925 mit einem Grabgefäß von 250 l Fassungsvermögen an einem Stiel von 10 bis

13 m Länge. Das zugehörige Fahrzeug hat die Abmessungen $20 \times 5 \times 2{,}3$ m und besitzt einen Laderaum mit einem Fassungsvermögen von 50 m³. Es ist selbstfahrend mit Antrieb durch einen Dieselmotor. Daß diese Geräteart sich so lange gehalten hat, liegt daran, daß

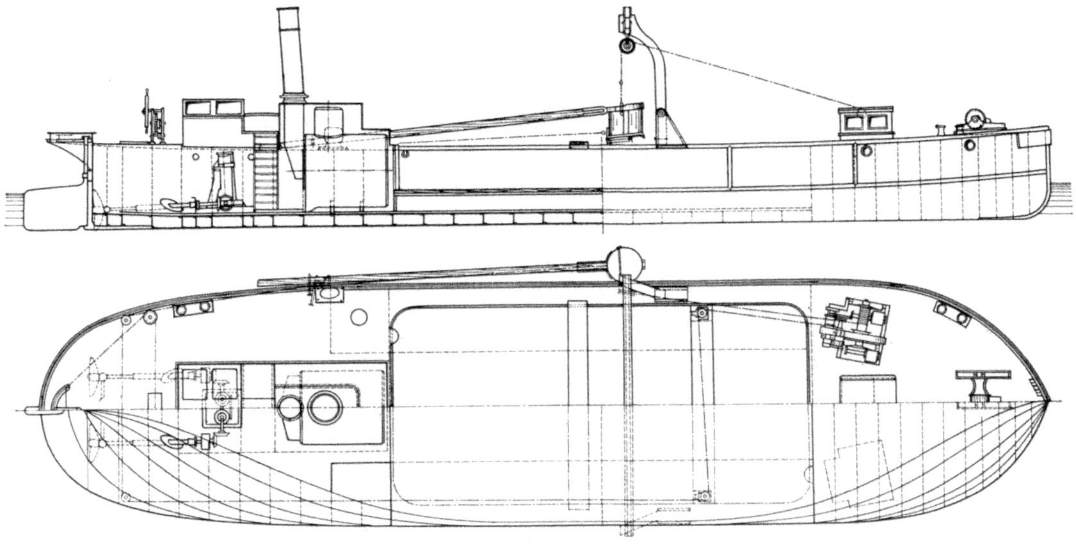

Abb. 215. Drehever für den Hamburger Hafen mit seitlichem Löffel, der nach Füllung und Hebung in den Laderaum des Fahrzeugs entleert wird

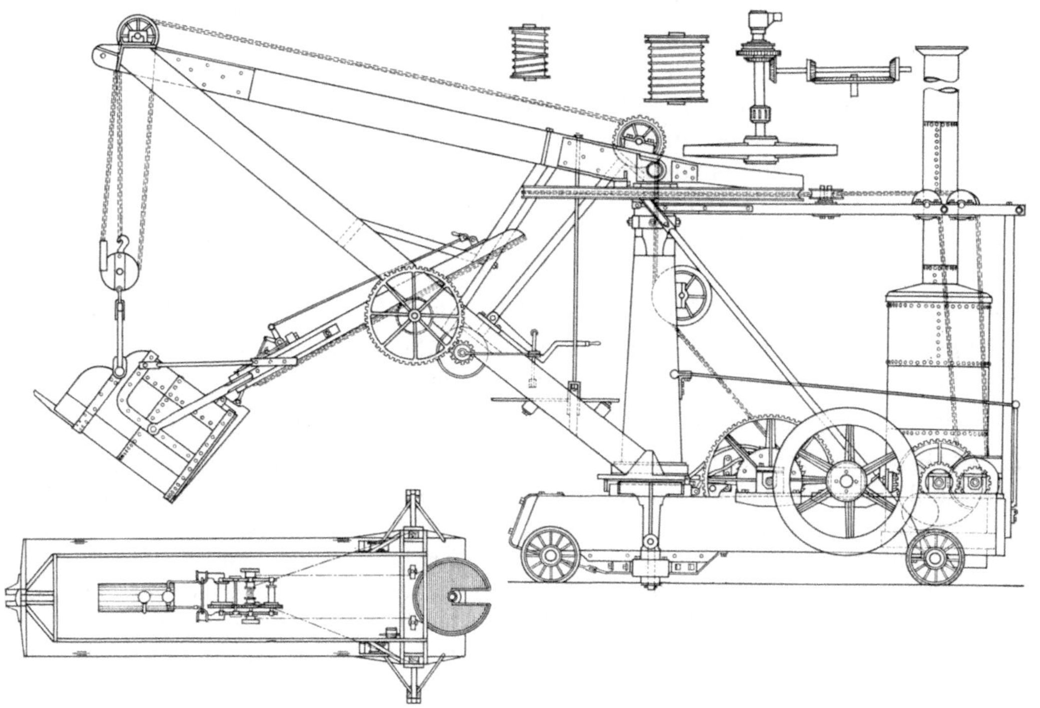

Abb. 216. (Conradis, S. 118) Trockenlöffelbagger von Ottis, entworfen 1834 für Baltimore und Ohio Railroad

damit an Stellen vor Ufermauern u. dgl. abgelagerter Boden beseitigt werden kann, der mit anderen Geräten nicht zu erfassen ist.

Der heutige schwimmende Löffelbagger ist der auf Land arbeitenden Kraftschaufel nachgebildet, die nach Einführung der Dampfmaschine in Amerika in der ersten Hälfte des vorigen Jahrhunderts entwickelt wurde. Abb. 216 zeigt einen 1834 von Otis gebauten

Bagger, der für Bahnbauten verwendet wurde. Hier hat das Grabgefäß, der Löffel, schon die auch heute noch übliche Form und sitzt an einem Stiel, der durch den schräg gestellten Ausleger hindurchgeführt ist. Dieser ist mit einer Drehsäule verbunden und kann mit ihr eine Schwenkbewegung machen durch Drehen einer kreisförmigen Scheibe, um deren Umfang eine Kette gelegt ist. Die Enden der Kette führen zu einer Trommel, die in zwei Richtungen drehbar ist. Auf dem schienenfahrbaren Unterwagen sitzt hinten der Kessel und vor ihm, die durch eine Dampfmaschine angetriebene Hubwinde, deren Kette durch eine Rolle in die Drehachse gelenkt und durch zwei weitere Kettenrollen an den Löffel herangeführt wird. Durch diese Art der Kettenführung kann der Ausleger im Bereich eines Winkel von etwas mehr als 180° in jede gewünschte Stellung geschwenkt werden. Ist der Löffel in die Grabstellung abgesenkt, so wird durch Einholen der Hubkette unter Festhalten des Löffelstieles an seinem, etwa in der Mitte des Auslegers sitzenden Drehpunkt, die kreisförmige Grabbewegung ausgeführt. Der gefüllte Löffel wird dann über den Förderwagen geschwenkt, durch Öffnung seiner Klappe entleert und durch Zurückschwenken erneut zum Graben angesetzt.

Ähnliche Bagger wurden dann auf Schwimmgefäße gesetzt und für das Arbeiten unter Wasser abgewandelt. Der Löffelstiel muß wesentlich länger sein, was auch einen längeren Ausleger bedingt. Dann bildet die Hubkette oder das Hubseil beim Ansetzen des Löffels einen genügend großen Winkel mit dem Löffelstiel, so daß ein nennenswerter Anteil des Seilzuges in wirksame Grabkraft umgesetzt wird. Bei der nachfolgenden Beschreibung dieser *schwimmenden Löffelbagger* soll, da es sich um eine amerikanische Entwicklung handelt, das Wort „*dipper*" als Kurzbezeichnung verwendet werden. Der Dampfantrieb wurde beibehalten bis in die neueste Zeit, in der er teilweise durch dieselelektrischen Antrieb ersetzt wird. Es sind verschiedene Dampfbagger umgebaut, aber auch verschiedene Neubauten doch wieder mit Dampfantrieb ausgerüstet worden.

Abb. 217 zeigt den im Jahre 1956 von der IHC-Holland gebauten dipper „Waltair" mit einem Löffel von 1,9 m^3 (2,5 $Yard^3$) Fassungsvermögen, mit Dampfantrieb. Der Schiffskörper besitzt die Abmessungen: Länge 29,5 m, Breite 11,5 m, Seitenhöhe vorn 2,8 m, hinten 2,2 m. Die entsprechenden Tiefgänge sind: vorn 1,8 m und hinten 1,2 m. Die Verdrängung beträgt 460 t. Der kohlegefeuerte Zylinderkessel mit 175 m^2 Heizfläche und 10,5 atü Dampfdruck ist am hinteren Schiffsende angeordnet. Die Hubmaschine ist eine Volldruck-Zwillingsmaschine mit 340 mm Zylinderbohrung und 350 mm Hub. Bei ihr ist der Inhalt V *eines* Zylinders $= \frac{\pi}{4} \cdot 3{,}4^2 \cdot 3{,}5$ in $l = 33{,}6$ l. Nach den Ausführungen des Kapitels M kann für solche Maschinen ein mittlerer indizierter Druck $p_i = 5{,}5$ kg/cm² angenommen werden und es ergibt sich ein mittleres indiziertes Drehmoment $\mathfrak{M}_i = 35 \cdot V = 1175$ kgm. Die Leistung bei 200 U/min ergibt aus der Formel $\mathfrak{M}_i \cdot 2\pi \cdot \frac{200}{60} \cdot \frac{1}{75} \sim 10\,V$ und beträgt somit 336 PS_i. Als Dampfverbrauch rechnet man 25 kg/PS_i/h und kommt damit auf $250\,V = 8400$ kg/h. Da die Hubmaschine nur zeitweise und dann auch nur selten mit voller Drehzahl läuft, würde erfahrungsgemäß ein Kessel von 50 m^2 Heizfläche auch unter Berücksichtigung der übrigen Zwillingsmaschinen ausreichen, obwohl die von ihm erzeugte Dampfmenge nur $50 \cdot 20 = 1000$ kg/h beträgt. Das ist dadurch begründet, daß die Maschinen immer nur kurze Zeit laufen. Daß im vorliegenden Falle mit 175 m^2 ein Kessel von 3,5facher Heizfläche gewählt wurde, ist durch Kohle von sehr geringem Heizwert und ungeübte Heizer begründet, womit man in Entwicklungsländern manchmal rechnen muß. Um den Dampfverbrauch in Grenzen zu halten, haben die Hubmaschinen meist Kulissensteuerung, so daß die Füllung herabgesetzt werden kann. Für Löffelinhalte über 5 m^3 nimmt man überdies meist Maschinen mit zweifacher Expansion, um noch mehr Dampf zu sparen.

Die Trommel der *Hubwinde* mit einem mittleren Durchmesser von 900 mm hat die Form eines Doppelkonusses, von dessen kleinen Durchmesserseiten die Hubseile beim Ansetzen der Löffels abgehen, so daß dann trotz des kleinen Winkels zwischen den Hubseilen und dem Löffelstiel die erforderliche Grabkraft erreicht wird. Bei weiterem Anheben nähert sich die Grabkraft in ihrem Wert immer mehr dem Seilzug und bleibt, während dieser abnimmt, annähernd konstant. Das Doppel-Hubseil geht in waagerechter Richtung von der Trommel ab, wird vorn durch eine große Seilrolle in die senkrechte Richtung abgelenkt, geht so durch den hohlen Schwenkzapfen des Auslegers und über weitere Seilrollen nach dem Löffel.

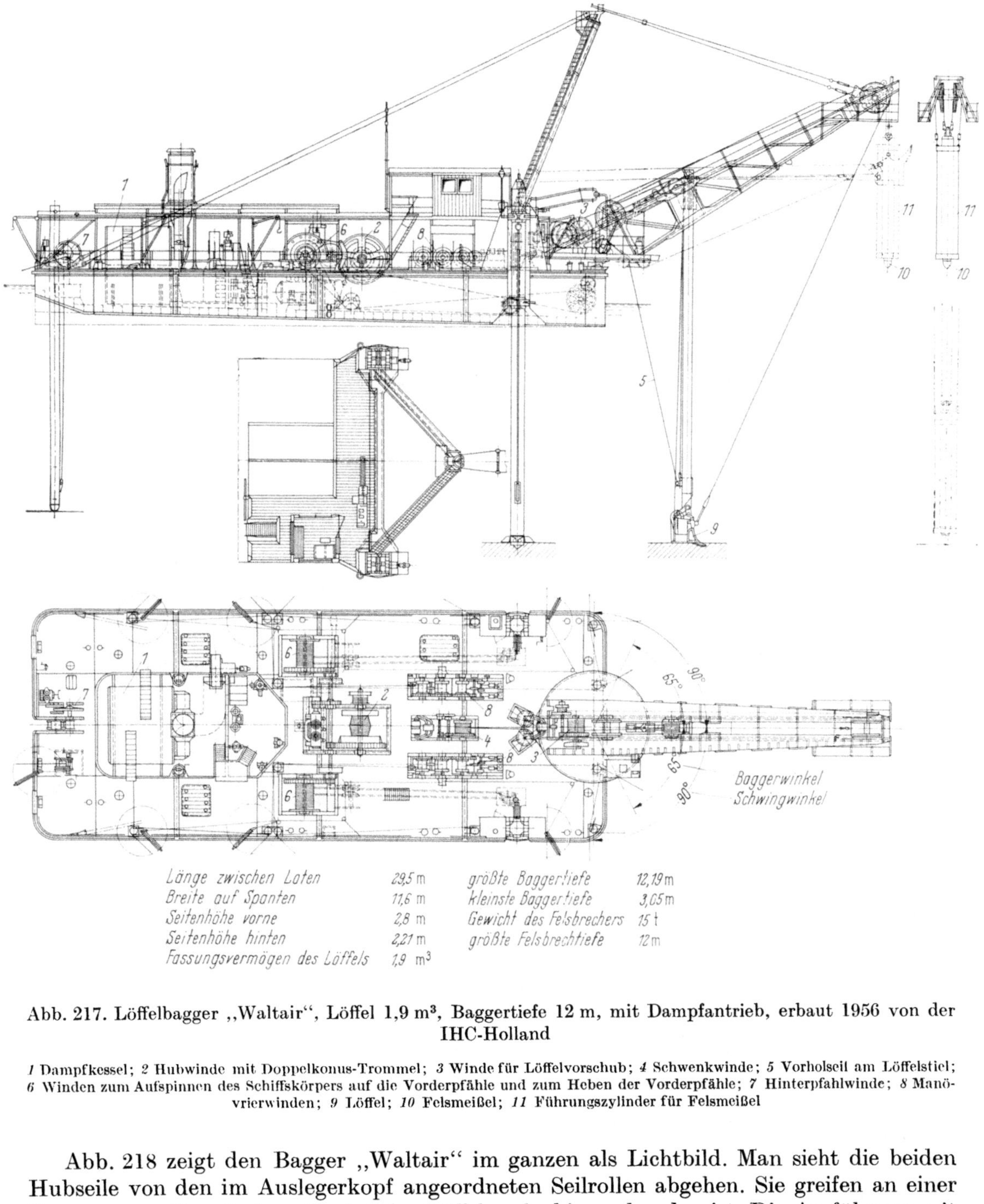

Abb. 217. Löffelbagger „Waltair", Löffel 1,9 m³, Baggertiefe 12 m, mit Dampfantrieb, erbaut 1956 von der IHC-Holland

1 Dampfkessel; *2* Hubwinde mit Doppelkonus-Trommel; *3* Winde für Löffelvorschub; *4* Schwenkwinde; *5* Vorholseil am Löffelstiel; *6* Winden zum Aufspinnen des Schiffskörpers auf die Vorderpfähle und zum Heben der Vorderpfähle; *7* Hinterpfahlwinde; *8* Manövrierwinden; *9* Löffel; *10* Felsmeißel; *11* Führungszylinder für Felsmeißel

Abb. 218 zeigt den Bagger „Waltair" im ganzen als Lichtbild. Man sieht die beiden Hubseile von den im Auslegerkopf angeordneten Seilrollen abgehen. Sie greifen an einer Traverse an, die mit dem Henkel des Löffels gelenkig verbunden ist. Die Ausführung mit zwei Hubseilen ist für Bagger dieser Größe nicht die Regel, vielmehr begnügt man sich meist mit einem Hubseil. Die Trommel der Hubwinde wird durch große Schlingband-

Kupplungen mit den antreibenden Zahnrädern verbunden oder von ihnen getrennt und besitzt außerdem eine große Bremsscheibe, um den Löffel in jeder gewünschten Stellung festhalten zu können.

An dem Löffel greift außer den Hubseilen, dem Auslöseseil für die Löffelklappe und dem Seil zur Verschiebung des Löffelstieles noch ein besonderes Seil an. Es dient zum

Abb. 218. Ansicht des Löffelbaggers „Waltair". Aufnahme IHC-Holland

Vorholen des Baggers, wenn der Löffel auf dem Grunde abgesetzt ist. Beim Baggern dient es zum Rückholen des Löffels, bis der Löffelstiel nahe an den Schiffskörper herankommt. Das Seil ist in die drehende Plattform des Auslegers und weiter in deren hohle Drehachse eingeführt. Im Schiffskörper geht es dann nach der *Vorholwinde.*

Abb. 219. Windenraum von „Waltair". Oben doppelkonische Hubtrommel mit zwei nach vorn abgehenden Hubseilen, unten das Vorholseil, das zur Vorholwinde nach oben abgelenkt wird

In Abb. 219 sieht man oben die doppelt konische Trommel der Hubwinde mit den beiden nach vorn abgehenden Hubseilen und darunter über den Bodenwrangen das Vorholseil mit der Ableitung, die es über zwei Seilrollen nach der Trommel der Vorholwinde führt. Da beim Vorholen des Baggers erhebliche Kräfte durch Strom und Wind auf den Schiffskörper kommen können, muß diese Einrichtung entsprechend kräftig sein.

Für die Schwenkbewegung ist eine besondere, umsteuerbare *Schwenkmaschine* mit den Zylinderabmessungen $\frac{240+240}{280}$ unmittelbar hinter der Auslegerplattform angeordnet. Sie wirkt über Seile auf den Drehkranz der Plattform und kann diese um etwas mehr als 90° nach jeder Seite schwenken. Der Zylinderinhalt dieser Maschine ist $\frac{\pi}{4} \cdot 2{,}4^2 \cdot 2{,}8 = 12{,}7$ l und ihre Leistung bei 200 U/min demnach etwa 127 PS_i.

Vorderpfähle und deren Antrieb. Eine wichtige und besonders kennzeichnende Einrichtung bilden beim Dipper die Vorderpfähle, die rechteckig sind und in Führungstaschen gleiten, die an der Seite des Schiffskörpers in einiger Entfernung vom Vorderende sitzen (Abb. 217). Diese Pfähle werden beim Arbeiten in den Grund abgelassen und das ganze Vorderende des Schiffes an ihnen so weit hochgeholt, daß der Auftrieb teilweise aufgehoben wird und der Schiffskörper sich auf die Pfähle stützt. Als Maß für dieses „Aufpinnen" werden 600 mm, teilweise aber auch wesentlich mehr angegeben. Es geht dabei in der Weise vor sich, daß der Ausleger mit weit vorgeschobenem Löffel abwechselnd nach der einen oder anderen Seite geschwenkt und so die Arbeit der Pfahlwinden unterstützt wird. Abb. 220 ist die Vorderansicht des Baggers mit den beiden abgesetzten Vorderpfählen. Die beiden Teile des Pfahlseiles kommen von den in Abb. 217 erkennbaren Pfahlwinden und führen nach den Umlenkrollen. Das eine Seil geht nach oben zu der auf dem Pfahlkopf sitzenden Seilrolle und von ihr nach unten. Sein Ende ist an einer Traverse an der Führungstasche befestigt. Das andere Seil geht nach unten zu einer im Pfahl über dessen Spitze sitzenden Seilrolle und von ihr wieder nach oben. Sein Ende ist ebenfalls an der erwähnten Traverse befestigt. Je nach Drehrichtung der Pfahlwindentrommel wird entweder der Schiffskörper gehoben, so daß er sich auf die Pfähle abstützt, oder abgesenkt, so daß er wieder schwimmt und die Pfähle weiter gehoben werden können, bis in die Stellung wie sie Abb. 220 zeigt. Die unten im Pfahl sitzende Seilrolle schwächt diesen und ergibt bei Festklemmen des Seils oder Bruch eines Teiles eine empfindliche Störung, da der Pfahl dann nicht mehr gehoben werden kann. Man hebt die Pfähle mitunter auch am oberen Ende, muß dann aber, wie es auch beim Schneidkopfsauger geschieht, einen entsprechend hohen Hebebock anordnen. An ihrem unteren Ende haben die Pfähle bei hartem Grund Spitzen, damit sie eindringen und festsitzen, bei weichem Grund dagegen Platten, damit sie nicht zu weit absinken. Da diese aber doch teilweise in den weichen Boden eingedrückt werden, müssen sie, damit sie beim Herausziehen nicht zu viel Widerstand bringen, klappbar sein. Die Beanspruchungen, denen die Vorderpfähle unterliegen, sind sehr groß, da die Elastizität, die sonst der schwimmende Schiffskörper besitzt, aufgehoben ist. Häufige Reparaturen an den Pfählen und den dazugehörigen Teilen sind die Folge. Im Tidegebiet muß mit fallendem Wasser der Schiffskörper laufend abgesenkt werden, um die Vorderpfähle nicht zu überlasten. Dies geschieht mitunter automatisch durch eine entsprechende Ausbildung der Bremse. Umgekehrt muß bei steigendem Wasser der Schiffskörper laufend angehoben werden. In Amerika wurden ursprünglich die Pfähle aus Holz hergestellt, jedoch ist neuerdings an dessen Stelle der Stahl getreten.

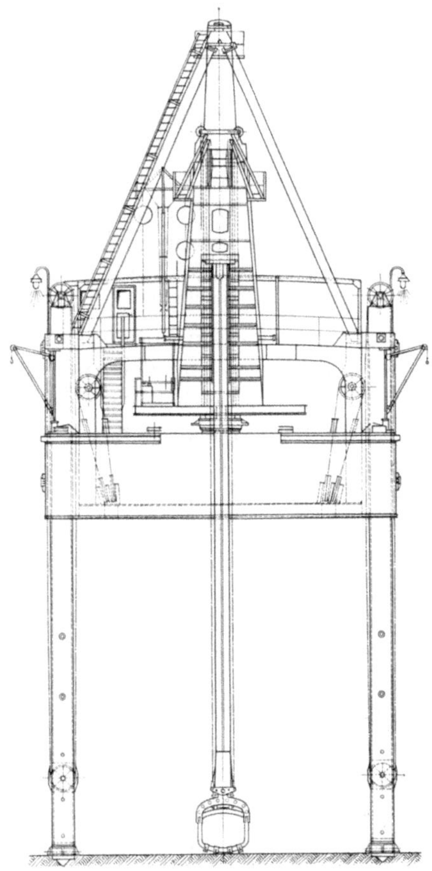

Abb. 220. Vorderansicht des Löffelbaggers „Waltair" mit den zwei abgesetzten Vorderpfählen

Der Hinterpfahl hat gewöhnlich eine Spitze, damit er beim Abfallen in den Boden eindringt und den Bagger gegen seitliche Kräfte, die durch die Grabtätigkeit sowie durch Wind und Strom auf ihn kommen, festhält. Ganz besonders ist er aber beim Vorholen erforderlich, weil dann die Vorderpfähle angehoben sind und der Schiffskörper sonst nur noch durch den als Anker wirkenden Löffel gehalten werden würde. Dabei macht der Hinterpfahl eine Schwenkbewegung aus der senkrechten Stellung bis zu etwa 15° Neigung.

Wenn das Vorholen beendet ist, wird der Bagger wieder auf die Vorderpfähle abgestützt. Danach wird der Hinterpfahl angehoben und geht in die senkrechte Lage zurück. Dann wird er wieder fallen gelassen, so daß seine Spitze in den Boden eindringt. Dabei hält man den Schiffskörper vorne noch durch den abgesetzten Löffel, so daß ein zweiter Hinterpfahl, den man bei ganz großen Geräten vorgesehen hatte, sich als unnötig erwies.

A-Bock im Vorschiff. Dieser steht nach vorne geneigt mit Fußpunkten an Deck möglichst nahe an den Vorderpfählen und wird durch Seile gehalten, die nach den hinteren Ecken des Schiffskörpers führen. Im Kopf hat er einen Drehzapfen mit einem ihn umgebenden Ring, an dem die Ausleger-Halteseile angreifen. Dies gibt den oberen Drehpunkt für den Ausleger mit seiner Plattform, während der untere sich an Deck befindet und etwas hinter dem oberen liegt. Der Ausleger, der eine Neigung von etwa 45° besitzt, hat infolgedessen das Bestreben nach vorne, in die Mittellinie des Schiffes einzuschwingen.

Der Löffelstiel gleitet in einer schwingenden Tasche, die am Ausleger etwa in dessen Mitte angeordnet ist, und trägt am Vorderende den Löffel, dessen Stellung gegenüber dem Löffelstiel etwas verändert werden kann. Die Länge des Löffelstieles ist so bemessen, daß eine Baggertiefe von 3,5 m bis 12 m erreicht werden kann. Der „Waltair" hat zwei Hubseile, der Löffelstiel kann zwischen ihnen durchgeführt werden. Hat man nur ein Hubseil, dann muß der Löffelstiel einen Schlitz haben, durch den es hindurchführt. Bei älteren Baggern saßen am Löffelstiel Zahnstangen, die in die Ritzel eingriffen. Diese wurden über Vorgelegeräder von der auf dem Ausleger sitzenden Vorschubmaschine gedreht, so daß bei der einen Drehrichtung der Stiel mit dem Löffel vorgeschoben und bei der anderen Drehrichtung zurückgeholt wurde. Bei „Waltair" sitzt die Vorschubmaschine auf der Auslegerplattform und dreht eine Seiltrommel, deren Seil zu dem Löffelstiel führt und ähnlich wie bei den Vorderpfählen die Bewegung in beiden Richtungen herbeiführt. Es ist eine sehr kräftige Bremse vorhanden, um den Löffelstiel in der gewünschten Stellung festzuhalten. Bei kleinen Baggern wird mitunter auf eine besondere Vorschubmaschine verzichtet, denn der Löffel kann bei geschickter Bedienung auch so in jede gewünschte Stellung gebracht und festgehalten werden.

Auf den Löffelstiel kommen sehr große Kräfte, da er beim Ansetzen des Löffels zum Graben bei großer Baggertiefe mit dem Hubseil einen Winkel von nur etwa 20° bildet, so daß von dem Seilzug nur 40% als wirksame Grabkraft an den Spitzen der Löffelzähne ausgeübt werden, während der Rest als Knickkraft auf den Löffelstiel kommt. Man erkennt auf den Bildern, daß der Stiel bei „Waltair" genietet ist.

Die *Löffel* haben meist, wie Abb. 217 erkennen läßt, ein Stahlgußgehäuse, bei dem die Vorderwand besonders verschleißfest sein muß. Auf sie sind die Zähne aufgesetzt, die mitunter noch auswechselbare Spitzen haben. Wenn die Baggerung nicht besonders schwer ist, verzichtet man nach amerikanischen Erfahrungen auf die Zähne und verwendet eine gebogene Grabschneide, da dann die Füllung leichter und schneller geht.

Der Löffelbügel ist mit Gelenkbolzen an den Seitenteilen des Löffels befestigt. An ihm greift entweder das einfache Hubseil oder die beiden Hubseile über eine Traverse an.

Das Ziehen des Klappenseiles löst die Sperre der Bodenklappe, die sich dann infolge des auf ihr lastenden Druckes öffnet und den Boden ausfallen läßt. Sie schließt sich beim Aufsetzen des Löffels auf den Grund selbsttätig. Maschinenkraft wird nur selten bei ganz großen Baggern dafür aufgewendet.

Gewöhnlich hat jeder Bagger zwei Löffelgrößen, nämlich die Regelgröße für Boden mittlerer Härte und den Felslöffel, dessen Fassungsvermögen etwa $^2/_3$ von dem des Regellöffels ist. Beträgt dessen Fassungsvermögen 9 m³, so hat der Felslöffel 6 m³. Da dessen lineare Abmessungen nur etwa im Verhältnis 0,87 kleiner sind, ist äußerlich ein Unterschied kaum zu bemerken.

Der *Seilzug* wird beim Dipper mit 6500 bis 7500 kg/m³ Inhalt des Normallöffels bemessen, in Sonderfällen wird dieser Wert aber bis auf 17500 kg gesteigert. Rechnet man für „Waltair" mit 7500 kg, dann kommt man auf $7500 \cdot 1{,}9 = 14250$ kg. Hiervon würden beim Ansetzen des Löffels etwa $40\% = 5700$ kg als Grabdruck wirksam sein, während ein größerer Teil als Knickdruck auf den Löffelstiel kommt. Verläuft bei waagerecht liegendem Löffelstiel das Hubseil senkrecht und ist der Löffel dabei gefüllt, dann muß der Seilzug dessen Gewicht und den Grabdruck überwinden. Das Gewicht des Löffelinhaltes sei $1{,}9 \cdot 2 = 3{,}8$ t und das Eigengewicht des Löffels dem gleich. Es ist dann, wenn man den Grabdruck als konstant geblieben annimmt, $5700 + 7600 = 13\,300$ kg durch den Seilzug zu überwinden, was mit dem oben angenommenen Wert gut übereinstimmt. Die Antriebsleistung der Hubmaschine wurde im Kapitel M mit 336 PS_i bei 200 U/min berechnet. Mit einem Wirkungsgrad von 70% für die Maschine und weitere 70% für die Übertragung kommt man auf eine Effektivleistung von 165 PS. Damit kann man eine Hubgeschwindigkeit von etwa 1 m/sec erreichen. Es handelt sich hierbei nur um eine Schätzung, die aber die reichliche Bemessung der Hubmaschine erkennen läßt.

Abb. 221. Seitenansicht von „Waltair“ nach Herrichtung zum Meißeln mit der am Ausleger aufgehängten zylindrischen Führung, welche den Meißel umgibt

An Deck befinden sich außer den bereits erwähnten Winden noch beiderseits *Verholwinden* mit je 3 Trommeln zum Verholen der Schuten und des Baggers. Die Winden sind sehr kräftig und ausreichend auch für große Schuten, wie sie beim Dipper zulässig sind. Nimmt man nach den zu Anfang dieses Kapitels gebrachten Angaben das Fassungsvermögen ihres Laderaumes mit dem 130fachen des Normallöffels an, dann käme man bei „Waltair“ für die Klappschute auf etwa 250 m³ mit den ungefähren Hauptabmessungen $40 \times 7{,}2 \times 2{,}5$ m gegenüber $29{,}5 \times 11{,}5 \times 2{,}5$ m des Baggers. Die größere Länge der Schute ist hier nicht nachteilig und die bei Klappschuten meist große Höhe schadet auch nichts. Da man die Ertragsleistung des „Waltair“ bei mittelhartem Boden mit etwa 100 m³ bei 60 Spielen/h ansetzen kann, wären $2^1/_2$ Stunden zur Beladung erforderlich und der Schutenwechsel demnach viel seltener als beim Eimerkettenbagger. Wenn die Entfernung zur Klappstelle nicht übermäßig groß ist, kommt man mit zwei Schuten aus. Auch wird der Schlepper mit der leeren Schute so zeitig zurückkommen, daß er zur Hilfeleistung beim Vorholen des Baggers und der zu beladenden Schute zur Verfügung steht. „Waltair“ kann auch als *Felsmeißelschiff* arbeiten. Abb. 221 zeigt, daß dann der Meißel in den Hubseilen hängt, so daß die Hubwinde als Meißelwinde benutzt wird, während der Führungszylinder, der den Meißel umgibt, in zwei besonderen Seilen aufgehängt ist und dem Fortschritt des Meißels entsprechend abgesenkt werden kann.

Es wird weiterhin der Dipper „Kaser“ mit 3,8 m³ (5 Yard³) Fassungsvermögen für den Löffel und *dieselelektrischem Antrieb* beschrieben. Er wurde 1959 von der ägyptischen Suez-Kanal-Verwaltung der IHC-Holland in Auftrag gegeben. Abb. 222 ist eine Zeichnung von ihm und Abb. 223 eine Aufnahme der IHC-Holland.

Das Gerät ist für die Baggerung von Fels und harten Konglomeraten mit Steinen bestimmt. Wenn nötig, muß eine Meißelung vorangehen, weswegen auch „Kaser“ mit einer Meißeleinrichtung versehen ist. Diese ist hier unabhängig von der Baggereinrichtung am hinteren Schiffsende angeordnet und hat einen Meißel von 22,5 t Gewicht mit der üblichen Zylinderführung. Man kann damit auf Tiefen von 0,5 bis 20 m unter dem Wasserspiegel

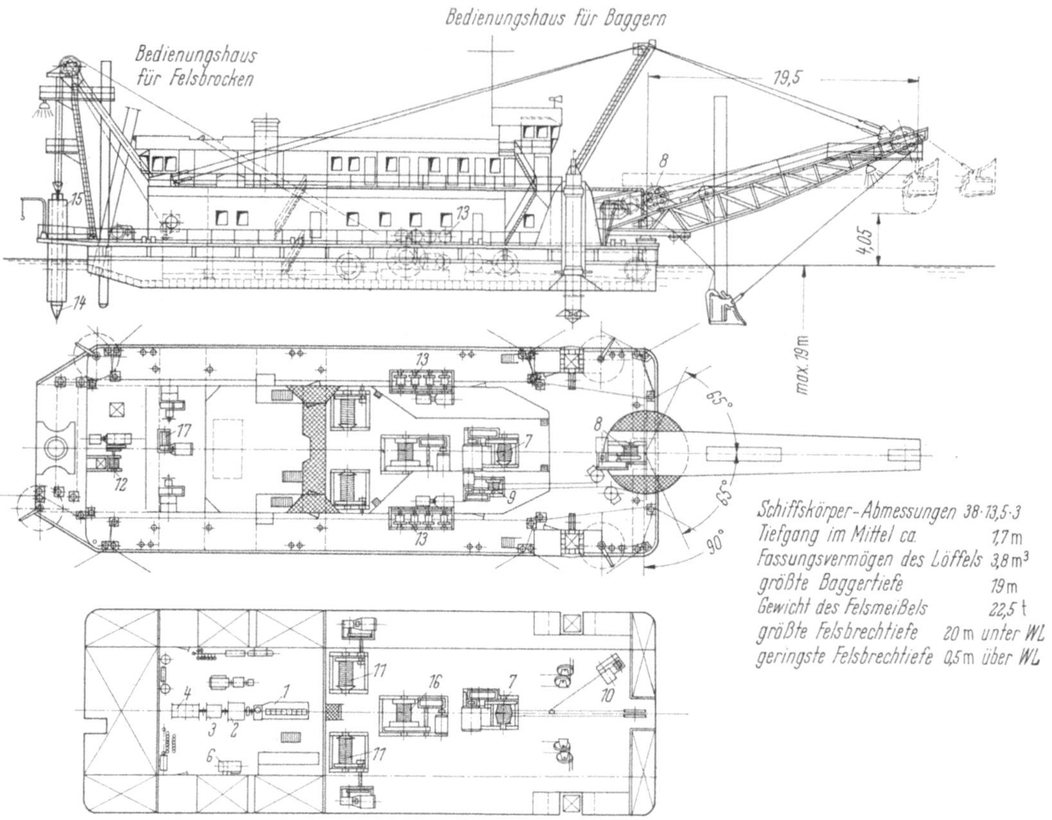

Abb. 222. Löffelbagger „Kaser“ mit dieselelektrischem Antrieb. Erbaut 1959 von der IHC-Holland für die Suez-Kanal-Verwaltung. Fassungsvermögen des Löffels 3,8 m³

1 Haupt-Dieselmotor; *2* Generator 200 kW; *3* Generator 80 kW; *4* DoppelGenerator 2 × 68 kW; *5* Hilfs-Generator 40 kW; *6* Umformer für Landstrom; *7* Hubwinde mit Doppelkonus-Trommel; *8* Löffel-Vorschub-Winde; *9* Schwenkwinde; *10* Winde für Vorholen des Schiffskörpers und Rückholen des Löffelstieles; *11* Winden zum Aufpinnen des Schiffskörpers auf die Vorderpfähle und Heben der Vorderpfähle; *12* Winde für Hinterpfahl; *13* Manövrier-Winde; *14* Felsmeißel 22,5 t; *15* Führungszylinder für den Felsmeißel; *16* Winde zum Heben des Felsmeißels; *17* Winde zum Heben des Führungszylinders

Abb. 223. Seitenansicht des Löffelbaggers „Kaser“ mit Löffel 3,8 m³ und Baggertiefe bis zu 19 m am vorderen Schiffsende; Meißel von 22,5 t, umgeben von Zylinder-Führung am hinteren Schiffsende. Aufnahme IHC-Holland

arbeiten, während die Grabeinrichtung eine Baggertiefe von 0,5 bis 19 m hat. Der Schiffskörper mit den Abmessungen 38×13,5×3 m ist erbaut nach Lloyds Register of Shipping und hat die Klasse A1 für „dipper-dredger“.

Die Hubwinde für den Löffel mit 240 PS Antriebsleistung ist auf die Bodenwrangen gesetzt. Auch hier ist eine Doppelkonustrommel vorgesehen mit zwei Hubseilen, die in gleicher Weise, wie beim „Waltair" an den Löffel herangeführt sind. Hinter der Löffelhubwinde sitzt in gleicher Höhe die Meißelwinde, deren Hubseil direkt und ohne Umlenkung nach dem Kopf des Meißelauslegers geführt ist. Die Schwingwinde steht in der Nähe der Hubwinde und die Vorholwinde weiter vorn in der Ecke der Backbordseite. Die beiden Vorderpfahlwinden sind weiter hinten an dem Schott zwischen Windenraum und Motorraum angeordnet. Etwas höher an Deck befinden sich seitlich die beiden Verholwindenanlagen mit je vier Seiltrommeln und hinten die Winden für den Hinterpfahl sowie die Winde für die zylindrische Meißelführung. Die Winde zur Betätigung des Löffelstieles ist auf der Drehplattform des Auslegers angeordnet. Sämtliche Winden haben Elektromotore zum Antrieb.

Die Energie wird durch einen Dieselmotor geliefert, der vier Generatoren in Tandem-Anordnung antreibt, nämlich einen Ward-Leonard-Generator von 200 kW für die Hub-

Abb. 224. Vorderansicht des Löffelbaggers „Kaser" mit Löffel von 3,8 m³ Fassungsvermögen. Aufnahme IHC-Holland

winde oder die Meißelwinde, zwei Ward-Leonard-Generatoren von je 68 kW für die Schwenkwinde und die Löffelstielwinde, sowie einen 80-kW-Generator für Lieferung von Strom für die übrigen Winden u. a. m. Der Maschinenraum und das Deckshaus sind künstlich belüftet, besondere Vorkehrungen sind gegen das Eindringen von Sand bei den am Suez-Kanal häufig vorkommenden Sandstürmen getroffen.

Die Offiziere und Mannschaften sind in einem besonderen Deckshaus über dem Hauptdeckshaus untergebracht, das die Kabinen, zwei Meßräume, eine Küche, Wasch- und Duschräume enthält.

Bei diesem Bagger können die Löffeleinrichtungen und die Meißeleinrichtung wechselseitig ohne jede Änderung benutzt werden, während bei „Waltair" ein gewisser Umbau erforderlich war. Über Vor- und Nachteile solcher Kombinationsgeräte und über weitere Einzelheiten der Felsmeißelung wird im Kapitel S das Erforderliche ausgeführt. Abb. 224 zeigt den Bagger „Kaser" von vorne gesehen. Hervorgehoben sei noch, daß beim Arbeiten mit dem am Hinterschiff angeordneten Meißel der Schiffskörper nicht mit den Pfählen festgelegt, sondern nur mit Seilen vertäut ist und dadurch die sehr wünschenswerte Elastizität erhalten bleibt.

In Tabelle 18 sind Daten für dampfangetriebene Dipperbagger mit einem Löffelfassungsvermögen ansteigend von 1,9 bis 12 m³ in der Regelgröße zusammengestellt. Angaben über die Hubmaschine finden sich in Zeile 10 und über die Schwenkmaschine in Zeile 11.

Tabelle 18. *Daten von Dipperbaggern mit Dampfantrieb*

			A	B	C	D	E	F
1	Name		Waltair	Baillard	Lux u. Drache	Coshi	Kala-Nag	Cascados
2	Baujahr u. Bauwerft		1956/IHC-Holland	1916 G. Bay Wisconsin	Lobnitz	Lobnitz	1946/47 Lobnitz	etwa 1920 Bucyrus
3	Löffelgr. normal/Fels in	m³	1,9	3,5/2,5	6/4	6	8,5/6,3	12/7,5
4	Baggertiefe in	m	12	10	12	15	16	15
5	Schiffskörper $L \cdot B \cdot H$ in	m	29,5 11,5 2,8/2,2	35 12 3,2/2,9	38 14 3,5	36 14 3,6	40 15 3,7	44 16,8 5/4,1
6	Produkt $L \cdot B \cdot H$ in	m³	850	1280	1860	1820	2220	3300
7	Tiefgang in	m	1,8/1,2	1,9/1,6	2,0	2,1	2,2	3,2/2,3
8	Verdrängung in	t	460	780	960	950	1150	1700
9	Kessel-Heizfl. in	m²	175 10,5 atü	135 9,3 atü	154 182			3×135 10,5 atü
10	Hub-maschine Zyl. Abm.	mm	$\frac{340+340}{350}$	$\frac{350+350}{400}$		$\frac{365+365}{440}$		$\frac{400+710}{610}$
	Leistg. bei 200 U/min	PS_i	336	385	700	460	600	1600
11	Schwenk-maschine Zyl. Abm.	mm	$\frac{240+240}{280}$	230 + 230 / 2[illegible]0		$\frac{220+220}{285}$		$\frac{305+305}{405}$
	Leistg. bei 200 U/min	PS_i	125	100	100	110		295
12	Vorderpfähle			18,5 m lang 600×600	25 m lang 1200×1200	27,5 m lang Gew. 40 t		25 m lang 1200×1200
13	Angabe über die sonstigen Maschinen		Die Maschinen für Vorholen, Vorderpfähle und Löffelvorschub werden meist gleich der Schwenkmaschine ausgeführt. Winde zum Schuten verholen etwas schwächer					
14	Zahl der Spiele je Stunde Boden weich fest Fels		60 50 25	55 45 21	50 45 17	50 45 17	45 35 14	40 30 10
15	Nenn-Ertrag-Lstgs.	m³/h	114 95 47,5	193 158 74	300 270 100	300 270 100	382 298 120	480 360 120

In Zeile 13 ist von den übrigen Maschinen wie Vorholmaschinen, Maschinen für die Vorderpfähle und den Hinterpfahl und den Löffelvorschub gesagt, daß sie meist mit den gleichen Zylinderabmessungen wie die Schwenkmaschine ausgeführt werden. Die Zahl der Schüttungen in der Stunde ist in Zeile 14 angegeben und zwar für weichen Boden, festen Boden und gebrochenen Fels mit einer Abnahme bei steigender Löffelgröße, was durch die Zunahme der zu bewegenden Massen begründet ist. Der schwimmende Dipperbagger bleibt mit seiner Schüttungszahl unter der des Trockenbaggers. Er arbeitet unter Wasser, das Ansetzen und Graben dauert länger und die Hubhöhe ist größer. In der Spalte 15 sind die entsprechenden Ertragsleistungen als Produkt aus Löffelinhalt und Schüttungszahl angegeben. Ein Füllungsfaktor ist fortgelassen, da sich die Löffel meist gut gehäuft füllen lassen, es sei denn, daß eine geringe Abtragshöhe bei hartem Boden einen zweimaligen Ansatz erforderlich macht. Die Zeitverluste durch Schutenwechsel sind beim Dipperbagger unerheblich, aber es entstehen Verluste durch Verholen des Baggers usw., so daß die effektive Ertragsleistung bis auf $^3/_4$ der Nennleistung und noch weiter heruntergehen kann.

In den Jahren 1936 bis 1940 sind im Hafen der Insel Helgoland Baggerarbeiten in Fels, bestehend aus Buntsandstein und Muschelkalk, größtenteils ohne vorherige Sprengung, insgesamt 1,25 Millionen m^3 durchgeführt worden, außerdem Beseitigung von Trümmern aus gesprengtem Beton, Stahl und Werksteinen von insgesamt 285000 m^3.

Wie in einem Artikel des „Der Bauingenieur", 25. Jahrgang, Februar 1950, H. 2, mit dem Titel „Baggerung in Fels und Sprengtrümmern bei Hafenbauten" von Baurat a. D. Friedrich Frank, Ulm, ausgeführt wird, wurden hierfür nebeneinander zwei Dipperbagger „Lux" und „Drache", die in der Tab. 18 unter C aufgeführt sind und mehrere Eimerkettenbagger mit 600 l Eimerfassungsvermögen eingesetzt. Die Eimerkettenbagger hatten auch Felseimer von 300 l Inhalt. Die von ihnen erreichbare Baggertiefe betrug 12 m. Bei diesen Arbeiten konnten die Dipper, da sie sich auf ihre Pfähle stützen, bei Seegang noch länger im Betrieb bleiben als die Eimerkettenbagger; jedoch war dieser Vorteil kaum auszunutzen, da die Schuten dann nicht mehr am Bagger zu halten waren. Das Planum der Eimerkettenbagger war genauer, so daß sie für die Felsbaggerung vorgezogen wurden. Das Planum der Dipper konnte nicht so genau sein, da sie ihre Löffel bei jedem Hub auf die vorgeschriebene Tiefe besonders einstellen mußten. Hierbei kam es vor, daß bei weicherem Gestein zu tief, bei härterem dagegen zu flach gebaggert wurde. Die Tätigkeit des Baggermeisters ist beim Löffelbagger viel anstrengender und führt leichter zur Ermüdung als bei dem gleichmäßig sich drehenden Eimerkettenbaggern.

Für die Trümmerbeseitigung erwiesen sich jedoch die Dipper als besonders geeignet, da sie Einzelstücke im Gewicht bis zu 40 t beseitigen können. Den gleichen Vorteil bieten sie bei der Hebung von Findlingen beim Baggern in Konglomeraten, wie sie in der Ostsee vielfach vorkommen. Die Eimerkettenbagger müssen in solchen Fällen einen Schwimmkran zu Hilfe nehmen. Der Eimerkettenbagger von 600 l hat ein Gewicht von 700 t bei einer installierten Maschinenleistung von etwa 400 PS, der Dipper dagegen 960 t mit 1000 PS. Dabei kann im mittelschweren Boden der Eimerkettenbagger eine erheblich größere Ertragsleistung erzielen als der Dipper. Dieser ist ein aufwendiges Gerät, dessen Vorteile aber wieder sein großes Grabgefäß und die große Grabkraft bilden. Der in der Tabelle 18 unter E aufgeführte Dipper „Kala-Nag" hat sich bei Aufräumungsarbeiten nach dem zweiten Weltkrieg in den französischen Häfen Le Havre und Bordeaux gut bewährt. Hierüber findet sich ein Artikel in der Zeitschrift „Travaux", Juin 1958, S. 476ff. Für solche Sonderzwecke braucht man den Dipper, während für allgemeine Bodenbaggerung seine Bedeutung zurückgeht. In Amerika wird er weitgehend durch den Saugbagger mit Schneidkopf ersetzt, den man auch für harte Bodenarten immer mehr heranzieht.

In den USA wurde der Dipper mitunter für die Baggerung von engen Kanälen und Gräben verwendet. Abb. 225 zeigt einen solchen *Grabenbagger*. Man sieht, daß sich die Vorderpfähle direkt auf die Ufer abstützen, so daß man sie als bank-spuds bezeichnet, und daß der Baggerboden am Ufer abgesetzt wird. Derartige Bagger erhalten dann eine entsprechend große Ausladung.

Zum Schluß dieses Abschnittes sei noch erwähnt, daß für den zukünftigen Umbau des Panama-Kanals ein Dipperbagger von ungewöhnlichen Ausmaßen geplant ist, um schweren Felsboden aus großer Tiefe auszubaggern.

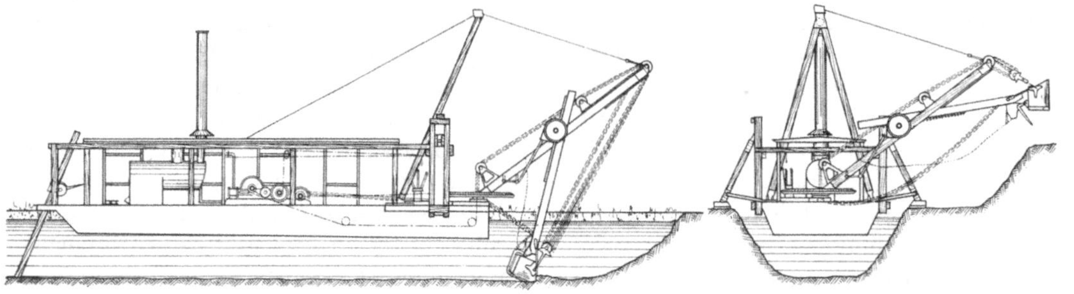

Abb. 225. (PRELINI Fig. 44) Älterer Dipperbagger bei Aushub eines Grabens, dessen Breite die des Schiffskörpers nur wenig übersteigt. Die Vorderpfähle sind dabei auf das Ufer abgesetzt

Abb. 226 gibt eine Entwurfszeichnung wieder. Die Daten des Gerätes sind:

Länge des Schiffskörpers	61	m
Breite auf Spanten	26	m
Seitenhöhe	4,3	m
Fassungsvermögen des Löffels	15/23	m^3
Maximale Baggertiefe...........	26	m
Seilzug	225	t

Die Energie wird erzeugt durch 4 Diesel-Generatoren von je 1000 PS für Drehstrom von 4000 Volt bei 60 Hertz. Von diesen vier Sätzen reichen drei für den Betrieb des Bag-

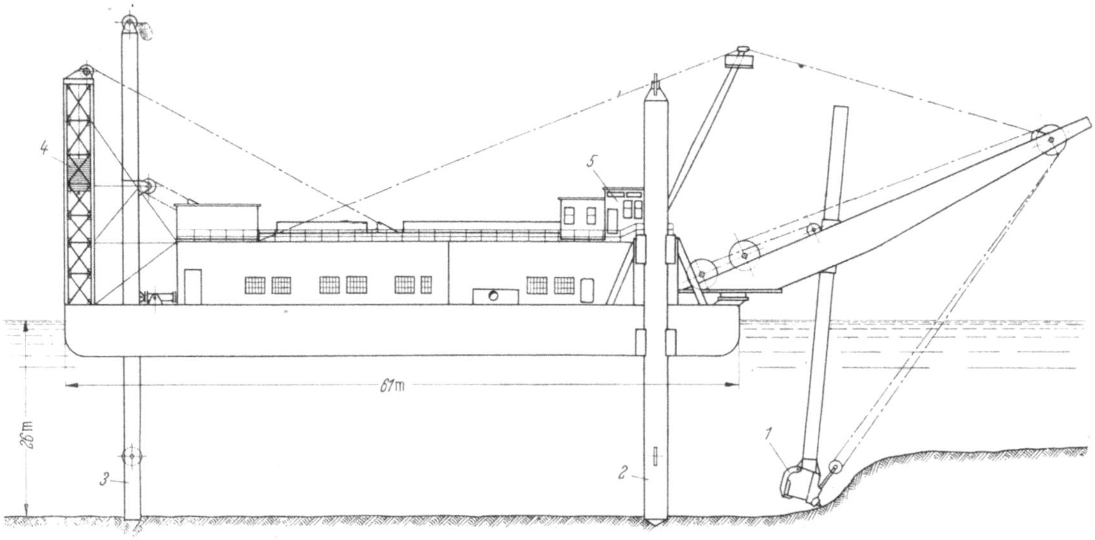

Abb. 226. Entwurf eines großen Dipperbaggers für Felsaushub beim zukünftigen Umbau des Panama-Kanals mit 15/23 m^3 Fassungsvermögen des Löffels und einer maximalen Baggertiefe von 26 m

1 Löffel 15/23 m^3; *2* Vorderpfahl; *3* Hinterer Schreitpfahl; *4* Gegengewicht; *5* Baggermeister-Haus

gers mit voller Geschwindigkeit aus, während der vierte zur Reserve dient. Außerdem ist vorgesehen, daß der Bagger mit Landanschluß arbeiten kann. Im Hinterschiff ist ein Fachwerkturm aufgebaut, in dem ein Gegengewicht auf- und abwandert. Es ist durch Seile mit der Hubwinde verbunden und gleicht das Gewicht des Löffels und des Löffelstieles aus, so daß die Hubmaschine nur die Grabarbeit zu leisten und das Gewicht der Löffelfüllung zu heben hat. Der Hinterpfahl ist neigbar und durch einen hydraulischen

Kolben in einem Schlitz verschiebbar. Es sollen große Kräfte ausgeübt werden können, um den Bagger nach vorne zu stoßen.

Auch der *Tieflöffelbagger* kann auf einem Schwimmgefäß arbeiten. Abb. 227 zeigt eine ältere Ausführung. Hier ist die hölzerne Baggereinrichtung auf einen Doppel-Schwimmkörper aufgebaut und arbeitet in dessen Schlitz, ohne Drehbewegung.

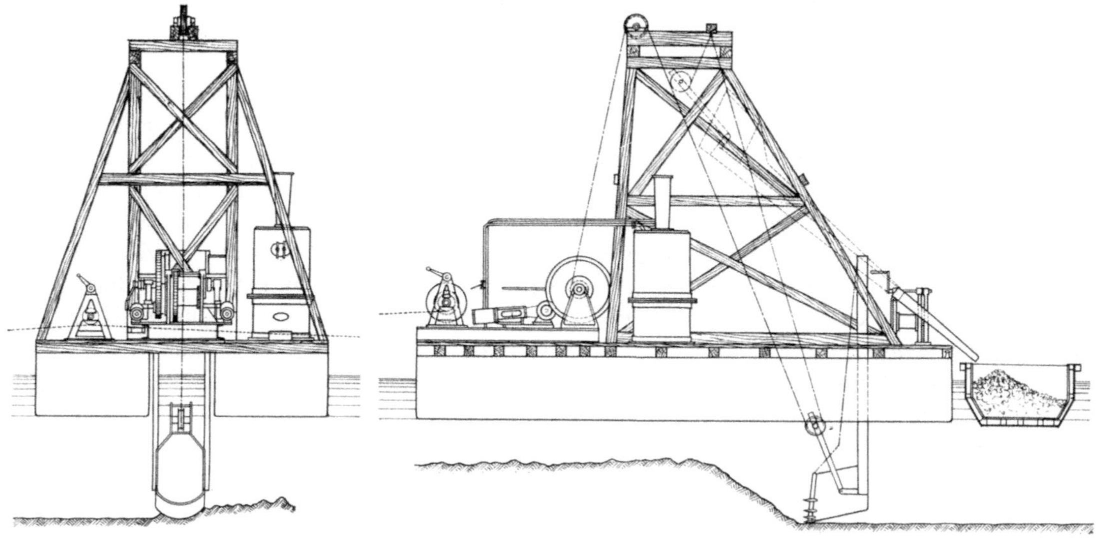

Abb. 227. Tieflöffeleinrichtung auf einem Doppelschwimmkörper, in dessen Schlitz der Löffel arbeitet und seinen Inhalt in eine Schüttrinne entleert

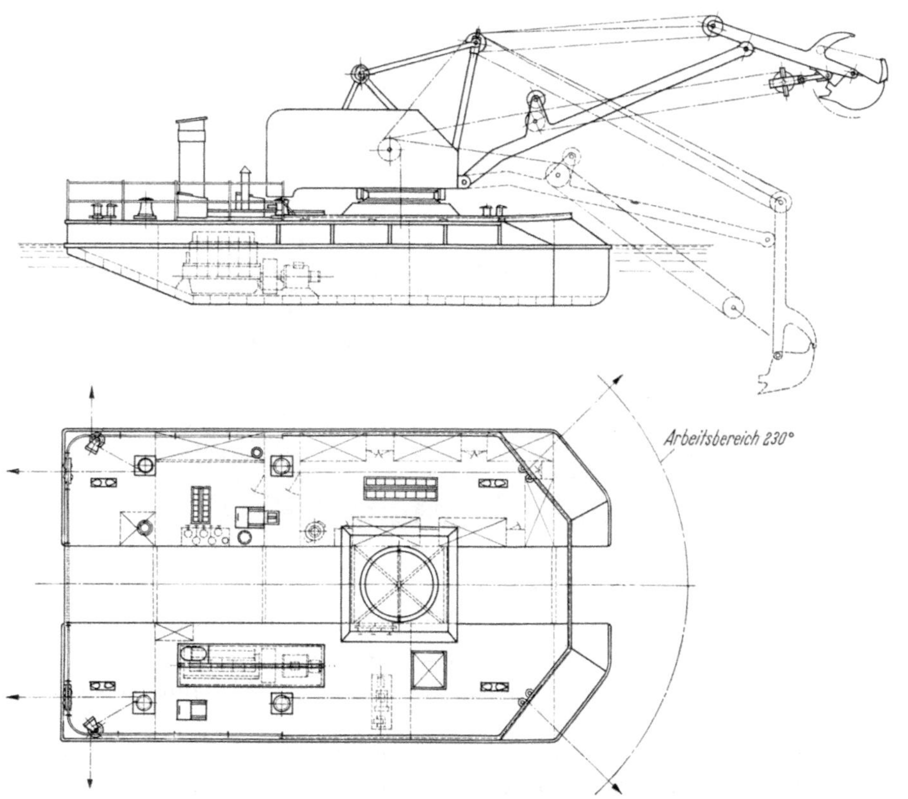

Abb. 228. Schwenkbarer Tieflöffelbagger mit 1 m³ Fassungsvermögen und 4 m Baggertiefe auf einem Schwimmkörper aus bahnverladbaren Teilen mit dieselelektrischem Antrieb. Entwurf LMG

Abb. 228 zeigt einen neueren Entwurf der LMG für einen um etwa 230° schwenkbaren Tieflöffelbagger auf einem Schwimmgefäß. Der Löffel hat ein Fassungsvermögen von 1 m^3 und die erreichbare Baggertiefe beträgt 4 m. Der Schwimmkörper, bestehend aus zwei bahnverladbaren und durch abnehmbare Rahmen miteinander verbundenen Teilen, hat die Abmessungen: $15 \times 8{,}45 \times 2{,}3$ m bei einem Tiefgang von etwa 1,7 m.

Im Steuerbord-Ponton ist ein Dieselmotor von 200 PS aufgestellt, gekuppelt mit einem Drehstrom-Generator von 120 kW bei 500 Volt und ein Hilfsdieselaggregat von 6 PS mit Generator und Kompressor.

Der Strom wird über Schleifringe dem schwenkbaren Bagger zugeführt, der von einem Drehstrom-Motor angetrieben wird. Der Bagger arbeitet nicht mit Pfählen, sondern wird mit Drahtseilen und Ankern festgelegt. Bei dieser Baggerart wird der Löffel beim Graben in Richtung auf das Schwimmgefäß gezogen, so daß dieses über dem noch nicht gebaggerten Grunde schwimmt. Die Krängungsmomente sind geringer als beim Hochlöffelbagger, weil der Seilzug nicht an der Auslegerspitze angreift, sondern an der Windentrommel, die in geringer Höhe über Deck liegt. Würde man dem Bagger, um die Behinderung der Schiffahrt zu vermeiden, doch Pfähle geben, so kämen auf diese viel geringere Kräfte als beim Dipperbagger. Man kann auch einen Tieflöffelbagger in normaler Bauart mit Raupenbändern auf ein Schwimmgefäß setzen. Das ist beim Hochlöffelbagger nicht möglich, da er nur ganz wenig in die Tiefe arbeiten kann und für das Arbeiten unter Wasser eine wesentliche Änderung notwendig ist.

3. Schwimmende Greiferbagger

Greiferbagger werden dort verwendet, wo geringer Raum, ungleichmäßiger Boden und verschiedene Baggertiefen einen gleichmäßigen, stetigen Arbeitsvorgang nicht zulassen. Sie sind für die oben geschilderten Verhältnisse geeignet, weil sie im Wirkungskreis ihres

Abb. 229. Greiferbagger mit Tretrad-Antrieb auf einem Doppelprahm, um 1600 für Venedig erbaut

Auslegers jeden Punkt ohne größere Bewegung ihres Schiffskörpers erreichen und aus wechselnder Tiefe ohne Beeinträchtigung ihres Wirkungsgrades fördern können. Den verschiedenen Bodenarten können sie sich zudem durch Auswechselung des Greifkorbes anpassen.

Abb. 229 zeigt ein Greifergerät aus dem Anfang des 17. Jahrhunderts. Nach der Zeichnung, die von dem österreichischen Bischof VARANTIUS angefertigt wurde, soll das Gerät in Venedig gearbeitet haben. Die Doppelschaufel, die den Greifer bildet, hängt in zwei Seilen, die über zwei im Kopf des Portalbockes angeordnete Seilrollen nach der als Seiltrommel dienenden Holzwelle des Tretrades führen. Durch Drehen dieses Rades kann der Greifer auf den Grund abgelassen werden. Er wird dann durch Bedienung der beiden Schließseile, die auf handbetätigte Haspeln führen, geschlossen, dabei gefüllt und durch Drehung des Tretrades in entgegengesetztem Sinne angehoben. Ein Prahm fährt dann in den Zwischenraum der beiden Pontons, worauf durch Drehen der Haspelwinden der Greifer geöffnet wird und den Boden in den Prahm fallen läßt. Bemerkenswert ist, daß bei diesem Greifer die Schließbewegung von der Hubbewegung unabhängig durchgeführt wird.

Das Absenken eines Greifers *innerhalb* eines Schwimmkörpers bei Aufhängung an einem Portal wird auch heute bei Schwimmgreifern für Kiesgewinnung häufig angewendet. Man hat dabei den Vorteil, daß der Schwimmkörper zentrisch belastet wird und die Schwenkbewegung fortfällt. Derartige Geräte können sich aber ihre eigene Schwimmfläche nur dann schaffen, bzw. frei baggern, wenn sie genügend tief greifen können und der Boden nachrutscht, was bei Kies meist der Fall ist.

Eine sehr sinnreiche Konstruktion ist in der zweiten Hälfte des vorigen Jahrhunderts nach einem englischen Patent für den Hafen von Kalkutta gebaut worden. Wie man aus Abb. 230 erkennen kann, ist es ein Greiferbagger mit eigenem Laderaum und Dampfantrieb. Hinten befindet sich der Kessel und zwei Dampfmaschinen von je 170 PS, die die Schrauben antreiben und dem Schiff eine Geschwindigkeit von 19 bis 20 km/h geben.

Die Maschinen dienen außerdem zum Antrieb von zwei Druckwasserpumpen, die das Wasser auf einen Druck von 50 kg/cm² bringen. Dieser wird durch zwei Akkumulatore, einen Dampf- und Feder-Akkumulator, in gleicher Höhe aufrechterhalten. Das Druckwasser dient zur Betätigung des Balanziers und wird auch in die Greifer eingeleitet, die somit durch Maschinenkraft geschlossen und geöffnet werden. Beim Heben nehmen die Greifer Schüttrinnen mit, die dadurch in Schrägstellung gebracht werden und den aus den geöffneten Greifern fallenden Boden in die Ladungsbehälter verstürzen. Das Gerät ist vielfach verändert und verbessert worden und kann als Urbild der später oft ausgeführten Greifer-Hopperbagger angesehen werden, die besonders in England viel zur Räumung von Hafenbecken Verwendung finden. Allerdings läßt das beschriebene Gerät schon die Schwierigkeit erkennen, die Greifer an die Stelle zu bringen, an der sie den Boden abtragen sollen.

In England war es dann die Fa. Priestmann, die den Greifer — auch Greiferkorb genannt — und die für seine Betätigung erforderlichen Maschinenanlagen weiter vervollkommnet hat. Man hat die in Abb. 230 gezeigte starre Verbindung mit dem Aufhängepunkt verlassen und statt dessen Ketten oder Seile genommen. Dann steht als Gegendruck für das Eindringen der Greiferschneiden beim Graben nur das Eigengewicht zur Verfügung, vermindert um den Zug der Schließkette oder des Schließseiles. Dieser bleibt unter dem Eigengewicht, da innerhalb des Greifers Kettenscheiben von verschiedenem Durchmesser oder ein mehrsträngiger Flaschenzug angeordnet ist. Am gebräuchlichsten ist jetzt der *Vierseilgreifer*, der zwei parallel laufende Seile für das Heben, Schließen und Öffnen und zwei weitere Seile für das Halten des Greifers hat. Verwendet man für diese Vorgänge nur je ein Seil, so hat man den *Zweiseilgreifer*. Er neigt zum Drehen und Verwinden, was auch bei Vierseilgreifern nicht ganz ausgeschlossen ist, wenn nicht besondere Einrichtungen dagegen vorgesehen sind. — Es gibt schließlich noch den *Einseilgreifer*, der kaum noch verwendet wird. Man kann ihn an jeden Kran hängen, der nur eine Hubtrommel besitzt. Dann aber ist die Entleerung durch einen komplizierten Mechanismus, der zu Störungen neigt, nur in einer Höhe möglich und nicht ungefährlich.

Der Greiferbagger hat den Vorteil, daß die Greifertiefe nur von der Länge der Seile und der Größe der Seiltrommeln abhängt, so daß er leicht die Baggertiefe verändern und auf große Tiefe kommen kann, wobei die Zeit für das Heben anwächst. Der Schiffskörper erfährt beim Heben keine Horizontalkräfte, sondern nur ein Krängungsmoment, dessen Hebelarm infolge des langen Auslegers wohl groß, dessen Kraft aber durch das Gewicht des gefüllten Greifers beschränkt ist — es sei denn, daß dieser sich festbeißt. Die Pfähle, mit denen man in den USA die Schwimmgreifer durchweg festlegt, bekommen viel weniger Druck als beim Löffelbagger, so daß das Aufnehmen und Wiederabsetzen beim Verholen schnell vor sich geht. Bei Festlegung des Schiffskörpers durch Seile genügen dazu meist vier.

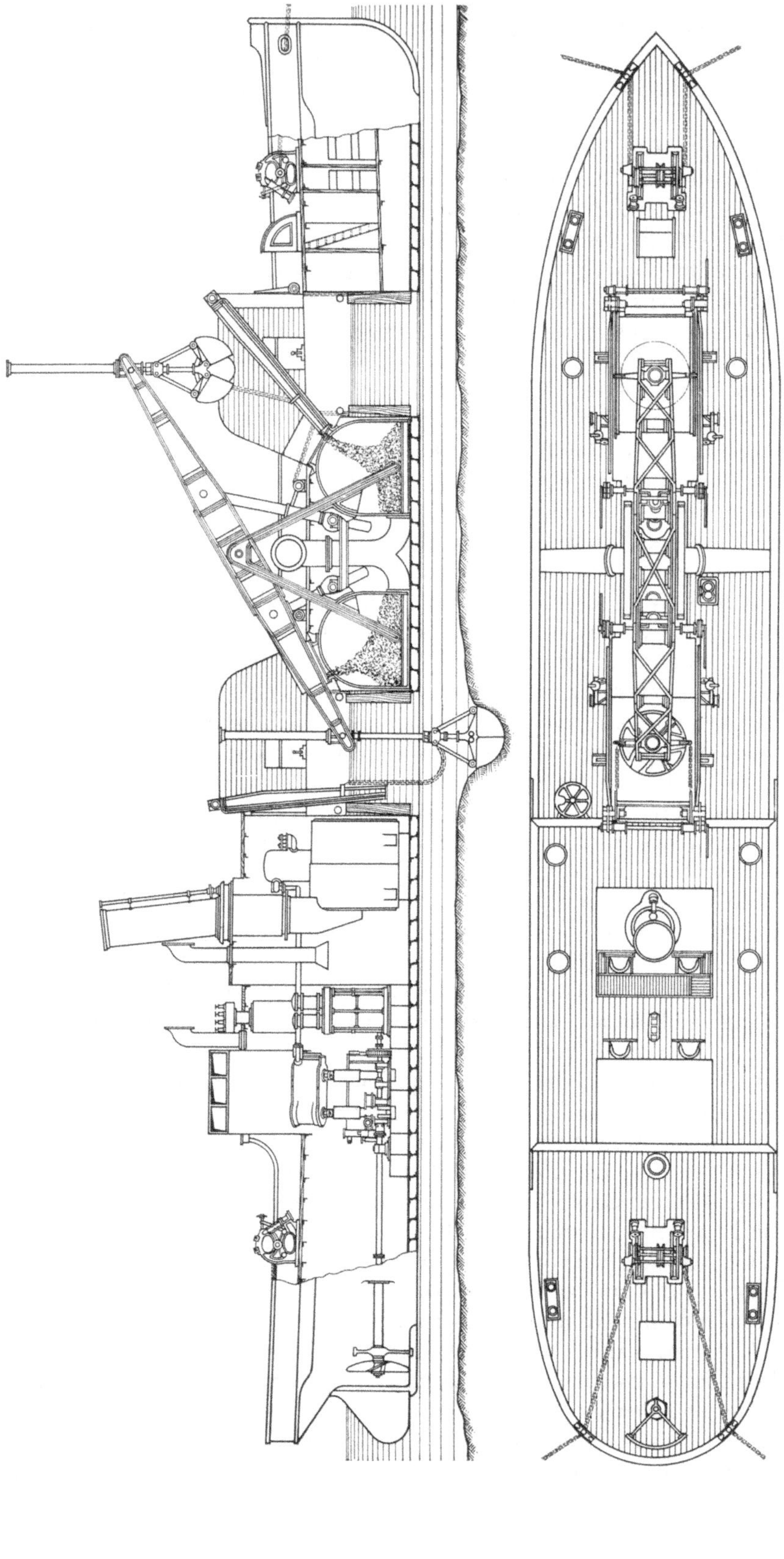

Abb. 230. Selbstfahrender Greiferbagger mit eigenem Laderaum und zwei an einen Balanzier gesetzten, hydraulisch betätigten Greifern, erbaut um 1880 für Kalkutta

Beim Greiferbagger kann man für das Aufsetzen auf einen Schwimmkörper das gleiche Gerät verwenden, das an Land auf Schienen oder Raupenketten arbeitet. Man geht in neuerer Zeit durchweg dazu über, unter Aufgabe der Sonderkonstruktionen, die früher für Schwimmgreifer angewendet wurden. Infolge der großen Ausladung kann man häufig den Boden unmittelbar an Land absetzen.

Meistens steht der Greiferkran an einem Schiffsende, so daß er vor Kopf arbeitet und einen Winkel von etwa 270° bestreichen kann. In den USA gibt man vielfach den Schwimmkörpern eine große Breite, die fast $^2/_3$ der Länge beträgt, so daß ein Arbeiten nach allen Seiten möglich ist. Hat man aber einen Schiffskörper mit großer Länge, so läßt man den Greiferkran auf Schienen fahren. Mitunter setzt man ihn nicht auf das Deck, sondern auf die Bodenwrangen mit einer Aussparung im Deck. Dann kann das Gerät nach Niederlegen des Auslegers niedrige Brücken unterfahren; auch wird der Schwerpunkt herabgesetzt.

Es wurde schon erwähnt, daß schwimmende Greiferbagger häufig Fahrantrieb und einen eigenen Laderaum erhalten, der etwas vor der Mitte des Schiffskörpers liegt. Vor und hinter ihm sind ein oder mehrere Greiferbagger aufgestellt. Man kann den Laderaum mit den Greifern beladen und auch entladen, wenn dies nicht durch Verklappen geschieht.

Ein Schwimmgreifer hat meist mehrere Greifkörbe, einen für Boden mittlerer Härte, einen größeren für Schluff und einen kleineren für hartes Bodenmaterial. Die Zweischalengreifer bezeichnet man im Angelsächsischen mit *Clamshel Bucket*, die Polypgreifer dagegen mit *Orange Peel Bucket*. Der Polypgreifer wird nur verwendet, wenn Steine dies unbedingt erfordern. Beim Greifen unter Wasser ist es nicht zu vermeiden, daß der Abschluß unvollkommen ist und viel Feinmaterial herausläuft. Nach Ablegen seines Gefäßes kann der Greiferbagger auch als Kran arbeiten, jedoch muß man dafür die Seile aus dem Korb herausholen, was sehr umständlich ist. Man hängt deswegen vielfach eine Kette mit einem Lasthaken um den Greifkorb, dessen Eigengewicht dann aber die Tragfähigkeit etwa bis auf die Hälfte absinken läßt.

Der Greiferbagger kann nicht die hohen Grabdrücke des Löffelbaggers erreichen, so daß er nur bei Bodenarten wie Schlamm, Schlick, Klei und lockerem Sand gut arbeitet, während bei hartem Boden seine Leistungsfähigkeit nachläßt. Zur Beseitigung von schweren Betontrümmern und großen Steinen ist er weniger geeignet. Seine Spieldauer bei mittlerer Baggertiefe und mittlerer Bodenhärte liegt der Größenordnung nach bei einer Minute. Die Nennertragsleistung ergibt sich auch hier als Produkt aus Greiferinhalt und Anzahl der Spiele pro Stunde.

Zum *Antrieb* werden bei schwimmenden Greiferkranen Dampfanlagen wegen ihrer Elastizität gern genommen, jedoch ist auch der direkte Dieselantrieb geeignet, da der Schwimmkörper in seiner Elastizität erhalten bleibt, sofern er nicht auf Pfähle gesetzt wird. Bei Kiesgreifern, die am gleichen Orte bleiben, nimmt man vorwiegend Elektroantrieb mit Landanschluß. Mitunter ist aber auch ein Diesel-Generator mit Elektromotoren auf dem Bagger, also der dieselelektrische Betrieb vorteilhaft. Das Windwerk enthält zwei gleiche Trommeln, die Trommel für das Hub- und Schließseil sowie die Trommel für das Senkseil mit Kupplungen und Bremsen. Weiter ist dann noch eine Schwenkeinrichtung erforderlich sowie Winden für Verholen des Baggers und der Schuten, Heben und Senken etwaiger Pfähle usw. Auch beim Greiferbagger können die Schuten groß sein im Verhältnis zur Ertragsleistung, so daß der Schutenwechsel ebenso selten ist wie beim Löffelbagger.

Abb. 231 zeigt den für Flußunterhaltungsarbeiten bestimmten Greiferbagger „Dörverden" mit einem Schiffskörper von $22{,}5 \times 6{,}4 \times 1{,}8$ m. Der Tiefgang beträgt 0,7 m, die größte Höhe über Wasser nur 3,9 m, da der Kran vertieft angeordnet ist. Ein Dieselmotor von 75 PS bei 750 U/min ist mit einem Generator von 55 kW gekuppelt und liefert die Energie für den Kran. Dieser hat eine Tragfähigkeit von 3 t ausreichend für einen Greifer von 0,75 m^3 Fassungsvermögen für Normalboden. Der Arbeitsradius beträgt 8,6 m, die Hubgeschwindigkeit 30 m/min. Das Gerät kann auch zum Rammen eingerichtet werden und besitzt außerdem eine Bergungspumpe mit 250 mm Rohrweite für einen Förderstrom von 360 m^3/h bei 5 m Förderhöhe.

Abb. 232 zeigt einen schwimmenden Greiferbagger auf einem Schwimmkörper mit den Abmessungen 26,5×8×1,8 m. Bei einem Gesamtgewicht von 135 t, wovon 45 t auf den

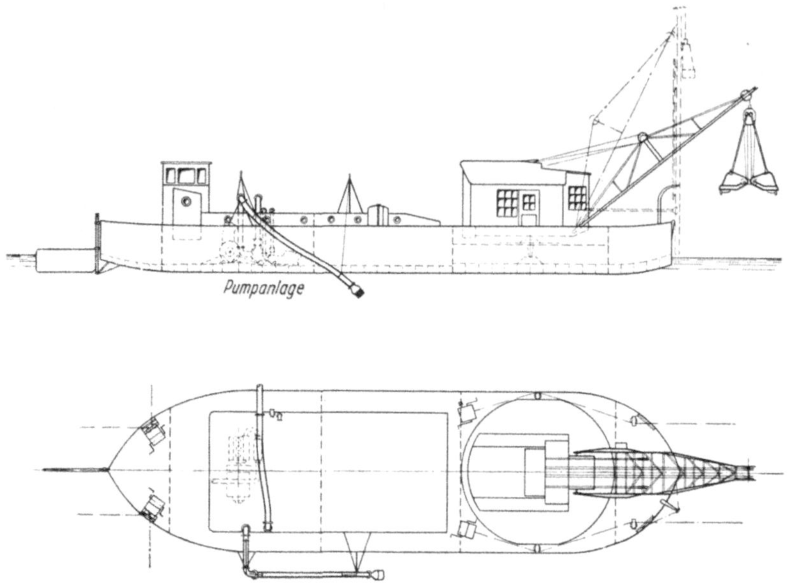

Abb. 231. Schwimmender Greiferbagger „Dörverden" mit versenktem Kran. Greifer 0,75 m³ für Normalboden (3 t Tragfähigkeit) und Bergungspumpe; dieselelektrischer Antrieb

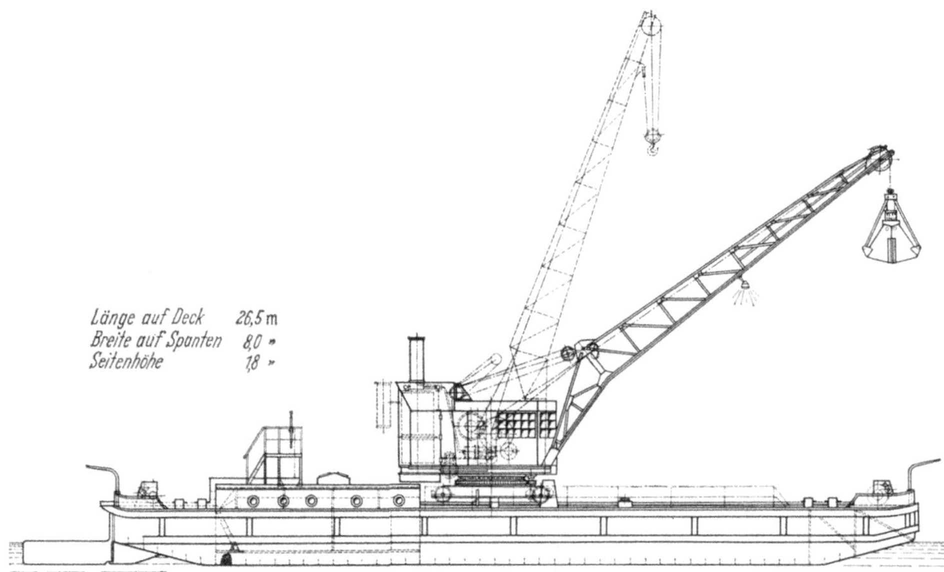

Abb. 232. Mukag-Greiferbagger auf dem Schwimmkörper fahrend mit Dampfantrieb. Tragfähigkeit 3 t für 0,75 m³ Greifer bei 13,5 m Arbeitsradius

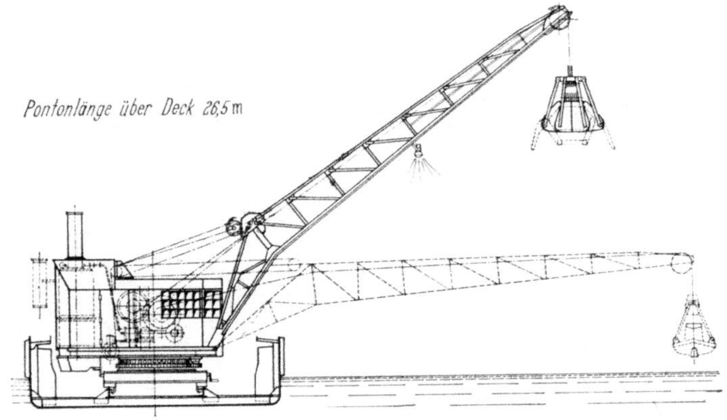

Abb. 233. Greiferbagger mit Dampfantrieb mit 3 t Tragfähigkeit bei 13,5 m Arbeitsradius im Schwimmkörper versenkt fahrend

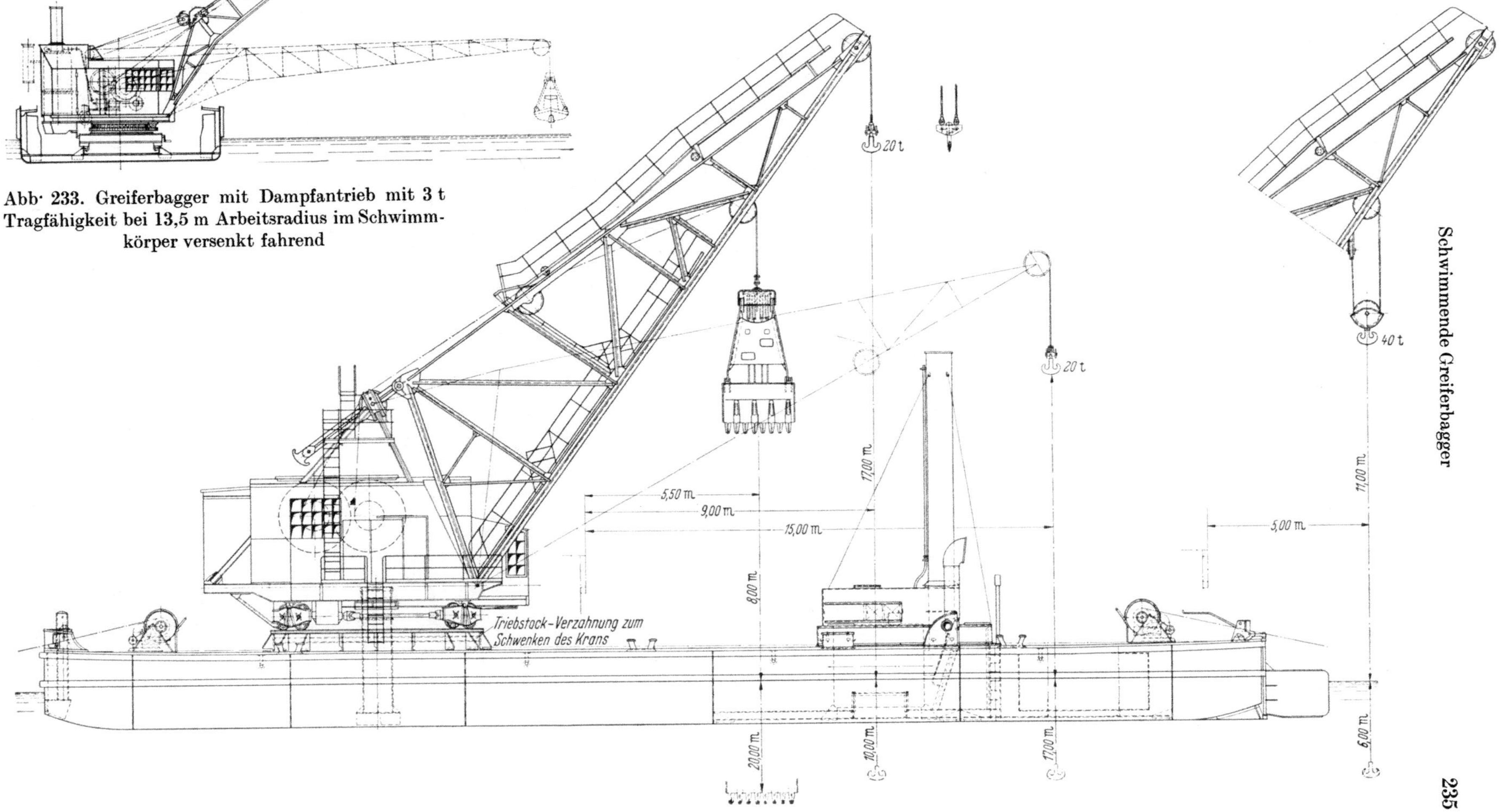

Abb. 234. Schwimmgreifer mit 20 t Tragfähigkeit und 15,5 m Arbeitsradius, Sandgreifkorb 6 m³, mit Dampfantrieb. IHC-Holland 1950

Bagger und 90 t auf den Schiffskörper entfallen, hat das Gerät einen Tiefgang von 0,8 m. Der Drehkran hat bei Dampfantrieb eine Tragfähigkeit von 3 t für einen Greifer von 0,75 m³ Fassungsvermögen bei einem Arbeitsradius von 13,5 m. Der Kran befindet sich auf der Zeichnung etwa in der Mitte des Schiffes. Er kann um etwa 7 m nach vorn fahren und

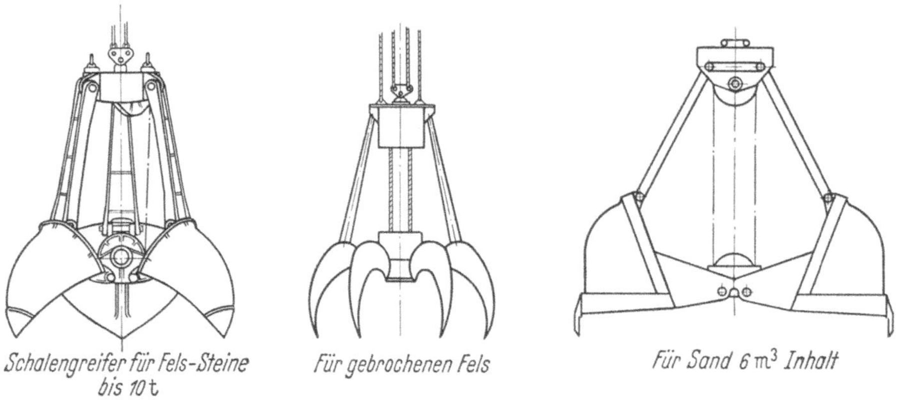

Abb. 235. Greifkörbe für Sand 6 m³ mit zwei Schalen, drei Schalen für Felssteine und ein Polyp-Greifkorb mit vielen Armen

arbeitet dann vor Kopf. Der Schiffskörper enthält Wohnräume, ferner einen Kohlenbunker mit einem Fassungsvermögen von 9 t, einen Speisewassertank von 3 m³, Trimmtanks usw. Nach Niederlegen des Auslegers liegt der höchste feste Punkt 5400 mm über der Wasserlinie.

Abb. 236. Ansicht des Greifkorbes mit einem Fassungsvermögen von 6 m³. Aufnahme IHC-Holland

Wenn man den gleichen Kran versenkt aufstellt, wie es der Querschnitt Abb. 233 zeigt, dann geht der höchste feste Punkt auf eine Höhe von 3900 mm über der Wasserlinie und damit auf die unter Kanalbrücken zulässigen Durchfahrtshöhe zurück.

Abb. 234 zeigt einen größeren Schwimmgreifer, der im Jahre 1950 von der IHC-Holland für verschiedene Häfen im Ausland geliefert wurde mit 20 t Tragkraft bei einem Arbeitsradius von 15,5 m. Der Schiffskörper hat die Abmessungen 38 × 13 × 2,5 m, der Tiefgang beträgt 1,2 m, entsprechend einer Verdrängung von 475 t. Ein ölgefeuerter Zylinderkessel ist in den Schiffskörper eingebaut, dessen Dampfleitung durch den Mittelzapfen des Kranes zu der Maschinenanlage führt. Die Hubgeschwindigkeit beträgt 24 m/min und die Hubzahl etwa 40/h. Die größte Baggertiefe liegt bei 20 m. Die Tragkraft beträgt 20 t bei einem Arbeitsradius von 15,5 m. Das ergibt eine Ausladung von 9 m von der Bordkante bei seitlich ausgeschwenktem Ausleger und 17 m Hakenhöhe. Dabei können drei Greifkörbe verwendet werden, die in Abb. 235 gezeigt sind. Der rechts gezeichnete Sandgreifer hat ein Fassungsvermögen von 6 m³ und der links gezeichnete Dreischalen-Greifer kann 10 t an Ladungsgewicht aufnehmen. In der Mitte sieht man noch einen Polypgreifer mit ungefähr gleicher Tragfähigkeit. Abb. 236 ist ein Lichtbild des Greiferkorbes für Sand. Am Ausleger befindet sich, um 4,5 m in waagerechter Richtung gegen die Spitze zurückgesetzt, eine weitere Seilrolle. Hier beträgt die Tragfähigkeit 40 t.

Für Arbeiten an der Zuider-See in Holland sind ähnliche, noch größere Schwimmgreifer mit den Schiffskörperabmessungen 40,25×14,4×2,85 m gebaut worden. Die aufgesetzten Krane haben ebenfalls Dampfantrieb und sind für möglichst große Reichweite gebaut. Bei einem Arbeitsradius von 22 m beträgt die Tragfähigkeit 12 t und bei 28 m

Abb. 237. Amerikanischer Greiferbagger auf einem sehr breiten Schwimmgefäß mit niedergelegtem Ausleger und beladener Deckschute auf der Überführung zur Baustelle mit hintergesetztem Stoßschiff. Aufnahme Dravo, Pittsburgh

noch 7,5 t. Die Greifkörbe von 3 m³ Fassungsvermögen sind Vierseilgreifer mit zwei Seilen für Heben und Schließen sowie zwei Halteseilen.

Abb. 237 zeigt einen amerikanischen Greiferbagger auf einem Schwimmgefäß, dessen Länge nur das 1,25fache der Breite ist. Er befindet sich auf einer Überführung nach der Baustelle mit Niederlegung des Auslegers auf eine nachfolgende Deckschute, die mit Baugerät beladen ist. Dahinter sieht man das Stoßschiff. Der Stoßbetrieb ist in den USA allgemein üblich. Man sieht auch die drei Pfähle in angehobenem Zustand, mit denen das Gerät bei der Arbeit, ohne die sonst übliche Vertäuung festgelegt wird. Abb. 238 zeigt den Bagger mit aufgerichtetem Ausleger in arbeitsbereiter Stellung. Abb. 239 ist eine Ansicht der Maschinenanlage. Man sieht hinten seitlich die beiden Dampfzylinder und die Stelle, an die der Kessel kommt. Das Windwerk hat hier drei Trommeln, eine für Heben und Schließen, eine zweite für Halten des Greifers beim Öffnen und eine dritte Trommel zur Verstellung des Auslegers. Von jeder Trommel geht nur ein Seil ab, da ein Zweiseilgreifer vorgesehen ist.

Abb. 238. Amerikanischer Greiferbagger mit aufgerichtetem Ausleger in arbeitsbereiter Stellung mit Pfählen zur Festlegung des Schwimmkörpers. Aufnahme Dravo, Pittsburgh

Eine kleinere Type hat einen Greifer von 1 m³ Fassungsvermögen bei 25 m Auslegerlänge und einen Schwimmkörper von 15×12×1,5 m. Die größere Type hat einen Greifer von 4 m³ Fassungsvermögen bei 30 m Auslegerlänge und einem Schwimmkörper von 20×16×2,5 m.

Abb. 240 zeigt einen Doppelgreiferbagger, erbaut von der IHC-Holland für Indien zum Arbeiten in Schiffahrtsrinnen und auch in Häfen vor Ufermauern. In den Schwimmkörper mit den Abmessungen 34×9,5×2 m ist ein Dieselmotor von 300 PS eingebaut, der einen Generator von 380 Volt antreibt. Die beiden aufgesetzten Krane haben elektrische Windwerke und Greifkörbe von 2 m³ Fassungsvermögen für Sand und harten, bindigen Boden. Die Tragfähigkeit beträgt 7,5 t bei einem Arbeitsradius von 8,5 m.

Abb. 239. Windwerk eines Greiferbaggers der Dravo, Pittsburgh. Mit Dampfmaschinenantrieb und drei Seiltrommeln. Aufnahme Dravo, Pittsburgh

Abb. 240. Greiferbagger für Indien mit einem Schiffskörper mit zwei aufgesetzten Kränen mit Greifern von 2 m³ Fassungsvermögen mit dieselelektrischem Antrieb. Aufnahme IHC-Holland

4. Schwimmende Greiferanlagen für Kiesgewinnung

Für Kiesgewinnung werden häufig schwimmende Greiferbagger verwendet und zwar vielfach solche, bei denen der Greifer innerhalb der Schwimmfläche arbeitet. Der Schwimmkörper kann dann klein gehalten werden. Abb. 241 zeigt eine derartige Anlage von 8 t Tragfähigkeit mit einem Greifer von 2,25 m³ Fassungsvermögen. Der Schiffskörper besteht aus zwei bahnverladbaren Pontons mit den Abmessungen 13×2,5×1,5 m. Sie sind an beiden Enden durch zwei Querpontons von 4,1×3×1,25 m und 4,1×3×1 m so miteinander verbunden, daß ein Schwimmkörper von 13,75 m Gesamtlänge und 9,5 m Gesamtbreite entsteht mit einer rechteckigen Öffnung von etwa 7,75 m Länge und 4,5 m Breite. Über dieser sitzt ein Portalbock, der oben vier Seilrollen trägt und durch zwei nach dem Ende der Schwimmkörper führende Streben abgestützt ist. In dem Maschinenhaus befindet sich das Windwerk, enthaltend zwei Trommeln von solcher Länge, daß eine Greiftiefe von 25 bis 30 m mit einer Seillage erreicht werden kann. Beide Trommeln werden durch Elektromotore angetrieben, wobei das Arbeiten des Greifers größtenteils selbsttätig abläuft. Das Führerhaus liegt über dem Maschinenhaus und enthält einen Hauptsteuerhebel. Wird dieser nach vorn gelegt, dann senkt sich der geöffnete Greifkorb. Das Senken hört selbsttätig auf, wenn der Korb auf den Gewässergrund oder ein zufälliges Hindernis auftrifft. Durch eine besondere Einrichtung wird die Bildung von Schlaff-

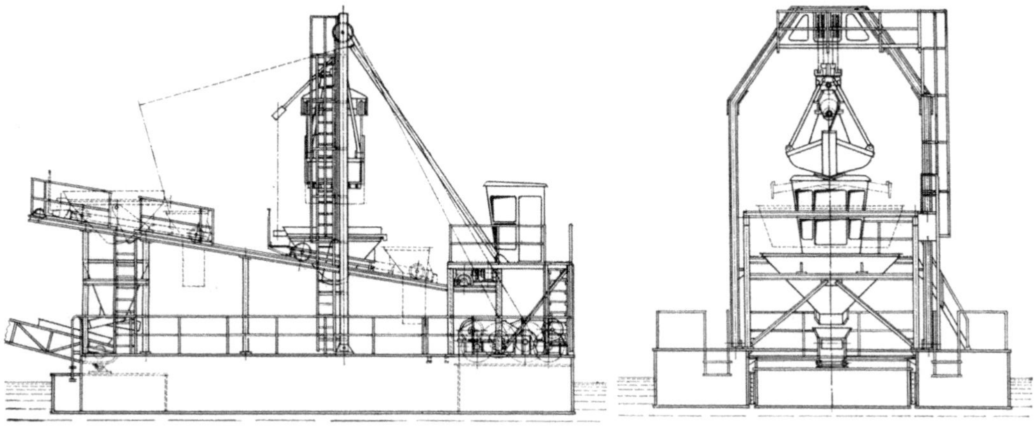

Abb. 241. Schwimmender Greiferbagger für Kiesgewinnung mit einem Greifer von 2,25 m³ Fassungsvermögen und Baggertiefe bis 30 m, Greifer-Windwerk elektrisch angetrieben mit Energieversorgung vom Land oder einem Stromaggregat. Bauart Ridinger Mannheim

Abb. 242. Schwimmgreiferanlage für Kiesgewinnung mit Schwimmkörper 13,4 m und Greifer 2,25 m³ mit Stromzuführung von Land und Weiterförderung des Materials über Förderbänder. Aufnahme Ridinger Mannheim

seil verhindert. Wird nun der Hebel nach hinten gelegt, so schließt sich der Greifer unter Füllung und wird dann bis zu der eingestellten Endstellung gehoben. Schon während des Hubvorganges fährt ein Auffangwagen auf einer geneigten Bahn unter den Greifer, fängt dessen Material auf und fährt wieder zurück, während der geöffnete Greifer abgesenkt wird. Das Auffanggefäß wird gerüttelt, wodurch das Material entwässert wird. Durch besondere Einrichtungen ist dafür gesorgt, daß nicht zu viel Feinkorn dabei verloren

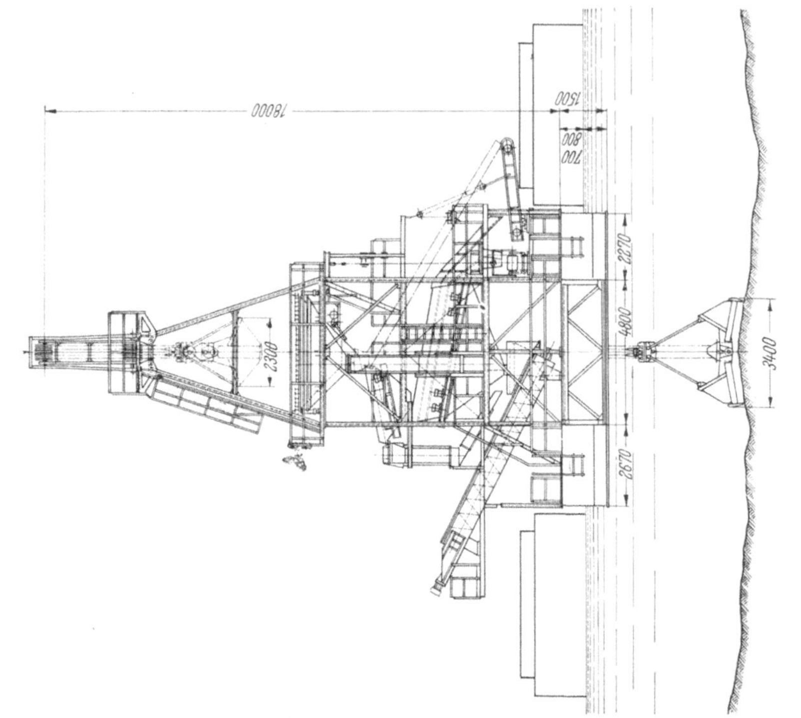

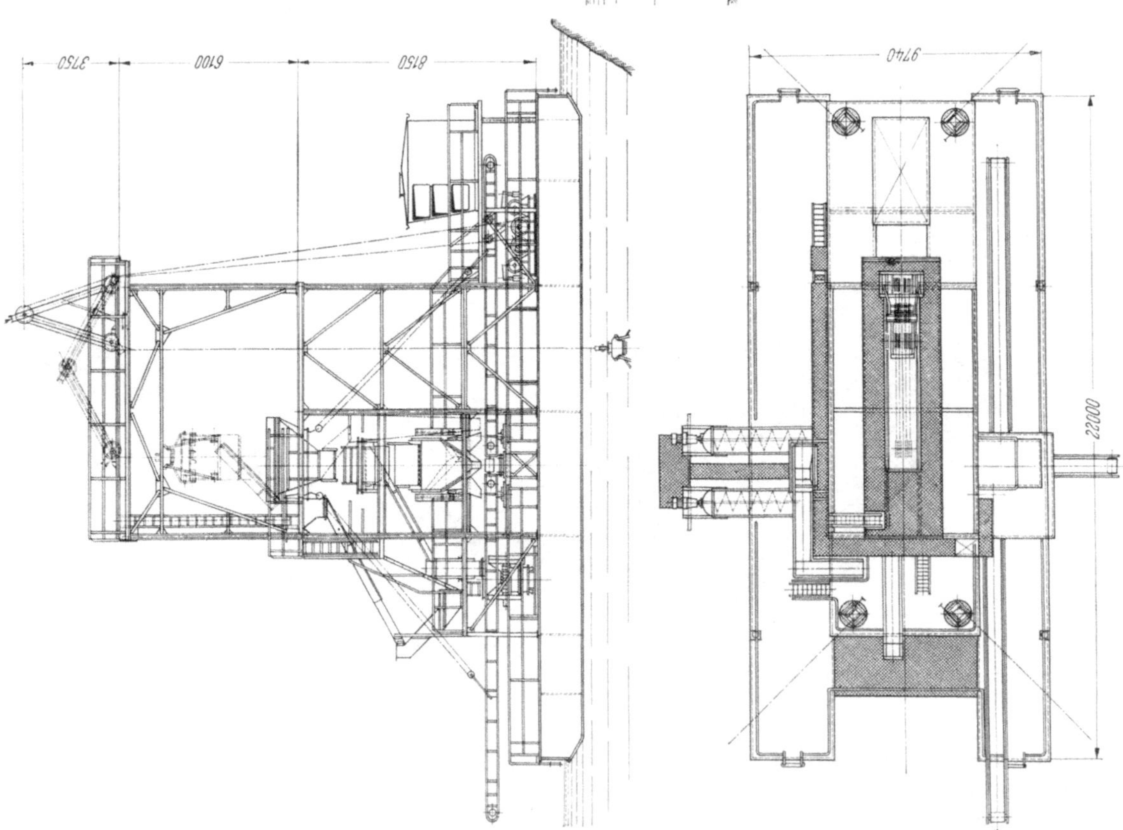

Abb. 243. Schwimmende Anlage für Kiesgewinnung mit Greifer von 2,25 m³ Fassungsvermögen und nachgeschalteter Sortieranlage mit Abführung von vier Korngrößen auf Förderbändern. Bauart Ridinger Mannheim

geht. Dann geht das getrocknete Material aus dem Auffanggefäß in den Trichter und aus ihm über einen Schieber kontinuierlich auf ein Förderband, dem sich eine Förderbandkette anschließt, wie aus Abb. 242 zu ersehen ist. Da der Kies getrocknet ist, können Steigungen

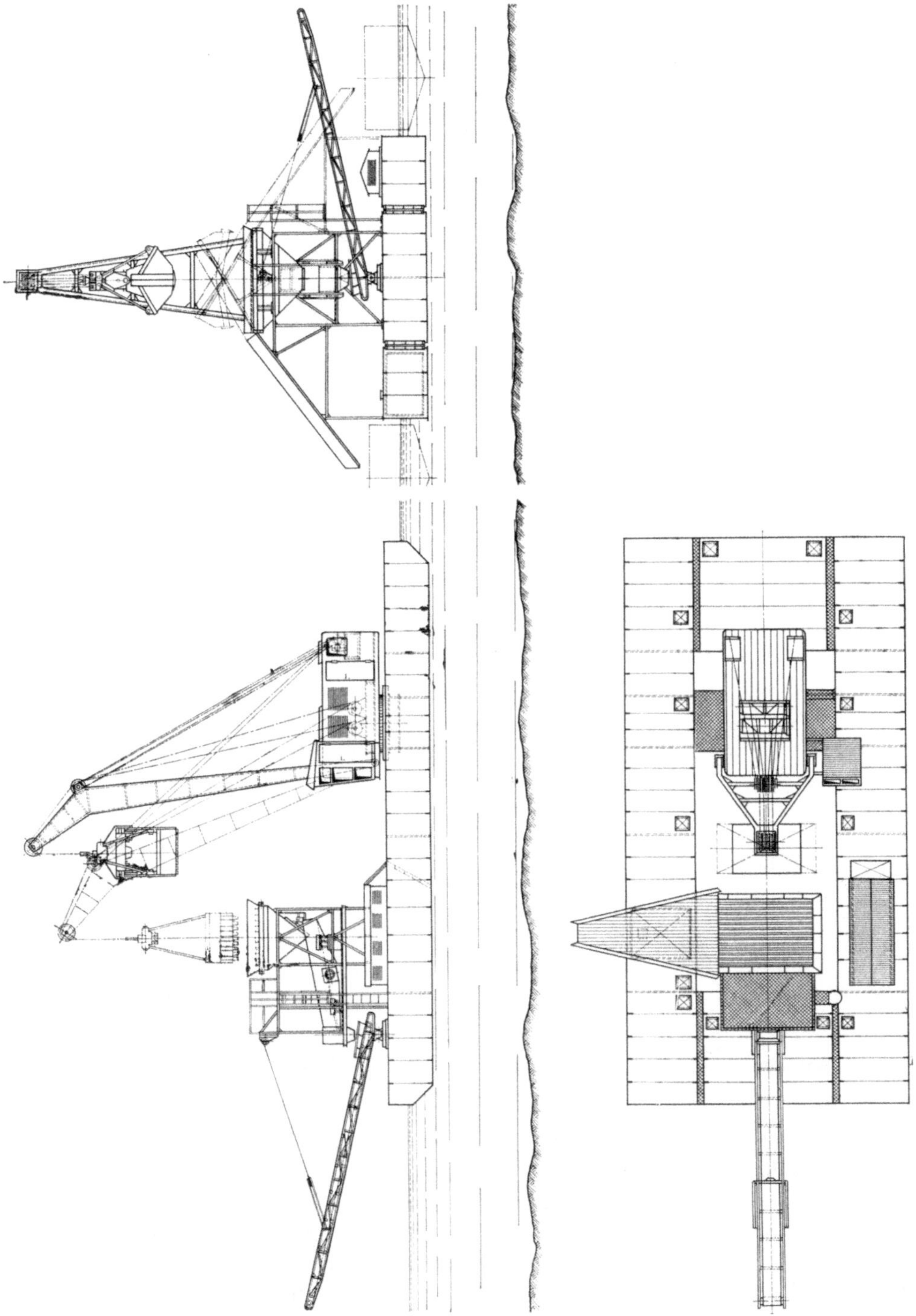

Abb. 244. Schwimmende Anlage für Kiesgewinnung mit schwenkbarem Greiferbagger mit Greifer von 2,25 m^3 und Weiterförderung des Materials über einen Schütttrichter, eine Entwässerungsanlage und ein schwenkbares Förderband

überwunden werden, was besonders nötig ist, wenn der Kies einer Aufbereitungsanlage zugeführt wird. Auf das Auffanggefäß kann ein Kipprost aufgelegt sein, der das Überkorn auffängt und durch seine Schrägstellung ableitet. Man kann diese Anlagen auch so bauen, daß die Maschinenanlage in eine Laufkatze gesetzt wird, die im Kopf des Portalkranes hin- und herfährt. In diesem Falle braucht das Auffanggefäß sich nicht zu bewegen.

Bei einer Greiftiefe von 15 m kann man mit einer Schüttungszahl von 45/h einen Nennertrag von $45 \cdot 2{,}25 \sim 100\ m^3/h$ erreichen. Dabei läuft der Vorgang fast automatisch ab, so daß keine Ermüdung des Personals eintritt. Da die Füllung des Greifers bei Kies meist

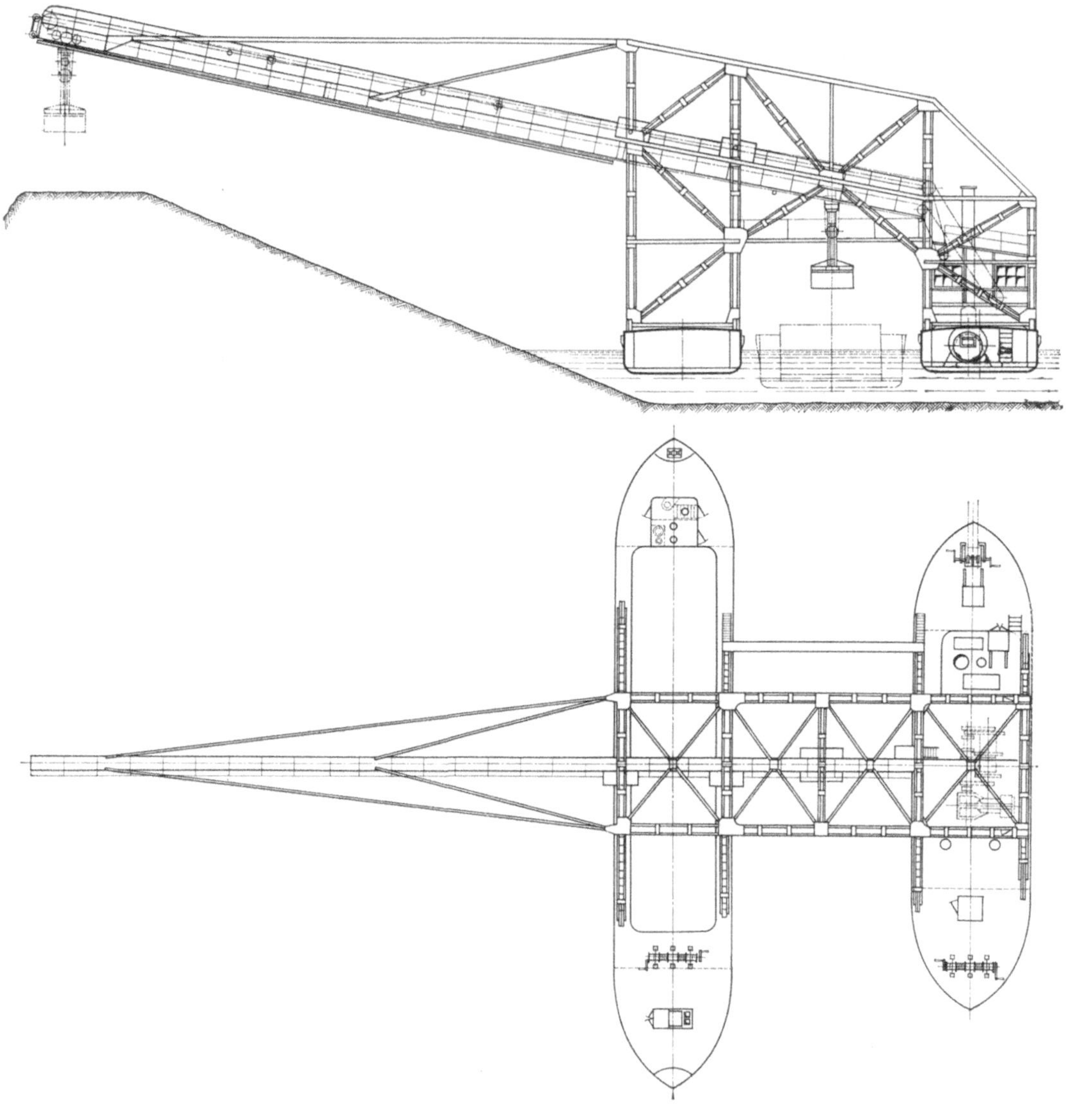

Abb. 245. Greifer, auf einer ansteigenden Hängebahn fahrend, die auf zwei Tragschiffe aufgebaut ist. Alte Ausführung mit Dampfantrieb. R. Blaum

gut ist und die Weiterförderung über die Förderbänder kontinuierlich vor sich geht, erreicht die wirkliche Ertragsleistung fast die Nennertragsleistung. Es muß dann allerdings dafür gesorgt werden, daß die Abfuhr durch Lastwagen kontinuierlich vor sich geht, was durch einen Vorratsbehälter erreicht wird, in den die Förderbänder hineinschütten. Die Förderweite über eine Förderbandkette ist beschränkt, so daß man in manchen Fällen zum Betrieb mit Schuten übergehen muß, aus deren Laderaum das Material mit einem weiteren Greifer herausgeholt wird. Bequemer ist es, Klappschuten zu verwenden, das Material ins Wasser zu verstürzen und aus ihm mit dem Greifer herauszuholen. Das ergibt einen schnelleren und regelmäßigeren Schutenumlauf.

Man kann auch, wie Abb. 243 zeigt, die Sortieranlage auf den Schwimmkörper setzen, dessen Länge auf 22 m und dessen Breite auf 9,47 m erhöht wird. Man erkennt, daß der gefüllte Greifer auf entsprechend größere Höhe gehoben und seitlich verfahren wird, so daß er seinen Inhalt in den Auffangbehälter der Sortieranlage abgeben kann. Es werden vier Körnungen, nämlich von 0 bis 3, 3 bis 7, 7 bis 15 und 15 bis 30 mm gewonnen. Das Überkorn wird gebrochen, so daß die Korngröße von 30 mm nicht überschritten wird. Die Entwässerung besorgen zwei eingebaute Sandentwässerungsschnecken. Für den Abtransport der einzelnen Körnungen sind schwenkbare Förderbänder beiderseits angeordnet, mit denen Schuten beladen werden.

Abb. 244 zeigt eine Anlage ebenfalls mit einem Greifer von 2,25 m³ Fassungsvermögen auf einem Schwimmkörper von 20 m Länge und 10 m Breite. Der Bagger ist schwenkbar angeordnet, wobei seine Schwenkachse 6,4 m vom Schiffsende entfernt liegt. Er kann seinen Greifkorb innerhalb der Schwimmfläche absenken, kann aber auch herumschwenken und unter Absenkung des Auslegers um das Ende des Schiffskörpers herumgreifen, so daß er sich freibaggern kann. Hier ist kein fahrbarer Auffangwagen erforderlich, sondern der Ausleger kann so weit geneigt werden, daß der Greifer in den feststehenden Schüttrichter schüttet, mit nachfolgender Entwässerung und Aufgabe des Kieses auf ein schwenkbares Förderband von 600 mm Breite.

Die Motore für den Antrieb der Seiltrommeln des Greifers von 2,25 m³ Fassungsvermögen leisten je 34 kW bei 1450 U/min. Der Motor für das Schwenken, das mit 2 U/min vor sich geht, leistet 12 kW bei 1000 U/min und der Motor für das Wippen des Auslegers 22 kW bei 1000 U/min.

Die Energie für die vorangehend beschriebenen Schwimmgreiferanlagen in Höhe von etwa 120 kW wird, wenn die Möglichkeit dazu besteht, von Land in Form von Drehstrom bezogen, der durch ein auf Schwimmern gelagertes Kabel dem Bagger zugeführt wird. Auf der Abb. 242 war dies rechts im Vordergrunde erkennbar. Ist es nicht möglich, dann wird ein Diesel-Generator auf einen besonderen Schwimmkörper aufgebaut, der neben den Schwimmkörper des Baggers gelegt wird.

Die beschriebenen Anlagen mit einem Fassungsvermögen des Greifers von 2,25 m³ gehören zu der Mittelgröße. Es werden Anlagen gebaut von 1 m³ bis 4 m³ im Gewicht von 25 t bis 84 t mit einem Energiebedarf von 70 bis 225 kW.

Der Vorteil des Greifers gegenüber dem Saugbagger, der auch viel für die Kiesgewin-

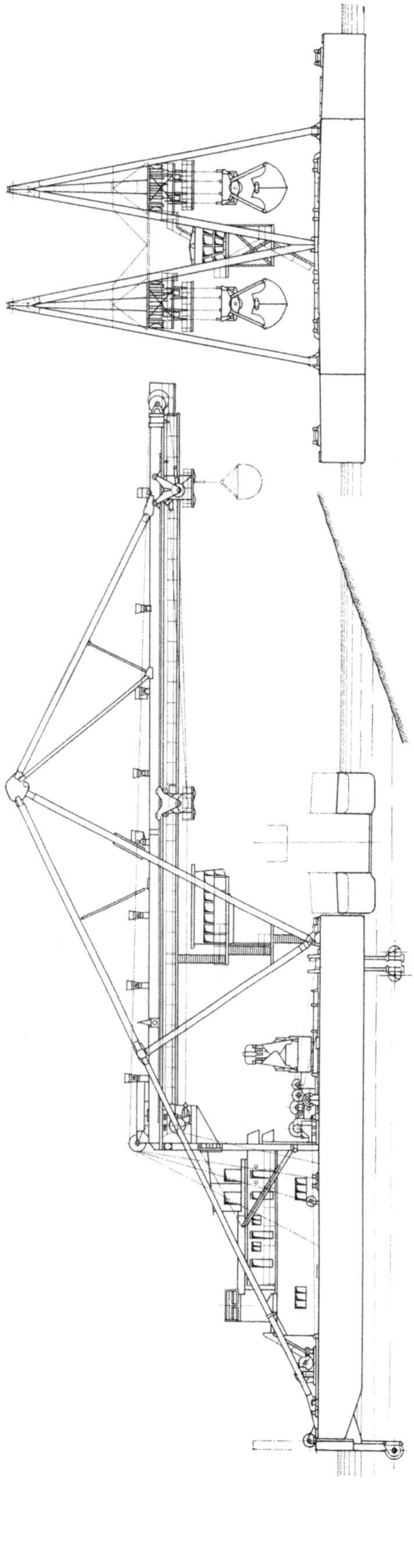

Abb. 246. Auslegerkran mit zwei waagerechten Laufschienen für Laufkatzen mit angehängten Greifern von je 14 m³ Fassungsvermögen und etwa 40 m Ausladung

nung verwendet wird, liegt in dem geringeren Verschleiß. Ihm sind nur Greifkorb und Seile ausgesetzt, die mit dem Boden in Berührung kommen. Beim Saugbagger haben die Rohrleitungen und insbesondere die Pumpe einen starken Verschleiß. Bei manchen Bodenarten ist ein ständiges Auswechseln von Kreiseln und Pumpengehäusen erforderlich, was zu häufigen Betriebsunterbrechungen führt. Sind große Förderweiten zu überwinden, dann ist es wieder einfacher, hydraulisch zu arbeiten, da Förderbandketten in der Länge beschränkt sind. Beim Greiferbetrieb wird nur das Kiesmaterial selbst bewegt, beim Saugbaggerbetrieb kommt dagegen das Wasser in vielfacher Menge hinzu, daher ist der Kraftbedarf größer. Bei großer Förderweite fällt aber beim Greiferbetrieb der Kraftbedarf der Förderbänder ins Gewicht. Für Schutenbetrieb ist der Greifer wegen Anlieferung des Materials ohne Wasserzusatz günstiger.

Abb. 245 zeigt einen besonders konstruierten Schwimmgreifer, den man auch als Elevator mit Greiferbetrieb bezeichnen kann. Er hat zwei Schwimmgefäße mit verschiedener Länge, zwischen welche die Schute gefahren wird. Der Greifkorb hängt in einer ansteigenden Laufbahn, auf der er nach der Füllung in die Höhe fährt und an Land seinen Boden abladen kann. Das Gerät hat Dampfantrieb, Kessel- und Maschinenanlage sind in das kürzere Tragschiff eingebaut.

Abb. 246 zeigt einen neueren Greiferbagger mit zwei an Laufkatzen hängenden Greifkörben. Das Gerät wurde von der IHC-Holland zur Herstellung eines Trinkwasserbeckens für Hongkong besonders konstruiert. Eine Seebucht sollte durch einen Damm abgeschlossen und zunächst Boden ausgehoben werden, um auf festen Grund zu kommen und den Damm daraufzuschütten.

Der Greiferbagger hat einen Schwimmkörper mit den Abmessungen $45 \times 22 \times 3{,}60$ m. Neben dessen Vorderteil sind Stützpontons von je 7 m Breite angeordnet, so daß genügend Länge für das Anlegen von Schuten zur Verfügung steht und die entstehenden Trimmomente aufgenommen werden können. Der Schwimmkörper wird mit sechs Betonblöcken verankert und die Verankerungsteile unter Wasser geführt, damit sie die Schuten nicht behindern. Auf dem Schwimmkörper sind zwei Auslegerböcke aufgebaut, die die waagerechten Laufschienen tragen, deren Enden 45 m über die Vorderwand des Schwimmkörpers hinausragen. Die Laufkatzen haben eine Geschwindigkeit von 3 m/sec und eine Tragfähigkeit von 47 t. Die Greifkörbe fassen 18 m^3, die maximale Baggertiefe beträgt 30 m, ein Spiel dauert 70 sec.

Die Maschinenanlage besteht aus zwei Dieselmotoren von je 1150 PS bei 1000 U/min, sie treiben die Generatoren an, die den Strom für die Motore des Greifers und der Winden erzeugen. Nach Abbau der Laufschienen kann das Gerät auch als Schwimmkran verwendet werden.

5. Schwimmende Greiferbagger mit Fahrantrieb, ohne und mit einem eigenem Laderaum (Hoppergreiferbagger)

Greiferbagger erhalten oft eigenen Fahrantrieb und können dann bequem von einer Arbeitsstelle zur anderen fahren, die bei ihnen häufig wechselt. Man gibt ihnen mitunter auch einen Laderaum. Dann arbeiten sie im Umlaufverfahren und werden zum *Hopper-Greiferbagger*.

Abb. 247 zeigt einen älteren selbstfahrenden Greiferbagger ohne eigenen Laderaum, der besonders für die Verwendung im Hamburger Hafen konstruiert wurde. Der Schiffskörper in einfacher Prahmform hat die Abmessungen $26{,}5 \times 9{,}5 \times 2{,}4$ m. Das Eigengewicht des Gerätes einschl. 30 t Kohle beträgt 526 t und der Tiefgang hinten 1,20 m. Am Hinterende befindet sich der Schiffskessel von 38 m^2 Heizfläche und davor der Maschinenraum mit den beiden Fahrmaschinen von je 60 PS_i, deren Wellen nach hinten am Schiffskessel vorbei zu den beiden Propellern von 1100 mm Durchmesser führen. Außerdem geht eine Dampfleitung nach vorn zum Greiferbagger und ist durch dessen Schwenkzapfen hindurchgeführt. Der Kran besitzt eine liegende Maschine mit Greifer-Windwerk und kann einen Seilzug von 11500 kg ausüben. Der Greifkorb hat ein Fassungsvermögen von 2 m^3, der

Arbeitsradius beträgt 9 m. Durch die Zweischraubenanlage wird trotz der gedrungenen und einfachen Schiffsform eine genügende Manövrierfähigkeit erreicht. Bei der Arbeit ist das Gerät mit Ketten festgelegt und hat auf Deck die dafür erforderliche Windenanlage. Der gebaggerte Boden wird in die daneben liegenden Schuten geladen.

Abb. 248 zeigt den im Jahre 1955 von der IHC-Holland für Ost-Pakistan gelieferten Hopper-Greifer „Karnafuli" mit Fahrantrieb und eigenem Laderaum von 350 m³ Fassungsvermögen. Der Schiffskörper hat die Abmessungen 51,5×11,3×4,5 m. Am hinteren Ende befindet sich die Kesselanlage, bestehend aus zwei Zylinderkesseln und davor zwei Fahrmaschinen mit dreifacher Expansion von je 500 PS_i. Diese geben dem Fahrzeug mit

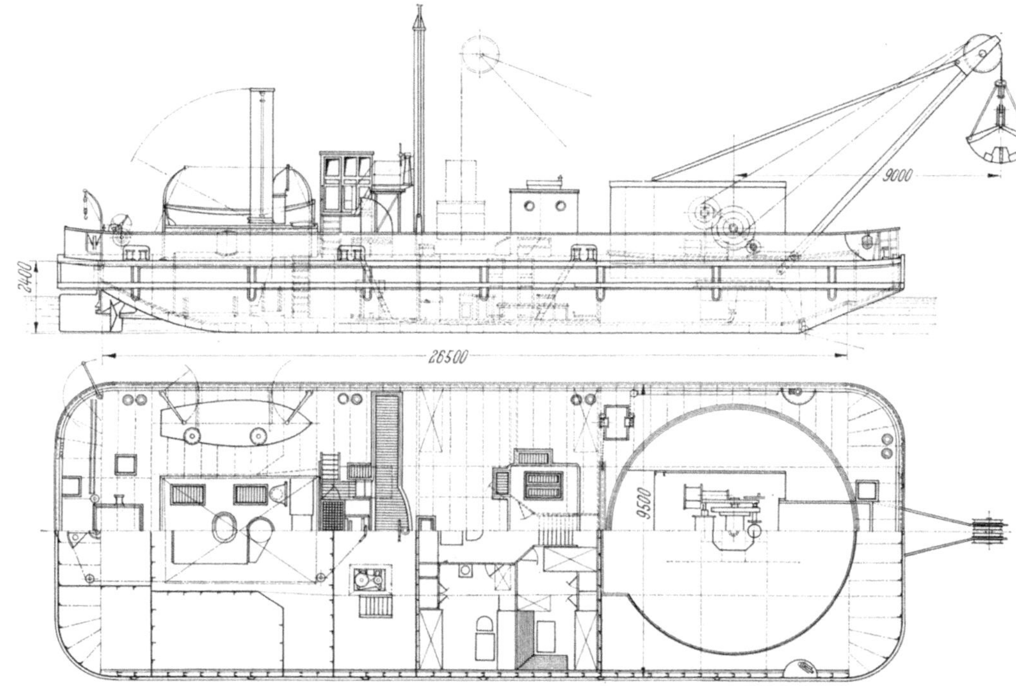

Abb. 247. Älterer schwimmender Greiferbagger mit Greifer von 2 m³ Fassungsvermögen, selbstfahrend mit Dampfantrieb

Propellern von 2,4 m Durchmesser in beladenem Zustand bei einem Tiefgang von etwa 3,5 m eine Geschwindigkeit von 18,5 km/h (10 Knoten), während sie in unbeladenem Zustand auf etwa 22 km/h (12 Knoten) ansteigt. Eine Dampfleitung geht von den Kesseln zu den beiden Greiferkranen und ist durch deren Schwenkzapfen in die Maschinenhäuser geführt. Der eine Kran steht hinter, der andere vor dem Laderaum. Sie haben Greifkörbe von je 2 m³ Fassungsvermögen, können bis auf eine Tiefe von 18,5 m unter den Wasserspiegel greifen und haben eine Ausschütthöhe von 4,9 m über dem Wasserspiegel.

Der vordere Kran hat einen Arbeitsradius von 11 m und kann um den Bug des Schiffes herumgreifen. Der hintere Kran, dessen Arbeitsradius etwa 8 m beträgt, kann seitlich des Schiffes bis zu einer Entfernung von 2,8 m von der Schiffswand greifen, wobei die Greifkörbe bei allen Schwenkbewegungen voneinander freigehen. Der Laderaum ist mit normalen, hydraulisch betätigten Bodenklappen ausgerüstet.

Abb. 249 ist eine Aufnahme des Schiffes in Fahrt ohne Beladung nach Einschwenkung der beiden aufgesetzten Greiferkrane in die Mittellage.

Abb. 250 zeigt den selbstfahrenden französischen Greifer-Bagger „La Liane" mit drei Kranen, einem Laderaum-Fassungsvermögen von 250 m³ und einem Ladungsgewicht von 400 t mit dieselelektrischem Antrieb. Das Schiff ist im Jahre 1952 bei den Ateliers et Echantiers de France in Dünkirchen gebaut und für Arbeiten im Hafen von Boulogne be-

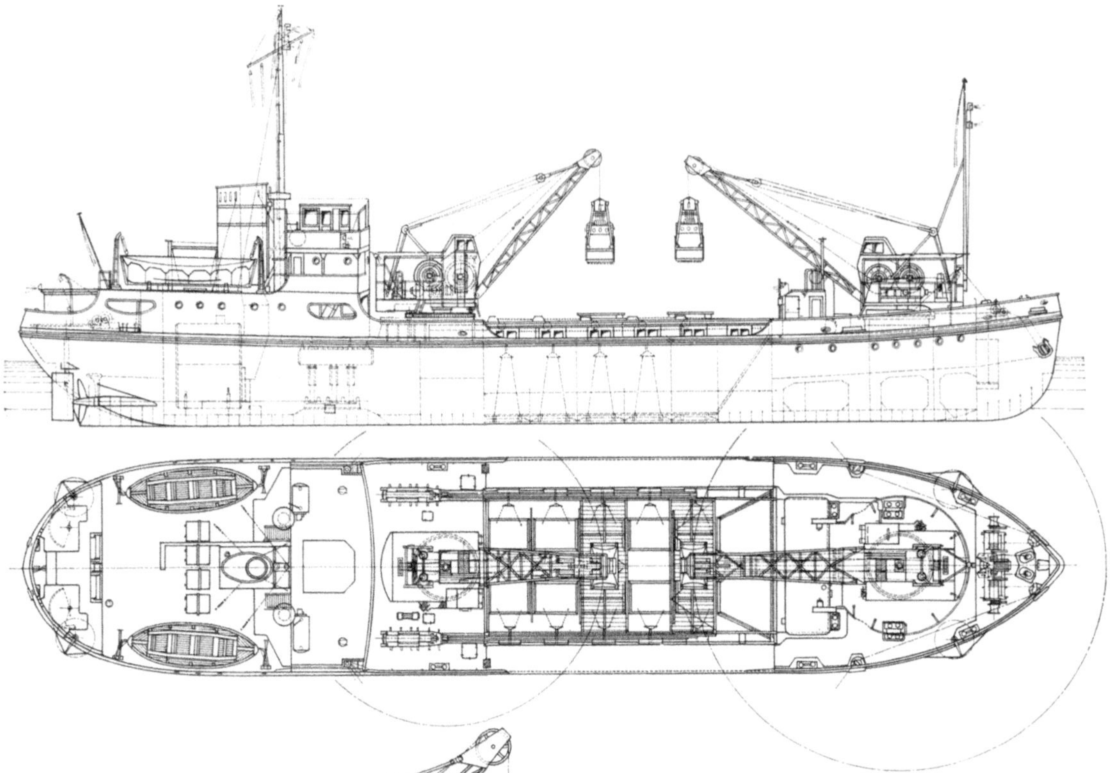

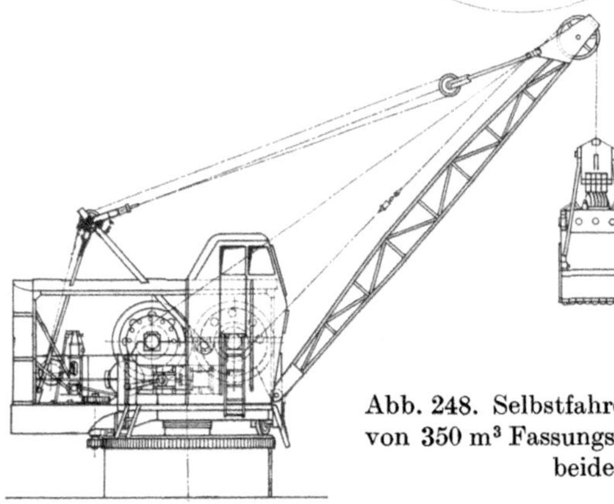

Abb. 248. Selbstfahrender Greiferbagger „Karnafuli“ mit eigenem Laderaum von 350 m³ Fassungsvermögen und Dampfantrieb. Das Fassungsvermögen der beiden aufgesetzten Greiferbagger beträgt 2 m³

Abb. 249. „Karnafuli“ in Fahrt ohne Beladung nach Einschwenken der beiden aufgesetzten Greiferbagger in die Mittellage. Aufnahme IHC-Holland

stimmt. Der Schiffskörper mit den Abmessungen $46{,}8 \times 11 \times 4$ m hat in beladenem Zustand einen Tiefgang von 3,15 m.

Die Energie wird von drei Diesel-Generatoren von je 300 kW mit Drehstrom von 380 Volt bei 50 Hertz geliefert. Für den Fahrantrieb sind zwei Voith-Schneider-Propeller der Type 16 E/100 installiert mit 1600 mm Durchmesser der Flügelscheibe. Die Länge der vier

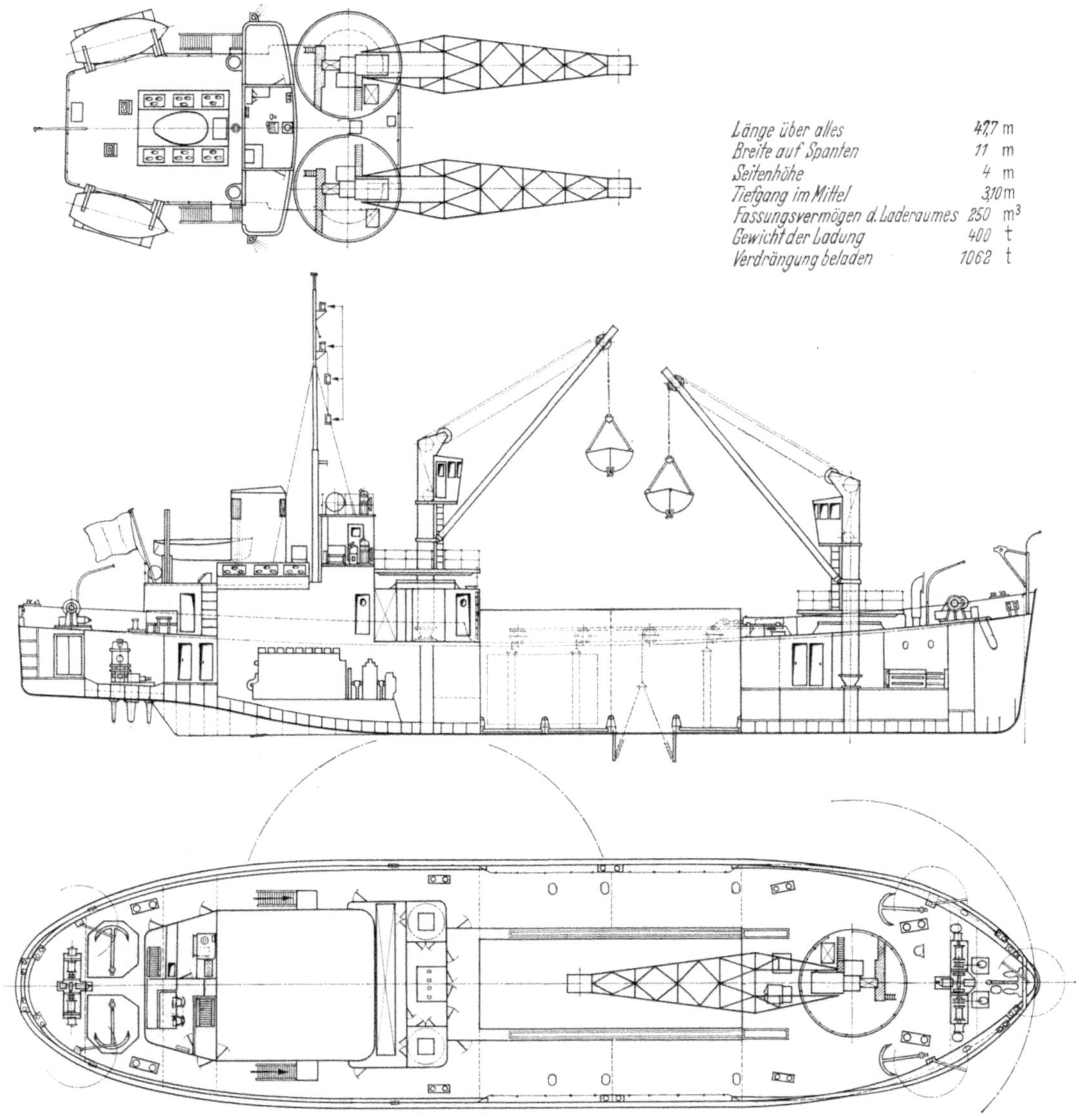

Abb. 250. Selbstfahrender Greiferbagger „La Liane" mit drei Kranen mit Greifern von 2,4 m³ Fassungsvermögen und einem Laderaum von 250 m³ Fassungsvermögen und dieselelektrischem Antrieb

Flügel beträgt 1000 mm. Sie werden angetrieben von zwei Asynchron-Motoren von je 300 PS bei 725 U/min mit Untersetzungsgetrieben, die die Drehzahl der Flügelscheiben auf 314 U/min vermindern. Dabei beträgt die Geschwindigkeit des Schiffes in beladenem Zustand 16,5 km/h.

Näheres über den Voith-Schneider-Propeller wird im Kapitel R (Propulsion pp.) ausgeführt.

Ein Kran ist vor dem Laderaum, zwei sind hinter ihm angeordnet. Die Greifkörbe für Schluff und Sand haben ein Fassungsvermögen von 2,4 m³, wobei ein Füllungsgewicht von 3200 kg zulässig ist. Zusammen mit dem Eigengewicht des Greifkorbes von 2800 kg ergibt das 6000 kg, womit der Kran seine Tragfähigkeit erreicht. Für Fels sind noch Greifkörbe von 1,225 m³ Fassungsvermögen und einem Eigengewicht von 3550 kg vorhanden. Die größte Greiftiefe beträgt 18 m und die Hubgeschwindigkeit 66 m/min. Der Hubmotor kann 110 PS bei 735 U/min leisten, die Motore für Schwenken und Auslegerneigen je 20 PS bei 1000 U/min. Der größte Seilzug, der ausgeübt werden kann, beträgt 9 t.

Der Arbeitsradius der Krane beträgt 9 m, womit der vordere bei mittiger Anordnung eine Ausladung von 3,5 m gegen die Bordwand erreicht. Bei den beiden hinteren Kranen, die etwas höher stehen, ist die Ausladung gegen die Bordwand mit 6 m wesentlich größer. Der vordere Kran kann nicht in den Schwenkbereich der beiden hinteren kommen, aber diese müssen aufeinander Rücksicht nehmen.

Der Laderaum wird durch Klappen mit querschiffs angeordneten Drehachsen entleert. Sie werden von Druckölzylindern betätigt.

Bei anderen Laderaum-Greiferbaggern hat man die Zahl der Greiferkrane sogar auf vier gesteigert, um auch vorn die große Ausladung gegenüber der Bordwand zu erreichen. Dann müssen aber auch diese beiden Krane aufeinander Rücksicht nehmen.

Für den Londoner Hafen wird es als wichtig bezeichnet, daß die Beseitigung der Ablagerungen in den Docks den Schiffsverkehr so wenig wie möglich behindert. Mit einem selbstfahrenden Greiferbagger mit eigenem Laderaum wird dies wie folgt erreicht: der Bagger geht in das Dock hinter den letzten Schiffen, die bei Hochwasser durch die Schleusen einfahren, bringt seine Drahtseile aus, nachdem alle Schiffe an ihren Ufermauern liegen und muß dann seinen Laderaum in etwa drei Stunden füllen. Dann legt er sich vor die Schleusentore und fährt nach deren Öffnung als erstes Fahrzeug heraus zum Platz, an dem er seine Ladung verstürzt und kommt so zeitig zurück, daß er beim Wiederöffnen der Schleusen in das Dock einfahren kann. Es ist klar, daß nur ein selbstfahrendes und mit vielen leistungsfähigen Greiferkranen ausgerüstetes Fahrzeug diesen Arbeitsrhythmus einhalten kann; aber es wird als schwierig bezeichnet, daß alle Greifer jeweils an die Stelle kommen, wo der Boden auszuheben ist.

6. Schwimmende Eimerseilbagger und Schrapper-Anlagen

Der Eimerseilbagger (engl. Dragline) arbeitet mit einem löffelähnlichen Grabgefäß, das nach vier Seiten geschlossen und nach zwei Seiten geöffnet ist, auch *Schürfkübel* genannt. Er kann damit größere Reichweite und Grabkraft erreichen, als der Greiferbagger,

Abb. 251. Amerikanischer Schürfkübelbagger (dragline) auf einem Schwimmgefäß bei einer Grabenarbeit, bei der er den Baggerboden am Ufer absetzt. Aufnahme Corps of Engineers, New Orleans

ohne daß ein hohes Kippmoment auftritt, weil der Seilzug nicht an der Spitze des Auslegers, sondern an dessen Fußpunkt angreift. Bei Trockenbaggerung wird er im Ausland viel mehr als der Greiferbagger verwendet, er verdrängt ihn auch in Deutschland immer mehr. Mit großen Schürfgefäßen, auf Raupenketten fahrend oder in Schreitbewegung arbeitend, wird er bei Kanalbauten viel eingesetzt, bevor der Schwimmbagger den Aushub unter Wasser beginnt.

Der Eimerseilbagger erfordert schon bei der Arbeit im Trocknen, bei welcher der Grabvorgang beobachtet werden kann, ein feines Gefühl und große Aufmerksamkeit seitens der Bedienung. Bei der Arbeit unter Wasser ist es erst recht schwer zu erreichen, daß das Grabgefäß bei weichem Boden nicht zu tief eindringt und bei hartem Boden darüber gleitend, schlecht gefüllt nach oben kommt. Es ist schwierig ein Planum in bestimmter Tiefe oder ein gewünschtes Profil zu erreichen. Aus diesen Gründen wird der Eimerseilbagger nur selten auf einen Schwimmkörper gestellt und für Baggerung unter Wasser verwendet.

Abb. 252. Der Schürfkübel eines schwimmend aufgestellten Eimerseilbaggers beim Austritt aus dem Wasser. Aufnahme Corps of Engineers New Orleans

Abb. 251 zeigt einen amerikanischen Schürfkübelbagger mit langem Ausleger, aufgesetzt auf ein Schwimmgefäß bei einer Grabenarbeit. Er hebt den Boden vor sich aus und setzt ihn seitlich am Ufer ab.

Abb. 252 zeigt bei einer anderen Arbeit den Schürfkübel, wie er nach Füllung aus dem Wasser herauskommt, im Vordergrund den Schwimmkörper. Aus dieser Abbildung ist zu erkennen, daß der Kübel beim Graben nicht so nah an den Schwimmkörper herankommen kann wie bei einem Greiferbagger. Dafür kann er aber, wenn man ihn auspendeln läßt, sehr weit vom Schwimmkörper zum Graben angesetzt werden.

Schrapper-Anlagen gehören zwar nicht eigentlich zu den schwimmenden Geräten, werden aber vielfach zu Arbeiten im Bereich des Wassers verwendet und sollen daher hier kurz behandelt werden.

Wenn man beispielsweise ein Flußbett ausräumen will, um den dabei gewonnenen Boden anderweitig zu verwenden, ist in vielen Fällen eine Schrapper-Anlage sehr zweckmäßig, wie sie Abb. 253 als Prinzipskizze zeigt. Es ist auf dem einen Ufer eine Windenanlage mit zwei Trommeln aufgestellt. Von der einen Trommel geht das *Zugseil* ab und führt zu dem im Flußgrund befindlichen Schrappergefäß, das beim Einholen des Zugseiles über den Grund gezogen wird und sich dabei füllt. Abb. 254 zeigt das Schrappergefäß beim Austritt aus dem Wasser. Der aufgesetzte Rahmen mit den Meßstrichen ermöglicht eine Beobachtung der Grabtiefe. Auf einer schrägen Bahn der Schrapperbühne, nach Abb. 255, wird dann das Schrappergefäß in die Höhe bis über eine Ausnehmung gezogen. Da das Schrappergefäß keinen Boden hat, fällt das gebaggerte Material nach unten in einen Schüttrichter und weiter in ein rollendes Fördergerät, sei es ein Lastwagen oder ein auf Schienen fahrender Muldenkipper. Man kann auch ein schwenkbares Förderband anordnen und damit die Rollgeräte beladen. Das Schrappergefäß wird dann nach Auskuppeln der Zugseiltrommel und Einkuppeln der Rückholtrommel zurückgeholt. Das *Rückholseil* geht bis zum anderen Ufer und über eine Umlenkrolle dann zurück zum Schrappergefäß. Dieses wird durch das Seil zurückgeholt, das Spiel beginnt dann von neuem.

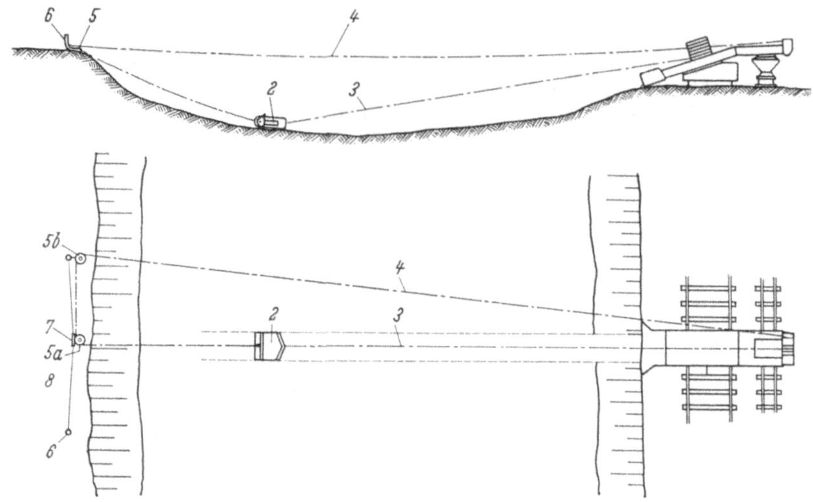

Abb. 253. Arbeitsweise einer querfahrenden Schrapper-Anlage bei Ausräumung eines Flußbettes mit Versetzmöglichkeit für die Auffahrbahn und die Umlenkrolle am anderen Ufer

1 Lader; *2* Schrappergefäß; *3* Zugseil; *4* Rückseil; *5* Schäkelrolle; *6* Erdpfosten; *7* Klammern; *8* Hilfsseil

Abb. 254. Schrappergefäß nach Füllung bei Austritt aus dem Wasser, wobei der aufgesetzte Rahmen mit Meßstrichen die Beobachtung der Grabtiefe ermöglicht. Aufnahme Wolf, Essen

Das Windwerk hat Ähnlichkeit mit dem eines Baggers und besteht in der Hauptsache aus zwei Trommeln, von denen jeweils die eine nach Einkupplung ihr Seil einholt, während die andere ausgekuppelt ihr Seil abrollen läßt. Durch automatisch wirkende Bremsen wird dabei die Bildung von Schlaffseil verhindert. Zum Antrieb der Winde verwendet man Elektromotore mit Landanschluß oder Dieselmotore. Die mittlere Seilgeschwindigkeit beträgt etwa 90 m/min für das Zugseil und 135 m/min für das Rückholseil. Hat der Fluß eine Breite von 45 m, so ist für den Füllungsgang des Schrappergefäßes eine halbe Minute = 30 sec erforderlich. Für das Auffahren auf die Bühne, das Entleeren und Rückfahren zum Ufer einschließlich der Kupplungsvorgänge rechnet man 15 sec. Dann kommen für das Rückholen zum anderen Ufer 20 sec. Die Zeit für das Umkehren der Bewegungsrichtung des

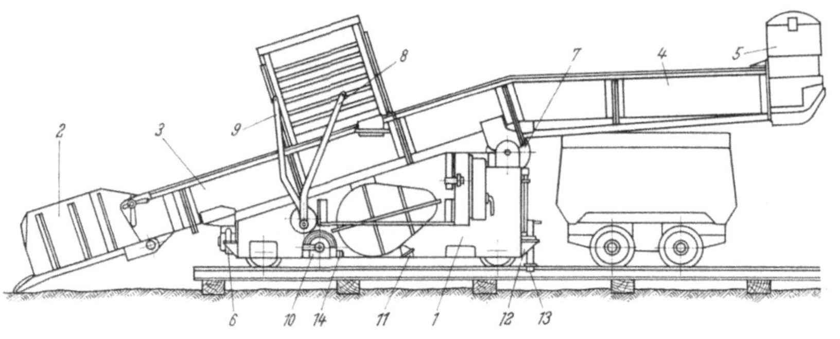

Abb. 255. Schrapperbühne mit schräger Auflaufbahn und der Entladeöffnung, durch die der Schrapperinhalt in einen Rollwagen fällt

1 Maschinenrahmen; *2* Einlaufschurre; *3* Auffahrtsschurre; *4* Auslaufschurre; *5* Rahmen für die Umlenkrollen; *6* Bügel zur Schurrenbefestigung; *7* Schurren *8* Halter; Zug-Steuerhebel (kurz); *9* Rückzug-Steuerhebel (lang); *10* Bremsennachstellung; *11* Schutzblechverstellung; *12* Halter für Schienenklammer; *13* Schienenklammer; *14* Schutzblechhalterung

Gefäßes sei mit 5 sec angesetzt. Man kommt dann auf 30 + 15 + 20 + 5 = 70 sec für ein Spiel. Das ergibt pro Stunde 3600/70 = 51,5 Spiele. Hat das Schrappergefäß ein Fassungsvermögen von 1 m³, dann ergibt sich ein Nennertrag von 51,5 m³/h. Man hat Schrappergefäße von etwa 0,7 bis 2 m³ Fassungsvermögen, für die Tabelle 19 einige Daten enthält:

Tabelle 19. *Daten von Schrapperanlagen. Seilgeschwindigkeit beim Füllen 90 m/min = 1,5 m/sec. Seilgeschwindigkeit beim Rückholen 135 m/min = 2,25 m/sec*

Fassungsvermögen des Schrappergefäßes	m³	0,7	1	1,5	2
Ungef. Länge des Seiles	m	200	250	300	325
Durchmesser des Seiles	mm	16	18/20	20/22	22/24
Zugkraft am Seil	t	2,5	3,5	5	7
Kraftbedarf	PS	35	50	70	95

Abb. 256 ist ein Kurvenblatt, in dem die Ertragsleistungen in m³ über dem Schrappweg als Abszisse aufgetragen sind. Man erkennt den starken Abfall bei Zunahme des Schrappweges. Die Windenanlage mit der Auffahrbühne und die Umlenkseilrolle können nur in seltenen Fällen am Orte bleiben, müssen vielmehr dem Fortgang der Arbeit entsprechend, ihren Ort oft verändern. Man setzt sie deshalb meist auf Fahrgestelle, die auf Schienen fahren. Dabei muß durch Ballast oder andere Mittel für eine Aufnahme der Seilzüge gesorgt werden.

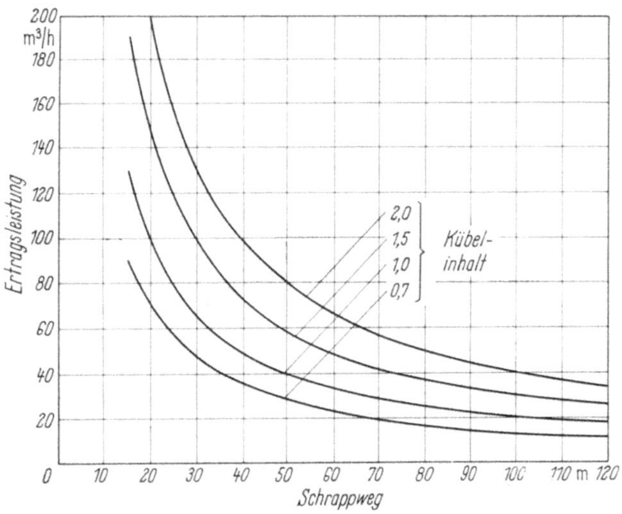

Abb. 256. Ungefähre Ertragsleistung von Schrapperanlagen verschiedener Größe in Abhängigkeit vom Schrapperweg

Mitunter verzichtet man auf die Auffahrbühne und bringt den Boden mit dem Schrappergefäß nur in die Nähe des Ufers. Dort läßt man ihn durch Eimerseilbagger, die auf Raupen fahren, aufnehmen und in Rollgeräte verladen. Die Schrapperanlage kann dann im 24-Stundenbetrieb arbeiten, so daß eine verhältnismäßig kleine und leichte Anlage genügt, um den Raupenbandbagger, der nur tagsüber arbeitet, zu versorgen. Man erzeugt auf diese Weise Aufhöhungsflächen, Hochwasserdeiche oder ähnliches, oder es handelt sich um Kies, der einer Aufbereitungsanlage zugeführt wird.

Schrapperanlagen können anstelle von schwimmenden Eimerkettenbaggern und Eingefäßbaggern eingesetzt werden, wenn die Schwimmtiefe bei seichten Flüssen in deren Oberlauf nicht ausreicht. Bei einer auf dem Wasserwege nicht zugänglichen Arbeitsstelle ist es erheblich einfacher, die einzelnen Teile einer Schrapperanlage auf Straßen anzufahren, als einen schwimmenden Eimerkettenbagger zu zerlegen und wieder zusammenzubauen. Ihm gegenüber hat aber der Schrapper wieder den Nachteil, daß er kein Planum auf bestimmter Tiefe herstellen und auch kein genaues Profil baggern kann. Bei sehr hartem Boden ist er kaum verwendbar und hat auch beim Aufnehmen von gemeißeltem Fels nicht befriedigt. Der Personalbedarf für die Schrapperanlage ist gering, da für die eigentliche Anlage ein Bedienungsmann genügt. Es sind dann noch Hilfskräfte für das Verfahren der Winde und der Hebebühne sowie der Umlenkseilrolle und sonstiger Nebenarbeiten vorhanden.

Die beschriebene Anlage ist die gängigste und einfachste, es gibt jedoch viele Abarten. Beim Seilschleppschrapper wird auf die schwere Auffahrbühne verzichtet und eine Turmkonstruktion verwendet, die das Fördergut schnell auf die erforderliche Ausschütthöhe bringt. Beim Kippschrapper macht das Schrappergefäß eine Kippbewegung über der Ladebühne, die in diesem Falle auch steil und leicht gebaut sein kann. Es gibt dann noch Ausführungsarten, die sich dem Kabelbagger nähern. Bei ihnen befindet sich das Schrappergefäß nur während des Füllens auf dem Grund, während es dann angehoben und schnell der Entladungsstelle zugeführt wird. Bei der Wahl der Anlage muß berücksichtigt werden, ob sie mehr oder weniger stationär für längere Benutzung installiert wird oder kurzfristig für eine Baustelle, bei welcher für Aufstellen und Ausprobieren wenig Zeit zur Verfügung steht.

Literatur

RATHSMANN, E.: Schrapper, Kabelschrapper in der Bau- und Baustoffindustrie. Berlin: Straßen- und Tiefbau-Verlagsgesellschaft mbH. 1950.

Q. Schuten

1. Allgemeines über Schuten

Die Fahrzeuge, die den gebaggerten Boden weiter fördern und den rollenden Fördergeräten bei der Trockenbaggerung entsprechen, werden als Baggerschuten, seltener als Baggerprähme bezeichnet. Man verwendet sie vorwiegend für mechanisch arbeitende Bagger wie Eimerkettenbagger und Eingefäßbagger, aber auch für Saugbagger, wenn die Förderweite über das hinausgeht, was mit Rohren zu erreichen ist, und auch das Umlaufverfahren nicht angewendet werden kann.

Schuten haben einen besonderen Behälter für die Ladung, der mit Laderaum bezeichnet wird. Er wird durch wasserdichte Wände gegen den übrigen Schiffskörper, dessen Seitenteile man auch Luftkästen nennt, abgetrennt, da die Ladung aus Boden und Wasser besteht und sich sonst in den Schiffsraum ergießen und diesen verunreinigen würde.

Kies, bei dem das Porenwasser abgelaufen ist, und zur Not auch feinkörnige Bodenarten, die nur gebundenes Porenwasser enthalten, kann man auch in einwandigen Kähnen fördern, wenn auf ihre Bodenwrangen ein Holzboden gelegt ist.

Abb. 257 zeigt eine sogenannte *Hamburger Spitzschute*, die für das Beladen und Entladen von Seeschiffen für Güter aller Art bestimmt ist, aber auch im Baubetrieb und bei Baggerarbeiten wegen ihrer sehr zweckmäßigen Form gerne verwendet wird. Die Schuten haben einen flachen Boden, der ursprünglich aus Holzbohlen bestand und das Aufsetzen des Fahrzeuges in Fleeten bei Niedrigwasser gut vertragen konnte. Die abgebildete Schute ist 1939 in Eisen hergestellt und hat die Abmessungen: Länge über den Steven 23 m, Breite auf Spanten in Deckshöhe 5,9 m, im Boden 5,2 m, Seitenhöhe mittschiffs 1,8 m. Das Eigengewicht beträgt etwa 28,5 t und der Leertiefgang 0,32 m. Sie hat eine Tragfähigkeit von 140 t und mit dieser Beladung einen Tiefgang von 1,6 m, das ist das 0,89fache der Seitenhöhe. Die Außenwand ist gewölbt und gibt damit eine gute Festigkeit gegen Stöße, welche die Schuten in reichem Maße auszuhalten haben. Der Laderaum ist offen und hat einen Boden aus Föhrenholzbohlen, welche auf den Bodenwrangen liegen. Vorne geht eine Treppe in ihn hinein. Seitlich führen neben dem Laderaumsüll zwei Deckstreifen zu einer Deckfläche im Hinterschiff, wo ein Vorratsraum gegen den Laderaum durch eine senkrechte Wand abgetrennt ist. Hier kann auch das Ruder mit einer Pinne bedient werden, was jedoch in Seehäfen selten erforderlich ist, da der Schlepper die Schuten gewöhnlich an der Seite hat und durch sein Ruder steuert.

Im Baubetrieb werden derartige Schuten zum Transport von Geräten aller Art verwendet, ferner für Ersatzteile und mit Vorliebe als Kohlenschuten. Auch zum Transport von Baggerboden nimmt man sie gelegentlich. Besser ist es allerdings, ihnen dann einen allseitig begrenzten Laderaum zu geben, der mitunter behelfsmäßig, nach Abb. 258, in Holz ausgeführt wird.

In Zukunft sollen Hamburger Spitzenschuten nicht mehr gebaut und die vorhandenen baldigst verschrottet werden. Sie sind ersetzt worden durch die Hamburger *Typschuten*, die in Abb. 259 gezeigt werden. Diese Fahrzeuge haben eine rechteckige Schwimmfläche mit kleinen Abrundungen und an beiden Schiffsenden einen ziemlich steil auflaufenden Boden.

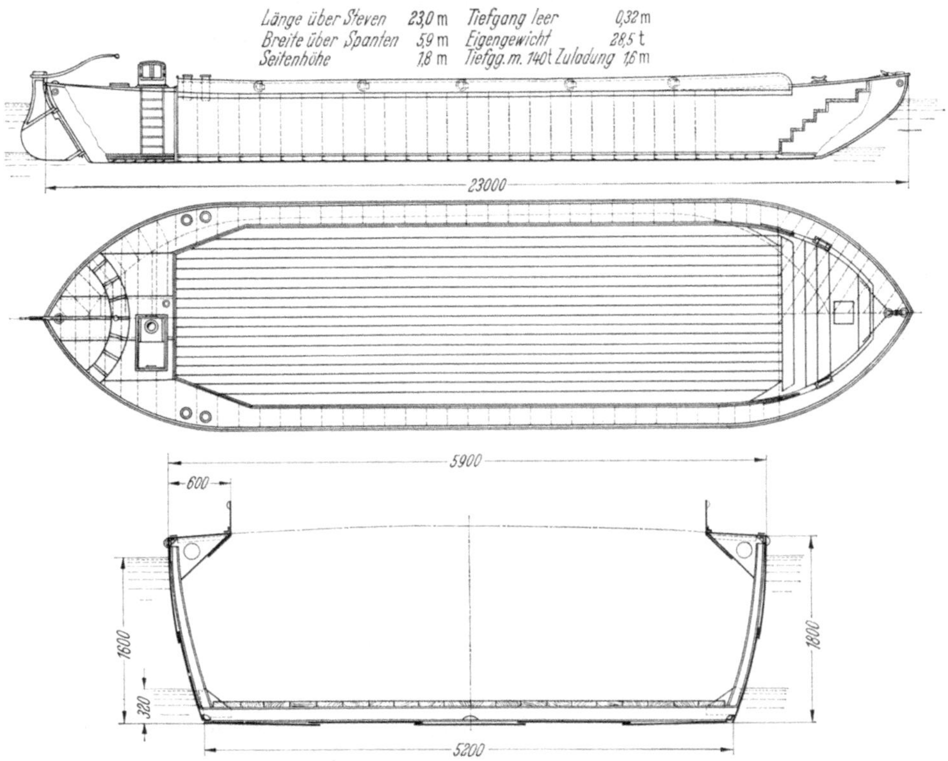

Abb. 257. Hamburger Spitzschute von 140 t Tragfähigkeit zum Transport von Geräten und Hilfsstoffen, in Sonderfällen auch für Bodentransport (Baujahr 1939)

Man hat aber nur bei einer Schute mit abgetrenntem Laderaum und Luftkästen die Sicherheit, daß die Tragfähigkeit nicht überschritten wird, daß genügend Stabilität verbleibt und Wellengang keinen Schaden anrichten kann.

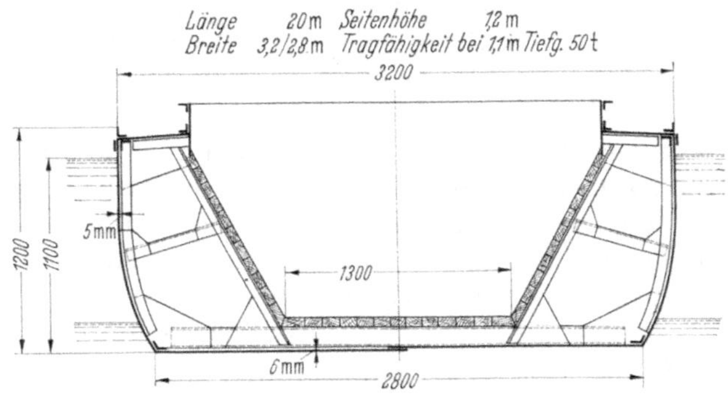

Abb. 258. Einwandige Schute (Hamburger Spitzschute), bei der durch Holzwände ein Laderaum von 30 m³ Fassungsvermögen abgeteilt wurde

Die Bauart der Schuten richtet sich nach der *Beladung*, bei der durch den Bagger Länge, Breite und Höhe beschränkt sind und nach der *Entladung*. Entweder wird die Ladung durch Klappen im Boden oder in Ausnahmefällen auch durch solche in den Seiten ins Wasser verstürzt; man hat dann *Klappschuten*, oder die Ladung wird nach oben herausgeholt, wofür es mehrere Verfahren gibt. Ursprünglich entlud man die Schuten im Handbetrieb mit Schubkarren, dann mit Kübeln, Winden und Seilbahnen. Heute ist das trockene Verfahren mit Elevatoren oder Greifern und das Saugverfahren unter Zugabe von Wasser durch einen Schutensauger oder Spüler üblich. In beiden Fällen bedeutet das Entleeren der Schute einen Baggervorgang unter veränderten Verhältnissen aus einem geschlossenen Raum. Die Trockenentleerung ist die ältere und wird auch heute bei Baggerungen im Binnenland vorwiegend angewandt, so daß die Schuten ohne Bodenöffnung die Bezeichnung *Elevierschuten* erhalten haben. Im Seegebiet überwiegt aber die Entleerung durch Spüler, so daß die Bezeichnung *Spülerschuten* richtiger erscheint, zumal der Elevator im Binnenland meist durch den Greifer ersetzt wird. Bei der Entladung durch Greifer sind Beschädigungen der Laderaumwände kaum zu vermeiden. Um schwierige und teure Reparaturen zu vermeiden, sollte man besondere Schutzeinrichtungen einbauen.

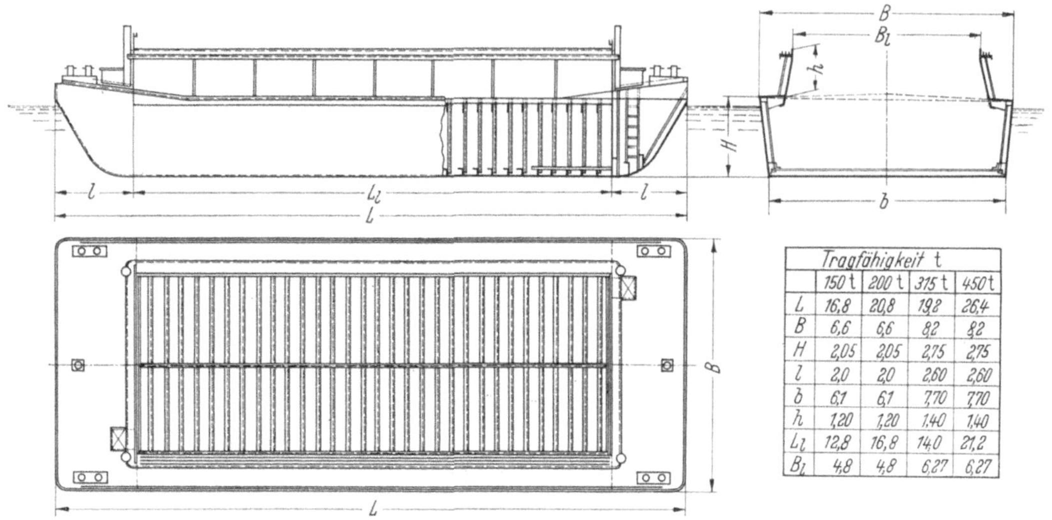

Tragfähigkeit t				
	150 t	200 t	315 t	450 t
L	16,8	20,8	19,8	26,4
B	6,6	6,6	8,2	8,2
H	2,05	2,05	2,75	2,75
l	2,0	2,0	2,60	2,60
b	6,1	6,1	7,70	7,70
h	1,20	1,20	1,40	1,40
L_l	12,8	16,8	14,0	21,2
B_l	4,8	4,8	6,27	6,27

Abb. 259. Hamburger Typschute mit rechteckiger Schwimmfläche und steifem Bodenauflauf an beiden Schiffsenden

In den USA wird das Entladen von Schuten weitgehend vermieden und auf Kies und Sand beschränkt. Sonst verwendet man fast stets Klappschuten, die den Boden ins Wasser entweder zur endgültigen Ablagerung oder zur Wiederaufnahme verklappen. Im letzteren Falle ist es meist ein Schneidkopfsauger, der den geschütteten Boden aus dem Grunde aufnimmt und mit seiner Rohrleitung an die endgültige Ablagerungsstelle bringt. In Deutschland wurde, bevor die Schutensauger aufkamen, auch mit Klappschuten gearbeitet, wobei dann ein Eimerkettenbagger mit Spüleinrichtung, ein sogenannter Schwemmbagger, die Förderung an die endgültige Ablagerungsstelle an Land durchführte. Heute nimmt man mitunter Greiferbagger dafür, da das Greifen aus dem Wasser einfacher ist als das Greifen aus dem Laderaum einer Schute mit der Gefahr der Beschädigung der Wände. Ein schnellerer Schutenumlauf ist auch ein Vorteil dieses Verfahrens, das allerdings nur bei grobkörnigen oder grobstückigen Böden anwendbar ist, weil das Feinkorn besonders bei Strömung davongetragen wird und große Verluste ergibt.

Zur Bewegung der Schuten mit dichten Böden werden fast durchweg *Schlepper* genommen, nur in Ausnahmefällen erhalten Kies- und Sandschuten Eigenantrieb. Klappschuten haben aber häufig sehr weite Wege, so daß der Schlepper während des größten Teiles des Umlaufes mit seiner Schute zusammenbleibt. Deswegen ist es vielfach vorteilhaft, die *Klappschute mit Eigenantrieb* zu versehen. Das geschieht so häufig, daß die Klappschute mit Fahrantrieb zu einem Sondergerät geworden ist, das in ausländischen Sprachen teilweise eine besondere Bezeichnung erhält, wie porteur im Französischen und hopper barge oder selfpropelled hopper im Englischen.

Je geringer die *Zahl der Schuten* bei einem Baggerbetrieb ist, desto einfacher und übersichtlicher ist er. Wenn — wie im vorhergehenden Kapitel erörtert — ein amerikanischer Löffelbagger eine sehr große Schute hat, deren Beladung mehrere Stunden dauert, kann inzwischen eine zweite Schute zur Klappstelle fahren, ihre Ladung verstürzen und wieder zurückkommen, so daß man mit zwei Schuten und einem Schlepper auskommt. Man wird alles daransetzen, den Betrieb in dieser Einfachheit zu erhalten, da Pausen dann vermieden werden, ohne daß eine große Anzahl von Schuten erforderlich ist.

Das ändert sich, wenn man die Ladung nicht verklappt, sondern die Schuten entlädt. Wenn ein Bagger mit einem Schutenentleerer zusammenarbeitet, kann man mit *drei Schuten* auskommen, wenn die Zeiten für das Beladen und Entladen gleich und die Förderwege kurz sind. Dann kann der Schlepper eine volle Schute vom Bagger abholen, zum Schutenentleerer bringen, dort die leere abholen und zum Bagger zurückbringen, ehe dieser die Beladung der zweiten Schute beendet hat, mit der sich das Spiel wiederholt.

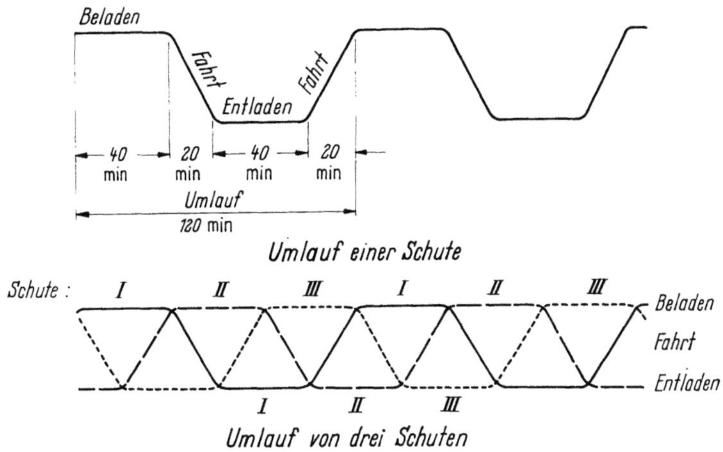

Abb. 260. Schematische Darstellung des Schutenumlaufs für einen Betrieb mit einem Bagger, einem Schutenentleerer, drei Schuten und einem Schlepper

Abb. 260 ist ein *Schutenfahrplan* für diesen Fall, in dem für das Beladen und Entladen einer Schute die Zeit von 40 Minuten angenommen ist. Für das Fahren des Schleppers mit der Schute zwischen beiden Geräten einschließlich der Dauer des Anlegens und Ablegens sind je 20 Minuten angenommen, so daß, wie aus dem oberen Teil der Abbildung erkennbar ist, der Umlauf einer Schute 120 Minuten gleich 2 Stunden dauert.

Wie aus dem unteren Teil der Abbildung hervorgeht, greifen bei drei Schuten dann die Umläufe so ineinander, daß ständig je eine Schute am Bagger und am Entleerer und die dritte mit dem Schlepper in Fahrt ist. Dieser fährt dann ohne Pause zwischen Bagger und Schutenentleerer hin und her. Eine geringe Förderweite ist aber Vorbedingung für dieses Verfahren.

Man kommt jedoch selten mit drei Schuten und einem Schlepper aus. Die Zeiten für die Beladung und Entleerung hängen von der Leistungsfähigkeit der Geräte und außerdem von der Bodenart ab und können sich schnell ändern. Als Beispiel sei eine Baggerung im Bereiche einer Nordseeinsel angeführt, bei der ein Eimerkettenbagger von 500 l Eimerinhalt und ein Spüler mit einer Rohrleitung von 550 mm Durchmesser und etwa 400 PS an der Pumpe zusammen arbeiteten. Lag der Bagger an einer Stelle im Wattenmeer, wo er feinen Seesand aus geringer Tiefe baggerte, so brauchte er infolge geringer Schüttungszahl und schlechter Eimerfüllung für die Füllung einer Schute von 300 m^3 mehr als eine Stunde, während es für den Spüler ein leichtes war, die Schute in einer halben Stunde zu entleeren und den Boden auf eine Entfernung von etwa 1000 m zu bringen.

Weil die Auflandung der Zweck der Baggerung war und es nicht darauf ankam, an der Entnahmestelle ein Planum in bestimmter Tiefe zu schaffen, konnte man den Bagger an eine Stelle legen, wo er Grobsand antraf und dabei auf 12 m Tiefe mit einer Leiterneigung von 45° arbeiten konnte. Hier konnte er mit hoher Schüttungszahl und guter Eimerfüllung die Schute in einer halben Stunde füllen, während jetzt der Spüler weit mehr als eine Stunde brauchte, um das kiesige Material mit hohem Wasserzusatz auf die gewünschte Entfernung zu bringen. Da sich gewöhnlich bei einer Baggerung die Bodenart ändert und auch die

Spülweite nicht gleich bleibt, ist es nicht möglich, diesen Zeitunterschied zwischen Füllung und Entleerung der Schuten auszugleichen. Mitunter muß man zwei Bagger mit einem Spüler arbeiten lassen, wodurch die Zeiten für Füllen und Entleeren noch mehr von einander abweichen und schwieriger zu übersehen sind.

Auch die Fahrentfernung zwischen Bagger und Spüler bleibt nicht gleich und die Fahrzeit noch weniger, wenn ein wechselnder Gezeitenstrom gegeben ist. Wenn man dann die Zahl der Schuten und Schlepper erhöhen muß, um Pausen zu vermeiden, bekommt man *Schutenansammlungen* an den Baggern und Spülern, die wieder die Anlegemanöver erschweren. Die hohe Zahl der schlecht ausgenutzten Besatzungsmitglieder ist dabei besonders nachteilig. Es bleibt deswegen die Hauptaufgabe bei der Planung von Baggerungen, diese Verwicklungen zu vermeiden und zu versuchen, die eingangs geschilderten Verhältnisse mit geringer Schutenzahl zu erreichen.

2. Schuten ohne Bodenöffnung, Spülerschuten oder Elevierschuten

Der im Kapitel Eimerkettenbagger als Beispiel für die Mittelgröße gewählte Bagger mit 500 l Eimerinhalt war 49 m lang und 9,5 m breit. Eine Schute von 300 m³ Laderauminhalt mit den Abmessungen $40 \times 7{,}8 \times 2{,}6$ m gilt für ihn als passend. Wenn der Bagger mit der Regelschüttungszahl von 1000/h oder $16^2/_3$/min und voller Eimerfüllung arbeitet, würde er einen Ertrag von 500 m³/h bringen und die Schute in 36 Minuten füllen. Wenn man bei rolligem Boden auf 25 Schüttungen/min geht, wäre der Ertrag 750 m³/h und die Schute wäre schon in 24 Minuten gefüllt. Der hierdurch bedingte häufigere Schutenwechsel würde einen Teil des Mehrertrages nicht zur Geltung kommen lassen, so daß man größere Schuten nehmen muß, zumal die jetzt durchweg angewandte Unterwasserführung der Scheerseile ein Überstehen der Schute über die Enden des Baggers gestattet. Erst recht würden Förderbänder auf dem Bagger statt der schrägen Schüttrinnen es ermöglichen, daß die Schute größer sein kann als der Eimerkettenbagger, was bei einem Löffelbagger ohne weiteres möglich ist. Allerdings müßten dann auch die Winden, die beim Scheeren mit dem Bagger die Schuten mitnehmen müssen, entsprechend kräftig sein.

Eine Schute von 350 m³ Laderauminhalt zeigt Abb. 261 in der sogenannten *Holländer Form* mit 43 m Länge, 8 m Breite und 2,75 m Seitenhöhe. Der Mittelteil ist im Bereiche des Laderaumes, dessen Länge etwas mehr als $^2/_3$ der Schiffslänge einnimmt, ein parallelwandiger Kasten von rechteckigem Querschnitt, so daß der Völligkeitsgrad des Hauptspantes $\beta = 1$ ist. Vorn und hinten läuft der flache Schiffsboden bis zur Schwimmfläche in beladenem Zustand auf. Diese ist, von oben gesehen, an den Enden so weit gerundet, daß der Völligkeitsgrad für sie $\alpha = 0{,}95$ wird. Für die Verdrängung wird in beladenem Zustand der Völligkeitsgrad $\delta = 0{,}90$, während er für die leere Schute etwa gleich 0,80 ist.

Die Länge wird bei Schuten der Holländer Form über Deck gemessen und ist bei ihnen etwa gleich der zwischen den Loten und der Länge über alles. Bei anderen Schiffsformen mit überstehendem Heck oder auch ausfallendem Vorderschiff, wie sie besonders bei den selbstfahrenden Schuten vorkommen, wird wie sonst bei Schiffen, die Länge zwischen den Loten und die Länge über alles angegeben. Das Verhältnis von Länge zu Breite ist bei Schuten der Holländer Form etwa 5,25 und das Verhältnis von Breite zu Höhe etwa 2,8.

Die Laderaumwände sind um etwa 45° gegen die Horizontale geneigt, wobei die Laderaumbreite unten so groß ist, daß der Saugkopf des Spülerrüssels oder auch die breiten Eimer eines Elevators allen Boden erfassen und nichts seitlich liegen lassen. Der Laderaumquerschnitt hat die Form eines Trapezes und sein Flächeninhalt beträgt etwa die Hälfte des Produktes aus Breite und Höhe der Schute. Vielfach gibt man aber den Laderaumwänden oben einen Knick und führt sie dann senkrecht, wodurch beim Beladen das Überspritzen von Wasser vermindert wird und die Deckstreifen neben dem Laderaum geräumiger werden. Auch die Größe des frei beweglichen Wasserspiegels über einer wasserundurchlässigen Ladung wird vermindert. Die vordere und die hintere Laderaumwand stehen senkrecht, haben aber in Breite des Laderaumbodens Taschen, damit sich der schrägliegende Spülerrüssel einlegen kann. Mitunter sind aber auch die Wände selbst schräg wie die Seitenwände. Mit dem bereits erwähnten Verhältnis von Laderaumlänge

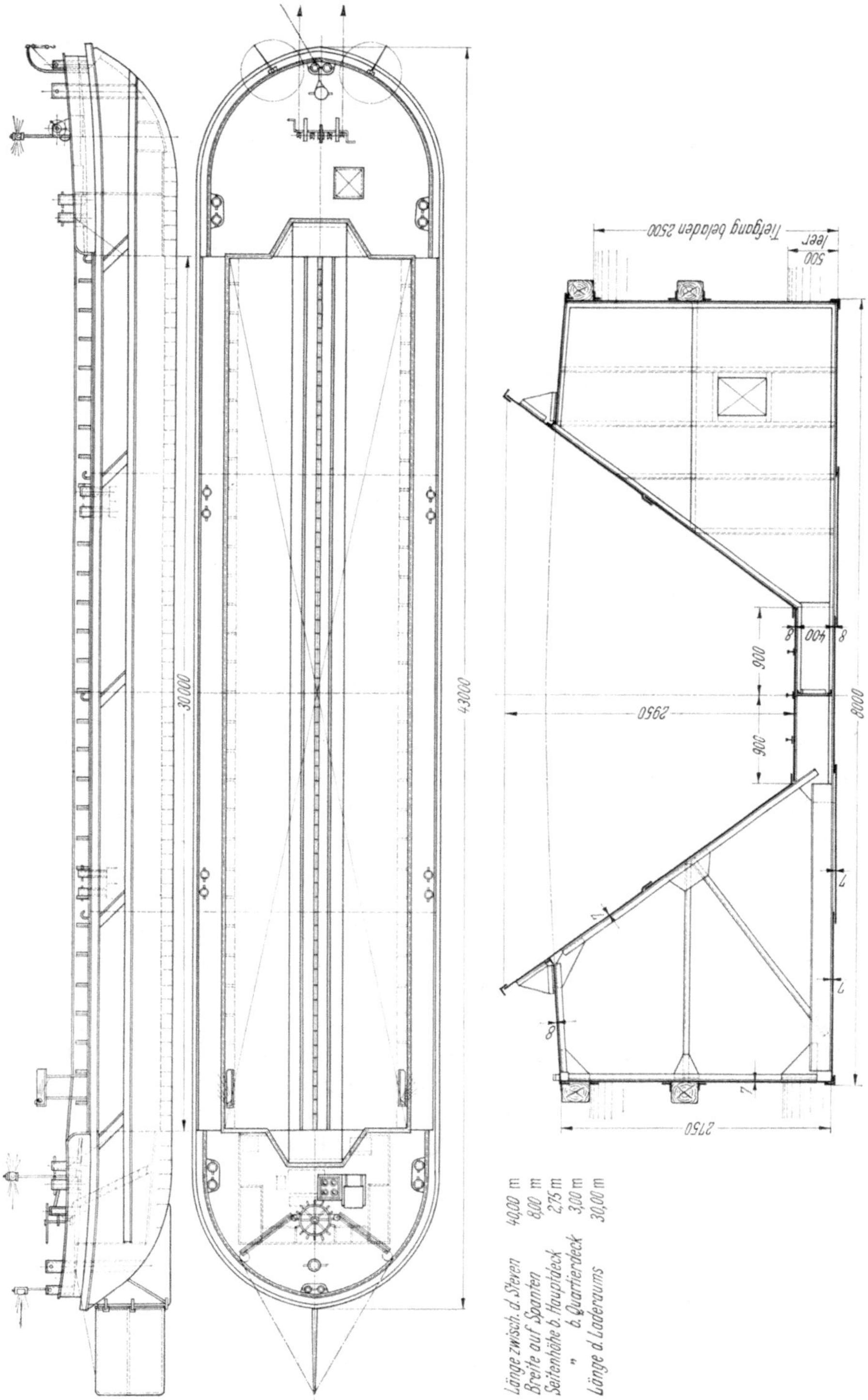

Abb. 261. Spülerschute mit einem Fassungsvermögen des Laderaumes von 350 m³, Holländer Form

zu Schiffslänge von $^2/_3$ ergibt sich, daß bei einer Spülerschute das Produkt aus Länge mal Breite mal Höhe etwa 2,75mal so groß ist wie der Laderauminhalt.

Das Schiffsgewicht G kann man mit 0,145 des Produktes $L \cdot B \cdot H$ ansetzen, oder da $L \cdot B \cdot H$ das 2,75fache des Laderauminhaltes V ist, wird $G = 0{,}145 \cdot 2{,}75 \cdot V = 0{,}4\ V$ und beträgt damit 0,4 t/m³ Laderauminhalt. Für die gezeichnete Schute mit 350 m³ Laderauminhalt ist es demnach $0{,}4 \cdot 350 = 140$ t. Für kleine Schuten bei denen die Blechdicke verhältnismäßig groß bleiben muß, gelten höhere Werte. Das Gewicht läßt sich durch Schweißkonstruktionen und Leichtbau herunterdrücken, doch setzt die Forderung nach lokaler Festigkeit und ein Zuschlag für Abrostung hier mehr als bei anderen Fahrzeugen eine Grenze. Deswegen werden kleine Schuten verhältnismäßig schwerer und man muß für 100 m³ Laderauminhalt etwa $0{,}45 \cdot V = 45$ t, für 60 m³ Laderauminhalt mit $0{,}5 \cdot 60 = 30$ t und für 30 m³ Laderauminhalt sogar mit $0{,}8 \cdot 30 = 24$ t rechnen.

Der Leertiefgang Tg' läßt sich berechnen nach der Gleichung:

$$L \cdot B \cdot Tg' \cdot \delta = G = 0{,}145 \cdot L \cdot B \cdot H \qquad \delta = 0{,}8$$

$$Tg' = \frac{0{,}145}{0{,}8} \cdot H = 0{,}18\ H$$

Das ergibt für die Schute nach Abb. 261 etwa 0,5 m.

Das *Gewicht der Ladung* ist verschieden je nach der Größe der Hohlräume zwischen den Feststoffteilen, die mit Wasser oder Luft gefüllt sein können. Nach den Ausführungen von Band I, S. 19ff. ist bei lockerster Lagerung etwa 50% des Rauminhaltes Feststoff, wobei sich bei Luft in den Hohlräumen ein Gewicht von 1300 kg/m³ und bei Wasser 1800 kg/m³ ergibt. Bei der dichtesten Lagerung sind die entsprechenden Werte 1950 kg/m³ und 2200 kg/m³. Wenn die Beladung durch einen Eimerkettenbagger vorgenommen wird, läuft bei grobkörnigem Material wie Kies oder Felshaufwerk das Wasser durch die Löcher in den Eimerwänden ab, so daß die Ladung mit einem Gewicht von nur 1300 kg/m³ in die Schute kommt. Sie ist aber mitunter gehäuft und die Kubikmetermenge dadurch größer.

Bei feinkörnigem Material bleibt jedoch das Wasser in den Poren, dadurch werden Ladungsgewichte von 1800 bis 2200 kg/m³ erreicht. Der Laderaum wird dann aber meist nicht gestrichen voll, sondern enthält im oberen Teil Wasser. Das ist besonders bei der Beladung durch einen Saugbagger der Fall. Die dabei sich ergebenden Verhältnisse sind in Band I Seite 344ff. für Hoppersauger geschildert. Unter Berücksichtigung dieser verschiedenen Umstände rechnet man im Durchschnitt mit einem Gewicht von 1800 kg/m³.

Bei der Schute unseres Beispieles ergibt sich das Gewicht der Ladung mit $350 \cdot 1{,}8 = 630$ t und das Gesamtgewicht mit $140 + 630 = 770$ t.

Mit $\delta = 0{,}9$ gilt die Gleichung $770 = L \cdot B \cdot Tg \cdot 0{,}9$, woraus sich der Tiefgang in beladenem Zustand $Tg \sim 2{,}5$ m ergibt. Das ist das 0,91fache der Seitenhöhe und ergibt einen Freibord von 0,25 m.

Schwimmfähig bleibt eine Schute zur Not auch noch beim Eintauchen bis zum Deck, da die Luftkästen vorn und hinten meistens ein um Stufengröße höheres Deck haben. Das soll bei Überlaufen von Wasser bei der Beladung trocken und sauber bleiben für die Bedienungsmannschaft, die sich hier aufhält. In anderen Fällen wird dies durch ein entsprechendes Auflaufen des Decks (Decksprung) erreicht. Man soll aber die Schiffskörper von Schuten nicht zu klein machen, da beim Eintauchen des Decks die *Stabilität* stark vermindert wird. Ohnehin ist diese häufig nicht groß und wird durch seitliches Abwandern des auf der Ladung stehenden Wassers weiter vermindert. (Vgl. hierüber die Berechnung im Kapitel L Schiffbau.)

Abb. 262 zeigt den Querschnitt einer Spülerschute mit einem Laderaumfassungsvermögen von 670 m³ bis zur Oberkante des eisernen Laderaumsülls, bei welcher für leichtere Bodenarten eine Steigerung bis 720 m³ durch Aufklappen einer Holzbohle erreichbar ist.

Die Schute ist 64 m lang, 8,4 m breit und 3,1 m hoch, Breite und Höhe sind nicht wesentlich gegenüber der 350 m³-Schute gesteigert, um die Beladung durch Eimerkettenbagger, bei denen Höhe und Weite des Ausschüttens beschränkt ist, weiterhin zu ermöglichen.

Man hat den größeren Laderauminhalt durch eine Länge erreicht, die weit über die der Bagger hinausgeht. Dies ist nur möglich, wenn man die Scheerseile so weit unter Wasser führt, daß sie unter der beladenen Schute hindurchgehen. Eine Schute mit einem Fassungsvermögen des Laderaumes von 700 m³ und dem normalen Verhältnis der Hauptabmessungen würde 52 m lang, 10 m breit und 3,4 m hoch werden.

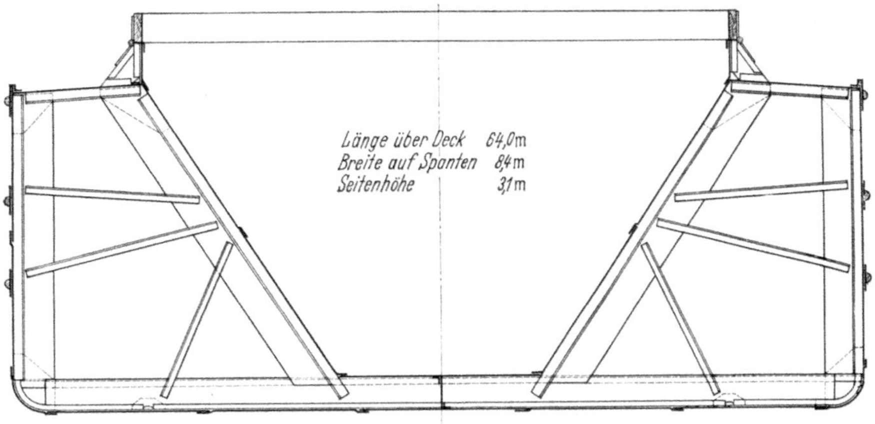

Abb. 262. Querschnitt einer Spülerschute mit einem Fassungsvermögen des Laderaumes von 670–720 m³ in übermäßig langer Holländer Form

Die Holländer Form ist in der Herstellung einfach und bildete deswegen bisher die Regel. Der auflaufende Boden setzt den Widerstand herunter und ist wirksamer, als eine Zuschärfung in der Wasserlinie. Bei amerikanischen Schuten verzichtet man auf diese ganz und gibt ihnen eine rechteckige Schwimmfläche. Das Problem der *Steuerfähigkeit* wird bei ihnen durch den Stoßbetrieb gelöst, während bei Zugbetrieb mit langer Schleppleine die geringe Steuerfähigkeit der Holländer Form ein Nachteil ist. Das Ruder hat bei

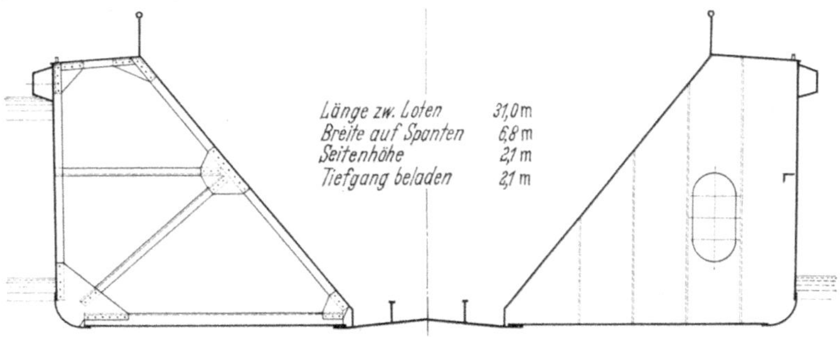

Abb. 263. Querschnitt einer Spülerschute mit einem Fassungsvermögen des Laderaumes von 165 m³ mit getrennten Luftkästen ohne unzugänglichen Raum unter dem Laderaumboden

dieser Schiffsform infolge des mangelhaften Wasserzuflusses wenig Wirkung und das ständige Hin- und Herwandern, das Gieren der Schute, ist eine unangenehme Folgeerscheinung. Eine Schiffsform, die diesen Nachteil nicht besitzt, erhält aber größere Länge und läßt das günstige Verhältnis zwischen Laderauminhalt und Schiffsgröße nicht immer einhalten, so daß solche Schuten teuerer in der Herstellung sind. Bei dem immer mehr ansteigenden Schiffsverkehr, in den sich der Schutenbetrieb einordnen muß, ist aber ein genaueres Steuern notwendig, und das könnte auch in Europa zum Stoßbetrieb führen, der bisher für Schuten nicht angewendet wurde.

Der Querschnitt von Abb. 261 läßt erkennen, daß der Laderaumboden 400 mm über dem Schiffsboden liegt, bei der Schute nach Abb. 262 sind es nur 330 mm. Der Raum darunter ist sehr schlecht zugänglich und kann weder ordnungsmäßig konserviert werden, noch ist bei Nietarbeiten ein Gegenhalten oder ein einwandfreies Schweißen möglich.

Vom Verfasser wurde für kleine Schuten von 55 m³ Inhalt, die im Jahre 1935 gebaut wurden, vorgeschlagen, den unzugänglichen Raum unter dem Laderaum wegfallen und die

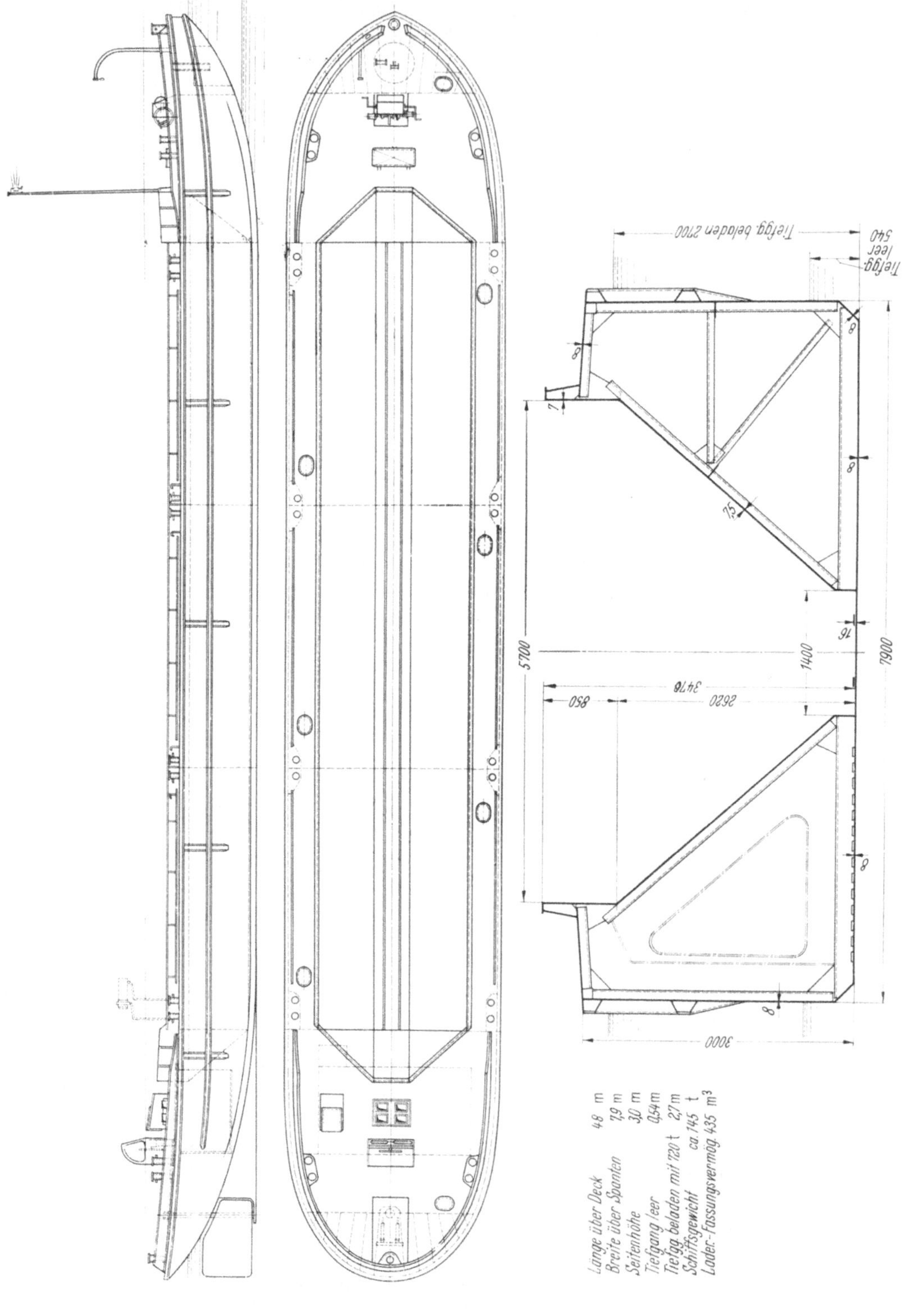

Abb. 264. Spülerschute mit einem Fassungsvermögen des Laderaumes von 435 m³ in ganz geschweißter Ausführung ohne Doppelbodenraum in verbesserter Holländer Form

Luftkästen wie bei Klappschuten ohne Verbindung zu lassen. Abb. 263 zeigt den Querschnitt einer Schute der Mittelgröße von 165 m³ Laderauminhalt in dieser Ausführung mit einer Länge von 31 m, einer Breite auf Spanten von 6,8 m und einer Seitenhöhe von 2,4 m. Man erkennt, daß der Laderaumboden aus einer geknickten Platte von 16 mm Stärke besteht, auf der oben zwei Schienen zur Führung des Saugerüssels des Spülers entlanglaufen. Diese Konstruktion ermöglicht es auch, Schuten ähnlicher Größe zerlegbar auszuführen, da nach Abnietung der Verbindungsplatte die beiden Luftkästen, die in der Längsrichtung auch teilbar sind, mit der Bahn verladen werden können. Die beiden Luftkästen vor und hinter dem Laderaum haben dann Teilfugen, so daß nach Trennung nur bahnverladbare Teile vorhanden sind. Das Gewicht der abgebildeten Schute beträgt etwa 65 t.

Inzwischen sind auch größere Schuten mit Fortfall des Leerraumes unter dem Laderaum gebaut worden. Abb. 264 zeigt eine solche für 435 m³ Laderauminhalt mit 48 m Länge, 7,9 m Breite und 3 m Seitenhöhe. Die Bodenplatte des Laderaumes ist hier gerade

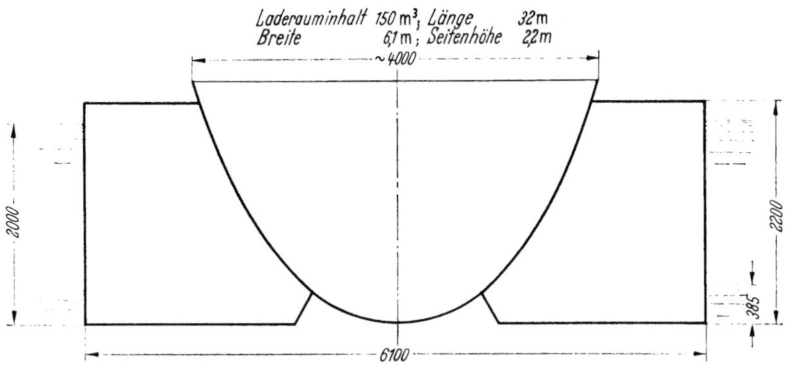

Abb. 265. Querschnitt einer Schute für Entladung durch Greifer, bei der auch eine Entladung durch Schutensauger oder Elevator möglich ist

und 16 mm dick mit aufgelegten Flachschienen. Bei 1,4 m Breite hat diese Platte genügend Festigkeit. Beulen, die durch Stöße von oben oder unten entstehen, oder auch Löcher schaden wenig, da eine Reparatur viel leichter ist, als bei einer Schute der früheren Bauart. Eine Versteifung durch querlaufende Profilträger vermeidet man, da diese, wenn sie unter der Platte liegen, den Fahrtwiderstand erhöhen und wenn sie darüber liegen, beim Entleeren hinderlich sind.

Die Schute ist gegenüber der Holländer Form etwas schlanker gebaut, wodurch ein besserer Wasserzulauf zum Ruder erreicht und die Steuerfähigkeit erhöht wird. Dazu trägt noch eine Öldruck-Steueranlage bei. Das Eigengewicht ist mit 145 t sehr niedrig gehalten, was auf die Schweißkonstruktion zurückzuführen ist. Die Tragfähigkeit beträgt 750 t, so daß bei 435 m³ ein spezifisches Gewicht von 1,73 und bei 400 m³ ein solches von 1,87 für die Ladung zulässig ist. Dabei ist der Tiefgang 2,7 m, so daß der Freibord noch 300 mm beträgt. Das Produkt $L \cdot B \cdot H = 48 \cdot 7{,}9 \cdot 3 = 1130$ m³ ist das 2,6fache von 435 m³. Infolge der schlanken Form ist der Völligkeitsgrad bei unbeladener Schute nur 0,7, so daß sich ein Leertiefgang von 0,54 m im Mittel ergibt. Der Völligkeitsgrad für die beladene Schute ist mit 0,845 auch geringer als bei der Holländer Form.

Laderaumform für Greiferentladung. Die Neigung der Laderaumwände von ungefähr 45° gegen die Waagerechte paßt für die Entleerung durch einen Spüler oder Elevator, da nur dann eine so geringe Breite im Laderaumboden zu erreichen ist, daß kein Boden seitlich liegen bleibt. Für die Greiferentladung, die auf Binnengewässern häufig vorkommt, ist diese Form wenig geeignet und man sollte die Wände durch einen besonderen Belag aus Holz oder Eisen, der vor die Laderaumwände gesetzt wird, vor dem Verbeulen schützen. Es ist zweckmäßig, daß der Einbau dieses Belages und seine Befestigung nicht behelfsmäßig vorgenommen wird, sondern daß die entsprechenden Einrichtungen beim Bau vorgesehen werden.

Für Greiferentladung müßte der Laderaum etwa eine Form haben, wie Abb. 265 sie zeigt. Schuten in ähnlicher Form, jedoch mit Totraum unter dem Laderaumboden, sind in kleinen Größen schon gebaut worden.

Da die Entleerung durch Elevatoren immer seltener wird, sollte man bei Schuten für Binnengewässer doch zu einem derartigen parabelähnlichen Querschnitt für den Laderaum übergehen, der auch eine Entleerung durch den Spülerrüssel ermöglicht.

In den USA werden Schuten, die Sand und Kies fördern, durch Greifer entladen, wobei sie ein durchgehendes Deck mit aufgebautem Ladungskasten erhalten. Abb. 266 zeigt eine derartige Schute, die 41 m lang, 8,2 m breit und 2,5 m hoch ist, in der einfachen Bauart mit rechteckiger Schwimmfläche bei auflaufendem Boden und kleiner Abrundung an beiden Schiffsenden. Der Ladungskasten ist 31 m lang, 6,7 m breit und 1,0 m hoch, was

Abb. 266. Amerikanische Kiesschute von 500 t Tragfähigkeit mit Laderaumkasten (cargo box) an Deck, für Greiferentladung. Aufnahme Dravo, Pittsburgh

gestrichen gerechnet 210 m³ Inhalt ergibt. Die Tragfähigkeit der Schute beträgt 500 t, für trocknes Kiesmaterial einem Volumen von 320 m³ entsprechend. 110 m³ liegen dann als Haufen über der Oberkante der Umfassung des Ladungskastens in einer solchen Höhe, daß die Beladung derartiger Deckschuten mit einem gewöhnlichen Eimerkettenbagger nicht möglich ist. Sortierbagger, die in den USA für ihre Beladung verwendet werden, haben aber immer einen hohen Aufbau, so daß man ihre Schüttrinnen entsprechend hoch legen kann, oder Förderbänder nimmt, die auf die nötige Höhe kommen können.

Die Entladung solcher Schuten mit einem Greifer ist sehr leicht möglich, man kommt dabei bis auf 3 Spiele/min. Hat man einen Greiferkorb mit 2,5 m³ Inhalt, so würde man hierbei die 320 m³ mit 127 Greiferspielen entladen können, was 42,5 Minuten dauern würde. Rechnet man mit einer Stunde, dann ist dies noch so kurz, daß man auf ein Verklappen mit Wiederaufnehmen aus dem Wasser verzichten kann, zumal dies bei sortiertem Kies auch aus anderen Gründen nicht zweckmäßig ist.

3. Bauliche Gestaltung und Ausrüstung der Spülerschuten

Infolge der ständigen Stöße, die Schuten im Betrieb erleiden, sind Leckwerden und Wassereinbrüche nicht selten und als Sicherheit dagegen sind wasserdichte Schotten notwendig. Vorpiek und Achterpiek sind gegen die seitlich des Laderaums gelegenen Luftkästen abgetrennt und diese wieder je nach Größe durch mehrere Schotten unterteilt. Es ist am besten, wenn die Schotten keine Mannlochöffnungen haben, damit sie im Ernstfall auch wirklich dicht sind. Jede Abteilung neben dem Laderaum muß dann durch ein Mannloch im Deck zugänglich gemacht werden, das leicht zu öffnen ist und möglichst wenig stören soll. Anstelle eines Deckels mit vielen Schrauben ist eine Konstruktion, ähnlich den Bunkerverschlüssen zweckmäßiger. Bei Wassereinbrüchen kann nach Losnehmen dieser Verschlüsse der Saugeschlauch einer Bergungspumpe eingeführt werden, während für die Entfernung von kleinen Wassermengen jede Abteilung ein bis auf den Boden gehendes Lenzrohr hat, an das oben im Deck mit einer Bronzeverschraubung, eine Handlenzpumpe angesetzt werden kann.

Gewöhnlich besteht die Besatzung aus zwei Mann, es werden vier Kojen vorgesehen, um eine Doppelschicht unterzubringen. Meist liegt der Wohnraum hinter dem Laderaum, während der Raum vor ihm zur Aufnahme von Ausrüstungsteilen, Vorräten usw. bestimmt ist. Außer dem Schlafraum ist ein Raum für Kochen und Aufenthalt vorhanden. Da es immer schwieriger wird, Besatzungen für Schuten zu gewinnen und zu halten, muß die Einrichtung in bezug auf Wohnlichkeit und freundliches Aussehen denen der Baggergeräte angenähert werden.

Torfstreuklosetts werden neuerdings vorgesehen, da WC's wegen des wechselnden Tiefgangs schwer einzubauen sind und Gefahren mit sich bringen.

Die Spülerschuten werden beim An- und Ablegen vielfach zwischen den Bagger und eine volle Schute oder zwischen den Spüler und eine leere Schute gedrückt, so daß sie starken Beanspruchungen und Stößen ausgesetzt sind, die ganz besonders beim Arbeiten im Seegang oder bei Wind und Strom in ihrer Größe unberechenbar sein können. Die Schiffskonstruktion muß dem angepaßt werden und auch hohe lokale Festigkeit besitzen. Über die Vorschriften der Klassifikationsgesellschaften muß man häufig hinausgehen, besonders an den Schiffsenden. Die durchschnittliche Blechdicke der Schute nach Abb. 261 beträgt 7 mm. Der Scheergang mit 8 mm ist dicker und ebenso der Laderaumboden. Die schrägen Laderaumwände werden häufig dicker genommen, da sie dem Abrieb ausgesetzt sind, während der Schiffsboden bei Schuten im allgemeinen weniger beansprucht wird. Die Deckstreifen neben dem Laderaum haben sehr viel auszuhalten und sollten nicht dünn sein. Um ein Ausgleiten zu vermeiden, soll das Deck nicht glatt sein. Da Riffelblech seine Rauhigkeit bei Eisbelag verliert, wird meist Warzenblech genommen. Die Kimm wird eckig gemacht mit einem kräftigen, außen liegenden Winkel, doch findet man auch runde und abgeschrägte Kimmformen.

Häufig macht man die Breite im Deck größer als im Boden, so daß die Wände schräg verlaufen, Stöße vorwiegend in Deckshöhe aufgenommen werden und weniger auf die darunter liegende Seitenwand kommen.

Das *Längsspantensystem* hat für Schuten mancherlei Vorteile, jedoch bleibt dabei ein horizontal verlaufender Streifen der Außenhautplatten zwischen zwei Längsspanten unversteift und wird mitunter auf größere Länge eingedrückt, während bei Querspanten senkrecht verlaufende Wellen entstehen. Hölzerne *Scheuerleisten*, auch Berghölzer genannt, gelten als Schutz gegen Einbeulung der Außenhaut. Es werden in Deckshöhe und bei größeren Schuten auch unterhalb davon über der Leerwasserlinie Kanthölzer angesetzt mit senkrechten oder schrägen Verbindungshölzern. Die Hölzer sitzen zwischen Winkeln oder Flacheisen, die mit der Schiffswand verbunden sind. Elastizität besitzen solche Scheuerleisten nicht, sondern werden bei Stößen abgescheuert, splittern und brechen. Dies ist besonders am Vorschiff und Hinterschiff der Fall, wo die Hölzer in eine stark verwundene Form geschnitten werden müssen, die ihnen die Festigkeit nimmt. Der Ersatz eines gebrochenen Stückes ist sehr schwierig, zumal auch die Schiffswand dann verbeult ist. Hölzerne Scheuerleisten können ein Fährschiff, das auf ebenem Kiel mit annähernd gleichem Tiefgang schwimmt, beim Anlegen schützen, haben aber bei einer Schute wenig Wert, da diese bei der Beladung und Entladung trimmt und krängt, so daß die Scheuerleisten sich verhaken und ausbrechen. Ein großer Nachteil ist es auch, daß die Schiffswand hinter dem Kantholz verrostet.

Man ist infolgedessen von den hölzernen Scheuerleisten abgekommen und ersetzt sie durch *eiserne Profile*. Diese sind zwar auch nicht elastisch, bilden aber bei Aufschweißung auf die Schiffswand eine Versteifung und nehmen, wenn die zwischen ihnen verbleibenden Felder klein sind, die Stöße auf, so daß nur sie verbeult werden und nicht die Schiffswand. Die Beseitigung von Einbeulungen ist aber bei ihnen nicht einfach.

Wenn man die Schutzfrage der Schiffswände im Zusammenhang mit Bagger und Spüler betrachtet, scheint es am zweckmäßigsten, den Wänden durch lose vorgehängte Hölzer oder durch alte Reifen von Lastwagen oder Gummifender eine gewisse Elastizität zu geben und die Außenhaut der Schuten glatt zu lassen. Man muß für sachgemäße Befestigung der

Vorsatzteile an Baggern und Spülern sorgen, damit die auftretenden großen Kräfte aufgenommen werden können.

Das *Schanzkleid*, welches das Vorschiff und Hinterschiff umgibt, läßt man, wie allgemein bei Baggergeräten, $^1/_4$ bis $^1/_2$ m gegen die Außenhaut zurückspringen, da es sonst häufig von überragenden Teilen anderer Schuten oder des Schleppers getroffen und verbeult wird.

Beim *Anstrich* muß auf die mechanische Beanspruchung und außerdem auf die großen Temperaturgegensätze bei einer Schute geachtet werden. So muß Solution (Bitumastix), wenn sie für die Innenräume verwendet wird, elastisch sein, darf aber nicht bei den Temperaturen, wie sie durch die Sonnenbestrahlung auftreten, schmelzen und abtropfen. Lecköl ist in dieser Beziehung anpassungsfähig und einfach, macht aber das Begehen der Innenräume sehr unbequem. Für den Außenanstrich der Wände wird Kohlenteer genommen und Ölfarbe für das Schanzkleid, Oberlichter, Niedergänge und sonstige Decksaufbauten.

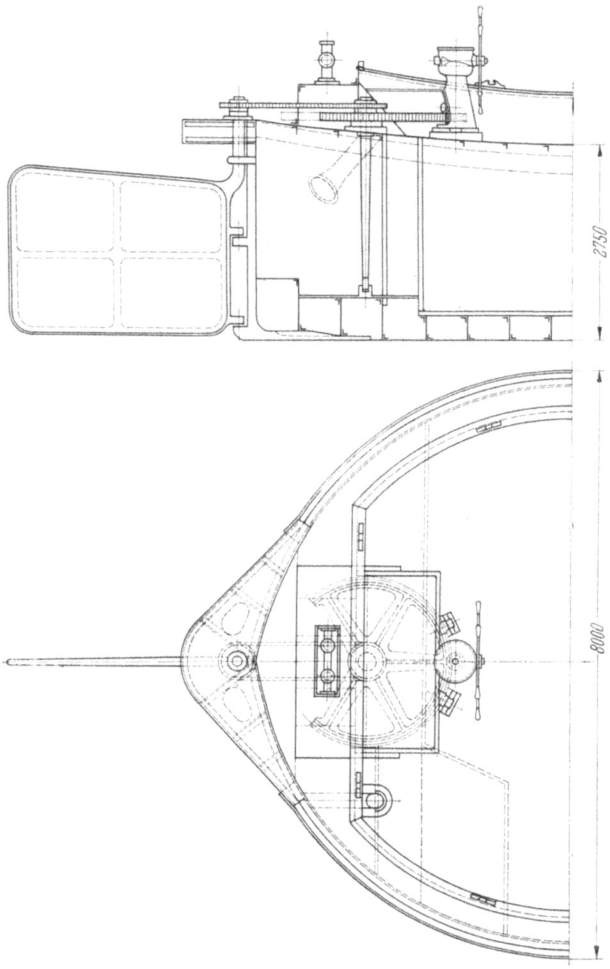

Abb. 267. Rudereinrichtung für Schuten, Bauart Atlaswerke, mit Zahnsegment und Kettenübertragung nach der Ruderwelle. Aus PAULMANN/BLAUM, 2. Auflage

Die Wichtigkeit der *Steuereinrichtung* wurde schon erwähnt. Da das Ruder einer Schute auch wirken soll, wenn sie unbeladen einen geringen Tiefgang hat, muß es lang sein. Das gibt große Drehkräfte auf den Ruderschaft, die noch durch Stöße, die unmittelbar das Ruder treffen, verstärkt werden. Ein Steuern mit einer Pinne ist nur bei kleinen Größen bis etwa 50 m³ Laderauminhalt möglich, während darüber hinaus ein Handrad erforderlich ist. Abb. 261 zeigte die gewöhnliche Einrichtung, bei der durch das Steuerrad eine Kettennuß angetrieben und die Kette über zwei Ablenkrollen direkt an das Ende des Ruders geführt wird. Diese Einrichtung ist sehr einfach und kann Stöße vertragen, zumal das Ruder, wenn es einen gewissen Ausschlagwinkel erreicht hat, ganz nach dieser Seite umklappen kann. Mit ihr ist ein genaues Ruderlegen und Steuern nicht möglich. Kinematisch richtige Verhältnisse bekommt man nur, wenn man die Kette auf einen Kreis auflaufen läßt, der auf die senkrechte Drehwelle des Ruders aufgesetzt ist, wie Abb. 267 zeigt. Diese Einrichtung muß so kräftig sein, daß sie die erwähnten Stöße aufnehmen kann. Es darf auch bei Schräglage des Ruders nichts überstehen und das Kettenrad auf der Ruderwelle muß durch einen Abweiser geschützt sein. Wenn man das Schiffsheck über das Ruder übergreifen läßt, führt dies beim Drehen der Schute am Bagger oder Spüler häufig zur Beschädigung von Winden o. dgl., so daß diese Teile weit genug gegen die Außenhaut zurückspringen und durch besondere Einrichtungen (Windenschutz) gesichert sein müssen.

Durch Anwendung eines Balance-Ruders sucht man die Kräfte für das Ruderlegen herabzusetzen und geht bei größeren Schuten auch zu hydraulischer Ruderbetätigung über.

Die *Schleppeinrichtung* der Schute muß es zulassen, daß die vom Schlepper kommende Schlepptrosse auch nach den Seiten auswandern kann, wie es Bild 268 zeigt. Das ist bei

Abb. 268. Beladene Spülerschute, bei der die Schlepptrosse querab zum Schlepper führt. Aufnahme Zander, Emden

einem drehbaren Schlepphaken nach Abb. 269 möglich. Bei größeren Schuten nimmt man meist einen sehr kräftig befestigten Schlepp-Poller, der entweder ganz vorn sitzt, oder, wenn er zurückgesetzt ist, vor sich zwei Leitpoller hat, zwischen denen die Schlepptrosse hindurchgeht. (Siehe Abb. 261.)

Auch die übrigen Poller der Schute müssen kräftig und zahlreich sein. Im Vor- und Hinterschiff sind auf beiden Seiten Doppelpoller anzuordnen, entweder über dem Schanzkleid oder auf Deck mit entsprechenden Öffnungen im Schanzkleid, damit die Seile nach verschiedenen Richtungen abgehen können. Auf den Deckstreifen neben dem Laderaum werden bei einer 350 m^3-Schute je vier Doppelpoller angeordnet, bei kleineren, drei oder zwei. Die Poller dienen zum Festmachen von Seilen beim Heranholen der Schuten an Bagger und Spüler sowie zum Verziehen während der Be- und Entladung. Sie müssen kräftig und verschleißfest sein, so daß man von der bei anderen Fahrzeugen üblichen gußeisernen Ausführung abgekommen ist. Sie werden vielmehr aus nahtlosem Stahlrohr hergestellt, gehen durch das Deck, das an dieser Stelle besonders verstärkt ist und sind unter Deck an Konsolen befestigt. Am oberen Ende ist noch eine besondere Verschleißkappe aufgesetzt, die nach Durchscheuern durch die Trossen erneuert werden kann, wobei deren Abrutschen ein Querstift verhindert. Klampen und Klüsen werden bei Schuten auch zumeist nicht mehr aus Gußeisen, sondern aus SM-Stahl hergestellt.

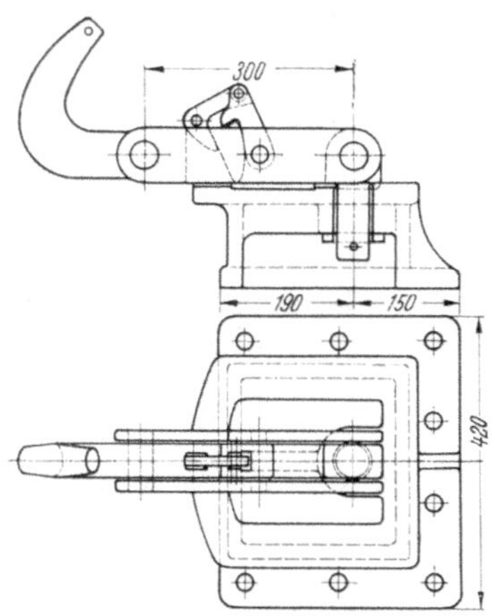

Abb. 269. Drehbarer Schlepphaken für Schuten. Aus Paulmann/Blaum, 2. Auflage

Die *Anker* werden auf strömenden Flüssen gebraucht, während die Schuten auf stromlosen Gewässern meist anderweitig mit Trossen festgelegt werden. Das Gewicht der Anker beträgt etwa 1,5 kg/m³ Laderauminhalt, also etwa 500 kg für die 350-m³-Schute. Klippanker, die in einer schrägen Klüse liegen, können am leichtesten und schnellsten fallen und sind am einfachsten mit einer handbetriebenen Ankerwinde aufzuholen. Sie müssen mit ihren Flunken aber in einer Tasche versenkt liegen, damit sie bei Zusammenstößen nicht getroffen werden und die Schiffswand eindrücken. Diese Gefahr besteht auch, wenn der Anker, wie sonst bei Binnenschiffen üblich, hängend an einem nach vorn herausragendem Baum gefahren wird. Deswegen ist das Aufholen des Ankers mit Davits und Lagern an Deck das beste, wenn es auch – besonders bei den schweren Ankern größerer Schuten – im Handbetrieb nicht einfach ist.

Spülerschuten und Elevierschuten erhalten, wie bereits erwähnt wurde, fast durchweg keinen eigenen Antrieb, sondern werden von Schleppern geschleppt. Sie ziehen die Schuten meist an längerer Schlepptrosse hinter sich, nehmen sie aber beim Anlegen häufig an ihre Seite, mit kurzer Trosse. Die beim Schleppen auftretenden Kräfte und Geschwindigkeiten und sonstige Fragen des Schleppbetriebes werden im nachfolgenden Kapitel R behandelt.

In der Tabelle 20 sind im Anhalt an die vorstehend beschriebenen und andere ausgeführte Fahrzeuge sowie Berechnungen die durchschnittlichen Hauptdaten von Spüler-

Tabelle 20. *Hauptabmessungen von Spülerschuten für Regelausführung nach Holländer Bauart*

		A	B	C	D	E	F	G
1	Laderauminhalt V m³	60	100	160	250	350	500	750
2	Produkt $L \cdot B \cdot H = 2{,}75 \cdot V$ m³	180	275	440	690	965	1375	2060
3	Länge üb. Deck m	24	28	32	38	42	47,5	54
4	Breite auf Spanten m	4,6	5,3	6,1	7	8	9	10
5	Seitenhöhe m	1,65	1,9	2,2	2,5	2,8	3,2	3,6
6	Ladungsgewicht mit $\gamma = 1{,}8$ t	108	180	289	450	630	900	1350
7	Leergewicht t	30	45	64	100	140	200	300
8	Verhältnis Leergewicht/ Ladungsgewicht	0,28	0,25	0,22	0,22	0,22	0,22	0,22
9	Verdrängung beladen m³	138	225	353	550	770	1100	1650
10	Tiefgang beladen ($\delta = 0{,}9$) m	1,38	1,68	2,00	2,3	2,54	2,85	3,4
11	Verhältnis Tg/Seitenhöhe	0,84	0,88	0,91	0,92	0,91	0,89	0,945
12	Tiefgang leer ($\delta = 0{,}8$) m	0,34	0,38	0,41	0,47	0,52	0,585	0,69
13	MittlereBlechdicke etwa mm	5	5,5	6	6,5	7	8	9

schuten zusammengestellt. Die Laderauminhalte V in Zeile 1 gehen von 60 bis 750 m³ und jeder ist etwa das 1,5fache des vorangehenden. In Zeile 2 ist das Produkt $L \cdot B \cdot H = 2{,}75\ V$ gesetzt, und in Spalte 3 die Länge gleich dem 4,25fachen der dritten Wurzel des Produktes $L \cdot B \cdot H$. Die Breite in Zeile 4 ist in Deck und Boden gleichbleibend mit $\frac{1}{5.25}$ der Länge angenommen und die Seitenhöhe in Zeile 5 mit $\frac{1}{2{,}8}$ der Breite. Für die Ladung ist das spezifische Gewicht 1,8 gesetzt und danach das Ladungsgewicht in Zeile 6 berechnet. Für das Leergewicht der Zeile 7 ist der Verhältniswert von 0,4 V für die größeren Schuten, für 100 m³ 0,45 V und für 60 m³ 0,5 V angenommen, wie aus Zeile 8 zu entnehmen ist. Die Summe der Gewichte von Zeile 6 und 7 ergibt die Verdrängung in beladenem Zustand in Zeile 9. Hiernach ist der Tiefgang in beladenem Zustand mit $\delta = 0{,}9$ in Zeile 10 berechnet, wobei sein Verhältnis zur Seitenhöhe in Zeile 11 zu finden ist. Zeile 12 gibt den Leertiefgang für $\delta = 0{,}8$ an, und die letzte Zeile 13 enthält noch die ungefähren Blechdicken.

Erwähnt sei hier noch, daß in Österreich für die Donau auch heute noch Schuten in Holz gebaut werden, wofür in Kapitel L ein Beispiel gebracht wurde.

4. Allgemeines über Klappschuten, Unterklappen, Oberklappen und Querachsklappen

Während in Europa die Schuten ohne Bodenöffnungen, die nach oben entleert werden, überwiegen, werden im Ausland mehr Klappschuten verwendet und in den USA arbeitet man fast nur mit ihnen. Man verklappt mit ihnen die Ladung entweder an der endgültigen Ablagerungsstelle, wenn eine solche von genügender Wassertiefe sich finden läßt, oder an einer Zwischenlagerungsstelle zur Wiederaufnahme und endgültigen Ablagerung, die meist durch einen Saugbagger mit Schneidkopf durchgeführt wird. Das Verklappen dauert, von Ausnahmen abgesehen, nur kurze Zeit, so daß der Umlauf glatt vor sich geht, ein regelmäßiger Schutenfahrplan einzuhalten ist und man mit wenigen Schuten auskommt. Der Nachteil des Bodenverlustes läßt jedoch dieses Verfahren bei Feinsand und Schluff nicht zu, während bei anderen Bodenarten die Vorteile überwiegen, so daß man auch in Europa in dieser Weise mit Klappschuten arbeiten sollte.

Je nach der Art der Klappenanordnung kann man unterscheiden zwischen Unterklappen (holländisch onderlosser), die in Schiffsbodentiefe liegen, und Oberklappen, die über der Leerwasserlinie liegen (holländisch oplosser). Man hat Klappen mit Drehachsen in der Längsrichtung, in einfacher oder in doppelter Klappenreihe. Bei doppelter Klappenreihe können die Drehachsen außen am unteren Ende der schrägen Laderaumwände oder innen an einem Mittellängsträger oder einem als Hohlkörper ausgebildeten Mittelkielschwein liegen. Es gibt schließlich noch Klappen mit Drehachsen in der Querschiffsrichtung, die wieder hoch oder tief liegen können.

Die Schuten mit Klappen in Schiffsbodentiefe, im folgenden als *Unterklappen* bezeichnet, sind den Spülerschuten am ähnlichsten, wenn sie nur eine Reihe von Klappen haben. Abb. 270 zeigt eine solche Schute mit 330 m³ Laderauminhalt, mit einer Länge von 45 m, einer Breite im Deck von 7 m und im Boden 6,9 m und einer Seitenhöhe von 2,75 m. Der Laderaumboden hat eine Breite von 1,4 m, die gleich der Klappenbreite ist. Die Laderaumwände steigen mit einer Neigung von etwas mehr als 60° gegen die Horizontale auf und ergeben eine Laderaumbreite oben von 4,9 m, so daß das Verhältnis der Klappenöffnungen zur Laderaumoberfläche ungefähr 1:3,5 ist, wenn man die Querträger zwischen den Klappen vernachlässigt. Die Neigung der Laderaumwände von 60°, gegenüber 45° bei einer Spülerschute, ist mindestens notwendig, um eine gute Entleerung bei allen Bodenarten zu erreichen. Da die Laderaumbreite unten nicht größer als die Klappenbreite sein kann, wird der Querschnitt gegen den einer Spülerschute schmaler und, da man auch nicht zu sehr in die Höhe gehen kann, kleiner. Hierdurch wird die Länge des Laderaumes und auch die der ganzen Schute meist etwas größer, als bei einer Spülerschute gleichen Fassungsvermögens. Mitunter macht man die Wände noch steiler und geht mit der Neigung bis 70°, wodurch die Schuten noch schmaler und länger werden.

Der Leertiefgang ist bei einer Klappschute größer als bei einer Spülerschute gleichen Fassungsvermögens, weil das Schiffsgewicht wegen der Klappen und deren Betätigungseinrichtungen etwa 20% größer ist. Das Gewicht der Klappschute nach Abb. 270 kann mit $L \times B \times H \times 0{,}175 = 45 \times 6{,}95 \times 2{,}75 \times 0{,}175 = 150$ t angesetzt werden. Es kommt noch hinzu, daß beim Verstürzen der Ladung durch die geöffneten Klappen Wasser in den Laderaum kommt, das nach dem Schließen darin verbleibt und bei dieser Schute etwa $^1/_8$ des Laderauminhaltes ausmacht. Der Leertiefgang beträgt 0,75 m und ist um etwa 35% größer als bei einer Spülerschute.

Das Gewicht der Ladung kann nach dem, was bei Spülerschuten ausgeführt wurde, im Durchschnitt mit 1800 kg/m³ angesetzt werden. Das ergibt $330 \times 1{,}8 = 595$ t. Damit ergibt sich der Tiefgang in beladenem Zustand $Tg = \frac{745}{46 \cdot 6{,}95 \cdot 0{,}9} = 2{,}65$ m. Der Freibord würde nur 0,1 m betragen. Man rechnet jedoch damit, daß das Material, das in Klappschuten geladen wird, größere Hohlräume aufweist. Da ferner die Klappen meist nicht wasserdicht sind, stellt sich der Wasserspiegel im Laderaum in Höhe des Außenwasserspiegels ein, dadurch enthalten die Hohlräume im oberen Teil der Ladung nur Luft. Nimmt man das Verhältnis zwischen Tiefgang im beladenen Zustand und Seitenhöhe, wie bei der Spülerschute mit 0,91 und damit den Tiefgang mit 2,5 m an, dann erhält man eine Verdrängung von $45 \times 6{,}95 \times 2{,}5 \times 0{,}9 = 705$ t und damit das Gewicht der Ladung von $705 - 150 = 555$ t. Das entspricht einem spezifischen Gewicht von $555/330 = 1{,}675$, womit man im Durchschnitt rechnen kann.

Ein Vorteil der Unterklappen ist es, daß der Schiffsboden fast so glatt wie bei einer Spülerschute und der Fahrwiderstand nur unmerklich höher ist. Sie haben aber den *Nach-*

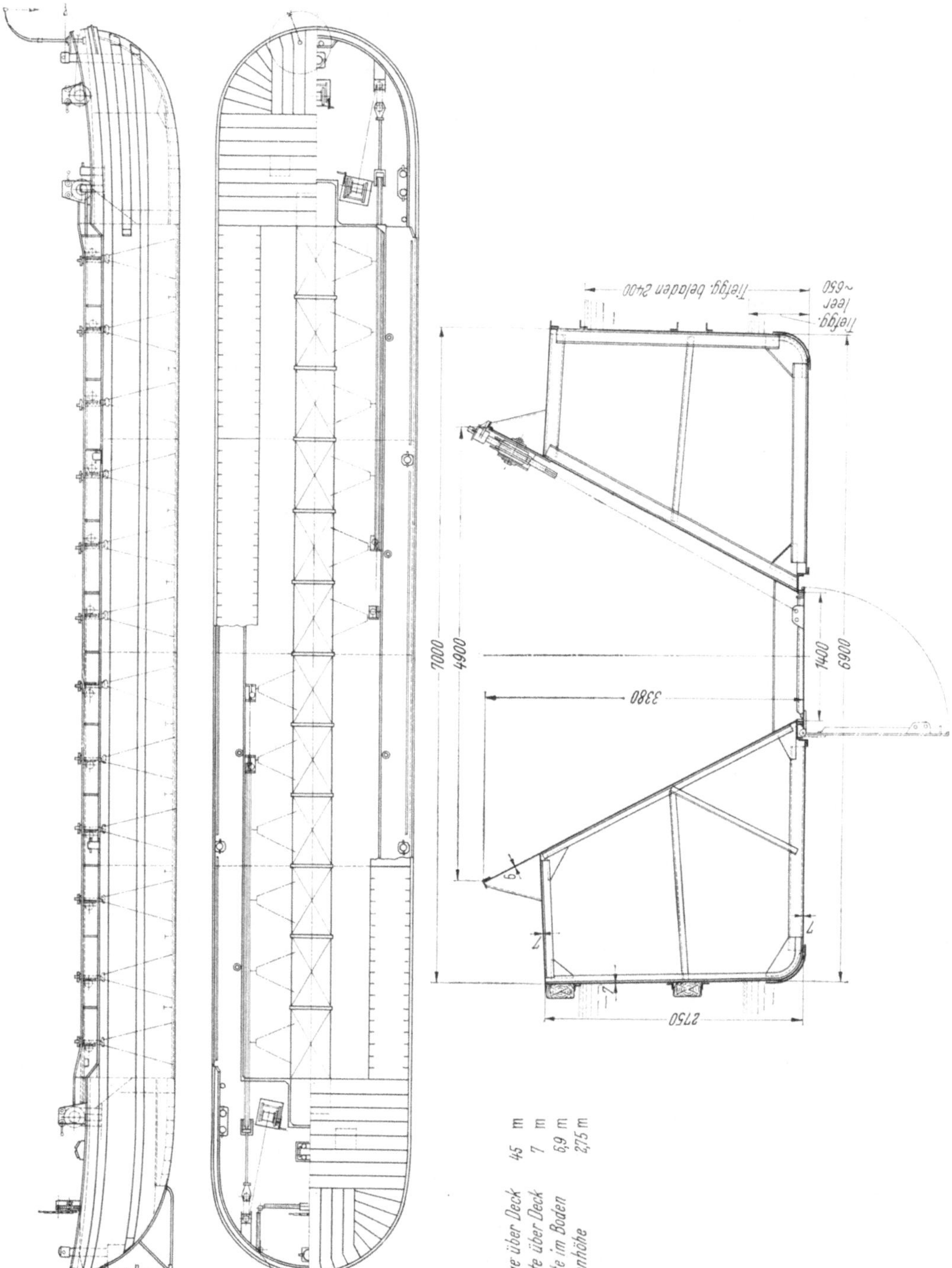

Abb. 270. Klappschute mit einem Fassungsvermögen des Laderaumes von 330 m³ mit Unterklappen (onder-losser) und darüber liegenden Querträgern

teil, daß die geöffneten Klappen unter dem Schiffsboden herausschlagen. Das Herausschlagen der Klappen verlangt größere Wassertiefe beim Klappen, wobei noch die Gefahr besteht, daß die Klappen gegen einen Haufen, den die verklappte Ladung gebildet hat, stoßen. Beim Verklappen im Seegang, werden durch die Bewegung des Schiffskörpers die geöffneten Klappen hochgedrückt und fallen wieder in ihre Ketten ein, was häufig zu Beschädigungen führt. Bei den Hopperbaggern wurde schon erwähnt, daß man, um dies zu vermeiden, die Klappen kleiner macht und hochlegt, obwohl dadurch die Entleerung schwieriger wird. Ein Nachteil der Unterklappen ist es ferner, daß sie auch bei unbeladener Schute unter Wasser liegen, und da dieses schmutzig ist, nicht zu sehen sind. Reparaturen können an ihnen nur vorgenommen werden, nachdem die Schute eingedockt oder auf-

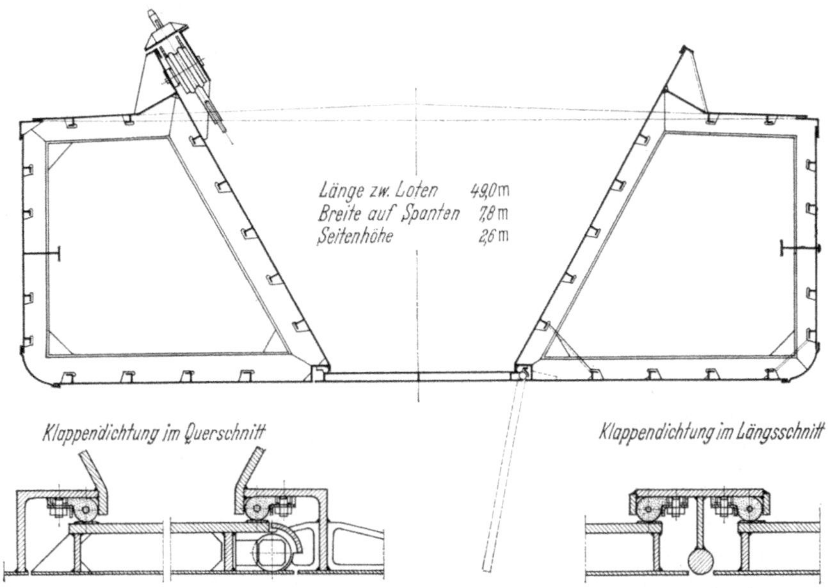

Abb. 271. Querschnitt einer Klappschute mit einem Fassungsvermögen von 400 m³ mit gummigedichteten Unterklappen, bei der eine Verwendung als Spülerschute möglich ist. Erbaut 1958 in Portugal SARL

geschleppt ist, so daß es schwer ist, auf die Dauer ein Dichthalten der Klappen zu erreichen. Da herausstehende Klappen den Anströmungswiderstand erhöhen, ist es auch aus diesem Grunde zweckmäßig, für ein gutes Anliegen zu sorgen.

Im Querschnitt der Abb. 270 liegen die Drehachsen der Klappen links und die *Klappenketten* greifen rechts an beiden Ecken der Klappe an. Sie laufen dann zusammen und eine Einzelkette geht zu der Kettenrolle, die eine Umlenkung in die waagerechte Richtung herbeiführt. Die Kettenenden sind an dem *Schiebebalken* befestigt, der mit der Klappenwinde unter Einschaltung eines Flaschenzuges in die Schließstellung gebracht wird. Damit nicht die Klappenwinde dauernd unter Zug steht, wird durch Einschlagen eines Keiles eine Festlegung des Schiebebalkens und Entlastung der Winde herbeigeführt. Wenn geklappt werden soll, wird dieser Keil herausgeschlagen und die Bremse der Winde gelöst, worauf der Bodendruck die Klappen öffnet und der Schiebebalken nachgezogen wird. Wie der Grundriß erkennen läßt, sind zwölf Klappen vorhanden. Von den hinteren sechs sind die Ketten nach dem hinten auf der Backbord-Seite angeordneten Schiebebalken und von den vorderen nach dem vorn an der Steuerbord-Seite angeordneten Schiebebalken geführt. Daß hierbei eine Klappenwinde auf dem Vorschiff und die andere auf dem Hinterschiff steht, ist ein Nachteil, da für gleichzeitiges Klappen beide Winden besetzt sein müssen, und der Steuermann, der die hintere Winde bedient, dann nicht das Ruder betätigen kann. Man hält aber diese Ausführung für notwendig, damit der Rückdruck, der bei schrägem Abgang der Ladung entstehen kann, ausgeglichen wird.

Abb. 271 zeigt den Querschnitt einer 1958 in Portugal gebauten Klappschute von 400 m³ Fassungsvermögen mit 49 m Länge, 7,8 m Breite und 2,6 m Höhe. Die Klappen bestehen aus Platten von 20 mm Dicke, die gut versteift sind und eine Dichtung mit Profilgummi haben. Die Schiebebalken werden durch zwei Öldruckzylinder bewegt, je einen im Vorschiff und Hinterschiff. Die Schute ist etwas schlanker als es der normalen Holländer Form entspricht und nach dem Längsspantensystem in Schweißkonstruktion hergestellt. Es ist gelungen, das Gewicht gering zu halten, so daß das Verhältnis des Produktes $L \times B \times H$ zum Laderauminhalt mit $\frac{1000}{400} = 2{,}5$ trotz der schlanken Form niedrig ist.

Die Querträger zwischen den zwölf Klappen sind niedrig, so daß sie nur wenig nach oben über die Klappen hinausragen und eine Verwendung auch als Spülerschute möglich ist. Eine geringe Höhe der Querträger reicht aus, da diese nur als Dichtungsträger dienen und nicht die beiden Luftkästen verbinden sollen.

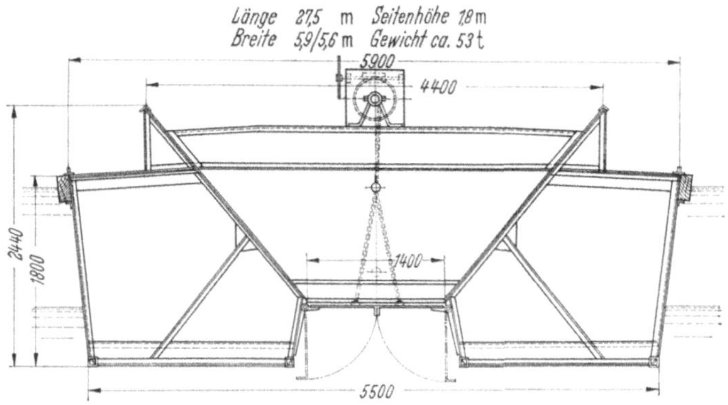

Abb. 272. Querschnitt einer Klappschute mit einem Fassungsvermögen des Laderaumes von 100 m³ mit Oberklappen, die in Höhe der Leerwasserlinie liegen (overlosser)

Während für größere Schuten die Ausrüstung mit Unterklappen die Regel bildet, werden kleinere meist mit *Oberklappen* gebaut, da sie vorwiegend auf Binnengewässern verwendet werden, in denen die Tiefe der Klappstellen beschränkt und ein Herausschlagen der Klappen unter dem Schiffsboden unerwünscht ist.

Abb. 272 zeigt eine Klappschute mit 100 m³ Laderauminhalt, 27,5 m lang, 5,9/5,5 m breit und 1,8 m hoch, mit Oberklappen, die um 0,60 m höher liegen als der Schiffsboden. Damit die Klappen unter ihm nicht wesentlich herausschlagen, sind es Doppelklappen mit außenliegenden Drehachsen. Die Laderaumbreite beträgt unten etwa 1,4 m. Damit der Laderaum einen erträglichen Querschnitt bekommt, sind die Wände nur etwas mehr als 45° gegen die Horizontale geneigt, was für die Entleerung ungünstig ist. Der Leertiefgang beträgt 0,56 m, so daß die oberen Flächen der Klappen etwas über der Leerschwimmfläche liegen. Sie sind dadurch sichtbar und Arbeiten können an den Dichtungsflächen vorgenommen werden, was ein Vorteil der Oberklappen ist.

Unter den Klappen befindet sich ein *Hohlraum* von 1,4 m mittlerer Breite, 0,65 m Höhe und einer Länge, die gleich der des Laderaumes ist. Die Schwimmfläche von $27{,}5 \cdot 5{,}8 \cdot \alpha = 27{,}5 \cdot 5{,}8 \cdot 0{,}9 = 143\ \mathrm{m}^2$ wird dadurch um $20 \cdot 1{,}4 = 28\ \mathrm{m}^2$ auf $116\ \mathrm{m}^2$ herabgesetzt. Da das Gewicht 53 t beträgt, ergibt sich mit einem Völligkeitsgrad der Verdrängung von 0,82 der oben angegebene Tiefgang in leerem Zustand von 0,56 m.

Die Tragfähigkeit der Schute ist gegenüber einer Spülerschute mit dichtem Boden oder auch einer Klappschute mit Unterklappen in Bodenhöhe um das Volumen des Hohlraumes unter den Klappen von $20 \cdot 1{,}4 \cdot 0{,}65 \sim 18\ \mathrm{m}^3 \sim 18\ \mathrm{t}$ herabgesetzt. Wenn der Laderaum von 100 m³ Inhalt eine Ladung vom spezifischen Gewicht 1,65 enthält, dann ist das Gewicht der Ladung 165 t und mit dem Eigengewicht von 53 t und 18 t Wasser als Gewicht gerechnet wird, der Tiefgang in beladenem Zustand:

$$Tg = \frac{236}{27{,}5 \cdot 5{,}8 \cdot 0{,}9} = \frac{236}{143} = 1{,}65\ \mathrm{m}$$

Das ist das 0,92fache der Seitenhöhe, der Freibord beträgt noch 0,15 m.

Da bei Oberklappen die Ladung im Verhältnis zum Schiffskörper höher liegt als bei Unterklappen und mit einer Wasserdichtigkeit der Klappen kaum zu rechnen ist, hat der Ausgleich des Wasserspiegels im Laderaum gegen den Außenwasserspiegel das Ablaufen einer größeren Wassermenge aus dem oberen Teil der Ladung zur Folge. Das angenommene Raumgewicht mit 1650 kg/m³ scheint deshalb ausreichend. Demnach ergeben eigenartigerweise undichte Klappen bezüglich der Tragfähigkeit von Klappschuten manchmal einen Vorteil. Solange die Undichtigkeit in Grenzen bleibt, hat sie bei manchen Bodenarten, wie z. B. Kies auch sonst keine Nachteile. Dasselbe gilt auch für Schluff, wenn dieser von einem Eimerkettenbagger ohne Wasserzusatz in den Laderaum gebracht ist. Schluff ist keine Flüssigkeit, er hat ein geringes Gewicht und läuft nicht gleich aus. Anders ist es, wenn der Schluff als Gemisch von einem Saugbagger in die Schute geladen wird. Er besitzt dann Flüssigkeitseigenschaften und läuft leicht aus.

Der Verlust bei *Feinsand* ist durch undichte Klappen besonders stark. Er wird durch den Fahrstrom förmlich herausgesaugt. Bei längerer Fahrzeit kann dieser Verlust leicht zu einer vorzeitigen, mehr oder minder vollständigen Entleerung des Laderaumes führen.

Wenn Klappschuten, die als Kombinations-Schuten gebaut sind, von einem Schutensauger entleert werden, müssen die Klappen dicht sein. Durch den Zusatzwasserstrahl wird sonst kurz vor der Beendigung der Entleerung Sand aus dem Laderaum unter die Schute gespült, dadurch tritt ein Bodenverlust ein, und unter der Schute wird eine Untiefe geschaffen.

Wenn eine Schute Oberklappen hat, verbleibt unter ihnen ein Hohlraum, der den Fahrwiderstand gegenüber einer Schute mit glattem Boden um etwa 40% erhöht, selbst wenn keine Querträger unter den Klappen liegen. Man könnte ihn wahrscheinlich vermindern, wenn man dem Hohlraum durch Kanäle im Vorschiff und Hinterschiff besseren Zulauf und Ablauf geben würde und sollte bei Schuten, die auf strömenden Flüssen arbeiten, bei denen also die Schleppgeschwindigkeit durchs Wasser die Stromgeschwindigkeit genügend übersteigen muß, derartige Maßnahmen in Betracht ziehen.

Die *Klappenketten* greifen bei der gezeichneten Schute an den in der Mitte liegenden Kanten der Klappen an und gehen nach oben. Dort werden wieder zwei Ketten zusammengefaßt und zwar jeweils die beiden von je zwei einander gegenüberliegenden Klappen. Die Einzelkette umschlingt dann eine Welle, die über den ganzen Laderaum in der Längsrichtung führt, und auf Querbalken, die den Laderaum oben überbrücken, gelagert ist. Die Enden der Ketten sind an der Welle befestigt, so daß bei deren Drehung die Ketten sich aufwickeln und die Klappen schließen. Für die Drehung der Welle sitzen auf ihren Enden vorn und hinten Schneckenräder, deren Schnecken mit Handrädern gedreht werden. Bei kleineren Schuten benutzt man mitunter auch ein Sperrklinkengetriebe. In der Endstellung bei geschlossenen Klappen wird die Welle festgebremst oder festgekeilt. Um ein gleichmäßiges Schließen aller zwanzig Klappen zu erreichen, müssen die Ketten nachstellbar sein, so daß in die von den Klappenenden kommenden Einzelketten und meist auch in die Sammelketten Spannschlösser eingebaut werden, die aber verrosten und bald nicht mehr gangbar sind. Der Laderaum solcher Schuten ist durch die vielen Überbauten nicht frei, was die Beladung stört, da die Schüttrinnen an die Überbauten anstoßen, Steine verbiegen beim Aufschlagen die Welle und Bodenteile können hängen bleiben. Eine Entleerung der Ladung nach oben durch Greifer oder dgl. ist unmöglich. Wenn man darauf nicht verzichten will, muß man Träger und Welle abnehmbar machen, die Klappen an den unteren Querträgern festsetzen und auf diese einen Holzbelag legen, was sehr umständlich ist.

Abb. 273 zeigt eine Klappschute $25{,}5 \times 5{,}6 \times 2{,}2$ m mit dem gleichen Fassungsvermögen von 100 m³ mit Doppelklappen, deren Drehachse an einem in der Mitte des unteren Laderaumes angeordneten *Hohlkastenträger* (Mittelkielschwein) gelagert sind. Sie liegen dabei hoch und die Klappen schräg. Diese sind lang und schmal und schlagen nur wenig unter dem Schiffsboden heraus, liegen aber nicht in ganzer Fläche über der Leerwasserlinie. Der unter den Klappen liegende Hohlraum bringt in dieser Form wenig Widerstandserhöhung. Dabei ergibt sich als Vorteil, daß die Klappenketten an der um 60° gegen die Horizontale geneigten Laderaumwand in die Höhe gehen und senkrecht zu den Klappen stehen. Bei dieser Anordnung bewegen sie sich beim Beginn der Öffnung in ihrer Längsrichtung und bekommen keinen Knick an der Laderaumkante, so daß die Klappen sich leicht öffnen. Die freigegebene Fläche ist aber durch den Längsträger unterbrochen und dieser sowie die bis zur Hälfte des Laderaumes hochgeführten Querträger sind wieder einer Entladung durch Greifer hinderlich, während für die Beladung der Laderaum ge-

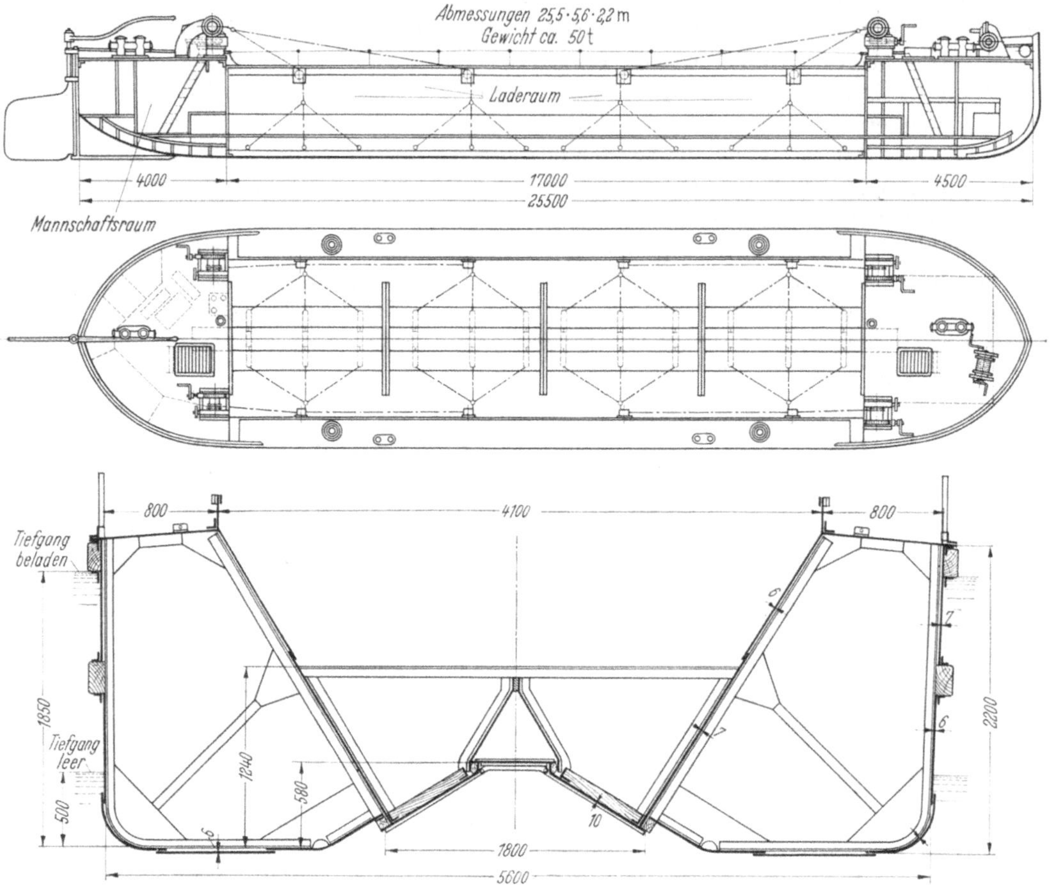

Abb. 273. Querschnitt und Ansicht einer Klappschute mit einem Fassungsvermögen des Laderaumes von 100 m³ mit 2 Reihen von Klappen, deren Drehachsen an einem Mittelkielschwein (Hohlkastenträger) liegen. Aus Paulmann/Blaum, 2. Auflage

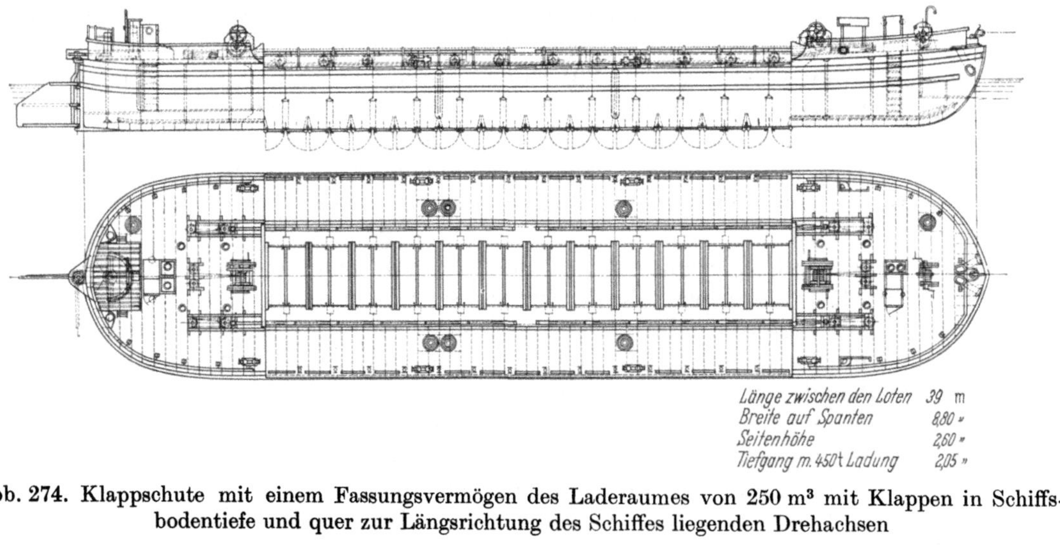

Abb. 274. Klappschute mit einem Fassungsvermögen des Laderaumes von 250 m³ mit Klappen in Schiffsbodentiefe und quer zur Längsrichtung des Schiffes liegenden Drehachsen

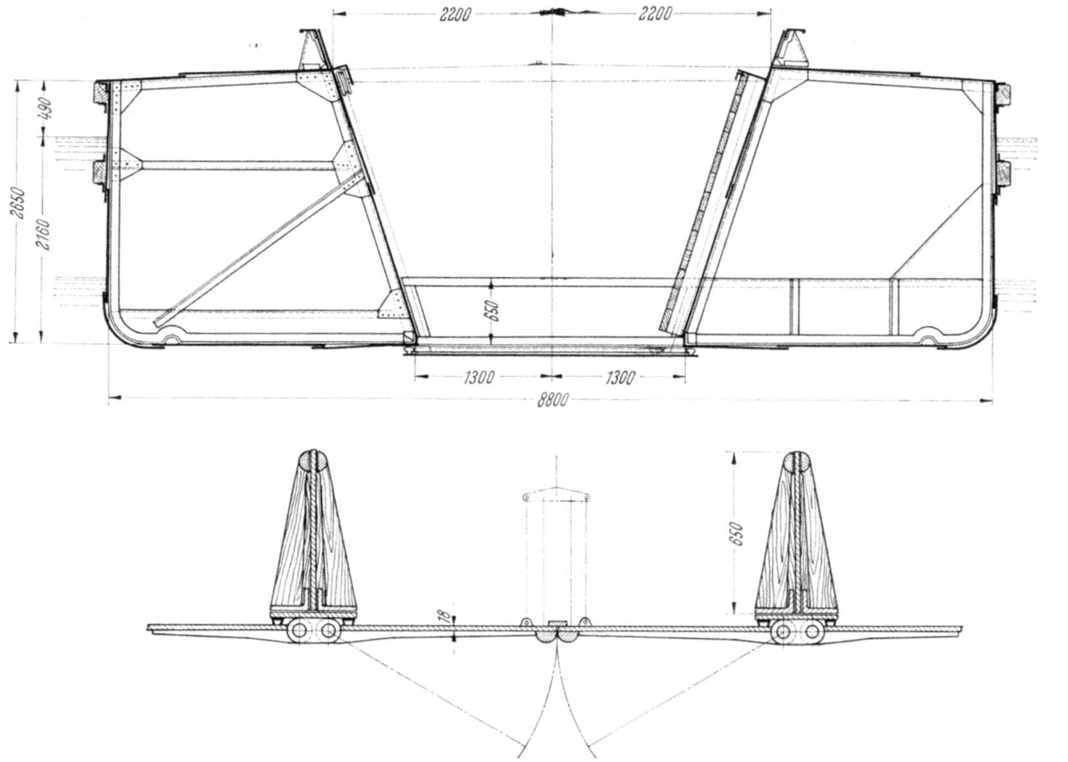

Abb. 275. Querschnitt einer Klappschute mit querachsigen Unterklappen für die Beladung mit Felsstücken. Rechts mit Schutz der Laderaumwände und Klappenketten durch Holzwände, wobei das Fassungsvermögen 200 m³ beträgt. Links ohne Holzschutz mit einem Fassungsvermögen von 260 m³

nügend frei ist. Die Betätigungseinrichtung für die acht Klappen besteht aus vier Winden, die auf Deck an den Ecken des Laderaumes aufgestellt sind. Von deren Trommeln gehen je zwei Ketten ab, die sich in je drei Ketten gabeln, die an den Klappen angreifen.

Abb. 274 zeigt eine Klappschute von 250 m³ Laderauminhalt mit den Abmessungen 39×8,8×2,6 m, deren Klappenachsen in der *Querschiffsrichtung* liegen. Man sieht aus dem Querschnitt nach Abb. 275, daß hierbei der Laderaum unten die große Breite von 2,6 m hat und die Seitenwände um 70° gegen die Horizontale geneigt sind. Dadurch kann die Schute breit, niedrig und kurz gehalten werden, was wesentliche Vorteile sind. Die in Schiffsbodentiefe liegenden Unterklappen mit Querachse haben aber den Nachteil, daß sie nach ihrer Öffnung herausragen und querstehen, so daß sie besondere Kräfte aufzunehmen haben, wenn die Schute dabei Fahrt macht. In dem rechten Teil des Querschnittes ist erkennbar, wie die Schute für Beladung mit Steinen oder Felsstücken ausgestattet

Abb. 276. Klappschute mit querachsigen Oberklappen und freiem Laderaum, aber hohem Schleppwiderstand

wurde. Auf die Laderaumwände sind Kanthölzer von 200×75 mm und auf diese ein Bohlenbelag von 70 mm starkem Tannenholz gelegt. Die eisernen Laderaumwände sind dadurch gut geschützt und ebenso die Klappenketten, die im Zwischenraum zwischen Eisenwand und Bohlenwand liegen. Der Laderaumquerschnitt verringert sich dadurch allerdings von 11,2 m² auf 7,5 m².

Die Schute hat ohne Holzvorlage bei 39 m Gesamtlänge einen Laderaum von 23 m Länge und 260 m³ Fassungsvermögen. Bei der Schute mit Holzvorlage hat man die Schiffslänge auf 43 m und die Laderaumlänge auf 26,5 m erhöht um 200 m³ zu erreichen. Statt der Holzvorlage kann man auch eine Blechbeplattung nehmen, die widerstandsfähiger ist und keinen so großen Verlust für das Fassungsvermögen der Schute mit sich bringt.

Die Klappenketten laufen an den eisernen Laderaumwänden entlang nach oben, wobei die Ketten von je zwei benachbarten Klappen nebeneinander liegen und zu Einzelketten zusammengefaßt sind, die dann zum Schiebebalken führen; von diesen sind vier Stück vorhanden und auch vier Seilflaschen. Je eine Klappwinde mit zwei Seiltrommeln steht auf dem Vorschiff und auf dem Hinterschiff. Der Laderaum ist frei von Überbauten.

Man kann auch bei querliegenden Achsen die Klappen hochlegen, also zur Oberklappenanordnung übergehen. Die Klappen können in der Richtung senkrecht zu ihrer Drehachse so kurz gemacht werden, daß sie nicht unter dem Schiffsboden herausschlagen, ohne daß die untere Laderaumbreite beschränkt wird. Die Laderaumwände haben daher auch hier eine große Neigung gegen die Waagerechte und ergeben gute Entleerung, zumal durch die querstehenden Klappen eine starke Wirbelbildung erzeugt wird. Diese ist aber auch bei geschlossenen Klappen vorhanden, da die Querträger, in denen die Klappenachsen gelagert sind, unter den Klappen liegen und den schon durch den Hohlraum erzeugten Widerstand weiter erhöhen. Abb. 276 zeigt eine ähnliche Ausführung, allerdings mit unten liegenden Klappen.

5. Sonderausführungen mit Hohlklappen und Seitenklappen, Steinklappschuten und Kippschuten

Schon früher hatte man den Gedanken, die Klappen als Hohlkörper auszubilden, wobei ihre Oberkante mit den Dichtungsflächen über Wasser liegen kann, während die Hohlklappe den ganzen Raum unter ihr ausfüllt, so daß die widerstandserhöhende Tasche

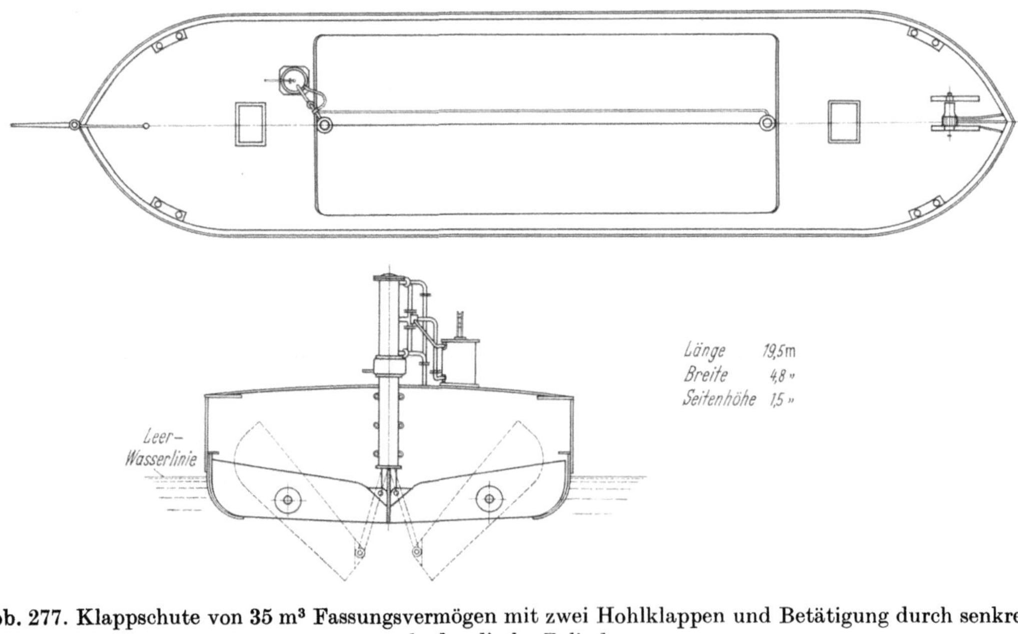

Abb. 277. Klappschute von 35 m³ Fassungsvermögen mit zwei Hohlklappen und Betätigung durch senkrechte hydraulische Zylinder

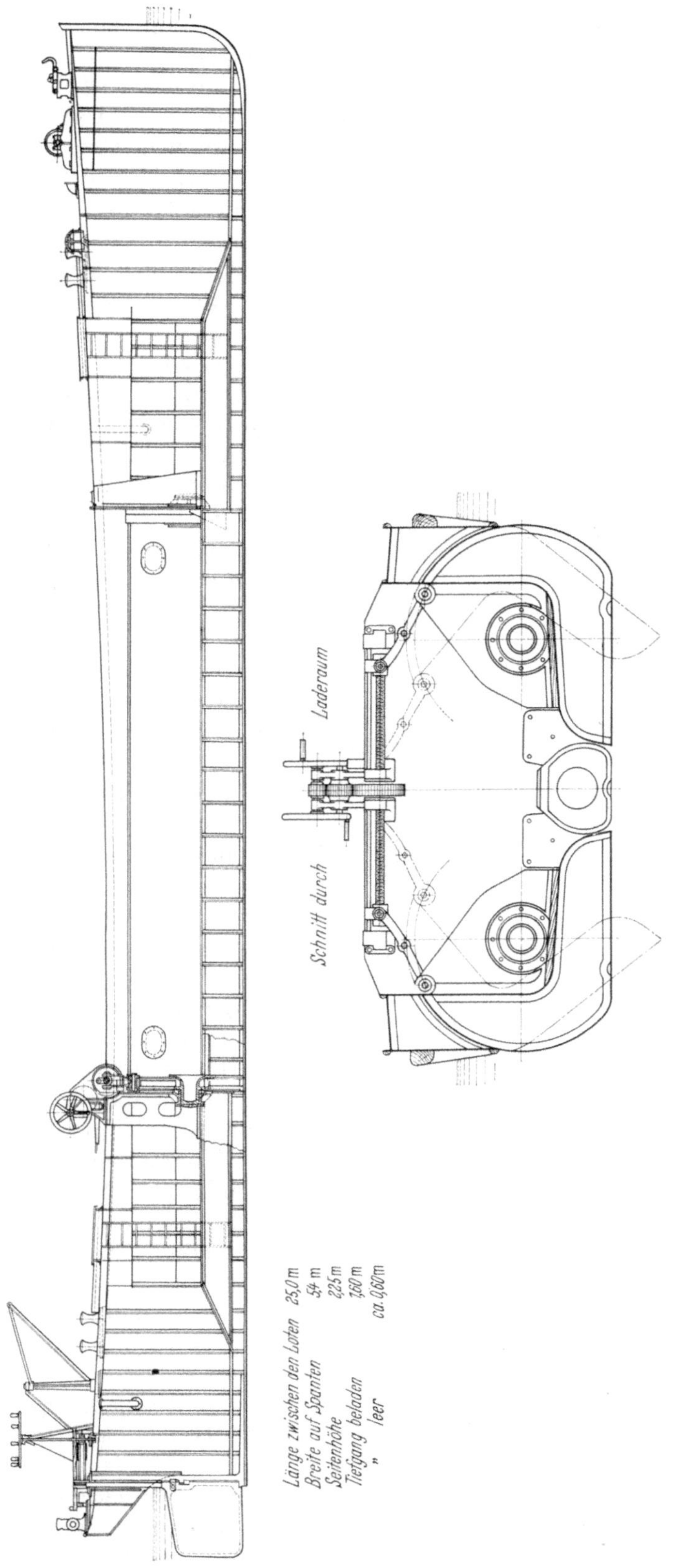

Abb. 278. Klappschute von 60 m³ Fassungsvermögen. Winkelförmige Hohlklappe mit Anschlag an ein Mittelkielschwein sind in Drehzapfen gelagert und werden durch Gewindespindeln über Gestänge betätigt. Konstruktion: Strom- und Hafenbau, Hamburg 1893

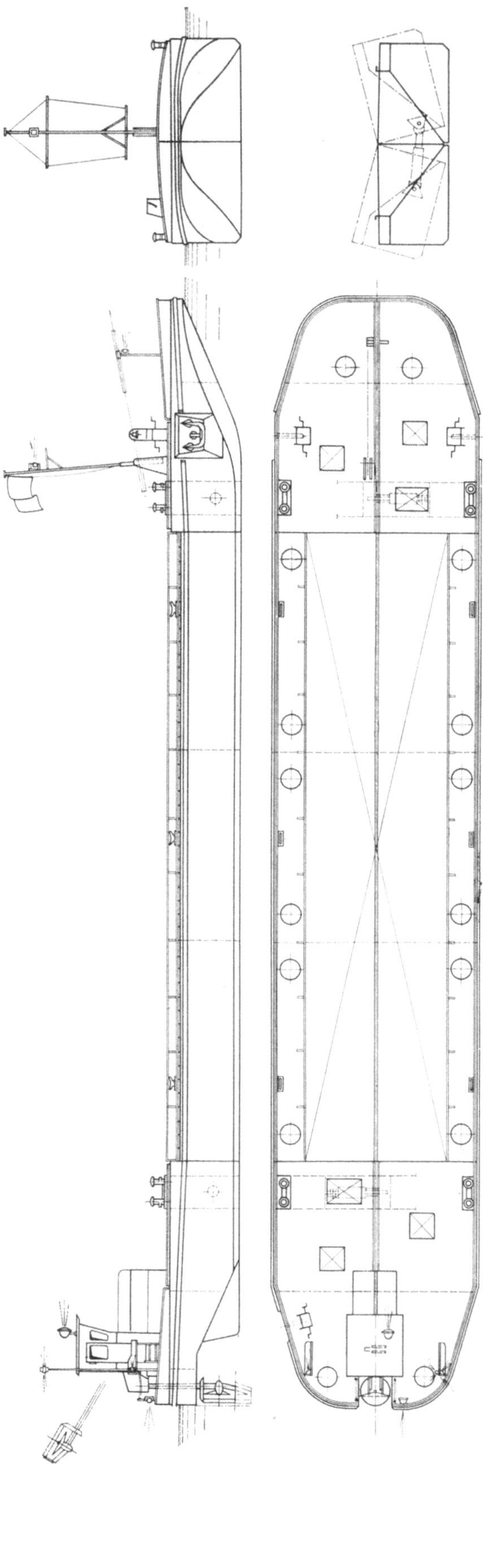

Abb. 279. Generalplan einer Hydro-Klappschute Bauart Kuntz-Deggendorf mit zwei Längsschiffsteilen, die durch Hydraulik-Zylinder auseinandergedrückt werden. Fassungsvermögen 100 m³

und die Verminderung der Verdrängung wegfallen. Auch sind Hohlklappen als Kastenkörper formsteif, so daß das Dichthalten leichter zu erreichen ist. Dabei kann die Klappengröße gesteigert, die Zahl der Klappen und die Länge der dichtenden Kanten verringert werden, was alles zur Verbesserung des Dichthaltens beiträgt.

Abb. 277 zeigt eine alte Klappschute von 35 m³ Laderauminhalt, mit den Abmessungen 19,5×4,8 ×1,5 m. Sie hat zwei Hohlklappen, die die ganze Laderaumlänge einnehmen und ihre Drehachsen im Schwerpunkt der Querschnittsfläche haben. Dabei werden durch die Kolben von zwei Öldruckzylindern die Klappen an ihren mittschiffs liegenden Enden heruntergedrückt und in die geöffnete Stellung gebracht. Da bei diesem Vorgang durch die hochgehenden Enden der Klappen die Ladung zusammengedrückt wird, sind Schuten dieser Art nur in kleinen Größen brauchbar.

Abb. 278 zeigt Schuten von 60 m³ Laderauminhalt mit Hohlklappen, und den Abmessungen 25×5,4×2,2 m, die um die Jahrhundertwende gebaut und lange Jahre im Baggerbetrieb des Hamburger Staates verwendet wurden. Man erkennt aus dem Grundriß, daß der Laderaum verhältnismäßig kurz ist und aus dem Querschnitt, daß Vor- und Hinterschiff im Bereich des Laderaumes nur durch ein als Hohlkörper ausgebildetes Mittelkielschwein und in Deckshöhe durch zwei hohle Kastenträger verbunden sind, deren Unterkanten Bogenform haben, so daß die Hohlklappen bei ihrer Bewegung daran vorbeigleiten. Die Hohlklappen haben Winkelform und sind in je zwei Zapfen im Vor- und Hinterschiff drehbar gelagert. Bewegt werden sie durch Drehen von Handrädern, die über Zahnräder eine waagerecht liegende Spindel drehen. Diese hat Rechtsgewinde auf der einen und Linksgewinde auf der anderen Seite und entsprechende Muttern, mit denen die Klappen durch Stangen verbunden sind. Da der Laderaum vollkommen frei von Überbauten ist, kann auch ein Greifer bequem die Entleerung vornehmen.

Die Klappen geben beim Öffnen zwei lange Flächen ohne Unterbrechung frei, wobei die Ladung abrutscht und die Schute sich hebt. Das Verklappen gelingt bei geringer Wassertiefe ebenso gut, wie bei den Schuten mit Oberklappen, bei denen die geringe Neigung der Wände die Entleerung stark behindert. Bei den Schuten mit Winkelklappen muß allerdings beim Beginn des Öffnens die Laderaumfüllung durch die oberen Schenkel der Klappen, wie bei den vorhergehend beschriebenen, etwas zusammengedrückt werden, was bei manchen Bodenarten schwierig ist.

Abb. 280. Ansicht der Hydro-Klappschute mit 100 m³ Laderaum-Fassungsvermögen mit senkrechter Teilfuge vorne und Schottel-Navigator 200 PS hinten. Werkfoto Deggendorfer Werft

Für größere Schuten ist diese Konstruktion schlecht anwendbar, weil es schwer ist, die Verbindung zwischen Vorschiff und Hinterschiff genügend fest herzustellen und die großen Klappen einwandfrei zu lagern. Bei der Größe von 60 m³ hat sich jedoch die Bauart gut bewährt.

Abb. 279 ist ein Generalplan, der in jüngster Zeit von der Baufirma Kuntz & Co. in Zusammenarbeit mit der Deggendorfer Werft entwickelten *Hydro-Klappschute*. Diese Schute besteht aus zwei Längsschiff-Hälften, die vor und hinter dem Laderaum in Deckshöhe durch Scharniere verbunden sind. In besonderen Taschen sind hydraulische Zylinder angeordnet, welche die beiden Schiffshälften unter Drehung um ihre Scharnierachse auseinander drücken und damit einen langen Schlitz für das Verstürzen der Ladung freigeben. In geschlossenem Zustand ist der Boden der Schute glatt und ohne Einbuchtungen, der Fahrwiderstand gering. Bei Materialien, die zum Auslaufen neigen, wie z. B. Feinsand, muß durch besondere Maßnahmen für eine gute Dichtung zwischen den Kanten der beiden Schiffsteile gesorgt werden.

Abb. 281. Hydro-Klappschute, Bauart Kuntz-Deggendorf, 100 m³ Fassungsvermögen mit ausschwenkenden Schiffsteilen bei aufrecht bleibendem Steuerhaus und Schottel-Navigator. Werkfoto Deggendorfer Werft

Die abgebildete Schute hat die Abmessungen 33,4×6×1,8 m mit einem Fassungsvermögen von 100 m³, der Tiefgang beträgt leer 0,52 m. Die Dichtungskante bleibt unter Wasser und ist nicht zugänglich. Der Tiefgang in beladenem Zustand beträgt 1,7 m. Die Schute kann selbstfahrend sein und ist dann mit einem Schottel-Navigator von 200 PS ausgerüstet (s. Beschreibung in folgendem Kapitel). Er ist gelenkig gelagert und bleibt beim Ausklappen der Schiffsteile aufrecht stehen. Die Geschwindigkeit in beladenem Zustand beträgt etwa 10,5 km/h, in unbeladenem Zustand etwa 14,5 km/h. Die Manövrierfähigkeit ist durch die Schwenkbarkeit des Propellers sehr gut. Der Motor treibt auch die

Hydraulikpumpe an. Das Drucköl gelangt über einen Steuerschieber zu den Hydraulik-Zylindern. Bei Schuten, die keinen eigenen Antrieb haben, ist ein 15-PS-Diesel-Hydraulik-Aggregat aufgestellt.

Abb. 280 ist eine Aufnahme der Schute in geschlossenem Zustand. Man sieht an der Vorderwand des Laderaumes die Trennfuge und im Vordergrund das Steuerhaus mit der nach unten gehenden Welle des Navigators, dessen Motorhaube vor dem Steuerhaus erkennbar ist.

Abb. 281 zeigt die Schute nach Beginn des Auseinanderdrückens der Schiffsteile. Man sieht, daß das Steuerhaus mit dem Navigator in aufrechter Lage stehen bleibt.

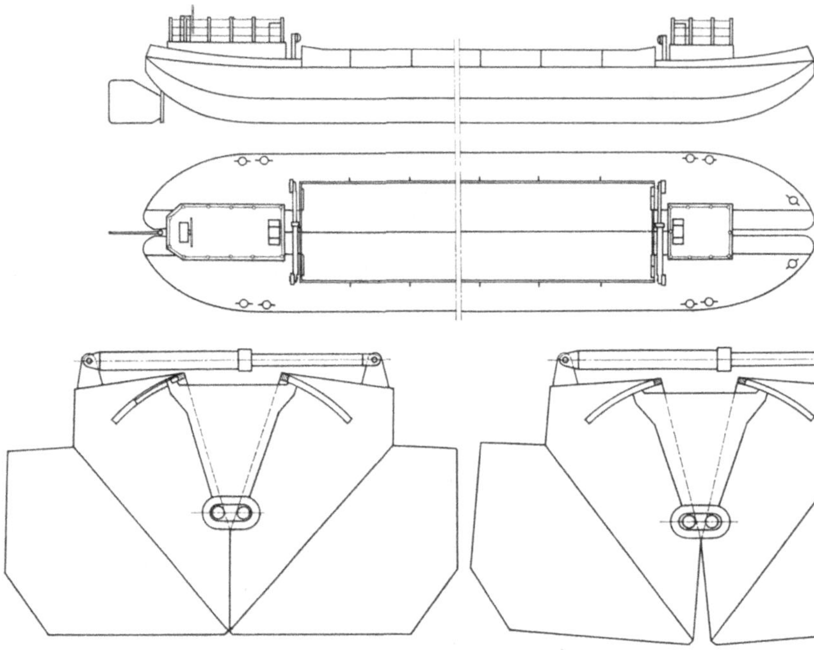

Abb. 282. Holländische Hydro-Klappschute von 400 m³ Laderaum-Fassungsvermögen mit unter Wasser liegender Scharnierachse und über Wasser angeordnetem Hydraulik-Zylinder

Die Schuten werden bisher bis zu einem Laderaum-Fassungsvermögen von 250 m³ ausgeführt, sollen aber noch größer gebaut werden.

Daß die hydraulischen Zylinder unter Wasser kommen, ist ein Nachteil. Man will dies vermeiden, indem man sie in eine Kammer einbaut und eine Welle drehen läßt, die unter Stopfbuchsenabdichtung durch die Kammerwand geführt ist. Dann ist nur das sich daran anschließende Hebelwerk unter Wasser. Auf die ähnliche Konstruktion bei Klappen von Hoppersaugern nach Abb. 289 in Band I sei hingewiesen.

Eine holländische Konstruktion nach Abb. 282 vermeidet das Unterwasserkommen der hydraulischen Zylinder dadurch, daß die Scharnierachse nicht in Deckshöhe sondern unterhalb liegt. Die Ausbildung des Scharniers und der über Wasser liegenden Hydraulik-Zylinder ermöglicht es, daß die beiden Schutenhälften getrennt zu Wasser gebracht und schwimmend miteinander verbunden werden können. Eine spätere Trennung zwecks Schleusendurchfahrt ist möglich. Ein Nachteil ist es, daß bei dieser Lage der Scharnierachsen bei Beginn des Klappens die Ladung im oberen Teil zusammengedrückt werden muß und der Querschnitt der bei einem bestimmten Ausschlagwinkel freigegebenen Fläche kleiner ist, als bei der Anordnung des Scharniers in Deckshöhe.

Schuten dieser Bauart sind bereits mit einem Fassungsvermögen von 400 m³ mit den Abmessungen $47{,}3 \times 8{,}45 \times 3$ m und einem Tiefgang in beladenem Zustand von 2,95 m ohne Eigenantrieb gebaut worden.

Der Verfasser dieses Buches hat im Jahre 1938 für Schuten mit *Hohlklappen* eine Bauart entwickelt, die sie auch für größere Fahrzeuge anwendbar machte. Abb. 283 zeigt sie für ein Fassungsvermögen von 330 m³, wie sie vielfach ausgeführt wurde und sich gut bewährt hat. Die Schute hat die Länge von 46 m, Breite im Boden von etwa 8 m, Breite in Deckshöhe von 8,3 m und Seitenhöhe von 3 m. Das Produkt $L \times B \times H = 1125$ m³, ist das 3,4fache des Laderaumes. Es wurde so reichlich bemessen, daß die Schute auch nach Beladung mit einem Boden von spezifischen Gewicht 2,1 noch einen reichlichen Freibord hat. Würde man sich mit 1,65 begnügen, wie es für die übrigen hier beschriebenen Klappschuten angenommen ist, dann käme man auf wesentlich geringere Abmessungen. Die

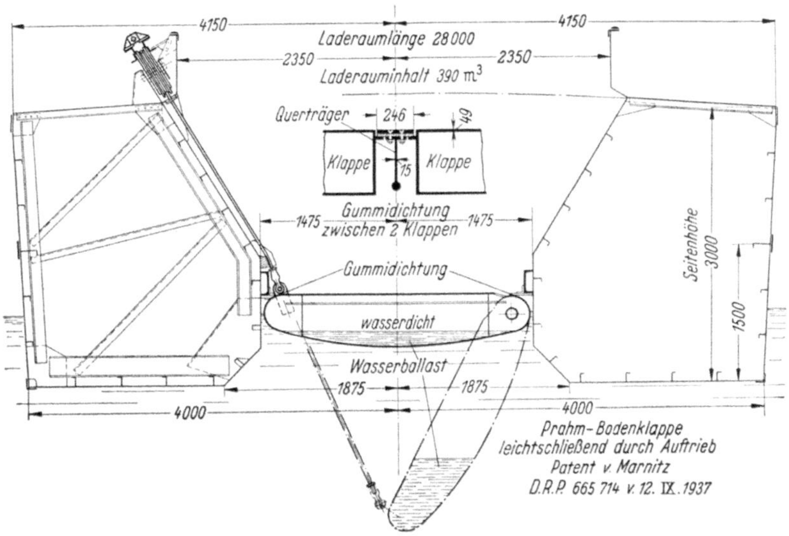

Abb. 283. Querschnitt einer Klappschute von 330 m³ Fassungsvermögen. Bauart von Marnitz, mit großen und formsteifen Hohlklappen und guter Dichtung. Erbaut 1940 bei L. Smit u. Zoon, Holland für Ph. Holzmann A. G. Frankfurt a. M.

Schute hat acht Hohlklappen mit dem aus der Zeichnung erkennbaren Querschnitt bei Lagerung in Drehzapfen. Die Klappen haben im Inneren Wasser in der Menge, daß Gewicht und Auftrieb ausgeglichen und die Klappen ganz leicht zu schließen sind. Da sie infolge der Kastenform eine gute Formsteifigkeit haben, kann man durch Gummi eine Dichtheit erreichen, wie aus dem in den Laderaumquerschnitt eingezeichneten Schnittbild zu erkennen ist. Nach den im Kapitel Hopperbagger gemachten Ausführungen wäre die Dichtung besser, wenn die Gummistreifen durch elastischen Profilgummi ersetzt würden. Bei der Lagerung in Drehzapfen und der besonderen Klappenform können sich keine Steine einklemmen wie bei den Scharnierklappen, so daß auch dadurch ein Dichthalten gewährleistet ist.

Abb. 284. Blick in den freien Laderaum der Klappschute Bauart von Marnitz mit 330 m³ Fassungsvermögen, deren Verwendung als Spülerschute ohne Änderung möglich ist

Abb. 284 läßt erkennen, daß der Laderaum der Schute frei ist, so daß sie ohne jegliche Veränderung als Spülerschute verwendet werden kann. Die an den Laderaumwänden entlanglaufenden Klappenseile stören dabei wenig, aber es ist auch möglich, sie abzunehmen und die Klappen anderweitig festzulegen. Ursprünglich war beabsichtigt, die Klappe ganz leer zu lassen und dadurch Auftrieb zu gewinnen. Außerdem sollten Klappenseile oder Klappenketten vollständig vermieden werden. Die Klappen sollten sich nach Lösen von unten sitzenden Verriegelungshaken durch den Bodendruck öffnen und nach Entleerung durch den Auftrieb in die Schließstellung zurückschlagen. Diese Ausführung wäre jedoch nur für glatt auslaufenden Boden geeignet gewesen.

Schleppversuche, die mit der Schute in Rostock vorgenommen wurden, haben für den beladenen Zustand einen Trossenzug von 2400 kg bei einer Geschwindigkeit von 11,6 km/h ergeben und damit erwiesen, daß der Widerstand der Schute nicht größer ist, als der einer Klappschute mit Unterklappen oder einer Spülerschute gleicher Größe.

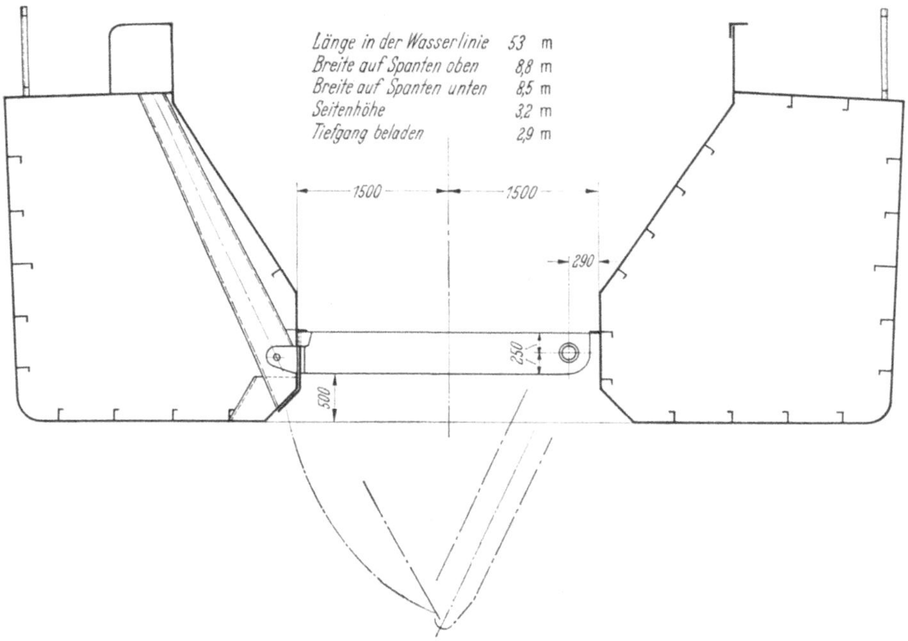

Abb. 285. Querschnitt einer Klappschute der Bauart von Marnitz mit einem Fassungsvermögen von 450 m³ mit hydraulischer Betätigung der Klappenseile, die hinter den Laderaumwänden in besonderen Schächten verlaufen

Abb. 285 zeigt den Querschnitt von größeren Schuten der Bauart v. Marnitz mit dem Fassungsvermögen von 450 m³. Hiervon sind mehrere im Jahre 1964 von den Howaldtswerken in Kiel für die Ph. Holzmann AG Frankfurt/M. gebaut worden. Sie haben eine Länge von 53 m, eine Breite oben von 8,8, unten von 8,5 m und eine Seitenhöhe von 3,2 m. Der Tiefgang in beladenem Zustand beträgt 2,9 m. Man hat die Gummidichtung der Klappen verbessert und die Klappenseile in besonderen Schächten *hinter* den Laderaumwänden nach oben geführt. So bleiben diese vollkommen frei, das ist bei der Verwendung als Spülerschute sehr vorteilhaft. Die Seile kommen nicht in die Ladung hinein, gehen beim Öffnen der Klappen frei und knicken nicht. Das Öffnen wird dadurch erleichtert und die Seile werden geschont, sind allerdings unsichtbar und schwer zugängig. Der Schiebebalken, an dem die Seile befestigt sind, wird bei diesen Schuten hydraulisch betätigt.

Kombinationsschuten. Die vorangehend beschriebene Bauart v. Marnitz ist als Klappschute, Greiferschute und Spülerschute verwendbar. Diese Vielseitigkeit ist in jedem Falle günstig, besonders wenn keine Änderungsarbeiten vorzunehmen sind. Schuten anderer Bauarten sind erst nach Vornahme von Änderungen für verschiedene Verwendungsarten herzurichten. Mitunter hat man sich bei Unterklappen dadurch geholfen, daß man auf die Querträger, die über den Klappen sitzen, einen Holzboden gelegt hat. Auch bei Schuten mit Überbau, bei denen die Ketten senkrecht nach oben gehen, sollte man die

Möglichkeit vorsehen, daß der Überbau entfernt und die Klappen anderweitig festgelegt werden können. Wenn, wie bisher meist der Fall war, sowohl Klappschuten als auch Spülerschuten vorgehalten werden müssen, kommt es häufig vor, daß eine Schutenart jahrelang unbenutzt ist und im Verwendungsfalle mit hohem Kostenaufwand hergerichtet werden muß. Es erscheint wirtschaftlicher, Kombinationsschuten zu bauen, die zwar etwas mehr kosten, aber die Zahl der vorzuhaltenden Einheiten verringern.

Wenn die Klappenketten oder Klappenseile innerhalb des Laderaumes liegen, werden sie bei dessen Füllung von der Ladung eingeschlossen und setzen der Bewegung nach

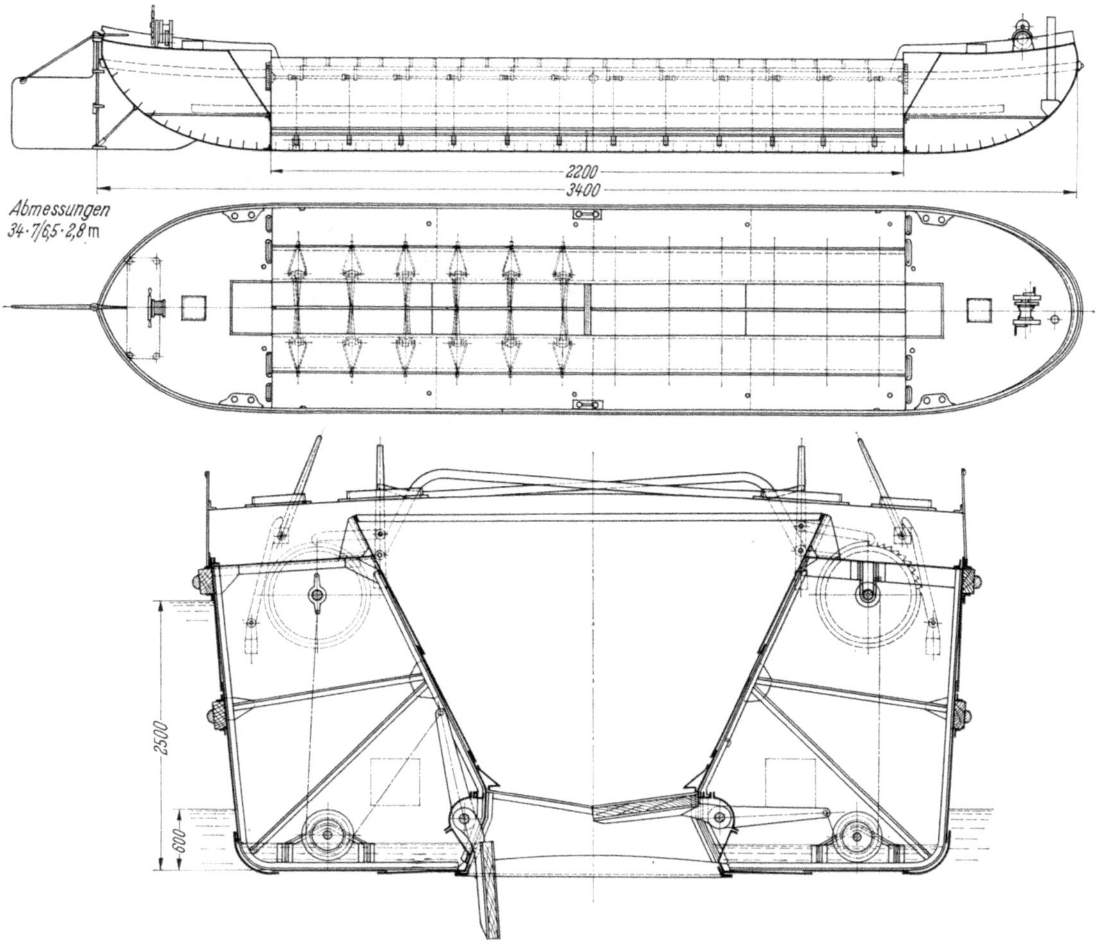

Abb. 286. Klappschute von 180 m³ Fassungsvermögen mit hochliegenden Doppelklappen und außenliegenden Drehachsen, die in die Luftkästen eingeführt sind. Aus PAULMANN/BLAUM, 2. Auflage

unten, die sie bei der Öffnung der Klappen machen sollen, einen Widerstand entgegen. Der wird noch dadurch verstärkt, daß sie infolge der Kreisbogenbewegung der Klappenkanten auch waagerecht wandern wollen.

Bei festgelagertem Feinsand, Steinen oder Felsbrocken ist dieser Widerstand besonders groß und hindert ein glattes Öffnen der Klappen. Bei Seilen ist der Widerstand geringer als bei Ketten, jedoch leiden sie durch Quetschung und Rosten. Die Klappen schließen nach einiger Zeit nicht gleichmäßig und Gummidichtungen nützen auch nichts mehr.

Um keine Ketten oder Seile innerhalb der Ladung zu haben, hat man mitunter die Klappen mit Drehachsen versehen, die mit Stopfbuchsen in die Luftkästen eingeführt sind. Abb. 286 zeigt eine solche Ausführung, auch sei an dieser Stelle auf die ähnliche amerikanische Konstruktion für Hoppersauger nach der Abb. 289 von Band I hingewiesen.

Abb. 287 zeigt zwei große *amerikanische* Klappschuten von 1150 m³ Fassungsvermögen, wie sie für die Beladung durch schwimmende Löffelbagger verwendet werden. Sie werden von einem Schlepper von etwa 750 PS gestoßen, der die Größe der Schuten erkennen läßt. Sie haben die in den USA übliche einfache Schiffsform mit rechteckiger, nur an den

Abb. 287. Amerikanische Klappschuten mit einem Fassungsvermögen des Laderaumes von 1150 m³ mit rechteckiger Schwimmfläche, auflaufendem Boden und Teilung des Laderaumes durch Querschotte. Das Stoßschiff hinten mit etwa 1000 PS gibt einen Maßstab für die Größe. Aufnahme Dravo, Pittsburgh

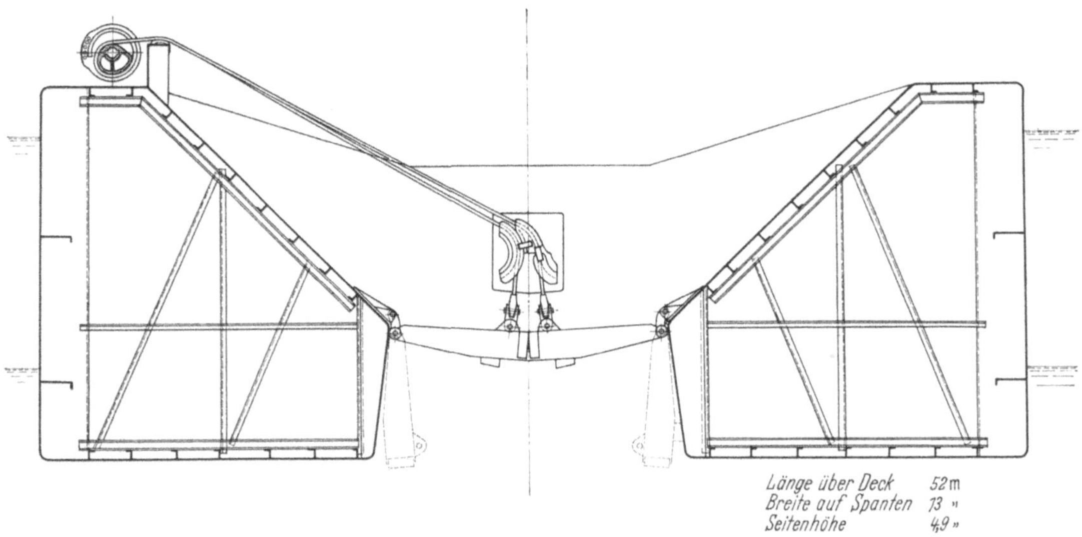

Abb. 288. Querschnitt einer amerikanischen Klappschute mit einem Fassungsvermögen von 1150 m³ und hochliegenden Doppelklappen in Stahlguß. Schließseile laufen auf exzentrischen Seilscheiben einer seitlich an Deck angeordneten Drehwelle. Große Schließkraft

Ecken etwas abgerundeter Schwimmfläche und Bodenauflauf vorn und hinten. Die Schute hat die Abmessungen 52×13×4,9 m, das Produkt $L \times B \times H$ ist mit 3320 m³ das 2,9fache des Laderauminhaltes.

Abb. 288 zeigt, daß die Schute Oberklappen hat, die bei Öffnung nicht unter dem Schiffsboden herausragen. Die Drehwelle der aus Stahlguß hergestellten Klappen liegen außenseitig, die an den Klappenkanten mittschiffs angreifenden Seile sind über Umlenksättel an den Laderaumzwischenwänden nach der seitlich angeordneten Welle geführt. Auf ihr sind Seilscheiben mit besonderem Querschnitt exzentrisch aufgesetzt, so daß die geöffneten Klappen schnell aufgeholt werden und die Schließkraft laufend gesteigert wird. Sie wird noch verstärkt durch Kniehebelwirkung bei den in einem Winkel aneinander stoßenden Klappenkanten. Durch diesen einfachen und sinnreichen Mechanismus ist es möglich, sehr große Schließkräfte auch dann zu erzeugen, wenn die Welle von Hand durch einen Sperrklinkenmechanismus gedreht wird. Bei großen Schuten wird aber doch ein unter einem Schutzkasten liegender Dieselmotor genommen, der die Welle mit Zahnrädern antreibt. Abb. 289 zeigt diese Einrichtung.

Abb. 289. Getriebe für die Klappenschließwelle mit exzentrischen Scheiben für die Klappenseile einer amerikanischen Klappschute von 1150 m³ Fassungsvermögen. Links der Kasten für den Antriebsmotor

Seitenklappschuten. Bereits im Kapitel Hopperbagger wurden die Seitenklappen behandelt, die einfach und jederzeit zugänglich sind. Sie brauchen für das Verklappen nur eine Tiefe, bei der die beladene Schute gerade noch schwimmen kann und haben infolge des glatten Schiffsbodens einen sehr geringen Schleppwiderstand. Sie wurden bisher in Europa nur in kleinen Größen unter 50 m³ für Buhnenbauten auf Flüssen und für ähnliche Zwecke verwendet, während sie in den USA gebräuchlicher und größer sind.

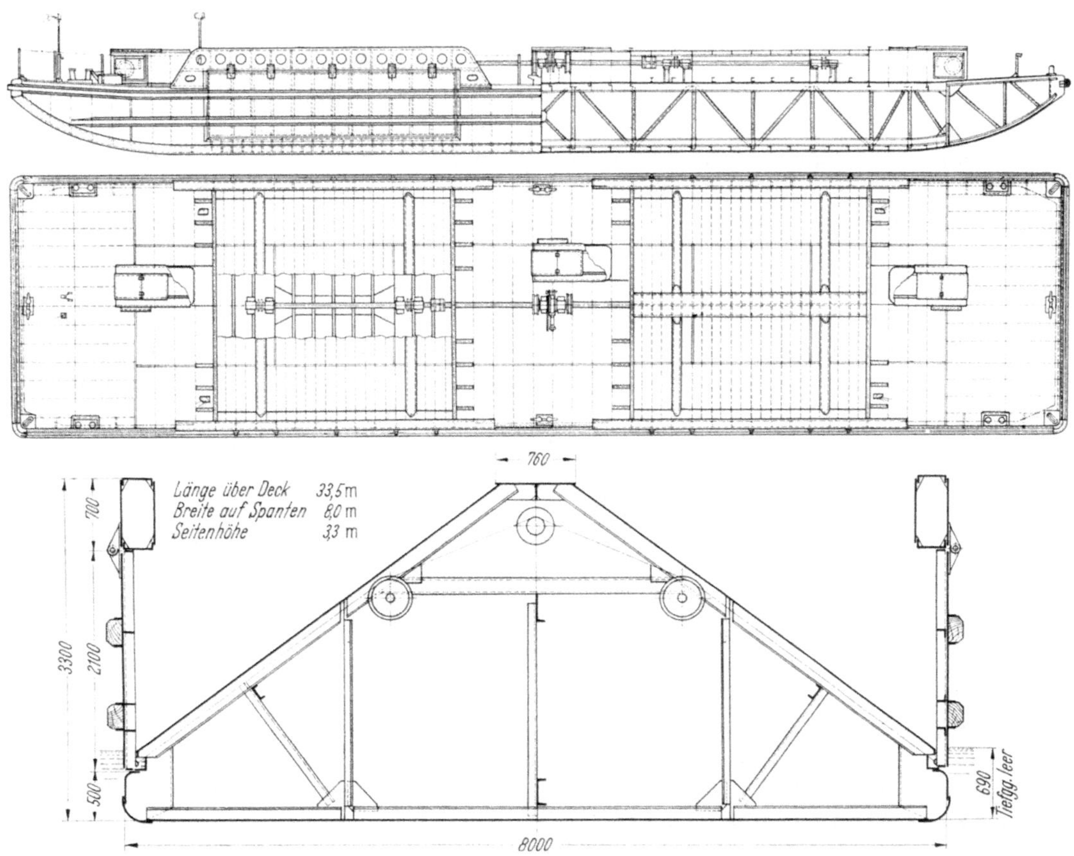

Abb. 290. Amerikanische Seitenklappschute mit 140 m³ Fassungsvermögen mit Klappen über Wasser bei vier Ladungsbehältern. Schließwelle in der Mitte des Schiffskörpers

Abb. 290 zeigt eine amerikanische Seitenklappschute von 140 m³ Laderauminhalt mit den Abmessungen 33,5×8×3,3 m. Produkt $L \times B \times H$ = 885 m³. Dies ist das 6,3fache des Laderauminhaltes und damit wesentlich höher als bei den vorangehend behandelten Bodenklappschuten. Die Schuten müssen breit sein um bei einer einseitigen Entleerung genügende Stabilität zu behalten. Die Wände haben nur eine Neigung von 36° gegen die Waagerechte, deren Steigerung den Laderaumquerschnitt verkleinern oder das Laderaumsüll so hoch bringen würde, daß die Stabilität der Schute gefährdet sein würde. Es gibt aber Fälle, in denen diese Nachteile durch die Vorteile der Seitenklappenschuten überwogen werden und ihre Anwendung durchaus zweckmäßig erscheinen lassen.

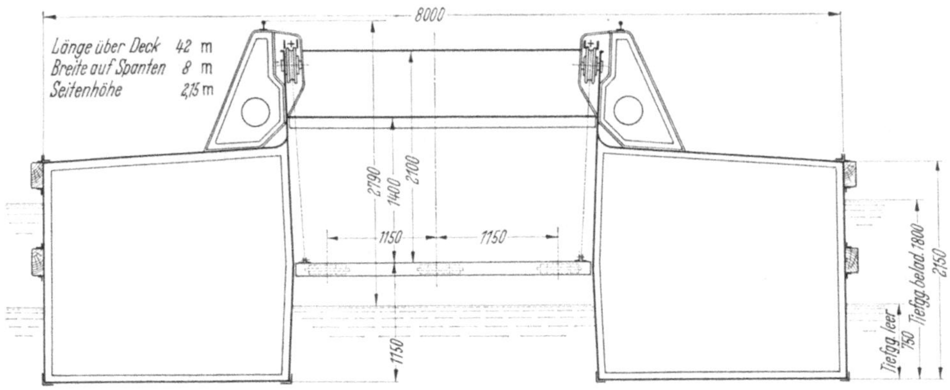

Abb. 291. Querschnitt einer Steinklappschute mit senkrechten Laderaumwänden und Klappen mit querliegenden Drehachsen. Schiffskörper groß im Verhältnis zum Fassungsvermögen von 150 m³

Steinklappschuten. Schuten, die zum Steintransport beim Bau von Molen u. dgl. dienen, müssen besonders gebaut sein. Abb. 291 zeigt den Querschnitt einer solchen Schute mit 150 m³ Laderauminhalt, 42 m lang, 8 m breit und 2,15 m hoch. Das Produkt $L \times B \times H$ ist mit 720 m³ das 4,8fache des Laderauminhaltes und damit sehr hoch. Die Laderaumwände sind nahezu senkrecht, so daß die Klappenfläche gleich der Laderaumoberfläche wird. Der Leertiefgang ist mit 0,75 m das 0,35fache der Seitenhöhe. Da bei dem rauhen Betrieb häufig Arbeiten an den Klappen vorkommen, müssen sie bei leerer Schute über der Wasserlinie liegen und kommen dadurch auf eine Höhe von 1 m über den Schiffsboden. Dies ist ohnehin nötig, da bei derartigen Fahrzeugen die Klappen beim Öffnen nicht unter den Boden herausragen dürfen. Bei Längsachsen wäre dies trotz der großen Höhe nicht zu erreichen, so daß man querliegende Achsen genommen hat. Die Klappen und deren Bewegungseinrichtung müssen äußerst kräftig gehalten sein, um den hohen Beanspruchungen des rauhen Steinbetriebes zu widerstehen, zumal diese Schuten oft durch Hineinschütten aus großer Höhe beladen werden.

Bei Ladungen von Steinen oder Felsstücken ist es häufig günstiger, sie von einer sich schräg stellenden Decksfläche *abzukippen*. Anfangs der Jahrhundertwende wurden für Hafenerweiterungsarbeiten in Stockholm nach Entwürfen von WIKING Prähme gebaut, welche die Abb. 292 und 293 zeigen. Die bei Felssprengungen anfallenden Steine werden auf das Deck eines flachen Prahmes geladen. Um ihn zum Kippen zu bringen, ist in größerer Höhe auf Trägern ein zylindrischer Behälter über die ganze Länge gehend, einseitig angeordnet. Er kann mit Wasser gefüllt werden, das sich zunächst in einem zylindrischen Tank *unter* Deck befindet und aus diesem mit Druckluft in den oberen Behälter gedrückt wird. Durch die einseitige Belastung kommt der Prahm in die Kippstellung, die Steine rutschen von dem schrägen Deck ab und stürzen ins Wasser. Läßt man hiernach die Druckluft aus dem Raum über dem Wasserspiegel des unteren Behälters entweichen, dann fließt das Wasser in diesen zurück, und der Prahm richtet sich wieder auf. Mit nur 6 t Wasserballast konnte man auf diese Weise einen Prahm mit 200 t Steinladung zum Kippen bringen. Die erforderlichen Steuervorgänge wurden durch Seilzug vom Schlepper ausgelöst, es war nur notwendig, von Zeit zu Zeit den Druckluftbehälter nachzufüllen.

Man verwendet vielfach auch *Kippschuten*, bei denen nach Öffnung eines Schiebers das Wasser in einen tief liegenden, einseitig angeordneten Tank einläuft und die Schute dadurch in schräge Kippstellung bringt. Nach Verstürzen der Ladung taucht die Schute

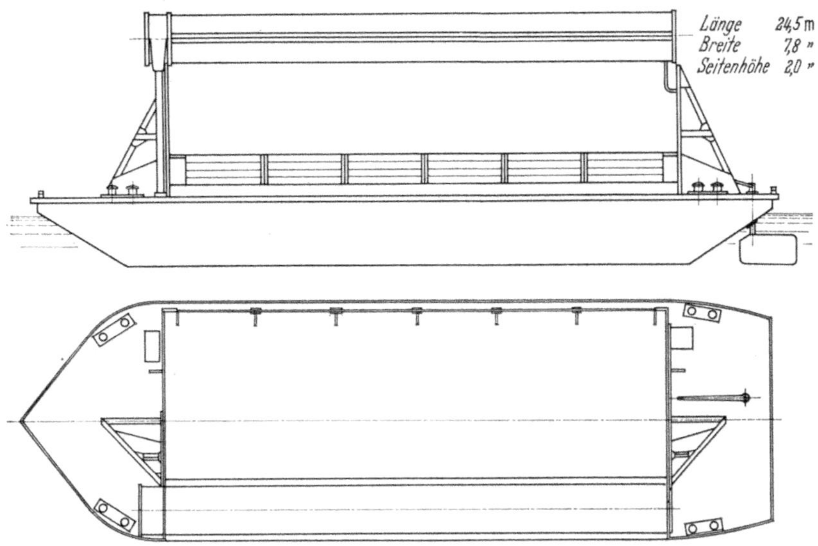

Abb. 292. Schwedischer Kipp-Prahm, System Wiking für eine Steinladung von 200 t

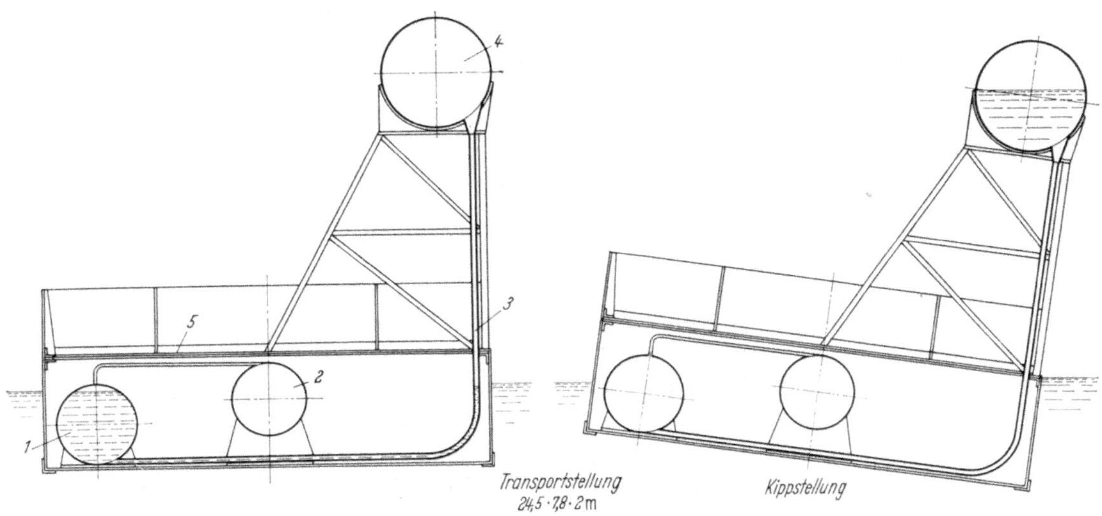

Abb. 293. Querschnitt durch den Kipp-Prahm System Wiking mit hochliegendem zylindrischem Behälter, in den zum Abkippen der Steinladung von 200 t mit Druckluft Wasser aus einem unten liegenden Vorratsbehälter hinaufbefördert wird

1 Vorratsbehälter für Wasser; *2* Druckluftbehälter; *3* Rohrleitung für Wasserförderung; *4* Hochliegender Wasserbehälter; *5* Plattform zur Aufnahme der Steinladung

so weit auf, daß das Wasser aus dem Kipptank selbsttätig ausläuft. Die Schute richtet sich wieder auf. Abb. 294 zeigt diesen Vorgang schematisch und Abb. 295 den Querschnitt einer derartigen Schute mit einer Tragfähigkeit von 150 t. Bei ihr verläuft das Deck von der einen Schiffsseite bis zur Mitte waagerecht und steigt dann bis zur anderen Schiffsseite um fast 1 m an. Unbeladen liegt die Schute etwas schräg, so daß das geknickte Deck eine Mulde bildet, die mit Holzbohlen bedeckt ist. Auf sie werden die Steine geladen und die

Schute sinkt dabei so weit ab, daß der Einlaufschieber für den Krängungstank, der auf der Seite der geringeren Höhe liegt, ins Wasser kommt. Nach dessen Öffnung dringt Wasser in den Tank, so daß die Schute sich neigt. Abb. 296 zeigt die Schute in gekippter Stellung,

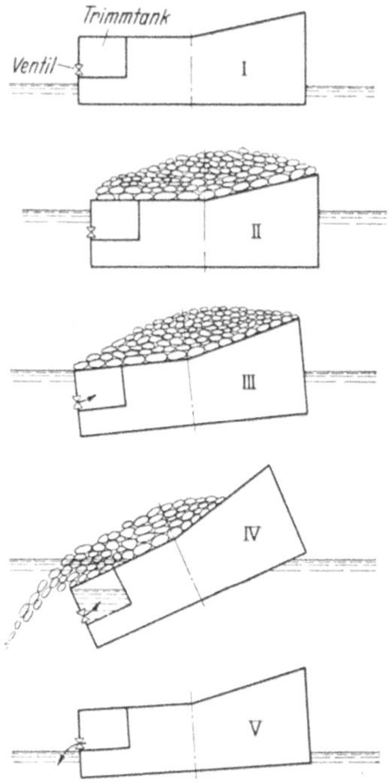

Abb. 294. Schematische Darstellung des Kippens einer Steinkippschute. Beladen der Deckfläche, Einlassen von Wasser in den Krängungstank, Abrutschen der Ladung und Auslaufen des Wassers

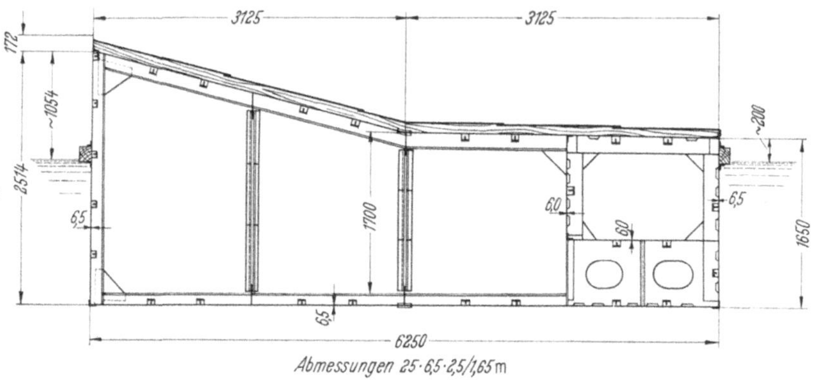

Abb. 295. Querschnitt einer Steinkippschute für 150 t Tragfähigkeit mit geknickter Deckfläche und Krängungstank. Wassereinlauf für Kippen und Wasserauslauf für Aufrichten erfolgt selbsttätig. Erbaut 1930 auf der Werft Nobiskrug, Rendsburg

Abb. 296. Steinkippschute, die durch Füllung ihres Krängungstanks geneigt ist, so daß die auf Deck befindliche Steinladung von 150 t ins Wasser abrutscht. Aufnahme Matzner, Samsun

bei der die Ladung abrutscht. Die Einrichtung ist sehr einfach, da Einlauf und Auslauf des Wassers ohne Pumpenanlage oder Druckluft vor sich gehen. Die Schute ist 25 m lang, 6,25 m breit, hat auf der niedrigen Seite eine Höhe von 1,65 m und auf der hohen Seite 2,6 m. Das Verhältnis des Produktes der äußeren Abmessungen zur Tragfähigkeit ist günstiger als bei Steinklappschuten. Derartige Schuten können von 100 t bis 400 t Tragfähigkeit gebaut werden, arbeiten aber nur sicher bei großen Steinen, während kleine Steine infolge zu großer Reibung hängen bleiben.

Abb. 297. Kippen einer mit Steinen beladenen Mulde durch Druckölzylinder auf dem Kippentlader „Luchtergrund" mit 6 Mulden und eigenem Fahrantrieb

Kippentlader. Man kann das Abgleiten sicherer erreichen, wenn man auf einen gedeckten Prahm Kippmulden aufstellt, wie sie bei luftbereiften Bodenförderwagen üblich sind. Dabei wird die Mulde durch Ausfahren eines Kolbens aus einem Zylinder durch Drucköl in Kippstellung gebracht und die Steine rutschen nach der Seite ab.

Abb. 297 zeigt dies bei dem Kipp-

Tabelle 21. *Hauptdaten von 10 Klappschuten verschiedener Bauart*

			A	B	C	D	E	F	G	H	I	K
1	Bauart der Schute Anzahl und Anordnung der Klappen		2 große Hohlklappen in Winkelform mit Drehzapfen	10 Paar Oberklappen mit Längsachsen	9 Paar Oberklappen mit Längsachsen	4 Seitenklappen	Steinklappschute 6 Paar Oberklappen mit Querachsen	12 Paar Unterklappen mit Längsachsen	12 Paar Unterklappen mit Längsachsen 6 an St. B. 6 an B. B.	8 Hohlklappen mit Gewichtsausgleich, Längsachsen mit Drehzapfen Bauart von Marnitz	12 Unterklappen mit Längsachsen B. B. und St. B.	9 Paar Oberklappen mit Längsachsen
2	Bauort und Baujahr		Hamburg 1890	Holland 1912	Holland 1938	USA 1950	Holland 1936	Papenburg 1938	Holland 1940	Holland 1940	Portugal 1958	Pittsburg 1956
3	Laderaumfassungsvermögen in	m^3	60	100	150	140	160	260	330	350	400	1150
4	Länge auf Deck in	m	25	27,5	32,5	33,5	42	39,1	45	46	49	52
5	Breite auf Deck und im Boden in	m	5,4	5,9—5,5	6	7,9	8	8,8	7—6,9	8,3—8	7,8	13
6	Seitenhöhe mittschiffs in	m	2,2	1,8	2,2	2,05	2,15	2,6	2,75	3,00	2,6	4,9
7	Produkt $L \cdot B \cdot H$ in	m^3	297	283	428	540	720	895	860	1125	1000	3312
8	Verh.: $L \cdot B \cdot H$ zu Laderauminhalt		4,95	2,83	2,85	3,85	4,5	3,44	2,6	3,2	2,5	2,88
9	Eigengewicht in	t	60	55	75	110	160	150	135	195	150	570
10	Tiefgang leer ohne Wasser in	m	0,60	0,55	0,55	0,52	0,70	0,53	0,53	0,76	0,50	1,2
11	Tiefgang leer mit Wasser in	m	0,60	0,55	0,55	0,52	0,70	0,65	0,62	0,76	0,65	1,2
12	Querschnitt des Laderaumes in	m^2	6	5,2	6,7	9,85	6,8	11,2	10,6	12,4	11,6	28
13	Länge des Laderaumes in	m	10	19,6	22,5	14	24	23	31	28	35	41
14	Gewicht der Ladung in	t	108	165	240	250	290	470	545	630	660	2070
15	Spezifisches Gewicht der Ladung	t/m^3	1,8	1,65	1,65	1,8	1,8	1,8	1,65	1,8	1,65	1,8
16	Tiefgang beladen in	m	1,55	1,6	1,95	1,5	1,8	2,10	2,4	2,6	2,3	4,3
17	Verh. Tiefgang/Seitenhöhe		0,7	0,89	0,89	0,73	0,835	0,8	0,88	0,87	0,88	0,88

schiff „Luchtergrund“. Das Fahrzeug mit den Abmessungen $26 \times 6{,}2 \times 1{,}6$ m hat einen Querschnitt, der ein dichtes Herankommen an das zu schüttende Bauwerk ermöglicht. Es ist selbstfahrend mit einem Fahrmotor von 120 PS Leistung, der ihm eine Geschwindigkeit von etwa 14 km/h gibt. Die Tragfähigkeit beträgt 75 t, es sind sechs Kippbehälter mit je 8,5 m³ Fassungsvermögen und 12,5 t Tragfähigkeit angeordnet.

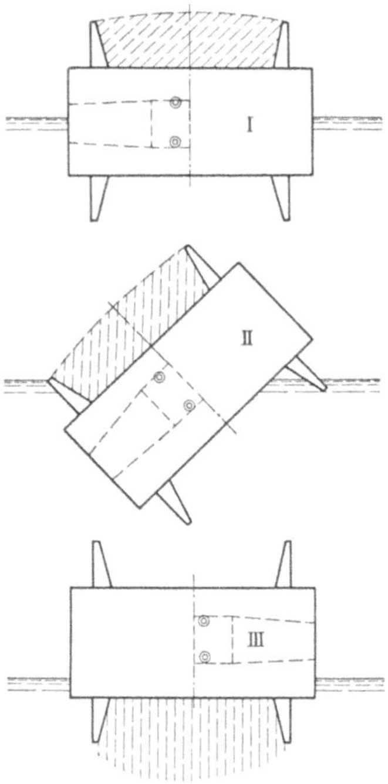

Abb. 298. Querschnitt einer Kippschute für klebendes Gut, die sich um 180° nach Füllen eines Krängungstanks dreht, der nach Ladungsabgabe wieder leerläuft. IHC-Holland 1949

Abb. 299. Ansicht der Kippschute, beladen mit Erdölschlamm, nach Füllen des Krängungstanks in stark geneigter Haltung. Aufnahme IHC-Holland

Man kann die Kippmulden auch auf einen vorhandenen Schiffskörper so anordnen, daß ein Kippen nach beiden Seiten möglich ist. Die Anlage für die Druckölerzeugung könnte dann auf den Schlepper verlegt werden, unter vorheriger Herstellung einer Rohrverbindung.

Das Verhältnis zwischen Schiffsgröße und Tragfähigkeit ist nicht so günstig wie bei einer einfachen Kippschute, die auch den Vorteil hat, ohne Maschineneinrichtung auszukommen. Jedoch sind die Möglichkeit des Kippens von Steinen jeder Größe, die größere Ausschütthöhe, genaues Zielen und Einzelkippen wieder Vorteile dieser Einrichtung.

Weitere Angaben über schwimmende Kippentlader befinden sich in der Zeitschrift: Baumaschine und Bautechnik 6. Jahrgang H. 6, 6. Juni 1959.

Um eine Ladung zu verstürzen, die sehr klebrig ist, verwendet man nach Abb. 298 Schuten, die sich um 180° drehen. Die Fahrzeuge wurden 1949 von der IHC-Holland für eine Erdölgesellschaft geliefert, mit den Abmessungen $24 \times 5 \times 2{,}2$ m und einer Tragfähigkeit von 85 t. Die Ladung besteht aus einem Industrieschlamm, einem Abfallprodukt der Erdöldestillation mit einem spezifischen Gewicht von nur 1,1. Er wird – wie Nr. I der Abbildung zeigt – auf Deck in einen durch seitliche Sülle gebildeten Laderaum geladen. Alsdann wird (Nr. II) wie bei der beschriebenen Steinkippschute Wasser in einen seitlich angeordneten Tank gelassen, wodurch das Fahrzeug gekippt und um 180° gedreht wird, so daß es auch diese klebrige Ladung abgibt. In der neuen Stellung III kann das Fahrzeug wieder beladen werden und würde hierauf nach rechts kippen, sich dabei wieder um 180° drehen und in die Ausgangsstellung Nr. I zurückkommen. Abb. 299 zeigt die Schute während des Kippens in stark geneigter Stellung.

In der Tab. 21 sind die Hauptdaten von zehn der beschriebenen Klappschuten zusammengestellt. Wie man aus Zeile 9 erkennt, ist das Verhältnis des Produktes $L \times B \times H$ zum Laderauminhalt bei Klappschuten recht verschieden. Während bei den Schuten B, C, G, J, K das für Spülerschuten geltende Durchschnittsverhältnis etwa eingehalten wird, ist es bei den anderen Schuten größer. Diese können dann aber auch eine schwerere Ladung tragen, ohne daß der Freibord zu gering wird. In Zeile 16 ist dieses spezifische Gewicht angegeben. Zeile 11 enthält den Leertiefgang für den Fall, daß die Klappen dicht sind und das Wasser ausgepumpt ist. In Zeile 12 sind die wirklichen Tiefgänge angegeben, die für die Schuten mit Oberklappen oder Hohlklappen die gleichen sind, während sie für die Schuten mit Unterklappen durchschnittlich das 1,2fache davon betragen.

6. Klappschuten mit eigenem Fahrantrieb

Es wurde schon gesagt, daß bei Klappschuten mit langen Fahrwegen Eigenantrieb zweckmäßig ist. Um geringen Widerstand und insbesondere auch bessere Steuerfähigkeit zu erreichen, muß man dabei meist von der einfachen Holländer Form abgehen und nähert sich der des selbstfahrenden Laderaumbaggers (Hoppersauger).

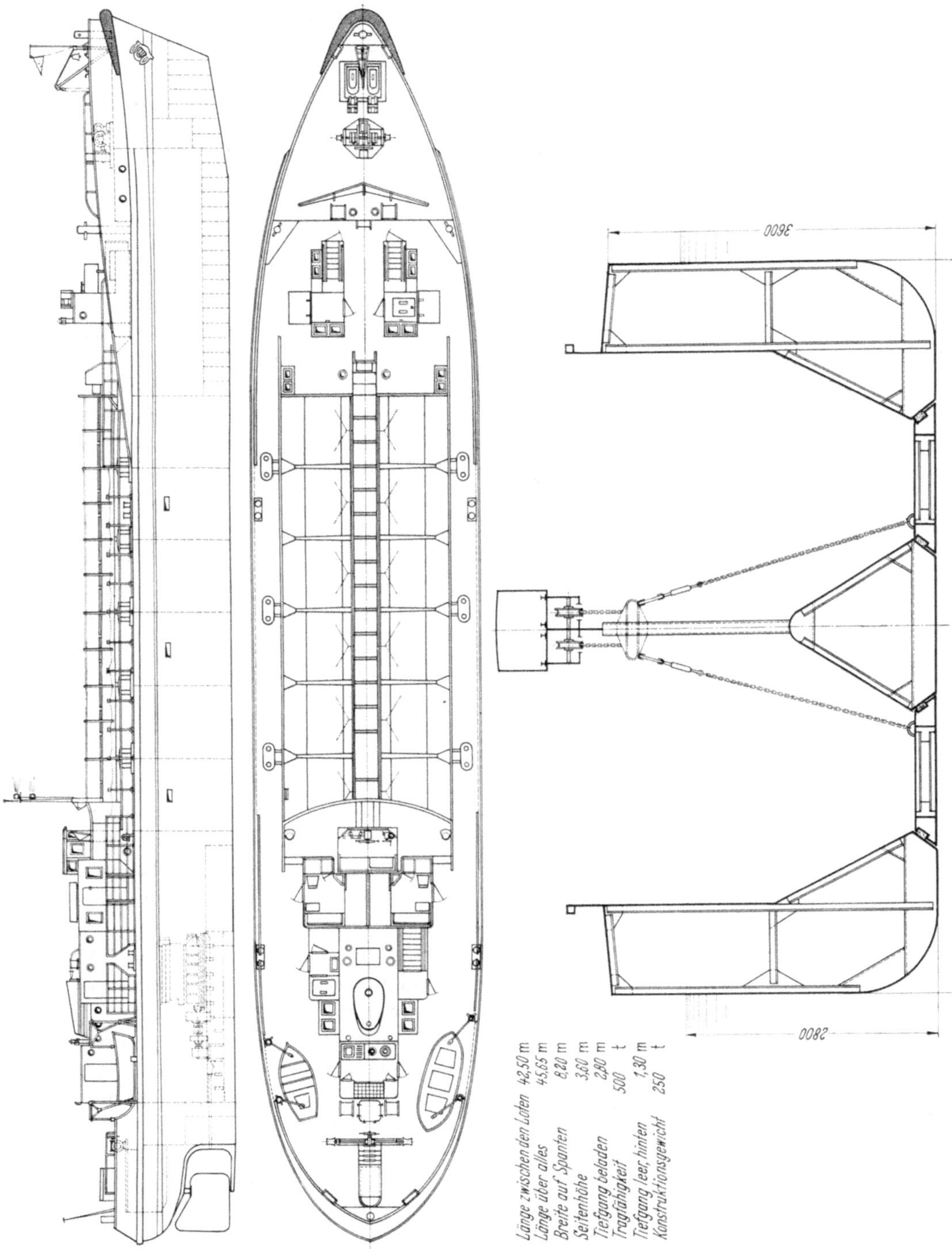

Abb. 300. Klappschute mit 300 m³ Fassungsvermögen und Fahrantrieb durch einen Dieselmotor von 250 PS (Istanbul 1951)

Abb. 300 zeigt eine solche Schute, die im Jahre 1951 in Istanbul für die türkische Regierung mit den Abmessungen $42{,}5 \times 8{,}2 \times 3{,}6$ m gebaut wurde. Der Laderaum ist 16 m lang, hat 300 m³ Fassungsvermögen und wird entleert mit zwei Reihen von je sechs Klappen mit außen liegenden Drehachsen. Die Klappenketten sind nach einem, den Laderaum in der Längsrichtung überspannenden Balken geführt und werden durch ein elektrisch angetriebenes Windwerk betätigt. Die Einrichtung hat sich als sehr anfällig und wenig brauchbar erwiesen.

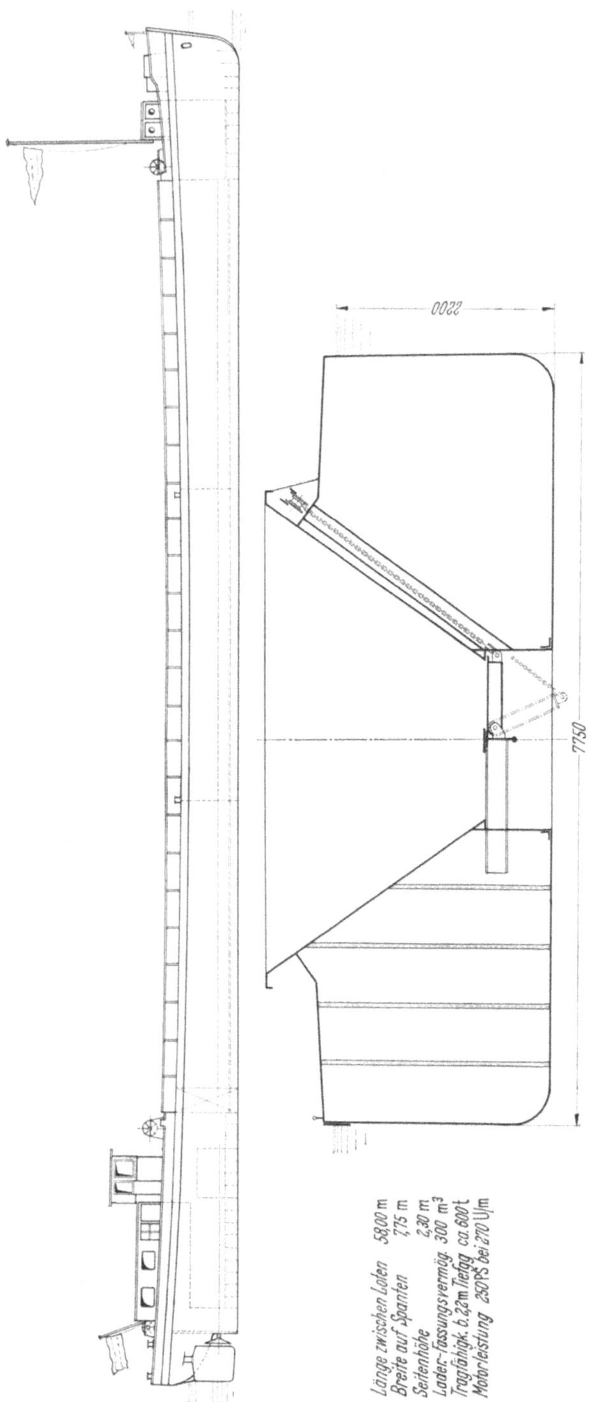

Abb. 301. Selbstfahrende Motorklappschute „Caroline" mit 300 m Fassungsvermögen für Binnengewässer mit großer Länge bei geringer Breite. Motorleistung 250 PS

Der Dieselmotor für das Fahren hat eine Leistung von 250 PS bei etwa 400 U/min und treibt mit einer Untersetzung den Propeller mit 1600 mm Durchmesser und 1480 mm Steigung mit einer Drehzahl von 200 U/min an, wobei das Fahrzeug in beladenem Zustand eine Geschwindigkeit von 15,5 km/h erhält. Ein Diesel-Generator liefert den Strom für die Klappenwinden u. a. m.

Das Schiff hat ein Konstruktionsgewicht von 260 t und kann durch Ballast hinten auf einen Tiefgang von 1,9 m gehalten werden, der Propeller bleibt trotz seines großen Durchmessers auch bei leerer Schute unter Wasser. Mit 540 t Sand beladen hat das Fahrzeug einen Tiefgang von 3,05 m, der einem Völligkeitsgrad von 0,75 entspricht. Das Produkt $L \times B \times H$ ist mit 1250 m³ das 4,16fache des Laderauminhaltes.

Das vorangehend beschriebene Schiff hat die Form eines Hoppersaugers und kann auf See fahren. Abb. 301 ist eine Schute mit den Abmessungen $58 \times 7{,}75 \times 2{,}3$ m und einem Fassungsvermögen von 300 m³. Sie ist nur für den Verkehr auf Binnengewässern bestimmt und besitzt deshalb eine andere Schiffsform. Sie ist bei fast der gleichen Breite wesentlich niedriger und viel länger als die Türkenschute. Der Laderaum nimmt ³/₄ der Schiffslänge ein, das Produkt $L \times B \times H$ ist mit 1040 m³ das 3,47fache des Laderauminhaltes. Die Klappen sind in zwei Reihen angeordnet mit Drehachsen an einem Mittellängsträger. Die Klappketten gehen in besonderen Schächten hinter den Laderaumwänden an die Schiebebalken, die mit Seilflaschen und Handwinden betätigt werden.

Der Fahrmotor von 250 PS treibt die Schraubenwelle mit 270 U/min unmittelbar an. Der Propeller mit einem Durchmesser von 1200 mm ist in einem Tunnel angeordnet. Mit 600 t beladen und einem Eigengewicht von 200 t hat das Fahrzeug einen Tiefgang von 2,2 m. Infolge des großen Völligkeitsgrades von 0,9 und der hoch liegenden Klappen ist der Fahrtwiderstand groß, die Geschwindigkeit in beladenem Zustand liegt nur bei etwa 11 km/h. Die Schute hat den Namen „Caroline“ und wurde im Jahre 1959 für Lehnkering u. Co. in Duisburg gebaut.

Abb. 302 zeigt eine selbstfahrende Klappschute in verbesserter Holländer Form, die

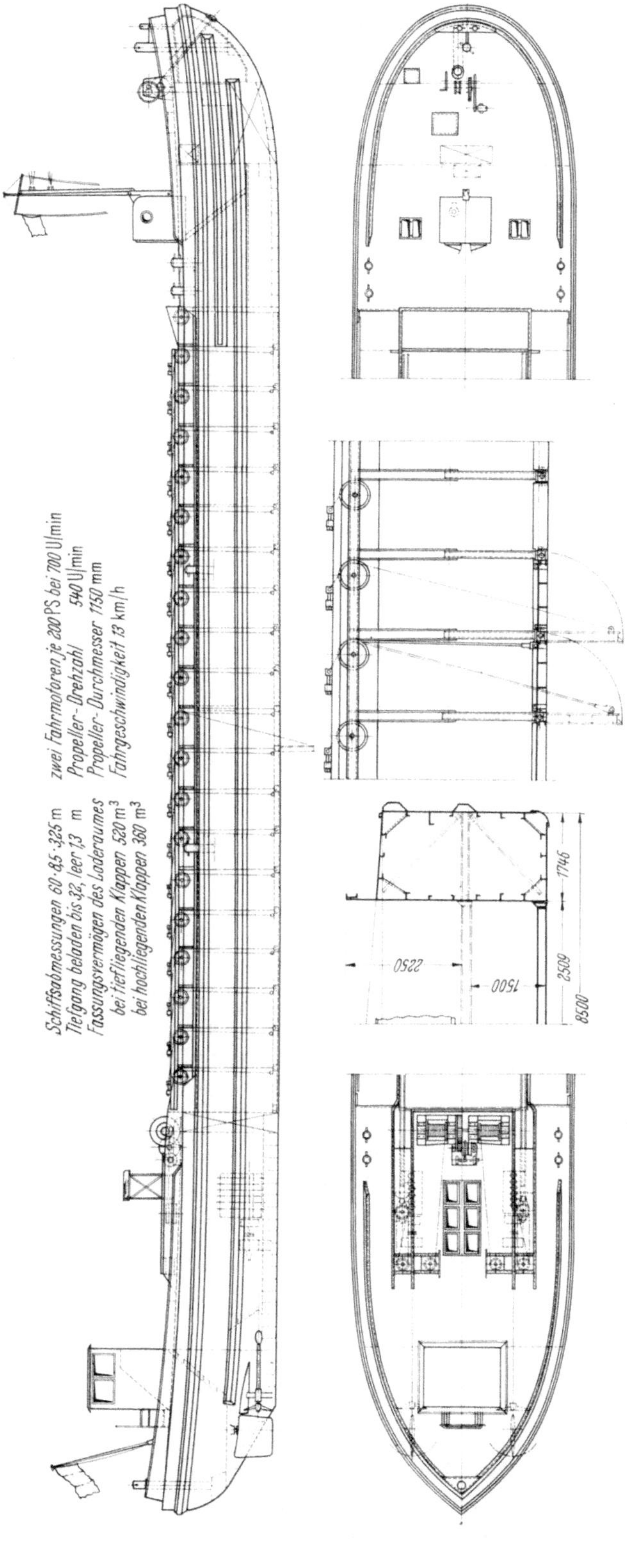

Abb. 302. Selbstfahrende Klappschute in verbesserter Holländer Form mit Klappen, die in zwei Höhenlagen einstellbar sind, mit 520/360 m³ Laderaumfassungsvermögen und zwei Fahrmotoren von je 200 PS. Erbaut bei Werft Holland, Hardinxfeld

kürzlich von der Werft Hardinxfeld für Calje N. V. geliefert wurde. Sie hat die Abmessungen 60×8,50×3,25 m so wie zwei Fahrmotore von je 200 PS bei $n = 700$ U/min, die über Untersetzungsgetriebe die beiden Propeller von 1150 mm Durchmesser mit einer Drehzahl

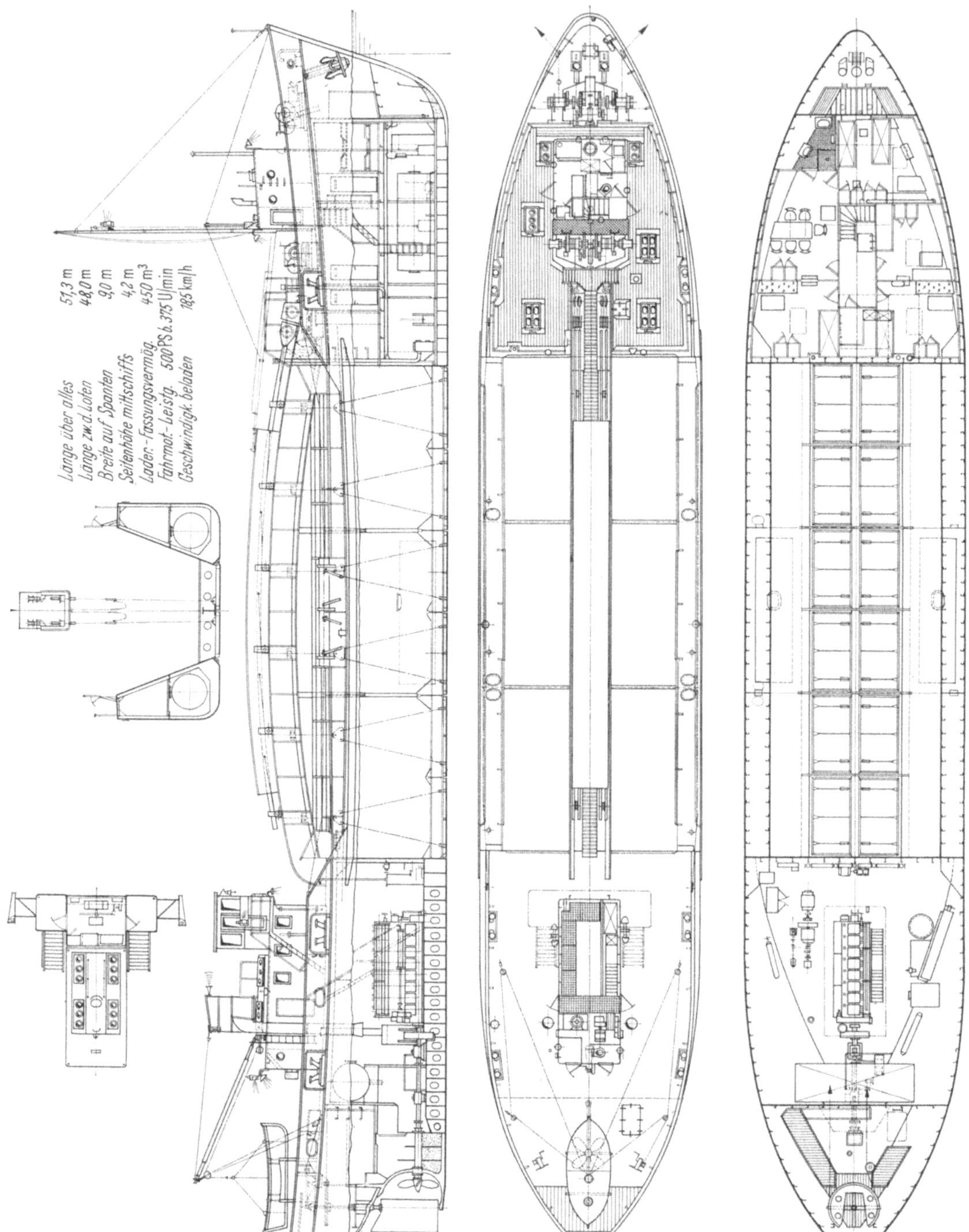

Abb. 303. Seegehende Klappschute mit 450 m³ Fassungsvermögen und Fahrmotor von 500 PS. Bauart Volker, Sliedrecht

von 540 U/min antreiben und dem Schiff eine Geschwindigkeit von 13 km/h geben. Die Laderaumwände sind senkrecht, die Klappen haben querliegende Drehachsen. Als *Besonderheit* können die Klappen sowohl in Schiffsbodentiefe, also in *onderlosser*-Anordnung, als auch über der Leerwasserlinie in *oplosser*-Stellung liegen, sie ragen dann beim Öffnen nicht unter dem Schiffsboden heraus. Die Klappen werden über Schiebebalken durch zwei elektrisch angetriebene Winden betätigt, die hinter dem Laderaum vor dem Steuerhaus

Abb. 304. Ansicht einer von der IHC Holland für Brasilien gelieferten selbstfahrenden Klappschute von 500 m³ Fassungsvermögen mit Dieselmotor von 600 PS bei 275 U/min

angeordnet sind. Die Winden dienen sowohl zum Öffnen und Schließen der Klappen, als auch zum Anheben in die obere und Wiederablassen in die untere Stellung. Hierbei faßt der Laderaum 520 m³, der Tiefgang in beladenem Zustand beträgt 3,2 m. In der oplosser Stellung faßt der Laderaum 360 m³. Die Klappen liegen dann 1,5 m über dem Schiffsboden über Wasser, der Leertiefgang beträgt 1,2 m. Die Rudereinrichtung wird hydraulisch betätigt.

Abb. 303 zeigt eine seegehende Klappschute mit den Abmessungen $48 \times 9 \times 4{,}2$ m und einem Laderaumfassungsvermögen von 450 m³, angetrieben durch einen Dieselmotor von 500 PS bei 375 U/min und einer Geschwindigkeit von 18,5 km/h. Das Produkt $L \times B \times H$ ist 1820 m³ und damit das 4,2fache des Laderauminhaltes. Die Schute wurde 1954 von der Schiffs- und Maschinenbau AG. Mannheim für die Fa. A. Volker, Sliedrecht, geliefert. Auch diese Schute hat zwei Reihen Klappen mit außen liegenden Drehachsen, deren Ketten senkrecht nach oben geführt sind zu einem Träger, der den ganzen Laderaum bogenförmig überspannt. Die Schiebebalken, die in diesem Träger gleiten, haben ebenfalls Bogenform, sie werden mit Flaschenzügen von einer Doppelwinde, die auch gleichzeitig Ankerwinde ist, bewegt. Diese Winde hat einen Elektromotor, für den der Strom durch einen Generator von 20 kW, angetrieben von einem Dieselmotor von 27 PS, geliefert wird.

Abb. 304 ist ein Foto der selbstfahrenden Klappschute „Jabaquará", die 1950 mit drei weiteren Klappschuten von der IHC-Holland nach Brasilien geliefert wurde. Die Schute hat einen Laderaum von 500 m³ Fassungsvermögen, die Abmessungen $50 \times 9 \times 4{,}5$ m und erreicht, beladen mit 880 t einen Tiefgang von 3,9 m. Die Leistung des Antriebsmotors ist 600 PS bei 275 U/min und die Geschwindigkeit 18,5 km/h.

Der Querschnitt in Abb. 305 läßt erkennen, daß zwei Reihen Klappen vorhanden sind, mit Drehachsen innen an einem Mittelkielschwein. Die Ketten werden dann an den Laderaumwänden entlang an zwei Schiebebalken herangeführt, die durch Öldruckzylinder bewegt werden. Diese Bauart gibt einen freien, durch keine Überbauten behinderten Laderaum. Zwar hemmt das Mittelkielschwein etwas das Verstürzen der Ladung, ist aber bei Hopperbaggern allgemein üblich. Der Maschinenraum enthält außer dem Hauptmotor, der den Propeller direkt antreibt, einen Hilfsgenerator von 220 Volt Gleichstrom mit einem Dieselmotor von 75 PS für die Hilfsmaschinen, darunter die Druckölpumpen für die Klappzylinder. Für Beleuchtung ist noch ein Generator von 5 kW aufgestellt mit einem Dieselmotor von 16 PS, der außerdem noch einen Kompressor und eine Pumpe antreiben kann.

Abb. 306 zeigt den Generalplan von noch etwas größeren Selbstfahr-Klappschuten mit Dampfantrieb, von denen zwei von der IHC-Holland im Jahre 1951 für den Hafen von Kalkutta geliefert wurden. Dessen Verbindung nach der See ist etwa 150 km lang und soll durch einen 800-l-Eimerkettenbagger in Zusammenarbeit mit diesen Schuten von Ablagerungen, die größtenteils aus Schluff bestehen, freigehalten werden. Die Fahrzeuge mit den Abmessungen $61{,}5 \times 10{,}15 \times 5{,}15$ m haben ein Laderaumfassungsvermögen von 570 m³. Hinten sind die beiden Zylinderkessel mit Kohlefeuerung angeordnet und davor

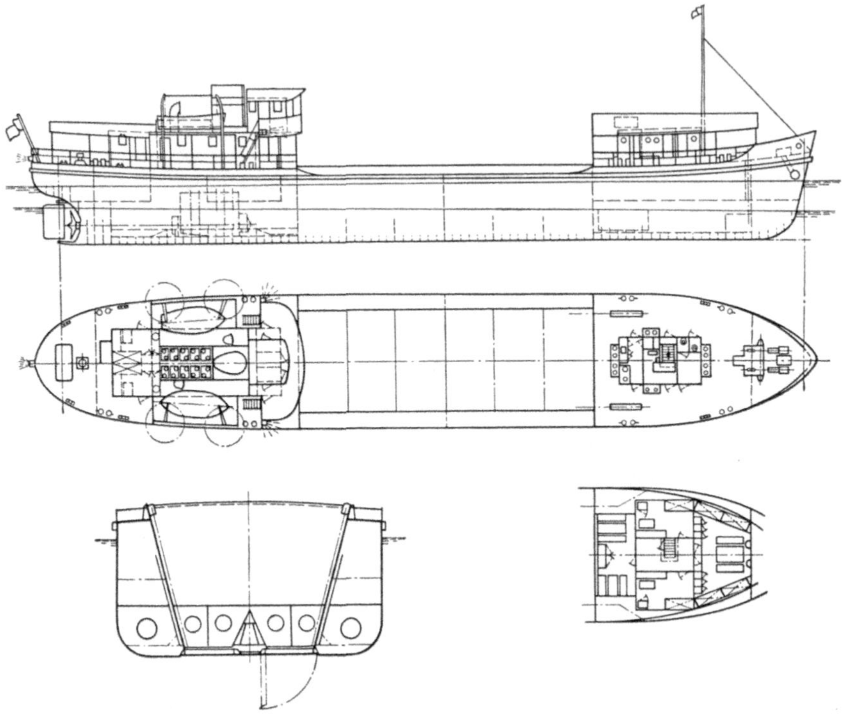

Abb. 305. Generalplan einer selbstfahrenden Klappschute von 500 m³ Fassungsvermögen mit zwei Reihen Klappen mit Drehachsen am Mittelkielschwein. IHC-Holland

zwei Dreifach-Expansionsmaschinen von je 600 PS_i, die die beiden Schrauben antreiben und dem Schiff eine Geschwindigkeit von 18,5 km/h geben. Der Laderaum von 21,5 m Länge kann durch Verklappen entleert werden oder durch Anlandspülen. Zu diesem Zweck sind zwei Reihen Hauptklappen mit außen liegenden Drehachsen vorgesehen, deren Klappketten in der Mitte nach oben geführt sind. Über den Hauptklappen liegen je zwei Oberklappen, die, wenn im Klappbetrieb gefahren wird, senkrecht nach unten hängen und den Boden bei der Beladung bis auf die Hauptklappen kommen lassen. Soll aber die Ladung an Land gebracht werden, dann werden die Oberklappen durch Drehen von Handrädern und Aufwärtsgehen von Spindeln mit daran hängenden Ketten in die waagerechte Lage gebracht. Dann bleibt die Ladung auf ihnen liegen und ein Kanal mit rechteckigem Querschnitt unter ihnen frei.

Die eine Maschine kann mit einer vor ihr angeordneten Baggerpumpe gekuppelt werden, die eine gegabelte Saugrohrleitung besitzt. Durch sie kann in den beiden Kanälen, die durch Öffnen von Schiebern im Vorschiff eine Verbindung mit dem Außenwasser erhalten haben, eine Strömung erzeugt werden. Es werden dann nacheinander die Oberklappen wieder senkrecht nach unten fallen gelassen, worauf der Boden aus der betreffenden Abteilung in den Saugstrom kommt und als Gemisch an Land gedrückt wird. Diese Einrichtung wurde schon bei den Hoppersaugern s. Band I, Seite 290 beschrieben, denen diese Schuten weitgehend ähneln. Der mit ihnen gleichzeitig gelieferte Hoppersauger „Pansy“ unterscheidet sich von ihnen nur dadurch, daß er ein seitliches, nach vorne gerichtetes Saugrohr und ein über dem Laderaum liegendes Druckrohr hat, wobei die äußeren Abmessungen und die Maschinenanlagen gleich bleiben. Durch diese zusätzlichen Einrichtungen können auch die beiden Selbstfahr-Klappschuten in Hoppersauger verwandelt werden, was den Übergang von der einen zur anderen Geräteart gut kennzeichnet.

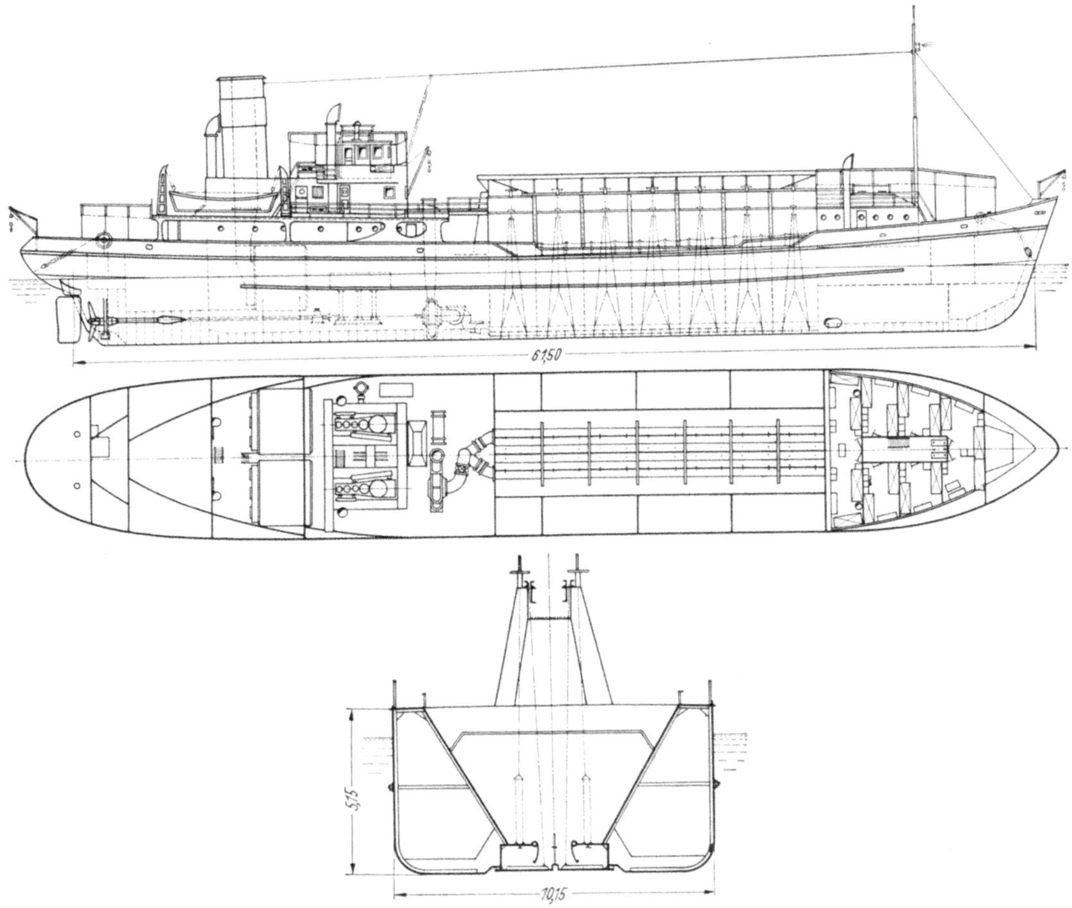

Abb. 306. Generalplan einer selbstfahrenden Klappschute von 570 m³ Fassungsvermögen mit Doppelschrauben und Dampfantrieb, bei der die Ladung durch eine Baggerpumpe abgesaugt werden kann. Erbaut 1951 von der IHC-Holland für Kalkutta

Abb. 307. Ansicht der im Jahre 1951 für Kalkutta gelieferten selbstfahrenden Klappschute mit Dampfantrieb für 570 m³ Fassungsvermögen in unbeladenem Zustand. Aufnahme IHC-Holland

Tabelle 22. *Hauptabmessungen von Klappschuten m. eigenem Antrieb*

			A	B	C	D	E	F	G	H
1	Herstellungsland		Türkei 1951	Deutschland 1956	1954	Holland 1950	England	Holland 1951	England	
2	Länge zw. Loten	m	42,5	58	48	50	56,5	61,5	61,5	58,4
3	Breite auf Spanten	m	8,2	7,75	9	9	10,35	10,15	10,8	11,9
4	Seitenhöhe	m	3,6	2,3	4,2	4,5	4,72	5,15	4,8	5,48
5	Produkt $L \cdot B \cdot H$	m³	1250	1040	1820	2030	2750	3220	3200	3800
6	Lader.-Fassungsvermög.	m³	300	300	450	500	560	570	680	1190
7	Verh.: $\frac{L \cdot B \cdot H}{\text{Lad.-Inhalt}}$		4,16	3,5	4,05	4,05	4,9	5,65	4,7	3,2
8	Schiffsgewicht	t	260	200	380	430	665	790	900	700
9	Gewicht d. Ladung	t	540	600	820	880	1100	1050	1220	1850
10	Ladungsdichte		1,8	2,0	1,8	1,75	1,96	1,85	1,80	1,55
11	Verdrängung beladen	t	800	900	1200	1310	1765	1840	2120	2546
12	Völligk.-Grad bel. δ		0,75	0,90	0,75	0,75	0,74	0,70	0,79	0,78
13	Tiefgang beladen	m	3,05	2,2	3,90	3,90	4,08	4,20	4,04	4,69
14	Verh.: $\frac{\text{Tiefgang}}{\text{Seitenhöhe}}$		0,85	0,95	0,92	0,865	0,86	0,815	0,84	0,855
15	Antriebsart		Diesel	Diesel	Diesel	Diesel	Dampf	Dampf	Dampf	Diesel
	Masch.-Leistung PS		250	250	500	600	725	2×600	2×640	2×450
	Prop.-Drehzahl U/min		200	270	375	275	115		130	167
16	Zahl der Schrauben		Eine	Eine	Eine	Eine	Eine	Zwei	Zwei	Zwei
	Antriebsart		Unters. 1:2	Wende-Getr.	direkt	direkt	direkt	direkt	direkt	Wende-Getr.
17	Geschwindigkeit bel.	km/h	15,5	11	18,5	18,5	19	18,5	20,5	18,5
18	Laderaum-Länge	m	16	40	20,5	20	18,3	21,5	23,2	30,5
19	Verh.: $\frac{\text{Lad.-L.}}{\text{Schiffs-L.}}$		0,35	0,7	0,43	0,40	0,325	0,35	0,375	0,52

Das Foto 307 zeigt eine dieser Klappschuten in unbeladenem Zustand, man sieht den umfangreichen Überbau des Laderaumes, der durch die beschriebenen Einrichtungen erorderlich wurde. Die Beladung durch den Eimerkettenbagger ist infolgedessen nicht ein-

Abb. 308. Hinterschiff einer Klappschute in Holländer Bauart, die durch Aufsetzen eines Schottel-Ruder-Propellers (Navigator) einen Fahrantrieb mit guter Steuerfähigkeit erhalten hat. Aufnahme Oudgaarden, Rotterdam

fach und somit ein Nachteil gegeben, den mehr oder weniger alle Kombinationsgeräte haben. Auch ist das Produkt $L \times B \times H = 61{,}5 \times 10{,}15 \times 5{,}15 = 3320$ m³ das 5,8fache des Laderauminhaltes von 570 m³ und kommt damit an das der Hoppersauger heran. Zum Teil ist dies durch den Dampfantrieb und die hohe installierte Maschinenleistung bedingt. Man käme mit einem kleineren Schiffskörper aus, wenn man Dieselantrieb nehmen würde.

Tabelle 22 enthält die Hauptdaten der beschriebenen Klappschuten mit eigenem Antrieb, denen noch drei englische hinzugefügt sind.

Antrieb durch Ruderpropeller. Schon in den Abbildungen 280 bis 282 wurde gezeigt, daß jeder Schute normaler Bauart durch Aufsetzen eines Ruderpropellers, des Schottelnavigators, Fahrantrieb gegeben werden kann und damit eine sehr gute Manövrierfähigkeit erreicht wird. Der Navigator wird bis zur Größe von 250 PS bei einem Propellerdurchmesser von 1000 mm gebaut und würde für Schuten bis etwa 250 m³ Fassungsvermögen ausreichen.

Abb. 308 zeigt das Hinterschiff einer Schute mit der Motorhaube, dem dahinter liegenden Steuerstand und dem durch zwei hydraulische Zylinder angehobenen Ruderpropeller. Weitere Einzelheiten findet man im nachfolgenden Kapitel.

R. Propulsion, Schlepper und Schleppbetrieb

1. Bedingungen für das Arbeiten des Propellers bei Baggerschiffen. Änderungen des Belastungsgrades

Baggerschiffe haben meist keinen Fahrantrieb. Man vermeidet ihn möglichst, um den Schiffskörpern nicht Formen geben zu müssen, die für die Baggertätigkeit ungünstig sind. Auch erfordert das Fahren meist höhere Maschinenleistungen als das Baggern, ein selbstfahrender Bagger wird teurer als einer ohne Fahrantrieb. Bei allen Fahrzeugen mit Laderaum ist aber der eigene Antrieb erforderlich, also hauptsächlich bei Hoppersaugern, Greiferbaggern und manchmal auch Löffelbaggern. Wenn Eimerkettenbagger im Seegebiet arbeiten, macht man sie selbstfahrend, weil sie bei aufkommendem schlechten Wetter schnell in ihren Hafen fahren müssen, ferner auch wenn sie bei Unterhaltungsarbeiten ihre Baggerstelle häufig wechseln und dabei größere Entfernungen zurückzulegen haben. Dasselbe gilt auch für Schneidkopfsauger und andere Baggergeräte.

Bei den Transportgeräten haben Klappschuten häufig eigenen Antrieb, da die Stellen, wo die Ladung verklappt werden kann, oft von den Baggerstellen weit entfernt liegen. Spülerschuten werden dagegen fast ausnahmslos geschleppt, wobei dann die *Schlepper*, die in diesem Kapitel behandelt werden sollen, die selbstfahrenden Geräte sind.

Beim Fahrantrieb von Baggerschiffen ergeben sich Bedingungen, die von denen des Regel-Schiffbaues abweichen; eine kurze Erörterung der Propulsionsverhältnisse muß daher an den Anfang dieses Kapitels gestellt werden. Es kann aber nur ein Überblick in großen Zügen gegeben werden, der die Größenordnung aufzeigt, während im Einzelfall genaue schiffbauliche und maschinenbauliche Berechnungen durchzuführen sind. Dies gilt besonders für Hoppersauger, für welche die Erreichung einer bestimmten Geschwindigkeit vorgeschrieben wird.

Jede Vortriebseinrichtung bei Schiffen bringt eine Wassermenge auf höhere Geschwindigkeit und braucht für diese Beschleunigung eine Kraft, deren Rückdruck den Schiffskörper vorantreibt. Am leichtesten ist dies beim Düsenantrieb zu erkennen, der vor dem Aufkommen der Schiffsschrauben verwendet wurde. Wenn bei Erprobung von Baggerpumpen in der Druckleitung eine Drosseldüse angebracht wird, um auf den Betriebsdruck zu kommen, erzeugt der mit großer Geschwindigkeit ausgeworfene Strahl einen Rückdruck, für dessen Aufnahme der Schiffskörper gut vertäut werden muß. Diese Beobachtung führte dazu, für Pumpenbagger den *Düsenpropeller* als Vortriebseinrichtung zu verwenden, von der Abb. 309 ein Prinzipbild zeigt. Die Baggerpumpe bringt einen Förderstrom von 785 l/sec auf eine Förderhöhe von 40 m. Er durchströmt die Druckrohrleitung mit einer Geschwindigkeit von 4 m/sec und wird in der Düse auf die Auswurfsgeschwindigkeit von $\sim \sqrt{2\,g \cdot 40} = 28$ m/sec gebracht. Das ergibt einen Beschleunigungsdruck von $\frac{785}{9{,}81} \cdot (28 - 4) = 1920$ kg, der das Fahrzeug in Bewegung setzt. Bei 8 m Breite und einem

Tiefgang von 1,5 m hat es eine eingetauchte Hauptspantfläche von 12 m², bei einem Widerstandsbeiwert $c_f = 0{,}4$ gilt dann die Gleichung:

$$12 \cdot \frac{v_s^2}{2g} \cdot 1000 \cdot 0{,}4 = 1920\,\text{kg}$$

wobei v_s die Geschwindigkeit des Fahrzeuges ist.

Hieraus ergibt sich die Schiffsgeschwindigkeit:

$$v_s = 2{,}8\ \text{m/sec} \sim 10\ \text{km/h}$$

Die Nutzleistung ist dann $\frac{1920 \cdot 2{,}8}{75} \sim 72$ PS

Dem steht eine hydraulische Leistung der Pumpe von $\frac{785 \cdot 40}{75} = 418$ PS gegenüber. Die Differenz von $418 - 72 = 346$ PS geht mit der kinetischen Energie des Auswurfstrahles, der eine beträchtliche Absolutgeschwindigkeit behält, verloren.

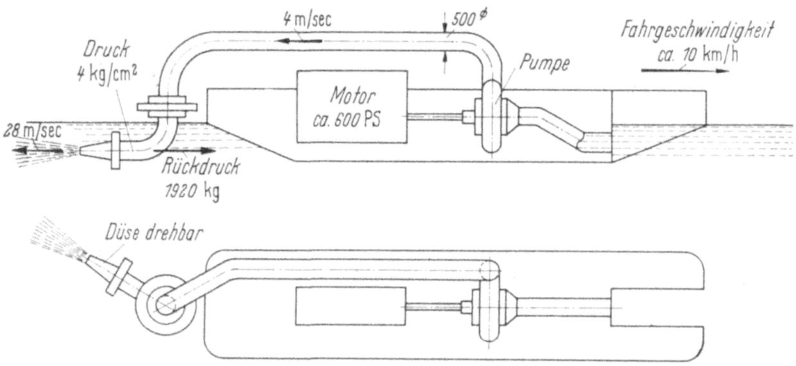

Abb. 309. Strahlantrieb bei Pumpenbaggern, Prinzipbild

Die erforderliche Antriebsleistung ergibt sich unter Berücksichtigung des Pumpenwirkungsgrades und der Verluste in Rohrleitung und Düse mit etwa 600 PS. Der Wirkungsgrad dieser Düsen-Propulsions-Einrichtung beträgt nur 72/600 = 12%. Wenn in dem Produkt Masse × Beschleunigung, der Beschleunigungsanteil hoch ist, liegt der Wirkungsgrad immer niedrig; dafür bringt aber im vorliegenden Falle die große Einfachheit dieser Propulsions-Einrichtung einen Ausgleich. Durch Schwenken der Düse kann dem Auswurfstrahl jede gewünschte Richtung gegeben und eine gute Steuerfähigkeit und Manövrierfähigkeit erreicht werden. Der Strahlantrieb in der beschriebenen Form wird neuerdings öfter verwendet um Pumpenbagger zu versetzen, die ohnehin einen Antriebsmotor mit der erforderlichen Leistung haben. Unter schwierigen Verhältnissen und bei längeren Fahrtwegen wird noch ein Schlepper zu Hilfe genommen.

Radpropeller. Als Nächstes sei der Radpropeller kurz erwähnt. Bei ihm erfassen die Schaufeln beim Eintauchen eine gewisse Wassermenge und beschleunigen sie, wobei der Rückdruck auf die Radwelle wirkt. In den USA ist der Radpropeller auf Flüssen als Vortriebseinrichtung für Baggerschiffe viel verwendet worden. Es gibt Seitenräder und Heckräder, die auch heute noch nicht ganz durch Schraubenpropeller verdrängt worden sind. Die Vortriebsfläche kann beim Radpropeller durch Ausdehnung in die Breite auch bei geringem Tiefgang groß gemacht und damit gute Wirkungsgrade erreicht werden, was bei dem Schraubenpropeller unter diesen Bedingungen nicht möglich ist. Ein Nachteil ist aber bei Radpropellern die niedrige Antriebsdrehzahl. Früher wurden langhubige Dampfmaschinen verwendet, deren Kurbeln unmittelbar an die Radwellen angesetzt waren. Dieselmotore erfordern hohe Untersetzungen und sind deswegen für Radpropeller wenig geeignet. Es wird aber Fälle im Ausland geben, auf unregulierten Flüssen oder sonstigen flachen Gewässern, bei denen man bei Schleppern und anderen Fahrzeugen den Radpropeller mit Vorteil verwendet.

Schraubenpropeller, Schub, Drehmoment und Wirkungsgrad. Abb. 310 zeigt eine Prinzipzeichnung des Schraubenpropellers, der heute fast durchweg das Vortriebsmittel ist. Er erzeugt einen Schub in seiner Achsenrichtung und erfordert von der Abtriebsmaschine ein entsprechendes Drehmoment. Er wirkt wie eine Förderschnecke mit der Kreisfläche F, als welche er ursprünglich auch ausgebildet war. Das Wasser strömt ihm mit der Ge-

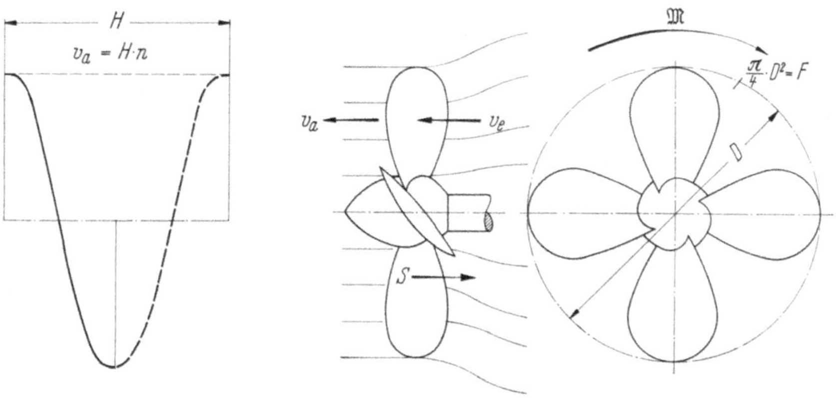

Abb. 310. Wirkungsweise des Schraubenpropellers. Abgegebener Schub und aufgenommenes Drehmoment

D Propeller-Durchmesser in m; H Propeller-Steigung in m; v_e Eintrittsgeschwindigkeit in m/sec; v_a Austrittsgeschwindigkeit in m/sec; n Propeller-Drehzahl U/sec; S Propeller-Schub in kg; $\mathfrak{M}$ Aufgenommenes Drehmoment in mkg

schwindigkeit v_e zu und wird auf die größere Geschwindigkeit v_a gebracht. Für den Schub S ergibt sich nach dem Satz: Kraft = Masse × Beschleunigung die Gleichung:

$$S = F \cdot v_a \cdot \frac{\gamma}{g} \cdot (v_a - v_e)$$

Man nennt im Schiffbau das Verhältnis $\frac{v_a - v_e}{v_a}$ den *Slip* und gibt ihm die Bezeichnung s.

Der Slip gibt den Beschleunigungsgrad an. Nach dem vorangehend Gesagten wird der Wirkungsgrad des Schraubenpropellers um so schlechter, je größer der Slip ist.

Es gelten weiterhin die Gleichungen:

$s = 1 - v_e/v_a \qquad v_a = v_e/(1 - s) \qquad v_e = v_a \cdot (1 - s) \qquad v_a - v_e = v_a - v_a \cdot (1 - s) = v_a \cdot s$

Hiernach wird

$$S = F \cdot v_a^2 \cdot \frac{\gamma}{g} \cdot s$$

Für die Schraubenpropeller gilt weiterhin:

$$F = \frac{\pi}{4} \cdot D^2 \text{ und } v_a = H \cdot n. \qquad \text{Danach wird:}$$

$$S = \frac{\pi}{4} D^2 \cdot H^2 \cdot n^2 \cdot \frac{\gamma}{g} \cdot s$$

Die Bezeichnungen dieser wichtigen Gleichung werden nachstehend wiederholt:

S Propellerschub in kg
D Propellerdurchmesser in m
$F \frac{\pi}{4} D^2$ Propeller-Kreisfläche in m²
H Propeller-Steigung in m
n Drehzahl U/sec der Propeller-Welle
γ 1000, da Süßwasser angenommen ist
g 9,81 m/sec²
s Slip als Verhältniswert

Hiernach ist der Propellerschub proportional der Schraubenkreisfläche und dem Quadrat des Produktes aus Steigung und Drehzahl. Außerdem ist er proportional dem Slip. Diese Größen können aber nicht beliebig gewählt werden, sondern sind voneinander abhängig. Der Propellerdurchmesser D kann nicht größer sein, als es der Tiefgang des Schiffes erlaubt. Für Hopperbagger und Klappschuten muß der Tiefgang in unbeladenem Zustand berücksichtigt werden. Mit dem Durchmesser steht die Steigung im Zusammenhang, da das Steigungsverhältnis H/D zwischen 0,6 und 1,2 liegt.

$H \cdot n\,(1 - s)$ ist, wenn man den später behandelten Mitstrom zunächst unberücksichtigt läßt, gleich der Schiffsgeschwindigkeit. Diese ist bei Baggerschiffen nicht groß; auch die Propeller-Drehzahl liegt verhältnismäßig niedrig. Schließlich soll der Slip nicht groß werden, weil damit ein niedriger Wirkungsgrad verbunden ist. Alles in allem ist durch diese zwangsläufige Bindung der Einzelgrößen die Bemessung des Propellers eine schwierige Aufgabe, die bei Baggerschiffen meist nur mit Kompromissen zu lösen ist.

Die *Leistung* N, die dem Propeller von seiner Antriebsmaschine zugeführt werden muß, ist das Produkt aus Schub und der Propellergeschwindigkeit $H \cdot n$. Es wird also:

$$N = \frac{\pi}{4} \cdot D^2 \cdot H^3 \cdot n^3 \cdot \frac{\gamma}{g} \cdot s$$

Das Drehmoment $\mathfrak{M}$ findet man aus der Gleichung:

$$N = \mathfrak{M} \cdot 2\pi \cdot n \quad \text{mit}$$

$$\mathfrak{M} = \frac{\pi}{4} D^2 \cdot H^3 \cdot n^2 \cdot \frac{\gamma}{g} \cdot s \cdot \frac{1}{2\pi}$$

Die vorangehend entwickelten Gleichungen sind für Berechnungen nicht ohne weiteres brauchbar, vielmehr müssen hierfür Modellversuche herangezogen werden, die zahlreich u. a. von SCHAFFRAN durchgeführt worden sind. Danach gilt für das Steigungsverhältnis $H/D = 0{,}85$, das bei dem später oft als Beispiel herangezogenen Schlepper „Albatros" gewählt ist, die Abb. 311, in der über dem Slip als Abszisse punktiert die gerade Linie der theoretischen Kennwerte für Schub und Drehmoment eingetragen ist. Dann ist weiter nach Modellversuchen das Verhältnis des gemessenen Schubes zum Wert $\frac{\pi}{4} D^2 \cdot H^2 \cdot n^2 \cdot \frac{\gamma}{g}$ als dimensionsloser Schubkennwert und das Verhältnis des gemessenen Drehmomentes zum Wert $\frac{\pi}{4} D^2 \cdot H^3 \cdot n^2 \cdot \frac{\gamma}{g} \cdot \frac{1}{2\pi}$ als dimensionsloser Momentenkennwert aufgetragen. Die Abszisse ist als *nomineller* Slip bezeichnet, der sich aus der mathematischen Steigung berechnet, während für den wirklichen Slip, also den tatsächlichen Beschleunigungsgrad, auch die Rückseite des Flügels wirksam ist. Daher kommt es, daß beim nominellen Slip 0 schon ein Schub erzeugt wird und für ihn infolge von Wirbelverlusten, ein verhältnismäßig großes Drehmoment aufzubringen ist.

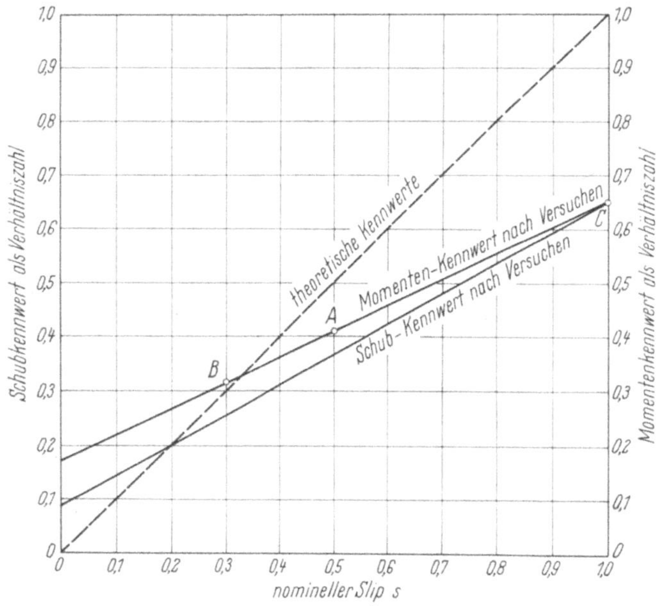

Abb. 311. Schubkennwert und Momentenkennwerte in Abhängigkeit vom Slip für das Steigungsverhältnis $H/D = 0{,}85$ nach Modellversuchen von SCHAFFRAN.
Erklärung für A, B und C s. Abb. 319

Hier ist der Drehmomenten-Kennwert ungefähr das Doppelte vom Schubkennwert, während die Endwerte für $s = 1$ auf gleicher Höhe liegen.

Ähnlich ist das auch bei anderen Steigungsverhältnissen. In Abb. 312 sind über dem Steigungsverhältnis H/D als Abszisse die Anfangskennwerte a_0 und b_0 für Schub und Drehmoment für den Slip 0 und die Endwerte a_1 und b_1 für den Slip 1 eingetragen. Man kann hiernach für jedes Steigungsverhältnis die Schublinie und die Momentenlinie in dimensionslosen Kennwerten aufzeichnen und danach die zahlenmäßigen Werte für jede Propellergröße finden. In Wirklichkeit sind die Linien allerdings nicht ganz gerade, sondern schwach nach oben ausgebogen. Auch sind außer dem Steigungsverhältnis noch die Flügelzahl, das Flächenverhältnis zwischen der abgewickelten Flügelfläche und der Kreisfläche u. a. m. von Einfluß. Diese Faktoren müssen für genaue Rechnungen berücksichtigt werden, können jedoch bei unseren überschlägigen Betrachtungen vernachlässigt werden. Den *Wirkungsgrad* kann man aus den Kennlinien für Schub und Drehmoment berechnen, in Abb. 313 ist er unmittelbar nach Versuchen von SCHAFFRAN in Abhängigkeit vom Slip für die Steigungsverhältnisse von 0,6–1,2 aufgetragen. Man sieht, daß die Höchstwerte bei einem Slip von etwa 0,2 liegen. Für $H/D = 1{,}2$ beträgt hier der Wirkungsgrad 70%, für $H/D = 0{,}6$ aber nur weniger mehr als 50%. Bei niedrigen Slipwerten fallen die Wirkungsgrade wieder ab. Das tun sie auch bei steigendem Slip, nähern sich immer mehr dem Werte $1 - s$ und enden alle bei $s = 1$ mit Null.

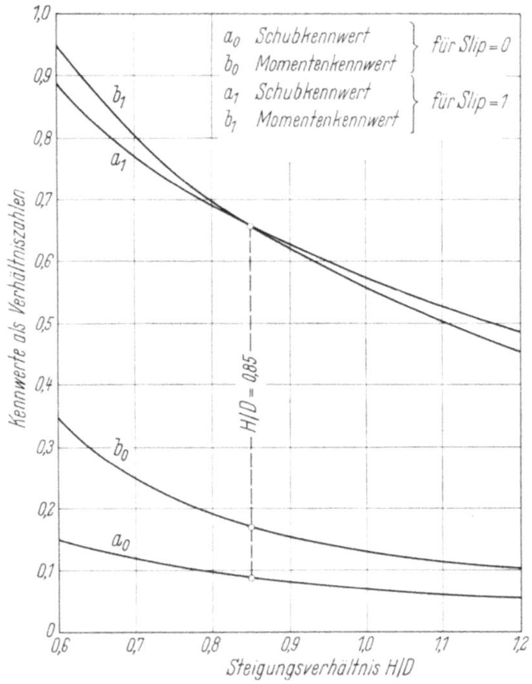

Abb. 312. Anfangsgrößen für den Slip 0 und Endgrößen für den Slip 1 von den Kennwerten für Schub und Drehmoment in Abhängigkeit vom Steigungsverhältnis H/D des Propellers

Man wird also im Interesse eines ausreichenden Wirkungsgrades den Slip niedrig halten, bewegt sich deswegen bei freifahrenden Schiffen zwischen 25 und 30% und vermeidet nach Möglichkeit die niedrigen Steigungsverhältnisse. Bei den geringen Geschwindigkeiten der Baggergeräte, den oft beschränkten Propellerdurchmessern und den hohen Drehzahlen, die von Dieselmotoren und Elektromotoren bei direktem Antrieb verlangt werden, sind aber diese Forderungen nicht immer zu erfüllen.

Die Modellversuche wurden mit Propellern bei *freier* Ausströmung vorgenommen. In Wirklichkeit muß aber das Wasser am Schiffskörper vorbeiströmen und wird verlangsamt; die Anströmungsgeschwindigkeit ist dadurch geringer als die Schiffsgeschwindigkeit. Der *Mitstrom* ist je nach Form des Schiffes und besonders der Ausgestaltung des Hinterschiffes verschieden groß. Bezeichnet man das Verhältnis zwischen Anströmungsgeschwindigkeit und Schiffsgeschwindigkeit mit ε, dann hat dieser Faktor für einen Schlepper mit *einer* Schraube etwa den Wert 0,8; den gleichen Wert kann man für einen Hoppersauger mit *zwei* Schrauben rechnen. Für einen Hoppersauger mit *einer* Schraube rechnet man mit 0,7 und für eine Schute der Holländer Form bei Eigenantrieb nur mit 0,6. Durch diesen Unterschied zwischen Schiffsgeschwindigkeit und Anströmungsgeschwindigkeit wird es schwierig, den wirklichen Slip, der für die Erzeugung des Schubes maßgebend ist, zu berechnen. Durch Vergleich des Produktes $H \cdot n$ mit der Schiffsgeschwindigkeit findet man nur einen *scheinbaren* Slip, der niedriger ist, als der wirkliche und in Sonderfällen sogar negativ werden kann. Der wirkliche Slip ist gleich $\frac{H \cdot n - v_s \cdot \varepsilon}{H \cdot n}$, wobei v_s die Schiffsgeschwindigkeit und ε das vorangehend für verschiedene Fälle angegebene Verhältnis zwischen der Anströmungsgeschwindigkeit und der Schiffsgeschwindigkeit ist.

Das am Schiffskörper vorbeiströmende Wasser übt außerdem eine *Sogwirkung* aus und erhöht den Widerstand bei arbeitendem Propeller gegenüber einem mit gleicher Geschwindigkeit geschlepptem Schiff. Der Sog ist auch bei Arbeiten im Stand wirksam und setzt

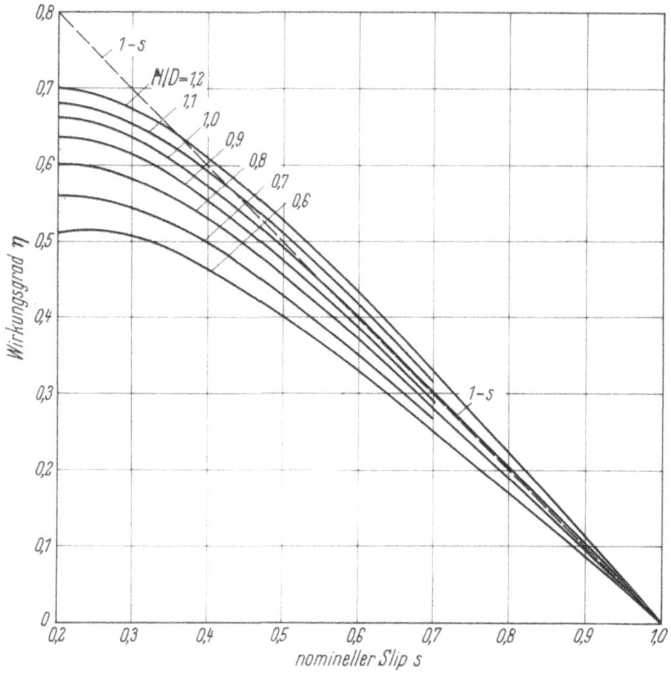

Abb. 313. Wirkungsgrade von Schraubenpropellern in Abhängigkeit vom Slip für Dreiflügel-Propeller mit den Steigungsverhältnissen H/D 0,6–1,2 nach Modellversuchen von SCHAFFRAN

nach ULRICH-DANKWARDT den Trossenzug am Pfahl um etwa 4 bis 5% herab. Dabei geht infolge der Behinderung der Anströmung die Drehzahl weniger stark zurück, als bei freier Anströmung.

Slipgrößen bei Baggerschiffen. Es wurde schon gesagt, daß bei freifahrenden Schiffen mit dem Slip auf 25 bis 30% heruntergegangen werden kann und man damit in das Wirkungsgrad-Maximum kommt. In anderen Fällen ist das aber nicht möglich, man muß höhere Slipwerte infolge stärkerer Belastungsgrade und damit niedrigere Wirkungsgrade hinnehmen. Die zu erwartenden Werte lassen sich nach der folgenden Berechnung schätzen, da der Propellerschub gleich dem Schiffswiderstand nach der Flächenformel (1. Kapitel L) sein muß.

Es ist also $F_p \cdot H^2 \cdot n^2 \cdot \frac{\gamma}{g} \cdot s = F_h \cdot \frac{v_s^2}{2g} \cdot \gamma \cdot c_f$

Nach der vorangegangenen Ausführung ist

$$v_s = \frac{v_e}{\varepsilon} \text{ und } v_e = v_a \cdot (1 - s) = H \cdot n \cdot (1 - s)$$

$$v_s = \frac{H \cdot n \cdot (1 - s)}{\varepsilon} \quad v_s^2 = \frac{H^2 \cdot n^2 \cdot (1 - s)^2}{\varepsilon^2} \text{ somit wird}$$

$$F_p \cdot H^2 \cdot n^2 \cdot \frac{\gamma}{g} \cdot s = F_h \cdot \frac{H^2 \cdot n^2 \cdot (1 - s)^2}{\varepsilon^2 \cdot 2g} \cdot \gamma \cdot c_f$$

$$F_p \cdot s = \frac{F_h \cdot (1 - s)^2}{\varepsilon^2 \cdot 2} \cdot c_f$$

$$\frac{F_p}{F_h} \cdot \frac{\varepsilon^2}{c_f} = \frac{(1 - s)^2}{2s}, \text{ worin bedeutet}$$

F_p die Propellerkreisfläche und F_h die eingetauchte Hauptspantfläche, beides in m², ε das Verhältnis der Anströmgeschwindigkeit zur Schiffsgeschwindigkeit, c_f der Widerstandsbeiwert nach der Flächenformel und s der Slip.

Die nachstehende Tabelle 23 gibt für Slipgrößen von 0 bis 1 die Werte der Funktion $\frac{(1-s)^2}{2s}$ uud in Abb. 314 ist über der Funktion $\frac{(1-s)^2}{2s} = \frac{F_p}{F_h} \cdot \frac{\varepsilon^2}{c_f}$ als Abszisse der Slip s als Ordinate aufgetragen. Man kann hiernach für einige, bei Baggergeräten vorkommende Fälle den Slip und damit den zu erwartenden Wirkungsgrad der Propulsion schätzen.

Tabelle 23. *Werte der Funktion* $(1 - s)^2/2\,s$, *die gleich* $F_p/F_h \times \varepsilon^2/c_f$ ist

s	0	0,15	0,20	0,25	0,30	0,40	0,50	0,60	0,70	0,80	0,90	1,00
$1 - s$	1	0,85	0,80	0,75	0,70	0,60	0,50	0,40	0,30	0,20	0,10	0,00
$(1 - s)^2$	1	0,72	0,64	0,56	0,49	0,36	0,25	0,16	0,09	0,04	0,01	0,00
$2\,s$	0	0,30	0,40	0,50	0,60	0,80	1,00	1,20	1,40	1,60	1,80	2,00
$(1 - s)\,\frac{2}{2\,s}$	∞	2,40	1,60	1,12	0,817	0,45	0,25	0,134	0,064	0,025	0,0125	0,00

Darin bedeutet: s Slip, F_p Propellerkreisfläche, F Hauptspantfläche,
ε Verhältnis $\frac{\text{Anström-Geschw.}}{\text{Schiffs-Geschw.}}$

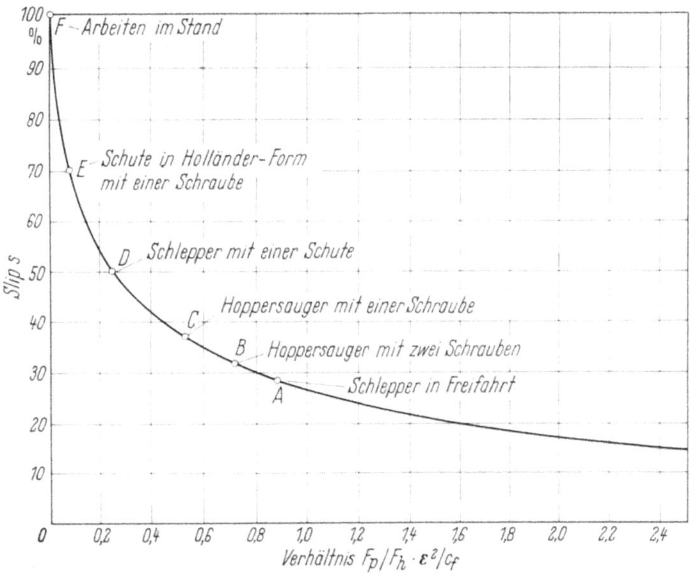

Abb. 314. Werte vom Slip s in Abhängigkeit von dem Belastungsgrad der Propeller, ausgedrückt durch die Funktion $(1 - s)\,2/2\,s = F_p/F_h \times \varepsilon^2/c_f$

F_p = Propellerkreisfläche m² ε = Verhältnis Anströmgeschwindigkeit/Schiffsgeschwindigkeit
F_h = Eingetauchte Hauptspantfläche m² c_f = Widerstandsbeiwert der Flächenformel

A. Schlepper in Freifahrt. Der nachfolgend behandelte Schlepper „Albatros" hat einen Propeller-Durchmesser von 1,6 m und damit eine Propellerkreisfläche von $\frac{\pi}{4} \cdot 1{,}6^2 = 2\,\text{m}^2$. Die eingetauchte Hauptspantfläche ist $F_h = 7{,}7\ \text{m}^2$, der Widerstandsbeiwert für den freifahrenden Schlepper $c_f = 0{,}19$ und $\varepsilon = 0{,}8$. Danach wird $F_p/F_h \cdot \varepsilon^2/c_f = 2/7{,}7 \cdot 0{,}64/0{,}19 = 0{,}875$.

Man kommt in den Punkt A der Abb. 314 mit einem Slip von 29%, der auch durch Messungen bestätigt wurde. Für das gegebene Steigungsverhältnis $H/D = 0{,}85$ ergibt sich nach dem Kurvenblatt Abb. 313 ein Wirkungsgrad von etwa 60%.

B. Hoppersauger mit zwei Schrauben. Der in Kapitel K des Bandes I behandelte Hoppersauger „Rudolf Schmidt" hat zwei Propeller von je 3,2 m Durchmesser mit einer Kreisfläche $F_p = 2 \cdot \frac{\pi}{4} \cdot 3{,}2^{\,2} = 16\ \mathrm{m}^2$. Die beim beladenen Schiff eingetauchte Hauptspantfläche ist $F_h = 18 \cdot 5{,}875 = 106\ \mathrm{m}^2$. Weiter ist $\varepsilon = 0{,}8$ und $c_f = 0{,}135$. Es wird also

$$F_p/F_h \cdot \varepsilon^2/c_f = 16/106 \cdot 0{,}64/0{,}135 = 0{,}715.$$

Damit kommt man in den Punkt B mit einem Slip von 32%, und bei einem Steigungsverhältnis $H/D = 2{,}77/3{,}2 = 0{,}87$ wieder auf einen Wirkungsgrad von 60%.

C. Hoppersauger. „Akdeniz" mit *einer* Schraube vom Durchmesser $D = 2{,}85$ m. $F_p = \frac{\pi}{4} \cdot 2{,}85^2 = 7{,}1\ \mathrm{m}^2$. Die eingetauchte Hauptspantfläche in beladenem Zustand bei 4,1 m Tiefgang ist $F_h = 11{,}65 \cdot 4{,}1 = 48\ \mathrm{m}^2$. Mit $c_f = 0{,}135$ und $\varepsilon = 0{,}7$ wird $F_p/F_h \cdot \varepsilon^2/c_f = 7{,}1/48 \cdot 0{,}49/0{,}135 = 0{,}537$. Das ergibt den Punkt C mit 37% Slip. Da der Propeller das niedrige Steigungsverhältnis von 0,65 hat, beträgt der Wirkungsgrad nur etwa 50%.

D. Schlepper *„Albatros"* schleppt eine Spülerschute von 350 m³ Laderaum-Fassungsvermögen mit den Abmessungen 43×8×2,7 m bei einem Tiefgang in beladenem Zustand von 2,43 m. Die Propellerkreisfläche des Schleppers bleibt 2 m²; zu ihr muß man ins Verhältnis setzen $F_h \cdot c_f + F_h' \cdot c_f'$. Hierin ist F_h die eingetauchte Hauptspantfläche des Schleppers mit 7,7 m² und c_f der für die Schleppfahrt gültige, niedrige Widerstandsbeiwert von 0,08. Für die Schute ist die eingetauchte Hauptspantfläche $F_h' = 19{,}5\ \mathrm{m}^2$ und der Widerstandsbeiwert $c_f' = 0{,}25$. Es wird also $F_h \cdot c_f + F_h' \cdot c_f' = 7{,}7 \cdot 0{,}08 + 19{,}5 \cdot 0{,}25 = 0{,}615 + 4{,}9 = 5{,}515$. Man sieht, daß der Widerstand des Schleppers nur etwa $^1/_8$ von dem der Schute ist. Die *gemessenen* Werte sind 2400 kg für die Schute und 300 kg für den Schlepper. ε bleibt 0,8.

Das ergibt den Punkt D mit 50% Slip und einem Wirkungsgrad von 47%. Das ist die *Schleppfahrt*.

E. Noch höher wird der Slip und noch niedriger der Wirkungsgrad, wenn man einer Schute der Holländer Form Eigenantrieb gibt mit einem dem Leertiefgang angepaßten Propeller-Durchmesser von 1130 mm.

Mit $F_p = 1\ \mathrm{m}^2$, $c_f = 0{,}25$ und $\varepsilon = 0{,}6$, ergibt sich $F_p/F_h \cdot \varepsilon^2/c_f = 0{,}0737$. Man kommt in den Punkt E mit 70% Slip und 30% Wirkungsgrad. Um dieses Absinken des Wirkungsgrades zu vermeiden, gibt man selbstfahrenden Klappschuten die Form von Hoppersaugern mit entsprechenden Propeller-Durchmessern und kommt dann in die Punkte C bzw. B. Alles sind Annäherungswerte, die nur für Überschlagsrechnungen und dabei hauptsächlich für die hohen Slipwerte genau genug sind. Bei geringen Slipwerten kann nur eine Rechnung, welche die Propellerform und die Wechselwirkung zwischen Schiff und Propeller genauer berücksichtigt, brauchbare Resultate ergeben.

Der Grenzfall ist der Slip 1 = 100%, der beim *Arbeiten im Stand* mit einem an einer Trosse festgelegten Schiff gegeben ist. Dabei ist der Wirkungsgrad Null, da der Leistungsaufwand nur zum Aufrechterhalten eines ruhenden Trossenzuges erforderlich ist. Für den Propeller des „Albatros" kann man ihn nach dem Diagramm Abb. 311, das für $s = 1$ den Schubkennwert mit 0,65 angibt, berechnen. Dabei ist zu berücksichtigen, daß im Stand nur eine Drehzahl von 230 U/min = 3,84 U/sec erreicht wurde. Es ist $H^2 = 1{,}85$ und $n^2 = 14{,}7$. Somit wird der Propellerschub im Stand

$$S_0 = 0{,}65 \cdot 2 \cdot 1{,}85 \cdot 14{,}7 \cdot 1000/9{,}81 = 3500\ \mathrm{kg}$$

Setzt man zur Berücksichtigung des Soges 4% ab, dann kommt man auf 3350 kg, was mit der Messung übereinstimmt.

Aus dem Zusammenlaufen der Wirkungsgradkurven, die aus Abb. 313 erkennbar sind, kann man schließen, daß der *Propellerschub im Stand* von der Propellerform mehr oder weniger unabhängig ist, und nur der *Durchmesser* und die aufgewandte *Antriebsleistung* maßgebend sind. Nach der Schubgleichung ist für den Slip der Schub

$$S_0 = \frac{\pi}{4}\, D^2 \cdot H^2 \cdot n^2 \cdot \gamma/g \cdot 1$$

$H \cdot n$ läßt sich aus der Gleichung für die Leistung N_0 im Stand finden, da $N_0 = S_0 \cdot H \cdot n$ 1/75 ist.

Danach wird $S_0^3 = \frac{\pi}{4} D^2 \cdot N_0^2 \cdot 75^2\, \gamma/g \cdot 1$ und $S_0 = D^{2/3} \cdot N_0^{2/3} \cdot \sqrt[3]{\frac{\pi}{4} \cdot 75^2 \cdot \gamma/g}$.
Der Wert unter der dritten Wurzel ist eine Konstante = 76,6. Durch Vergleiche mit zahlreichen Meßergebnissen kommt man für sie auf einen Wert von 70; also wird:

$$S_0 = D^{2/3} \cdot N_0^{2/3} \cdot 70$$

Für „Albatros" war $D = 1{,}6$ und $N_0 = 230$

$$D^{2/3} = 1{,}37 \text{ und } N_0^{2/3} = 36{,}5$$

$S_0 = 1{,}37 \cdot 36{,}5 \cdot 70 = 3500$ kg. Die Übereinstimmung mit dem nach der Propellerkurve ermittelten Wert und mit der Messung ist hiernach gut. Zur leichteren Berechnung sind in Tabelle 24 Werte für $D^{2/3}$ und $N_0^{2/3}$ zusammengestellt. Zu vermerken ist, daß N_0 nicht die Nennleistung, sondern die beim Arbeiten im Stand von der Antriebsmaschine erreichte

Tabelle 24. *Werte von $D^{2/3}$ und $N^{2/3}$ zur Berechnung des Propellerschubes beim Arbeiten im Stand*

D Propeller-Durchmesser in m
N_0 Antriebsleistung in PS beim Arbeiten im Stand
S_0 Propellerschub im Stand in kg
$S_0 = D^{2/3} \cdot N_0^{2/3} \cdot 70$

D	0,5	0,6	0,7	0,8	0,9	1,0	1,1	1,2	1,3	1,4	1,5
$D^{2/3}$	0,63	0,71	0,79	0,86	0,93	1,0	1,07	1,14	1,19	1,25	1,31
D	1,5	1,6	1,7	1,8	1,9	2,0	2,1	2,2	2,3	2,4	2,5
$D^{2/3}$	1,31	1,37	1,43	1,48	1,53	1,59	1,64	1,69	1,74	1,79	1,84
N_0	30	40	60	80	100	120	140	160	180	200	
$N_0^{2/3}$	9,65	11,7	15,3	18,6	21,5	24,3	26,9	29,5	31,9	34,2	
N_0	220	240	260	280	300	350	400	500	600	800	
$N_0^{2/3}$	36,4	38,6	40,7	42,8	44,8	49,7	54,3	63	71,1	86,2	
N_0	1000	1200	1400	1600	1800	2000	2400	2800	3200	3600	
$N_0^{2/3}$	100	113	125	137	148	159	179	199	217	235	

Leistung ist. Es wird später dargelegt, daß bei entsprechender Bemessung der Propellersteigung N_0 gleich der Nennleistung sein kann, daß aber bei einem Schlepper, der mit verschiedenen Belastungszuständen arbeitet, die Nennleistung meist bei der Schleppfahrt oder manchmal auch bei der Freifahrt entwickelt wird. Im Stand arbeitet der Propeller dann mit verminderter Drehzahl, womit N_0 unter der Nennleistung liegt. Der Trossenzug am Pfahl bildet beim Schlepper den Ausgangspunkt für die Trossenkurve, die seine Schleppfähigkeit erkennen läßt. Näheres darüber folgt später.

Spezifischer Trossenzug wird der Wert S_0/N genannt, wobei als N meist die Nennleistung angesehen wird. Er wird gewöhnlich als zwischen 10 und 16 kg/PS liegend angegeben. Für „Albatros" ist er 3500/260 = 13,5 kg/PS. Je größer der Propellerdurchmesser bei gleicher Nennleistung und je geringer der Drehzahl- und Leistungsabfall beim Übergang zum Arbeiten im Stand ist, um so größer wird der wahre spezifische Trossenzug, d. h. der Trossenzug bezogen auf die im Stand tatsächlich entwickelte Leistung. Er ist bei „Albatros" 3500/230 = 15,2 kg/PS.

Während sonst im Schiffbau kaum ein Propeller für das Arbeiten im Stand bemessen wird, kommt dies bei Baggergeräten häufig vor. Im Band I wurde im Kapitel H eine Schwimmrohrleitung beschrieben, deren Endponton mit zwei Propellern ausgerüstet ist. Jeder Propeller hat einen Durchmesser von 500 mm und wird durch einen Drehstrommotor von 30 PS angetrieben. Hiernach ist $D^{2/3} = 0,63$ und $N_0^{2/3} = 9,65$. Somit wird $S_0 = 0,63 \cdot 9,65 \cdot 70 = 425$ kg.

Bei dem im Kapitel O beschriebenen älteren Eimerkettenbagger für Kiesgewinnung mit 100 l Fassungsvermögen für die Eimer, wurde der Seitendruck beim Scheren durch Propeller mit Antrieb durch Motore von je 25 PS erzeugt. Nimmt man einen Propeller-Durchmesser von 800 mm an, was hier möglich ist, dann kommt man auf einen Schub von 500 kg. Macht man beide Propeller schwenkbar, dann käme man auf einen Seitendruck von etwa 1000 kg.

Ein weiteres Beispiel für die Erzeugung eines ruhenden Druckes durch einen Propeller sind die *Bugdrückanlagen*. Sie ergeben eine Steuerkraft, die quer zur Schiffsrichtung am Bug wirkt, auch wenn das Schiff keine Fahrt macht, und werden bei Hoppersaugern in steigendem Maße angewandt. Bei ihnen ist ein Propeller wirksam, der in einem Querkanal am Bug des Schiffes angeordnet ist. Abb. 323 in Band I zeigte eine einfache amerikanische Ausführung mit der kleinen Antriebsleistung von nur 2×75 PS. Die beiden Propeller haben einen Durchmesser von 1220 mm und eine Steigung von 915 mm. Nach der Formel

$$S_0 = D^{2/3} \cdot N^{2/3} \cdot 70$$

läßt sich der Querschub mit $S_0 = 2250$ kg errechnen.

Abb. 315 zeigt die Bugdrückanlage Bauart Jastram, für den Hoppersauger „Rudolf Schmidt". Ein Elektromotor von 1000 PS treibt mit seiner senkrechten Welle über ein

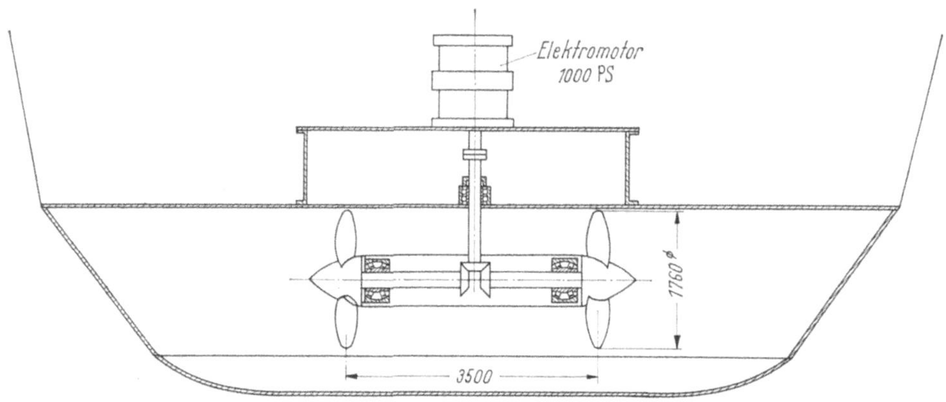

Abb. 315. Bugstrahlanlage, Bauart Jastram, mit Vertikalmotor von 1000 PS und zwei Propellern im Querkanal

Kegelradgetriebe die beiden Propeller von 1760 mm Durchmesser mit 330 U/min an. Nach der Rechnung ergibt sich hierbei ein Querschub von $\sim$ 10000 kg, der auch bei Modellversuchen gemessen wurde. Bei zwei Propellern, die gegenläufig arbeiten, hebt der nachgeschaltete den Tangentialdrall des vorangeschalteten Propellers auf, wodurch der Strahl axial gerichtet und der Propellerschub erhöht wird. An zwei Modellpropellern, die nicht in einem Kanal arbeiten, ist auch diese Schuberhöhung nachgewiesen worden. Sie wird aber bei der erwähnten Bugdrückanlage durch die Reibungsverluste im Kanal wieder ausgeglichen.

Wenn man der Antriebsleistung von 1000 PS entsprechend den Propellerdurchmesser vergrößern würde, dann erhielte man einen Kanal von unzulässiger großer Weite. Die Bugdrückanlage arbeitet nur dann, wenn die Hauptmaschinen mit verminderter Leistung laufen, so daß die Energie für die Anlage auch bei geringerem spezifischen Propellerschub ausreicht.

Nach einem Vorschlag der IHC-Holland ordnet man bei Hoppersaugern anstelle von Schraubenpropellern im Vorschiff an beiden Schiffsseiten *Düsen* an, denen Druckwasser durch die Baggerpumpe zugeführt wird. Durch Öffnen von Schiebern kann der Strahl entweder nach der einen oder anderen Seite ausgestoßen werden, wodurch entsprechende Seitenkräfte erzeugt werden (Abb. 316).

Beim Arbeiten mit einer Pumpe bei etwa 1000 PS Antriebsleistung wurde ein Querschub von 4250 kg, also ein spezifischer Schub von 4,25 kg/PS erzeugt. Beim Düsenpropeller nach Abb. 309 waren es mit 3,2 kg/PS noch weniger. Die vorangehend beschriebene Jastram-Anlage mit Propellern ergab 10 kg/PS. Für Bugdrückanlagen verwendet man auch den *Schottel-Navigator*, eine Entwicklung der Schottel-Werft Jos. Becker KG in Oberspay am Rhein. Er ist als eine besondere Ausführungsart des Außenbord-Motors mit schwenkbarem Propellerstrahl anzusehen.

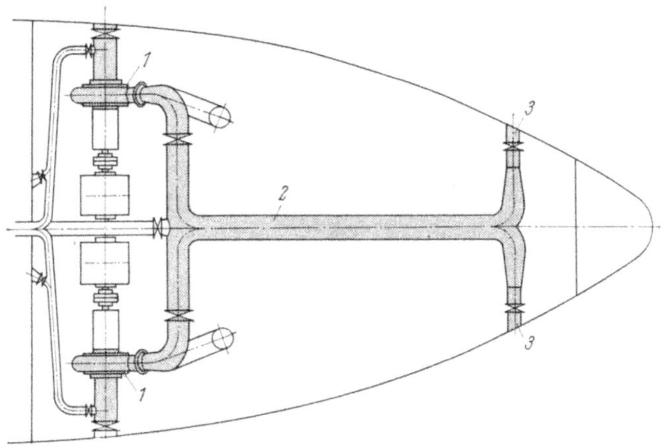

Abb. 316. Bugstrahlanlage für einen Hoppersauger mit zwei Düsen, denen Druckwasser von den Baggerpumpen zugeführt wird. Bauart IHC Holland

1 Baggerpumpen; *2* Druckrohr; *3* Bugstrahldüsen

Abb. 317 zeigt, daß auf dem Hinterdeck eines Schiffskörpers ein Dieselmotor aufgestellt ist, der 200 PS bei 1850 U/min leistet. Mit der *oberen* Kardanwelle wird seine Leistung unter Einschaltung eines Kegelradgetriebes auf ein senkrechtes, nach unten gehendes Wellenstück und von ihm über ein weiteres Kegelradgetriebe auf die Welle des Propellers übertragen, der einen Durchmesser von 900 mm besitzt und mit einer Drehzahl von 800 U/min läuft. In der gezeichneten Stellung hat der Propeller seine tiefste Lage, kann aber unter Ausschlag der Kardanwelle nach oben um 500 mm höher gesetzt und auch ganz aus dem Wasser herausgeklappt werden. Hierzu dienen zwei hydrau-

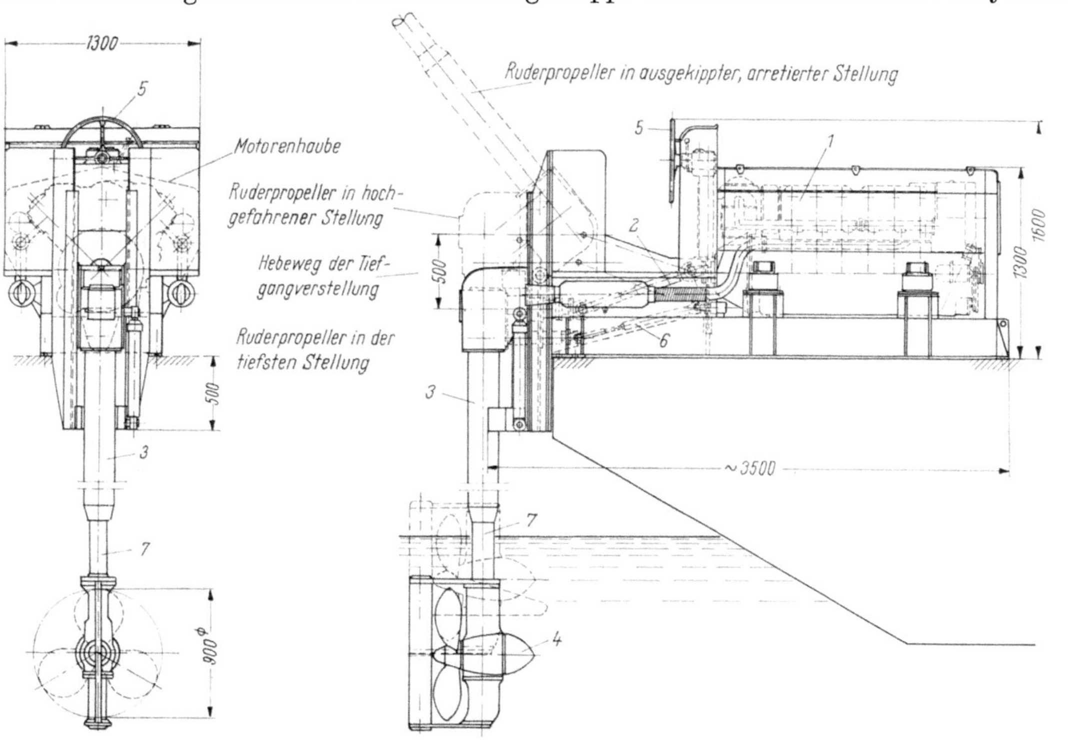

Abb. 317. Schottel-Navigator mit Dieselmotor von 200 PS bei 1850 U/min und absenkbarem und schwenkbarem Propeller mit 800 U/min

1 Dieselmotor 200 PS; *2* Obere Kardanwelle für Kraftübertragung; *3* Senkrechte Übertragungswelle; *4* Propellerwelle; *5* Steuerrad; *6* Untere Kardanwelle für Steuerung; *7* Hülse für Propellerschwenkung

lische Zylinder, von denen der eine die Hubbewegung in einer Gleitbahn und der andere das Aufklappen besorgt. Die auf der Abbildung erkennbare *untere* Kardanwelle, die durch das Steuerrad betätigt wird, dreht über ein besonderes Kegelradgetriebe eine, die senkrechte Welle umgebende Hülse und den Propeller, dessen Strahl somit in jede Richtung gelenkt werden kann. Die Einrichtung dient gleichzeitig als Vortriebs- und Steuereinrichtung ähnlich, wie der später beschriebene Voith-Schneider-Propeller. Durch die Verstellung der Propellerhöhe um 500 mm ist es möglich, mit dem Propeller auch Fahrzeuge anzutreiben, deren Tiefgang geringer als der Propellerdurchmesser ist. Hierdurch ist z. B. für Klappschuten mit Eigenantrieb eine gute Anpassung an die Tiefgänge in beladenem und leerem Zustand möglich.

Abb. 318. Hinterschiff eines Prahmes mit zwei Schottel-Navigatoren, links mit abgesenktem und rechts mit aus dem Wasser geklapptem Propeller. Aufnahme Schottelwerk Oberspay

Abb. 318 zeigt das Hinterschiff eines prahmartigen Schiffskörpers, auf dem zwei Schottel-Navigatoren aufgebaut sind. Bei dem linken ist die Gleitbahn für den Propeller in die tiefste Stellung gefahren; beim rechten ist sie hochgefahren und der Propeller aus dem Wasser geklappt.

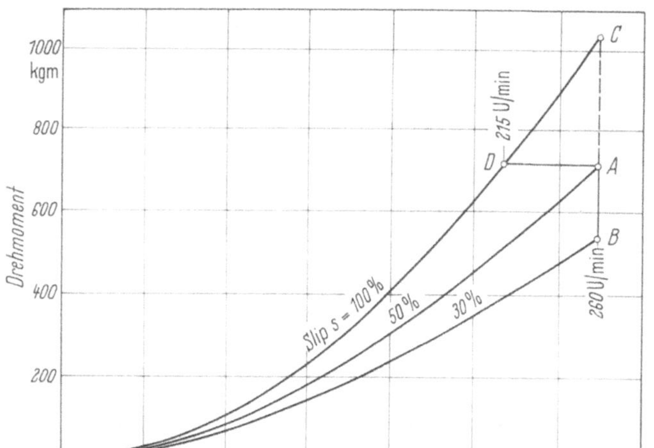

Abb. 319. Drehmoment in Abhängigkeit von der Drehzahl für den Schlepper „Albatros" bei verschiedenen Belastungsgraden

Nennleistung des Motors 260 PS bei 260 U/min. *A* Schleppfahrt mit voller Nennleistung. *B* Freifahrt mit voller Drehzahl, aber herabgesetztem Drehmoment. *D* Arbeiten im Stand mit vollem Drehmoment, aber herabgesetzter Drehzahl

Wenn der Schottel-Navigator als Bugdrückanlage verwendet wird, kann die Steigung seines Propellers so bemessen sein, daß der Antriebsmotor, der in diesem Falle ein Elektromotor ist, seine volle Leistung im Stand entwickelt. Der Kanal wird möglichst kurz gehalten, um einen großen wirksamen Schub zu erhalten, dessen Richtungswechsel durch Umsteuerung erreicht wird. Es gibt auch eine Anordnung, bei welcher der Propeller aus dem Schiffsboden herausgefahren und geschwenkt werden kann.

Beim Schlepper, den das vorliegende Kapitel behandeln soll, kann man die Steigung des Propellers so bemessen, daß die volle Nennleistung des Antriebsmotors im Stand entwickelt wird, hat aber dann verminderte Leistung bei den anderen Belastungszuständen.

Der schon erwähnte Schlepper „Albatros" hat einen Motor, dessen Nennleistung 260 PS bei der Nenndrehzahl von 260 U/min beträgt. Der Propeller von 1,6 m Durchmesser hat eine Steigung von 1,36 m, $H/D = 0{,}85$. Dabei ergibt sich für die *Schleppfahrt* volle Nennleistung und volle Drehzahl. Das Drehmoment ist hierfür $= 716 \cdot \frac{260}{260} = 716$ kgm.

In Abb. 319 ist das Drehmoment als Ordinate über der Drehzahl als Abszisse aufgetragen. Beim Slip $s = 50\%$, der für die Schleppfahrt gilt, steigt es mit dem Quadrat der

Drehzahl bis zum Punkt A, in dem es den Wert von 716 kgm bei der Drehzahl 260 U/min, erreicht. Für die *Freifahrt* mit dem Slip $s = 30\%$ kommt man in den Punkt B mit 540 kgm.

Beim Arbeiten im *Stand* mit dem Slip $s = 100\%$ würde man, was aber nicht möglich ist – in den Punkt C mit einem Drehmoment von 1040 kgm kommen. Dieser Wert, wie auch der für die Freifahrt ist aus den dimensionslosen Kennwerten der Abb. 311 errechnet. Dort waren die Punkte A, B, C in die Momentenkennlinie eingezeichnet. Beim Übergang von der Schleppfahrt zur Freifahrt wandert der Betriebspunkt von A nach B, unter Gleichbleiben der Drehzahl und Abfall des Drehmomentes. Die Leistung fällt dabei im Verhältnis 540/716 auf 195 PS ab. Geht man von der Schleppfahrt zum Arbeiten im Stand über, dann wandert der Betriebspunkt, da das Drehmoment des Dieselmotors gleich bleibt, auf einer Waagerechten in den Punkt D, in dem die Drehzahl auf 215 U/min abgefallen ist, die Motorleistung also auch nur 215 PS beträgt. Man erkennt eine Analogie mit der Baggerpumpe, für die ein ähnliches Diagramm in Abb. 28 gezeigt wurde. In beiden Fällen handelt es sich um hydraulische Leistungsverbraucher.

Durch *Änderung der Steigung* kann man eine Verlagerung der Leistung erreichen, wie aus der Drehmoment-Gleichung zu erkennen ist. Sie lautet:

$$\mathfrak{M} = \frac{\pi}{4} D^2 \cdot H^3 \cdot n^2 \cdot \gamma/g \cdot s \cdot \frac{1}{2\pi}$$

Wenn bei einer Änderung vom Slip das Drehmoment und die Drehzahl gleich bleiben sollen – was für Erhaltung der vollen Nennleistung notwendig ist – muß H^3 sich umgekehrt proportional dem Slip ändern. Wenn z. B. der Slip bei Übergang von der Schleppfahrt auf das Arbeiten im Stand von 50% auf 100% ansteigt – also den zweifachen Wert annimmt – muß H^3 auf halben Wert kommen. Die Steigung würde dann nur 1,36/1,26 = 1,08 m und $H/D = 0{,}675$ sein. Man hat dann die volle Nennleistung von 260 PS im Stand und erreicht einen höheren Trossenzug am Pfahl $S_0 = 3900$ kg. Will man die volle Nennleistung bei Freifahrt beibehalten, dann muß die Steigung entsprechend dem Abfall des Slips von 50% auf 30% erhöht werden. Dann wird $H = 1{,}62$ m und das Steigungsverhältnis damit annähernd = 1.

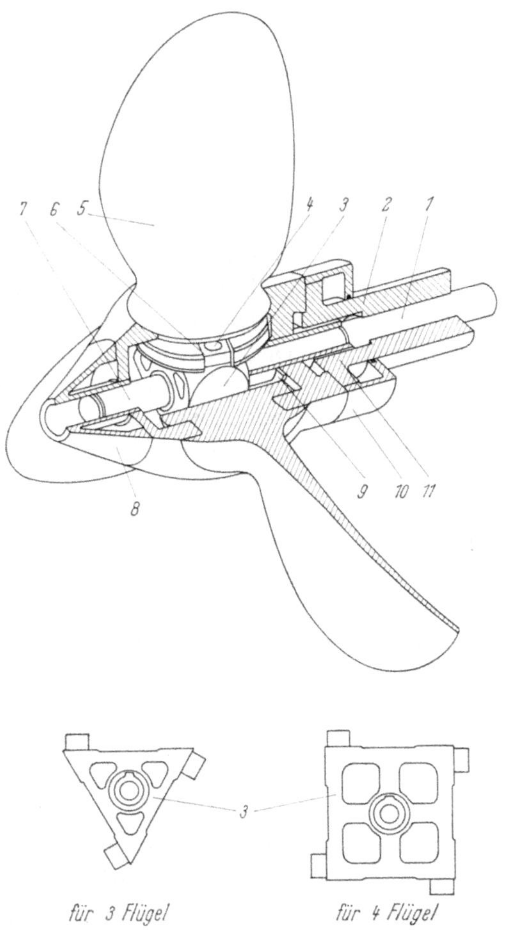

Abb. 320. Propeller mit veränderlicher Steigung, die durch Verschieben einer Verstellstange in der hohlen Propellerwelle und Drehung der Flügel eingestellt wird. Zeichnung Lips N. V. Holland

1 Verstellstange; *2* hohle Welle; *3* Joch; *4* Stift am Joch; *5* Propellerflügel; *6* Gleitblock; *7* hinteres Ende von *1*; *8* Propellerhaube; *9* Einweg-Dichtung; *10* Schutzkappe; *11* Flanschkupplung

Beim Hoppersauger gibt es auch mehrere Belastungszustände, für die Freifahrt in beladenem und unbeladenem Zustand, sowie für das Fahren mit abgelassenen Saugköpfen, das dem Arbeiten im Stand ähnlich ist. Wenn in allen Fällen die volle Nennleistung erreicht werden soll, müßte hier auch die Steigung des Propellers verändert werden.

Man kann bei einem Propeller die Steigung veränderlich machen und erhält dann den *Verstellpropeller* nach Abb. 320. In der Bohrung der Propellerwelle ist eine Verstellstange angeordnet, die durch einen hydraulischen Kolben achsial verschoben wird. Sie trägt an ihrem Ende das Joch, einen Kulissenkörper mit Stiften, die in Aussparungen an den Propellerfüßen angreifen. Durch Verschieben der Verstellstange werden die Flügel gedreht, die Steigung kann dadurch verändert und auch für Rückwärtsfahrt eingestellt werden.

Da nur für eine Flügelstellung die Steigung über die ganze Flügelfläche richtig ist, entstehen bei den anderen Stellungen zusätzliche Wirbelverluste, die den Wirkungsgrad herabsetzen. Weil der Verstellpropeller nicht billig und auch anfällig ist, wurde er für Schlepper im Baggerbetrieb bisher nicht genommen, findet jedoch bei Hoppersaugern in zunehmendem Maße Verwendung. Die beiden Hauptmaschinen treiben die Propeller und die Baggerpumpen an, durch Veränderung der Steigung wird die Leistung beim Fahren und Saugen jeweils richtig verteilt.

Bei dem von Schichau an das „Corps of Engineers" gelieferten Hoppersauger „New Orleans" gelang die Leistungsverteilung ohne veränderliche Steigung nicht; man mußte nachträglich den beiden Pumpen und den beiden Propellern je eine Antriebsmaschine geben, hatte im Ganzen also vier schlecht ausgenutzte Maschinen zu installieren.

Bei Diesel-elektrischem Antrieb, der vorwiegend bei Hoppersaugern verwendet wird, ist es ohne veränderliche Steigung möglich, die Diesel-Generatoren stets mit voller Leistung bei der Nenndrehzahl laufen zu lassen. Dann muß bei den Fahrmotoren und Baggerpumpen unter Anwendung von Gleichstrom in Leonard-Schaltung oder durch Konstantstromschaltung Drehmoment und Drehzahl dem jeweiligen Belastungszustand angepaßt werden. Allerdings ist hierbei der Verlust zu berücksichtigen, der doch nicht die volle Leistung am Propeller wirksam werden läßt. Für Schlepper mit den Leistungen, wie sie im Baggerbetrieb verwendet werden, scheidet der Diesel-elektrische Antrieb wegen seiner Kosten und der Komplikation, die er mit sich bringt, aus.

Schließlich ist noch das *Mehrgang-Getriebe*, Patent Süberküb zu nennen. Wenn die Propeller von schnellaufenden Dieselmotoren unter Einschaltung einer Untersetzung angetrieben werden, kann man im Getriebe drei Stufen vorsehen, die den Belastungszuständen entsprechen. Eine Fernbetätigung der Gänge ist möglich, der Wirkungsgrad von Zahnradgetrieben gut, und die Verteuerung nicht erheblich. Derartige Getriebe sind bei Fischerei-Fahrzeugen, die auch mehrere Belastungszustände haben, häufig verwendet worden, während man bei Hoppersaugern bisher keinen Gebrauch davon gemacht hat. Bei Baggerschleppern lohnt sich die Anwendung kaum, da die Freifahrtsgeschwindigkeit durch Einsetzen der vollen Leistung meist nur unwesentlich erhöht wird.

2. Anforderungen an Baggerei-Schlepper und Größenverhältnisse vom Schlepper zur Schute beim Arbeiten in Häfen und stark strömenden Flüssen

Früher wurden allgemein Dampfschlepper für den Baggerei-Betrieb verwendet mit Zylinderkesseln und stehenden Verbundmaschinen, mitunter auch Dreifach-Expansionsmaschinen. Vorteile waren das elastische und unbedingt zuverlässige Arbeiten der Dampfmaschine bei einfacher Umsteuerung. Ihre niedrigen Drehzahlen von 150 bis 175 U/min bei größeren, und 200 bis 250 U/min bei kleineren Schleppern, paßten gut zum Schraubenantrieb. Es konnten große Propeller genommen werden, zumal die Dampfanlage mit dem hohen Gewicht des Kessels einen entsprechenden Tiefgang erreichen ließ. Da aber wegen der Handlichkeit und Wendigkeit der Schiffskörper nicht zu groß werden sollte, machte es Schwierigkeiten, den Kessel und genügend Kohlenvorrat unterzubringen; es gab bei Dampfschleppern fast stets unzugängliche Stellen, die eine einwandfreie Konservierung nicht zuließen. Abb. 321 zeigt einen Dampfschlepper älterer Bauart beim Abschleppen einer beladenen Spülerschute von einem Eimerkettenbagger.

Bei Motorschleppern ist es wegen des geringen Gewichtes der Motoranlagen manchmal schwierig, den erforderlichen Tiefgang zu erreichen, man muß den Propeller-Durchmesser beschränken.

Die direkt umsteuerbaren Motore sind für Baggerei-Schlepper in der Regel nicht günstig, weil die Umsteuerung lange dauert und nicht unbedingt zuverlässig ist. Durch das Aufkommen der Wendegetriebe, die für die Motorleistungen der Baggerei-Schlepper ausreichen und nicht zu teuer sind, wurde diese Schwierigkeit behoben. Sie lassen sich mit Öldruck vom Steuerstand betätigen und geben dem Schlepperführer das Fahrzeug so in die Hand, wie es bei einem Dampfschlepper der Fall ist. Die Elastizität der Motore ist

Abb. 321. Abschleppen einer beladenen Spülerschute vom Eimerkettenbagger durch einen Dampfschlepper. Aufnahme Zander, Emden

jetzt ausreichend, sie können mit der Drehzahl genügend heruntergehen.

Abb. 322 zeigt einen Motorschlepper mit einer beladenen Klappschute. Wichtig ist, daß der Motorschlepper jederzeit fahrbar ist und in Notfällen ohne Zeitverlust einspringen kann, während beim Dampfschlepper außerhalb der eigentlichen Arbeitszeit ein ständiges Unter-Dampf-Liegen mit Brennstoff- und Personalkosten notwendig ist.

Aus diesen Gründen ist man zum Motorschlepper übergegangen und hat viele Dampfschlepper umgebaut. Anderseits ist durch das Aufkommen der Ölfeuerung ein Teil der Nachteile der Dampfanlage beseitigt, da Öl nicht so viel Bunkerraum erfordert, wie Kohle. Ein schnelleres Anheizen ist möglich, der Übergang vom Bereitschaftsdienst zu aktiver Tätigkeit ist leichter. So kommt es, daß Dampfschlepper auch weiterhin neu gebaut werden, besonders größere Fahrzeuge.

Abb. 322. Beidrücken einer beladenen Schute durch einen Motorschlepper. Aufnahme Matzner, Samsun

Die beiden vorangehenden Abbildungen 321 und 322 und die frühere Abb. 1 lassen erkennen, welche Anforderungen an einen Baggerei-Schlepper gestellt werden. Er muß die Schuten an Bagger und Spüler heranbringen und abschleppen, manchmal zwischen andere hineindrücken oder aus anderen herausholen. Dabei treten häufig durch Wind und Seegang zusätzliche Erschwernisse ein. Bei kurzen Förderweiten ist dieses Manövrieren die Hauptaufgabe des Schleppers, er behält die Schute während der kurzen Zeit an seiner Seite. Bei größeren Entfernungen, die bis auf 20 km und mehr gehen können, schleppt er die Schute hinter sich und muß eine genügende Schleppgeschwindigkeit relativ zum Wasser aufbringen, damit die Fahrzeiten auch beim Schleppen gegen den Strom in erträglichen

Tabelle 25. *Maschinenleistungen von Schleppern und Größe der dazu passenden Schuten für den Schleppbetrieb in stromarmen Gewässern (Hafenbetrieb)*

Maschinenleistung des Schleppers in PS ..	80	120	175	250	400	600
Ungefähres Gewicht des Schleppers in t bei Motorantrieb	28	40	55	85	130	185
Laderauminhalt der Schute in m³	100	160	250	350	500	750
Gewicht der beladenen Schute in t	225	350	550	770	1100	1650

Grenzen bleiben. Das führt zu einem Verhältnis zwischen Schlepperstärke und Schutengröße, die aus der nachstehenden Tabelle 25 zu entnehmen ist. Die erreichten Schleppgeschwindigkeiten relativ zum Wasser liegen zwischen 9 und 12 km/h für die beladene Schute, und um 10 bis 15% höher für die leere Schute. Die angegebenen Gewichte gelten für Motorschlepper, während für Dampfschlepper gleicher Maschinenleistung etwa das 1,5fache zu rechnen ist.

Diese Tabelle gilt für Häfen und Flußmündungen in mäßig bewegtem Wasser unter mittleren Verhältnissen und zeigt, daß die Maschinenleistung des Schleppers ungefähr 0,8 PS/m³ Laderauminhalt und das Gewicht der beladenen Schute etwa das 9fache von

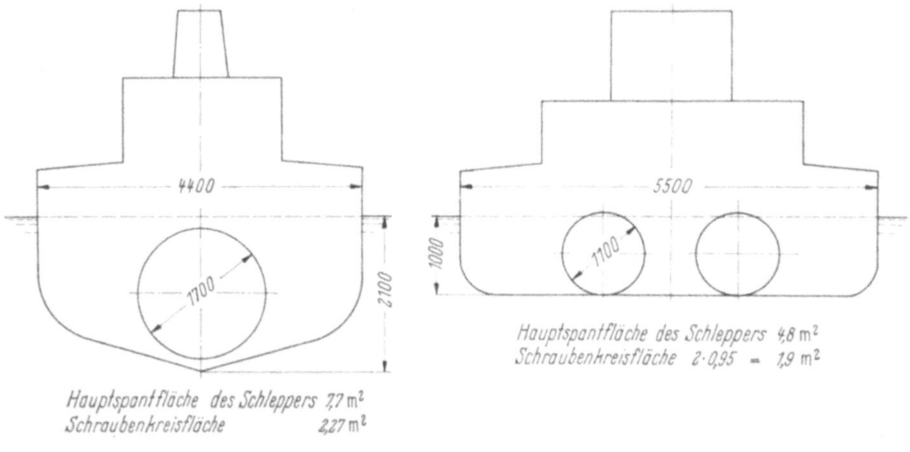

Abb. 323. Querschnitte eines Hafenschleppers von 250 PS mit einem Propeller von 1,7 m Durchmesser und einem Flußschlepper von 2×170 PS mit Propellern von je 1,1 m Durchmesser

dem des Motorschleppers beträgt. Bei Motorschleppern rechnet man in PS_e, bei Dampfschleppern in PS_i, die nur etwa das 0,8- bis 0,85fache an effektiven PS_e ergeben. Da aber Dampfschlepper, insbesondere die älteren geringe Drehzahlen und große Schraubendurchmesser haben, ist ihre Schleppleistung im Verhältnis zur PS-Leistung etwas höher, eine Unterscheidung konnte in der Tabelle wegfallen. Für die großen amerikanischen Klappschuten von 1000 bis 1500 m³ Laderauminhalt werden Schlepper von 800 bis 1000 PS verwendet, auch hier gilt etwa das gleiche Verhältnis von PS-Leistung des Schleppers zum Laderauminhalt der Schute. Es ändert sich aber weitgehend bei Baggerei-Betrieben auf *strömenden Flüssen*, weil die beim Schleppen gegen den Strom erforderliche Geschwindigkeit gegen das Wasser so hoch liegen muß, daß eine ausreichende Geschwindigkeit gegen den Grund verbleibt. Das ist nur dadurch zu erreichen, daß man bis auf 3 PS/m³ Laderauminhalt und noch höher hinaufgeht.

Der Unterschied zwischen beiden Schlepparten ist erheblich. Die eine – im folgenden mit *Hafenschlepper* bezeichnet – hat keine Beschränkungen in den Hauptabmessungen; man kann diese Fahrzeuge frei gestalten, während beim Flußschlepper die Tiefgangsbeschränkung eine andere Schiffsform bedingt.

Abb. 323 zeigt schematisch im Querschnitt links den Hafenschlepper „Merd Irmak" mit einem maximalen Tiefgang von 2,1 m. Er hat eine Motorleistung von 250 PS und einen Propeller von 1,7 m Durchmesser, entsprechend einer Schraubenkreisfläche von 2,27 m². Rechts sieht man den Querschnitt des Donauschleppers „Eduard", dessen Tiefgang auf 1 m beschränkt ist. Man hat ihm zwei in Tunneln angeordnete Propeller von 1,1 m Durchmesser gegeben. Die Schraubenkreisfläche ist mit 2×0,95 = 1,90 m² aber doch kleiner als die von „Merd Irmak". Jede Schraube wird von einem Motor von 170 PS angetrieben.

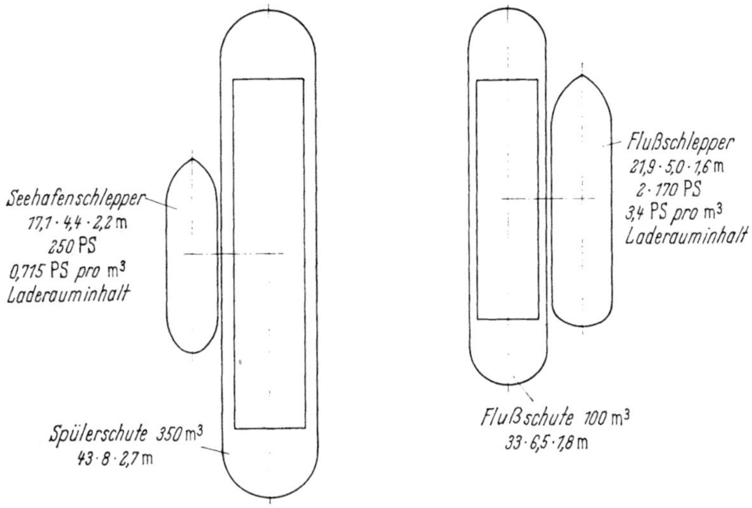

Abb. 324. Vergleich der Größe von Schute zu Schlepper bei der Hafentype und der Flußtype in schematischer Aufsicht

Trotzdem kann er bei dem starken Strom, wie er auf der Donau gegeben ist, nur eine Schute von 100 m³ Laderauminhalt beherrschen.

Abb. 324 zeigt schematisch rechts den „Eduard" mit einer solchen Schute, links den „Merd Irmak" mit einer Spülerschute von 350 m³ Laderauminhalt, der Unterschied ist deutlich erkennbar.

Bei den Hafenschleppern liegt, wie bereits erwähnt, die Schleppgeschwindigkeit gegen Wasser beim Schleppen der nach Tabelle 25 passenden, beladenen Spülerschuten, zwischen 9 und 12 km/h. Sie ergibt sich eindeutig durch den Schnittpunkt, der aufsteigenden Widerstandslinie der Schute mit der *Trossenzugkurve* des Schleppers. Dessen Trossenzug hat im Stand den Höchstwert und fällt dann ab, da mit steigender Geschwindigkeit ein wachsender Anteil des Propellerschubes für die Eigenbewegung des Schleppers aufzuwenden ist. Bei Schleppfahrt ist der Eigenwiderstand nur etwa $^1/_8$ des Schutenwiderstandes, steigt dann aber stärker an und nimmt bei der Freifahrt den gesamten Propellerschub in Anspruch.

Im Anhalt an Berechnungen und Versuchsergebnisse der nachfolgend beschriebenen Schlepper zeigt Abb. 325 ein Kurvenblatt mit Trossenzugkurven für Schlepper von 80 bis 400 PS und Widerstandskurven von Schuten von 100 bis 750 m³ Laderauminhalt. Hierbei sind beladene Spülerschuten mit einem Widerstandsbeiwert von $c_f = 0{,}25$ (vgl. Kap. L) angenommen. Die Schnittpunkte zwischen den jeweils zueinander gehörigen Kurven ergeben die Betriebspunkte, die mit A bis E bezeichnet sind.

Ersichtlich ist, daß die Schleppgeschwindigkeit für den Schlepper von 80 PS mit einer beladenen Spülerschute von 100 m³ Laderauminhalt in A bei 9,5 km/h liegt, und für den

400-PS-Schlepper mit der 500-m³-Schute in E bei 12 km/h. Für leere Spülerschuten muß mehr als der halbe Widerstand der beladenen Schute angenommen werden, während für Klappschuten, je nach ihrer Bauart, entsprechend den Ausführungen im Schiffbau-Kapitel höhere Werte einzusetzen sind.

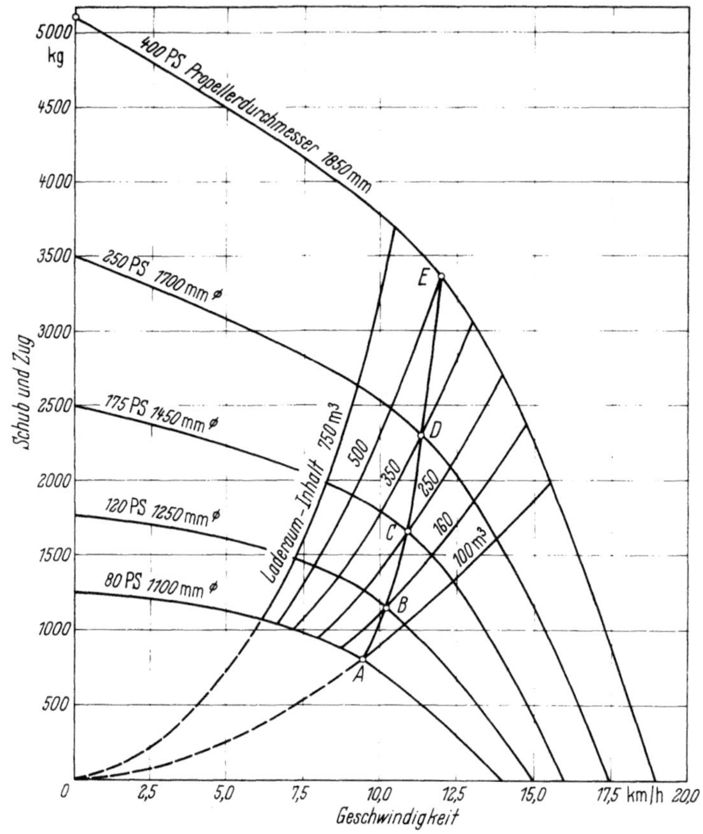

Abb. 325. Trossenzugkurven von Motorschleppern von 80 bis 400 PS der Hafentype und Widerstandskurven von beladenen Spülerschuten von 100 bis 750 m³ Laderauminhalt zur Bestimmung der Schleppgeschwindigkeit durch das Wasser

3. Ausführungsbeispiele für Schlepper der Hafentype und der Flußtype

Abb. 326 ist der Generalplan eines Dampfschleppers von 220 PS_i mit Kohlefeuerung, wie er früher vielfach ausgeführt und im Baggerbetrieb des Hamburger Hafens in ähnlicher Form verwendet wurde. Erbaut 1943 bei der Werft Bonné, Hamburg, hat er eine Länge von 19,35 m zwischen den Loten und 20,63 m über alles, Breite auf Spanten 5,5 m und eine Seitenhöhe von 2,7 m. Der größte Tiefgang hinten beträgt 2,4 m und der beim Hauptspant etwa 2,25 m. Mit $\delta = 0{,}5$ ergibt sich die Verdrängung mit

$$19{,}35 \cdot 5{,}5 \cdot 2{,}25 \cdot 0{,}5 = 120 \text{ t}$$

erheblich höher als bei Motorschleppern. Die Kohlenbunker haben ein Fassungsvermögen von 13 m³ und liegen mit ihren Wänden dicht beim Kessel, dessen Zugänglichkeit ein vor ihm in geringer Entfernung angeordnetes Schott beeinträchtigt. Der Kessel ist ein Zweiflammrohr-Zylinderkessel mit 85 m² Heizfläche und einem Druck von 11 kg/cm². Die Verbundmaschine hat Zylinderdurchmesser von 260 und 560 mm bei einem Hub von 400 mm und leistet bei 175 U/min 220 PS_i. Mit einem Propeller-Durchmesser von 1750 mm ist dieser Schlepper mit 220 PS_i einem Motorschlepper von 220 PS_e in der Schleppfähigkeit gleichwertig.

Abb. 327 ist ein Generalplan des im Jahre 1950 von der IHC-Holland für Oran gebauten Dampfschleppers „Honaine“ mit 400 PS_i und Ölfeuerung. Das Schiff hat die Abmessungen 28,25×6,75×3,55 m. Der mittlere Tiefgang beträgt 2,92 m und die Verdrängung 325 m³, entsprechend einem Völligkeitsgrad von 0,585. Auch hier ist die Verdrängung

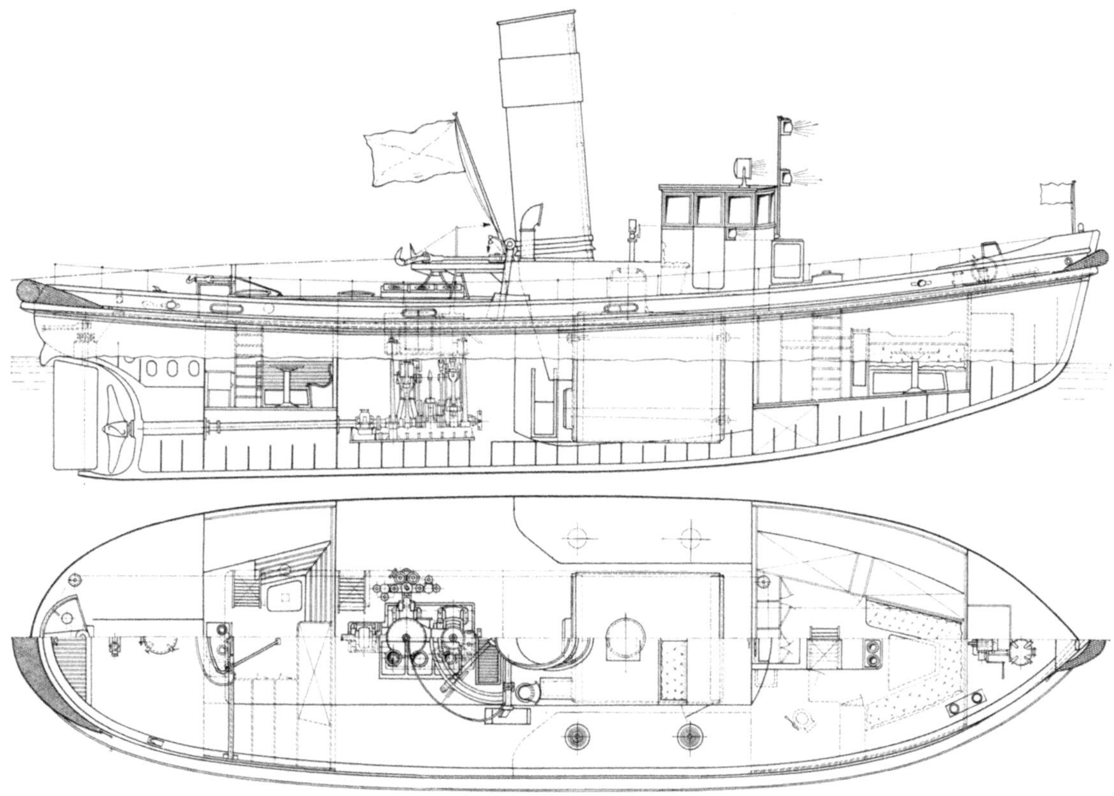

Abb. 326. Generalplan eines Hafenschleppers mit einer Verbund-Dampfmaschine von 220 PS_i mit Zylinderkessel und Kohlenfeuerung

etwa das 1,5fache von der eines gleich starken Motorschleppers. Der durch großen Tiefgang mögliche Propeller-Durchmesser von etwa 2300 mm ist wieder ein Vorteil.

Der Zylinderkessel von 130 m² Heizfläche in neuzeitlicher geschweißter Ausführung ist für Ölfeuerung eingerichtet mit künstlichem Zug und Luftvorwärmung System Howden. Er hat Überhitzung auf 260°, System Schmidt; das Speisewasser wird durch Abdampf der Hilfsmaschinen auf 90° vorgewärmt. Der Ölvorrat beträgt 56 m³ und dürfte bei Fahren mit voller Maschinenleistung für etwa 200 Stunden ausreichen. Bei dem vorangehend beschriebenen Dampfschlepper mit Kohlenfeuerung würden sich nur etwa 40 Betriebsstunden ergeben.

Für den Hauptantrieb dient eine geschlossene und automatisch geschmierte Dampfmaschine, System Schmidt-Brouwer, mit einem Hochdruck-Zylinder und zwei nach dem Gleichfluß-Verfahren arbeitenden Niederdruck-Zylindern. Die Nennleistung beträgt 400 PS_i bei 160 U/min und 58% Füllung im Hochdruck-Zylinder. Im Kapitel M wurde in Abb. 31 eine derartige Maschine gezeigt. Der Dampfverbrauch wird als etwa 15% unter dem einer Dreifach-Expansionsmaschine liegend angegeben, was bei der Berechnung des Brennstoffverbrauches berücksichtigt wurde. Die Freifahrtgeschwindigkeit beträgt 19,5 km/h und die Zugkraft am Pfahl 5500 kg. Abb. 328 ist eine Ansicht des elegant gebauten Fahrzeuges.

Abb. 329 ist ein Generalplan des bereits erwähnten *Motorschleppers* „Albatros“, Baujahr 1941, mit folgenden Daten: Länge über alles 21,2 m, zwischen den Loten 19,0 m,

Breite auf Spanten 5,5 m, Seitenhöhe mittschiffs 2,7 m, größter Tiefgang hinten 2 m, beim Hauptspant 1,9 m, eingetauchte Hauptspantfläche 7,7 m². Die Verdrängung, dem Gewicht des Schleppers gleichgesetzt, beträgt 85 m³ und der Völligkeitsgrad der Verdrängung $\delta = 0,42$.

Der Antriebsmotor, Fabrikat MAN ist ein umsteuerbarer Viertakt-Diesel mit sechs Zylindern von 285 mm Kolbendurchmesser und 420 mm Hub. Er leistet 260 PS bei 260 U/min

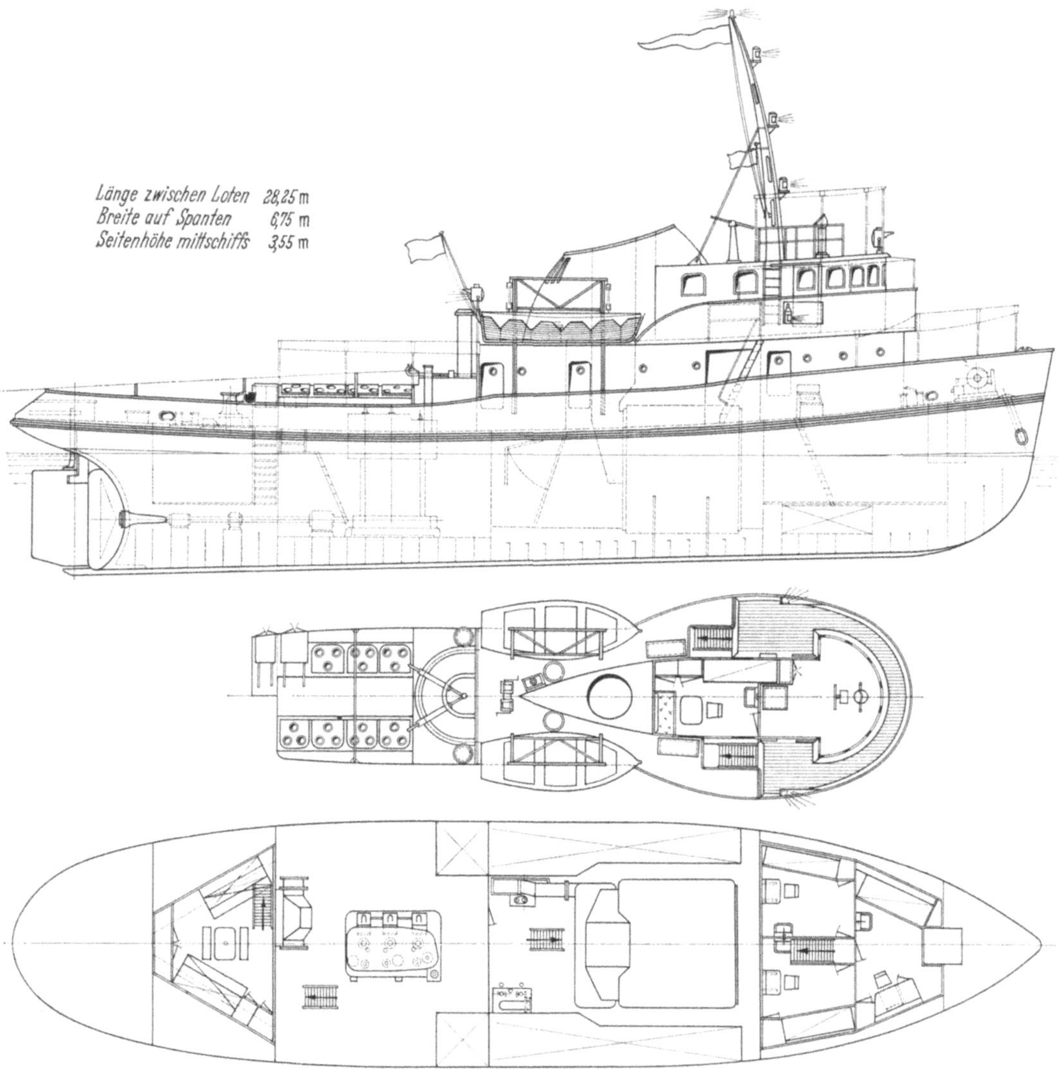

Abb. 327. Generalplan des Schleppers „Honaine" mit einer Dampfmaschine in Bauart Smit-Brouwer von 400 PS_i mit Zylinderkessel und Ölfeuerung

bei einer mittleren Kolbengeschwindigkeit von 3,65 m/sec und einem mittleren, effektiven Druck von 5,55 kg/cm², ist somit sehr gering belastet. Der Propeller hat einen Durchmesser $D = 1600$ mm und eine Steigung $H = 1360$ mm, also $H/D = 0,85$.

Die Tab. 26 zeigt die Ergebnisse von Messungen aus dem Jahre 1941 die mit diesem Schlepper vorgenommen wurden. Die Zugkraft am Pfahl betrug 3500 kg unter Abfall der Drehzahl auf 230 U/min. Die Freifahrtgeschwindigkeit wurde mit 17,5 km/h gemessen bei voller Nenndrehzahl von 260 U/min, aber mit einer, vom Regler durch Herabsetzung der Brennstoffzufuhr verminderten Leistung von 195 PS. Die Schleppversuche wurden in Rostock mit zwei Schuten – leer und mit leichtem Schluffboden beladen – durchgeführt.

Das Wasser war in der Einfahrt zum Rostocker Hafen praktisch stromlos und die Meßstrecke, die durch Dalben mit Kilometeraufschrift gekennzeichnet war, fast 5 km lang. Dies waren Bedingungen, die für die Geschwindigkeitsbemessungen besonders günstig

Abb. 328. Ansicht des Dampfschleppers „Honaine" mit 400 PS_i und Ölfeuerung

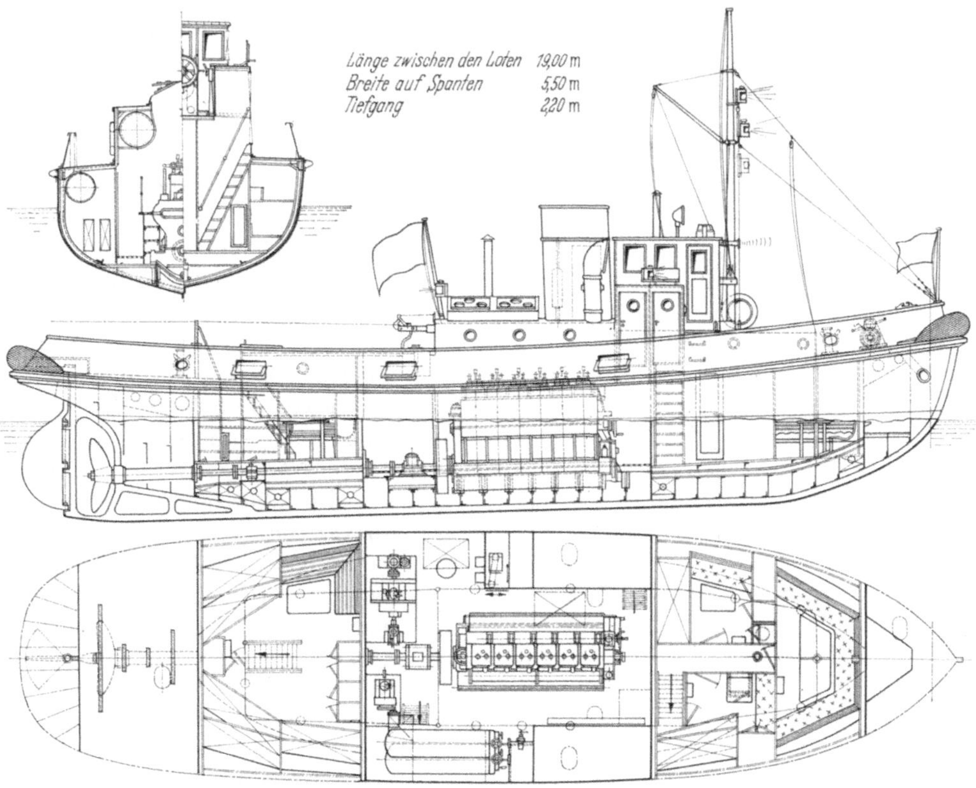

Abb. 329. Generalplan des Motorschleppers „Albatros" mit Dieselmotor von 260 PS bei 260 U/min

und sonst kaum gegeben sind. Die Schute A ist die im vorangehenden Kapitel Q beschriebene von der Bauart v. Marnitz; die Schute B ist normal mit Unterklappen und somit glattem Schiffsboden ausgeführt. Die Schleppgeschwindigkeiten der Schute A liegen in

Tabelle 26. *Meßergebnisse des Motorschleppers „Albatros" von 260 PS bei 260 U/min beim Schleppen von Schuten, Arbeiten im Stand und Freifahrt*

I Freifahrts-Geschwindigkeit 17,5 km/h = 4,9 m/sec. Dabei Drehzahl 260 U/min
Leistung 195 PS. Scheinbarer Slip 17%, wahrer Slip 29,5% bei 15% Mitstrom
II Zugkraft am Pfahl 3500 kg bei 230 U/min und 230 PS Leistung
III Schleppversuche

			A	B
Bezeichnung und Bauart der Schute			Klappschute 171 mit Hohlklappen Bauart v. Marnitz	Klappschute 91 Unterklappen in Bodenhöhe
Hauptabmessungen der Schute	Länge	m	46	45
	Breite	m	8,3/8	7/7,6
	Höhe	m	3	2,75
Fassungsvermögen		m³	330	300
Schute beladen mit leichtem Material				
Tiefgang, beladen		m	2	2
Gemessener Trossenzug		kg	2350—2450	2250—2350
Geschwindigkeit		km/h; m/sec	11,5; 3,2	12,1; 3,36
Drehzahl		pro Minute; pro Sekunde	260; 4,33	260; 4,33
Scheinbarer und wahrer Slip			45% 55%	43% 53,3%
Schute leer				
Tiefgang, leer		m	0,76	0,6
Gemessener Trossenzug		kg	1800—1900	1200—1300
Geschwindigkeit		km/h; m/sec	12,85; 3,57	13,4; 3,73
Drehzahl		pro Minute; pro Sekunde	260; 4,33	260; 4,33
Scheinbarer und wahrer Slip			39,4% 50,4%	36,7% 48,5%

beladenem Zustand mit etwa 11,5 km/h bei einem Widerstand von 2400 kg etwas unter der Schute B, die auch kleiner ist. Bei unbeladener Schute ist der Unterschied größer, da sich dann die verbleibenden Unebenheiten des Bodens bei der Hohlklappenschute bemerkbar machen, deren Widerstand aber doch wesentlich niedriger, als der einer Schute mit Oberklappen ist. Bei der Schleppfahrt entwickelt der Motor des Schleppers seine volle Nennleistung von 260 PS bei der Nenndrehzahl von 260 U/min.

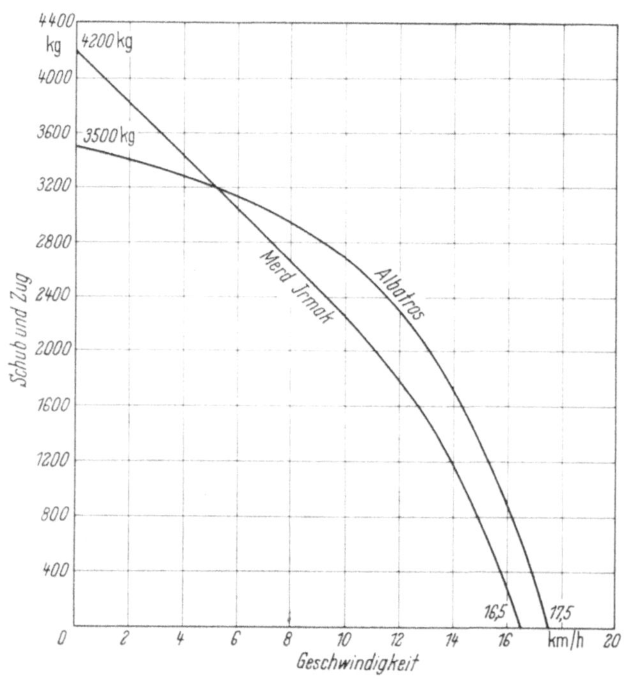

Abb. 330. Trossenzug-Kurven des Motorschleppers „Albatros" von 260 PS und „Merd Jrmak" von 250 PS

Abb. 330 zeigt die Trossenzugkurve von „Albatros" und die des nachfolgend beschriebenen Schleppers „Merd Irmak", dessen Generalplan Abb. 331 ist. Bei ihm wurde unter Benutzung eines Dampfschlepperrumpfes im Jahre 1955 für den Hafenbau von Samsun am Schwarzen Meer von der Firma Jastram, Hamburg, durch Einbau eines neuen Motors und weitgehenden Umbau ein Motorschlepper in neuzeitlicher Form herausgebracht.

Der Schiffskörper hat eine Länge von 15,7 m zwischen den Loten und

17,1 m über alles, eine Breite auf Spanten von 4,4 m und eine Seitenhöhe mittschiffs von 2,2 m. Der Tiefgang beträgt beim Hauptspant, das eine eingetauchte Fläche von 5,9 m^2 hat, 1,8 m, während der größte Tiefgang hinten durch den schräg etwas abwärts laufenden Kiel auf 2,15 m ansteigt. Der Völligkeitsgrad der Verdrängung ist $\delta = 0{,}48$, Gewicht und Verdrängung betragen etwa 60 t. Ein Jastram-Motor ist eingebaut, der mit Aufladung 250 PS bei einer Drehzahl von 630 U/min abgibt. Mit einem Untersetzungsgetriebe 3:1 erhält die Schraubenwelle eine Nenndrehzahl von 210 U/min. Der Propeller hat einen Durch-

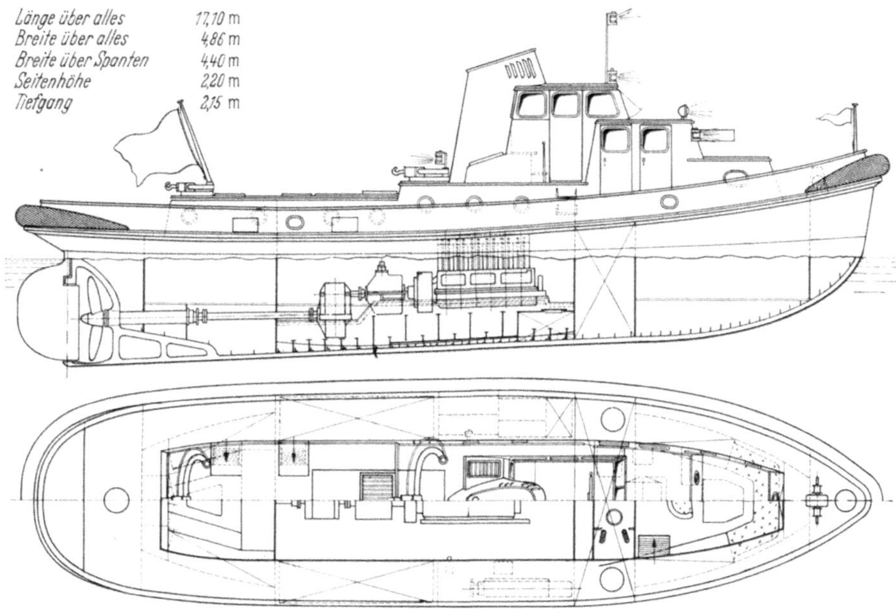

Abb. 331. Generalplan des aus einem Dampfschlepper durch Umbau entstandenen Motorschleppers „Merd Jrmak" mit aufgeladenem Dieselmotor von 250 PS bei 640 U/min, Untersetzung 3:1 und Wendegetriebe

messer von 1700 mm, eine Schraubenkreisfläche von 2,27 m^2, eine Steigung von 1460 mm, es ergibt sich $H/D = 0{,}86$. Das Produkt aus Steigung und Drehzahl pro Sekunde ($H \cdot n$) war bei „Albatros" $4{,}33 \cdot 1{,}36 = 5{,}9$, während es hier mit $3{,}5 \cdot 1{,}46 = 5{,}1$, kleiner ist. Das führt dazu, daß im Stand die volle Leistung von 250 PS mit der Nenndrehzahl des Motors von 630 U/min erreicht wird und dabei die Zugkraft am Pfahl mit 4200 kg höher liegt, als die des „Albatros". Bei voller Nenndrehzahl sinkt die Motorleistung bei Schleppfahrt auf 185 PS und bei der Freifahrt auf 140 PS ab, bei einer Geschwindigkeit von 16,5 km/h. Bei der Schleppfahrt wurde ein Trossenzug von 2100 kg bei einer Geschwindigkeit von 10,8 km/h gemessen. Beim Arbeiten im Stand mit rückwärtsdrehender Schraube ergab sich ein Trossenzug von 1900 kg, also weniger als die Hälfte von dem bei vorausdrehender Schraube.

In Abb. 330 ist die Trossenzugkurve eingetragen, die von 4200 kg im Stand steil abfällt auf 0 bei 16,5 km/h. Eine Erhöhung der Steigung soweit, daß bei Freifahrt die volle Motorleistung entwickelt wird, hätte hier kaum Zweck gehabt, da die Freifahrtgeschwindigkeit bei dem kurzen Schiff dadurch nur unwesentlich erhöht würde. Die große Zugkraft am Pfahl wie auch bei geringen Geschwindigkeiten machten das Fahrzeug gut geeignet zum Verschleppen schwerer Anhänge wie Schwimmkrane u. dgl. was seine Aufgabe beim Hafenbau Samsun in der Türkei war. Der Motor mit 630 U/min, den man als Mittelläufer bezeichnen kann, nimmt wenig Platz in Anspruch, der Maschinenraum ist viel geräumiger als der vom „Albatros" und auch von dem nachfolgend beschriebenen „Samsun". Überholungsarbeiten sind bequem durchzuführen, da die leichten Teile des Motors bequem abgebaut und im Maschinenraum abgelegt werden können.

Ein großer Vorteil gegenüber dem „Albatros“ war auch das Abgehen von der direkten Umsteuerung des Motors und der Übergang zu einem Wendegetriebe. Zu Beginn dieses Kapitels wurde ausgeführt, daß Baggerei-Schlepper manchmal mit ihren Schuten nur ganz kurze Strecken zu fahren haben und ihre Tätigkeit dann nur in einem fast ununterbrochenen Manövrieren besteht. Deshalb wird bei direkter Umsteuerung sehr viel Druckluft

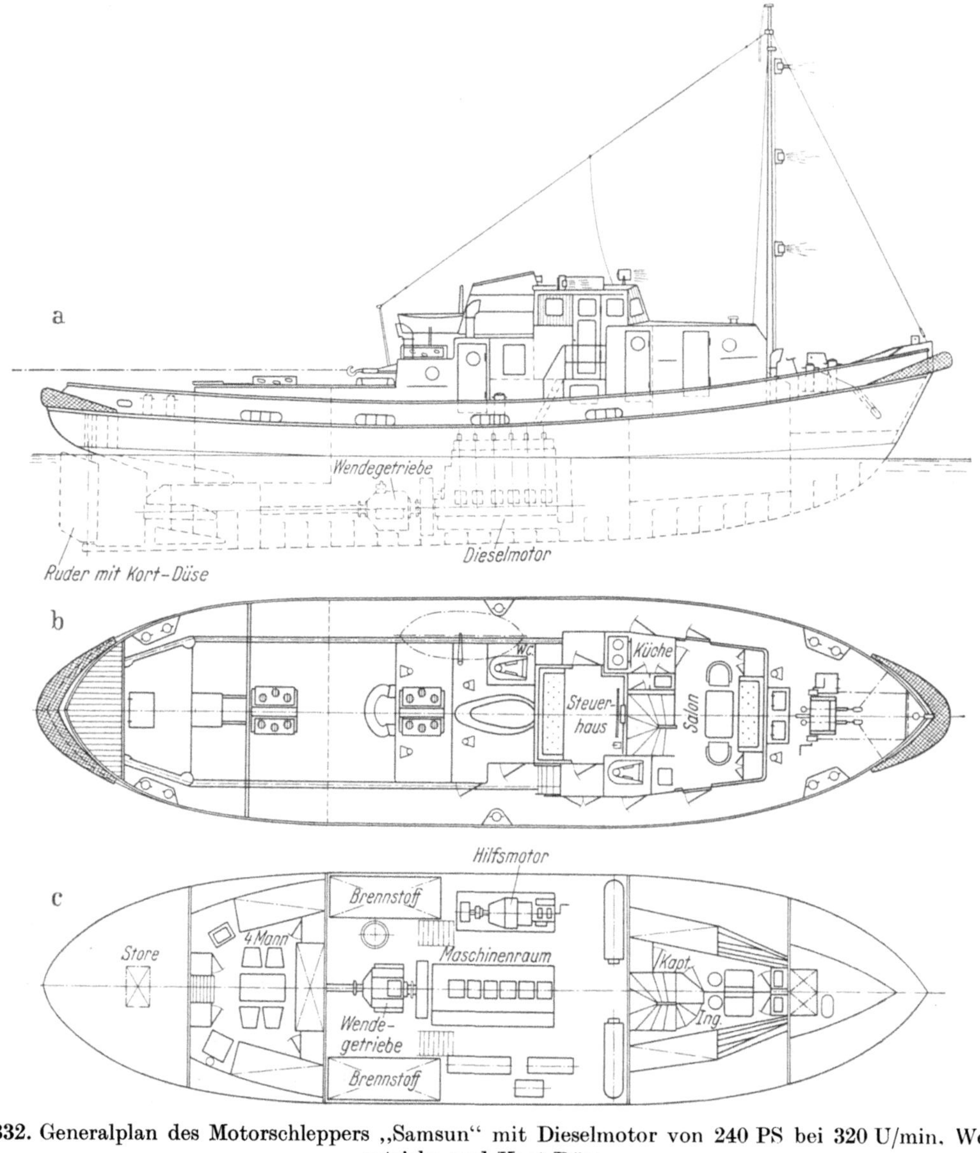

Abb. 332. Generalplan des Motorschleppers „Samsun“ mit Dieselmotor von 240 PS bei 320 U/min, Wendegetriebe und Kort-Düse

gebraucht und ist ein ständig laufender, durch einen besonderen Hilfsmotor angetriebener Kompressor notwendig. Als Folge davon läuft aber der Hauptmotor mehr mit Luft als mit Brennstoff, was ihm nicht zuträglich ist.

Das Wendegetriebe wird bei „Merd Irmak“ durch Öldruck vom Steuerhaus betätigt und ebenso die Brennstoffzufuhr. Außerdem kann mit einer, von der Firma Jastram entwickelten Einrichtung das Steuerrad durch einen kleinen Elektromotor von einer Hartlage in die andere gelegt werden. Das kommt beim Schleppen sehr häufig vor und muß schnell gehen; für das eigentliche Steuern verbleibt der Handbetrieb mit seiner Feinfühligkeit und Genauigkeit. Diese Einrichtungen setzen den Schiffsführer in die Lage, die schwierigsten Manöver einwandfrei durchzuführen.

Der Schlepper „Samsun" hat an der gleichen Stelle gearbeitet und ist in Abb. 332 gezeigt. Er wurde 1952 auf der Schiffswerft Menzer in Bergedorf gebaut mit den Abmessungen 17,5×5×2,5 m, mit einem Tiefgang von 1,75 m und Völligkeitsgrad der Verdrängung 0,42. Er hat einen Deutz-Dieselmotor von 240 PS bei 320 U/min mit nachfolgendem Wendegetriebe. Der Durchmesser des Propellers, der mit 320 U/min umläuft und in eine Kort-Düse eingebaut ist, beträgt 1500 mm und die Steigung 1280 mm, was wieder ein Verhältnis $H/D = 0{,}85$ ergibt. Die Schraubenkreisfläche beträgt 1,77 m², die abgewickelte Fläche bei vier Flügeln 0,97 m², das Flächenverhältnis $\frac{0{,}97}{1{,}77} = 0{,}55$, was für Schlepper allgemein üblich ist. Das Produkt aus Schraubensteigung und sekundlicher Nenndrehzahl ist mit $5{,}33 \cdot 1{,}28 = 6{,}8$ höher als bei den vorangehenden Fahrzeugen. Deshalb liegt die volle Leistung in der Nähe der Freifahrtgeschwindigkeit, die mit 18 km/h hoch war. Die Zugkraft am Pfahl liegt aber auch hoch mit 3800 kg bei einer Drehzahl von 270 U/min. Das bedeutet einen Abfall auf das 0,85fache des Nennwertes und ergibt eine Motorleistung von 210 PS. Berechnet man die Zugkraft am Pfahl nach der früher gegebenen Formel, dann kommt man auf einen Wert von etwa 3200 kg. Man kann also den Gewinn durch die Düse mit 20% ansetzen, was auch sonst im Durchschnitt erreicht wird. Abb. 333 zeigt den Schlepper im Betrieb beim Hafenbau Samsun, wobei er die vorne links erkennbare Klappschute von 300 m³ Laderauminhalt im Schlepp nimmt.

Abb. 333. Motorschlepper „Samsun" 240 PS beim Arbeiten am Hafenbau Samsun am Schwarzen Meer. Im Vordergrund eine beladene Klappschute mit 300 m³ Laderauminhalt. Aufnahme Matzner, Samsun

Abb. 334. Heckansicht eines Schleppers mit drehbarer Kortdüse, in welche das Ruder eingebaut ist.

Wenn man die Düse zusammen mit dem eingebauten Ruder drehbar macht, wie es Abb. 334 zeigt, bessert sich die Manövrierfähigkeit. Man wird diese Komplikation jedoch in vielen Fällen nicht in Kauf nehmen wollen, da die Vorteile der Düse bei einem Baggerei-Schlepper nicht so groß sind, wie bei einem Langstrecken-Schlepper, der bei gleicher Maschinenleistung und Fahrtgeschwindigkeit ein größeres Ladungsgewicht schleppen kann. Es sind deshalb bisher nicht viele Baggereischlepper mit Düsen ausgerüstet worden.

Tabelle 27 gibt Durchschnittswerte für die Abmessungen, Gewichte, Freifahrtgeschwindigkeiten und Trossenzüge am Pfahl für Motorschlepper von 80 bis 600 PS des Hafentyps.

Tabelle 27. *Durchschnittswerte für Abmessungen, Gewichte, Freifahrtsgeschwindigkeiten, Pfahlzug usw. für Motorschlepper von 80 bis 600 PS der Hafentype*

			A	B	C	D	E	F
1	Motorleistung N	PS	80	120	175	250	400	600
2	Länge zwischen Loten	m	13	15	17	19	22	26
3	Breite auf Spanten	m	3,4	3,8	4,3	4,8	5,5	6,5
4	Seitenhöhe mittschiffs	m	1,5	1,75	1,95	2,3	2,5	2,9
5	Tiefgang	m	1,3	1,5	1,7	2,0	2,2	2,5
6	Verdrängung bei $\delta = 0,45$	m³	28	40	56	85	130	190
7	Propeller-Durchmesser	m	1,10	1,25	1,45	1,70	1,85	2,10
8	Propeller-Kreisfläche	m²	0,95	1,23	1,65	2,27	2,68	3,46
9	Trossenzug am Pfahl	kg	1250	1750	2500	3500	5100	7300
10	Spezifischer Trossenzug	kg/PS	15,6	14,6	14,3	14	12,8	12,1
11	Freifahrts-Geschwindigkeit	km/h	14	15	16	17,5	19	21

Gegenüber dem Kurvenblatt Abb. 325 ist der große Motorschlepper von 600 PS hinzugefügt worden.

In der Einleitung wurde schon vermerkt, daß die Schlepper der *Flußtype*, die auf unregulierten Flüssen mit starker Strömung und stellenweise geringer Wassertiefe arbeiten müssen, von der Hafentype erheblich abweichen.

Abb. 335 ist ein Generalplan des 200-PS-Motorschleppers „Wasserburg" mit den Abmessungen:

Länge über alles	19,3 m
Länge zwischen Loten	18,0 m
Breite auf Spanten	4,0 m
Breite über alles	4,2 m
Seitenhöhe mittschiffs	1,6 m
Größter Tiefgang mit 2,5 t Kraftstoff	1,2 m
Gesamtgewicht mit 2,5 t Kraftstoff	37 t

Motor Sechszylinder Deutz-Diesel von 200 PS bei 525 U/min mit Wendegetriebe, ölhydraulisch betätigt,

Propeller 3 Flügel, Durchmesser 1200 mm

Steigung 625 mm $H/D = 0,52$

Schraubenkreisfläche $= \frac{\pi}{4} \cdot 1,2^2 = 1,13$ m²

Abgewickelte Fläche = 0,59 m², Flächenverhältnis 0,52

Das ungewöhnlich niedrige Steigungsverhältnis bringt einen sehr geringen Propellerwirkungsgrad.

Die Zugkraft am Pfahl wurde mit einer 60 m langen Schlepptrosse bei 3 m Wassertiefe bei verschiedenen Drehzahlen gemessen. Folgende Werte wurden erreicht:

Drehzahl von Motor und Propeller	*Zugkraft am Pfahl*
300 U/min	900– 950 kg
400 U/min	1680–1700 kg
450 U/min	2120–2170 kg
460 U/min	2170–2250 kg

Da die Nenndrehzahl 525 U/min ist, bedeutet die am Pfahl erreichte Höchstdrehzahl von 460 U/min einen Abfall auf 0,875 und ergibt unter Annahme gleichen Drehmoments eine Leistung von 175 PS. Der spezifische Trossenzug beträgt auf die Nennleistung bezogen

$$\frac{2200}{200} = 11{,}0\,\mathrm{kg/PS}_e\,.$$

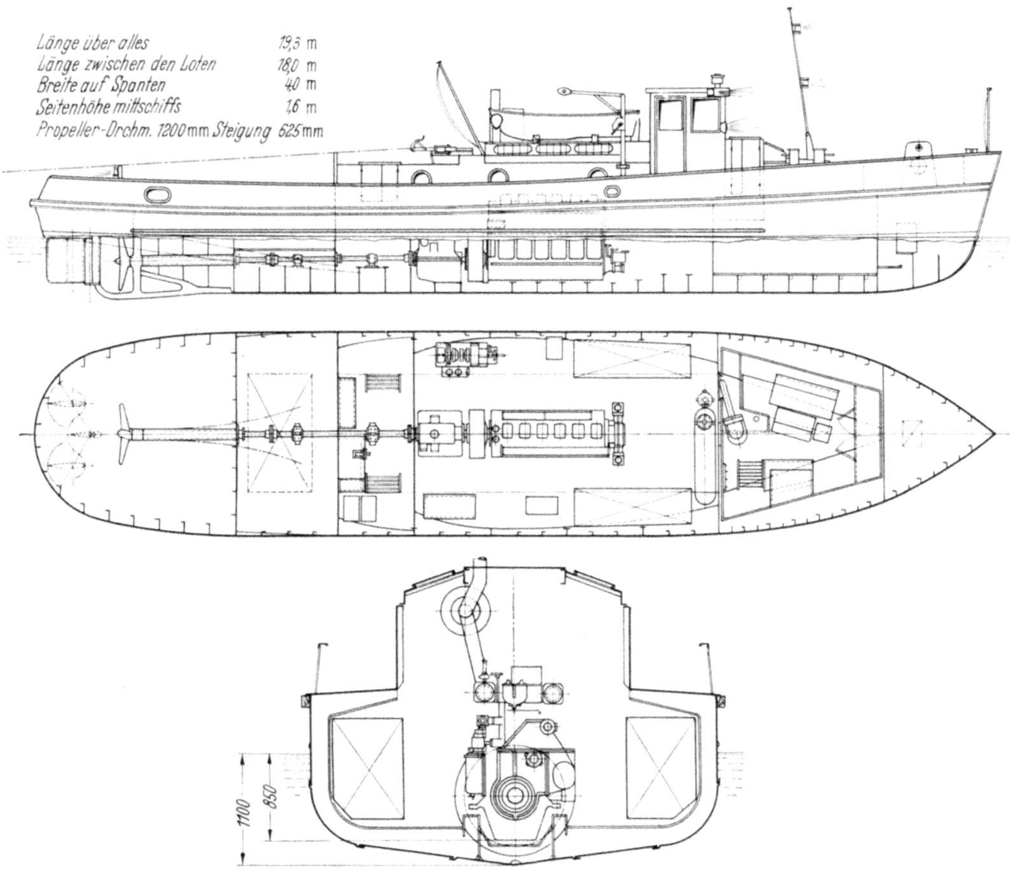

Abb. 335. Generalplan des Flußschleppers „Wasserburg" mit 200 PS Dieselmotor und einem Tiefgang von 1,2 m

Abb. 336. Motorschlepper „Wasserburg" von 200 PS auf dem Inn neben einer Klappschute von 60 m³ Laderauminhalt. Aufnahme Büchler, Töging

Die Freifahrtgeschwindigkeit relativ zum Wasser wurde auf dem Inn durch Abfahren einer an Land abgemessenen Strecke mit und gegen den Strom mit 18,3 km/h gemessen, wobei der Motor eine Drehzahl von 530/min hatte und mit etwa 160 PS belastet war.

Eine Klappschute von 60 m³ Laderauminhalt und den Abmessungen $30 \times 5{,}5 \times 1{,}5$ m wurde mit einer 30 m langen Schlepptrosse geschleppt. Mit beladener Schute, bei einem Tiefgang von 1,35 m, wurde gegen Wasser eine Geschwindigkeit von 13 km/h bei einem Trossenzug von 1600 kg gemessen und hierbei die volle Motorleistung von 200 PS bei einer Drehzahl von 525 U/min entwickelt. Mit leerer Schute bei 14,3 km/h Geschwindigkeit betrug der Trossenzug 1100 kg. Es wurde auch ein Versuch mit der Schute neben dem Schlepper durchgeführt, wie es Abb. 336 zeigt. Dabei waren die Ergebnisse die gleichen.

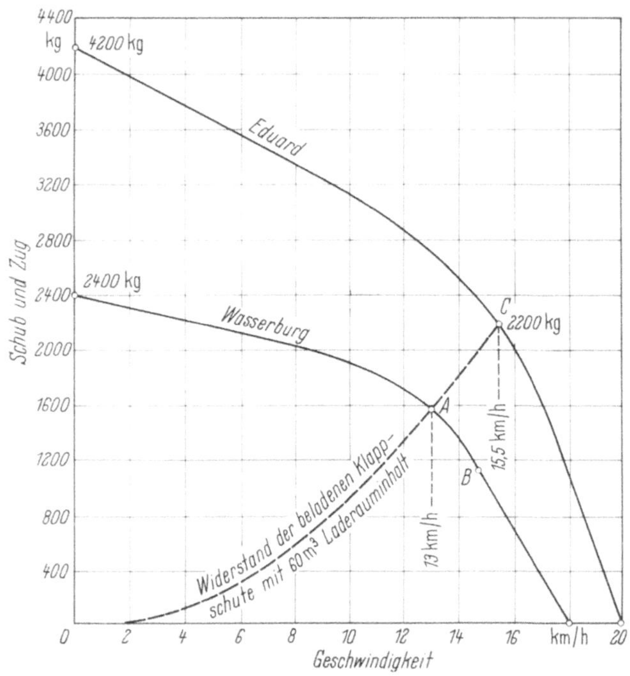

Abb. 337. Trossenzugkurven für den Inn-Schlepper ,,Wasserburg" von 200 PS und dem Donau-Schlepper ,,Eduard" von 2×170 PS mit der Widerstandslinie einer Klappschute von 60 m³ Laderauminhalt

Das Kurvenblatt 337 zeigt die nach diesen Meßergebnissen gezeichnete Trossenzugkurve. *A* und *B* sind die Betriebspunkte für die volle und die leere Schute. Die Ausbauchung der Kurve nach oben läßt erkennen, daß bei der Schleppfahrt die volle Motorleistung entwickelt wird. Die Trossenzugkurve für den nachfolgend beschriebenen Schlepper ,,Eduard" ist auch eingetragen. Die Schleppgeschwindigkeit von 13 km/h ergibt bei einem Gegenstrom von 6 km/h, wie er auf Flüssen nicht ungewöhnlich ist, eine Geschwindigkeit von 7 km/h gegen das Ufer, während sie durch eine bei Hochwasser gesteigerte Stromgeschwindigkeit von 9 km/h auf 4 km/h zurückgeht. Man erkennt, daß das Verhältnis 200 PS des Schleppers auf 60 m³ Laderauminhalt der Schute und damit 3,3 PS/m³ Laderauminhalt nicht unterschritten werden darf.

Abb. 338 ist der Generalplan des von der Linzer Werft für die Donau gebauten Doppelschraubenschleppers ,,Eduard", der bereits erwähnt wurde.

Seine Abmessungen sind folgende:

Länge über alles	21,9 m
Länge zwischen den Loten	21,0 m
Breite auf Spanten	5,0 m
Seitenhöhe	1,6 m
Tiefgang betriebsklar	1,0 m

Er hat zwei Motore von je 170 PS bei 450 U/min. Der Propellerdurchmesser ist 1100 mm, die Schraubenkreisfläche $2 \times 0{,}95 = 1{,}9$ m² und die eingetauchte Hauptspantfläche $5 \times 1 \times 0{,}95 = 4{,}75$ m².

Im Anhalt an die vorangehenden Berechnungen und die Ergebnisse von ,,Wasserburg" kann man die Zugkraft am Pfahl mit $2 \times 2100 = 4200$ kg ansetzen. Das ist etwa das Gleiche, was ,,Merd Irmak" infolge seiner größeren Schraubenkreisfläche mit 250 PS erreicht. Die Freifahrtgeschwindigkeit von ,,Eduard" kann mit 20 km/h angenommen werden; es ergibt sich die in Abb. 337 über der Trossenzugkurve von ,,Wasserburg" eingetragene

Linie. Die beladene Klappschute von 60 m³ Laderauminhalt wird mit einer Geschwindigkeit von 15,5 km/h geschleppt (Punkt C).

Abb. 8 im Kapitel L (Schiffskörper) zeigte den Schlepper ,,Eduard" mit einer neben ihm liegenden Schute in Holzbauart und glattem Boden bei 80 m³ Laderauminhalt und 120 t Tragfähigkeit, für welche die Schleppgeschwindigkeit bei 16 km/h liegen dürfte. Man erkennt, wie teuer die erhöhte Schleppgeschwindigkeit erkauft wird, da 4,25 PS/m³ Laderaum aufzuwenden sind, also mehr als das 5fache von dem beim Hafenschlepper.

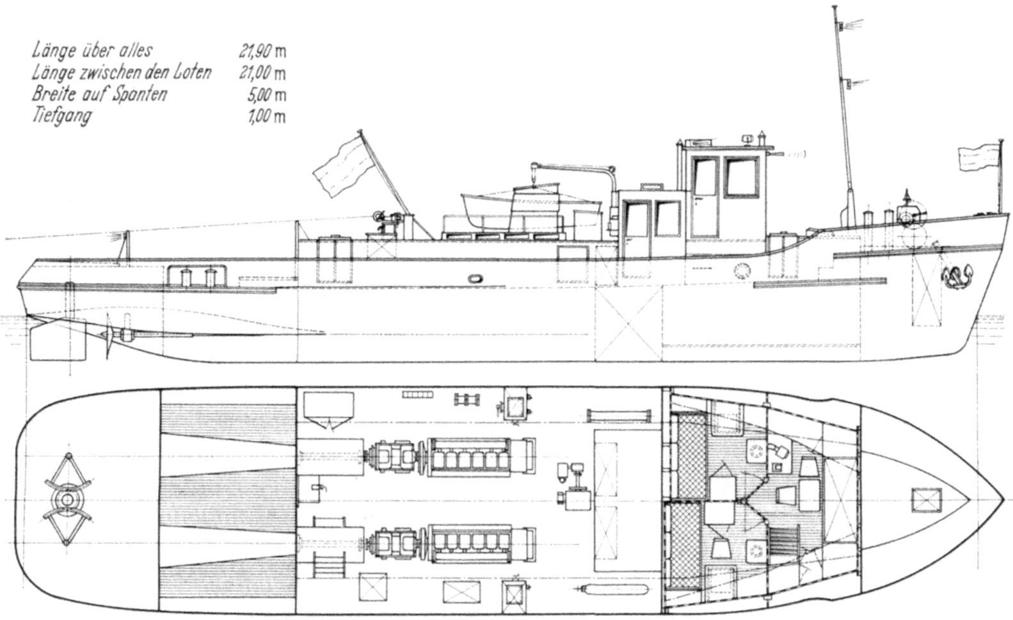

Abb. 338. Generalplan des Donau-Schleppers ,,Eduard" mit zwei Dieselmotoren von je 170 PS und einem Tiefgang von 1 m

4. Sonderbauarten von Schleppern und Schlußbemerkungen über die Wirtschaftlichkeit des Schleppbetriebes

Man hat mitunter versucht Schleppgeräte zu schaffen, bei denen die Maschinen- und Propulsionsanlage mehr in den Vordergrund gerückt wird und der Schiffskörper nur als Träger dient. Ein Beispiel für diese Geräte, die auch als *Wassertrecker* bezeichnet werden, zeigt Abb. 339 mit einer perspektivischen Zeichnung des Doppelschrauben-Düsenschleppers ,,Machnow". Dieses Boot wurde im Jahre 1934 bei der Teltow-Werft, Berlin gebaut und hat einen Motor von 55 PS, der mit Zahnraduntersetzung zwei Schraubenwellen mit Propellern von 1300 mm Durchmesser in Kortdüsen sitzend, mit Drehzahlen von nur 180 U/min antreibt. Durch eine verstellbare Steigung wird bei allen Belastungsgraden die Nenndrehzahl und volle Motorleistung erreicht. Um die Propeller mit diesem Durchmesser in genügende Tiefe zu bringen, besteht der Schiffskörper aus einem flachen Oberteil mit einer nach unten gehenden Gondel mit angesetzten Düsen.

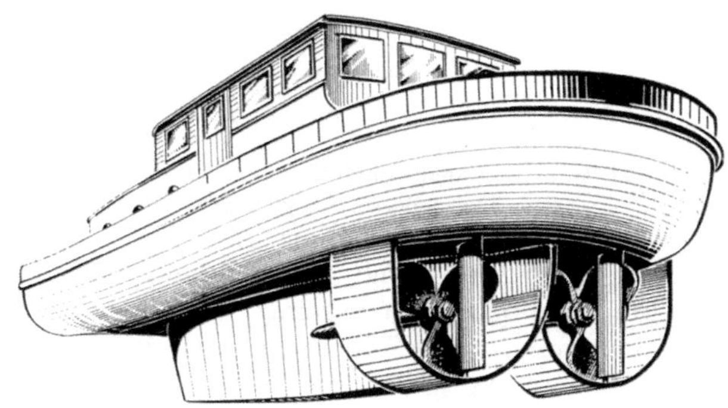

Abb. 339. Perspektivische Ansicht des Düsenschleppers ,,Machnow" mit dem Jastram-Motor von 55 PS, der über Untersetzungsgetriebe zwei Schrauben von 1,3 m Durchmesser antreibt

Abb. 340 zeigt die Trossenzugkurve. Am Pfahl wird der sehr hohe Trossenzug von 2200 kg = 42 kg/PS erreicht. Das ist auf den guten Wasserzulauf zu den Propellern mit der außergewöhnlich großen Schraubenkreisfläche von zusammen 2,65 m² zurückzuführen, ferner auf die Veränderlichkeit der Schraubensteigung und die Kortdüsen. Die Motorleistung von 55 PS bleibt, wie die eingetragene Leistungslinie zeigt, bei allen Geschwindigkeiten nahezu konstant.

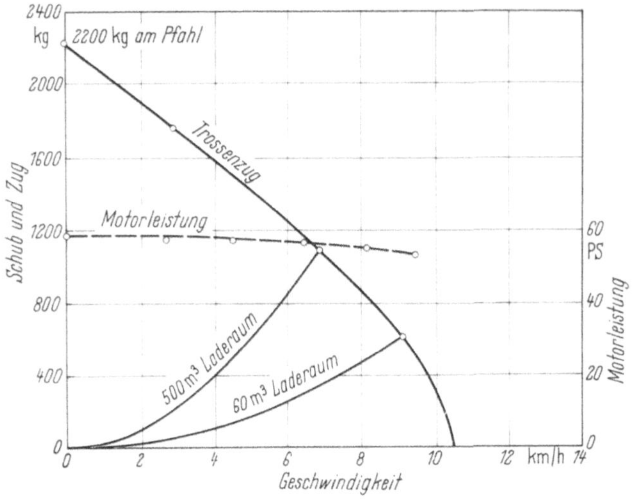

Abb. 340. Trossenzugkurve und Motorleistung des Düsenschleppers „Machnow“ von 55 PS mit Widerstandslinien beladener Spülerschuten von 500 m³ und 60 m³ Laderauminhalt

Die Freifahrtgeschwindigkeit liegt jedoch erklärlicherweise bei diesem, im Verhältnis zur Länge stark in die Tiefe gehenden Schiffskörper nicht hoch und wurde mit 11 km/h gemessen.

Schleppversuche wurden noch besonders ausführlich in der Weise durchgeführt, daß Dampfer rückwärts geschleppt wurden und durch Drehen ihrer Schrauben jeden gewünschten Trossenzug erreichen ließen. Es ergibt sich eine steil abfallende Trossenzugkurve nach Abb. 340.

Die in das Kurvenblatt eingezeichnete Widerstandslinie für eine beladene Spülerschute von 500 m³ Laderauminhalt, also mit 900 t Ladung, ergibt eine Schleppgeschwindigkeit von 7 km/h bei einem Trossenzug von 1050 kg, was bei ruhigem Wasser ausreichend ist. Es ist aber nicht möglich, bei leichtem Anhang auf eine wesentlich höhere Schleppgeschwindigkeit zu kommen, wie der Schnittpunkt der Trossenzugkurve mit der Widerstandskurve einer 60 m³ Schute erkennen läßt. Trotz fast auf $^1/_{10}$ verringerten

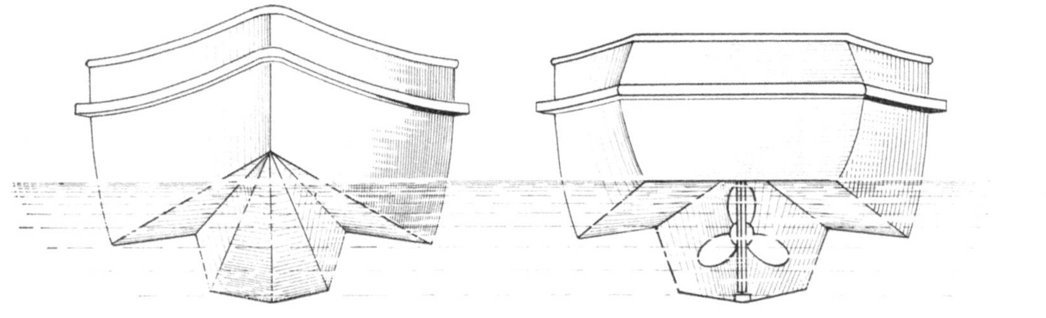

Abb. 341. Ganz getunneltes Schiff, Bauart Jastram, mit glatter Wasserzuführung zum Propeller von großem Durchmesser bei geringem Tiefgang in Vorschiffsansicht und Heckansicht

Ladungsgewichtes steigt die Schleppgeschwindigkeit nur auf das 1,35fache, das sind 9,5 km/h bei 650 kg Trossenzug. Man sieht, wie wichtig die Trossenzugkurve ist, ohne die eine Bestimmung der Schleppgeschwindigkeit nicht möglich ist, besonders, wenn die Verhältnisse vom Normalen abweichen.

Das Boot „Machnow“ ist eine Sonderkonstruktion und hat seine Aufgabe, schwere Kähne über den Machnow-See mit geringem Aufwand zu schleppen, erfüllt. Vielleicht wäre aber doch ein etwas stärkerer Motor mit einem, der Regelbauart mehr angenähertem Bootskörper günstiger gewesen. Es zeigte sich, daß bei dem von der Firma Jastram, Hamburg entwickelten, ganz getunnelten Schiff, bei dem ein Abfall der Freifahrtgeschwindigkeit nicht eintritt und doch bei geringem Tiefgang ein großer Propeller-Durchmesser mit gutem Wasserzulauf zu erreichen ist.

Abb. 341 zeigt oben das Vorschiff und unten das Hinterschiff. Das Wasser wird bei Anströmen des Vorschiffes unmittelbar in zwei seitliche Kanäle geleitet und strömt der Schraube zu, ohne die sonst bei Tunnelschiffen erforderliche, stärkere Umlenkung hinter dem Hauptspant.

Als weiteres Sonderfahrzeug ist der Voith-Wasser-Trecker „Hornisse" nach Abb. 342 aufgeführt. Man erkennt die sehr gedrungene Bauart mit einer Länge von 13 m in der

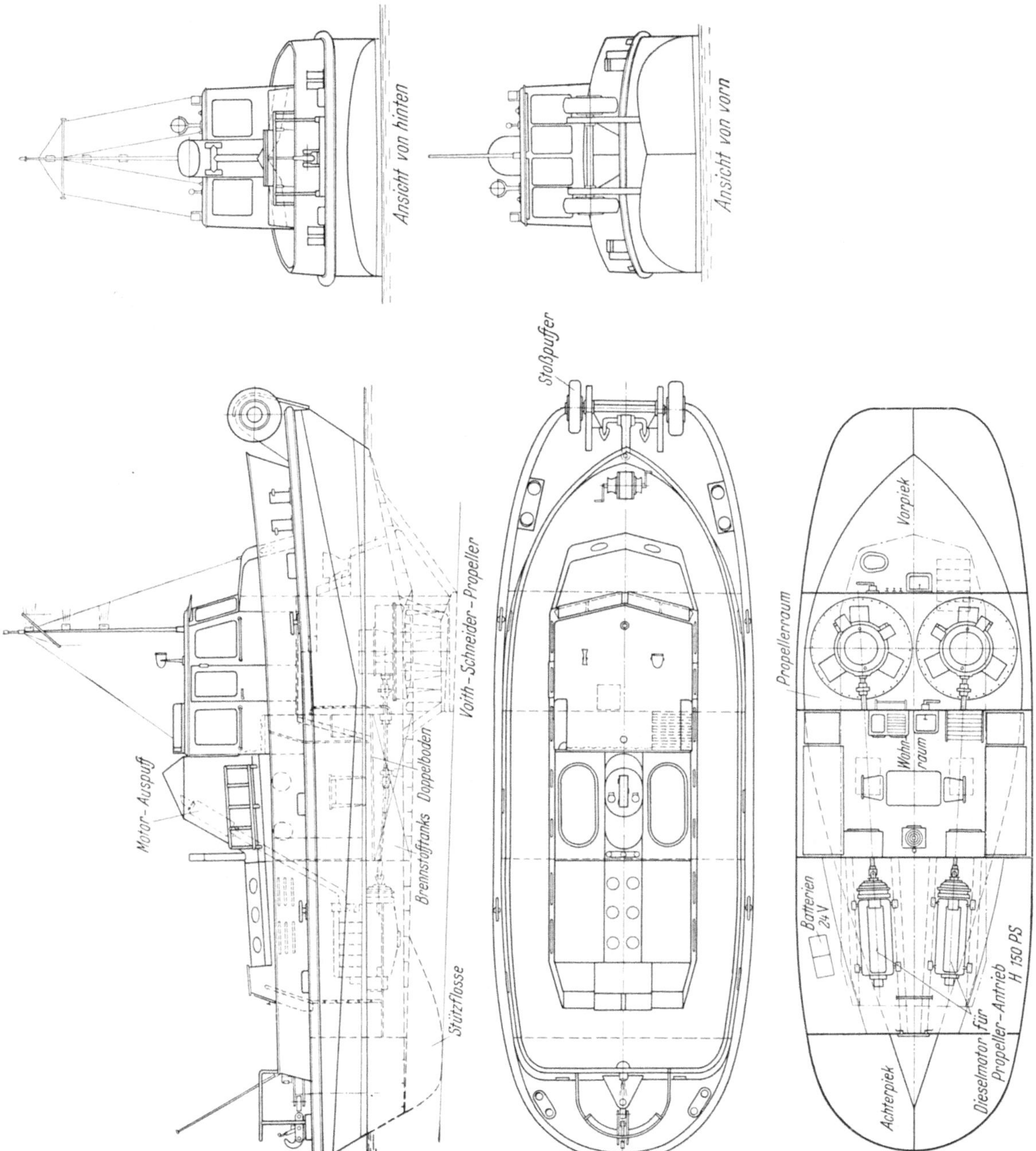

Abb. 342. Wasser-Trecker „Hornisse" mit gedrungenem Schiffskörper und zwei Motoren von 150 PS und Propellern System Voith-Schneider

Wasserlinie, und einer Breite auf Spanten von 4,25 m. Ein Maß für die Seitenhöhe läßt sich, wie aus der Abbildung ersichtlich ist, schlecht angeben; der Tiefgang beträgt 1,7 m. Im Hinterschiff befinden sich zwei Dieselmotore von je 150 PS bei einer Drehzahl von 1250 U/min. Ihre Wellen gehen nach vorne durch den Wohnraum zum Propellerraum.

Hier sind zwei Propeller, System *Voith-Schneider* angeordnet, deren scheibenförmiger Laufkörper über ein Spezial-Kegelradgetriebe mit einer Untersetzung 1:9 angetrieben wird. Er läuft mit seinen vier senkrecht stehenden Flügeln, die an ihrem oberen Ende schwingbar gelagert sind, mit einer konstanten Drehzahl von 140 U/min, die der eines Normalpropellers ähnlich ist. Die Flügel machen eine Umschwungbewegung um die senkrechte Achse des Laufradkörpers und dabei gleichzeitig eine Schwingbewegung relativ zu ihm. Abb. 343 zeigt dies, schematisch für *einen* Flügel, von oben gesehen. Der Laufradkörper dreht sich um den Punkt O entgegen dem Uhrzeiger. Der Flügel steht dabei stets so, daß die auf seiner Fläche errichtete Normale durch den Punkt N geht.

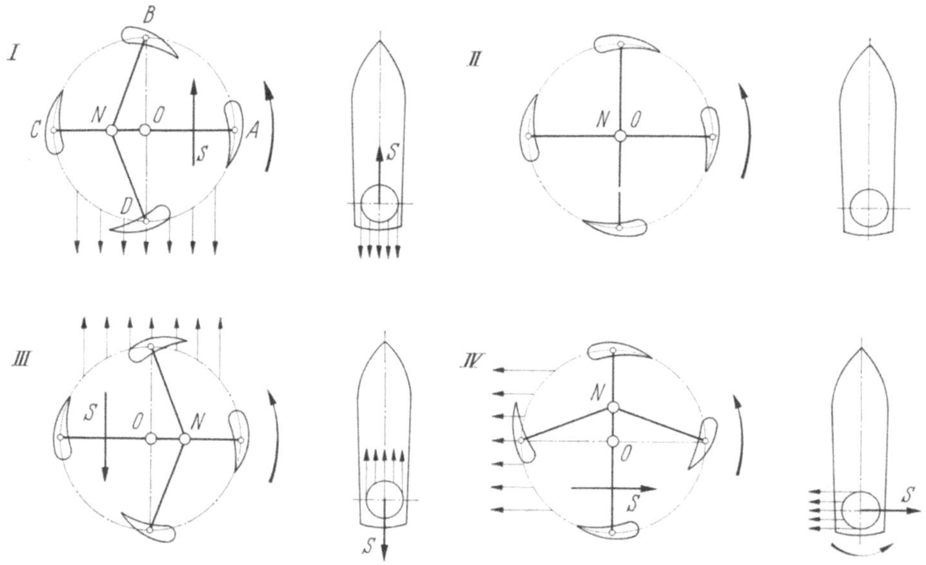

Abb. 343. Prinzip-Bild des Voith-Schneider-Propellers mit senkrechter Welle und parallel zu ihr gestellten Flügeln. Diese machen eine Umlauf- und Schwenkbewegung, wobei Stärke und Richtung des Propellerschubes veränderlich sind

Im oberen Abbildungsteil I liegt N links von O; der Flügel steht in den Punkten A und C in der Drehrichtung und erzeugt keinen Schub. In den Punkten B und D steht er dagegen geneigt zur Drehrichtung, beschleunigt das Wasser und erzeugt einen Schub in der Fahrtrichtung. In dem darunter liegenden Abbildungsteil II fällt N und O zusammen; der Flügel steht während des ganzen Umlaufes in Richtung der Bewegung und erzeugt keinen Schub. Im Abbildungsteil III steht N rechts von O, es entsteht ein der Fahrtrichtung entgegengerichteter Schub.

Es wird mit der Verschiebung des Punktes N das gleiche erreicht, wie bei einem Verstellpropeller mit Veränderung der Steigung; der Voith-Schneider-Propeller kann aber auch, wie Abbildungsteil IV zeigt, einen Querschub erzeugen und zwar in beiden Richtungen.

Die Bewegung des Punktes N, der jede Zwischenlage einnehmen kann, besorgt ein Steuermechanismus mit hydraulischen Zylindern, die vom Steuerhaus betätigt werden. Man kann damit dem Propellerschub jede gewünschte Richtung und Größe geben, es wird *ohne Ruder* eine hervorragende Manövrierfähigkeit erreicht.

Bei der „Hornisse“ sitzt der Schlepphaken, an dem die Schlepptrosse angreift, am Schiffsende. Da die Propeller vorne liegen, kann durch Richtung ihres Strahles jede Fahrrichtung für den Schlepper und seinen Anhang bei großer Kursstabilität eingehalten werden.

Beim Schlepper der Regelbauart greift zwecks Erhaltung der Steuerfähigkeit die Schlepptrosse etwa in der Schiffsmitte an und kann bei Abgang in der Querschiffsrichtung starke Krängungsmomente ausüben. Die Zugkraft am Pfahl beträgt bei der „Hornisse“ 4300 kg, ihre Freifahrtgeschwindigkeit 18 km/h. Sie kann, wie die Abbildung zeigt, auch mit einem Stoßpuffer arbeiten.

Für das Schleppen von Schuten ist der Wasser-Trecker bisher nicht verwendet worden, da der Voith-Schneider-Propeller teuer ist und eine Beschädigung der aus dem Schiffskörper herausragenden Flügel umständliche und kostspielige Reparaturen erfordert. Der im Kapitel P beschriebene Greiferbagger „La Liane" und das im nachfolgenden Kapitel erscheinende Taucherschiff „Carl Straat" sind damit ausgerüstet. Auch bei Fährschiffen

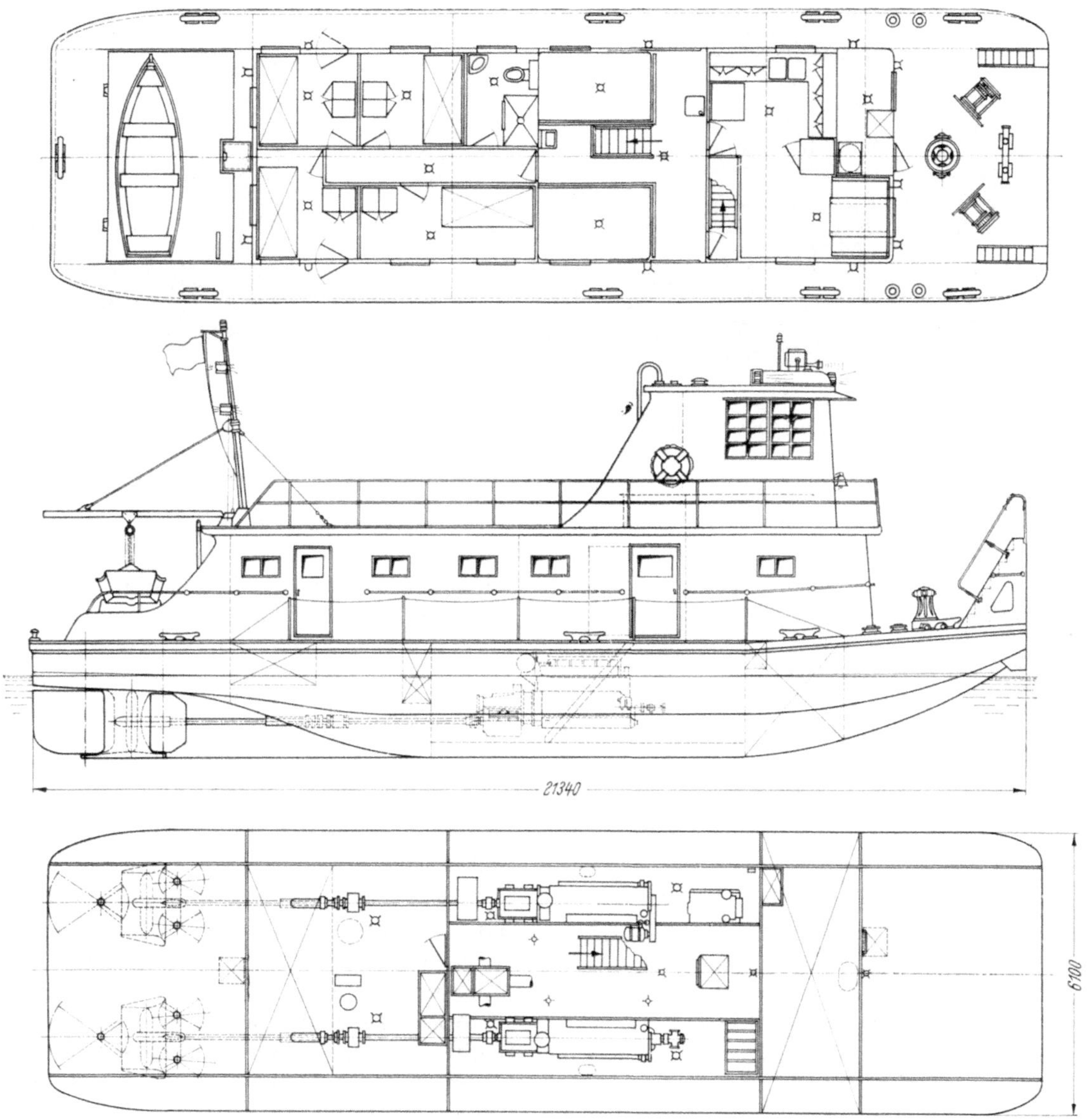

Abb. 344. Generalplan eines amerikanischen Stoßschiffes mit zwei Motoren von je 290 PS mit weit auseinanderliegenden Wellen

und Schwimmkränen wird er häufig verwendet, da die hohen Investitionskosten für die Propulsionsanlage durch die hervorragenden Manövriereigenschaften aufgewogen werden. Bis zu einer gewissen Leistungsgröße kann man aber mit dem Schottel-Navigator ähnliche Vorteile erreichen.

In den USA wird meist nicht geschleppt, sondern durch ein Stoßfahrzeug eine große Anzahl von Lastkähnen *gedrückt*. Man macht von dieser Methode in Europa in steigendem Maße Gebrauch, sie dürfte auch im Baggereibetrieb einzuführen sein. Infolge der festen Verbindung der Fahrzeuge ist nur bei dem stoßenden eine Steuerung erforderlich. Bei großen Schuten erscheint es denkbar, daß sie mit einer Bugdrückanlage versehen werden, deren Antriebsmotor seinen Strom von einem Generator des Stoßfahrzeuges erhält. Ein Arbeiten im Seegebiet dürfte auch möglich sein, wenn man die Stoßeinrichtung so ausbildet, daß Relativbewegungen zwischen den beiden Fahrzeugen ausgeglichen werden können. Bessere Manövrierfähigkeit und Personalersparnis dürften Vorteile des Stoßbetriebes sein.

Abb. 345. Heckansicht des Stoßschiffes von 2×290 PS mit den Propellern, Kort-Düsen und Rudern. Aufnahme Dravo, Pittsburgh

Abb. 346. Vorderansicht des Stoßschiffes von 2×290 PS mit der Stoßeinrichtung. Aufnahme Dravo, Pittsburgh

Abb. 344 ist ein Generalplan eines bei der Dravo-Corporation in Pittsburg 1957 gebauten Stoßschiffes von 21,4 m Länge, 6,1 m Breite, 2,45 m Seitenhöhe und 1,76 m Tiefgang. Das Fahrzeug mit einem Gewicht von etwa 165 t hat zwei Atlas-Dieselmotore von je 290 PS bei 1200 U/min, welche über Untersetzungsgetriebe die beiden in Kortdüsen eingebauten Propeller von 1250 mm Durchmesser antreiben.

Abb. 347. Schleppen eines Kanal-Fahrzeuges im stromlosen und windgeschützten Gewässer durch zwei Esel in Schrittgeschwindigkeit. Aufnahme International Center, Washington

Hinter jedem Propeller sitzt ein Ruder und vor den Düsen noch zwei weitere, die besonders beim Rückwärtsdrehen der Propeller wirksam sind. Die Manövrierfähigkeit wird noch weiter dadurch gesteigert, daß die beiden Schraubenwellen mit einem Abstand von fast 3 m ein starkes Wendemoment ergeben.

Abb. 345 zeigt die Hinteransicht des Schiffes mit den beiden, in die Kortdüsen eingebauten Propellern und den dahinter liegenden Hauptrudern. Abb. 346 ist die Vorderansicht und läßt die Stoßeinrichtung erkennen.

Abschließend werden noch einige Ausführungen über die Wirtschaftlichkeit des Schleppbetriebes gebracht, dessen Wirkungsgrad, wie bereits erwähnt, nur bei etwa 50% liegt. Eine an Land fahrende Treidellokomotive oder eine fest aufgestellte Seilwinde könnte mit größerem Wirkungsgrad arbeiten. Treidellokomotiven sind zwar bei manchen Kanälen im Betrieb und waren es auch am Teltow-Kanal bevor „Machnow" gebaut wurde. Damit war es aber schwierig, die Kähne über die etwa 1000 m lange Strecke des Machnow-Sees zu bringen und es gelang auch mit Seil und Winden nur unvollkommen, da der Seilverschleiß groß war und die Kähne bei seitlichem Wind abtrieben. Es ist immer schwierig, ein auf dem Wasser fahrendes Fahrzeug durch ein fest auf dem Lande sitzendes Zuggerät zu schleppen, da diesem die nötige Elastizität und Anpassungsfähigkeit fehlt.

Wenn schon im Falle „Machnow" wieder ein auf dem Wasser fahrender Schlepper genommen werden mußte, wird man bei einem Baggereibetrieb kaum mit einem Treidel-Gerät oder einer auf einem Ponton aufgebauten Winde arbeiten können. Bei kurzen Förderweiten vermeidet man den Schutenbetrieb und geht immer mehr zur unmittelbaren Förderung des Bodens durch Bänder, Rinnen oder Rohrleitungen über. Bei der Förderung als Gemisch sind große Maschinenleistungen für das Pumpen aufzubringen, wofür aber der kontinuierliche Betrieb mit seinem geringen Personalbedarf wieder einen Ausgleich bringt. Wenn die Förderentfernungen aber größer werden, ist der Aufwand für die Rohrleitungen nicht zu unterschätzen, und man kommt schließlich doch zum Betrieb mit Schuten und Schleppern, deren Zahl sich mit zunehmender Förderweite erhöht. Große Förderweite erfordert stets einen großen Aufwand für die Fördereinrichtung, man sollte sie, wenn es irgend möglich ist, vermeiden.

Abb. 347 zeigt zum Schluß, wie zwei Esel, die auf einem Treidelpfad im Schritt gehen, eine beachtliche Schleppleistung auf einem stromlosen, windgeschützten Kanal mit gutem Wirkungsgrad vollbringen können. Im Ausland treten mitunter Verhältnisse auf, bei denen eine Nachahmung zweckmäßig wäre. Es wird an das Kap. L, Abschn. 3 erinnert, wo als Vorteil von Schwimmgeräten die Bewegung großer Gewichte mit kleinen Kräften genannt wurde, wenn man sich in der Geschwindigkeit beschränkt und keine Windkräfte wirksam sind.

S. Geräte für Felsabtrag unter Wasser, Aufrührbaggerung und Hydro-Erdbau

1. Allgemeines über den Abtrag von Fels unter Wasser und dessen Baggerung ohne Vorlockerung

Bei der Vertiefung von Häfen, Flüssen und Schiffahrtsrinnen sind im allgemeinen alluviale Ablagerungen zu beseitigen. Jetzt werden aber infolge der rapiden Steigerung der Größen von Tankern und Massengutfrachtern derartige Wassertiefen verlangt, daß man immer häufiger auf Fels oder ähnlich hartes Urgestein trifft. Fels ist ein Festkörper, der sich nicht baggern läßt, aber auch in Übergangszuständen vorkommt. So ist er manchmal zerklüftet und rissig, hat nur eine geringe Bindung und läßt sich in bestimmter Richtung spalten. Man findet ferner verhärtete Sedimente, wie Nagelfluh, Sandstein, Flinz, Schiefer- und Kalkstein von verschiedener Härte, Korallenfels in vielen Formen usw. Harter Ton und Mergel, mit Findlingen durchsetzt besitzen felsartige Eigenschaften.

Die Beseitigung von Fels ist in jedem Falle sehr aufwendig, wenn auch sehr unterschiedlich in den Kosten je nach Härte und Beschaffenheit. Eine Beseitigung von Granitfelsen im Grunde des New Yorker Hafens durch Bohren, Sprengen und Abfuhr des Haufwerkes mit Klappschuten auf etwa 20 km Entfernung kostet 15 bis 20 mal so viel, als die Baggerung von Sand durch einen Schneidkopfsauger (Cutterbagger) unter Förderung des Materials als Gemisch durch eine Rohrleitung zur Ablagerungsstelle. Dazwischen liegen die Kosten für weichen Fels, der sich ohne Vorlockerung mit Löffelbaggern oder kräftigen Eimerkettenbaggern baggern läßt. Diese Angaben geben nur eine Größenordnung, lassen jedoch den Anreiz erkennen, die unmittelbare Baggerung durchzuführen, wenn man auch die Geräte dafür umbauen und einen hohen Reparaturaufwand in Kauf nehmen muß.

In Deutschland hat man für Felsbaggerung weitgehend Eimerkettenbagger herangezogen, beispielsweise bei Helgoland Dampfgeräte mit den Abmessungen: $45 \times 9{,}75 \times 3{,}5$ m und Baggertiefen von 12 bis 15 m. Das Eimerfassungsvermögen betrug für Sand 600 l und für Fels 320 l. Je nach Härte und Schichtung des Gesteins, Baggertiefe, Seegang,

Strömung und Wind waren die Ertragsleistungen verschieden und lagen zwischen 80 und 150 m^3/h. Von Felseimern mit geringem Fassungsvermögen ist man im übrigen abgekommen, besonders bei Flußbaggern bei denen schon die Normaleimer nicht groß sind. Der im Kapitel O behandelte „Achilles“ mit 175 l Eimerfassungsvermögen beseitigte mit Erfolg Felshaufwerk und arbeitete in felsigem Boden, ohne besondere Felseimer zu besitzen. Dabei ist es bei einem Eimerkettenbagger nicht ganz einfach hohe Grabkraft zu erzielen. Es genügt nicht mit hoher Maschinenleistung einen großen Kettenzug am Oberturas anzusetzen, sondern man muß eine Mitnahme der Eimerkette sicherstellen. Der ursprünglich bei „Achilles“ installierte Vierkant erreichte das nicht und ergab obendrein unzulässige Schwingungen. Er wurde deswegen durch einen Fünfkant ersetzt mit beson-

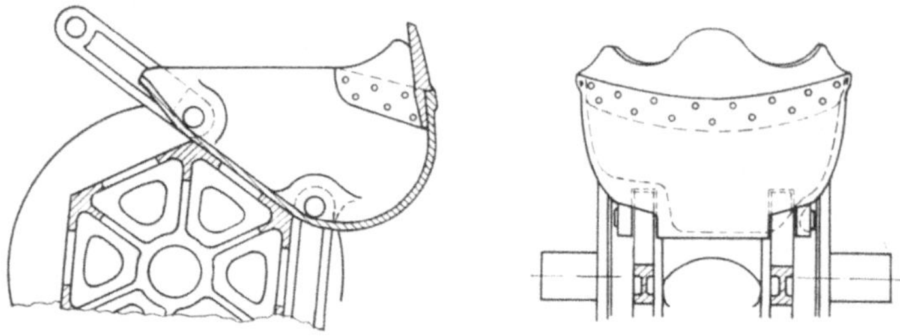

Abb. 348. Baggereimer für Felsabtrag mit dichter Auflage des Rückens auf den Turasflächen

deren Ansätzen, die sich gegen die Eimer legen und sie zwangsläufig mitnehmen. Das hydro-dynamische Getriebe, das den Kettenzug beim Festkommen der Eimer bis auf den 2,5fachen Wert ansteigen läßt, hat sich gut bewährt, wie auch die Fähigkeit des Eimerkettenbaggers ein genaues Planum herzustellen, ein großer Vorteil ist.

Schwedische Eimerkettenbagger arbeiten sehr viel in Fels und felsartigem Boden, teilweise unter schweren Bedingungen im Seegebiet. Sie haben meist Eimer von 600 l Fassungsvermögen in sehr kräftiger Stahlgußausführung. Man versucht nach Abb. 348 die Grabkraft dadurch zu steigern, daß man den Eimerrücken sich unmittelbar auf die Flächen vom Unterturas aufsetzen läßt. Die Eimerwandungen bilden dann die Eimerlaschen mit Gabelenden, in welche die Zwischenlaschen eingreifen. Die dadurch im Innern der Eimer entstehenden Buckel muß man in Kauf nehmen.

In den USA stellt der schwimmende Löffelbagger, der Dipper das wichtigste Gerät für Felsbaggerungen dar. Bei ihm ist die Maschinenkraft unmittelbar in hohen Seilzug umzusetzen. Bei großer Baggertiefe wirkt zwar zunächst beim Ansatz des Löffels nur ein Teil als Grabkraft, sie wächst aber dann schnell an und übertrifft die des Eimerkettenbaggers erheblich. Die schneidende Kante des Löffels wird mit Zähnen besetzt, die so gestellt und befestigt sind, daß sie den höchsten Beanspruchungen gewachsen sind.

Auch beim Löffelbagger arbeitet man mit einem Normallöffel und einem Felslöffel, der gewöhnlich $^2/_3$ vom Fassungsvermögen des Ersteren besitzt. Damit ist er aber immer noch um ein vielfaches größer als der Eimer eines entsprechenden Eimerkettenbaggers und kann daher große Stücke, wie Findlinge, Felsbrocken, Sprengtrümmer von Bauwerken usw. aufnehmen.

Aus all diesen Gründen ist der schwimmende Löffelbagger wohl das eigentliche Felsgerät, wird jedoch in den USA vielfach durch den Schneidkopfsauger ersetzt. Mit starken Schneidkopfmotoren und besonderen Felsschneidköpfen, geht man an immer härteren Fels heran. Schneiddruck und Schnittgeschwindigkeit paßt man der Bodenart an und schneidet hartes Material mit hoher Geschwindigkeit und geringer Eindringtiefe gewissermaßen in Fräsarbeit, damit das auf diese Weise stark zerkleinerte Material vom Saugstrom mitgenommen wird. Die Ertragsleistung geht aber bis auf Bruchteile von dem bei Normalboden herunter, und der Kostenaufwand an Verschleißteilen ist sehr groß. Demgegenüber steht der Vorteil, die Baggerung und die Förderung des Bodens mit *einem* Gerät in kontinuierlicher Arbeitsweise ausführen zu können.

Mitunter versucht man die Felsarbeiten im Trocknen durchzuführen und scheut sich dabei nicht vor umfangreichen Nebenarbeiten, wie Schlagen von Spundwänden oder Einrichten von Fangdämmen. Man kann dann den Trockenbagger richtig ansetzen, oder Aufreißer an Kettenschleppern verwenden.

2. Felsmeißelschiffe mit Schwergewichtsfallmeißel (Lobnitz-Verfahren)

Wenn der Fels infolge seiner Härte nicht unmittelbar gebaggert werden kann, zerlegt man ihn vorher in Stücke, indem man dafür die *Meißelung* anwendet. Dem Rammen mit Freifallbär entspricht dabei das *Lobnitz-Verfahren* mit Fallmeißeln bis zu 20 t Gewicht und mehr, so benannt nach der Firma Lobnitz u. Co. Renfrew, Schottland, deren Verfahren beim Suez-Kanal und später auch an anderen Stellen erfolgreich angewendet wurde.

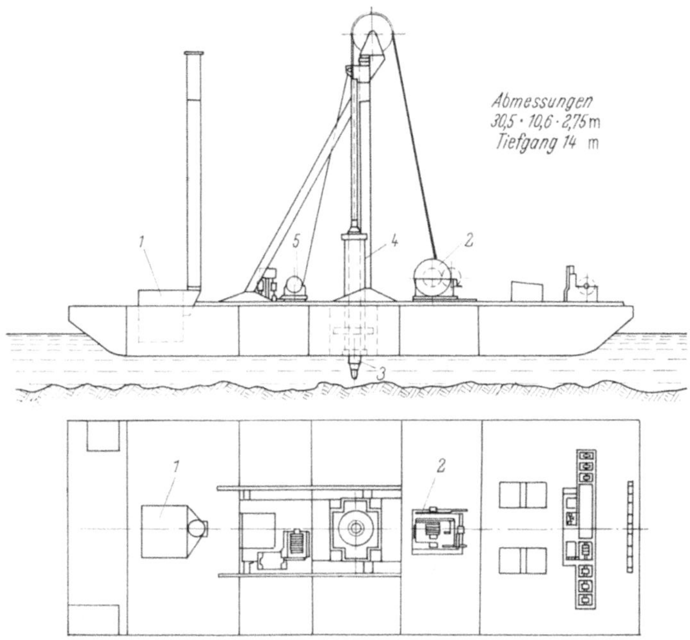

Abb. 349. Älteres Meißelschiff Bauart Lobnitz mit Fallmeißel in Schiffsmitte und Dampfantrieb

1 Dampfkessel; *2* Meißelwinde mit Dampfmaschine; *3* Meißel; *4* Führungszylinder für den Meißel; *5* Winde für den Führungszylinder

Abb. 349 zeigt ein älteres Felsmeißelschiff dieser Bauart mit *mittschiffs* angeordnetem Meißelbock. Der Schiffskörper besitzt die Abmessungen: 30,5×10,6 ×2,75 m und einem Tiefgang von 1,4 m, entsprechend einer Verdrängung von etwa 400 t. In der Mitte hat der Ponton einen Durchbruch mit quadratischem Querschnitt, über dem der Meißelbock steht. Das Hubseil geht von der Meißelwinde über die große Kopfrolle zum Meißel. Die Meißelwinde wird durch eine Dampfmaschine angetrieben, die ihren Dampf von dem am Schiffsende angeordneten Dampfkessel erhält. Um das Schiff an eine bestimmte Stelle zu bringen und dort möglichst genau zu halten, ist am Schiffsende eine Verholwindenanlagen aufgestellt, die ebenfalls Dampfantrieb und im allgemeinen sechs Windentrommeln besitzt. Der Meißel besteht aus einem Stahlzylinder, mit einer besonderen Meißelspitze und einer oberen Befestigungseinrichtung für das Seil. Man führt bei einem Schiff gewöhnlich mehrere Meißel von verschiedenen Gewichten, die man je nach den gegebenen Verhältnissen einsetzt. Die nachstehende Tabelle enthält die Abmessungen von Meißeln von 8 bis 30 t.

Gewichte und Abmessungen von Meißeln für Lobnitz-Felsbrecher

Gewicht in t	8	10	15	20	30
Länge in m	8	8,5	9	10	13
Durchmesser in mm	400	430	515	565	600
Meißeltiefe in m	6	6,3	6,5	7	9

Die Meißel gleiten beim Heben und Fallen in einem Führungszylinder, der von Seilen einer besonderen Winde in der gewünschten Höhe gehalten wird. Damit der Meißel beim Aufschlagen nicht kippt, muß die Unterkante des Führungszylinders bis auf etwa $^3/_4$ von der Meißellänge an den Gewässergrund herankommen. Man hat bei großer Meißeltiefe versucht, dies bei einem 20-t-Meißel durch eine große Länge von 16 m bei nur 400 mm

Durchmesser zu erreichen, jedoch verhinderten Federung und Verbiegen eine wirksame Umsetzung der Fallenergie in Schlagkraft an der Spitze. Mehr Erfolg erreichte ein Meißel von 22 t Gewicht bei 11 m Länge und 600 mm Durchmesser, bei dem man von der Zylinderform abging und ihn wie einen Torpedo ausbildete um den Schwerpunkt der Spitze zu nähern.

Abb. 350 zeigt das Felsmeißelschiff „Triunfo" mit den Schiffskörperabmessungen: 28×9×2,5 m und einem Meißel von 15 t Gewicht, ebenfalls mit Dampfantrieb. Bei ihm ist der Meißelbock an einem *Schiffsende* angeordnet und der Dampfkessel am anderen. Dadurch kommen beim Meißeln auf den Schwimmkörper Trimmkräfte, die bei der zen-

Abb. 350. Felsmeißelschiff „Triunfo" mit Gerüstbock am Schiffsende für einen Fallmeißel von 15 t Gewicht bei Dampfantrieb. Aufnahme IHC Holland

trischen Anordnung wegfallen. Aber alle Baggergeräte, deren Arbeitswerkzeuge in einem Brunnen, also einem allseitig geschlossenen Schlitz arbeiten, können sich nicht ihre eigene Schwimmfläche schaffen, wenn der Boden bis über die Wasserlinie ansteht und nicht nachrutscht. Da Fels nicht nachrutscht, arbeiten heute alle Lobnitz-Meißelschiffe „vor Kopf".

Der Dampfantrieb ist für das Arbeiten mit dem Freifallmeißel gut geeignet, da er elastisch ist. Wenn der Meißel in seiner höchsten Stellung angekommen ist, wird die Kupplung der Hubseiltrommel ausgerückt, der Meißel fällt herunter, das Seil nach sich ziehend und die Trommel mitdrehend. Dabei muß die Bremse so weit betätigt werden, daß beim Auftreffen der Meißelspitze das Seil nicht nachschießt. Die Drehzahl der Dampfmaschine kann man dabei vermindern und erst beim Wiedereinrücken der Kupplung steigern, um sanft auf große Hubgeschwindigkeit zu kommen. Die Durchschnittfallhöhe beträgt 2 bis 3 m und die Dauer eines Spieles etwa 15 sec, so daß sich 4 Schläge/min erreichen lassen. Dies ist eine theoretische Zahl, die nur bei glattem Verlauf erreicht wird. In der Praxis kommt man nur auf 50 bis 75% davon. Wichtig ist, daß bei den aufeinanderfolgenden Schlägen immer die gleiche Stelle getroffen wird, da Abweichungen die Wirksamkeit herabsetzen. Das ist der Fall beim Arbeiten in See bei Dünung, so daß man hier im Durchschnitt nur mit zwei Schlägen/min rechnen kann. Eine Festlegung des Schiffskörpers mit Pfählen würde die Elastizität und die Beweglichkeit aufheben und weitere Nachteile haben, so daß man an der Vertäuung durch sechs Verholseile festhält.

Abb. 351 gibt eine Zeichnung des Lobnitz-Meißelschiffes „Europa" wieder mit den Abmessungen: 36×10×2,15 m und Diesel-Elektro-Antrieb. Bei einem Gewicht von etwa 280 t läßt sich der Tiefgang auf 0,65 m beschränken, das ist bei Flußarbeiten von großer

Bedeutung. Im Hinterschiff steht ein Dieselmotor von 310 PS, der einen LEONARD-Generator für die Meißelwinde und einen weiteren Generator für die Verholwindenanlage antreibt. Diese besteht aus drei Gruppen von je zwei Seiltrommeln und einem Antriebsmotor. Der Meißel bewegt sich auch hier in einem Führungszylinder, der in seinem Inneren mit Hartholz ausgekleidet ist und in den Seilen einer Winde mit einem Antriebsmotor von etwa 40 PS hängt. Er wird mit dem Meißel abgesenkt und in der gewünschten Stellung festgehalten. Er gleitet seinerseits in einem am vorderen Schiffsende angeordneten Füh-

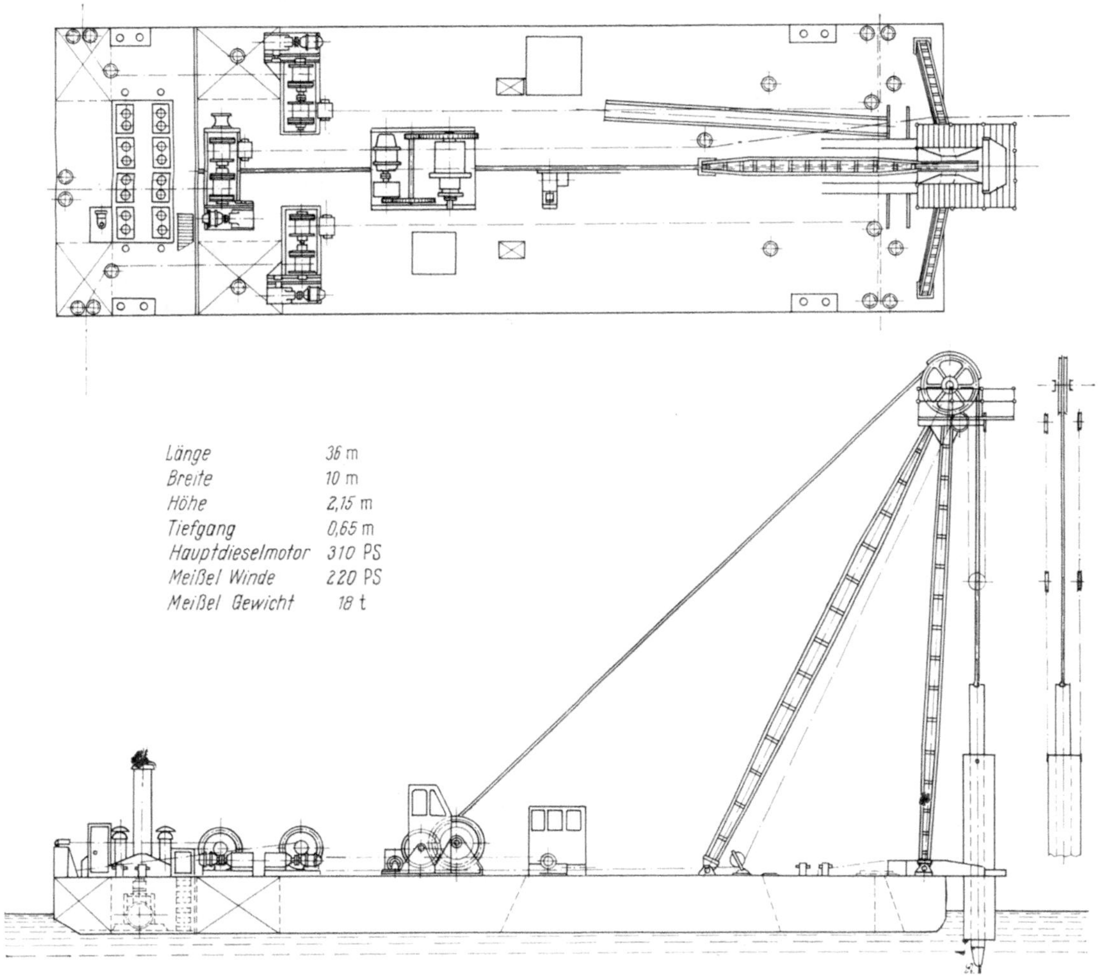

Abb. 351. Felsmeißelschiff „Europa" mit einem Fallmeißel von 18 t und dieselelektrischem Antrieb

rungsrahmen. Die Meißelwinde wird durch einen Elektromotor von 220 PS angetrieben, der Gleichstrom mit veränderlicher Spannung von dem erwähnten LEONARD-Generator erhält. Die Hubgeschwindigkeit des 18 t schweren Meißels kann man feinstufig regeln, wobei eine Überlastung nur bei Festhaken des Meißels eintreten könnte. In diesem Falle ist die LEONARD-Schaltung besonders geeignet. Man erreicht mit einer dem Dampfantrieb gleichen Elastizität eine höhere Hubgeschwindigkeit von 0,6 m/sec und eine größere Schlagzahl von theoretisch bis zu 6 in der Minute. Man könnte auch zur Automatik übergehen, wenn man in das beim Auftreffen des Meißels etwas lose werdende Hubseil eine Seilrolle sich eindrücken läßt, deren seitliche Bewegung zum Einkuppeln der Hubtrommel benutzt wird. Nach Erreichen einer bestimmten Hubhöhe wird die Trommel selbsttätig ausgerückt und beim Abfallen des Meißels etwas gebremst, damit das Seil erst beim Auftreffen des Meißels ein wenig lose wird und den Kupplungsvorgang einleitet.

Das Meißelschiff „Europa" beim Arbeiten auf der Mosel zeigt Abb. 352 und läßt erkennen, daß es infolge seines geringen Tiefganges sehr nahe an das Ufer herankommen kann. Die Arbeitstiefe der Lobnitz-Geräte reicht bis zu 20 m und mehr. Sie ist aber gerade im Seegebiet, wo solche Tiefen vorkommen, durch die zunehmende Ungenauigkeit des Schlages beschränkt.

Abb. 353 zeigt ein Bild der aus Manganstahl oder einem anderen legierten Stahl bestehenden Meißelspitze, die in neuem Zustand ein Gewicht von etwa 500 kg hat und in den Meißelkörper mit einem zapfenartigen Ansatz eingesetzt wird. Der Mittelteil der Spitze soll härter sein als die Umgebung, damit sich diese Spitze selbst anschärft. Je nach Art des Felsens ist die Abnutzung mehr oder weniger stark, man rechnet im Durchschnitt mit einer Gewichtsverminderung um 15 kg auf 100 m³ Felsabtrag.

Abb. 352. Dieselelektrisches Felsmeißelschiff „Europa" bei Arbeiten auf der Mosel mit 18 t Fallmeißel

Abb. 353. Meißelspitze in Gewicht von 500 kg aus Mangan-Nickel-Stahl zum Einsetzen in den Meißelkörper

Nach der Beschaffenheit des Felsens ist die Schlagenergie zu regeln, die ein Produkt aus Fallgewicht und Fallhöhe darstellt. Ein leichter Meißel mit großer Fallhöhe eignet sich für weichen Felsen, schwerer mit geringer Fallhöhe für harten Fels. Der leichte Meißel verliert auch verhältnismäßig viel an Energie beim Fallen durch das Wasser, für jeden Meter Wassertiefe rechnet man 1 t Meißelgewicht hinzu.

Auf dem Main sind vor Einführung des später beschriebenen Schnellschlag-Verfahrens bei maximal 4 m Wassertiefe mit Fallmeißeln von 5 t Gewicht gute Ergebnisse in Kalkfelsen erzielt worden mit einer Fallhöhe bis zu 6 m und einer Abtragshöhe von etwa einem Meter. Hierfür genügt eine Antriebsmaschine für die Winde von 55 PS.

Von einer Felsmeißelung auf argentinischen Flüssen wird berichtet, daß Kalkbänke und Sandstein-Formationen von 0,6 bis 1,0 m Dicke mit Meißeln von 8 bis 10 t Gewicht bei 2 m Fallhöhe mit Erfolg bearbeitet wurden und sich eine Ertragsleistung von 20 m³/h und Meißel ergab, während bei hartem Sandstein ein schwerer Meißel von 22 t Gewicht mit einer Fallhöhe von 3,5 m wirksamer war. Man brauchte 200 Schläge für die in der Stunde gemeißelten 20 m³, erreichte also etwa 3 Schläge/min mit einer Antriebs-Dampfmaschine für die Winde von 175 PS_i.

Als Maß für die Meißeltiefe und den Abstand der Meißellöcher voneinander wird ein Meter als zweckmäßig angesehen, wobei die Löcher 200 bis 250 mm tiefer als die Solltiefe sein müssen. Nur dann besteht Sicherheit, daß keine Erhebungen stehen bleiben, deren nachträgliche Beseitigung sehr kostspielig ist. Ist die verlangte Abtragshöhe ingesamt größer als ein Meter, dann arbeitet man zweckmäßig in mehreren Stufen und räumt jede Zwischenstufe ab, ehe man mit der Meißelung der nächsten Stufe beginnt.

Die Ertragsleistung ist abgesehen von der Härte und Beschaffenheit des Felsens weitgehend abhängig von den Pausen, die durch Versetzen und durch Störungen entstehen, wobei Strom, Wind und besonders etwaiger Seegang erschwerend wirken. Eine genau arbeitende Windenanlage und genaue Ortsbestimmung durch Einvisieren o. dgl. sind unbedingt erforderlich. Da man für die Beseitigung des gemeißelten Haufwerkes vielfach Löffelbagger verwendet, deren Windenanlage ähnlich aufgebaut ist, kann man Kombinationsgeräte wählen, wie sie im Kapitel P beschrieben wurden. Die Trennung von Meißelgerät und Aufnahmegerät bringt aber besonders bei größeren Mengen viele Vorteile.

3. Felsmeißelschiffe mit Schnellschlaghämmern; Meißel mit Dieselbär; Vergleich der Meißelarten

Wie man beim Rammen vom Freifallbär zum Zylinderbär und dann zum Schnellschlaghammer übergegangen ist, so verwendet man beim Meißeln auch neuerdings weitgehend einen schnellschlagenden Hammer. Abb. 354 ist ein Schnittbild des viel für Felsmeißelung verwendeten Rammhammers DEMAG Type VR 20. Dampf von 8 bis 10 atü oder Druckluft von 6 bis 7 atü tritt seitlich in den Steuerzylinder und wird durch den Steuerkolben selbsttätig so gelenkt, daß der zweistufig arbeitende Schlagkolben von 700 kg Gewicht hin- und hergeschleudert wird. Die Energie eines Schlages beträgt etwa 1000 kgm, die Gesamtenergie in einer Minute bei 130 Schlägen 130000 kgm. Der Schlagkolben trifft auf das in den Zylinder hineinragende Ende des Meißels, der oben einen Durchmesser von 220 mm hat und sich nach unten bis auf 180 mm verjüngt. Das Gewicht des Meißels beträgt 1000 kg bei einer Länge von 3 m. Die Länge ist so gering wie möglich, um möglichst viel Schlagenergie an der Meißelspitze zu erhalten. Sie muß aber, wenn der Hammer über Wasser bleiben soll, der Meißeltiefe entsprechend wachsen. Meißellängen über 4 m sind bisher nicht eingesetzt worden.

Wichtig ist die Aufhängung des Hammers, der einerseits beim Aufsetzen der Meißelspitze nicht kippen soll, andererseits aber nicht fest geführt sein darf, da dies zu starken Klemmungen führen würde. Der Hammer selbst hängt deswegen in einer Seilflasche und neben ihm ein Breitflanschträger als Mäkler, der oben nachgiebig mit dem Gerüstkopf verbunden ist und ungefähr bis zur Wasserlinie heruntergeht. An ihm gleitet der Hammer mit einer Führung, kann sich aber in der vom Fels verlangten Richtung einstellen und nimmt dabei den Mäkler mit.

Abb. 355 zeigt als Aufnahme über Wasser, wie durch den Meißelansatz der Fels in der Umgebung rissig und damit lose wird. Das tritt aber nicht ein, wenn der neue Meißelansatz zu weit von dem schon gelockerten Material liegt. Der Fels soll auch eine gewisse Härte besitzen, andernfalls dringt der Meißel leicht ein, ohne den Fels aufzusplittern, klemmt sich fest und ist nur mit Mühe wieder herauszuziehen. Der Fels darf aber auch wieder nicht so hart sein, daß der Meißel kaum eindringt und die Schlagenergie in Zerstörungsarbeit am Meißelkopf, Schlagkolben, Hammer usw. umgesetzt wird. Der Abstand der Meißellöcher voneinander und ebenso einer Reihe von der vorangehenden, soll zwischen 0,5 m und 1,5 m, im Mittel bei 0,75 m liegen. Auch die Eindringtiefe des Meißels in den Fels liegt in diesen Grenzen, wobei die Meißelspitze so tief unter die Solltiefe kommen muß, daß keine Nacharbeit erforderlich ist. Als Toleranz für den Lochabstand wird 0,15 m und für die Eindringtiefe 0,05 m angegeben. Die Ertragsleistung ist in hohem Maße von der richtigen Bemessung des Lochabstandes und der Eindringtiefe abhängig. Sind diese zu niedrig gewählt, dann ist die aufgewendete Zeit unnötig groß. Im anderen Falle werden Meißel und Hammer stark beansprucht, ohne daß eine genügende Lockerung eintritt. Auch hier muß man in mehreren Stufen meißeln, wenn die Abtragshöhe zu groß ist.

Abb. 356 stellt ein Meißeldiagramm dar, in dem über der Meißeldauer als Abszisse die Eindringtiefe in Millimetern aufgetragen ist. Bei 130 Schlägen/min ergibt sich daraus auch die Anzahl der Schläge und die aufgewandte Energie. Das Diagramm gilt für Kalkfelsen auf dem Grunde des Mains bei Würzburg und läßt die verschiedenen Härten in zwei Kurven erkennen. Eine Schlagzeit von $1^1/_2$ Minuten scheint die Grenze des Zweckmäßigen zu sein mit einer Eindringtiefe von 860 mm bei dem weicheren und 600 mm bei dem härteren Fels. Bei längerem Schlagen steht die Erhöhung der Eindringtiefe nicht mehr im richtigen Verhältnis zum Zeitaufwand, auch können die schon erwähnten Zerstörungen eintreten. Wenn man hiernach die effektiv erreichbare Abtragshöhe mit 650 mm und den Lochabstand mit 750 mm ansetzt, dann ergibt sich pro Meißelloch eine Lockerung von $0{,}75 \times 0{,}75 \times 0{,}65$ m = $0{,}33$ m³ an Fels. Nimmt man hierfür eine Schlagzeit von 1,5 min an und die Zeit bis zum nächsten Ansatz mit einer halben Minute, dann ergeben sich in der Stunde 30 Meißelansätze und damit eine Ertragsleistung von $30 \times 0{,}33$ m³ = 10 m³/h. Dies gilt pro Meißel und effektive Meißelstunde.

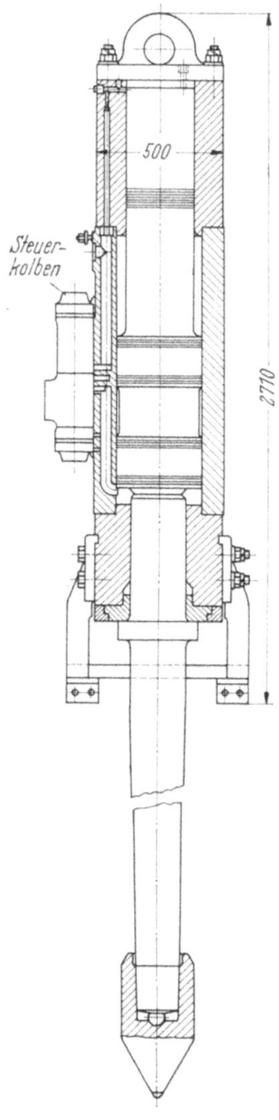

Abb. 354. Rammhammer Fabrikat DEMAG Type VR 20 mit eingesetzten Felsmeißel auf dessen oberes Ende der Schlagkolben aufschlägt

Abb. 355. Aufnahme über Wasser von einem Meißelloch mit Rißbildung und Lockerung des Felsens in der Umgebung

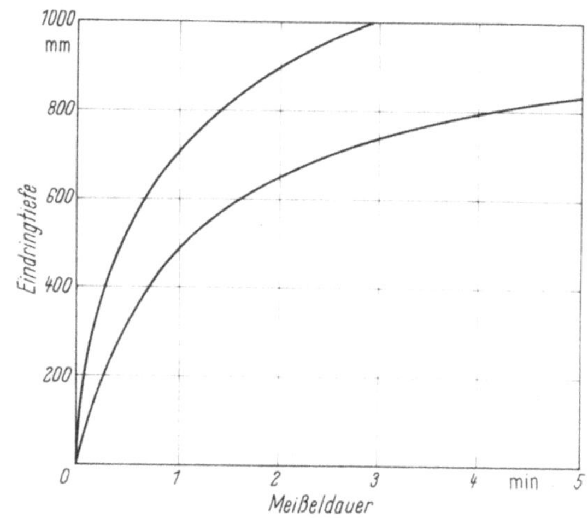

Abb. 356. Meißeldiagramm für den Hammer DEMAG VR 20. Eindringtiefe bei Kalkfels in Abhängigkeit von der Meißelzeit bei zwei verschiedenen Härten

Aufenthalte und Störungen setzen diesen Ertrag auf etwa das 0,6fache herab. Da die meisten Meißelschiffe zwei Einheiten haben, ergibt sich der Ertrag einer Tagesschicht von 10 Stunden in einer ungefähren Höhe von 120 m³/Tag. Von den rechnungsmäßig sich je Tag ergebenden vier Ausfallstunden kommt reichlich die Hälfte auf Reparatur und Wartung der Geräte, ein Viertel für Verholen des Schiffes und der Rest auf Unterbrechung durch Schiffahrt und sonstiges.

Der große Aufwand an Reparatur ist bei einem Gewaltakt, den die Felsmeißelung darstellt, kaum zu vermeiden. Die Geschicklichkeit und Gewandtheit des Personals kann aber diese Zeit in Grenzen halten, während sie andernfalls in unzulässiger Weise ansteigt. Für die Verholzeiten ist die Windenanlage maßgebend, deren Wichtigkeit man nie unterschät-

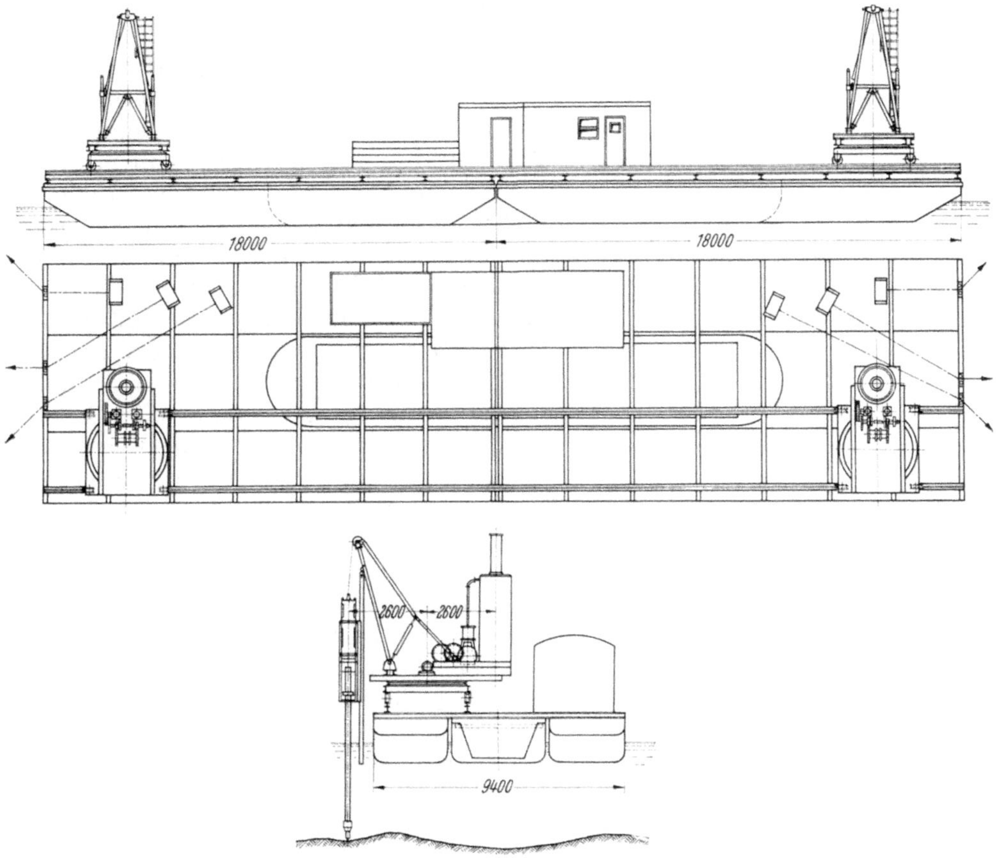

Abb. 357. Meißelschiff mit zerlegbarem Schiffskörper und zwei fahrbaren Meißelgerüsten bei Dampfbetrieb

zen sollte. Wie groß die Differenz im Ertrag sein kann, zeigt schon die Tatsache, daß der Lochabstand im Verhältnis 1:3 schwankt.

Ist die abzutragende Felsmenge gering, dann kann man einen auf einen Schwimmkörper aufgesetzten Greiferkran in der Weise benutzen, daß der Greiferkorb im Auslegerkopf hängen bleibt, während Hammer mit Meißel und Mäkler etwas näher zum Drehkreismittelpunkt aufgehängt werden. Dabei wird ein Kreisbogen gemeißelt und durch Verstellung der Auslegerneigung eine Fläche von beschränkter Ausdehnung bestrichen. Nach beendeter Meißelung kann man dann mit dem Greifer das Haufwerk aufnehmen und dafür einen Schalengreifer oder einen Polypgreifer verwenden. Die Vereinigung von Meißelgerät und Aufnahmegerät bringt es mit sich, daß beide Vorgänge nur hintereinander vorgenommen werden können. Das ist für größere Arbeiten nicht zweckmäßig und eine Trennung der Geräte dann günstiger.

Ein aus mehreren Teilen bestehendes Meißelschiff zeigt Abb. 357. Je zwei bahnverladbare Pontons sind mit ihren Stirnflächen aneinandergesetzt und die so entstandenen beiden Teile mit einem Zwischenraum von 3,4 m durch aufgelegte Träger verbunden. In dem Zwischenraum sitzt zur Erhöhung der Festigkeit und Verminderung des Tiefganges eine Schute. Die Abmessungen des Gesamtkörpers betragen 36×9,4×1,8 m. Auf der einen

Schiffsseite ist auf den Verbindungsträgern ein Gleis mit einem Schienenabstand von 3 m verlegt, auf dem die Unterwagen für die beiden Meißelgerüste fahren. Sie bestehen aus geneigten Auslegerböcken mit Seilrollen am Kopf, an deren Seilen der Felshammer und der Mäkler hängen. Auf der anderen Seite tragen die Untergestelle die Dampfkessel, durch deren Gewicht ein Ausgleich erzielt wird. Die gleichfalls aufgesetzte Winde wird von der Dampfmaschine angetrieben und besitzt eine Trommel für das Hubseil sowie eine zweite für das Verholseil, dessen Enden am Schiffskörper festgelegt sind.

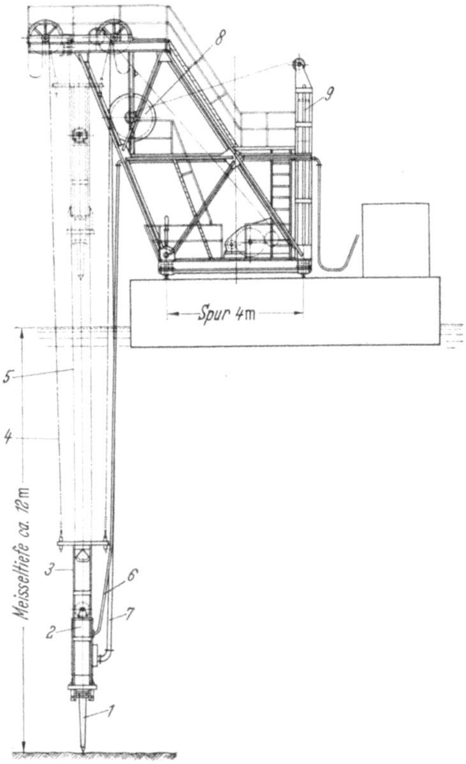

Abb. 358. Gerüst für Meißelung in großer Wassertiefe mit Eintauchen des Meißelhammers und seiner Führung

1 Felsmeißel; *2* Meißelhammer; *3* Führungsteil für Meißelhammer; *4* Aufhängeketten für den Führungsteil *5* Hubseil für den Meißelhammer; *6* Zuluftschlauch; *7* Abluftschlauch; *8* Schlauchtrommel; *9* Gegengewicht

Auf der anderen Schiffsseite, frei von den Meißelgerüsten, liegen Wohnräume, Werkstatt, Brennstoffbunker und die Windenanlagen, bestehend aus sechs Verholwinden. Ist das Schiff in Stellung gebracht, dann fährt ein Meißelgerüst an das eine Schiffsende, das andere in die Mitte. Sie arbeiten dann, in gleicher Richtung laufend in gewünschtem Abstand, erkennbar an Skalen auf Deck. Zweckmäßig wählt man die Länge des Schiffskörpers möglichst groß, damit er nicht häufig versetzt werden muß. Die Verbindung der Schiffsteile soll kräftig sein, damit die beim Verfahren der Meißelgerüste entstehenden Trimmomente aufgenommen werden können. Manchmal wird der Schiffskörper von Meißelanlagen auf Pfähle gestellt, um einen ganz genauen Meißelansatz zu gewährleisten.

Der Dampfverbrauch beim Meißeln ist hoch und liegt wesentlich über dem, der für die Rammhämmer angegeben wird. Die Pausen zwischen den Meißelansätzen sind kurz, während sie beim Rammen durch Aufnehmen und Setzen der Bohlen länger sind. Für jeden Meißelhammer der Type VR 20 wird ein Quersiedekessel von mindestens 16 bis 20 m² wasserberührter Heizfläche bei 8 atü Betriebsdruck gebraucht, entsprechend einer Dampfleistung von 600 bis 800 kg/h. Dabei ist Ölfeuerung zweckmäßig.

Für Druckluftbetrieb wird für den Rammhammer VR 20 der Luftbedarf mit 11,5 m³/Minute angesaugter Luft bei einem Betriebsdruck von 6 atü angegeben. Für das Meißeln muß man den Luftverbrauch um etwa 25% höher ansetzen und eine entsprechend leistungsfähige Kompressorstation mit großem Windkessel vorsehen. Der Dieselantrieb ist dabei die Regel, die Anlage wird an Deck unter Schutz installiert. Durch ein besonderes Schlauchsystem kann die Luft den beweglichen Meißelhämmern zugeführt werden.

Wenn die Meißeltiefe 4 m überschreitet, gerät der Schlaghammer *unter die Wasserlinie.* Man kann dann nur mit Druckluft arbeiten und führt die Abluft durch einen besonderen Schlauch über die Wasseroberfläche. Der Hammer wird in einen Führungsrahmen gesetzt, aus dem der kurze Meißel unten herausragt, während oben vier Ketten oder Seile angreifen, die etwas auseinanderlaufen und so den Führungsrahmen stabil halten.

Abb. 358 läßt ein für diese Arbeitsweise bestimmtes Meißelgerüst, fahrbar auf einem Schwimmkörper erkennen. Der Kompressor und der Druckluftkessel sind auf der einen Schiffsseite fest aufgestellt, die Druckluft wird durch Schläuche dem Meißelgerüst zugeführt. Eine besondere Schlauchtrommel ist erforderlich, um den Fahrweg beim Meißeln zu überwinden. Man sieht den Schlaghammer unten mit dem Meißel an einem Seil und den Führungsrahmen in Ketten hängen. Am Gerüstkopf sind die erforderlichen Seilrollen und

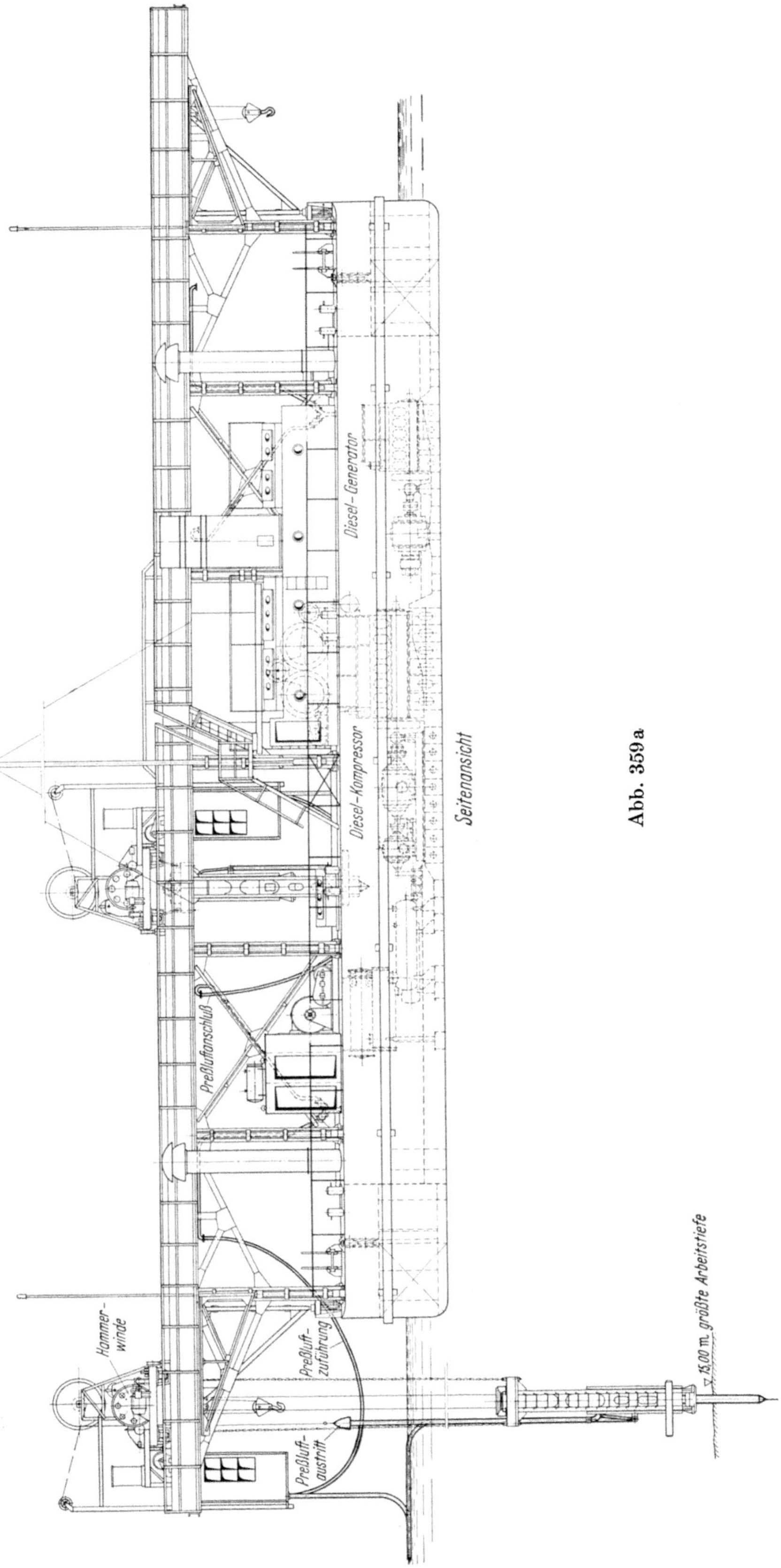
Diesel-Generator
Diesel-Kompressor
Seitenansicht
Preßluftanschluß
Hammer-
winde
Preßluft-
zuführung
Preßluft-
austritt
15,00 m größte Arbeitstiefe

Abb. 359a

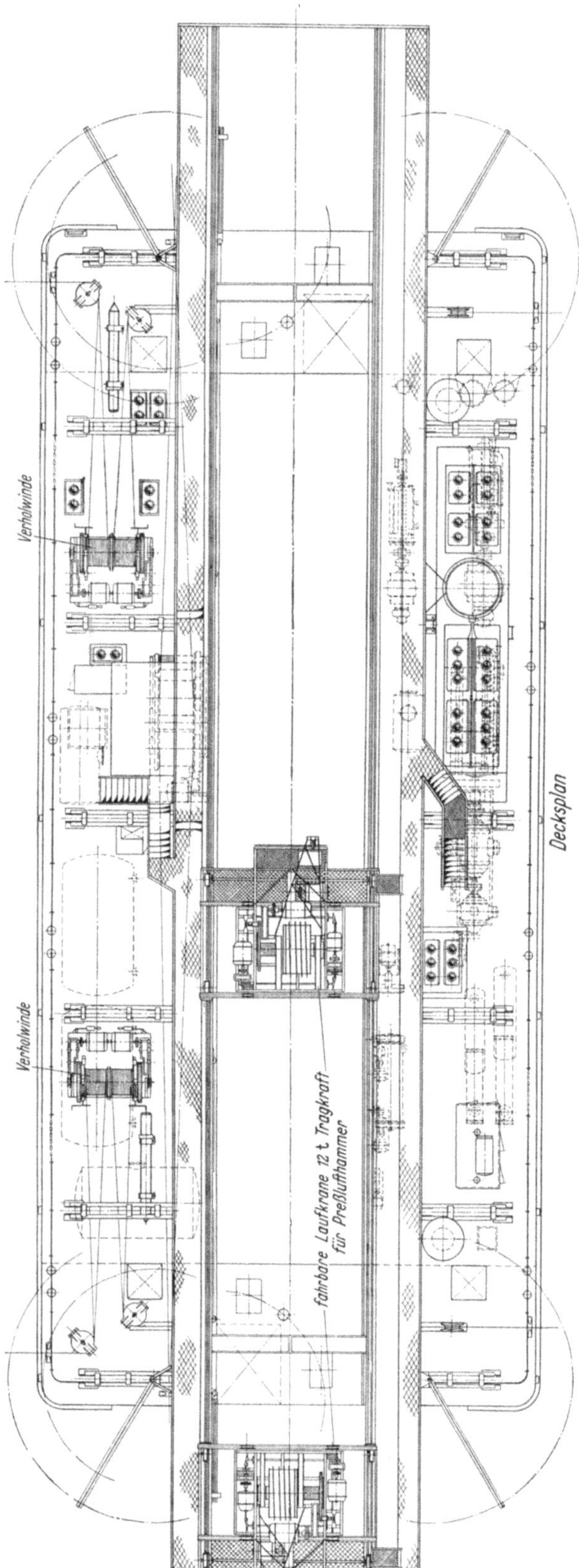

Abb. 359b

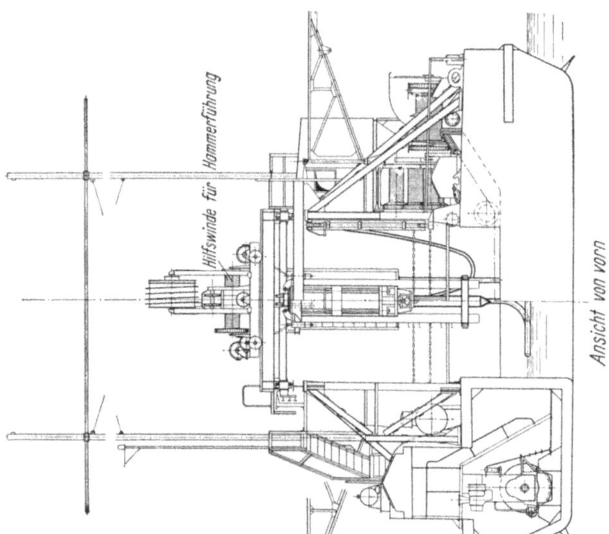

Abb. 359c

Abb. 359a—c. Meißelschiff H. A. M. 907. Zweiteiliger Schiffskörper mit hochliegender Fahrbahn und zwei Meißelwagen für Arbeitstiefen bis zu 15 m. Erbaut 1950 von der IHC-Holland für die „Hollandsche Aaneming Maatschappij N. V. (H. A. M.)

Kettenrollen angeordnet und auf dem Laufwagen die Winde, die mit einem Preßluftmotor angetrieben wird.

Das Meißelschiff „H. A. M. 907" für große Arbeitstiefen zeigt Abb. 359a—c. Es hat einen zweiteiligen Schiffskörper von 33 m Länge, 14 m Gesamtbreite und 3 m Höhe mit einem Zwischenraum von 4,2 m zwischen den beiden 4,9 m breiten Teilen. Sie sind verbunden durch einen Überbau, der eine Fahrbahn für die beiden Meißelwagen trägt mit je einem Meißelhammer von 5000 kg Eigengewicht und Schlagkolben von 1350 kg Gewicht. Die

Abb. 360. Ansicht des Meißelschiffes H. A. M. 907 für zwei Schnellschlagmeißel mit Druckluftbetrieb für eine Meißeltiefe bis zu 15 m. Aufnahme IHC-Holland

Energie eines Schlages beträgt 1800 kgm, wobei 105 Schläge/min 190000 kgm ergeben. Die Fahrbahn hat Schienen mit 4,8 m Spurweite, die in einer Höhe von 6,5 m über dem Wasserspiegel liegen. Die Bahn ragt beiderseitig über die Schiffsenden hinaus, auch außerhalb der Schwimmfläche kann dadurch gemeißelt werden. Die größte Meißeltiefe unter dem Wasserspiegel beträgt 15 m.

Die Druckluft wird in einem zweistufigen Rotationskompressor von 51 m³ minutlicher Ansaugeleistung bei 7 atü Betriebsdruck erzeugt, mit Antrieb durch einen Dieselmotor von 525 PS bei 485 U/min. Für die Luftzufuhr nach dem horizontal verfahrbaren Meißelwagen und den senkrecht nach unten bis auf 15 m Meißeltiefe hinabgehenden Hämmern dient ein besonderes System von Schläuchen und Schlauchtrommeln. Der auf einem Schiffsteil angeordnete Maschinenraum enthält außer der Druckluftanlage einen Diesel-Generator von 120 kVA, der die Energie für das Hub- und Fahrwerk der Meißelwagen und für die Verholwinden liefert. Ein Hilfsgenerator von 90 kVA ist außerdem vorhanden. In dem anderen Schiffsteil liegen Luftkessel, Wohnräume, Vorratsräume, Werkstätten u. a. m.

Die Meißelwagen fahren mit elektrischem Antrieb in jede gewünschte Stellung und die Hämmer werden auf die erforderliche Tiefe abgesenkt. Da die Öffnung in der Schwimmfläche über 100 m² groß ist, können sehr viele Meißelungen durchgeführt werden, ehe ein Verholen des Schiffes notwendig ist. Ein zentrales Kommandohaus mit entsprechenden Steuereinrichtungen erleichtert die Bedienung. Abb. 360 gibt eine Aufnahme des Fahrzeuges wieder und Abb. 361 läßt den an der Stirnseite mit seinem Laufwagen herausgefahrenen Meißel erkennen.

Anstelle der beiden vorangehend beschriebenen durch Dampf oder Druckluft betriebenen Schnellschlaghämmer kann auch ein DELMAG-Dieselbär mit Schlagzerstäubung in manchen Fällen verwendet werden. Mit ihm meißelte man bei Marseille einen 3 m breiten und 3 m tiefen Graben durch einen 4 m tiefen Schiffahrtskanal. Der DELMAG-Dieselbär der Type D 27 wurde mit der Schlaghaube und dem Meißel durch eine Führungskonstruktion verbunden und in einem 15 m hohen A-Bock aufgehängt. Der Bock saß verfahrbar um 15 m auf einem Schwimmkörper von 35 m Länge und 8 m Breite. Da der Dieselbär nicht unter Wasser arbeiten kann, hat der Meißel eine Länge von 7,8 m bei einem Durchmesser von 250 mm und wiegt 300 kg. Das Gesamtgewicht von Bär und Meißel beträgt 4430 kg, das Schlaggewicht 2200 kg und das der Schlaghaube 520 kg.

Abb. 361. Laufwagen mit angehängtem Meißel, Bedienungskabine und Luftschläuchen nach Herausfahren aus der Stirnfläche des Meißelschiffes H. A. M. 907
Aufnahme IHC-Holland

Die Schlagenergie ergibt somit bei 2,0 m Fallhöhe 4400 kgm, die Schlagzahl 42 bis 60/min. Nimmt man 45/min an, so erreicht man in der Minute eine Schlagenergie von 200 000 kgm und somit etwa das 1,5fache vom DEMAG-Schnellschlaghammer. Bei diesem werden bei Dampfantrieb mit Ölfeuerung etwa 65 kg/h an Heizöl verbraucht. Bei Betrieb mit Druckluft ist ein Kompressor von 18 m^3/min Ansaugluft erforderlich mit einem Antriebsmotor von 130 PS und einem Verbrauch von 26 kg/h an Dieselöl. Demgegenüber verbraucht der Dieselbär nur etwa 13 kg/h.

Der Abstand der Meißellöcher betrug 0,5 m und der Abstand der Lochreihe voneinander 0,7 m. Bei einer Meißeltiefe von 3 m wurde in hartem und zähem Kalkfelsen eine durchschnittliche Ertragsleistung von 3,5 m^3/h erreicht, die bei weniger zähem Kalkstein bis auf 5,3 m^3/h anstieg.

Der Dieselbär ist wesentlich einfacher in der Einrichtung, da die Erzeugungsanlagen für Dampf oder Druckluft fortfallen. Es wurde aber auch schon der Nachteil des Dieselbären erwähnt, nicht unter Wasser arbeiten zu können und damit eine beschränkte Meißeltiefe zu besitzen.

Vergleich der Meißelarten. Die in der Zeiteinheit, also beispielsweise in einer Minute abgegebene Schlagenergie ist das Produkt aus der Energie des Einzelschlages und der Anzahl der Schläge in der Minute. Die Teile dieses Produktes sind bei den einzelnen Meißelarten verschieden. Beim Lobnitz-Verfahren ist die Energie des Einzelschlages groß, nämlich bei einem Meißelgewicht von 20 000 kg und 3 m Fallhöhe 60 000 kgm. Bei vier Schlägen ergibt das 240 000 kgm/min. Man kann die Energie des Einzelschlages, seine Zusammensetzung aus Gewicht und Fallhöhe und auch die Anzahl der Schläge in gewissen Grenzen ändern. Beim Dieselbär beträgt die Energie des Einzelschlages 4400 kgm und die Gesamtenergie in der Minute 200 000 kgm. Bei dem mit Dampf oder Druckluft betriebenen Schnellschlaghammer ist die Energie des Einzelschlages noch geringer, nämlich 1800 kgm bei dem Amerikanischen Hammer des Meißelschiffes „H. A. M. 907“, bei dem mit 105 Schlägen/min 190 000 kgm erzeugt werden. Beim DEMAG-Hammer VR 20 werden mit 130 Schlägen von je 1000 kgm/min 130 000 kgm geleistet.

Mit der großen Energie des Einzelschlages läßt sich beim Lobnitz-Verfahren oft Fels lösen, den der Schnellschlaghammer nicht angreift. Das Schnellschlagverfahren hat aber wieder den Vorteil des kontinuierlichen Arbeitens, geringerer Erschütterungen und des genaueren Meißelansatzes. Der Meißel bleibt in seinem Loch, wenn er eingedrungen ist, während er beim Lobnitz-Verfahren bei jedem Schlag wieder hineintreffen soll. Wenn man wie bei „H. A. M. 907" eine große Anzahl von Meißelungen durchführen kann, ehe ein Verholen des Schiffes erforderlich ist, dann ist dies ein großer Vorteil gegenüber dem Lobnitz-Brecher, der nach jedem Loch versetzt werden muß. Das Meißelschiff „H. A. M. 907" besitzt ein Gewicht von 400 t mit einer installierten Maschinenleistung von etwa 650 PS. Man kann damit bei mäßiger Wassertiefe mit 12 bis 15 m^3 Fels pro effektiver Meißelstunde rechnen und verliert durch Verholen wenig Zeit. Mit beiden Meißeln wird daher auch bei 12 m Arbeitstiefe noch in der 10-Stunden-Schicht ein Ertrag von 120 bis 150 m^3 zu erreichen sein.

Beim Lobnitz-Gerät mit einem Meißel ist der Ertrag je effektiver Zeiteinheit etwas geringer, die Zeiten für das Verholen sind größer, der Reparaturanfall ist etwas geringer, so daß man alles in allem in der Größenordnung auf einen ähnlichen Ertrag kommt. Das Lobnitz-Dampf-Gerät besitzt ein Gewicht von 400 t, das Gerät mit Diesel-Elektro-Antrieb wiegt jedoch nur 280 t und die installierte Maschinenleistung macht etwa die Hälfte von „H. A. M. 907" aus.

Beim Lobnitz-Meißel fällt ungleichmäßiges und grobstückiges Haufwerk an. Der Löffelbagger stellt also das zweckmäßigere Gerät für die Aufnahme dar. Dagegen ist bei einem Schnellschlagmeißel eher eine weitgehende und gleichmäßige Zerkleinerung zu erreichen, so daß ein Eimerkettenbagger mäßiger Größe für den Gebrauch genügt. Bei der Mainbaggerung, bei der das Meißelschiff nach Abb. 357 verwendet wurde, genügte z. B. ein Eimerkettenbagger von 150 l Eimerinhalt. Man wird also für die Meißelung auf Flüssen mit beschränkter Meißeltiefe Schnellschlaghämmer verwenden, kann aber auch die Verwendung des DELMAG-Bären in Erwägung ziehen.

Bei Arbeiten im Seegebiet bei Seegang und Dünung entstehen für alle Meißelarten große Schwierigkeiten. Wenn das Schiff des Lobnitz-Meißels schwankt, wird es schwierig durch die Ablenkung bei der Fallrichtung das gleiche Schlagloch zu treffen. Diese Schwierigkeiten sind beim Schnellschlaghammer geringer, aber bei großer Baggertiefe und starker Strömung wird auch er abgetrieben und die Zielgenauigkeit bleibt beschränkt.

Auf dem Schiffahrtskongreß in Stockholm 1965 wurde über Erfahrungen mit Meißelarbeiten an der Zufahrtsrinne zum Hafen von Lavera bei Marseille, gewöhnlich mit „Port de Bouc" bezeichnet, berichtet. Eine Barre von mehr oder weniger hartem Kalkfelsen ist dem Hafen vorgelagert und besitzt eine Länge von ungefähr 800 m. Es herrscht an dieser Stelle eine Dünung, deren Amplitude 0,5 m und mehr an etwa 200 Tagen im Jahr überschreitet. Der Gezeitenhub ist mit weniger als 0,4 m gering und die Strömungen sind zu vernachlässigen.

Man begann im Jahre 1921 eine Fahrrinne von etwa 8 m Tiefe zu schaffen und setzte zunächst Lobnitz-Brecher mit Gewichten zwischen 6 und 30 t ein. Sie waren sehr empfindlich gegen die Dünung, die die Meißel schon bei einer Amplitude von mehr als 0,4 m stark ablenkte. Sie trafen ihr Schlagloch nicht mehr und hinterließen schlechtgebrochene Stellen. Es fielen z. T. sehr große Blöcke des harten Kalkfelsens an, so daß ihre Aufnahme Schwierigkeiten bereitete, obwohl man nur in Stufen von 0,5 bis 1,0 m meißelte.

Die Ertragsleistung lag zwischen 4,7 und 5,6 m^3/h, kam aber im Jahr mit zwei Meißelschiffen nur auf 4500 m^3 bis 9600 m^3, wobei die letztgenannte Menge durch den Bau eines Spezialpontons von großen Dimensionen erreicht wurde.

Zwischen 1948 und 1959 wurden insgesamt 150000 m^3 mit Meißelschiffen wie „H. A. M. 907", also ausgerüstet mit zwei Schnellschlaghämmern beseitigt. An Stellen mit weichem Fels erreichte die Ertragsleistung 20 m^3/h je Meißel, an den harten aber nur 5 m^3/h. Bei Amplituden der Dünung von über 0,5 m mußte auch bei diesen Geräten die Arbeit unterbrochen werden, weil es nicht möglich war, die Löcher an der richtigen Stelle anzusetzen und den vorgesehenen Lochabstand von 0,9 m einzuhalten. Man will die Tiefe der Rinne durch Bohren und Sprengen auf 13,45 m und schließlich auf 14,63 m bringen. Über diese Methode wird im nachfolgenden Abschnitt berichtet.

Zum Schluß soll noch darauf hingewiesen werden, daß der Erfolg bei einer Unterwassermeißelung weitgehend vom Geschick des Personals abhängt. Der Fels wechselt in Härte und Lagerung und erfordert ständiges Anpassen der Meißelmethode. Man kann nur vermuten, was unter Wasser vor sich geht. Es ist Sache der Besatzung, die richtigen Schlüsse zu ziehen und vor allem auch bei Störungen die richtigen Maßnahmen zu treffen.

4. Schiffe und Geräte für Felsabtrag durch Bohren und Sprengen

Wenn die unmittelbare Baggerung des Felsens und auch die Lockerung durch Meißeln nicht möglich ist, muß man zum *Bohren und Sprengen* übergehen.

Bei kleinen Felsmengen wird das Bohren vielfach mit tragbaren Bohrhämmern ausgeführt, bei denen eine aufwendige Installation wegfällt. Man verwendet Aufbruchhämmer mit etwa 35 kg Gewicht und Bohrstangen bis zu 7,5 m Länge, auf deren unteres Ende die Bohrkrone mit einem Konus aufgesetzt ist. Über ihr sitzt meist ein Rohr fast gleichen Durchmessers, das die Bohrstange umgibt und mit der Krone in das Bohrloch hineingleitet. Die Bohrlochwandung wird damit abgesichert und gleichzeitig Spülwasser zugeführt. Als Bohrschiffe werden vielfach Klappschuten verwendet, deren Klappen herausgenommen sind. Die erforderlichen Kompressoren, eine Werkstatt, ein Raum für Reserveteile, die Taucherausrüstung, ein Aufenthaltsraum u. a. m. sind über einem Holzboden im Laderaum der Schute angeordnet. Zum richtigen Ansetzen der Bohrer werden meist Taucher zu Hilfe genommen.

Eine einfachere Arbeitsweise ergibt sich, wenn man die Bohrer seitlich vom Schiffskörper ansetzt. Man befestigt dann an der Schiffswand Leitergestelle mit abnehmbaren Brettern, auf denen die Bedienungsleute mit den Bohrhämmern stehen. Sie können auf den verschiedenen Brettstufen dem Bohrfortschritt folgen, ohne daß die Bohrstangen ausgewechselt werden. Wichtig sind Hilfseinrichtungen zur Erleichterung der Arbeit, z. B. zum Hochziehen festsitzender Bohrer, ferner eine gute Windenanlage, die eine genaue Verankerung der Schute und ein schnelles Verholen vor dem Schießen ermöglicht.

Bei Arbeiten größeren Umfangs ist der Einsatz eines besonderen *Bohrschiffes* nötig. Abb. 362 zeigt ein älteres, für Felsarbeiten auf Argentinischen Flüssen gebautes Fahrzeug mit den Abmessungen $30 \times 10 \times 1{,}8$ m und einem Tiefgang von 0,9 m. Es besitzt vier Stützpfähle, die mit preßluftgetriebenem Winden betätigt werden. Man kann mit ihnen die Pfähle auf den Grund setzen und mit einer Hubkraft von etwa 25 t den ganzen Schiffskörper um 150 mm heben. Soll das Schiff versetzt werden, hebt man die Pfähle wieder an bis das Schiff schwimmt.

Auf der einen Bordseite sind vier Bohrgerüsttürme angeordnet, die auf Schienen verfahren werden und 12 Bohrungen in einer Reihe bei 1,5 m Lochabstand ausführen können, ohne das Fahrzeug zu versetzen. Während der Arbeit werden die 6,5 m hohen Bohrtürme mit Schienenzangen befestigt. Jeder Turm trägt eine Bohrmaschine auf einem Führungsrahmen, der zwischen zwei U-Eisen gleitet, die ihrerseits in entsprechenden Führungsschienen der Gerüsttürme gleiten. Für das Heben und Senken sind Winden vorhanden. Eine Arbeitsbühne folgt der Bohrbewegung. Bohrmaschine und Arbeitsbühne können in Abständen von 0,2 m am Turm durch Abstecker festgesetzt werden. Die Bohrstangen sind von einem Rohr von 100 mm Außendurchmesser umgeben, ragen in ein Rohr von 125 mm Durchmesser hinein, das an der Arbeitsbühne befestigt ist.

Zwei Kompressoren mit Dieselantrieb und einer Ansaugmenge von zusammen 10 m³ je Minute bei 6 bis 7 atü Betriebsdruck besitzen einen gemeinsamen Durckluftbehälter von 2 m³ Fassungsvermögen. Außerdem befinden sich auf dem Schiff eine Werkstatt mit Bohrerschleifmaschine und Schmiede sowie Wohnräume für die Mannschaft. Das Fahrzeug ist mit einer Windenanlage mit sechs Trommeln ausgerüstet, mit denen es an die gewünschte Stelle verholt und dann auf seine Pfähle gestellt wird. Die Bohrlochabstände betragen in der Regel 1,5 bis 2,5 m und die Bohrtiefen bis 5 m, wobei 0,6 bis 0,9 m unter die Sohle gebohrt wird. Der Lochdurchmesser liegt zwischen 65 und 55 mm, gespült wird mit Wasser oder Luft. Die Sprengladung wird unter Benutzung der Führungsrohre in die Bohrlöcher gebracht und die Zündung aller gebohrten Löcher mit der an Bord befindlichen Zündmaschine vorgenommen, nachdem das Schiff vorher mit seinen Winden genügend weit verholt ist. Der Sprengstoffverbrauch wird im Durchschnitt mit 1 bis 2 kg/m³ angesprengtem Fels angegeben.

In den USA ist die Beseitigung von Fels unter Wasser von jeher sehr umfassend gewesen. Abb. 363 zeigt ein amerikanisches Bohrschiff, dessen Schwimmkörper zerlegbar ist und aus 12 Einzelteilen besteht, die zusammengebaut die Abmessungen 24,4×13,5×

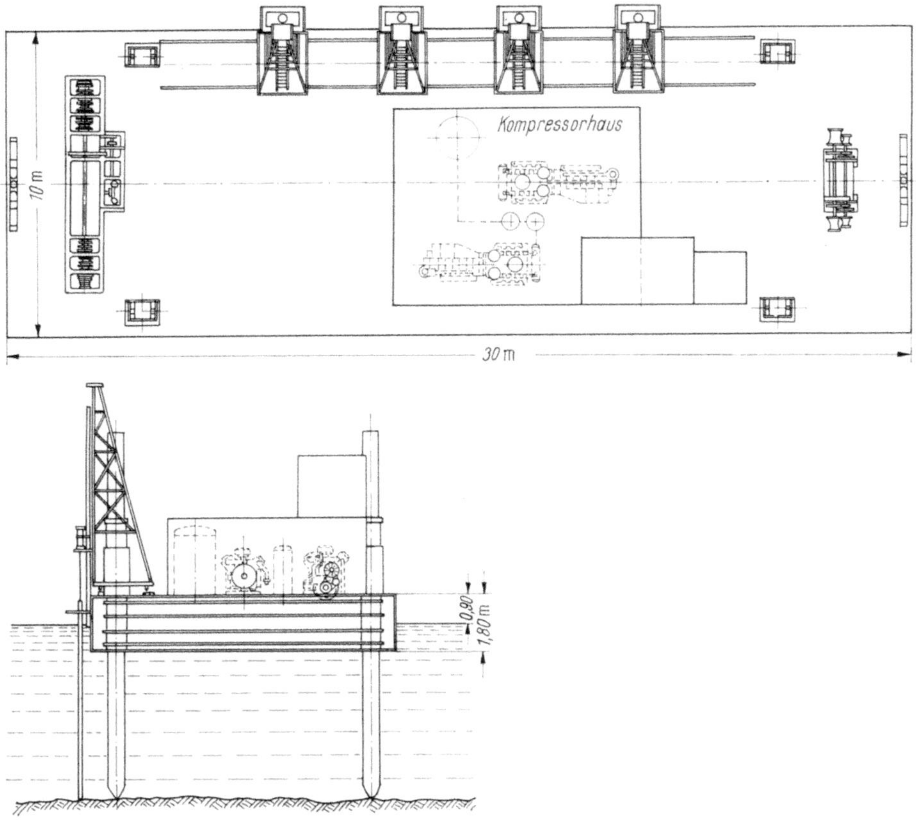

Abb. 362. Argentinisches Schiff für Bohren und Sprengen unter Festlegung durch Pfähle mit vier Bohrgerüsttürmen und Dieselkompressoren

1,8 m ergeben. Der Schiffskörper wird durch vier Pfähle mit quadratischem Querschnitt festgelegt und hat auf der einen Seite ein Gleis, auf dem die Bohrtürme fahren. Außerdem ist, um die halbe Schiffsbreite von einem Schiffsende entfernt, ein Derrikkran aufgestellt. Hinter ihm liegt ein die Maschinenanlagen enthaltendes Deckshaus, auf dem das Bedienungshaus sitzt. Das Gerät soll an abgelegenen, auf dem Wasserweg nicht zu erreichenden Stellen arbeiten und eine Strömung bis zu 6,5 km/h = 1,8 m/sec vertragen können.

Die beiden Bohrtürme haben eine Höhe von 8,5 m über der Wasserlinie und fahren auf Schienen, an denen sie festgeklemmt werden können. Für die Längsbewegung ist eine Kette zwischen die beiden Schiffsenden gelegt, in die an den Fahrgestellen der Bohrtürme sitzende Kettenräder eingreifen, die durch Preßluftmotore angetrieben werden. Für die senkrechte Bewegung der Führungsschlitten mit den aufgesetzten Bohrhämmern dient ebenfalls ein Preßluftmotor unter Einschaltung einer endlosen Kette. Eine Konsole kann mit einer preßluftgetriebenen Winde gehoben und gesenkt werden und trägt den oberen Teil des Standrohres.

Die Druckluft liefert ein Kompressor mit einer Ansaugleistung von 20 m³/min, die er auf einen Druck von 7 atü bringt, angetrieben durch einen Dieselmotor von 200 PS. Ein

Hilfsaggregat mit einem Dieselmotor treibt einen Kompressor, eine Wasserpumpe und eine Lichtmaschine an.

Der Derrikkran besitzt eine Tragkraft von 15 t bei einem Arbeitsradius von 15 m und kann einen Greifer von 1,2 m³ Fassungsvermögen tragen. Die drei Trommeln der hinter

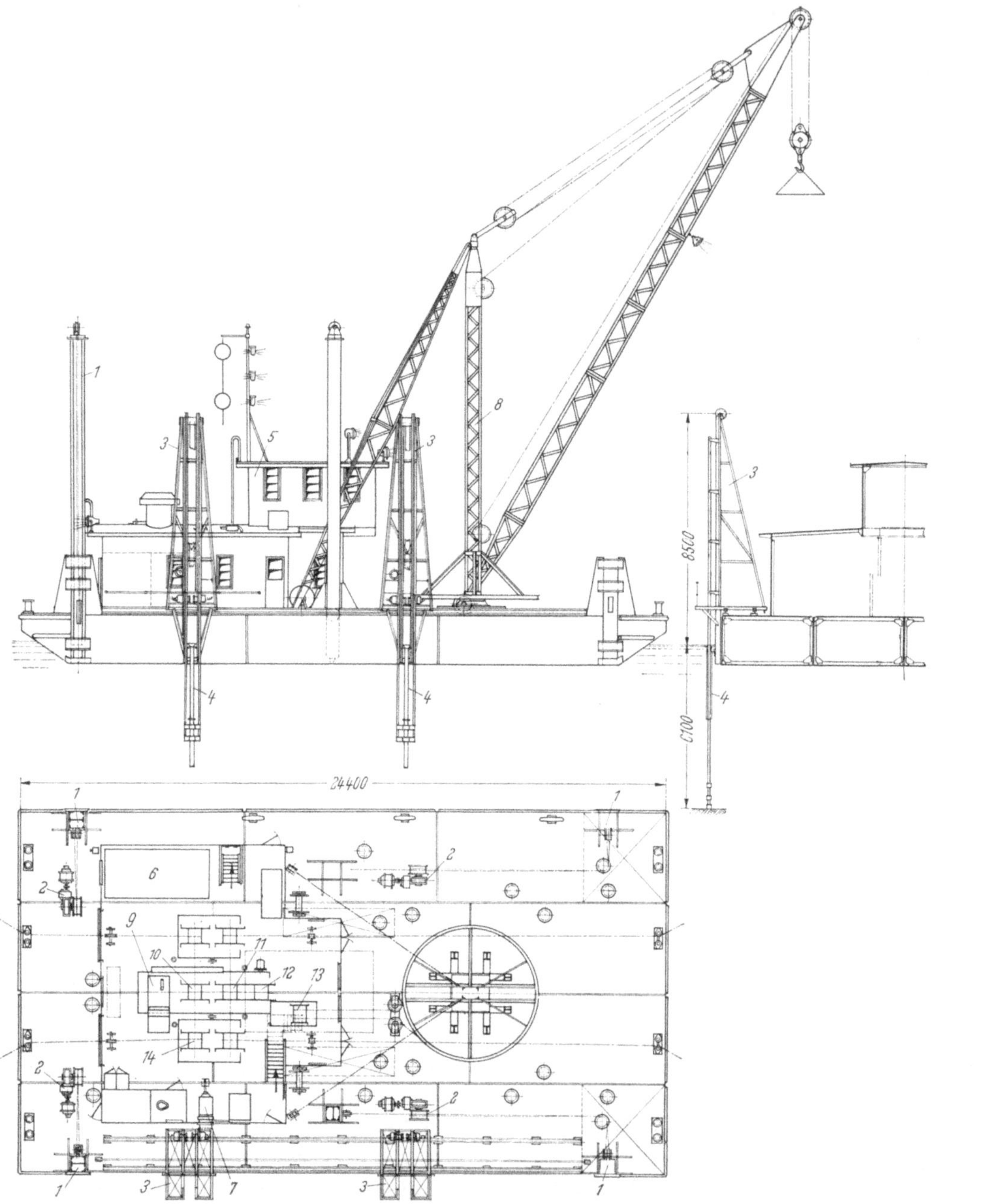

Abb. 363. Amerikanisches Bohrschiff mit Festlegung durch Pfähle mit zwei Bohrtürmen, einem Derrikkran und Diesel-Kompressor

1 Vier Stützpfähle; *2* Vier Stützpfahlwinden; *3* Zwei Bohrtürme; *4* Zwei Bohrstangen; *5* Bedienungshaus; *6* Kompressor 20 m³/min bei 7 atü mit Dieselmotor 200 PS; *7* Hilfsaggregat; *8* Derrikkran für 15 t und Greifer 1,2 m³; *9* Hauptwinde mit Dieselmotor 95 PS; *10* Trommel für Heben und Schließen des Greifers; *11* Trommel für Halteseil des Greifers; *12* Trommel für Neigen des Anlegerbaumes; *13* Trommel für Schwenken des Derrikkrans; *14* Trommel für Verholseile

ihm im Deckshaus angeordneten Winde sind für das Hub- und Schließseil, für das Halteseil des Greifers und für das Auslegerneigungsseil bestimmt, während eine vierte seitlich angeordnete Trommel der Schwenkbewegung dient. Auf jeder Seite der Winde sitzen je zwei weitere Trommeln, die zum Verholen des Schiffskörpers dienen. Die Winde wird durch einen Dieselmotor von 95 PS angetrieben. An Deck befindet sich noch ein Raum zur Aufbewahrung des Sprengstoffes.

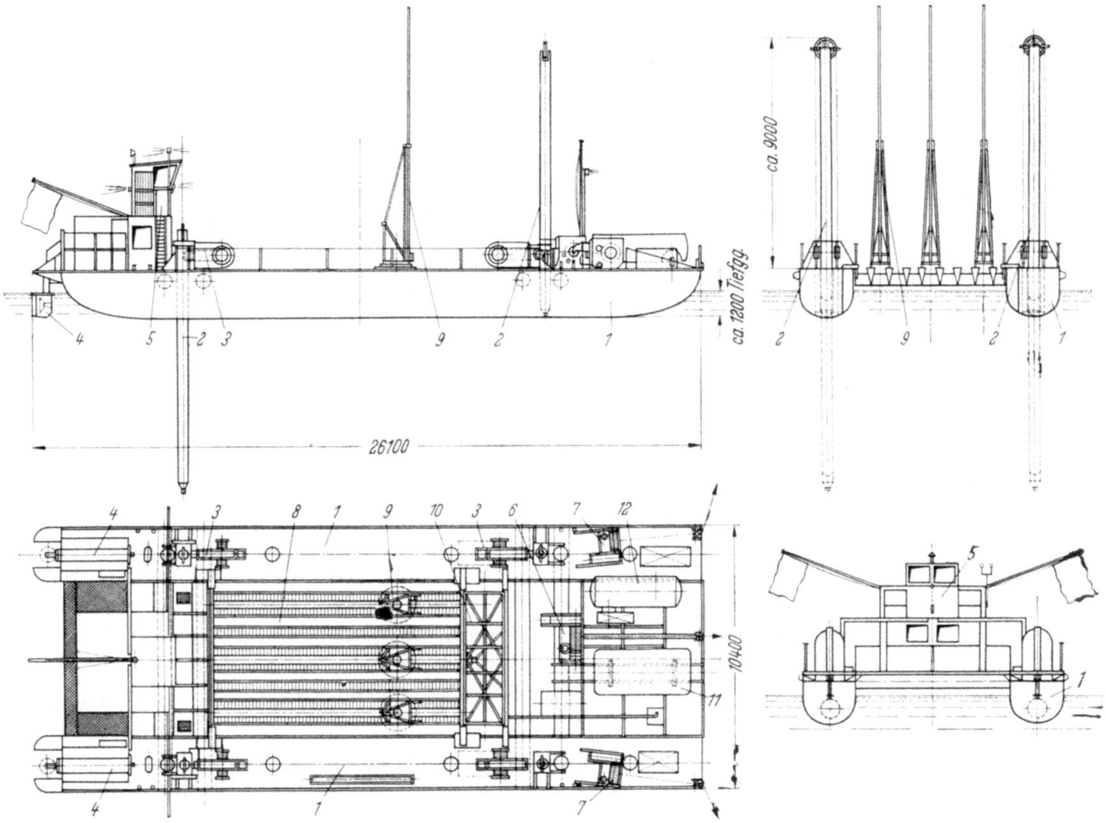

Abb. 364. Bohrschiff „Koblenz“ mit zwei durch einen Überbau verbundenen Schwimmkörpern für Bohren in drei Reihen, selbstfahrend durch zwei Schottel-Navigatoren und auf Pfähle absetzbar

1 Schwimmkörper des Bohrschiffes; *2* Stützpfähle; *3* Stützpfahlwinden; *4* Schottel-Navigatoren; *5* Steuerhaus; *6* Diesel-Vorauswinde 4,5 t; *7* Diesel-Seitenwinden 3 t; *8* Bohrfeld 6 9,8 m; *9* Bohrlafetten; *10* Umsetzer für Bohrwagen; *11* Kompressor mit 17 m^3/min Ansaugmenge; *12* Luftkessel 3 m^3

Abb. 364 zeigt das mit zwei 90-PS-Schottel-Navigatoren selbstfahrende, auf vier Pfähle absetzbare Bohrschiff „Koblenz“, bei dem die Bohrer innerhalb einer Fläche von $6{,}0 \times 8{,}8$ m arbeiten und etwa drei Reihen zu je 6 bis 10 Löcher bohren können, bevor das Fahrzeug seinen Standort wechselt. Es führt ein Vortau und vier Seitendrähte, mit denen es auf seine Arbeitsstelle verholt wird. Dort wird es auf seine Pfähle mit einer Kraft von etwa 100 t abgestützt und steht dann einwandfrei fest. Die fünf Ankerdrähte können bis auf den Grund abgelassen werden, das Fahrzeug behindert dann kaum noch die Schifffahrt. Wenn das erste Feld gebohrt ist, wird das Fahrzeug nach Anheben der Pfähle schwimmend in ein neues Bohrfeld verholt. Jedes gebohrte Loch wird nach Fertigstellung gleich geladen. Nach der Ladung von etwa 100 bis 150 Löchern wird das Bohrschiff auf eine Entfernung von 60 bis 100 m von der Sprengstelle verholt und die Löcher je nach Erfordernis gleichzeitig oder mit Zündverzögerung abgeschossen. Da diese Sprengstoffmenge eine erhebliche Druckwelle auslöst, die sich im Wasser fortpflanzt, wird die Sprengstelle mit einem Preßluftschleier umgeben, der die Ausweitung der Explosionswelle stark herabmindert. Diese Schutzmaßnahme wird oft mit Recht von den Bewohnern naheliegender Gebäude und den Fischereiberechtigten gefordert.

Lochabstand und Lochtiefe beim Bohren stehen in einem gewissen Verhältnis zur Abtragshöhe und zur Art des Felsens.

Bei der im vorigen Abschnitt erwähnten Baustelle „Port de Bouc“ bei Marseille ging man nach den geringen Erfolgen mit dem Meißelverfahren zum Bohren und Sprengen über und verwendete zum Bohren einen Ponton, der auf vier Pfählen stand, aber unterschiedlich von dem vorangehend beschriebenen Schiff „Koblenz“ mit stärkerer Windenkraft vollständig aus dem Wasser gehoben wurde. Der Einfluß der Dünung wurde dadurch ausgeschaltet. Die Pfähle besaßen einen Durchmesser von 900 mm und eine Länge von 21 m. Zum Heben des Pontons dienten hydraulische Winden, die unter Einschaltung eines Flaschenzuges auf jeden Pfahl eine Hubkraft von 90 t ausüben konnten. Auf dem Ponton standen drei Bohrtürme, die auf Wagen längs und quer verfahren werden konnten, so daß bei einer Stellung des Pontons drei Reihen zu je 11 Löchern in einem Abstand von 1,75 m gebohrt werden konnten. Drei Kompressoren, angetrieben durch einen Dieselmotor von 190 PS lieferten 17 m^3/min angesaugte Luft bei einem Druck von 7 atü für die Motore der Verholwinden, der Bohrturmwagen, der Bohrschlitten und die Bohrhämmer. Eine Hydraulik-Anlage wurde durch einen zweiten, dem ersten gleichen Dieselmotor von 190 PS angetrieben und bestand aus vier Pumpen, die das Öl zur Betätigung der Pfahlwinden auf einen Druck von 150 kg/m^2 brachten. Das geschossene Material baggerte ein Eimerkettenbagger mit 500 l Eimerfassungsvermögen und ein Greiferbagger mit einem Fassungsvermögen des Greifers von 5,5 m^3. Beide Geräte haben trotz der Dünung zufriedenstellend gearbeitet.

Die erwartete Erhöhung der Ertragsleistung gegenüber dem Meißelverfahren blieb indessen aus, weil die Versetzung des Bohrpontons nicht mehr möglich war bei Wellenhöhen größer als 0,5 m. Auf 8400 Bereitschaftsstunden kamen nur 2000 Arbeitsstunden und hierauf nur 1240 effektive Bohrstunden. Die Ertragsleistung betrug 16 m^3 je effektiver Bohrstunde und sank auf 4 m^3 je Bereitschaftsstunde. Außer den Wetterverhältnissen war auch die Rücksichtnahme auf die Schiffahrt sehr hinderlich und verursachte große Aufenthalte.

Bessere Ergebnisse wurden im Hafenbecken von Cadiz in Spanien erzielt, wo unter einer 6 m hohen Überlagerung von Schluff und Sand harter Kalk- und Sandstein anstand. Die zu baggernde Menge betrug 520000 m^3 an weichem Material und 130000 m^3 an Fels. Verwendet wurde eine Hubinsel mit hufeisenförmiger Pontonfläche nach Abb. 365, die auf vier Pfählen von 1,8 m Durchmesser bei 30 m Länge stand und nach dem Verfahren von Delong angehoben werden konnte. Auf der Plattform fuhren vier Wagen, auf denen die Bohrtürme ihrerseits verfahren werden konnten. So sind bei einer Stellung der Hubinsel 40 Löcher gebohrt worden, außerdem wird das Versetzen einer Insel in dieser Größe auch durch Seegang wenig behindert.

Gearbeitet wurde nach der *Überlagerungsmethode*, bei der die Bohrarbeit ohne Rücksicht auf Decksgebirgsschichten und Steingeröll unter Wasser bis an das Grundgestein durchgeführt werden kann. Die Methode des Überlagerungsbohrens ist von der schwedischen Großbaufirma AB Skånska Cementgjuteriet in Zusammenarbeit mit den schwedischen Firmen Atlas Copo und Stahlwerk Sandvik entwickelt worden.

Das Prinzip dieser Bohrmethode zeigt Abb. 366. Die hohe Überlagerung besteht aus Kies, Sand, Moränengeschiebe sowie großen und kleinen Findlingsblöcken. Die Bohrstange ist hier von einem Bohrrohr umgeben, dessen Ende eine Hohlbohrkrone trägt. Die innenliegende Bohrstange ragt etwas aus dem Bohrrohr heraus und hat unten eine Kreuzmeißelbohrkrone mit Hartmetalleinsatz. Für das Durchbohren der Überlagerung werden Stange und Rohr oben miteinander verbunden und gemeinsam durch einen Atlas-Bohrhammer unter Schlägen und Drehen hindurchgetrieben. Die etwas herausragende Bohrkrone der Stange dient dabei als Führung. Während des Bohrens wird das Bohrgut durch Luft oder Wasser nach oben gespült. Wenn der Fels erreicht und die Krone mit dem nachfolgenden Rohr ein Stück hineingetrieben ist, wird die Verbindung zwischen Stange und Rohr gelöst und mit der Bohrstange allein nach Aufsetzen entsprechender Verlängerungsstücke bis zu der gewünschten Lochtiefe in den Fels gebohrt. Ist die Tiefe erreicht, wird die Bohrstange nach oben gezogen, während das Rohr in seiner Stellung bleibt, ein Nachfallen rolliger Bestandteile verhindert, und die Einführung eines Kunststoffschlauches mit Sprengladung ermöglicht. Nach dem Einbringen des Sprengstoffes wird das Rohr mit Krone nach oben zurückgezogen, und das Loch ist zündfertig.

In den USA verfügt man über langjährige und vielseitige Erfahrungen bei der Felsbeseitigung.

Der Grund des Hafens von New York besteht aus hartem, grauen Granit, Naßbaggerarbeiten sind also fast immer mit Felsbeseitigung durch Bohren und Sprengen verbunden. Man verwendet teils die üblichen Bohrmaschinen, die nur über Wasser arbeiten; das erfordert bei großen Arbeitstiefen sehr lange und schwere Bohrstangen. Für 12 m Tiefe wiegt eine Stange aus Rundstahl von 56 mm Durchmesser 300 kg und nimmt sehr viel Schlagenergie auf. Neuerdings verwendet man infolgedessen – ähnlich wie beim Schnellschlagmeißel – Maschinen, die unter Wasser arbeiten, und Bohrstangen von nur 7 m Länge bei 38 mm Durchmesser und einem Gewicht von 54 kg. Bei Arbeitstiefen über 6 m wird mit diesen versenkbaren Hammerbohrern gearbeitet und man will zur weiteren Beschleunigung des Bohrens den Luftdruck auf 12 atü erhöhen. Es hat sich aber als schwierig erwiesen, Bohrstäbe und Bohrkronen zu finden, die den dadurch gesteigerten Beanspruchungen widerstehen.

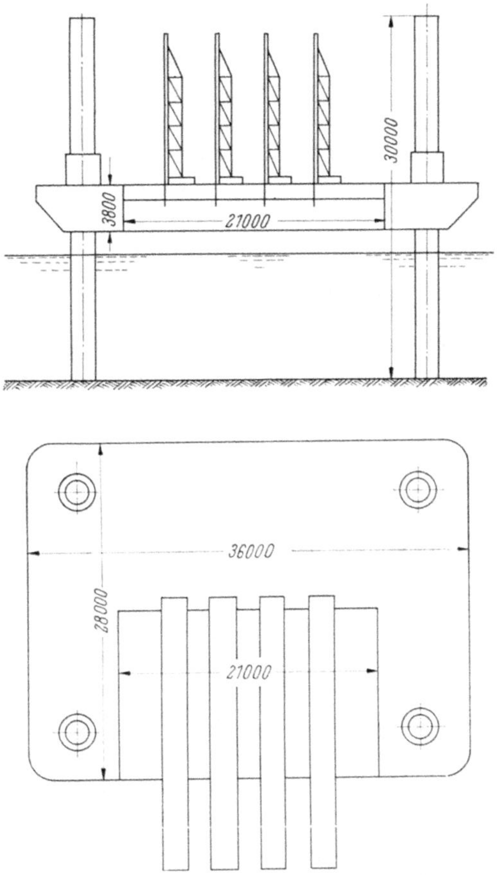

Abb. 365. Hubinsel, auf vier Pfählen stehend, mit vier allseitig verfahrbaren Bohrtürmen zum Bohren von Sprenglöchern in Fels im Seegebiet

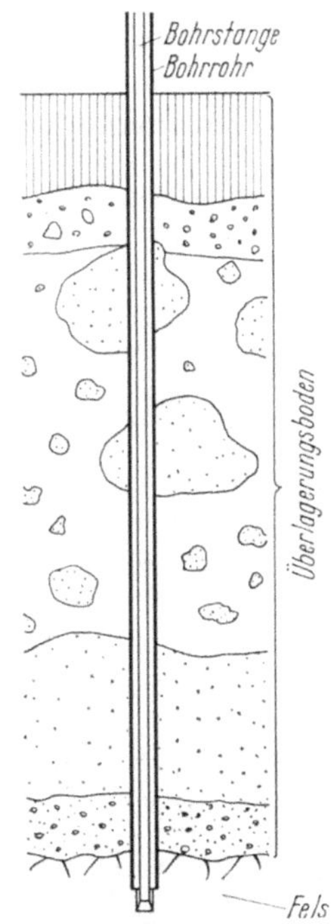

Abb. 366. Prinzipzeichnung vom Bohrgerät für Sprenglöcher in Fels mit Überlagerungsboden, der ohne vorherige Beseitigung nach dem Verfahren von Atlas-Copco durchgebohrt und zusammen mit dem Fels gesprengt wird

Auch die Sprengtechnik ist vervollkommnet worden. In den USA verwendete man bisher als Unterwassersprengstoff nur 60%iges Nitroglycerin, das als Untersee-Dynamit bezeichnet wurde. Neuerdings wird es durch Gelatin-Dynamit ersetzt, das in allen Stärken bis zu 90 mm hergestellt wird und mit höherem Druck und größerer Gewalt detoniert. Die benötigte Menge an Explosivstoff ist abhängig von der Wassertiefe, der Härte des Felsens und Tiefe der Bohrlöcher und liegt zwischen 1,0 und 3,0 kg Dynamit für 1 m^3/Fels. Die hohen Werte sind jedoch selten, man kann als ersten Anhalt für mittlere Verhältnisse mit 1 kg auf 1 m^3 Fels rechnen.

In den USA wird das gesprengte Haufwerk größtenteils von Löffelbaggern mit Löffelgrößen von 4 bis 6 m^3 gebaggert, die auch große Stücke aufnehmen können. Das Meißelverfahren wendet man dort kaum an, weil mit den dort noch gebräuchlichen Löffelbaggern Fels bis zu beträchtlicher Härte ohne Vorlockerung gebaggert werden kann und jetzt sogar mit dem Schneidkopfsauger immer häufiger an solche Bodenarten herangegangen wird, selbst wenn Leistungsaufwand und Verschleiß groß sind.

Allgemein ist zum Verfahren des Bohrens und Sprengens zu bemerken, daß seine Anwendungsmöglichkeit beschränkt bleibt. Es ist kein Schiffahrtsverkehr in der Nähe möglich und auch Gebäude sind gefährdet, da jede Explosion den Boden auf etwa $^1/_3$ der Bohrtiefe anhebt. Der Schock der Explosion wird vermindert, wenn man jeweils einzelne Gruppen von Löchern zündet und einen geringen Zeitabstand dazwischen legt (Minisekunden-Verzögerung).

5. Tauchergeräte, Taucherglocken und Taucherglockenschiffe

Arbeiten unter Wasser bei Felsbeseitigung, an einer versenkten Rohrleitung bei Saugbaggern und in anderen Fällen müssen häufig durch Taucher ausgeführt werden. Abb. 367 zeigt eine im 17. Jahrhundert entwikkelte Tauchereinrichtung, eine in Blei gegossene *Glocke*, in die der Taucher über Wasser hineinsteigt. Sie wird dann an eine Kette gehängt und im Wasser auf die erforderliche Tiefe abgelassen. Der absolute Druck, der über Wasser gleich 1 ata ist, erhöht sich bis 20 m auf 3 ata. Die Luft nimmt in der Glocke infolgedessen nur noch $^1/_3$ des Normal-Volumens ein, Kopf und Oberkörper des Tauchers befinden sich dann in diesem unter Druck stehenden Luftraum. Aus einer Holztonne, die über Wasser von Hand mit Preßluft aufgefüllt und mit der Glocke abgelassen wurde, brachte ein Schlauch dem Taucher zusätzliche Atemluft.

Abb. 367. Mittelalterliche Taucherglocke in Blei mit Zusammendrücken des Luftraumes unter Einfluß des der Tauchtiefe entsprechenden Wasserdruckes und Zuführung von zusätzlicher Druckluft. (Aus Vasa, das königliche Schiff)

Der Taucher mußte, wie die Abbildung erkennen läßt, mit Stangen oder ähnlichen Werkzeugen seine Arbeiten ausführen. Auf diese Weise sind Tauchtiefen bis zu 35 m und Tauchdauern bis zu einer halben Stunde erreicht worden. Beispielsweise wurden mit dieser Methode aus dem im Jahre 1628 gesunkenen schwedischen Kriegsschiff „Vasa" die bronzenen Kanonen und andere wertvolle Gegenstände geborgen. Das Schiff selbst, das in Holz gebaut noch ein Gewicht von 700 t unter Wasser besitzt, ist erst in unseren Tagen mit neuzeitlichen Mitteln gehoben worden. Man kann die in Abb. 367 dargestellte Bleiglocke als Vorläufer unserer heutigen Taucherglocken, in denen eine größere Anzahl von Personen frei arbeiten kann, ansehen.

Für das Tauchen einzelner Personen entwickelte man den *Taucheranzug*, wie ihn Abb. 368 zeigt. Die Atemluft wird durch einen Schlauch von oben zugeführt. Den Auftrieb gleichen Bleigewichte aus. Eine Sprechtelefonanlage oder nur eine Signalleine stellen die Verbindung mit dem Taucher her.

Für leichtere Arbeiten bis zu 20 m Tiefe kann die Atemluft durch eine Handhebelpumpe, die von 2 bis 6 Mann bedient wird, geliefert werden. Für größere Tiefen und schwerere Arbeiten dienen zur Luftversorgung entweder transportable Druckluftflaschen für 150 oder 200 atü Druck mit einem entsprechend der Tauchtiefe eingestellten Druckminderer oder ein Kompressor mit einer Liefermenge

Abb. 368. Taucheranzug mit Helm unter Zuführung der Atemluft über einen Lungenautomaten durch einen Schlauch von einer über Wasser gelegenen Druckluft-Erzeugungsanlage. Aufnahme Drägerwerk Lübeck

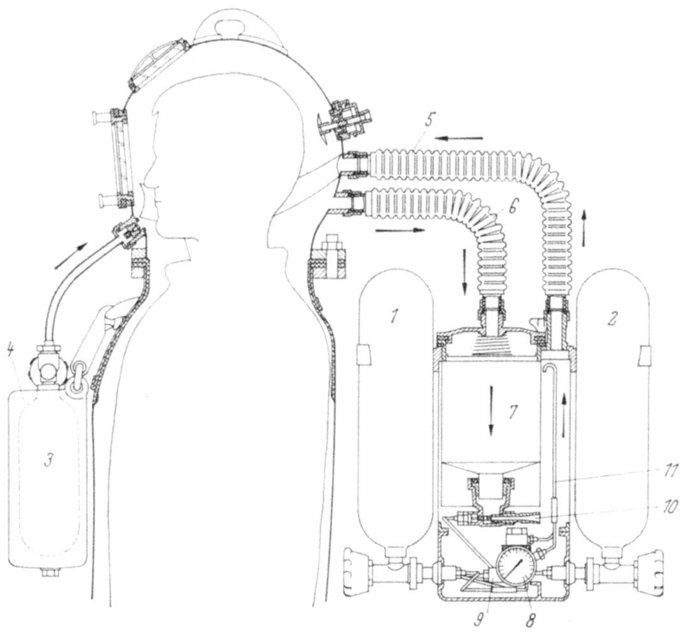

Abb. 369. Schematische Zeichnung des schlauchlosen Dräger-Tauchgerätes mit der auf dem Rücken des Tauchers angeordneten Anlage für die Erzeugung der Atemluft

1 Sauerstoff-Flasche; *2* Druckluft-Flasche; *3* Flasche im Brustgewicht; *4* Brustgewicht; *5* Einatemschlauch; *6* Ausatemschlauch; *7* Kalkwiederfüllpatrone; *8* Druckmesser; *9* Druckminderer; *10* Injektor; *11* Druckausgleichrohr

von etwa 400 l angesaugter Luft in der Minute. Ein Lungenautomat ist eingeschaltet, der dem Taucher die Luft in richtiger Menge und mit dem richtigen Druck zuführt.

Mit zunehmender Vielseitigkeit der Arbeiten unter Wasser wurde die Forderung nach größerer Bewegungsfreiheit und größerem Aktionsradius des Tauchers gestellt. Der Luftschlauch ist hinderlich und kann sich verhaken oder abknicken. Auch ist es nicht immer möglich, die Luftversorgungsanlage in Prähmen über der Taucherstelle aufzustellen.

So kam man zum *schlauchlosen* Tauchergerät, das in Abb. 369 schematisch gezeichnet ist. Der Taucher trägt die zur Versorgung mit Atemluft dienende Anlage, deren Einzelheiten aus der Abbildung erkennbar sind, auf dem Rücken. Sie ist für alle Wassertiefen, in denen praktisch Taucherarbeiten möglich sind, geeignet, und wird heute häufig verwendet. Abb. 370 zeigt einen Taucher mit dieser Ausrüstung beim Abstieg ins Wasser. Die Verbindung nach oben besteht hier nur aus einem Telefonkabel und einer Leine.

Noch größere Beweglichkeit ermöglicht das *Preßluft-Tauchergerät* nach Abb. 371. Die sog. *Froschmänner* haben meist keinen Anzug und tragen Preßluftflaschen mit 200 atü

Druck auf dem Rücken. Die Luft wird über einen kurzen Schlauch unmittelbar dem Mundstück-Lungenautomaten des Tauchers zugeführt. Die Gewichte der Flaschen sind durch einen zwischen ihnen angeordneten Schwimmkörper ausgeglichen. Es kann auch ein Anzug getragen werden, der vor Kälte schützt oder die Ausrüstung durch Schwimmflossen ergänzt werden.

Abb. 372 gibt eine Übersicht über die Tiefen, die von Tauchern erreicht werden können und die dafür erforderlichen Bedingungen. Der Körper des Tauchers sättigt sich allmählich mit Stickstoff, Sauerstoff sowie geringen Mengen anderer Gase, und zwar um so mehr, je größer die Tauchtiefe und je länger die Tauchdauer ist. Wenn er dann schnell wieder aufsteigt, wird der im Blut und in den Organen gelöste überzählige Stickstoff wieder frei und bildet Blasen, welche die Blutzirkulation beeinträchtigen und evtl. ganz aufheben. Diese Erscheinung bezeichnet man als *Taucherkrankheit*, die Lähmungen hervorrufen oder sogar tödlich verlaufen kann. Um sie zu vermeiden, soll der Taucher langsam wieder auftauchen, damit das Blut den freiwerdenden Stickstoff fortschwemmen kann. Ist der Taucher aus irgendwelchen Gründen zu rasch an die Oberfläche gekommen, so muß er sofort wieder auf etwa $^1/_3$ der Tiefe, in der er gearbeitet hat, abgelassen oder in eine Druckluftkammer gebracht werden. In ihr wird er zunächst unter entsprechend hohen Druck gesetzt, der dann langsam vermindert wird.

Abb. 370. Absteigender Taucher mit schlauchlosem Tauchgerät und Verbindung mit der Oberwelt nur über Telefonkabel und Leine. Aufnahme Drägerwerk Lübeck

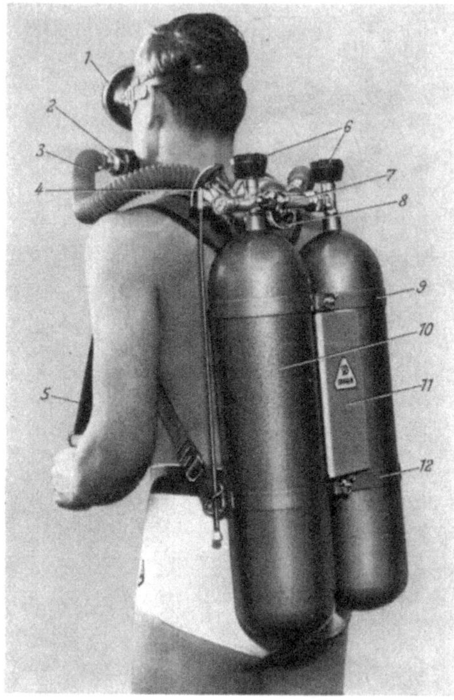

Abb. 371. Taucher mit Preßluft-Tauchgerät ohne Taucheranzug und Zufuhr der Atemluft über einen Mundstück-Lungenautomaten. Aufnahme Drägerwerk Lübeck

1 Taucherbrille; *2* Gummiventilmundstück; *3* Atemschlauch; *4* Reserve Schaltventil; *5* Bänderung; *6* Flaschenventile; *7* Verbindungsstück; *8* Lungenautomat; *9* Obere Schelle; *10* Preßluftflaschen; *11* Auftriebstank; *12* Untere Schelle

Tabelle 28 gibt eine *Austauchtabelle* wieder, welche die Aufstiegzeiten bei den verschiedenen Tauchtiefen und Tauchzeiten enthält. Mit zunehmender Tauchtiefe sinken die Zeiten, in denen der Taucher unter Wasser nutzbringend arbeiten kann, stark ab, während andererseits die Zeiten für das Austauchen stark zunehmen. Taucherarbeiten in großer Tiefe sind also zeitraubend und unwirtschaftlich. Da zudem ihr Erfolg wegen der Schwierigkeiten unter Wasser zu arbeiten sehr unsicher ist, soll man sie nur ausführen lassen, wenn es unbedingt notwendig ist.

Sollen mehrere Personen unter Wasser arbeiten, verwendet man *Taucherglocken*, die man als eine Fortentwicklung der in Abb. 367 gezeigten mittelalterlichen Bleiglocke ansehen kann. Man verhindert aber jetzt das Aufsteigen des Wassers bei Absenken der Glocke dadurch, daß ihr Druckluft zugeführt wird. Die Mannschaft arbeitet im Trocknen ohne Taucherausrüstung unter erhöhtem Druck und kann Arbeiten, wie Beseitigung von Felskuppen und Steinen, zur Bergung verlorengegangener Anker und sonstige Fahrwasser-Unterhaltungsarbeiten, ausführen.

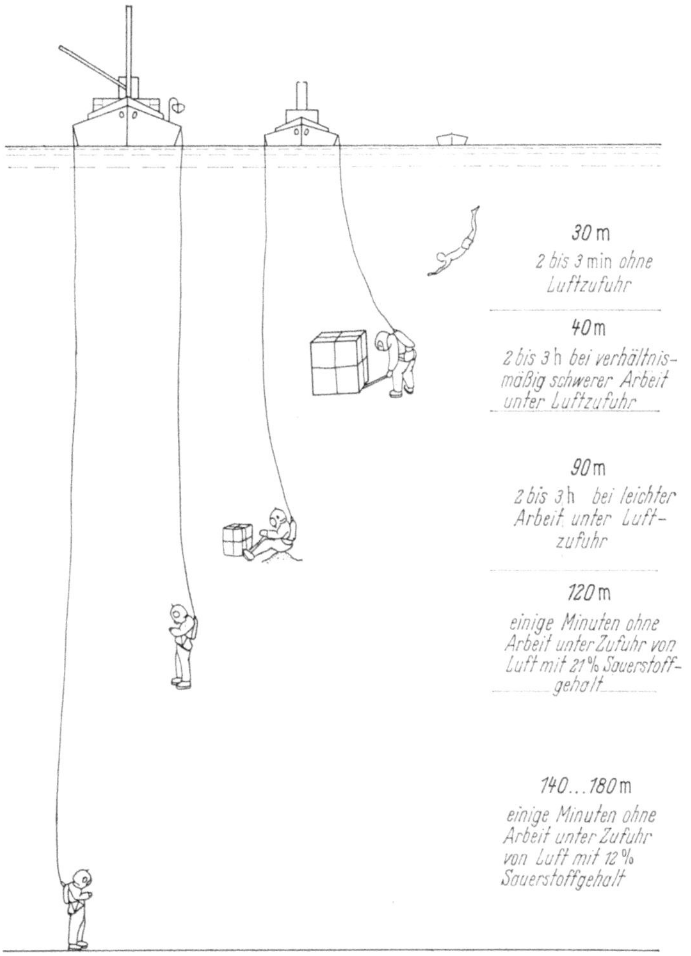

Abb. 372. Erreichbare Tiefen für Taucher je nach Ausrüstung, sowie Art und Dauer der Unterwasserarbeiten

Abb. 373 zeigt das Taucherglockenschiff „Neptun" für Arbeiten auf dem Rhein, das im Anhalt an die älteren Fahrzeuge „Krokodil" und „Kaiman" im Auftrag der Wasserstraßendirektion Duisburg nach dem 2. Weltkrieg gebaut wurde. Das Tragschiff besteht aus zwei Teilen mit durchgehendem Schlitz und besitzt die Abmessungen $34 \times 11{,}2 \times 2{,}0$ m bei einem Tiefgang von etwa 1,4 m. In der Mitte des Schlitzes hängt die Glocke in einem Gerüstbock und kann mit einer Windenanlage auf den Grund abgelassen werden. Die Glocke hat eine Grundfläche von $4 \times 5{,}5$ m mit abgerundeten Ecken und 2,6 m Höhe. Der runde Einsteigeschacht mit einer Schleusenkammer ist am oberen Ende aufgesetzt. Sie liegt so hoch, daß sie bei vollständiger Absenkung der Glocke auf 10 m Arbeitstiefe noch über Wasser bleibt. Eine Trägerkonstruktion dient zur Führung der Glocke beim Absenken; der dabei entstehende Auftrieb muß durch Ballast ausgeglichen werden. Personen, die in der Glocke arbeiten sollen, gehen in die oben aufgesetzte Schleusenkammer, in der man den Luftdruck bis zum Arbeitsdruck ansteigen läßt. Beim Ausschleusen muß

Tabelle 28. *Austauchzeiten für Taucher nach Arbeiten von verschiedener Dauer in verschiedenen Tiefen*

Tauchtiefe	Aufenthalt auf dem Grunde	Aufenthalt in Minuten während des Aufstiegs in								Gesamtaufstiegszeit in Min.
m	Stunden	24 m	21 m	18 m	15 m	12 m	9 m	6 m	3 m	
11—13	über 3								5	6½
13—14½	bis 3								5	6½
	über 3								10	11½
14½—16½	bis 1½								5	7
	1½—3								10	12
	über 3								20	22
16½—22	bis 1							5	15	22
	1—3							10	25	37
	über 3							20	30	52
22—29	bis ½							5	15	22
	½—1½						5	15	25	47
	1½—2½						10	30	35	77
	über 2½						30	35	35	102
29—40	bis ¼						2	5	7	17
	¼—¾					5	10	15	20	53
	¾—1½				5	10	20	30	30	98
	über 1½				15	30	35	40	40	163
40—60	bis ¼			2	2	3	5	7	10	32
	¼—½		3	3	3	5	10	20	20	67
	½—1	3	3	5	10	15	20	30	35	124
	über 1	15	15	25	30	30	40	40	40	238

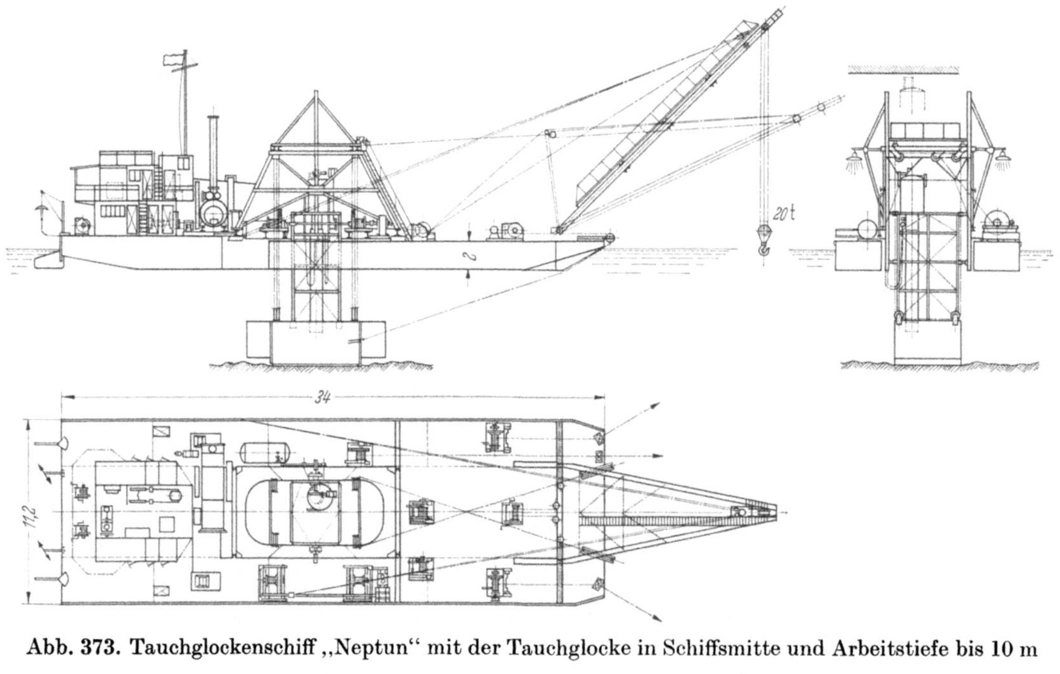

Abb. 373. Tauchglockenschiff „Neptun" mit der Tauchglocke in Schiffsmitte und Arbeitstiefe bis 10 m

der Druck in der Kammer ganz langsam auf atmosphärischen Druck herabgesetzt werden.

Auf dem Schiffsende sitzt ein A-Bock, dessen Hubseil eine Tragfähigkeit von 20 t besitzt, und auf dem anderen Schiffsende ist die Antriebsanlage aufgebaut. Sie dient zur Betätigung der Hebewinden, der Verholwinden und der Kompressoren für Atemluft und

Arbeitsluft. Ursprünglich war Dampfantrieb vorhanden, der aber durch Dieselantrieb ersetzt wurde. Auch sonst sind Änderungen und Verbesserungen vorgenommen worden.

Abb. 374 zeigt ein großes Taucherglockenschiff mit Abmessungen: 52×16×3,75 m und einem Tiefgang von etwa 2,2 m, das für Felsarbeiten im Seegebiet, insbesondere im Bereich von Helgoland bestimmt war. Am Hinterschiffsende befindet sich der Gerüstbock mit 200 t Tragfähigkeit für die Aufhängung der Taucherglocke. Diese hat eine Arbeitsfläche von 5×6 m mit abgerundeten Ecken und kann auf etwa 10 bis 15 m Tiefe ab-

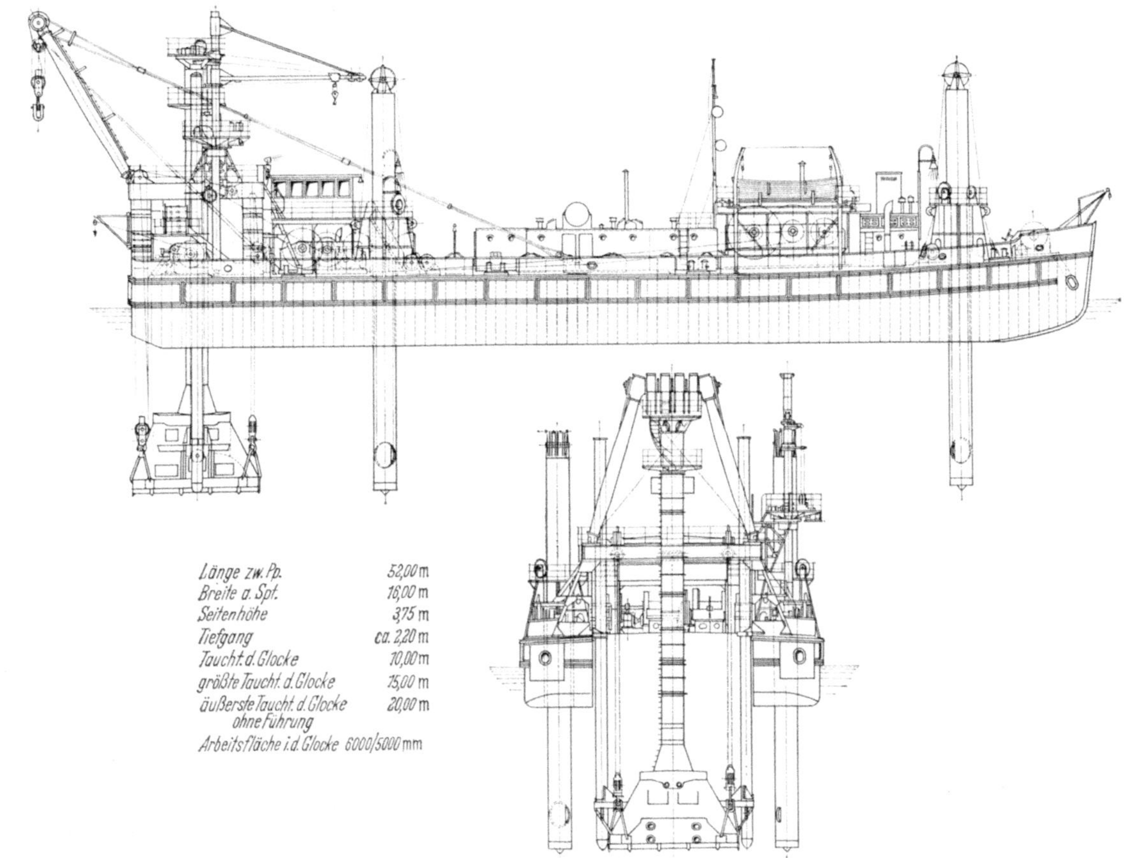

Abb. 374. Tauchglockenschiff für Arbeiten im Seegebiet mit einer am Hinterschiff angeordneten Tauchglocke für eine Arbeitstiefe bis zu 20 m

gesenkt werden. Sie wird dabei in zwei Pfählen geführt, die ihrerseits eine Führung im Schiffskörper haben. Unter Verzicht auf die Führung kann die Glocke bis auf 20 m Tiefe abgesenkt werden. Sie hängt dabei in vier Flaschenzügen mit je vier Seilsträngen, deren Seile nach einer auf Deck in der Nähe des Bockes stehenden Winde mit vier Trommeln geführt sind. Die Winde wird durch einen Gleichstrommotor von 140 PS mit einer solchen Hubgeschwindigkeit angetrieben, daß die Glocke in 10 Minuten von 15 m Arbeitstiefe an die Oberfläche gebracht wird. Dabei hat sie mit Schacht, Schleuse und 100 t Ballast ein Gewicht von 200 t, wenn sie sich über Wasser befindet, während es in getauchtem Zustand durch den Auftrieb so weit vermindert wird, daß nur 60 t nach unten wirkend, übrig bleiben.

Beim Arbeiten wird das Schiff ähnlich wie ein Löffelbagger auf drei Pfähle gestellt, von denen zwei an dem die Glocke tragenden, hinteren Schiffsende angeordnet sind, während der dritte im Vorschiff sitzt.

Die Frischluft, für die in der Glocke arbeitende Mannschaft wird durch einen Rotationskompressor mit 12 m³ minutlicher Ansaugleistung bei 1,75 atü geliefert, der von einem

E-Motor von 50 PS bei 980 U/min angetrieben wird. Für die Belieferung von Preßluftwerkzeugen und andere Zwecke dient noch ein weiterer Rotationskompressor mit ebenfalls 12 m³ minutlicher Ansaugeleistung bei 8 atü Betriebsdruck und Antrieb durch einen E-Motor von 100 PS bei 980 U/min.

Vor dem Aufsetzen der Pfähle liegt das Fahrzeug an vier Ankern mit Ketten und kann durch elektrisch angetriebene Ankerwinden in die gewünschte Stellung gebracht werden.

Zur Energie-Erzeugung dienen zwei Dieselmotore von je 325 PS bei 450 U/min, die je einen der Gleichstrom-Generatore von 200 kW bei 230 Volt antreiben. Sie stehen im Maschinenraum, in dem sich außerdem noch zahlreiche Hilfsmaschinen befinden.

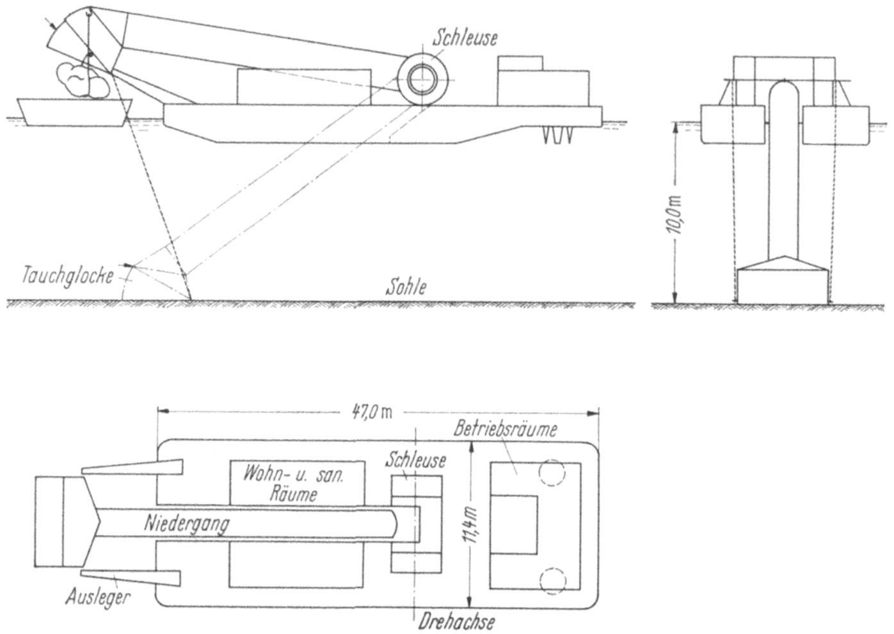

Abb. 375. Prinzipzeichnung des Tauchglockenschiffes „Carl Straat“ mit einer Tauchglocke am Ende eines schrägen Schachtes im Schlitz des Schiffskörpers

Im Jahre 1962 erteilte die Wasserstraßendirektion Duisburg der Orenstein-Koppel- und Lübecker Maschinenbau AG den Auftrag auf das selbstfahrende Taucherglockenschiff „Carl Straat“. Die von den früheren Glocken-Schiffen abweichende Bauart ist von der Wasserstraßendirektion Duisburg in Zusammenarbeit mit der LMG unter Mitwirkung der Typungsstelle Hamburg entwickelt worden. Eine Veröffentlichung darüber findet man in der Zeitschrift „Schiff und Hafen“ Heft 10, Oktober 1963.

Abb. 375 gibt eine Prinzipzeichnung und zeigt, daß hier die Glocke das Ende eines runden Schachtrohres bildet, das nach Art der Leiter eines Eimerkettenbaggers in einem Schlitz im Schiffskörper angeordnet ist und schwingbar um die als Drehgelenk ausgebildete Schleusenkammer durch verschiedene Neigung der jeweiligen Arbeitstiefe angepaßt wird.

Dabei ergeben sich folgende Vorteile:

1. Gegenstände, die vom Gewässergrunde entfernt werden sollen, können bis zu einem Gewicht bis zu 15 t mit der Glocke angehoben und über den Wasserspiegel gebracht werden, ohne daß das Schiff verholt oder ein Schwimmkran gebraucht wird.
2. An Uferböschungen, Kaimauern, Brückenpfeilern u. a. m. kann gearbeitet werden.
3. Brücken können meist ohne Abbau unterfahren werden.
4. Die Mannschaften können durch den schrägen Schacht, in dem sich eine Treppe befindet, bequem nach unten und wieder nach oben zur Schleusenkammer gelangen.

Abb. 376 zeigt einen Querschnitt durch die Taucheinrichtung, die aus dem Unterbau für den Schleusenkörper, dem Schleusenkörper, dem Schachtrohr und der Glocke besteht.

Die Unterkante der 70 t Gußballast enthaltende Glocke soll bei allen Tiefenlagen waagerecht bleiben. Deswegen ist sie mit dem Schachtrohr durch ein Gelenk verbunden, das von einem armierten Gummischlauch umgeben wird und dadurch wasserdicht ist. Durch einen Gelenkstab ist eine Parallelogramm-Führung geschaffen.

Der Schiffskörper besitzt die Abmessungen: $47 \times 11{,}4 \times 2{,}8$ m bei einem Tiefgang von etwa 1,6 m. Im Maschinenraum stehen die beiden Fahr-Dieselmotore von je 280 PS bei

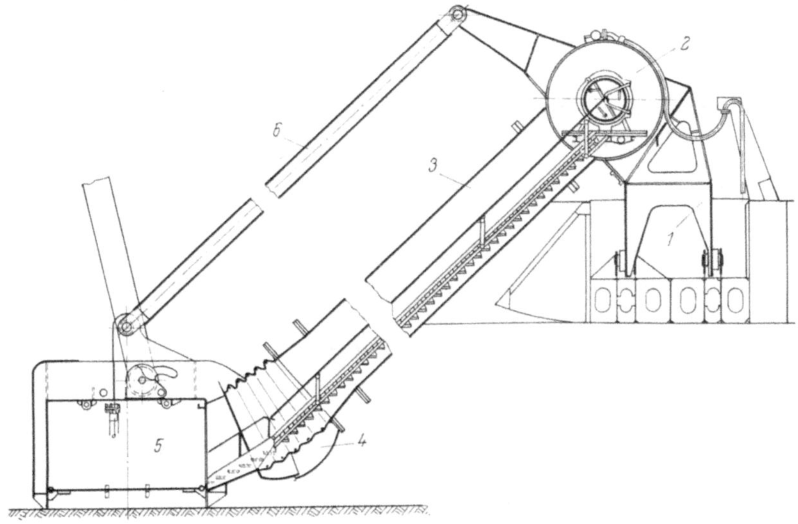

Abb. 376. Schnitt durch die Taucheinrichtung von „Carl Straat" mit Einstiegschleuse, schräg nach untenführendem Schacht und gelenkig angesetzter Tauchglocke bei Parallelführung durch eine Gelenkstange

1 Tragkonstruktion des Schleusenkörpers; *2* Schleusenkörper; *3* Schachtrohr; *4* Gelenk mit Schlauchumhüllung; *5* Glocke; *6* Parallelführungsstange

Abb. 377. Ansicht des Tauchglockenschiffes „Carl Straat" mit angehobener Tauchglocke, geeignet zum Unterfahren von Brücken von 9,20 m lichter Höhe über dem Wasserspiegel

1500 U/min, die über Extremultus-Siegling-Riemen und an das Schiffsende führende Wellen, die beiden Voith-Schneider-Propeller antreiben und dem Schiff eine Geschwindigkeit von 10 km/h geben.

Ein Drehstrom-Kompound-Generator von 230 kVA wird von dem einen Fahr-Dieselmotor und ein zweiter Generator für das Bordnetz von einem Dieselmotor von 190 PS bei 1000 U/min angetrieben. Außerdem ist ein Hafendiesel von 41 PS bei 1500 U/min mit einem Generator von 25 kVA aufgestellt. Die Generatoren versorgen die Antriebsmotore der Verdichter für Atemluft und Antriebsluft mit Strom, außerdem die Motore für zahlreiche Pumpen, die Deckswinden u. a. m. Die Besatzung des Schiffes besteht aus 11 Mann und ist in Wohnräumen mittschiffs untergebracht. Die Glocke mit den Abmessungen: 6×4×2,8 m bietet Platz für 10 Mann.

Abb. 377 zeigt eine Aufnahme des Schiffes mit angehobener Taucherglocke. In diesem Zustand können Brücken unterfahren werden, wenn ihre lichte Höhe über Wasser nicht weniger als 9,20 m beträgt.

6. Geräte für Aufrührbaggerung, Monitore zur Bodenlösung durch Hochdruckwasser. Trockenbagger für hydraulische Bodenförderung

Die Baggermethode, bei der man an einer die Schiffahrt störenden Untiefe Boden im Gewässergrunde aufrührt und die zum Schweben gebrachten Körner durch die Strömung forttragen läßt, ist sehr alt. Auf diese Weise wurde gearbeitet, als Bagger, die den Boden ausheben und mit besonderen Mitteln zur Ablagerungsstelle bringen, noch nicht herstellbar waren. Schon im Altertum hat man nach dieser *Aufrührmethode* gearbeitet und Kratzer, Eggen und ähnliche Werkzeuge mit Menschenkraft, Pferden oder auch Seilwinden über den Grund gezogen.

Der Mississippi läßt in seinem Oberlauf nach Hochwasser Bänke und Untiefen stehen, die für die Schiffahrt störend sind. Um hier Abhilfe zu schaffen, sind viele Verfahren versucht worden, darunter auch vor Aufkommen der Saugbaggerung verschiedene Arten der Aufrührmethode. Es wurden Holzrahmen, die mit Zähnen besetzt waren, wie Eggen, Förderschnecken, Walzen nach Art der Schaffußwalzen und andere Geräte, an Seitenraddampfern angesetzt und von ihnen in langsamer Fahrt über die zu beseitigenden Sandbarren geschleppt. Ihre Maschinenanlage diente zum Antrieb der Walzen, Schnecken usw. Es wird auch von einem Fahrzeug berichtet mit zwei Schraubenpropellern von 5 m Durchmesser, von denen je einer vorne und hinten angeordnet war. Dabei ließ sich das Fahrzeug durch Wasserballast auf den Tiefgang bringen, bei dem die Propeller die richtige Lage hatten. Druckwasser ist ebenfalls zur Aufrührung verwendet worden. Die Aufrührbaggerung kann nur bei feinkörnigen Bodenarten Erfolg haben, wie bei Feinsand und Schluff, zudem muß die erforderliche Strömungsgeschwindigkeit vorhanden sein, damit die Körner fortgetragen werden. Oftmals lagern sie sich jedoch an unerwünschten Stellen wieder ab. Man ist infolgedessen auf dem Mississippi von der Aufrührbaggerung abgegangen und benutzt jetzt Saugbagger, deren schwimmende Rohrleitungen das Material an Stellen weiterfördert, von denen es nicht wieder ins Fahrwasser gelangt. Zur Bodenlockerung wird teils der Schneidkopf, teils der Dustpan-Rüssel benutzt. Die Baggergeräte, die in Band I, Kapitel G beschrieben wurden, haben eigenen Antrieb und können an die Stellen fahren, an denen ihr Einsatz notwendig ist.

Abb. 378. Heck des Stromräumbootes, Bauart Köster mit zwei absenkbaren Aufrührpropellern

Man verwendet aber die Aufrührbaggerung in abgewandelter Weise bei Hoppersaugern, wenn sie feinkörniges Material zu baggern haben, das sich im Laderaum schlecht absetzt. Man läßt die Mischung über die Laderaumkante weiter überlaufen oder läßt die Klappen geöffnet, solange die Strömung das Material wegträgt. Vor den Seehäfen, herrschen teilweise sehr starke Gezeitenströmungen, an der Mündung der Seine beispielsweise bis zu 5 Knoten = 2,58 m/sec. Wenn dann die Strömung so verläuft, daß sie das Material aus dem Fahrwasser heraus an Stellen bringt, an denen das Absetzen der Körner erwünscht ist, dann ist diese Art von Aufrührbaggerung einfach und wirksam. Allerdings herrscht die günstige Strömung immer nur zeitweise vor, so daß man bei nachlassender Strömungsgeschwindigkeit, wieder zur Füllung des Laderaumes und damit zum Umlaufverfahren

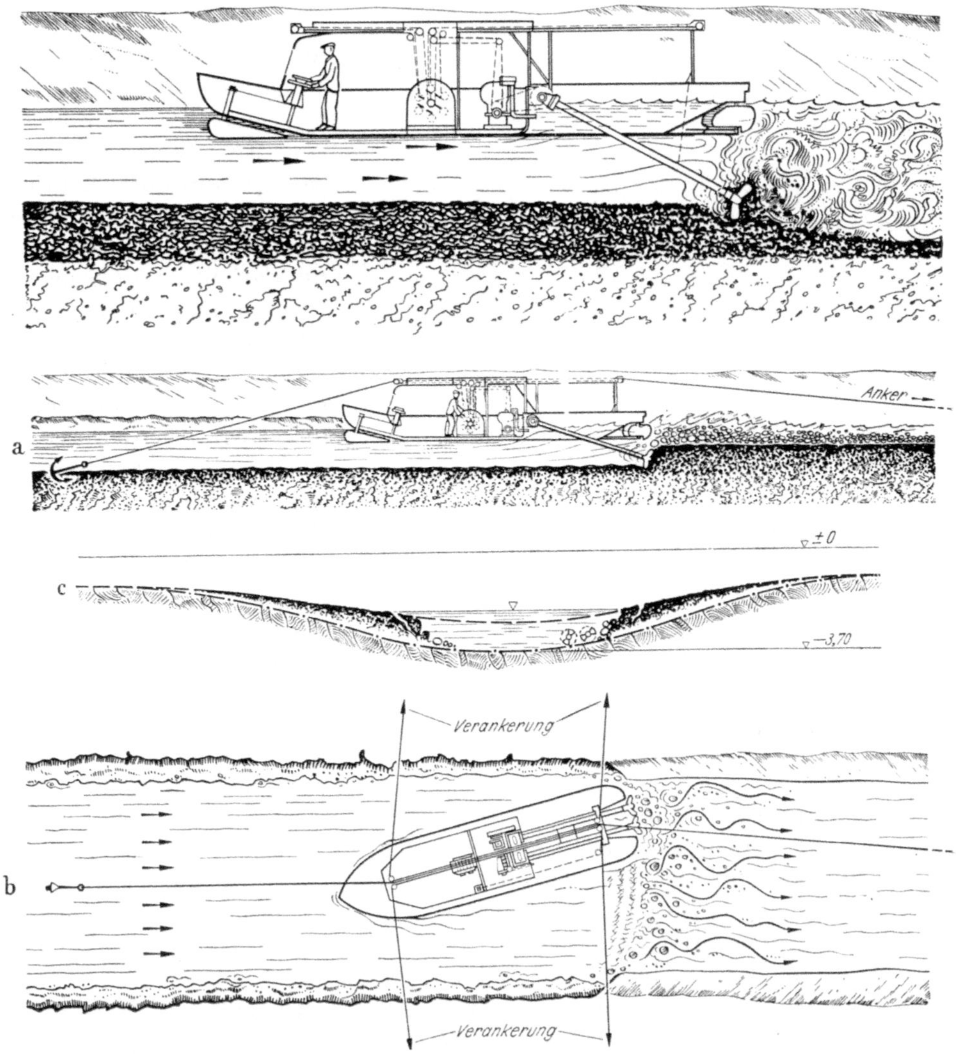

Abb. 379. Ausräumen einer Fahrrinne durch das Stromräumboot, Bauart Köster unter Verholen durch Winden

übergehen muß. Das Aufrührverfahren setzt eine genaue Überwachung der Strömungsverhältnisse voraus, da eine geringe Änderung in der Korngröße oder Richtung und Geschwindigkeit des Stromes sehr ungünstige Wirkungen haben kann und das Material an Stellen bringt, an denen seine Ablagerung durchaus unerwünscht ist.

In Deutschland wird an manchen Stellen in kleinem Maßstabe mit dem *Stromräumboot*, Bauart Köster nach der Aufrührmethode erfolgreich gearbeitet. Abb. 378 zeigt das Heck dieses Bootes mit den Abmessungen 11,5×3,4×1,0 m und einem Tiefgang von 0,8 m. Eingebaut ist ein Dieselmotor von 60 PS, der über Keilriemen und ein Getriebe die beiden auf der Abbildung erkennbaren Schrauben antreibt. Diese können bis auf eine Wassertiefe von 3 m abgesenkt werden und sind so gestaltet, daß sie den Boden dann aufrühren. Nach Abb. 379 liegt das Boot dabei vor sechs Ankern, deren Drahtseile auf die an

Bord befindliche Windenanlage führen. Mit ihr kann das Boot so bewegt werden, daß die beiden Schrauben den Grund aufrühren und die Fahrrinne auf die gewünschte Tiefe bringen. Werden die beiden Propeller so hoch angehoben, daß sie gerade noch unter dem Wasserspiegel bleiben, dann kann das Boot nach Einholen der Anker mit ihnen fahren und wird durch drei Ruder, zwei hinten und eins vorne, gesteuert.

Die Ertragsleistung hängt von der Bodenart und der Geschwindigkeit der Strömung ab. Abb. 380 gibt ein Diagramm wieder, bei dem über der Stromgeschwindigkeit als Abszisse die Ertragsleistung in m³/h für die verschiedenen Bodenarten aufgetragen ist. Man erkennt, daß bei einer Stromgeschwindigkeit von 0,75 m/sec in mittelfeinem Sand 40 m³/h und bei Schlick mit etwa 20% Feinsandanteil etwa 80 m³/h zu erreichen sind. Das Boot arbeitet vorwiegend bei Ebbstrom in Fahrwasserrinnen für die Kleinschiffahrt, aus denen die aufgeführten Bestandteile in größere Flüsse kommen, in denen sie weitergetragen werden und schon wegen ihrer geringen Menge unschädlich sind. Auch im Bereich der Wattenmeere arbeitet man mit dem Stromräumboot.

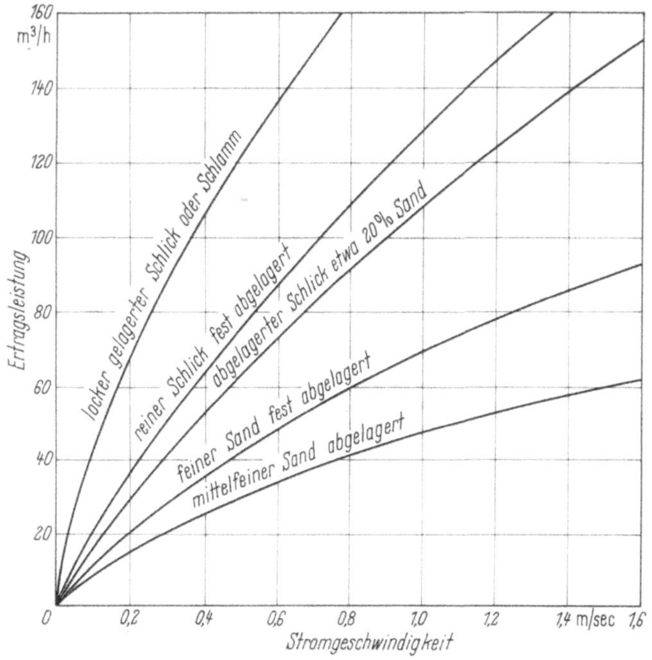

Abb. 380. Ertragsleistung in m³/h des Stromräumbootes Bauart Köster bei verschiedenen Bodenarten in Abhängigkeit von der Stromgeschwindigkeit

Auch dieses Beispiel zeigt, daß die Aufrührbaggerung wohl eine einfache Methode ist, ihre Wirksamkeit aber in sehr engen Grenzen liegt. Ihre Anwendung kann in Sonderfällen erwogen werden, wenn z. B. unter einer Brücke eine Untiefe zu beseitigen und das Ansetzen eines anderen Baggergerätes wegen der geringen verfügbaren Höhe nicht möglich ist. Dafür wäre eine starke Strömung unter einer Brücke sehr hinderlich, während sie für die Aufrührbaggerung, die möglicherweise mit Druckwasserdüsen durchgeführt wird, gerade günstig ist. Man kann in Kauf nehmen, daß der Boden an der Ablagerungsstelle mit einem anderen Baggergerät wieder aufzunehmen und erst dann an die endgültige Ablagerungsstelle zu bringen ist.

Hydro-Erdbau. Man bezeichnet als Hydro-Erdbau (Englisch Hydraulicking) eine Bodenbewegung nach Abb. 381, bei der ein *Hochdruck-Wasserstrahl* gegen einen Bodenrücken gerichtet wird. Der Strahl weicht den Boden teilweise auf und spült ihn herunter. Das Bodenmaterial wird, wenn nötig, durch weiteren Wasserzusatz zu einem Gemisch aufbereitet, das in abfallenden Rinnen oder Rohren zu einer Baggerpumpenstation weitergeführt wird. Diese Art der Bodenbewegung wird in Amerika und Rußland im Bergbau, ferner beim Bau von Dämmen, Talsperren usw. angewendet. Wenn es auch keine Naßbaggerung im eigentlichen Sinn des Wortes ist, so hängt sie doch mit ihr zusammen und soll hier behandelt werden, um das Zusammenarbeiten von Naßbaggern und Trockenbaggern zu zeigen.

Abb. 382 zeigt einen sog. *Hydro-Monitor*, eine auf Gleitkufen gesetzte drehbare und um ein Kugelgelenk schwenkbare Düse. Sie hat eine Austrittsöffnung von 75 mm Durchmesser für den Hochdruck-Wasserstrahl und wiegt etwa 200 kg. Sie kann versetzt werden und richtet den Strahl so gegen die abzuspülende Wand, daß der Niederbruch mit möglichst wenig Aufwand an Hochdruck-Wasser erreicht wird. Das Wasser wird von einer Pumpenanlage auf Druck gebracht und dem Kniestück des Monitors mit 300 mm Nennweite zugeführt. Zwischen ihm und dem oberen Kniestück sitzt ein Drehgelenk, mit dem die Düse um 360° geschwenkt werden kann. Das weiterhin eingeschaltete Kugelgelenk ermöglicht

Abb. 381. Abtrag eines Hügelrückens durch Aufspritzen eines Strahles von Hochdruckwasser

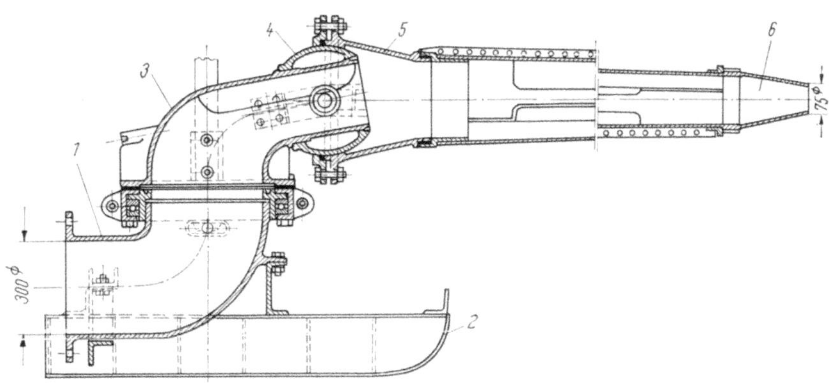

Abb. 382. Hydromonitor eine auf Kufen gesetzte drehbare und schwenkbare Düse für Auswurf eines Hochdruckwasserstrahles

1 Unteres Kniestück mit Rohranschluß; *2* Gleitkufen als Unterbau; *3* Oberes Kniestück um 360° drehbar; *4* Kugelgelenk für Schwenkung um 10°; *5* Übergangsstück; *6* Auswurfdüse

eine Schwenkung um etwa 10° nach allen Seiten, womit der Strahl auch in die gewünschte Höhenlage gebracht werden kann. An das Kugelgelenk ist ein langes, schwach konisches Übergangsstück angeschlossen, an dem die eigentliche Düse befestigt ist. Der Durchmesser der Düsenöffnung ist $1/4$ von dem des Zuführrohres, in dem die Wassergeschwindigkeit nicht über etwa 2 m/sec ansteigen soll, um keinen hohen Verlust an dem von den Pumpen aufgebrachten Druck zu erleiden.

Die Tabelle 29 gibt für die verschiedenen Bodenarten in Spalte A an, welche Wassermengen zur Lösung von 100 m³ erforderlich sind und in Spalte B den ungefähren Pumpendruck. Spalte C enthält den ungefähren Aufwand an *Antriebsleistung* für die Hochdruck-

Tabelle 29. *Wasserzusatzzahl, Pumpendruck und Leistungsaufwand zur Lösung verschiedener Bodenarten mit Druckwasser-Strahlen über Wasser*

		A Erforderliche Wassermenge für Lösung von 100 m³ Boden m³	B Pumpendruck kg/cm²	C Aufwand an Antriebsleistung für Bodenertrag von 100 m³/h PS
1	Sand	300—600	2—4	60
2	Lockerer Löß mit Sandgehalt	500—700	4—6	140
3	Fester Löß mit Lehmgehalt	800—1000	6—8	300
4	Fester Lehm mit Kies	900—1200	8—10	440
5	Fester Ton mit Kies oder Geröll	1000—1500	9—12	600

pumpen, deren Wirkungsgrad mit 0,8 angenommen ist. Für die Lösung von Sand genügen schon Strahlgeschwindigkeiten von 10 bis 12 m/sec, die von dem Monitor der Abb. 382 bei einem Düsendurchmesser von 75 mm und dem in der Tabelle angegebenen Druck erreicht werden. Für Lehmböden werden Strahlgeschwindigkeiten von 12 bis 18 m/sec, für Torf 18 bis 20 m/sec, für Ton mittlerer Stärke 20 bis 25 m/sec und für festen Ton 25 bis 35 m/sec gebraucht.

Das Druckwasser wird den Monitoren durch eine Rohrleitung von 300 mm von der Pumpenanlage zugeführt, die an einer nicht mehr als etwa 500 m entfernten Wasserentnahmestelle liegt. Die einzelnen Pumpen haben Förderhöhen von etwa 40 m, was für die lockeren Bodenarten der Tabelle genügt. Für die schwerer lösbaren Böden werden mehrere Pumpen hintereinandergeschaltet, um auf den erforderlichen Druck zu kommen.

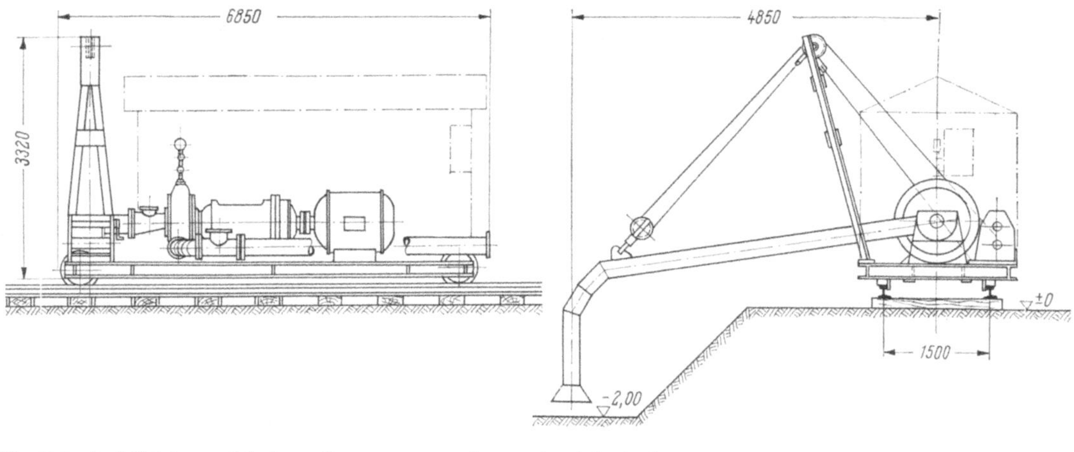

Abb. 383. Auf Schienen fahrbare Baggerpumpanlage mit elektrischem Antrieb mit 250 mm Druckrohrweite

Das Wasser, das den Boden gelöst hat, trägt auch zu seiner Förderung von der Lösungsstelle zur Baggerpumpe bei, die in offenen Rinnen bei einem Gefälle von 5 bis 10% möglich ist. Meist genügt aber diese Wassermenge nicht, so daß Zusatzwasser erforderlich ist.

Eine auf Schienen fahrbare Baggerpumpenanlage mit Elektro-Antrieb und einem an einem Ausleger hängenden Saugrüssel zeigt Abb. 383. Der Druckrohrdurchmesser beträgt 250 mm und die Leistung des Antriebsmotors etwa 200 PS. Bei 27 m Förderhöhe ist bei einer Gemischmenge von 700 m³/h entsprechend einer Fördergeschwindigkeit von etwa 4 m/sec eine Förderweite von ungefähr 500 m zu erreichen, wenn keine geodätische Förderhöhe zu überwinden ist. Bei einer Konzentration von 15% ergibt das eine Bodenmenge von ~ 100 m³/h.

Abb. 384 zeigt eine gleichfalls auf Schienen fahrende, etwas anders ausgebildete Baggerpumpenanlage von großer Reichweite. Das Saugrohr mit einem Durchmesser von 300 mm hat zwei Gelenke ähnlich wie die Saugarme eines Hoppersaugers und ermöglicht eine Saugentfernung bis zu 27 m von der Mitte des Gleises, dessen Schienen 3,3 m von einander entfernt sind. Ein Gegengewicht sitzt auf der dem Saugrohrausleger entgegengesetzten Seite. Je nach der gewünschten Förderweite beträgt die Antriebsleistung für die Baggerpumpe 200 bis 300 PS und mehr.

Bei den beschriebenen schienenfahrbaren Baggerpumpenanlagen liegt die Pumpenmitte über dem Wasserspiegel, eine geodätische Saughöhe ist dadurch gegeben. Es müssen also

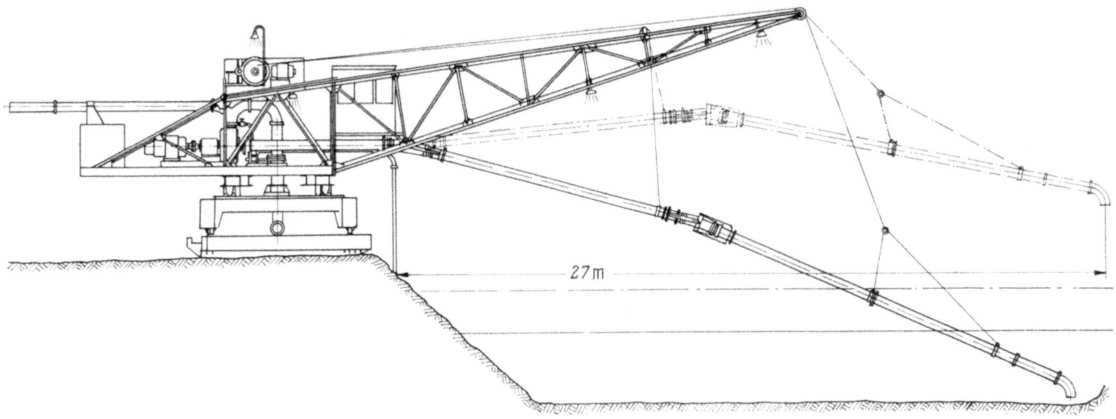

Abb. 384. Schienenfahrbare, elektrisch angetriebene Baggerpumpanlage mit gelenkigem Saugarm und großer Reichweite

besondere Einrichtungen vorgesehen sein, um das Ansaugen zu erreichen, ähnlich wie bei einem Schutensauger.

Fehlt das natürliche Gefälle von der Niederbruchstelle zur Baggerpumpe, dann muß man zur Förderung in geschlossener Rohrleitung übergehen und schaltet meist der Einfachheit halber statt einer weiteren Baggerpumpe einen *Hydro-Elevator* nach Abb. 385 ein. Der Elevator saugt das an der Niederbruchstelle entstehende Gemisch an, gibt ihm zusätzliches Wasser und bringt es nach dem Injektor-Prinzip auf den Druck, der für die Zuführung zur Baggerpumpe erforderlich ist. Er hat aber einen sehr schlechten Wirkungsgrad, besonders dann, wenn die verlangte Drucksteigerung groß ist. Außerdem muß das erforderliche Wasser zur Verfügung stehen.

Die Hydrobaggerung in der geschilderten Form hat den Vorzug der Einfachheit infolge Fortfalles schwerer Maschinen an der Niederbruchstelle. Gewöhnlich spritzt man nach Abb. 381 die Wand, von unten an, greift sie mitunter aber auch von oben an oder arbeitet nach einem Kombinationsverfahren. Oft überwiegen die Vorteile den Nachteil des hohen Aufwandes an Antriebsleistung für die Hochdruckpumpen, wenn als Kraftquelle billige Elektrizität und genügend Wasser in nicht allzu großer Entfernung zur Verfügung steht.

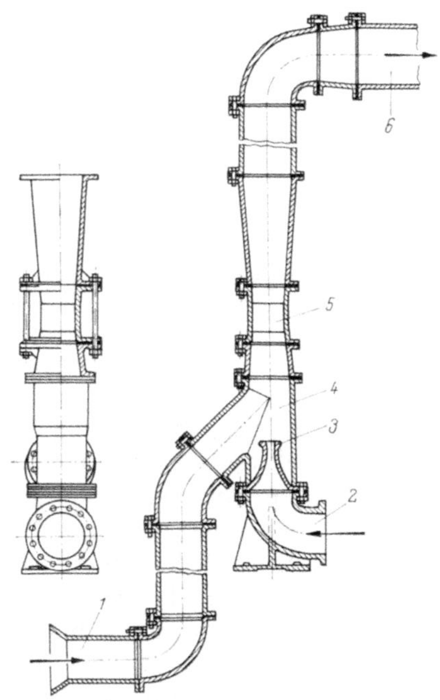

Abb. 385. Hydro-Elevator zur Gemischförderung vom Orte der Bodenlösung zur Baggerpumpanlage

1 Ansaugrohr; *2* Treibwasser-Eintritt; *3* Treibwasser-Düse; *4* Mischkammer; *5* Verengungsstück; *6* Druckrohr

In den USA sind Großanlagen betrieben worden mit Düsen von 150 mm Durchmesser und Auswurfsgeschwindigkeiten von 40 bis 50 m/sec mit Abtragshöhen von 100 m. Es wird sogar über Abtragshöhen von 250 m mit einem Düsendruck von 25 kg/cm² und einer Auswurfsgeschwindigkeit von 70 m/sec berichtet.

In vielen Fällen ist es aber doch zweckmäßig, den Bodenabtrag *mechanisch* und nur die Förderung hydraulisch vorzunehmen. Nach Abb. 386 schüttet ein Greifer seinen Bodeninhalt in einen Behälter, dem durch eine bewegliche Düse Zusatzwasser zugeführt wird. Das erzeugte Gemisch wird durch eine Baggerpumpe abgesaugt und zur Ablagerungsstelle gebracht. Der Mischbehälter und die Baggerpumpe mit Antriebsmotor sind auf Kufen gesetzt und werden verzogen, sie können also dem Baggerfortschritt folgen. Die Baggerpumpe hat einen Saugrohrdurchmesser von 250 mm, einen Druckrohrdurchmesser von 225 mm und einen Kreiseldurchmesser von 615 mm. Sie erhält ihren Antrieb durch einen Dieselmotor von 140 PS bei 1400 U/min unter Einschaltung eines Keilriemens, der die Drehzahl der Pumpe auf 850 U/min bringt. Der Förderstrom beträgt ungefähr 600 m^3/h, die Förderhöhe kann bis auf 30 m gesteigert werden.

Das Zusatzwasser kommt von einer Kreiselpumpe, die im Bereich eines Gewässers arbeitet und am besten schwimmend aufgestellt wird, um sich wechselndem Wasserstand

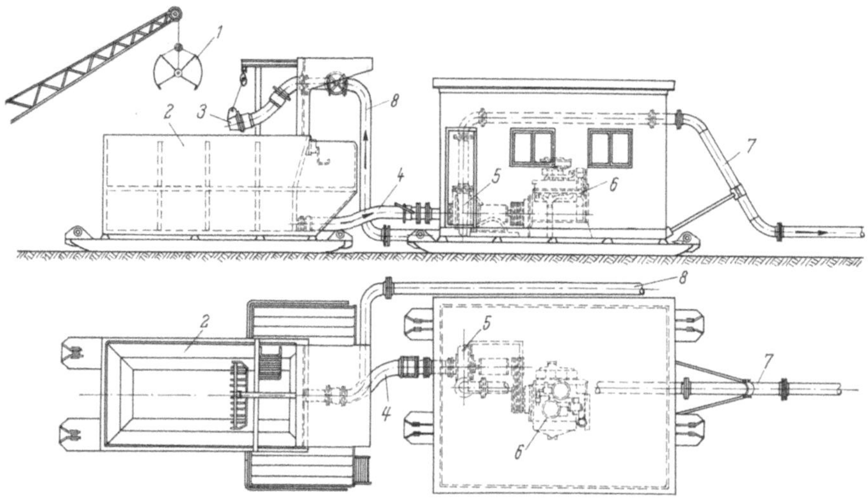

Abb. 386. Baggerpumpenanlage mit angehängtem Behälter, in dem vom Greifer geschütteter Boden mit Zusatzwasser gemischt wird, auf Kufen versetzbar

1 Greifkorb eines Trockenbaggers; *2* Mischbehälter; *3* Düse für Zusatzwasser; *4* Saugleitung der Baggerpumpe; *5* Baggerpumpe; *6* Dieselmotor, zum Antrieb der Baggerpumpe mit Keilriemen; *7* Druckleitung der Baggerpumpe; *8* Rohrleitung für Zusatzwasser

ohne unzulässige Steigerung der Saughöhe anzupassen. Sie hat im vorliegenden Falle einen Druckrohrdurchmesser von 250 mm und fördert 500 m^3/h auf etwa 20 m Druckhöhe mit direktem Antrieb durch einen Motor von 50 PS bei 1500 U/min. Die Entfernung von der schwimmenden Zusatzpumpenanlage bis zum Aufgabenbehälter der Baggerpumpe liegt zwischen 50 bis 200 m. Der Bodenertrag der Anlage beträgt etwa 100 m^3/h, entsprechend einem 5fachen Wasserzusatz, der bei dieser Arbeitsweise meist leicht einzuhalten ist und je nach der Bodenart noch unterschritten werden kann. Die Pumpe braucht nicht wie beim Grundsaugen den Boden zu lösen, da das der Bagger und das Zusatzwasser durchführen. Der Unterdruck beträgt daher nur 1 bis 2 m gegen 5 bis 7 m und mehr beim Saugen aus dem Grund. Der Greiferbagger würde bei einem Greiferinhalt von 0,75 m^3 etwas mehr als 2 Spiele je Minute machen müssen um die erforderliche Bodenmenge zu liefern. Günstig ist es, wenn der Boden, der in Klumpenform anfällt, sich so weit im Auffangbehälter löst, daß das Gemisch von selbst pumpfähig wird. In der Abb. 386 ist noch ein Rechen erkennbar, der vor der Saugleitung der Baggerpumpe gesetzt ist und für Sand oder sandigen Boden genügt. Hat man festere bindige Bodenarten, tonig oder lehmig mit Wurzelwerk, so muß eine Zerkleinerung vorgenommen werden, für die sich mechanische Schneidwerke im allgemeinen nicht bewährt haben. Man läßt deswegen den Boden aus dem Grabgefäß auf einen schrägliegenden Rost fallen und spritzt mit einem Druck von etwa 4 kg/cm^2 Wasser aus mehreren Düsen, die an Hochdruckschläuchen sitzen und bewegt werden müssen, damit die Wasserstrahlen nicht nur einzelne Löcher bohren, sondern die Klumpen ganz zerlegen und pumpfähig machen. Befinden sich Steine oder andere große Fremdkörper im Boden, dann müssen die Roststäbe einen solchen Abstand haben, daß nur Teile hindurchgehen, die der Pumpe nicht schaden. Die anfallenden gröberen Bestand-

Abb. 387. Baggerpumpe mit Dieselantrieb auf Fahrgestell mit gummibereiften Rädern mit gleichfalls fahrbarer Mischbehälteranlage

Abb. 388. Zwei Raupenbagger entleeren ihre Schürfkübel in den fahrbaren Mischbehälter zwecks hydraulischer Förderung des Bodens durch eine fahrbare Baggerpumpenanlage

teile müssen gelegentlich durch Öffnen einer Klappe entfernt und abgefahren werden. Das Fassungsvermögen des Mischbehälters muß genügend groß sein, damit der Wasserspiegel in gleicher Höhe bleibt. Eine Vorrichtung, die den Auslaufquerschnitt der Zusatzwasserdüse verändern läßt, ist vorteilhaft.

Vielfach werden derartige bewegliche Baggerpumpenanlagen auch mit gummibereiften Rädern versehen, um sie noch leichter verfahren zu können, wie Abb. 387 zeigt. Man erkennt rechts den Dieselmotor und links die über ein Getriebe mit ihm verbundene Baggerpumpe mit dem über das Dach des Dieselmotors geführten Druckrohr. Mit dem Pumpenwagen verbunden ist der links erkennbare Behälterwagen mit einem überdachten Bedienungsstand.

Abb. 388 zeigt die gleiche Anlage, in deren Behälter zwei Eimerseil-Raupenbagger ihre Schürfkübel entleeren. Da der Schwenkwinkel klein ist und keine Pausen durch Fahrzeugwechsel entstehen, können mehr als zwei Spiele in der Minute gemacht werden. So kann ein Bagger mit einem Schürfkübel von 1,5 m³ Fassungsvermögen eine Ertragsleistung von 180 m³/h erreichen.

Die hydraulische Förderung von Boden, der von Trockenbaggern gewonnen ist, bedingt Wasserzusatz und vergrößert die Fördermenge nicht unerheblich. Wenn man aber in der Nähe von Wasser arbeitet und die Herstellung und Unterhaltung von Straßen oder Schienenwegen schwierig ist, kann die Methode wirtschaftlich sein, besonders wenn die Gefahr der Überflutung des Geländes durch Hochwasser besteht.

Literatur

International Navigation Congress Stockholm 1956 Sektion II
Prospekt der Atlas Copco, die Überlagerungs-Bohrmethode.
Drucksachen der Drägerwerke, Lübeck.
ALFJOROW: Die Technik der hydromechanischen Erdbewegung.
Ports and Dredging, Zeitschrift der IHC-Holland.

T. Schlußkapitel

1. Messungen von Gemisch- und Bodenmengen bei Saugbaggern und Spülern

Messungen auf Schwimmbaggergeräten während des Betriebes mit Bordmitteln besitzen besonderen Wert. Das Bordpersonal kann nämlich die Messungen vornehmen, wenn die Bodenverhältnisse und die übrigen Bedingungen in der gewünschten Form vorliegen. Dagegen trifft ein Ingenieur, der mit Laboratoriumsgeräten arbeiten will, vielfach die Vorbedingungen nicht an. Es ist deshalb notwendig, die Besatzung über die Durchführung der Messungen zu unterrichten, damit sie nicht nur als Störung des Betriebes angesehen werden.

Andererseits sind manchmal Messungen nicht möglich, weil infolge von ständigen Betriebsunterbrechungen und Zwischenfällen ein Beharrungszustand nicht erreicht wird. Es genügt nicht, unter künstlich für einige Zeit konstant gehaltenen Bedingungen befriedigende Ergebnisse festzustellen, wenn ein störungsfreier Dauerbetrieb nicht zu erreichen ist. Man muß vielmehr versuchen, die Störungsursachen zu beseitigen.

Zum Messen des *Förderstromes* reinen Wassers der Baggerpumpen von Schwimmbaggern mit Grundsauge- oder Schneidkopfeinrichtung hievt man das Saugrohrmundstück so hoch, daß keine Luft, aber Beutel mit roter Farbe, Kohlestücke u. dgl. angesaugt werden und mißt die Zeitspanne, die bis zum Austritt des Kontrollmittels auf dem Spülfeld vergeht.

Bei einer Förderweite von 1600 m und einer Geschwindigkeit von 4 m/sec beträgt die Durchlaufzeit 1600/4 = 400 sec = 6 min 40 sec. Durch Multiplikation der Geschwindigkeit mit dem Querschnitt der Rohrleitung erhält man dann den Förderstrom.
Aber nur bei feinkörnigem Boden und schwebender Mitnahme des Fördergutes erhält man durch die Zeitmessung die wahre Gemischgeschwindigkeit. Bei Kiesförderung mit teilweise rutschender Mitnahme des Feststoffes, ergibt die Messung nur die größere Geschwindigkeit des Feinmaterials im oberen Teil der Rohrleitung, so daß eine Errechnung der Gemischmenge nicht möglich ist.

Sollen nach einer Werftreparatur Förderstrom und Förderhöhe einer Baggerpumpe mit Wasser gemessen werden, setzt man nach Abb. 389 Drosselscheiben vor den Rohraustritt. Bei einer Pumpe von 500 mm Druckrohrdurchmesser, die bei 4 m/sec Fördergeschwindigkeit im Druckrohr, also bei einem Förderstrom von 785 l/sec am Manometer einen Druck von 5,7 kg/cm² anzeigt, geht der Manometerdruck auf 5,0 kg/cm² zurück bei

7 m statischer Förderhöhe. Die Austrittsgeschwindigkeit v_a läßt sich bei Vorsatz einer Drosselscheibe und Vernachlässigung von Verlusten aus der Gleichung berechnen:

$$v_a^2/2g - 4^2/2\,g = v_a^2/2\,g - 0{,}82 = 50 \text{ m}$$

$$v_a^2 = (50 + 0{,}82) \cdot 2\,g = 1000$$

$$v_a = 31{,}6 \text{ m/sec.}$$

Der Querschnitt f des Strahles ergibt sich hierbei aus der Gleichung:

$$f \cdot 316 = 785 \qquad f = 785/316 = 2{,}48 \text{ dm}^2.$$

Mit einem Kontraktionsfaktor von 0,6 erhält man einen Lochquerschnitt von $2{,}48/0{,}6 = 4{,}13$ dm² mit dem dazugehörigen Lochdurchmesser von 230 mm.

Die Auswurfsgeschwindigkeit läßt sich auch nach der *Auswurfsparabel* errechnen. Bei 7 m Fallhöhe beträgt die Zeit t bis zum Auftreffen eines Strahlelementes auf den Wasserspiegel, der Gleichung $7 = \frac{1}{2} \cdot g \cdot t^2$, nach $t = \sqrt{14/g} = 1{,}195$ sec. Die Auswurfsweite a würde dann mit $v_a \cdot 1{,}195 = 31{,}6 \cdot 1{,}195 = 37{,}8$ m gemessen werden. Band I, Kapitel H enthält die Formel zur unmittelbaren Bestimmung der Auswurfsgeschwindigkeit mit $v_a = a \cdot \sqrt{g/2\,b}$. Bei der Auswurfsweite $a = 37{,}8$ m und der Fallhöhe $b = 7$ m wird

$$v_a = 37{,}8 \cdot \sqrt{9{,}81/14} = 31{,}6 \text{ m/sec.}$$

Schließt man eine Saughöhe von 3 m ein, ergibt sich eine gesamte Förderhöhe von 60 m WS und eine *hydraulische Leistung* von $785 \cdot 60/75 = 626$ PS auf Wasser bezogen.

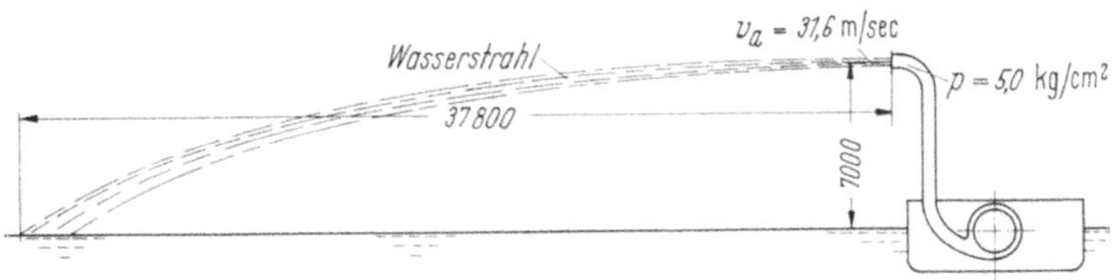

Abb. 389. Auswurf eines Wasserstrahles aus dem 7 m über der Wasserlinie gelegenen Loch einer Drosselscheibe mit einer Geschwindigkeit von 31,6 m/sec und einer Wurfweite von 37,8 m

Um den Wirkungsgrad zu ermitteln, muß man die Leistung der Antriebsmaschine kennen, die man früher bei der Dampfmaschine durch Indizieren feststellte. Beim Dieselmotor ist dieses Verfahren praktisch nicht möglich und auch eine Leistungsschätzung nach Messung von Brennstoffverbrauch und Abgastemperatur umständlich und unsicher. Zweckmäßig ist es, auf dem Motorenprüfstand eine Kurve nach Abb. 42 dieses Bandes aufzunehmen, bei der unter gleichbleibender voller Brennstoffzufuhr im gesamten Drehzahlbereich das Drehmoment gemessen wird. So erhält man für jede Drehzahl die entsprechende Motorenleistung.

Es wird angenommen, daß bei der Drosselscheibe mit einem Lochdurchmesser von 230 mm die Nenndrehzahl von 380 U/min und dabei die Nennleistung von 1000 PS entwickelt worden ist. Dann beträgt der Wirkungsgrad $626/1000 = 62{,}6\%$. Der niedrige Wert entspricht der niedrigen spezifischen Drehzahl.

Durchfährt man unter Einbau von Drosselscheiben mit immer größerem Lochdurchmesser die ganze Kurve gleicher Steuerstellung, bei der unter gleichbleibender Brennstoffzufuhr die Drehzahl ständig abfällt, dann kommt man bei 300 U/min auf einen Punkt mit einem Förderstrom von 1400 l und einer Förderhöhe von 33 m, entsprechend einer hydraulischen Leistung von 617 PS. Die Motorenleistung beträgt bei gleichbleibendem Drehmoment $1000 \cdot 300/380 = 790$ PS, der Wirkungsgrad steigt auf 79%, was erfahrungsgemäß der Erhöhung der spezifischen Drehzahl entspricht. Bei einem Förderstrom von 1400 l/sec beträgt die Geschwindigkeit im Druckrohr 5,15 m/sec. Bei der Förderhöhe von 33 m ergibt sich bei Annahme einer Saughöhe und eines Reibungsverlustes von zusammen 5 m an der Austrittsstelle eine Druckhöhe von 33 − 5 − 7 − = 21 m und die Austrittsgeschwindigkeit $v_a = 21{,}5$ m/sec.

Bei einem Förderstrom von 1400 l/sec errechnet sich ein Strahlquerschnitt von 1400/215 = 6,52 dm². Bei einer Kontraktion von 0,6 wird der Lochquerschnitt 6,38/0,6 = 10,85 dm² und der Lochdurchmesser ∼ 370 mm. Die Förderhöhen der Baggerpumpen erhält man, wenn man den Unterdruck am Saugrohreintritt und den Druck am Austritt, an einer Stelle an der keine Wirbel mehr vorhanden sind, festgestellt und nach DIN-Vorschriften errechnet. Bei der sog. „Alten Holländer-Pumpe" waren Messungen wegen der Druckschwankungen am Druckrohraustritt aus dem Pumpengehäuse kaum möglich.

Beim Saugbagger mit Schutensaugeinrichtung (Spüler) kann man Messungen durch unmittelbares Leersaugen der Schute nur dann vornehmen, wenn die Förderpumpe arbeitet, ohne daß zeitweise Zusatzwasser in ihre Saugleitung gelangt. Andernfalls empfiehlt sich ein Verfahren, nach dem zunächst der Förderstrom der Zusatzpumpe bei verschiedenen Drehzahlen und Spritzdüsen durch Füllen der Schute gemessen wird.

Liegen die Kenndaten der Wasserzusatzpumpe fest, läßt man die Förderpumpe aus der vollen Schute saugen und setzt mit der Zusatzpumpe so viel Wasser zu, daß der Wasserspiegel der Schute in gleicher Höhe bleibt. Dann gleichen sich die Förderströme der Förder- und der Wasserzusatzpumpe. Die Werte können aus der Kennlinie für die Zusatzpumpe entnommen werden.

Man kann mit dieser Versuchsanordnung auch bei einer mit *Boden* gefüllten Schute Messungen vornehmen, läßt hierfür Baggerpumpe und Zusatzpumpe möglichst gleichmäßig ohne Drehzahländerung laufen und mißt die Zeit, in der der Boden abgesaugt wird. Bekannt sind dann die Menge des Zusatzwassers als Produkt aus der Entleerungszeit und dem aus der Kennlinie entnommenen Förderstrom, und die Bodenmenge im Laderaum der Schute, die man von der Entleerung durch Peilung festgestellt hat. Daraus ergeben sich das Verhältnis Wasser zu Boden und damit der Wasserzusatzfaktor und die Gemischmenge, die während der Entleerungszeit gefördert wurden.

Bei feinkörnigen Bodenarten gleicht die ermittelte Gemischmenge der Menge, die man durch Multiplikation der Rohrlängsgeschwindigkeit mit dem Rohrquerschnitt erhält.

Die Messung der Konzentration an Boden bzw. des Wasserzusatzes durch Auffangen von Gemisch in Meßgläsern ist nur bei Hoppersaugern an den Austrittsstellen des Beladerohres möglich und liefert sehr ungenaue und wechselnde Werte, abhängig von der Stelle des Gemischstrahles an der man das Meßglas ansetzt. Der Bodengehalt am Überlauf von Hoppersaugern schwankt örtlich und zeitlich, da der Überlaufverlust mit steigender Ladungsmenge bei feinkörnigen Bodenarten immer mehr zunimmt. In Band I, Seite 345 wurde ausgeführt, daß der Verlust am Überlauf mit beispielsweise 5% klein erscheinen mag, in Wirklichkeit aber bedeutend ist. Wenn die in den Laderaum gelangende Mischung einen Feststoffgehalt von 20% besitzt, dann geht $\frac{1}{4}$ von ihr mit dem Überlauf verloren. Die genaue Rechnung ergibt, daß bei Füllung eines Laderaumes von 1000 m³ Fassungsvermögen 265 m³ mit dem Überlauf wieder ins Fahrwasser gelangen. Bei amerikanischen Hoppersaugern wird in solchen Fällen bei Einsetzen des Überlaufes das Pumpen eingestellt und das spezifische Gewicht der Ladung festgestellt.

Die vorangehend beschriebenen Messungen mit Bordmitteln sind bei Hoppersaug- und Schneidkopfsaugbaggern heute kaum noch erforderlich, da alle neueren Geräte mit Einrichtungen für laufende Messungen der Gemischmenge und des Feststoffgehaltes ausgestattet sind. Eine gelegentliche Kontrolle der angezeigten Werte erscheint aber doch nicht überflüssig, da insbesondere die Feststoffanzeige unsicher ist.

Besonders hinzuweisen wäre noch auf den Überlaufverlust, der beim Beladen einer Schute durch einen Saugbagger mit feinkörnigem Material entsteht. Man sollte die Schutenbeladung mit feinkörnigem Material durch Saugbagger bei Korndurchmesser $< 0{,}13$ mm möglichst vermeiden.

2. Messung von Fahrzeuggeschwindigkeiten im Wasser und Pfahlzugkräfte von Schleppern

Die Geschwindigkeit von Schwimmgeräten wird wie bei Rollgeräten bestimmt, in dem man die Zeit für das Durchfahren einer Strecke von bekannter Länge mißt.

Im Fluß- oder Gezeitenstrom wird die Geschwindigkeitsmessung schwieriger. Man mißt dann erst *mit* dem Strom und dann *gegen* den Strom fahrend die Zeiten für das Zurücklegen einer bekannten Strecke.

Es gelten dabei folgende Bezeichnungen:

a Strecke an Land in m
t_1 Zeit für die Fahrt *mit* dem Strom in min
t_2 Zeit für die Fahrt *gegen* den Strom in min.

Hierbei ist $t_2 > t_1$

c die Stromgeschwindigkeit in m/min
v_s die gesuchte Geschwindigkeit des Fahrzeuges gegen das Wasser in m/min.

Bei der Fahrt *mit* dem Strom wird durch das *Wasser* in der Zeit t_1 die Strecke $a - c \cdot t_1$ zurückgelegt. Bei der Fahrt *gegen* den Strom wird durch das *Wasser* in der Zeit t_2 die Strecke $a + c \cdot t_2$ zurückgelegt. Es gelten folgende Gleichungen:

Fahrt mit dem Strom	Fahrt gegen den Strom
(1) $a - c \cdot t_1 = v_s\, t_1$	(5) $a + c \cdot t_2 = v_s\, t_2$
(2) $v_s = a/t_1 - c$	(6) $v_s = a/t_2 + c$
(3) $c = a/t_1 - v_s$	(7) $c = v_s - a/t_2$
(4) $t_1 = a/(v_s + c)$	(8) $t_2 = a/(v_s - c)$

Kennt man die Schiffsgeschwindigkeit v_s aus einer Messung in ruhigem Wasser, dann kann man die Stromgeschwindigkeit c aus den Gleichungen (3) oder (4) berechnen. Bei bekannter Schiffsgeschwindigkeit wird die Stromgeschwindigkeit c durch Treibenlassen eines Schwimmkörpers über der Strecke a ermittelt; dann kann man t_1 und t_2 aus den Gleichungen (4) oder (8) berechnen.

Für gewöhnlich hat man bei unbekannter Stromgeschwindigkeit aus den Durchfahrzeiten t_1 und t_2 die Schiffsgeschwindigkeit v_s zu ermitteln. Man addiert dann die beiden Gleichungen (2) und (6) und findet

$$2\, v_s = a/t_1 + a/t_2$$
$$v_s = 1/2\, (^a/t_1 + {}^a/t_2)$$

Die gesuchte Schiffsgeschwindigkeit durchs Wasser ist also das arithmetische Mittel aus den beiden gegen das Land gemessenen Geschwindigkeiten.

Beispiel; Es sei $a = 4800$ m, $t_1 = 20$ min, $t_2 = 30$ min
dann ist $v_s = 1/2\,(4800/20 + 4800/30)$ in m/min
$v_s = 1/2\,(240 + 160) = 400/2 = 200$ m/min
$v_s = 12$ km/h

Vielfach wird bei der Berechnung der Schiffsgeschwindigkeit aus den Zeiten t_1 und t_2 der Fehler gemacht, die doppelte Strecke durch die Summe der Fahrzeiten zu dividieren, also $\frac{9600}{20 + 30} = 192$ m/min $= 11{,}5$ km/h. Die so errechnete Schiffsgeschwindigkeit ist zu gering.

Ganz augenfällig wird der Fehler, wenn $t_2 = \infty$ wird, d. h. wenn der Schleppzug gegen den Strom keine Fahrt macht. Dann würde sich nach der falschen Rechnung die Geschwindigkeit durchs Wasser mit 0 ergeben, während sie in Wirklichkeit gleich der Stromgeschwindigkeit ist, also einen endlichen Wert hat.

Alle vorangegangenen Rechnungen sind nur richtig, wenn die Stromgeschwindigkeit, sowohl zeitlich, wie örtlich konstant bleibt. Ferner soll die Meßstrecke gerade bei gleichbleibendem Uferabstand sein. Da diese Bedingungen vielfach nicht genau zu erfüllen sind, bleiben die Meßergebnisse von Geschwindigkeiten, die durch Fahren mit und gegen den Strom gemessen werden, immer unsicher.

Starker Wind stellt einen weiteren Störungsfaktor dar. Wenn es sich um die Messung der Freifahrtsgeschwindigkeit eines Schleppers handelt, ist es wichtig zu wissen, welche Maschinenleistung dabei entwickelt wird, da diese fast stets unter der Nennleistung liegt.

Im Gegensatz zum Arbeiten eines Schleppers am Pfahl, bei dem der Motor bei vollem Drehmoment mit verminderter Drehzahl arbeitet, wird bei der Freifahrt unter Beibehaltung der Höchstdrehzahl vom Regler das Drehmoment herabgesetzt. Zweckmäßig ist es, für den Motor auf dem Prüfstand eine Kurvenschar nach Abb. 42 aufzunehmen, bei der als Abszisse die Drehzahl, der mittlere Druck bzw. die Brennstoffeinstellung als Parameter und die Leistung als Ordinate aufzutragen sind.

Ein Beispiel möge die Unsicherheit von Geschwindigkeitsangaben beleuchten. Der in Kapitel R des öfteren erwähnte Schlepper „Albatros" durchfuhr in Freifahrt an der Unterelbe eine Landstrecke von 1296 m mit dem Strom in 210 sec und gegen den Strom in 345 sec. Die richtige Errechnung ergibt $1/2 \cdot (1296/21 + 1296/345) = 4{,}97$ m/sec = 17,8 km/h. Das stimmt mit einer Messung in Rostock, die bei ruhigem Wasser auf einer langen mit Kilometerpfosten versehenen Strecke gut überein. Man erkennt, daß es bei der Fahrt mit und gegen den Strom über die kurze Meßstrecke von 1296 m auf Sekunden ankommt. Ist aber die Meßstrecke länger, dann ist wieder die Konstanz des Stromes kaum zu erreichen.

Bei diesem Schlepper wurde außerdem noch auf dem Nord-Ostseekanal, also auch auf ruhigem Wasser eine wesentlich höhere Geschwindigkeit gemessen. Das kam aber nur daher, daß der reichlich ausgelegte Motor durch entsprechende Bemessung der Propellersteigung seine volle Nennleistung bei der Schleppfahrt, bei der Freifahrt jedoch nicht erreichte. Wenn man durch Beeinflussung des Reglers die Drehzahl steigerte, konnte man in diesem Falle ohne unzulässige Überlastung eine wesentlich höhere Leistung herausholen und die Geschwindigkeit damit erhöhen. Man muß also bei Geschwindigkeitsangaben von Schiffen, besonders beim Vergleich von Fahrzeugen stets wissen, wie die Messungen zustande gekommen sind. Der Einfluß der Wassertiefe, Stärke und Richtung des Windes, wie im Kapitel L ausgeführt, sind ebenfalls bedeutend.

Auf einer Flußbaustelle mit starker Strömung wird man, wenn irgend möglich, die Baggerung so ansetzen, daß die vollen Schuten *mit* dem Strom und die leeren *gegen* den Strom geschleppt werden. Ein Beispiel mit einer Fahrstrecke von 10 km möge dies erläutern. Beträgt die Schleppgeschwindigkeit mit der vollen Schute 10 km/h und mit der leeren 12 km/h, dann würde bei stromlosem Gewässer die Vollfahrt 60 min und die Leerfahrt 50 min dauern, also ein Umlauf unter Vernachlässigung der Anlegezeiten 110 min. Läuft ein Strom von 6 km/h und läßt man die leere Schute gegen ihn laufen, dann wird die Zeit hierfür $10/(12 - 6) = 1{,}67$ h = 100 min und die Fahrzeit der vollen Schute mit dem Strom $10/(10 + 6) = 0{,}625$ h = 37,5 min, die Umlaufszeit also 137,5 min. Fährt aber die volle Schute gegen den Strom, dann braucht der Schleppzug hierfür $10/(10 - 6) = 2{,}5$ h = 150 min und für die Leerfahrt mit dem Strom $10/(12 + 6) = 0{,}555$ h = 33,5 min. Die Umlaufszeit ist also 183,5 min und damit 46 min länger. Man verliert bei der Bergfahrt 50 min und holt bei der Talfahrt nur 4 min wieder ein.

Trossenzug beim Arbeiten im Stand (Zugkraft am Pfahl). Im Kapitel R wurde über Schlepper dargelegt, daß die Zugkraft am Pfahl den Ausgangspunkt für die Berechnung der Trossenzugkraft bildet. Sie hat große Bedeutung, da sie die Wirksamkeit des Schleppers, die zu erreichenden Schleppgeschwindigkeiten bei verschiedenen Anhängen u. a. m. erkennen läßt, während die Angabe der PS-Stärke allein nicht viel aussagt. Zur Messung der Pfahlzugkraft wird die Trosse des Schleppers an einem Festpunkt, Dukdalben, Poller o. dgl. festgelegt, Nach Abb. 390 liegt der Schlepper in einer Schleusenkammer durch zwei sich gabelnde Trossen so fest, daß er nicht nach der einen oder anderen Seite ausschert. Das Dynamometer wird nach Abb. 391 unmittelbar am Schlepphaken vor der Gabelung eingesetzt. Es muß frei hängen. Die Trosse soll in waagerechter Richtung abgehen. Der

Meßbereich des Dynamometers darf nicht zu groß sein im Verhältnis zu dem zu messenden Zug, da im niedrigen Meßbereich die Angaben ungenau sind. Welcher Zug zu erwarten ist, läßt sich nach der im Kapitel R, Abschnitt 1 gegebenen Formel gut berechnen. Hiernach ist die Zugkraft am Pfahl

$$S_0 = D^{2/3} \cdot N^{2/3} \cdot 70$$

Es bedeuten:

S_0 die Zugkraft am Pfahl in kg
D der Durchmesser des Propellers in m
N_0 die am Pfahl entwickelte Leistung in PS.

Abb. 390. Schlepper bei der Messung des Trossenzuges im Stand unter Festlegung durch zwei Trossen in einer Schleusenkammer. Aufnahme Jastram

Man muß vorsichtig anfahren, da sonst auftretende Ruckkräfte den Meßbereich des Dynamometers übersteigen und es beschädigen können. Verschiedene Dynamometer sollen vorgehalten werden, um für jeden Schlepper dasjenige mit dem richtigen Meßbereich zur Verfügung zu haben. Eine Nachprüfung der Meßgenauigkeit durch Gewichtsbelastung wird sehr empfohlen.

Abb. 391. Anordnung des Dynamometers zwischen dem Schlepphaken und der auf einen Festpunkt führenden Trosse zur Messung des Zuges im Stand. Aufnahme Jastram

Der Propellerschub ist um 4 bis 6% größer als der gemessene Trossenzug, weil das Wasser dem mit starker Beschleunigung arbeitenden Propeller zulaufen muß, dabei am Schiffskörper vorbeistreicht und auf ihn eine dem Trossenzug entgegenwirkende Kraft ausübt. Bei beengtem Zulauf, beispielsweise in einer engen Schleusenkammer, wird die Rücklaufgeschwindigkeit des Trossenzuges noch größer.

Eine besondere Aufgabe stellt die Bestimmung der tatsächlich ausgeübten Leistung N_0 dar. Unter der Annahme, daß das Drehmoment konstant bleibt, mißt man die Drehzahl und erhält N_0 dem Drehzahlabfall entsprechend mit 70 bis 80% der Nennleistung. Einen genauen Wert erhält man nur, wenn eine Prüfstandskurve nach Abb. 42 vorhanden ist.

Die Bestimmung der Zugkraft am Pfahl bei *rückwärts* laufendem Propeller ist schwierig durchzuführen. Man kann hierbei das Dynamometer und die nach dem Festpunkt führende Trosse nicht am Schlepphaken angreifen lassen, sondern muß im Vorschiff einen Festpunkt schaffen, von dem die Trosse waagerecht und ungehindert abgeht. Es gibt sehr wenige derartige Messungen. Nach Kapitel R wurden für den Schlepper „Albatros" von 260 PS bei Rückwärtsdrehung des Propellers nur 1960 kg gegen 3600 kg bei Vorwärtsdrehung gemessen.

Die Erörterung über den Verlauf der Trossenzugkurve im Kapitel R ließen erkennen, daß sie vom Punkte der Zugkraft am Pfahl ausgeht und im Punkte der Freifahrt mit Null

Abb. 392. Schleppversuch unter Messung von Trossenzug und Geschwindigkeit eines Motorschleppers mit Dampfern im Anhang, die einen regelbaren Gegenzug erzeugen

endet, daß jedoch der Verlauf im einzelnen je nach der Propellersteigung und dem dadurch bedingten Verhalten der Maschinenleistung verschieden ist. Zweckmäßig wird daher noch ein *Schleppversuch* ausgeführt, bei dem man eine der Stärke des Schleppers entsprechende Schute beladen und leer schleppt, und dabei Trossenzug und Geschwindigkeit mißt. Verfährt man dabei nach Abb. 392, kann man mehrere Punkte der Trossenzugkurve und damit ihren genauen Verlauf erhalten. Das kann wie im Kapitel R dargelegt wurde, mitunter von ganz besonderem Wert sein. Häufig wird vom Auftraggeber der Nachweis des Trossenzuges bei einer bestimmten Geschwindigkeit oder der Geschwindigkeit bei einem bestimmten Trossenzug ausdrücklich verlangt.

In Abb. 325 wurde für verschiedene Schlepperstärken unter Angabe des Propellerdurchmessers der Verlauf der Trossenkurve aufgezeigt. Dabei gilt die Voraussetzung, daß die Propellersteigung für eine Entwicklung der vollen Maschinenleistung bei der Schleppfahrt bemessen ist. Beim Arbeiten am Pfahl sinkt sie dann bei vollem Drehmoment entsprechend dem Drehzahlabfall ab, während sie wie bei der Freifahrt unter Beibehaltung der vollen Drehzahl durch Absinken des Drehmomentes abfällt.

3. Entwicklung des Laderaumsaugbaggers (Hoppersaugers) seit Erscheinen von Band I

Diese Geräteart hat ihre Entwicklung, die seinerzeit angedeutet wurde, geradezu stürmisch fortgesetzt. Der Grund liegt darin, daß immer mehr Baggerungen im Seegebiet durchzuführen sind, um den ständig an Größe und Tiefgang wachsenden Tankern und Massengutfrachtern die Zufahrt zu den Häfen zu ermöglichen.

Dabei zeigt sich beispielsweise bei *Rotterdam*, daß wohl die neu geschaffenen Hafenbecken in Europoort für die Riesentanker der Zukunft tief genug sind, die Zufahrt in der Nordsee aber nicht. Eine etwa 12 km lange Zufahrtsrinne von genügender Tiefe muß geschaffen und später unterhalten werden. Man hat in anderen Häfen versucht, durch den Bau von Leitwerken die Größe der erforderlichen Unterhaltungsbaggerungen zu verkleinern. Der Erfolg jedoch steht selten in einem wirtschaftlichen Verhältnis zum Aufwand. Bei den meisten Häfen ist man deshalb auf die Unterhaltung der Zufahrten durch ständiges

Baggern angewiesen, wie der Bericht über den 1965 in Stockholm abgehaltenen Schiff-fahrts-Kongreß zeigt.

In der künstlich geschaffenen Verbindung zwischen Rotterdam und der Nordsee, dem neuen Wasserweg, war vor dem Jahre 1959 nur der Hoppersauger „Batavus" tätig, mit einem Fassungsvermögen von 1600 m³, der ursprünglich nur einen nach vorne gerichteten starren Saugarm hatte. Er lag beim Saugen vor Anker und verholte sich durch seine Winden mit geringer Geschwindigkeit um eine Strecke, die größenordnungsmäßig gleich der Laderaumlänge ist. In Band I wurde für solche Hoppersauger die Bezeichnung „Verholsauger" gewählt, während sie gewöhnlich als „stationär" bezeichnet werden. Sie haben meist nur *eine* Maschine, die entweder den Propeller oder die Baggerpumpe antreibt und hinter dem Laderaum liegt. Manchmal gab man ihnen, wie beispielsweise beim „Batavus" zwei Antriebsmaschinen mit zwei Propellern, um die Manövriereigenschaften zu verbessern.

„Batavus" wurde dann aber zu einem im Fahren saugenden Fahrzeug mit zwei seitlichen, nach hinten gerichteten Saugarmen, einem „Fahrsauger" umgebaut. Dabei erhielten die beiden Saugarme Gummischlauch-Zwischenstücke, die die Arbeit auch bei Seegang ermöglichen. Die Baggerpumpen mußten vor den Laderaum gesetzt werden und erhielten zum Antrieb zwei Dieselmotore, so daß im ganzen vier Motore vorhanden sind. Der Umbau war sehr erfolgreich, da der Bagger jetzt an 200 Tagen des Jahres anstatt 70 Tagen vorher arbeiten konnte.

Selbstfahrende Laderaum-Saugbagger für Arbeiten im Seegebiet können so gestaltet werden, daß sie in der Lage sind, bei einer Wellenhöhe von 2 bis $2^1/_2$ m noch zu saugen und bei 3 bis $3^1/_2$ m Wellenhöhe ihre Ladung noch zu verklappen. Baggerstelle und Klappstelle sollten so liegen, daß unter Berücksichtigung der durch Gezeiten und Flußströmung bedingten Richtung und Stärke der Meeresströmung ein Zurücklaufen der verklappten Ladung in das Fahrwasser ausgeschlossen ist.

Die neue Art der Aufhängung der Saugarme erlaubt es, daß die Saugköpfe bei starker Bewegung des Schiffskörpers auf dem Grunde bleiben, was durch Dünungs-Kompensatoren erreicht wird. Die Saugarme, ein oder zwei, liegen jetzt fast durchweg an den Seiten und sind nach hinten gerichtet. Wenn die Baggerpumpen vor dem Laderaum liegen, kommen die Saugköpfe im Bereich der Schiffsmitte auf den Grund, so daß die Steuerfähigkeit des Schiffes erhalten bleibt. Man tauscht damit aber den Nachteil ein, daß vorn noch ein weiterer Maschinenraum liegt, was bei Antrieb der Baggerpumpen durch Dieselmotore ungünstig ist. Das vermeidet man bei hinter dem Laderaum abgehenden Saugarmen, jedoch kommen deren Saugköpfe dann im Bereich des Hinterschiffes auf den Grund und beeinträchtigen die Steuerfähigkeit. Man muß durch große Antriebsleistung der beiden möglichst weit auseinanderliegenden Propeller ein starkes Wendemoment erreichen und unterstützt es neuerdings vielfach durch Bugdrückanlagen. Wenn sie beim Saugen wirksam sein sollen, dürfen sie allerdings nicht aus Düsen bestehen, die von den Baggerpumpen gespeist werden, sondern müssen unabhängig betriebene Propeller besitzen.

Man strebt Antriebe der Baggerpumpen an, unabhängig von der Propulsion, und kommt dann zu vier Antriebsmaschinen, je zwei für die Baggerpumpe vorne, möglichst Elektromotore und für die Propeller hinten. Neuerdings begnügt man sich mit zwei Antriebsmaschinen und gibt dann den Propellern veränderliche Steigung, so daß man die Leistung beim Saugen nach Wunsch verteilen kann.

Die Anordnung des Saugrohres in einem *Heckschlitz* wird nur noch selten bei Kombinationsbaggern gewählt, die außer dem biegsamen Schleppsaugrohr eine starre Saugrohrleiter mit Schneidkopf und ein Saugrohr mit einem sog. Steckkopf besitzen.

Sehr wichtig ist beim Baggern im Seegebiet die genaue Positionsbestimmung des Fahrzeuges. Es muß seine Klappstelle finden und nach dem Verklappen wieder möglichst genau an seine Baggerstelle kommen, ohne daß Bojen oder Baaken einen Anhalt geben. Ohnehin würden diese nicht ausreichen, da die Arbeit in der Dunkelheit und bei Nebel fortgesetzt werden muß, um das Ziel der Arbeit in der verfügbaren Zeit zu erreichen. Die entsprechen-

Tabelle 30. *Hauptdaten von neueren Hoppersaugern*

		a	b	c	d	e
1	Name oder Bezeichnung Besteller	Sandey Island	Spanien 3 Stück	Garona Kamerun	Maxwell für den Kongo	Busher Persien
2	Baujahr u. Bauwerft	1961 LMG	1966 LMG	1963 LMG	1963 IHC	1966 LMG
3	Länge über alles in m	62,25	57,5	59,81	67	64,9
4	Länge zw. Loten L in m	57	53	55,0	63,8	60
5	Breite auf Spanten B m	9,3	10,5	11,1	11,5	13
6	Seitenhöhe mittsch. H m	4,1	4,0	4,60	4,8	5,0
7	Produkt $L \cdot B \cdot H$ in m³	2180	2220	2800	3520	3900
8	Tiefgang beladen Tg m	3,7	3,3	4	4,1	4,25
9	Laderaum-Fassungs-Vermögen in m³	500	400	500	830	700
10	Verdrängung beladen t	1400	1465	1696	2280	2532
11	Ladungsgewicht in t	760	720	800	1200	1219
12	Schiffsgewicht in t	600	660	896	1080	975
13	Geschw. beladen Knoten	9,0	9,0	10,8	10	10
14	Größte Saugtiefe in m	40	9,0	15	18	13
15	Anzahl, Anordnung und Durchmesser der Saugarme	Ein seitlicher Stoßarm von 600 mm Weite an Steuerbord hinter dem Laderaum	Ein gelenkiger Stoßarm von 600 mm Weite an Steuerbord hinter dem Laderaum	Ein Heckarm 600 mm mit Schleppkopf oder Schneidkopf	Ein Stoßarm 750 mm an Steuerbord hinter dem Laderaum	Ein Seitensaugarm 700 mm Weite an Steuerbord hinter dem Laderaum
16	Art der Entleerung	Absauge-Anlage keine Bodenklappen	2×6 Klappen Absauge-E Schutenbelade-Einr.	2×4 Doppelklappen Absauge-E Schutenbelade-Einrichtung	Klappen leerspülen Schuten-beladen	2×6 Doppelklappen Absauge-Einrichtung
17	Energie-Erzeugung Antrieb der Propeller u. d. Baggerpumpen Hilfsmaschinen Verschiedenes	Ein Dieselmotor 525 PS für die Propulsion Ein Dieselmotor 1050 PS für die Baggerpumpe	Ein Dieselmotor 825 PS bei 380 U/min treibt über ein Getriebe den Propeller mit 260 U/min und die Baggerpumpe mit 350 U/min	Zwei Dieselmotore je 510 PS treiben die Propeller Ein Dieselmotor 1050 PS treibt die Baggerpumpe	Ein Dieselmotor Smit-Bolnes 875 PS bei 275 U/min treibt entw. den Propeller oder die Baggerpumpe Hilfsdiesel 350 PS Hafen-Diesel 45 PS	Zwei Dieselmotore je 600 PS treiben die Propeller Ein Dieselmotor 600 PS treibt die Baggerpumpe

den Einrichtungen für diese Positionsbestimmung durch Seeradar- und Küstenradarstationen sowie Radio-, Lokationssysteme, wie Decca „Hi-Fix" u. a. m. sind entwickelt worden und werden weiter entwickelt.

Die Forderung in See zu arbeiten führt zu Baggern mit immer größerem Fassungsvermögen des Laderaumes. Die Laderaumgröße erreichte inzwischen 9000 m³ und steigt wahrscheinlich noch weiter an. Große Bagger sind gegen Wellenbewegung weniger emp-

von 500–1500 m³ Laderaum Fassungsvermögen

f	g	h	i	k	l	
Paradeep Indien	Spanien 2 Stück	Colombia Magdalenenstrom	SD II Manila	Narvski Rußland 2 weitere	Goa, Portugiesisch Afrika	1
1967 LMG	1966 LMG	1966 IHC	1963 IHC	1966 IHC	1963 IHC	2
72,8	72,5	71	78	81,9	76,5	3
68,4	68,4	67	74	75,7	72,25	4
12,6	12,6	11,88	13	13,2	13,4	5
5,4	5,4	5,48	5,4	5,8	5,95	6
4600	4650	4370	5200	5800	5800	7
4,45	4,58	4,53	4,6	4,2	4,8	8
850	1000	765/1020	765	730/1000	1500	9
3100	3280	2850	3250	3060	3700	10
1500	1800	1370	1530	1420	1950	11
1550	1348	1480	1720	1640	1750	12
10,5	10,5	10	12	12	11	13
16	18	14,6	16,5	15	22,6	14
Zwei seitliche Schlepparme je 550 mm vor dem Laderaum	Ein Seitensaugarm 600 mm Weite an Steuerbord hinter dem Laderaum	Ein Seitensaugarm an Steuerbord hinter dem Laderaum	Zwei Seitensaugarme je 650 mm Weite vor dem Laderaum	Zwei Seiten-Saugarme je 600 mm Weite vor dem Laderaum	Ein Seiten-Saugarm an Steuerbord hinter dem Laderaum	15
2×5 Klappen Absauge-E. mit Landabgabe	2×8 Klappen Absauge-E. Schutenbelade-Einr.	Bodenklappen	Klappen oder Leerspülen mit 550 mm Druckleitung	14 Bodenklappen Absauge-E. mit 400 mm Druckrohr	Klappen oder Leersaugen	16
Zwei Dieselmotore je 738 PS treiben die Propeller, und zwei Dieselmotore je 738 PS treiben die Baggerpumpen	Zwei Dieselmotore je 1000 PS treiben die Propeller Ein Dieselmotor 1000 PS treibt die Baggerpumpe	Zwei Dieselmotore je 650 PS Smit-Bolnes 6-Zylinder treiben die Propeller, und ein Dieselmotor 445 PS 5-Zylinder treibt die Baggerpumpe	Zwei Dieselmotore je 1300 PS treiben Generatoren Zwei E-Motore je 1100 PS treiben die Propeller Zwei E-Motore je 700 PS treiben die Baggerpumpen	Zwei Diesel-M. je 1500 PS bei 428 U/min treiben je 2 Generatoren Haupt-G. 875 kW Hilfs-G. 135 kW 2 E-Motore je 1080 PS treiben die Propeller 2 E-Motore je 350 PS für Baggerpumpen E-Mot. 350 PS f. Bugdrück-Anlage 4 t Konstantstrom Schaltung	Zwei Smit-Bolnes Dieselmotore je 1125 PS treiben die Propeller Ein Smit-Bolnes Dieselmotor 1000 PS treibt die Baggerpumpe	17

findlich und haben weniger Ausfalltage. Auch hat sich gezeigt, daß in manchen Gebieten, wie vor einigen französischen Flußmündungen, kein Erfolg mit kleinen Baggern zu erzielen ist, sondern daß hier nur große Geräte mit großen Ertragsleistungen von 3000 m³/h bis 4000 m³/h Baggermengen erreichen, die größer sind als der Wiedereintrieb. Anderseits dürfen die Schiffe nicht zu lang sein, um beim Baggern in der Fahrrinne wenden zu können, ohne mehr als die Hälfte des Fahrwassers zu beanspruchen. Der Wendekreisdurch-

Tabelle 31. *Hauptdaten von neueren Hoppersaugern*

		m	n	o	p	q
1	Name oder Bezeichnung Besteller	Vikram Bombay	Zuari Indien	Suvarna Rekha Calcutta	Tees-Bay für England	Yolanda Panama
2	Baujahr und Bauwerft	1963 IHC	1966 IHC	1966 LMG	1966 IHC	1965 IHC
3	Länge über alles in m	80,8	77,75	93,8	94,5	96
4	Länge zw. Loten L in m	76,2	72,75	89	88	89
5	Breite auf Spanten B m	14,65	13,4	15,2	16	16,75
6	Seitenhöhe mittsch. H m	5,8	7,4	5,8	7,3	7,6
7	Produkt $L \cdot B \cdot H$ in m^3	6500	7200	7850	10300	11300
8	Tiefgang beladen Tg m	4,8	5,4	4,42	6,5	6,8
9	Laderaum-Fassungs-Vermögen in m^3	1600	1600	1048	2800	3150
10	Verdrängung beladen t	4300	4200	4796	7200	7800
11	Ladungsgewicht t	2500	2400	2032	4700	5000
12	Schiffsgewicht t	1800	1800	2160	2500	2800
13	Geschw. beladen Knoten	10	11	11	11,5	14,5
14	Größte Saugtiefe in m	18		13,7	20	20
15	Anzahl, Anordnung und Durchmesser der Saugarme	Ein Seitensaugarm an Steuerbord 800 mm Weite hinter dem Laderaum	Ein Seiten-Saugarm an Steuerbord hinter dem Laderaum	Ein Schlepp-Saugarm in der Mitte des Vorschiffes von 900 mm ∅ Bugschlitzanlage	Ein Seiten-Saugarm an Steuerbord 900 mm Weite hinter dem Laderaum	Zwei Seiten-Saugarme je 900 mm Weite hinter dem Laderaum
16	Art der Entleerung	20 Bodenklappen	Lysterventile	2×7 Bodenklappen Absauge-E. f. Wasser Belade-E. für Schuten	Bodenklappen und Absauge-E.	10 Bodenklappen Absauge-E.
17	Energie-Erzeugung Antrieb der Propeller und der Baggerpumpe Hilfsmaschinen Verschiedenes	Zwei Dieselmotore je 600 PS treiben die Propeller Ein Dieselmotor 850 PS treibt die Baggerpumpe	Zwei Dieselmotore Smit-Bolnes je 1125 PS 275 U/min treiben die Propeller Ein Dieselmotor Smit Bolnes 950 PS 275 U/min treibt die Baggerpumpe	Zwei Dieselmotore je 1040 PS treiben die Propeller Ein Dieselmotor 1040 PS treibt die Baggerpumpe 4 Hilfs-Generatoren	Zwei Dieselmotore Smit-Bolnes 10-Zylinder 1360 PS, 300 U/min treiben die Propeller Ein Dieselmotor Smit-Bolnes 9 Zylinder 1125 PS, 275 U/min treibt die Baggerpumpe Drei Generatoren 125 kW angetrieben von Dieselmotoren 200 PS, 750 U/min Hafensatz	Zwei Dieselmotore Smit-Bolnes je 3050 PS bei 275 U/min treiben die Propeller mit veränderlicher Steigung und die Baggerpumpen an Drei Hilfs-Dieselmotore je 240 PS

über 1500 bis 4000 m³ Laderaum Fassungsvermögen

r	s	t	u	v	w	
Atlantik Belgisch-Französisches Unternehmen	W. D. Seaway Westminster Dredging Co.	Ramsis Umbau aus Paul Solente Port Said	Ludwig Franzius Deutschland	Mohana Calcutta	Geopotes VI u. VII A. Volker	1
1965 IHC	1963 IHC	1960 LMG	1964 LMG	1966 IHC	1962 IHC	2
102	104	112,2	112,94	123	108	3
99	101,4	104,5	104,0	117	104	4
17	18	16,5	18	17,95	18,5	5
8,65	8,6	8,5	8,0	8,2	9	6
14500	15700	14700	15000	17200	17300	7
6,8	6,2	6,0	5,9	5,95	8,04	8
4000	4000	2600	2100/2800	2840	4000	9
10680	9000	7880	7670	10000	12000	10
7730	6000	3800	4200	5000	8000	11
2950	3000	4080	3470	5000	4000	12
	12	13,35	12	12,25	12,5	13
18 20 22	23	16	21,5	17	22	14
Je ein biegsam. Saugarm 1000mm BB nach hinten u. St. B. n. vorne. Ein Stoßrohr BB. n. vorne	Zwei Seiten-Saugarme je 900 mm Weite vor dem Laderaum	Zwei Seiten-Saugarme je 700 mm Weite vor dem Laderaum	Zwei Seiten-Saugarme je 850 mm Weite vor dem Laderaum	Zwei Seiten-Saugarme je 900 mm Weite vor dem Laderaum	Ein Seitensaugarm von 1000 mm Weite an Steuerbord hinter dem Laderaum	15
24 Paar Bodenklappen Absauge-E.	Bodenklappen	Bodenklappen	2×9 Bodenklappen Absauge-E.	12 Lyster-Ventile 1,7 m ∅	Konische Bodenventile	16
Zwei Diesel Smit-MAN 8-Zyl. Viertakt je 2300 PS bei 275 U/min treiben die Propeller Ein gleicher Motor treibt Baggerpumpe m. Förderstrom 3000 m³/h stationär 2500 m³/h als Fahrsauger 1250 m³/h beim Absaugen	Zwei 12-Zyl. Diesel Smit-Bolnes je 2040 PS bei 275 U/min für Propeller Zwei Dieselm. je 1550 PS treiben Gen. Zwei E-Motore je 1050 PS für Baggerpumpen Bugdrück-Anlage mit Strahldüsen	Vier Dieselm. GM Zweitakt 16 Zyl. 1710 PS; 800 U/min treiben Generatoren 1080 kW Zwei Dieselm. 1550 PS treiben Gen. 800 kW f. Pumpen und 240 kW f. Winden 2 E-Motore 1050 PS; 200 U/min. Kreisel mit 5 Flügeln 10000 m³/h an Gemisch	Fünf Dieselm. Fabr. Maybach je 1200 PS bei 1400 U/min m. Gen. 810 kW Zwei Dieselm. Maybach 600 PS bei 1400 U/min f. Bordnetz-Gen. 230 PS Hafen-A. 57 PS Not-A. 2 Fahrmot. je 1500 PS f. Prop. 3,2 m∅, 160 U je min. Baggerpumpen Motoren 675 kW Bugdrück-Anl. 1000 PS E-Mot.	*Dampf-Anlage* Zwei Maschinen Smit-Brouwer Semiflow je 2400 PS; 190 U/min treiben Propeller Zwei Maschinen gleiches System 1000 PS bei 190 U/min treiben die Baggerpumpen welche zusammen 20000 m³/h liefern	Zwei Dieselm. Smit-Bolners V Steuerbord 14-Zyl. 2380 PS Backbord 12-Zyl. 2040 PS treiben die Propeller Ein Dieselm. Smit-Bolnes V 12-Zyl. 2000 PS treibt die Baggerpumpe Bugdrück-Anl. mit Propeller 500 PS	17

messer darf nicht größer sein als etwa das $1^1/_2$fache der Schiffslänge. Das führt zu einer Beschränkung der Länge, die durch großen Tiefgang wieder ausgeglichen werden muß. So hat der 1966 gebaute Holländische Bagger „Geopotes IX“ bei einem Laderaumvolumen von 6000 m³ eine Länge zwischen den Loten von 115 m bei 8 m Tiefgang, während der amerikanische Bagger „Essayons“, Baujahr 1949, bei 6120 m³ eine Länge von 160 m besitzt.

Die Baggerungen mit Fahrsaugern in Holland werden durchweg von Privatunternehmern durchgeführt, die ihren Auftrag von der Wasserstraßenverwaltung erhalten. Die Ausführung der Arbeit wird überwacht und die Bezahlung nach Kubikmetern, gemessen im Laderaum, vorgenommen. Bei sehr feinkörnigem Materialien, die sich schlecht absetzen, macht das Aufmaß allerdings Schwierigkeiten. Jedoch soll sich das System im ganzen gut bewährt haben. Auf diese Weise haben sich holländische Unternehmen bis zum Jahre 1965 eine Flotte von 18 Fahrzeugen angeschafft. Bei der großen Beweglichkeit des Gerätes finden sie in aller Welt Arbeit.

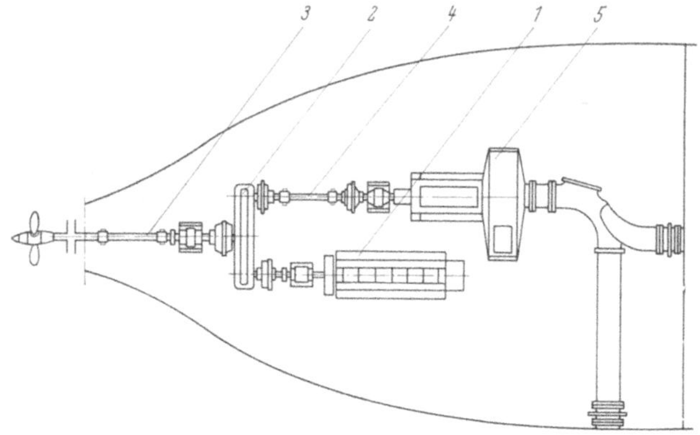

Abb. 393. Maschinenanlage eines Hoppersaugers mit einem Laderaumfassungsvermögen von 400 m³ ausgerüstet mit einem Hauptdieselmotor von 825 PS bei 380 U/min, der über ein Getriebe unter Einschaltung von Kupplungen die nach hinten gehende Propellerwelle mit 260 U/min und die nach vorne gehende Baggerpumpenwelle mit 350 U/min antreibt

1 Dieselmotor 825 PS bei 380 U/min; *2* Verteilergetriebe; *3* Propellerwelle 260 U/min; *4* Baggerpumpenwelle 350 U/min; *5* Baggerpumpe

Tabelle 30 enthält die Daten von kleinen Hoppersaugern mit einem Laderaumfassungsvermögen von 500 m³ bis 1500 m³, erbaut in neuerer Zeit von der LMG und der IHC-Holland. Die Maschinenanlage der drei für Spanien bestimmten Bagger mit gelenkigen Stoß-Saugarmen nach Spalte b ist bemerkenswert. Wie Abb. 393 zeigt, sind nicht wie gewöhnlich Dieselmotor, Propeller und Baggerpumpe in eine Reihe gesetzt, sondern der Dieselmotor von 825 PS bei 380 U/min treibt ein Verteilergetriebe an, aus dem eine Welle nach hinten zu dem mit 260 U/min laufenden Propeller und eine nach vorne zu der mit 350 U/min laufenden Baggerpumpe abgeht. Mit elektropneumatischen Kupplungen von zwei Fahrständen bedient, kann entweder die eine oder andere Welle ihren Antrieb erhalten. Man spart durch diese Anordnung an Länge und kann die Drehzahlen besser den Erfordernissen des Propellers und der Baggerpumpe anpassen.

Die Anlage der Geräte der Spalten a und c bis l der Tab. 30 sind mit besonderen Dieselmotoren für Pumpen und Propeller ausgerüstet.

Tab. 31 enthält die Hauptdaten von neueren Hoppersaugern mit Laderäumen von 1600 m³ bis 4000 m³ Fassungsvermögen.

Bemerkenswert ist der für Kalkutta bestimmte Bagger der Spalte o, dessen Vorschiff die Abb. 394 zeigt. Er hat einen Saugarm von 900 mm Durchmesser der mittschiffs in einem *Bugschlitz* sitzt. Ein Dieselmotor von 1040 PS steht neben diesem Schlitz und treibt über Zahnräder die vor ihm liegende Baggerpumpe an. Die Saugleitung führt nach vorne und hat dann einen Krümmer von fast 180°, damit der Anschluß an den Saugarm hergestellt werden kann. Diese Anordnung bezweckt, daß der Saugkopf *vor* der Schiffsmitte auf dem Grunde aufliegt, so daß selbst eine starke Strömung das Schiff nicht herumwerfen kann. Der Laderaum hat ein größeres Mittelkielschwein, an dem mit Scharnieren zwei Reihen schräg liegender Klappen sitzen, die beim Öffnen nur wenig unter dem Schiffsboden herausragen. Eine Absaugeeinrichtung für schlickartige Ladung ist vorhanden.

Im Hinterschiff sind zum Antrieb der Propeller zwei dem Baggerpumpenmotor gleiche Dieselmotore von je 1040 PS angeordnet, die dem Schiff in beladenem Zustand eine Geschwindigkeit von 11 Knoten geben. Vor diesen Motoren befindet sich ein Raum mit den vier Hilfs-Diesel-Generatoren.

In der Tab. 31 befindet sich noch ein Gerät mit *Dampfantrieb*, nämlich der unter Spalte v aufgeführte Bagger „Mohana", für Kalkutta, erbaut 1966 bei der IHC-Holland. Bei ihm ist das Verhältnis des Laderaumgewichtes zur Verdrängung mit 4550/9650 = 0,47 niedrig, ein Kennzeichen der meisten Dampfbagger.

Unter Spalte u steht der Bagger „Ludwig Franzius" des Deutschen Verkehrsministeriums mit Diesel-elektrischem Antrieb. Er besitzt ein Ladungsgewicht von 4200 t und

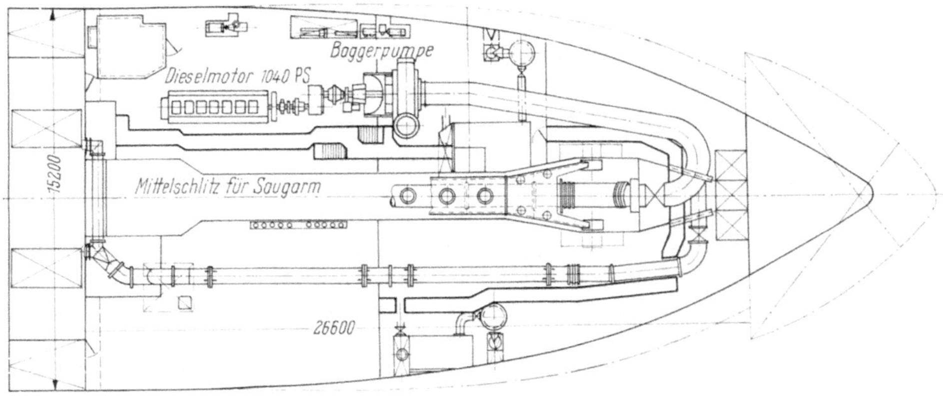

Abb. 394. Vorschiff des Hoppersaugers „Suvarna Rekka" mit 1048 m³ Laderaumfassungsvermögen für Kalkutta mit Saugarm im Bugschlitz und seitlich von ihm angeordneter Baggerpumpe mit Antriebsmotor

weist auf Grund der Erfahrungen mit den früher gebauten gleich großen Baggern „Rudolf Schmidt" und „Johannes Gährs" einige Verbesserungen auf. Hierüber wird von H. Walter und W. Witt in „Schiff und Hafen" Heft 7 und 8/1965 ein Bericht gegeben, der den nachfolgenden Ausführungen zugrunde gelegt ist.

A. Maschinenanlagen. Als Kühlwasser für die Dieselmotore, die Ladeluftkühler der aufgeladenen Maybach-Motore, die Luftkühler der elektrischen Generatoren und Motore dient umlaufendes Frischwasser, das in Außenhautkühlern rückgekühlt wird. Außenhautkühler bestehen aus einer parallel in 20 mm Abstand mit der Außenhaut verlaufenden Blechwand, in welcher durch Leitbleche in Zick-Zackführung die schnelle Kühlung des Wassers erreicht wird. 55 PS/m² Kühlfläche ergeben eine Temperaturdifferenz zwischen Aus- und Eintritt von etwa 5°. Ähnlich bemessene Kühlflächen mit Außenhautkühler reichen bei einer Seewassertemperatur von 18° auch bei nichtfahrendem Schiff aus.

Große Aufmerksamkeit schenkte man der *Lärmbekämpfung*. Die Dieselmotore wurden bei Franzius „doppelt elastisch" gelagert und von Schallboxen umgeben. Auch für die Hydraulik-Anlage und die Bugdrückanlage wurden besondere Mittel zur Lärmbekämpfung angewendet. Es sind aber auf diesem Gebiet noch mancherlei Probleme ungelöst.

B. Baggereinrichtung. Die zwei seitlichen Saugarme von je 850 mm Weite mit ihren Baggerpumpen vor dem Laderaum und der Diesel-elektrische Antrieb mit Energieerzeugung durch zahlreiche schnellaufende Diesel-Generatoren ist beibehalten worden. Der Vorteil einer solchen Diesel-elektrischen Anlage soll in der großen Reservemöglichkeit bestehen. Wenn ein Generator ausgefallen ist, genügen die anderen, um den Hafenunterhaltungsbetrieb, der keine Unterbrechung duldet, weiter zu führen. Ein beschädigter Dieselmotor kann leicht ausgebaut und durch einen anderen ersetzt werden. Mit diesen Vorteilen begründet man die erheblichen Mehrkosten der vielgliedrigen Anlage mit ihrem umfangreichen Kabelnetz gegenüber den sonst vorherrschenden Anlagen mit direktem Dieselantrieb. Für die Saugköpfe, die eine Breite von 2,5 m haben, erprobte man ausgiebig verschiedene Formen in der Berliner Versuchsanstalt. Man griff auch auf die vom Corps of Engineers in der USA erarbeitete Methode zurück, nach der die Saugarme eines Baggers mit verschiedenen Saugköpfen ausgerüstet und jeweils die Füllzeiten des Laderaumes mit

Feststoff gemessen wurden. Man erprobte gleitende und rollende Köpfe mit verschiedener Ausbildung und Anordnung der Visiere. Man machte auch wieder Versuche mit Zugabe von Druckwasser zur Bodenlösung, was schon FRÜHLING bei seinen ersten Saugköpfen vorgeschlagen hatte. Mit dem FRÜHLINGschen Kopf wurden meist weiche Bodenarten gebaggert. Das Druckwasser diente nur zum Freispülen und fand nur geringe Anwendung. Bei amerikanischen Hoppersaugern wollte man wirklich harten Boden dadurch lösen, daß man Druckwasser durch die hohlgehaltenen Reißzähne zuführte, hatte jedoch keinerlei Erfolg.

Aus der Tab. 29 des vorangehenden Kapitels geht hervor, daß selbst der durch die Luft gehende, ungedämpfte Hochdruck-Wasserstrahl bei festem Ton und Lehm beschränkte Wirkung besitzt. Erfolge mit Druckwasserlösung erreicht man aber *bei Feinsand*. Auf dem Mississippi besitzt der nach Hochwassern sich ablagernde Sand eine Korngröße von etwa 0,08 mm. Er läßt sich ohne besondere Maßnahmen schlecht ansaugen. Es wurde hier in zahlreichen Versuchen der Dustpan-Saugrüssel mit Druckwasserlösung entwickelt, der bei Saugköpfen von 10 m Breite eine Konzentration von 18,5% erreicht. Ebenso hat der in Band I behandelte Saugkopf der Bauart KÖRSTE, der auch Druckwasser zur Hilfe nimmt, bei manchen Bodenarten gute Erfolge gebracht.

Abb. 395 gibt den Saugarm des Baggers „Franzius" wieder, dessen Ellbogengelenk in Schienen an der Schiffswand gleitet, bis er den Anschluß an den unter Wasser liegenden Saugrohreinlaß der Baggerpumpe erreicht. Das Druckwasserrohr sitzt neben ihm und führt zu den im Bereich des Saugkopfes liegenden Düsen.

Die beiden Druckwasserpumpen stehen im Baggerraum und werden von Elektromotoren mit 305 kW Leistung bei 1500 U/min angetrieben. Der Förderstrom ist mit 930 m³/h = 260 l/sec bemessen, der erzeugte Druck reicht bis zu 10 atü. Zum Vergleich sei angeführt, daß beim Dustpan-Rüssel mit 1,3 kg/cm² Wasserdruck gearbeitet und der Rüssel gegen den Strom gedrückt wird, so daß die Bodenkörner in ihn hineingleiten. Wenn der

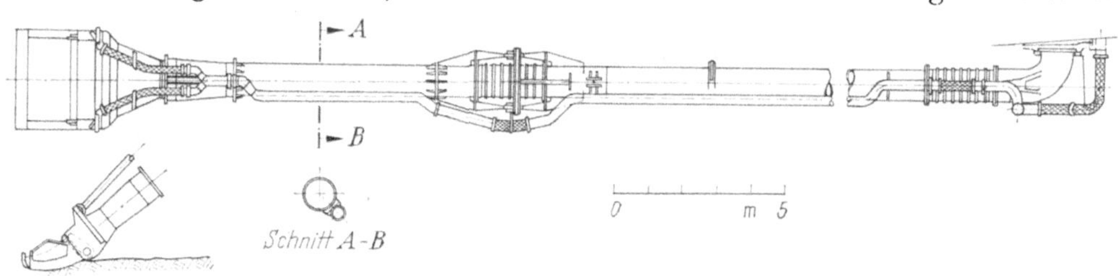

Abb. 395. Gelenkiger Saugarm des Hoppersaugers „Ludwig Franzius" mit Rohr zur Zuführung von Druckwasser zum Saugkopf

Druck des Lösewassers hier zu groß wäre, würden die Körner von der Saugrohrmündung fortgeblasen. Die Antriebsleistungen der Druckwasserpumpen betragen beim Dustpan-Rüsselbagger nur 8%, beim Hopperbagger „Franzius" 45% der Baggerpumpenleistung. Die Versuche ergaben, daß die günstigste Wirkung bei einer Geschwindigkeit des Saugkopfes von etwa 1 m/sec über Grund erreicht wird. Dabei fuhr der Bagger mit dem Strom, so daß die Relativgeschwindigkeit der Saugköpfe gegen das Wasser gering blieb. Das ist erklärlich, da bei starkem Strom die durch das Druckwasser gelösten Körner wegschwimmen.

Bei den weiteren Versuchen mit „Franzius" ergab sich, daß im Wangerooger Fahrwasser die Saugköpfe mit Druckwasserlösung gegenüber denen ohne Druckwasser mehr als das zweifache an Boden in der gleichen Zeit erbrachten. Wenn auch hierfür die Antriebsleistung, nämlich die Summe der Leistungen für die Baggerpumpe und die Druckwasserpumpe hoch war, so steigerte sich doch der Ertrag pro PS. Zudem bedingt bei einem Hoppersauger die erhöhte Konzentration der Mischung einen geringeren Überlaufverlust und eine schnellere Füllung des Laderaumes mit Feststoff.

Bei gröberem Material ist aber die Druckwasser-Wirkung geringer und es gibt eine Grenze, wo der Vorteil der Druckwasserlösung aufhört. Wie beim Dustpan-Rüssel und dem Körste-Saugkopf bestimmen Druck und Menge des Lösungswassers und die Anordnung der Düsen weitgehend die Wirkung. Beim Schleppsaugkopf kommt noch der Einfluß der Geschwindigkeit über den Grund und gegen das Wasser hinzu. Bei der Unsicherheit, die durch die Vielzahl dieser Faktoren besteht, ist es verständlich, daß man beispielsweise in Frankreich, wo an der Seine-Mündung auch fester Feinsand zu baggern ist, doch versucht ohne Druckwasser auszukommen und durch entsprechende Führung des von der Baggerpumpe angesaugten Wassers den Löseeffekt erreichen will. Nach wie vor besteht, wie es scheint, der in einer englischen Veröffentlichung enthaltene Satz zu Recht, daß es einer „sportlichen Betätigung" gleicht, für die jeweiligen Verhältnisse den richtigen Saugkopf zu finden.

Messungen der Baggervorgänge. „Franzius" erhielt eine Einrichtung, mit der am aufsteigenden Druckrohr der Baggerpumpe die Geschwindigkeiten der Mischung und gleichzeitig ihre Dichte durch den Grad der Schwächung von γ-Strahlen gemessen wird. Es hat sich gezeigt, daß nur die gleichzeitige Messung dieser beiden Größen eine Feststoffmengen-Anzeige ermöglicht. Ein Beladungsschreiber, wie er auf amerikanischen und holländischen Baggern bereits angewandt wurde, ist vorhanden. Er mißt den Tiefgang des Baggers durch den Druck, den Luft zum Austritt aus dem Schiffsboden braucht und außerdem Krängung und Trimmung des Schiffes. Hieraus läßt sich nach Abzug des Leergewichtes das Ladungsgewicht ermitteln. Nach dem Verlauf der Beladekurven kann man den Beladevorgang und insbesondere den Zeitpunkt erkennen, in dem bei Feinsand infolge des steigenden Überlaufverlustes die weitere Füllung unwirtschaftlich wird.

Abb. 396. Gelenkiger Saugarm des Hoppersaugers „Ramsis" mit hydraulisch betriebener Hubeinrichtung. Aufnahme LMG Lübeck

Bei der Beschreibung der Saugköpfe wurde dargelegt, daß beim Saugen sowohl deren *Geschwindigkeit* über dem Grund, als auch ihre Relativgeschwindigkeit zum Wasser für den Grad der Feststofförderung von großer Bedeutung sind. „Franzius" besitzt deshalb Einrichtungen, die dem Schiffsführer eine unmittelbare, laufende Ablesung dieser Geschwindigkeiten ermöglichen. Schließlich ist noch der *Bodenkartenschreiber* zu erwähnen, der mit Hilfe zahlreicher Echolote eine Tiefenkarte der überfahrenen Baggerstelle wiedergibt.

Bemerkenswert sind die Bagger „Geopotes VI und VII" nach Spalte w der Tab. 31, bei denen die beiden Propulsions-Motore unterschiedliche Leistungen besitzen. Da nur *ein*

Tabelle 32. *Hauptdaten von neuen großen Hoppersaugern von 4300 bis 9000 m³ Laderaum-Fassungsvermögen erbaut oder in Auftrag bei der IHC-Holland*

		A	B	C	D	E	F
1	Name oder Bezeichnung Besteller	CO 481 Französischer Unternehmer	Bagger für Belgischen Unternehmer	PCS van Hattem	HAM 307 Holländischer Unternehmer	Geopotes IX A. Volker	Westminster Dredging Co.
2	Baujahr und Bauwerft	1963 IHC-Holland	1966 IHC-Holland	1967 IHC Holland	1966 IHC-Holland	1966 IHC-Holland	1968 IHC-Holland
3	Länge über alles in m	106,6	103	110	110	122	143
4	Länge zw. den Loten L m	103	98	101	103	115	131
5	Breite auf Spanten B m	17,2	18	18,8	18,8	21	22
6	Seitenhöhe mittsch. H m	8,65	10	10,6	10,5	10,3	12
7	Produkt $L \cdot B \cdot H$ m³	15300	17700	20000	20400	24900	34600
8	Tiefgang beladen Tg m	7,65	8	6,7/8,6	7,25	8	10,5
9	Laderaum Fass.-Verm. m³	4800	5000	4400	4400	6000	9000
10	Verdrängung beladen t	10700	11000	11700/12700	11000	15500	24000
11	Ladungsgewicht t	7700	7400	7500/9000	7000	11000	18000
12	Schiffsgewicht t	3840	3600	4000	4000	4500	6000
13	Geschwind. bel. Knoten	12,5	13	13,5	13,5	12	15
14	Größte Saugtiefe m	18 20 22	22	26	21	20	30
15	Anzahl, Anordnung und Durchmesser der Saugarme	Steuerbord 1000 mm Starrer Stoßarm f. Saugtiefe von 22 m. Biegsamer Saugarm mit Schleppkopf 20 m, stationär 18 m	Zwei seitliche Saugarme von je 850 mm Weite hinter dem Laderaum	Zwei seitliche Saugarme von je 900 mm Weite hinter dem Laderaum	Zwei seitliche Saugarme von je 900 mm Weite hinter dem Laderaum	Zwei seitliche Saugarme von je 900 mm Weite hinter dem Laderaum	Zwei seitliche Saugarme von je 1200 mm Weite vor dem Laderaum
16	Art der Entleerung	24 Paar hydraulische Bodenklappen oder Absaugen an Land auf 1500 m Weite und 6 m Höhe	24 Paar Bodenklappen hydraulisch betätigt.	16 kon. Bodenventile Hub 1,0–1,3 m. Außerdem ein Baumrohr 20 m lang schwenkbar für direkten Auswurf	Konische Boden-Ventile Bauart IHC-Holland	Laderaum ganz geschlossen 11 konische Bodenventile von je 3 m Durchmesser	Laderaum ganz geschlossen, wird entleert durch zwei Reihen von je 9 konischen Bodenventilen

17	Energie-Erzeugung Antrieb der Propeller desgl. der Baggerpumpen Hilfsmaschinen Verschiedenes	Zwei Dieselmotore 8-Zyl. Smit-MAN je 2300 PS 275 U/min treiben die Propeller Ein gleicher Dieselmotor treibt die hinter dem Laderaum angeordnete Baggerpumpe	Zwei umsteuerbare Dieselmotore 9-Zyl. Smit-MAN je 2800 PS treiben die Propeller Zwei Dieselmotore Smit-MAN je 1190 PS treiben die Baggerpumpen	Zwei Dieselmotore 20 Zyl. Smit-Bolnes je 3400 PS 275 U/min treiben hinten die Prop. m. veränd. Steigung u. vorne die Baggerpumpen Förderstrom 4 m³ je sec. Drei MAN-Dieselmotore 300 PS 750 U/min mit 245 kVA Drehstr.-Gen. Besatzung 44 Personen Bedienung weitgehend automatisiert	Zwei Dieselmotore 20 Zyl. V Fabr. Smit-Bolnes je 3400 PS 275 U/min treiben hinten Propeller m. veränderlicher Steigung und vorne die beiden Baggerpumpen. Die Leistung kann durch Einstellung entsprechender Steigung auf beide Verbraucher verteilt werden	Zwei Dieselmotore 16 Zyl. Smit-Bolnes je 2720 PS 275 U/min umsteuerbar treiben die Propeller Zwei Dieselmotore 10 Zyl. Smit-Bolnes je 1700 PS 275 U/min treiben die hinten liegenden Baggerpumpen Zwei Bolnes-Diesel 860 PS bei 500 U/min treiben Gen. 570 kW für Strom, Hafensatz 116 kW mit Dieselmotor 175 PS Bugdrückanlage	Zwei Dieselmotore MAN V 8 V 40/54 je 8440 PS bei 400 U/min treiben hinten Verstellpropeller mit 125 U/min, vorne je 2 Gen. 2300 kW 400 U/min f. Baggerpumpe je 2 von 800 kW 800 U/min und 2 von 340 kW 800 U/min f. Winden u. a. m. Drei Gen. v. 400 kW m. Dieselm. 600 PS f. allgem. Bordzwecke Zwei Baggerpumpen vor dem Laderaum mit je 2 E-Mot. von 1400 PS, 750 bis 940 U/min, laufen mit 132–166 U/min, liefern bis zu 20000 m³/h, bedienen auch die Bugdrückanlage

Saugarm an Steuerbordseite vorhanden ist, hat das Schiff beim Saugen das Bestreben, sich nach dieser Seite zu drehen. Dem wird dadurch entgegengewirkt, daß der Steuerbord Fahrmotor eine Leistung von 2380 PS entwickelt, der an Backbord aber nur 2040 PS. Eine Bugdrückanlage mit einem Propeller von 500 PS Antriebsleistung, für die man einen Seitenschub von 5000 kg annehmen kann, wirkt zusätzlich dem Drehbestreben des Schiffes entgegen. Der etwas später gebaute Bagger „Geopotes VIII" ist von gleicher Ausführung.

Die Ausbildung der biegsamen Saugarme ist auf allen neuen Hoppersaugern, großen wie kleinen, weitgehend verbessert worden, desgleichen die dazu gehörigen Hebeeinrichtungen und Dünungskompensatoren. Bei allen Bewegungen des Schiffes sollen unabhängig davon die Saugköpfe auf dem Boden bleiben und außerdem verhindert werden, daß die Saugarme in den Schiffskörper gedrückt werden und Leckagen verursachen. Bei den französischen Hoppersaugern hat die Entwicklung gleich nach dem ersten Weltkrieg eingesetzt und bald darauf auch bei den holländischen. Hier hat man den elektrischen Antrieb der Hubwinden so verfeinert, daß die Arbeitsvorgänge beim Absenken und Heben der Saugarme völlig automatisch ablaufen. In letzter Zeit sind die Ausleger, über deren Köpfe die Hubseile laufen, sogar in seitlicher Richtung beweglich gestaltet.

Die Orenstein-Koppel und Lübecker Maschinenbau-Gesellschaft (LMG) erreichte durch Einführung der Hydraulik eine wesentliche Vereinfachung der Anlagen. Beim Umbau vom Hoppersauger „Ramsis" Spalte t in der Tab. 31 werden die drei Hubeinrichtungen, die am Saugarm angreifen, durch hydraulische Hubzylinder unter Einschaltung umgekehrt wirkender Flaschenzüge betätigt. Ein Elektromotor treibt drei Pumpen an, deren Drucköl über Steuerorgane den drei Hubzylindern zufließt. Automatisch wird der Saugarm aus seiner Ruhestellung zunächst waagerecht über die Bodenwand geschoben und dann abgesenkt, bis sein Ellbogengelenk am Saugrohr-Eintritt angelangt ist. Dann geht, unter Drehung um das Ellbogengelenk, der Saugarm in gestreckter Lage nach unten, bis der Saugkopf auf dem Grund aufliegt und bei dem nun folgenden Saugen im Fahren der Dünungsausgleicher in Tätigkeit tritt. Beim Heben des Saugarmes vollzieht sich der Vorgang in umgekehrter Richtung ebenfalls vollautomatisch.

Abb. 396 zeigt den Saugarm mit seinem Saugkopf im Vordergrund, die beiden Ausleger und die Hebeeinrichtung für das Ellbogengelenk.

Die Tab. 32 enthält die Hauptdaten der Hoppersauger der „Supergröße" mit Laderaumfassungsvermögen von 4300 bis 9000 m³, die bei der IHC-Holland von Privat-Unternehmern in Auftrag gegeben sind. Es wurde schon erwähnt, daß in diesem Lande anders als in den meisten anderen Ländern alle Arbeiten in Häfen und Fahrrinnen für Vertiefung und laufende Unterhaltung im Seegebiet mit Hoppersaugern, die im Fahren arbeiten, den Fahrsaugern, von Privatunternehmern durchgeführt werden.

Der für Frankreich im Jahre 1963 gelieferte Bagger nach Spalte A mit 4300 m³ Laderaumfassungsvermögen kann an Steuerbord mit einem Stoßrohr oder einem biegsamen Seitenarm arbeiten. Die übrigen Bagger haben zwei seitliche nach hinten gerichtete Seitensaugarme von je 900 mm Weite, der letzte nach Spalte F sogar solche von je 1200 mm.

Der Bagger der Spalte D „H. A. M. 307" besitzt zwei Hauptdieselmotore von je 3400-PS-Leistung, deren nach vorne gehende Wellen die beiden Baggerpumpen antreiben, während auf den nach hinten führenden Wellen die Propeller mit verstellbarer Steigung sitzen. Beim Saugen kann man diese so einstellen, daß die Baggerpumpen genügend Antriebsleistung erhalten. Wenn der Bagger nach Füllung des Laderaumes seine volle Fahrt aufnehmen soll, werden die Baggerpumpen stillgesetzt und die Steigung der Propeller so eingestellt, daß sie die volle Maschinenleistung aufnehmen und dem Schiff eine Geschwindigkeit von 13,5 Knoten geben. Dieser Bagger hat für die Entleerung des Laderaumes außer Bodenklappen auch noch eine Absaugeeinrichtung.

Der Bagger nach Spalte C mit der Bezeichnung „PCS van Hattem" besitzt fast die gleiche Maschinenanlage. Beim Saugen beanspruchen die Baggerpumpen je 1600 PS, so daß noch je 2800 PS für die Propeller zur Verfügung stehen. Das genügt, da beim Saugen nur eine geringe Fahrgeschwindigkeit durchs Wasser erforderlich und nur ein Propellerschub zur Überwindung des Widerstandes der Saugköpfe aufzubringen ist. Es verbleibt eine notwendige große Reserve für das Manövrieren im Stromgebiet.

Für diesen Bagger werden in der von der IHC-Holland herausgegebenen Zeitschrift „Ports and Dredging" No. 53 von 1966 Angaben über die zentrale Steuerung der Baggervorgänge und deren Automation gemacht. Die Einrichtungen sind ähnlich den bei „Franzius" beschriebenen. Der Anzeiger für die Konzentration der Mischung arbeitet nach einem anderen Prinzip in der Weise, daß zwischen zwei Punkten im Rohr die Druckdifferenz gemessen wird, die je nach der Konzentration der Mischung verschieden groß ist.

Der Bagger kann seinen Laderaum durch konische Bodenventile entleeren, aber auch das Gemisch durch 20 m lange Baumrohre nach den Seiten unmittelbar auswerfen, ähnlich, wie in Band I in Abb. 337 gezeigt wurde.

Der nächste Bagger Spalte E der Tab. 32 „Geopotes IX" mit einem Laderaumfassungsvermögen von 6000 m³ hat vier Dieselmotore. Davon haben die beiden Propulsionsmotore ein Leistungsvermögen von je 2720 PS und die Baggerpumpenmotore je 1700 PS.

Die vorangehend aufgeführten Schiffe der Tab. 32 und auch einige der Tab. 31 sind mit Zweitakt-Motoren, System Smit-Bolnes ausgerüstet. Diese im Kapitel M beschriebenen Maschinen werden in einer Zylindergröße mit 300 mm Bohrung und 500 mm Hub, also langhubig von der zur IHC-Holland gehörigen Firma L. Smit u. Zoon in Kinderdijk gebaut und laufen fast ausnahmslos mit der Drehzahl von 275 U/min. Diese Drehzahl eignet sich gut für direkten Antrieb der Propeller. Die bequeme Umsteuerung dieser Motore ist gerade beim Hoppersauger, der viel zu manövrieren hat, ein großer Vorteil. Die Leistung der SMIT-BOLNES-Motore beträgt ohne Aufladung 125 PS je Zylinder und bei der fast stets angewendeten Aufladung 170 PS je Zylinder. Die Motore werden bis zu 20 Zylindern in V-Form, wie sie Abb. 46 zeigte, mit einer Leistung von 3400 PS bei 275 U/min gebaut. Diese Type ist bei „PCS van Hattem" nach Spalte X der Tab. 32 eingebaut, während man sonst meist unter dieser Maximalleistung geblieben ist.

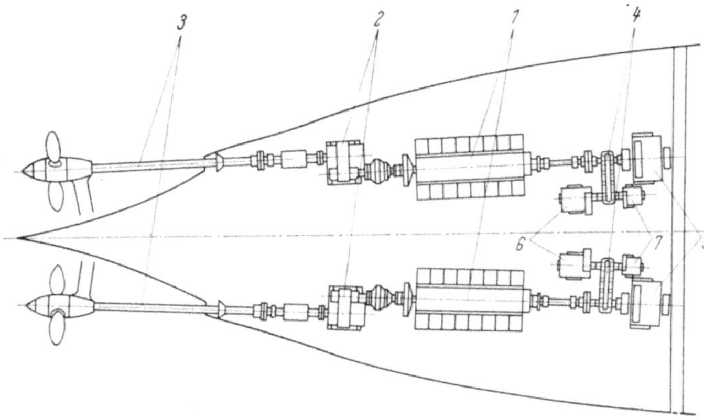

Abb. 397. Maschinenanlage eines Hoppersaugers mit einem Laderaumfassungsvermögen von 9000 m³ mit zwei Hauptdieselmotoren von je 8440 PS bei 400 U/min, welche mit nach hinten gehenden Wellen über Untersetzungsgetriebe die Propellerwellen mit 125,4 U/min und mit nach vorne gehenden Wellen über Getriebe drei Generatoren von je 2300 kW bei 800 U/min und zwei Generatoren von 800 kW und 240 kW bei 800 U/min antreiben. Die Propeller haben veränderliche Steigung

1 Dieselmotoren 8440 PS bei 400 U/min; *2* Untersetzungsgetriebe; *3* Propellerwellen 125,4 U/min; *4* Verteilergetriebe; *5* Generatoren für Baggerpumpen je 2300 kW, 400 U/min; *6* Generatoren für Winden je 800 kW, 800 U/min; *7* Generatoren für Bordnetz je 240 kW, 800 U/min

Wenn durch *einen* Motor Propeller und Baggerpumpen angetrieben werden, ist ein Untersetzungsgetriebe unerläßlich, da die Pumpen von Hoppersaugern und die Schiffsschrauben nicht mit gleicher Drehzahl arbeiten.

Der letzte und größe Laderaumsaugbagger nach Spalte F der Tab. 32 für die Westminster Dredging Co, befindet sich bei der Werft Smulders, Schiedam bei Rotterdam, die ebenfalls der IHC-Holland angehört, im Bau. Er hat ein Laderaumfassungsvermögen von 9000 m³ und kann ein Ladungsgewicht von 16000 t entsprechend einem spezifischen Gewicht von 1,775 bei einem Tiefgang von 10 m aufnehmen. Das Verhältnis zwischen Ladungsgewicht und Verdrängung liegt mit 16000/22800 = 0,7 sehr hoch.

Die beiden hinter dem Laderaum angeordneten Hauptmotore Fabrikat MAN V8V 40/54 entwickeln je 8440 PS bei 400 U/min. Sie treiben über Schaltkupplungen und Untersetzungsgetriebe die Wellen der Propeller an, die mit 125,4 U/min laufen. Das Schiff erhält durch diese Propulsionsleistung die wohl bisher bei Hoppersaugern höchste Geschwindigkeit von 15 Knoten. Die Propeller haben veränderliche Steigung und können auch für Rückwärtsfahrt eingestellt werden, so daß die Dieselmotore nicht umgesteuert werden. Ihre nach vorne gehenden Wellen treiben über Kupplungen und Getriebe je drei Gleichstrom-Generatoren an, je einen von 2300 kW bei 400 U/min für die Baggerpumpenmotore, je einen von 800 kW bei 800 U/min für die Winden und je einen von 240 kW bei 800 U/min für das Bordnetz. Abb. 397 zeigt die Maschinenanlage, bei der durch besondere Mittel die Drehzahl der Hauptmotore und der von ihnen angetriebenen Generatoren konstant gehalten und eine Überlastung bei Veränderung der Steigung vermieden werden muß.

Die beiden Baggerpumpen stehen vor dem Laderaum. Zwei Elektromotore von je

1400 PS bei 750 bis 940 U/min treiben über ein Getriebe eine Pumpe an, die mit 132 bis 136 U/min läuft. Es stehen also insgesamt an Antriebsleistung $4 \times 1400 = 5600$ PS für zwei Baggerpumpen zur Verfügung. Deren Förderstrom wird mit 40000 m^3/h angegeben, so daß der Laderaum in $9000/40000 = 0{,}225$ h $= 13{,}5$ min mit Wasser gefüllt werden kann. Die Baggerpumpen beliefern auch die Bugdrückanlage, die nach der früheren Abb. 316 durch zwei Düsen wirksam ist, die nach Öffnen entsprechender Schieber den Bug des Schiffes nach der einen oder anderen Seite drücken. Da beim Saugen die Baggerpumpen für die Gemischförderung eingesetzt sind, kann die Bugdrückanlage nur arbeiten, wenn man die Saugköpfe anhebt und Wasser ansaugt.

Die beiden seitlichen Saugarme haben eine Weite von 1200 mm, die größte Saugtiefe beträgt 30 m.

Dieser Hoppersauger übertrifft mit Laderaumfassungsvermögen und Ladungsgewicht die in Band I beschriebenen und in der Tab. 18 enthaltenen amerikanischen Bagger „Essayons" mit 6120 m^3 und 12000 t und „Zulia" mit 6500 m^3 und 12000 t, wobei der letztgenannte jedoch den langen Baum für Seitenauswurf als Besonderheit aufweist.

Das Produkt $L \cdot B \cdot H$ ist aber bei „Westminster" mit 33460 m^3 kleiner als bei „Essayons" mit 43300 m^3 bzw. „Zulia" mit 59000 m^3. Das ist teilweise auf den Dampfantrieb dieser beiden Bagger und weiter darauf zurückzuführen, daß bei ihnen der Tiefgang auf 8,5 bzw. 8,1 m beschränkt bleibt, während bei dem Westminster-Bagger 10 m zugelassen sind. Die Verdrängung in beladenem Zustand von „Zulia" mit etwa 27000 t und „Westminster" mit etwa 28000 t ist fast gleich, bei „Essayons" mit etwa 22000 t etwas geringer. Bei diesem Bagger und dem Westminster-Bagger mußte der Laderaum zwecks Erreichung der erforderlichen Festigkeit mit Blechplatten abgedeckt werden, so daß dem Baggermeister die unmittelbare Beobachtung des Füllvorganges nicht möglich ist.

Die Bagger C, D, E, F der Tab. 32 entleeren den Laderaum nicht durch Bodenklappen, sondern durch konische Ventile, die dem amerikanischen Entwurf (s. Band I, Abb. 288) ähneln. Die Ventile haben bei den großen Baggern einen Durchmesser von etwa 3 m. Eine Öffnungsstange führt durch die Ladung senkrecht nach oben und trägt an diesem Ende den Kolben eines Hydraulik-Zylinders. Die Öffnungsstange führt keine Seitenbewegung in der Ladung aus, die Ventile ragen im Gegensatz zu denen der Bauart „Lyster" nach dem Öffnen etwas aus dem Schiffsboden heraus, stehen jedoch fest und können nicht wie Klappen im Seegang schlagen.

Eine Absaugeeinrichtung mit Oberklappen läßt sich bei den konischen Bodenventilen schwer einbauen. Der Bagger „CO 481" nach Spalte A ist deshalb mit Bodenklappen ausgerüstet.

Es muß herausgestellt werden, daß der Betrieb von Absaugevorrichtungen bei großen selbstfahrenden Laderaumsaugbaggern unwirtschaftlich bleibt, nur in Ausnahmefällen werden deshalb Bagger damit ausgerüstet. Es entstehen nicht nur Zeitverluste beim An- und Ablegen des Baggers, sondern die Niederdruckpumpen für das Füllen des Laderaumes müssen ergänzt werden durch Hochdruckpumpen für das Fördern des Gutes.

In jüngster Zeit entstand in den USA der Hoppersauger „McFarland" mit 91,6 m Länge, 22 m Breite und 6,7 m Tiefgang. Er besitzt einen Völligkeitsgrad der Verdrängung von $\delta = 0{,}72$ und damit eine Verdrängung in beladenem Zustand von 13500 t.

Der Bagger ist mit zwei Seitensaugarmen von großem Durchmesser und mit Dünungskompensatoren ausgerüstet. Die Saugarme können aus dem Wasser gehoben und an Deck gesetzt werden, was bisher nur bei „Essayons" möglich war. Das Verteilersystem wurde verbessert, um ein leichteres Absetzen der Feststoffe im Laderaum zu erreichen. Außerdem kann der Überlauf in drei Ebenen eingestellt werden, um sich der jeweiligen Bodenart anpassen zu können. Instrumente zur Überwachung der Laderaumfüllung sind ähnlich wie bei den neueren Europäischen Baggern vorgesehen.

Die beiden Propeller haben einen Durchmesser von je 4,1 m. Die beiden Ruder sitzen hinter den Schrauben. Eine Bugdrückanlage arbeitet mit einem Druck von etwa 6000 kg. Die von den Pumpen geförderte Gemischmenge gelangt entweder in den Laderaum oder wie bei „Zulia“ in *einen Auswurfarm*, von etwa Schiffslänge, der nach beiden Seiten geschwenkt werden kann.

Auf dem Schiffskongreß 1965 in Stockholm wurde berichtet, daß in manchen Ländern für die Unterhaltung der Tiefe in Hafenbecken und an engen Plätzen, für die Aufnahme von gemeißeltem und gesprengtem Fels häufig der Greiferbagger, mit eigenem Laderaum und selbstfahrend, also der *Hoppergreifer* verwendet wird. Das gilt besonders für England und für die ehemaligen Kolonien, wo diese Geräteart auf eine lange Entwicklung zurückblickt. Diese Geräte wurden im Kapitel P dieses Bandes ausführlich behandelt.

Abb. 398. Hoppergreifer „Vikas“ mit einem Laderaumfassungsvermögen von 860 m³ und vier Greiferkranen. Aufnahme IHC-Holland

Abb. 398 zeigt als Nachtrag den mit *vier* Greiferkranen ausgerüsteten Hoppergreifer „Vikas“, der von der IHC-Holland im Jahre 1963 für die Hafenverwaltung von Bombay erbaut wurde. Der Schiffskörper besitzt die Abmessungen $66 \times 13 \times 5{,}6$ m. Der Laderaum faßt 860 m³ mit einem Ladungsgewicht bis zu 1550 t. Der Tiefgang in beladenem Zustand beträgt 4,3 m, die Fahrgeschwindigkeit 9 Knoten = 16,7 km/h.

Das Baggergut wird durch hydraulisch betätigte Bodenklappen aus dem Laderaum verstürzt. Da die Klappstellen etwa 11,5 km von der Baggerstelle entfernt in See liegen, ist der Schiffskörper seefähig ausgebildet. Bei der Arbeit ist eine Dünung bis zu 1,25 m Höhe und ein Gegenstrom bis zu 5 Knoten zulässig.

Um dem Schiff eine gute Manövrierfähigkeit zu geben, sind zwei Propeller eingebaut worden, die durch Dieselmotore von 530 PS bei 600 U/min mit Untersetzung angetrieben werden. Diese Motoren treiben außerdem über Hochganggetriebe Generatoren zur Stromlieferung für die Elektromotore der vier Greiferkrane an, die eine Tragfähigkeit von 7 t besitzen, ausreichend für Greiferkörbe von 2,3 m³ Fassungsvermögen. Sie füllen den Laderaum in etwa zwei Stunden. Die Reichweite außerhalb der Bordwand beträgt 6,4 m, die Hubgeschwindigkeit 55 m/min und die größte Baggertiefe 18 m.

Die Besatzung besteht aus 36 Mann, deren Wohnräume für die Tropen eingerichtet sind. Die Kabinen der Kranführer sind durch doppelte Dächer gegen Sonnenhitze geschützt. Sie sind für gewöhnlich nach den Seiten offen, können jedoch während der Monsunzeit geschlossen werden.

4. Entwicklung des Schneidkopfsaugers seit Erscheinen von Band I, 1963

Diese Geräteart ist in der Zwischenzeit weitgehend dem amerikanischen Vorbild gefolgt und hat in Europa den Eimerkettenbagger in seiner Vormachtstellung verdrängt. Die Antriebsleistungen stiegen für die *Baggerpumpen* erheblich an. Im Gegensatz zu Amerika findet man aber in Europa vielfach die Anordnung von zwei Pumpen, in Reihe geschaltet, so daß die Antriebsleistung/dm² Rohrquerschnitt die in Amerika weit über 100 PS/dm² geht, in Europa darunter bleibt. Daher werden auch die hohen Kreiselumfangsgeschwin-

Tabelle 33. *Hauptdaten von neueren*

		A	B	C	D
1	Name oder Bezeichnung Besteller	Devrim für die Türkei	Taiwan für Formosa selbstfahrend	Spüler VI Ph. Holzmann	Maria Valeria
2	Baujahr und Bauwerft	1960 LMG	1965 LMG	1965 LMG	1963 IHC
3	Weite, Druck- u. Saugrohr mm	650 750	500 600	650 750	650 700
4	Schiffskörper *L B H* in m	51 11 4	54 12 3,20	50,2 12 3,6	50 11 4
5	Produkt $L \cdot B \cdot H$ in m^3	2180	2100	2180	2200
6	Tiefgang in m	2,5	1,8	Konstr. 2,2	2,3
7	Gewicht etwa t	1250	1000	1200	1150
8	Saugtiefe	17	12	17 mit Schneidkopf 24 ohne Schneidk.	16 bis 20
9	Maschinen-Anlage	Ein Dieselmotor MAN 1150 PS bei 350 U/min treibt die Baggerpumpe Dieselmotor 685 PS 600 U/min treibt Schneidk.-Gen. 450 kW Dieselmotor 295 PS 600 U/min treibt Generator für Schwingwinden 112 kW und Leiterwinde 65 kW Motor f. Schneidk. 405 kW. Drehzahl 600/1000 U/min Motor f. Schwingw. 100 kW 600/1000 U/min	Zwei Dieselmotore MWM 900 PS bei 375 U/min treiben die beiden Baggerpumpen Ein Dieselmotor 515 PS 900 U/min treibt zwei Gen. 156 kW für die Schottel-Navigat. Gleicher Motor treibt weitere Gen. f. verschied. Zwecke Hilfs-Aggregat Dieselmotor 68 PS 1200 U/min Motor f. Schneidk. 400 PS	Dieselmotor MAN G 7 V 40/60 1870 PS 300 U/min treibt üb. Fött.-K. die Baggerpumpe Kreisel 2200 Ø Dieselmotor MAN G 8 V 23,5/33 800 PS 600 U/min treibt Gen. 465 kW für Schneidkopf Dieselmotor MAN G 6 V 30/45 890 PS 400 U/min treibt Generator f. Winden und Bordnetz Hafen-Diesel 82 PS Schneidkopf-M. 425 kW auch für Zusatzpumpe	Zwei Dieselmotore Smit-MAN je 1275 PS 315 U/min treiben die beiden Baggerpumpen Schneidkopf-Generator-Satz angetrieben durch Dieselmotor 515 PS 600 U/min Hilfs-Generator angetrieben durch Dieselmotor von 330 PS
10	Verschiedenes		Zwei Schottel-Navigatoren mit E-Motor von je 150 PS geben Geschwindigkeit von 6,5 Knoten	hat Ankerbäume kann auch als Grundsauger oder Schutenspüler arbeiten	Ankerbäume je 25 m lang Länge der Pfähle 30 m

digkeiten von 40 m/sec nicht erreicht; die spezifischen Drehzahlen liegen höher, der Wirkungsgrad ist besser und der Verschleiß geringer. Da der Verschleiß aber nach wie vor ein ernstes Problem bei der Verwendung von Saugbaggern in grobkörnigen Bodenarten bildet, hat man wieder Versuche mit der Verwendung von Gummi gemacht. Es bestätigte sich aber doch die schon früher in den USA gewonnene Erfahrung, daß Gummi beim Verspülen von Materialien wie Sand und Kies u. ä. gut geeignet ist, nicht dagegen für scharfkantiges Material, wie Fels, Korallenfels und insbesondere auch nicht für Hafenunrat. Die Gummiauskleidung erhält durch scharfkantiges Spülgut Schäden, die nicht so einfach, *großen Schneidkopfsaugern*

E	F	G	H	I	
Mercator u. Ortelius	H. A. M. 210	Reina Fabiola Belgien	Queen of Holland Ballast Mij. Amsterdam	Alameda Utah-Constr. Co	1
1963 IHC	1963 IHC	1961 IHC	1959 Liesbosch Holl.	1958 USA	2
					3
700 800		759 850	710 835	760 910	
58 12 3,75	62 14 4,2	58 14 4,4	61,4 15 4,50	63,5 15,2 4,28	4
2600	3650	3500	4150	4130	5
2,3	2,5	2,9	3,2	3,0	6
1450	2000	2000	3000	2600	7
18	19 m. Schneidkopf 28 ohne Schneidkopf	18	19	16	8
Ein Dieselmotor Smit-MAN 3500 PS treibt die Baggerpumpe Dieselmotor 1220 PS treibt Generator für Schneidkopfmotor und weitere Generatoren E-Motor für Schneidkopf 700 PS	Zwei Dieselmotore Smit-Bolnes je 2700 PS bei 275 U/min treiben die beiden Baggerpumpen Dritte Pumpe eingebaut in die Schneidkopfleiter u. elektr. angetrieben kommt bei 28 m Saugtiefe hinzu Schneidkopf wird angetrieben durch zwei E-Motore von je 600 PS Schneidkopfleiter wiegt etwa 200 t	Zwei Dieselmotore Smit-MAN 8 Zyl. je 2300 PS treiben die beiden Baggerpumpen Hilfsmaschinen Drei Diesel-Generatoren je 800 PS Schneidkopfantrieb durch zwei 700 PS Elektromotore	Vier Dieselmotore Werkspoor Amsterdam je 1250 PS bei 325 U/min treiben die Baggerpumpe Hilfsaggregate Drei Dieselmotore je 720 PS Hafen-Aggregat 160 PS Dieselmotor Schneidkopfmotor 750 PS	Kesselanlage 62500 kg/h Dampf von 44 atü 440 °C de Laval-Turbo-Generator von 12750 kW Pumpenmotor 8000 PS 4150 Volt Gew. 42500 kg Drehstrom-Motor 2750 PS treibt Gen. f. Schwingw. Pfahlw. usw. Schneidkopf-M. 2000 PS Getriebe Leitergew. 260 t Schneidk. 2750 mm Durchm. 18000 kg Motor f. Leiterheben 250 PS Schwinganker-Gewicht 8000 kg Reserve: Diesel-Generator 400 kW	9
Pfähle um 7 m hebbar durch Hydraulik-Zyl. mit 3,5 m Hub Pfahlwagen mit 8 m-Weg Ankerbäume Besatzung 16 Personen	Pfahlwagen für Schwingpfahl mit 6 m-Weg Der Bagger hat Ankerbäume	Pfahlwagen für Schwingpfahl mit 6 m Weg elektr. betätigt Der Bagger hat Ankerbäume	Kann Schuten beladen mit Hydro-Zyklone Durchmesser 2,8 m	Schwingpfähle 29 m lang 1080 mm Durchmesser je 65 t Plattendicke 12,5 bis 19 mm	10

wie bei Stahl durch Schweißarbeit zu beseitigen sind. Man baut deshalb Pumpen, bei denen nur die beiden senkrechten runden Gehäusewandscheiben mit Gummi belegt sind. In den Spalt zwischen Gehäuse und Kreisel können größere scharfkantige Teile nicht eindringen. Die Gummiauskleidung bleibt unbeschädigt und der Spalt vergrößert sich nicht. Durch den engen Spalt tritt nur ein geringer Rücklauf ein, der eine der Hauptursachen für den Wirkungsgradabfall ist. Es sei hier auf die amerikanische Konstruktion des Corps of Engineers hingewiesen, die sich darauf beschränkte, die Dichtungsringe aus Stahl mit Gummiüberzug auszubilden.

Im übrigen hat sich herausgestellt, daß der Verschleiß am Pumpengehäuse um so geringer ist, je größer es im Verhältnis zum Kreisel ist. Man kann sogar auf eine spiralige Ausbildung des Gehäuses verzichten und kommt auf eine Form der Pumpe nach Abb. 64 von Band I. Der kleine Kreisel ergibt eine hohe spezifische Drehzahl und einen guten Wirkungsgrad. Bei einem derartigen Kreisel ist jedoch die Umfangsgeschwindigkeit an den Innenkanten der Schaufeln verhältnismäßig groß im Vergleich zu der Umfangsgeschwindigkeit der Außenkanten. Es handelt sich um eine russische Standard-Pumpe, die in verschiedenen Größen ausgeführt wird. Die Größe mit 600 mm Saugrohr-Anschluß hat einen Kreiseldurchmesser von 1330 mm, woraus sich bei einer Drehzahl von 500 U/min eine Kreiselumfangsgeschwindigkeit von 35 m/sec ergibt. Die Umfangsgeschwindigkeit an den Schaufelinnenkanten ist das 0,45fache davon, also fast 16 m/sec. Dabei entsteht schon eine erhebliche Neigung zur Kavitation, die von dieser Innenkantengeschwindigkeit und dem Unterdruck abhängig ist.

Die Standard-Baggerpumpen, die von der IHC-Holland entwickelt sind, beschränken die Umfangsgeschwindigkeit an den Innenkanten der Schaufeln auf etwa 12 m/sec.

Abb. 399. Schneidkopfsauger „Spüler VI“ mit Ankerbäumen bei Anheben eines Ankers von 4,5 t Gewicht. Aufnahme LMG Lübeck

Die Konstruktion einer Baggerpumpe stellt also einen Kompromiß dar zwischen der Forderung des geringen Verschleißes, der einen kleinen Kreisel bedingt, und der Vermeidung der Kavitation, was bei einem großen Kreisel eher zu erreichen ist.

In der Tab. 33 sind die Hauptdaten von neun großen Schneidkopfsaugern aufgeführt, die kürzlich gebaut worden sind. Die holländischen Schneidkopfsauger sind größtenteils mit dem *Pfahlwagen* ausgerüstet, bei dem der Schwingpfahl um etwa 6 m verschoben wird, während man die Konstruktion einer Pfahltrommel nicht mehr findet.

Ankerbäume. Die Antriebsleistungen für die Schneidköpfe wachsen. Aus der Tabelle kann man entnehmen, daß sie mit 2×700 PS an die seinerzeit größten amerikanischen Schneidkopf-Antriebsleistungen von 1500 PS bei „New Jersey“ und 2000 PS für „Alameda“ herankommen. Große Antriebsleistungen ergeben große Umfangskräfte am Schneidkopf, große Seilkräfte der Schwingwinden bis 30 t und darüber, und hohe Ankergewichte, die bei „Alameda“ 8 t betragen. Für die europäischen Schneidkopfsauger der Tab. 33 liegen die Ankergewichte bei 5 t und mehr.

Wegen der großen Ankergewichte und um Hilfsfahrzeuge einzusparen, wendet man *Ankerbäume* an, d. h. Ausleger von großer Länge, die auf dem Bagger selbst angeordnet sind. Abb. 399 zeigt den Spüler VI (Spalte C der Tab. 33) mit aufgenommenem Anker, dessen Gewicht 4,5 t beträgt.

Zum Vorsetzen eines Ankers nach Abb. 400 wird der Schiffskörper nach der Seite der Schnittrinne so weit geschwungen, daß der querab stehende Ankerbaum mit seinem Kopf über dem Anker steht. Wird jetzt die Hebewinde betätigt, dann kann, da der Anker aus dem Boden herausgebrochen werden muß, die Hubkraft das Gewicht um schätzungsweise 50% übersteigen, so daß bei einer Entfernung des Ankers von 30 m von der Schiffsmitte ein Krängungsmoment von etwa 200 mt entsteht. Um eine unzulässige Krängung zu vermeiden, hat man den Baum auf der anderen Schiffsseite auch ausgeschwungen und das Hubseil straff geholt.

Ist der Anker vom Boden gelöst, dann schwingt der Baum, weil sein Drehpunkt an Deck gegen den oberen Drehpunkt versetzt ist, von selbst nach vorne, so daß er jetzt beim Ablassen etwa um Baumeslänge voraus kommt. Beim Fallenlassen muß durch entsprechendes Zusammenarbeiten vom Ankerhubseil, das etwa im Schwerpunkt des Ankers angreift und dem an seinem Ende beim Ankerstock ansetzenden Schwingseil erreicht werden, daß der Anker mit seinen Flunken in den Boden eingreift. Der Bagger schwingt dann auf die andere Schiffsseite, auf der das gleiche Manöver mit dem hier zu versetzenden Anker durchgeführt wird. Die hierbei nötige Stützung muß der zuerst verlegte Anker an der anderen Seite geben.

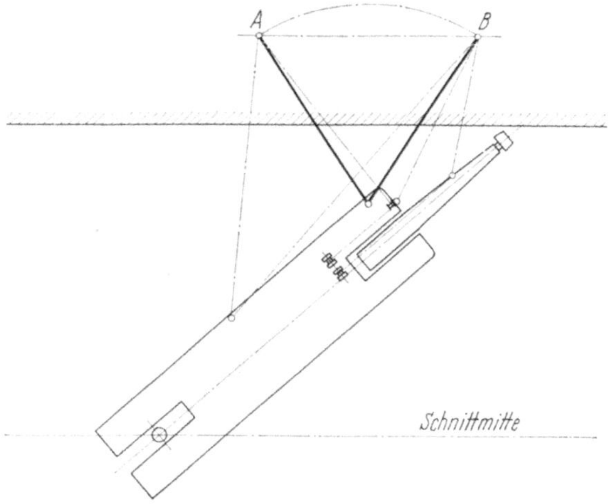

Abb. 400. Schneidkopfsauger, nach der Baggerschnittseite geschwungen, hebt mit querabstehendem Ankerbaum den Anker aus der bisherigen Stellung und bringt ihn durch Vorausschwingen des Ankerbaumes um etwa Baumeslänge nach vorne

Bevor der nächste Ankerwechsel nötig ist, kann der Bagger um eine Strecke, die ungefähr gleich der Baumlänge ist, sich vorarbeiten. Die Pause zwischen den Verlegemanöver ist in der Hauptsache von der Abtragshöhe abhängig.

Die Ankerbäume sollen erstmalig etwa um 1930 in den USA angewendet worden sein. Zur Zeit der Amerikareise des Verfassers waren sie noch nicht allgemein eingeführt, während sie jetzt sowohl in Amerika, wie in Europa bei fast allen neuen Schneidkopfsaugern eingebaut sind, wie aus der Tab. 33 zu entnehmen ist.

Spalte B dieser Tabelle betrifft einen Schneidkopfsauger für Formosa, erbaut bei der LMG. Er nimmt eine Sonderstellung dadurch ein, daß er fahrbar ist. Das Schiffsende, an dem die Schneidkopfleiter sitzt, bezeichnet man bei einem nicht fahrbaren Bagger als das Vorderschiff, muß jedoch bei dem vorliegenden fahrbaren Gerät die Bezeichnung umkehren. An den Ecken des Hinterschiffes neben der Schneidkopfleiter sitzen zwei Schottel-Navigatoren, die im Kapitel R beschrieben und abgebildet sind. Sie werden angetrieben von Elektromotoren von je 150 PS und geben dem Schiff eine Geschwindigkeit von 6 Knoten = 11 km/h. Der Antrieb reicht nur für Fahrten in ruhigem Wasser aus. Für Fahrten über See ist Schlepperhilfe erforderlich.

Im Maschinenraum stehen zwei Dieselmotore von je 900 PS bei 375 U/min, welche die beiden, in Reihe zu schaltenden Baggerpumpen antreiben. Zwischen den beiden Hauptmotoren steht ein weiterer Dieselmotor von 550 PS bei 900 U/min, der verschiedene Generatoren für die Winden u. a. m. antreibt. Etwas weiter voraus steht ein gleicher Motor, der zwei Generatoren von je 156 kW antreibt als Stromlieferanten für die beiden Schottel-Navigatoren.

Der Schneidkopfsauger „Queen of Holland" nach Spalte H liegt in seiner Schiffsgröße mit dem Produkt $L \cdot B \cdot H = 4150$ m³ ungefähr gleich mit den zur Zeit der Abfassung von Band I größten amerikanischen Baggern „New Jersey", „Alameda" und „Hydro-Quebek". Mit seiner Pumpen-Antriebsleistung von 5000 PS ist er gleich mit „New Jersey", während „Alameda" und „Hydro-Quebek" mit 8000 PS höher liegen. Der Schneidkopfsauger „Alameda", der einen von einer Dampfturbine von 12750 kW angetriebenen Generator für die Erzeugung der Energie besitzt, und in Abb. 401 gezeigt wird, ist das Vorbild für den in Japan gebauten „Kokuei-Maru" gewesen.

Man ist aber in Japan bestrebt, von der Dampfturbine abzugehen und sie durch die mit flüssigem Brennstoff betriebenen *Gasturbine* zu ersetzen.

Der Bau von Schneidkopfsaugern mit hohen Antriebsleistungen für die Baggerpumpen hat inzwischen in Japan einen großen Umfang erreicht. Das übervölkerte, größtenteils gebirgige Land muß für Industrieanlagen ebene Flächen schaffen, für die das Material aus dem Meer geholt wird. Dabei werden gleichzeitig die Fahrrinnen für die Supertanker und

Abb. 401. Schneidkopfsauger „Alameda" mit Dampfturbinenanlage und einem Generator von 12750 kW, der Strom für die Motore von Schneidkopf, Winden u. a. m. liefert

Massengutfrachter vertieft. Man verwendet für diese Arbeit fast durchweg Schneidkopfsauger, wodurch sich ihre große Zahl und wegen der teils großen Förderweiten ihre hohe installierte Maschinenleistung erklärt.

Ein Nachteil des Schneidkopfsaugers liegt darin, daß er bei starkem Seegang infolge der Starrheit der Schneidkopfleiter und der Empfindlichkeit der Schwimmrohrleitung nicht arbeiten kann, wobei 0,5 bis 1,0 m Wellenhöhe als Arbeitsgrenze angesehen werden.

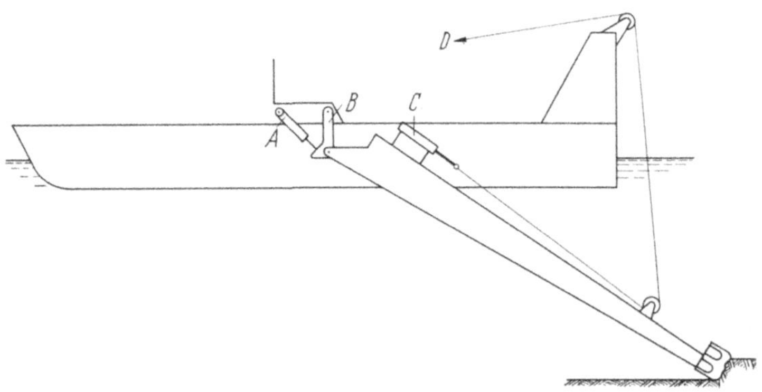

Abb. 402. Schneidkopfleiter eines kleinen Schneidkopfsaugers mit Aufhängepunkt in Schiffsmitte und Nachgiebigkeit, die ein Arbeiten bei Wellenhöhen bis 1 m ermöglicht

A Zwei hydraulische Zylinder; *B* Balancier; *C* Hydraulischer Zylinder; *D* Leiter-Hubseil

Die schwimmende Rohrleitung verbietet außerdem die Arbeit des Schneidkopfsaugbaggers in einer stark befahrenen und nicht genügend breiten Schiffahrtsrinne. Man hat bei den Hoppersaugern viel getan um die Saugarme nachgiebig zu gestalten und durch Einschalten von Dünungskompensatoren zu erreichen, daß die Saugköpfe am Boden bleiben, wenn auch der Schiffskörper bei einer Wellenhöhe bis etwa 2 m starke Bewegungen ausführt.

Bei Eimerkettenbaggern und Schneidkopfsaugbaggern sind ähnliche Konstruktionen kaum zu finden.

In den 1958 in Nantes gebauten Schneidkopfsauger „Pointe Noire" mit den Abmessungen $36 \times 10{,}16$ m mit einem Tiefgang von 1,25 m, also mit einem Gewicht von immerhin etwa 350 t, ist die in Abb. 402 erkennbare Leiter eingebaut worden. Sie liegt in einem Schlitz und hat ihren oberen Aufhängungspunkt etwa in der Schiffsmitte, so daß dieser durch Stampfbewegungen des Schiffskörpers wenig beeinflußt wird. Die Verbindung mit dem Schiffskörper ist nicht starr, sondern unter Einschaltung eines Schwinghebels und hydraulischer Zylinder nachgiebig. Das Schneidkopfende hängt auch unter Einschaltung eines hydraulischen Zylinders in seinem Hubseil. Das ist besonders wichtig, da sonst bei starken Stampfbewegungen das Schiffsende beim Hochgehen in das Hubseil einruckt und es bei fehlender Nachgiebigkeit zerreißt. Der so ausgerüstete Bagger konnte bis zu einer Wellenhöhe von etwa 1 m noch arbeiten.

Die *versenkte Rohrleitung* wird in Amerika schon seit längerer Zeit und in Europa in steigendem Maße verwendet. Um die Beweglichkeit des Schneidkopfsaugers zu erhalten, muß allerdings die vom Bagger abgehende Rohrleitung auf eine gewisse Länge schwimmend

Tabelle 34. *Hauptdaten von neueren zerlegbaren Schneidkopfsaugern*

		a	b	c
1	Name, Bauwerft, Besteller, Baujahr	Vesipekka für Finnland 1961 IHC-Holland	Robbe V Neumann Norden 1964 LMG Lübeck	La Nive Frankreich, Dünkirchen 1963 IHC-Holland
2	Druck-Saugrohr Ø mm	450 500	600 600	600 oder 850
3	Schiffskörper L B H m	25 8 2,8	30,5 8,4 2,2	38 14,5 3
4	Produkt $L \cdot B \cdot H$ in m^3	560	565	1660
5	Tiefgang in m	1,65	1,4	1,6
6	Gewicht etwa t	280	300	700
7	Saugtiefe in m	14	6—14	3,5—15
8	Maschinenanlage	Dieselmotor von 500 PS treibt Baggerpumpe über Getriebe 330 PS Dieselgenerator liefert Strom für Schneidkopfmotor von 175 PS Winden usw. Hafen-Aggregat 24 PS	Dieselmotor MWM 1230 PS treibt die Baggerpumpe mit Gemischleistung bis etwa 5000 m^3/h Dieselmotor 620 PS treibt Druckölpumpe und Generatoren Antriebsmotor für Schneidkopf 300 PS Hydraulisch Bordnetz-Generator 150 kVA 400 Volt Motor f. Schwingwinden 55 PS Gleichst. Leonard. Pfahl- u. Hintertauwinde 30 PS Drehstrom Leiterhubwinde 35 PS Drehstrom Hafen-Aggr. Dieselm. 25 PS mit Gen. 15 kVA 400 Volt	Dieselmotor 2200 PS treibt Baggerpumpe Dieselmotor 1100 PS treibt Generator für Schneidkopf u. Winden Weitgehende Automatik in der Bedienung Schneidkopf-Leiter 3 Teile mit 8 m Zwischenstück 108 t bei 29 m und 78 t bei 13 m Länge Pfahlheben mit Hydraulik-Zylinder Pfahlwagen hydr. verschiebbar
9	Verschiedenes	Schiffskörper zerlegbar in 7 Teile transportabel	Schiffskörper zerlegbar in 6 Pontons, 6 Mann Besatzung mit Wohnräumen	Schiffskörper zerlegbar in 6 Teile. Breite für Schleusen-Durchfahrt 4,9 m. Abbauhöhe für Brückendurchfahrt 3 m

bleiben und zu einem verankerten Ponton führen, von dem sie unter Einschaltung von Gummisäcken auf den Grund geführt wird und in Ufernähe wieder an die Oberfläche kommt. Die Leitung legt sich durch ihr Gewicht auf den Grund und wird durch Einblasen von Luft wieder gehoben. Man kann auch Taucher ansetzen für das Anschlagen eines Hub-

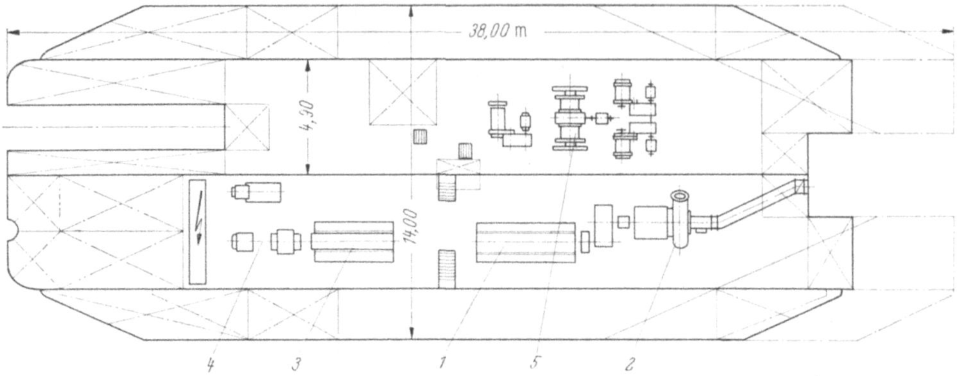

Abb. 403. Schneidkopfsauger „La Nive“ mit zerlegbarem Ponton 38×14,5×3 m mit einem Dieselmotor von 2200 PS für die Baggerpumpe und 1100 PS für den Generator, durch Auseinanderbau für Durchfahrt durch Schleusen auf 4,9 m Breite und durch Abbau auf 3 m Höhe über der WL für Brückendurchfahrt zu bringen

1 Dieselmotor 2200 PS; *2* Baggerpumpe mit Druckleitung 600/850; *3* Dieselmotor 1100 PS; *4* Generatoren für Schneidkopf u. Winden; *5* Windenanlage

seiles, Beseitigen von Undichtigkeiten an den Flanschverbindungen usw. Will man Taucherarbeiten vermeiden, stellt man für die Unterwasserleitung zusammengeschweißte dichtwandig Rohrestücke von großer Länge zusammen, bei denen nur gelegentlich ein Kugelgelenk oder ein Gummisack mit Zugsicherung eingeschaltet wird.

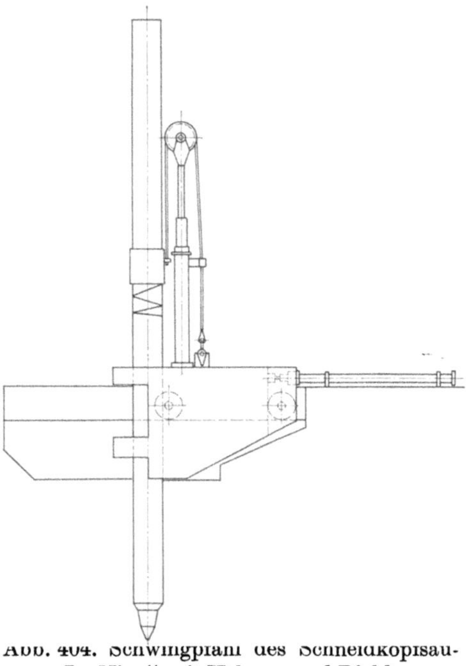

Abb. 404. Schwingpfahl des Schneidkopfsaugers „La Nive“ mit Hebung und Pfahlwagenverschiebung durch hydraulische Zylinder

Neben den großen baut man kleinere Schneidkopfsaugbagger mit zerlegbarem Schiffskörper und starken Maschinenanlagen für Arbeiten im Binnenland in Gebieten, die auf dem Wasserweg nicht zu erreichen sind, Tab. 34 enthält drei derartige Geräte.

Der Bagger in Spalte C nach Abb. 403 hat sehr hohe installierte Maschinenleistung. Der Schiffskörper besteht aus vier Pontons. Der eine der beiden Mittelpontons enthält die Dieselmotore und die Baggerpumpe, der andere daneben liegende die Verholwindenanlage. Die beiden Seitenpontons sichern die Stabilität und enthalten Vorratstanks. Für Schleusendurchfahrten können die beiden Seitenpontons abgebaut und die Hauptpontons getrennt werden. Dann besitzt kein Teil eine größere Breite als 4,9 m. Die Höhe über der Wasserlinie wird durch Abbau des Leiterhebebocks, der Pfähle und des Steuerhauses auf 3 m für Brückendurchfahrten herabgesetzt.

Die Konstruktion des Schwingpfahles zeigt Abb. 404. Er sitzt in einem Pfahlwagen, der durch einen hydraulischen Zylinder verfahren werden kann. Ein weiterer hydraulischer Zylinder hebt den Pfahl an, wobei die Hubhöhe durch Einschaltung einer Seilrolle das zweifache des Kolbenhubes beträgt. Das Seil endet an einer Klemmvorrichtung, die den Pfahl umfaßt und sich infolge des außermittigen Seilangriffes selbsttätig festsetzt.

Die Ausgestaltung der Schneidkopfleiter, die eine zwischen 3,5 und 15 m liegende Baggertiefe ermöglichen soll, ist aus der Tab. 34 zu entnehmen.

Zum Schluß soll noch hervorgehoben werden, daß trotz der Entwicklung der Saugbagger, die im Vordergrund des Interesses stehen, der Schiffahrtskongreß 1965 in Stockholm doch ergeben hat, daß auch die mechanisch wirkenden Bagger zum mindesten in Europa weiter verwendet werden. In Schweden besteht der zu baggernde Boden größtenteils aus Fels und felsigen Sedimenten, so daß Eimerkettenbagger mit einem Fassungsvermögen von 600 l mit besonders kräftiger Ausführung in allen Teilen das Hauptbaggergerät darstellen.

In Norwegen und Finnland werden Löffelbagger (Dipper) verwendet, zum Teil mit dieselelektrischem Antrieb. Der neue „Storhavn" besitzt die Schiffsabmessungen 33 × 11,6 × 3 m, den Tiefgang etwa 1,90 m, und Löffel von 3,5 und 4,6 m Fassungsvermögen. Der Hauptdieselmotor leistet 660 PS dauernd und bis zu 730 PS zeitweise und treibt verschiedene Generatoren an. Die Motore für das Hubwerk, das Schwenkwerk, den Hauptpfahl und die Baumwindenmotore werden in LEONARD-Schaltung betrieben. Der Haupthubwindenmotor kann 300 PS leisten, der maximale Seilzug beträgt 68 t.

Verbreitet sind in vielen Ländern, besonders in England, die Greiferbagger entweder als sog. Pontongeräte, bei dem ein normaler Greiferbagger auf einem Schwimmkörper ohne Fahrantrieb und Laderaum steht, oder als Greiferbagger mit Fahrantrieb und Laderaum, also selbstfahrende Hopper-Greiferbagger. Diese Geräteart wurde im Kapitel P ausführlich behandelt, und in Abb. 398 als Nachtrag des Baggers „Vikas" gezeigt.

Zum Abschluß dieses Bandes sei darauf hingewiesen, daß für Geräte der Bodenbewegung über Wasser (Trockenbagger) und für landwirtschaftliche Maschinen in den letzten Jahren besondere Verfahren zur Bodenerkundung entwickelt worden sind, z. B. für das Eindringen der Baggerwerkzeuge in den Boden, für das Pflügen, für das Füllen von Behältern, für Planiervorgänge und für die Fahrtechnik. Die Ergebnisse dieser Erkundungen gaben die Grundlage für die zweckmäßige Gestaltung und Auswahl der Geräte und sind maßgebend für die Kalkulation der Ertragsleistung.

Die Bodentechnik in der Naßbaggerei hat sich bisher nicht mit der Prüfung des Bodens in bezug auf seine Lösbarkeit, Förderfähigkeit und Ablagerungsmöglichkeit befaßt. Grundsatzversuche müßten die Fragen nach einer zweckmäßigen Weiterentwicklung der Geräte beantworten und feststellen, welche Prüfverfahren entwickelt werden müssen, um die Baggereigenschaften eines Bodens festzulegen und um die Ertragsleistung bei den verschiedenen Arbeitsweisen voraus berechnen zu können.

In diesem Zusammenhang sei auf das Heft 25 (1965) der Mitteilungen des Franzius-Institutes für Grund- und Wasserbau der Technischen Hochschule Hannover hingewiesen, in dem die genannten Probleme zusammengefaßt sind. Die aufgezeichneten Fragen mögen den Anstoß geben, mit der „Bodentechnik in der Naßbaggerei" zu beginnen.

Nachtrag

In den Jahren 1966 und 1967 sind im Franzius-Institut für Grund- und Wasserbau der Technischen Universität Hannover unter Leitung von Herrn Prof. Dr. Ing. W. HENSEN Saugbagger-Modellversuche durchgeführt worden. Diese Versuche berücksichtigten die geometrischen, hydraulischen, bodentechnischen und pumpentechnischen Randbedingungen des Grundsaugevorganges und zeigten folgendes Ergebnis:

1. Die Feststoff-Förderleistung eines Saugbaggers mit Grundsaugeeinrichtung kann durch die Wahl strömungsgünstiger Saugkopfformen erhöht werden.

Zwischen den hydraulischen Eigenschaften eines Saugkopfes und der bei gleichem Energieaufwand erreichbaren Transportkonzentration im Saugstrom besteht ein klarer Zusammenhang.

2. Die Saugbarkeit eines Bodens hängt von seiner spezifischen Oberfläche und von seiner Lagerungsdichte ab.

3. Die Furchentiefe, aus der der Boden abgesaugt wird, wirkt sich auf die Feststoff-Förderleistung aus.

4. Die Größe des am Saugkopf wirkenden Zusatzvakuums entscheidet wesentlich die Feststoff-Förderleistung.

Die genannten Einflüsse werden qualitativ und quantitativ untersucht und zu einem Näherungsverfahren zur Vorausberechnung der Feststoff-Förderleistung einer Grundsaugeanlage zusammengefaßt.

Das Versuchsergebnis erscheint im Rahmen einer Arbeit von Dr. Ing. H. SALZMANN demnächst im Heft 30 der Mitteilungen des Franzius-Instituts.

Weitere hoffnungsvolle Ansätze die „Bodentechnik in der Naßbaggerei" zu entwickeln sind an Hochschulen, bei Behörden und bei der Baggerindustrie festzustellen.

Hamburg, im Herbst 1968.

K.-H. Brößkamp

Nachtrag zur Literaturangabe für Kapitel R, Propeller:

GÜMBEL: Das Problem des Schraubenpropellers. Schiffsbautechnische Gesellschaft 1913.
GÜMBEL: Über eine internationale Sprache im Schiffbau. Zeitschrift Schiffbau Jahrgang X.
SCHAFFRAN: Systematische Versuche mit Standard Schrauben Modellen. Werft Reederei Hafen 1934 Heft 22.

Namen- und Sachverzeichnis

721/5/68

GPSR Compliance

The European Union's (EU) General Product Safety Regulation (GPSR) is a set of rules that requires consumer products to be safe and our obligations to ensure this.

If you have any concerns about our products, you can contact us on ProductSafety@springernature.com

In case Publisher is established outside the EU, the EU authorized representative is:

Springer Nature Customer Service Center GmbH
Europaplatz 3
69115 Heidelberg, Germany

Batch number: 10684806

Printed by Printforce, the Netherlands